DIE ENTWICKLUNG DER LOKOMOTIVE

IM GEBIETE
DES VEREINS MITTELEUROPÄISCHER
EISENBAHNVERWALTUNGEN

II. BAND
1880–1920

HERAUSGEGEBEN
VOM VEREIN MITTELEUROPÄISCHER
EISENBAHNVERWALTUNGEN

DURCH DAS REICHSBAHNZENTRALAMT BERLIN
IN ZUSAMMENARBEIT MIT
BAURAT DR.-ING. METZELTIN

MÜNCHEN UND BERLIN 1937
VERLAG VON R. OLDENBOURG

DRUCK VON R. OLDENBOURG, MÜNCHEN

VORWORT.

Dem Vorwort des I. Bandes der Entwicklung der Lokomotive im Gebiet des Vereins Deutscher (heute Mitteleuropäischer) Eisenbahnverwaltungen entsprechend, behandelt dieser II. Band die Zeit von 1880—1920. In den 45 Jahren von 1835, dem Jahre der ersten deutschen Eisenbahn, bis 1880 war die Entwicklung der Naßdampflokomotive mit einfacher Dampfdehnung durchgeführt und beendigt worden. Wesentliche Verbesserungen waren weder in der Bauart noch in der Wirtschaftlichkeit mehr zu erreichen. Der Dampfdruck war auf 12 atü angewachsen, höhere Drucke des Naßdampfes hätten bei einfacher Abspannung keine wirtschaftlichen Vorteile mehr gebracht.

Um 1880 schritt man zur zweistufigen Dehnung; es begann die Entwicklung der Verbundlokomotive, die um die Jahrhundertwende in den Naßdampflokomotiven der Vierzylinder-Verbundbauarten ihren technischen und wirtschaftlichen Höhepunkt erreicht hat.

Im Bestreben, die Wirtschaftlichkeit der Dampfmaschine noch weiter zu steigern, begann um diese Zeit die Anwendung des Heißdampfes, der sich überaus rasch im Lokomotivbau der ganzen Welt einbürgerte und die Naßdampflokomotive fast restlos verdrängt hat. Die Entwicklung war bei Beginn des Weltkrieges im großen und ganzen abgeschlossen. Eine Anzahl noch heute im Dienst befindlicher und zum Teil mit hoher Geschwindigkeit betriebener deutscher Vierzylinder-Heißdampf-Verbundlokomotiven, deren Entwurfsbearbeitung 1912 begonnen hatte, während des Weltkrieges aber nur sehr langsam gefördert werden konnte, kam erst 1920 zur Ablieferung. Im übrigen ruhten, abgesehen von den Arbeiten, die der Schaffung einer deutschen Einheitslokomotive galten, während des Krieges alle Entwicklungsgedanken. Als der Krieg zu Ende war, hatte er so gewaltige Änderungen in dem Mitteleuropäischen Eisenbahnnetz und seinen Verwaltungen zur Folge, daß sich der allmählich wieder einsetzende Friedensverkehr betriebs- und fahrzeugtechnisch anderen Verhältnissen gegenüber sah.

Großtaten der Lokomotivtechnik haben den Zeitabschnitt, über den dieser II. Band handelt, eröffnet; Weltgeschehnisse haben mittelbar sein Ende bestimmt.

Nach 1920 wurde mit einer kleinen Anzahl reiner Versuchslokomotiven ermittelt, was durch Absenkung des Wärmegefälles durch Kondensation und was durch Steigerung des Kesseldruckes auf 60 atü und auf 120 atü, nunmehr natürlich nur in Verbindung mit hoher Überhitzung in thermischer Hinsicht noch gewonnen werden kann. Man erreichte mit Turbinenlokomotiven 12% und mit Höchstdrucklokomotiven 15,8% thermischen Wirkungsgrad, hat also den in Wärmeeinheiten ausgedrückten Aufwand je PS/h auf 5250 und 4000 herabgedrückt, der um 1912 herum noch etwa 10 700 Wärmeeinheiten betragen hatte. Anschaffungs- und Instandhaltungskosten baulich so verwickelter Lokomotiven ersticken aber vollständig, was die höhere thermische Güte solcher Lokomotiven an Heizstoffaufwand erspart. Man ist heute, wo dieser II. Band erscheint, für schlichte Einfachheit der Bauart, zumal sie höchsten Anforderungen gerecht werden kann, und hält die in über hundert Jahren vervollkommnete Dampfmaschine und den Stephensonschen Lokomotivkessel, der mit einheimischen Heizstoffen auskommt, auch weiterhin für den zweckmäßigsten Kessel, nachdem sich durch Verwendung neuzeitlicher Baustoffe seine Eignung bis zu Dampfdrucken von 20 atü erwiesen hat, die bei Heißdampf eben noch in einer Stufe abgespannt werden können.

Die Lokomotiven sind seit 1920 mächtiger geworden, der Kessel ist gewachsen, die Heißdampftemperatur auf 400—450° C gehoben, die Laufwerk- und Triebwerkeinzelheiten sind noch vollkommener geworden. Die wissenschaftliche Forschung ist als Helferin hinzugetreten und geniale Ingenieurkunst hat wagemutig deren Ergebnissen Gestalt verliehen. Aber im großen und ganzen ist die Lokomotive im ersten Jahrzehnt der Nachkriegszeit in nichts grundsätzlich von den Lokomotiven verschieden, die bis 1920 vorhanden waren.

Der Zeitraum 1880—1920 ist hiernach ein in sich geschlossener Abschnitt der Entwicklungsgeschichte, Verbundwirkung und Heißdampfanwendung unterstreichen, was ihn besonders auszeichnet. Die fortschrittliche Entwicklung baulicher Einzelheiten kennt solche Grenzen nicht, sie hat mit der ersten Lokomotive begonnen und wird mit der letzten Lokomotive endigen.

Die Lokomotiven des Zeitraumes 1880—1920 geben aber auch noch durch anderes Zeugnis von den gewaltigen Fortschritten, die dieser Zeit zu danken sind. Die Scheu vor hoher Kessellage schwindet, die Einsicht in die Verhältnisse des Laufes der Fahrzeuge wird vertieft und praktisch ausgewertet. Gölsdorfs 1 F Lokomotive ist der klassische Zeuge. Man löst sich von den herkömmlichen Anschauungen über den festen Achsstand, und von Helmholtz zeigt durch die bayerische 1 B 2 Lokomotive mit Krauß-Helmholtz-Drehgestell, daß die geführte Länge das A und O für die Führung der Lokomotiven ist. Hammel (Maffei) führt den Barrenrahmen in Europa ein und baut Vorbilder der neuzeitlichen Lokomotiven. Im Norden sind es von Borries und Garbe, die sich um die Fortentwicklung der Lokomotive unvergängliche Verdienste erworben haben, der geniale Ingenieur von Borries durch seine Pionierarbeiten auf dem Gebiet der Verbundwirkung und seine Vierzylinderlokomotiven, Garbe, der Schrittmacher für die Einführung der Erfindungen des deutschen Zivilingenieurs Wilhelm Schmidt in Kassel-Wilhelmshöhe als fanatischer Kämpfer für die allgemeine Anwendung des hoch überhitzten Dampfes im Lokomotivbau und -betrieb.

Und noch etwas ist diesem Zeitabschnitt eigen. Das Maß der Beanspruchung der Lokomotive ist gestiegen. Während die Lokomotive der alten Zeiten bis 1880 als ein empfindliches Gebilde gehandhabt wurde, das man nur mäßig mit etwa 3—4 PS/m² Heizfläche beanspruchen dürfe, wenn Störungen vermieden bleiben sollten, steigert man nunmehr die Leistungen durch höhere Dampfspannung, starke Feueranfachung und bauliche Anpassung der Einzelteile auf 8 PS/m² Heizfläche und zum Teil darüber. Dazu richtet man die Lokomotiven für das Durchfahren langer Strecken ohne Halte ein, und zwar in einem Ausmaß, das bis 1880 jeglicher Vorstellung fern lag. Also auch die Steigerung der betrieblichen Ausnutzung der Lokomotive ist eine Neuheit, um die Wirtschaftlichkeit der Dampflokomotive zu heben.

Abweichend von dem Aufbau des ersten Bandes ist in diesem zweiten Band die Entwicklung der Lokomotive je für sich bei den einzelnen Verwaltungen geschildert. Es ist also der Stoff nicht nach Achsfolgen geordnet. Der Verein hatte das anfänglich auch hier beabsichtigt und diese Richtlinie dem ersten Bearbeiter des gigantischen Stoffes, Baurat Dr.-Ing. e. h. Metzeltin, aufgegeben. Die Darstellung in dieser Gestalt hatte aber durch das Aneinanderreihen äußerlich ähnlich aussehender Lokomotiven die feinen Zusammenhänge der Entwicklung zerrissen. Es schien richtiger, die Entwicklung in jedem Lande nach Schnellzug-, Personenzug- und Güterzuglokomotiven zu gliedern, entsprechend der Tatsache, daß in erster Reihe die Ansprüche des Verkehrs und Betriebs nicht nur bezüglich dieser Lokomotiven, sondern auch in den einzelnen Ländern verschieden waren. Die Metzeltinsche Arbeit ist deshalb von dem Reichsbahn-Zentralamt umgeschichtet, entwicklungsgeschichtlich aufgebaut und erweitert worden. Zusätze eisenbahnwissenschaftlicher Art wurden bei diesem Anlaß eingeflochten, die vielen eine willkommene Bereicherung sein werden und die manche geschichtliche Einzelheiten dem Verständnis näherbringen sollen.

Im Auftrage des Vereins Mitteleuropäischer Eisenbahnverwaltungen.

DER PREISAUSSCHUSS.

VORBEMERKUNG.

Die Bezeichnung der Lokomotiven in diesem Band entspricht nicht der neuesten am 27./29. Mai 1936 vom Technischen Ausschuß angenommenen. Die Änderung in den fertigen Zeichnungen und Schriftsätzen hätte die Drucklegung verzögert. Man wird aber die Beibehaltung der bis dahin gebrauchten Bezeichnungsweise nicht als eine Unvollkommenheit empfinden, weil es sich in diesem Band doch fast ausschließlich um Dampflokomotiven handelt, bei denen äußerst selten eine Laufachse fest im Hauptrahmen gelagert ist und das dann auch ausdrücklich erwähnt wird. Beispielsweise ist also eine 2′C 1′ Lokomotive in diesem Bande stets nur mit 2 C 1 und eine 1′ C C Malletlokomotive stets nur mit 1 C C bezeichnet worden.

INHALT.

Teil A. Die Entwicklung der Dampflokomotivbauarten im Vereinsgebiet.

Seite

I. Die Entwicklung der Dampflokomotive in Preußen.
Die ersten Preußischen Normalien 1
Die Einführung der Verbundwirkung in den preußischen Lokomotivbau 8
Die ersten Heißdampflokomotiven 22
Die Weiterentwicklung der Verbund-Schnellzuglokomotive 26
Die Weiterentwicklung der Heißdampfschnellzuglokomotive 32
Schnellfahrversuche 40
Personenzuglokomotiven 44
Güterzuglokomotiven 52
Tenderlokomotiven 78

II. Die Entwicklung der Dampflokomotive in Bayern rechts des Rheins.
Allgemeines 121
Schnellzug- und Personenzuglokomotiven . 121
Güterzuglokomotiven 135
Tenderlokomotiven 146

III. Die Entwicklung der Dampflokomotive auf der Pfälzischen Eisenbahn (später bayer. Staatsbahn, linksrheinisches Netz).
Schnellzug- und Personenzuglokomotiven . 162
Güterzuglokomotiven 167
Tenderlokomotiven 169

IV. Die Entwicklung der Dampflokomotive in Baden.
Schnellzug- und Personenzuglokomotiven . 173
Güterzuglokomotiven 185
Tenderlokomotiven 189

V. Die Entwicklung der Dampflokomotive in Württemberg.
Allgemeines 195
Schnellzug- und Personenzuglokomotiven . 196
Güterzuglokomotiven 203
Tenderlokomotiven 213

VI. Die Entwicklung der Dampflokomotive in Sachsen.
Allgemeines 218
Schnellzug- und Personenzuglokomotiven . 218
Güterzuglokomotiven 230
Tenderlokomotiven 235

VII. Die Entwicklung der Dampflokomotive in Oldenburg 241

VIII. Die Entwicklung der Dampflokomotive bei den Reichseisenbahnen in Elsaß-Lothringen.
Allgemeines 250
Schnellzug- und Personenzuglokomotiven . 251
Güterzuglokomotiven 260
Tenderlokomotiven 266

IX. Die Entwicklung der Schmalspurlokomotiven in Deutschland 273

X. Die Entwicklung der Lokomotivtender in Deutschland.
Allgemeines 281
2-achsige Tender 281
3-achsige Tender 282
4-achsige Tender 284

XI. Die Entwicklung der Dampflokomotive in Österreich.
Allgemeines 286
Schnellzug- und Personenzuglokomotiven . 288
Güterzuglokomotiven 325
Tenderlokomotiven 344
Schmalspurlokomotiven 363
Tender 368

XII. Entwicklung der Dampflokomotive in Ungarn.
Allgemeines 370
Schnellzug- und Personenzuglokomotiven . 371
Güterzuglokomotiven 385
Tenderlokomotiven 392
Schmalspurlokomotiven 400
Tender 404

XIII. Die Entwicklung der Dampflokomotive in den Niederlanden.
Die Verwaltung der Eisenbahnen in den Niederlanden 405
Die Lokomotivbauarten in den Niederlanden 405
Kessel- und Zubehör 408
Zylinder und Triebwerk 409
Rahmen und Fahrgestell 410
Das Führerhaus 411
Tender 412
Schnellzug- und Personenzuglokomotiven . 412
Güterzuglokomotiven 422
Tenderlokomotiven 424
Tender 435

XIV. Die Entwicklung der Zahnradlokomotiven im Vereinsgebiet 436

VII

Teil B. Einzelheiten.

Seite

I. Die Werkstoffe.
Feuerbüchskupfer 445
Kessel- und Rahmenbleche 446
Triebwerksteile und Radsätze 447
Federn 447
Rohre 447
Lagermetalle 447

II. Rahmen und Laufwerk.
Zug- und Stoßvorrichtung 448
Kupplung zwischen Lokomotive und Tender 449
Rahmen 450
Achsen 452
Räder und Radreifen 454
Achslager 454
Abfederung 455
Dreh- und Lenkgestelle 455

III. Der Kessel.
Langkessel 459
Stehkessel 460
Ersatz der Stehbolzenverankerung 461
Kessel ohne wasserumspülte Feuerbüchsen 464
Boden- und Feuerlochringe 465
Rauchkammer 465
Kesselbekleidung 466
Dehnungsmöglichkeit des Kessels 466

Seite

Schornsteine und Funkenfänger 467
Feuertür 468
Roste 468
Aschkasten 469
Heizrohre 469
Dampfdom 469
Regler 470
Blasrohr 472
Sicherheitsventil 473
Kesselspeisevorrichtung und Speisewasser-
vorwärmer 473
Speisewasserreiniger 477
Einrichtungen zur Rauchverbrennung . . . 478
Überhitzung 480

IV. Triebwerk und Steuerungen.
Verbundverfahren 483
Anfahrvorrichtungen 483
Wechselvorrichtungen 485
Dampfzylinder 486
Dampfkolben 487
Schieber 488
Steuerungen 491
Kreuzkopf, Gleitbahn, Stangen 493
Stopfbüchsen 494
Schmierung 494
Sandstreuer 495

VIII

ABBILDUNGSVERZEICHNIS.

I. Preußen.

Seite

Abb. 1. 1 B n 2 PLok., Gattung P 2 der Preußischen Staatsbahn 3

„ 2. 1 B n 2 PLok., Gattung P 2 der Preußischen Staatsbahn 4

„ 3. 1 B n 2 PLok., Gattung P 3¹ der Preußischen Staatsbahn 6

„ 4. 1 B n 2 SLok., Gattung S 1 der Preußischen Staatsbahn 7

„ 5. 1 B n 2 v PLok., Gattung P 3² der Preußischen Staatsbahn 9

„ 6. 1 B n 2 v PLok. der Marienburg-Mlawkaer-
Eisenbahn 10

„ 7. 2 B n 2 v PLok. der Preußischen Staatsbahn 11

„ 8. B 1 n 2 PLok. der Holsteinischen Marschbahn 12

„ 9. 2 B n 2 v SLok., Gattung S 2 (Hannov.
Bauart) der Preußischen Staatsbahn . . . 14

„ 10. 2 B n 2 SLok., Gattung S 2 (Erfurter Bauart) der Preußischen Staatsbahn 15

„ 11. 2 B n 2 v SLok., Gattung S 3 der Preußischen Staatsbahn 16

„ 12. 2 B n 2 v SLok., Gattung S 5² der Preußischen Staatsbahn 18

„ 13. 2 B n 4 v SLok., Gattung S 5¹ (Hannov.
Bauart) der Preußischen Staatsbahn. . . 20

„ 14. 2 B n 4 v SLok., Gattung S 5¹ (Bauart
Grafenstaden) der Reichseisenbahnen Elsaß-
Lothringen und der Preuß. Staatsbahn . 21

„ 15. 2 B h 2 SLok., Gattung S 4 der Preußischen Staatsbahn 25

„ 16. 2 B 1 n 4 v SLok., Gattung S 7 (Bauart
von Borries) der Preuß. Staatsbahn. . . 27

„ 17. 2 B 1 n 4 v SLok., Gattung S 7 (Bauart
Grafenstaden) der Preuß. Staatsbahn. . 29

„ 18. 2 B 1 n 4 v SLok., Gattung S 9 der Preuß.
Staatsbahn 30

„ 19. 2 B h 2 SLok., Gattung S 6 der Preußischen Staatsbahn 33

„ 20. 2 C h 4 SLok., Gattung S 10 der Preußischen Staatsbahn 35

„ 21. 2 C h 4 v SLok., Gattung S 10¹ der Preußischen Staatsbahn 37

„ 22. 3 B n 2 v Schnellfahrlok., Entwurf Gölsdorf 40

„ 23. 2 B 2 n 3 v Schnellfahrlok. der Preußischen Staatsbahn 42

„ 24. 2 B n 2 v PLok., Gattung P 4² der Preußischen Staatsbahn 44

„ 25. 1 C h 2 PLok., Gattung P 6 der Preußischen Staatsbahn 45

Seite

Abb. 26. 2 C n 4 v PLok., Gattung P 7 der Preußischen Staatsbahn 47

„ 27. 2 C h 2 PLok., Gattung P 8 der Preußischen Staatsbahn 48

„ 28. 1 D 1 h 3 PLok., Gattung P 10 der Preußischen Staatsbahn 51

„ 29. B n 2 GLok., Gattung G 1 der Preußischen Staatsbahn 53

„ 30. C n 2 GLok., Gattung G 4¹ der Preußischen
Staatsbahn 54

„ 31. C n 2 GLok. der Dortmund-Gronau-Enscheder Eisenbahn 57

„ 32. C n 2 v GLok., Gattung G 4 der Reichseisenbahnen Elsaß-Lothringen 58

„ 33. C n 2 v GLok., Gattung G 4³ der Preußischen Staatsbahn 59

„ 34. 1 C n 2 GLok., Gattung G 5¹ der Preußischen Staatsbahn 61

„ 35. 1 C n 2 GLok., Gattung G 5³ der Preußischen Staatsbahn 62

„ 36. D n 2 v GLok., Gattung G 7² der Preußischen Staatsbahn 63

„ 37. D n 2 GLok., Gattung G 7¹ der Lübeck-
Büchener Eisenbahn. 64

„ 38. 1 D n 2 v GLok., Gattung G 7³ der Preußischen Staatsbahn 65

„ 39. D h 2 GLok., Gattung G 8 der Preußischen Staatsbahn 67

„ 40. D n 2 GLok., Gattung G 9 der Preußischen Staatsbahn 68

„ 41. D h 2 GLok., Gattung G 8¹ der Preußischen Staatsbahn 70

„ 42. E h 2 GLok., Gattung G 10 der Preußischen Staatsbahn 72

„ 43. 1 E h 3 GLok., Gattung G 12¹ der Preußischen Staatsbahn 73

„ 44. 1 E h 3 GLok., Gattung G 12 der Preußischen Staatsbahn 75

„ 45. 1 D h 3 GLok., Gattung G 8³ der Preußischen Staatsbahn 77

„ 46. B n 2 TLok., Gattung T 1 der Preußischen Staatsbahn 81

„ 47. B n 2 v TLok. der Preuß. Staatsbahn. . 81

„ 48. B n 2 TLok. der Neustrelitz-Warnemünder
Eisenbahn 82

„ 49. B n 2 TLok. der Neustrelitz-Wesenberg-
Mirower Eisenbahn 82

„ 50. B n 2 TLok. der Kleinbahn Zwischenahn-
Edewecht. 83

„ 51. B h 2 TLok. der Württembergischen Nebenbahnen 83

IX

Seite

Abb. 52. C n 2 TLok., Gattung T 3 der Preußischen Staatsbahn 84

„ 53. 1 B n 2 TLok., Gattung T 4¹ der Preußischen Staatsbahn 86

„ 54. 1 B n 2 TLok., Gattung T 4¹ (Bauart v. Borries) der Preußischen Staatsbahn . 87

„ 55. 1 B n 2 TLok., Gattung T 4 der Preußischen Staatsbahn 87

„ 56. B 1 n 2 TLok., Gattung T 4² der Preußischen Staatsbahn 88

„ 57. 1 B 1 n 2 TLok. der Unterelbe Eisenbahn 89

„ 58. 1 B1 n 2 TLok., Gattung T 5¹ der Preußischen Staatsbahn 90

„ 59. 2 B n 2 TLok., Gattung T 5² der Preußischen Staatsbahn 91

„ 60. C 1 n 2 TLok. (Elberfelder Bauart), der Preußischen Staatsbahn 92

„ 61. C 1 n 2 TLok. der Preußischen Staatsbahn 93

„ 62. C 1 n 2 TLok., Gattung T 9¹ der Preußischen Staatsbahn 94

„ 63. C n 2 TLok. der Main-Neckar-Eisenbahn 95

„ 64. C 1 n 2 v TLok. der Westfälischen Landeseisenbahn 95

„ 65. 1 C n 2 TLok., Gattung T 9² der Preußischen Staatsbahn 96

„ 66. 1 C n 2 TLok., Gattung T 9³ der Preußischen Staatsbahn 96

„ 67. 1 C n 2 TLok., Gattung T 11 der Preußischen Staatsbahn 98

„ 68. 1 C h 2 TLok., Gattung T 12 der Preußischen Staatsbahn 99

„ 69. 1 C 1 n 3 TLok., Gattung T 6 der Preußischen Staatsbahn 100

„ 70. 1 C 1 h 2 TLok. der Samlandbahn . . . 101

„ 71. 2 C h 2 TLok., Gattung T 10 der Preußischen Staatsbahn 102

„ 72. 2 C 2 h 4 v TLok. der Preußischen Staatsbahn 103

„ 73. 2 C 2 h 2 TLok., Gattung T 18 der Preußischen Staatsbahn 104

„ 74. C n 2 TLok., Gattung T 7 der Preußischen Staatsbahn 104

„ 75. C n 2 TLok. der Altona-Kaltenkirchener Eisenbahn 105

„ 76. C n 2 TLok. der Niederlausitzer Eisenbahn 106

„ 77. C n 2 v TLok. der Westfälischen Landeseisenbahn 106

„ 78. C h 2 TLok., Gattung T 8 der Preußischen Staatsbahn 107

„ 79. C h 2 TLok. der Priegnitzer Eisenbahn . 107

„ 80. E n 2 TLok., Gattung T 15 der Preußischen Staatsbahn mit Hagans-Triebwerk 108

„ 81. Rahmen zur E n 2 TLok., Bauart Hagans 108

„ 82. E n 2 TLok. der Lenzschen Kleinbahnen 109

„ 83. E n 2 TLok., Gattung T 15 der Preußischen Staatsbahn mit Triebwerk Bauart Köchy 110

„ 84. E n 2 TLok. der Westfälischen Landeseisenbahn 111

„ 85. E h 2 TLok., Gattung T 16 der Preußischen Staatsbahn (Erstausführung) . . . 111

„ 86. E h 2 TLok., Gattung T 16¹ der Preußischen Staatsbahn 112

„ 87. D n 2 TLok., Gattung T 13 der Preußischen Staatsbahn 114

„ 88. 1 D 1 h 3 TLok. der Preuß. Staatsbahn. 115

Seite

Abb. 89. 1 D 1 h 2 TLok., Gattung T 14¹ der Preußischen Staatsbahn 116

„ 90. 1 E 1 h 2 TLok. der Halberstadt-Blankenburger Eisenbahn 117

„ 91. 1 E 1 h 2 TLok., Gattung T 20 der Preußischen Staatsbahn 119

II. Bayern.

Abb. 92. 1 B n 2 v SLok., Gattung BX der Bayerischen Staatsbahn 122

„ 93. 2 B n 2 v SLok., Gattung BXIc der Bayerischen Staatsbahn 124

„ 94. 2 a A 1 n 2 v SLok., Gattung AA 1 der Bayer. Staatsbahn mit Hilfsmaschine . 125

„ 95. 2 C n 4 v SLok., Gattung CV der Bayerischen Staatsbahn 126

„ 96. 2 B 1 n 4 v SLok., Gattung S²/₅ der Bayer. Staatsbahn, Bauart Vauclain. . 127

„ 97. 2 B 1 n 4 v SLok., Gattung S²/₅ der Bayerischen Staatsbahn 128

„ 98. 2 C h 4 v SLok., Gattung S³/₅ der Bayerischen Staatsbahn 130

„ 99. 2 C n 4 v PLok., Gattung P³/₅ der Bayerischen Staatsbahn 131

„ 100. 2 B 2 h 4 v SLok., Gattung S²/₆ der Bayerischen Staatsbahn 132

„ 101. 2 C 1 h 4 v SLok., Gattung S³/₆ der Bayerischen Staatsbahn 133

„ 102. C n 2 v GLok., Gattung C IV der Bayerischen Staatsbahn 136

„ 103. 1 D n 2 GLok., Gattung E 1 der Bayerischen Staatsbahn 137

„ 104. 1 D n 4 v GLok., Gattung E I der Bayerischen Staatsbahn mit Triebwerk Sondermann 137

„ 105. BB n 4 v GLok., Gattung BB I der Bayerischen Staatsbahn 138

„ 106. 1 C n 2 v GLok., Gattung C VI der Bayerischen Staatsbahn 139

„ 107. 1 C h 2 GLok., Gattung G ³/₄ H der Bayerischen Staatsbahn 140

„ 108. 1 D n 4 v GLok., Gattung E I der Bayerischen Staatsbahn, Bauart Vauclain. . 141

„ 109. 1 D n 2 GLok., Gattung G ⁴/₅ N der Bayerischen Staatsbahn 142

„ 110. Federanordnung der Lok. G ⁴/₅ N . . . 143

„ 111. 1 D h 4 v GLok., Gattung G ⁴/₅ H der Bayerischen Staatsbahn 144

„ 112. E h 4 v GLok., Gattung G ⁵/₅ der Bayerischen Staatsbahn 145

„ 113. C n 2 TLok., Gattung D II der Bayerischen Staatsbahn 146

„ 114. B n 2 TLok., Gattung D VI der Bayerischen Staatsbahn 147

„ 115. C 1 n 2 TLok., Gattung D VIII der Bayerischen Staatsbahn 148

„ 116. C 1 n 2 TLok., Gattung D XI der Bayerischen Staatsbahn 148

„ 117. C 1 n 2 v TLok. der Lokalbahn AG. München 149

„ 118. 1 C n 2 v TLok. der Lokalbahn AG. München 149

„ 119. 1 C n 2 v TLok. der Lokalbahn AG. München 150

X

Abb. 120. C n 2 v TLok. der Lokalbahn AG. München 151
„ 121. 1 B n 2 TLok., Gattung D IX der Bayerischen Staatsbahn 151
„ 122. 1 B h 2 TLok., Gattung Pt 2/3 der Bayerischen Staatsbahn 152
„ 123. 2 B n 2 TLok., Gattung Pt 2/4 der Bayerischen Staatsbahn 153
„ 124. 1 B 2 n 2 TLok., Gattung D XII der Bayerischen Staatsbahn 153
„ 125. 1 B 2 h 2 TLok., Gattung D XII der Bayerischen Staatsbahn 154
„ 126. 1 B 1 h 2 TLok., Gattung Pt 2/4 H der Bayerischen Staatsbahn 155
„ 127. Sektorrost der Lok. Abb 126 155
„ 128. A A h 4 TLok., Gattung Pt L 2/2 (ML 2/2) der Bayerischen Staatsbahn 156
„ 129. B h 2 TLok., Gattung Pt L 2/2 der Bayerischen Staatsbahn 157
„ 130. B h 2 TLok., Gattung Pt L 2/2 der Bayerischen Staatsbahn, zweite Ausführung . 157
„ 131. BB n 4 v TLok., Gattung BB II der Bayerischen Staatsbahn 158
„ 132. D h 2 TLok., Gattung Gt L 4/4 der Bayerischen Staatsbahn 158
„ 133. D n 2 TLok. der Thüring. Nebenbahnen (Bachstein) 159
„ 134. D n 2 TLok. der Peine-Ilseder E.W. . . 159
„ 135. DD h 4 v TLok., Gattung Gt 2×4/4 der Bayerischen Staatsbahn 160
„ 136. DD h 4 v TLok., Gattung Gt 2×4/4 der Bayerischen Staatsbahn (Umbau) . . . 161

III. Pfalz.

Abb. 137. 1 B 1 n 2 SLok., Gattung P 2¹ der Pfälzischen Eisenbahn 162
„ 138. 2 B 1 n 2 SLok. der Pfälzischen Eisenbahn 163
„ 139. 2 B 1 n 4 v SLok. der Pfälz. Eisenbahn 164
„ 140. 2 a B 1 n 2 v SLok. der Pfälz. Eisenbahn 165
„ 141. 2 B 1 h 4 v SLok. der Pfälz. Eisenbahn 166
„ 142. C n 2 v GLok., Gattung G 3/3 der Pfälzischen Eisenbahn 167
„ 143. D n 2 v GLok. der Pfälz. Eisenbahn . 169
„ 144. 1 C 2 n 2 TLok. der Pfälz. Eisenbahn . 170
„ 145. Federanordnung der 1 C 2 n 2 TLok. der Pfälzischen Eisenbahn 170
„ 146. E n 2 TLok. der Pfälz. Eisenbahn . . . 171

IV. Baden.

Abb. 147. 2 B n 2 SLok., Gattung II c der Badischen Staatsbahn 175
„ 148. 2 B 1 n 4 v SLok., Gattung II d der Badischen Staatsbahn 176
„ 149. 2 C n 4 v PLok., Gattung IV e der Badischen Staatsbahn 178
„ 150. 2 C 1 h 4 v SLok., Gattung IV f der Badischen Staatsbahn 180
„ 151. Vorrichtung zur Erhöhung des Reibungsgewichtes der badischen IV f-Lokomotive 181
„ 152. 1 C 1 h 4 v PLok., Gattung IV g der Badischen Staatsbahn 182
„ 153. 2 C 1 h 4 v SLok., Gattung IV h der Badischen Staatsbahn 184

Abb. 154. C n 2 v GLok., Gattung VII d der Badischen Staatsbahn 186
„ 155. BB n 4 v GLok., Gattung VIII c der Badischen Staatsbahn 187
„ 156. 1 D h 4 v GLok., Gattung VIII e der Badischen Staatsbahn 188
„ 157/58. Schieberanordnung der bad. VIII e-Lokomotive 189
„ 159. 1 A n 2 TLok., Gattung I d der Badischen Staatsbahn . . . . , . . 190
„ 160. 1 B 1 n 2 TLok., Gattung IV d der Badischen Staatsbahn 190
„ 161. 1 C 1 n 2 TLok., Gattung VI b der Badischen Staatsbahn 191
„ 162. 1 C 1 h 2 TLok., Gattung VI c der Badischen Staatsbahn 192
„ 163. 1 C n 2 TLok., Gattung VI a der Badischen Staatsbahn 193
„ 164. D n 2 TLok., Gattung VIII d der Badischen Staatsbahn, Bauart Hagans . . . 193
„ 165. D n 2 TLok., Gattung X b der Badischen Staatsbahn 194

V. Württemberg.

Abb. 166. 1 B n 2 v PLok., Gattung A c der Württembergischen Staatsbahn 197
„ 167. Anordnung von Schieber und Einströmrohr nach Klose 197
„ 168. 1 B 1 t 3 v PLok., Gattung E der Württembergischen Staatsbahnen 198
„ 169. Rückwärtiger Teil der 1 B 1 Lok., Gattung E 198
„ 170. 2 B n 2 v SLok., Gattung AD der Württembergischen Staatsbahn 199
„ 171. 2 C n 4 v PLok., Gattung D der Württembergischen Staatsbahn 200
„ 172. 2 C 1 h 4 v SLok., Gattung C der Württembergischen Staatsbahn 201
„ 173. C n 2 v GLok., Gattung F c der Württembergischen Staatsbahn 203
„ 174. Federanordnung der C n 2 v GLok., Gattung F c 203
„ 175. C n 2 v GLok., Gattung F 1 c der Württembergischen Staatsbahn 204
„ 176. C n 2 GLok., Gattung F 1 der Württembergischen Staatsbahn 205
„ 177. 1 C n 2 GLok., Gattung F b der Württembergischen Staatsbahn 206
„ 178. E n 3 v GLok., Gattung G der Württembergischen Staatsbahn 207
„ 179. Federanordnung der E n 3 v GLok., Gattung G 208
„ 180. E n 2 v GLok., Gattung H der Württembergischen Staatsbahn 209
„ 181. E h 2 GLok., Gattung H h der Württembergischen Staatsbahn 210
„ 182. 1 F h 4 v GLok., Gattung K der Württembergischen Staatsbahn 211
„ 183. C n 2 TLok., Gattung T 3 der Württembergischen Staatsbahn 213
„ 184. C n 2 TLok., Gattung T 3 der Württembergischen Staatsbahn 214
„ 185. D n 2 TLok., Gattung T 4 der Württembergischen Staatsbahn 214

Abb. 186. 1 C 1 h 2 TLok., Gattung T 5 der Württembergischen Staatsbahn 215

„ 187. D h 2 TLok., Gattung T 6 der Württembergischen Staatsbahn 216

„ 188. E h 2 TLok., Gattung T n der Württembergischen Staatsbahn 217

VI. Sachsen.

Abb. 189. 1 B n 2 v SLok., Gattung VI b 𝕭 der Sächsischen Staatsbahn 219

„ 190. 2 B n 2 SLok., Gattung VIII 2 der Sächsischen Staatsbahn 221

„ 191. 2 B 1 n 4 v SLok., Gattung X 𝕭 der Sächsischen Staatsbahn 222

„ 192. 2 C h 4 SLok., Gattung XII 𝕳 der Sächsischen Staatsbahn 224

„ 193. 2 C h 2 SLok., Gattung XII 𝕳 2 der Sächsischen Staatsbahn 225

„ 194. 2 B 1 h 2 SLok., Gattung X 𝕳 1 der Sächsischen Staatsbahn 226

„ 195. 2 C 1 h 3 SLok., Gattung XVIII 𝕳 der Sächsischen Staatsbahn 228

„ 196. 1 D 1 h 4 v SLok., Gattung XX 𝕳 𝕭 der Sächsischen Staatsbahn 229

„ 197. C n 2 v GLok., Gattung V 𝕭 der Sächsischen Staatsbahn 231

„ 198. BB n 4 v GLok., Gattung I 𝕭 der Sächsischen Staatsbahn 232

„ 199. 1 D n 2 v GLok., Gattung IX 𝕭 der Sächsischen Staatsbahn 233

„ 200. E n 2 v GLok., Gattung XI 𝕭 der Sächsischen Staatsbahn 234

„ 201. B n 2 v TLok., Gattung VII 𝕭 der Sächsischen Staatsbahn 236

„ 202. 1 B 1 n 2 TLok., Gattung IV T der Sächsischen Staatsbahn 236

„ 203. 1 C 1 h 2 TLok., Gattung XIV 𝕳 T der Sächsischen Staatsbahn 237

„ 204. BB n 4 v TLok., Gattung I T 𝕭 der Sächsischen Staatsbahn 238

„ 205. E h 2 TLok., Gattung XI 𝕳 T der Sächsischen Staatsbahn 239

„ 206. CC h 4 v TLok., Gattung XV 𝕳 T 𝕭 der Sächsischen Staatsbahn 240

VII. Oldenburg.

Abb. 207. B n 2 v PLok. der Oldenburgischen Staatsbahn 241

„ 208. 1 A n 2 TLok. der Oldenburgischen Staatsbahn 243

„ 209. C n 2 v GLok., Gattung G 4² der Oldenburgischen Staatsbahn 244

„ 210. 2 B n 2 PLok., Gattung P 4¹ der Oldenburgischen Staatsbahn 245

„ 211. D n 2 v GLok., Gattung G 9 der Oldenburgischen Staatsbahn 247

„ 212. 1 C 1 h 2 SLok., Gattung S 10 der Oldenburgischen Staatsbahn 248

VIII. Elsaß-Lothringen.

Abb. 213. 2 B n 2 v PLok., Gattung P 3 (A 10) der Reichseisenbahnen Elsaß-Lothringen . . 253

„ 214. 2 B n 2 PLok., Gattung P 3 (A 11) der Reichseisenbahnen Elsaß-Lothringen . . 254

Abb. 215. 2 B n 2 v PLok., Gattung P 1 (A 12) der Reichseisenbahnen Elsaß-Lothringen . . 254

„ 216. 2 C n 4 v PLok., Gattung P 5 (A 14) der Reichseisenbahnen Elsaß-Lothringen . . 256

„ 217. 2 C n 4 v PLok., Gattung P 7 (A 17) der Reichseisenbahnen Elsaß-Lothringen . . 257

„ 218. 2 C n 4 v SLok., Gattung S 9 der Reichseisenbahnen Elsaß-Lothringen 258

„ 219. 2 C 1 h 4 v SLok., Gattung S 12 der Reichseisenbahnen Elsaß-Lothringen . . 259

„ 220. C n 2 v GLok., Gattung G 4 (C 25) der Reichseisenbahnen Elsaß-Lothringen . . 262

„ 221. 1 E n 4 v GLok., Gattung G 11 (C 33) der Reichseisenbahnen Elsaß-Lothringen . . 264

„ 222. C n 2 TLok., Gattung T 3 (D 11) der Reichseisenbahnen Elsaß-Lothringen . . 268

„ 223. C n 2 TLok., Gattung T 3 (D 30) der Reichseisenbahnen Elsaß-Lothringen . . 268

„ 224. 1 B n 2 TLok., Gattung T 4 (D 17) der Reichseisenbahnen Elsaß-Lothringen . . 269

„ 225. 1 B n 2 TLok., Gattung T 4 (D 18) der Reichseisenbahnen Elsaß-Lothringen . . 269

„ 226. 1 B 1 n 2 v TLok., Gattung T 5 (D 24) der Reichseisenbahnen Elsaß-Lothringen 270

„ 227. 2 C 2 n 4 v TLok., Gattung T 17 (D 33) der Reichseisenbahnen Elsaß-Lothringen 271

IX. Schmalspurlokomotiven.

Abb. 228. 1 B 1 n 2 TLok. der Oberschlesischen Schmalspurbahnen 274

„ 229. BB n 4 v TLok., Gattung I M der Sächsischen Staatsbahn 275

„ 230. BB n 4 v TLok., Gattung I M der Sächsischen Staatsbahn 275

„ 231. D n 2 TLok., Gattung T 35 der Preußischen Staatsbahn 276

„ 232. D n 2 TLok., Gattung Ts der Württembergischen Staatsbahn 277

„ 233. BB n 4 v Malletlok. der Harzquer- und Brockenbahn 277

„ 234. E n 2 TLok. der Greifenhagener Kreisbahn 278

„ 235. E h 2 TLok. der Sächsischen Staatsbahn und Deutschen Reichsbahn 278

„ 236. Zahnradgestell, Bauart Luttermöller . 279

„ 237. E h 2 TLok., Gattung T 39 der Preußischen Staatsbahn 279

„ 238. CC n 4 v Malletlokomotive der Harzquerbahn 280

X. Tender.

Abb. 239. 2achsiger Tender der Oldenburgischen Staatsbahn (2 T 10) 282

„ 240. 3achsiger Tender der Preußischen Staatsbahn (3 T 10) 282

„ 241. 3achsiger Tender der Preußischen Staatsbahn (3 T 16,5) 283

„ 242. 4achsiger Tender der Badischen Staatsbahn (4 T 15) 284

„ 243. 4achsiger Tender der Bayerischen Staatsbahn (4 T 32,5) 285

XI. Österreich.

Abb. 244. 1 B n 2 Lok., Reihe 107 der Galizischen
Karl-Ludwig-Bahn 289

,, 245. 1 B o n 3 v SLok. der Österr.-Ung.
Staatseisenbahn-Gesellschaft 289

,, 246. 1 B 1 n 2 SLok., Reihe 5 der Österr.-Ung.
Staatseisenbahn-Gesellschaft 290

,, 247. 1 B 1 n 2 SLok., Reihe 205 der Österr.-
Ung. Staatseisenbahn-Gesellschaft . . . 291

,, 248. 2 B n 2 SLok., Reihe 104 der Kaiser-Ferdinand-Nordbahn. 292

,, 249. 2 B n 2 v SLok., Reihe 6 der KK. Österr.
Staatsbahnen 293

,, 250. 2 B n 2 v SLok., Reihe 206 der KK.
Österr. Staatsbahnen 294

,, 251. 2 B n 3 v SLok., Reihe 506 der Österr.-
Ung. Staatseisenbahn-Gesellschaft . . . 296

,, 252. 2 B 1 n 2 SLok., Reihe 308 der Kaiser-
Ferdinand-Nordbahn 297

,, 253. 2 B 1 n 4 v SLok., Reihe 108 der KK.
Österr. Staatsbahnen 298

,, 254. C n 2 Lok., Reihe 56 der KK. Österr.
Staatsbahnen 299

,, 255. C n 2 Lok., Reihe 55 der Österr. Nordwestbahn 301

,, 256. C n 2 Lok., Reihe 131 der Österr.-Ung.
Staatseisenbahn-Gesellschaft 302

,, 257. 1 C n 2 Lok., Reihe 28 der Kaiserin-Elisabeth-Bahn 303

,, 258. 1 C n 2 PLok., Reihe 260 der Kaiser-Ferdinand-Nordbahn. 304

,, 259. 1 C n 2 v Lok., Reihe 60 der KK. Österr.
Staatsbahnen 305

,, 260. 1 C n 2 Lok., Reihe 560 der Österr.-Ung.
Staatseisenbahn-Gesellschaft 306

,, 261. 1 C h 2 Lok., Reihe 228 der Österr.-Ung.
Staatseisenbahn-Gesellschaft. 308

,, 262. 1 C h 2 Lok., Reihe 128 der KK. priv.
Böhm. Nordbahn-Gesellschaft 309

,, 263. 1 C h 2 Lok., Reihe Ie der Aussig-Teplitzer Eisenbahn 309

,, 264. 2 C n 2 PLok., Reihe 11 der KK. priv.
Österr. Nordwestbahn 310

,, 265. 2 C n 2 PLok., Reihe 32f der KK. priv.
Südbahngesellschaft 311

,, 266. 2 C n 2 v SLok., Reihe 9 der KK. Österr.
Staatsbahnen 312

,, 267. 2 C n 4 v SLok., Reihe 109 der Österr.-
Ung. Staatseisenbahn-Gesellschaft . . . 314

,, 268. 2 C h 2 PLok., Reihe 111 der KK. priv.
Kaiser-Ferdinand-Nordbahnen 315

,, 269. 2 C h 2 PLok., Reihe 109 der KK. priv.
Südbahn-Gesellschaft 316

,, 270. 1 C 1 n 4 v SLok., Reihe 110 der KK.
Österr. Staatsbahnen 318

,, 271. 1 C 1 h 2 v PLok., Reihe 329 der KK.
Österr. Staatsbahnen 320

,, 272. 1 C 1 h 2 SLok., Reihe 910 der KK.
Österr. Staatsbahnen 322

,, 273. 1 C 2 h 4 v SLok., Reihe 210 der KK.
Österr. Staatsbahnen 324

,, 274. D n 2 GLok., Reihe 73 der Arlbergbahn 327

,, 275. D n 2 GLok., Reihe 75 der Österr.-Ung.
Staatseisenbahn-Gesellschaft 328

Abb. 276. D h 2 GLok., Reihe 174 der KK. Österr.
Staatsbahnen 330

,, 277. 1 D n 2 v GLok., Reihe 170 der KK.
Österr. Staatsbahnen 331

,, 278. 1 D 1 h 4 v GLok., Reihe 470 der KK.
Österr. Staatsbahnen 333

,, 279. 2 D h 2 GLok., Reihe 570 der KK. priv.
Südbahn-Gesellschaft 335

,, 280. E n 2 v GLok., Reihe 180 der KK.
Österr. Staatsbahnen 336

,, 281. E h 2 v GLok., Reihe 80 der KK. Österr.
Staatsbahnen 337

,, 282. E h 2 GLok., Reihe 480 der KK. priv.
Südbahn-Gesellschaft 338

,, 283. 1 E h 4 v GLok., Reihe 280 der KK.
Österr. Staatsbahnen 339

,, 284. 1 E h 2 GLok., Reihe 580 der KK. priv.
Südbahn-Gesellschaft 340

,, 285. 1 F h 4 v GLok., Reihe 100 der KK.
Österr. Staatsbahnen 342

,, 286. Hintere Kuppelstange der 1 F GLok.,
Reihe 100 mit Kardangelenken nach
Pillwa. 343

,, 287. A 1 n 2 TLok., Reihe DT 4 der KK. priv.
Österr. Nordwestbahn 344

,, 288. 1 A n 2 TLok., Reihe 1 der KK. priv.
Südbahn-Gesellschaft 344

,, 289. 1 A 1 n 2 v TLok., Reihe 112 der KK.
Österr. Staatsbahnen 345

,, 290. B n 2 TLok. der Kaiserin-Elisabeth-Bahn 345

,, 291. B n 2 TLok., Reihe 88 der KK. Österr.
Staatsbahnen 345

,, 292. B n 2 TLok., Reihe 85 der Niederösterr.
Südwestbahn 346

,, 293. B n 2 TLok., Reihe 184 der Niederösterr.
Landesbahn 346

,, 294. B n 2 v TLok., Reihe 185 der Welser
Lokalbahn. 347

,, 295. C n 2 TLok., Reihe 163 der KK. priv.
Österr. Nordwestbahn 348

,, 296. C n 2 TLok., Reihe 195 der Österr.-Ung.
Staatseisenbahn-Gesellschaft 348

,, 297. C n 2 TLok. der Niederösterreichischen
Lokalbahn. 349

,, 298. C n 2 TLok., Reihe 97 der KK. Österr.
Staatsbahnen 349

,, 299. 1 A 1 n 2 TLok., Reihe 12 der Österr.
Bundesbahnen 350

,, 300. C n 2 TLok. der Eisenbahn Wien-Aspang 350

,, 301. C n 2 TLok., Reihe 493 der Lokalbahn
Schönbrunn-Vitkowitz-Königsberg
(Schles.) 351

,, 302. C n 2 v TLok., Reihe 564 der Lokalbahn
Saitz-Czeitsch-Göding 351

,, 303. C h 2 TLok., Reihe 164 der Bukowinaer
Lokalbahn. 352

,, 304. 1 C n 2 v TLok., Reihe 99 der KK.
Österr. Staatsbahnen 352

,, 305. 1 C n 2 v TLok., Reihe 129 der KK.
Österr. Staatsbahnen 353

,, 306. C 1 n 2 TLok., Reihe 265 der KK. priv.
Böhm. Nordbahn-Gesellschaft 354

,, 307. C 2 n 2 TLok., Reihe 191 der KK. priv.
Kaiser-Ferdinand-Nordbahn 355

,, 308. 1 C 1 n 2 v TLok., Reihe 30 der Wiener
Stadtbahn. 356

Seite

Abb. 309. 1 C 1 n 2 v TLok., Reihe 229 der KK.
Österr. Staatsbahnen 357

,, 310. 2 C 1 h 2 TLok., Reihe 629 der KK. priv.
Südbahn-Gesellschaft 357

,, 311. D n 2 TLok., Reihe 378 der Österr.-Ung.
Staatseisenbahn-Gesellschaft 358

,, 312. D n 2 TLok., Reihe 78 der Arlbergbahn 359

,, 313. D n 2 TLok., Reihe 478 der Österr.-Ung.
Staatseisenbahn-Gesellschaft 360

,, 314. D n 2 v TLok., Reihe 178 der Eisenbahn
Karlsbad-Johanngeorgenstadt 360

,, 315. 1 D n 2 TLok., Reihe 179 der Österr.-
Ung. Staatseisenbahn-Gesellschaft . . . 361

,, 316. D 2 n 2 TLok., Reihe 79 der Arlbergbahn 362

,, 317. 1 E 1 h 2 TLok., Reihe V a der Buschtê-
hrader Eisenbahn 362

,, 318. 2 B n 2 TLok. der Lambach-Gmunden-
Bahn 364

,, 319. 1 C 1 n 2 TLok. der Lambach-Gmunden-
Bahn 364

,, 320. 1 B n 2 v TLok., Reihe 189 der Lambach-
Gmunden-Bahn 365

,, 321. C n 2 TLok., Reihe Z der Pinzgauer
Lokalbahn 365

,, 322. C 1 n 2 TLok., Reihe U der Murtalbahn 365

,, 323. C 1 n 2 v TLok. der Innsbrucker Mittel-
gebirgs-Bahn 366

,, 324. C 2 n 2 v TLok., Reihe J v der Ibbstal-
bahn 366

,, 325. D n 2 v TLok., Reihe C v der Lokalbahn
Czudin-Koszczuja 367

,, 326. D 1 h 2 TLok., Reihe P der Lokalbahn
Triest-Parenzo 367

,, 327. Kuppelstange der D 1 Lok., Reihe P. . 367

,, 328. D 2 h 2 TLok., Reihe Mh der Nieder-
Österr. Landesbahn 368

,, 329. Tender 4 T 30, Reihe 88 der KK. Österr.
Staatsbahnen 369

XII. Ungarn.

Abb. 330. 1 B n 2 PLok., Gattung II der Raab-
Oedenburg-Ebenfurter Eisenbahn . . . 371

,, 331. 1 B n 2 PLok., Gattung II p (241) der
Ungarisch-Galizischen Eisenbahn. . . . 372

,, 332. 2 B n 2 SLok., Gattung I a (220) der
Staatsbahn Kaschau-Oderberg 372

,, 333. 2 B n 2 PLok., Gattung I d (221) der
Ungarischen Staatsbahn 373

,, 334. 2 B n 4 v SLok., Gattung I e (222) der
Ungarischen Staatsbahn 373

,, 335. 2 B 1 n 2 v SLok., Gattung I L (201) der
Ungarischen Staatsbahn 375

,, 336. 2 B 1 n 4 v SLok., Gattung I n (203) der
Ungarischen Staatsbahn 376

,, 337. 2 C n 2 PLok., Gattung I h (320) der
Ungarischen Staatsbahn 377

,, 338. 2 C n 2 v PLok., Gattung I k (321) der
Ungarischen Staatsbahn 377

,, 339. 2 C h 2 SLok., Gattung 327 der Ungarischen Staatsbahn 378

,, 340. 2 C h 2 SLok., Gattung 328 der Ungarischen Staatsbahn 379

,, 341. 1 C 1 n 4 v PLok., Gattung III s (322)
der Ungarischen Staatsbahn. 381

Seite

Abb. 342. 1 C 1 n 2 v PLok., Gattung III n (324)
der Ungarischen Staatsbahn. 382

,, 343. 1 C 1 h 2 PLok., Gattung 324 der Ungarischen Staatsbahn 383

,, 344. 2 C 1 h 4 SLok., Gattung 301 der Ungarischen Staatsbahn 384

,, 345. C n 2 GLok., Gattung III e (326) der
Ungarischen Staatsbahn 385

,, 346. C n 3 v GLok., Gattung III n der Ungarischen Staatsbahn 386

,, 347. C n 2 v GLok., Gattung III q (325) der
Ungarischen Staatsbahn 386

,, 348. C n 2 v GLok., Gattung V a (370) der
Ungarischen Staatsbahn 387

,, 349. D n 2 GLok., Gattung IV a (420) der
Ungarischen Staatsbahn 388

,, 350. D n 2 GLok., Gattung IV c (421) der
Ungarischen Staatsbahn 388

,, 351. BB n 4 v GLok., Gattung IV d (422) der
Ungarischen Staatsbahn 389

,, 352. 1 BB n 4 v GLok., Gattung IV e (401)
der Ungarischen Staatsbahn. 390

,, 353. CC n 4 v GLok., Gattung VI m (651) der
Ungarischen Staatsbahn 391

,, 354. 1 CC h 4 v GLok., Gattung 601 der Ungarischen Staatsbahn 392

,, 355. A 1 t 2 v TLok., Gattung M I (10) der
Ungarischen Staatsbahn 393

,, 356. 1 A t 2 v TLok., Gattung M I a (11) der
Ungarischen Staatsbahn 393

,, 357. B n 2 TLok., Gattung X (20) der Ungarischen Staatsbahn 394

,, 358. B n 2 TLok., Gattung VII (284) der
Ungarischen Staatsbahn 394

,, 359. C n 2 TLok., Gattung XII (377) der Ungarischen Staatsbahn 395

,, 360. C n 2 v TLok., Gattung XII 1 (384) der
Ungarischen Staatsbahn 395

,, 361. C n 2 TLok., Gattung XII a der Ungarischen Staatsbahn 395

,, 362. 1 C 1 n 2 v TLok., Gattung T v (375) der
Ungarischen Staatsbahn 396

,, 363. 1 C 1 n 2 TLok., der Arad-Csanader
Eisenbahn 397

,, 364. 1 C 1 h 2 TLok., Gattung 342 der Ungarischen Staatsbahn 398

,, 365. D n 2 v TLok., Gattung XIV a (475) der
Ungarischen Staatsbahn 399

,, 366. 1 D 1 h 2 TLok., Gattung 442 der Ungarischen Staatsbahn 399

,, 367. B n 2 Schmalspurlokomotive, Gattung
XXI b (289) der Ungarischen Staatsbahn 401

,, 368. D n 2 Schmalspurlokomotive des Hütten-
werks Reschitza 401

,, 369. C n 2 Schmalspur-Tenderlokomotive,
Gattung 399 der Ungarischen Staatsbahn 402

,, 370. C 1 n 2 Schmalspur-Tenderlokomotive,
Gattung XXI a (395) der Ungarischen
Staatsbahn 402

,, 371. D n 2 Schmalspur-Tenderlokomotive,
Gattung 499 der Ungarischen Staatsbahn 403

,, 372. D n 2 Schmalspur-Tenderlokomotive,
Gattung XXI c (490) der Ungarischen
Staatsbahn 403

XIII. Niederlande.

Abb. 373. 1 B n 2 SLok., Reihe 1300 der Holländischen Staatseisenbahn-Gesellschaft . . . 412

„ 374. 2 B n 2 SLok., Reihe 1600 der Holländischen Eisenbahn-Gesellschaft 414

„ 375. 2 B n 2 SLok., Reihe 1700 der Holländischen Staatseisenbahn-Gesellschaft . . . 415

„ 376. 2 B h 2 SLok., Reihe 2100 der Holländischen Eisenbahn-Gesellschaft 416

„ 377. 2 B 1 h 2 SLok., Reihe 2000 der Holländischen Staatseisenbahn-Gesellschaft . 419

„ 378. 2 C n 2 SLok., Reihe 3500 der Nord-Brabant-Deutschen Eisenbahn-Gesellsch. 419

„ 379. 2 C h 4 SLok., Reihe 3700 der Holländischen Staatseisenbahn-Gesellschaft . . . 420

„ 380. 2 C h 4 SLok., Reihe 3600 der Niederländischen Zentral-Eisenbahn-Gesellschaft 421

„ 381. C n 2 GLok., Reihe 3200 der Holländischen Eisenbahn-Gesellschaft 423

„ 382. 1 D h 2 GLok., Reihe 4500 der Nord-Brabant-Deutsche Eeisenbahn-Gesellsch. 423

„ 383. B n 2 TLok., Reihe 6500 der Holländischen Staatseisenbahn-Gesellschaft . . . 424

„ 384. B n 2 TLok., Reihe 6800 der Holländischen Staatseisenbahn-Gesellschaft . . . 425

„ 385. B n 2 TLok., Reihe 6900 der Holländischen Staatseisenbahn-Gesellschaft . . . 425

„ 386. B n 2 TLok., Reihe 8100 der Holländischen Staatseisenbahn-Gesellschaft . . . 426

„ 387. B n 2 TLok., Reihe 8200 der Rheinischen Eisenbahn-Gesellschaft 426

„ 388. B n 2 TLok., Reihe 6700 der Holländischen Eisenbahn-Gesellschaft 427

„ 389. 1 B n 2 TLok., Reihe 7400 der Holländischen Eisenbahn-Gesellschaft 427

„ 390. 1 B 1 n 2 TLok., Reihe 5300 der Rheinischen Eisenbahn-Gesellschaft 428

„ 391. 2 B n 2 TLok., Reihe 7000 der Niederländischen Zentral-Eisenbahn-Gesellsch. 428

„ 392. 2 B 1 n 2 TLok., Reihe 5500 der Holländischen Eisenbahn-Gesellschaft 430

„ 393. 2 B 2 h 2 TLok, Reihe 5600 der Niederländischen Zentraleisenbahn-Gesellschaft 431

„ 394. 2 B 2 h 2 TLok., Reihe 5800 der Holländischen Eisenbahn-Gesellschaft . . . 431

„ 395. C n 2 TLok., Reihe 8600 der Holländischen Staatseisenbahn-Gesellschaft . . . 432

„ 396. 2 C 2 h 2 TLok., Reihe 6000 der Holländischen Staatseisenbahn-Gesellschaft . 433

„ 397. 1 D 1 n 2 TLok., Reihe 6200 der Holländischen Staatseisenbahn-Gesellschaft. 434

XIV. Zahnradlokomotiven.

Abb. 398. C 1 n 4 Zahnradlok. der Halberstadt-Blankenburger Eisenbahn 436

„ 399. Zahnradantrieb durch Innenzylinder und Schwinghebel 437

„ 400. Zahnradantrieb, unmittelbar durch Innenzylinder 437

„ 401. C 1 n 4 Zahnradlok., Gattung T 26 der Preußischen Staatsbahn. 438

„ 402. D 2 n 4 Zahnradlok., Gattung T IVb (41) der Ungarischen Staatsbahn. 438

Abb. 403. D 1 n 4 Zahnradlok. der Reichenberg-Tannwalder Eisenbahn 439

„ 404. 1 D 1 n 4 Zahnradlok., Gattung T IVc (40) der Ungarischen Staatsbahn . . . 439

„ 405. F n 4 Zahnradlok., Reihe 269 der KK. Österr. Staatsbahn 440

„ 406. 1 C n 4 Zahnradlok., Gattung Fz der Württembergischen Staatsbahn 440

„ 407. Zahnradantrieb mit Zwischenzahnrad. . 441

„ 408. C 1 n 4 v Zahnradlok., Gattung IXb der Badischen Staatsbahn 441

„ 409. Zahnradantrieb durch Außenzylinder und Zwischenzahnrad 441

„ 410. Zahnradgestell der Badischen IXb Lok. 442

„ 411. C 1 h 4 v Zahnradlok., Gattung Ptz L ³/₄ der Bayerischen Staatsbahn. 442

„ 412. 1 D 1 h 4 Zahnradlok., Gattung T 28 der Preußischen Staatsbahn. 443

„ 413. E h 4 v Zahnradlok. der Deutschen Reichsbahn 443

Teil B.
Einzelteile.

Abb. 414. Vierfüßiger Korbpuffer 448

„ 415. Zughaken mit Wickelfeder 449

„ 416. Zugvorrichtung am Tender für 21 t Zugkraft 449

„ 417. Tenderkupplung, Preuß. Staatsbahn 1910 450

„ 418. Tender-Querkupplung, Oldenburgische Staatsbahn 1914 450

„ 419. Barrenrahmen, Bayerische Staatsbahn 1903 451

„ 420. Barrenrahmen, Bad. Staatsbahn 1907 . 451

„ 421. Kropfachse der badischen 2 C n 4 v SLok., Gattung IVe 452

„ 422. Kropfachse mit Schrägarm . . . 453

„ 423. Fremontausschnitt im Kurbelblatt. . . 453

„ 424. Dreiteilige Kropfachse, Bauart Witkowitz 453

„ 425. Kropfachse einer Dreizylinderlokomotive 453

„ 426. Radreifenbefestigung, Preuß. Staatsbahn 454

„ 427. Treibachslager, Bauart Obergethmann . 455

„ 428. Bisselgestell, Preuß. Staatsbahn 1917 . 456

„ 429. Erfurter Drehgestell 457

„ 430. Drehgestell, Bayerische Staatsbahn . . 458

„ 431. Krauß-Helmholtz-Drehgestell, neuere Ausführung 458

„ 432. Bewegliche Aufhängung der Deckenstehbolzen 460

„ 433. Bügelanker 460

„ 434. Erste preußische Lok. mit Wellrohrfeuerbüchse 462

„ 435. Wellrohrkessel (Bauart Schulz-Knaudt-Lentz) 462

„ 436. 2 B Lok. der Preußischen Staatsbahn mit Wellrohrkessel 463

„ 437. Brotankessel, Österr. Staatsbahn 1900 . 463

„ 438. Brotankessel, Ungarische Staatsbahn 1918 464

„ 439. Feuerloch, Bauart Webb 465

„ 440. Rauchkammerverschluß, Preuß. Staatsbahn 465

„ 441. Einfaches Schlingerstück 466

„ 442. Doppeltes Schlingerstück 466

„ 443. Funkenfänger, Sächsische Staatsbahn. . 467

„ 444. Kobel-Funkenfänger 467

		Seite
Abb. 445.	Funkenfänger, Bauart Rihošek	467
„ 446.	Geripptes Serverohr	469
„ 447.	Wasserabscheider, Preuß. Staatsbahn. .	470
„ 448.	Regler für Naßdampf- und Heißdampf-lok., Österreichische Staatsbahn	470
„ 449.	Entlasteter Flachregler, Preußische Staatsbahn	471
„ 450.	Ventilregler, Preußische Staatsbahn . .	471
„ 451.	Zara-Regler	471
„ 452.	Ventilregler Schmidt und Wagner. . .	472
„ 453.	Abwicklung des Rohrschiebers.	472
„ 454.	Pop-Sicherheitsventil, Bauart Coale . .	473
„ 455.	Ackermann-Sicherheitsventil.	473
„ 456.	Vorwärmer, Bauart Weir	474
„ 457.	Knorr-Speisepumpe.	475
„ 458.	Vorwärmer, Bauart Schichau	476
„ 459.	Flacher Knorr-Vorwärmer 1912	476
„ 460.	Knorr-Vorwärmer 1919 mit Umschaltbahn	477
„ 461.	Schlammabscheider, Bauart Gölsdorf 1906	477
„ 462.	Speisewasserreiniger, Pecz-Rejtö	478
„ 463.	Speisewasserreiniger Schmidt und Wagner 1918	478
„ 464.	Rauchverbrennung nach Schleyder. . .	479
„ 465.	Kipptür, Bauart Marcotty	479
„ 466.	Schmidtscher Langkesselüberhitzer 1898	480
„ 467.	Schmidtscher Rauchkammerüberhitzer 1902	480
„ 468.	Schmidtscher Rauchröhrenüberhitzer . .	481
„ 469.	Rauchrohrbefestigung in der Feuerbüchs-rohrwand	481

		Seite
Abb. 470.	Pielock-Überhitzer 1898	482
„ 471.	Verloop Dampftrockner	482
„ 472.	Erste Anfahrvorrichtung von Borries 1883	484
„ 473.	Selbsttätiges Anfahrventil von Borries 1884	484
„ 474.	Anfahrvorrichtung Lindner 1888. . . .	485
„ 475.	Anfahrvorrichtung Gölsdorf 1893 . . .	485
„ 476.	Wechselschieber von Borries	486
„ 477.	Wechselventil Dultz 1894	486
„ 478.	Druckausgleicher mit Hahn	487
„ 479.	Kolben in Z-Form	488
„ 480.	Dampfkolben für Heißdampflok., Preußische Staatsbahn	488
„ 481.	Schieberentlastung von Borries	488
„ 482.	Kolbenschieber Schmidt mit festen Ringen und geheizter Buchse.	489
„ 483.	Heißdampfkolbenschieber, Preußische Staatsbahn 1913	490
„ 484.	Kolbenschieber der 1 C 2 h 4 v Lok., Österreichische Staatsbahn	490
„ 485.	Ventilsteuerung Lentz 1906	491
„ 486.	Heusingersteuerung.	491
„ 487.	Winkelhebelsteuerung Gölsdorf	492
„ 488.	Hintere Schieberstangenführung, Preußische Staatsbahn	492
„ 489.	Eingleisiger Kreuzkopf	493
„ 490.	Vorderes Treibstangenlager	493
„ 491.	Offene Stangenköpfe	493
„ 492.	Kolbenstangenstopfbüchse Bauart Schmidt.	494

TEIL A.

DIE ENTWICKLUNG DER DAMPF-LOKOMOTIVE IN DEN VEREINSLÄNDERN.

I. DIE ENTWICKLUNG DER DAMPFLOKOMOTIVE IN PREUSSEN.

DIE ERSTEN PREUSSISCHEN NORMALIEN.

Bis zum Beginn der 70er Jahre des 19. Jahrhunderts war in Preußen von der großen Zahl privater Eisenbahnen schon eine Anzahl in den Besitz des Preußischen Staates übergegangen. Diese Bahnen waren in neun Netzen zusammengefaßt, die untereinander einen nur recht losen Zusammenhang besaßen. Es gab eine Preußische Ostbahn, eine Niederschlesisch-Märkische, eine Oberschlesische Bahn, eine Hannoversche Staatsbahn (bis 1866), eine Main-Weser-Bahn, eine Westfälische, Bergisch-Märkische (im Ruhrgebiet und Sauerland), Nassauische und Saar-brückener Bahn. Jede dieser Bahnen hatte ihre eigene Verwaltung und pflegte auch den Bau ihrer Bahnanlagen und Fahrzeuge nach eigenen Grundsätzen. Bei den Lokomotiven hatte die Selbständigkeit der einzelnen Direktionen im Laufe der Jahre zu Bauarten und Formen geführt, die zunächst wohl durch die Gliederung der Landschaft bestimmt waren, dann aber auch durch die Überlieferung vergangener Jahrzehnte, durch den Einfluß leitender Persönlichkeiten des technischen Dienstes und durch die Baugepflogenheiten der für die einzelnen Bahnen hauptsächlich liefernden Lokomotivfabriken.

Diese mannigfaltigen Einflüsse gaben den Lokomotiven jeder Bahnverwaltung ein Aussehen, das schon äußerlich über seinen Besitzer und Hersteller Auskunft gab. Eine bunte Reihe verschiedenartigster Lokomotivtypen hatte sich im Laufe der Jahre gebildet; die Lokomotivfabriken seufzten unter der großen Zahl der Entwürfe, nach denen sie meist nur geringe Stückzahlen zu bauen hatten. Je mehr Bahnverwaltungen nun unter die einheitliche Leitung des preußischen Staates gestellt wurden, um so mehr machte sich das Bestreben bemerkbar, die Beschaffung und den Entwurf neuer Lokomotiven einheitlich für ganz Preußen zu regeln. Im Deutsch-Französischen Kriege 1870/71 hatten sich aus der mangelhaften Einheitlichkeit der Lokomotiven große Unzuträglichkeiten ergeben, die den Gedanken einer Vereinheitlichung oder Typisierung erneut nahelegten. Nach Beendigung des Krieges trat deshalb wohl zunächst auf Anregung der Industrie am 14. Oktober 1871 in Berlin eine Arbeitsgemeinschaft preußischer Eisenbahn-Maschineningenieure und Lieferer zusammen, um über die Aufstellung von Entwürfen von „Normallokomotiven, Normalwagen und genormten Einzelteilen" zu beraten. Das Ziel der Beratungen, über die Stambke, der verdienstvolle Obermaschinenmeister der Bergisch-Märkischen Eisenbahn, ausführlich in Glasers Annalen 1895, S. 86ff., berichtet hat, sollten u. a. Lokomotiven sein, die in allen Bezirken der Preußischen Staatsbahn möglichst gleich gut verwendbar waren. Eine Einigung konnte aber in diesen Verhandlungen über die Lokomotiven nicht erzielt werden; jede Verwaltung versuchte, von ihren bewährten und ihr liebgewordenen Lokomotiven möglichst viel für den Neuentwurf zu retten. So war das Ergebnis dieser Beratungen nur die einheitliche Durchbildung von Wagenachsen, Rädern, Radreifenumrissen für Wagen, Puffern, Wagenuntergestellen usw.

Als nun nach dem „Wiener Krach" eine Wirtschaftskrise einsetzte und verschiedene Lokomotivfabriken in schwere Bedrängnis gerieten (die alte Berliner Lokomotivfabrik von Wöhlert fiel später den Folgen dieser Notzeit zum Opfer), rief der Preußische Minister der öffentlichen Arbeiten Dr. Achenbach im Jahre 1874/75 die Maschineningenieure der einzelnen Bahnverwaltungen erneut zusammen. Da um diese Zeit einige größere Staatsbahnlinien im Bau waren (u. a. die Strecke Berlin—Güsten—Nordhausen), war die Beschaffung neuer Lokomotiven für diese Bahnen dringend notwendig geworden.

Nach einem zunächst nicht sehr ermutigenden Beginn der Beratungen und nach erregten Erörterungen, in denen wieder wie beim ersten Male von den einzelnen Mitgliedern versucht wurde, ihre eigenen Konstruktionen als Grundlage der Typisierung durchzusetzen, gelang es dem Vorsitzenden, dem späteren Eisenbahndirektor Gast, eine völlig unabhängige Grundlage für die Weiterarbeit zu schaffen, auf der dann auch die umfangreichen Arbeiten schnell vorwärtskamen. Nach achttägiger Beratung waren die Grundzüge für die zu entwerfenden Betriebsmittel so weit festgelegt, daß bei der Eisenbahndirektion Berlin die endgültigen Musterzeichnungen aufgestellt werden konnten.

Im April 1876 wurden u. a. die ersten 3 Entwürfe für folgende Lokomotiven vom Ministerium genehmigt:

1. eine 1 B n 2 Personenzuglokomotive mit 1730 mm Treibraddurchmesser und Innensteuerung, die spätere P 2 (Abb. 2);
2. eine gleiche Lokomotive mit Außensteuerung (Abb. 1);
3. eine C n 2 Güterzuglokomotive mit 1340 mm Treibraddurchmesser und außenliegender Allansteuerung (spätere G 4, s. S. 54).

Außerdem wurde der Entwurf eines einheitlichen dreiachsigen Tenders mit 10,5 m³ Wasserinhalt für Personen- und Güterzuglokomotiven genehmigt.

Gleichzeitig mit den Entwürfen der ersten Normallokomotiven wurden auch einige Einzelteile genormt, nämlich Radsätze, Dichtungslinsen, Hähne, Bolzen, Schrauben, Laternenstutzen, Kupplungen und Puffer.

Bei der Entwicklung der Normalien handelte es sich also hauptsächlich um eine Typisierung von Fahrzeugen und um eine teilweise Normung von Bauteilen.

Noch im gleichen Jahre 1876 wurden die ersten 16 Personenzuglokomotiven von der Direktion der Niederschlesisch-Märkischen Eisenbahn bei Henschel und Borsig und die ersten 16 Güterzuglokomotiven bei Schwartzkopff, Schichau und bei der Union in Königsberg bestellt. Anfang September 1877 wurden die ersten Lokomotiven angeliefert und am 10. Oktober 1877 den vom Ministerium bestellten Gutachtern vorgeführt, welche ihre Ausführung im wesentlichen guthießen. Inzwischen hatte auch die Hannoversche Staatsbahn 6 Personenzuglokomotiven bei Hartmann in Chemnitz bestellt, die im Dezember desselben Jahres abgeliefert wurden.

Die 1 B Personenzuglokomotive (Abb. 1) war sowohl für Personen- als auch für Schnellzüge bestimmt, da die Geschwindigkeiten der Schnellzüge noch nicht sehr groß waren. Nur für die „Expreßzüge", die von Köln über Hannover nach Berlin verkehrten, vergrößerte man auf Vorschlag des Vertreters der Eisenbahndirektion Hannover (Schäffer) den Treibraddurchmesser von 1730 auf 1960 mm (s. S 7).

Der Kessel hatte eine glatte, runde Stehkesseldecke der Bauart Crampton, die von jetzt an bis in die Jahre des Weltkrieges bei fast allen Lokomotiven in Preußen beibehalten wurde. Der Dampfraum war bei höchstem Wasserstand nur 298 mm hoch, also nicht besonders reichlich bemessen; um das verschiedentlich bemängelte Wasserüberreißen durch den Regler zu verhindern, ordnete man später im Dom Wasserabscheider an. Man war bei diesen ersten

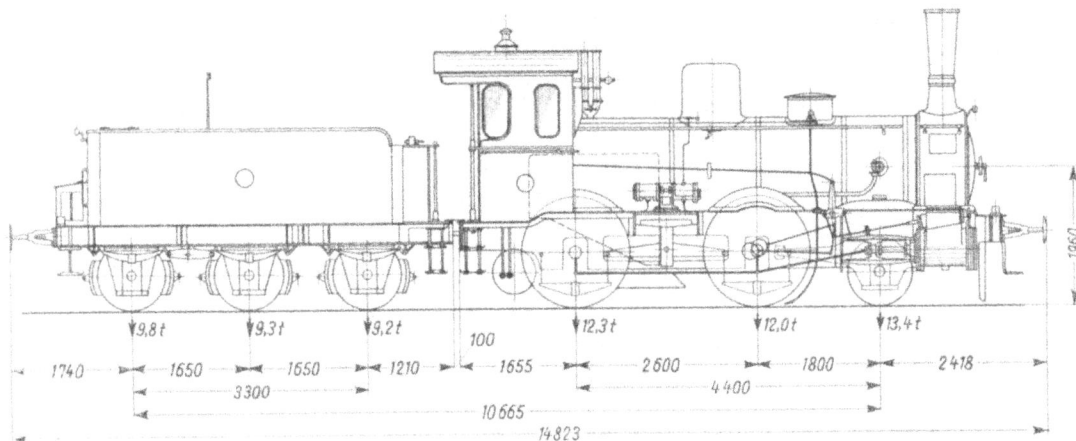

Abb. 1. 1 B n 2 Personenzuglokomotive der Preußischen Staatsbahn, Gattung P 2 mit Außensteuerung;
Erbauer Grafenstaden und Henschel 1877—1885.

Rostfläche . . . . . . 1,73 m²	Treibraddurchmesser 1580 mm	Dienstgewicht d. Lok. . 38,0 t
Verdampfungsheizfl. 95,36 m²	Zylinderdurchm. 2 × 420 mm	Reibungsgewicht . . . 25,05 t
Kesseldruck . . . . . 10 atü	Kolbenhub . . . . . . 600 mm	

Normallokomotiven bestrebt, innerhalb des gegebenen Dienstgewichtes eine möglichst große
Heizfläche unterzubringen; eine möglichst große Rostfläche erzielte man durch geneigte
Rostanordnung (Neigung 1:4). Der hintere Teil der Rostfläche war auf einer Länge von etwa
330 mm durch eine gußeiserne Platte abgedeckt; dieser Teil sollte als Verkokungszone dienen.
Ob damit eine nennenswerte Verbesserung der Verbrennung erreicht worden ist, erscheint
allerdings zweifelhaft. Die Bedienung des Feuers war einfach; da infolge der Neigung des Rostes
unter den Erschütterungen der Lokomotive die Kohlen selbsttätig nach vorn rutschten,
brauchten sie nur hinten aufgegeben zu werden.

Der Dampfdruck betrug eigenartigerweise nur 10 atü, obwohl auf verschiedenen preußi-
schen Bahnen schon seit Jahren Lokomotiven mit 12 atü im Betriebe waren, so z. B. auf der
Köln-Mindener- und der Main-Weser-Bahn (s. Bd. I, S. 98 u. 175). Über die Leistung der
Lokomotive gibt die folgende Tabelle Auskunft (s. a. Organ 1887, S. 104):

	Schlepplast in t auf einer Steigung von		
	2 ⁰/₀₀	5 ⁰/₀₀	10 ⁰/₀₀
V = 40 km/h	339	204	108
60 km/h	184	117	60
80 km/h	93	59	—

Bei guter, stückreicher Kohle und günstiger Witterung konnte die Geschwindigkeit um
10% erhöht, bei geringwertiger Kohle und ungünstiger Witterung mußte sie um 10% er-
niedrigt werden.

Da die Lokomotive auch im Schnellzugdienst verwendet werden sollte, suchte man die
Überhänge vorn und hinten möglichst klein zu machen, um gute Laufeigenschaften zu erzielen. Auffällig ist der große Durchmesser der Laufräder von 1130 mm; er wurde bis etwa
1890 bei den 1 B Lokomotiven beibehalten, dann aber allgemein auf 1000 mm, vereinzelt
später sogar auf das schon damals kleinste zulässige Maß von 850 mm verringert. Nur die
Schleppachsen der um die Jahrhundertwende gebauten 2 B 1 Lokomotiven erhielten wegen
ihrer hohen Belastung meist den größeren Raddurchmesser von 1130 mm.

Über die Lage der Steuerung konnte man sich in den Beratungen noch nicht einigen;
es wurde daher freigestellt, innen- oder außenliegende Allansteuerung vorzusehen. Beide

1*

Anordnungen wurden nebeneinander gebaut. Erst später entschied man sich einheitlich für die Innensteuerung (Abb. 2).

Die gefederte Last wurde auf drei Punkten abgestützt; die Tragfedern der ersten beiden Achsen waren durch Längsausgleichhebel, die Federn der letzten Achse dagegen durch einen Querausgleichhebel verbunden. Die Lastverteilung ließ aber zu wünschen übrig, denn die führende Laufachse hatte einen größeren Achsdruck (12,8 t) als die gekuppelten Achsen. Das widerspricht dem Grundsatz, daß die führende Achse nach Möglichkeit einen geringeren Achsdruck als die folgenden Achsen haben soll; es ist aber ein Zeichen für die schwierige Lage, in der sich schon damals die 1 B Lokomotive mit der Unterbringung ihres Gewichts und der Anpassung an die vorhandenen Drehscheiben befand. Das in den 80er Jahren aufkommende Verbundverfahren erhöhte die Belastung der Laufachse noch weiter, so daß schon nach kurzer Zeit der Schritt zur 2 B Lokomotive kaum zu umgehen war, zumal zahlreiche Strecken, auf denen die Lokomotive verwendet wurde, keine höheren Achsdrücke als etwa 12,5 t zuließen.

Abb. 2. 1 B n 2 Personenzuglokomotive der Preußischen Staatsbahn, Gattung P 2 mit Innensteuerung; Erbauer Schwartzkopff 1879.
(Hauptabmessungen s. Abb. 1.)

Bemerkenswert ist noch, daß das Fahrgestell der Lokomotive anfangs keine Bremseinrichtung besaß; eine Bremse war nur am Tender vorhanden.

Im ganzen genommen war die Lösung, die mit dieser Lokomotive gefunden war, glücklich. Die Maschine war leistungsfähig, wenn sie auch in Dampfdruck, Rostfläche, Heizfläche, Achsstand und Reibungsgewicht schon von Vorgängerinnen bei verschiedenen anderen Bahnen übertroffen wurde. Der Hauptzweck der ersten Normalien war erreicht. Die Beschaffungskosten wurden niedriger, die Lieferzeiten kürzer und die Ausbesserungen einfacher. Auch die Arbeiten auf den maschinentechnischen Büros wurden verringert und einer Verwilderung im Lokomotivbau durch Überhandnehmen der Fabrikentwürfe wurde vorgebeugt. Erst in späteren Jahren, um die Jahrhundertwende, gingen die Gedanken, die aus den Kriegserfahrungen der Jahre 1870/71 zu dieser ersten großen Typisierung geführt hatten, wiederum verloren. Vorerst aber war eine Lokomotive entstanden, die auf den verschiedenen Bahnen für mannigfaltige Zwecke mit Erfolg verwendet werden konnte. Auch die äußere Gestalt der Lokomotive war in ihrer Einfachheit und Übersichtlichkeit ansprechend. Die Beliebtheit der Lokomotive drückt sich mit besonderer Deutlichkeit in den großen Stückzahlen aus; bis zum Jahre 1897 wurden allein für die Preußische Staatsbahn 849 Stück gebaut. Bis 1884 wurden 254 Stück sogar ohne jede Veränderung der Urform beschafft; außerdem beschafften die Mecklenburgische Friedrich-Franz-Bahn, die Unterelbebahn, die Neustrelitz-Warnemünder Eisenbahn und die Königl. Militäreisenbahn in den Jahren 1880—1887 insgesamt 15 Stück.

Man könnte nun in die Versuchung kommen zu glauben, daß die Normalisierung in Anbetracht der noch längst nicht abgeschlossenen technischen Entwicklung der Lokomotive eine Gefahr für den Fortschritt gewesen sei; diesem Einwand ist man aber schon gleich bei der

Beratung der Normalien in weiser Voraussicht begegnet. Man gab den einzelnen Eisenbahndirektionen die Ermächtigung, neben den Normallokomotiven besondere „Spezial-Betriebsmittel" nach freien Entwürfen zu beschaffen, um der schöpferischen Kraft der Eisenbahningenieure und Lokomotivbauer ein Betätigungsfeld und Gelegenheit zur Sammlung neuer Erkenntnisse und Erfahrungen zu geben.

Von dieser Ermächtigung machten nun die Direktionen ausgiebig Gebrauch. Bei den verschiedenen Verwaltungen entstanden zahlreiche neue Gattungen, die einander ähnlich waren und auch gleichen Bedürfnissen genügten, so daß bald eine Vereinheitlichung auch dieser Maschinen zweckmäßig erschien. Inzwischen waren auch die ersten Normalien schon einige Jahre alt, und es war an der Zeit, die mit ihnen gesammelten Erfahrungen bei den weiteren Beschaffungen nutzbar zu verwerten.

Im Jahre 1883/84 wurden daher Beratungen über eine Erweiterung der Normalien aufgenommen. Es wurden folgende Lokomotiventwürfe erörtert und im Jahre 1884 ministeriell genehmigt:

1. eine 1 B n 2 Personenzuglokomotive in 2 Ausführungen:
   die eine (Abb. 3) stellte eine Verbesserung der ersten 1 B Normallokomotive dar, die andere war eine normgerechte Durchbildung der aus Bd. I, S. 169, Abb. 203 bekannten „Ruhr-Sieg-Gebirgs-Lokomotive" und hatte als führende Laufachse eine Bisselachse;

2. eine B n 2 Rangier-Tenderlokomotive, nachdem kurz vorher schon eine
   leichte B n 2 Tenderlokomotive mit 10 t Achsdruck (die spätere Gattung T 2, S. 81) und eine C n 2 Tenderlokomotive mit 10 t Achsdruck (die spätere T 3, S. 84) für die Zwecke der Nebenbahnen in die Reihe der Normalien aufgenommen waren;

3. eine C Tenderlokomotive mit 14 t Achsdruck für den Verschiebedienst auf Werkanschlüssen und für den Berliner Ringbahnverkehr (spätere Gattung T 7, Abb. 74, S. 104);

4. eine 1 B Personenzugtenderlokomotive für kurze Hauptbahnen und für den Berliner Vorortverkehr (spätere Gattung T 4, Abb. 55, S. 87);

5. eine B 1 Personenzug-Lokomotive mit Tender für gemischte Züge, eine sogenannte Scherenmaschine, außerdem

6. im Jahre 1886 eine 1 B n 2 Schnellzuglokomotive mit Treibrädern von 1930 mm Durchmesser, deren Bau bereits 1876 erwogen worden war.

Mit den bisher genannten 11 Normaltypen konnten alle Bedürfnisse auf den preußischen Strecken befriedigt werden, so daß bis zum Jahre 1890 keine neuen Gattungen mehr entwickelt wurden.

Bei der 1 B n 2 Personenzuglokomotive unter 1. entschloß man sich, den Dampfdruck von 10 auf 12 atü zu erhöhen (Gattung P 3^1, Abb. 3). Gegenüber ihren Vorgängerinnen wurde diese Maschine hauptsächlich infolge höheren Dampfdrucks und höherer Leistungsforderungen in verschiedenen Punkten wesentlich geändert: der Zylinderdurchmesser wurde von 420 mm auf 400 mm verkleinert, die Rohre wurden um 76 mm auf 3800 mm verlängert. Ebenso verlängerte man die Feuerbüchse um 60 mm auf 1850 mm und verkleinerte die Stehbolzenteilung dem höheren Dampfdruck entsprechend auf 105 statt bisher 115 mm. Um etwas mehr Rostfläche zu gewinnen, wurde die Breite des Bodenrings von 79 auf 68 mm verringert; das war kein Fortschritt, sondern eine bauliche Notwendigkeit, denn jede Verkleinerung des Wasserraums zwischen Feuerbüchse und Stehkesselmantel mußte eine Erschwerung des Aufsteigens der Dampfblasen in dem an sich schon recht schmalen Raum mit sich bringen.

Die hintere, bisher etwas geneigte Verkokungsplatte auf dem Rost wurde waagerecht gelegt; der Rost erhielt dadurch die ziemlich steile Neigung 1 : 2,3. Der Rost vor der Feuerbuchsrohrwand wurde den Wünschen einzelner Eisenbahndirektionen und den verschiedenen Kohlensorten entsprechend verschieden ausgeführt. Einige Stellen bevorzugten den in gleicher Neigung an die Rohrwand herangeführten Rost, während andere vorn auf einer Länge von etwa 350 mm eine waagerechte Rostfläche wünschten, obwohl die Neigung des mittleren Teiles schon 1 : 2,3 betrug. Eigentümlich war, daß lange Zeit, etwa bis zum Ende der Beschaffungszeit

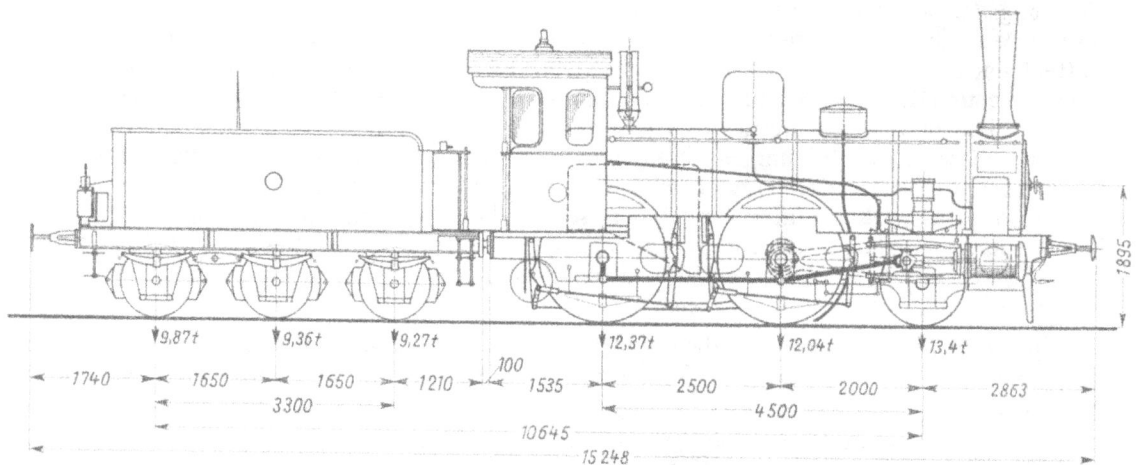

Abb. 3. 1 B n 2 Personenzuglokomotive der Preußischen Staatsbahn, Gattung P 3[1];
verschiedene Erbauer 1884—1897.

Rostfläche	1,87 m²	Treibraddurchmesser	1730 mm	Dienstgewicht d. Lok. . 39,4 t
Verdampfungsheizfl.	102,15 m²	Zylinderdurchm.	2 × 400 mm	Reibungsgewicht . . . 26,4 t
Kesseldruck	12 atü	Kolbenhub	560 mm	

dieser Lokomotivbauart, die Vorderkante der Roste allgemein rund 250 mm über dem Bodenring lag; dadurch ging wertvolle Heizfläche an den Feuerbüchswänden verloren.

Die Kesselmitte wurde eigenartigerweise von 1950 auf 1885 mm über SO abgesenkt; die Scheu vor hoher Kessellage war also noch immer nicht überwunden. Gerade bei dieser Bauart hätte die Höherlegung des Kessels um etwa 200 mm auf rd. 2100 mm zweifellos der besseren Ausbildung der Feuerbüchse gedient; die Neigung des Rostes wäre wesentlich flacher geworden und die Schwierigkeiten in der Durchbildung des Aschkastens hätten sich leichter überwinden lassen. So aber mußte die hintere Kuppelachse durch den Aschkasten hindurchgeführt werden; um die Wärmestrahlung auf die Achse klein zu halten, wurde eine besondere abnehmbare Blechumhüllung notwendig.

Der Abstand zwischen der Laufachse und der Treibachse wurde ohne nennenswerte Änderung der Rahmenlänge auf 2000 mm gebracht; der feste Achsstand des Fahrgestells erreichte damit rund 4500 mm.

Die Allan-Steuerung wurde, beginnend mit dieser Normallokomotive, für längere Zeit nach innen gelegt; die bisher noch zugelassene Allan-Außensteuerung wurde also von jetzt an mehrere Jahre hindurch nicht mehr verwendet. Mit Rücksicht auf das Innentriebwerk mußten die vorderen Längsausgleichhebel durch Winkelhebel ersetzt werden.

Infolge der Mißstände, die sich aus dem Fehlen der Bremseinrichtung an den gekuppelten Achsen bei der ersten 1 B Normalbauart ergeben hatten, wurde von jetzt ab eine Treibradbremse vorgesehen. Das Gewicht der Lokomotive erhöhte sich auch aus diesem Grunde allmählich auf 39,4 t. Dabei wurde an der schlechten Gewichtsverteilung wenig geändert, und die Laufachse behielt immer noch einen Achsdruck von 13 t.

Im Bereich der Preußischen Staatsbahn wurden von der neuen Bauart 695 Stück fast unverändert bis 1897 beschafft; daneben wurde sie auch bei anderen Bahnen noch mehr als ihre Vorgängerin beliebt. Die Neustrelitz-Warnemünder Eisenbahn, die Werrabahn, die Lübeck-Büchener Eisenbahn, die Hessische Ludwigs-Eisenbahn (bei welcher die dort üblichen Zylinder von 432 mm Durchmesser und Treibräder von 1705 mm Durchmesser beibehalten wurden), ferner die Mecklenburgische Friedrich-Franz-Bahn bestellten mit geringen Änderungen 88 Stück nach. Die letztgenannte Bahn beschaffte diese Lokomotive sogar noch bis zum Jahre 1908; das Dienstgewicht stieg dabei im Laufe der Zeit auf 41,4 t.

Die Gesamtzahl von 783 Stück und der lange Beschaffungszeitraum lassen erkennen, daß diese Lokomotive eine beliebte betriebstüchtige und bewährte Bauart gewesen ist. Noch im Jahre 1922 waren 8 preußische und 22 mecklenburgische Lokomotiven im Dienst.

6

Der Kessel wurde für verschiedene andere Lokomotivbauarten der Preußischen Staatsbahn unverändert übernommen, z. B. für die 1 B n 2 v von 1884 (s. S. 9) und die B 1 n 2 von 1888 (s. S. 12). Er wurde auch mit geringen Änderungen als Ersatzkessel für zahlreiche ältere Lokomotiven verwendet, die nicht den Normalbauarten angehörten (vgl. 1 B Lokomotive der Köln—Mindener-Bahn, Abb. 175 im Bd. I, S. 150).

Neben dieser Lokomotive wurde in den Jahren 1885—1891 in geringerer Anzahl, nämlich 56 Stück, noch eine andere 1 B Lokomotive mit vorderer Bisselachse nach den Normentwürfen gebaut. Auf den steigungsreichen Strecken des Ruhr-Sieg-Bezirkes hatte sich eine derartige Maschine seit Jahren so gut bewährt, daß man ihre Eingliederung in die Normalien für zweckmäßig hielt. Sie ist unter dem Namen der „Ruhr-Sieg"-Lokomotive bekannt geworden und wurde bereits im Bd. I, S. 169, Abb. 203 beschrieben; ihr früherer Kesseldruck von 10 atü wurde zunächst noch beibehalten, erst bei der letzten Lieferung zu Beginn der 90er Jahre wurde er auf 12 atü erhöht.

Zu Beginn der 80er Jahre gehörten die Schnellzüge Berlin—Hannover—Köln zu den schnellsten Zügen in Deutschland. Die 255 km lange Strecke Berlin—Hannover wurde mit Einrechnung der Zwischenhalte in 3 Stunden 50 Minuten zurückgelegt; das entspricht zwar

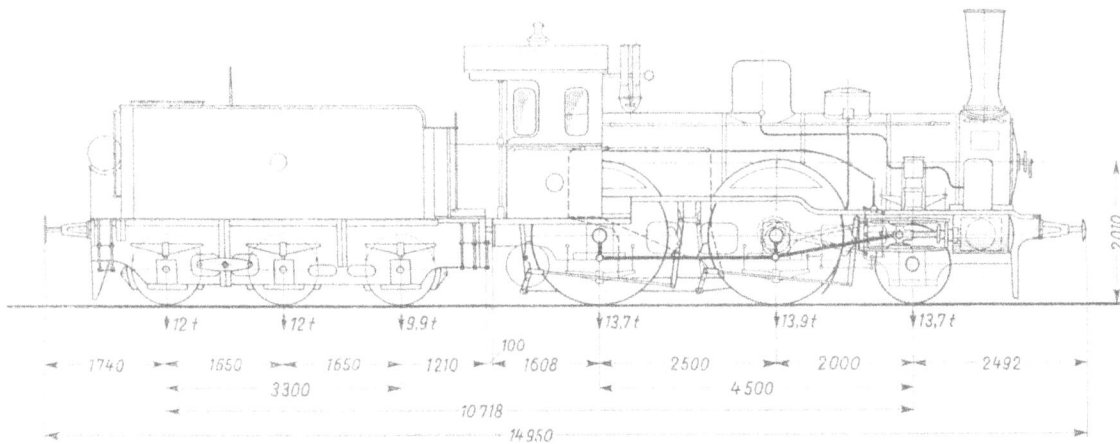

Abb. 4. 1 B n 2 Schnellzuglokomotive der Preußischen Staatsbahn, Gattung S 1;
Erbauer Borsig und andere 1886—1898.

Rostfläche . . . . . . 2,07 m²	Treibraddurchmesser 1980 mm	Dienstgewicht d. Lok. . 41,3 t
Verdampfungsheizfl. . . 94,23 m²	Zylinderdurchm. 2 × 420 mm	Reibungsgewicht . . . 27,6 t
Kesseldruck . . . . . 12 atü	Kolbenhub . . . . . . 600 mm	

der mäßigen Reisegeschwindigkeit von 67,5 km/h, aber es mußte tatsächlich auf langen Strecken mit 80 km/h und mehr gefahren werden. Die bisher verwendeten Lokomotiven der Magdeburg-Halberstädter Bahn (vgl. Bd. I, S. 173, Abb. 213) reichten auch für die recht leichten Züge nicht mehr aus, die 1 Packwagen, 1 Postwagen, 3 Wagen 1. Klasse, also insgesamt 15 Achsen mit etwa 75—80 t Gesamtgewicht hatten. Ebenso waren die 1 B Personenzug-Normallokomotiven mit ihren kleinen Treibraddurchmessern von 1730 mm für die hohen Geschwindigkeiten wenig geeignet. Die 1 B Schnellzuglokomotiven der Köln-Mindener Eisenbahn (vgl. Bd. I, S. 150, Abb. 175) hatten für die engen Gleisbögen auf der Berliner Stadtbahn einen zu großen festen Achsstand und außerdem einen zu hohen Achsdruck, nämlich 15 t auf der Laufachse. Man entschloß sich daher besonders auf Anregung der Eisenbahndirektion Hannover (Schäffer) zum Entwurf einer Schnellzuglokomotive nach Abb. 4. Die Gesamtanordnung blieb in großen Zügen die der 1 B Normallokomotive; der Kessel dagegen mußte wegen des auf 1960 mm vergrößerten Treibraddurchmessers auf 2010 mm über SO gelegt werden. Die Kümpelteile wurden vom alten Kessel unverändert übernommen, die Rohrlänge wurde um 200 mm auf 3600 mm gekürzt und die Feuerbüchse um dasselbe Maß verlängert. Der Abstand zwischen Feuerbüchsdecke und Stehkesselscheitel wurde um 30 mm auf 409 mm verringert; diese 30 mm wurden zur Vergrößerung der Feuerbüchshöhe verwendet.

7

Die Gegengewichte in den Radsternen der Treib- und Kuppelachsen wurden im Gegensatz zu den bisher verwendeten durch Schrauben befestigten Gewichten eingeschweißt und genietet. Neu waren u. a. auch die Stiftschmierung der Stangenlager statt der bisherigen Dochtschmierung, die Radreifen aus Tiegelstahl und die Restarting-Strahlpumpen. Der Achsstand von 4500 mm, die Innensteuerung nach Allan, die Überhänge und die Verkokungsplatte im Rost waren geblieben. Nur die Zylinderdurchmesser waren wieder auf das alte Maß der ersten 1 B Normallokomotiven von 1878, also auf 420 mm gebracht. Der Aufsatz auf dem Schornstein in der Abbildung war ein Funkenfänger der Bauart Strube; er wurde neben dem kegeligen Prüsmannschen Schornstein hauptsächlich in waldreichen Gegenden verwendet.

Ein Vergleich der Hauptabmessungen der neuen Schnellzuglokomotive mit der Normal-Personenzuglokomotive zeigt den erzielten Gewinn: Rostfläche und Heizfläche der Feuerbüchse waren beträchtlich größer geworden bei einer Zunahme des Dienstgewichtes um knapp 2 t.

Die ersten Lokomotiven dieser Reihe wurden im Jahre 1885 von Borsig geliefert und brachten einen vollen Erfolg; bei Versuchsfahrten beförderten sie:

$$172 \text{ t auf } 0^0/_{00} \text{ mit } V = 83 \text{ km/h } (\sim 548 \text{ PS}_i) \text{ und}$$
$$138 \text{ t auf } 10^0/_{00} \text{ mit } V = 45 \text{ km/h } (\sim 552 \text{ PS}_i),$$

während die 1 B Personenzuglokomotiven von 1883 auf einer Steigung von $10^0/_{00}$ nur etwa 95 t bei $V = 45$ km/h befördern konnten. Die neuen Lokomotiven wurden daher besonders gern für lange Schnellfahrten verwendet, so z. B. auf der 287 km langen Strecke Berlin—Hamburg, auf der nur in Wittenberge zum Wassernehmen gehalten wurde. Bis zum Jahre 1895 wurden von dieser Lokomotive 261 Stück in Dienst gestellt.

Bei späteren Beschaffungen mußte der Blechrahmen von 25 mm auf 28 mm verstärkt werden, da er sich als zu schwach erwiesen hatte. Da ferner infolge der verhältnismäßig kleinen Rohrteilung sich nach anstrengenden Fahrten häufig Rohrlecken an der Feuerbuchsrohrwand einstellte, mußte auch die Rohrteilung durch Verminderung der Rohrzahl vergrößert werden, so daß die Rohrheizfläche von rd. 96 auf 85 m² zurückging; eine Verschlechterung der Dampfentwicklung wurde aber im Betriebe nicht beobachtet.

Die bisher behandelten Lokomotiven hatten mit Ausnahme der Ruhr-Sieg-Lokomotive feste Laufachsen; ihr fester Gesamtachsstand lag dabei zwischen 4400 und 4500 mm. Erst lange nach der Beschaffung im Jahre 1907 hat die Eisenbahndirektion Kassel bei einer kleinen Anzahl Lokomotiven, die für den Dienst auf krümmungsreichen Nebenbahnen mit R = 250 m bestimmt waren, der Laufachse Seitenspiel mit Rückstellung durch Keilflächen gegeben.

DIE EINFÜHRUNG DER VERBUNDWIRKUNG IN DEN PREUSSISCHEN LOKOMOTIVBAU.

Bevor noch die eben beschriebenen 1 B n 2 Schnellzuglokomotiven fertiggestellt waren, hatte ein neuer Fortschritt im Lokomotivbau Eingang gefunden: das Verbundverfahren. Die grundlegenden Erkenntnisse, die zu seiner Einführung führten, gingen zum Teil auf ältere Versuche zurück. Im Jahre 1865 war der Münchener Professor Bauschinger bei seinen berühmten Indikatorversuchen an Dampfmaschinen zu einer genaueren Kenntnis der inneren Vorgänge in der Dampfmaschine gekommen; er hatte entdeckt, daß die größten Wärmeverluste im Dampfzylinder durch die sogenannte Eintrittskondensation entstehen, also durch Abkühlung und teilweisen Niederschlag des Sattdampfes an den kälteren Zylinderwandungen, und zwar hatte er festgestellt, daß diese Verluste um so größer waren, je größer das Druck- und Temperaturgefälle in der Dampfmaschine war. Um die Mitte der 70er Jahre kam nun der schweizerische Ingenieur A. Mallet, der Schöpfer der nach ihm benannten Lokomotive mit doppeltem Triebwerk, auf den Gedanken, das Druckgefälle durch stufenweise Expansion in mehreren Zylindern zu unterteilen, um auf diese Weise die Kondensationsverluste zu verringern: er baute in Frankreich eine Reihe von Verbundlokomotiven. Die Versuche mit diesen

Maschinen bestätigten die Erwartungen, die Wärmeverluste wurden beträchtlich kleiner und der Dampfverbrauch ging fühlbar zurück.

August v. Borries, der große Ingenieur, damals noch Maschinenmeister in Hannover, erkannte die große Bedeutung des neuen Verfahrens und ließ im Auftrage des Ministeriums im Jahre 1880 bei Schichau in Elbing die erste Verbundlokomotive für die Preußische Staatsbahn bauen. Es war eine kleine 1 A Tenderlokomotive für sogenannte Omnibuszüge; sie ist bereits im Bd. I, S. 61, Abb. 59a, beschrieben worden. Später lieferte auch Henschel 10 Stück ähnliche Maschinen an die Hannoversche Staatsbahn, die deswegen bemerkenswert sind, weil an ihnen zum ersten Male die Heusingersteuerung verwendet wurde. Nach den Ergebnissen mit diesen ersten Verbundlokomotiven wurde das neue Verfahren im Jahre 1883 an einigen C Normalgüterzuglokomotiven erprobt, außerdem wurden im September 1884 die ersten 4 Stück 1 B n 2 v Schnellzuglokomotiven dem Verkehr übergeben (Gattung P 3², Abb 5). Sie wurden nach den Angaben v. Borries' von der Hanomag gebaut und unterschieden sich in manchem von den bisherigen 1 B Normallokomotiven.

Die Zylinder hatte v. Borries hinter der Laufachse angeordnet, um möglichst geringe überhängende Massen zu bekommen; dabei lehnte er sich an die Personenzuglokomotiven der

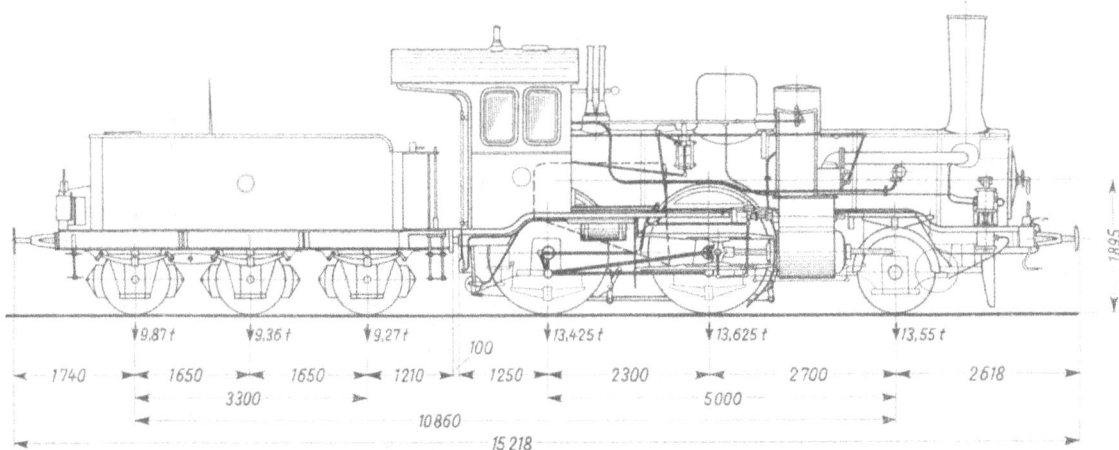

Abb. 5. 1 B n 2 v Personenzuglokomotive der Preußischen Staatsbahn, Gattung P 3²;
Erbauer Hanomag 1884—1903.

Rostfläche . . . . . . 1,92 m²	Treibraddurchmesser 1750 mm	Dienstgewicht d. Lok. . 42,99 t
Verdampfungsheizfl. 98,73 m²	Zylinderdurchm. 420/600 mm	Reibungsgewicht . . . 27,05 t
Kesseldruck . . . . . 12 atü	Kolbenhub . . . . . . 580 mm	

Westfälischen Bahn vom Jahre 1875 an (vgl. Bd. I, S. 192, Abb. 244). Durch die Zurücklegung der Zylinder wurde es notwendig, auch die Treibachse nach hinten zu verlegen; es entstand also ein Antrieb, der ähnlich schon einmal bei den Crampton-Lokomotiven der 50er Jahre zu finden war und dort wegen des Fehlens überhängender Zylinder die Laufeigenschaften der Lokomotive günstig beeinflußt hatte. Da auch der Achsstand auf 5200 mm vergrößert wurde, verringerte sich der Überhang des Stehkessels auf 200 mm. Die Hauptvoraussetzungen für ruhigen Lauf der Lokomotive waren also gegeben, ebenso wurde durch die Zurückverlegung der Zylinder die Lastverteilung auf die Achsen etwas gleichmäßiger als bisher.

Der Kessel wurde von der 1 B Normal-Personenzuglokomotive übernommen, erhielt aber eine andere Rohrteilung. Eine Verbesserung war auch die Verlängerung der bisher sehr kurzen Rauchkammer auf 1100 mm. Die Verminderung der Rauchgasgeschwindigkeit in dem großen Raum der Rauchkammer setzte den Funkenauswurf so weit herab, daß man glaubte, auf einen Funkenfänger verzichten zu können. Ja, man sah sogar das Verbundverfahren als eine gesetzlich vorgeschriebene, „den Funkenwurf verhütende Einrichtung" an.

Wegen der Lage der Zylinder neben dem Rundkessel konnte das Dampfzuführungsrohr nicht mehr durch die Rauchkammer geleitet werden, sondern mußte vom Dom außen am Kessel

9

heruntergeführt werden. Das Verbinderrohr zum Niederdruckzylinder lag anfangs zwischen den Rahmen, später wurde es jedoch parallel zum Einströmrohr um den Kessel herumgelegt, um den Verbinderraum zu vergrößern. Der Sandkasten für die Sandstreueinrichtung lag vor dem Dom auf der Blechbekleidung der beiden Rohre.

Der feste Achsstand von 5200 mm bei den ersten und 5000 mm bei den späteren Ausführungen ging über das Größtmaß von 4500 mm nach den damaligen Vorschriften beträchtlich hinaus, für den ruhigen Lauf der Lokomotive aber erwies er sich als zweckmäßig. Versuchsweise gab man bei 2 Lokomotiven der Laufachse 10 mm Seitenspiel, kam aber sehr bald wieder davon ab. Auch ein Vorschlag aus dem Jahre 1898, die Laufachse und die erste Kuppelachse nach bayerischer Art (vgl. Gattung BX, S. 122, Abb. 92) durch ein Krauß-Helmholtz-Drehgestell miteinander zu verbinden, fand keinen Beifall, da in diesem Falle die Lokomotive keinen festen Achsstand gehabt hätte. So wurde die erste Ausführung mit fester Achse endgültig beibehalten.

Die 14 ersten Lokomotiven hatten einen Treibraddurchmesser von 1860 mm; später wurden daneben auch Treibraddurchmesser von 1730 mm vorgesehen, da man glaubte, die Lokomotive im Schnellzugsdienst u. a. auf der steigungsreichen Strecke Frankfurt/Main—Bebra besser mit kleinen Raddurchmessern verwenden zu können. In diesem Zustande hat sie auch als Personenzuglokomotive in anderen Bezirken Eingang gefunden. Bei einigen der Lokomotiven wurde der Hochdruckzylinderdurchmesser um 20 mm und der Niederdruckzylinder um 30 mm vergrößert. Infolge der tiefen Lage des Kessels und der Anordnung der Zylinder hinter der Laufachse erhielt auch die Steuerwelle eine eigenartige Lage; sie wurde in einem Bogen über den Kessel hinweggeführt. An 2 Lokomotiven aus dem Jahre 1889 wurden für den Hochdruckzylinder zum ersten Male Kolbenschieber vorgesehen.

Die Leistung der Lokomotive war für damalige Verhältnisse gut; sie war unter gleichen Verhältnissen nicht nur den Schnellzuglokomotiven der Köln-Mindener-Bahn (Bd. I, S. 250, Abb. 175), sondern auch den späteren 2 B n 2 Schnellzuglokomotiven der Erfurter Bauart vom Anfang der 90er Jahre (s. S. 15) im Kohlenverbrauch überlegen. Bei Versuchsfahrten zwischen Hannover und Göttingen stellte man bei 542 bis 613 PS am Radumfang einen Kohlenverbrauch von 0,97—1,08 kg/PSh fest gegenüber 1,21—1,33 kg/PSh bei den 2 B Lokomotiven, die 508—641 PS leisteten.

Um das Anfahren zu erleichtern, wurde ein selbsttätiges Anfahrventil nach dem Vorschlage v. Borries vorgesehen, das durch ein Hilfsdampfrohr gedrosselten Frischdampf an den Niederdruckzylinder abgab. Trotzdem wurde vielfach über unbefriedigendes Anfahren geklagt; erst nach Einführung der Wechselventile ließen die Klagen nach.

Die Preußische Staatsbahn beschaffte von diesen Lokomotiven, die später das Gattungszeichen P 3² erhielten, bis zum Jahre 1903 insgesamt 128 Stück; sie wurde also noch ein Jahr länger beschafft, als die 2 B n 2 Personenzuglokomotive der späteren Gattung P 4 (s. S. 44). Ferner waren auf der Lübeck-Büchener Eisenbahn 8, auf der Werrabahn 3 und auf der Kgl. Militäreisenbahn eine Maschine gleicher Bauart vorhanden; die Lokomotiven der Werrabahn erhielten vom Jahre 1894/95 ab Kolbenschieber am Hochdruckzylinder.

Mit dieser Lokomotive kam die große Beschaffungszeit der 1 B Lokomotive in Preußen zum Abschluß. Nur einmal noch, im Jahre 1896, stellte die Ostpreußische Süd-

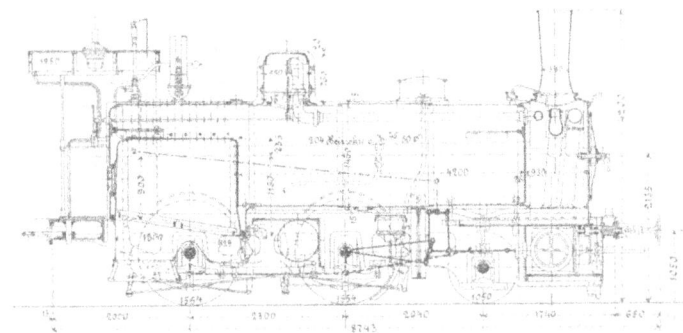

Abb. 6. 1 B n 2 v Personenzuglokomotive der Marienburg-Mlawkaer
Eisenbahn; Erbauer Schichau 1896.

Rostfläche	1,8 m²	Zylinderdurchm.	460/670 mm
Verdampfungsheizfl.	128,6 m²	Kolbenhub	610 mm
Kesseldruck	12 atü	Dienstgewicht d. Lok.	40,8 t
Treibraddurchmesser	1554 mm	Reibungsgewicht	27,5 t

bahn 2 Stück 1 B n 2 v Lokomotiven auf der früheren Marienburg-Mlawkaer-Eisenbahn in Dienst, die mit ihren Raddurchmessern von 1554 mm als „gemischte Lokomotiven" gekennzeichnet waren (Abb. 6) und nur örtliche Bedeutung hatten. Sie besaßen überhängende Zylinder und eine für damalige Verhältnisse große Kesselheizfläche von 128,6 m²; die größte für sie zugelassene Geschwindigkeit war 60 km/h.

Die zahlreichen Krümmungen der Mosel- und Eifelbahn verursachten an den oben beschriebenen steifachsigen 1 B n 2 v Lokomotiven der Gattung P 3² einen starken Radreifenverschleiß, so daß die Radreifen der Laufachse häufig schon nach einer Laufleistung von nur 7500 km nachgedreht werden mußten; ähnliches beobachtete man an den älteren aus 2 B Tenderlokomotiven (vgl. Bd. I, S. 221/22, Abb. 286) umgebauten 2 B Schlepptenderlokomotiven mit Bisselgestell nicht. Die Laufleistung dieser Lokomotiven, die auf der Rheinischen Bahn liefen, betrug vielmehr 50—60 000 km bis zur nächsten Radreifenbehandlung, wenn man die Laufachsen nach einer bestimmten Zeit miteinander vertauschte. Der lange Laufweg war wohl der Grund dafür, daß sich die Eisenbahndirektion Köln (linksrheinisch) noch im Jahre 1891 entschloß, für ihre Eifel- und Moselstrecken 3 Stück 2 B n 2 v Lokomotiven mit Bisselgestell (Abb. 7) zu beschaffen, obwohl in Preußen inzwischen schon 2 B Lokomotiven mit vorderem Drehgestell und Mittelzapfen (s. u.) in Betrieb genommen waren. Dabei nahm man aber nicht die alte 2 B Bauart mit schrägen Zylindern (Bd. I, S. 222, Abb. 286) zum Vorbild, sondern fast ohne sonstige Änderungen die preußische 1 B n 2 v Normallokomotive Gattung P 3² (Abb. 5). Das an Stelle der festen Laufachse angeordnete Bisselgestell hatte 1200 mm Achsabstand; der Gesamtachsstand des Fahrgestells wurde damit um 975 mm größer als der Achsstand der 1 B Normallokomotive. Kessel, Heizfläche und Triebwerk blieben angenähert gleich; das an vielen Lokomotiven der damaligen Zeit am

Abb. 7. 2 B n 2 v Personenzuglokomotive der Preußischen Staatsbahn; Erbauer Henschel 1891.

Rostfläche	1,9 m²	Zylinderdurchm. . 420/600 mm
Verdampfungsheizfl.	103,2 m²	Kolbenhub . . . . . . 580 mm
Kesseldruck	12 atü	Dienstgewicht d. Lok. . 42,6 t
Treibraddurchmesser	1730 mm	Reibungsgewicht . . . 27,4 t

Boden der Rauchkammer vorhandene Entleerungsrohr für Rauchkammerlösche mußte des Bisselgestells wegen nach vorn gebogen werden. Die Lokomotiven beförderten Züge von 20 Achsen auf krümmungsreichen Strecken (mit 300 m Gleisbögen) und 10⁰/₀₀ Steigung mit V = 60 km/h. Sie waren die ersten vierachsigen 2 B Verbund-Personenzuglokomotiven in Deutschland, wurden aber nicht mehr nach gebaut, da inzwischen die neuen 2 B Lokomotiven mit Drehgestell sich ausgezeichnet bewährt hatten.

Lokomotiven mit der Achsanordnung B 1 haben sich, wie im ersten Band erörtert wurde, jahrzehntelang einer großen Beliebtheit besonders im sogenannten gemischten Zugdienst erfreut; je mehr aber im Laufe der Jahre die Bedeutung der gemischten Züge abnahm, um so geringer wurde auch die Zahl der neu beschafften B 1 Lokomotiven. Abgesehen von 15 Stück B 1 Lokomotiven, welche die Oberschlesische Eisenbahn im Jahre 1882 in gleicher Ausführung wie die in Bd. I, S. 214, Abb. 277, beschriebene Lokomotive nachbestellte, lieferte Henschel noch in den Jahren 1888/89 an die kurz vor dem Übergang auf die Preußische Staatsbahn stehende Holsteinische Marschbahn 11 Stück B 1 n 2 Lokomotiven (Abb. 8); diese Bauart wurde mit unwesentlichen Änderungen noch in die erweiterten Normalien aufgenommen. Der Kessel wurde von der 1 B Lokomotive von 1884 (Abb. 3), das Triebwerk von der Ruhr-Sieg-Type übernommen; die Allansteuerung wurde jedoch nach innen verlegt. Die hintere feste Laufachse wurde im Gegensatz zu den oberschlesischen Lokomotiven im Innenrahmen gelagert und weiter nach hinten verlegt, so daß Feuerbüchse und Aschkasten gut zugänglich wurden; der Aschkasten hatte seitliche Reinigungstüren. Von der durch die Bauart ermöglichten Ausbildung einer breiten kurzen Feuerbüchse wurde noch kein Gebrauch gemacht.

Abb. 8. B 1 n 2 Personenzuglokomotive der Holsteinischen Marschbahn; Erbauer Henschel 1888—1901.

Rostfläche	1,87 m²	Zylinderdurchm.	2×420 mm
Verdampfungsheizfl.	103,2 m²	Kolbenhub	600 mm
Kesseldruck	11—12 atü	Dienstgewicht d. Lok.	37,2 t
Treibraddurchmesser	1580 mm	Reibungsgewicht	27,7 t

Gegenüber den 1 B Lokomotiven ihrer Zeit hatte diese B 1 Lokomotive kaum Vorzüge aufzuweisen. Die Achsanordnung mit den vorn laufenden Treibrädern setzte ihrer Verwendbarkeit enge Grenzen; der Grundsatz, führenden Achsen keinen größeren Raddurchmesser als etwa 1600 mm zu geben, verbot ihre Verwendung als Personenzuglokomotive schon vor mäßig schnell fahrenden Zügen. Für Güterzüge reichte wiederum ihr Reibungsgewicht nicht mehr aus; so konnte sie nur bei ganz einfachen Verhältnissen noch eine Reihe von Jahren verwendet werden.

Für solche Betriebsverhältnisse beschaffte im Jahre 1890 die Ostpreußische Südbahn, die maschinentechnisch wenig gut beraten war und bis dahin ihren Personenzugbetrieb mit ungekuppelten Lokomotiven bewältigt hatte, B 1 Lokomotiven als Regelbauart und stellte bis zum Jahre 1901 insgesamt 24 Stück in Dienst; als Höchstgeschwindigkeit wurden 75 km/h zugelassen, eine Geschwindigkeit, die für diese Bauart entschieden zu hoch, aber wohl kaum angewendet worden ist. Die Gesamtzahl der zwischen 1880 und 1901 beschafften B 1 Lokomotiven betrug nur 41 Stück.

Bei der bisherigen Behandlung der preußischen Lokomotiven sind verschiedentlich Gattungsbezeichnungen genannt worden, ohne ihre nähere Bedeutung zu erläutern; da diese Bezeichnungen bei den nun folgenden Lokomotiven häufiger vorkommen werden, sei hier eine kurze Übersicht auch über ihre Entwicklung gegeben.

Solange in Preußen Privatbahnen überwogen und jede Bahnverwaltung ihren Verkehr ohne enge Zusammenarbeit mit ihren Nachbarn abwickelte, hatte fast jede Lokomotive zur Kennzeichnung im Dienstbetriebe einen eigenen Namen. Diese Namen waren aus den verschiedensten Gebieten entnommen, doch war man häufig bestrebt, Lokomotiven gleicher Gattungen möglichst mit gleichartigen Namen, z. B. von Flußläufen, Städten usw. zu belegen. Mit der zunehmenden Zahl der Lokomotiven aber wurde es besonders bei großen Bahnverwaltungen schwierig, die notwendigen Namen zusammenzubringen; alle Götter, Göttinnen und Helden des Altertums, große Städte, Flüsse und Gebirge in aller Welt, Tiernamen und auch Namen verdienter großer Männer der Neuzeit waren vertreten. Als nun die einzelnen Verwaltungen nach und nach in den Besitz des preußischen Staates übergegangen und vielfach Lokomotiven zwischen den einzelnen Bezirken ausgetauscht wurden, kam es vor, daß in einem Direktionsbezirk Lokomotiven verschiedener Bauart mit gleichen Namen vorhanden waren. Hieraus ergaben sich häufige Irrtümer und Verwechslungen, die immer mehr auf eine Änderung in der Bezeichnung drängten.

Daher wurde im Anfang der 80er Jahre die Nummerung und Bezeichnung der Lokomotiven einheitlich für das gesamte Gebiet der preußischen Staatsbahn geregelt. Jede Lokomotive erhielt:

1. ein Adlerschild mit der Bezeichnung „KPEV" (Kgl. Preußische Eisenbahn-Verwaltung) als Zeichen ihrer Zugehörigkeit zu den Preußischen Staatsbahnen;
2. ein Nummernschild mit der Ordnungsnummer und dem Namen des Direktionsbezirkes, dem die Lokomotive zur Dienstleitung überwiesen war.

Die Nummernreihen wurden dabei so unterteilt, daß man aus der Größe der Zahlen auf die Gattung oder den Verwendungszweck schließen konnte. So waren die Lokomotiven mit den Nummern

        1— 99 ungekuppelte Personenzuglokomotiven,
      100— 499 gekuppelte Personenzuglokomotiven,
      500— 699 zweifach gekuppelte Güterzuglokomotiven,
      700—1299 dreifach und vierfach gekuppelte Güterzuglokomotiven,
     1300—1899 Tenderlokomotiven und
     1900—1999 Sonderlokomotiven.

Eine Lokomotive mit dem Nummernschild

143
Berlin

war also z. B. eine zweifach gekuppelte 1 B Lokomotive der Eisenbahndirektion Berlin. Bei der Aufstellung ist zu berücksichtigen, daß man Schnellzuglokomotiven noch längere Zeit, bis etwa zum Ausgang der 80er Jahre, allgemein als Personenzuglokomotiven bezeichnete.

Diese Gattungsbezeichnung blieb in Preußen bis zum Beginn des neuen Jahrhunderts in Gebrauch; dann folgte eine neue Bezeichnung, bei der ein klarerer Unterschied unter den Bauarten nach Schnellzug = S, Personenzug = P, Güterzug = G und Tenderlokomotiven = T gemacht wurde. Gleichzeitig fügte man dem Buchstaben zur genaueren Kennzeichnung der Bauart und Größenordnung eine arabische Ziffer als Kennzeichen bei. Dabei bedeutete die Ziffer 3 eine Lokomotive mit „normaler Leistung". Kleinere Ziffern stellten eine schwächere, größere eine stärkere Lokomotive dar; Unterbauarten oder Ableitungen aus bestehenden Bauarten wurden außerdem nach Bedarf noch durch eine weitere Ziffer in Hochstellung angedeutet, z. B. $S 5^1$, $G 8^1$. Nach der Einführung des Heißdampfes unterschied man die Naßdampflokomotiven von den Heißdampflokomotiven dadurch, daß man für jene ungerade, für diese aber gerade Kennziffern wählte (z. B. S 9, S 10). Diese neue Bezeichnungsart wurde nicht nur für die kommenden, sondern auch für alle vorhandenen Gattungen angewendet und bis zum Übergang der Preußischen Staatsbahn auf die Deutsche Reichsbahn beibehalten.

Um die Mitte der 80er Jahre waren insgesamt etwa 11 verschiedene Bauarten von Normallokomotiven vorhanden. Das Verbundverfahren hatte in Preußen nach anfangs etwas zaghaften Versuchen mit großem Erfolg Eingang gefunden; es war also an der Zeit, auch die neuen Verbundlokomotiven in die preußischen Normalien einzubeziehen. So wurde zu Beginn der 90er Jahre die Reihe der Normallokomotiven abermals durch eine größere Anzahl neuer Entwürfe erweitert, so daß im Jahre 1895 etwa 20 Musterentwürfe vorhanden waren. Neu hinzu kamen die

   1 B n 2 v Personenzuglokomotiven (Gattung $P 3^2$),
   2 B n 2 und n 2 v Schnellzug- und Personenzuglokomotiven (Gattung S 2, S 3, $S 5^1$, $P 4^1$),
   1 B 1 n 2 Vororttenderlokomotiven (Gattung $T 5^1$),

ferner eine größere Reihe von Güterzuglokomotiven, die

C n 2 v	Gattung	$G 4^2$,
1 C n 2	,,	$G 5^1$ (Abb. 34),
1 C n 2 v	,,	$G 5^2$,
D n 2	,,	$G 7^1$,
D n 2 v	,,	$G 7^2$ (Abb. 36),
1 D n 2 v	,,	$G 7^3$ (Abb. 38),
B B n 4 v	,,	G 9

und eine

C 1 n 2 Güterzugtenderlokomotive Gattung $T 9^1$ (Abb. 62).

Der Lokomotivpark der Preußischen Staatsbahn war inzwischen auf etwa 11 000 Stück angewachsen; die meisten Lokomotiven waren schon nach den Normalien erbaut.

Die bisher behandelten Schnellzug- und Personenzuglokomotiven, u. a. auch die 1 B Reihen S 1 und P 3², waren den Lokomotiven der verschiedenen Bahnen in ihrer Leistungsfähigkeit wenig oder gar nicht überlegen. In den Jahren des wirtschaftlichen Niedergangs, dessen Folgen noch bis zum Ende der 80er Jahre zu verspüren waren, war das Bedürfnis nach kräftigen Lokomotiven gering. Die Bauarten der Normallokomotiven hatten genügend Zeit, auszureifen; die Grundlage für den Lokomotivbau in Preußen konnte in aller Ruhe befestigt werden.

Zu Beginn der 90er Jahre aber regte sich im preußischen Eisenbahnwesen wieder neues Leben. Der Presse und der technischen Vereine hatte sich — vielleicht als Folge des wiederbeginnenden Wohlstandes — eine Strömung bemächtigt, welche sich mit Entschiedenheit für eine Steigerung der Schnellzugsgeschwindigkeiten einsetzte; man wies auf England, Frankreich und Amerika hin, wo schon höhere Geschwindigkeiten als in Preußen üblich waren. Der damalige preußische Minister der öffentlichen Arbeiten v. Maybach entsandte daraufhin Fachleute nach England und Amerika, welche die Verhältnisse dort studieren sollten (Büte, Mitglied der Eisenbahndirektion Magdeburg, und v. Borries, damals Kgl. Eisenbahn-Bauinspektor in Hannover). Ihr ausführlicher Reisebericht blieb nicht ohne Einfluß auf die Entwicklung: die Erhöhung der Geschwindigkeit wurde ernstlich geprüft, doch ergaben sich bei der Behandlung der gesamten Frage gewisse Schwierigkeiten.

Der bisher verwendete dreiachsige Schnellzugwagen konnte wegen seines unruhigen Laufs und seiner unzureichenden Sicherheit bei hohen Geschwindigkeiten nicht mehr beibehalten werden; an seine Stelle mußte ein längerer und schwererer vierachsiger D-Zugwagen treten. Ein früher bestehendes Verbot vierachsiger Wagen war bereits im Jahre 1881 aufgehoben worden, nachdem die Gründe für das Verbot, nämlich verbogene Langträger, ungleichmäßige Achsbelastung usw., durch bessere Bauausführung beseitigt waren. Dieser vierachsige D-Zugwagen brachte aber wieder größere Zuggewichte mit sich, die mit den vorhandenen Lokomotiven nicht mit der gewünschten Geschwindigkeit befördert werden konnten.

Das Verbundverfahren gestattete wohl, bei gleicher Kesselbeanspruchung eine größere Leistung aus den Lokomotiven herauszuholen, auch konnten durch die Rückverlegung der Zylinder bei der P 3² die Laufeigenschaften der Lokomotive verbessert und der Einfluß der großen Zylindergewichte auf die Laufachse vermindert werden. Dennoch war bei den neuen hohen Ansprüchen der Schritt zur 2 B Lokomotive nicht zu umgehen, zumal die 2 B Lokomotive die Verwendung eines leistungsfähigeren Kessels und größerer Dampfzylinder gestattete.

Unter Mitwirkung A. v. Borries' wurde daher im Frühjahr 1890 bei Henschel und Sohn in Kassel mit dem Bau der beiden ersten 2 B n 2 v Schnellzuglokomotiven begonnen (Gattung S 2, Abb 9). Im November desselben Jahres waren beide Maschinen fertiggestellt; sie wurden mit den Betriebsnummern 20 und 21 der Eisenbahndirektion Hannover überwiesen.

Abb. 9. 2 B n 2 v Schnellzuglokomotive der Preußischen Staatsbahn, Gattung S 2 (Hannoversche Bauart); Erbauer Henschel 1890.

Die Kesselheizfläche war um etwa 10% vergrößert, ebenso die Zylinderdurchmesser, die von 420/600 mm auf 450/650 mm anwuchsen; das Reibungsgewicht betrug 28 t statt bisher 27 t. Die Rauchkammer wurde auf 900 mm verlängert, während der Achsstand sich von 5975 mm auf 6500 mm streckte. Bemerkenswerte Änderungen wurden auch an der Heusinger-Steuerung vorgenommen; da bei der immer noch recht tiefen Kessellage die Hängeeisen zwischen Aufwerfhebel und Schieberschubstange zu kurz geworden wären, ordnete man unten am Gleitbahnträger auf jeder

Rostfläche	2,0 m²	Zylinderdurchm.	450/650 mm
Verdampfungsheizfl.	113,0 m²	Kolbenhub	600 mm
Kesseldruck	12 atü	Dienstgewicht d. Lok.	45,0 t
Treibraddurchmesser	1960 mm	Reibungsgewicht	28,0 t

Seite eine Blindwelle an, die mit Winkelhebeln und Stangen einerseits mit dem Aufwerbhebel und andrerseits mit der Schieberschubstange hinter der Schwinge verbunden war. Der Hochdruckzylinder erhielt Kolbenschieber, der Niederdruckzylinder dagegen Flachschieber.

Die beachtenswerteste Neuerung an der Lokomotive war das neue Drehgestell, das unter dem Namen des „Hannoverschen Drehgestells" bekanntgeworden ist. Bei diesem Drehgestell wurde die Lokomotivlast ohne Beanspruchung des Drehgestellrahmens durch seitliche Gleitbacken auf zwei Längstragfedern übertragen, die zwischen den Wangen eines doppelten Schwanenhalsträgers aufgehängt waren. Die Schwanenhalsträger stützten sich unmittelbar auf die Achslagerkästen. Eigenartigerweise lag der entlastete Drehzapfen anfänglich 530 mm hinter der Mitte des Drehgestells; er führte das Drehgestell mit einem seitlich im Drehgestellrahmen quer verschiebbaren Gleitstück. Die Rückstellkraft wurde anfänglich durch 2 Wickelfedern erzeugt, die später durch Blattfedern ersetzt wurden. Später legte man den Drehzapfen in die Mitte, und in dieser bis heute grundsätzlich wenig geänderten Form wird es noch an den neuzeitlichen Lokomotiven verwendet. Was dieses Hannoversche Drehgestell auszeichnet, ist seine kaum zu übertreffende Einfachheit und die eindeutige und klare Lastübertragung.

Kurze Zeit später entwarf auch die Eisenbahndirektion Erfurt unter Leitung ihres Mitgliedes Lochner eine 2 B n 2 Schnellzuglokomotive, die ebenfalls bei Henschel und Sohn gebaut wurde (Abb. 10). Von dieser sogenannten „Erfurter Bauart" wurden im Anfang des Jahres 1892 je 4 Lokomotiven in Zwillings- und Verbundanordnung geliefert; je 2 Lokomotiven erhielten Treibraddurchmesser von 1960 und 1730 mm. Die Kesselheizfläche war noch 10% größer, die Hochdruckzylinder waren zwar etwas kleiner, die Niederdruckzylinder dagegen etwas größer als bei der „Hannoverschen Bauart". Die Steuerung war eine Allansteuerung mit gekreuzten Exzenterstangen; sie lag innen und übertrug nach amerikanischem Vorbild den Antrieb auf die außenliegenden Flachschieber über eine Umkehrwelle. Das Drehgestell hatte einen Kugelzapfen, welcher die Last durch eine stählerne Pfanne auf eine Wiege übertrug; durch die hohe Flächenpressung in der Kugelpfanne neigten aber die Gleitflächen zum Fressen, so daß man später versuchte, durch einen Weißmetallausguß bessere Verhältnisse zu schaffen.

Der Gesamtachsstand von Lokomotive und Tender durfte damals etwa 12,2 m nicht überschreiten, weil die Drehscheiben nur 13 m Durchmesser hatten; der Achsstand der Lokomotive betrug daher auch nur 6575 mm.

Vom Jahre 1892 bis 1893 an wurden 161 Lokomotiven der Erfurter Bauart, der späteren Gattung S 2, zunächst in Zwillingsanordnung gebaut, also in einer Stückzahl, die wesentlich höher war als die der Hannoverschen Bauart. Eine Lokomotive erhielt 1892 versuchsweise einen Wellrohrkessel Bauart Lentz-Hohenzollern; er barst im Jahre 1894.

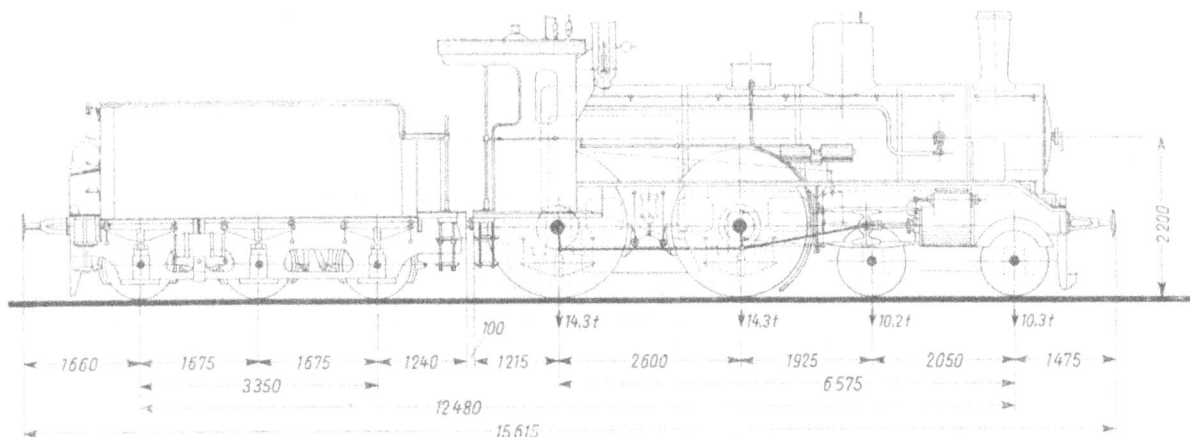

Abb. 10. 2 B n 2 Schnellzuglokomotive der Preußischen Staatsbahn, Gattung S 2 (Erfurter Bauart); Erbauer Henschel 1891.

Rostfläche	2,3 m²	Treibraddurchmesser	1980 mm	Dienstgewicht d. Lok.	48,75 t
Verdampfungsheizfl.	125,02 m²	Zylinderdurchm.	2 × 430 mm	Reibungsgewicht	28,7 t
Kesseldruck	12 atü	Kolbenhub	600 mm		

Trotz des größeren Kessels war man mit der Erfurter Bauart wenig zufrieden. Die Lokomotiven beförderten nur

35 Achsen (210 t) auf 0⁰/₀₀ mit V = 70 km/h
und auf 5⁰/₀₀ mit V = 50 km/h,

wobei der Dampfverbrauch wesentlich höher war als bei der Hannoverschen Bauart. Die Schuld daran wurde der Steuerung gegeben, deren zahlreiche Gelenke durch toten Gang große Ungenauigkeiten in der Dampfverteilung und damit hohen Dampfverbrauch verursachten. Man machte verzweifelte Versuche, diese Mängel zu beheben, mußte aber im Jahre 1901 die Verbesserungsversuche endgültig aufgeben; ein Vorschlag, die Lokomotive durch Umbau auf Verbundwirkung nach Hannoverscher Bauart zu verbessern, wurde nicht verwirklicht. Das Schicksal der Erfurter Bauart war damit endgültig besiegelt.

Inzwischen waren im Betriebe an mehreren Stellen größere Drehscheiben mit 16 m Durchmesser eingebaut worden. Dadurch wurde der Entwicklung einer leistungsfähigeren Schnellzuglokomotive eine neue Möglichkeit gegeben. A. v. Borries hatte an seiner ersten im großen und ganzen bewährten 2 B Lokomotive vom Jahre 1890 wertvolle Erfahrungen gesammelt; auf der Grundlage dieser Erfahrungen und der jetzt möglichen Längenentwicklung stellte er im Jahre 1893 zusammen mit der Hanomag den Entwurf einer neuen 2 B n 2 v Schnellzug-

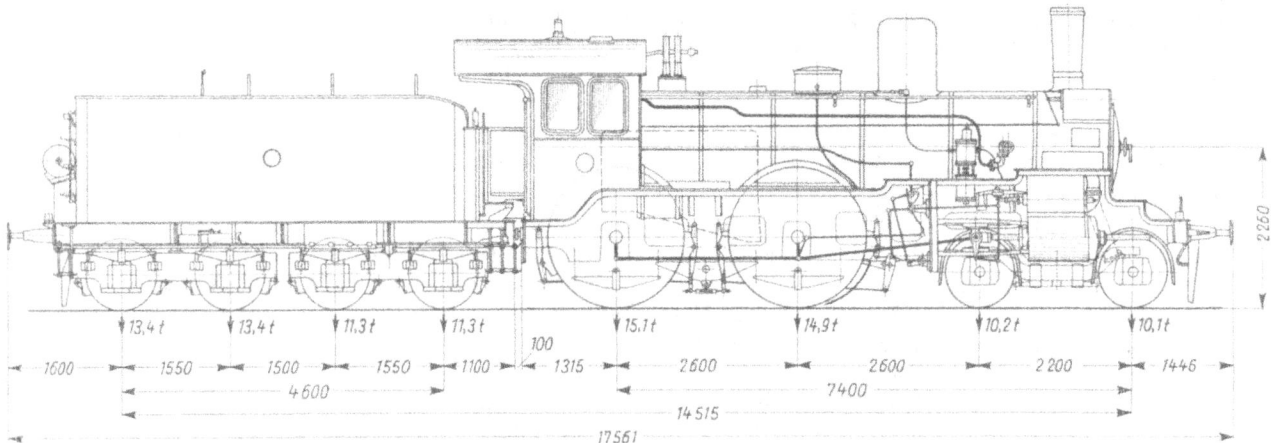

Abb. 11. 2 B n 2 v Schnellzuglokomotive der Preußischen Staatsbahn, Gattung S 3;
Erbauer Hanomag und andere 1893—1904.

Rostfläche . . . . . . 2,27 m²	Treibraddurchmesser 1980 mm	Dienstgewicht d. Lok. . 50,5 t
Verdampfungsheizfl. 118,43 m²	Zylinderdurchm. 460/680 mm	Reibungsgewicht . . . 30,4 t
Kesseldruck . . . . . 12 atü	Kolbenhub . . . . . . 600 mm	

lokomotive auf, die später das Gattungszeichen S 3 erhielt (Abb. 11, Tafel 1). Der Kessel wurde von der Erfurter Bauart, das Triebwerk, die Steuerung und das Drehgestell wurden jedoch von der Hannoverschen Bauart übernommen. Die Zylinderdurchmesser wurden auf 460/680 mm vergrößert und die Kolbenschieber durch Flachschieber ersetzt; das Füllungsverhältnis für den Hoch- und Niederdruckzylinder wurde nach ausgedehnten Versuchen im Jahre 1900 allgemein für alle 2 B Verbundlokomotiven auf 40/60% festgesetzt. Der Gesamtachsstand des Fahrgestells stieg auf 7400 mm; an den gekuppelten Achsen wurde die Länge der Tragfedern von anfangs 950 mm auf 1200 mm vergrößert. An mehreren Lokomotiven erhielten die Führerhäuser zum Schutze des Personals eine halb geschlossene Rückwand, doch waren die Meinungen über den Einfluß dieser Maßnahme auf die Gesundheit der Mannschaften geteilt.

Die S 3 Lokomotiven bewährten sich im Betriebe vorzüglich. Sie waren im Dampf- und Kohlenverbrauch um 15—20% sparsamer als die Erfurter Zwillingslokomotive, auch liefen sie bei hohen Geschwindigkeiten bemerkenswert ruhig, so daß sie sich überall großer Beliebtheit erfreuten. Sie beförderten einen Zug von 10 D-Zugwagen der neuen Bauart und einem Gewicht von

16

$$320 \text{ t auf } 0^0/_{00} \text{ mit } V = 75 \text{ km/h und}$$
$$150 \text{ t auf } 10^0/_{00} \quad ,, \quad V = 50 \text{ km/h.}$$

Bis zum Jahre 1904 wurden insgesamt 1072 Stück beschafft, außerdem ließen die Reichs-eisenbahnen in Elsaß-Lothringen von 1900 bis 1901 40 Stück und die Oldenburgische Staats-bahn 1903—1904 6 Stück mit geringen Änderungen am Achsstand bauen. Das ursprünglich vorgesehene Anfahrventil von v Borries wurde um die Jahrhundertwende durch das Dultzsche Wechselventil ersetzt. Der Achsstand des Drehgestells wurde im Jahre 1901 von 2000 mm auf 2200 mm vergrößert und gleichzeitig der bisher hinter der Quermitte liegende Drehzapfen in die Mitte des Drehgestells gelegt; die ursprünglich schwach kegelig gewickelten Rückstell-federn wurden durch Blattfedern ersetzt. In dieser Gestalt wurde das Hannoversche Drehgestell zur Regelbauart für die Preußischen Staatsbahnen; es wurde auch nach dem Weltkriege in ähnlicher Form bei den neuen Lokomotivbauarten der Deutschen Reichsbahn übernommen.

Die bereits angegebene Leistung der S 3 Lokomotive reichte in der Regel für die Beförde-rung der Schnellzüge aus. Herrschte aber starker Gegenwind oder waren Verspätungen ein-zuholen, so war eine genügende Reserve nicht mehr vorhanden. Da auf verschiedenen Strecken, z. B. zwischen Berlin und Hannover, schon in der 2. Hälfte der 90er Jahre Schnellzüge von 10 Wagen und 320 t Gewicht mit 85 km/h gefahren werden mußten, wurde häufig Vorspann erforderlich. A. v. Borries versuchte daher im Jahre 1902 an 2 Lokomotiven durch Steigerung des Kesseldruckes von 12 auf 14 atü und durch Vergrößerung des Niederdruckzylinderdurch-messers von 680 auf 710 mm (Zylinderraumverhältnis 1:2,4) eine größere Leistung zu erzielen; der Versuch scheiterte jedoch daran, daß in dem Dultzschen Wechselventil und in den Schieber-kanälen des Niederdruckzylinders die Durchtrittsquerschnitte für das größere Dampfvolumen zu klein waren. Es traten Drosselverluste auf, welche die theoretisch erwartete Mehrleistung von 10 bis 12% wieder aufzehrten. An dieser Lokomotive war der Langkessel nicht mehr aus 3 sondern aus 2 Schüssen hergestellt, nachdem es den Walzwerken möglich geworden war, breitere Bleche auszuwalzen.

Als zu Beginn des neuen Jahrhunderts der Oberbau auf den Hauptstrecken für einen Achsdruck von 16 t (statt bisher 15 t) eingerichtet wurde, konnte die 2 B n 2 v Lokomotive S 3 in ihrer Leistungsfähigkeit wirkungsvoll verbessert werden.

Aus der tiefen Kessellage der S 3 Lokomotiven (2260 mm über SO) hatten sich bis zum Bau der aus ihnen entwickelten ersten Heißdampflokomotiven von 1897/98 (s. S. 23) manche Unzuträglichkeiten ergeben. War der Kessel nicht ganz sorgfältig eingebaut oder waren die Achslager ausgeschlagen und die Tragfedern hatten sich gesetzt, so kam es verschiedentlich vor, daß die Spurkränze der Treibräder den Kesselmantel berührten und Rillen in das Kessel-blech einschliffen, die zu schweren Betriebsgefahren führen konnten.

Diese Gefahren hatten bei den ersten Heißdampflokomotiven schon wegen des größeren Kesseldurchmessers zu einer höheren Lage der Kesselachse geführt (2500 mm über SO); bei der S 3 Lokomotive ließ die so ermöglichte Vergrößerung der Kesselabmessungen, besonders des Durchmessers, eine größere Leistungsfähigkeit erwarten. So wurde im Jahre 1903 von der Stettiner Maschinenbau A.-G. Vulkan eine verstärkte S 3 Lokomotive entworfen und 1904 gebaut, bei der die Kesselmittellinie auf 2500 mm Höhe über SO gebracht war (Abb. 12); der Kesseldurchmesser wuchs von 1372 auf 1500 mm. Die Feuerbüchse konnte um 200 mm weiter nach unten geführt werden; gleichzeitig wurden auch die Heizrohre von 3900 auf 4200 mm ver-längert. Die Heizfläche stieg damit auf 136 m², und zwar die Feuerbüchsheizfläche um 1,57 m² (17%) und die Rohrheizfläche um 11 m² (10%). Die Rostfläche blieb mit 2,27 m² unverändert; das Verhältnis Rostfläche:Heizfläche betrug 1:60 gegen bisher 1:52. Auch an dieser Loko-motive bestand der Kessel nunmehr aus 2 Schüssen. Das Entleerungsrohr für die Lösche im Rauchkammerboden wurde aufgegeben. Die Zylinder erhielten statt der bisherigen 460/680 mm jetzt 475/700 mm Durchmesser. Bei der höheren Lage des Kessels ließ sich auch die außenliegende Heusingersteuerung einfach und ohne Blindwelle anordnen. Der Drehpunkt des Aufwerf-hebels lag jetzt in gleicher Höhe wie der Schwingendrehpunkt; die Schieberschubstange endete hinter der Schwinge in einer Kuhnschen Schleife. Die Lokomotive hatte Flachschieber; erst später, im Jahre 1908, erhielten einige Lokomotiven Kolbenschieber an Hoch- und Nieder-druckzylindern.

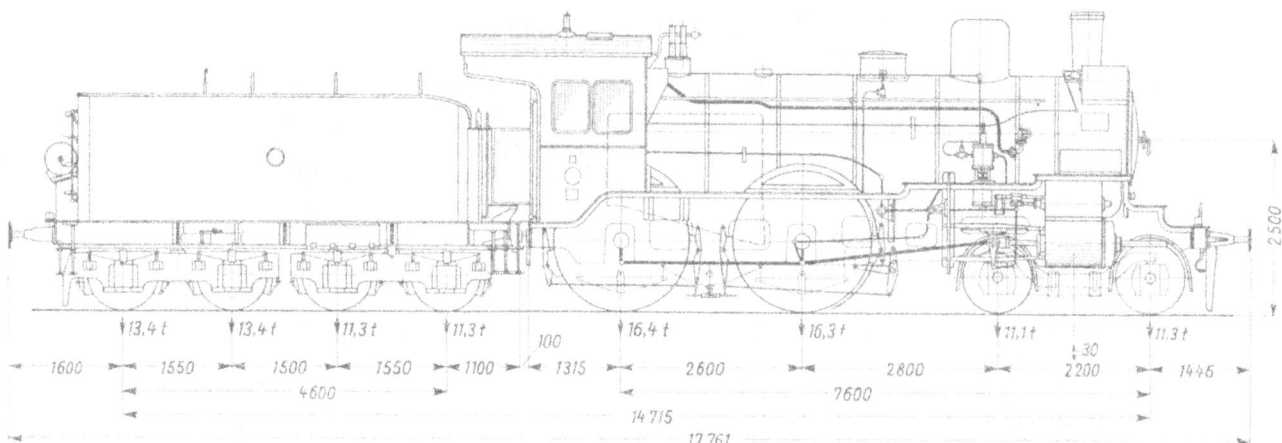

Abb. 12. 2 B n 2 v Schnellzuglokomotive der Preußischen Staatsbahn, Gattung S 5²;
Erbauer Vulkan 1905—1913.

Rostfläche . . . . . . 2,27 m²	Treibraddurchmesser 1980 mm	Dienstgewicht d. Lok. . 55,2 t
Verdampfungsheizfl. 136,39 m²	Zylinderdurchm. 475/700 mm	Reibungsgewicht . . . 32,71 t
Kesseldruck . . . . . 12 atü	Kolbenhub . . . . . . 600 mm	

Der Gesamtachsstand des Fahrgestells betrug jetzt 7600 mm, das Dienstgewicht der Lokomotive stieg von 50 t auf 54,6 bis 55,7 t.

Diese neuen Lokomotiven, die anfangs noch zur Gattung S 3 zählten, bald aber als S 5² bezeichnet wurden, konnten 360 t auf der Waagerechten mit V = 80 km/h und 185 t auf 10⁰/₀₀ mit V = 50 km/h befördern, also etwa 10% mehr als die bisherige S 3. Auch sonst bewährten sie sich so vorzüglich, daß neben den inzwischen entwickelten kräftigeren Bauarten von 1905 bis 1911 von ihnen noch 358 Stück beschafft wurden; ihr Arbeitsgebiet war hauptsächlich der leichte und mittelschwere Schnellzugdienst. Ihr guter Ruf veranlaßte auch die Lübeck-Büchener Bahn, 7 Stück in den Jahren 1907—1911 zu beschaffen. Auch die Oldenburgische Staatsbahn ließ von 1909 bis 1913 bei der Hanomag 11 Lokomotiven dieser Gattung bauen; diese aber hatten abweichend von der preußischen Bauart Lentz-Ventilsteuerung. Insgesamt sind also von der Gattung S 5² 376 Lokomotiven gebaut worden.

Im schweren Schnellzugdienst erwiesen sich die allgemein geschätzten S 3 Lokomotiven Hannoverscher Bauart schon im Jahre 1898 an verschiedenen Stellen als zu schwach. Infolge Dampfmangels wegen Überlastung der Lokomotiven traten mehrfach Fahrzeitverluste ein, so daß der Wunsch nach einer leistungsfähigeren Schnellzuglokomotive dringend wurde; man glaubte, in der inzwischen entwickelten 2 B n 4 v eine Lokomotive zu haben, welche den gestiegenen Ansprüchen besser genügte als die S 3 Lokomotiven.

Die ersten Versuche mit Vierzylinder-Verbundlokomotiven reichten bis zum Anfang der 90er Jahre zurück. Die Maschinenbaugesellschaft Grafenstaden hatte im Jahre 1891 eine 2 B n 4 v Schnellzuglokomotive mit Zweiachsantrieb nach de Glehn an die französische Nordbahn geliefert, die sich gut bewährte. Ihr Ruf veranlaßte die Preußische Staatsbahn, bei der gleichen Firma eine ähnliche Lokomotive mit Treibraddurchmessern von 2150 mm zu bestellen. Sie wurde 1894 in Betrieb genommen und war die erste deutsche Vierzylinderverbundlokomotive. Sie unterschied sich äußerlich ganz wesentlich von den in Preußen üblichen Bauformen und verriet deutlich französische Einflüsse. Der Kessel hatte noch die damals gebräuchliche tiefe Lage (2260 mm über SO); der Langkessel bestand aus drei zylindrischen Schüssen, deren hinterer den Dampfdom mit dem Regler trug. Das Einströmrohr trat vor dem Dom durch einen Flansch im Kesselscheitel nach außen und war wie bei den preußischen 1 B Lokomotiven der Gattung P 3² um den Kessel herumgelegt. Der Stehkessel war nach der Bauart Belpaire ausgeführt und schwach überhöht.

Die Hochdruckzylinder lagen außen zwischen der hinteren Drehgestellachse und der ersten Kuppelachse; sie wirkten auf die letzte Kuppelachse. Die innenliegenden Niederdruckzylinder lagen unter der Rauchkammer und waren gleichzeitig als Rauchkammerstütze ausgebildet; sie trieben die erste Kuppelachse an.

Das Drehgestell hatte die Bauart des Grafenstadener Lieferers, d. h wegen der Innenzylinder Außenrahmen. Das ist um so bemerkenswerter, als der Außenrahmen besonders bei führenden Drehgestellen schnellfahrender Lokomotiven wegen der Gefahr einer einseitigen Entlastung der Räder durch übermäßige Belastung eines Achsschenkels in Gleisbögen Anlaß zu Entgleisungen geben kann.

Der Drehzapfen war entlastet. Die Seitenverschiebbarkeit des Drehgestells betrug 22 mm; die Rückstellkraft wurde durch Schraubenfedern erzeugt. Die Last ruhte zu beiden Seiten auf halbkugelförmigen Auflageflächen.

Das Herstellerwerk hatte sich bemüht, bei dieser Lokomotive ein möglichst gleichmäßiges Drehmoment zu erzielen. Zu diesem Zweck waren die Niederdruckkurbelzapfen gegen die zugehörigen Hochdruckkurbelzapfen um soviel verdreht, wie es ohne zu große Schädigung des Massenausgleichs möglich war. Dadurch entstanden Aufkeilwinkel von 162⁰ und 90⁰. Nachteilig waren hierbei die verschiedenen Gegengewichte der linken und rechten Radkörper, die einen Austausch der Radkörper unmöglich machten. Da man später zu der Erkenntnis kam, daß mit einer Kurbelversetzung von 180⁰ noch praktisch völlig ausreichende Drehmomente zu erzielen waren, hat dieses Beispiel keine Nachahmung gefunden. Zwischen den Hochdruckzylindern wurde der Rahmen nach Grafenstadener Bausitte durch Stahlgußstücke versteift, die gleichzeitig als Träger für die inneren Gleitbahnen dienten.

Die Lokomotive hatte den für damalige Verhältnisse hohen Achsdruck von 15,4 t, der ihre Verwendbarkeit stark beschränkte. Da andrerseits die zweizylindrige S 3 Lokomotive damals noch den Ansprüchen genügte und ein einfacheres Triebwerk besaß, fand die Grafenstadener Bauart zunächst keine weitere Verbreitung. Immerhin aber waren die Ergebnisse der Versuchsfahrten in den Bezirken der Eisenbahndirektionen Berlin und Erfurt so günstig, daß sie den Minister der öffentlichen Arbeiten veranlaßten, den Lokomotivausschuß mit der Prüfung der Frage zu beauftragen, ob es möglich sein würde, die Vierzylinder-Verbund-Bauart ohne erhebliche Überschreitung des Achsdruckes von 15,2 t auch auf die bisherige 2 B n 2 v Personen- oder Schnellzuglokomotive zu übertragen.

Wie im Jahre 1890 bei der Zweizylinder-Lokomotive wurde zunächst von der Eisenbahndirektion Erfurt (Lochner) im Jahre 1896 ein erster Entwurf einer 2 B n 4 v Schnellzuglokomotive aufgestellt. Das de Glehn-Triebwerk wurde dabei verlassen; die 4 Zylinder wurden so angeordnet, daß sie in der gleichen Querebene wie der Schornstein und das Blasrohr lagen. Die Niederdruckzylinder lagen im Gegensatz zur Grafenstadener Bauart wegen Raummangels außen und hatten obenliegende Schieberkästen; die Hochdruckzylinder lagen innen und hatten einen gemeinsamen Schieberkasten. Die Schieber waren als Flachschieber ausgebildet. Alle Zylinder arbeiteten auf die vordere Treibachse. Die Heusinger-Steuerungen waren für jeden Zylinder zunächst noch getrennt einstellbar ausgeführt, sollten aber nach Beendigung der Versuchsfahrten und nach Feststellung der günstigsten Füllungsverhältnisse miteinander gekuppelt werden, um nicht die günstigste Regelung der Füllungsverhältnisse dem Belieben des Lokomotivführers zu überlassen.

Bald darauf, im Anfang des Jahres 1897 wurde ein zweiter Entwurf einer 2 B n 4 v Schnellzuglokomotive vorgelegt, der unter der Leitung von v. Borries bei der Hanomag entstanden war. (Abb. 13). v. Borries war bei Versuchsfahrten mit den Grafenstadener Lokomotiven auf der Französischen Nordbahn zu der Überzeugung gekommen, daß die Vorzüge der Vierzylinderlokomotive auch ohne die de Glehn-Anordnung auf einfachere Weise zu erreichen seien. Dementsprechend wurde die Bewegung der Schieber für jede Zylindergruppe von einer innenliegenden Heusinger-Steuerung durch eine Umkehrwelle mit einarmigen Hebeln abgeleitet; doch hatte jeder Kreuzkopf einen eigenen Voreilhebel. Durch das verschiedene Übersetzungsverhältnis der Voreilhebel konnten folgende zugeordnete Füllungsgrade in den HD- und ND-Zylindern erzielt werden:

HD	20	30	40	50	60	70%
ND	32	47	59	68	76	85%

Im großen und ganzen lehnte sich die neue mit S 5¹ bezeichnete Bauart an die bewährte S 3 Lokomotive an. Der Kessel bestand aus 2 Schüssen gleichen Durchmessers, die durch eine Ringlasche miteinander vernietet waren; er hatte 14 atü Dampfdruck und war im Gesamtaufbau dem der S 3 gleich. Seine Mittellinie lag 2400 mm über SO gegenüber 2260 mm bei der S 3 Hannoverscher Bauart. Der Achsstand des Fahrgestells war um 100 mm gestreckt, um bei dem größeren Gewicht der Zylinder das Drehgestell etwas zu entlasten. Bei der Durchbildung des Rahmens ging v. Borries neue Wege: um dem Zylinderblock auszuweichen und das Innentriebwerk übersichtlich und leicht zugänglich zu machen, wurde von der Treibachse bis zum vorderen Pufferträger ein Barrenrahmen mit nur einem Gurt verwendet. Der hintere Teil des Rahmens dagegen war bis zur Anschlußstelle dieses Barrenrahmens wie bisher ein Blechrahmen von 25 mm Stärke. Barren- und Blechrahmen waren durch Paßschrauben fest miteinander verbunden. Um beim Anheben der Lokomotive ein Verbiegen des Rahmens zu verhüten, wurde dabei vom Rahmen aus ein Tragband über den Kessel gelegt; außerdem war der Pufferträger nach amerikanischer Art durch kräftige Schrägstreben mit der Rauchkammer verbunden.

Abb. 13. 2 B n 4 v Schnellzuglokomotive der Preußischen Staatsbahn, Gattung S 5¹; Erbauer Hanomag 1900—1903.

Rostfläche . . . . . . 2,26 m²	Zylinderdurchm. 2 × 340/530 mm
Verdampfungsheizfl. 121,97 m²	Kolbenhub . . . . . . 640 mm
Kesseldruck . . . . 14 atü	Dienstgewicht d. Lok. . 56,69 t
Treibraddurchmesser 1980 mm	Reibungsgewicht . . . 32,07 t

Wie bei der Erfurter Bauart lagen die Zylinder in einer Querebene mit dem Schornstein und dem Blasrohr, so daß sich Ausströmleitungen geringen Widerstandes ergaben; je ein zusammengehöriger Hochdruck- und Niederdruckzylinder bildeten ein Gußstück und trugen oben den halben Rauchkammersattel. Die Hochdruckzylinder hatten Kolbenschieber von 180 mm Durchmesser mit innerer Einströmung, während die Niederdruckzylinder entlastete Flachschieber besaßen.

Angefahren wurde bei dieser Lokomotive mit einem Reglerschleppschieber nach v. Borries, der durch ein Hilfsdampfrohr gedrosselten Frischdampf in den Verbinder leitete. Die Kurbeln waren um 180° gegeneinander versetzt und ermöglichten einen guten Massenausgleich. Die noch verbleibenden geringen Unterschiede in den hin- und hergehenden Massen der Hoch- und Niederdruckzylinder wurden außerdem noch zu 20% durch Gegengewichte ausgeglichen.

Der Luftbehälter für die Druckluftbremse war domartig hinter dem Schornstein auf den Kessel gesetzt. Diese Behälter mußten später entfernt werden, nachdem einer im Bahnhof Hannover geborsten war und einen tödlichen Unfall verursacht hatte. An seine Stelle trat dann ein in der Längsrichtung des Kessels liegender zylindrischer, gut isolierter Behälter.

Diese 2 B n 4 v Lokomotiven Hannoverscher Bauart befriedigten in jeder Beziehung; der anfänglich zu kleine Rauminhalt des Verbinders wurde später durch ein Ausgleichsrohr zwischen den Schieberkästen der ND-Zylinder vergrößert. Die Maschinen konnten auf der Strecke Berlin—Hannover—Köln Schnellzüge mit 43 Achsen planmäßig befördern und zeichneten sich durch außerordentlich ruhigen Lauf aus, so daß sie auch bei den Mannschaften sehr beliebt waren. Die einfache Steuerung nach dem Patent v. Borries bewährte sich ebenfalls gut und wurde bei den weiteren Vierzylinderverbundbauarten in Preußen mit gleichem Erfolge verwendet. Gegenüber den S 3 Lokomotiven wurde bei Vergleichsfahrten von den S 5¹ Lokomotiven Kohlenersparnisse von mehr als 17% erzielt.

Eine der ersten Lokomotiven dieser Bauart, die Lokomotive Nr. 11 Hannover, wurde im Jahre 1900 auf der Pariser Weltausstellung ausgestellt; sie erregte dort berechtigtes Aufsehen und erhielt auch einen der Großen Preise der Ausstellung. Insgesamt sind von dieser Lokomotive 17 Stück gebaut worden.

Der Vergessenheit soll nicht anheimfallen, daß v. Borries im April 1899 den Antrag stellte, die Lokomotive, welche auf der Pariser Weltausstellung gezeigt wurde, mit einem Schmidtschen Rauchkammerüberhitzer auszurüsten. Das ist um so bemerkenswerter, als v. Borries häufig als einseitiger Verfechter der Naßdampfverbundlokomotive angesehen wird. Dieser Antrag zeigt, daß man ihm damit Unrecht tut; auch v. Borries hatte erkannt, daß die Anwendung des überhitzten Dampfes in Verbindung mit dem Verbundverfahren auch im Lokomotivbau große Erfolge versprach. Leider wurde aber sein Antrag wohl unter dem Einfluß Garbes, des Schöpfers der ersten deutschen Heißdampflokomotive, mit der Begründung abgelehnt, es solle an dieser 2 B n 4 v Lokomotive v. Borriesscher Bauart zunächst einmal das neuartige Triebwerk und die v. Borries-Steuerung erprobt werden. Außerdem sollten durch das mehrfache Erscheinen von Heißdampflokomotiven auf der Ausstellung irrige Anschauungen über die Verwendbarkeit der Überhitzereinrichtung vermieden werden. Durch die Ablehnung dieses Antrages wurde dem preußischen Lokomotivbau kein guter Dienst erwiesen. v. Borries war einer der besten Lokomotivkonstrukteure seiner Zeit; seine reichen Erfahrungen, seine Fähigkeit, mit sicherem Blick die zweckmäßigste Lösung bestimmter Fragen zu erkennen, und seine große Geschicklichkeit im Entwerfen von Lokomotiven würden auch der Entwicklung der Heißdampflokomotive großen Nutzen und zweifellos schnelleren Erfolg gebracht und manche trüben Erfahrungen in ihren Kinderjahren vermieden haben. So aber verhinderte Garbe durch die Ablehnung der Mitarbeit v. Borries die höchst wünschenswerte Befruchtung eines Neulandes im Lokomotivbau. Ein Vergleich der Schöpfungen beider Männer läßt erkennen, daß v. Borries der geschicktere Konstrukteur war, der noch in den Jahren, da der klare Sieg der Heißdampflokomotive nicht mehr zu leugnen war, neue leistungsfähige und beliebte Naßdampflokomotiven schuf, welche durchaus in Ehren neben der schon überlegenen Heißdampflokomotive bestehen konnten.

Nachdem nun mit den neuen Vierzylinder-Verbundlokomotiven Hannoverscher Bauart gute Erfahrungen gesammelt waren und auf den Rhein- und Schwarzwaldstrecken der Badischen Staatsbahn schon seit 1894 einige 2 C n 4 v Personenzuglokomotiven nach der Bauart de Glehn (Grafenstaden) im Dienst standen, wurde die Reihe der 2 B n 4 v Schnellzuglokomotiven im Jahre 1902 durch neue Lokomotiven der Maschinenbaugesellschaft Grafenstaden fortgesetzt (Abb. 14).

Abb. 14. 2 B n 4 v Schnellzuglokomotive der Reichseisenbahnen Elsaß-Lothringen und der Preußischen Staatsbahn, Gattung S 5¹, Bauart Grafenstaden 1902.

Rostfläche . . . . . . 2,05 m²	Treibraddurchmesser 1980 mm	Dienstgewicht d. Lok. . . 48,4 t
Verdampfungsheizfl. 110,0 m²	Zylinderdurchm. 2 × 340/530 mm	Reibungsgewicht . . . 30,8 t
Kesseldruck . . . . 14 atü	Kolbenhub . . . . . . 640 mm	

Diese Lokomotiven entsprachen in der Kesselgröße der S 3, lehnten sich aber in der Bauart eng an die Ausführungen der Französischen Nordbahn an. Der Achsstand der gekuppelten Achsen war auf 3000 mm vergrößert, so daß die senkrechte Rückwand des Belpaire-Stehkessels genau mit der Hinterachse abschnitt. Da die Kesselmitte 2450 mm über SO lag, konnte die Feuerbüchsheizfläche von bisher 9,2 m² auf 11,2 m² vergrößert werden. Die Zylinder hatten die Durchmesser 340/530 mm und 640 mm Hub. Die Hoch- und Niederdruckzylinder hatten getrennte, jedoch miteinander kuppelbare Steuerungen.

Die Hochdruckzylinder lagen wie bei der 2 B n 4 v vom Jahre 1894 außen zwischen der letzten Drehgestellachse und der ersten Kuppelachse. Ihre Schieberschubstangen wurden wie bei den 2 B Lokomotiven Hannoverscher Bauart vom Aufwerfhebel durch lange Hängeeisen über eine Umkehrwelle von unten her gehoben oder gesenkt; die Niederdruckzylinder lagen zwischen den Rahmen unter der Rauchkammer. Wegen der Lage der Hochdruckzylinder mußten die Einströmrohre wie bei der ersten Grafenstadener Vierzylinderanordnung seitlich am Kessel heruntergeführt werden. Das Blasrohr in der Rauchkammer war abweichend von den preußischen Gepflogenheiten als verstellbares Froschmaulblasrohr ausgeführt, bei den späteren Lieferungen, an denen auch Henschel u Sohn beteiligt war, kehrte man jedoch wieder zum einfachen festen Blasrohr zurück. Bei diesen Nachlieferungen erhielt auch der Dampfdom die in Preußen übliche, aus zwei Teilen zusammengenietete abgeflachte Haube. Der Sandkasten lag teils vor, teils hinter dem Dom.

Das Drehgestell hatte wieder dem Brauch der Elsässischen Maschinenfabrik entsprechend Außenrahmen und war nach jeder Seite um 30 mm verschiebbar. Der Drehzapfen war entlastet; die Last wurde beiderseits durch Pfannen auf den Drehgestellrahmen und von diesem mit je zwei Tragfedern auf die beiden Laufachsen übertragen. Der Achsdruck der gekuppelten Achsen betrug wegen des größeren Stehkesselgewichts schon 16 t; um Gewicht zu sparen, ließ das Herstellerwerk die Ausgleichhebel zwischen diesen Achsen weg. Als Dampfdruck hatte Grafenstaden 16 atü vorgeschlagen; er wurde bei den preußischen Lokomotiven auf 14, bei denen der Reichseisenbahnen auf 15 atü festgesetzt. In Preußen wurden glatte Heizrohre, im Reichslande jedoch unter dem Grafenstadener Einfluß wieder einmal Serve-Rohre verwendet.

Von dieser Bauart beschaffte die Preußische Staatsbahn in den Jahren 1902 bis 1904 insgesamt noch 77 Stück; außerdem wurden in der gleichen Zeit auf den Reichseisenbahnen in Elsaß-Lothringen 50 gleiche Lokomotiven in Dienst gestellt. Die für Preußen immerhin recht eigenartigen Lokomotiven erwiesen. sich im mittelschweren Schnellzugdienste (z. B. Bebra—Erfurt—Halle, Hannover—Hamburg usw.) als genügend leistungsfähig; im schweren Schnellzugdienst aber waren auch sie trotz ihres höheren Achsdruckes den Ansprüchen nicht gewachsen.

DIE ERSTEN HEISSDAMPFLOKOMOTIVEN.

Während die Versuche mit der 2 B n 4 v Schnellzuglokomotive der Erfurter und Hannoverschen Bauart liefen und v. Borries seine 2 B n 4 v Lokomotive für die Pariser Weltausstellung baute, wurde unter Leitung des Geheimen Regierungsrats Garbe, der Mitglied der Eisenbahndirektion Berlin war, im Jahre 1897 bei der Stettiner Maschinenbau-A.-G. „Vulkan" ein Entwurf einer 2 B Heißdampf-Zweizylinder-Schnellzuglokomotive aufgestellt.

Die Vorgeschichte des Heißdampfs geht auf Überlegungen zurück, die schon im Jahre 1832 aufgetaucht waren; in England hatte man damals an ortsfesten Maschinen versuchsweise getrockneten Dampf verwendet und erkannt, daß der Dampfverbrauch beträchtlich niedriger war als an den gebräuchlichen Dampfmaschinen. Da aber Dampfersparnisse damals noch keine große Rolle spielten und die gesamten inneren Vorgänge in der Dampfmaschine noch nicht wissenschaftlich durchforscht waren, fielen die Entdeckungen auf unfruchtbaren Boden. Da auch in technischer Hinsicht viele Schwierigkeiten vorhanden waren, besonders die geringe Widerstandsfähigkeit der Baustoffe und das Fehlen geeigneter Schmiermittel, wurden die

·Versuche wieder eingestellt. Erst nach 1850 begann man sich wieder zögernd mit der Frage zu beschäftigen, nachdem die ersten Kinderkrankheiten der Dampflokomotiven überwunden waren.

Heusinger hatte bei der Taunus-Bahn seine berühmte 11 A Tenderlokomotive, an der er die nach ihm benannte Steuerung erprobt hatte, mit einem Dampftrockner versehen. Aber auch er stellte die Versuche bald wieder ein.

Mit großer Sorgfalt unternahm in der gleichen Zeit der Elsässer Hirn Versuche mit Heißdampf; die Dampftemperaturen lagen kaum über 250—260°, da die Schmiermittelfrage immer noch große Sorgen machte. Seine Erkenntnisse brachten aber einiges Licht in die noch unbekannten thermischen Vorgänge in der Dampfmaschine, doch war das Mißtrauen unter den Lokomotivbauern noch so groß, daß sich niemand auf dieses unerforschte Gebiet wagte. Als dann gegen Ende der 70er Jahre das Verbundverfahren sich durchzusetzen begann, ging das Interesse am Heißdampf vorübergehend verloren.

Gegen Ende der 80er Jahre aber hatte der Kasseler Zivilingenieur Wilhelm Schmidt in aller Stille eine Lösung gefunden, die auf verhältnismäßig einfache Weise der Einführung des Heißdampfes den Weg ebnete. Auf Grund seiner Erfahrungen an ortsfesten Dampfmaschinen regte Schmidt 1894 die Anwendung des Heißdampfes im Lokomotivbau an und fand bei der Preußischen Staatsbahn weitgehendes Entgegenkommen. Der preußische Lokomotivbeschaffungsdezernent bei der Eisenbahndirektion Berlin, Geheimer Regierungsrat Garbe, den enge Freundschaft mit dem Erfinder verband, erkannte sogleich die große Bedeutung der Schmidtschen Vorschläge; er setzte sich mit allem Nachdruck für den Bau einer Heißdampflokomotive ein. Der Vortragende Rat im Ministerium der öffentlichen Arbeiten Karl Müller unterstützte Garbe tatkräftig, und im Jahre 1897 war die Zeit gekommen, daß man die beiden Lokomotivfabriken Henschel und Sohn und Vulkan-Stettin beauftragen konnte, je eine 2 B Lokomotive mit dem neuen Schmidtschen Überhitzer auszurüsten. Die beiden Firmen erklärten sich bereit, die neuen Lokomotiven in Naßdampfmaschinen umzuwandeln, falls sie sich nicht bewähren sollten.

Für den Versuch wurde eine Schnellzuglokomotive der Gattung S 3 und eine 2 B Personenzuglokomotive der Gattung P 4 (s. S. 44) gewählt, die im Mai 1898 als Hannover Nr. 74 (Vulcan) und im Juni 1898 als Kassel Nr. 131 (Henschel) in Zwillingsanordnung abgeliefert wurden. An den Lokomotiven wurden nur soweit Bauteile geändert, wie es die Verwendung des Heißdampfes erforderte.

Die Maschinen wurden im Jahre 1898 dem Betriebe übergeben. Die Vorteile zeigten sich schon bei den ersten Fahrten deutlich; die Lokomotiven leisteten beträchtlich mehr als ihre Naßdampf-Schwestern, doch ergaben sich manche Unzuträglichkeiten.

Die Flachschieber verzogen sich unter der Einwirkung der hohen Dampftemperaturen und waren nicht dicht zu halten. Das große Flammrohr von 445 mm Durchmesser, das den Langkessel durchzog und die Überhitzerrohrbündel enthielt, war in seiner freien Ausdehnungsmöglichkeit gehemmt; die dadurch auftretenden Spannungen und Undichtigkeiten in der Befestigung verursachten hohe Unterhaltungskosten. Außerdem war die Flugasche aus dem langen unzugänglichen Rohr nur mit großer Mühe zu beseitigen.

Schmidt entschloß sich daher zu einer vollständigen Umgestaltung seiner Überhitzerbauart. Er stellte in Gemeinschaft mit seinem Oberingenieur Thomsen zwei neue Entwürfe auf, mit denen er der Schwierigkeiten leichter Herr zu werden hoffte. Bei dem einen verlegte er das Überhitzerrohrbündel in die Rauchkammer und führte ihm wieder durch ein größeres Rohr die heißen Feuergase zu (Rauchkammerüberhitzer); bei dem andern Entwurf legte er die Überhitzerrohreinheiten in eine Reihe von Heizrohren, die zu diesem Zwecke einen größeren Durchmesser erhielten (Rauchröhrenüberhitzer). Die Preußische Staatsbahn entschied sich zuerst für den Rauchkammerüberhitzer, während andere Bahnverwaltungen, z. B. die Belgische Staatsbahn unter ihrem damaligen Generalinspektor Flamme und 1903 die Münchener Lokalbahn-A.-G., sogleich den Rauchröhrenüberhitzer wählten.

Im Jahre 1899 bestellte die Preußische Staatsbahn zwei weitere S 3 Lokomotiven mit dem neuen Rauchkammerüberhitzer; sie erhielten Kolbenschieber und Zylinder von 500 mm statt bisher 460 mm Durchmesser. Von diesen Lokomotiven „Hannover Nr. 86" und „Berlin Nr. 74" wurde die zweite auf der Pariser Weltausstellung 1900 ausgestellt und erregte, da sie als einzige Lokomotive grundsätzliche Neuerungen brachte, großes Aufsehen. Eine ähnliche Lokomotive erhielten die Reichseisenbahnen in Elsaß-Lothringen im Jahre 1901, nachdem im Jahre 1900 schon 2 Stück 2 B h 2 Tenderlokomotiven an die Berliner Wannseebahn abgeliefert worden waren. Bald schlossen sich auch Bayern, Württemberg, Baden und Sachsen mit Versuchen an Heißdampflokomotiven an. Im Auslande liefen um 1900 gleichfalls schon Lokomotiven mit Rauchkammerüberhitzer, so z. B. in Rußland (Moskau—Kasan) unter Noltein. Im Jahre 1904 folgten die Schwedischen Bahnen (unter Nyström), 1905 die Böhmische Nordbahn, die Aussig-Teplitzer Bahn, die Schweizer Bundesbahn, die Rhätische Bahn und eine Reihe englischer Bahnen.

Bei den Versuchsfahrten mit der Lokomotive „Berlin Nr. 74" auf der Strecke Berlin— Breslau erzielte man eine Kohlenersparnis von 11—12% und eine noch höhere Ersparnis im Wasserverbrauch.

A. v. Borries, von dem bereits oben gesagt war, daß er die großen Entwicklungsmöglichkeiten dieser neuen bahnbrechenden Erfindung erkannt hatte, hatte in der Eisenbahndirektion Hannover, der er als Mitglied angehörte, zwei Heißdampf-Schnellzuglokomotiven erhalten; im Jahre 1902 schrieb er: „. . . man wird unbedingt beim Heißdampf bleiben, wobei es nur fraglich bleibt, ob dabei auch die Verbundwirkung zur Anwendung kommen wird oder nicht . . .". Sein Bestreben ging also dahin, die durch den Heißdampf gewonnenen Ersparnisse noch durch die Anwendung der Verbundanordnung zu vergrößern. Da die Überhitzung damals noch nicht über den für heutige Begriffe niedrigen Wert von 320—340⁰ hinausging, wäre auch ohne Zweifel durch die Verbundwirkung eine Verbesserung möglich gewesen. Allein Garbe legte den größten Wert auf einfache Bauart der Lokomotiven und lehnte daher für die Heißdampflokomotive die Verbundwirkung grundsätzlich ab. In den ersten Jahren spielten nämlich eigenartigerweise die wärmewirtschaftlichen Vorzüge eine geringere Rolle als die mit den Heißdampfmaschinen erreichbaren größeren Leistungen. Bei der Besprechung der 2 B n 2 und n 4 v wurde gezeigt, daß die häufigen Vorspannleistungen im schweren Schnellzugdienst dem Betriebe manche Sorgen bereiteten; Garbe hatte daher in erster Linie im Auge, im Rahmen der zugelassenen Achsdrücke und Achsstände eine Lokomotive zu schaffen, deren Kessel auch bei hoher Anstrengung betriebstüchtig war. Weiteren Nutzen versprach man sich aus der Tatsache, daß man jetzt den Kesseldruck, der bei den Naßdampfmaschinen stellenweise schon 14—15 atü betrug und große Schwierigkeiten in der Unterhaltung machte, auf 11—13 atü herabsetzen zu können glaubte, ohne daß eine Leistungseinbuße zu befürchten war. Natürlich war auch die Ersparnis im Wasserverbrauch ein höchst willkommenes Geschenk, besonders, seitdem der Wunsch bestand, möglichst lange Strecken ohne Halt zu durchfahren.

Nachdem die ersten Betriebserfahrungen mit diesen Heißdampflokomotiven gesammelt waren und in unermüdlicher Arbeit die bauliche Entwicklung und Durchbildung der Sorgenkinder des Überhitzers, der Kolbenschieber und der Stopfbüchsen, genügend geklärt schienen, ging die Preußische Staatsbahn im Herbst 1901 zur Beschaffung von Heißdampflokomotiven in größerem Umfange über. Neben den Schnellzuglokomotiven wurde auch eine D h 2 Güterzuglokomotive (s. S. 66) entwickelt. Im Gegensatz zu den ersten Versuchen lehnte sich Garbe dabei nicht mehr an vorhandene Bauarten an, sondern entwickelte auf völlig neuer Grundlage Gattungen, die mit den bisherigen kaum mehr als die Achsanordnungen gemein hatten.

Die ersten neuen Schnellzuglokomotiven waren 6 Stück 2 B h 2 Maschinen der Gattung S 4, die im Januar 1902 fertiggestellt wurden (Abb. 15).. Um sie möglichst leistungsfähig zu machen, hatte Garbe die Kesselheizfläche durch Vertiefung der Feuerbüchse vergrößert; der Gewinn betrug etwa 1,75 m². Später wurden auch die Rohre um 400 mm auf 4300 mm verlängert. Die Zylinder in Zwillingsanordnung erhielten einen Durchmesser von 530 und später 540 mm. Nach der Fertigstellung der ersten Lokomotiven stellte sich heraus, daß der Achsdruck an den Treibachsen 17 t betrug statt der bisher zugelassenen 16 t; man suchte daher durch Änderung der Achsstände, durch schwächere Ausführung einzelner Teile und sogar durch Anbringen von schweren Bleigewichten im Pufferträger eine bessere Gewichtsverteilung zu erreichen.

Die Leistung war ganz beträchtlich größer als die der S 3; die S 4 beförderte

$$420 \text{ t auf } 0^0/_{00} \text{ mit } V = 80 \text{ km/h und}$$
$$210 \text{ t auf } 10^0/_{00} \text{ mit } V = 50 \text{ km/h,}$$

also etwa 30 bis 40% mehr als die S 3. Trotzdem machte die neue Bauart einen eigenartigen,

unbeholfenen Eindruck, den der unzweckmäßig enge und hohe Schornstein noch verstärkte. Bei der Betrachtung beider Typen, der S 3 und S 4, wird man sich des Eindrucks nicht erwehren können, daß A. v. Borries, der Schöpfer der S 3, ein geschickterer Konstrukteur war als Garbe, denn ohne Zweifel liegt in der S 3 und in der späteren S 5² und S 5¹ mehr Harmonie der Formen als in der Garbeschen S 4. Man kann aus der persönlichen Kenntnis beide Männer etwa in folgender Art vergleichend beurteilen: Garbe war der Feuerkopf, der einer überragenden Erkenntnis alles andere als minder bedeutsam unterordnete, ja zuweilen achtlos beiseiteschob, während v. Borries in seiner überlegen ausgeglichenen Art allen Dingen ihr Recht werden ließ und harmonische Schöpfungen bevorzugte.

Auch mit der Wahl der festen, eingeschliffenen Kolbenschieber von 170 mm, später sogar nur 150 mm Durchmesser ohne Kolbenringe war der jungen Heißdampflokomotive ein unglückbringendes Geschenk in die Wiege gelegt worden. Waren die Schieber in mäßig heißem Zustande dicht, so traten besonders bei langen Fahrten mit hoher Überhitzung häufig Störungen auf. Die Schieber klemmten in den Schieberbüchsen, fraßen sich fest und zerstörten während der Fahrt das Gestänge, so daß man bald zu den üblichen breiten federnden Kolbenschieberringen der Naßdampflokomotiven zurückkehren mußte. Aber auch diese breiten Ringe brachten keine nennenswerte Hilfe; erst in späteren Jahren, als man nach dem Vorbild der schwedischen Firma Davy-Robertson zu schmalen, federnden Ringen überging, war eine für den Heißdampf brauchbare Bauart gefunden.

Der Rauchkammerüberhitzer hatte sich auch an der S 4 im allgemeinen bewährt; da aber bei ihm noch ein

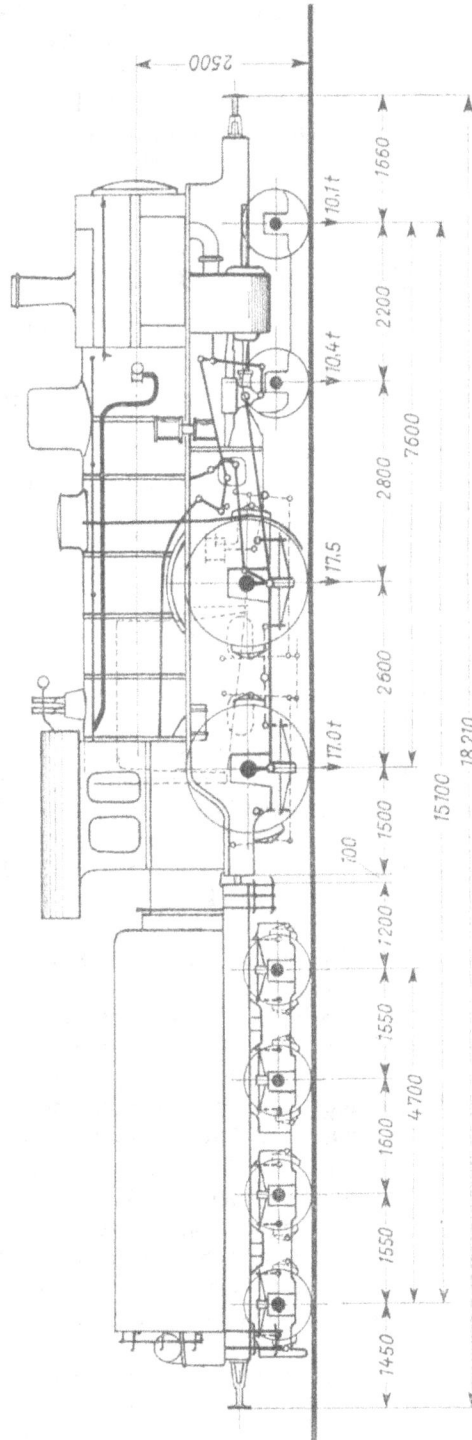

Abb. 15. 2 B h 2 Schnellzuglokomotive der Preußischen Staatsbahn, Gattung S 4; Erbauer Borsig 1902—1906.

Rostfläche . . . . 2,27 m²	Kesseldruck . . . . 12 atü	Kolbenhub . . . 600 mm
Verdampfungsheizfl. 104,76 m²	Treibraddurchmesser 1980 mm	Dienstgewicht d. Lok. . 55,0 t
Überhitzerheizfläche . 30,7 m²	Zylinderdurchm. . 2 × 540 mm	Reibungsgewicht . . 31,94 t

großes Flammrohr für die Zuführung der Heizgase zum Überhitzerrohrbündel erforderlich war, machten sich ähnliche Schäden wie an der ersten Ausführung bemerkbar, wenn auch in geringerem Ausmaße. Außerdem verursachten die Abdeckklappen, die für die Regelung der Zufuhr der Heizgase zum Überhitzer vorgesehen waren, hohe Ausbesserungskosten, so daß eine grundsätzliche Änderung der Überhitzerbauart erstrebenswert blieb. Da nun inzwischen die Belgische Staatsbahn den Schmidtschen Rauchröhrenüberhitzer mit bestem Erfolge eingeführt hatte, ging auch die Preußische Staatsbahn im Jahre 1905 endgültig zum Rauchröhrenüberhitzer über. Die Gattung S 4, von der in den Jahren 1902 bis 1909 insgesamt 104 Stück beschafft wurden, erhielt daher von 1906 an den Rauchröhrenüberhitzer. Eine der letzten Lokomotiven mit Rauchkammerüberhitzer wurde noch im Jahre 1906 auf der Weltausstellung in Mailand ausgestellt.

DIE WEITERENTWICKLUNG DER VERBUND-SCHNELLZUG-LOKOMOTIVE.

Nach dem erfolgreichen Übergange zum Rauchröhrenüberhitzer war der Weg der Entwicklung der Dampflokomotive vorgezeichnet. Daß die Lokomotive der Zukunft die Heißdampflokomotive sein würde, war kaum noch zu bezweifeln; trotzdem kamen die Bemühungen, die Naßdampfverbundlokomotive weiterzuentwickeln, nicht zur Ruhe. Hier war es wieder vor allem v. Borries, der diese Bestrebungen förderte, obwohl er die großen Aussichten der Heißdampflokomotive erkannt hatte. Vielleicht war es der innere Drang des Konstrukteurs, sich schöpferisch zu betätigen, der ihn hierzu veranlaßte, nachdem er am Ende der 90er Jahre erfahren hatte, daß Garbe auf seine Mitarbeit bei der Entwicklung der Heißdampflokomotive keinen Wert zu legen schien. So arbeitete er seitdem rastlos an der Fortentwicklung seiner Naßdampflokomotiven.

Es wurde schon oben geschildert, wie am Ende der 90er Jahre die Geschwindigkeit der Schnellzüge in stetigem Steigen begriffen war. Daraus entstand im Betriebe der Wunsch, möglichst lange Strecken mit diesen Geschwindigkeiten ohne Halt und Maschinenwechsel zu durchfahren; die dadurch geschaffenen günstigen Verbindungen erfreuten sich bald großer Beliebtheit, so daß das Platzangebot in den Zügen häufig nicht ausreichte. Die Wagenzahl mußte also vermehrt werden. Für diese Leistung waren aber die 2 B Lokomotiven zu schwach; häufiger Vorspann und Fahrzeitverluste waren an der Tagesordnung. Da auch die Heißdampflokomotive S 4 noch in der Entwicklung stand und noch nicht vorauszusehen war, wie sich die neugeschaffenen Bauelemente bei hoher Überhitzung bewähren würden, mußte neben dem Heißdampf versucht werden, durch Weiterentwicklung der Naßdampflokomotive zu höheren Leistungen zu kommen.

Schon im Jahre 1898 hatte die Pfälzische Eisenbahn bei Krauß in München 2 B 1 n 2 Lokomotiven bauen lassen, welche leistungsfähiger als die 2 B Lokomotiven waren. Noch im gleichen Jahre schlug v. Borries vor, für die Preußische Staatsbahn ähnliche Maschinen, aber mit seinem Verbundtriebwerk zu beschaffen. Der Vorschlag verhallte zunächst noch ungehört; zwei Jahre gingen ins Land und die Schwierigkeiten im Zugbetrieb stiegen weiter.

Im Jahre 1900 hatte auch die Elsässische Maschinenbaugesellschaft Grafenstaden auf der Pariser Weltausstellung eine neue 2 B 1 n 4 v Schnellzuglokomotive mit Zweiachsantrieb Bauart de Glehn ausgestellt, die für die Französische Nordbahn bestimmt war und nur mäßige Überhitzung anstrebte. Die neue Achsanordnung erlaubte, auf dem längeren Fahrgestell einen größeren Kessel unterzubringen. Da die Höchstgeschwindigkeit dieser Lokomotive 100 km/h betrug und sie für die Preußische Staatsbahn geeignet erschien, forderte man Grafenstaden zur Abgabe eines Angebotes auf.

Inzwischen aber hatte auch v. Borries zusammen mit der Hanomag den gleichen Weg beschritten und im Jahre 1900 eine 2 B 1 n 4 v Schnellzuglokomotive, die sogenannte Atlantic-Type und spätere Gattung S 7, in zwei Ausführungen mit seinem Triebwerk entworfen, welche sich wiederum an die 2 B n 4 v Lokomotiven Hannoverscher Bauart anlehnten (Abb. 16, Tafel 2). Neu war nur die hintere Laufachse, daneben waren der Kessel und die Zylinder vergrößert. Als Baustoff für die Feuerbüchse war ursprünglich Flußeisen vorgesehen, vielleicht eine Auswirkung der Reise A. v. Borries' nach Amerika. Bei der Bestellung wählte man aber doch wieder Kupfer. Zur besseren Gewichtsverteilung wurde der Dom weit nach vorn verlegt; außerdem sah man ein langes Dampfsammelrohr im Kessel vor. Die Rauchkammer war ebenso wie in Baden auf das große Maß von 2200 mm verlängert.

Für den Rahmen wurden 2 Lösungen vorgeschlagen: bei der einen war der Rahmen als reiner Barrenrahmen nach amerikanischem Vorbilde ausgeführt, während bei der anderen der Barrenrahmen wie bei der 2 B n 4 v S 5[1] nur den vorderen Teil der Lokomotive umfaßte und bis zum Gleitbahnträger durchlief; hier war er mit dem hinteren Blechrahmen verschraubt. Von beiden Ausführungen wählte man für die zu beschaffenden Lokomotiven die zweite.

Die hintere Laufachse, eine Adamsachse, gab die Möglichkeit, zur Beschränkung der Baulänge der Lokomotive eine breite, kurze Feuerbüchse zu verwenden; solche Feuerbüchsen hatten sich bereits auf der Pfälzischen Eisenbahn gut bewährt. Der hintere Langkesselschuß war kegelig erweitert, um den Wasser- und Dampfraum zu vergrößern. Der Aschkasten mußte mit Rücksicht auf den durchgehenden Blechrahmen dreiteilig ausgebildet werden, die Verbrennungsluft wurde jedoch nur im mittleren Teil zugeführt. Die Tragfedern der gekuppelten Achsen lagen unten, sie waren untereinander durch Ausgleichhebel verbunden. Mit den Tragfedern über der Schleppachse waren sie durch Winkelhebel und lange Zugstangen neben dem Aschkasten verbunden.

Von allen Achsen des Fahrgestells waren nur die gekuppelten abgebremst, und zwar einseitig von hinten; infolge der geringen Entfernung der Räder voneinander mußten die Bremsklötze außermittig angeordnet werden. Der zwischen Dom und Schornstein liegende Sandkasten streute durch eine Sandstreuvorrichtung der Bauart Brüggemann Sand vor die erste Kuppelachse. Die ersten Ausführungen besaßen zum Anfahren einen Reglerschleppschieber

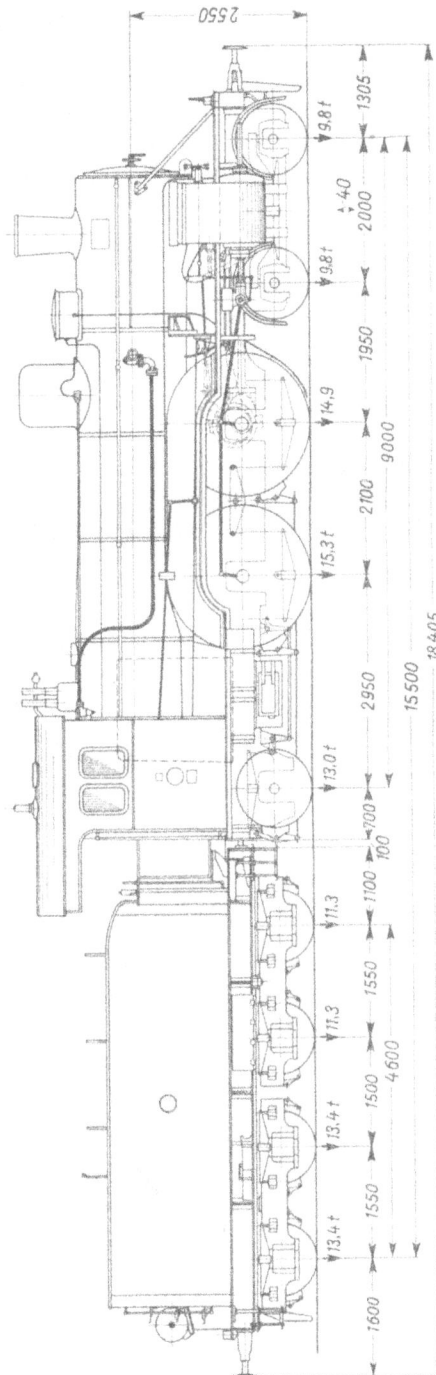

Abb. 16. 2 B 1 n 4 v Schnellzuglokomotive der Preußischen Staatsbahn, Gattung S 7; Erbauer Hanomag 1902—1906.

Rostfläche . . . . 2,71 m²	Dienstgewicht d. Lok. .	62,9 t
Verdampfungsheizfl. 162,89 m²	Reibungsgewicht . . .	30,3 t
Kesseldruck . . . . . 14 atü		
Treibraddurchmesser 1980 mm		
Zylinderdurchm. 2 × 360/560 mm		
Kolbenhub . . . . . . 600 mm		

27

Bauart v. Borries; als aber durch das ständige Steigen der Schnellzuggewichte beim Anfahren infolge des in den Hochdruckzylindern auftretenden Gegendruckes Schwierigkeiten entstanden — denn einen Druckausgleicher gab es damals noch nicht —, verwendete man an einer größeren Reihe von Lokomotiven druckluftbetätigte Wechselschieber. Diese Vorrichtungen befriedigten aber ebenfalls nicht; abgesehen davon, daß beim Durchtritt des Dampfes durch den Schieber Drosselverluste entstanden, war es kaum möglich, die Schieber dicht zu halten. Hielten sie aber einmal dicht, dann war gute Durchwärmung nötig, um sie leicht betätigen zu können. Schon bei wenigen Minuten Aufenthalt kühlten sich die Zylinder so stark ab, daß die Schieber klemmten; gab man ihnen aber so viel Spiel, daß sie sich in diesem Falle betätigen ließen, so hielten sie im warmen Zustand nicht dicht. Später verwendete man daher ein Zusatzventil, das auch dem Hochdruckzylinder Frischdampf zuführte, und behielt den einfachen Anfahrschieber bei; nennenswerte Schwierigkeiten sind dann nicht mehr aufgetreten.

Abgesehen von den Anfahrschiebern bewährte sich diese Borriessche Lokomotive, die Gattung S 7, im Betriebe ausgezeichnet; sie übertraf bei Versuchsfahrten auch die fast gleichzeitig gelieferten Grafenstadener 2 B 1 n 4 v Lokomotiven der Bauart de Glehn (s. S. 29). Auf der Strecke Berlin—Hannover konnte sie einen Zug von 318 t Gewicht dauernd mit 108 km/h in der Ebene befördern. Selbst bei 125 km/h lief sie noch bemerkenswert ruhig; man erreichte mit ihr sogar eine Geschwindigkeit von 143 km/h. Der ruhige Lauf bei den hohen Geschwindigkeiten gab einem der mitfahrenden amerikanischen Fachleute Anlaß zu der scherzhaften Frage, ob man in Deutschland alle Lokomotiven mit Gummireifen baue. Bei den bekannten Schnellfahrversuchen (s. S. 41) im Mai-Juni 1904 zwischen Berlin und Hannover erreichte eine S 7 Lokomotive mit einem 318 t schweren Zuge eine Reisegeschwindigkeit von 93 km/h.

Zwei Lokomotiven dieser Gattung wurden noch dadurch besonders bekannt, daß sie auf zwei verschiedenen Weltausstellungen den großen Preis erhielten. Die eine 2 B 1 Lokomotive hatte den später im Betriebe wenig bewährten Pielock-Überhitzer und war 1904 auf der Weltausstellung in St. Louis ausgestellt. Auf dem Prüfstande der Pennsylvania-Eisenbahn zeigte sie von allen Lokomotiven, die dort erprobt wurden, den niedrigsten Dampfverbrauch ($7{,}52$ kg/PS$_i$h), trotzdem die Überhitzung gering war. Die andere Lokomotive kam 1906 auf die Mailänder Ausstellung. Ihre Hochdruckzylinder hatten eine Ventilsteuerung nach Lentz, während die Niederdruckzylinder Kolbenschieber besaßen. Die Hochdruckzylinder ordnete man auf Vorschlag von Leitzmann vom Jahre 1906 an außen an, weil im Betriebe häufig über das Heißlaufen der inneren Hochdruck-Treibstangenlager geklagt wurde und sich außerdem so ein besserer Massenausgleich ergab. Um die Leistung des Kessels zu steigern, verwendete man als Heizrohre die sogenannten Serve-Rippenrohre; da diese aber mit wirtschaftlichen Mitteln im Betriebe nicht einwandfrei gereinigt werden konnten, wurden sie später durch glatte Rohre ersetzt. Da die Serve-Rohre einen größeren Durchmesser als die üblichen Heizrohre hatten, wurde beim Einbau der neuen glatten Rohre gelegentlich ein Kleinrohrüberhitzer Bauart Schmidt erprobt.

Von den S 7 Lokomotiven wurden in den Jahren 1902—1906 insgesamt 159 Stück gebaut. Im Jahre 1906 wurde erwogen, die Lokomotive durch den Einbau einer größeren Feuerbüchse mit 3,6 m² Rostfläche leistungsfähiger zu machen; man sah jedoch davon ab, weil schon neue Entwürfe einer neuen verstärkten Gattung, der S 9, vorlagen.

Die auf Grund des Angebots vom Jahre 1900 in Auftrag gegebenen 2 B 1 n 4 v Schnellzuglokomotiven der Elsässischen Maschinenfabrik Grafenstaden wurden im Jahre 1903 abgeliefert und in Betrieb genommen (Gattung S 7, Abb. 17); sie waren wie ihre Vorgängerinnen ganz der Bauweise der Französischen Bahnen nachgebildet. In Frankreich waren die Lokomotiven mit de Glehn-Triebwerk in stattlicher Zahl vorhanden (bis 1903 1577 Stück) und sehr beliebt.

Über die zweckmäßigste Bauart der 2 B 1 Lokomotive konnte man sich in Preußen lange nicht schlüssig werden; so beschaffte man auch die Grafenstadener 2 B 1 Lokomotive in 3 verschiedenen Ausführungen. Das Triebwerk war bei allen 3 Typen gleich dem der französischen Nordbahnen; es hatte Zylinderdurchmesser von 340/560 mm bei 640 mm Hub. Die Treibräder hatten in Frankreich 2040 mm, in Preußen nach ständigem Brauch 1980 mm Durchmesser. Die Steuerungen für beide Zylinder waren bei der ersten Ausführung mit langer schmaler Feuerbüchse derart gekuppelt, daß die Niederdruckzylinder etwa 20% mehr Füllung erhielten als die Hochdruckzylinder. Hier war auch der Stehkessel nach Belpaire gebaut. Bei den letzten beiden Lieferungen mit breiter Feuerbüchse waren die Steuerungen nach französischem Vorbild getrennt zu bedienen, während der Stehkessel eine glatte Cramptondecke hatte. Alle Zylinder hatten — im Gegensatz zu v. Borries' 2 B 1 Lokomotive — Flachschieber. Eigenartigerweise war die hintere Laufachse keine Adamsachse wie bei v. Borries S 7, sondern fest im Rahmen gelagert. Das Drehgestell hatte bei der ersten Lieferung den Grafenstadener Außenrahmen; bei den andern beiden Bauarten wurde das Hannoversche Drehgestell gewählt. Die bemerkenswertesten Unterschiede der drei Bauarten sind aus der Zahlentafel 1 zu erkennen.

Abb. 17. 2 B 1 n 4 v Schnellzuglokomotive der Preußischen Staatsbahn, Gattung S 7; Erbauer Grafenstaden 1902.

Rostfläche . . . . . . 3,01 m²	Treibraddurchmesser 1980 mm	Dienstgewicht d. Lok. . 60,2 t
Verdampfungsheizfl. 163,6 m²	Zylinderdurchm. 2 × 340/560 mm	Reibungsgewicht . . . 30,4 t
Kesseldruck . . . . . 14 atü	Kolbenhub . . . . . . 640 mm	

Rückblickend gesehen bedeutete diese Lokomotive keinerlei Fortschritt. Die Hauptbauart war für Preußen fremd und abwegig; das häufige Heranziehen von Grafenstaden geschah, um der Grenzlandindustrie bevorzugt Arbeit zu verschaffen. Diese hat das Entgegenkommen wenig gedankt, denn ihre Art blieb stets dem deutschen Geiste abgewandt. Selbst erkannte Mängel wie das Drehgestell wurden durchgeschleppt, wenn sie nur ein französisches Gepräge hatten. Auch die nachträglichen Änderungen an der 2 B 1 bedeuten, abgesehen vom Wechsel des Drehgestelles, keine Verbesserung auf Grund erkannter Mängel, sondern ein zielloses Hin und Her, dem das Ministerium sich allzu willig fügte.

Von dieser Grafenstadener 2 B 1 Lokomotive sind insgesamt 79 Stück geliefert worden. Die Lokomotiven waren im schweren Schnellzugdienst auf längeren Strecken tätig (Berlin—Hamburg, Berlin—Breslau, Köln—Frankfurt, Berlin—Bromberg, Frankfurt/M.—Kassel), befriedigten aber weniger als die von Borriessche Bauart, die in der Steuerung und in der Verbindung der zusammengehörenden Zylinder einfacher war. Zudem machte die schwere Stahlgußversteifung zwischen den zurückliegenden Außenzylindern das Innentriebwerk unzugänglich. Auch der Massenausgleich war beim Zweiachsantrieb nach de Glehn nicht so eindeutig wie bei dem v. Borriesschen Einachsantrieb; die auszugleichenden Kräfte nahmen ihren Weg durch die Achslager und Rahmen und durch die Stangenlager und Stangen zur anderen Achse und riefen naturgemäß durch die häufigen Druck- und Richtungswechsel größeren Verschleiß in den Lagern hervor. Auch die 23 mm starken Stehbolzen in der Feuerbüchse rissen häufig ab, so daß man sie auf 26 mm Durchmesser verstärken mußte. Da die Lokomotive überdies noch stark zum Wasserüberreißen neigte, sah man wie bei der Borriesschen S 7 ein Dampfsammelrohr im Kessel vor.

Lebhaft wurde bei den Lokomotiven mit breiter Feuerbüchse über die schlechte Dampfentwicklung geklagt, die darauf zurückzuführen war, daß das Feuer auf den seitlichen, den

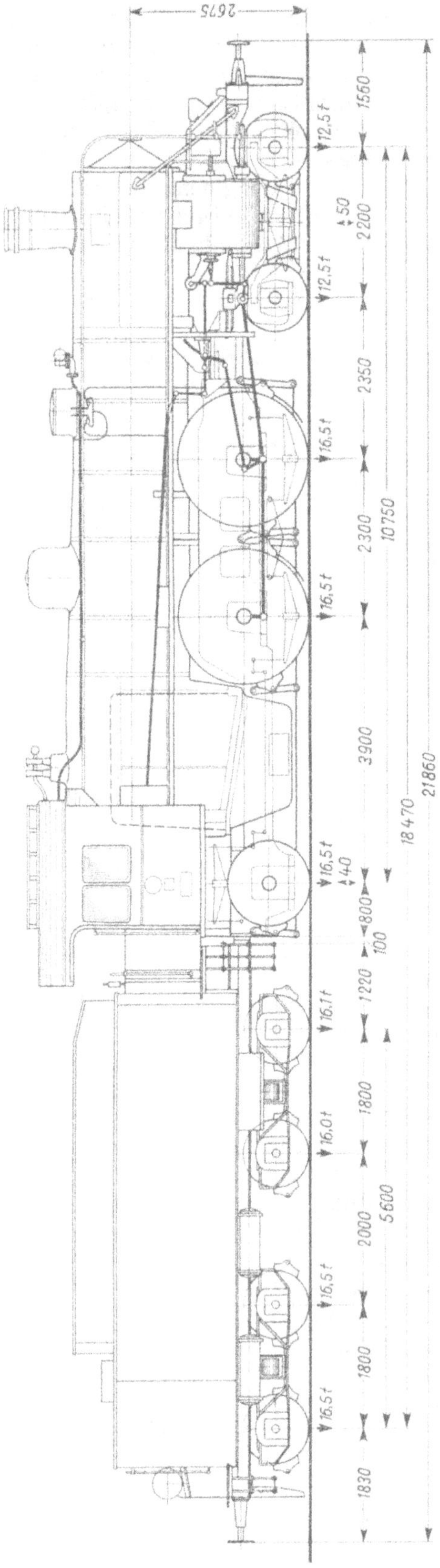

Abb. 18. 2 B 1 n 4 v Schnellzuglokomotive der Preußischen Staatsbahn, Gattung S 9, Erbauer Hanomag und Grafenstaden 1907—1910.

Rostfläche . . . . . 4,0 m²	Treibraddurchmesser 1980 mm	Dienstgewicht d. Lok. . 74,5 t
Verdampfungsheizfl. 229,71 m²	Zylinderdurchm. 2 × 380/580 mm	Reibungsgewicht . . . 33,0 t
Kesseldruck . . . . 14 atü	Kolbenhub . . . . . 600 mm	

Rahmen überragenden Teilen der Rostfläche schlecht brannte. Dies war auch einer der Gründe für die Niederlage der Grafenstadener Lokomotiven bei den noch zu behandelnden Schnellfahrversuchen im Jahre 1904.

Mit diesen Lokomotiven hörte die Verwendung des de Glehn-Triebwerkes in Deutschland zunächst auf. Eine Ausnahme machten nur die Reichseisenbahnen in Elsaß-Lothringen, wo auch weiterhin Lokomotiven mit de Glehn-Triebwerk verwendet wurden. Erst im Jahre 1914 wandte man in Preußen bei der Umbildung der 2 C h 4 v Schnellzuglokomotive (s. S. 37) dieses Triebwerk wieder einmal an.

Bereits im Jahre 1906 hatte sich gezeigt, daß an den 2 B 1 Lokomotiven der Bauart v. Borries die Rostfläche bei hohen Kesselbelastungen zu klein war. Man schlug vor, den Lokomotiven einen neuen Stehkessel zu geben und die Rostfläche von bisher 2,7 m² auf 3,6 m² zu vergrößern; der Vorschlag wurde aber nicht verwirklicht. Von verschiedenen Seiten wurden Vorentwürfe neuer Bauarten eingereicht, unter denen sich auch eine Schnellzuglokomotive mit der Achsanordnung 3 C befand; hier schob man zwischen das vordere Drehgestell und die erste Kuppelachse noch eine Laufachse ein. Der Fortfall der hinteren Laufachse setzte voraus, daß die durchaus bewährte kurze breite Feuerbüchse zugunsten einer schmalen langen Feuerbüchse aufgegeben werden mußte, wie es schon an den neueren Garbeschen Heißdampfmaschinen geschehen war. Der Entwurf blieb jedoch ebenso wie ein anderer Vorschlag einer 3 B Lokomotive, den Gölsdorf bereits 1892 gemacht hatte, unberücksichtigt. Trotzdem die verschiedenen Vorentwürfe vom Jahre 1907 sämtlich Heißdampflokomotiven mit einstufiger Dampfdehnung vorsahen, entschied man sich doch wieder für eine 2 B 1 Naßdampfvierzylinderverbundlokomotive, da die Erstlingsschwierigkeiten mit einzelnen Bauteilen der Heißdampfmaschine noch immer nicht behoben waren.

Die Kesselheizfläche dieser neuen Lokomotive, welche das Gattungszeichen S 9 (Abb. 18) erhielt, wurde gegenüber der S 7 ganz beträchtlich vergrößert (229 : 163); die Mittellinie des Kessels lag bereits 2675 mm über SO. Die Heizrohre wurden um 400 mm auf 5200 mm verlängert. Der hintere Kesselschuß war schwach kegelig; man erhielt dadurch einen großen Dampfraum im Stehkessel. Der Dampfdruck blieb gleich, nämlich 14 atü. Sehr vorteilhaft war die große Breite des Bodenringes; er war 90 mm statt bisher 68 mm breit. Der Wasserraum zwischen Stehkesselmantel und Feuerbüchse erweiterte sich nach oben allmählich auf 163 mm; auch die Wasserstegstärke zwischen den Rohren war mit 17,5 mm größer als bisher bemessen.

Um an Gewicht zu sparen, machte man die Höhe des Bodenringes mit 75 mm recht klein; dabei ließ sich gerade noch eine Zickzacknietung mit allerdings großer Teilung unterbringen. Trotz aller Bemühungen war der Achsdruck der hinteren Adamsachse, die 55 mm Seitenspiel erhielt, noch recht hoch; er betrug 16,5 t.

Das Kesselspeiseventil lag auf dem Kesselrücken vor dem Sandkasten. Triebwerk und Steuerung entsprachen der v. Borriesschen S 7 von 1902, die Hochdruckzylinder wurden jedoch von Anfang an nach außen gelegt. Ebenso lag die Heusinger-Steuerung der Bauart v. Borries außen.

Der Rahmen bestand aus drei Teilen: vorn war er bis zur ersten Kuppelachse als Barrenrahmen ausgebildet, dann folgte bis zum Stehkessel der übliche Blechrahmen, an den sich ein weiterer, unter der Feuerbüchse aber nur 400 mm hoher, durch Winkel kräftig versteifter Blechrahmen anschloß. Zum ersten Male in Preußen hatte auch das Drehgestell eine Bremse.

Die ersten Lokomotiven erhielten versuchsweise ein nach vorn zugespitztes Führerhaus, um auf diese Weise den Luftwiderstand zu verringern. Von der zweiten Lieferung an wurden die Führerhäuser jedoch wieder wie bisher üblich ohne diese „Windschneide" ausgeführt, da die schräggestellten Führerhausvorderfenster nachts beim Feuern blendeten.

Die Schnellzuglokomotive der Gattung S 9 war eine der leistungsfähigsten Lokomotiven ihrer Zeit. Sie beförderte Schnellzüge von 520 t, vereinzelt auch 570 t Gewicht mit den üblichen Geschwindigkeiten und war dabei noch nicht an der Grenze ihrer Leistungsfähigkeit. Mit ihr wurde am 26. November 1908 zum ersten Male die Strecke Hannover—Berlin (254 km) in 3 Stunden 16 Minuten ohne Aufenthalt im regelmäßigen Betriebe durchfahren, nachdem die ersten vorläufigen Tender von 20 m³ Wasserinhalt gegen solche von 30,8 m³ ersetzt waren. Die Lokomotive war sogar in der Lage, schwere D-Züge von Berlin bis Hamm (442 km) ohne Maschinenwechsel zu befördern. Dabei war sie im Kohlenverbrauch sparsam; bei Vergleichsfahrten auf der Strecke Berlin—Hannover mit V = 90 km/h mit der Garbeschen 2 B h 2 Schnellzuglokomotive der Gattung S 6 ergaben sich folgende bemerkenswerte Kohlenverbrauchszahlen, umgerechnet auf kg/1000 tkm.

Zuglast:	225	290	360	400	430	450	500	520	t
S 6 :	47,3	43,9	39	36,3	—	33,7	36,8	—	kg
S 9 :	59	54,5	48,8	—	43	—	—	36,2	kg.

Die S 9 kam also, obgleich sie eine Naßdampflokomotive war, bei guter Auslastung den Werten der Heißdampflokomotive nahe und würde sie als Heißdampfmaschine übertroffen haben. Die Zusammenstellung zeigt aber auch, daß sie als Verbundmaschine erst von etwa 500 t an richtig ausgenutzt wurde.

Im regelmäßigen, sehr schweren Schnellzugdienst ermittelte die Eisenbahndirektion Hannover folgende Kohlenverbrauchszahlen je Lokomotivkilometer:

2 B 1 n 4 v von 1902 (S 7) 13,6 kg/km,
2 B h 2 „ 1906 (S 6) 12,5 kg/km,
2 B 1 n 4 v „ 1908 (S 9) 11,6 kg/km.

Die S 9 Lokomotive, von der in Hannover allein 47 Stück in Dienst waren, schnitt bei diesem Vergleich deshalb so günstig ab, weil die anderen Gattungen meist in Gebieten hoher Leistung arbeiten, in denen die Kurve des Kohlenverbrauchs bereits wieder anstieg, während bei der S 9 als Verbundmaschine der Bereich des günstigsten Kohlenverbrauchs gerade bei hohen Leistungen lag.

Eine S 9 Lokomotive erhielt für die Brüsseler Weltausstellung im Jahre 1910 die Lentz-Ventilsteuerung. 2 S 9 Lokomotiven wurden später schließlich noch mit dem Schmidtschen Rauchröhrenüberhitzer (54,5 m²) und Speisewasservorwärmer ausgerüstet; das Dienstgewicht stieg dabei um 4,6 t auf 79,6 t. In dieser Form galten sie als die sparsamsten aller Schnellzuglokomotiven ihrer Zeit.

Von der S 9 sind insgesamt 99 Stück in den Jahren 1908 bis 1910 ausschließlich von der Hanomag geliefert worden. Im Jahre 1923 waren nur noch 3 Stück vorhanden; die übrigen mußten nach dem Versailler Diktat an die früheren Kriegsgegner abgegeben werden. Noch im Sommer 1931 waren sie auf den Strecken der Belgischen Staatsbahn und der französischen Ostbahn im Schnellzugdienst zu sehen.

Eine Schwierigkeit im Schnellzugbetriebe mit der S 9 lag im Anfahren. Die Gewichte der Züge wuchsen weiter. Trotzdem die Achsdrücke mittlerweile schon auf 16,5 t gestiegen waren, reichte das Reibungsgewicht der S 9 Lokomotive nicht aus, um die schweren Schnellzüge sofort in Gang zu bringen; kostbare Minuten gingen fast regelmäßig durch vergebliche Anfahrversuche verloren. Die Folge waren Verspätungen, die während der Fahrt nicht immer eingeholt werden konnten, insbesondere, wenn der Zug außerplanmäßig zum Halten gekommen war. Schon bald sah man sich genötigt, nach einer neuen Bauart Umschau zu halten. Daß dafür nur eine dreifach gekuppelte Lokomotive in Betracht kam, war nicht mehr zu bestreiten. Da mittlerweile auch die Entwicklung der Heißdampflokomotive genügend fortgeschritten war, konnte nur diese in Frage kommen. Die guten Erfahrungen mit der inzwischen schon 2½ Jahre alt gewordenen 2 C h 2 Personenzuglokomotive P 8, die weiter unten unter den Personenzuglokomotiven behandelt wird, ließen es zweckmäßig erscheinen, auch für die neue Schnellzuglokomotive die Achsanordnung 2 C zu wählen. Über diese Lokomotive wird zu sprechen sein, nachdem die Fortschritte an Heißdampflokomotiven seit den ersten Ausführungen vom Ende der 90er Jahre und vom Anfang des Jahrhunderts (S 4) behandelt worden sind.

DIE WEITERENTWICKLUNG DER HEISSDAMPF-SCHNELLZUG-LOKOMOTIVE.

Wie bereits geschildert, entstanden Garbes neuer Schnellzuglokomotive S 4 in den 2 B 1 n 4 v Lokomotiven der Bauarten v. Borries und de Glehn vom Jahre 1902 (S 7) sehr ernsthafte Wettbewerber; in der Leistung übertrafen beide die S 4 beträchtlich. Garbe setzte sich daher zum Ziel, sie in der Leistung mit einer neuen Heißdampfschnellzuglokomotive zu übertreffen. Auf Grund der Betriebserfahrungen mit der S 4 entwickelte er im Jahre 1905/06 eine weitere 2 B h 2 Lokomotive mit wesentlich größeren Abmessungen, die das Gattungszeichen S 6 erhielt (Abb. 19).

Die Heizfläche des Kessels stieg von 104,7 m² bei der S 4 auf 137 m². Da infolge der hohen Treibräder von 2100 mm Durchmesser die Kesselmitte höher gelegt werden mußte, konnte die Feuerbüchse tiefer herabgezogen werden. Dadurch vergrößerte sich die Heizfläche der Feuerbüchse von 10,65 m² bei der S 4 und 8,9 m² bei der S 3 auf 12,05 m², während die Rostfläche mit 2,29 m² angenähert gleich blieb. Der Kesseldurchmesser betrug 1500 mm, die Heizrohre wurden 4500 mm lang. Die ersten 1906 gelieferten Lokomotiven waren noch mit dem Schmidtschen Rauchkammerüberhitzer ausgerüstet, weitere erhielten aber noch im gleichen Jahre den Rauchröhrenüberhitzer. Der Gesamtachsstand stieg infolge der größeren Kessellänge auf 8000 mm, der Abstand der gekuppelten Achsen von 2800 auf 3000 mm, da der Raddurchmesser von 1980 auf die bisher in Preußen noch nicht verwendete Größe von 2100 mm, ein für hohe Geschwindigkeiten recht geeignetes Maß, vergrößert wurde. Garbe wollte dadurch bei seiner Abneigung gegen Gewichtsausgleich auch die störende Zuckbewegung der Lokomotive vermindern, die sich bei der S 4 schon bei Geschwindigkeiten zwischen 80 und 100 km/h recht fühlbar gemacht hatte.

Größere Schwierigkeiten bereitete die Gewichtsverteilung; der Kessel mußte so weit nach vorn verlegt werden, daß der Stehkessel die letzte Achse nicht mehr überragte. Dadurch war wohl der hintere Überhang des Stehkessels beseitigt, was für den ruhigen Lauf sicherlich von Vorteil war, aber das Aussehen der Lokomotive besonders im vorderen Teil litt darunter. Ein Vergleich mit den v. Borriesschen 2 B 1 Lokomotiven und mit den gleichaltrigen Bauarten der süddeutschen Bahnen, besonders der Maffeischen Lokomotiven, läßt erkennen, daß Garbe als Konstrukteur nicht denselben Sinn für ausgeglichene Formenschönheit besaß, wie er zweifellos bei v. Borries und Hammel (Maffei) vorhanden war.

Um der Lokomotive bei ihrem Gesamtachsstand von 8000 mm gute Beweglichkeit in Krümmungen zu geben, mußte das Drehgestell eine Seitenverschiebbarkeit von 40 mm statt bisher 30 mm erhalten; außerdem wurden auch die Spurkränze der Treibachse um 5 mm geschwächt.

Den unruhigen Lauf der früheren Heißdampflokomotiven hatte man zum Teil den hohen Kolbendrücken zugeschrieben. Man versuchte daher auch bei dieser Lokomotive den Zylinderdurchmesser und damit auch den Kolbendruck möglichst gering zu halten, indem man den Kolbenhub von 600 mm auf 630 mm vergrößerte. Trotzdem betrug der Zylinderdurchmesser immer noch 550 mm und der größte Kolbendruck 28500 kg.

Überall mußte an Gewicht gespart werden, um den großen Kessel ohne Überschreitung des zulässigen Achsdruckes unterzubringen. Auch glich man, um den Achsdruck nicht noch durch die freien Fliehkräfte der Gegengewichte zu vergrößern, die hin- und hergehenden Massen nur zu 3% aus; auf diese Weise glaubte man, einen größeren ruhenden Achsdruck von 17,35 statt bisher 16,5 t zulassen zu können. Der ungenügende Ausgleich der hin- und hergehenden Massen aber hatte unangenehme Folgen; die Lokomotive litt unter starken Zuckbewegungen, die sich auf den Wagenzug übertrugen. Eine gewisse Milderung dieser Bewegungen erreichte man, indem man durch Vergrößern der Vorspannung der Stoßpufferfeder zwischen Lokomotive und Tender von 2000 auf 5000 kg und später sogar auf 8000 kg die Masse des Tenders zur Dämpfung heranzog. Nach zeitgenössischen Berichten sollen

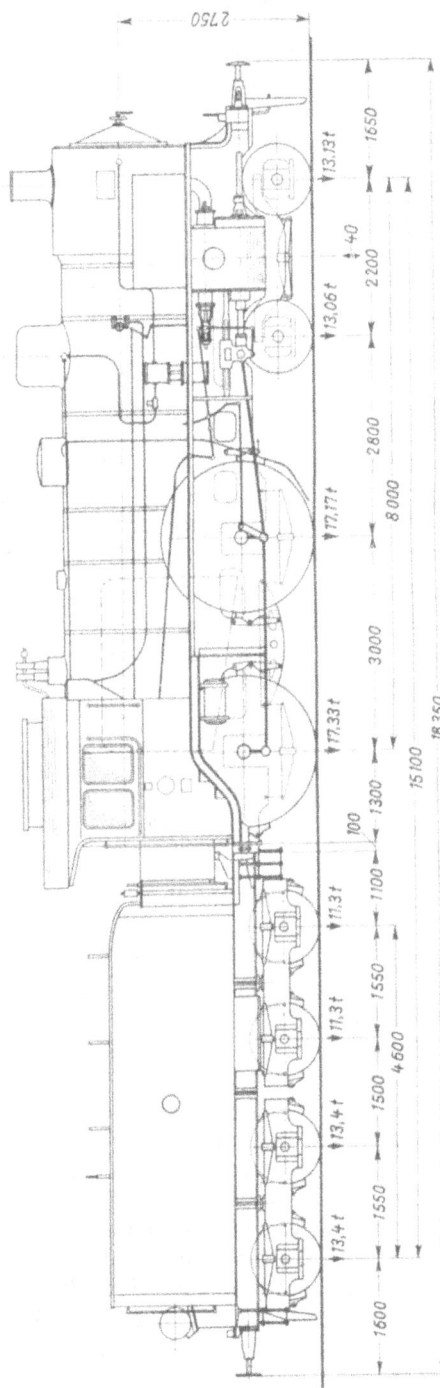

Abb. 19. 2 B h 2 Schnellzuglokomotive der Preußischen Staatsbahn, Gattung S 6; Erbauer Linke-Hofmann-Werke 1906—1913.

Rostfläche	2,29 m²	Kesseldruck	12 atü	Kolbenhub	630 mm
Verdampfungsheizfl.	136,89 m²	Treibraddurchmesser	2100 mm	Dienstgewicht d. Lok. .	60,69 t
Überhitzerheizfläche	40,32 m²	Zylinderdurchm.	2 × 550 mm	Reibungsgewicht . . .	34,7 t

die Laufeigenschaften selbst bei hohen Geschwindigkeiten (140 km/h) noch gut gewesen sein; dennoch kehrte man bei späteren Gattungen wieder zum üblichen Massenausgleich zurück, behielt aber trotzdem die verstärkte Tenderstoßfeder bei.

Auch am Triebwerk versuchte man überall Gewicht einzusparen, ging aber an einigen Stellen wohl zu weit; so z. B. stellten sich die Treibstangenlager als zu schwach heraus. Der Zapfendurchmesser wurde daher von 120 auf 150 mm vergrößert und der Bund zwischen dem Treib- und Kuppelstangenlager weggelassen. Auch die Radsterne und Achslager mußten verstärkt werden.

Die Stärke der Rahmenbleche wurde von 22 mm wieder auf das übliche Maß von 25 mm gebracht; zur Sicherung der Kessellage mußte das einfache Schlingerstück durch 2 kräftigere Stücke ersetzt werden.

Als Neuerung wurden bei späteren Lieferungen der S 6 Achslagerschmiergefäße auf den Radkästen angeordnet. Eine Anzahl von Lokomotiven wurde auch mit einer selbsttätigen Blasrohrklappe versehen, welche bei Leerlauf das Ansaugen der Rauchgase durch das Blasrohr vermeiden sollte. Eine Lokomotive, die 1906 auf der Mailänder Weltausstellung zu sehen war, erhielt ein als Windschneide zugeschärftes Führerhaus, doch wurden sowohl die Blasrohrklappe wie auch die Windschneide am Führerhaus nicht weiter ausgeführt. Eine andere Lokomotive, die 1910 auf der Weltausstellung in Brüssel ausgestellt war, erhielt noch Kolbenschieber mit ungeteilten Ringen von 150 mm Durchmesser, obwohl damals bereits beschlossen war, wieder zu federnden Ringen und größerem Schieberdurchmesser zurückzukehren. Endlich war in Turin im Jahre 1911 eine gleiche Lokomotive mit Gleichstromzylindern der Bauart Stumpf ausgestellt. Auch diese Zylinder wurden später wieder entfernt, nachdem sich herausgestellt hatte, daß sie die Quelle ständiger Störungen waren und wirtschaftliche Vorteile nicht erzielt wurden.

Mit der S 6 Lokomotive erreichte Garbe sein Ziel, die preußische 2 B 1 n 4 v Lokomotive Bauart v. Borries zu übertreffen; die Lokomotiven beförderten ständig

$$600 \text{ t auf } 0^0/_{00} \text{ mit } V = 80 \text{ km/h,}$$

also 80 t mehr als die 2 B 1 Lokomotive. Die S 6 war damals mit ihren Achsdrücken bis 17,8 t und einem Gesamtgewicht (ohne Tender) von 60,6 t die schwerste 2 B Lokomotive des Festlandes; der inzwischen geschaffenen 2 B 1 Lokomotive der Gattung S 9 mit ihrer großen Rostfläche von 3,5—4 m² war sie jedoch in der Leistung nicht gewachsen.

In den Jahren 1906 bis 1913 wurden insgesamt 584 Stück S 6 Maschinen gebaut; sie waren die letzten 2 B Lokomotiven, die in Deutschland beschafft wurden.

Die Gesamtzahl aller in den Jahren 1888 bis 1913 für deutsche Bahnen beschafften 2 B Lokomotiven war 4279, die sich auf die einzelnen Bauarten folgendermaßen verteilten:

n 2	779	Stück	=	18,2%
n 2 v	2645	,,	=	61,8%
n 4 v	145	,,	=	3,4%
h 2	710	,,	=	16,6%

Die Schleppleistung vergrößerte sich von 210 t auf $0^0/_{00}$ mit V = 70 km/h bei der 2 B n 2 Lokomotive der Gattung S 2 auf 600 t auf $0^0/_{00}$ mit V = 80 km/h bei der 2 B h 2 Lokomotive der Gattung S 6.

Aber die Ansprüche des Schnellzugverkehrs, die im Laufe weniger Jahre zu zahlreichen neuen und immer leistungsfähigeren Lokomotiven geführt hatten, stiegen ständig weiter. Die Kessel- und Maschinenleistung waren ihnen angepaßt worden; unter dem Druck der Verhältnisse war der Achsdruck auf 16,5 t angewachsen. An verschiedenen Stellen ist schon ausgeführt worden, daß selbst bei 2 × 16,5 = 33 t Reibungsgewicht zweier Treibachsen die Anfahrschwierigkeiten nicht behoben waren, sondern mit dem weiter steigenden Zuggewicht allmählich zu einer Betriebsplage wurden. Die zweifach gekuppelte Lokomotive war am Ende ihrer Kräfte; eine Abhilfe in Gestalt einer dreifach gekuppelten Schnellzuglokomotive war dringend notwendig. Man hatte zwar schon in früheren Jahren auf verschiedenen preußischen Strecken mit besonders schwierigen Betriebsverhältnissen, d. h. mit langen und starken Steigungen oder bei großem Zuggewicht, dreifach gekuppelte Personenzuglokomotiven im Schnellzugdienst verwendet (z. B. im Jahre 1899 die 2 C n 4 v Gattung P 7, 1902 die 1 C h 2 Gattung P 6, dann 1906 die 2 C h 2 Gattung P 8 usw; s. S. 47). Diese Lokomotiven waren aber wegen ihres kleinen Treibraddurchmessers (meist um 1750 mm) für schnellfahrende Züge nicht geeignet. Durch die hohen Drehzahlen bei großen Geschwindigkeiten traten häufig Schäden am Triebwerk auf; ebenso waren manchmal die Laufeigenschaften unbefriedigend. Man sah sich daher im Jahre 1909 genötigt, zum Entwurf einer dreifach gekuppelten Schnellzuglokomotive mit den früher in Preußen üblichen Raddurchmessern von 1980 mm überzugehen. Im Gegensatz zu anderen Ländern, in denen schon seit mehreren Jahren dreifach gekuppelte Schnellzuglokomotiven der Achsanordnung 2 C 1 liefen, entschied man sich in Preußen für eine 2 C Schnellzuglokomotive. Über die Frage der zweckmäßigsten Ausbildung des Triebwerks bestand nach dem Tode v. Borries (1906) keine genügende Erfahrung mehr; der Lokomotivausschuß gewann trotz seiner oft auseinandergehenden Ansichten mehr Gewicht bei den entscheidenden Stellen des Ministeriums als der Konstrukteur. Da nun der Ausschuß nicht erkannte, daß das Zucken der Garbeschen Maschinen nur an dem vernachlässigten Massenausgleich lag, nahm er nach süddeutschem Vorbild seine Zuflucht zu vielseitigen Triebwerken; so entstanden von der geplanten Schnellzuglokomotive in kurzer Zeit vier verschiedene Ausführungen mit 3 und 4 Zylindern.

Die erste Ausführung war eine 2 C h 4 Vierlingslokomotive, für welche anfangs das Gattungszeichen S 8 vorgesehen war (Abb. 20). Da aber unter dieser Bezeichnung einige 2 B 1 Lokomotiven der Bauart v. Borries mit Pielocküberhitzer liefen, reihte man sie sogleich in die Gattung S 10 ein. Ein noch früherer dem Ausschuß vorgelegter Entwurf einer 2 C h 2 mit Innenzylindern wurde nicht ausgeführt.

Der Kessel der neuen S 10 wurde aus dem der 2 C Personenzuglokomotive der Gattung P 8 entwickelt; die Rohre waren um 200 mm verlängert. Der

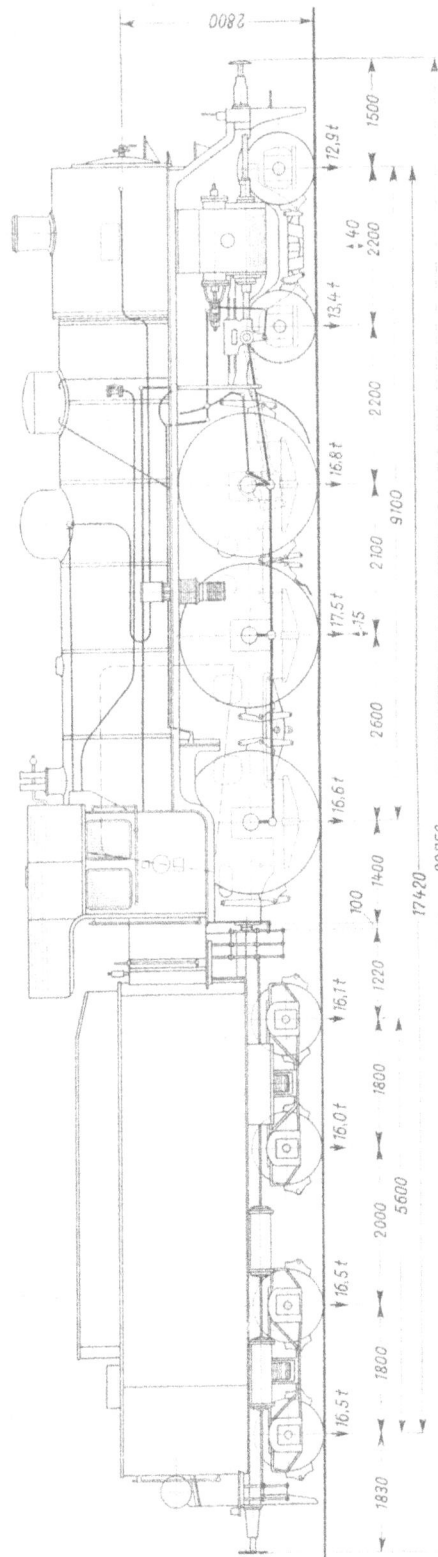

Abb. 20. 2 C h 4 Schnellzuglokomotive der Preußischen Staatsbahn, Gattung S 10; Erbauer Schwartzkopff 1910.

Rostfläche	2,86 m²	Kesseldruck	14 atü	Kolbenhub	630 mm
Verdampfungsheizfl.	153,09 m²	Treibraddurchmesser	1980 mm	Dienstgewicht d. Lok.	77,2 t
Überhitzerheizfläche	61,50 m²	Zylinderdurchm.	4 × 430 mm	Reibungsgewicht . . .	50,9 t

Rahmen war zunächst noch ein reiner Blechrahmen wie bei der P 8 Lokomotive. Wegen der schlechten Zugänglichkeit wurde aber schon die dritte Lokomotive, die 1911 auf der Weltausstellung in Turin ausgestellt war, mit zusammengesetztem Rahmen (vorn Barren-, hinten Blechrahmen) wie bei den 2 B 1 Lokomotiven von v. Borries vom Jahre 1900 ausgerüstet. Gleichzeitig wurde das Umlaufblech höher gelegt, so daß die Lokomotive vorn durchsichtiger wurde. Die Kolbenschieber erhielten jetzt statt der früher verwendeten breiten Kolbenringe schmale Ringe. Der Antrieb der inneren Schieber wurde von den äußeren Schieberstangen abgeleitet; diese waren nach vorn verlängert und trieben durch einen zweiarmigen waagerechten Hebel die inneren Schieberstangen an. Durch die starke Erwärmung der Schieberstangen entstanden aber Längenänderungen bis zu 5 mm, welche die Dampfverteilung besonders bei kleinen Füllungen ungünstig beeinflußten. Der Anschluß der Übertragungshebel wurde nach einer Umarbeitung durch den Stettiner Vulkan im Jahre 1912 hinter die Schieberkästen gelegt. Gleichzeitig wurde der Kessel durch Erhöhung des Dampfdruckes von 12 auf 14 atü, durch Vergrößerung der Rostfläche unter Schrägstellung der Feuerbüchsrückwand von 2,62 m² auf 2,86 m² und der Überhitzerheizfläche von 53 auf 61,5 m² leistungsfähiger gemacht. Leider verbaute man den freien Raum zwischen Kessel und Innentriebwerk zunächst durch einen Speisewasservorwärmer; dieser Vorwärmer wurde später auf das Umlaufblech gelegt. Die Kropfachse hatte anfangs gerade Wangen. Nach der erwähnten Umgestaltung im Jahre 1912 erhielt sie schräge Arme.

Bei den Versuchsfahrten mit der Turiner Ausstellungsmaschine ermittelte man für damalige Verhältnisse günstige Kohlenverbrauchswerte. Bei 773 PS$_e$ am Zughaken wurde ein Kohlenverbrauch von 1,5 kg/PS$_e$ gemessen. Die Lokomotive leistete bei einer Geschwindigkeit von 70 km/h 1615 PS$_i$.

Mit den erwähnten Verbesserungen wurde die Lokomotive bis 1914 weiterbeschafft (insgesamt 202 Stück); auch die Lübeck-Büchener Eisenbahn stellte im Jahre 1912/13 5 ziemlich gleiche Lokomotiven mit etwas kleinerem Kessel in Dienst.

Wie früher schon gesagt wurde, hatte Preußen unter dem Einfluß Garbes die Einführung des Verbundverfahrens bei Heißdampflokomotiven stets abgelehnt; in Sachsen und in Süddeutschland aber hatte man an den Heißdampfverbundlokomotiven wegen ihrer geringen Überhitzung noch beträchtliche Ersparnisse gegenüber den Zwillingslokomotiven erzielen können. Die Ergebnisse in diesen Ländern veranlaßten nun die Preußische Staatsbahn im Jahre 1911 der Heißdampfverbundlokomotive näherzutreten. Man beabsichtigte dabei, die Verbundlokomotive hauptsächlich in den von den Kohlengebieten weiter entfernten Bezirken zu verwenden, da hier eine Kohlenersparnis sich geldlich günstig auswirken und die höheren Kosten für Beschaffung und Unterhaltung wettmachen konnte.

Aus der vorhandenen 2 C h 4 Lokomotive Gattung S 10 entwickelte man eine neue 2 C h 4 v Lokomotive, die mit S 10¹ bezeichnet wurde. Verschiedene Abmessungen wurden gegenüber der S 10 vergrößert; so brachte man die Rostfläche bei voller Ausnutzung des damals zulässigen Achsdruckes von 17 t auf 2,95 m². Der Dampfdruck stieg auf 15 atü; die Kesselachse lag nunmehr 2500 mm über SO.

Unter dem Einfluß eines neuen Konstrukteurs, des von der Reichseisenbahn übernommenen Oberbaurats Lübken, kehrte man bei dieser Lokomotive wieder zum Zweiachsantrieb nach de Glehn und zum reinen Blechrahmen zurück; die Hochdruckzylinder lagen außen zwischen der letzten Drehgestellachse und der ersten Kuppelachse. Zwischen den Hochdruckzylindern mußte der Rahmen wie üblich durch einen schweren Stahlgußkasten versteift werden, welcher die Zugänglichkeit des Innentriebwerks behinderte. Um die Niederdruckzylinder zwischen den Blechrahmen unterbringen zu können, verkleinerte man die Zylinderdurchmesser und vergrößerte den Hub von 630 mm auf 660 mm. Die Durchmesser der Kolbenschieber betrugen 200 und 300 mm. Wegen des größeren Kolbenhubes mußten die Niederdruckzylinder über die Mitte des Drehgestells hinweg nach vorn gelegt werden; dabei ließ sich eine schräge Lage der Zylinderachse nicht umgehen. Besondere Schwierigkeiten waren noch bei der Durchbildung der Kurbelwangen zu überwinden; infolge des großen Abstandes der Zylindermitten mußten die Achslager möglichst weit nach außen gerückt werden, um genügenden Platz für starke Kurbelwangen zu gewinnen. Die Radkörper waren daher stark nach außen gekröpft.

36

Nach einem Vorschlage von Henschel wurden die getrennt gesteuerten Druckausgleicher, mit denen alle Zylinder versehen waren, als Anfahrvorrichtung ausgebildet. Beim Anfahren wurden die Druckausgleicher der Hochdruckzylinder geöffnet, so daß der Dampf stets Zutritt zu den Schieberkästen der Niederdruckzylinder hatte.

Da der zulässige Achsdruck der gekuppelten Achsen von 17 t voll ausgenutzt war und die Drehgestellachsen auch schon einen Achsdruck von 14,2 t hatten, war es nicht mehr möglich, die Lokomotive mit einer Kolbenspeisepumpe und einem Speisewasservorwärmer auszurüsten. Da aber diese neue Einrichtung nach den Betriebsversuchen beträchtliche Ersparnisse an Kohle (etwa 10%) erwarten ließ, ging man im Jahre 1913 an eine Umarbeitung der Lokomotivbauart mit dem Ziel, Gewicht zu sparen. (Abb. 21.) Man legte nach dem Vorbilde v. Borries die vier Zylinder in eine Ebene; dadurch fiel die schwere kastenförmige Rahmenversteifung zwischen den Hochdruckzylindern fort. Außerdem ersetzte man den vorderen Teil des Blechrahmens durch einen Barrenrahmen. Die Gewichtsersparnis war so groß, daß nicht nur der Vorwärmer eingebaut werden konnte, sondern es auch noch möglich war, die Feuerbüchse um 200 mm zu verlängern, so daß die Rostfläche jetzt 3,18 m² betrug. Damit wurde zum ersten Male in Preußen der Rost über 3000 mm lang, nämlich 3070 mm. Die Feuerbüchse erhielt so eine Heizfläche von 17,6 m², eine Größe, die bisher in Deutschland bei keiner Schnell- oder Personenzuglokomotive anzutreffen war. Auch die Überhitzerheizfläche konnte bei dieser Gelegenheit durch Vermehrung der Rauchrohre von 52,1 auf 58,5 m² erhöht werden. Der Zweiachsantrieb wurde wie bei der ersten S 10¹ beibehalten. Die Kessel der neuen S 10¹ Lokomotive erhielten zum ersten Male in Preußen Hochhub-Sicherheitsventile der Bauart Coale.

Besonders beachtenswert ist noch, daß die Niederdruckschieber unmittel-

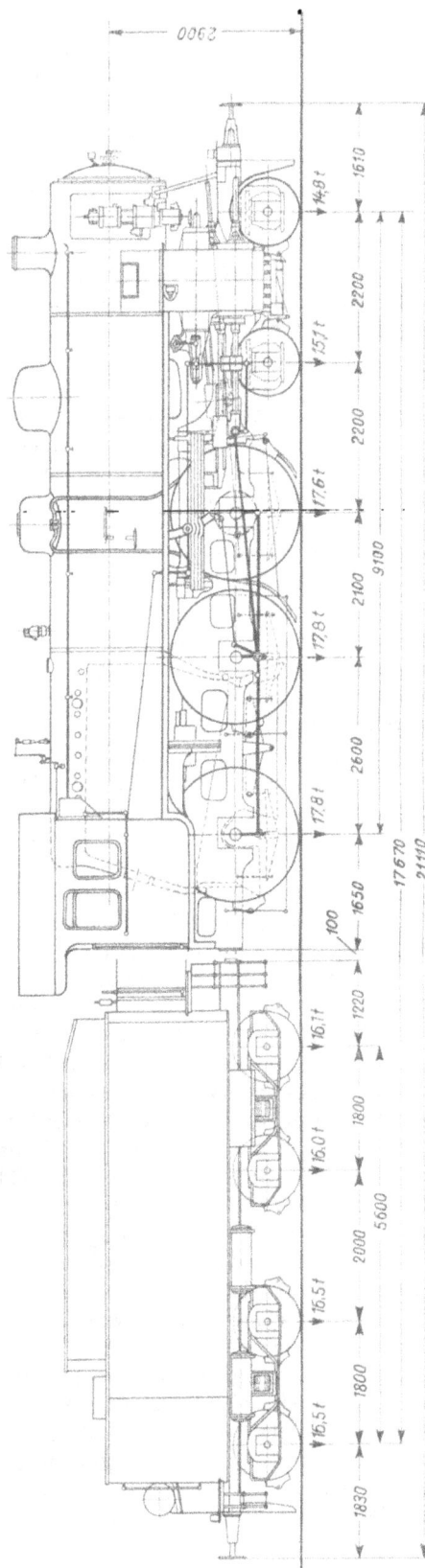

Abb. 21. 2 C h 4 v Schnellzuglokomotive der Preußischen Staatsbahn, Gattung S 10¹, 2. Ausführung; Erbauer Henschel 1914.

Rostfläche . . . . 3,18 m²	Kesseldruck . . . . . 15 atü	Kolbenhub . . . . . 660 mm
Verdampfungsheizfl. 161,22 m²	Treibraddurchmesser 1980 mm	Dienstgewicht d. Lok. . . 83,1 t
Überhitzerheizfläche . 58,5 m²	Zylinderdurchm. 2×400/610 mm	Reibungsgewicht . . . 53,2 t

37

bar neben die Hochdruckschieber gelegt wurden; sie lagen daher noch außerhalb der Rahmenebene. Dadurch ergaben sich sehr kurze Übertragungswellen für die Steuerung. Um die äußeren Treibstangen zu verkürzen, mußten die Kolbenstangen und Gleitbahnen nach hinten verlängert werden. Dazu benötigte man vor der ersten Kuppelachse ein kastenförmiges Stück, das gleichzeitig als Gleitbahn- und Schwingenträger diente.

Die Leistung der S 10¹ Lokomotive, besonders der zweiten Ausführung, war gut; die Lokomotive beförderte auf der Strecke Berlin—Hannover Versuchszüge von 69 Achsen = 593 t auf 0⁰/₀₀ mit 98 km/h Reisegeschwindigkeit und auf der Strecke Güsten—Mansfeld 57 Achsen = 470 t auf 10⁰/₀₀ mit 58 km/h Reisegeschwindigkeit. Der Kohlenverbrauch betrug bei einer Maschinenleistung von 1024 PS_i nur 1,4 kg/PS_e.

Von beiden Ausführungen der S 10¹ wurden von 1911 bis 1916 insgesamt 264 Stück beschafft; außerdem stellten 1913 die Reichseisenbahnen in Elsaß-Lothringen 17 Lokomotiven gleicher Bauart in Dienst.

In der Ausbildung der 2 C Schnellzuglokomotive tastete nun aber die Preußische Staatsbahn noch weiter. Sie ließ im Jahre 1914 eine neue S 10 Lokomotive mit Drillingstriebwerk bauen (Gattung S 10²). Solche Drillingslokomotiven waren bisher in Deutschland nicht häufig verwendet worden; in Württemberg hatte Klose im Jahre 1892 eine Dreizylinder-Verbundlokomotive beschafft, und 1902 liefen versuchsweise auf der Berliner Stadtbahn einige in der Bemessung des Verhältnisses Kesselheizfläche:Zylindervolumen völlig verfehlte 1 C 1 Naßdampf-Drillingstenderlokomotiven, allerdings ohne daß sich aus der Verwendung des Drillingstriebwerks deutlich erkennbare Vorteile ergeben hätten.

Bei der neuen Schnellzuglokomotive erwartete man vom Drillingstriebwerk verschiedene Vorteile gegenüber der Zweizylinder- oder Vierzylinderanordnung. Die Größenordnung der störenden Bewegungen liegt bei ihm zwischen denen des Zweizylinder- und Vierzylindertriebwerks. Die Zuckbewegungen sind wie beim letztgenannten auf einen geringen Wert vermindert, die Drehmomente aus der Massenbewegung um die lotrechte Schwerachse sind jedoch größer als bei der Vierzylindermaschine. Man glich daher die hin- und hergehenden Massen des äußeren Triebwerks zu 35% aus, um ihren Anteil an den Drehbewegungen möglichst klein zu halten. Bei diesem Ausgleich bestand aber die Gefahr, daß die in den Technischen Vereinbarungen (TV) festgelegte Grenze der freien Fliehkräfte der Gegengewichte (15% des ruhenden Raddruckes) bei hohen Geschwindigkeiten überschritten würde. Najork, der Konstrukteur der Firma Vulcan, hatte berechnet, daß die Gegengewichte und damit auch u. a. die Anteile der freien Fliehkräfte verkleinert werden konnten, wenn beim Innentriebwerk der auszugleichende Anteil hin- und hergehender Massen bis zu einer gewissen Grenze vergrößert wurde.

Um den für diesen Zweck notwendigen Ausgleichsanteil in den Rädern zu erzielen, mußte der Kreuzkopf des Innentriebwerks besonders schwer ausgeführt werden. Die praktische Ausführung dieser Gedanken an der S 10²-Lokomotive ergab, daß die Berechnung richtig war. Seitdem wird das Najorksche Verfahren bei Drillingslokomotiven gern angewendet.

Das Dreizylindertriebwerk bot außerdem den größeren Vorteil der billigeren und sicheren Kropfachse und des gleichmäßigeren Drehmomentes, das besonders günstig für den Anfahrvorgang ist. Der Ungleichförmigkeitsgrad des Drehmomentes betrug bei 70% Füllung und langsamer Fahrt nur 12%, bei 15% Füllung und 100 km/h Geschwindigkeit nur 34,5% gegenüber 30 und 57% bei der Vierlingslokomotive.

Diese neue Gattung S 10² erhielt drei Zylinder von 500 mm Durchmesser gegenüber den vier Zylindern von 430 mm Durchmesser der S 10. Sonst aber blieb sie gegen diese unverändert; der Kessel blieb gleich, war also kleiner als der der inzwischen gebauten S 10¹ Lokomotive, so daß auch ihre Leistung etwas geringer war.

Der innere Kolbenschieber wurde durch eine Hebelübertragung durch Zusammensetzung der Bewegung der beiden äußeren Steuerungen in einer waagerechten Ebene angetrieben, wie es Obergethmann bereits 1908 vorgeschlagen hatte. Der anfangs vorgesehene Druckausgleicher wurde wie schon bei der S 10 als entbehrlich fortgelassen.

Zur weiteren Verbesserung der an sich günstigen Anfahrzugkräfte der Drillingslokomotive wurde nach dem Vorschlage des Vulcans ein kleines durch Druckluft gesteuertes Anfahrventil vorgesehen, das Dampf in die Kammer des Kammerschiebers einströmen ließ, so daß die

Füllung auf 85% gebracht werden konnte. Da dieses Ventil auch durch Vergrößerung der schädlichen Räume die Kompressionsenddrücke verminderte, wenn es bei Leerlauf geöffnet wurde, glaubte man auf eine Druckausgleichvorrichtung verzichten zu können. Man verließ jedoch bald die Kammerschieber, so daß auch die Anfahrvorrichtung fortfiel. Man versah sodann die Drillingslokomotive wieder mit normalen Druckausgleichventilen.

Die drei Treibstangen griffen an der ersten gekuppelten Achse an. Drei S 10² Lokomotiven der ersten Lieferung erhielten jedoch versuchsweise Gleichstromzylinder Bauart Stumpf. Infolge der größeren Baulänge der Zylinder mußten bei ihnen die äußeren Treibstangen statt mit der ersten mit der mittleren Kuppelachse verbunden werden. Dadurch ergab sich ein Zweiachsantrieb wie an der S 10¹. Außerdem mußte der Achsstand des Drehgestells von 2200 auf 2400 mm vergrößert werden. Da man jedoch keine guten Erfahrungen mit diesen Lokomotiven machte, ersetzte man die Gleichstromzylinder später wieder durch Zylinder der Regelbauart.

Bis zum Jahre 1916 wurden von der S 10² Lokomotive nur 127 Stück beschafft. Während des Krieges hörte die Beschaffung von Schnellzuglokomotiven in Preußen überhaupt auf; nur die Lübeck-Büchener Bahn stellte von 1916 bis 1922 7 gleiche Lokomotiven in den Dienst und baute sogar einige ihrer älteren Vierlingslokomotiven (S 10) auf Drillingswirkung um.

Über die Schleppleistungen der drei Bauarten der S 10 gibt die folgende Zusammenstellung Auskunft:

Gattung		Rost-fläche m²	Dienst-gewicht t	Förderleistung auf 0 %₀₀ mit 80 km/h in t
S₁₀	2 C h 4	2,86	77	780
S₁₀¹	2 C h 4 v	3,18	83	1000 (später 915)
S₁₀²	2 C h 3	2,86	81	800 (später 765)

In der Leistung war also die S 10² schwächer als die S 10¹ und nur wenig stärker als die S 10, im Dampfverbrauch lag sie zwischen beiden. Von allen drei Bauarten wurde die S 10¹ im Betriebe trotz ihrer verwickelteren Bauart wegen ihres geringen Dampfverbrauchs und ihrer guten Laufeigenschaften auch bei Geschwindigkeiten über 100 km/h am meisten geschätzt.

Eine Lokomotive der Gattung S 10² wurde übrigens noch 1925 in eine Hochdruck-Zwei-druck-Lokomotive mit 60 atü Kesseldruck nach dem Verfahren der Schmidtschen Heißdampf-gesellschaft in Kassel umgebaut. Zwei weitere Lokomotiven wurden 1933 mit neuen Kesseln und neuen Zylindern in Dreizylinder-Verbund-Mitteldrucklokomotiven mit 25 atü Betriebs-druck umgewandelt. Bei Versuchsfahrten mit diesen letztgenannten Lokomotiven wurde gegenüber der alten Drillingsausführung eine Ersparnis im Dampfverbrauch bis etwa 30% und gelegentlich eine Leistungssteigerung bis 140% erzielt. Diese guten Ergebnisse sind zum Teil auf die höhere Dampfspannung, vor allem aber die versuchsweise verwendete hohe Über-hitzung bis 450° und auf den guten Wärmeschutz der Zylinder zurückzuführen.

Mit den drei Bauarten der S 10 Lokomotiven hat die Entwicklung der Schnellzuglokomotive bei den Preußischen Staatsbahnen ihren Abschluß gefunden. Nach dem Kriege wurde im Schnellzugdienst verschiedentlich eine 1922 neu gebaute 1 D 1 h 3 Lokomotive verwendet, die aber mit ihren Treibrädern von 1750 mm Durchmesser zur Gattung der Personenzug-lokomotiven gehört; sie wird daher dort beschrieben werden.

SCHNELLFAHRVERSUCHE.

Wie bereits erwähnt, erwachte schon im Beginn der 90er Jahre der Wunsch nach höheren Geschwindigkeiten im Schnellzugverkehr, so daß man sich daraufhin in Preußen ernsthaft mit der Frage beschäftigte, und zwar zunächst innerhalb bestimmter Geschwindigkeitsgrenzen, die für den üblichen Verkehr noch vertretbar erschienen. Neben diesen Bestrebungen aber wurde in der Stille an dem Problem gearbeitet, mit welchen Mitteln eine Erhöhung der Geschwindigkeiten weit über die bisher gebräuchlichen Werte möglich sei. Gölsdorf hatte im Jahre 1892 einen wenig bekannt gewordenen Entwurf einer 3 B n 2 v Lokomotive mit einem Treibraddurchmesser von 2750 mm aufgestellt (Abb. 22), die einen Zug von 100 t Gewicht mit 180 km/h befördern sollte. Wenn man die Leistung der Lokomotive mit ihrer Rostfläche von 3,5 m² und ihrer Heizfläche von 178 m² mit der bei 180 km/h notwendigen Zugkraft in Einklang zu bringen versucht, so muß man feststellen, daß diese Lokomotive die gewünschte hohe Geschwindigkeit niemals hätte erreichen können. Man muß dabei bedenken, daß damals noch keine Erfahrungen über die Größe des Luftwiderstandes bei so hohen Geschwindigkeiten vorlagen.

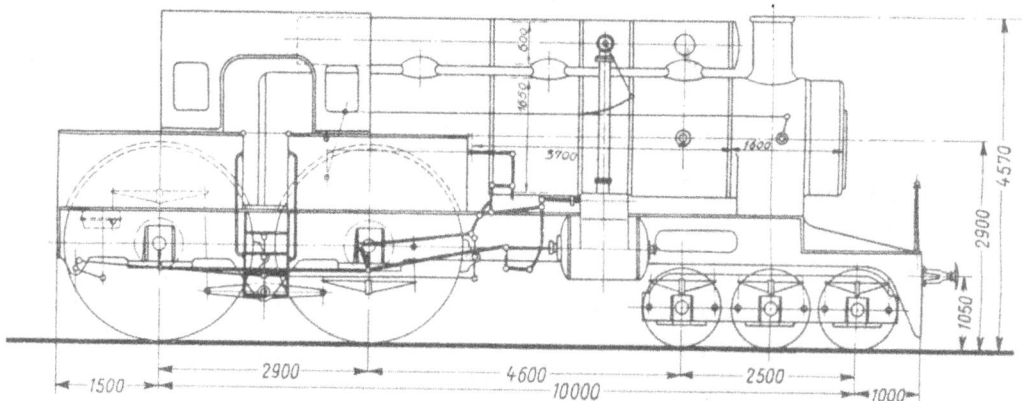

Abb. 22. 3 B n 2 v Schnellfahrlokomotive, Entwurf Gölsdorf.

Rostfläche	3,5 m²	Treibraddurchmesser	2750 mm	Dienstgewicht d. Lok. . 62,0 t
Verdampfungsheizfl.	178,0 m²	Zylinderdurchm.	550/820 mm	Reibungsgewicht . . . 29,0 t
Kesseldruck	12 atü	Kolbenhub	700 mm	

Einen anderen Vorschlag machte Rischboth 1896 dem Preußischen Lokomotivausschuß mit einer 2 B 2 Lokomotive für 150 km/h mit Übersetzungsgetriebe 1:2; auch diese Lokomotive wurde nicht ausgeführt.

Als nun bald nach der Jahrhundertwende die Studiengesellschaft für elektrischen Schnellbetrieb gegründet wurde, regte sich auch der Dampflokomotivbau.

Der Verein Deutscher Maschineningenieure schrieb im Jahre 1902/03 einen Wettbewerb für Entwürfe einer Schnellokomotive aus. Auf dieses Ausschreiben ging eine Reihe von Entwürfen ein, die aber noch nicht allen Anforderungen entsprachen, so daß im Jahre 1903 eine neue Aufforderung an die prämiierten Bearbeiter des ersten Preisausschreibens zu einem zweiten Wettbewerb erging. Die gewünschte Lokomotive sollte einen Zug von 180 t Wagengewicht mit 120 km/h Geschwindigkeit befördern und auch ohne Gefahr mit 150 km/h betrieben werden können. Fast alle Bewerber sahen eine zweifach gekuppelte Lokomotive vor, die teils als 2 B 2 und 2 B 3, teils als 3 B 3 und 3 B 2 gedacht waren. Durchweg hatten die Lokomotiven 4 Zylinder mit Ausnahme der des Oberingenieurs Kuhn von der Firma Henschel u. Sohn, der 3 Zylinder vorgesehen hatte. Mit dieser 2 B 2 n 3 v Lokomotive der Bauart Kuhn (Abb. 23), die ausgeführt wurde, unternahm die Preußische Staatsbahn im Jahre 1904 auf der nur 23 km langen Versuchsstrecke Marienfelde—Zossen der Studiengesellschaft für elektrischen Schnellbetrieb und auf der 243 km langen Strecke Spandau—Hannover eine Reihe von Versuchsfahrten. Außer der neuen Lokomotive zog man zu Vergleichen noch folgende preußischen Gattungen heran:

1. 2 B n 2 v Gattung S 3 (Abb. 11),
2. 2 B n 4 v   „   S 5¹ (Bauart de Glehn, s. S. 21),
3. 2 B h 2   „   S 4 (Abb. 15),
4. 2 B 1 n 4 v   „   S 7 (Bauart de Glehn, 1903, Abb. 17),
5. 2 B 1 n 4 v   „   S 7 (Bauart v. Borries, Abb. 16).

Bei den Versuchsfahrten auf der sehr kurzen Strecke Marienfelde—Zossen erzielte man folgende Geschwindigkeiten:

	Zuglast t	Geschwindigkeit km/h	Zuglast t	Geschwindigkeit km/h
1. 2 B 2 (Kuhn)	221	128	109	137
2. S 3	221	113	108,5	119
3. S 5¹	231	108	118,5	120
4. S 4	221	128	109	136
5. S 7 (de Glehn)	224	117	109	123
6. S 7 (v. Borries)	221	118	114	126,5

An den Schnellfahrten zwischen Spandau und Hannover waren nur die Lokomotiven 4, 5, 6 beteiligt, hier betrugen die Geschwindigkeiten bei einer Zuglast von 318 t:

Gattung	Reisege- schwindigkeit V_R km/h	Beharrungs- geschwindig- keit V_B km/h	Höchste Ge- schwindigkeit V_{max} km/h	Beharrungs- leistung N_B PS_i
S 3	89	108	112	1585
S 7 de Glehn	86	106	111	1451
S 7 v. Borries	93	108	125	1544

und bei einer Zuglast von 156 t:

	V_R km/h	V_B km/h	V_{max} km/h	N_B km/h
S 4	98	118	124	1373
S 7 de Glehn	96	118	129	1285
S 7 v. Borries	102	124	133	1499

Andere Schnellfahrversuche wurden später, im Jahre 1906, auch in Bayern mit der noch zu besprechenden 2 B 2 h 4 v Gattung S²/₆ gemacht (s. S. 132). Hier erreichte man auf der

Strecke München—Nürnberg (199 km) mit einem Zuge von 180 t Gewicht eine Reisegeschwindigkeit von 120 km/h, auf der Strecke München—Augsburg (62 km) sogar mit einem Zuge von 150 t eine Höchstgeschwindigkeit von 154,5 km/h. Dabei wurde der ruhige Lauf der Lokomotive ganz besonders gelobt. Soweit bekannt geworden ist, ist dies die höchste Geschwindigkeit, die in Deutschland bis vor kurzem mit Dampflokomotiven erreicht worden ist.

In diesem Zusammenhange seien noch als Beispiele einige weitere Probefahrten angeführt, bei denen auf verschiedenen Bahnen im Anfang des Jahrhunderts gleichfalls recht hohe Geschwindigkeiten erreicht worden sind:

1. Sächs. Staatsbahn: 2 B 1 n 4 v Gattung XB (Abb. 191) $V_{max} = 128$ km/h,
2. Bayerische Staatsbahn: 2 B 1 n 4 v Gattung $S^2/_5$ (Abb. 97) $V_{max} = 135$ km/h,
3. Ungarische Staatsbahn: 2 B 1 n 4 v Gattung In (Abb. 336) $V_{max} = 140$ km/h,
4. Preußische Staatsbahn: 2 B 1 n 4 v Gattung S 7 (Abb. 16) $V_{max} = 143$ km/h,
5. Badische Staatsbahn: 2 B 1 n 4 v Gattung II d (Abb. 148) $V_{max} = 144$ km/h.

Bei allen Versuchen ergab sich deutlich, daß man mit den üblichen Bauarten durchaus noch viel höhere Geschwindigkeiten erzielen konnte als die damals auf den Strecken gebräuchlichen oder zugelassenen von 90—110 km/h. Die Steigerung der Betriebsgeschwindigkeit unterblieb damals, jedoch nicht wegen mangelnder Lokomotivleistung, sondern aus Rücksicht auf die Betriebssicherheit (Bremswege, Oberbau u. a.).

Wohl hatte man die Erfahrung gemacht, daß für einigermaßen große Zuggewichte ein wesentlich größerer Kessel notwendig sei, doch wurde das Reibungsgewicht zweier gekuppelter Achsen noch immer als ausreichend angesehen. So wurde auch schon bei den zuletzt besprochenen 2 B 1 Lokomotiven, bei der preußischen S 7 und besonders bei der badischen Gattung II d, ein größerer Kessel vorgesehen.

Von der obenerwähnten preußischen 2 B 2 n 3 v Schnellfahrlokomotive der Bauart Kuhn (Abb. 23) wurden 2 Stück

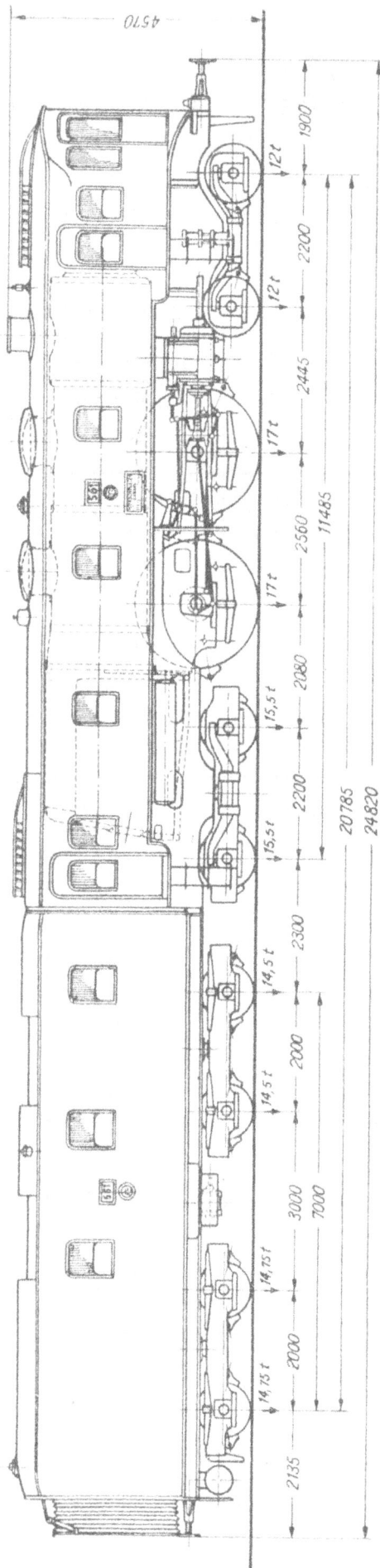

Abb. 23. 2 B 2 n 3 v Schnellfahrlokomotive der Preußischen Staatsbahn, spätere Gattung S 9; Erbauer Henschel 1904.

Rostfläche . . . . . 4,39 m²
Verdampfungsheizfl. 260,0 m²
Kesseldruck . . . . 14 atü
Treibraddurchmesser 2200 mm
Zylinderdurchm. 3×524 mm
Kolbenhub . . . . . 630 mm
Dienstgewicht d. Lok. . 89,5 t
Reibungsgewicht . . . 36,6 t

gebaut; eine von ihnen war im Jahre 1904 auf der Weltausstellung in St. Louis ausgestellt. Der Kessel übertraf mit seiner Rostfläche von 4,39 m² und seiner Heizfläche von 260 m² den der ebenfalls schon erwähnten badischen 2 B 1 Lokomotive der Gattung II d bedeutend.

Der schwere Blechrahmen reichte bis vor den Stehkessel. Hier schloß sich ein Außenrahmen an, der den Stehkessel umfaßte. Das vordere und hintere Drehgestell hatten gleichen Achsstand, doch hatte das hintere wegen des Aschkastens Außenrahmen.

Die Anordnung des Dreizylinder-Triebwerkes wurde auf den Vorschlag des Geh. Oberbaurats Wittfeld gewählt. Der innen über der Drehgestellmitte liegende Hochdruckzylinder trieb die vordere Treibachse an, die beiden gleich großen außenliegenden Niederdruckzylinder waren hinter das Drehgestell verlegt und wirkten auf die zweite Achse. Beide Niederdruckkurbeln waren gleichlaufend und eilten der Hochdruckkurbel um 90° voraus. Durch diese Ausführung, die schon Stephenson im Jahre 1846 angewandt hatte und auch 1881 einmal in Rußland zu finden war, wurden wohl die Drehbewegungen vermieden, doch machten sich die Zuckkräfte sehr störend bemerkbar. Die Lokomotive zuckte bei den Schnellfahrversuchen so stark, daß man sich genötigt sah, das Triebwerk umzubauen. Die Versetzung der Treibzapfen der Niederdruckzylinder wurde derart verändert, daß der linke der Innenkurbel um 45° voreilte, während der rechte um 45° nacheilte. Man erreichte diese neue Aufkeilung mit sogenannten Blitzkurbeln, bei denen die Kuppelzapfen an derselben Stelle blieben, die Treibzapfen aber durch eine mit dem Kuppelzapfen aus einem Stück bestehende einseitige Kurbelwange an die neue, gewünschte Stelle verlegt waren. Die Blitzkurbeln trugen daneben noch außen die Gegenkurbeln für die Steuerung. Wegen der hohen Kosten begnügte man sich bei der anderen Lokomotive mit dem Einbau von zusätzlichen Gegengewichten, die den vorhandenen um 45° nacheilten.

Die Innen- und Außentriebwerke hatten getrennte Steuerungen, die aber miteinander gekuppelt waren. Der Treibraddurchmesser betrug 2200 mm; er ist in Deutschland außer an diesen beiden 2 B 2 Lokomotiven nur noch an der bayerischen 2 B 2 Lokomotive der Gattung S²/₆ (s. S. 132) verwendet worden. Erst im Jahre 1934 wurde bei der Deutschen Reichsbahn ein noch größerer Raddurchmesser (2300 mm) für Schnellfahrlokomotiven gewählt, mit denen dann 200 km/h Geschwindigkeit erreicht wurden.

Der Führerstand lag nach dem Beispiel einer im Jahre 1900 in Paris ausgestellten 2 B 3 Lokomotive der Bauart Thuile vorn, der Heizerstand dagegen an der bisherigen Stelle. Um den Luftwiderstand zu verringern und um auch einen gefahrlosen Verkehr am Langkessel entlang zwischen Führer und Heizerstand möglich zu machen, war die ganze Lokomotive mit Ausnahme des Triebwerkes durch einen kastenförmigen Aufbau umkleidet, der sich auch über dem Tender fortsetzte. Hier war ein Seitengang vorgesehen, damit das Zugpersonal Gelegenheit hatte, den Führerstand zu betreten, da dieser ja doppelt besetzt sein mußte. Die Verbindung des Führerstandes mit dem Heizerstande durch Fernsprecher und Signalanlagen erschien nicht genügend; man gab dem Führer noch einen Begleiter bei, fuhr also mit Drei-Mann-Besetzung. Ein solcher Seitengang war schon im Anfang der 90er Jahre von Klose bei der Württembergischen Staatsbahn an einigen 1 B Lokomotiven mit Tender für Ein-Mann-Bedienung verwendet worden; eine ähnliche Einrichtung wurde auch im Jahre 1930 bei der London and North Eastern Bahn ausgeführt, welche die 664 km lange Strecke London—Edinburg ohne Halt, aber mit Mannschaftswechsel durchfuhr.

Die Leistung der Versuchslokomotive befriedigte wenig, hauptsächlich wohl wegen der zu klein geratenen Zylinder. Dazu kam, daß die Lokomotive für damalige Verhältnisse zu schwer war; sie wog dienstfähig 89,5 t, wovon 36,6 t auf die Treibachsen entfielen. Man entfernte daher zunächst die Bekleidung zwischen dem vorderen Führer- und hinteren Heizerstand und schließlich sogar den gesamten vorderen Führerstand. In dieser Gestalt haben die beiden Lokomotiven dann noch bis zum Jahre 1918 im Bezirk der Eisenbahndirektion Altona zusammen mit den 2 B 1 Lokomotiven der Gattung S 9 Dienst getan, deren Gattungszeichen sie ebenfalls trugen.

DIE PERSONENZUGLOKOMOTIVEN.

Bei der Besprechung der preußischen Normalien von 1877 wurden bereits die ersten 1 B Lokomotiven, verschiedene B und B 1 Lokomotiven für Personenzüge und die 1 B Personenzuglokomotive der Gattung P 3² aus dem Anfang der 80er Jahre behandelt. Es wurde gezeigt, daß damals noch kein strenger Unterschied zwischen Schnellzug- und Personenzuglokomotiven gemacht wurde, weil die Geschwindigkeit der Schnellzüge im allgemeinen noch nicht so hoch war, daß diese Züge nicht auch durch Lokomotiven befördert werden konnten, die ihrem Charakter nach für heutige Begriffe reine Personenzuglokomotiven darstellen und einen Treibraddurchmesser von 1500 bis 1800 mm hatten.

Die P 3² Lokomotive (Abb. 5) war, wie geschildert, in 2 Ausführungen vorhanden: die eine — und zwar die zuerst gebaute — hatte einen Treibraddurchmesser von 1860 mm Durchmesser, war also schon beinahe eine Schnellzuglokomotive, die andere Bauart mit 1750 mm Treibraddurchmesser diente, obwohl sie eine ausgesprochene Personenzuglokomotive war, weniger dem Personenzug- als dem Schnellzugverkehr auf schwierigen und steigungsreichen Strecken im Rhein- und Moselgebiet. Bis in die 90er Jahre hinein liefen beide Schwestern in friedlichem Wettbewerb nebeneinander im Personen- und Schnellzugdienst. Als nun aber im Anfang der 90er Jahre die Schnellzüge erheblich beschleunigt wurden, war eine klare Trennung zwischen Schnellzug- und Personenzuglokomotiven nicht mehr zu umgehen. An manchen Stellen war sie auch schon früher notwendig geworden.

Gleichzeitig mit den ersten 2 B Schnellzuglokomotiven von 1891 (S 3) wurden daher von der Preußischen Staatsbahn auch 2 B Personenzuglokomotiven beschafft, zunächst 2 Zwillings- und 2 Verbundmaschinen in der von den Schnellzuglokomotiven her bekannten Erfurter Bauart. Sie erhielten das Gattungszeichen P 4. Kessel und Triebwerk stimmten mit denen der Schnellzuglokomotiven überein; nur der Raddurchmesser war von 1960 auf 1730 mm verkleinert.

Aber schon im Jahre 1893 verließ man bei den Personenzuglokomotiven ebenso wie bei den Schnellzugmaschinen das Triebwerk der Erfurter Bauart und verwendete nunmehr das bei der Eisenbahndirektion Hannover durch v. Borries eingeführte sogenannte Hannoversche Triebwerk und Laufwerk mit genau den gleichen Achsständen. Der Achsstand des Drehgestells wurde wie bei den Schnellzuglokomotiven später von 2000 auf 2200 mm vergrößert.

Da die Personenzüge häufig anfahren mußten, war das Verbundverfahren bei den Personenzuglokomotiven wegen der Anfahrschwierigkeiten anfänglich nicht beliebt; man beschaffte daher bis zum Jahre 1898 nur Zwillingslokomotiven. Von 1898 bis 1903 wurde daneben auch

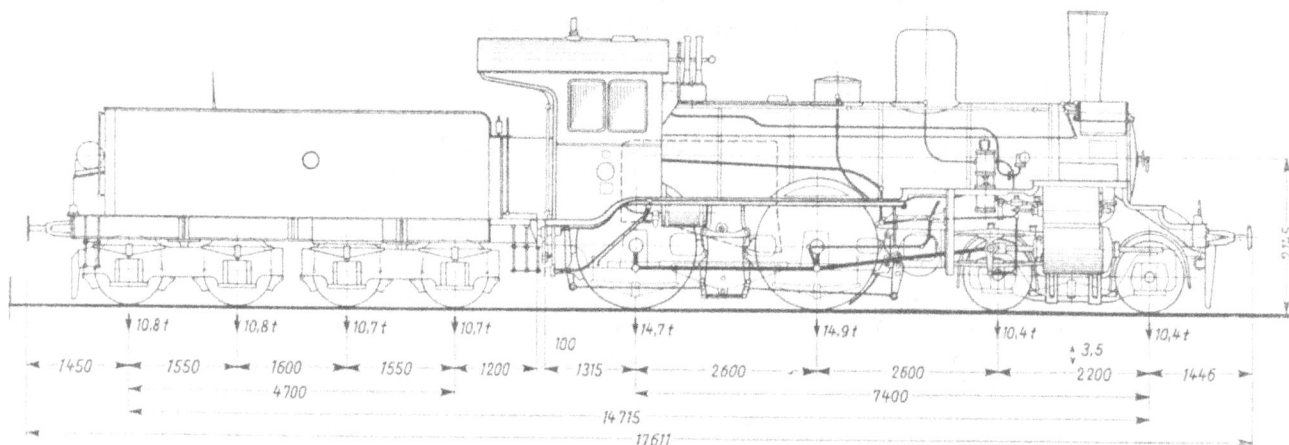

Abb. 24. 2 B n 2 v Personenzuglokomotive der Preußischen Staatsbahn, Gattung P 4²;
verschiedene Erbauer 1902.

Rostfläche . . . . . . 2,27 m²	Treibraddurchmesser 1750 mm	Dienstgewicht d. Lok. . 51,28 t
Verdampfungsheizfl. 117,99 m²	Zylinderdurchm. 460/680 mm	Reibungsgewicht . . . 30,15 t
Kesseldruck . . . . . 12 atü	Kolbenhub . . . . . . 600 mm	

die Verbundanordnung berücksichtigt, während von 1903 bis 1910 nur noch Verbundlokomotiven gebaut wurden (Abb. 24). Alle Verbundmaschinen hatten die gleichen Zylinderabmessungen wie die S 3 Lokomotive, zum Anfahren wurde aber von Anfang an das Dultzsche Wechselventil benutzt. Die letzte Entwicklungsstufe der S 3 zur leistungsfähigeren S 5² mit 16 t Achsdruck und höherer Kessellage hat die P 4 Lokomotive nicht mehr mitgemacht. Die Personenzüge bestanden durchweg aus den leichteren 2- und 3achsigen Personenwagen; sie konnten von den P 4 Lokomotiven ohne Anstände befördert werden.

Die P 4 Lokomotive hat sich im Betriebe ebenfalls recht gut bewährt. Sie ist in noch größerer Zahl als die S 3 gebaut worden; am Ende des Beschaffungszeitraums waren 1191 Stück vorhanden, davon 482 Zwillings- und 709 Verbundlokomotiven. Da die Verbundanordnung wirtschaftliche Vorteile aufwies, wurde später noch eine Anzahl der älteren Zwillingslokomotiven auf Verbundwirkung umgebaut.

Auch die Mecklenburgische Friedrich-Franz-Bahn ließ von 1900 bis 1912 32 Stück in der Verbundanordnung bauen; 7 ähnliche Lokomotiven liefen seit 1904—1908 auf der Lübeck-Büchener Bahn, die ja bekanntlich manche preußische Lokomotivbauart — zum Teil nur mit geringen Änderungen — übernommen hat. Allen 7 Lokomotiven mußte man wegen der kleineren Drehscheiben auf der Lübeck-Büchener Bahn etwas kleinere Achsstände geben; die beiden ersten Lokomotiven der Lieferung waren Zwillingsmaschinen. Im Jahre 1896 ging auch die Oldenburgische Staatsbahn zu einer der P 4 sehr ähnlichen Type über. Bis zum Jahre 1904 beschaffte sie im ganzen 19 Zwillingslokomotiven, davon 5 Stück mit Lentz-Ventilsteuerung, und 8 Verbundlokomotiven (s. S. 245).

Somit sind in Deutschland von der Gattung P 4 einschließlich der eben erwähnten Lokomotiven insgesamt 2157 Stück gebaut worden.

Um die Jahrhundertwende hatte sich an einigen Stellen, besonders im Hügelland bei häufig haltenden Personenzügen und im Sonntags-Ausflugsverkehr das Bedürfnis nach einer dreifach gekuppelten Personenzuglokomotive für höhere Geschwindigkeiten herausgestellt. Man hatte zwar dort, wo man mit den zweifach gekuppelten Personenzuglokomotiven nicht mehr ausgekommen war, schon seit einer Reihe von Jahren 1 C Güterzuglokomotiven der Gattung G 5¹ (s. Abb. 34, S. 61) zur Aushilfe verwendet. Da aber diese Lokomotiven einen Raddurchmesser von nur 1350 mm hatten, wurde schon im Jahre 1897 der Vorschlag gemacht, ähnliche Lokomotiven mit größerem Raddurchmesser zu bauen. Zur praktischen Ausführung der Anregungen kam es aber erst im Jahre 1901/1902. Jetzt machte man sich aber die Vorteile des Heißdampfes zunutze und ließ auf Anregung Garbes bei der Lokomotivfabrik Hohenzollern

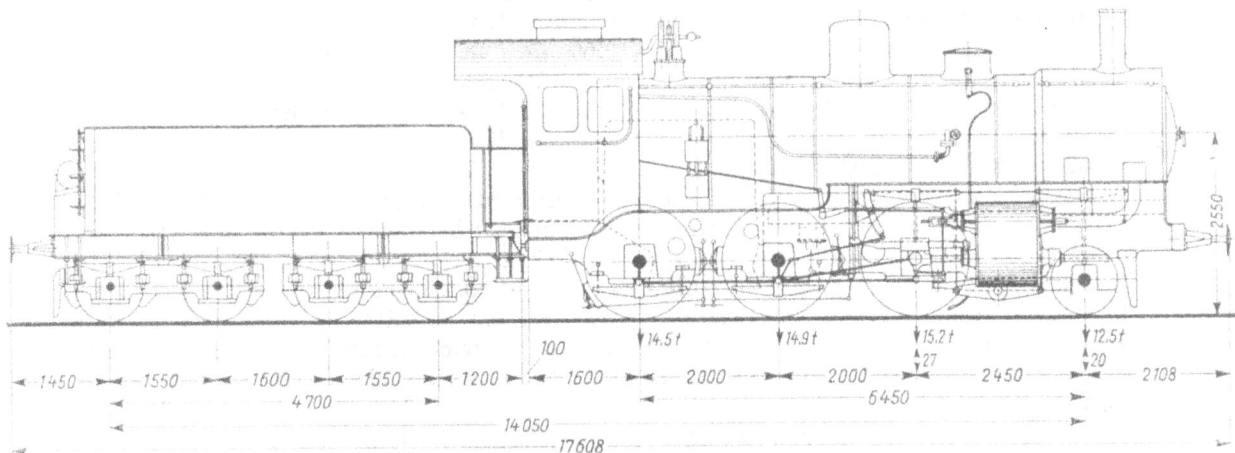

Abb. 25. 1 C h 2 Personenzuglokomotive der Preußischen Staatsbahn, Gattung P 6;
Erbauer Hohenzollern 1902—1910.

Rostfläche . . . . . 2,25 m²	Kesseldruck . . . . 12 atü	Kolbenhub . . . . . . 630 mm
Verdampfungsheizfl. 134,92 m²	Treibraddurchmesser 1600 mm	Dienstgewicht d. Lok. . 57,5 t
Überhitzerheizfläche . 41,91 m²	Zylinderdurchm. 2 × 540 mm	Reibungsgewicht . . . 44,29 t

in Düsseldorf eine 1 C h 2 Personenzuglokomotive (Gattung P 6) mit 1550 mm hohen Treibrädern und Krauß-Helmholtz-Gestell bauen (Abb. 25). Diese Lokomotive war 1902 auf der Düsseldorfer Ausstellung zu sehen. Ihre Zylinder hatten 520 mm Durchmesser; das Reibungsgewicht betrug 44 t.

Garbe beabsichtigte mit dieser Lokomotive eine Art Universaltype zu schaffen, die sowohl für Güterzüge als auch für Personenzüge, ja sogar für Schnellzüge verwendbar sein sollte, denn damals reichten dreifach gekuppelte Lokomotiven überall im Flachland für Güterzüge, im Hügelland auch für Personen- und Schnellzüge aus.

Bei der Bemessung des Kessels glaubte Garbe, mit einer Rostfläche von 2,3 m² und einer Verdampfungsheizfläche von 130 m² auch bei einer dreifach gekuppelten Lokomotive auskommen zu können; in der Größe stimmte der Kessel fast mit dem der 2 B h 2 Schnellzuglokomotive S 6 überein. Die Lokomotive erhielt zunächst den Schmidtschen Rauchkammerüberhitzer; später aber rüstete man sie mit dem Rauchrohrüberhitzer (42 m²) aus und gab ihr Zylinder von 540 mm Durchmesser und 1600 mm hohe Treibräder. Trotz des ursprünglich niedrigen Treibraddurchmessers von 1550 mm gelang es Garbe, die Zulassung einer Höchstgeschwindigkeit von 90 km/h durchzusetzen, die allerdings wegen unerträglichen Zuckens nicht zu verwerten war.

Wie die 2 B Schnellzuglokomotive S 4 machte auch diese Lokomotive mit ihrer für die älteren Garbeschen Lokomotiven charakteristischen Kessellage und dem weit vorn sitzenden engen zylindrischen Schornstein einen unharmonischen Eindruck. Sie entsprach auch nicht ganz ihrem Zweck, denn für Personen- und Schnellzüge war ihr Raddurchmesser etwas zu klein, für Güterzüge aber war er zweifellos zu groß. So konnte man sie gerade dort, wo man sie gewünscht hatte, nicht recht gebrauchen; sie wurde in weniger wichtige Dienste zurückgedrängt und konnte eine längere Reihe von Jahren in dem hügeligen Gelände Ostpreußens noch mit einigem Erfolge verwendet werden. Hier sammelte sich daher im Laufe der Zeit die Mehrzahl der P 6 Lokomotiven an. Voll befriedigt war man also von ihren Eigenschaften von Anbeginn nicht, und es dauerte auch nicht lange, bis man der Entwicklung einer neuen dreifach gekuppelten Lokomotive nähertrat.

Noch einmal wählte die Lübeck-Büchener Eisenbahn im Jahre 1913 für den Personenzugbetrieb auf ihren Strecken eine Lokomotive, die der P 6 Lokomotive nachgebaut wurde, aber bei der kräftigeren Durchbildung einzelner Teile, an denen Garbe zu viel Gewicht gespart hatte, 3 t mehr wog als diese Lokomotive. Mit ihrem Raddurchmesser von nur 1400 mm zählte sie eigentlich mehr zu den Güterzug- als zu den Personenzuglokomotiven. Es zeigte sich auch im Laufe der Jahre, daß ihre Treibräder für den Personenzugdienst viel zu klein waren, denn die letzten 3 von den 6 in den Jahren 1913 bis 1919 gelieferten Lokomotiven erhielten später einen Raddurchmesser von 1500 mm. Bei dem Umbau wurden die Lokomotiven gleichzeitig mit Windleitblechen, tiefliegendem Blasrohr und weitem Schornstein versehen.

Noch vor der 1 C h 2 Personenzuglokomotive P 6 hatte die Preußische Staatsbahn im Jahre 1899 eine 2 C n 4 v Lokomotive P 7 nach der Bauart de Glehn von der Elsässischen Maschinenbau-Gesellschaft Grafenstaden beschafft (Abb. 26); nach langen Erwägungen hatte man sich für das Vierzylinder-Verbundtriebwerk entschieden. Diese Lokomotive war mit ihren 1750 mm hohen Treibrädern von Natur eine Personenzuglokomotive, wurde aber nach dem damals üblichen Brauch im Schnellzugdienst auf Bergstrecken eingesetzt, so z. B. auf den Strecken Hamm—Köln, Köln—Trier und Frankfurt—Bebra. Um eine gleichförmigere Drehkraft ohne Schädigung des Massenausgleichs zu erreichen, versetzte man bei ihr ähnlich wie bei der 2 B n 4 v Schnellzuglokomotive (Abb. 14) die Kurbeln nicht um 180°, sondern um 162°. Der Gesamtachsstand des Fahrgestells betrug nur 7600 mm, war also ebenso groß wie der der Gattung S 5².

Der Betrieb lobte das gute Beschleunigungsvermögen der Lokomotive, doch klagte man über den schweren Gang bei Geschwindigkeiten über 60 km/h, der wahrscheinlich auf Dampfdrosselung in den Wechselschiebern zurückzuführen war. Ebenso konnte man sich mit dem schwer zugänglichen inneren Triebwerk nicht befreunden, da die Lokomotive Blechrahmen hatte. Da auch die Heizfläche und die Rostfläche etwas knapp waren, sind von dieser Bauart nur 18 Lokomotiven bis zum Jahre 1902 beschafft worden.

46

Abb. 26. 2 C n 4 v Personenzuglokomotive der Preußischen Staatsbahn, Gattung P 7;
Erbauer Grafenstaden 1899.

Rostfläche . . . . . . 2,4 m²	Treibraddurchmesser 1750 mm	Dienstgewicht d. Lok. . 60,6 t
Verdampfungsheizfl. 139,5 m²	Zylinderdurchm. 2 × 350/550 mm	Reibungsgewicht . . . 42,71 t
Kesseldruck . . . . . 14 atü	Kolbenhub . . . . . . 640 mm	

Man begrüßte daher allgemein, daß Garbe im Jahre 1905 der Entwicklung einer neuen 2 C h 2 Personenzuglokomotive nähertrat (Abb. 27, Tafel 3).

Diese neue Gattung (P 8) wurde 1906 dem Betriebe übergeben; nach der von den Heißdampf-Schnellzuglokomotiven her bekannten Einstellung Garbes wurde sie als Zwillingslokomotive gebaut. Sie erhielt als erste preußische Lokomotive von Anfang an den Schmidt-schen Rauchröhrenüberhitzer.

Bei der Bemessung des erstaunlich leistungsfähigen Kessels hatte Garbe eine recht glückliche Hand: die Heizfläche der Feuerbüchse betrug zunächst 14,6 m², die der Rohre 119 m² und die des Überhitzers 49 m²; die Wärmeausnutzung war recht gut.

Während des langen Beschaffungszeitraumes, der in Deutschland bis zum Jahre 1923, im Auslande sogar bis zum Jahre 1931 dauerte, wurde am Kessel die Rohrteilung einiges geändert. Die Zahl der Rauchrohre wurde von 24 auf 26 erhöht, wobei noch einige Heizrohre mehr untergebracht werden konnten. Die Gesamtheizfläche stieg damit auf 142,3 m² und die Überhitzerheizfläche auf 58,9 m², also auf über 40% der Verdampfungsheizfläche. Die vorderen Umkehrenden der Überhitzerrohre lagen anfangs vor der Rauchkammerrohrwand, bei späteren Ausführungen verlegte man sie in das Innere der Rauchrohre. Der Kessel bewährte sich so gut, daß man sich entschloß, ihn für die im Jahre 1909/1910 entwickelte E h 2 Güterzuglokomotive der Gattung G 10 unverändert zu übernehmen.

Wenn man diese Gattungen und noch dazu die zahlreichen Lokomotiven beider Gattungen zusammenrechnet, die für das Ausland gebaut wurden, so sind bis zum Jahre 1931 vom P 8-Kessel rund 6600 Stück geliefert worden, eine Zahl, die bisher trotz aller Normungs- und Typisierungsbestrebungen nirgends auch nur angenähert erreicht worden ist. Ihr nähert sich nur die preußische D h 2 Güterzuglokomotive G 8¹, die ebenfalls eine sehr hohe Stückzahl erlebte.

Allerdings entstanden im Laufe der Jahre von der P 8 Lokomotive manche Spielarten in der baulichen Ausführung, so daß die unbedingte Austauschbarkeit verloren ging; die Vorzüge der Bauart aber blieben erhalten.

Die Zylinder hatten anfangs 590 mm Durchmesser, waren also zu groß; die Garbesche Zugkraftkennziffer betrug 26,4. Man verringerte ihren Durchmesser sehr bald auf 575 mm und behielt dieses Maß auch bei, als das Reibungsgewicht der Lokomotive bei der Einführung der Speisewasservorwärmung in den Jahren 1912/13 durch das Gewicht des Vorwärmers und der Dampfspeisepumpe von 47,5 auf 51,6 t stieg. Jetzt lag die Zugkraftkennziffer bei dem normalen Wert 23. Die zuerst beobachtete Neigung der Stangenlager zum Heißlaufen wurde durch die Verkleinerung der Zylinder und durch Vergrößerung der Treibzapfen behoben.

Bei den ersten Heißdampflokomotiven zeigten sich bei Verwendung der von der Naßdampfzeit her überkommenen Kolbenschieber mit breiten federnden Ringen manche Mängel. Das beträchtliche Gewicht der Schieber und die starke Reibung an den Wandungen veranlaßten Garbe, einen Versuch mit einteiligen eingepaßten Ringen zu machen; den unvermeidlichen Dampfverlust hoffte er dabei durch die Ersparnis an Reibungsarbeit wieder auszugleichen. Um den Verlust noch weiter herabzumindern, verringerte er außerdem den Schieberdurchmesser auf 170 mm; da aber die Dampfverluste immer noch beträchtlich waren, wählte er schließlich bei der P 8 einen Schieber von nur 150 mm Durchmesser mit festen Kaliberringen und doppelter Einströmung. Aber auch an diesen Schiebern hatte der Betrieb keine große Freude. Die Ringe fraßen in heißem Zustande häufig fest, besonders, wenn die Schmierung nicht richtig arbeitete; die Schieber zerbrachen also besonders häufig während der Fahrt, so daß Betriebsstörungen entstanden. In kaltem Zustande aber waren die Dampfverluste so stark, daß immer wieder versucht wurde, andere Lösungen zu finden. Auf Grund der schlechten Erfahrungen mit den Kaliberringen wurden vom Jahre 1909 ab wieder breite federnde Ringe vorgeschrieben; daneben aber wurden mit allem Nachdruck umfangreiche Versuche mit neuen Schieberbauarten gemacht, die sowohl einfache wie doppelte Einströmung, fast durchweg aber schmale federnde Kolbenringe, hatten (Schieber der Bauarten Wolf, Schichau, Strahl usw.). Nachdem die oft recht scharfen Meinungsverschiedenheiten unter den maßgebenden Persönlichkeiten in dieser Frage beigelegt waren, ging man schließlich zu einem neuen Schieber mit einfacher Einströmung und schmalen federnden Ringen über, bei dem die Schieberkolben auf der Schieberstange so weit auseinandergezogen waren, daß sich in den Zylindergußstücken kurze senkrechte Kanalquerschnitte ergaben. Diese Schieberform bewährte sich so gut, daß sie später die Regelausführung bei allen preußischen Heißdampflokomotiven wurde. Der Schieberdurchmesser wurde einheitlich auf 220 mm festgesetzt, auf

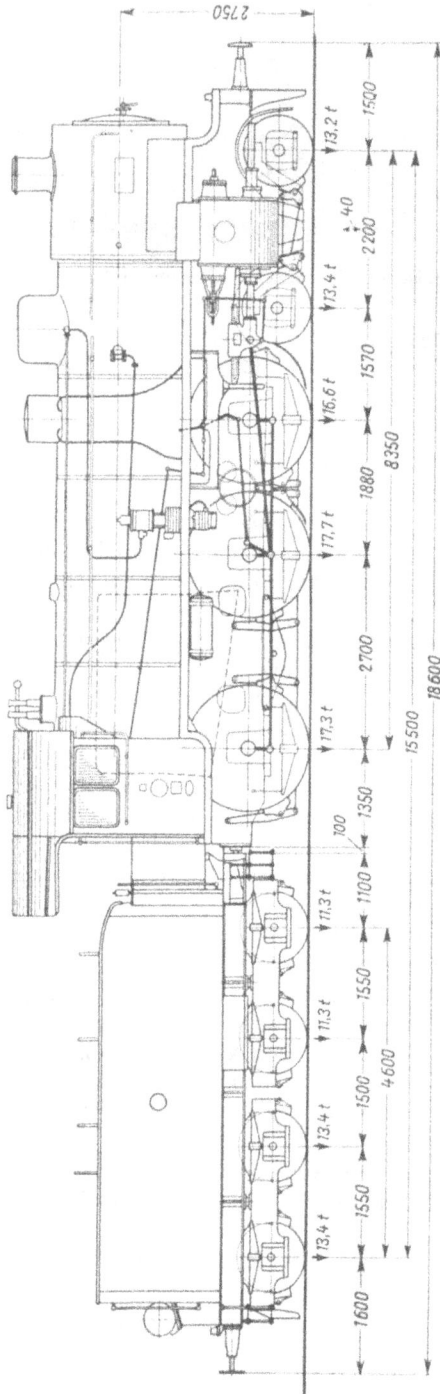

Abb. 27. 2 C h 2 Personenzuglokomotive der Preußischen Staatsbahn, Gattung P 8; Erbauer Schwartzkopff 1906.

Rostfläche . . . . . 2,64 m²	Kesseldruck . . . . . 12 atü
Verdampfungsheizfl. 142,3 m²	Treibraddurchmesser 1750 mm
Überhitzerheizfläche 58,9 m²	Zylinderdurchm. 2 × 575 mm

Kolbenhub . . . . . 630 mm
Dienstgewicht d. Lok. 78,2 t
Reibungsgewicht . . . 51,6 t

48

ein Maß, das nach heutigen Erkenntnissen besonders für alle Lokomotiven mit Zylindern über 520 mm Durchmesser noch zu klein ist; so wäre für das vorliegende Beispiel der P 8 ein Schieberdurchmesser von 260 bis 300 mm zweckmäßiger gewesen. Immerhin war der Fortschritt gegenüber dem bisherigen Zustande groß; die Klagen aus dem Betriebe verstummten. Zu der großen Beliebtheit der P 8 Lokomotive hat sicherlich der neue Kolbenschieber sein Teil beigetragen.

Die hin- und hergehenden Massen waren bei den ersten P 8 Lokomotiven wie bei den ersten S 6 Lokomotiven nach Garbescher Eigenart nicht ausgeglichen. Da die Maschinen aber besonders bei höheren Geschwindigkeiten sehr stark zuckten, ließ Garbe bei den folgenden Lieferungen die hin- und hergehenden Massen zu 30% ausgleichen.

Die freie Beweglichkeit der Lokomotive in Gleisbögen wurde dadurch erreicht, daß dem Drehgestell Hannoverscher Bauart 40 mm Spiel nach jeder Seite gegeben war; außerdem waren die Spurkränze der ersten Kuppelachse um 15 mm geschwächt. Garbe wollte damit diese Achse von den Führungsdrücken entlasten und ähnliche Verhältnisse wie bei den 2 B Lokomotiven schaffen. Die Schwächung der Spurkränze der ersten Kuppelachse wurde später wieder aufgegeben, da es aus Sicherheitsgründen ratsam erschien, der ersten festen Achse einen vollen Spurkranz zu geben. Dagegen wurden dann die Spurkränze der mittleren gekuppelten Achse, der Treibachse, um 5 mm geschwächt.

Bei der ersten Ausführung wurde die Last durch einzelne Tragfedern ohne Ausgleichhebel auf die gekuppelten Achsen übertragen. Um dem Fahrgestell einen besseren Lastausgleich zu geben, verband man später die Tragfedern der gekuppelten Achsen durch Längsausgleichhebel miteinander.

Garbe bezeichnete anfangs die P 8 Lokomotive stets als Schnellzuglokomotive, da er glaubte, daß für sie eine Höchstgeschwindigkeit von 110 km/h zugelassen werden könnte; um den Luftwiderstand der Lokomotive zu vermindern, gab er dem Führerhaus vorn eine Windschneide. Im Betriebe zeigte sich aber, daß das Triebwerk der P 8 Lokomotive den Ansprüchen des schweren Schnellzugdienstes besonders bei langen Lokomotivläufen und hohen Geschwindigkeiten nicht gewachsen war. Die Höchstgeschwindigkeit wurde daher von 110 km/h auf 100 km/h herabgesetzt, ebenso wurde die Windschneide bald wieder entfernt. Sie brachte bei den mäßigen Geschwindigkeiten im Personenzugverkehr keine nennenswerten Vorteile, wohl aber den Nachteil, daß der Führer nachts durch die schräge Fensterscheibe geblendet wurde.

Im normalen Personenzugbetriebe und im Schnellzugdienst mit nicht zu hohen Geschwindigkeiten (80—85 km/h) waren die Leistungen der P 8 ausgezeichnet. Sie beförderte

$$630 \text{ t auf } 0^0/_{00} \text{ mit } V = 80 \text{ km/h und}$$
$$275 \text{ t auf } 10^0/_{00} \text{ mit } V = 50 \text{ km/h.}$$

Auf Versuchsfahrten sind sogar Schleppleistungen von 470 t auf $10^0/_{00}$ mit 44 km/h anstandslos erreicht worden; dabei wurden im Kessel zeitweilig etwa 1512 PS entwickelt. Auf der 601 km langen Strecke Berlin—Königsberg fuhr man mit ihr im November 1906 versuchsweise planmäßige D-Züge ohne Maschinenwechsel durch.

Im Laufe der Jahre wurde die P 8 in verschiedenen Teilen ergänzt und verbessert. So erhielt das führende Drehgestell Druckluftbremse; im Jahre 1912 wurde der Kessel mit einer Einrichtung zur Speisewasservorwärmung durch einen Teil des Abdampfes und mit einem besonderen Speisedom mit einer Vorrichtung zur Abscheidung der Kesselsteinbildner ausgerüstet. Dadurch stieg, wie bereits erwähnt, das Reibungsgewicht der Lokomotive allmählich von 47,5 auf 51,6 t und das Dienstgewicht von 69,5 auf 78,2 t.

Nach Durchführung dieser Verbesserungen bewährte sich die P 8 Lokomotive im Betriebe hervorragend; sie konnte nicht allein im Personenzugdienst, sondern auch für Eilgüterzüge mit Erfolg verwendet werden. Nach dem Weltkriege hat sie sogar fast den gesamten verlangsamten Schnellzugdienst auf der Preußischen Staatsbahn bewältigt. Es herrschte damals an eigentlichen 2 C Schnellzuglokomotiven großer Mangel, da nach dem Versailler Diktat von den vorhandenen 593 S 10 Lokomotiven die besten 153 Lokomotiven an die Kriegsgegner ausgeliefert werden mußten.

Zahlreiche P 8 Lokomotiven wurden nach dem Kriege an die außerpreußischen Länder-eisenbahnen Deutschlands abgegeben; man war auch hier mit ihnen ebenso zufrieden wie in Preußen.

Von allen seit 1900 gebauten preußischen Lokomotiv-Gattungen ist die P 8 Lokomotive die längste Zeitspanne hindurch beschafft worden. Vom Jahre 1906 bis zum Jahre 1923 wurden an die Preußische Staatsbahn 3370 Lokomotiven geliefert. Außerdem erhielten die Mecklen-burgische, Oldenburgische und Badische Staatsbahn auf eigene Rechnung insgesamt 61 Stück. Daß die P 8 auch im Auslande sehr beliebt war, ist daraus zu ersehen, daß die Rumänischen, Litauischen und Türkischen Staatsbahnen sie noch bis zum Jahre 1931, zum Teil im eigenen Lande, nach preußischen Zeichnungen bauen ließen (etwa 300 Stück). Auch die Polnische Staatsbahn hat sie, allerdings mit etwas vergrößerter Rostfläche, in mehr als 100 Stück be-schafft. Insgesamt dürften also etwa fast 3800 P 8 Lokomotiven in Europa vorhanden ge-wesen sein.

Die schlechte Beschaffenheit der Kohlen in der ersten Nachkriegszeit veranlaßte die Preu-ßische Staatsbahn im Jahre 1919, dem Entwurf einer Personenzuglokomotive mit einer großen Rostfläche von etwa 4 m² und etwas größerer Leistung näherzutreten. Ein dieser Rostfläche entsprechender Kessel wurde aber so groß, daß er auf 5 Achsen, also etwa in der Achsanordnung 2 C nicht mehr unterzubringen war. Auch hätte das Reibungsgewicht der größeren Kessel-leistung nicht entsprochen.

Man entschloß sich daher zu einer vierfach gekuppelten Personenzuglokomotive. Die Achsanordnung 2 D, für die schon früher Entwürfe mit 1400 mm hohen Treibrädern und 14 t Achsdruck unter Verwendung eines P 8 Kessels aufgestellt waren, kam für den Raddurchmesser von 1750 mm kaum in Betracht, da die Ausbildung des Stehkessels und der Rostfläche durch den Rahmen behindert war. Man hätte mit der Kesselmittellinie über 3000 mm über SO hinausgehen müssen. Da man aber noch Bedenken trug, dieses Maß zu überschreiten, blieb nur die 1 D 1 Anordnung übrig, die schon kurz vorher in Sachsen an einer Schnellzuglokomotive verwendet worden war. Für das Triebwerk wählte man die Drillings-Anordnung; sie versprach gute Anfahrbeschleunigung und einen Massenausgleich, der auch Geschwindigkeiten über 100 km/h zuließ.

Borsig legte schon im Jahre 1919 den Entwurf für eine solche Lokomotive vor, aber erst im April 1922 wurde die erste der neuen Lokomotiven dem Betriebe übergeben (Gattung P 10, Abb. 28). Die große Rostfläche machte eine eigenartige Ausbildung des Stehkessels und der Feuerbüchse notwendig.

Hätte man dem Rost — etwa wie bei der P 8 — die Form eines schmalen Rechtecks gegeben, so wäre er bei der verlangten großen Rostfläche übermäßig lang geworden. Außerdem hätte man die hintere Laufachse weit nach hinten hinausschieben müssen, wenn man auf geringen Überhang Wert legte; dann wären aber ihre seitlichen Ausschläge in Gleisbögen sehr groß geworden. Um dem zu begegnen, gab man der Rostfläche nach französischem Vorgang eine trapezförmige Gestalt, indem man sie vorn nur 968 mm breit ausbildete, so daß der Steh-kessel noch zwischen den Rahmenwangen genügenden Platz hatte, während sie hinten wie bei den süddeutschen 2 C 1 Lokomotiven über den Rahmen hinaus verbreitert wurde (Breite 1744 mm). Ähnliche Rostflächen waren 1907 bei den 2 C 1 Lokomotiven der Paris—Orleans-Bahn verwendet worden.

Der Stehkessel erhielt eine schon seit 1918 an den 1 E h 3 Güterzuglokomotiven der Gattung G 12 verwendete und nach Angaben von Oberbaurat Lübken, dem Lokomotivbau-dezernenten im Preußischen Eisenbahn-Zentralamt, geänderte Belpaire-Form; der Stehkessel-mantel wurde dabei aus einem einzigen 18 mm starken Blech von 6750 × 2900 mm gebildet. Obwohl die Feuerbüchsrohrwand weit vorn lag und die Rohre 5840 mm lang waren, wurde die Rauchkammer noch fast 3 m lang (2915 mm). Der lichte Durchmesser des Langkessels stieg auf 1840 mm; seine Mittellinie lag 3000 mm über SO. Das Speisewasser wurde dem Kessel durch einen vorn liegenden Speisedom mit Speisewasserreiniger zugeführt.

Das Blasrohr lag zum ersten Male an preußischen Personenzug-Lokomotiven 400 mm unter der Kesselmittellinie. Die Blasrohr- und Schornsteindurchmesser betrugen anfangs noch 130 und 446 mm; später wurden sie nach Vorschlägen von Dr. Wagner, dem Nachfolger Lübkens im Reichsbahn-Zentralamt, auf 160 und 640 mm erweitert. Dadurch wurde ein niedriger Auspuffgegendruck und eine etwas größere Zylinderleistung erreicht.

Die drei Dampfzylinder wirkten auf die zweite gekuppelte Achse; der Innenzylinder mußte daher schräg angeordnet werden. Im Gegensatz zu den S 10² Lokomotiven erhielt aber jetzt jeder Zylinder seine eigene Steuerung. Um an der Kropfachse ein großes inneres Exzenter zu vermeiden, erhielt die Innenschwinge ihren Antrieb von der linken äußeren Gegenkurbel. Diese Gegenkurbel war dabei als Doppelkurbel ausgebildet, die die Bewegung über eine Zwischenwelle auf die innere Schwinge übertrug. Die Schieberschubstangen waren durch eine vor der Schwinge liegende Kuhnsche Schleife mit dem Aufwerfhebel der Steuerwelle verbunden. Die Schwingen waren so gelagert, daß ihre Drehzapfen in der Achse der Steuerwelle lagen. Die Steuerwelle mußte daher an diesen Stellen mit Gabelstücken versehen werden, welche die Schwingen umfaßten und deren vorderes Ende zugleich den Bolzen für den Stein in der Kuhnschen Schleife trug (Winterthur-Steuerung).

Der Rahmen wurde, wie schon bei den 1 E h 3 Güterzuglokomotiven der Gattung G 12, als gewalzter Barrenrahmen von 100 mm Stärke ausgeführt; er gab dem Triebwerk der Lokomotive ein elegantes und durchsichtiges Aussehen. Über der hinteren Laufachse erhielten die Rahmenplatten weite Ausschnitte, die durch Bleche überbrückt wurden, um für das seitliche Spiel dieser Achse genügenden Raum zu schaffen.

Die vordere Laufachse wurde mit der ersten Kuppelachse zu einem Krauß-Helmholtz-Drehgestell vereinigt; der Ausschlag am Drehzapfen des Drehgestells betrug nach beiden Seiten 75 mm. Die Laufachse wurde um 125 mm, die Kuppelachse um 30 mm nach jeder Seite verschiebbar. Die Rückstellkraft wurde am Drehzapfen durch kräftige Blattfedern mit 325 kg Vorspannung und 3100 kg End-

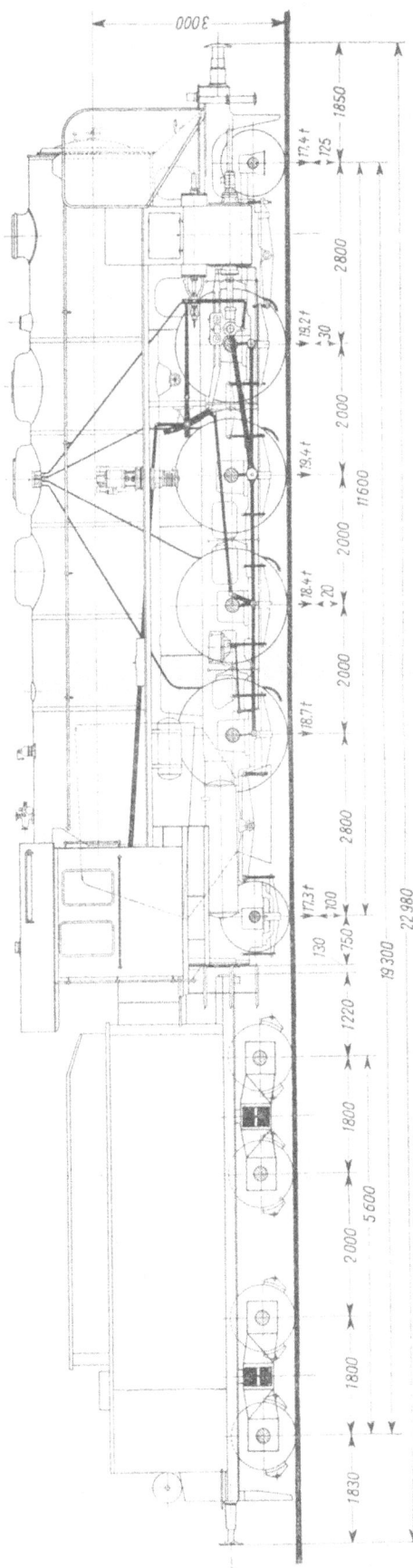

Abb. 28. 1 D 1 h 3 Personenzuglokomotive der Preußischen Staatsbahn, Gattung P 10; Erbauer Borsig 1922—1927.

Rostfläche	4 m²	Kesseldruck	14 atü	Zylinderdurchm. 3 × 520 mm	Dienstgewicht d. Lok. . 110,4 t
Verdampfungsheizfl. .	221,0 m²	Treibraddurchmesser	1750 mm	Kolbenhub . . . . . 660 mm	Reibungsgewicht . . . 75,7 t
Überhitzerheizfläche .	82,0 m²				

spannung erzielt; außerdem waren vorn an der Laufachse noch Wickelfedern mit 225 kg Vorspannung und 860 kg Endspannung angebracht. Die hintere Schleppachse der Bauart Adams hatte 100 mm Seitenspiel.

Die Spurkränze der Treibachse waren um 15 mm geschwächt, während die dritte Kuppelachse nach jeder Seite um 25 mm verschiebbar gemacht wurde, obwohl sie die Gegenkurbeln für die Steuerung trug. So konnte die Lokomotive die durch ihren Überschneidungswinkel von 1⁰ 30′, sehr ungünstige alte preußische Weiche 1 : 7 mit 140 m Halbmesser noch ohne Zwängen durchfahren. Die Tragfedern der ersten drei und die der letzten drei Achsen wurden untereinander durch Längsausgleichhebel verbunden, so daß eine Vierpunktstützung erreicht war. Der Achsdruck betrug 19 t. Das Dienstgewicht überschritt zum ersten Male bei einer preußischen Personenzuglokomotive den Wert von 100 t; es betrug 110,40 t.

Bei Versuchsfahrten zeigte sich, daß die P 10 Lokomotive in einem verhältnismäßig weiten Geschwindigkeitsbereich gleichmäßig recht gut brauchbar war; sie beförderte Personen- und Schnellzüge auf den Strecken

Charlottenburg—Lehrte im Gewicht von 720 t auf $0^0/_{00}$ mit $V = 100$—120 km/h
der Schwarzwaldbahn im Gewicht von 390 t auf $16,3^0/_{00}$ mit $V = 44$ km/h
Saalfeld—Lichtenfels im Gewicht von 390 t auf $25^0/_{00}$ mit $V = 25$—30 km/h.

Die Regelbelastung betrug:

$$1070 \text{ t auf } 0^0/_{00} \text{ mit } V = 80 \text{ km/h}$$
$$480 \text{ t auf } 10^0/_{00} \text{ mit } V = 50 \text{ km/h}.$$

Gegenüber der P 8 Lokomotive konnte sie also etwa um 60—70% höhere Zuggewichte befördern.

Ihr Kohlenverbrauch bei voller Beanspruchung lag mit 0,95—1,0 kg/PS_i h bei Geschwindigkeiten zwischen 40—100 km/h etwas über den Werten der bayerischen 2 C 1 h 4 v Schnellzuglokomotive der Gattung S 3/6.

Die P 10 Lokomotive fand namentlich auf den steigungsreichen Strecken Thüringens und in Südwestdeutschland, aber auch im norddeutschen Flachland ein weites Arbeitsfeld. Sie war besonders brauchbar für schwere und oft haltende Schnellzüge. Ihre gute Anfahrbeschleunigung und ihr hervorragend ruhiger Lauf selbst bei Geschwindigkeiten über 100 km/h und trotz der niedrigen Treibraddurchmesser von 1750 mm wurden sehr gelobt. Jedoch wurde auch darüber geklagt, daß die Dampfüberhitzung selten mehr als 330⁰—350⁰ erreichte, da der Überhitzer für die ungewöhnlich große Rohrlänge nicht richtig durchgebildet war.

An der Feuerbüchse stellten sich im Laufe der Jahre eine Reihe von Schäden ein, die ihre Ursache in der ungünstigen Bauform der Seitenwände hatten. Wegen der trapezförmigen Rostfläche mußten diese Seitenwände stark verwunden ausgeführt werden, so daß Wärmespannungen sich besonders nachteilig auswirken konnten. In den Kümpelungen der Seitenwände, die gerade in der Feuerzone lagen, entstanden nach gewisser Zeit Risse, die hohe Unterhaltungskosten verursachten. Ebenso pflegten auch die Stehbolzen an bestimmten Stellen infolge der starken Bewegungen der Feuerbüchswände zu reißen; sie mußten häufig ersetzt werden. Wegen der schlechten Erfahrungen wurde daher diese Feuerbüchsbauart in Preußen und auch später bei der Deutschen Reichsbahn bisher nicht wieder ausgeführt.

Insgesamt wurden vom Jahre 1922 bis 1927 260 Stück P 10 Lokomotiven beschafft.

DIE GÜTERZUGLOKOMOTIVEN.

Im ersten Band unserer Lokomotivgeschichte ist gezeigt worden, daß die Güterzuglokomotive ursprünglich als sogenannte „gemischte Lokomotive" meist in der Achsanordnung 1 A 1 oder 2 A gebaut wurde; an einzelnen Stellen gab es auch schon für diesen Zweck zweifach gekuppelte Lokomotiven in der Achsanordnung B, 1 B oder B 1. Bald eroberten sich die zweifach gekuppelten Lokomotiven allgemein das Feld der gemischten Lokomotive, da das Reibungsgewicht ungekuppelter Lokomotiven für die Beförderung der Züge nicht mehr ausreichte. Als aber in den 50er Jahren eine klare Trennung zwischen Personen- und Güterverkehr gemacht werden mußte, weil beide sich gegenseitig stark in der Entwicklung behinderten und zweifach gekuppelte Lokomotiven den Ansprüchen des Güterzugdienstes nicht mehr überall genügten, übernahm die dreifach gekuppelte Lokomotive — zunächst in der Achsanordnung C — die Beförderung der Güterzüge, nachdem sie bisher nur auf besonders schwierigen Strecken hauptsächlich als Schiebe- oder „Berglokomotive" verwendet worden war. In ihrer Rolle als Güterzuglokomotive stieg sie dann allmählich immer weiter ins Flachland hinab und erreichte so im Laufe der Jahre eine Verbreitung, die bis zum Beginn des neuen Jahrhunderts kaum von einer anderen Lokomotive erreicht worden ist. Die zweifach gekuppelte Güterzug-Lokomotive wurde dagegen immer mehr in untergeordnete Dienste zurückgedrängt und ist z. B. zu Beginn der 80er Jahre nur noch auf wenigen Strecken mit einfachsten Betriebsverhältnissen neu beschafft worden. In Norddeutschland waren es hauptsächlich 2 Verwendungsgebiete, in denen sie sich noch längere Zeit hindurch behaupten konnte: Oldenburg und die östlichen Provinzen Preußens (Posen, West- und Ostpreußen). In Oldenburg war sie lange Jahrzehnte hindurch auf den ebenen und noch wenig verkehrsreichen Strecken als einziges Betriebsmittel in der Achsanordnung B tätig. Auch in den östlichen preußischen Provinzen war der Eisenbahnverkehr noch schwach entwickelt; wenige Eisenbahnlinien durchzogen das zum Teil nur dünn besiedelte Land. In den 80er und 90er Jahren entstanden aber hier zahlreiche neue Eisenbahnstrecken, die als Nebenbahnen abgelegene Verkehrsgebiete erschlossen. In der Zeit von 1883—1896 stieg die Länge des Schienennetzes in diesen Provinzen von 2829 km auf 4877 km, also um etwa 69%; an diesem Ausbau waren die Nebenbahnen am stärksten beteiligt. Im Bereich der Preußischen Staatsbahn wuchs das gesamte Eisenbahnnetz in der gleichen Zeit nur um 36%.

Viele dieser Strecken waren so lang, daß Tenderlokomotiven wegen ihrer geringen Vorräte nicht verwendbar waren, jedoch konnte mit besonderem Erfolge die 1878 zum ersten Male beschaffte B Lokomotive mit Schlepptender verwendet werden, die im Bd. I, S. 76, Abb. 78 beschrieben worden ist. Da nun nach der Bahnordnung vom 12. Juni 1878 auf den Nebenbahnen eine höchste Geschwindigkeit von nur 30 km/h zugelassen wurde, waren ihre Treibräder von 1350 mm Durchmesser anfangs noch reichlich groß. Als aber später die Höchstgeschwindigkeit auf 40 km/h heraufgesetzt wurde, konnte sie von der B Lokomotive noch ohne Schwierigkeiten gefahren werden.

Um die Mitte der 80er Jahre wurde diese Lokomotive in die Reihe der erweiterten preußischen Normalien als spätere Gattung G 1, Abb. 29, aufgenommen. Dabei wurde vom Jahre 1887 an der Dampfdruck von 10 auf 12 atü erhöht, die Zylinderdurchmesser wurden entsprechend von 430 mm auf 375 mm verkleinert und der Kolbenhub wurde von 610 mm auf

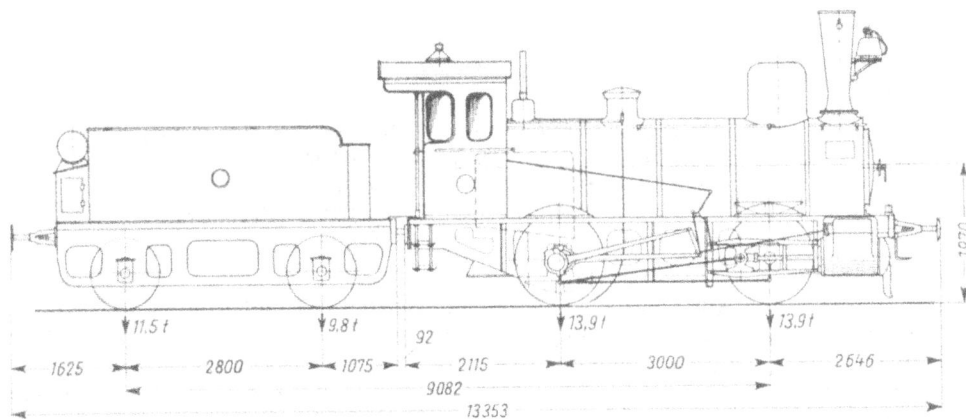

Abb. 29. B n 2 Güterzuglokomotive der Preußischen Staatsbahn, Gattung G 1;
Erbauer Schichau 1866.

Rostfläche . . . . . . 1,45 m²	Treibraddurchmesser 1350 mm	Dienstgewicht d. Lok. . 27,93 t
Verdampfungsheizfl. 92,29 m²	Zylinderdurchm. 2×375 mm	Reibungsgewicht . . . 27,93 t
Kesseldruck . . . . . 12 atü	Kolbenhub . . . . . . 630 mm	

630 mm vergrößert. Gleichzeitig wurde der Regler aus der bisherigen Reglerbüchse in einen Dampfdom verlegt; die Reglerwelle lag nun im Langkessel und führte zu einem Reglerhebel an der Stehkesselrückwand. Die Rauchkammer wurde ebenfalls in ihren Abmessungen vergrößert, so daß das Reibungsgewicht allmählich von 26,6 auf 28 t stieg.

Da sich die Lokomotive unter einfachen Betriebsverhältnissen gut bewährte, wurde sie bis zum Januar 1898 in größerer Zahl weiterbeschafft (94 Stück). Alle 94 Lokomotiven waren bis zu ihrer Ausmusterung ausschließlich in den östlichen Provinzen tätig.

Eine andere zweifach gekuppelte Lokomotive, jedoch in der Achsanordnung B 1, ist bereits an anderer Stelle unter den Personenzuglokomotiven beschrieben worden (s. S. 11). Obwohl sie mit ihren 1550 mm hohen Treibrädern mehr eine Personenzuglokomotive war, wurde sie auch im Güterzugdienst im Flachlande verwendet. Wie schon erwähnt, lief die B 1 Lokomotive auf Strecken mit einfachen Betriebsverhältnissen in Oberschlesien, von 1888 an, in neuerer Ausführung auch auf der Holsteinischen Marschbahn und auf der Ostpreußischen Südbahn. Diese neuere Ausführung wurde mit geringen Änderungen in die erweiterten preußischen Normalien aufgenommen. Später wurde sie unter die Güterzuglokomotiven eingereiht und erhielt das Gattungszeichen G 2.

Zweifach gekuppelte Güterzuglokomotiven waren also gegen Ende der 70er Jahre und im Anfang der 80er Jahre nur noch im leichten Güterzugdienst im Flachlande verwendbar; zum überwiegenden Teil bediente jetzt schon die C Lokomotive den Güterverkehr.

In der zweiten Hälfte der 70er Jahre war in Preußen schon eine große Zahl C Lokomotiven im Betriebe. Ihre verwirrende Vielgestaltigkeit veranlaßte die bekannte Kommission der Eisenbahnfachleute, im Hinblick auf die bevorstehende Überführung der Privatbahnen in den Besitz des Preußischen Staates unter den ersten Normentwürfen auch eine dreifach gekuppelte Güterzuglokomotive vorzusehen.

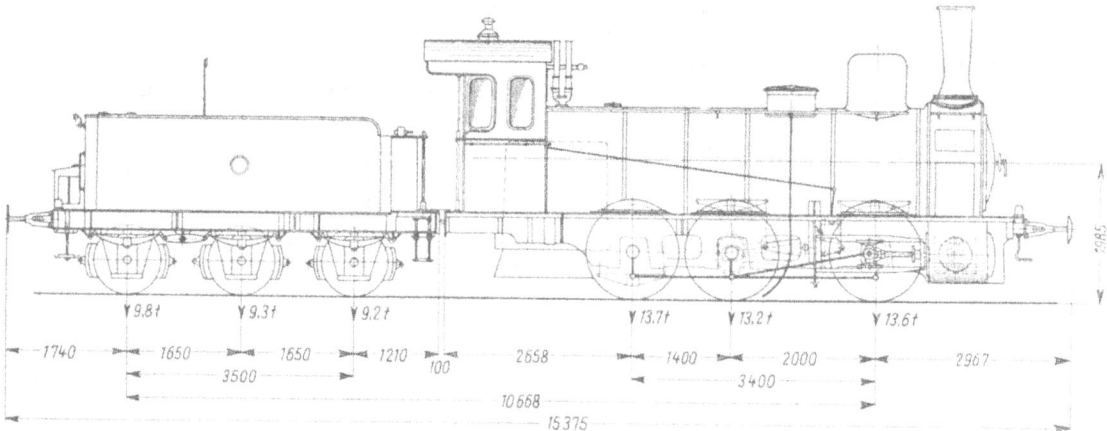

Abb. 30. C n 2 Güterzuglokomotive der Preußischen Staatsbahn, Gattung G 4¹;
Erbauer Schwartzkopff 1877—1899.

Rostfläche . . . . . . 1,53 m²	Treibraddurchmesser 1340 mm	Dienstgewicht d. Lok. . 40,67 t
Verdampfungsheizfl. 116,0 m²	Zylinderdurchm. 2 × 450 mm	Reibungsgewicht . . . 40,67 t
Kesseldruck . . . . . 12 atü	Kolbenhub . . . . . . 630 mm	

Diese Normalgüterzuglokomotive, die spätere Gattung G 4 und G 4¹, Abb. 30, die zuerst am 18. September 1877 von Schwartzkopff geliefert wurde, war nach ganz ähnlichen Gesichtspunkten wie die 1 B Personenzuglokomotiven entwickelt. Bei der Bemessung des Kessels trug man den Verhältnissen im Güterzugdienst Rechnung. Die Güterzüge fuhren damals mit einer Höchstgeschwindigkeit von 30—40 km/h, hielten durchweg auf jedem Bahnhof und hatten hier auch meist das Rangiergeschäft zu erledigen. Da auch der Abstand zwischen den Bahnhöfen bisweilen noch recht groß war (z. B. Luckenwalde—Trebbin auf der Strecke Berlin—Halle 15,3 km) und Überholungsgleise auf der freien Strecke noch so gut wie unbekannt waren, mußten die Güterzüge oft lange Zeit auf die Überholung durch schneller fahrende Züge warten.

Noch im Jahre 1894 gab es Güterzüge, die für die 161 km lange Strecke Berlin—Halle 15 Stunden benötigten; von diesen 15 Stunden waren nur 40% reine Fahrzeit. Das häufige und lange Warten verursachte naturgemäß einen ziemlich hohen und unnützen Kohlenverbrauch; darum wählte man, wie es damals vielfach üblich war, das Verhältnis der 1,53 m² großen Rostfläche zur Heizfläche (125 m²) ziemlich klein, nämlich $R : H = 1 : 82$. Dieses Verhältnis ging später allerdings auf $1 : 76$ zurück, als man die Zahl der Heizrohre von 186 auf 172 Stück verringern mußte, um an der Rohrwand stärkere Wasserstege zwischen den Rohren zu gewinnen. Aber auch in diesem Zustande waren die Lokomotiven für damalige Verhältnisse sparsam im Kohlenverbrauch.

Im Gegensatz zur 1 B Lokomotive erhielt der Kessel der C Maschine eine glatte Stehkesseldecke nach Crampton und eine überhängende, tief ausgebildete Feuerbüchse; dadurch stieg das Verhältnis der Rostfläche zur Feuerbüchsheizfläche. Der Dom lag vorn auf dem ersten Kesselschuß, also verhältnismäßig weit von der Zone der stärksten Dampfentwicklung entfernt.

Bei verschiedenen Eisenbahndirektionen erhielt der Schornstein den eigenartigen Strubeschen Funkenfängeraufsatz, doch blieb der kegelige Prüsmannsche Schornstein (Abb. 30) Regelausführung.

Die Heizrohre hatten eine Länge von 4450 mm. Um den Langkessel nicht überlang machen zu müssen, sah man einen festen Gesamtachsstand von 3400 mm vor. Die Treibachse rückte dabei bis auf 1400 mm an die hintere Kuppelachse heran, um den Treibstangen eine ausreichende Länge zu geben. Die Radreifen beider Achsen rückten dadurch einander so nahe, daß es später nicht mehr möglich war, die an anderen Lokomotiven vorgeschriebene Verstärkung der Radreifen von 65 auf 75 mm hier durchzuführen; die Radreifen konnten nur um 5 mm verstärkt werden.

Die Tragfedern der ersten und zweiten Achse waren durch Längsausgleichhebel miteinander verbunden; außerdem lag vor der dritten Achse ein Querausgleichhebel, so daß die Lokomotivlast in 3 Punkten abgestützt war.

Wie bei den 1 B Lokomotiven stellte man auch bei den C Güterzuglokomotiven den Eisenbahndirektionen frei, Lokomotiven mit innen- oder außenliegender Allansteuerung zu beschaffen. Beide Ausführungen wurden nebeneinander bis zum Jahre 1885 gebaut; beibehalten wurde schließlich die Innensteuerung, weil bei den außenliegenden waagerechten Schiebern die Reibung größer war als bei den innenliegenden senkrechten Schiebern. An der Außensteuerung brachen außerdem häufig die Schwingenkurbeln.

Bis zum Schluß des Beschaffungszeitraums der C Lokomotive, dem Jahre 1899, wurden am Triebwerk keine Änderungen vorgenommen. Dagegen wurde der Kesseldruck von 1895 an bei einzelnen und von 1897 an bei allen C Lokomotiven von 10 auf 12 atü erhöht. Die Gattung trug bis dahin die Bezeichnung G 4; von diesem Zeitpunkt an wurden die neuen Maschinen als G 4¹ geführt.

An den Kesselhauptmaßen brauchte auf Grund der Druckerhöhung nichts geändert zu werden. Schon im Jahre 1890 war der Dampfdom auf die Mitte des Kessels gelegt worden; im Jahre 1897 verschob man ihn noch weiter nach hinten, um eine bessere Lastverteilung zu erreichen. Dadurch änderten sich die Achsdrücke der einzelnen Achsen folgendermaßen:

	1. Achse	2. Achse	3. Achse
vorher	14,4 t	13,8 t	11,9 t
nachher	13,65 t	13,26 t	13,76 t;

die Achslast war jetzt also gleichmäßiger verteilt als vorher.

Auch für die ältere Gattung G 3, in der die Vorläufer der C Normalgüterzuglokomotiven zusammengefaßt waren, wurden noch im Jahre 1904 Ersatzkessel für einen Dampfdruck von 12 atü beschafft; das Triebwerk wurde auch an diesen Lokomotiven nicht geändert.

Gleichzeitig mit den 1 B Personenzug-Normallokomotiven vom Jahre 1877 wurden in den Jahren 1886 und 1887 auch mit den C Güterzug-Normallokomotiven zahlreiche Versuchsfahrten unternommen. Bei 10 atü Kesseldruck konnten die C Lokomotiven unter mittleren Verhältnissen folgende Zuglasten in t befördern:

Mit einer Ge-schwindigkeit von V =	Auf eine Steigung von		
	2 °/₀₀	5 °/₀₀	10 °/₀₀
15 km/h	1195	697	394
30 km/h	680	410	231
40 km/h	497	309	175

Trotz der etwas knappen Rostfläche erreichten diese Maschinen damit fast die höchsten Leistungswerte der 1 B Lokomotiven. Der Lauf der Lokomotiven war trotz des geringen Achsstandes und des großen Überhangs für die damaligen niedrigen Geschwindigkeiten der Güterzüge noch ausreichend ruhig.

Von der G 4 und G 4¹ Lokomotive wurden von 1877—1899 insgesamt 2337 Stück beschafft. Daß sie ihren Dienst lange Jahre hindurch zur Zufriedenheit versehen haben, beweist neben der hohen Beschaffungszahl die Tatsache, daß noch im Jahre 1911 erwogen wurde, eine Anzahl von ihnen in D Tenderlokomotiven umzubauen. Wegen des schon vorgerückten Alters der Lokomotive wurde aber davon abgesehen und man beschloß, sie allmählich auszumustern und durch neuzeitlichere Bauarten zu ersetzen. Trotzdem wurden noch 174 Stück, darunter eine aus dem Jahre 1881, im Jahre 1924 in die neue Nummernreihe der Deutschen Reichsbahn übernommen.

Eine weitere Reihe von insgesamt 22 Lokomotiven wurde in den Jahren 1898—1901 von der Ostpreußischen Südbahn, der Lübeck-Büchener, der Neustrelitz-Warnemünder, der Dortmund-Gronau-Enscheder und der Mecklenburgischen Friedrich-Franz-Bahn ohne nennenswerte Änderungen beschafft. Die Lokomotiven der Mecklenburgischen Friedrich-Franz-Bahn hatten noch die in Bd. I, S. 431, Abb. 700 dargestellte Hartmannsche Dampfbremse, die von oben auf die Treibräder wirkte. Auch die Reichseisenbahnen in Elsaß-Lothringen hatten sich von 1882—1892 nach und nach 37 Stück G 4 Lokomotiven mit außenliegender Allansteuerung und 10 atü Dampfdruck bauen lassen. Im Auslande ist die G 4 Lokomotive ebenfalls verwendet worden; 10 Stück liefen auf der Warschau-Wiener Eisenbahn und 5 Stück wurden noch 1911 bis 1913 von französischen Bauunternehmungen benutzt.

An einer G 4 wurden auch vom Jahre 1890 an die ersten Versuche mit Wellrohrkesseln gemacht (s. S. 462).

Nach der Einführung der Preußischen Normalien (G 4) wurden die dreifach gekuppelten Güterzuglokomotiven mit unterstützter Feuerbüchse in Preußen selten. Im Jahre 1879 beschaffte die knapp 100 km lange Dortmund—Gronau—Enscheder Eisenbahn noch 3 Stück C Lokomotiven mit unterstützter Feuerbüchse (Abb. 31), nachdem sie vorher ihren gesamten Verkehr mit 10 Stück 1 B Lokomotiven bewältigt hatte. Das Triebwerk wurde zwar von der preußischen Normalgüterzuglokomotive G 4 übernommen, der Achsstand aber wurde — wohl auf holländisch-englische Einflüsse hin — von 3400 mm bei den bisherigen Lokomotiven auf 4000 mm vergrößert. Dadurch lag der größere Teil der Rostfläche zwischen der zweiten und dritten Achse. Wenn auch der hintere Überhang beträchtlich vermindert wurde und die Lokomotive recht ruhig lief, so gingen doch an Feuerbüchsheizfläche etwa 1,7 m² verloren, weil die Feuerbüchse nicht mehr so tief ausgebildet werden konnte wie bei überhängendem Stehkessel. Bei höherer Lage der Kesselmittellinie über SO hätte auch in diesem Falle noch eine größere Feuerbüchsheizfläche untergebracht werden können. Wie es scheint, hat man sich aber damals noch nicht zu diesem Schritt entschließen können. Bei Beschaffung je einer gleichen Lokomotive in den Jahren 1886 und 1891 wurde das Triebwerk beibehalten. Die Rostfläche vergrößerte man aber auf 1,75 m², so daß nunmehr die Größe der Feuerbüchsheizfläche der preußischen Normallokomotiven wieder erreicht war. Im Jahre 1892 wurde dann noch eine dritte Lokomotive nachbeschafft, die einen Lentzschen Wellrohrkessel mit einer Rostfläche von 1,9 m² besaß. Wie alle anderen Wellrohrkessel damaliger Zeit ist auch

56

dieser Kessel bald als Mißerfolg erkannt und durch einen Kessel üblicher Bauform ersetzt worden.

Lange Jahre beherrschte die C Lokomotive fast ausschließlich den Güterverkehr. Noch bis zur Jahrhundertwende wurde sie in großem Umfange gebaut, und im Jahre 1901 erreichte sie ihre höchste Verbreitung in Preußen. Vom Jahre 1891 ab gewannen allmählich die 1 C und vierfach gekuppelte Güterzuglokomotiven (D, 1 D, B—B) an Verbreitung.

Das Verbundverfahren hat sich im Gegensatz zu den Schnellzug- und Personenzuglokomotiven bei den Güterzuglokomotiven wegen ihrer häufigen Verschiebetätigkeit nur langsam und dann auch nicht in demselben Umfange durchsetzen können. Als aber die anfänglich vorhandenen Anfahrschwierigkeiten in der Hauptsache durch das Erscheinen des Dultzschen Wechselventils verschwanden, war der Weg für eine größere Verbreitung der Verbundgüterzuglokomotive geebnet.

Die erste preußische und gleichzeitig auch die erste deutsche Eisenbahn, welche eine Verbund-Güterzuglokomotive in Betrieb nahm, war die Marienburg—Mlawkaer Eisenbahn in Ostpreußen. Sie ließ, offenbar auf Veranlassung der Firma Schichau in Elbing, die ja auch die ersten deutschen 1 A Verbund-Tenderlokomotiven gebaut hatte, eine im Jahre 1878 gelieferte C Lokomotive (s. Bd. I, S. 252) auf Verbundwirkung umbauen.

Entgegen dem späteren allgemeinen Brauche wurde die Dampfspannung nicht erhöht, sondern mit 10 atü beibehalten. Zum Anfahren benutzte man einen Hahn, der Frischdampf an den Niederdruckzylinder abgab, und je einen Drehschieber im Verbinder und im Ausströmrohr, die gekuppelt waren und zusammen von Hand bedient wurden; mit dieser Wechselvorrichtung konnte die Lokomotive als Zwillingsmaschine anfahren.

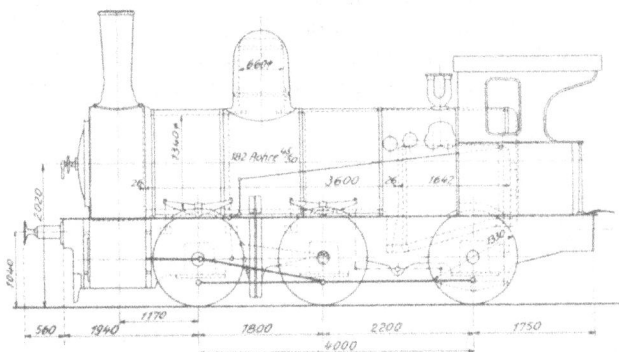

Abb. 31. C n 2 Güterzuglokomotive der Dortmund-Gronau-Enscheder Eisenbahn; Erbauer Hohenzollern 1879—1891.

Rostfläche . . . . . 1,75 m²	Zylinderdurchm. 2 × 450 mm
Verdampfungsheizfl. 98,7 m²	Kolbenhub . . . . . . 630 mm
Kesseldruck . . . . 10,3 atü	Dienstgewicht d. Lok. . 37,5 t
Treibraddurchmesser 1350 mm	Reibungsgewicht . . . 37,5 t

In späteren Jahren beschaffte dann die Bahn 4 Stück von den im folgenden beschriebenen C Normal-Verbundlokomotiven der Preußischen Staatsbahn.

Diese C Normal-Lokomotiven waren die ersten durch Neubau entstandenen deutschen C Verbund-Lokomotiven; sie wurden auf Veranlassung v. Borries' bei Henschel und Sohn für die Eisenbahndirektion Hannover hergestellt. In ihren Abmessungen entsprachen sie durchaus den C Normallokomotiven von 1877, soweit nicht durch das Verbundverfahren Änderungen notwendig wurden. Der Kesseldruck wurde auf 12 atü erhöht; der Kesseldurchmesser aus Rücksicht auf den höheren Dampfdruck anfangs um 50 mm verkleinert. Später verstärkte man die Kesselbleche von 14 auf 15 mm und übernahm dann wieder den Kesseldurchmesser der Zwillingslokomotiven. Die Rauchkammer wurde allgemein von ursprünglich 790 mm auf 1100 mm verlängert. Die Verbundzylinder erhielten 460/650 mm Durchmesser mit einem Zylinderraumverhältnis 1 : 2. Da sie bei waagerechter Lage die Fahrzeugbegrenzungslinie überschritten hätten, mußten sie 1 : 40 geneigt werden; diese Zylinderabmessungen blieben während der ganzen Beschaffungszeit der Lokomotive (bis 1899) gleich.

Die Allansteuerung lag innen. Der Aufwerfhebel für die Steuerung der Niederdruckseite war derart gegen den der Hochdruckseite versetzt, daß der Niederdruckzylinder bei Vorwärtsfahrt eine größere Füllung bekam, und zwar im Verhältnis 40/50%. Dabei mußte für die Rückwärtsfahrt eine etwas ungünstigere Dampfverteilung in Kauf genommen werden; es durften nur große Füllungen angewendet werden. Bei den ersten Lokomotiven bestand die Anfahrvorrichtung nur aus einem Druckminderungsventil von 43 mm Durchmesser, das über ein Hilfsdampfrohr Frischdampf an den Verbinder und damit an den Niederdruckzylinder mit etwa $\frac{1}{3}$ des Kesseldrucks abgab. Diese Vorrichtung befriedigte aber nicht recht; nach mancherlei Versuchen wurden die Lokomotiven dann mit dem bekannten v. Borriesschen Anfahrventil von 1884 und später allgemein mit dem Dultzschen Wechselventil ausgerüstet.

Durch den milden Auspuff wurde der Funkenflug so gering, daß man, wie schon früher erwähnt, viele Jahre hindurch die Verbundeinrichtung als eine der gesetzlich vorgeschriebenen Einrichtungen zur Verhütung des Funkenfluges anerkannte.

Diese beiden ersten Normalverbundlokomotiven wurden im Versuchsbetriebe mehrere Jahre hindurch in verschiedenen Bezirken erprobt; überall erzielte man Kohlenersparnisse zwischen 9 und 20%. Zur Klärung der Frage, wieviel von der Ersparnis auf die Verbundwirkung und wieviel auf den höheren Kesseldruck zurückzuführen war, wurden 1884 zum Vergleiche 3 Zwillingslokomotiven mit 12 atü Kesseldruck bestellt.

Leider ist über den Ausgang der Vergleichsversuche nichts bekannt geworden. Das Verbundverfahren scheint aber wohl den größten Teil der Ersparnisse gebracht zu haben, denn schon im Jahre 1885 wurden C Verbundlokomotiven in größerem Umfange beschafft. Bis zum Jahre 1899 wurden insgesamt 768 Stück gebaut. Immerhin war der Anteil der C Verbundlokomotiven an der Zahl aller C Lokomotiven nicht besonders hoch (37,5%). Das hatte seine Ursache besonders darin, daß die Verbund-Güterzug-Lokomotive sich für manche Betriebszwecke weniger eignete als die Zwillingslokomotive. Der stark angewachsene Verkehr in den Industriegebieten benötigte für die Bedienung der Zechen und für das umfangreiche Verschiebegeschäft eine Lokomotive, bei der die Anfahrschwierigkeiten der Verbundmaschine nicht auftraten. So ist es auch zu erklären, daß für den Nahgüterverkehr die Zwillingslokomotive lieber als die Verbundlokomotive verwendet

Abb. 32. C n 2 v Güterzuglokomotive der Reichseisenbahnen Elsaß-Lothringen, Gattung G 4; Erbauer Grafenstaden und Henschel 1895—1898.

Rostfläche	1,59 m²	Zylinderdurchm.	480/720 mm
Verdampfungsheizfl.	124,0 m²	Kolbenhub	630 mm
Kesseldruck	12 atü	Dienstgewicht d. Lok.	41,7 t
Treibraddurchmesser	1340 mm	Reibungsgewicht	41,7 t

wurde, da hier auf den einzelnen Streckenbahnhöfen häufig recht zahlreiche Verschiebebewegungen auszuführen waren.

Ebenso wie die C Zwillingslokomotive erwarb sich auch die C Verbundlokomotive außerhalb der Preußischen Staatsbahn manche Freunde. Zunächst beschaffte die Werra-Eisenbahn in den Jahren 1893/94 5 Stück C Verbundlokomotiven und ein Jahr später folgte die Oldenburgische Staatsbahn mit einer größeren Reihe (27 Stück) ähnlicher Lokomotiven, von denen an anderer Stelle noch zu sprechen sein wird. Im Jahre 1895 ließen dann noch die Reichseisenbahnen in Elsaß-Lothringen die preußische C n 2 v mit einigen Änderungen bauen (Abb. 32). Die Stehkesselrückwand war nach vorn geneigt ausgeführt, um das Gewicht des hinteren Überhangs zu vermindern. Die Zylinderdurchmesser wurden von 460/680 mm auf 480/720 mm vergrößert und waren wieder wegen der Begrenzungslinie schwach geneigt. Die Steuerung lag außen und war nach Heusinger ausgebildet; die Schwinge lag hinter der Treibachse, um eine recht lange Schieberschubstange zu erhalten. Im Jahre 1896 wurde die Feuerbüchse um 20 mm verlängert, so daß die Rostfläche jetzt 1,59 m² betrug. Von 1898—1904 aber wurde dann in den Reichslanden die C n 2 v Lokomotive wieder genau nach den preußischen

Vorbildern beschafft, also mit innenliegender Allansteuerung und hintenliegendem Dom. Insgesamt sind in den Reichslanden 93 C Verbundlokomotiven in Betrieb genommen worden.

Wenn man die Lokomotiven der Oldenburgischen Staatsbahn und der Werrabahn hinzurechnet, so sind bis zum Jahre 1903 von der C n 2 und der C n 2 v Lokomotive etwa 780 Stück in Dienst gestellt worden. Die Type erfuhr im Laufe der Jahre einige Änderungen; wie bei der C Zwillingslokomotive wurde auch an der Verbundlokomotive der anfangs vornliegende Dom auf die Mitte des Kessels und dann auf den hinteren Kesselschuß verlegt.

Die C n 2 und n 2 v Normallokomotiven hatten eine Höchstgeschwindigkeit von nur 45 km/h. Da aber zu Beginn des neuen Jahrhunderts das Bedürfnis nach einer dreifach gekuppelten Güterzuglokomotive für größere Geschwindigkeiten bestand, die sowohl Eilgüterzüge als auch schwere Ausflugspersonenzüge befördern konnte, ging die Preußische Staatsbahn im Jahre 1903 zum Neuentwurf einer C n 2 v Güterzuglokomotive über.

Die Lokomotive erhielt das Gattungszeichen G 4³ (Abb. 33). Abweichend von den bisherigen C Normallokomotiven legte man die letzte Achse unter den Stehkessel, so daß die Stehkesselrückwand sie nur noch um 370 mm überragte. Da die Scheu vor höherer Kessellage inzwischen überwunden war, rückte man die Kesselmitte auf 2400 mm über SO hinauf. Die Ausbildung der Feuerbüchse war jetzt nicht mehr wie bei den Dortmund-Gronau-Enscheder C Lokomotiven behindert; sie konnte nun eine genügende Heizfläche erhalten.

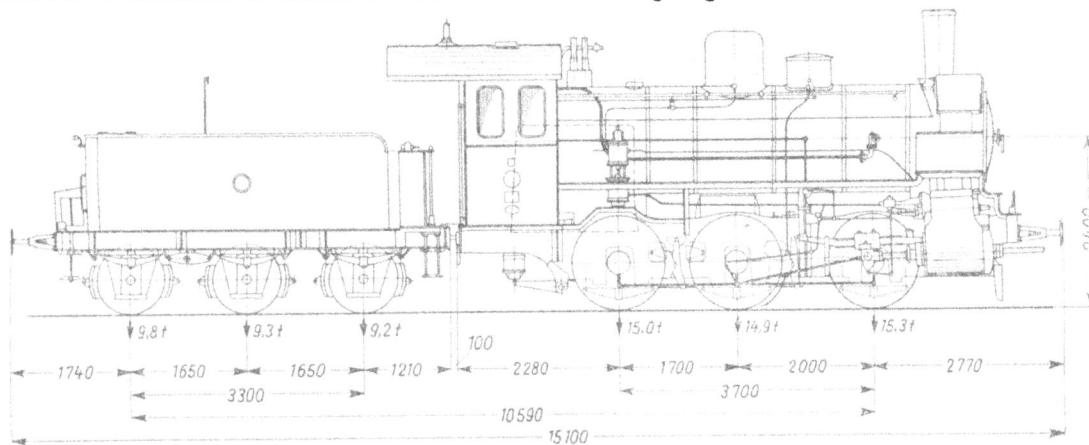

Abb. 33. C n 2 v Güterzuglokomotive der Preußischen Staatsbahn, Gattung G 4³;
Erbauer Union 1903—1907.

Rostfläche . . . . . . 1,73 m²	Treibraddurchmesser 1350 mm	Dienstgewicht d. Lok. . 45,25 t
Verdampfungsheizfl. 117,7 m²	Zylinderdurchm. 460/680 mm	Reibungsgewicht . . . 45,25 t
Kesseldruck . . . . . 12 atü	Kolbenhub . . . . . . 630 mm	

Der Achsstand wuchs auf 3700 mm. Die Heizrohre waren um 500 mm gekürzt; da aber der größere Kesseldurchmesser gestattete, eine größere Zahl von Heizrohren unterzubringen, wurde die Heizfläche nicht kleiner. Auch die Wärmeausnutzung wurde nicht schlechter, da die große Feuerbüchse sich im Sinne gleicher Gasendtemperatur auswirkte. Von der Möglichkeit, bei der hohen Kessellage den Stehkessel mit geraden Seitenwänden auf den Rahmen zu stellen, machte man noch keinen Gebrauch, sondern zog ihn nach althergebrachter Art unten ein. Dabei lag die Bodenringunterkante nur 80 mm unter der Rahmenoberkante, so daß es zweifellos möglich gewesen wäre, den Stehkessel auf den Rahmen zu stellen.

Die Zylinderdurchmesser wurden von 450/650 mm auf 460/680 mm vergrößert, die waagerecht liegenden Flachschieber durch Heusingersteuerung angetrieben. Wegen des Aschkastens mußte der Lastausgleich geändert werden. Der bisher über der letzten Achse liegende Querausgleichhebel wurde an die erste Achse verlegt; die Längsausgleichhebel rückten dadurch zwischen die zweite und dritte Achse. Die Dreipunktstützung war damit geblieben. Neu war auch der eingleisige Kreuzkopf, der seit dem Anfang des Jahrhunderts in immer größerem Maße verwendet wurde.

Den Angriffspunkt des vorderen Zughakens der Lokomotive verlegte man eigenartigerweise bis unter die Mitte des Kessels, obwohl dieser nur ausnahmsweise bei der Rückwärtsfahrt benutzt wurde. Die Spurkränze der mittleren Achse waren um 10 mm geschwächt.

Die Lokomotive wurde an einigen Stellen auch für Personenzüge verwendet und daher mit einer Luftpumpe für die Druckluftbremse ausgerüstet. Wie Abb. 33 zeigt, hatte das Fahrgestell der Lokomotive selbst anfangs noch keine Bremse; erst später wurden die beiden hinteren gekuppelten Achsen einseitig abgebremst. Um den damals zugelassenen Achsdruck von 15 t voll ausnutzen zu können, wurde der Kuppelkasten am Übergang zum Tender besonders schwer ausgeführt.

An den Lokomotiven wurde vor allem der ruhige Lauf gelobt, der bedeutend besser war als der Lauf der älteren C Lokomotiven mit überhängender Feuerbüchse; die anfänglich zugelassene Höchstgeschwindigkeit von 50 km/h wurde später auf 60 km/h heraufgesetzt. Es ist daher wohl erklärlich, daß die Maschine bei schwierigeren Streckenverhältnissen und starken Steigungen mit Vorteil als Personenzuglokomotive da verwendet werden konnte, wo zweifach gekuppelte Lokomotiven mit ihrem Reibungsgewicht nicht ausreichten.

Leider trat die Maschine zu spät ihren Dienst an. Der Bestand an C Güterzuglokomotiven bei der Preußischen Staatsbahn hatte bereits im Jahre 1901 seinen Höhepunkt erreicht. Seitdem nahm er langsam, aber ständig ab in dem Maße, wie die vierfach gekuppelte Güterzuglokomotive größere Bedeutung gewann. Obwohl diese neuen C n 2 v Lokomotiven der Gattung G 4³ gegenüber ihren Vorgängern manche Vorzüge hatten, sind in den Jahren 1903—1907 nur 58 Stück gebaut worden. Die Gründe für das späte Erscheinen dieser C Lokomotive sind darin zu suchen, daß ihr schon 1901 geplanter Bau auf Drängen von Garbe mehrfach zurückgestellt wurde. Daß sie so spät noch ausgeführt wurde, erscheint heute schwer verständlich.

Man wollte zunächst einmal die Erfahrungen mit der geplanten C h 2 Tenderlokomotive der Gattung T 8 (Abb. 78, S. 107) abwarten. Außerdem waren schon seit längeren Jahren leistungsfähigere Güterzuglokomotiven im Betriebe, die im folgenden behandelt werden sollen.

Die höhere Geschwindigkeit und die immer mehr zunehmende Zahl der Schnell- und Personenzüge hatten schon im Anfang der 90er Jahre auf einigen Strecken zu unerträglichen Verhältnissen im Güterzugdienst geführt. Die C Güterzuglokomotive, die damals die verbreitetste Lokomotive war, erreichte, wie geschildert, vor den Güterzügen nur sehr niedrige Geschwindigkeiten. Auf stark belasteten Strecken erlitten die Güterzüge häufig große Verspätungen, da es nicht möglich war, sie zwischen den schnellfahrenden Zügen rechtzeitig durchzubringen. Eine Abhilfe konnte nur durch eine erhebliche Beschleunigung der Güterzüge erreicht werden, für die aber die C Normallokomotiven aus mehreren Gründen nicht geeignet waren. Zunächst reichte die Kesselleistung bei schweren Zügen nicht aus, dann aber waren die Laufeigenschaften bei höherer Geschwindigkeit wegen der großen überhängenden Massen vorn und hinten schlecht. Dazu kam, daß seit dem Beginn der 90er Jahre neue Güterwagen für 15 t Ladegewicht eingeführt worden waren. Die Anträge auf eine leistungsfähige und dabei auch ruhig laufende Lokomotive wurden immer dringender.

Im Herbst 1892 stellte die Preußische Staatsbahn als erste Bahn des Vereinsgebietes eine neue 1 C n 2 Güterzuglokomotive (Gattung G 5¹) in Dienst; wie Abb. 34 zeigt, ist an ihr deutlich die Entwicklung aus der C Normallokomotive zu erkennen. Das Triebwerk der G 4 Lokomotive wurde, abgesehen von der hinteren Kuppelstange, in der Anordnung und in den Abmessungen beibehalten; die Allansteuerung lag also ebenfalls noch innerhalb des Rahmens. Der feste Achsstand war auf 4000 mm vergrößert. Vor den Zylindern ordnete man eine Adamsachse an, die anfangs 56 mm, später aber nur 40 mm Spiel nach jeder Seite erhielt.

Der Kessel wurde gegenüber der G 3 und auch der späteren G 4 wesentlich vergrößert; er entsprach fast genau dem Kessel der erst 1905 gebauten 2 B n 2 v Schnellzuglokomotive S 5². Die Rostfläche war, verglichen mit der C Normallokomotive, um rund 50%, die Heizfläche um etwa 16% vergrößert. Das alte Verhältnis R : H von 1 : 80 ging dadurch auf 1 : 60 zurück. Da die neuen 1 C Lokomotiven für schnellfahrende und weniger oft haltende Güterzüge gedacht waren, fielen die bereits erörterten Gründe für die kleine Rostfläche der Güterzuglokomotiven fort.

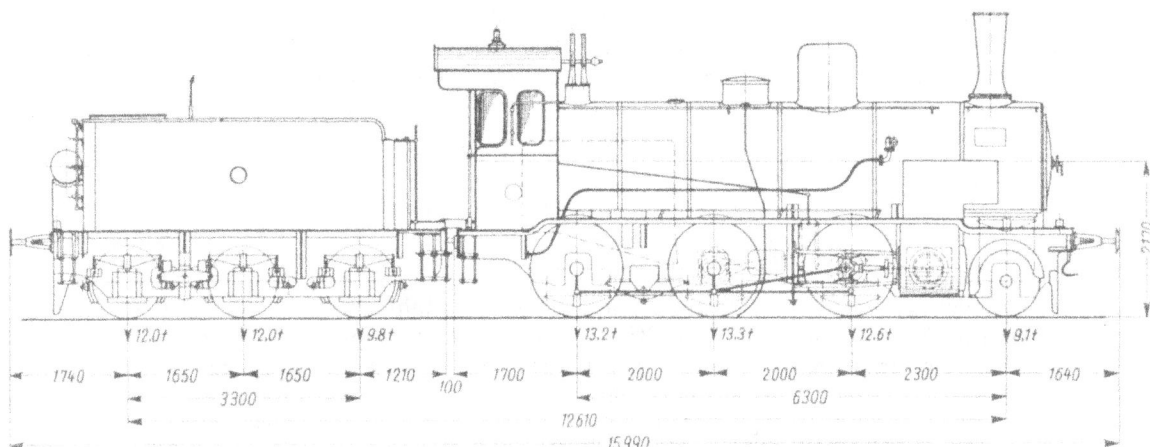

Abb. 34. 1 C n 2 Güterzuglokomotive der Preußischen Staatsbahn, Gattung G 5¹;
Erbauer Vulkan 1892—1902.

Rostfläche . . . . . . 2,25 m²	Treibraddurchmesser 1350 mm	Dienstgewicht d. Lok. . 48,35 t
Verdampfungsheizfl. 137,0 m²	Zylinderdurchm. 2 × 450 mm	Reibungsgewicht . . . 39,18 t
Kesseldruck . . . 10 u. 12 atü	Kolbenhub . . . . . . 630 mm	

In der Zugkraft war die G 5¹ den C n 2 v Normallokomotiven nicht überlegen, denn ihr Reibungsgewicht betrug anfangs nur 39,3 t. Auch mit ihrem niedrigen Kesseldruck von 10 atü war sie den bisherigen C Lokomotiven im Nachteil. Von großem Vorteil war dagegen der große Achsstand und die geringen überhängenden Massen; von der gesamten Stehkessellänge überragten nur 40% die hintere Kuppelachse. Nachdem nun an die Stelle der zuerst verwendeten Dampfbremse die Druckluftbremse getreten und die Lokomotive damit auch für Personenzüge brauchbar war, wurde ihre Höchstgeschwindigkeit auf 65 km/h festgesetzt. Sie bewährte sich im mehrjährigen Betriebe im allgemeinen gut, so daß man 1895 dazu übergehen konnte, sie in größerem Umfange als Verbundlokomotive mit dem Gattungszeichen G 5² weiterzubauen. Bis zum Jahre 1901 wurden insgesamt 268 Zwillings- und 499 Verbundlokomotiven in Betrieb genommen.

Auch die Reichseisenbahnen in Elsaß-Lothringen haben von dieser Lokomotive vom Jahre 1900 an noch bis 1908 insgesamt 215 Lokomotiven, sämtlich in der Verbundanordnung, beschafft. Die Lokomotive wurde hier jedoch von 1904 an durch Höherlegung der Kesselmitte von 2170 mm auf 2300 mm über SO und entsprechend tiefere Ausbildung der Feuerbüchse verbessert; die Heizfläche der Feuerbüchse stieg damit um 9% von 10,4 auf 11,3 m².

Nur mit der Adamsachse war man von Anfang an nicht zufrieden. Infolge der mangelnden Dämpfung der Wickelfedern in der Rückstellvorrichtung neigte die Achse zum Flattern; das wurde erst beseitigt, als man die Wickelfedern durch Blattfedern ersetzte. Außerdem kam es verschiedentlich vor, daß das Achslagergehäuse in seinen Führungen klemmte, wenn die Achse sich infolge der Schienenüberhöhung in Gleisbögen oder bei Gleisunebenheiten schräg stellte. Diesem Übelstand begegnete man dadurch, daß man den Achslagerführungen reichlich Spielraum gab. Als aber — wohl wegen falscher Bemessung des ideellen Deichselhalbmessers — die 1 C Tenderlokomotiven (s. S. 96), die ebenfalls Adamsachsen hatten, mehrfach entgleist waren, verließ man diese Achsbauart bei der G 5 und ging zu dem in Süddeutschland schon seit Jahren bewährten Krauß-Helmholtz-Drehgestell über.

Die erste 1 C n 2 v Lokomotive mit Krauß-Helmholtz-Gestell wurde erst 1901 dem Betriebe übergeben, obgleich die Entwürfe bereits im Jahre 1898 vorlagen; sie erhielt das Gattungszeichen G 5⁴. Der Kessel blieb äußerlich unverändert, die Feuerbüchsdecke aber erhielt eine schwache Wölbung mit 1750 mm Halbmesser. Eine ähnliche Ausführung hatte die Eisenbahndirektion Hannover schon ein Jahr vorher bei einer größeren Reihe von Ersatzkesseln verwendet. Der Abstand zwischen Feuerbüchs- und Stehkesseldecke betrug dabei noch 499 mm, war also reichlich bemessen. Der Kessel lag ebenso wie bei den Lokomotiven der Reichslande höher als früher.

61

Die Zylinderdurchmesser wurden von 480/680 mm auf 500 × 750 mm vergrößert; die Allansteuerung ersetzte man durch die Heusingersteuerung. Das Krauß-Helmholtz-Drehgestell, bei dem die Laufachse 24 mm und die erste Kuppelachse 27 mm Spiel nach jeder Seite hatte, brachte eine wesentliche Änderung der Achsstände mit sich; statt der bisherigen Achsabstände

$$2300 + 2000 + 2000 = 6300 \text{ mm}$$

waren die Achsabstände der neuen Lokomotive

$$2700 + 1650 + 1650 = 6000 \text{ mm.}$$

Durch die Verkürzung des Gesamtachsstandes um 300 mm und durch das Krauß-Helmholtz-Drehgestell wurde der Bogenlauf sehr verbessert.

Bis zum Jahre 1910 ist die Lokomotive in großer Zahl gebaut worden. Allein auf der Preußischen Staatsbahn liefen 779 Stück; von der Lübeck-Büchener Eisenbahn und der Mecklenburgischen Friedrich-Franz-Bahn wurden außerdem noch zwischen 1906 und 1912 zusammen 12 Stück in Betrieb genommen.

Im Jahre 1903 entschloß sich die Preußische Staatsbahn, diese Lokomotive ohne große Änderungen auch als Zwillingsmaschine zu bauen. Die Zylinderdurchmesser wurden gegenüber der G 5 mit Adamsachse beträchtlich vergrößert (490 mm statt 450 mm), doch wurde die neue Gattung G 5³ (Abb. 35) nur bis zum Jahre 1906 gebaut. Insgesamt waren von ihr 707 Lokomotiven vorhanden; dazu kamen noch 6 Stück, die einige chinesische Bahnen in den Jahren 1905 bis 1907 aus Deutschland bezogen.

Wenn auch das Krauß-Helmholtz-Drehgestell die Laufeigenschaften der Lokomotive verbesserte, so wollten doch die Klagen aus dem Betriebe über das einseitige Scharflaufen der Laufradspurkränze nicht verstummen. Auch bei anderen Bahnen stellte man diesen Mangel fest. Man erkannte den natürlichen Grund dafür nicht, nämlich die Ungleichheit der Kolbenkräfte, sondern versuchte vergeblich, durch kleinere bauliche Maßnahmen, z. B. durch kugelige Gestaltung des ursprünglich

Abb. 35. 1 C n 2 Güterzuglokomotive der Preußischen Staatsbahn, Gattung G 5³; verschiedene Erbauer 1903—1906.

Rostfläche	2,25 m²	Zylinderdurchm. 2 × 490 mm
Verdampfungsheizfl.	137,0 m²	Kolbenhub . . . . . . 630 mm
Kesseldruck	12 atü	Dienstgewicht d. Lok. . 54,0 t
Treibraddurchmesser	1350 mm	Reibungsgewicht . . . 42,9 t

zylindrischen Mitnehmerzapfens an der Kuppelachse, Rückstellflächen am Laufachslager usw. die beobachteten Nachteile zu mildern. Es wurden daher im Jahre 1908 Stimmen laut, die vorschlugen, das Kraußgestell durch eine Bisselachse zu ersetzen. Im Jahre 1910 wurde dann an einer Reihe von 1 C n 2 v Lokomotiven der Gattung G 5⁴ noch einmal wieder das Krauß-Helmholtz-Gestell planlos durch eine Adamsachse ersetzt. Erst in späteren Jahren kam man den Ursachen des einseitigen Scharflaufens auf die Spur, so daß die Abneigung gegen das Krauß-Helmholtz-Drehgestell in Preußen immer mehr schwand. Nach dem Kriege wurde es zum ersten Male wieder bei den bereits behandelten 1 D 1 h 3 Personenzuglokomotiven der Gattung P 10 verwendet. Mit besonderer Liebe aber wurde es in Süddeutschland, besonders in seinem Geburtslande Bayern weiter entwickelt; hierüber soll später an geeigneter Stelle noch einiges gesagt werden.

Im ganzen beschaffte die Preußische Staatsbahn von der Gattung G 5 1753 Lokomotiven, von denen 73% Verbundlokomotiven waren und 55% das Krauß-Helmholtz-Drehgestell hatten.

Von etwa 1925 an wurden 22 besonders gut erhaltene Verbundlokomotiven der Gattung G 5⁴ mit neuen Kesseln und Überhitzern ausgerüstet; die Heizfläche des Überhitzers war 30,4 m². Die Zylinder blieben zuerst unverändert, bei Ersatz vergrößerte man ihren Durchmesser auf 520 mm. Gleichzeitig stieg das Dienstgewicht auf 57,2 t und das Reibungsgewicht auf 44,6 t.

Die dreifachgekuppelten Güterzuglokomotiven reichten im allgemeinen für den Güterzugdienst auf Flachlandstrecken lange Jahre hindurch aus. Die soeben beschriebenen 1 C Lokomotiven gestatteten dazu noch höhere Geschwindigkeiten als in den 80er Jahren anzuwenden. Auf Strecken mit starken Steigungen jedoch genügte ihre Zugkraft sehr bald nicht mehr; auf diesen Strecken verkehrten daher die Güterzüge fast immer mit Vorspannlokomotiven, die den Lokomotivdienst überaus stark belasteten. Als nun im Anfang der 90er Jahre die bereits erwähnten neuen Güterwagen mit 15 t Ladegewicht eingeführt worden waren und die Güterzüge bei gleicher Länge schwerer wurden, war eine Lokomotive mit größerem Reibungsgewicht nicht mehr zu umgehen.

So wurden im Jahre 1893 mehrere vierfach gekuppelte Güterzuglokomotiven entwickelt. Versuchsweise beschaffte die Preußische Staatsbahn diese Lokomotiven in drei verschiedenen Ausführungen, um Erfahrungs-Unterlagen für die am besten brauchbare Güterzuglokomotive zu erhalten. Die erste war eine D n 2 Lokomotive (G 7¹) und eine aus ihr abgeleitete D n 2 v Lokomotive (G 7²), die zweite eine 1 D n 2 v Lokomotive (G 7³) mit vorderer Adamsachse, die dritte eine B B n 4 v Lokomotive mit Doppeltriebwerk der Bauart Mallet-Rimrott.

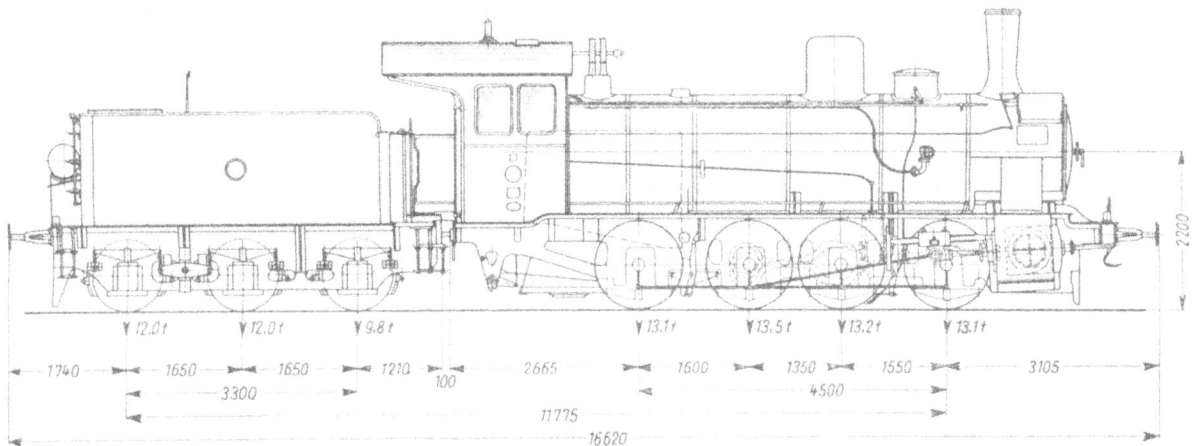

Abb. 36. D n 2 v Güterzuglokomotive der Preußischen Staatsbahn, Gattung G 7²;
Erbauer Vulkan 1895—1911.

Rostfläche . . . . . . 2,25 m²	Treibraddurchmesser 1250 mm	Dienstgewicht d. Lok. . 52,9 t
Verdampfungsheizfl. 136,6 m²	Zylinderdurchm. 530/750 mm	Reibungsgewicht . . . 52,9 t
Kesseldruck . . . . . 12 atü	Kolbenhub . . . . . . 630 mm	

Die D n 2 Lokomotive der Gattung G 7¹ wurde erstmals im Jahre 1893 geliefert. Sie hatte den gleichen Kessel wie die schon beschriebenen 1 C Güterzuglokomotiven (Abb. 34 und 35). Um den damals zugelassenen Achsdruck von 14 t auszunutzen, wurden lediglich die Heizrohre um etwa 400 mm auf 4500 mm verlängert; dadurch stieg das Verhältnis R : H wieder von 1 : 60 auf 1 : 65. Als Neuheit wurde zum ersten Male ein Regler mit einem Doppelsitzventil verwendet.

Bei dem kleinen Raddurchmesser 1250 mm mußten die Zylinder schwach geneigt werden, um die Fahrzeugbegrenzungslinie nicht zu überschreiten. Die G 7¹ war auch die erste preußische Lokomotive, welche einen eingleisigen Kreuzkopf erhielt. Trotzdem man bei den Schnellzuglokomotiven bereits zur Heusingersteuerung übergegangen war und auch in den 80er Jahren diese Steuerung versuchsweise an anderen Lokomotiven anbaute, wurde bei diesen Lokomotiven wieder die innenliegende Allansteuerung verwendet, da wohl bei den kleinen Treibraddurchmessern die Gegenkurbel für den Schwingenantrieb die Fahrzeugbegrenzungslinie überschritten hätte. Die Lokomotivlast wurde durch Längsausgleichhebel zwischen den beiden vorderen und den beiden hinteren Achsen in vier Punkten abgefedert. Dabei lagen die Trag-

federn der ersten drei Achsen zunächst oberhalb der Achslager; später aber wurden alle Tragfedern der besseren Zugänglichkeit wegen nach unten. verlegt. Als später einmal die Federn
verstärkt wurden, ragten sie bei abgenutzten Radreifen ein wenig unter die unteren Begren-
zungslinien herab. Über ein Jahrzehnt hindurch blieb dieser Zustand unbemerkt, bis bei
Versuchen mit selbsttätigen Zugsicherungs-Einrichtungen die Federbunde auf die neben den
Schienen liegenden Streichschienen aufschlugen.

Vom Jahre 1895 an wurden die D Lokomotiven auch mit Verbundtriebwerk als Gattung
G 7² (Abb. 36, Tafel 4) beschafft. Wegen des größeren Gewichtes der Zylinder mußte hierbei
die Rohrlänge wieder auf 4100 mm gekürzt werden, um den zulässigen Achsdruck nicht zu
überschreiten.

Die Wahl zwischen Zwillings- und Verbundlokomotiven war den einzelnen Eisenbahndirektionen je nach den Betriebsverhältnissen freigestellt. Im Dampfverbrauch war die Verbundlokomotive zwar bedeutend sparsamer, sie war aber weniger erwünscht, wo im Güterzugdienst — besonders bei schweren Nahgüterzügen — häufige Verschiebebewegungen auf den
Bahnhöfen ausgeführt werden mußten. Der Zahl nach aber überwog die Verbundlokomotive,
von der bis zum Jahre 1911 insgesamt 1641 Stück geliefert wurden. Die Zwillingslokomotive
wurde vom Jahre 1909 an nicht mehr gebaut; zu diesem Zeitpunkt waren von ihr 1002 Stück
vorhanden. Nur im Kriegsjahre 1916 wurden noch einmal 200 Stück für die Preußische Staatsbahn und 35 Stück für die
Österreichische Heeresbahn gebaut.

Von der Zwillingslokomo-
tive ließen sich 1898 auch die
Lübeck-Büchener Bahn 3 Stück
und 1898/99 die Pfälzische
Eisenbahn 27 Stück bauen
(Abb. 37). Von der Ausführung der Preußischen Staatsbahn unterschieden sie sich —
von Äußerlichkeiten abgesehen
— nur darin, daß die Zylinderdurchmesser von 520 mm auf
530 mm vergrößert waren und
die innenliegende Allansteuerung durch eine außenliegende
Heusingersteuerung   ersetzt

Abb. 37. D n 2 Güterzuglokomotive der Pfälzischen Eisenbahn,
Erbauer Maffei 1898.

Rostfläche	2,25 m²	Zylinderdurchm. 2 × 530 mm
Verdampfungsheizfl.	149,37 m²	Kolbenhub . . . . . . 630 mm
Kesseldruck	12 atü	Dienstgewicht d. Lok. . 52,95 t
Treibraddurchmesser	1250 mm	Reibungsgewicht . . . 52,95 t

war. Mit dieser Lokomotive übernahm zum ersten Male eine süddeutsche Eisenbahnverwaltung eine rein norddeutsche Lokomotivbauart. Von der Verbundlokomotive G 7² wurden
ferner noch in den Jahren 1914/16 6 Stück von der Mecklenburgischen Staatsbahn beschafft;
diese Lokomotiven wurden schon mit einem Abdampf-Speisewasservorwärmer ausgerüstet.

Im Jahre 1906 erhielten 2 Zwillingslokomotiven versuchsweise den Brotankessel, und
zwar den Kessel der ersten Ausführung, bei dem der Dampfsammler sich ganz über den Langkessel bis nach vorn erstreckte. In Preußen ist es wegen der schwierigen Reinigung der Wasserrohre bei diesem einzigen Versuch geblieben; dagegen wurde der Bau des Brotankessels ganz
besonders eifrig bei der Österreichischen und Ungarischen Staatsbahn gefördert. Einige der
preußischen Verbundlokomotiven wurden später noch versuchsweise mit kleinen Überhitzern versehen.

Die G 7 Lokomotive ist auch in anderer Hinsicht bemerkenswert. Mit der Einführung
einer Lokomotive mit vier gekuppelten Achsen gewann die Frage der Bogenbeweglichkeit der
Lokomotive besondere Bedeutung. Bei der damals vielfach verbreiteten Unklarheit über die
Gesetze guter Bogenführung war die G 7 Lokomotive der Gegenstand hitziger Kämpfe und
Meinungsverschiedenheiten unter den Lokomotivfachleuten.

Um der Lokomotive freie Beweglichkeit in Gleisbögen zu geben, wurden zunächst nur die
Spurkränze der dritten gekuppelten Achse 5 mm schwächer gedreht. Da das aber noch nicht

64

genügte, ließ man 1896 nach amerikanischem Vorbild die Spurkränze dieser Achse ganz fort. Man ging aber bald wieder davon ab, weil eine solche Maßnahme in den „Normen" nicht vorgesehen war. Nun hatte die Eisenbahndirektion Erfurt bei den Laufversuchen festgestellt, daß ein zusätzliches Seitenspiel von ± 8 mm an der zweiten und vierten Achse den ruhigen Lauf der Lokomotive nicht verschlechterte; zu einer allgemeinen Durchführung dieses Vorschlages fehlte es aber zunächst noch an Mut. Erst vom Jahre 1899 gab man der zweiten Achse 8 mm Spiel nach jeder Seite und schwächte wie bisher die Spurkränze der dritten Achse um 5 mm. An einigen Stellen lagerte man sogar wieder alle 4 Achsen im Rahmen fest und schwächte nur die Spurkränze der zweiten und dritten. Es klingt eigenartig, ist aber von v. Helmholtz in der Unterredung selbst einmal ausgesprochen worden, daß nach damaliger Auffassung ein gewisser Wagemut dazu gehörte, Kuppelachsen innerhalb des festen Achsstandes querverschiebbar zu machen. Die Scheu vor plötzlichen Querschlägen solcher Achsen war zu überwinden. Man schätzte die Reibungswiderstände zu gering ein, die dem Hin- und Herschleudern entgegenstehen, und die in Wirklichkeit dazu führen, daß solche Achsen frei rollend das Querspiel stetig ausnützen. Endlich, im Jahre 1906, machte man sich die guten Erfahrungen, die in Österreich unter Gölsdorf mit der seitlichen Verschiebbarkeit der Achsen schon seit Jahren gemacht worden waren, zunutze und gab endgültig der zweiten und vierten Achse 10 mm Spiel nach jeder Seite. Vollkommen scheint man aber von der Richtigkeit dieser Lösung noch nicht überzeugt gewesen zu sein, denn als später die ersten preußischen E Lokomotiven (G 10) entwickelt wurden, gingen die Meinungen über die für sie zu wählende Achsanordnung noch immer auseinander.

Die dritte Bauart der preußischen vierfach gekuppelten Güterzuglokomotiven der 90er Jahre war die 1 D n 2 v Güterzuglokomotive der Gattung G 7³. Diese Lokomotive wurde als Wettbewerbslokomotive gegen die D und B B Lokomotive im Jahre 1893 nach den Angaben A. v. Borries' entworfen. Dieser war kurz vorher mit Büte auf einer längeren Studienreise in Nordamerika gewesen und hatte erfahren, daß dort die 1 D Lokomotive schon seit ihrer Einführung vor vielen Jahrzehnten (1866) die Regellokomotive des Güterzugdienstes war.

Der Kessel der G 7³ (Abb. 38) erhielt angenähert die gleiche Rost- und Heizfläche wie die D Lokomotiven (Abb. 36), doch war sein Durchmesser 180 mm größer. Dadurch konnten die Wasserstege zwischen den Rohren etwas vergrößert werden; die größere Wassermenge im Kessel war für das jetzt notwendige größere Lokomotivgewicht sehr erwünscht. Immerhin wurde die Möglichkeit, die Leistung zu vergrößern, nicht ausgenützt. Der Regler war auch an dieser Lokomotive als gußeisernes Doppelsitzventil ausgebildet; er wurde durch eine außen am Kessel entlang geführte Zugstange betätigt. Das Triebwerk wurde ohne Änderungen von den D n 2 v Lokomotiven G 7² übernommen.

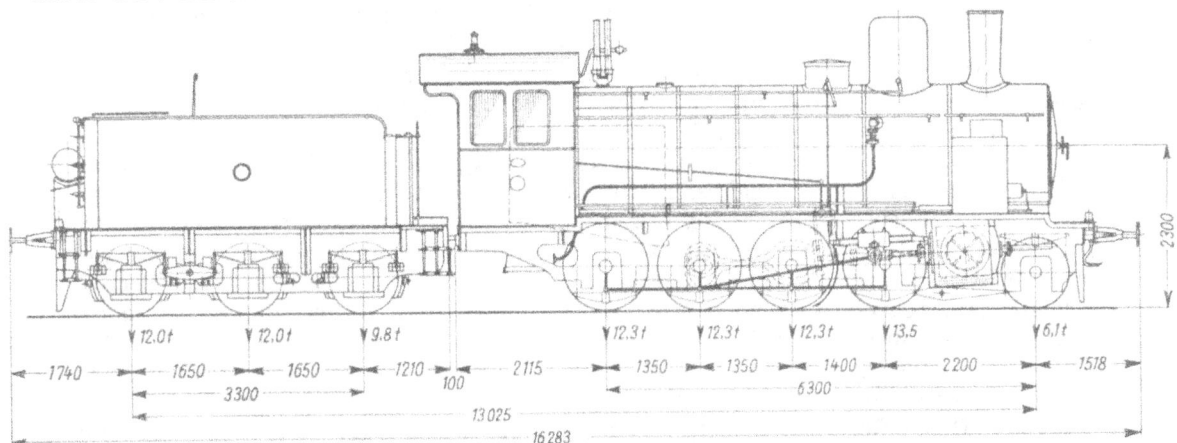

Abb. 38. 1 D n 2 v Güterzuglokomotive der Preußischen Staatsbahn, Gattung G 7³;
Erbauer Hanomag 1893—1895.

Rostfläche . . . . . . 2,28 m²   Treibraddurchmesser 1250 mm   Dienstgewicht d. Lok. . 56,7 t
Verdampfungsheizfl. 144,0 m²   Zylinderdurchm.   530/750 mm   Reibungsgewicht . . . 50,55 t
Kesseldruck . . . . . 12 atü   Kolbenhub . . . . . . 630 mm

Die vordere Adamsachse erhielt 75 mm Spiel nach jeder Seite; die Rückstellkraft wurde durch Keilflächen mit einer Steigung 1:5 erzeugt. Der Achsdruck der Laufachse war wie in Amerika gering, er betrug nur 6,1 t, d. h. weniger als $1/_9$ des gesamten Lokomotivgewichtes von 57 t, während nach den damaligen deutschen Vorschriften ein Verhältnis 1:5 gefordert wurde. Die zweite Kuppelachse erhielt 5 mm Seitenspiel; die zweite und die dritte Kuppelachse wurden durch eine Hartmannsche Dampfbremse abgebremst, die im Bd. I, S. 431, Abb. 700 beschrieben worden ist.

Die 1 D n 2 v Lokomotive bewährte sich in schwerem Güterzugdienst gut. Man schätzte ihre Leistungsfähigkeit ganz besonders auf der steigungsreichen Strecke Holzwickede—Paderborn—Holzminden, wo sie schwere Kohlenzüge zu befördern hatte. Sie leistete (nach Widerstandsformeln errechnet) bei V = 30 km/h etwa 650 PS am Radumfang. Da aber die D Lokomotive etwa ebensoviel leistete und auch die Möglichkeit, mit einer vorderen Laufachse schneller zu fahren, unter den vorliegenden Betriebsverhältnissen nicht oft ausgenutzt werden konnte, andererseits aber bei den üblichen Geschwindigkeiten bis 45 km/h und bei dem guten Zustande des preußischen Oberbaues den Betriebsfachleuten eine vordere Laufachse noch nicht unbedingt notwendig schien, wurde der Weiterbau 1895 eingestellt, nachdem insgesamt nur 15 Stück beschafft waren. Erst im Jahre 1917 wurde der Bau noch einmal aufgenommen, als auf dem östlichen Kriegsschauplatz ein dringendes Bedürfnis nach leichten 1 D Lokomotiven für schwachen und schlecht liegenden Oberbau entstanden war. Die nun von süddeutschen Firmen gelieferten 70 G 7³ Lokomotiven wurden der Neuzeit entsprechend statt mit Dampfbremse mit Druckluftbremse und mit Speisewasservorwärmer ausgerüstet. An ihnen aber zeigte sich auf schlechtem Oberbau eine verhängnisvolle Neigung zu Entgleisungen, die durch die ungenügende Belastung der Laufachse verursacht war.

Als vierte Wettbewerbslokomotive mit vier gekuppelten Achsen wurde im Februar 1894 eine B B n 4 v Lokomotive mit Doppeltriebwerk der Bauart Mallet-Rimrott in Betrieb genommen. Ähnliche Lokomotiven wurden in Baden seit dem Jahre 1893 verwendet (Abb. 155, S. 187), so daß die Preußische Staatsbahn glaubte, diese Bauart besonders vorteilhaft auf den bogenreichen Strecken des Saarlandes und der Mosel- und Eifelbahn verwenden zu können. Zunächst wurde von dieser Gattung G 9 nur eine Lokomotive beschafft, die in ihren Abmessungen fast genau der badischen Ausführung entsprach, im Gewicht aber um 2 t leichter war. Im Bogenlauf entsprach sie durchaus den Erwartungen; da sie aber wesentlich teurer in der Beschaffung und Unterhaltung war (die Stopfbüchsen in der Dampfleitung zum Niederdrucktriebgestell wurden häufig undicht) und außerdem im geraden Gleise unruhig lief, wurden bis zum Jahre 1899 nur insgesamt 27 Lokomotiven bestellt; sie wurden außer auf den Mosel- und Eifelstrecken noch auf den schlesischen Gebirgsbahnen eingesetzt. Bei den Nachbestellungen behielt man den Dampfdruck der ersten Lokomotive (12 atü) bei, vergrößerte aber zunächst den Durchmesser der Hochdruckzylinder auf 400 mm und brachte schließlich beide Zylinderpaare auf 420 und 630 mm Durchmesser. Diese Lokomotive war im Bereich der Preußischen Staatsbahn die letzte Malletmaschine; in Sachsen und Süddeutschland ist die Malletanordnung noch weitergebaut worden.

Die Preußische Staatsbahn gab, wie schon gesagt, im Jahre 1895 den Weiterbau der 1 D Güterzuglokomotive auf und beschaffte nur noch D n 2 v und D n 2 Güterzuglokomotiven weiter. A. v. Borries aber war weiter bemüht, die 1 D Lokomotive, die er in Amerika als recht brauchbare Maschine kennengelernt hatte, zu entwickeln. Auf seine Anregung hin wurden im Jahre 1901 Entwürfe einer verstärkten 1 D Lokomotive mit einer Rostfläche von 3,0 bis 3,45 m², zum Teil mit 4 Zylindern und Barrenrahmen zur Beratung vorgelegt. Unter dem Einfluß Garbes aber wurden die Vorschläge zurückgestellt, da dieser an einer neuen D Heißdampfgüterzuglokomotive arbeitete. Wie bei den Schnellzuglokomotiven beabsichtigte er auch hier mit möglichst niedrigem Gewicht eine leistungsfähige Lokomotive zu entwickeln.

Diese D h 2 Güterzuglokomotive G 8 (Abb. 39) lehnte sich in manchen Einzelheiten an die bisherigen vierfach gekuppelten Güterzuglokomotiven an. Garbe übernahm zunächst im großen und ganzen den Kessel der D n 2 v Lokomotive (G 7²), baute aber, um an Gewicht zu sparen, den Langkessel statt mit 3 Schüssen von 16 mm Dicke mit 2 Schüssen von 14,5 mm; dafür baute er einen Rauchkammerüberhitzer ein. In der Größenbemessung des Kessels ging er noch etwas unsicher und tastend vor. Die Heizrohre waren anfangs 4100 mm lang; Garbe verlängerte sie aber bald auf 4500 mm; dem Rost gab er zunächst 2200, dann 2500 und schließlich 2550 mm Länge. Als Ergebnis seiner Versuche entstand nunmehr ein Kessel mit einer Gesamtheizfläche von 137,5 m² und einer Feuerbüchse von 12,6 m² Heizfläche. Durch Garbes Streben nach einer Gewichtsverminderung war es gelungen, mit nur 600 kg Mehrgewicht einen erheblich leistungsfähigeren Kessel mit Überhitzer in einem Gesamtgewicht von 17 600 kg mit Ausrüstung zu schaffen.

Der Rauchkammerüberhitzer der Schmidtschen Bauart wurde bis zum Jahre 1905 bei insgesamt 153 G 8 Lokomotiven verwendet; von 1906 an würde die G 8 dann ausschließlich mit dem Schmidtschen Rauchröhrenüberhitzer ausgerüstet. Die Rauchkammer aber behielt wie bisher einen größeren Durchmesser als der Langkessel; sie war durch einen Winkelring mit ihm verbunden. Die vordere Rohrwand wurde dabei mit dem Steg dieses Winkelrings vernietet, also stumpf vor den Langkessel gesetzt.

Bei der Wahl der Triebwerksabmessungen war Garbe glücklich. Während bei den bisherigen Güterzuglokomotiven der Raddurchmesser meist 1250 mm betrug, wählte Garbe zum ersten Male bei D Lokomotiven einen Durchmesser von 1350 mm. Ebenso war die außenliegende Heusinger-Steuerung eine Verbesserung. Die Zylinder hatten anfangs 550 mm, dann 575 mm, von 1904 an 590 mm und seit 1906 endgültig 600 mm Durchmesser; den Kolbenhub vergrößerte Garbe schon bei den ersten Lieferungen der G 8 von dem bisher in Deutschland nicht überschrittenen Maß von 630 mm auf 660 mm. Die Zylinder hatten noch den von Garbe verfochtenen Kolbenschieber von 150 mm Durchmesser, Trickkanal, geheizte Schieberbüchsen und ungeteilte eingeschliffene Dichtringe. Diese Schieber bewährten sich hier ebensowenig wie auch sonst.

Wie bei den Schnellzuglokomotiven waren auch bei der G 8 Lokomotive alle Teile einschließlich der Gegengewichte außerordentlich leicht bemessen. Überall sollte an Gewicht gespart werden. Garbe ging aber hierbei zu weit; vieles mußte nach und nach verstärkt werden, so daß später, als die Lokomotive statt der bisherigen Dampfbremse die Druckluftbremse erhielt, das Gewicht auf 58,4 t stieg. Die Lastverteilung auf die Achsen war dabei ungleichmäßig; der Achsdruck betrug 12,3 — 16,3 — 15,8 — 14 t. Die

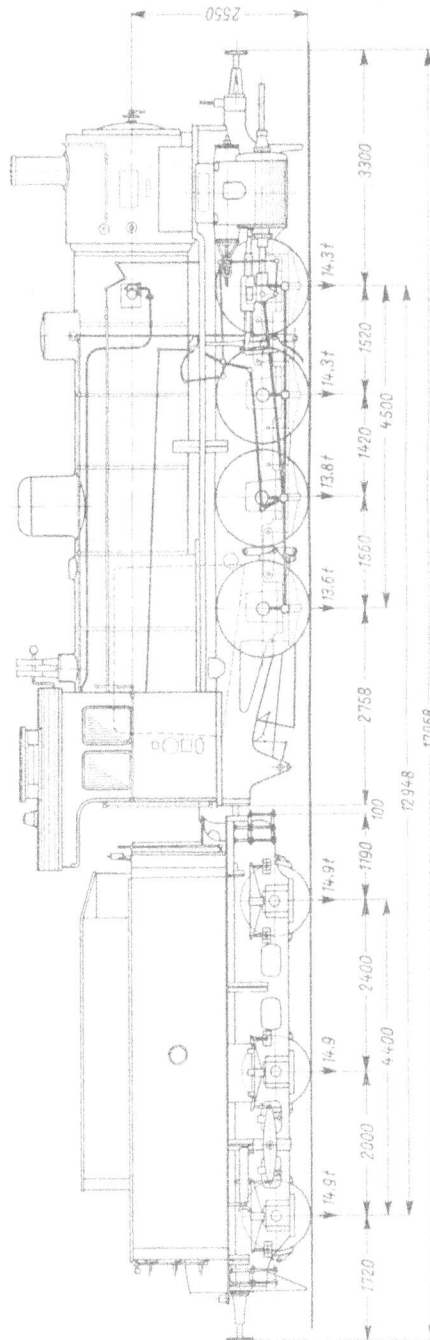

Abb. 39. D h 2 Güterzuglokomotive der Preußischen Staatsbahn, Gattung G 8; Erbauer Vulkan 1906—1913.

Rostfläche	2,39 m²	Kesseldruck	12 atü
Verdampfungsheizfl.	137,53 m²	Treibraddurchmesser	1350 mm
Überhitzerheizfläche	40,4 m²	Zylinderdurchm.	2 × 600 mm

Kolbenhub	660 mm
Dienstgewicht d. Lok. .	57,27 t
Reibungsgewicht . . .	57,27 t

Höchstgeschwindigkeit wurde zuerst auf 50 km/h festgesetzt, später aber auf 55 km/h erhöht.

Der Betrieb rühmte die hohe Leistungsfähigkeit der Lokomotive. Während die D n 2 Lokomotive (G 7[1]) auf Steigungen von 5$^0/_{00}$ Güterzüge von 385 t Gewicht mit V = 40 km/h beförderte, konnte die G 8 unter den gleichen Verhältnissen schon 700 t schleppen. Bei Versuchsfahrten wurden sogar 1736 t auf einer Steigung von 3$^0/_{00}$ mit V = 38 km/h befördert; dabei betrug die Kesselleistung etwa 1130 PS. Im Regelbetriebe sollte die Lokomotive unter gleichen Verhältnissen 1150 t schwere Züge fahren.

Die ersten Lokomotiven wurden mit besonderem Erfolge auf der Strecke Koblenz—Trier, der Moselbahn, für die Beförderung voll ausgelasteter Erz- und Kohlenzüge von 110 Achsen Stärke eingesetzt.

Im Jahre 1908 wurden 2, im Jahre 1911 5 G 8 Lokomotiven mit Gleichstromzylindern der Bauart Stumpf und 1910/11 10 Lokomotiven mit der Lentz-Ventilsteuerung ausgerüstet. Beide Steuerungen befriedigten aber nicht, so daß weitere Lokomotiven dieser Art nicht gebaut wurden. Die vorhandenen fristeten meist, soweit sie nicht umgebaut wurden, ein unrühmliches Dasein in Viehwagenwäschen, Vorheizanlagen usw.

Im ganzen sind von der G 8 Lokomotive in den Jahren 1902—1913 1045 Stück gebaut worden.

Trotz ihrer guten Leistung war die G 8 Lokomotive wegen ihrer zahlreichen Kinderkrankheiten, die ihre Ursache in den Heißdampfeinrichtungen, noch mehr aber in der allzu leichten Ausführung vieler Teile hatten, durchaus nicht allgemein beliebt; die Preußische Staatsbahn konnte sich daher noch nicht entschließen, sie allgemein einzuführen. Obwohl bis zum Jahre 1907 bereits 278 Stück G 8 Lokomotiven geliefert waren, wurde 1908 nochmals eine schwere D Naßdampf-Güterzuglokomotive entwickelt (Abb. 40), die in ihren Abmessungen alle bisherigen D Lokomotiven übertraf und die zusammen mit der auf S. 66 beschriebenen Malletmaschine als Gattung G 9 bezeichnet wurde.

Die Rostlänge und Rohrlänge waren zwar gleich denen der D n 2 G 7 von 1893, aber der Kesseldurchmesser wurde auf 1600 mm vergrößert, so daß bei einem Wassersteg von 15 mm 292 Heizrohre untergebracht werden konnten. Dadurch stieg die Heizfläche auf fast 200 m². Die Kesselmittellinie lag jetzt 2665 mm über SO; bei dieser hohen Kessellage konnte der Stehkessel über dem Rahmen angeordnet werden, so daß der Rost verbreitert und die Rostfläche auf 3,05 m² vergrößert werden konnte.

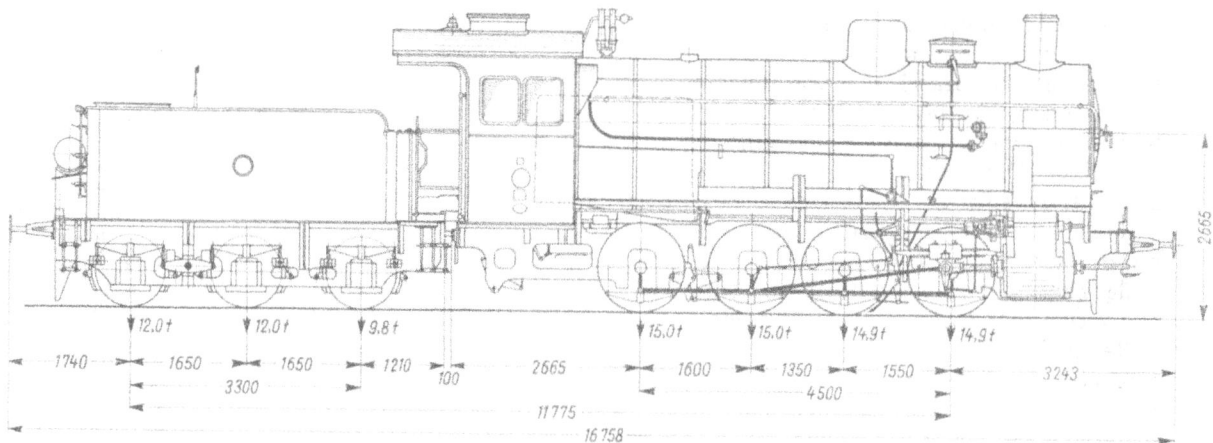

Abb. 40. D n 2 Güterzuglokomotive der Preußischen Staatsbahn, Gattung G 9; Erbauer Schichau 1908—1913.

Rostfläche . . . . . . 3,05 m²	Treibraddurchmesser 1250 mm	Dienstgewicht d. Lok. . 60,0 t
Verdampfungsheizfl. 197,58 m²	Zylinderdurchm. 2 × 550 mm	Reibungsgewicht . . . 60,0 t
Kesseldruck . . . . . 12 atü	Kolbenhub . . . . . . 630 mm	

Der Treibraddurchmesser und die Achsabstände wurden von den früheren preußischen D Naßdampflokomotiven ohne Änderung übernommen. Mit Rücksicht auf die Fahrzeugumgrenzungslinie mußten die Zylinder bei einem Durchmesser von 550 mm schräg gelegt werden.

Die ersten 10 G 9 Lokomotiven erhielten noch Allansteuerung, die folgenden Lieferungen aber wurden dann mit der außenliegenden Heusinger-Steuerung ausgerüstet. Die Zylinder hatten sehr große Flachschieber mit einer Schieberfläche von 252 × 490 mm; die Schieberstange wurde abweichend von den bisherigen Naßdampflokomotiven in einer Kreuzkopfführung wie bei den Heißdampflokomotiven geführt.

Die Tragfedern lagen bei allen Achsen unter den Achslagern, doch konnten sie bei den niedrigen Rädern und dem Achsdruck von 15 t nur dadurch in dem beschränkten Raum untergebracht werden, daß man für die Federblätter einen Sonderstahl besonders hoher Festigkeit wählte.

Die G 9 Lokomotive war damals die stärkste D Naßdampflokomotive im Vereinsgebiet. Wenn man auch bei ihr nicht mehr in den alten Fehler der zu schwachen Bemessung mancher Teile verfallen war, so waren doch die Urteile über ihre Brauchbarkeit sehr geteilt. Große Sorge bereiteten die großen Flachschieber, die häufig fraßen, obgleich eine besondere Preßölschmierung für sie vorgesehen war. Bei dem für damalige Verhältnisse hohen Dienstgewicht von 59 t war die erzielbare Zugkraft größer als bei der D h 2 Lokomotive G 8, oberhalb ihrer günstigsten Geschwindigkeit aber war sie der Heißdampflokomotive unterlegen. Die Schlepplasten waren auf einer Steigung von 5⁰/₀₀ bei V = 40 km/h

bei der G 9 610 t und
bei der G 8 700 t.

Von 1909—1913 wurden von der G 9 insgesamt 200 Stück beschafft; eine Lokomotive war 1910 auf der Weltausstellung in Brüssel ausgestellt.

Im Jahre 1923 wurde aber mit dem Umbau der G 9 Lokomotive auf Heißdampf begonnen. Einige Lokomotiven erhielten Lentz-Ventilsteuerung, bei der die Hubkurvenstange unterhalb der Ventile lag; bei den übrigen Lokomotiven wurden die Zylinder mit Flachschiebern durch Kolbenschieberzylinder ersetzt. Beim Umbau der ersten 6 Lokomotiven wurden 5 mit einem Großrohrüberhitzer mit 32 Überhitzereinheiten und einer Überhitzerheizfläche von 57 m², die sechste versuchsweise mit einem Kleinrohrüberhitzer mit 132 Einheiten und 91 m² Heizfläche ausgerüstet. Die Verdampfungsheizfläche verringerte sich dadurch auf 149 m². Schließlich wurde als endgültige Lösung der Großrohrhitzer noch in 30 weitere Lokomotiven eingebaut.

Bei der Preußischen Staatsbahn war die G 9 Lokomotive die letzte für den Streckendienst beschaffte Naßdampflokomotive. Dagegen entschloß sich die Oldenburgische Staatsbahn noch im Jahre 1912 zur Einführung einer D n 2 v, welche die preußische G 9 Lokomotive in ihren Abmessungen und Leistungen zwar nicht ganz erreichte, aber ihr gegenüber manche Neuerungen aufwies (s. S. 247).

Auf der Preußischen Staatsbahn wurden bald nach der ersten Anlieferung der G 9 Lokomotive auf den Hauptstrecken Achsdrücke bis zu 17 t zugelassen. Da inzwischen die Kinderkrankheiten der Heißdampflokomotiven überwunden waren, stand der Einführung einer verstärkten D Heißdampf-Güterzuglokomotive nichts mehr im Wege. Die Preußische Staatsbahn entwickelte daher im Jahre 1912 aus der G 8 Lokomotive heraus eine neue kräftigere verstärkte D Güterzuglokomotive Gattung G 8¹ (Abb. 41).

Alle Abmessungen des Kessels mit Ausnahme der Rohrlänge wurden gegenüber der früheren G 8 Lokomotive vergrößert; die Rostfläche stieg von 2,42 auf 2,66 m², die Feuerbüchsheizfläche auf 13,9 m² und die gesamte Kesselverdampfungsheizfläche von 137,5 auf 144,4 m². Die Kesselmittellinie rückte von 2550 auf 2700 mm über SO hinauf; der Dampfdruck wurde auf 14 atü festgesetzt. Die Dampferzeugung war bei allen Belastungen vorzüglich; besonders kamen ihr die breiten Wasserstege zwischen den Rohren zugute. Der ziemlich große Dampfraum im Kessel lieferte verhältnismäßig trockenen Dampf an den Überhitzer und stand auch zur Kesselheizfläche in einem guten Größenverhältnis, so daß die G 8¹ Lokomotive Überhitzungstemperaturen von 380⁰ erreichte.

Die Zylinderabmessungen wurden gegenüber der G 8 Lokomotive nicht vergrößert, da der zulässige Achsdruck (17,5 t) bereits durch den schwereren Kessel und andere Verstärkungen erreicht war.

Bei der Bemessung des Durchmessers der Kolbenschieber war inzwischen die Überzeugung durchgedrungen, daß der früher z. B. bei der S 4, S 6 und P 8 angewendete Durchmesser von 170 mm zu klein war. Die G 8¹ erhielt daher von Anfang an Kolbenschieber von 220 mm Durchmesser; die Bauart der Schieber allerdings war anfänglich noch umstritten. Man verwendete daher Schieber der Bauart Schichau mit schmalen Ringen und einfacher wie auch doppelter Einströmung, daneben aber auch Kammerschieber und Schieber mit einfacher Einströmung, weit auseinandergezogenen Schieberkörpern und schmalen Kolbenringen, die kurze, gerade Einströmkanäle ermöglichten. Aus dieser letzten Form entstand die Regelbauform der Schieber aller preußischer Heißdampflokomotiven.

Die Beweglichkeit in Gleisbögen wurde auf andere Weise als bei den bisherigen D Lokomotiven erreicht. Die Lokomotive konnte wegen ihres hohen Achsdrucks nur auf Hauptstrecken verkehren, die ja stets einigermaßen günstige Krümmungsverhältnisse zu haben pflegen. Obwohl die Bau- und Betriebsordnung von 1905 keinen größeren festen Achsstand als 4500 mm zuließ, wählte man hier ausnahmsweise einen Achsstand von 4700 mm. Um aber den Vorschriften formell zu genügen, gab man der letzten Achse 3 mm Spiel nach jeder Seite und schwächte die Spurkränze der zweiten und dritten Achse um je 15 mm. Auf diese Weise erreichte man, daß die G 8¹ Lokomotive trotz ihres größeren Achsstandes die gleichen Krümmungen durchfahren konnte wie die Lokomotiven mit 4500 mm Achsstand.

Die G 8¹ Lokomotive erhielt als Neuerung einen abdampfbeheizten Oberflächenspeisewasservorwärmer und eine Kolbenspeisepumpe; die ersten Versuchsan-

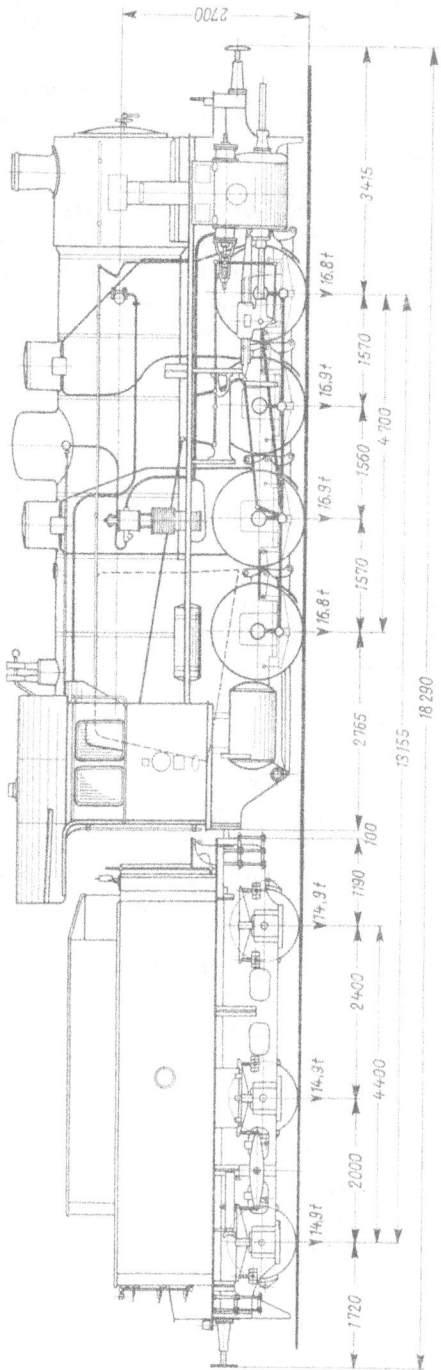

Abb. 41. D h 2 Güterzuglokomotive der Preußischen Staatsbahn, Gattung G 8¹; Erbauer Schichau 1913—1921.

Rostfläche . . . . 2,66 m²
Verdampfungsheizfl. 144,43 m²
Überhitzerheizfläche 51,9 m²

Kesseldruck . . . . 14 atü
Treibraddurchmesser 1350 mm
Zylinderdurchm. 2 × 600 mm

Kolbenhub . . . . 660 mm
Dienstgewicht d. Lok. 67,64 t
Reibungsgewicht . . 67,64 t

lagen waren nach der englischen Bauart Weir von den Atlaswerken in Bremen, die folgenden mit stehender Pumpe und einem der Bremspumpe gleichen Dampfteil von der Knorrbremse entwickelt worden. Die Leistung der G 8[1] stieg gegenüber den älteren G 8 Lokomotiven wie zu erwarten.

	$0\ ^0/_{00}$ mit 50 km/h	$5\ ^0/_{00}$ mit 40 km/h	$10\ ^0/_{00}$ mit 20 km/h
G 8	1205 t	660 t	730 t
G 8[1]	1380 t	750 t	810 t

Nach dem Übergang der Preußischen Staatsbahn auf die Reichsbahn wurden die nach der Inbetriebnahme aufgestellten Belastungstafeln der G 8[1] im Versuchsbetriebe nachgeprüft; auf Grund der Ergebnisse der Versuchsfahrten mit dem Lokomotivmeßwagen wurden die zulässigen Zuglasten beträchtlich heraufgesetzt. So betrug z. B. die Schlepplast bei V = 40 km/h auf einer Steigung von 5⁰/₀₀ 870 t gegenüber früher 750 t. Die dieser Leistung zugrunde liegende Heizflächenbelastung betrug 57 kg Dampf/m² Heizfläche und Stunde.

Die G 8[1] Lokomotive hat sich in den langen Jahren als eine zuverlässige und leistungsfähige Maschine bewährt. Kessel und Überhitzer waren in ihren Abmessungen recht glücklich getroffen. Bei genügender Belastung der Lokomotive konnten Überhitzungstemperaturen von 380⁰ erreicht werden. Allerdings machte man schlechte Erfahrungen mit ihrer flußeisernen Feuerbüchse während der Kriegsjahre, weil man die Wandstärken der kupfernen Feuerbüchswände unverändert auf die eiserne übernahm. Die Beliebtheit der G 8[1] Lokomotive ist daraus besonders deutlich zu erkennen, daß in der kurzen Zeit von 1913—1921 allein für die Preußische Staatsbahn 4948 Stück beschafft worden sind, also fast 50% mehr als von der P 8 Lokomotive. Dazu kamen noch in den Jahren 1913—1918 137 Stück für die Reichseisenbahn in Elsaß-Lothringen und 1918—19 noch 10 Stück für die Mecklenburgische Staatsbahn und 6 Stück mit Kleinrohrüberhitzer für die Gewerkschaft Deutscher Kaiser in Oberhausen, so daß allein in Deutschland 5101 Stück gebaut worden sind.

Auch das Ausland bestellte oder baute diese Lokomotive in größerem Umfange nach; so liefen zum Beispiel

auf der Schwedischen Staatsbahn . . . . 25 Stück,
auf der Rumänischen Staatsbahn . . . . 81 Stück und
auf der Polnischen Staatsbahn . . . . . 50 Stück.

Die G 8[1] ist also mit 5260 Stück wohl die am meisten beschaffte Lokomotivgattung der Erde.

Auf der Ausstellung in Malmö im Jahre 1914 wurde neben der Regelausführung noch eine gleiche Lokomotive mit Wasserröhrenkessel der Bauart Stroomann ausgestellt (vgl. S. 459); diese Kesselbauart bewährte sich aber nicht und ist nicht öfter verwendet worden.

Eine große Anzahl G 8[1] Lokomotiven wurde vom Jahre 1935 ab von der Deutschen Reichsbahn durch Einbau einer vorderen Laufachse in 1 D Lokomotiven umgebaut. Der Rahmen wurde hierbei vorn durch Anschweißen verlängert, der Kessel um 720 mm nach vorn verschoben und um 80 mm gehoben. Der Achsdruck der Kuppelachsen verringerte sich dadurch von 17 auf 16 t, so daß die Lokomotive auch auf Nebenbahnstrecken mit niederem Achsdruck verwendbar wurde; die Laufachse erhielt 10,5 t Belastung. Die Höchstgeschwindigkeit der Lokomotive konnte von 55 km/h auf 70 km/h heraufgesetzt werden.

Zur Zeit ihrer Entstehung konnte die G 8[1] auf Grund ihres Achsdruckes nur auf Hauptstrecken verwendet werden; es blieb also ein Bedürfnis bestehen nach einer Lokomotive, die etwa gleich schwere Güterzüge auf den Strecken niederen Achsdruckes beförderte. Das veranlaßte im Jahre 1908 die Preußische Staatsbahn, dem Entwurf einer fünffach gekuppelten Güterzuglokomotive mit Schlepptender näher zu treten (Gattung G 10, Abb. 42). Das Bedürfnis nach einer solchen Lokomotive hatte sich hauptsächlich auf verschiedenen Strecken des Köln-Aachener Industriebezirkes, ferner im Ruhrgebiet, in Oberschlesien und im Saargebiet herausgestellt. Seit dem Jahre 1905 war zwar schon eine fünffach gekuppelte Tenderlokomotive (T 16) im Betriebe, diese führte aber zu geringe Vorräte, nämlich 7 m³ Wasser und 2 t Kohle, mit sich, um schwere Durchgangsgüterzüge auf längeren Strecken ohne Aufenthalt zu befördern. Außerdem verbot ihre Höchstgeschwindigkeit von 40 km/h die Anwendung der bei Durchgangsgüterzügen erwünschten höheren Geschwindigkeiten.

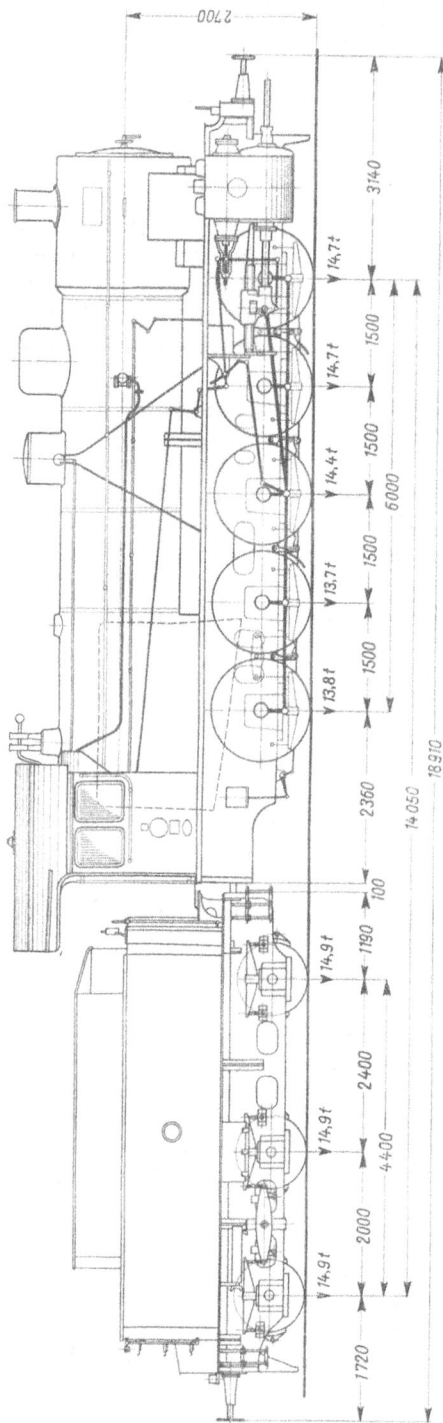

Abb. 42. E h 2 Güterzuglokomotive der Preußischen Staatsbahn, Gattung G 10; Erbauer Henschel 1910.

Rostfläche . . . . 2,63 m²
Verdampfungsheizfl. 141,47 m²
Überhitzerheizfläche 58,9 m²
Kesseldruck . . . . . 12 atü
Treibraddurchmesser 1400 mm
Zylinderdurchm. 2 × 630 mm
Kolbenhub . . . . . 660 mm
Dienstgewicht d. Lok. . 76,6 t
Reibungsgewicht . . . 76,6 t

Da sich aber die T 16 Lokomotive im allgemeinen gut bewährt hatte und Erfahrungen mit E Schlepptenderlokomotiven außer in Österreich (s. S. 336 ff.) nicht vorhanden waren, sollte sich der neue Entwurf, den die Firma Henschel und Sohn ausarbeitete, möglichst an die Bauform der T 16 Lokomotive anlehnen.

Als Kessel wählte man den so gut bewährten Kessel der P 8 Lokomotive mit 142,3 m² Heizfläche; der einzige Unterschied gegenüber diesem bestand in einem etwas höheren Dom. Der Kessel gestattete, den Durchmesser der Treibräder von 1350 mm bei der T 16 auf 1400 zu vergrößern.

Die Zylinder erhielten einen Durchmesser von 630 mm und einen Hub von 660 mm gegenüber der T 16 mit 610 mm Durchmesser; außerdem wurde bei der G 10 Lokomotive die Mittelachse als Treibachse ausgebildet anstatt der vierten Achse, wie es bei den ersten Ausführungen der T 16 geschehen war. Dadurch wurde die überlange Kolbenstange der ersten T 16 mit ihrer Brillenführung vermieden. Um der Lokomotive eine gute Beweglichkeit in Gleisbögen zu geben, machte man die erste und letzte Achse nach jeder Seite um 28 mm verschiebbar und schwächte die Spurkränze der Mittelachse um 5 mm. Bei dieser Anordnung war allerdings der Lauf der Lokomotive im geraden Gleise wenig gut. Da die geführte Länge des Fahrgestelles zu kurz war, schlingerte die Lokomotive stark und verursachte vorzeitige Gleisabnutzung. In späteren Jahren wurde daher die fünfte Kuppelachse fest im Rahmen gelagert, so daß sich ein größerer fester Achsstand und ein besserer Lauf ergaben.

Das Reibungsgewicht der Lokomotive betrug anfangs 69,5 t. Da aber die Ausrüstung der Lokomotive nach und nach durch einen zweiten Sandstreuer, einen Speisewasservorwärmer mit Speisedom, durch Vergrößerung des Überhitzers, Führerhauslüftung und anderes vervollkommnet wurde, stieg das Reibungsgewicht allmählich auf 76,6 t; die Lokomotive konnte also selbst im Endzustande wegen ihres niedrigen Achsdrucks noch auf Nebenbahnen verwendet werden.

In der Leistung waren die G 10 Lokomotiven bei ihrem kleineren Kessel mit nur 12 atü Dampfdruck den G 8¹ Lokomotiven nicht überlegen, die 17,5 t Achsdruck und 14 atü Kesseldruck besaßen; sie erzielte eine Schleppleistung von 700 t auf 5⁰/₀₀ mit V = 40 km/h. Als später auf Grund von Versuchen die Höchstbelastung neu festgesetzt wurde, beförderte sie 875 t auf einer Steigung von 5⁰/₀₀ mit V = 40 km/h. Die G 8¹ Lokomotive konnte unter den gleichen Bedingungen 870 t schleppen.

Nach dem Kriege hat die G 10 Lokomotive auch in Österreich auf der Brennerbahn vor deren Elektrifizierung Dienst getan; sie schleppte auf dieser Strecke mit oberschlesischer Kohle 350 t auf einer Steigung von 25⁰/₀₀ mit etwa 15 km/h; die Österreichischen E und 1 E Lokomotiven konnten unter den gleichen Bedingungen nur 300—320 t befördern.

Die G 10 Lokomotive hat sich in den langen Jahren ihrer Tätigkeit bewährt, obwohl es zweifellos zweckmäßiger gewesen wäre, wenn der Kesseldruck schon von Anfang an wie bei den G 8¹ Lokomotiven 14 atü betragen hätte. Bis zum Jahre 1925 wurden von der Preußischen Staatsbahn 2589 Stück beschafft; die Reichseisenbahnen in Elsaß-Lothringen ließen 1910 bis 1914 ebenfalls 35 Stück und die zeitweilig abgetrennte Saarbahn 1922—1926 noch 27 Stück bauen. Auch im Auslande hat die G 10 sich zahlreiche Freunde erworben; so wurden für die Österreichische Heeresbahn, für die Türkischen, Rumänischen, Polnischen und Litauischen Staatsbahnen bis zum Jahre 1931 über 300 Stück zum Teil auch von ausländischen Lokomotivfabriken nachgebaut, so daß die Gesamtzahl der G 10 Lokomotiven auf rund 3000 Stück geschätzt werden kann.

Aber auch die G 10 Lokomotive erwies sich nach einigen Jahren für viele Verhältnisse als zu schwach. Die Transportzüge des Kriegsbetriebes waren meist so stark ausgelastet, daß die G 10 Lokomotive sie nicht mehr mit der gewünschten Geschwindigkeit befördern konnte. Das Bedürfnis nach einer wesentlich leistungsfähigeren und auch zugkräftigeren Güterzuglokomotive war daher dringend. Mit aller Energie ging man im Jahre 1915 an die Entwicklung einer neuen Lokomotive, die jetzt die Achsanordnung 1 E und ein wesentlich höheres Reibungsgewicht erhielt, nämlich 85 t bei 17 t Achsdruck und 65 km/h Höchstgeschwindigkeit. Da nun seit einigen Jahren das Drillingstriebwerk bei den Heißdampflokomotiven in Preußen Eingang gefunden hatte (bei der 2 C h 3 Schnellzuglokomotive der Gattung S 10²), wurde bei der neuen 1 E Güterzuglokomotive dieses Triebwerk vorgesehen; sie erhielt die Gattungsbezeichnung G 12¹ (Abb. 43). Den preußischen Gepflogenheiten entsprechend blieb man auch hier bei der schmalen, zwischen den Rahmen liegenden Feuerbüchse, obwohl diese hier 3220 mm lang wurde und die hohe Kessellage von 2920 mm über SO die freie Ausbildung

Abb. 43. 1 E h 3 Güterzuglokomotive der Preußischen Staatsbahn, Gattung G 12¹;
Erbauer Henschel 1915—1917.

Rostfläche . . . . . . 3,28 m²	Kesseldruck . . . . . 14 atü	Kolbenhub . . . . . . 660 mm
Verdampfungsheizfl. 195,63 m²	Treibraddurchmesser 1400 mm	Dienstgewicht d. Lok. . 98,8 t
Überhitzerheizfläche 77,72 m²	Zylinderdurchm. 3 × 560 mm	Reibungsgewicht . . . 84,3 t

einer breiten Feuerbüchse ermöglicht hätte. Die Rohstoffknappheit des Weltkrieges erlaubte nicht, die Feuerbüchsen wie bisher aus Kupfer herzustellen; man war genötigt, als Baustoff Stahl zu verwenden. Die Seitenwände der Feuerbüchse erhielten eine Wandstärke von 11 mm, die Rohrwand eine solche von 15 mm. Obwohl die Rohrwand sehr scharf gekümpelt war, mußte die erste senkrechte Stehbolzenreihe in der Seitenwand noch in der Kümpelung untergebracht werden.

Der Überhitzer hatte 32 Einheiten und war im Verhältnis zu der großen Kesselheizfläche von rund 196 m² zu klein; die Überhitzung erreichte selten 340—350⁰. Er wurde daher alsbald auf 38 Einheiten vergrößert. Die Umkehrenden legte man um 300 mm näher an die Feuerbüchsrohrwand auf 300 mm Abstand und verschob die vorderen Umkehrenden etwa 1,5 m rückwärts aus der Rauchkammer in das Rauchrohr.

Die 3 Zylinder lagen in einer Ebene; die Außenzylinder trieben die dritte, der Innenzylinder die zweite gekuppelte Achse an. Trotz des Treibraddurchmessers von 1400 mm mußte die Achse des Innenzylinders die sehr starke Neigung von 1:5 erhalten, weil sie 100 mm über der ersten Kuppelachse hinweggehen mußte. Die Kurbeln waren dementsprechend um 120⁰, 132,5⁰ und 107,5⁰ gegeneinander versetzt; die Bewegung des Kolbenschiebers für den Innenzylinder wurde von den äußeren Kolbenschiebern abgeleitet.

Der Rahmen war nach preußischem Brauch als Blechrahmen von 30 mm statt bisher allgemein 25 mm Dicke ausgebildet, obwohl man in Süddeutschland seit vielen Jahren mit Erfolg den durchsichtigen und starken Barrenrahmen verwendete; das innere Triebwerk war daher schlecht zugänglich. Die Laufachse wurde in einem vom Pufferträger aus gezogenem Deichselgestell untergebracht. Die Tragfedern lagen bei allen Kuppelachsen unter den Achslagergehäusen und hatten Federblätter von 120 mm Breite, die von jetzt an bei den Tragfedern zur Regelform wurden.

Von dieser ersten Ausführung der G 12¹ Lokomotive wurden von 1915—1917 nacheinander 21 Stück geliefert; außerdem liefen 12 gleiche auf den Reichseisenbahnen seit 1915/16 und 20 sehr ähnliche Lokomotiven auf der Sächsischen Staatsbahn seit 1917. Der Kessel der sächsischen Bauart hatte eine etwas andere Rohrteilung mit Heizrohren von nur 40/45 mm Durchmesser; die Heizfläche betrug bei ihr 210,5 + 81,2 m². Das Dienstgewicht dieser sächsischen Lokomotive stieg infolge der kräftigeren Ausbildung einiger Teile auf 101,1 t; damit war zum ersten Male an einer deutschen Güterzuglokomotive das Gewicht von 100 t überschritten.

In der Zwischenzeit baute auch Henschel für die türkische Regierung eine Reihe sehr ähnlicher 1 E h 3 Güterzuglokomotiven, die einen kleineren Treibraddurchmesser (1250 mm) und eine breite, über dem Rahmen und der letzten Achse liegende Feuerbüchse mit 4,5 m² Rostfläche erhielten. Abweichend von der ersten preußischen 1 E Lokomotive G 12¹ wirkten alle Zylinder auf eine Achse. Eine dieser Lokomotiven wurde von der Preußischen Staatsbahn übernommen. Aus einer Verbindung dieser Bauart mit der oben beschriebenen G 12¹ Lokomotive ging die sogenannte G 12 Einheitslokomotive hervor.

Im Weltkriege führte der Güterzugbetrieb mit den verschiedenartigsten Güterzuglokomotiven der einzelnen Länderbahnen zu mancherlei Unzuträglichkeiten hauptsächlich in der Unterhaltung; die Anregung des Preußischen Ministeriums der öffentlichen Arbeiten, eine deutsche Güterzuglokomotive einheitlich für alle Ländereisenbahnen zu entwickeln, fiel daher auf fruchtbaren Boden. Im Anfang des Jahres 1916 erklärten sich die Ländereisenbahnen bereit, an der Durchbildung einer solchen Lokomotive mitzuarbeiten. Der Chef des Feldeisenbahnwesens forderte für den Kriegsdienst eine Heißdampflokomotive mit Vorwärmer und 16 t Achsdruck, die 700—750 t auf einer Steigung von 10⁰/₀₀ mit 20 km/h befördern und Geschwindigkeiten bis zu 60 km/h erreichen konnte.

Diesen Leistungsplan hätte zwar die preußische G 10 Lokomotive eben noch erfüllen können, die damals schon zu 560 Stück vorhanden war, wenn auch die Geschwindigkeit von 60 km/h für sie etwas hoch war. Für Preußen war daher das Bedürfnis nach einer solchen Lokomotive nicht dringend. Da sich aber an den langen und schmalen eisernen Feuerbüchsen der G 10 Lokomotiven zahlreiche Schäden herausgestellt hatten und die an der neuen G 12 Lokomotive verwendete kürzere breite Feuerbüchse Vorteile zu bringen schien, konnte man auch in Preußen die Entwicklung einer neuen Lokomotive nicht ablehnen, insbesondere, da aus den gleichen Gründen wie bei der G 10 Lokomotive der Weiterbau der G 12¹ Lokomotive nicht zweckmäßig erschien.

Die erste G 12 Lokomotive wurde im August 1917 abgeliefert (Abb. 44, Tafel 5); in gleicher Bauart wurde sie dann in den nächsten Jahren auch von Baden, Sachsen und Württemberg beschafft.

Der Kessel erhielt eine 1560 mm breite, über den Rahmen liegende Feuerbüchse; der Stehkessel erhielt die Belpaire-Form und wurde nach Vorschlägen von Lübken durch Verwendung eines einteiligen Mantelbleches abgeändert. Die Kesselmittellinie rückte zum ersten Male in Preußen 3000 mm über SO.

Nach sächsischem Vorbild wurden die Kesselausrüstungen (Dampfventile) an einem einzigen Armaturstutzen am Stehkessel im Führerhaus vereinigt; später wurde jedoch dieser Dampfentnahmestutzen vor das Führerhaus verlegt. Weitere Neuerungen waren die Aufschriften auf den Handrädern und Griffen für die verschiedenen Hilfseinrichtungen, die von jetzt an regelmäßig vorgesehen wurden. Ebenso gehörte von jetzt an auch der durch eine Schraubenspindel betätigte Kipprost zur Regelausrüstung der neuen Lokomotivbauarten.

Bei dem Rahmen setzte sich endlich der Einfluß Süddeutschlands durch. In Bayern und in Baden war schon seit langen Jahren der Barrenrahmen üblich, der für die Vierzylindertriebwerke der süddeutschen Lokomotiven wegen der besseren Zugänglichkeit des Triebwerks besonders vorteilhaft war. Da nun bei der G 12¹ Lokomotive sehr darüber geklagt wurde, daß der Blechrahmen dieser Lokomotive das innere Triebwerk schwer zugänglich mache, entschloß man sich bei der G 12 Lokomotive zum ersten Male in Preußen zu einem vollständigen Barrenrahmen. Dieser Rahmen wurde aus großen 100 mm starken gewalzten Platten herausgearbeitet.

Auch die Abfederung der Lokomotive war für Preußen neuartig und amerikanischen Vorbildern entlehnt. Die Federn der 3 ersten Kuppelachsen lagen über dem Obergurt des Rahmens und stützten sich mit sattelartig um den Rahmen herumgreifenden Bügeln auf die Lagergehäuse und mit sehr langen

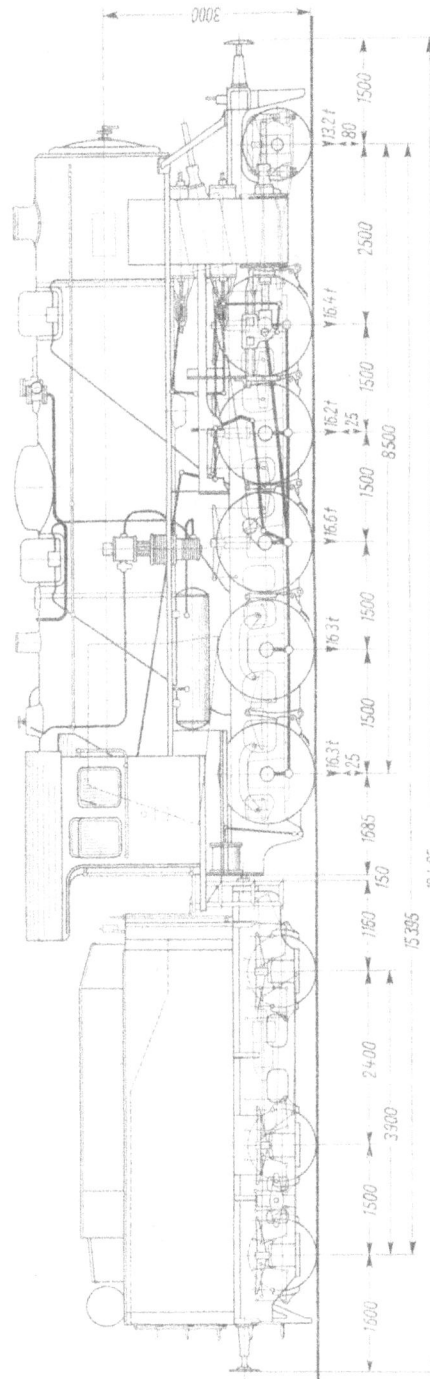

Abb. 44. 1 E h 3 Güterzuglokomotive der Preußischen Staatsbahn, Gattung G 12; Erbauer Henschel 1917—1924.

Rostfläche	3,9 m²	Kesseldruck . . . . 14 atü
Verdampfungsheizfl.	194,96 m²	Treibraddurchmesser 1400 mm
Überhitzerheizfläche	68,42 m²	Zylinderdurchm. 3 × 570 mm
		Kolbenhub . . . . . 660 mm
		Dienstgewicht d. Lok. . 95,7 t
		Reibungsgewicht . . . 82,5 t

Spannschrauben auf die Ausgleichhebel, die aus zwei Blechen zusammengesetzt waren. Diese Abfederung konnte bei den letzten beiden Kuppelachsen nicht angewendet werden, weil der Stehkessel und der Aschkasten über dem Rahmen nicht mehr genügend Platz frei ließen. Daher wurde eine Blattfeder in dem Rahmenausschnitt zwischen diesen Achsen untergebracht, die mit schweren, doppelten Bügeln die Last auf die Achslager übertrug; das andere Ende der Bügel war durch gewickelte Druckfedern gegen den Rahmen abgestützt. Die Tragfedern der Kuppelachsen wurden mit den Tragfedern des Bisselgestells durch einen schweren Längsausgleichhebel aus Stahlguß verbunden. Der Längsausgleichhebel übertrug wiederum die Last über ein Pendel und eine im Hauptrahmen geführte Hülse auf eine Wiege, die mit 4 Pendeln an dem Rahmen des Bisselgestells hing; diese Art der Abfederung des Fahrgestells ergab eine Dreipunktstützung.

Die vordere Laufachse der G 12 Lokomotive hatte 80 mm, die zweite und fünfte Kuppelachse je 25 mm Spiel nach jeder Seite; außerdem waren die Spurkränze der Treibachse um 15 mm geschwächt. Der feste Achsstand betrug 4500 mm; infolge der guten Führung lief die Lokomotive bei der zugelassenen Geschwindigkeit von 65 km/h noch sehr ruhig. Wegen des Rohstoffmangels in der Kriegszeit erhielten die Achslagergehäuse nach französischem Vorgange keine Rotgußleitplatten, sondern wurden an den Gleitflächen ebenso wie die Stellkeile und Führungen gehärtet und geschliffen.

Die Leistung der Lokomotive betrug schon bei 40 km/h 1500 PS$_i$. Auf einer Steigung von 5⁰/$_{00}$ wurden anfangs Züge mit einem Gewicht von 1150 t mit 40 km/h befördert; auf Grund von Versuchsfahrten aber wurde die zulässige Zuglast später auf 1010 t herabgesetzt, da die Rahmen den großen Kräften an einzelnen Stellen nicht gewachsen waren. Die später aufgetretenen Rahmenbrüche dürften auf diese Überanstrengung zurückzuführen sein.

Die G 12 Lokomotive wurde bis zum Jahre 1924 in großer Stückzahl beschafft, und zwar von der Preußischen, Badischen, Sächsischen und Württembergischen Staatsbahn und von der Reichseisenbahn mit insgesamt 1519 Stück. Einige Lokomotiven wurden später mit einer Kohlenstaubfeuerung für Braunkohlenstaub nach den Bauarten der AEG und der „Studiengesellschaft für Kohlenstaubfeuerung auf Lokomotiven" ausgerüstet.

An vierfach gekuppelten Güterzuglokomotiven sind seit den Naßdampfmaschinen von 1895 (1 D, D, B B), deren Bau, wie oben gesagt, schon bald eingestellt wurde, in großem Umfange nur die D h 2 Lokomotiven der Gattung G 8 und seit 1912 die D h 2 G 8¹ gebaut worden. Erst im Weltkriege entstand in Preußen durch die starke Abgabe von G 7 Lokomotiven an die Kampfgebiete wieder ein Bedürfnis nach 1 D Lokomotiven. Da noch keine neuzeitlichen 1 D Bauarten vorhanden waren, wurde die alte 1 D Naßdampflokomotive G 7³ noch einmal nachgebaut. Nun regte die Verkehrsabteilung des Württembergischen Staatsministeriums beim preußischen Minister der öffentlichen Arbeiten an, es möge aus der soeben gebauten 1 E Lokomotive G 12 eine 1 D Lokomotive in der Art entwickelt werden, daß man aus dieser gewissermaßen eine Achse und ein entsprechendes Kesselstück herausschnitt. Die Anregung wurde sogleich in die Tat umgesetzt, und im Dezember 1918 wurden die so entstandenen 1 D h 3 Lokomotiven der Gattung G 8³ dem Betriebe übergeben (Abb. 45). Man ließ eine Achse fort, kürzte die Rohre um 700 mm und die Feuerbüchse entsprechend um 300 mm. Die Zylinderdurchmesser wurden von 570 auf 520 mm verringert; sonst aber änderte man gegenüber der G 12 nur so viel, wie durch die erwähnten Verkürzungen notwendig wurde.

Gleichzeitig aber regte sich auch der Wunsch, das Triebwerk zu vereinfachen, da die frühere Besorgnis vor zu hohen Treib- und Kuppelzapfendrücken geschwunden war, die bei der G 12 Lokomotive zum Drillingstriebwerk geführt hatten. Seit April 1919 wurde daher die 1 D Lokomotive auch als Zwillingslokomotive als Gattung G 8² gebaut. Der Kesseldruck wurde zunächst auf 14 atü, die Zylinderdurchmesser wurden auf 620 mm festgesetzt; da aber bei der aus dem Kriegsbetriebe erklärlichen wenig sorgfältigen Arbeitsausführung sich mancherlei Kesselschäden zeigten, setzte man den Kesseldruck ohne Änderung der Bauart auf 12 atü herab und vergrößerte die Zylinderdurchmesser auf 650 mm. Nach Wiederkehr besserer Arbeitsverhältnisse wurde der Dampfdruck wieder auf 14 atü und der Zylinderdurchmesser auf 630 mm festgesetzt; im übrigen war die G 8² Lokomotive der G 8³ gleich.

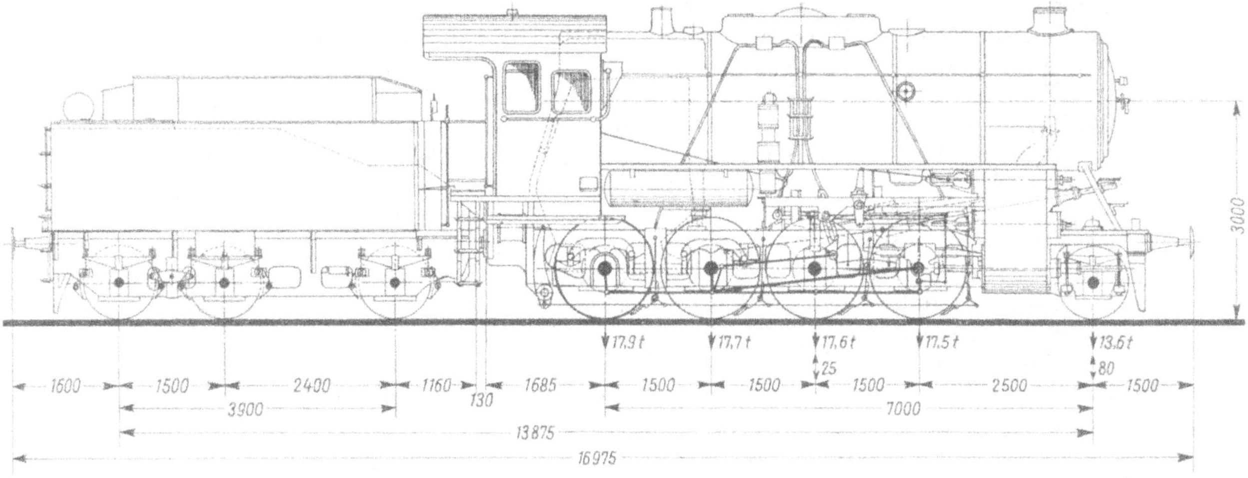

Abb. 45. 1 D h 3 Güterzuglokomotive der Preußischen Staatsbahn, Gattung G 8³;
Erbauer Henschel 1918—1920.

Rostfläche . . . . . . 3,43 m²	Kesseldruck . . . . . 14 atü	Kolbenhub . . . . . . 660 mm
Verdampfungsheizfl. 167,05 m²	Treibraddurchmesser 1400 mm	Dienstgewicht d. Lok. . 82,5 t
Überhitzerheizfläche 53,12 m²	Zylinderdurchm. 3×520 mm	Reibungsgewicht . . . 70,7 t

Das vordere Bisselgestell der G 12 Lokomotive wurde beibehalten; die zweite Kuppelachse erhielt 25 mm Spiel nach jeder Seite. Die hin- und hergehenden Massen wurden zu 34% durch die Gegengewichte ausgeglichen; dabei blieb der Lauf der Lokomotive auch bei der größten Geschwindigkeit von 65 km/h noch ruhig. Im Jahre 1934 ist die Höchstgeschwindigkeit noch auf 75 km/h heraufgesetzt worden; dabei wurde der Ausgleich der hin- und hergehenden Massen durch Löcher in den Gegengewichten soweit herabgesetzt, daß die Achsdruckerhöhung durch die freien Fliehkräfte innerhalb der vorgeschriebenen Grenze von 15% blieb. Der Lauf blieb weiter ruhig.

Die G 8² und G 8³ waren die letzten in Preußen durch Neubau hergestellten 1 D Lokomotiven. Mit ihren Dienstgewichten von 83,5 bzw. 84,3 t waren sie auch die schwersten 1 D Lokomotiven im Vereinsgebiet, zugleich auch die 1 D Lokomotiven mit der höchsten Kessellage (3000 mm über SO) und dem größten Treibraddurchmesser.

In der Leistung war die G 8² bei Geschwindigkeiten bis 45 km/h der bayerischen 1 D h 4 v Güterzuglokomotive G 4/5 (s. S. 144) überlegen; oberhalb dieses Geschwindigkeitsbereiches jedoch erreichte sie nicht ganz die Leistung dieser Lokomotive, die nach bayerischem Brauch als Vierzylinder-Verbundlokomotive ausgeführt war und außerdem einen um 2 atü höheren Kesseldruck (16 atü) hatte. Die G 8² Lokomotive konnte z. B.

1560 t auf 0⁰/₀₀ mit 55 km/h und
940 t auf 5⁰/₀₀ mit 40 km/h

befördern.

Bei genauen Untersuchungen der Deutschen Reichsbahn zeigte sich im Jahre 1925 auf Versuchsfahrten, daß der Kessel in der Dampferzeugung je m² Heizfläche hinter dem der 1 E Lokomotive G 12 zurückblieb, während die Überhitzung und die Abgastemperatur über denen der G 12 lagen. Die Kürzung der Rohre hatte das Gleichgewicht des gut ausgeglichenen G 12-Kessels gestört.

Da die Lokomotive sich aber befriedigend bewährte und vor der dreizylindrigen Bauart den Vorteil des einfacheren Triebwerks und der kleineren Abkühlungs- und Lässigkeitsverluste hatte, wurde sie in weit größerem Umfange als die G 8³ nachgebaut. Die Preußische Staatsbahn beschaffte von der dreizylindrigen Ausführung von 1918—1920 nur 85 Stück, von der zweizylindrigen von 1919—1924 aber 835 Stück, zu denen dann 1927—28 noch 11 Stück hinzukamen. 4 Lokomotiven wurden mit einer Braunkohlenstaubfeuerung Bauart AEG ausgerüstet. Außerdem ließ die Oldenburgische Staatsbahn im Jahre 1921 sich 5 Lokomotiven bauen, die statt der Kolbenschiebersteuerung eine Lentz-Ventilsteuerung erhielten. Auch im Ausland hat die G 8² Anklang gefunden. Die Türkischen und Rumänischen Staatsbahnen haben im Laufe der Jahre von ihr rund 150 Stück bestellt.

Eine der preußischen G 8² Lokomotive sehr ähnliche Bauart beschaffte seit dem Jahre 1923 die Lübeck-Büchener Eisenbahn. Der Kessel dieser 1 D h 2 Lokomotive war etwas kleiner als bei der G 8²; die Feuerbüchse lag zwar über dem Rahmen, reichte aber in den Raum zwischen den Kuppelrädern hinein, so daß sie trotz des kleineren Rostes länger war und auch eine größere Heizfläche als bei der preußischen Lokomotive erhielt. Der Überhitzer war anfangs mit seiner Heizfläche von 55 m² etwas knapp bemessen; später vergrößerte man ihn auf 64 m². Das Gewicht der Lokomotive war trotz des größeren Achsstandes 4 t niedriger als das der G 8².

Bis 1930 wurden insgesamt 8 Stück gebaut. Eine dieser Lokomotiven erhielt eine Feuerbüchswasserkammer der Bauart Nicholson.

Damit war die Entwicklung der Güterzuglokomotive mit Schlepptender in Preußen beendet. Sie fand ihre natürliche Fortsetzung in den Einheitsgüterzuglokomotiven der Deutschen Reichsbahn.

DIE TENDERLOKOMOTIVEN.

Das Verlangen nach Tenderlokomotiven, also nach Lokomotiven, die ihre Betriebsvorräte nicht auf einem angehängten Tender, sondern auf ihrem Fahrgestell mitführen, ist, wie schon im ersten Band auseinandergesetzt, in Deutschland eigenartigerweise erst spät — nach 1850 — entstanden. Das ist für heutige Begriffe um so verwunderlicher, als bei der Gliederung des deutschen Eisenbahnnetzes in den ersten Jahrzehnten des Eisenbahnwesens bei den vielen einzelnen kurzen Strecken, auf denen die Schlepptenderlokomotiven häufig drehen mußten, Tenderlokomotiven zweifellos besonders gut hätten verwendet werden können.

Der Grund für dieses späte Erscheinen der Tenderlokomotiven lag zum Teil wohl darin, daß ihre Achsbelastung infolge der mitgeführten Vorräte höher war als die der Schlepptenderlokomotiven und daß der Oberbau in den ersten Jahrzehnten den höheren Belastungen noch nicht gewachsen war.

Als in Preußen wie im übrigen Deutschland die Tenderlokomotiven in größerer Zahl erschienen, war das Gewicht der Züge bereits so groß, daß ungekuppelte Tenderlokomotiven für die meisten Betriebsverhältnisse nicht mehr in Betracht kamen; dagegen traten etwa seit 1850 zweifach und dreifach gekuppelte Tenderlokomotiven an verschiedenen Stellen fast gleichzeitig auf.

Die zweifach gekuppelten Lokomotiven hatten sowohl die Achsanordnung B als auch 1 B und B 1. In ihren Arbeitsgebieten bestanden wenig Unterschiede; alle drei Bauarten wurden nebeneinander im leichten Personenzugverkehr auf Haupt- und Zweigbahnen, im Vorortverkehr der Großstädte und stellenweise auch schon im Verschiebedienst verwendet.

Mit besonderem Eifer nahm sich in Süddeutschland der Münchener Lokomotivbauer G. Krauß der B Tenderlokomotive an; seine Baugrundsätze sind bereits im ersten Band eingehend gewürdigt worden (Wasserkastenrahmen, I-förmige Treib- und Kuppelstangen, Reglerbüchse). Sie blieben auch in Preußen nicht ohne Einfluß auf die Entwicklung der Tenderlokomotive.

Es ist bekannt, daß unter den zweifach gekuppelten Lokomotiven mit einer Laufachse die B 1 Lokomotive die ältere war. Sie entstand, ähnlich wie sich die 1 A 1 aus der 1 A entwickelt hatte, aus der B Lokomotive; denn die hinzugefügte hintere Laufachse bot manche Vorteile, die in der ersten Zeit höher eingeschätzt wurden als gute Laufeigenschaften. Den gekuppelten Achsen konnte leicht die gewünschte Belastung gegeben werden; dazu lagen sie nahe beieinander, so daß die Kuppelstangen leicht und kurz wurden. Die hintere Laufachse aber war für die Ausbildung des Stehkessels und des Führerhauses recht günstig; sie konnte außerdem weit nach hinten gelegt werden, so daß die überhängenden Massen klein wurden. Der Nachteil der B 1 Lokomotive, daß sie wegen der voranlaufenden großen Räder nicht für hohe Geschwindigkieten geeignet war, fiel bei der Tenderlokomotive anfangs noch nicht ins Gewicht, da sie ja für hohe Geschwindigkeiten kaum verwendet wurde und in beiden Richtungen laufen mußte. Dieser Mangel wäre also bei einer Fahrtrichtung immer aufgetreten. Ein weiterer Vorteil war noch der, daß die Abnahme der Vorräte der B 1 Tenderlok keinen großen Einfluß auf das Reibungsgewicht ausüben konnte; allerdings wurde manchmal die Entlastung der Laufachse bei starker Abnahme der Vorräte so groß, daß der Achsdruck für eine sichere Führung bei Rückwärtsfahrt recht knapp war. Die B 1 Tenderlokomotive erfreute sich daher einer gewissen Beliebtheit; sie war seit etwa 1855 in Deutschland in steigendem Umfange sowohl im Rangierdienst als auch auf der Strecke in Gebrauch. Man verwendete sie auch gern im Vorort- oder Nahverkehr der Großstädte; die sehr engen Gleisbögen auf diesen Strecken gaben bald Veranlassung, den B 1 Lokomotiven durch die Beweglichkeit der Laufachse eine bessere Lauffähigkeit in Bögen zu geben.

Die 1 B Tenderlokomotive hatte es anfangs nicht leicht, neben der B 1 Tenderlokomotive zu bestehen. Die bestechenden Vorteile der B 1 Lokomotive fielen bei ihr zum Teil fort, wenn auch durch die vorn laufende Laufachse die Möglichkeit gegeben war, die Zylinder hinter diese zu legen und damit den vorderen Überhang zu vermindern. Dieser Vorteil spielte aber bei den damaligen niedrigen Geschwindigkeiten noch keine ausschlaggebende Rolle; man zog daher lange Jahre hindurch die B 1 Tenderlokomotive der 1 B vor.

Die Lage verschob sich erst zugunsten der 1 B Lokomotive, als man in den 60er Jahren gelernt hatte, die hintere Kuppelachse unter den Stehkessel zu verlegen. Solche Lokomotiven waren u. a. auf verschiedenen Bahnen im Westen im Personenzugdienst tätig z. B. auf der Köln-Mindener Bahn (s. Band I, S. 163, Abb. 195).

Dreifach gekuppelte Tenderlokomotiven der Achsanordnung C sind anfangs meist als sogenannte Berglokomotiven auf verschiedenen Steilrampen in West- und Mitteldeutschland verwendet worden; hier wollte man den bisherigen Seilschleppbetrieb mit ortsfesten Dampfmaschinen durch Schiebelokomotiven ersetzen. Für diesen Zweck waren die Tenderlokomotiven gut zu gebrauchen, da ihre Vorräte dem Reibungsgewicht zugute kamen. Erst seit etwa 1870 eroberte sich die C Tenderlokomotive auch das Feld des Verschiebedienstes, und zwar meist dadurch, daß ältere für den Streckendienst zu schwache und langsame Lokomotiven im Verschiebedienst aufgebraucht wurden. Zahlenmäßig war aber der Anteil der Tenderlokomotiven am Lokomotivpark der preußischen Eisenbahnen um die Mitte der 70er Jahre noch sehr gering. Erst gegen Ende der 70er Jahre begannen die Tenderlokomotiven an Bedeutung zu gewinnen.

Der Bau von Nebenbahnen, von sogenannten Lokal- und Vizinalbahnen setzte zu dieser Zeit in größerem Umfange ein. Die Reichshauptstadt Berlin erhielt ferner im Anfang der 80er Jahre ihre Stadtbahn und vorher schon eine Ringbahn und eine Verbindung mit dem Vorort Wannsee durch die Wannseebahn. Für alle diese Strecken war die Tenderlokomotive das zweckmäßigste Betriebsmittel, da die Züge verhältnismäßig kurze Strecken zurücklegten.

Gleichzeitig tauchte der Gedanke auf, den Zubringerverkehr auf Nebenbahnen mit sogenannten „Kleinzügen" zu bewältigen; die Züge sollten nur aus wenigen Wagen bestehen und mit sehr leichten kleinen Tenderlokomotiven befördert werden. An einigen Stellen traten auch schon um das Jahr 1880 Dampftriebwagen als Wettbewerber der Dampfzüge auf. Sie litten aber manchmal unter dem Mangel, daß sie die Verkehrsspitzen nicht immer reibungslos bewältigen konnten. Eine von den leichten Tenderlokomotiven ist bereits im ersten Band beschrieben worden (s. S. 61, Abb. 59a).

Diese Lokomotiven hatten meist die Achsanordnung 1 A und besaßen zum Teil auch ein Gepäckabteil hinter dem Führerhaus. Sie sind für die preußische — und auch die deutsche — Lokomotiventwicklung dadurch bedeutungsvoll geworden, daß von ihnen im August 1880 2 Stück nach den Grundsätzen Mallets und einige Zeit später in kräftigerer Ausführung nach den Vorschlägen A. v. Borries' als Verbundlokomotiven von Schichau in Elbing geliefert wurden, nachdem einen Monat vorher 2 ganz ähnliche Zwillingslokomotiven in Betrieb genommen waren. Sie können als die ersten Verbundlokomotiven außerhalb Frankreichs gelten, wenn man von einigen älteren, im Versuche steckengebliebenen Ausführungen absieht. Die Anfahrvorrichtung der ersten beiden, von Schichau gebauten und für die Kgl. Preuß. Ostbahn bestimmten Lokomotiven bestand aus einem von Hand betätigten Wechselschieber am Hochdruckzylinder, dessen Zug gekuppelt war mit dem eines Druckminderventils in der Frischdampfleitung zum Niederdruckzylinder (Wechselvorrichtung Bauart Mallet, s. Lokomotive 1907, S. 73, und 1910, S. 117/18). Die Anfahrvorrichtung der v. Borriesschen 1 A n 2 v Lokomotiven hingegen bestand aus einer Bohrung von 10 mm im Spiegel des Reglerschiebers, die über ein Rohr Frischdampf an den Niederdruckzylinder abgab. Die Bohrung wurde beim Anfahren nur dann freigegeben, wenn der Reglerhebel voll ausgelegt war. Am Ende des Anfahrvorgangs wurde dann der Regler etwas eingezogen, so daß die Bohrung wieder verschlossen wurde.

Die v. Borriesschen 1 A Lokomotiven wurden hauptsächlich vor leichten Zubringerzügen auf den Strecken Hannover—Kreiensen und Osnabrück—Löhne, hier für den Anschluß an die Berlin-Kölner-Expreßzüge, verwendet. Solche Anschlußzüge konnten bis zu 150 Personen befördern und waren schon damals mit einer durchgehenden Gewichtsbremse versehen.

Trotz des geringen Achsstandes liefen die Lokomotiven noch bei einer Geschwindigkeit von 60 km/h recht ruhig. Die Verbundlokomotiven hatten gegenüber der Zwillingsausführung etwa 18% weniger Dampfverbrauch, obwohl die Dampfkanäle an den Niederdruckzylindern ziemlich eng waren. Der Kohlenverbrauch betrug etwa 2,5 kg/km. Die Dampfentwicklung war sehr gut, so daß auch bei stärkerer Belastung über Dampfmangel nicht geklagt werden konnte. Wie auch später an anderen Verbundlokomotiven schätzte man den milden Auspuff, der die Bildung von Flugasche und den Funkenauswurf verminderte.

Im Jahre 1883 wurden für die Heidebahn Hannover—Schwarmstedt 10 ähnliche Lokomotiven gebaut. Da sich die beschriebenen 1 A Lokomotiven bewährt hatten, wurde die Bauart bei den neuen Lokomotiven grundsätzlich beibehalten. Man blieb auch bei der Verbundeinrichtung, die sich inzwischen bereits an den C Güterzuglokomotiven der Eisenbahndirektion Hannover bewährt hatte. Die Abmessungen des Kessels und der Dampfmaschine jedoch wurden gegenüber den beschriebenen 1 A Lokomotiven um rund 50% vergrößert; dafür fiel das Gepäckabteil fort. Als Neuerung wurde bei diesen Maschinen die Heusinger-Steuerung angewendet.

Die Lokomotiven konnten einen Wagenzug von 4—6 Wagen befördern; der Kohlenverbrauch betrug dabei etwa 3 kg/km. In besonderen Fällen konnten sogar Züge bis zu 10 Wagen mit geringerer Geschwindigkeit befördert werden, obwohl das Reibungsgewicht nur 10,6 t betrug. Da sich aber im Betriebe manche Schwierigkeiten beim Anfahren herausstellten, wurden die Lokomotiven später mit Sandstreuern ausgerüstet. Ebenso erhielten sie nach einigen Jahren ein Dampfläutewerk und die Druckluftbremse.

Eine ähnliche Lokomotive, jedoch mit der Achsanordnung A 1 und Zwillingszylindern, beschaffte die Altona—Kieler Bahn im Jahre 1883; statt des Gepäckabteils erhielt sie ein Personenabteil, das für die Zugbegleitung bestimmt war. Der Kessel hatte nur 17 m² Heizfläche und war damit zu klein bemessen. Die Lokomotive genügte den Ansprüchen nicht und wurde schon bald an ein westfälisches Industriewerk verkauft, wo sie noch einige Jahrzehnte Dienst tat.

Solche ungekuppelten Tenderlokomotiven waren um das Jahr 1880 nur noch im leichten Betriebe und bei ziemlich gleichmäßigem Verkehrsanfall verwendbar; auf zahlreichen älteren Strecken und auf den neu eröffneten Nebenbahnen aber hatte der Verkehr bereits einen solchen Umfang angenommen, daß ein dringendes Bedürfnis nach Tenderlokomotiven mit größerer Zugkraft vorhanden war. Die zu Beginn dieses Abschnittes erwähnten B, B 1 und 1 B Tenderlokomotiven waren in so geringer Zahl vorhanden, daß sie den Bedarf in keiner Weise befriedigen konnten; daher schritt die Preußische Staatsbahn im Jahre 1880 zum Bau einer neuen B Tenderlokomotive, die noch aus einem anderen Grunde willkommen war. Das Verbundverfahren hatte seit dem Jahre 1880 in Preußen Eingang gefunden; die neuen B Tenderlokomotiven konnten daher sehr gut als Versuchslokomotiven für diese Neuerung verwendet werden. Sie waren billig und ließen keine hohen Umbaukosten erwarten, falls das Verbundverfahren aus irgendeinem Grunde zu einem Mißerfolge geführt hätte.

So wurden im Januar 1881 2 Stück B n 2 v Tenderlokomotiven von Schichau an die Preußische Ostbahn (spätere Gattung T o) abgeliefert. Da man sich über das zweckmäßige Verhältnis der Füllungen für den Hoch- und Niederdruckzylinder noch nicht klar war, erhielten sie eine geteilte Steuerwelle, mit der die Füllungen beider Zylinder unabhängig voneinander geregelt werden konnten. Als Anfahrvorrichtung diente ein von Hand verstellbarer Wechselschieber, dessen Betätigungsstange mit der eines Druckminderungsventils in der Frischdampfleitung zum Niederdruckzylinder vereinigt war.

Diesen Lokomotiven folgte 1883 eine verstärkte Bauart mit Zylinderdurchmessern von 276/434 mm.

An anderer Stelle ist bereits gesagt worden, daß einige Jahre nach der Aufstellung der ersten preußischen Normalien auch eine B und eine C Tender-

Abb. 46. B n 2 Tenderlokomotive der Preußischen Staatsbahn, Gattung T 1; Erbauer Henschel und Schichau 1882—1887.

Rostfläche	0,82 m²	Zylinderdurchm.	2×270 mm
Verdampfungsheizfl.	42,0 m²	Kolbenhub	550 mm
Kesseldruck	12 atü	Dienstgewicht d. Lok.	22,2 t
Treibraddurchmesser	1080 mm	Reibungsgewicht	22,2 t

lokomotive entwickelt wurden, um auch bei den Nebenbahnen einer unnötigen Zersplitterung bei der Durchbildung der Betriebsmittel vorzubeugen. Eine solche Normallokomotive war die B n 2 Tenderlokomotive der Gattung T 1 vom Jahre 1882 (Abb. 46), in deren Lieferung sich Henschel und Schichau teilten. Da auf den Nebenbahnen nach der Bahnordnung von 1878 nicht schneller als mit 30 km/h gefahren werden durfte, wurde der Durchmesser der Treibräder auf 1080 mm festgesetzt. Auch sollte mit Rücksicht auf den leichten Oberbau der Nebenbahnen der Achsdruck der Lokomotiven nicht mehr als 10 t betragen; daher erhielten die Lokomotiven den Kraußschen Wasserkastenrahmen. Der Achsstand betrug nur 2500 mm, denn die Lokomotive sollte ebenso wie die C Lokomotive auch für den Verschiebedienst auf Hauptbahnen verwendet werden. Auf Strecken in waldreichen Gebieten erhielt der Schornstein einen Funkenfänger Bauart Strube. Die Preußische Staatsbahn beschaffte von dieser Gattung (T 1) von 1882—1887 etwa 70 Stück; auch einige Privatbahnen haben diese Lokomotiven für sich bauen lassen.

Abb. 47. B n 2 v Tenderlokomotive der Preußischen Staatsbahn; Erbauer Schichau 1881.

Rostfläche	0,73 m²	Zylinderdurchm.	220/380 mm
Verdampfungsheizfl.	31,9 m²	Kolbenhub	450 mm
Kesseldruck	12 atü	Dienstgewicht d. Lok.	20,3 t
Treibraddurchmesser	1120 mm	Reibungsgewicht	20,3 t

Da sie aber für angestrengten Verschiebedienst auf Hauptbahnen zu schwach bemessen war, wurde im Jahre 1884 eine äußerlich etwa gleiche, aber stärkere Lokomotive mit 14 t Achsdruck von Henschel entwickelt und in die Reihe der erweiterten Normalien aufgenommen (Gattung T 2). Die Zylinderdurchmesser wurden bei einem Hube von 550 mm von 270 auf 330 mm, die Rostfläche von 0,82 auf 1,01 m² und die Heizfläche von 41,8 auf 59 m² vergrößert. Aber auch diese Lokomotive wurde nur in geringem Umfange gebaut; bis zum Jahre 1889 wurden insgesamt nur 48 Stück in Betrieb genommen.

Abb. 48. B n 2 Tenderlokomotive der Neustrelitz-Warnemünder
Eisenbahn; Erbauer Hanomag 1884.

Rostfläche	0,68 m²	Zylinderdurchm.	2×300 mm
Verdampfungsheizfl.	43,6 m²	Kolbenhub	500 mm
Kesseldruck	10 atü	Dienstgewicht d. Lok.	23,5 t
Treibraddurchmesser	1500 mm	Reibungsgewicht	23,5 t

Die weitere Entwicklung der B Tenderlokomotiven war in Preußen wenig einheitlich. Der Bedarf der größeren Bahnverwaltungen an Lokomotiven für den Verschiebedienst wurde vielfach durch den Weiterbau schon vorhandener Lokomotivtypen mit 20—28 t Dienstgewicht befriedigt, daneben aber entstanden für die Neben- und Kleinbahnen und für industrielle Betriebe zahlreiche neue Bauarten von B Tenderlokomotiven, die sich häufig an ältere Vorbilder anlehnten. Diese Lokomotiven waren fast immer nur auf ihr besonderes Aufgabengebiet zugeschnitten. Bei den vielen gleichen Betriebsverhältnissen auf den einzelnen Bahnen fand man daher viele Jahre hindurch B Tenderlokomotiven, die sich im Aufbau grundsätzlich glichen und nur in den Abmessungen voneinander verschieden waren. Gemeinsame Kennzeichen waren häufig der Kraußsche Wasserkastenrahmen, der mehr oder weniger über der Hinterachse liegende Stehkessel mit runder Decke (meist nach der Bauart Crampton) und das außenliegende Triebwerk.

Die Abweichungen in den Abmessungen der einzelnen Bauarten waren bisweilen beträchtlich. Je nach dem Verwendungszweck schwankten die gebräuchlichen Treibraddurchmesser zwischen 800 und 1500 mm und die Zylinderdurchmesser zwischen 240 und 360 mm, doch überwog die Zahl der Lokomotiven mit Treibrädern von 800—1150 mm Durchmesser. Die Achsstände lagen zwischen 1500 und 2700 mm, die Rostflächen waren 0,45 m² bis 1,08 m², die Heizflächen 26 bis 79 m² groß. Die Dienstgewichte schwankten zwischen 14 und 29 t.

Zwei Beispiele sind in den Abb. 47 und 48 dargestellt. Die Lokomotive der Maschinenfabrik Hohenzollern in Düsseldorf, Abb. 49, die der Neustrelitz—Wesenberg—Mirower Eisenbahn gehörte, zählte mit ihrem Achsstand von nur 1700 mm und ihrem Leergewicht von nur 10,5 t zu den zierlichsten regelspurigen B Lokomotiven; äußerlich auffallend an ihr war die am oberen Ende aufgehängte Schwinge.

Eine andere regelspurige B Kleinbahntenderlokomotive (Abb. 50) aus späterer Zeit (1913) zeigt mit ihrer hohen Kessellage von 2500 mm über SO bereits den Fortschritt in der Entwicklung; diese gestattete, den Kraußschen Wasserkastenrahmen besonders groß auszubilden.

Abb. 49. B n 2 Tenderlokomotive der Neustrelitz-Wesenberg-Mirower
Eisenbahn; Erbauer Hohenzollern 1890.

Rostfläche	0,45 m²	Zylinderdurchm.	2×250 mm
Verdampfungsheizfl.	26,4 m²	Kolbenhub	400 mm
Kesseldruck	12 atü	Dienstgewicht d. Lok.	16,1 t
Treibraddurchmesser	900 mm	Reibungsgewicht	16,1 t

Eine Sonderstellung nahm eine B h 2 Tenderlokomotive ein, die seit dem Jahre 1908 von der Maschinenfabrik Eßlingen u. a. an die Württembergischen Nebenbahnen, an die Westdeutsche Eisenbahngesellschaft und an die Bleckeder Kreisbahn bei Lüneburg geliefert wurde; diese Lokomotiven hatten einen stehenden Kessel der Bauart Kittel (Abb. 51) und standen in der Leistung den bisher gebräuchlichen Bauarten nicht nach. In Württemberg beförderten sie z. B. auf der Strecke Korntal—Weißach bei Stuttgart einen Zug von 65 t auf 20⁰/₀₀ mit V = 15 km/h. Der Kittel-

Abb. 50. B n 2 Tenderlokomotive der Kleinbahn Zwischenahn-Edewecht; Erbauer Hanomag 1913.

Rostfläche	0,8 m²	Zylinderdurchm.	2×300 mm
Verdampfungsheizfl.	40,0 m²	Kolbenhub	500 mm
Kesseldruck	12 atü	Dienstgewicht d. Lok.	25,4 t
Treibraddurchmesser	1130 mm	Reibungsgewicht	25,4 t

kessel ist auf Lokomotiven selten verwendet worden; häufiger war er in Süddeutschland auf Dampftriebwagen anzutreffen. So baute die Maschinenfabrik Eßlingen 46 Dampftriebwagen; da sich die bei ihnen ursprünglich vorgesehenen Serpolletkessel nicht bewährten, wurden sie vielfach durch Kittel-Kessel ersetzt.

Die einzigen eigentlichen B Personenzugtenderlokomotiven aus der Zeit nach 1880 waren 3 Lokomotiven, die im Jahre 1884 von einer belgischen Baugesellschaft für die Neustrelitz—Warnemünder Eisenbahn beschafft wurden. Sie hatten Treibräder von 1500 mm Durchmesser; bei gleichem Lokomotivgewicht waren der Kessel und die Maschine wesentlich kleiner als bei der ähnlichen besonders leichten Bauart Krauß, die Wöhlert im Jahre 1873 für die Eutin—Lübecker Eisenbahn gebaut hatte und von denen Krauß im Jahre 1884/85 noch 2 Stück nachlieferte. Die letzte Lokomotive dieser Lieferung ist im Bd. I, S. 82, Abb. 86 abgebildet. Die Lokomotiven der Neustrelitz—Warnemünder Eisenbahn aber waren schon weiter entwickelt, denn sie hatten schon einen Dom und ein Umlaufblech. Auch lag die Kesselmittellinie schon 1958 mm über SO. Da die Maschinen kräftig gebaut waren, traten an ihnen selten größere Schäden auf, so daß sie erst in den Jahren 1917—1922 ausgemustert wurden.

Bei einer großen Zahl von Tenderlokomotiven der achtziger Jahre bewegten sich die Raddurchmesser in den Grenzen zwischen 1100 und 1300 mm; der Regeldurchmesser der Laufachsen der Preußischen Normal-Personenzuglokomotiven betrug 1130 mm. Man ging jedoch bei den B Tenderlokomotiven immer mehr zu kleineren Raddurchmessern über

Abb. 51. B h 2 Tenderlokomotive der Württembergischen Nebenbahnen; Erbauer Eßlingen 1908/12.

Rostfläche	1,13 m²	Zylinderdurchm.	2×275 mm
Verdampfungsheizfl.	49,1 m²	Kolbenhub	520 mm
Überhitzerheizfläche	8,1 m²	Dienstgewicht d. Lok.	22,5 t
Kesseldruck	16 atü	Reibungsgewicht	22,5 t
Treibraddurchmesser	1150 mm		

6*

— 1100—1000 mm und noch weniger —, da sie überall durch die C Lokomotive in untergeordnete Dienste zurückgedrängt wurde. Da sich die C n 2 Tenderlokomotive T 3 inzwischen gut bewährt hatte, förderte die Preußische Staatsbahn vor allem den Bau dieser Lokomotive, die bei zunächst 30 t Reibungsgewicht größere Zugkräfte entwickelte als ihre Vorgänger.

Die T 3 Lokomotive war für den Verschiebedienst, noch mehr aber als „gemischte Lokomotive" für die verschiedenen Arten von Zügen auf den Nebenbahnen bestimmt. Ihr Stehkessel lag über der letzten Achse, die er nach vorn um 445 mm überragte. Da die Kesselmittellinie nur 1860 mm über SO lag und die Feuerbüchse 1100 mm tief war, ließ die Form und Zugänglichkeit des Aschkastens zu wünschen übrig.

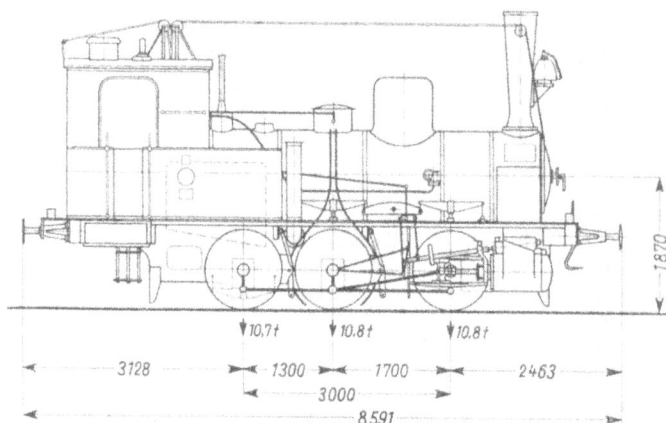

Der Kessel war erstaunlich leistungsfähig. Das Verhältnis der Rostfläche, die anfangs 1,2, später 1,35 m² groß war, betrug zur Heizfläche 1 : 44. Der Dampfraum war trotz der kleinen Kesselabmessungen bei niedrigstem Wasserstande immer noch 300 mm hoch, so daß der erzeugte Dampf ziemlich trocken war; der Kesseldruck betrug 12 atü. Die Treibräder erhielten einen Durchmesser von 1100 mm.

Abb. 52. C n 2 Tenderlokomotive der Preußischen Staatsbahn, Gattung T 3; Erbauer verschiedene Firmen 1881—1906.

Rostfläche . . . . . 1,35 m²	Zylinderdurchm.	2×350 mm
Verdampfungsheizfl. 60,0 m²	Kolbenhub	550 mm
Kesseldruck . . . . . 12 atü	Dienstgewicht d. Lok. .	35,9 t
Treibraddurchmesser 1100 mm	Reibungsgewicht . . .	35,9 t

Die Tragfedern der beiden ersten Achsen lagen über dem Umlaufblech und waren durch Längsausgleichhebel, die der letzten Achse durch einen Querausgleichhebel verbunden, so daß die Lokomotive in 3 Punkten gestützt war; bei der Länge der Tragfedern von 900 mm war der Lauf der Lokomotive recht weich.

Durch die Abschrägung des unteren Teiles der Führerhausrückwand wurde das Führerhaus verhältnismäßig geräumig; der Abstand zwischen Rückwand und Stehkessel betrug 1450 mm.

Durch die ursprüngliche Anordnung einer Reglerbüchse auf dem vorderen Teil des Langkessels wurde bei Verschiebebewegungen häufig Wasser übergerissen; um diesen Mangel abzuhelfen, wurde im Jahre 1898 die Reglerbüchse durch einen Dampfdom ersetzt. Da aber das Wasser auch jetzt noch in die Einströmrohre hineinschlug, wurde der Dom auf die Mitte des Langkessels zurückverlegt. Im Jahre 1903 wurde schließlich noch der Kessel um 90 mm höher gelegt und die Feuerbüchse vergrößert, so daß der Wasserraum 5 m³ betrug. Eine Anzahl Lokomotiven wurde später mit der Druckluftbremse ausgerüstet, so daß das Dienstgewicht allmählich auf 36 t anstieg; in dieser Gestalt ist die Lokomotive in Abb. 52, Tafel 6 dargestellt. Das Triebwerk und die Steuerung blieben unverändert; die T 3 war daher diejenige preußische Lokomotivgattung, an der am längsten die Allan-Steuerung verwendet worden ist.

Eine T 3 Lokomotive allerdings mit Lentz-Ventilsteuerung war 1906 in Mailand ausgestellt; die Lentz-Steuerung mußte jedoch später wieder entfernt werden. Eine andere Lokomotive für die Mannesmann-Röhrenwerke erhielt 1906 einen Brotan-Kessel.

Als die Geschwindigkeitsgrenze auf den Nebenbahnen auf 40 km/h erhöht worden war, genügte die T 3 eben noch den Ansprüchen; als jedoch die Geschwindigkeitsgrenze im Jahre 1904 auf 50 km/h stieg, verschwand die T 3 völlig aus dem Streckendienst. Man verwendete sie jetzt mit Erfolg als Verschiebelokomotive besonders auf Personenbahnhöfen zum Umsetzen der Personenzüge und Kurswagen.

Welcher Beliebtheit sich die T 3 erfreute, ist daraus zu ersehen, daß im Bereich der Preußischen Staatsbahn von 1881—1906 1345 Stück beschafft wurden. Im Jahre 1920 wurden bei der Bildung der Deutschen Reichsbahn noch 504 Stück übernommen, von denen 78 Stück aus den Jahren 1883—1889 stammten. Eine Lokomotive tat sogar im Jahre 1932 noch mit ihrem ersten Kessel Dienst.

Der gute Ruf der T 3 drang auch über den Bereich der Preußischen Staatsbahn hinaus zu zahlreichen Privat- und Länderbahnen. In der Zeit von 1884—1906 beschaffte die Mecklenburgische Friedrich-Franz-Bahn 68 Stück und von 1898—1909 die Oldenburgische Staatsbahn 15 Stück mit nur 1 m² Rostfläche und Zylindern von 340 mm Durchmesser.

Auch auf Kleinbahnen war die T 3 beliebt, da ihre Eigenschaften mit den Betriebsansprüchen der Kleinbahnen in gutem Einklang standen; so wurde sie z. B. noch im Jahre 1910 von der Westdeutschen Eisenbahn-Gesellschaft beschafft. Etwa 20 Verwaltungen besaßen von ihr schließlich über 100 Stück, auch wurden einige Lokomotiven in das Ausland geliefert. Insgesamt dürften also von der T 3 Lokomotive etwa 1550 Stück gebaut worden sein.

An anderer Stelle ist bereits gesagt worden, daß zur gleichen Zeit, wo in Preußen die Entwicklung der Nebenbahnen einen großen Aufschwung nahm, auch in der Reichshauptstadt Berlin große Veränderungen im Verkehrswesen vor sich gingen. Die Stadt hatte sich in den Gründerjahren weit über ihre bisherigen Grenzen hinausgedehnt; aus den vielen Ortschaften im Westen und Südwesten der Stadt, die noch vor kurzem friedliche Dörfer rein ländlichen Charakters gewesen waren, wurden in wenigen Jahren dicht besiedelte Vororte und Stadtteile, denen ausreichende und schnelle Verkehrsverbindungen in das Stadtinnere fehlten. Seit dem Jahre 1877 war eine Ringlinie rings um Berlin herum im Betriebe und im Jahre 1882 wurde auch eine Ost-West-Querverbindung durch die Stadtbahn geschaffen. Kurze Zeit darauf erhielten dann auch die südlichen Vororte durch die Wannseebahn eine günstige Verbindung ins Stadtinnere. Der Berliner Stadt-, Ring- und Vorortverkehr wurde für die Entwicklung der Tenderlokomotive, insbesondere der Personenzugtenderlokomotive von besonderer Bedeutung, denn auf den nicht sehr langen Strecken waren die Tenderlokomotiven das geeignete Betriebsmittel.

In Berlin hatte man seit Jahren die 1 B Tenderlokomotive der Bauart „Moabit" (erbaut 1882 von Borsig) mit 1,37 m² Rostfläche und 10 atü Dampfdruck verwendet (vgl. Bd. I, S. 181, Abb. 228); diese Lokomotive wurde bis zum Jahre 1892 unverändert weiterbeschafft, so daß schließlich von ihr 91 Stück vorhanden waren.

Im Jahre 1880 bezog man dann als Wettbewerberin eine B 1 Lokomotive von Schwartzkopff für die Berliner Stadtbahn (vgl. Bd. I, S. 209, Abb. 268); für die damals gebräuchlichen Geschwindigkeiten war ihr Treibraddurchmesser, der wie bei den anderen Stadtbahnlokomotiven 1594 mm betrug, reichlich groß. Daher wurde im Jahre 1884 eine Reihe von 18 Stück B 1 Lokomotiven mit 1330 mm Treibraddurchmesser in Betrieb genommen; diese Lokomotiven sollten nur für die damals noch leichten Züge auf der Stadtbahn, nicht aber auf der Ringbahn mit ihren größeren Bahnhofsabständen verwendet werden. Die Zylinderabmessungen waren im Verhältnis zum Reibungsgewicht schon etwas günstiger als bei den 1 B Tenderlokomotiven, der Achsstand von 3550 mm war ebenfalls besser gewählt, doch waren die Lokomotiven zu schwach und nicht allgemein genug verwendbar; sie sind nicht mehr nachgebaut worden.

Inzwischen entwickelte sich auf der Wannseebahn der Verkehr kräftig; schon im Jahre 1888 mußte eine neue leistungsfähigere 1 B Lokomotive für sie beschafft werden. Man wählte eine Rostfläche von 1,6 m² und als Dampfdruck 12 atü. Das Lokomotivgewicht war jedoch nicht besonders günstig verteilt; der Achsdruck der Laufachse betrug 14 t. Daher ließ man den Dom fort und führte die kleine Reglerbüchse der 1 B Stadtbahnlokomotive (s. Bd. I, S. 163, Abb. 196) wieder ein, auch kürzte man die Rohre zunächst auf 3600, dann auf 3510 mm und den Kolbenhub auf 600 mm. Dagegen wurde der Durchmesser der Laufräder von 1048 auf 1130 mm vergrößert, weil die Laufachsen zum Heißlaufen neigten. Der Kohlenvorrat wurde auf 1,6 t erhöht. In dieser Gestalt wurde die Lokomotive (Abb. 53) bis zum Jahre 1893 von Henschel weiter gebaut (99 Stück). Außer in Berlin wurde sie auch im Vorortverkehr der Städte Breslau, Frankfurt/M., Hannover und Köln verwendet und war zur Zeit die leistungsfähigste deutsche 1 B Tenderlokomotive. Die Reichseisenbahnen beschafften von ihr 1899 noch 10 Stück. Das Dienstgewicht war zwar inzwischen auf 43,5 t gestiegen, so daß bei einer weiteren Bestellung in den Jahren 1893/94 (25 Stück) die Rostfläche zur Gewichtseinsparung wieder auf 1,53 m² verkleinert werden mußte.

Für leichteren Verkehr, insbesondere für die Nebenbahnen, auf denen mit niedrigen Geschwindigkeiten gefahren wurde, und für den Vorortverkehr der Großstädte (z. B. Straßburg) beschafften die Reichseisenbahnen in Elsaß-Lothringen im Jahre 1882 eine 1 B Lokomotive mit nur 9 t Achsdruck. Aus Gründen der Gewichtsersparnis erhielt der Kessel keinen Dampfdom; bei der ersten Lieferung lag sogar der Regler nicht einmal in einer Reglerbüchse, sondern in der Verlängerung des Dampfsammelrohres in der Rauchkammer. Abweichend von den preußischen Lokomotiven war der Rahmen als Kraußscher Wasserkastenrahmen ausgebildet. Sehr reichlich war die Rostfläche bemessen; der Dampfdruck betrug 11 atü. Die Lokomotive war in 3 Punkten gestützt; sie hatte Längsausgleichhebel zwischen der ersten und zweiten Achse und einen Querausgleichhebel über der dritten Achse. Zwar klagten die Mannschaften über den sehr harten Lauf, doch entsprach die Lokomotive sonst durchaus den Erwartungen; man ließ sogar eine Höchstgeschwindigkeit von 70 km/h zu. Bis zum Jahre 1887 wurden von ihr insgesamt 25 Stück beschafft.

Um den Überhang der Zylinder zu vermeiden, hatte A. v. Borries wie bei den 1 B n 2 v Personenzuglokomotiven der Gattung P 3² auch bei den 1 B Tenderlokomotiven vorgeschlagen, die Zylinder hinter

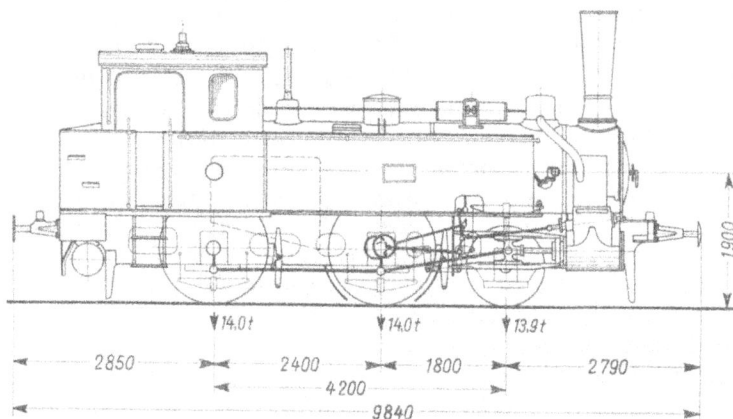

Abb. 53. 1 B n 2 Tenderlokomotive der Preußischen Staatsbahn, Gattung T 4¹; Erbauer Henschel 1888—1894.

Rostfläche	1,6 m²	Zylinderdurchm.	2×420 mm
Verdampfungsheizfl.	84,2 m²	Kolbenhub	600 mm
Kesseldruck	12 atü	Dienstgewicht d. Lok.	42,0 t
Treibraddurchmesser	1580 mm	Reibungsgewicht	28,0 t

die erste Laufachse zu verlegen. Dieser Anregung entsprechend wurden 1884/85 die ersten Tenderlokomotiven mit zurückverlegten Zylindern gebaut und in Betrieb genommen; sie entsprachen in allen Abmessungen ungefähr der 1 B Lokomotive „Moabit" von 1882 (Bd. I, S. 181, Abb. 228). Der Kessel war etwas kürzer, hatte aber einen Dampfdruck von 12 atü. Der feste Achsstand betrug anfangs 4300 mm, also nur 100 mm mehr als bei der Lokomotive „Moabit". Wie es scheint, zweifelte man doch wohl an dem guten Lauf der Lokomotive in Bögen und ersetzte bei späteren Lieferungen die feste Laufachse durch eine Adamsachse.

Abweichend von der 1 B Tenderlokomotive Abb. 53 war der gesamte Wasservorrat von 4 m³ in einem Kraußschen Wasserkastenrahmen untergebracht. Dadurch wurde der freie Ausblick vom Führerstand wesentlich verbessert, auch wurden der Kessel, der Sandkasten und die Stehbolzen am Stehkessel leicht zugänglich. Doch schon im Jahre 1888 wurden diese Vorteile wieder geopfert, denn es hatte sich im Betriebe herausgestellt, daß der Wasservorrat zu klein war. Um noch 1 m³ Wasser mehr unterbringen zu können, wurde vor dem Führerhaus über dem Umlaufblech ein Wasserbehälter angebracht (Abb. 54); außerdem wurde das Führerhaus durch Anordnung eines weiteren Fensters in den Seitenwänden verbessert. Die bisher vorhandene Handglocke wurde durch ein Läutewerk ersetzt; ferner erhielt die Lokomotive die Druckluftbremse.

Trotz ihrer Vorzüge konnte sich diese Lokomotive aber gegenüber der oben erwähnten 1 B Lokomotive (Abb. 53) nicht durchsetzen. Mit ihrer nur 1,43 m² großen Rostfläche war sie der 1 B Lokomotive unterlegen, die 1,6 m² Rostfläche besaß. Bis zum Jahre 1890 wurden daher nur 22 Stück gebaut.

Auch die Reichseisenbahnen beschafften im Jahre 1887 von Grafenstaden 2 ähnliche, aber etwas leichtere Lokomotiven mit Adamsachse. Eine von ihnen war eine Verbundlokomo-

86

tive; sie wurden später in 1 B 1 Lokomotiven umgebaut und werden als solche noch einmal weiter unten (S. 269 ff.) behandelt werden.

Im Jahre 1898 versuchte man in Preußen noch einmal, die 1 B Lokomotive in mäßig vergrößerter Form zu neuem Leben zu erwecken (Gattung T 4, Abb. 55). Der Achsstand wurde auf 4800 mm vergrößert (2570 + 2230), und nach einem Vorschlage A. v. Borries' wurde die Laufachse mit der ersten Kuppelachse zum ersten Male in Preußen zu einem Krauß-Helmholtz - Drehgestell vereinigt; die Lokomotive wurde dadurch die einzige preußische Bauart ohne festen Achsstand.

Abb. 54. 1 B n 2 Tenderlokomotive der Preußischen Staatsbahn, Gattung T 4¹; Bauart v. Borries 1884—1885.

Rostfläche	1,43 m²	Zylinderdurchm.	2×420 mm
Verdampfungsheizfl.	90,68 m²	Kolbenhub	610 mm
Kesseldruck	12 atü	Dienstgewicht d. Lok.	41,36 t
Treibraddurchmesser	1560 mm	Reibungsgewicht	27,91 t

Eine ähnliche, aber wesentlich kleinere Lokomotive hatte die Lokomotivfabrik Krauß bereits im Jahre 1888 an die Kgl. Militär-Eisenbahn in Berlin geliefert. Da wegen des Krauß-Helmholtz-Drehgestelles der Wasserkastenrahmen unten verkleinert werden mußte, wurden die seitlichen Wasserbehälter über dem Umlaufblech weiter nach vorn verlängert, um den bisherigen Wasservorrat zu erhalten. Neu war auch die Heusinger-Steuerung mit eigenartiger Aufhängung des Voreilhebels.

Die T 4 Lokomotiven wurden auf der Strecke Erfurt—Gotha—Langensalza eingesetzt und liefen auch auf gerader Strecke noch bei einer Geschwindigkeit von 75 km/h sehr ruhig, obwohl sie keinen festen Achsstand hatten.

Obgleich von der Lokomotive ein Musterblatt aufgestellt wurde, ist sie nicht mehr nachgebaut worden; es blieb also bei den 3 im Jahre 1898 von Schichau beschafften Lokomotiven. Das lag hauptsächlich wohl daran, daß die 1 B Tenderlokomotive um die Jahrhundertwende in Norddeutschland bereits als überholt gelten mußte. Sie konnte sich nur noch in sehr leichten und einfachen Betriebsverhältnissen auf Kleinbahnen in geringem Umfange behaupten.

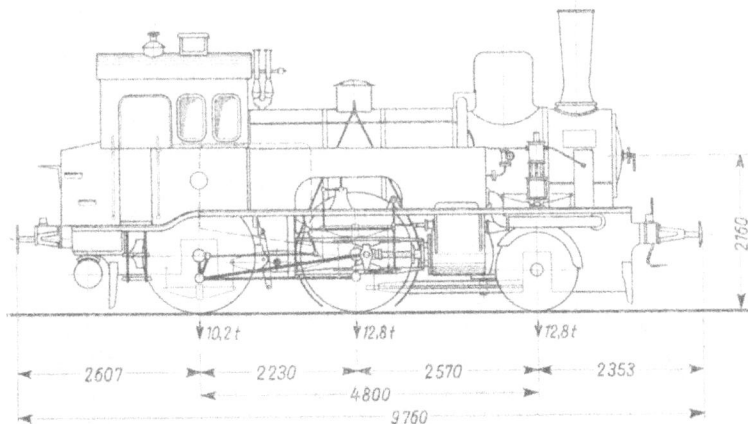

Abb. 55. 1 B n 2 Tenderlokomotive der Preußischen Staatsbahn, Gattung T 4; Erbauer Schichau, Henschel und andere 1888—1899.

Rostfläche	1,54 m²	Zylinderdurchm.	2×420 mm
Verdampfungsheizfl.	86,7 m²	Kolbenhub	600 mm
Kesseldruck	12 atü	Dienstgewicht d. Lok.	45,0 t
Treibraddurchmesser	1600 mm	Reibungsgewicht	30,0 t

Eine bemerkenswerte vereinzelte Ausführung einer solchen 1 B Tenderlokomotive wurde von Orenstein & Koppel im Jahre 1912 gebaut; sie gehörte der Ruppiner Eisenbahn-A.-G., besaß einen Stroomann-Wasserröhrenkessel mit Überhitzer und außerdem Gleichstromdampfzylinder. Der Stroomann-Kessel wurde im Jahre 1924 durch einen Heizrohrkessel ersetzt, die Gleichstromzylinder wurden jedoch weiter beibehalten.

Bei der Preußischen Staatsbahn hatte sich aus der B 1 Tenderlokomotive der Bergisch—Märkischen Bahn (Bd. I, S. 205, Abb. 260) eine B 1 Tenderlokomotive entwickelt, die man als sogenannte „Elberfelder Bauart" bezeichnete (Abb. 56). Alle Hauptabmessungen der alten Maschine blieben unverändert. Der stark überhöhte Stehkessel wurde durch einen Stehkessel mit runder Decke nach der Bauart Crampton ersetzt; die Kohlenbunker lagen hinter dem Führerhause. Die Lokomotive war anfangs für die durchgehende Gewichtsbremse eingerichtet, erhielt aber bald die Druckluftbremse; ihr Dienstgewicht stieg dabei allmählich auf 40 t. Sie wurde namentlich in den Jahren 1894—1897 in größerer Zahl gebaut, ohne den veralteten Kesseldruck von 10 atü zu erhöhen.

Insgesamt wurden aber von dieser Bauart nur 72 Stück geliefert (Henschel), denn die B 1 Tenderlokomotive war auf den Hauptbahnen nicht mehr vollwertig zu gebrauchen.

Für die Nebenbahnen jedoch entwickelte die Preußische Staatsbahn nochmals eine B 1 Tenderlokomotive, obwohl sich dort seit über 10 Jahren die C n 2 Tenderlokomotive der Gattung T 3 gut bewährt hatte. Diese B 1 Tenderlokomotive für Nebenbahnen kann als eine Fortentwicklung der soeben beschriebenen B 1 Tenderlokomotiven betrachtet werden. Das Triebwerk blieb fast unverändert, doch wurde die Heusinger-Steuerung vorgesehen. Der Kessel wurde unwesentlich vergrößert und erhielt einen Dampfdruck von 12 atü. Einen Dom aber sah man — wohl aus Gewichtsgründen — immer noch nicht vor. Die Wasserkästen lagen jetzt wieder unter dem Langkessel zwischen den Rahmen. Die Kohlenvorräte wurden nach dem Muster der T 3 nicht mehr hinter dem Führerhaus, sondern zu beiden Seiten des Stehkessels untergebracht. Obwohl auch für diese Gattung ein besonderes Musterblatt aufgestellt wurde, blieb es bei einer Probebestellung von 3 Stück, die auf 3 Eisenbahndirektionen verteilt wurde. In größerem Umfange wurde sie aber mit gleichen Abmessungen von den Privatbahnen

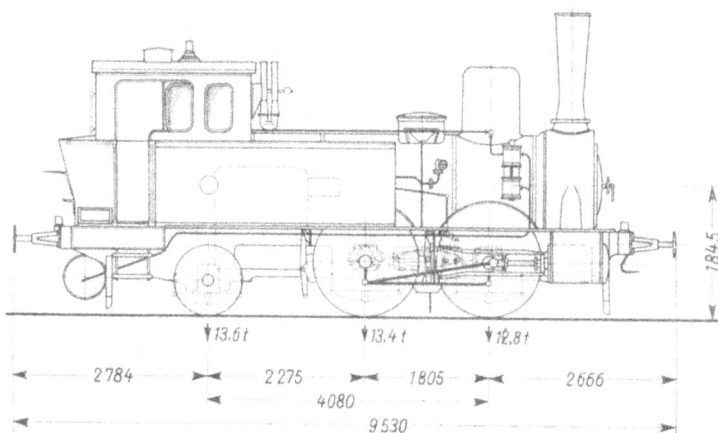

Abb. 56. B 1 n 2 Tenderlokomotive der Preußischen Staatsbahn, Gattung T 4²; Erbauer Henschel, Schichau 1894—1897.

Rostfläche	1,18 m²	Zylinderdurchm.	2×400 mm
Verdampfungsheizfl.	84,0 m²	Kolbenhub	575 mm
Kesseldruck	10 atü	Dienstgewicht d. Lok.	40,0 t
Treibraddurchmesser	1544 mm	Reibungsgewicht	26,2 t

beschafft; außerdem hatte die Firma Hohenzollern in Düsseldorf schon 1877 eine Reihe ähnlicher Lokomotiven — aber mit Dampfdom — geliefert (s. Bd. I, S. 208, Abb. 266) und entwickelte diese Bauart im Laufe der Jahre weiter. Eine der letzten Ausführungen wurde im Jahre 1902 an die Kiel—Eckernförder Bahn geliefert.

Für den Personenzugverkehr auf der 105 km langen und ebenen Bahn Stade—Cuxhaven waren im Jahre 1875 bei Egestorff in Hannover (Strousberg) mehrere B 1 Lokomotiven mit kleinen Treibrädern und Schlepptender bestellt worden. Die Bahn ging aber bald darauf in Konkurs, der Fahrzeugpark wurde verkauft und die Lokomotiven gingen in die Türkei. Nach der Sanierung und Wiedereröffnung als Unterelbe-Eisenbahn kaufte die belgische Baugesellschaft, die eine Zeitlang den Betrieb führte, im Jahre 1880/81 10 neue 1 B 1 Tenderlokomotiven von der Elsäßischen Maschinenbaugesellschaft Grafenstaden, die für damalige Verhältnisse ungewöhnlich groß waren (Abb. 57); sie sollten die Zubringerzüge für die Ozeandampfer von und nach Cuxhaven befördern, um den Reisenden die langsame Dampferfahrt elbaufwärts bis Hamburg zu ersparen. Die Rostfläche war mit 2,2 m² sehr groß; allerdings war sie wie bei den preußischen Normal-Personenzuglokomotiven hinten auf einer Länge von 200 mm durch eine Verkokungsplatte abgedeckt.

Ungewöhnlich war zu dieser Zeit der Außenrahmen, der zwar für die Versteifung unbequem, aber für die Ausbildung des Stehkessels besonders vorteilhaft war; da zwischen den Rädern ein größerer Raum als bei dem Innenrahmen zur Verfügung stand, brauchten die Stehkesselseitenwände unten nicht eingezogen zu werden.

Die großen Zylinder ergaben sich durch den niedrigen Dampfdruck von nur 9 atü und die großen Treibraddurchmesser von 1730 mm. Solche großen Treibraddurchmesser sind bis zum Jahre 1920 nur an wenigen deutschen Tenderlokomotivbauarten anzutreffen, so z. B. an der badischen 1 B 1 n 2 Gattung IV d, der preußischen 2 C 2, Gattung T 10 und der preußischen 2 C 2 h 4 v Schnellzuglokomotive von 1904. Bemerkenswert ist, daß die 1 B 1 Lokomotive der Unterelbe-Bahn schon die Heusinger-Steuerung besaß. Die überhängenden Zylinder, die an den Personen- und Schnellzuglokomotiven schon früh verschwanden, wurden an Tenderlokomotiven der Bauform 1 B 1 erst im Jahre 1891 verlassen.

Der Gesamtachsstand von 5700 mm war für damalige Verhältnisse recht groß. Da aber nur wenige und große Gleisbögen vorhanden waren, konnte eine gute Bogenläufigkeit der Lokomotive durch das Seitenspiel der Endachsen von 10 mm nach jeder Seite erzielt werden; die Rückstellkraft wurde nach damaligem Brauch durch Keilflächen erzielt. Die Endachsen

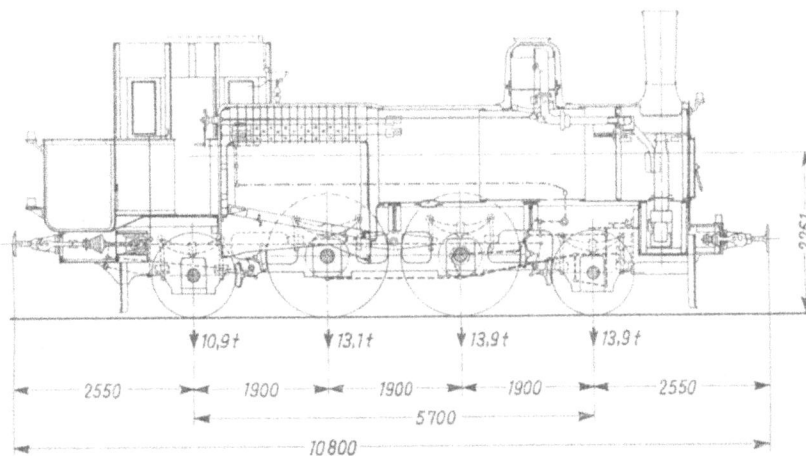

Abb. 57. 1 B 1 n 2 Tenderlokomotive der Unterelbe Eisenbahn;
Erbauer Grafenstaden 1880—1881.

Rostfläche . . . . . . 2,2 m²	Treibraddurchmesser 1730 mm	Dienstgewicht d. Lok. . 51,8 t
Verdampfungsheizfl. 110,8 m²	Zylinderdurchm. 2×440 mm	Reibungsgewicht . . . 27,0 t
Kesseldruck . . . . 9 atü	Kolbenhub . . . . . 600 mm	

waren für sich abgefedert, die Tragfedern der gekuppelten Achsen aber durch Längsausgleichhebel miteinander verbunden. Als Höchstgeschwindigkeit war 80 km/h zugelassen.

Mit diesen Lokomotiven wurde auch der allerdings nicht sehr bedeutende Güterverkehr abgewickelt, ähnlich, wie es in Holland üblich war. Außer ihnen besaß die Bahn noch 2 Stück 1 B Lokomotiven der preußischen Regelbauart. Setzte nun lebhafter Güterverkehr ein, so versagten diese zweifach gekuppelten 1 B und 1 B 1 Lokomotiven bald, so daß sich die Unterelbe-Eisenbahn in dem kalten Winter 1879/80, als die Elbe zugefroren war und der Schiffsverkehr auf die Bahn abwanderte, eine Reihe preußischer Normalgüterzuglokomotiven entleihen mußte.

Im Berliner Vorortverkehr hatte sich im Laufe der Jahre gezeigt, daß der Wasservorrat von 5 m³ auf den 1 B Tenderlokomotiven Abb. 53 nicht immer ausreichte, und der Wunsch nach einer Tenderlokomotive mit größeren Wasservorräten wurde laut. Da aber bei den 1 B Lokomotiven 5 m³ nur mit großen Schwierigkeiten untergebracht werden konnten, mußte eine neue Bauart mit einer weiteren Achse entwickelt werden; nun ließ sich auch der alte Wunsch nach einer Lokomotive mit gleich guten Fahreigenschaften in beiden Fahrtrichtungen erfüllen.

Die neue Bauart erschien im Jahre 1895 als 1 B 1 n 2 Tenderlokomotive mit dem Gattungszeichen T 5¹; sie wurde gebaut von Henschel (Abb. 58).

An der Größe der Rostfläche und Heizfläche wurde gegenüber der 1 B Lokomotive nur wenig geändert; der Kessel trug anfangs noch keinen Dom, sondern nur die bekannte Reglerbüchse, die aber dann bald durch einen Dom ersetzt wurde. Der erwünschte größere Wasservorrat wurde auf sehr eigenartige Weise gewonnen. Man vergrößerte den Inhalt der Wasserkästen nur von 5 auf 5,5 m³, dabei aber verlängerte man den Kessel um 400 mm und versah ihn mit weniger Heizrohren, so daß sein Wasserinhalt von 2,4 auf 4 m³ stieg. Damit hatte die Lokomotive einen um 2,10 m³ größeren Wasservorrat als die bisher verwendeten Maschinen, vorausgesetzt, daß der Kessel vor Antritt der Fahrt vollgespeist war und daß die zu diesem Zweck aus den Wasserbehältern entnommene Wassermenge wieder nachgefüllt wurde. Der Entwicklung trockenen Dampfes konnte die Anordnung bei geschickter Bedienung förderlich sein.

Da der Stehkessel bis nahe an die Treibachse heranreichte, mußte der feste Achsstand auf 2000 mm gekürzt werden. Die beiden Endachsen waren Adamsachsen mit 45 mm Spiel nach jeder Seite. Die gute Bogenläufigkeit der Lokomotive wurde auf der Berliner Stadtbahn

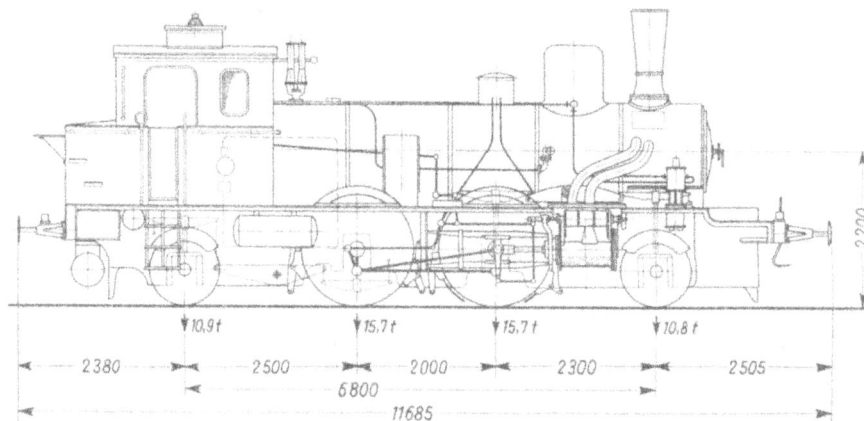

Abb. 58. 1 B 1 n 2 Tenderlokomotive der Preußischen Staatsbahn, Gattung T 5¹;
Erbauer Henschel 1895.

Rostfläche . . . . . . 1,57 m²	Treibraddurchmesser 1600 mm	Dienstgewicht d. Lok. . 53,13 t
Verdampfungsheizfl. 95,0 m²	Zylinderdurchm. 2×430 mm	Reibungsgewicht . . . 31,4 t
Kesseldruck . . . . . 12 atü	Kolbenhub . . . . . . 600 mm	

mit ihren zahlreichen engen Krümmungen sehr geschätzt, weniger aber war man mit ihr auf den Vorortbahnen zufrieden, wo auf den längeren Strecken mit höherer Geschwindigkeit gefahren werden mußte. Man klagte lebhaft über den sehr unruhigen Lauf bei hoher Geschwindigkeit, der sich in starkem waagerechten Pendeln äußerte. Die Oldenburgische Staatsbahn, die von dieser Gattung in den Jahren 1907—1921 insgesamt 20 Stück erhielt, suchte dem Übelstande dadurch zu begegnen, daß sie bei Nachbestellungen von 1911 ab den Achsstand zwischen der ersten Laufachse und der Kuppelachse von 2300 auf 2450 mm vergrößerte und die Rückstellfedern verstärkte; eine nennenswerte Besserung des Laufs wurde jedoch nicht erzielt. Bei diesen Lokomotiven wurde außerdem die Kesselmittellinie um 225 mm höher auf 2425 mm über SO verlegt und die Zahl der Rohre vermehrt.

Die Preußische Staatsbahn beschaffte von 1895—1905 insgesamt 309 Stück. Eine ganz ähnliche Bauart lief auch als Gattung IV T auf der Sächsischen Staatsbahn, wo von 1897—1909 insgesamt 91 Stück mit etwa den gleichen Abmessungen wie Preußen bestellt wurden. Bei späteren Lieferungen wurden lediglich noch seitliche Wasserkästen hinzugefügt, so daß der Wasservorrat auf 7,5 m³ stieg (Abb. 202, S. 236); das Dienstgewicht betrug dabei 60 t.

Wegen des unruhigen Laufs der 1 B 1 n 2 Tenderlokomotiven (Abb. 58) bei höherer Geschwindigkeit entschloß sich die Preußische Staatsbahn im Jahre 1899, von Henschel eine

90

neue 2 B n 2 Tenderlokomotive Gattung T 5² (Abb. 59) für den Vorortverkehr Berlin—Potsdam zu beschaffen, da hier besonders die auf den Ferngleisen fahrenden Vorortzüge die Strecke Berlin-Potsdamer-Bahnhof—Neubabelsberg mit Personenzugsgeschwindigkeit durchfahren mußten.

Die Rostfläche war nur wenig größer als die der 1 B 1 Lokomotiven, dagegen stieg die Heizfläche der Feuerbüchse und des Kessels durch die Vergrößerung des Kesseldurchmessers beträchtlich, so daß das Verhältnis Rostfläche zu Heizfläche R : H von 1 : 60 auf 1 : 72 anstieg. Statt der kleinen Reglerbüchse wurde jetzt auch ein großer 1000 mm hoher Dom vorn auf den Kessel gesetzt. Der Zylinderdurchmesser wurde um 10 mm größer; er betrug jetzt 440 mm.

Der gesamte Wasservorrat von nun 6 m³ wurde in langen Wasserkästen zu beiden Seiten des Kessels untergebracht, der Kohlenbunker lag hinter dem Führerhause. In mancher Hinsicht war eine gewisse Ähnlichkeit mit den 2 B Lokomotiven mit Schlepptender zu erkennen, doch war das Drehgestell nicht wie üblich Hannoverscher Bauart, sondern es besaß 4 einzelne Tragfedern und Innenrahmen. Der Raddurchmesser der Laufachsen wurde auf das in Preußen erst viel später verwendete Maß von 850 mm herabgesetzt.

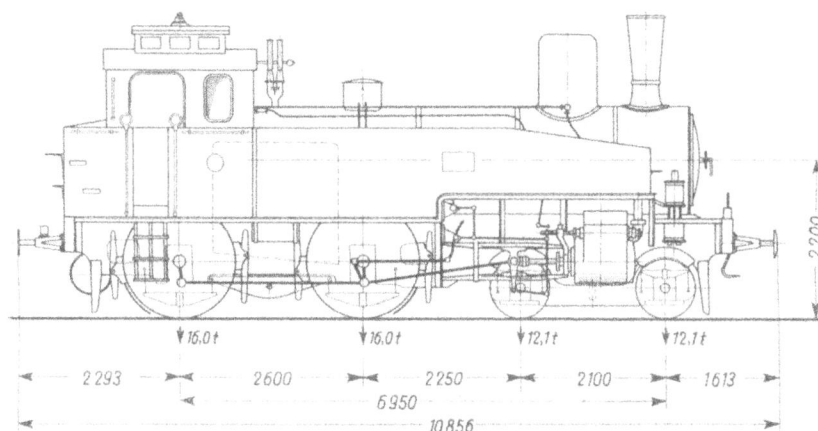

Abb. 59. 2 B n 2 Tenderlokomotive der Preußischen Staatsbahn, Gattung T 5²;
Erbauer Henschel 1899—1900.

Rostfläche . . . . . . 1,68 m²	Treibraddurchmesser 1600 mm	Dienstgewicht d. Lok. . 56,2 t
Verdampfungsheizfl. 121,1 m²	Zylinderdurchm. 2×440 mm	Reibungsgewicht . . . 31,4 t
Kesseldruck . . . . 12 atü	Kolbenhub . . . . . . 600 mm	

Die Lokomotive war recht kräftig gebaut und wog daher auch 3 t mehr als die 1 B 1 Lokomotive. Man war mit ihr auch zufrieden, denn sie lief bei Geschwindigkeiten von 75 km/h und mehr noch ruhig. Für die Rückwärtsfahrt war sie mit ihren 1600 mm hohen Treibrädern naturgemäß weniger geeignet; ihr Verwendungsgebiet beschränkte sich daher in der Hauptsache auf die Berliner Vorortstrecken.

Von der T 5² wurden in den Jahren 1899 und 1900 nur 38 Stück gebaut; von ihnen wurden 2 Lokomotiven 1899 mit den ersten Rauchkammerüberhitzern ausgerüstet. Die so erreichte Überhitzungstemperatur betrug zwar nur 240⁰, man stellte aber schon bei diesen niedrigen Temperaturen unverkennbare Ersparnisse fest, so daß man nunmehr auch an anderen Gattungen Versuche mit Rauchkammerüberhitzern anstellte.

Mit diesen 2 B Lokomotiven trat die zweifach gekuppelte Personenzugtenderlokomotive in Preußen vom Schauplatz ihrer Tätigkeit ab. Ein kurzer vergeblicher Versuch, sie zu neuem Leben zu erwecken, wurde noch einmal 1904 gemacht, als es in Preußen zu den bereits auf S. 40 besprochenen Schnellfahrversuchen kam. Unter den eingereichten Entwürfen befand sich auch eine 2 B 2 Heißdampf-Tenderlokomotive, die Garbe zusammen mit der Maschinenbauanstalt Breslau ausgearbeitet hatte. Die Lokomotive besaß eine Rostfläche von 2,27 m², eine Heizfläche von 140 m², Treibräder von 2200 mm Durchmesser, einen Wasservorrat von

Abb. 60. C 1 n 2 Tenderlokomotive der Preußischen Staatsbahn (Elberfelder Bauart); Erbauer Krauß und Henschel 1891—1899.

Rostfläche	1,71 m²	Zylinderdurchm.	2×440 mm
Verdampfungsheizfl.	110,0 m²	Kolbenhub	550 mm
Kesseldruck	12 atü	Dienstgewicht d. Lok.	52,9 t
Treibraddurchmesser	1100 mm	Reibungsgewicht	40,3 t

12,6 m³ und ein Dienstgewicht von 88 t. Der Entwurf wurde aber vom Lokomotivausschuß abgelehnt, so daß er nicht zur Ausführung kam. Die Wahl fiel bekanntlich auf die 2 B h 2 Schnellzuglokomotive S 6 (s. S. 33).

Schon seit dem Beginn der 90er Jahre hatte sich an verschiedenen Stellen die zweifach gekuppelte Personenzugtenderlokomotive für die steigenden Ansprüche an Leistung und Zugkraft als zu schwach erwiesen. Hauptsächlich waren es Nebenbahnen mit starken Steigungen, welche nach einer dreifach gekuppelten Personenzugtenderlokomotive verlangten. Nun waren zwar, wie geschildert, schon seit dem Beginn der 80er Jahre C Tenderlokomotiven (Gattung T 3, s. S. 84) auf zahlreichen Nebenbahnen mit Erfolg tätig. Diese Tenderlokomotiven konnten aber wegen ihrer kleinen Treibräder nur für Geschwindigkeiten bis höchstens 40 km/h verwendet werden; sie waren auch für manche Zwecke nicht leistungsfähig genug. Die Anordnung einer Laufachse als vierte Achse war daher sehr erwünscht.

Über die Stellung der Laufachse gingen die Meinungen weit auseinander. Bei der Besprechung der B 1 Tenderlokomotive ist bereits gesagt worden, daß die hintere Laufachse eine günstige Ausbildung des Stehkessels und eine gute Unterbringung der Vorräte, besonders der Kohle, ermöglichte. Bei der Unterbringung der Kohlenvorräte bei der C Lokomotive zu beiden Seiten des Kessels ergaben sich im Betriebe manche Unzuträglichkeiten; waren die Vorräte auf der Heizerseite aufgebraucht, so wurde der Lokomotivführer bei der Entnahme der Kohlen von der rechten Seite in seiner Tätigkeit behindert. Eine hintere Laufachse bot daher auch bei der C Lokomotive manche Vorteile, die man zunächst höher einschätzte als die Tatsache, daß die für die Lokomotive günstigste Fahrtrichtung — die Rückwärtsfahrt — für den Lokomotivführer die weniger bequeme war, besonders bei der Bedienung der Steuerung und des Bremsventils.

Die Preußische Staatsbahn entschied sich daher 1891 für eine C 1 Tenderlokomotive mit Krauß-Helmholtz-Gestell, die auf den steigungsreichen Nebenbahnen Elberfeld—Cronenberg und Wiesbaden—Langenschwalbach (eröffnet 1889) eingesetzt wurde. Von diesen Strecken hatte die erste bis zu 4 km lange Steigungen von 25⁰/₀₀ und 28,5 bis 33⁰/₀₀ mit zahlreichen Krümmungen von 180 m Halbmesser.

Die Lokomotivfabrik Krauß in München lieferte zunächst 2 Stück C 1 Lokomotiven, die sich auch in ihren Einzelheiten stark an die bayerische Gattung D VIII (s. S. 148) anlehnten. Sie waren jedoch bedeutend kräftiger gebaut als diese und hatten eine Rostfläche von 1,71 m² und eine Heizfläche von 110 m². Neuartig für die Preußische Staatsbahn war das in Bayern bereits seit mehreren Jahren gebräuchliche Krauß-Helmholtz-Drehgestell.

Im Jahre 1893 folgten 2 weitere Lokomotiven, die ebenfalls Krauß gebaut hatte. Von 1895—1899 lieferte Henschel 33 Lokomotiven in gleicher Gesamtanordnung; diese waren jedoch weiter verstärkt und paßten sich in ihren Einzelheiten mehr der preußischen Bauweise an. Der Kohlenkasten war hier hinter das Führerhaus verlegt (Abb. 60).

Sie wurden zunächst hauptsächlich im Elberfelder Bezirk eingesetzt und daher auch als sogenannte Elberfelder Bauart bezeichnet; später waren sie auch in den Bezirken der Eisenbahndirektionen Frankfurt, Kassel und Erfurt anzutreffen.

Eine noch schwerere Bauart als die eben beschriebene Lokomotive lief seit 1903 auf der Kleinbahn Kassel—Naumburg; sie besaß gleichfalls das Krauß-Helmholtz-Drehgestell. Lange

92

Jahre war sie im Kleinbahn-
betrieb tätig und bewältigte
den immer mehr steigenden
Verkehr, bis sie im Jahre 1925
durch eine E Tenderlokomotive
abgelöst wurde.

Die Strecke Wiesbaden—
Langenschwalbach war zu-
nächst mit den preußischen
C Tenderlokomotiven der Gattung T 3 betrieben worden, die
5 leichte zweiachsige Wagen
mit einer Geschwindigkeit von
16 km/h befördern konnten.
Der Verkehr auf dieser Strecke
wuchs aber sehr schnell, so daß
auch die Leistung der oben
besprochenen Elberfelder Bauart nicht mehr für ausreichend

Abb. 61. C 1 n 2 Tenderlokomotive der Preußischen Staatsbahn
(Wiesbaden-Langenschwalbach); Erbauer Eßlingen und Schwartzkopff 1892.

Rostfläche	1,73 m²	Zylinderdurchm.	2×450 mm
Verdampfungsheizfl.	135,8 m²	Kolbenhub	630 mm
Kesseldruck	12 atü	Dienstgewicht d. Lok.	53,8 t
Treibraddurchmesser	1250 mm	Reibungsgewicht	43,8 t

gehalten wurde. Daher ging man im Jahre 1892 zu einer neuen C 1 Lokomotive über, von der
die Maschinenfabrik Eßlingen zunächst 8 Stück lieferte (Abb. 61). Diese Lokomotiven wurden
in Anlehnung an die C 1 Zahnrad-Lokomotiven der Halberstadt—Blankenburger Eisenbahn
entwickelt; sie sollten dort einen Zug von 100 t auf 30⁰/₀₀ mit einer Geschwindigkeit von
etwa 20 km/h befördern.

Der Kessel erhielt eine um 200 mm über den Scheitel erhöhte Stehkesseldecke, die wohl
die letzte Ausführung dieser Art im Vereinsgebiet darstellt und durch die schräge Kessellage
auf Steilrampen begründet war. Die Lage des Domes auf dem ersten Kesselschuß war für
eine Steilrampenlokomotive nicht zweckmäßig, ebenso war die Sandung vor und hinter der
letzten Kuppelachse nicht gerade ein Fortschritt. Wegen der höheren Lage der Stehkesseldecke
konnte die Feuerbüchsdecke höher gelegt werden, so daß verhältnismäßig mehr Siederohre
untergebracht werden konnten als bei den bisherigen Lokomotiven. Da die Rohre auch länger
wurden (4050 mm gegenüber 3600 mm) und der Kessel einen etwas größeren Durchmesser
erhielt, ergab sich eine große Heizfläche von 135 m² bei nur 1,73 m² Rostfläche (R : H = 1 : 78).

Das Triebwerk und die Zylinderabmessungen entsprachen den preußischen C Normal-
Güterzuglokomotiven, doch hatten die Treibräder nur 1250 mm Durchmesser. Als Besonderheit
ist noch das Blasrohr der Bauart Kordina und die Gegendruckbremse der Bauart Riggenbach
zu erwähnen, deren Steuerschieber und Schalldämpfer über den Schieberkästen und hinter
dem Schornstein zu erkennen sind.

Die beiden Endachsen waren für sich abgefedert, während zwischen der zweiten und dritten
Kuppelachse ein Ausgleichhebel angeordnet war. Das war eine Abweichung von Krauß, der
bei seinen C 1 Lokomotiven zwischen allen gekuppelten Achsen Ausgleichhebel vorgesehen
hatte.

Eine grundsätzliche Abweichung gegen die vorher besprochenen Kraußschen Lokomotiven
war auch die Adamsachse, die in Preußen trotz vieler schlechten Erfahrungen immer wieder
verwendet wurde. Erst im neuen Jahrhundert ging man im Grundsatze zum Krauß-Helmholtz-
Drehgestell und zum Bisselgestell über und betrachtete die führende Adamsachse nur als
Notbehelf.

Die Sandung wurde bei später von Schwartzkopff in den Jahren 1893—1895 gelieferten
11 Lokomotiven gegenüber der vorher beschriebenen Lokomotive dadurch ein wenig verbessert,
daß die Sandrohre vor und hinter die Treibachse gelegt wurden. In größerem Umfange ist
diese Lokomotive aber nicht beschafft worden; die Elberfelder Bauart war inzwischen verstärkt
worden und wurde für die weiteren Lieferungen bevorzugt.

Die bisherigen C 1 Tenderlokomotiven dienten hauptsächlich den Bedürfnissen einzelner
besonders schwieriger und steigungsreicher Strecken. Nach den langen Jahren wirtschaftlichen

Niedergangs hatte sich nun aber auch im Anfang der 90er Jahre ein stärkerer Güterverkehr auf den eingleisigen Hauptbahnen entwickelt, auf denen bisher wie auf den Nebenbahnen gern Tenderlokomotiven verwendet wurden. Die Preußische Staatsbahn entwickelte daher fast gleichzeitig mit den vorher behandelten Typen eine $^3/_4$ gekuppelte Tenderlokomotive für den schwereren Güterverkehr; diese von der Union-Gießerei in Königsberg gebauten Lokomotiven erschienen fast gleichzeitig Ende 1892 und Anfang 1893 in den Achsanordnungen C 1 (Gattung T 9¹) und 1 C (Gattung T 9²).

Die Gattung T 9¹ (Abb. 62) lehnte sich an die C Tenderlokomotive der Gattung T 7 (Abb. 74, S. 104) an, deren Triebwerk von der ebenfalls zur gleichen Zeit entstandenen 1 C Güterzuglokomotive Gattung G 5¹ (Abb. 34, S. 61) entlehnt wurde. Auch der Kessel war dem der T 7 sehr ähnlich, doch wurden die Rohre von 3378 auf 4480 mm verlängert und gleichzeitig der Rohrdurchmesser erweitert. Die Verlängerung der Rohre war nötig, um die etwas tiefere Feuerbüchse soweit nach hinten verschieben zu können, daß sie in dem freien Raum zwischen der zweiten und dritten Kuppelachse Platz hatte. Der Wasservorrat wurde auf 6 m³ erhöht.

Nach preußischem Brauch wurde bei der C 1 Lokomotive die hintere Laufachse nicht in ein Krauß-Helmholtz-Gestell einbezogen, sondern wieder als Adamsachse ausgebildet, obwohl

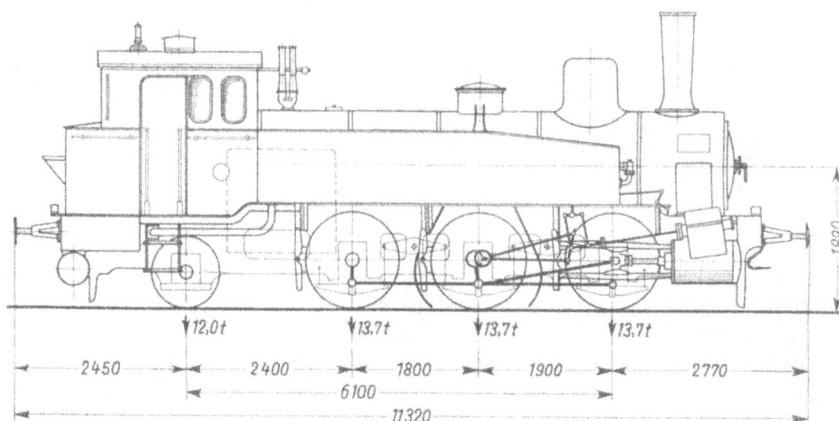

Abb. 62. C 1 n 2 Tenderlokomotive der Preußischen Staatsbahn, Gattung T 9¹;
Erbauer Union 1893—1902.

Rostfläche . . . . . . 1,53 m²	Treibraddurchmesser 1350 mm	Dienstgewicht d. Lok. . 53,25 t
Verdampfungsheizfl. 107,8 m²	Zylinderdurchm. 2×430 mm	Reibungsgewicht . . . 41,3 t
Kesseldruck . . . . . 12 atü	Kolbenhub . . . . . . 630 mm	

über das Gestell zahlreiche günstige Erfahrungen vorlagen. Die Tragfedern aller gekuppelten Achsen wurden durch Ausgleichhebel miteinander verbunden, die Laufachse dagegen wurde durch eine Querfeder belastet (Dreipunktstützung).

Einen nennenswerten Fortschritt in der Leistung brachte die Lokomotive kaum, ihr Lauf aber befriedigte so, daß die zulässige Geschwindigkeit auf 60 km/h festgesetzt wurde. Die Preußische Staatsbahn beschaffte bis 1902 408 Lokomotiven dieser Bauart; weitere 6 Stück gingen 1900—1903 an die Lübeck—Büchener Eisenbahn. Die letzten 3 Lokomotiven bestellte in den Jahren 1903—1909 die Cronberger Eisenbahn im Taunus.

Der Versuch, eine C Tenderlokomotive auch für den Personenzugdienst zu entwickeln, wurde im Jahre 1896 auf der Main—Neckarbahn gemacht (Abb. 63); seit dem Jahre 1873 war es das erste Mal, daß eine C Tenderlokomotive einen Raddurchmesser von über 1500 mm erhielt.

Die Lokomotiven waren ursprünglich für die 16,5 km lange und sehr steile Odenwald-Nebenbahnlinie Weinheim—Mörlenbach—Fürth gedacht. Man wird aber wohl schon von Anfang an im Auge gehabt haben, sie auch für die Beförderung von schweren Personen- und sogar Schnellzügen im Flachland zu verwenden, denn schon bald liefen sie vor Schnellzügen auf der Strecke Frankfurt—Heidelberg. Da hier die Schnellzüge sehr häufig hielten, kam es nicht so sehr auf hohe Streckengeschwindigkeiten als auf gutes Beschleunigungsvermögen an. Die Höchstgeschwindigkeit der Lokomotive betrug 65 km/h.

Überhängende Massen waren fast vermieden. Der Kessel hatte einen Dampfdruck von 12 atü und die Garbesche Zugkraft-Kennziffer betrug bei mittleren Vorräten 16,6, war also bedeutend niedriger als bei anderen C Tenderlokomotiven, wo sie sich etwa zwischen 22 und 25 bewegte. Die Loko-

Abb. 63. C n 2 Tenderlokomotive der Main-Neckar-Eisenbahn; Erbauer Maschinenbau-Gesellschaft Karlsruhe 1896—1897.

Rostfläche	1,54 m²	Zylinderdurchm.	2 × 430 mm
Verdampfungsheizfl.	96,4 m²	Kolbenhub	600 mm
Kesseldruck	12 atü	Dienstgewicht d. Lok.	45,5 t
Treibraddurchmesser	1726 mm	Reibungsgewicht	45,5 t

motiven waren also an sich für die verlangten höheren Geschwindigkeiten brauchbar, doch waren für den Zylinderinhalt von 91 Litern die Rostfläche von 1,54 m² und die Heizfläche von 96 m² doch wohl zu klein. Wenn auch den ersten 4 Lokomotiven von 1896 im nächsten Jahre noch weitere 2 Stück folgten, so ging man doch schon im Jahre 1899 zu einer ähnlichen Lokomotive über, die einen größeren Kessel und eine vordere Laufachse erhielt.

An weiteren C 1 Lokomotiven sind in Preußen nur wenige Bauarten zu erwähnen.

Die Westfälische Landeseisenbahn bezog im Anschluß an ihre C n 2 v Lokomotiven im Jahre 1910 von Borsig 3 Stück C 1 n 2 v Tenderlokomotiven mit Adamsachse, deren Triebwerk dem der C Lokomotiven glich; auch ihr Kessel war nicht wesentlich größer (Abb. 64), hatte jedoch einen Dampfdruck von 13 atü und lag mit seiner Mittellinie schon 2350 mm über SO. Die Adamsachse wurde auch bei weiteren im Jahre 1912 als Zwillingslokomotiven von dieser Bahn nachbeschafften Maschinen und auch bei einer Ausführung mit Überhitzer vom Jahre 1926 beibehalten. Bemerkenswert an der Lokomotive Abb. 64 ist der eingleisige Schieberstangenkreuzkopf.

Weitere C 1 Tenderlokomotiven mit Adamsachse hat Borsig im Jahre 1916 an die Reinickendorf—Liebenwalder Eisenbahn geliefert, und zwar als Heißdampflokomotiven mit Kolbenschiebern. Die Wasservorräte waren zum Teil in Wasserkästen zwischen den Rahmen untergebracht.

Bei der Behandlung der preußischen C 1 n 2 Lokomotiven Gattung T 9¹ ist gesagt worden, daß gleichzeitig im Jahre 1892 auch eine 1 C n 2 Tenderlokomotive Gattung T 9² entwickelt wurde (Abb. 65); diese Lokomotive hatte wie die C 1 Maschine als Laufachse eine Adamsachse. Der Kessel war nur insofern geändert, als wegen der anderen Achsanordnung und Gewichtsverteilung die Rohre um 500 mm gekürzt werden mußten. Den Verlust an Heizfläche durch diese Kürzung glich man durch eine

Abb. 64. C 1 n 2 v Tenderlokomotive der Westfälischen Landeseisenbahn; Erbauer Borsig 1910.

Rostfläche	1,6 m²	Zylinderdurchm.	420/630 mm
Verdampfungsheizfl.	88,1 m²	Kolbenhub	600 mm
Kesseldruck	13 atü	Dienstgewicht d. Lok.	50,0 t
Treibraddurchmesser	1600 mm	Reibungsgewicht	41,0 t

95

Abb. 65. 1 C n 2 Tenderlokomotive der Preußischen Staatsbahn, Gattung T 9²; Erbauer Union 1892.

Rostfläche	1,58 m²	Zylinderdurchm.	2 × 430 mm
Verdampfungsheizfl.	106,82 m²	Kolbenhub	630 mm
Kesseldruck	12 atü	Dienstgewicht d. Lok.	52,84 t
Treibraddurchmesser	1350 mm	Reibungsgewicht	41,77 t

größere Zahl engerer Rohre wieder aus; man gab ihr 197 Stück von 41/46 mm Durchmesser gegenüber 162 Stück von 45/50 mm. Da aber die Vorderwand des Stehkessels der Treibachse zu nahe kam, mußte der Kessel mit seiner Mittellinie um 125 mm auf 2115 mm über SO gehoben werden. Das Triebwerk wurde unverändert übernommen, der feste Achsstand konnte jedoch um 500 mm auf 4200 mm erhöht werden. Durch die Anordnung eines Ausgleichhebels zwischen der Adamsachse und der ersten Kuppelachse wurde die Abfederung beträchtlich verbessert. Man war aber mit der T 9² Lokomotive offenbar nicht recht zufrieden, denn bis zum Jahre 1901 wurden nur 247 Stück gebaut, also noch etwa 40% weniger als von der T 9¹ Lokomotive. Der Grund hierfür war wohl die Adamsachse, der man bei der Langenschwalbacher C 1 Lokomotive häufig die Schuld an Entgleisungen zugeschrieben hatte, die sich auch später bei anderen C 1 Bauarten mit Adamsachsen wiederholten.

Die Preußische Staatsbahn entschloß sich daher endlich um die Jahrhundertwende, die Adamsachse durch das Krauß-Helmholtz-Gestell zu ersetzen und eine neue 1 C n 2 Tenderlokomotive entwickeln zu lassen, die die Mängel der bisherigen Bauarten nicht mehr besitzen sollte. Die erste Lokomotive dieser von der Union-Gießerei in Königsberg entwickelten neuen Gattung T 9³ (Abb. 66) wurde im Jahre 1900 in Betrieb genommen. Mit den früheren 1 C Lokomotiven hatte sie nur noch einige Hauptabmessungen gemein. Die Rostfläche, der Kolbenhub und die Treibraddurchmesser von 1350 mm Durchmesser blieben unverändert. Auch die Kesselheizfläche änderte sich nicht, doch wurden die Rohre auf 3700 mm Länge gekürzt. Den Dom legte man auf die Mitte des Langkessels und die Kesselmittellinie auf 2500 mm Höhe über SO; durch die höhere Kessellage konnte auch der Achsstand weiter verkleinert werden, so daß die Lokomotive ein ganz anderes Aussehen als ihre Vorgängerinnen erhielt.

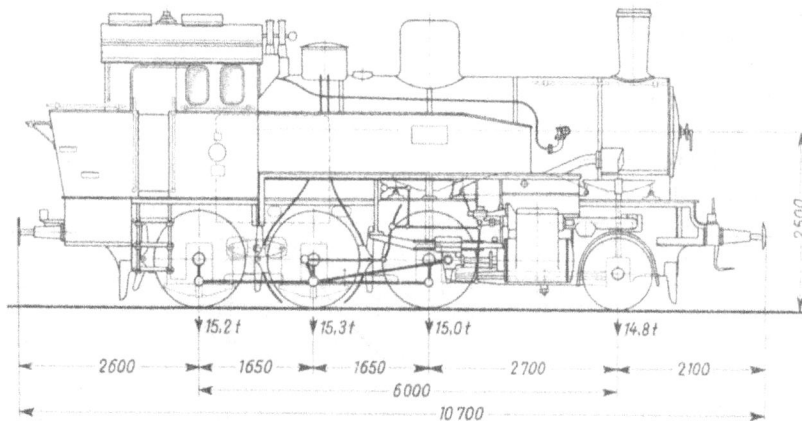

Abb. 66. 1 C n 2 Tenderlokomotive der Preußischen Staatsbahn, Gattung T 9³; Erbauer Union 1900—1914.

Rostfläche	1,53 m²	Treibraddurchmesser	1350 mm	Dienstgewicht d. Lok.	59,9 t
Verdampfungsheizfl.	107,3 m²	Zylinderdurchm.	2 × 450 mm	Reibungsgewicht	45,0 t
Kesseldruck	12 atü	Kolbenhub	630 mm		

96

Die Zylinderdurchmesser wurden entsprechend dem von 41 auf 45 t gestiegenen Reibungsgewicht von 430 auf 450 mm vergrößert. Die Kuppelzapfen der ersten Kuppelachse, die mit der Laufachse in einem Krauß-Helmholtz-Drehgestell vereinigt war und 27 mm Spiel nach jeder Seite hatte, waren anfangs kugelig; die vorderen Kuppelstangen konnten um einen senkrechten Bolzen ausschwingen. Später verwendete man verschiedentlich zylindrische Kuppelzapfen und das Hagansgelenk, bei dem die vordere Kuppelstange ebenfalls mit einer Gabel und einem Bolzen an die verlängerte hintere Kuppelstange angeschlossen wurde. Die seitliche Verschiebbarkeit der vorderen Kuppelachse und damit die Schiefstellung der Kuppelstangen wurde durch einen stehenden Drehkörper aufgenommen, der den Bolzen für die Stangengabel aufnahm.

Der Wasservorrat wurde auf 7 m³ erhöht, der Kohlenkasten lag hinter dem Führerhaus und faßte 2 t Kohle.

Die Laufeigenschaften der T 9³ Lokomotive waren gut; als Höchstgeschwindigkeit wurden 65 km/h zugelassen. Die Lokomotive konnte daher nicht nur für den Personenzugverkehr auf Nebenbahnen, sondern auch für den Sonntagsverkehr auf Hauptbahnen verwendet werden. Vorzüglich bewährte sich das Krauß-Helmholtz-Drehgestell. Die T 9³ wurde zur Entwicklungsgrundlage für alle weiteren preußischen 1 C Tenderlokomotiven; von ihr wurden bis zum Jahre 1914 insgesamt 2055 Stück für die Preußische Staatsbahn, 133 Stück für die Reichseisenbahnen in Elsaß-Lothringen und 23 Stück für andere Bahnen gebaut.

Unter den zuletzt genannten 23 Lokomotiven befanden sich 10 Stück, welche von der Württembergischen Staatsbahn im Jahre 1906/07 (als erste preußische Lokomotivgattung von einer süddeutschen Eisenbahnverwaltung) übernommen wurden. An diesen Maschinen wurde nur die Rohrteilung geändert und der Dampfdruck auf 13 atü erhöht. Zwei weitere Lokomotiven gingen an die Halberstadt—Blankenburger Eisenbahn und sind später mit einem Überhitzer ausgerüstet worden.

Nachdem die beschriebene T 9³ Lokomotive so vorzügliche Eigenschaften gezeigt hatte, begann der Widerstand gegen das Krauß-Helmholtz-Drehgestell zu schwinden. Die Adamsachse trat dafür immer mehr in den Hintergrund; nur in geringerem Umfang ist sie später noch verwendet worden. So z. B. führte die Mecklenburgische Staatsbahn im Jahre 1907 noch einmal eine regelspurige 1 C n 2 Tenderlokomotive mit einer Adamsachse aus; bis 1922 wurden von dieser Lokomotive 50 Stück gebaut. Die Adamsachse konnte bei den geringen Betriebsansprüchen und einfachen Streckenverhältnissen auf den Mecklenburgischen Strecken ohne Nachteile verwendet werden. Der Kessel war ungefähr ebenso groß wie der der Preußischen Lokomotiven; auffallend klein war der Treibraddurchmesser von 1150 mm, der von 1915 ab auf 1200 mm vergrößert wurde. Die zulässige Geschwindigkeit war anfangs auf 45 km/h festgesetzt, wurde aber später auf 55 km/h erhöht. Bei den preußischen 1 C und C 1 Lokomotiven mit Adamsachse betrug sie 60 km/h.

Weitere 1 C Tenderlokomotiven entstanden dann noch für eine Reihe von Kleinbahnen; sie besaßen zum Teil eine Adamsachse, zum Teil auch ein Krauß-Helmholtz-Drehgestell und unterschieden sich bei den häufig gleichartigen Bedürfnissen in ihren Hauptabmessungen nur wenig voneinander. Im Jahre 1925 wurden durch den Lokomotiv-Normenausschuß für Privatbahnen mit niederem Achsdruck 2 Regeltypen für 12 und 14 t Achsdruck entwickelt, und zwar wahlweise für Naßdampf und Heißdampf. Ihre Kennzeichen waren gedrängte Bauart, hochliegender Kessel, über dem Rahmen liegende Feuerbüchse und vereinigter seitlicher und Rahmen-Wasserkasten. Die Adamsachse hatte einem gezogenen Bisselgestell Platz gemacht.

Die ersten Versuche, die 1 C Tenderlokomotive auch zu einer reinen Personenzuglokomotive zu entwickeln, wurden im Jahre 1898 bei der Main—Neckarbahn gemacht. Bei der hier laufenden C Personenzug-Tenderlokomotive mit 1726 mm Treibraddurchmesser (s. S. 95) hatten sich die Wasservorräte als zu knapp erwiesen; man sah sich daher genötigt, zu einer von der Maschinenbaugesellschaft Karlsruhe entwickelten 1 C Lokomotive mit größerem Wasserkasten von 8,7 m³ Inhalt überzugehen. Die Laufachse war noch als Adamsachse ausgebildet. Die Kesselheizfläche war um etwa 10% größer, das Triebwerk der C Lokomotive aber mit den 1726 mm hohen Treibrädern wurde beibehalten, für deren Kessel es etwas zu groß war.

Die zulässige Geschwindigkeit wurde von 65 km/h bei den C Lokomotiven auf 75 km/h bei den 1 C Lokomotiven heraufgesetzt. Man setzte die neuen 1 C Lokomotiven sogar im Schnellzugdienst ein. Insgesamt sind von diesen Maschinen aber nur 4 Stück gebaut worden, denn die großen Raddurchmesser mahnten besonders bei der Rückwärtsfahrt aus den bereits früher erörterten Gründen zu großer Vorsicht. Immerhin können sie als die Vorläufer der späteren preußischen 2 C Tenderlokomotiven vom Jahre 1909 (Abb. 71) betrachtet werden.

Zu der Zeit, als im Berliner Vorortverkehr die 2 B Tenderlokomotiven mit dem Schmidtschen Rauchkammerüberhitzer in Betrieb kamen, stellte die Eisenbahndirektion Frankfurt am Main den Antrag, eine dreifach gekuppelte Tenderlokomotive zu entwickeln, welche Personenzüge mit einer Grundgeschwindigkeit von 65 km/h befördern konnte. Auf den Strecken Frankfurt—Hanau und Friedberg—Hanau war der Personenverkehr außerordentlich stark gestiegen, und auch andere Eisenbahndirektionen hatten sich diesem Antrage angeschlossen. Da die T 9³ für die hohen Geschwindigkeiten nicht mehr ausreichte, wurde im Jahre 1902 ein Entwurf einer 1 C n 2 Tenderlokomotive mit 1500 mm Treibraddurchmesser und Krauß-Helmholtz-Drehgestell zur Ausführung vorgeschlagen, den die Uniongießerei in Königsberg aufgestellt hatte (Gattung T 11, Abb. 67). Aus der Abbildung ist zu ersehen, daß sie aus

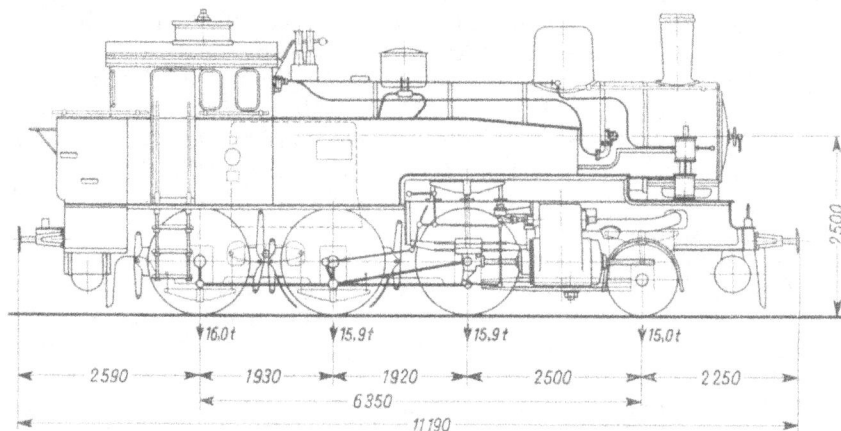

Abb. 67. 1 C n 2 Tenderlokomotive der Preußischen Staatsbahn, Gattung T 11;
Erbauer Union 1902.

Rostfläche . . . . . . 1,73 m²	Treibraddurchmesser 1500 mm	Dienstgewicht d. Lok. . 62,6 t
Verdampfungsheizfl. 116,4 m²	Zylinderdurchm. 2 × 480 mm	Reibungsgewicht . . . 47,4 t
Kesseldruck . . . . 12 atü	Kolbenhub . . . . . . 630 mm	

der T 9³ Lokomotive hervorgegangen ist. Ihre Höchstgeschwindigkeit wurde auf 80 km/h festgesetzt; das Reibungsgewicht stieg auf 48 t. Die Lokomotiven wurden anfangs mit Kolbenschiebern ausgerüstet, doch kehrte man wieder zu Flachschiebern zurück, weil die Ergebnisse der Versuche mit Kolbenschiebern an den Heißdampflokomotiven abgewartet werden sollten.

Um den Anlaufdruck der führenden Achse in den Gleisbögen zu vermindern, wurden die Angriffspunkte der Zughaken möglichst weit nach der Lokomotivmitte hin verlegt; diese Maßnahmen wurden lange Zeit hindurch bei zahlreichen preußischen Lokomotiven mit großer Baulänge durchgeführt.

Bis zum Jahre 1901 wurden 471 Lokomotiven der Gattung T 11 in Betrieb genommen, dazu kommen noch 9 Lokomotiven, welche die Lübeck—Büchener Bahn beschaffte. Eine Anzahl von Lokomotiven wurde später noch mit dem Schmidtschen Rauchröhrenüberhitzer ausgerüstet, der eine Heizfläche von 29 m² erhielt.

Inzwischen waren auch die Versuche mit dem Heißdampf zu einem Abschluß gekommen, der die Überlegenheit über den Naßdampf mit Sicherheit erhoffen ließ. Daher wurde schon im Jahre 1902 der Auftrag zur Ausrüstung einer Reihe von 1 C Tenderlokomotiven mit dem Schmidtschen Überhitzer gegeben; es entstand eine aus der T 11 abgeleitete Bauart, die

Gattung T 12 (Abb. 68). Die Versuche mit den Erstlingen zeigten die erwarteten Ergebnisse, nämlich eine erhebliche Vergrößerung der Leistung und Wirtschaftlichkeit. Vom Jahre 1905 an wurde daher diese Gattung in größerem Umfang neben den noch bis 1910 weiter beschafften Naßdampflokomotiven bestellt. Beide Bauarten stimmten, abgesehen von dem um 370 mm längeren Heißdampfkessel und den durch den Heißdampf bedingten sonstigen geringen Abweichungen miteinander überein. Vom Jahre 1906 an wurde der Rauchröhrenüberhitzer von Schmidt allgemein eingeführt; die bis dahin mit dem Rauchkammerüberhitzer ausgerüsteten Lokomotiven wurden nach und nach umgebaut.

Der Rauchröhrenüberhitzer hatte anfangs eine Heizfläche von nur 16,7 m³ gegenüber einer Verdampfungsheizfläche von 112 m³; die Überhitzungstemperaturen waren daher niedrig. Bei den späteren Ausführungen wurde daher die Überhitzerheizfläche auf 26 m² und schließlich auf 33,4 m² vergrößert.

Die Beschaffungszeit der T 12 Lokomotive hat sich bis zum Jahre 1921 erstreckt; bis zu diesem Zeitpunkt sind insgesamt 974 Lokomotiven gebaut worden. Dazu kommen noch 25 Stück für die Reichseisenbahnen in Elsaß-Lothringen, 4 Stück für die Halberstadt—Blankenburger Eisenbahn und von 1911—1925 zusammen 11 Stück für die Lübeck—Büchener Eisen-

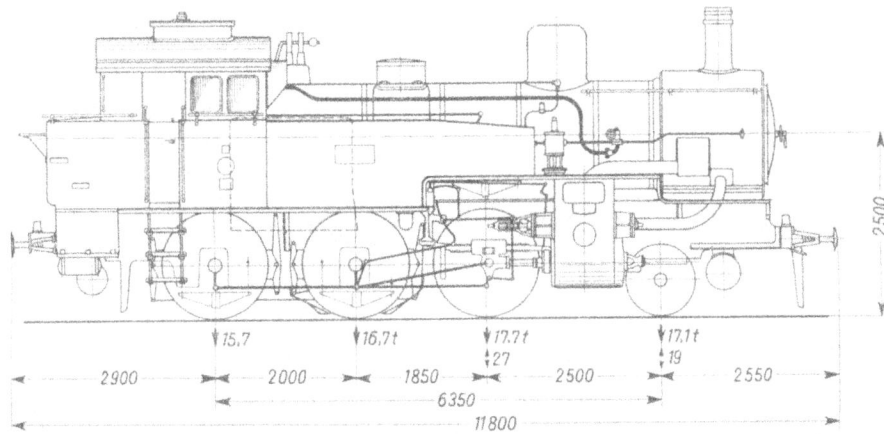

Abb. 68. 1 C h 2 Tenderlokomotive der Preußischen Staatsbahn, Gattung T 12;
Erbauer Borsig 1904.

Rostfläche . . . . . 1,73 m²	Kesseldruck . . . . . 12 atü	Kolbenhub . . . . . . 630 mm
Verdampfungsheizfl. 107,81 m²	Treibraddurchmesser 1500 mm	Dienstgewicht d. Lok. . 67,1 t
Überhitzerheizfläche 33,4 m²	Zylinderdurchm. 2 × 540 mm	Reibungsgewicht . . . 50,1 t

bahn. Diese Bahn vergrößerte sogar bei der Ausführung vom Jahre 1923 die Rostfläche auf 2,18 m² und die Heizfläche auf insgesamt 148 m², so daß diese Lokomotiven mit 69,6 t Dienstgewicht und 52,8 t Reibungsgewicht damals die schwersten 1 C Tenderlokomotiven im Vereinsgebiet waren. Sie besaßen an der Laufachse statt zweier Längstragfedern, wie sie die preußische Ausführung hatte, eine Quertragfeder.

Die Gesamtzahl der 1 C Personenzugtenderlokomotiven preußischer Bauarten betrug 1494 Stück.

Die T 12 Lokomotiven wurden zunächst zum größten Teil im Berliner Stadt-, Ring- und Vorortverkehr eingesetzt, wo schließlich rund 500 Stück tätig waren. Bis zum Ende des dritten Jahrzehntes unseres Jahrhunderts haben sie hier zur Zufriedenheit ihren Dienst verrichtet und sind erst aus dem Berliner Verkehr verschwunden, als dieser auf elektrische Zugförderung umgestellt wurde. Wie viele andere Heißdampflokomotiven waren auch sie anfangs mit Überhitzerklappen ausgerüstet, mit denen der Heizer die Heißdampftemperatur regeln konnte. Diese Klappen bewährten sich aber schlecht und wurden als unnötig erkannt; sie wurden daher zunächst im Berliner Stadtbahn-Verkehr versuchsweise ausgebaut und, als sich keine Nachteile ergaben, nach und nach auch bei den anderen Heißdampflokomotiven entfernt.

Während der langen Bauzeit wurde naturgemäß noch manche Änderung und Verbesserung an den T 12 Lokomotiven vorgenommen. Die Steuerung, die ursprünglich der Steuerung der T 11 Lokomotiven glich, erhielt in der Schieberschubstange die Kuhnsche Schleife, um das Springen des Schwingensteines bei Rückwärtsfahrt zu verringern; auch wurde das Umlaufblech geradlinig durchgeführt. Vom Jahre 1916 an erhielten die T 12 Speisewasservorwärmer, Kolbenspeisepumpe und Speisewasserreiniger mit Speisedom, wodurch das Gewicht allmählich von 62 auf 67 t stieg. Die Abb. 68 zeigt die letzte im Jahre 1921 gebaute Ausführung, die versuchsweise mit einem Heißdampfregler Bauart F. Wagner ausgerüstet wurde.

Auf längeren ohne Halt durchfahrenen Strecken waren die T 12 Lokomotiven nicht immer beliebt. Da sie hauptsächlich für die kurzen Streckenabschnitte mit zahlreichen Haltepunkten und Anfahrperioden auf den Berliner Bahnen entwickelt waren, hatte man den Dampfzylindern große Durchmesser gegeben (vgl. das Verhältnis des Zylinderinhalts zur Heizfläche). Der während der Fahrt zwischen 2 Haltestellen auftretende Druckabfall im Kessel konnte meist während des Auslaufs und des Aufenthaltes auf der Station wieder ausgeglichen werden; auf längeren Strecken mit höheren Geschwindigkeiten und schweren Zügen aber trat öfters Dampfmangel ein, der nur bei besonders gewandter Bedienung des Feuers vermieden werden konnte. Auf Strecken mit mäßig großen Stationsabständen aber waren die T 12 Lokomotiven sehr beliebt, da sie auch schwere Züge gut beschleunigten.

Fast gleichzeitig mit dem Erscheinen der ersten T 12 Lokomotiven entwickelte die Preußische Staatsbahn 1902 als Versuch eine 1 C 1 n 3 Tenderlokomotive, die im Wettbewerb mit der T 12 auf der Berliner Stadtbahn laufen sollte. Die Bauart 1 C 1 hatte sich schon seit längerer Zeit in Baden als Gattung VI b (S. 191) bewährt. Eine Personenzug-Tenderlokomotive mit führenden Laufachsen in beiden Fahrtrichtungen wäre gerade auf der Berliner Stadtbahn sehr zweckmäßig gewesen; außerdem erwartete man von dem Dreizylinder-Triebwerk eine gute Anfahrbeschleunigung, die bei den zahlreichen Haltestellen und kurzen Stationsentfernungen wertvoll war.

Abb. 69. 1 C 1 n 3 Tenderlokomotive der Preußischen Staatsbahn, Gattung T 6; Erbauer Schwartzkopff 1902.

Rostfläche	2,3 m²	Zylinderdurchm.	3 × 500 mm
Verdampfungsheizfl.	154,5 m²	Kolbenhub	630 mm
Kesseldruck	14 atü	Dienstgewicht d. Lok. .	78,95 t
Treibraddurchmesser	1500 mm	Reibungsgewicht . . .	48,8 t

Nach dem 1900 von Wittfeld gemachten Vorschlage wurden 12 Stück 1 C 1 n 3 Lokomotiven gebaut, die das Gattungszeichen T 6 (Abb. 69) erhielten. Sie sollten wesentlich leistungsfähiger werden als die badischen 1 C 1 Lokomotiven, doch waren die Hauptabmessungen der Lokomotive völlig verfehlt. Obwohl der Kessel an sich nicht klein war, stand seine Heizfläche in argem Mißverhältnis zu den 3 Zylindern von 500 mm Durchmesser. Ein Vergleich ihrer Abmessungen mit denen der badischen 1 C 1 Lokomotive und der preußischen 1 C n 2 Gattung T 11 läßt erkennen, wie sehr das Verhältnis des Zylinderinhaltes zur Rostfläche und Heizfläche von den gleichen Werten der bewährten bisherigen Lokomotivgattungen abwich:

	Verhältnis Zylinderinhalt (dm³) zu		Garbesche Zugkraft-kennziffer
	1 m² Rostfläche	1 m² Heizfläche	
T 6	162	2,42	32,3
T 11	133	1,98	20,3
VI b bad.	103	1,62	19

Ebenso ungünstig war auch das Verhältnis des Zylinderinhaltes zum Reibungsgewicht, das in der außerordentlichen Höhe der Garbeschen Zugkraft-Kennziffer zum Ausdruck kommt. Die Zylinder waren also viel zu groß. Ein Fortschritt war immerhin, daß man die Laufachsen in Krauß-Helmholtz-Drehgestellen untergebracht hatte. Bei Versuchsfahrten auf der Berliner Stadtbahn im Jahre 1903 war die T 6 den 1 C h 2 Tenderlokomotiven der Gattung T 12 wirtschaftlich weit unterlegen; die T 12 verbrauchte 35% weniger Kohle und 40% weniger Wasser. Da die Lokomotiven durch den Umbau in Heißdampfmaschinen wohl etwas wirtschaftlicher, aber noch schwerer geworden wären, wurden sie in Zweizylinderlokomotiven umgebaut, indem man den Innenzylinder entfernte und die Kurbeln der Außenzylinder um 90⁰ gegeneinander versetzte. In diesem Zustande haben 10 Lokomotiven noch bis 1913 im Berliner Vorortverkehr Eilgüterzüge befördert, wurden aber dann an andere Eisenbahndirektionen abgegeben und vorzeitig ausgemustert.

Der Fehlschlag der T 6 Lokomotive lag also nicht in der Achsanordnung, sondern in der vollkommen falschen Bemessung der Zylinder und des Kessels. A. v. Borries hatte schon im Jahre 1900, als die Lokomotive noch im Entwurf war, den Mißerfolg vorausgesagt, seine Warnungen wurden aber nicht gehört.

Da nun die T 12 die wesentlichen Betriebsansprüche gut befriedigte, ist bis zum Ende unseres Berichtszeitraums bei der Preußischen Staatsbahn keine Lokomotive der Achsanordnung 1 C 1 mehr gebaut worden. Außerhalb der Preußischen Staatsbahn fand jedoch die 1 C 1 Lokomotive in Norddeutschland bei verschiedenen Kleinbahnen in späteren Jahren Anhänger. Zum ersten Male beschaffte die Samlandbahn in Ostpreußen eine 1 C 1 Lokomotive (Abb. 70); bald wurde sie auch auf anderen norddeutschen Kleinbahnen eingeführt, anfangs als Naßdampflokomotive mit Kolbenschiebern, später auch als Heißdampflokomotive. Bei diesen Ausführungen waren die Laufachsen als Bisselachsen ausgeführt. Das Gewicht war trotz des gleich großen Kessels und des stärkeren Triebwerks geringer als bei den badischen VI b Lokomotiven, weil ein Teil der Wasservorräte zwischen den Rahmen untergebracht war.

Mit der T 12 Lokomotive war eine leistungsfähige Personenzug - Tenderlokomotive geschaffen, die in Preußen viele Jahre hindurch fast alle An-

Abb. 70. 1 C 1 h 2 Tenderlokomotive der Samlandbahn;
Erbauer Orenstein und Koppel 1915.

Rostfläche	1,8 m²	Zylinderdurchm.	2 × 500 mm
Verdampfungsheizfl.	88,0 m²	Kolbenhub	600 mm
Überhitzerheizfläche	23,0 m²	Dienstgewicht d. Lok.	60,0 t
Kesseldruck	12 atü	Reibungsgewicht	36,0 t
Treibraddurchmesser	1600 mm		

sprüche des Nahpersonenzugdienstes bewältigen konnte; nur an einigen wenigen Stellen bestand das Verlangen nach einer noch leistungsfähigeren Tenderlokomotive. So z. B. war im Bezirke der Eisenbahndirektion Frankfurt am Main schon im Jahre 1896 auf der Main—Neckarbahn mit wenig Erfolg versucht worden, eine C Tenderlokomotive für Schnellzüge zu verwenden (s. S. 95); 3 oder 4 Achsen gestatteten eben bei niedrigem Achsdrucke nicht, eine Leistung unterzubringen, die einerseits höhere Geschwindigkeiten, andererseits eine gute Ausnutzung des Reibungsgewichts ermöglichte. Von hier gingen daher auch die Wünsche nach einer 1 C Lokomotive aus, die dann zur T 11 und T 12 Lokomotive führten.

Die rechtsrheinischen Schnell- und Personenzüge von Köln nach Frankfurt mußten auf den Kopfbahnhöfen Wiesbaden und Frankfurt Lokomotiven für die nur 41 km lange Strecke Wiesbaden—Frankfurt erhalten. Bei dieser kurzen Entfernung waren Schlepptenderlokomotiven unwirtschaftlich. Man machte mit der bayerisch-pfälzischen 1 B 2 Tenderlokomotive einen

Versuch; diese Lokomotive besaß aber ein ungenügendes Reibungsgewicht. Auch die T 12 Lokomotive reichte nicht aus, denn Schnellzüge von 50 Achsen sollten mit einer Geschwindigkeit von 80 km/h, Personenzüge von 60 Achsen mit 70 km/h befördert werden. Die badische 1 C 1 Tenderlokomotive der Gattung VI b (Abb. 161) hätte den lauftechnischen Ansprüchen wohl am ehesten genügt, war aber ebenfalls zu schwach.

Nach den Vorschlägen Garbes wählte man im Jahre 1907 für die hier einzusetzende Tenderlokomotive die Achsanordnung der 2 C h 2 Personenzuglokomotive P 8 mit gleichen Abmessungen des Trieb- und Laufwerks, und setzte auf dieses Fahrgestell den Kessel der P 6 Lokomotive, allerdings mit kürzerem Rost und kürzeren Rohren.

Die so entstandene 2 C h 2 Schnellzug-Tenderlokomotive (Gattung T 10) ist in Abb. 71 dargestellt; sie ist die einzige deutsche Tenderlokomotive des in diesem Bande behandelten Zeitraumes, die 1750 mm hohe Treibräder hatte und für die daher eine Geschwindigkeit von 100 km/h zugelassen wurde. Sie ist auch im Vereinsgebiet die einzige großrädrige 2 C Tender-

Abb. 71. 2 C h 2 Tenderlokomotive der Preußischen Staatsbahn, Gattung T 10;
Erbauer Borsig 1907.

Rostfläche . . . . . . 1,85 m²	Kesseldruck . . . . . 12 atü	Kolbenhub . . . . . . 630 mm
Verdampfungsheizfl. 134,33 m²	Treibraddurchmesser 1750 mm	Dienstgewicht d. Lok. . 76,1 t
Überhitzerheizfläche 39,2 m²	Zylinderdurchm. 2 × 575 mm	Reibungsgewicht . . . 48,7 t

lokomotive geblieben. Die Lokomotivführer benutzten sie ungern für die Rückwärtsfahrt; sie wendeten daher die Lokomotive nach Möglichkeit auf den Kopfstationen, so daß die Fahrten meist mit dem Schornstein voran angetreten wurden.

Die T 10 Lokomotive entsprach in der Leistung den Erwartungen. In ihrem Aussehen ähnelte sie den zahlreichen Lokomotiven, an deren Entwürfen Garbe maßgebend beteiligt war. So mußte der Kessel wie bei allen Garbeschen Bauarten (S 4, S 6, P 6) der Gewichtsverteilung wegen weit nach vorn verlegt werden. Insgesamt wurden jedoch von der T 10 Lokomotive nur 12 Stück gebaut. Vom Jahre 1912 an wurde sie durch eine neue 2 C 2 Tenderlokomotive der Gattung T 18 ersetzt, da man schließlich doch wohl Bedenken gegen die hohen Geschwindigkeiten bei der Rückwärtsfahrt hatte und außerdem für die bessere Ausnützung ein größerer Wasser- und Kohlenvorrat erwünscht war. Die schnellfahrende Tenderlokomotive aber hatte keineswegs eine folgerichtige gradlinige Entwicklung.

Schon im Jahre 1903 war der Gedanke aufgetaucht, die sehr stark belasteten, mit mäßigen Neigungen versehenen Hauptstrecken in Thüringen dadurch zu entlasten, daß die Schnellzüge über abkürzende Gebirgsstrecken geleitet wurden. Lokomotiven, die diesen Ansprüchen genügt hätten, waren noch nicht vorhanden. Es sollten Züge von 180—200 t auf einer Steigung von $10^0/_{00}$ mit 75 km/h und in der Ebene mit 90 km/h befördert werden können. Die Firma Henschel u. Sohn erhielt den Auftrag, eine solche Lokomotive zu bauen, und zwar eine Tenderlokomotive mit der Achsanordnung 2 C 2 (Abb. 72). Sie wurde als Heißdampf-Vierzylinder-Verbundlokomotive entwickelt und war die erste und auch zunächst für längere Zeit die einzige Lokomotive dieser Art in Preußen; mit ihrer Rostfläche von 4,1 m² übertraf sie alle bisherigen preußischen Lokomotiven. Neu waren die beiden gleichartig eingerichteten Führerhäuser an den Enden der Lokomotive, die insofern verfehlt waren, als in der einen Fahrtrichtung der Lokomotivführer vom Heizer getrennt war und in diesem Falle ein dritter Mann zur Unterstützung des Lokomotivführers bei der Streckenbeobachtung mitfahren mußte.

Die Lokomotive entsprach dem gedachten Zweck an und für sich wohl, es stellte sich aber gelegentlich einer Verwiegung heraus, daß sie, wie vorauszusehen, viel zu schwer geworden war: statt 108 t wog sie 123 t. Sie besaß ein Reibungsgewicht von 59,6 t und einen Achsdruck der Treibachsen von 20 t. Da ein Umbau und eine Gewichtsverringerung unmöglich erschien, konnte sie des Oberbaues wegen auch auf den besten Hauptstrecken nicht verwendet werden; sie wurde daher abgestellt und verschrottet. Das

Abb. 72. 2 C 2 h 4 v Tenderlokomotive der Preußischen Staatsbahn; Erbauer Henschel 1904.

Rostfläche	4,1 m²	Zylinderdurchm.	2 × 420/630 mm
Verdampfungsheizfl.	191,2 m²	Kolbenhub	630 mm
Überhitzerheizfläche	44,0 m²	Dienstgewicht d. Lok.	123,0 t
Kesseldruck	14 atü	Reibungsgewicht	59,6 t
Treibraddurchmesser	1750 mm		

Vierzylinderverbund-Triebwerk war nach heutiger Anschauung für den gedachten Verwendungszweck nicht besonders geeignet, denn das Verbundverfahren konnte bei Lokomotiven, die auf kurzen Strecken und dazu noch auf Gebirgsstrecken mit wechselnden Steigungsverhältnissen verkehren, keine Vorteile gegenüber der Zwillings- oder Drillingsanordnung bringen. Die Maschine war in der Größenordnung ihrer Zeit um über 20 Jahre vorausgeeilt; erst in der zweiten Hälfte der 20er Jahre ist die Deutsche Reichsbahn wieder zu einer 2 C 2 h 2 Tenderlokomotive übergegangen, die ähnliche Hauptabmessungen besaß, aber erheblich mehr leistete. Mehr Erfolg hatten die Reichseisenbahnen in Elsaß-Lothringen, die im Jahre 1905 eine 2 C 2 n 4 v Tenderlokomotive beschafften (s. S. 271, Abb. 227). Acht Jahre hat es gedauert, bis es in Preußen wieder zu ähnlichen Tenderlokomotiven kam.

Auf der Insel Rügen wurden seit Jahren die Schweden-Schnellzüge nach Saßnitz mit den 1 C h 2 Tenderlokomotiven der Gattung T 12 befördert. Nachdem die Eröffnung des Fährbetriebes im Jahre 1907 den Schwedenverkehr belebt hatte, stellte sich im Jahre 1911 sowohl für die Insel Rügen das Bedürfnis nach einer leistungsfähigeren Tenderlokomotive heraus. Ein ähnliches Bedürfnis bestand, wie geschildert, auch für die kurzen Pendelstrecken Wiesbaden—Frankfurt und Wiesbaden—Mainz. Die Preußische Staatsbahn bestellte daher eine 2 C 2 h 2 Tenderlokomotive (Gattung T 18), die im Jahre 1912 erstmals vom Stettiner Vulkan geliefert wurde (Abb. 73 und Tafel 7). Der Kessel entsprach dem der P 8 Lokomotive, doch mußte wegen des hinteren Drehgestelles die Rostfläche von 2,63 auf 2,44 m² verkleinert werden, was bei kurzer Fahrtdauer annehmbar schien. Außerdem mußte die Feuerbüchse trotz der um 100 mm höheren Kessellage 145 mm niedriger werden als bei der P 8 Lokomotive. Da beabsichtigt war, die Lokomotive auch im Schnellzugverkehr zu verwenden, wurden die Rahmenbleche 30 mm dick ausgeführt und über den Drehgestellen durch kräftige Stahlgußverbindungen versteift.

Um einen guten Lauf in Gleisbögen zu erzielen, erhielten die Drehgestelle 40 mm Spiel nach jeder Seite; außerdem wurden die Spurkränze der mittleren gekuppelten Achse um 10 mm geschwächt. Ferner wurde, um den Einfluß der Vorräte auf das Reibungsgewicht zu ver-

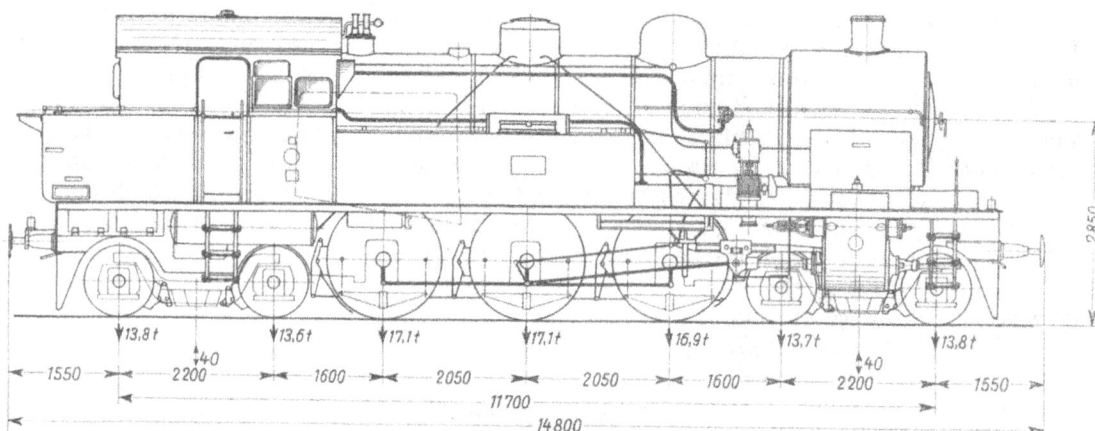

Abb. 73. 2 C 2 h 2 Tenderlokomotive der Preußischen Staatsbahn, Gattung T 18;
Erbauer Vulkan 1912—1927.

Rostfläche . . . . . . 2,44 m²	Kesseldruck . . . . . 12 atü	Kolbenhub . . . . . . 630 mm
Verdampfungsheizfl. 138,34 m²	Treibraddurchmesser 1650 mm	Dienstgewicht d. Lok. . 105,0 t
Überhitzerheizfläche 49,2 m²	Zylinderdurchm. 2 × 560 mm	Reibungsgewicht . . . 51,1 t

mindern, für die Federn der gekuppelten Achsen ein härterer Federstahl verwendet als für die Drehgestelle; das hatte den Erfolg, daß die größten Unterschiede im Reibungsgewicht, die sich aus den Schwankungen im Gewicht der Vorräte ergaben, rechnerisch von 7000 auf 5900 kg vermindert wurden.

Die Lokomotive erwies sich als recht brauchbar und ist auch tatsächlich trotz ihres Treibraddurchmessers von nur 1650 mm lange im leichten und mittelschweren Schnellzugverkehr zwischen Berlin und Stettin (135 km) verwendet worden. Sie sollte dabei Züge im Gewicht von 350 t auf der Waagerechten mit einer Geschwindigkeit von 90 km/h befördern. Sie wurde nicht nur an die Preußische Staatsbahn (1912—1927: 460 Stück), sondern auch an die Reichseisenbahnen in Elsaß-Lothringen, an die Württembergische Staatsbahn und an die Saarbahnen bis 1924 in insgesamt 74 Stück geliefert; auch die Türkischen Staatsbahnen haben einige T 18 Lokomotiven gekauft.

Die T 18 Lokomotive stellt die letzte Entwicklungsstufe der Personenzug-Tenderlokomotive in Preußen in der Zeit bis 1920 dar. Mit ihr war die Reihe der Tenderlokomotiven für den Personenzugdienst so weit ergänzt, daß alle nur möglichen Betriebsansprüche ohne Schwierigkeiten mit den verschiedenen Lokomotivbauarten befriedigt werden konnten. Für Bergstrecken standen außerdem noch mehrere Tenderlokomotivgattungen zur Verfügung, die ihrem Aufbau nach zwar Güterzuglokomotiven, dort aber auch für Personenzüge verwendbar waren. Sie werden weiter unten besonders behandelt werden.

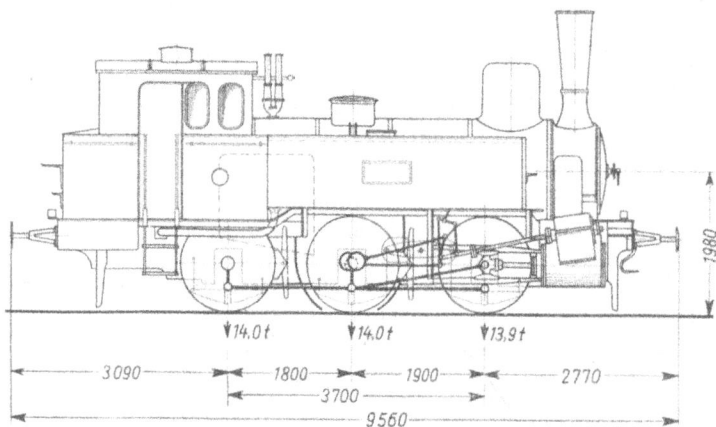

Abb. 74. C n 2 Tenderlokomotive der Preußischen Staatsbahn, Gattung T 7; Erbauer Union und andere 1883—1893.

Rostfläche . . . . . . 1,32 m²	Zylinderdurchm. 2 × 430 mm
Verdampfungsheizfl. 96,18 m²	Kolbenhub . . . . . . 630 mm
Kesseldruck . . . . 12 atü	Dienstgewicht d. Lok. . 41,9 t
Treibraddurchmesser 1330 mm	Reibungsgewicht . . . 41,9 t

Für den schweren Verschiebedienst im Ruhrgebiet und auch für den Güterverkehr auf der Berliner Ringbahn war im Jahre 1883 eine neue schwere C n 2 Tenderlokomotive, die Gattung T 7, entwickelt worden (Abb. 74). Sie lehnte sich in mancher Hinsicht an Lokomotiven ähnlichen Gewichtes aus den 70er Jahren an (vgl. Bd. I, S. 270, Abb. 381—387), doch war der Kohlenvorrat hinter dem Führerhaus untergebracht. Der Kessel rückte dadurch weiter nach vorn, so daß die Feuerbüchse die letzte Achse nur noch wenig überragte. Ähnlich wie bei der C Normal-Güterzuglokomotive der Preußischen Staatsbahn war auch bei der T 7 die Rostfläche im Vergleich zur Kessel-

Abb. 75. C n 2 Tenderlokomotive der Altona-Kaltenkirchener Eisenbahn; Erbauer Henschel 1884—1890.

Rostfläche	0,57 m²	Zylinderdurchm.	2 × 230 mm
Verdampfungsheizfl.	22,2 m²	Kolbenhub	400 mm
Kesseldruck	12 atü	Dienstgewicht d. Lok.	15,0 t
Treibraddurchmesser	900 mm	Reibungsgewicht	15,0 t

heizfläche sehr klein (R : H = 1 : 83), während bei der T 3 Lokomotive dieser Wert 1 : 45 betrug. Der Kessel hatte einen Dampfdruck von nur 10 atü; bei den letzten Lieferungen und bei später gebauten Ersatzkesseln wurde der Druck auf 12 atü erhöht, die Rohre wurden ein wenig gekürzt und die Rostfläche wurde auf 1,32 m² vergrößert, so daß sich R : H = 1 : 73 ergab. Die Abfederung stimmte mit der T 3 überein mit dem Unterschied, daß die Tragfedern unter den Achslagern lagen. Besonders zweckmäßig für den Verschiebedienst war die Anordnung von Bremsklötzen an allen Achsen.

Die weitere Beschaffung der T 7 Lokomotive wurde im Jahre 1893 eingestellt, nachdem bei der Preußischen Staatsbahn die C 1 und 1 C Tenderlokomotiven der Gattung T 9 entwickelt waren. Von einzelnen Privatbahnen ist die T 7 Lokomotive teilweise noch bis zum Jahre 1925 (im ganzen etwa 40 Stück) beschafft worden; zu diesen Bahnen gehörten z. B. die hessische Ludwigsbahn (hier erhielt die T 7 1440 mm Raddurchmesser), die Dortmund—Gronau—Enschede Eisenbahn (Innensteuerung), die Breslau—Warschauer Eisenbahn, die Peine—Ilseder und die Oberschlesische Bahn, ferner verschiedene Hafenbahnen und Hüttenwerke.

Auf den in den 80er und 90er Jahren gebauten privaten Nebenbahnen konnten die Verkehrsbedürfnisse im allgemeinen mit C Tenderlokomotiven befriedigt werden, die der preußischen C Tenderlokomotive der Gattung T 3 glichen oder mehr oder weniger ähnelten. Bisweilen genügten sogar noch kleinere Bauarten; eine solche besonders kleine Ausführung von Henschel ist in Abb. 75 dargestellt. Diese Lokomotive hatte nur 5 t Achsdruck und gehörte der Altona—Kaltenkirchener Eisenbahn. Die Fahrzeuge der genannten Bahn besaßen damals noch trotz der Regelspurweite von 1435 mm eine Mittelpufferkupplung.

Auf den Thüringischen Kleinbahnen liefen ebenfalls viele kleine C Tenderlokomotiven mit Achsständen von 2250—2500 mm und Dienstgewichten von etwa 22 t; viele von diesen erhielten, etwa von 1883 an, einen Dampfdruck von 13 atü. An einigen Stellen aber zeigte sich auch das Bedürfnis nach größeren Treibrädern als die T 3 Lokomotive sie besaß, besonders, als die zulässige Geschwindigkeit auf den Nebenbahnen heraufgesetzt wurde. Auf vielen Nebenbahnen wurde im Laufe der Jahre auch der zulässige Achsdruck auf 12 t erhöht. So entstanden nach und nach zahlreiche verschiedene Bauarten, deren Kessel und Treibraddurchmesser größer waren als bei der T 3 Lokomotive. Ein solches Beispiel ist in der Abb. 76 (Hanomag) dargestellt; von ihr wurden zwischen 1901 und 1909 5 Stück an die Niederlausitzer Eisenbahn geliefert.

Abb. 76. C n 2 Tenderlokomotive der Niederlausitzer Eisenbahn; Erbauer Hanomag 1901—1909.

Rostfläche	1,59 m²	Zylinderdurchm.	2×400 mm
Verdampfungsheizfl.	74,9 m²	Kolbenhub	600 mm
Kesseldruck	12 atü	Dienstgewicht d. Lok.	37,6 t
Treibraddurchmesser	1350 mm	Reibungsgewicht	37,6 t

Wo 14 t Achsdruck zugelassen waren, griff man bisweilen auf die preußische T 7 Lokomotive zurück (Abb. 74), doch war diese wegen ihrer sehr kleinen Rostfläche als Streckenlokomotive nicht sehr geeignet. Auch der feste Achsstand von 3700 mm war für krümmungsreiche Strecken reichlich groß; daher bildeten sich für solche Zwecke schon 1904 Lokomotiven heraus, deren Treibraddurchmesser, Achsstände und Wasserkastenrahmen von der preußischen T 3 (Abb. 52) übernommen waren, deren Kessel aber Rostflächen von 1,3—1,6 m² und Heizflächen von 80—90 m² erhielten. Die Zylinderdurchmesser wurden dementsprechend auf etwa 430—450 mm vergrößert.

Derartige Lokomotiven wurden in großer Zahl für Industriebahnen gebaut und erfreuten sich jahrelang großer Beliebtheit. Von 1904—1920 dürften von dieser Bauform etwa 220 Stück gebaut worden sein; auch in Holland war sie anzutreffen (s. S. 432).

Eine noch schwerere C n 2 v Tenderlokomotive ist in Abb. 77 dargestellt (Hanomag 1908); sie lief bei der Westfälischen Landeseisenbahn, die lange Bergstrecken mit gleichmäßigen Steigungen von 1 : 50 besaß. Die Lokomotive hatte besonders große Flachschieber (Fläche 328 × 555 mm), deren Bewegung große Kräfte erforderte. Der im Bilde dargestellte leichte Gleitbahnträger erwies sich für die Aufnahme dieser Kräfte als zu schwach; er mußte später durch einen kräftigen, mit starken Rippen versehenen Träger aus Stahlguß ersetzt werden. Bei der Nachlieferung fast gleicher, nur etwas kürzer und höher gebauter Lokomotiven wurden die Flachschieber auf 234 × 555 mm verkleinert; angefahren wurde mit einer Anfahrvorrichtung nach der Bauart Gölsdorf.

Auf Steigungen von 14,3⁰/₀₀ beförderten diese Lokomotiven Züge von 334 t mit 20 km/h und Züge von 150 t mit 40 km/h; sie dürften neben einer abweichenden Bauart der Münchener Lokalbahn-A.-G. die einzigen C Verbund-Tenderlokomotiven in Deutschland gewesen sein.

Das Heißdampfverfahren hat sich ebenfalls bei den C Tenderlokomotiven für Streckendienst nicht mehr durchsetzen können; die einzige Ausführung einer C Heißdampf-Tenderlokomotive wurde 1904/05 bei der Preußischen Staatsbahn entwickelt.

Durch die Eisenbahn-Bau- und Betriebsordnung vom 4. November 1904 wurde die zulässige Fahrgeschwindigkeit auf den Nebenbahnen von bisher 40 km/h auf 50 km/h erhöht. Die Eisenbahndirektion Hannover hatte bereits im Juli 1904 als Ersatz für die

Abb. 77. C n 2 v Tenderlokomotive der Westfälischen Landeseisenbahn; Erbauer Hanomag 1908.

Rostfläche	1,6 m²	Zylinderdurchm.	420/630 mm
Verdampfungsheizfl.	75,5 m²	Kolbenhub	600 mm
Kesseldruck	13 atü	Dienstgewicht d. Lok.	43,7 t
Treibraddurchmesser	1350 mm	Reibungsgewicht	43,7 t

C Tenderlokomotive der Gattung T 3 mit 10—11 t Achsdruck, für die eine Höchstgeschwindigkeit von 30 km/h, notfalls von 40 km/h zugelassen war, eine neue C Tenderlokomotive mit 1350 mm Raddurchmesser beantragt, für die A. v. Borries wieder die Anwendung des Heißdampfes empfahl. Garbe schlug vor, die Lokomotive nun auch für 14 t Achsdruck zu bauen, der bereits auf verschiedenen Nebenbahnstrecken zugelassen war, denn er glaubte, diese Lokomotive könne als eine Art Universaltenderlokomotive für Verschiebedienst wie auch für Gü-

Abb. 78. C h 2 Tenderlokomotive der Preußischen Staatsbahn, Gattung T 8; Erbauer Linke-Hofmann 1905.

Rostfläche	1,48 m²	Zylinderdurchm.	2 × 500 mm
Verdampfungsheizfl.	68,5 m²	Kolbenhub	600 mm
Überhitzerheizfläche	17,9 m²	Dienstgewicht d. Lok.	45,5 t
Kesseldruck	10 atü	Reibungsgewicht	45,5 t
Treibraddurchmesser	1350 mm		

ter- und Personenzüge verwendet werden. Er schlug vor, an dieser neuen Lokomotive, der Gattung T 8 (Abb. 78), wahlweise den Rauchkammer- und den Rauchröhrenüberhitzer zu verwenden, doch entschied man sich für den letztgenannten. Die erste Bestellung erging noch im Jahre 1905 an Linke-Hoffmann in Breslau. Die T 8 war also die erste preußische Lokomotivtype, die von Beginn an einen Rauchröhrenüberhitzer erhielt.

Trotzdem man überall an Gewicht sparte und die Bleche des Rundkessels nur 11,5 mm, die Rahmenbleche nur 12 mm dick machte, betrug das Betriebsgewicht der Lokomotive statt der erwarteten 42 t fast 46 t; sie war also für ihren ursprünglich gedachten Zweck nicht verwendbar.

Die Lokomotive war zwar leistungsfähig, aber ihr Lauf befriedigte keineswegs. Wie zuerst auch bei den Lokomotiven mit Schlepptendern hatte Garbe die hin- und hergehenden Massen nicht ausgeglichen. War diese Maßnahme schon bei den Schlepptenderlokomotiven falsch, so zeigten sich bei der Tenderlokomotive die Folgen noch viel deutlicher: da bei ihr die ausgleichende Wirkung des Tenders fehlte, zuckte die T 8 Lokomotive sehr stark. Außerdem klagte man bei Geschwindigkeiten zwischen 55 und 60 km/h über starkes Nicken, obgleich der Kohlenkasten nicht hinter dem Führerhaus, sondern neben dem Kessel lag. Eine Vergrößerung des Achsstandes um 200 mm im Jahre 1908 brachte keine nennenswerte Abhilfe; die Lokomotive wurde daher überall aus dem Vorortverkehr und aus dem sonstigen Streckendienst gezogen und mußte ihr Dasein als Verschiebelokomotive beenden. Da viele Teile zu knapp bemessen waren, wurden häufige Ausbesserungen erforderlich; die Bauart war also im großen und ganzen mißraten. Nachdem bis 1909 etwa 100 Stück beschafft worden waren, wurde früh mit der Ausmusterung begonnen; nur auf Privatbahnen haben einige aus dem Bestande der Preußi-

Abb. 79. C h 2 Tenderlokomotive der Priegnitzer Eisenbahn; Erbauer Henschel 1915.

Rostfläche	1,41 m²	Zylinderdurchm.	2 × 420 mm
Verdampfungsheizfl.	57,2 m²	Kolbenhub	550 mm
Überhitzerheizfläche	21,5 m²	Dienstgewicht d. Lok.	40,0 t
Kesseldruck	14 atü	Reibungsgewicht	40,0 t
Treibraddurchmesser	1200 mm		

Abb. 80. E n 2 Tenderlokomotive der Preußischen Staatsbahn mit Haganstriebwerk, Gattung T 15; Erbauer Henschel 1896—1905.

Rostfläche	2,34 m²	Zylinderdurchm.	2 × 520 mm
Verdampfungsheizfl.	136,92 m²	Kolbenhub	630 mm
Kesseldruck	12 atü	Dienstgewicht d. Lok.	70,0 t
Treibraddurchmesser	1200 mm	Reibungsgewicht	70,0 t

schen Staatsbahn erworbene Lokomotiven noch bis in die 20er Jahre Dienst geleistet.

An der Gattung T 8 wurden übrigens erstmals die durch den vorderen Zylinderdeckel hindurchgeführten Kolbenstangen durch Schutzhülsen gesichert, da im Verschiebedienst verschiedentlich mitfahrende Rangierer durch die hin- und hergehenden Kolbenstangen verletzt worden waren.

In etwas größerem Umfange fand der Heißdampf Eingang bei den C Tenderlokomotiven der Kleinbahnen, da bei diesen die C Maschine für den Streckendienst länger beschafft wurde als bei der Staatsbahn. Als frühes Beispiel sei eine im Jahre 1907 von Borsig an die Kleinbahn Voldagsen—Delligsen gelieferte C h 2 Tenderlokomotive erwähnt. Langsam wanderte auch bei den Kleinbahnlokomotiven der Kessel in die Höhe; der Speisewasservorwärmer und die Kolbenspeisepumpe wurden eingeführt. Die Abb. 79 zeigt eine solche späte C Lokomotive, deren Kesselmittellinie 2400 mm über SO liegt; sie gehörte der Priegnitzer Eisenbahn.

Selbst in den engen Grenzen des Achsdrucks auf den Kleinbahnen, der zwischen 12 und 14 t, vereinzelt darunter lag, bildeten sich zahlreiche Bauarten von C Tenderlokomotiven heraus, die sich in ihren Leistungen und Hauptabmessungen nur wenig voneinander unterschieden. Um hier Einheitlichkeit zu schaffen, wurden um das Jahr 1920 auf Anregung der beteiligten Kreise vom Engeren Lokomotiv-Normen-Ausschuß für Lieferungen an Privatbahnen die ELNA-Lokomotivtypen für 12 und 14 t Achsdruck entwickelt, deren besonderes Kennzeichen der auf den Rahmen gestellte Kessel, der T förmig über und zwischen den Rahmen liegende Wasserkasten und die Raddurchmesser von 1100 und 1200 mm waren. Diese Lokomotiven sollen in dem später erscheinenden dritten Bande behandelt werden.

Auf verschiedenen bogenreichen Nebenbahnstrecken in Thüringen und an der Mosel aber stellte sich schon gegen Ende der 90er Jahre das Bedürfnis nach einer vierfach gekuppelten Tenderlokomotive heraus. Wegen der schwerwiegenden Bedenken, die man damals gegen den Lauf vierfach gekuppelter Lokomotiven in engen Gleisbögen hegte, wählte man zunächst 1898/99 eine D Lokomotive von Henschel mit dem Hagans-Triebwerk, bei dem die hinteren beiden in einem Trieb-Drehgestell zusammengefaßten gekuppelten Achsen mit einem Schwing-

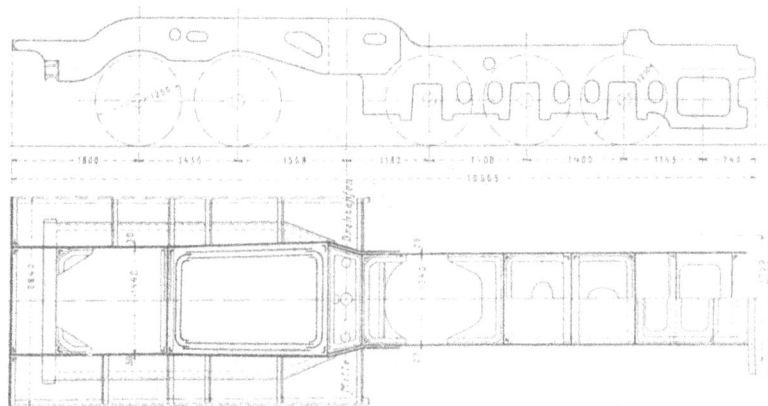

Abb. 81. Rahmen zur E n 2 Tenderlokomotive, Bauart Hagans.

108

hebeltriebwerk vom Kreuzkopf aus angetrieben wurden. Da dieses Triebwerk die Ausbildung einer außenliegenden Steuerung behinderte, wählte man eine innenliegende Allansteuerung.

Die Lokomotive wurde noch bis zum Jahre 1903 nachgebaut (insgesamt 29 Stück).

Vierfach gekuppelte Tenderlokomotiven mit einem Doppeltriebwerk nach Mallet-Rimrott sind in Preußen nur in ganz geringem Umfang verwendet worden. Als sich das Bedürfnis nach Tenderlokomotiven mit 4 Kuppelachsen stärker bemerkbar machte, waren die Erkenntnisse über den Bogenlauf solcher Lokomotiven und die zu treffenden Maßnahmen bereits soweit gereift, daß die Notlösungen doppelter Triebwerke nur in wenigen Fällen Anhänger fanden. Zu den wenigen Privatbahngesellschaften in Preußen, die eine regelspurige B B Mallet-Tenderlokomotive beschafften, gehörte die Westdeutsche Eisenbahngesellschaft, die von Hohenzollern in Düsseldorf von 1899—1902 solche Lokomotiven für ihre Strecken im Rheinland und in Württemberg bezog.

Ebenso sind die ernsthaften Wettbewerber der Gelenklokomotiven, die Hohlachsbauarten nach Hagans und Klien-Lindner, die in Sachsen beliebt waren, in Preußen nur an wenigen Stellen, dann jedoch meist auf Schmalspurbahnen zur Ausführung gekommen. Sie werden bei der Behandlung der sächsischen Regelspurlokomotiven und der Schmalspurlokomotiven behandelt.

Bevor noch die oben besprochenen D Tenderlokomotiven mit Hagans-Triebwerk geliefert waren, stellte die Eisenbahndirektion Erfurt im Jahre 1896 einen dringenden Antrag auf die Durchbildung einer fünffach gekuppelten Tenderlokomotive, die auf den Gebirgsbahnen Thüringens mit Steigungen bis 33⁰/₀₀ und Bögen von 200 m Halbmesser und darunter Züge von 205 t Gewicht mit 15 km/h und von 110 t Gewicht mit 30 km/h befördern und nicht zu knappe Kohlen- und Wasservorräte mitführen sollte.

Der Entwurf wurde im Jahre 1895 von der Eisenbahndirektion Erfurt ausgearbeitet und der Bau der Lokomotive Henschel übertragen (Abb. 80). Da man Zweifel an der guten Bogenläufigkeit der Lokomotive hegte, waren von den 5 Achsen 2 in einem hinten liegenden Triebdrehgestell untergebracht; diese wurden mit den übrigen Achsen — wie bei der oben beschriebenen D Lokomotive — durch ein Schwinghebeltriebwerk der Bauart Hagans vom Kreuzkopf aus angetrieben. Um die genannten Leistungen zu erzielen, gab man dem Kessel wie bei den Württembergischen D Tenderlokomotiven einen besonders großen Wasserraum, so daß etwa 3 m³ Wasser ohne Nachspeisen verdampft werden konnten. Der Kessel hatte einen Durchmesser von 1600 mm. Der Stehkessel besaß eine stark überhöhte Decke, so daß der Raum zwischen Stehkessel- und Feuerbüchsdecke bis zu 920 mm betrug; der Stehkessel hatte einen trapezförmigen Grundriß und wurde von einem entsprechend ausgebauten hochgezogenen Hinterrahmen nach Abb. 81 umfaßt. Wegen des großen Wasserinhaltes des Kessels gab man den beiden Seitenkästen nur einen Inhalt von 6 m³. Der leistungsfähige Kessel gefiel so gut, daß noch im Jahre 1906 der Plan auftauchen konnte, ähnliche Haganslokomotiven mit Schlepptender zu bauen.

Man war also mit den Hagans-Lokomotiven, insbesondere mit ihrer Leistung und ihrer Kurvenläufigkeit durchaus zufrieden. Ablaufversuche auf krümmungsreichen Strecken ergaben geringere Widerstände als bei D Lokomotiven, doch erforderte die Unterhaltung des verwickelten Antriebes große Sorgfalt und hohe Kosten. Auch klagte man über starkes Zucken. Immerhin wurden aber bis zum Jahre 1905 insgesamt 29 Lokomotiven ge-

Abb. 82. E n 2 Tenderlokomotive der Lenzschen Kleinbahnen; Erbauer Vulcan 1901.

Rostfläche	2,6 m²	Zylinderdurchm.	2 × 500 mm
Verdampfungsheizfl.	120,0 m²	Kolbenhub	550 mm
Kesseldruck	12 atü	Dienstgewicht d. Lok.	61,0 t
Treibraddurchmesser	1100 mm	Reibungsgewicht	61,0 t

baut; eine E Hagans-Lokomotive war im Jahre 1900 auf der Pariser Weltausstellung zu sehen.

In der Abb. 82 ist eine ähnliche etwas leichtere Hagans-Lokomotive mit normalem Kessel dargestellt, aber mit einem auf Vorschlag von Leitzmann nach vorn verlegtem Triebgestell, wie es seit 1901 mehrfach an Lokomotiven der Lenzschen Kleinbahnen vorhanden war. Diese Anordnung bot den Vorteil einer einfacheren Gestaltung des Hinterrahmens und einer besseren Unterbringung des Aschkastens.

Ein anderes Triebwerk, die sogenannte Bauart Köchy, wurde 1902 von der Preußischen Staatsbahn an einer sonst den Hagans-Lokomotiven gleichenden E Lokomotive (Abb. 83) erprobt. Die Länge der Stangen wurde hier mittels einer über der Treibachse liegenden Blindwelle verändert, deren Lage durch die Einstellung des Triebdrehgestelles beeinflußt wurde. Auch diese Lokomotive hat eine Reihe von Jahren gearbeitet, doch verursachten beide Bauarten von Anbeginn so viele Unterhaltungskosten, daß die vielteiligen Triebwerke sich neben E Loko-

Abb. 83. E n 2 Tenderlokomotive der Preußischen Staatsbahn mit Triebwerk Bauart Köchy, Gattung T 15;
Erbauer Henschel 1900.

Rostfläche . . . . . . 2,37 m²	Treibraddurchmesser 1250 mm	Dienstgewicht d. Lok. . 72,0 t
Verdampfungsheizfl. 137,5 m²	Zylinderdurchm. 2 × 560 mm	Reibungsgewicht . . . 72,0 t
Kesseldruck . . . . . 12 atü	Kolbenhub . . . . . . 630 mm	

motiven mit seitenverschiebbaren Achsen nach der Gölsdorfschen Anordnung nicht mehr behaupten konnten.

Im Jahre 1900 hatten nämlich die Österreichischen Staatsbahnen fünffach gekuppelte Lokomotiven in Betrieb genommen, bei denen die Vielteiligkeit der Hagans-Lokomotiven vermieden war und nach dem Vorschlage Gölsdorfs eine gute Bogenbeweglichkeit dadurch erreicht wurde, daß die erste, dritte und fünfte Achse ein Seitenspiel erhielten. Das Neue war die Anwendung der 1888 von R. v. Helmholtz rechnerisch begründeten Verschiebbarkeit von Zwischenachsen. Diese Lokomotiven hatten sich im Betriebe gut bewährt. Garbe schlug daher im Jahre 1902 der Preußischen Staatsbahn eine D h 2 Tenderlokomotive mit solchen Achsen vor, doch wurde dieser Vorschlag zunächst noch zugunsten der E n 2 Lokomotive mit Hagans-Triebwerk zurückgestellt. Garbe wiederholte aber seinen Vorschlag und erweiterte ihn noch auf eine E h 2 Tenderlokomotive. Nach mehrjährigem Kampfe gelang es ihm, Gehör für seine Vorschläge zu finden; der preußische Minister der öffentlichen Arbeiten beauftragte im Jahre 1904 den Lokomotivausschuß mit der Prüfung, ob eine nach solchen Grundsätzen gebaute einfache E Tenderlokomotive nicht mit Vorteil anstelle der Hagans-Lokomotive verwendet werden könne. Ein Entwurf sollte von der Eisenbahndirektion Berlin (Garbe) ausgearbeitet werden; um eine möglichst große Leistung und Wirtschaftlichkeit zu erreichen, sollte die Lokomotive einen Dampfüberhitzer erhalten.

Ehe aber diese E h 2 Lokomotive fertiggestellt war, nahm
die westfälische Landeseisenbahn schon von Februar bis
April 1905 3 E n 2 Tenderlokomotiven mit seitenverschiebbaren Achsen nach Gölsdorf in Betrieb (Abb. 84); sie
waren für die Strecke Lipp-
stadt—Warstein bestimmt, auf
der Steigungen von 20⁰/₀₀ vorkamen.

Um möglichst trockenen
Dampf zu erhalten, erhielt der
Kessel einen 1050 mm hohen
Dampfdom. Die beiden Göls-
dorf-Endachsen hatten 26 mm

Abb. 84. E n 2 Tenderlokomotive der Westfälischen Landeseisenbahn; Erbauer Hanomag 1905—1927.

Rostfläche	2,03 m²	Zylinderdurchm.	2 × 520 mm
Verdampfungsheizfl.	115,0 m²	Kolbenhub	630 mm
Kesseldruck	12 atü	Dienstgewicht d. Lok.	63,9 t
Treibraddurchmesser	1300 mm	Reibungsgewicht	63,9 t

Spiel nach jeder Seite. Abweichend von den österreichischen Vorbildern wählte man die
mittlere Achse als Treibachse, so daß auf ihre Verschiebbarkeit verzichtet werden mußte;
sie erhielt nur schwächere Spurkränze. Bei Versuchsfahrten wurden — allerdings nur bei
trockenen Schienen — Schleppleistungen von 340 t auf 20⁰/₀₀ mit 20 km/h erreicht, entsprechend rd. 700 PS. Die Sandung vor der Vorderachse allein war jedoch bei schlüpfrigen
Schienen für diese im regelmäßigen Betriebe nicht geforderte Leistung unzureichend.

Den ersten Lieferungen von 1905 folgten bei der westfälischen Landeseisenbahn im Jahre
1921 weitere 2 Stück mit etwas höher liegendem Kessel und Kolbenschiebern, ferner 1927
nochmals 2 Stück mit Überhitzer, 13 atü Kesseldruck und mit Zylindern von 575 mm Durchmesser.

Garbes neue Lokomotive (Abb. 85 und 86), ursprünglich als Gattung T 14, dann aber als
Gattung T 16 bezeichnet, wurde im Juni 1905 erstmals von Schwartzkopff geliefert. Die erste,
dritte und fünfte Kuppelachse hatten 26 mm Spiel nach jeder Seite, die vierte Achse war Treibachse und wie die zweite Achse im Rahmen fest gelagert. Da hierdurch die Treibstange sehr
lang wurde, legte man die Gleitbahn neben die zweite Kuppelachse; nun wurden die Kolbenstangen so lang, daß sie in einer Brille geführt werden mußten, um die Gefahr einer Knickung
zu vermeiden. Die Triebwerksanordnung entsprach also im großen und ganzen der Gölsdorfschen E n 2 v Lokomotive der österreichischen Reihe 180 (Abb. 280).

Abb. 85. E h 2 Tenderlokomotive der Preußischen Staatsbahn, Gattung T 16 (Erstausführung).
Erbauer Schwartzkopff 1905.

Rostfläche	2,28 m²	Kesseldruck	12 atü	Kolbenhub	660 mm
Verdampfungsheizfl.	137,05 m²	Treibraddurchmesser	1350 mm	Dienstgewicht d. Lok.	72,3 t
Überhitzerheizfläche	31,7 m²	Zylinderdurchm.	2 × 610 mm	Reibungsgewicht	72,3 t

Bei der T 16 Lokomotive lagen sämtliche Tragfedern unter den Achslagern. Die Federn der ersten und zweiten und der vierten und fünften Achse wurden untereinander durch Längsausgleichhebel verbunden; die mittlere Achse wurde in den Ausgleich nicht einbezogen.

Im Betriebe wurde allerdings sehr darüber geklagt, daß die Lokomotiven wegen ihres kurzen festen Achsstandes von nur 2900 mm und wegen der großen überhängenden Massen schon bei Geschwindigkeiten von 40—45 km/h unruhig zu laufen begannen; auch traten beim Durchfahren des krummen Stranges der alten preußischen Weiche 1 : 7 starke Anlaufstöße auf, so daß später an einigen Lokomotiven versuchsweise alle Achsen festgelegt und die 3 mittleren spurkranzlos ausgeführt wurden. Die Führung im Gleis wurde dadurch wesentlich besser, doch wurde der rechnerische Führungsdruck so groß, daß man Entgleisungen befürchtete. Man änderte daher im Gegensatz zur E h 2 Gattung G 10 gegen Ende der 20er Jahre die Lagerung der Achsen dieser Lokomotive im Rahmen folgendermaßen: die erste und vierte Achse erhielten seitliche Spiele von je 25 mm, während die übrigen Achsen fest im Rahmen gelagert wurden. Hierdurch wurde der feste Achsstand so vergrößert, daß die Maschinen noch bei Geschwindigkeiten bis zu 60 km/h ruhig liefen. Auch die Bogenläufigkeit in Krümmungen mit 180 m Halbmesser und in Weichen wurde einwandfrei.

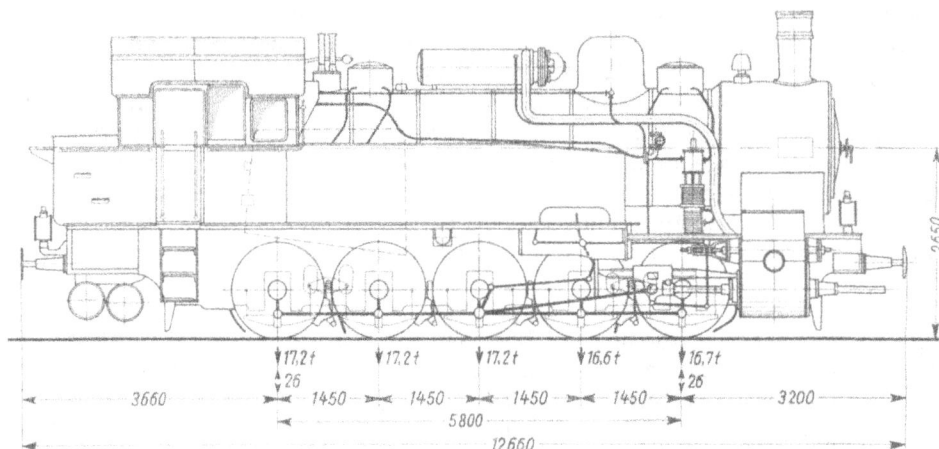

Abb. 86. E h 2 Tenderlokomotive der Preußischen Staatsbahn, Gattung T 16¹;
Erbauer Schwartzkopff 1914.

Rostfläche	2,30 m²	Kesseldruck	12 atü	Kolbenhub	660 mm
Verdampfungsheizfl.	129,36 m²	Treibraddurchmesser	1350 mm	Dienstgewicht d. Lok.	84,9 t
Überhitzerheizfläche	45,27 m²	Zylinderdurchm.	2 × 610 mm	Reibungsgewicht	84,9 t

Garbe hatte bei seiner bekannten Abneigung gegen breite Feuerbüchsen für die T 16 eine lange schmale, tief zwischen den Rahmen herabreichende Feuerbüchse gewählt; während seines Wirkens hat die kurze breite Feuerbüchse in Preußen keinen festen Fuß fassen können. Der Kessel glich im übrigen dem der 1 C h 2 Personenzuglokomotive Gattung P 6 (Abb. 25, S. 45). Im Laufe der Jahre wurden an der T 16 Lokomotive zahlreiche Änderungen vorgenommen, die sie der neueren Lokomotiventwicklung bei der Preußischen Staatsbahn anglichen. Die an sich recht gut getroffenen Hauptabmessungen wurden hierbei kaum verändert, lediglich der anfangs gewählte Rauchkammerüberhitzer wurde 1907 durch den Rauchröhrenüberhitzer ersetzt. Ab 1914 wurde die vielfach geänderte T 16 als T 16¹ bezeichnet.

Die einzelnen Hauptentwicklungsstufen der T 16 und T 16¹ lassen sich wie folgt kennzeichnen:

1905: Erste Ausführung: Rauchkammerüberhitzer von 31,7 m² Heizfläche; die vierte Achse ist Treibachse, die Schieberschubstangen sind an Hängeeisen aufgehängt. 2 Sandstreuer auf den Wasserkästen. Gebremst werden nur die zweite und die vierte Achse. Dienstgewicht 72,3 t (Abb. 85).

1906: Ein einziger Sandstreuer auf dem Kessel; ausgestellt in Mailand 1906.

1907: Dreireihiger Rauchröhrenüberhitzer, bestehend aus 21 Überhitzereinheiten mit 42,5 m² Heizfläche.

1909: Die dritte Achse wird Treibachse, Wasserkästen daher ohne Aussparung für die Steuerung. Der Dom ist nach vorn gerückt. Die zweite, dritte und vierte Achse werden gebremst. Dienstgewicht 75,1 t.

1913: Vierreihiger Überhitzer mit 22 Einheiten und 45,3 m³ Heizfläche. Kuhnsche Schleife in der Schieberschubstange, 2 Sandstreuer, Wasservorräte von 7 und 8 m³, Kohlenvorräte von 2 auf 3 t erhöht. Hochgewölbtes Führerhaus, Dampfpfeife auf den Kesselscheitel vor das Führerhaus verlegt. Verstärktes Bremsgestänge. Dienstgewicht 80,9 t.

1914: T 16¹, ausgestellt in Malmö. Flacher Weirscher Vorwärmer auf dem Kessel; der Löschetrichter unter der Rauchkammer ist entfernt. Dienstgewicht 82,8 t.

1915: Runder Vorwärmer, Bauart Knorr, stählerne Feuerbüchse. Dienstgewicht 82,8 t.

1921: Speisedom. Vorwärmer oben auf die linke Kesselseite verlegt. Führerhausdach mit langem Lüftungsaufsatz, Bremsung der zweiten bis fünften Achse. Dienstgewicht 84,9 t (Abb. 86).

1923: Ausrüstung einiger Lokomotiven mit Gegendruckbremse.

Vergleichsfahrten mit den vorher beschriebenen E Hagans-Lokomotiven auf der 24 km langen Steigung der 22—25⁰/₀₀ geneigten Strecke Hirschberg—Grünthal in Schlesien zeigten, daß die E h 2 Tenderlokomotive T 16 in der ersten Ausführung nach Abb. 85 30—50⁰/₀ mehr als jene schleppte und dabei eine Kohlen- und Wasserersparnis von 25 bzw. 39% je t/km erzielte. Bei anderen Fahrten wurden bei einer Geschwindigkeit von 17 km/h Dauerleistungen von 760 PS, mit der Ausführung von 1907 mit Rauchröhrenüberhitzer bei 20 km/h Geschwindigkeit bis 940 PS erreicht.

Die normale Schleppleistung wurde auf Grund von Versuchsfahrten für die Ausführung von 1913 auf 705 t auf Steigungen von 5⁰/₀₀ und Geschwindigkeiten von 40 km/h festgesetzt; die T 16 war damit die leistungsfähigste und erfolgreichste deutsche E Tenderlokomotive. Nicht nur die Preußische Staatsbahn bestellte von ihr bis zum Jahre 1925 1574 Stück, wovon die Firma Schwartzkopff allein 1326 Stück baute, sondern auch die Reichseisenbahnen beschafften von 1913—1915 18 Stück. Außerdem bestellten die Paris—Orleans-Bahn und die Midi-Bahn je 5 Stück ohne Änderungen bei Schwartzkopff und ließen dann bis zum Jahre 1913 noch 20 und 42 Stück von französischen Fabriken nachbauen.

Wie bereits bei der Besprechung der fünffach gekuppelten Hagans-Lokomotiven gesagt wurde, dienten diese wie auch die aus ihnen entwickelten T 16 Lokomotiven ursprünglich dem Güterzugdienst auf steigungsreichen Gebirgsstrecken. Im Verschiebedienst waren seit der Mitte der 90er Jahre hauptsächlich die dreifach gekuppelten Lokomotiven der Gattung T 9 neben älteren Gattungen tätig. Mit der Zunahme der Wagengewichte und Verschiebeleistungen auf den Güterbahnhöfen und Zechenanschlüssen aber wurde das Verlangen nach einer leistungsfähigeren, vierfach gekuppelten Verschiebelokomotive immer dringender.

Garbes bereits erwähnter, aber immer wieder zurückgestellter Vorschlag einer D h 2 Tenderlokomotive war mehr für den Dienst auf Gebirgsstrecken gedacht. Im Jahre 1907 wiederholte er nun diesen Vorschlag für eine Verschiebelokomotive. Da man sich aber im Verschiebedienst vom Heißdampfverfahren keine nennenswerten Vorteile versprach, wurde von einem Überhitzer abgesehen. Maßgebend war hier auch wohl außerdem der Gedanke, daß auf eine einfache Bauart der Lokomotive besonderer Wert gelegt werden mußte, weil auf den kleineren Bahnhöfen, die häufig von den Betriebswerkstätten weit entfernt lagen, die für die sachgemäße Unterhaltung der Heißdampflokomotiven notwendigen Einrichtungen noch fehlten.

Die neue D Tenderlokomotive (Gattung T 13, Abb. 87), die zuerst im Jahre 1910 geliefert wurde, wurde daher eine Naßdampflokomotive.

Man übernahm den niedrig liegenden Kessel mit der zwischen den Rahmen hinabreichenden Feuerbüchse und die seitlichen Wasserkästen von der 1 C n 2 Personenzugtenderlokomotive der Gattung T 11 (Abb. 67), verzichtete auch auf die Verschiebbarkeit zweier Achsen und begnügte sich mit einem seitlichen Spiel der hinteren Kuppelachse von 20 mm. Dadurch konnte die zweite Achse als Treibachse gewählt werden, so daß die Treibstange kurz und leicht wurde (1900 mm, $r : 1 = 1 : 6{,}3$). Die T 13 Lokomotiven waren damit die einzigen D Lokomotiven im Vereinsgebiet, deren zweite Achse trotz der damit verbundenen Nachteile als Treibachse gewählt war.

Die Preußische Staatsbahn beschaffte von 1910—1922 insgesamt 591 Stück, von denen die letzten 9 Lokomotiven wie schon so viele Lokomotiven vorher mit einer Versuchs-Ventilsteuerung von Lentz ausgerüstet waren. An die Oldenburgische Staatsbahn wurden von 1911 bis 1919 insgesamt 10 Stück und 1921 noch einmal 4 Stück mit Ventilsteuerung geliefert; außerdem bestellten die Reichseisenbahnen in Elsaß-Lothringen von 1910—1918 noch 60 Stück, aber ohne Ventilsteuerung. Auch auf der bis 1935 abgetrennten Saarbahn beschaffte man nochmals T 13, so daß insgesamt etwa 675 Stück gebaut worden sind. Vom Jahre 1916 an

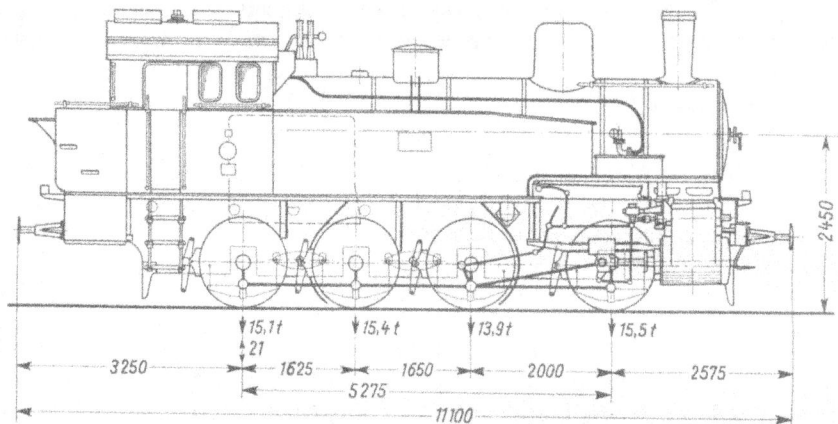

Abb. 87. D n 2 Tenderlokomotive der Preußischen Staatsbahn, Gattung T 13; Erbauer Union 1910—1922.

Rostfläche . . . . . . 1,76 m²	Treibraddurchmesser 1250 mm	Dienstgewicht d. Lok. . 59,9 t
Verdampfungsheizfl. 116,4 m²	Zylinderdurchm. 2 × 500 mm	Reibungsgewicht . . . 59,9 t
Kesseldruck . . . . . 12 atü	Kolbenhub . . . . . . 600 mm	

wurden einzelne Lokomotiven in Preußen mit einem Speisewasservorwärmer und Kleinrohrüberhitzer ausgerüstet.

Die T 13 konnte auf Steigungen von $10\,^0/_{00}$ folgende Zuglasten befördern:

$\quad\quad$ 285 t mit V = 30 km/h (Naßdampf),

$\quad\quad$ 385 t mit V = 30 km/h (Heißdampf). Ihr Arbeitsfeld wurde im wesentlichen der schwere Verschiebedienst.

Der Verkehr auf der Berliner Stadt-, Ring- und Vorortbahn hatte sich im Laufe der Jahre außerordentlich lebhaft entwickelt; um 1912 war die Zugdichte auf den Strecken der Stadtbahn auf 24 Züge in der Stunde angewachsen. Da nun bezweifelt wurde, daß bei einem weiteren Steigen des Verkehrsanfalls der Betrieb sich überhaupt noch mit Dampflokomotiven bewältigen ließe, wurde der Gedanke ernsthaft erwogen, die Stadtbahn auf elektrischen Betrieb umzustellen.

Um den Nachweis zu erbringen, daß der Betrieb auch bei noch höheren Ansprüchen mit Dampflokomotiven zu bewältigen sei, stellte die Firma Henschel u. Sohn im Jahre 1913 der Preußischen Staatsbahn eine 1 D 1 h 3 Tenderlokomotive (Abb. 88) zur Verfügung. Der Kessel dieser neuen Lokomotive war etwa 50% größer als der der Wittfeldschen 1 C 1 n 3 Versuchslokomotive von 1902, auch war ein Rauchröhrenüberhitzer eingebaut. Der Dampfdruck betrug 15 atü. Trotzdem hatten die drei Dampfzylinder einen Durchmesser von nur 490 mm gegen 500 mm bei der Wittfeld-Lokomotive. Die Abmessungen waren also richtiger gewählt; das Verhältnis des Zylinderrauminhaltes zur Heizfläche betrug jetzt 1 : 1,93 gegen 1 : 2,42 bei der 1 C 1 Lokomotive. Auch die Garbesche Zugkraftkennziffer lag mit 25 gegenüber 35,5 recht günstig für eine Tenderlokomotive.

Um unter allen Umständen auf der Stadtbahn eine rauchfreie Verbrennung zu erzielen, war die Lokomotive mit einer Ölzusatzfeuerung ausgerüstet; der Ölbehälter für diese Feuerung faßte 500 Liter. Der Dampf wurde anfangs dem Kessel durch einen ferngesteuerten Heißdampfregler entnommen, der allerdings bald durch einen Naßdampfregler ersetzt werden mußte.

Der Innenzylinder lag um 800 mm weiter vorn als die Außenzylinder, um die innere Treibstange, die auf die zweite Kuppelachse arbeitete, genügend lang zu erhalten; die Bewegung des inneren Schiebers wurde durch Zusammensetzung der Bewegungen von den äußeren

Abb. 88. 1 D 1 h 3 Tenderlokomotive der Preußischen Staatsbahn; Erbauer Henschel 1913.

Rostfläche	3,7 m²	Kesseldruck	15 atü	Kolbenhub	630 mm
Verdampfungsheizfl.	189,5 m²	Treibraddurchmesser	1350 mm	Dienstgewicht d. Lok.	100,8 t
Überhitzerheizfläche	67,6 m²	Zylinderdurchm.	3 × 490 mm	Reibungsgewicht	67,1 t

Schiebern abgeleitet. Der Kessel lag zum ersten Male in Deutschland 3000 mm über SO; dadurch wurde es möglich, zwischen die Auspuffleitungen der Zylinder und dem Blasrohr einen Windkessel einzuschalten, der das Auspuffgeräusch beim Verkehr auf der Stadtbahn vermindern sollte.

Die beiden Laufachsen waren Adamsachsen. Die Tragfedern der 3 vorderen und der 3 hinteren Achsen waren durch Ausgleichhebel miteinander verbunden.

Wie zu erwarten war, hat diese Lokomotive den damals für den elektrischen Betrieb aufgestellten Plan nicht nur erfüllt, sondern noch beträchtlich übertroffen. Weitere Versuche, den Dampfbetrieb mit solchen Lokomotiven zu bewältigen, wurden nicht mehr unternommen, weil inzwischen der Weltkrieg ausgebrochen war und weil für die Umstellung auf elektrischen Betrieb noch andere Gründe mitsprachen. Diese 1 D 1 Lokomotive wurde später im schweren Güterzugdienst im Bezirk der Eisenbahndirektion Breslau aufgebraucht.

Kurze Zeit nach dem Erscheinen der eben besprochenen ersten preußischen 1 D 1 Lokomotive kam 1914 eine weitere 1 D 1 h 2 Lokomotive, die Gattung T 14, mit 16 t Achsdruck für den Güterzugdienst in den Betrieb, die von der Union in Königsberg entwickelt und gebaut war. Sie entsprach in ihren Kessel- und Triebwerksabmessungen der D Güterzuglokomotive (Gattung G 8) vom Jahre 1902, doch lag der Kessel hier mit seiner Mittellinie bereits

2900 mm über SO. Auch hier wurde der anfangs etwas kleine Überhitzer von 22 Einheiten später auf 26 Einheiten vergrößert, so daß schließlich das Verhältnis von Überhitzerheizfläche zur Verdampfungsheizfläche auf 1 : 2,6 stieg. Trotzdem viele Maße mit denen der G 8 Lokomotive übereinstimmten, wurde die Möglichkeit des Austausches einzelner Teile noch nicht ausgenutzt.

Die Anordnung der Tragfedern war die gleiche wie bei der vorher beschriebenen 1 D 1 Lokomotive von Henschel, ebenso die Anordnung und Ausführung der Achsen. Die beiden Adamsachsen erhielten 80 mm Spiel nach jeder Seite, während zum Zwecke eines guten Bogenlaufes die Spurkränze der beiden mittleren Kuppelachsen um 15 mm geschwächt wurden.

Der verhältnismäßig große Wasservorrat von 11 m³ konnte nicht mehr allein in den seitlichen Wasserbehältern untergebracht werden, daher wurden weitere Behälter sowohl zwischen dem Rahmen und hinter dem Führerhaus vorgesehen.

Bei späteren Ausführungen ab 1918 (Abb. 89), die unter dem Gattungszeichen T 14¹ liefen, wurde der Wasservorrat sogar noch auf 14 m³ erhöht; um dem Lokomotivpersonal

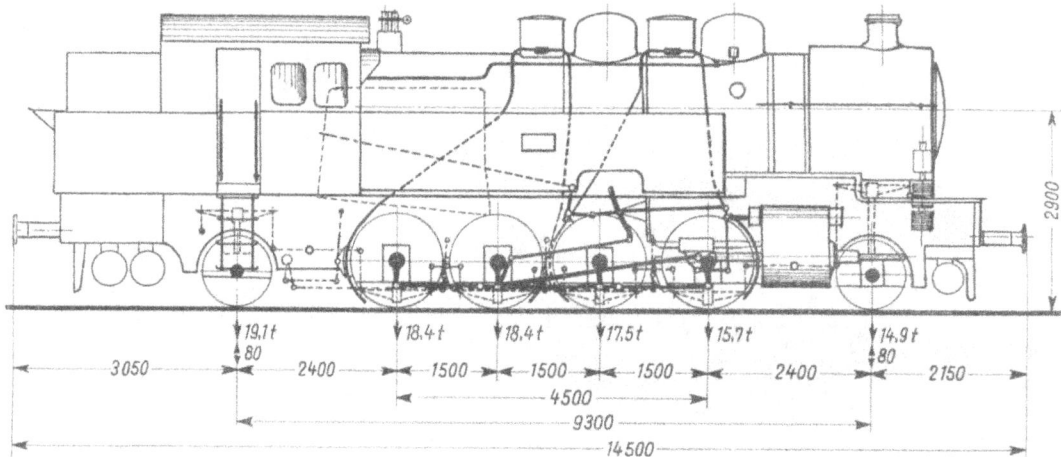

Abb. 89. 1 D 1 h 2 Tenderlokomotive der Preußischen Staatsbahn, Gattung T 14¹; Erbauer Union 1918.

Rostfläche . . . . . . 2,56 m²	Kesseldruck . . . . . 12 atü	Kolbenhub . . . . . . 660 mm
Verdampfungsheizfl. 129,3 m²	Treibraddurchmesser 1350 mm	Dienstgewicht d. Lok. . 104,0 t
Überhitzerheizfläche 50,28 m²	Zylinderdurchm. 2 × 600 mm	Reibungsgewicht . . . 70,0 t

ein gefahrloses Begehen des Umlaufbleches zu ermöglichen, erhielten die seitlichen Wasserbehälter abgerundete, über dem Umlaufblech liegende Böden. Der hohe Kohlenbehälter hinter dem Führerhaus konnte 4,5 t Kohle fassen. Als weitere Neuerungen kamen noch ein Speisedom und ein zweiter Sandkasten hinzu. Das Dienstgewicht stieg dabei von anfangs 94,4 t auf 104 t.

Die Verteilung des Gewichts auf die Achsen war bei der älteren T 14 Lokomotive ausgesprochen schlecht; erst als die Lokomotive fertiggestellt war, stellte sich heraus, daß die Achsdrucke bei einzelnen Achsen zwischen 14,2 und 17,3 t lagen. Dabei entfiel der höchste Achsdruck nicht etwa auf eine der Treibachsen, sondern auf die erste Laufachse, der niedrigste Achsdruck dagegen auf die dritte Kuppelachse. Bei der 4 Jahre später gebauten T 14¹ Lokomotive versuchte man, den Fehler der ersten Ausführung abzustellen, verfuhr jedoch mit demselben Mangel an Sachkenntnis und Sorgfalt; jetzt erhielt die hintere Laufachse den höchsten Achsdruck (19,1 t) und die vordere Laufachse den niedrigsten (14,9). Baulich waren also die T 14 und die T 14¹ Lokomotive mißraten. Auch die Einzelteile wirken in ihrer Durchbildung grob und schwer, außerdem zeigten sie manche Schwächen. Die Leistungsfähigkeit des Kessels aber schätzte man; die T 14 beförderte Züge im Gewicht von 700 t auf Steigungen von 5⁰/₀₀ mit 40 km/h. Ihre Höchstgeschwindigkeit von 65 km/h erlaubte auch, sie im Personenzug- und Vorortverkehr in großem Umfange zu verwenden.

Von 1914 bis 1924 wurden für die Preußische Staatsbahn und später noch in den ersten Jahren der Deutschen Reichsbahn 1307 Stück gebaut. Außerdem erhielten Württemberg 34 Stück und die Reichseisenbahnen in Elsaß-Lothringen von 1916—1917 noch 38 Stück. Auch die Kleinbahn Farge-Vegesack an der Unterweser beschaffte 1925 eine Lokomotive.

Auf den 1:16 und 1:17 (rd. 60⁰/₀₀) geneigten Steilstrecken der Halberstadt—Blankenburger Eisenbahn mit Abtscher Zahnstange waren seit der Erbauung Zahnradlokomotiven in Betrieb (s. S. 436ff.); der Betrieb auf diesen Strecken verursachte jedoch so hohe Kosten, daß es verlockend erschien, den Zahnradbetrieb durch den reinen Reibungsbetrieb zu ersetzen. Im Jahre 1917 stellte nun der wagemutige maschinentechnische Generaldirektor der Halberstadt—Blankenburger Eisenbahn Dr. Ing. e. h. Steinhoff zusammen mit dem Chefkonstrukteur von Borsig, August Meister, den Entwurf einer 1 E 1 h 2 Tenderlokomotive auf (Abb. 90, Tafel 8), die dazu ausersehen war, den Zahnradbetrieb zu ersetzen. Die Ausführung des Entwurfes

Abb. 90. 1 E 1 h 2 Tenderlokomotive der Halberstadt-Blankenburger Eisenbahn; Erbauer Borsig 1920.

Rostfläche	3,96 m²	Zylinderdurchm.	2 × 700 mm
Verdampfungsheizfl.	180,9 m²	Kolbenhub	550 mm
Überhitzerheizfläche	54,4 m²	Dienstgewicht d. Lok.	100,0 t
Kesseldruck	14 atü	Reibungsgewicht	75,0 t
Treibraddurchmesser	1100 mm		

verzögerte sich durch die Schwierigkeiten der Kriegs- und der Nachkriegsjahre, so daß die ersten beiden Lokomotiven erst im Jahre 1920 fertiggestellt wurden.

Schon die ersten Versuchsfahrten zeigten, daß die Erwartungen erfüllt werden konnten; die neuen Lokomotiven übertrafen an Größe und Leistung alle bisher im Vereinsgebiet vorhandenen Tenderlokomotiven, wenn man von den D D h 4 v Mallet-Tenderlokomotiven der Bayerischen Staatsbahn absieht. Auch der Durchmesser der Dampfzylinder von 700 mm blieb bis zum Erscheinen der preußischen 1 E 1 Tenderlokomotiven der Gattung T 20 im Jahre 1922 unerreicht.

Der wichtigste Fortschritt an diesen Lokomotiven war, daß man durch die Sandung aller gekuppelten Räder in beiden Fahrtrichtungen die Möglichkeit schuf, hohe Reibungswerte zwischen Rad und Schiene von 0,25 und mehr im Dauerbetriebe zu erreichen. Für die Bremsung bei der Talfahrt war bei der ersten Lokomotive noch ein besonderes Zahnradbremsgestell, ähnlich wie die üblichen Zahnradtriebgestelle, vorgesehen, da die Aufsichtsbehörde über die Sicherheit des reinen Reibungsbetriebes bei Talfahrten noch keine Erfahrungen besaß. Das Zahnradbremsgestell erwies sich aber als unnötig und wurde bald entfernt; für die Bremsung auf den starken Steigungen genügte vollauf die bekannte Riggenbach-Gegendruckbremse.

Damit nun aber beim etwaigen Bruch eines Druckausgleichhahnes die Bremse nicht unwirksam wurde, sah man in der Druckausgleichvorrichtung jedes Zylinders 2 Hähne vor.

Dem Kessel gab man, um bei dem kleinen Gesamtachsstand die Überhänge möglichst klein zu halten, nur 3700 mm Rohrlänge, dafür aber den großen Durchmesser 2000 mm; ein Vergleich mit den Abmessungen der T 16 Lokomotive kennzeichnet deutlich seine Größe:

	T 16	1 E 1
Wasserraum im Kessel	5,4 m³	7,7 m³
Dampfraum	2,2 m³	3,9 m³
Verdampfungsoberfläche	8 m²	10 m²

Der Rahmen wurde zum ersten Male an deutschen Tenderlokomotiven als Barrenrahmen von 100 mm Dicke ausgeführt; durch die zu schwache Stahlgußrahmenversteifung zwischen den Zylindern stellten sich aber bald in der Nähe der Dampfzylinder Rahmenbrüche ein, denen durch Verstärkung des Stahlgußstückes begegnet werden mußte.

Die Tragfedern lagen unter den Achsbüchsen. Die Federn der zweiten und dritten und der fünften und sechsten Achse waren durch Ausgleichhebel miteinander verbunden; die Laufachsen waren unabhängig gefedert, um durch Abspannen der Federspannschrauben das Reibungsgewicht nötigenfalls von 75 auf 80 t erhöhen zu können. Um einen guten Bogenlauf zu erzielen, machte man die dritte und die sechste Achse seitenverschiebbar, außerdem war die Treibachse spurkranzlos. Der feste Achsstand verlief von der zweiten bis zur fünften Achse und betrug 4050 mm; auf die beiden Adamslaufachsen wurde die Last durch Kugelzapfen mit Keilrückstellung übertragen.

Schon die beiden zuerst beschafften Lokomotiven brachten in Betriebsweise und Leistung einen vollen Erfolg. Der ursprüngliche Leistungsplan, der 200 t auf 60⁰/₀₀ mit V = 12 km/h vorsah, wurde beträchtlich übertroffen; bei Versuchsfahrten konnten sogar 260 t bei der geforderten Geschwindigkeit befördert werden.

Die im Vergleich zu den bisher verwendeten C 1 Zahnrad-Lokomotiven vergrößerte Schleppleistung und Geschwindigkeit hatte zur Folge, daß die Streckenbelastung auf das Vierfache gesteigert werden konnte. Die Fahrzeit von Blankenburg bis Hüttenrode ging von 70 auf 30 Minuten zurück; hierzu trug wesentlich der Umstand bei, daß die Reibungslokomotiven mit voller Geschwindigkeit in die Zahnradstrecken einfahren konnten, während die Zahnradlokomotiven die Geschwindigkeit bei der Einfahrt in die Zahnstange auf 5—8 km/h hatten herabsetzen müssen. Gleichzeitig ging auch der Kohlenverbrauch auf dieser Strecke von 0,9 auf 0,45 kg/t km zurück. Auf Grund dieser hervorragenden Ergebnisse wurden von der Halberstadt—Blankenburger Eisenbahn sofort 2 weitere gleiche Lokomotiven bestellt.

Die bahnbrechenden Erfolge dieser Lokomotiven veranlaßte auch die Preußische Staatsbahn, den bisherigen Zahnradbetrieb auf den preußischen Zahnradstrecken, die Steigungen von 50⁰/₀₀—60⁰/₀₀, ja in einem Falle 67⁰/₀₀ hatten, durch Reibungsbetrieb mit ähnlichen Lokomotiven zu ersetzen; gleichzeitig wurde auch erwogen, einige F Tenderlokomotiven nach einem Entwurfe der Lokomotivfabrik Orenstein u. Koppel zu beschaffen, bei denen die Endachsen durch ein Zahnrädergetriebe Bauart Luttermöller mit den benachbarten Kuppelradsätzen gekuppelt werden sollten. Diese Kuppelradsätze waren im Rahmen fest gelagert, während die zahnradgekuppelten Radsätze in einem als Deichsel ausgebildeten Gehäuse liefen, das um die als Kugel geformte Mitte des treibenden Radsatzes drehbar war. Mehrere Zapfen, die in diese Kugel eingelassen waren, trieben dann das Zahnrädergetriebe an.

Man entschied sich für die 1 E 1 Lokomotive der Firma Borsig (Gattung T 20), Abb. 91. Sie wich von den Lokomotiven der Halberstadt—Blankenburger Eisenbahn in mancher Hinsicht ab, denn sie sollte auch für den Schiebedienst auf steilen Hauptstrecken (z. B. Probstzella—Rothenkirchen) und zum Zugdienst auf mittleren Steigungen verwendet werden. In ihren

Hauptabmessungen übertraf sie sogar noch die erwähnten Lokomotiven; mit ihrem Achsdruck von rund 19 t eilte sie ihrer Zeit etwas voraus.

Der Langkessel war nicht aus gewalzten, einteiligen Schüssen, sondern aus 2 Halbzylinderhälften von 20 mm Stärke zusammengesetzt; mit seiner auf 3100 mm über SO liegenden Mittellinie war er bis zum Jahre 1920 der am höchsten liegende Kessel aller deutschen Lokomotiven.

Der Barrenrahmen von 100 mm Stärke wurde beibehalten, doch waren abweichend von den Halberstadt—Blankenburger Lokomotiven die Tragfedern von der ersten bis zur vierten und von der fünften bis zur siebenten Achse durch Längsausgleichhebel miteinander verbunden. Um bei höherer Geschwindigkeit guten Lauf zu sichern, wurden die Endachsen mit den benachbarten Kuppelradsätzen zu einem Krauß-Helmholtz-Drehgestell vereinigt; der Ausschlag dieser Achsen betrug nach jeder Seite 125 mm und 30 mm. Die Spurkränze der Treibachse, die

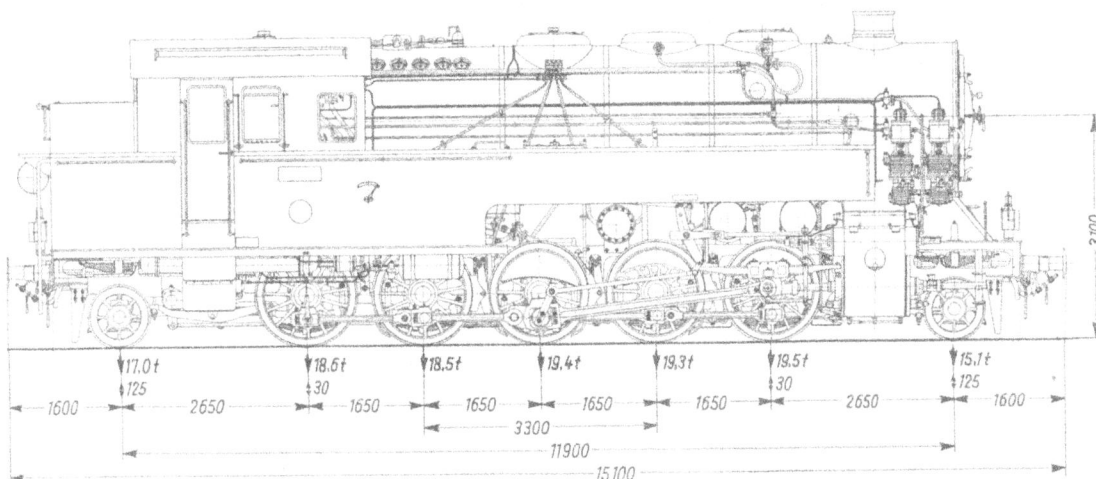

Abb. 91. 1 E 1 h 2 Tenderlokomotive der Preußischen Staatsbahn, Gattung T 20;
Erbauer Borsig 1922.

Rostfläche . . . . . 4,36 m²	Kesseldruck . . . . 14 atü	Kolbenhub . . . . . . 660 mm
Verdampfungsheizfl. 200,0 m²	Treibraddurchmesser 1400 mm	Dienstgewicht d. Lok. . 127,4 t
Überhitzerheizfläche 62,5 m²	Zylinderdurchm. . 2 × 700 mm	Reibungsgewicht . . . 95,3 t

in der Mitte des gekuppelten Systems lag, waren um 15 mm geschwächt. Wegen des bei den Versuchsfahrten festgestellten großen Leerlaufwiderstandes wurde der Durchmesser der Kolbenschieber bei der zweiten Lieferung von 220 mm auf 300 mm vergrößert.

Die Sandung beschränkte sich zunächst nur auf 4 gekuppelte Achsen, wurde aber sehr bald wie bei der Halberstadt—Blankenburger Lokomotive auf die fünfte Achse ausgedehnt. Außer der Druckluftbremse war auch eine Riggenbach-Gegendruckbremse vorgesehen, deren Leistung dadurch stark erhöht wurde, daß man nicht kaltes Wasser aus den Behältern, sondern Kesselwasser in die Zylinder einspritzte. Um den großen Luftbedarf der zahlreichen Hilfseinrichtungen und der im Gebirgsbetrieb häufigen Bremsungen zu decken, waren 2 zweistufige Luftpumpen neben der Rauchkammer angebracht. Die Bremsklötze der verschiebbaren Kuppelachsen waren gelenkig am Rahmen aufgehängt; alle lagen in der Höhe der Achsmitte und wirkten von vorn auf die Achsen. Bei dem großen Raddurchmesser von 1400 mm mußte daher der Abstand der gekuppelten Achsen voneinander 1650 mm betragen.

Bei umfangreichen Vergleichsfahrten der T 20 Lokomotive mit neueren Zahnradlokomotiven zeigte sich, daß die Reibungslokomotive den Zahnradlokomotiven bei Steigungen bis zu 80⁰/₀₀ wirtschaftlich überlegen war, wenn auch bei Steigungen über 60⁰/₀₀ die Vorteile nicht so deutlich zutage traten wie bei dem Vergleich der Halberstadt—Blankenburger Lokomotive mit den alten Zahnradlokomotiven.

Auf Grund der guten Erfahrungen mit der T 20 Lokomotive wurde im Laufe der Jahre der Zahnradbetrieb auf allen preußischen Zahnradstrecken aufgegeben. Die wirtschaftlichen Vorteile erhöhten sich besonders dadurch, daß die kostspielige Unterhaltung der Zahnstangen und der Zahnräder fortfiel. Die T 20 Lokomotive beförderte Züge im Gewicht von 1075 t auf Steigungen von $5^0/_{00}$ mit 40 km/h und übertraf damit die Leistung der E h 2 Tenderlokomotive Gattung T 16 um rund 55%. Sie war bei dieser Geschwindigkeit die leistungsfähigste deutsche Tenderlokomotive; nur bei Geschwindigkeiten unter 20 km/h wurde sie in der Schlepplast von den bayerischen D D h 4 v Tenderlokomotiven übertroffen.

In den Jahren 1922—1924 wurden insgesamt 45 Lokomotiven beschafft.

Der bereits erwähnte Vorschlag einer F h 2 Tenderlokomotive der Lokomotivfabrik Orenstein u. Koppel vom Jahre 1920 wurde nicht ausgeführt, da die 1 E 1 Lokomotive der Gattung T 20 den geforderten Leistungsplan ohne Anstände erfüllte. Einige Jahre später hat aber die Deutsche Reichsbahn einige E Tenderlokomotiven mit dem erwähnten Luttermöller-Antrieb für die krümmungsreiche Hamburger Hafenbahn beschafft.

II. DIE ENTWICKLUNG DER DAMPFLOKOMOTIVE IN BAYERN RECHTS DES RHEINS.

ALLGEMEINES.

Um das Jahr 1880 herum bestand der Lokomotivpark der Bayerischen Staatsbahnen aus einer größeren Reihe von einfach, zweifach und dreifach gekuppelten Lokomotiven, die in vier großen Gattungsklassen mit zahlreichen Untergattungen zusammengefaßt waren. Schon sehr früh (etwa um 1850) hatte man den Lokomotiven zur leichteren Kennzeichnung besondere Gattungsbezeichnungen gegeben, die aus großen Buchstaben mit einer römischen Ziffer zur Unterscheidung der verschiedenen Spielarten bestanden. Dabei bedeutete der Buchstabe:

A einfach gekuppelte Lokomotiven
B zweifach   ,,   ,,
C dreifach   ,,   ,,

Die um 1870 aufkommenden Tenderlokomotiven erhielten ohne Rücksicht auf das Kupplungsverhältnis den Buchstaben D. Daher mußte in den 90er Jahren die zum ersten Male in Bayern verwendete vierfach gekuppelte Lokomotive das Gattungszeichen E erhalten. Darüber hinaus hatten die Lokomotiven der einzelnen Gattungen Namen, die meist bayerischen Städten, Flüssen und Bergen entlehnt waren; einzelne Lokomotiven trugen auch die Namen bedeutender Männer. Bei den Tenderlokomotiven waren die Götter und Helden des klassischen Altertums fast vollständig vertreten. Von der Gattung B XI ab (1892) wurden für die Kennzeichnung nur Zahlen verwendet, welche in den Hunderterreihen die Gattung anzeigten; die Bayerische Ostbahn dagegen hatte ihre Lokomotiven stets nur mit Nummern bezeichnet. Diese Art der Lokomotivbezeichnung war bis zum Beginn des neuen Jahrhunderts in Gebrauch; dann erhielten die Lokomotiven, die neu hinzukamen — die älteren Jahrgänge wurden mit einigen Ausnahmen allmählich ausgemustert — eine neue Bezeichnung, welche einen Schluß auf den Verwendungszweck und das Kupplungsverhältnis zuließ (s. u.).

DIE SCHNELLZUG- UND PERSONENZUGLOKOMOTIVEN.

An Personenzuglokomotiven waren im Jahre 1880 etwa 31 einfach gekuppelte Lokomotiven (Gattung A IV und A V, letzte Serie, Bd. I, S. 14, Abb. 8) und etwa 450 zweifach gekuppelte Lokomotiven vorhanden. Die einfach gekuppelten Lokomotiven hatten durchweg die Achsfolge 1 A 1. Eine Reihe von 11 A Crampton-Lokomotiven, die seit den 50er Jahren auf der damals noch privaten Bayerischen Ostbahn gearbeitet hatten, war im Anfang der 70er Jahre in 1 B Lokomotiven umgebaut worden. Die zweifach gekuppelten Lokomotiven verteilten sich auf 6 Klassen. Sie hatten größtenteils die Achsfolge 1 B, 2 Lokomotiven (Gattung B V) waren B Lokomotiven der früheren Ostbahn und hatten außenliegende Stephensonsteuerung. Ebenso waren in der Gattung B VII Lokomotiven mit der Achsanordnung B vertreten. Von der Gattung B I aus dem Jahre 1850, die mit ihren kleinen Raddurchmessern von 1372 mm ursprünglich für gemischte Züge bestimmt war, waren noch 15 Stück vorhanden. Zwei weitere, einander ziemlich ähnliche Gattungen B III und B V hatten Treibräder von 1448 mm. Von diesen waren etwa 18 und 162 Stück vorhanden. Die übrigen 3 Gattungen B VI, B VIII und

B IX waren mit ihren Treibrädern von 1618 und 1860 mm reine Personenzug- und Schnellzuglokomotiven; von der B VI waren im Jahre 1880 107 Stück, von der B VIII 6 Stück und von der B IX 141 Stück vorhanden. Die Gattung B IX mit ihrem Treibraddurchmesser von 1870 mm, der in Bayern von jetzt zum Regeldurchmesser für Schnellzuglokomotiven erhoben wurde, war eine reine Schnellzuglokomotive.

Mit diesen Lokomotiven wurde im Anfang der 70er Jahre auf den Bayerischen Staatsbahnen der gesamte Personen- und Schnellzugdienst bewältigt. Der Personenverkehr hatte in den 60er Jahren einen kräftigen Aufschwung genommen und setzte diese Aufwärtsbewegung noch im Anfang der 70er Jahre fort. Als aber nach dem berühmten „Wiener Krach" im Jahre 1873 der wirtschaftliche Niedergang einsetzte, ging der Personenverkehr stark zurück. Jahre hindurch brauchten keine neuen Lokomotiven beschafft zu werden, so daß sich der Bestand an Lokomotiven in Bayern bis etwa zum Jahre 1885 auf fast gleicher Höhe hielt. In der zweiten Hälfte der 80er Jahre setzte dann aber wiederum ein rascher Aufschwung im Verkehr ein; innerhalb weniger Jahre stieg der Personenverkehr um über 50% und die Zahl der Züge mußte beträchtlich vermehrt werden. Inzwischen war auch in Bayern die selbsttätige durchgehende

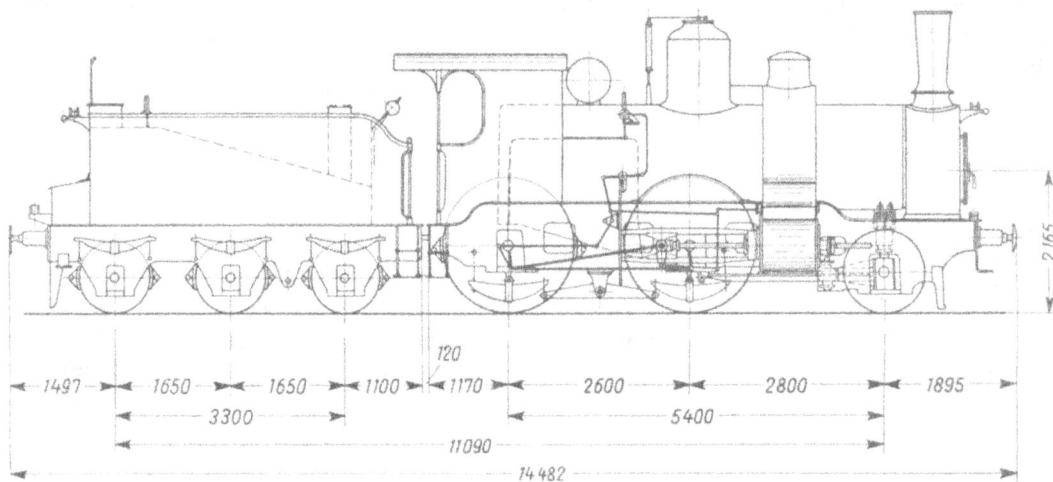

Abb. 92. 1 B n 2 v Schnellzuglokomotive der Bayerischen Staatsbahn, Gattung B X;
Erbauer Krauß 1889—1891.

Rostfläche	1,95 m²	Treibraddurchmesser 1870 mm	Dienstgewicht d. Lok. . . . 44,2 t
Verdampfungsheizfl.	99,00 m²	Zylinderdurchm. . 430/610 mm	Reibungsgewicht . . . . 29,8 t
Kesseldruck	12 atü	Kolbenhub . . . . . 610 mm	

Druckluftbremse Bauart Westinghouse eingeführt worden. Die bisher bei Personenzügen mit Handbremsen zugelassene Geschwindigkeit von 60 km/h konnte nun unbedenklich auf 80 bis 90 km/h erhöht werden; die höheren Geschwindigkeiten werden also ebenfalls zur Belebung des Personenverkehrs beigetragen haben. Zu den höheren Ansprüchen der Reisenden an die Geschwindigkeit gesellten sich die Wünsche nach größerer Bequemlichkeit in den Reisezügen. Neue geräumigere und schwerere Personenwagen mußten gebaut werden; der Betrieb forderte für die höheren Leistungen kräftigere und schnellaufende Lokomotiven, da das neue Leistungsprogramm von den älteren Bauarten kaum noch ohne Störungen erfüllt werden konnte.

Um den ersten dringendsten Bedürfnissen abzuhelfen, wurde im Jahre 1889 eine 1 B n 2 v Schnellzuglokomotive Gattung B X entwickelt (Abb. 92), die in mancher Hinsicht bedeutsame Neuerungen aufwies und einige Ähnlichkeit mit der preußischen 1 B n 2 v Schnellzug- und Personenzuglokomotive der Gattung P 3² hatte.

Um an den vorhandenen Drehscheiben keine Änderungen vornehmen zu müssen, hatte man die an der B IX Lokomotive bewährte Achsanordnung 1 B beibehalten. Die hohe Geschwindigkeit der neuen Lokomotive erforderte, daß überhängende Massen möglichst vermieden wurden; daher legte man die Zylinder hinter die vordere Laufachse und ordnete die hintere Kuppelachse unter der Stehkesselrückwand an. Dadurch war aber der feste Achsstand über das damals einer guten Bogenläufigkeit wegen noch als zulässig angesehene Maß hinaus gewachsen. Damit nun guter Bogenlauf zustande kam, wurde (zum ersten Male an einer Hauptbahnlokomotive) nach dem Vorschlage des Oberingenieurs von Helmholtz der Lokomotivfabrik Krauß & Co. die Laufachse mit der ersten Kuppelachse zu einem Drehgestell, dem sogenannten Krauß-Helmholtz-Drehgestell, vereinigt. Die Lokomotive besaß also keinen eigentlichen festen Achsstand. An seine Stelle trat die „geführte Länge". Man hatte sich bis dahin mit diesem Begriff noch wenig befaßt und sah dem Ergebnis dieses ersten Versuchs gespannt entgegen. Die Vorteile der Anordnung, die ein Jahr lang auf der neuen Strecke Bad Reichenhall—Berchtesgaden an der Gattung D VIII erprobt wurde, waren unverkennbar; der Lauf der Lokomotive war vorzüglich. Das Krauß-Helmholtz-Drehgestell erfreute sich von da ab einer immer größeren Beliebtheit. Im Laufe der Jahre wurde es in seinen Einzelteilen vervollkommnet, bis es ein unentbehrlicher Bauteil vieler Dampf- und elektrischen Lokomotiven wurde.

Neu war auch bei der B X Lokomotive die höhere Kessellage, die wohl durch die Vertiefung der Feuerbüchse bedingt war. Eine weitere Neuerung war die zum ersten Male an einer bayerischen Hauptbahnlokomotive verwendete Heusingersteuerung. Wie bei der preußischen P 3^2 Lokomotive mußte auch bei der B X die Steuerwelle in einem Bogen über den Kessel hinweggeführt werden, da für sie unter dem Kessel kein genügender Platz zur Verfügung stand. Auch die Einströmrohre zum Schieberkasten waren wie bei der P 3^2 Lokomotive in einem Bogen über den Kessel hinweggeführt.

Das Anfahren der Zweizylinderverbundlokomotiven bereitete eines ursprünglich vorgesehenen einfachen Anfahrhahnes wegen manche Schwierigkeiten. Aber auch mit der später eingeführten Lindnerschen Anfahrvorrichtung, die einen Steuerkolben auf der Niederdruckschieberstange hatte, scheint man nicht restlos zufrieden gewesen zu sein, denn die beiden letzten Lokomotiven erhielten versuchsweise Zwillingsanordnung. Die Rückkehr zur Zwillingslokomotive aber mußte bei Naßdampf unbedingt ein Fehlschlag werden: die Zwillingslokomotiven waren den Verbundlokomotiven wirtschaftlich unterlegen. Die Zwillingszylinder wurden daher schon nach wenigen Monaten wieder durch Verbundzylinder ersetzt.

Nachdem bis zum Jahre 1891 von der Gattung B X insgesamt 14 Stück Lokomotiven gebaut worden waren, wurde von diesem Zeitpunkt an die Beschaffung dieser Gattung eingestellt.

Mit der 1 B Lokomotive der Gattung B X war die Grenze der Leistungsfähigkeit erreicht, die bei den damals zugelassenen Achsdrücken mit $^2/_3$ gekuppelten Lokomotiven zu erzielen war; als der Wunsch nach einer stärkeren Lokomotive laut wurde, konnte nur eine solche mit 4 Achsen in Betracht kommen. Man wählte 1892 für die neue Lokomotive (Gattung B XI) die Achsanordnung 2 B, zu der man sich ja bekanntlich auch in Preußen etwa zu derselben Zeit entschlossen hatte. Man entwickelte sie zunächst als Zwillingslokomotive mit einem Kesseldruck von 12 atü; im Januar 1895 folgte dann eine wenig veränderte Ausführung als Verbundlokomotive mit einem Kesseldruck von 13 atü (Gattung B XIc, Abb. 93). Der Treibraddurchmesser war bei beiden Bauarten 1860 mm, die Heusingersteuerung war von Anbeginn vorgesehen und lag außen. Nach bayerischem Brauch waren die Heizrohre mit kupfernen Stutzen in die Rohrwand der Feuerbüchse eingewalzt.

Bei den Drehgestellen der Zwillingslokomotiven wurde die Last des Hauptrahmens nach dem Vorbild der englischen South Eastern Railway und der Gotthardbahn durch eine große runde, ebene Tellerscheibe am Fahrgestellrahmen mit einer Stützplatte auf die schwere Stahlgußquerversteifung in der Mitte des Drehgestells übertragen. Die Tellerscheibe und die Stützplatte wurden durch einen langen Zapfen zusammengehalten. Das Drehgestell hatte 20 mm Ausschlag nach jeder Seite. Außerdem lag 580 mm vor dem Drehzapfen und 550 mm hinter der ersten Drehgestellachse ein zweiter fester Drehzapfen in der Stahlgußquerversteifung des Drehgestells, welcher durch eine starke Lasche mit dem Mittelzapfen verbunden war; er zog also das Drehgestell. Wie man sich damals die Wirkungsweise des Drehgestelles dachte, ist im 10. Ergänzungsband zum „Organ" 1893, S. 22/23, geschildert. Die dort niedergelegte, rein geometrische Vorstellung von der Arbeitsweise eines Drehgestells aber ist unvollständig. Vom Rahmen des Drehgestells aus wurde die Last dann wie beim hannoverschen Drehgestell über je eine große Tragfeder zu beiden Seiten und 2 Schwanenhalsträger auf die Achslager übertragen.

Die 4 Blattragfedern der 2 gekuppelten Achsen waren durch Längsausgleichhebel miteinander verbunden, so daß Dreipunktstützung erreicht wurde.

Von 1892—1893 wurden von der Gattung B XI 39 Zwillingslokomotiven und von 1895 bis 1900 insgesamt 100 Verbundmaschinen gebaut.

Die Anfahrvorrichtung von Mallet gestattete, die Zylinder der Verbundlokomotiven auf Zwillingswirkung umzuschalten; bei ausgelegter Steuerung trat die Umschaltung selbsttätig ein. Die Verbundlokomotiven erhielten zum ersten Male in Bayern vierachsige Tender mit 2 Drehgestellen.

Mit der Gattung B XI war eine leistungsfähige und recht brauchbare Schnellzuglokomotive entstanden. Die Zwillingsbauart konnte in der Ebene Züge von 220 t, die Verbund-

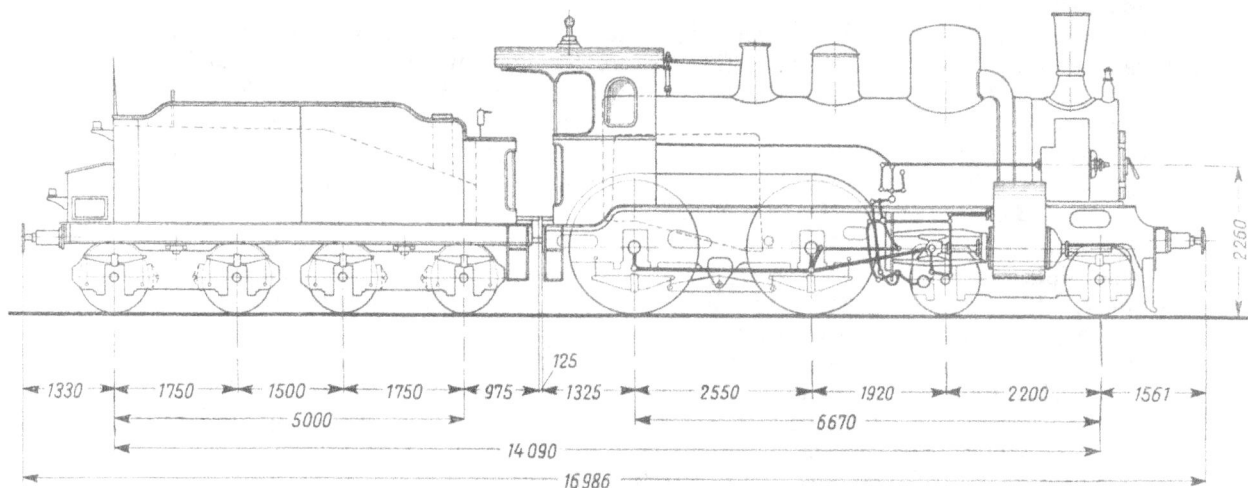

Abb. 93. 2 B n 2 v Schnellzuglokomotive der Bayerischen Staatsbahn, Gattung B XIc;
Erbauer Maffei und Krauß 1895—1900.

Rostfläche . . . . . 2,26 m²	Treibraddurchmesser . 1870 mm	Dienstgewicht d. Lok. . . 51,0 t
Verdampfungsheizfl. 116,8 m²	Zylinderdurchm. . . . 455/670 mm	Reibungsgewicht . . . . 28,8 t
Kesseldruck . . . . . 13 atü	Kolbenhub . . . . . 610 mm	

lokomotive sogar Züge von 245 t mit einer Geschwindigkeit von 70 km/h befördern. Die B IX Lokomotive hatte unter gleichen Verhältnissen nur Züge von 150 t Gewicht schleppen können.

Für leichte Schnellzüge hatte um die Mitte der 90er Jahre auf den Flachlandstrecken die Reibung einer einzigen angetriebenen Achse eben noch genügt, beim Anfahren aber hatten sich mehr und mehr Schwierigkeiten eingestellt. Um diesen Schwierigkeiten zu begegnen, war R. v. Helmholtz, der leitende Konstrukteur der Lokomotivfabrik Krauß, im Jahre 1896 auf den eigenartigen Gedanken gekommen, die für den Anfahrvorgang erwünschte größere Reibungszugkraft an einer 2 A 1 Lokomotive durch eine abschaltbare sogenannte Vorspannachse zu erzielen, die durch eine eigene Hilfsdampfmaschine angetrieben wurde (Abb. 94); die Lokomotive war im Jahre 1896 in Nürnberg ausgestellt. Sie lehnte sich im Aufbau an die vorher beschriebene 2 B Lokomotive der Gattung B XI an, nur war die hintere Kuppelachse durch eine Laufachse ersetzt. Zwischen Drehgestell und Treibachse war ein im Hauptrahmen gelagerter Treibradsatz mit Rädern von 1000 mm Durchmesser angeordnet, der durch eine Zwillingsdampfmaschine mit Zylindern von 266 mm Durchmesser und 460 mm Hub angetrieben wurde. Dieser Radsatz konnte durch dampfbetätigte Druckzylinder mit einem Druck von 14 t gegen die Schiene gedrückt werden. Sobald die Zugkraft der Vorspannachse

124

nicht mehr benötigt war, wurde sie durch kräftige Federn von den Schienen abgehoben, sobald der Dampf aus den Druckzylindern abgelassen war. Das Haupttriebwerk hatte 2 Zylinder in Verbundanordnung wie die B XI Lokomotive. Die Zylinderdurchmesser waren 385 und 610 mm.

Die Lokomotive der Gattung A A 1 hatte, wie vorauszusehen war, einen niedrigeren Kohlenverbrauch als die B XI Lokomotive. Sie verbrauchte im regelmäßigen Schnellzugdienst 6,97 kg Kohle/km gegenüber 7,77 kg bei der Gattung B XI. Trotzdem wurde sie nicht weitergebaut, weil die Ansprüche des Schnellzugbetriebes inzwischen derart gestiegen waren, daß die meisten Züge nicht mehr mit einer einfach gekuppelten Lokomotive ohne Störungen befördert werden konnten; außerdem waren die Unterhaltungskosten der Lokomotive so hoch, daß die Ersparnisse im Kohlenverbrauch mehr als aufgewogen wurden. Nach einem Betriebsunfall wurde die A A 1 Lokomotive im Jahre 1907 in eine 2 B h 2 Lokomotive umgebaut; sie erhielt Zylinder vom Durchmesser 490 mm und einem Hube von 610 mm; so tat sie noch bis zum Jahre 1933 Dienst.

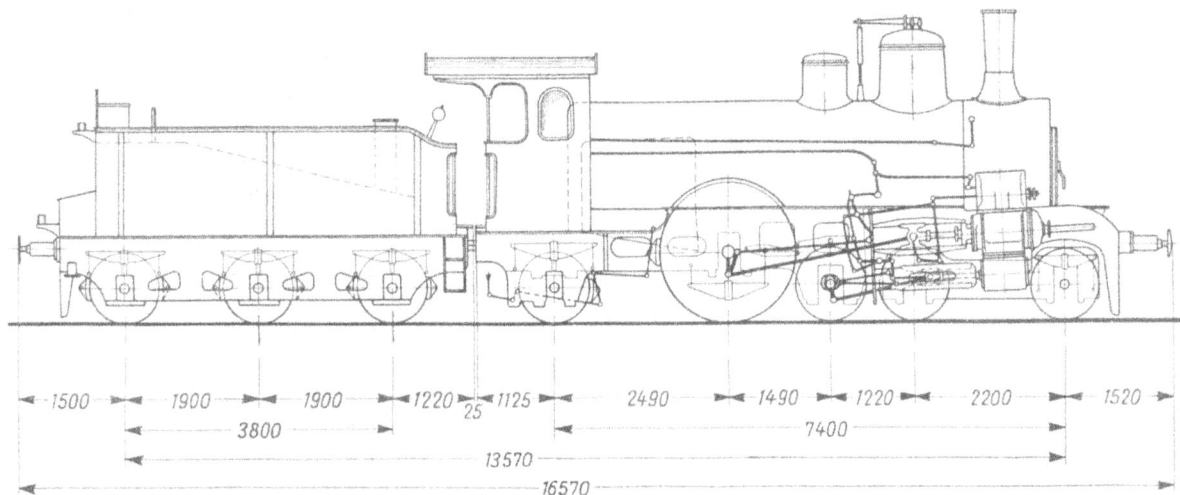

Abb. 94. 2 a A 1 n 2 v Schnellzuglokomotive der Bayerischen Staatsbahn, Gattung AA 1 mit Hilfsmaschine; Erbauer Krauß 1896.

Rostfläche	2,26 m²	Zylinderdurchm.:	Kolben- ⎰ Hauptmasch. 610 mm
Verdampfungsheizfl.	116,8 m²	Hauptmasch. . . 385/610 mm	hub: ⎱ Hilfsmasch. . 460 mm
Kesseldruck	13 atü	Hilfsmasch. . . 2 × 266 mm	Dienstgewicht d. Lok. . . 51,5 t
Treibraddurchmesser	1860 mm		Reibungsgewicht 14,7 + 13,3 t

Vier Jahre später wurde noch einmal im Vereinsgebiet, und zwar auf der Pfalzbahn, eine 2 B 1 n 2 v Lokomotive nach ähnlichen Gesichtspunkten entwickelt (s. Abb. 140). Die Lokomotive war im Jahre 1900 auf der Pariser Weltausstellung zu sehen. Sie war mit Bobgewichten zum Ausgleich der hin- und hergehenden Massen versehen; erst im Jahre 1907 sah man aus den Arbeiten von Lihotzky (vgl. Jahn, Organ 1911, S. 210), daß solche Gewichte verfehlt waren. Auch an dieser Lokomotive wurden die Erwartungen an die Vorspannachse nicht erfüllt, so daß man die Vorspannachse schon im Jahre 1902 wieder entfernte. In diesem Zusammenhange sei auch erwähnt, daß man in späteren Jahren bei mehrfach gekuppelten Lokomotiven in anderer Weise versucht hat, das Reibungsgewicht bei Bedarf zu erhöhen. So versuchte man z. B. im Jahre 1905 bei den ersten 2 C 1 Lokomotiven der Badischen Staatsbahn (Gattung IV f), den Achsdruck der gekuppelten Achsen dadurch zu vergrößern, daß man die Hebelarme der hinteren Ausgleichhebel durch einen Druckkolben veränderte. Man nannte das Lastausgleich.

Nachdem die Wirtschaftskrise der 80er Jahre auch in Bayern überwunden war, setzte nach dem Jahre 1890 eine stürmische Belebung der Wirtschaft ein, die sich wie in anderen Ländern bald auf den Verkehr auswirkte. Die Zahl und die Besetzung der Reisezüge nahm in solchem Umfange zu, daß die Bayerische Staatsbahn um die Jahrhundertwende daran denken mußte, im Schnellzugdienste dreifach gekuppelte Lokomotiven zu verwenden.

Die Firma Maffei hatte auf der Nürnberger Ausstellung 1896 eine 2 C n 4 v Lokomotive mit Zweiachstrieb (Niederdruckzylinder außen) und Treibrädern von 1640 mm Durchmesser, 128 m² Kesselheizfläche, 13 atü Dampfdruck und 56,6 t Dienstgewicht ausgestellt. Die Bayerische Staatsbahn erwarb diese Lokomotive, erprobte ihre Eignung und entschloß sich im Jahre 1899, diese Bauart in etwas verstärkter Ausführung mit Raddurchmessern von 1870 mm und mit leistungsfähigerem Kessel weiter zu beschaffen. So entstand die Gattung CV, Abb. 95. Bei einem Achsdruck von 15,5 t konnten die CV Lokomotiven Züge von

300 t Gewicht auf 0⁰/₀₀
mit 90 km/h und
300 t Gewicht auf 10⁰/₀₀
mit 50 km/h befördern.

Wie an der fast gleichaltrigen 2 C Lokomotive der Württembergischen Staatsbahn lagen die Niederdruckzylinder außen im Gegensatz zu der preußischen 2 C n 4 v Lokomotive der Bauart de Glehn, wo die Niederdruckzylinder innen lagen (s. Abb. 26). Die Steuerungen für beide Zylindergruppen waren fest miteinander gekuppelt, das Übertragungsgestänge jedoch war so bemessen, daß die Füllungen der Niederdruckzylinder etwa 5—8% höher lagen als die der Hochdruckzylinder. Als Anfahrvorrichtung diente ein entlasteter Anfahrhahn, der sich bei Füllungen über 60% öffnete. Um das Anfahren zu erleichtern, eilten die Kurbeln der Niederdruckzylinder den Hochdruckkurbeln um 4⁰ voraus; übrigens war eine ähnliche Maßnahme auch an den preußischen 2 B n 4 v Lokomotiven der Bauart de Glehn getroffen (s. Abb. 14). Die Schieber sämtlicher Zylinder waren zunächst Flachschieber, doch wurden sie vom Jahre 1915 ab durch Kolbenschieber ersetzt.

Bei den 1896 in Nürnberg ausgestellten Lokomotiven war die Kropfachse wohl zum ersten Male mit schrägem Arm ausgeführt; diese Bauart wurde später bei allen Kropfachsen der Bayerischen Lokomotiven als Regelform gewählt.

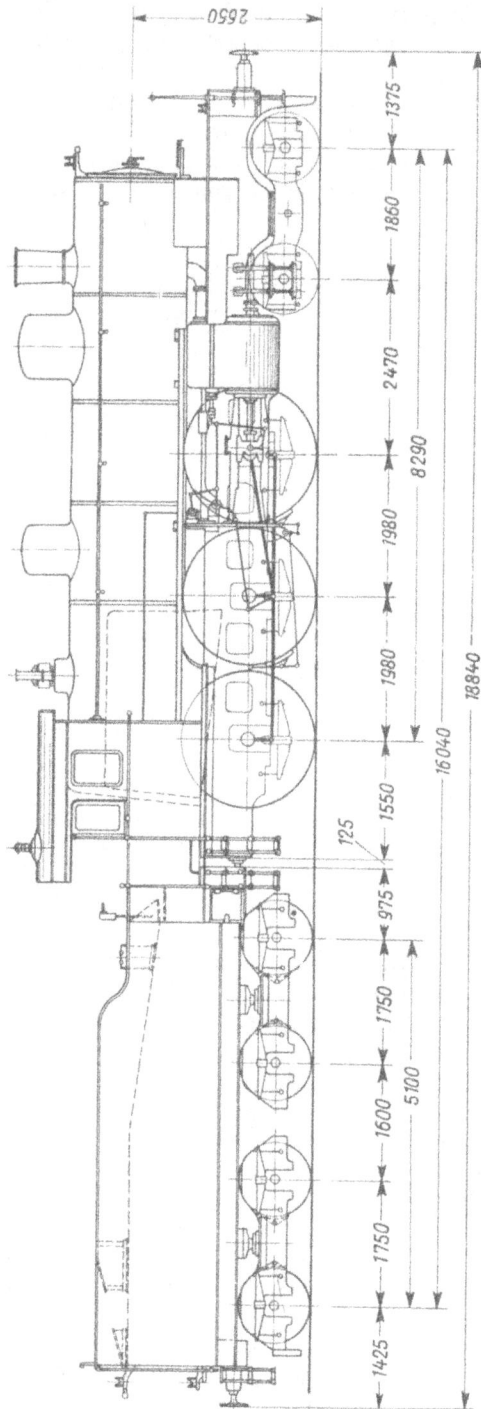

Abb. 95. 2 C n 4 v Schnellzuglokomotive der Bayerischen Staatsbahn, Gattung C V; Erbauer Maffei 1899—1901.

Rostfläche	2,65 m²
Verdampfungsheizfl.	153,0 m²
Kesseldruck	14 atü
Treibraddurchmesser	1870 mm
Zylinderdurchm.	2 × 380/610 mm
Kolbenhub	640 mm
Dienstgewicht d. Lok.	66,4 t
Reibungsgewicht	46,2 t

126

Die Lokomotiven waren für damalige Verhältnisse recht leistungsfähig; man klagte aber darüber, daß die Niet- und Schraubenverbindungen am Fahrgestell (Blechrahmen) im Laufe der Zeit losgerüttelt wurden. Immerhin beschaffte die Bayerische Staatsbahn bis zum Jahre 1901 von der Gattung CV insgesamt 43 Lokomotiven.

Im Jahre 1900 tat die Staatsbahn einen ungewöhnlichen Schritt, der ihrer Vorurteilslosigkeit Ehre machte: sie kaufte neben zwei 1 D Güterzuglokomotiven zwei 2 B1 n 4 v Schnellzuglokomotiven von den Baldwin-Werken in Philadelphia (Abb. 96). Man wollte die angeblichen Vorzüge amerikanischer Bauarten und Bauweisen im eigenen Betriebe näher kennenlernen.

Diese 2 B 1 Lokomotiven hatten ein Triebwerk der Bauart Vauclain, bei dem die Hoch- und Niederdruckzylinder außen übereinander lagen und einen gemeinsamen Kreuzkopf hatten. Während der Niederdruckzylinder bei der Güterzuglokomotive über dem Hochdruckzylinder angeordnet werden mußte, da er in umgekehrter Lage die Fahrzeugbegrenzung überschritten haben würde, lag er bei der Schnellzuglokomotive unter dem Hochdruckzylinder. Das Zylinderraumverhältnis betrug 1 : 2,9, der Stehkessel lag über dem Rahmen, die Feuerbüchse hatte einen Rost von 2620 mm Länge und 1063 mm Breite.

Die Lokomotiven befriedigten in manchen Einzelheiten nicht die Ansprüche des Betriebes. Die ursprüngliche Feuerbüchse aus Flußeisen mußte nach einiger Zeit durch eine kupferne ersetzt werden. Auch an den Ausrüstungsteilen, die ohne Flansche und Dichtungslinsen in die Kesselwand eingeschraubt waren, zeigten sich mancherlei Mängel. Auch klagten die Lokomotivführer sehr darüber, daß die Steuerung während der Fahrt unter Dampf nur unter großem Kraftaufwand verlegt werden konnte.

Dennoch sind diese Lokomotiven für den bayerischen und auch den gesamten deutschen und europäischen Lokomotivbau bedeutungsvoll geworden: sie hatten nämlich nach amerikanischem Brauche Barrenrahmen. Rein betrieblich aber war dieser Rahmen für das in Bayern

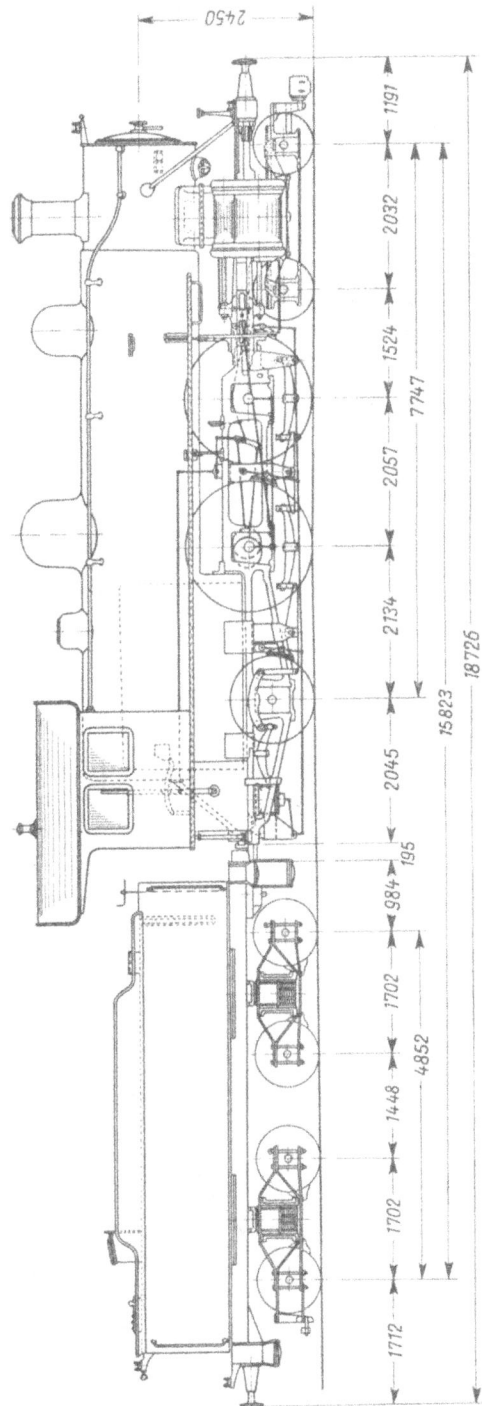

Abb. 96. 2 B 1 n 4 v Schnellzuglokomotive (Bauart Vauclain) der Bayerischen Staatsbahn, Gattung S 2/5; Erbauer Baldwin 1901.

Rostfläche . . . . . 2,8 m² Treibraddurchmesser . 1816 mm Dienstgewicht d. Lok. . . 63,8 t
Verdampfungsheizfl. . 185,7 m² Zylinderdurchm. 2 × 330/559 mm Reibungsgewicht . . . . 32,0 t
Kesseldruck . . . . . . 14 atü Kolbenhub . . . . . . 660 mm

127

lange Jahre hindurch beliebte Vierzylinder-Verbundtriebwerk ganz besonders geeignet, weil er das Innentriebwerk leicht zugänglich machte. Diesen Vorzug hatte auch A. v. Borries ausgewertet, als er bereits gegen Ende der 90er Jahre an seinen preußischen 2 B n 4 v Schnell-zuglokomotiven der Gattung S 5[1] den vorderen Teil des Lokomotivrahmens als Barrenrahmen ausführte. Der Barrenrahmen amerikanischer Bauart bot aber mehr als das. Er ermöglichte die Bearbeitung der Fahrgestelle, der Zylinder usw. je für sich auf Einbaumaße und gestattete, eine Lokomotive in etwa 2—3 Wochen zusammenzubauen. Dieser Vorteil ist damals von niemandem früher erkannt und ausgewertet worden als von Hammel (Maffei), dem der Lokomotivbau so vieles zu danken hat. Die Bayerische Staatsbahn ist im Jahre 1903 bei ihren Neubauten ganz zum Barrenrahmen übergegangen.

Damit begann der letzte Abschnitt der bayerischen Lokomotivgeschichte. Er brachte eine Reihe von neuen Lokomotiven verschiedener Art, deren Ruf als schönste Lokomotiven ihrer Zeit weit über die Grenzen Bayerns hinausdrang.

Nachdem die amerikanischen 2 B 1 Lokomotiven in mehrjährigem Betriebe erprobt waren, ließ die Bayerische Staatsbahn im Jahre 1903 bei Maffei in München auf Grund der inzwischen gewonnenen Erfahrungen eine neue 2 B 1 n 4 v Schnellzuglokomotive bauen (Gattung S $^2/_5$, Abb. 97). Obgleich bereits auf anderen Bahnen in Deutschland ähnliche Lokomotiven mit breiter, weit über den Rahmen hinausragender Feuerbüchse vorhanden waren (z. B. Pfälzische Eisenbahn, Gattung P 3[1], Preußische Staatsbahn, Gattung S 7[1], Badische Staatsbahn, Gattung II d), hielt die Bayerische Staatsbahn bei diesen neuen Lokomotiven zunächst noch an der schmalen, langen Feuerbüchse fest. Der Grund hierfür war, daß zur gleichen Zeit noch eine 2 C n 4 v Schnellzuglokomotive Gattung S $^3/_5$ entworfen wurde, mit deren Hauptteilen die S $^2/_5$ möglichst übereinstimmen sollte.

Nach den amerikanischen Vorbildern wurde bei der neuen S $^2/_5$ Lokomotive die Feuerbüchse auf den Rahmen gestellt; dadurch konnte sie eine Breite von 1090 mm gegen sonst knapp

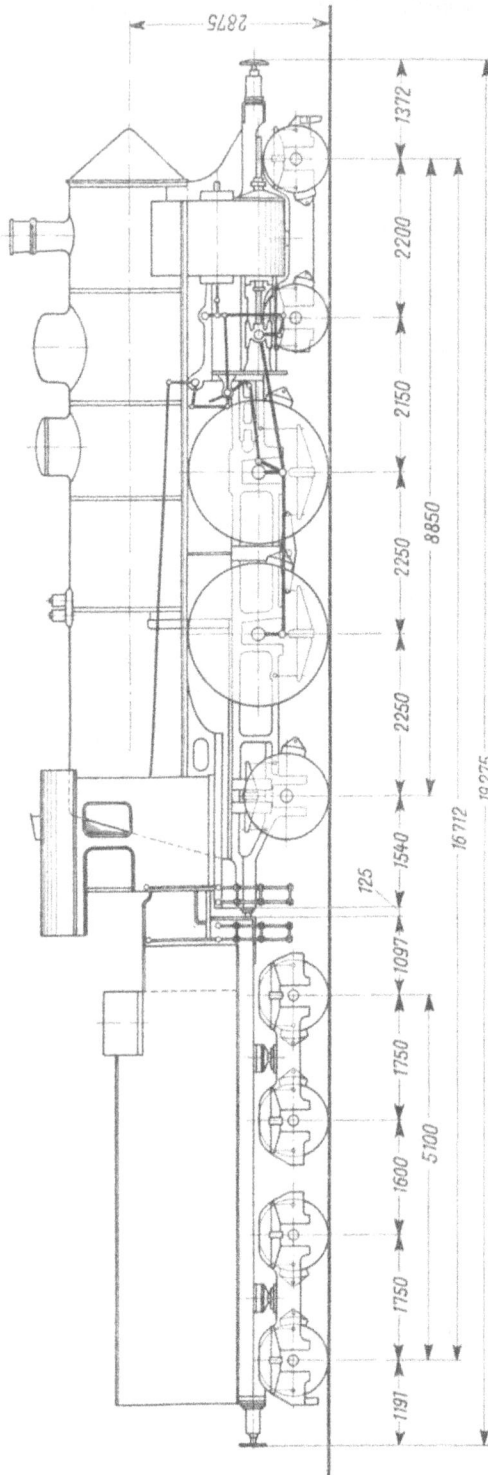

Abb. 97. 2 B 1 n 4 v Schnellzuglokomotive der Bayerischen Staatsbahn, Gattung S $^2/_5$; Erbauer Maffei 1903—1904.

Rostfläche . . . . . 3,27 m²
Verdampfungsheizfl. 205,5 m²
Kesseldruck . . . . 16 atü

Treibraddurchmesser . 2000 mm
Zylinderdurchm. 2 × 340/570 mm
Kolbenhub . . . . . 640 mm

Dienstgewicht d. Lok. . . 68,3 t
Reibungsgewicht . . . . 32,0 t

128

1000 mm erhalten. Der Kessel stimmte mit dem der S $^3/_5$ überein, nur die Rohre waren um 300 mm auf 4550 mm gekürzt. Der Kesseldruck betrug bereits 16 atü.

Das Triebwerk und der Rahmen stimmten mit dem der S $^3/_5$ überein, soweit nicht durch die Verschiedenheit der Achsanordnungen Änderungen notwendig waren. Die Treibräder hatten einen Durchmesser von 2000 mm gegenüber 1870 mm bei der 2 C Lokomotive. Für das Triebwerk hatte man die Anordnung nach v. Borries gewählt, also den Einachsantrieb. Man gab damit den Zweiachsantrieb der 2 C n 4 v Lokomotiven der Gattung C V auf, nicht weil man mit ihm schlechte Erfahrungen gemacht hatte, sondern weil die Lokomotiven der Gattung C V im ganzen genommen nicht befriedigten. Bei einem Zylinderraumverhältnis von 1:2,81 begnügte man sich mit fast gleichen Füllungen in den innenliegenden Hochdruck- und den außenliegenden Niederdruckzylindern; alle Zylinder hatten Kolbenschieber.

Als Anfahrvorrichtung diente ein Drehschieber zwischen dem Hochdruckschieberraum und der Verbinderkammer, der sich bei Steuerungslagen über 70% öffnete. Der Antrieb der Innenschieber wurde von den äußeren Heusingersteuerungen abgeleitet. Die wichtigste Neuerung für das gesamte europäische Festland war der aus Barren geschmiedete und feuergeschweißte Rahmen, welcher der Lokomotive ein elegantes Aussehen gab und das Innentriebwerk leicht zugänglich machte.

Bei der Betrachtung der S $^2/_5$ Lokomotive, deren Entwurf nach Anregungen des Geheimrats von Weiß aufgestellt wurde, erkennt man manche der gesunden Baugrundsätze wieder, die auch A. v. Borries in Preußen eifrig verfocht. In Bayern wurden sie vor allem durch Hammel, den Chefkonstrukteur der Lokomotivfabrik I. A. Maffei in München, weiter entwickelt. Hammel, einer der weitschauendsten deutschen Lokomotivkonstrukteure, vereinigte in sich die Fähigkeiten eines tüchtigen Ingenieurs mit einem künstlerischen Gefühl für zweckvolle Harmonie der Formen. Die Grundsätze, nach denen er seine Lokomotiven entwarf und formte, gelten auch heute noch. Wie weit Hammel seiner Zeit vorauseilte, zeigt besonders deutlich ein Vergleich seiner Lokomotiven mit den gleichaltrigen Maschinen Garbes in Preußen, z. B. der S 4 und der S 6.

Die S $^2/_5$ Lokomotiven beförderten Schnellzüge mit einem Gewicht von 250 t auf 0 $^0/_{00}$ mit 110 km/h und 250 t auf 5 $^0/_{00}$ mit 85 km/h. Bei Versuchsfahrten wurde die 65 km lange Strecke München—Rosenheim mit einem 150 t schweren Zuge in 40 Minuten zurückgelegt; dabei wurden Geschwindigkeiten bis zu 135 km/h erzielt.

Obwohl die Lokomotiven sich ausgezeichnet bewährten und wegen ihres ruhigen Laufes bei hohen Geschwindigkeiten sehr beliebt waren, wurden sie nicht mehr nachgebaut. Es blieb bei den 10 Lokomotiven, die im Jahre 1904 in Betrieb genommen worden waren, denn die Ansprüche des Zugbetriebes waren inzwischen derart gestiegen, daß zweifach gekuppelte Lokomotiven nur noch auf den wenigen und kurzen Flachlandstrecken Bayerns, z. B. München—Augsburg, verwendet werden konnten. Im Jahre 1918 waren bereits alle 10 Lokomotiven ausgemustert.

Die guten Erfahrungen mit dem v. Borries-Triebwerk in Preußen hatten auch in anderen Ländern Schule gemacht und das de Glehn-Triebwerk zurückgedrängt. Die Badische Staatsbahn besaß seit 1902 eine Gattung von 2 B 1 n 4 v Schnellzuglokomotiven (Gattung II d, s. S. 176), an denen sich Triebwerk und Steuerung nach v. Borries gut bewährt hatten; diesem Beispiel war die Bayerische Staatsbahn schon bei ihren vorher beschriebenen S $^2/_5$ Lokomotiven gefolgt. Da im Jahre 1903 auch in Bayern das Bedürfnis nach dreifach gekuppelten Schnellzuglokomotiven dringend geworden war, wurden gleichzeitig mit der 2 B 1 Lokomotive auch 2 C n 4 v Lokomotiven bei der Firma Maffei bestellt, die, wie schon erwähnt wurde, nach gleichen Grundsätzen gebaut waren. Es wurde die Gattung S $^3/_5$ (Abb. 98). Der Zweiachsantrieb der älteren Gattung C V war zugunsten des v. Borries-Triebwerks verlassen worden. Der Kessel war dem der 2 B 1 Lokomotiven fast gleich; die Rostfläche betrug 3,27 m^2 und lag damit zum ersten Male bei deutschen 2 C Lokomotiven über 3 m^2.

Die Zylinderdurchmesser stimmten mit denen der 2 B 1 Lokomotiven überein. Sie waren also 335 und 570 mm groß, waren aber damit kleiner als die der alten 2 C Lokomotiven der Gattung C V. Später bohrte man die Hochdruckzylinder auf 340 mm Durchmesser aus und ging damit endgültig von dem verfehlten Vauclainschen Zylinderverhältnis zu dem zuerst von Gölsdorf angewendeten von 1:2,81 über; alle Zylinder besaßen Kolbenschieber.

Trotz der kleineren Zylinderdurchmesser übertraf die Leistung der neuen S ³/₅ Lokomotiven die der Gattung CV beträchtlich. Die S ³/₅ beförderte Züge von

350 t Gewicht auf 0⁰/₀₀ mit 100 km/h und
325 t Gewicht auf 10⁰/₀₀ mit 50 km/h.

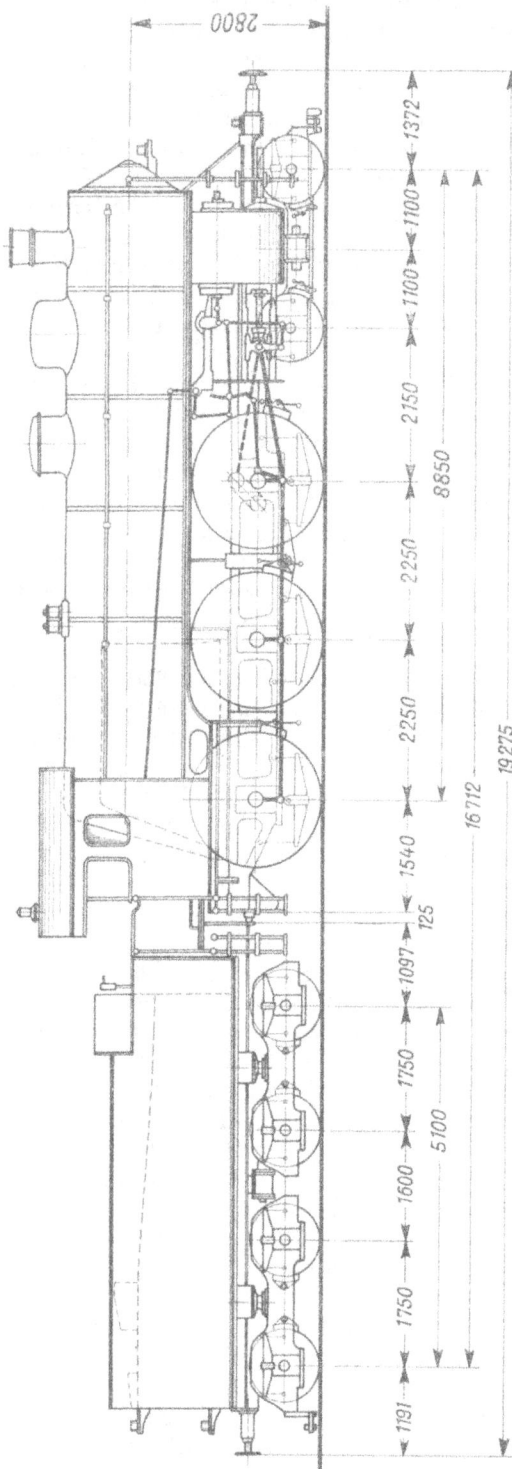

Abb. 98. 2 C h 4 v Schnellzuglokomotive der Bayerischen Staatsbahn, Gattung S ³/₅; Erbauer Maffei 1903—1904.

Rostfläche	3,27 m²
Verdampfungsheizfl.	162,50 m²
Überhitzerheizfl.	34,50 m²
Kesseldruck	14 atü
Treibraddurchmess.	1870 mm
Zylinderdurchm.	2 × 335/570 mm
Kolbenhub	640 mm
Dienstgewicht d. Lok.	71,0 t
Reibungsgewicht	46,8 t

Die in den Jahren 1903—1907 gelieferten Lokomotiven (39 Stück) waren noch Naßdampfmaschinen. Eine Lokomotive versah man im Jahre 1906 mit dem Schmidtschen Rauchröhrenüberhitzer und stellte sie in demselben Jahre in Nürnberg aus. Da die Lokomotive mit dem Schmidtschen Rauchröhrenüberhitzer sich im Betriebe gut bewährte, wurden von 1908 an alle weiteren Lokomotiven mit diesem Überhitzer ausgerüstet, der eine Heizfläche von 34,5 m² erhielt.

Von der 14. Lokomotive ab wurden die Rohre von 4850 auf 4550 mm, also um 300 mm gekürzt, so daß die Heizfläche von 210 m² auf 205,7 und später sogar bei der Heißdampflokomotive auf 163 m² sank. Dabei wurde der Dampfdruck, der schon bei den letzten 2 C Naßdampflokomotiven von 14 auf 16 atü erhöht worden war, beibehalten; nur die Zylinderdurchmesser wurden auf 360/590 mm vergrößert. Das Reibungsgewicht stieg allmählich von 46,2 auf 48 t; nachträglich ist auch eine Anzahl der Naßdampflokomotiven mit einem Rauchröhrenüberhitzer ausgerüstet worden.

Insgesamt waren von den S ³/₅ Lokomotiven 69 Stück vorhanden; von ihnen waren 39 Stück Naßdampf- und 30 Stück Heißdampflokomotiven. Vom Jahre 1911 an aber wurden keine S ³/₅ Lokomotiven mehr beschafft, denn sie waren durch die 2 C 1 h 4 v Schnellzuglokomotive der Gattung S ³/₆ überholt.

Die soeben beschriebene 2 C Schnellzuglokomotive bewährte sich von Anfang an im Betriebe so gut, daß die Bayerische Staatsbahn sich schon im Jahre 1905 entschloß, eine ihr sehr ähnliche 2 C Lokomotive für den Personenzugdienst zu beschaffen (Gattung P $^3/_5$, Abb. 99, 36 Stück). Diese Lokomotive erhielt bei gleichen Zylinderabmessungen und bei Treibrädern von 1640 mm Durchmesser einen etwas kleineren Kessel mit einer Rostfläche von 2,62 m^2 und einer Heizfläche von 165,5 m^2. Sie wurde zunächst als Naßdampflokomotive gebaut; als dann im Jahre 1921 noch einmal 80 Stück nachbestellt wurden, vergrößerte man den Kessel mäßig und rüstete ihn mit einem Überhitzer aus. Seitdem wurden auch die älteren Naßdampflokomotiven nach und nach auf Heißdampf umgebaut.

Wie Abb. 99 zeigt, wurde die Lokomotive durch den kleineren Kessel noch durchsichtiger und im Innentriebwerk noch zugänglicher als die Schnellzuglokomotive. Die Abmessungen der Zylinder blieben trotz der kleineren Treibräder sowohl bei der Naßdampf- als auch bei der Heißdampfausführung gleich denen der Schnellzuglokomotiven; allerdings wurde der Dampfdruck von 16 auf 15 atü herabgesetzt.

Die Gesamtzahl der von der Bayerischen Staatsbahn von 1897 bis 1921 beschafften 2 C 4 v Lokomotiven betrug 228 Stück. Von diesen besaßen 182 Stück Barrenrahmen und das v. Borriessche Triebwerk.

Der Schnelligkeitshunger zu Beginn des Jahrhunderts, der besonders in Norddeutschland in Zusammenhang mit der Gründung der Studiengesellschaft für elektrischen Schnellbetrieb zu den bereits behandelten Schnellfahrversuchen auf den Strekken Marienfelde—Zossen und Spandau—Hannover geführt hatte, blieb auch nicht ohne Einfluß auf Bayern. Die Firma Maffei entwickelte unter ihrem Direktor Hammel kurz nach der Beendigung der Schnellfahrversuche eine neue für hohe Geschwindigkeiten bestimmte 2 B 2 h 4 v Schnellzuglokomotive; sie wurde im Jahre 1906 in Nürnberg auf der Bayerischen Jubiläums-Landesausstellung ausgestellt (Abb. 100).

Mag vielerlei dem heutigen Stande der Technik nicht mehr entsprechen, so ändert das nichts an der Größe dieser Leistung Hammels, der hier mit einer kaum zu übertreffenden Sicherheit eine zweckmäßige und dabei gleichzeitig sehr gefällige Form fand, die er bei der folgenden 2 C 1 Lokomotive (S $^3/_6$) noch weiter entwickelte.

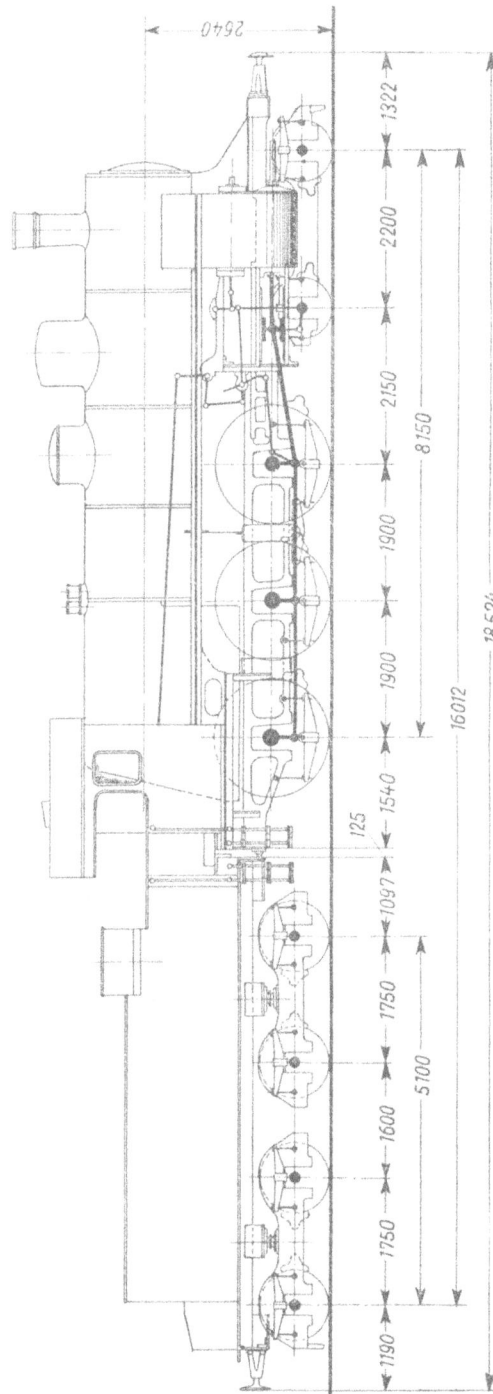

Abb. 99. 2 C n 4 v Personenzuglokomotive der Bayerischen Staatsbahn, Gattung P $^3/_5$; Erbauer Maffei 1905.

Rostfläche	2,6 m^2	Treibraddurchmesser .	1640 mm	Dienstgewicht d. Lok. . 65,0 t
Verdampfungsheizfl. .	165,5 m^2	Zylinderdurchm. 2 × 340/570 mm		Reibungsgewicht . . . 43,0 t
Kesseldruck	15 atü	Kolbenhub	640 mm	

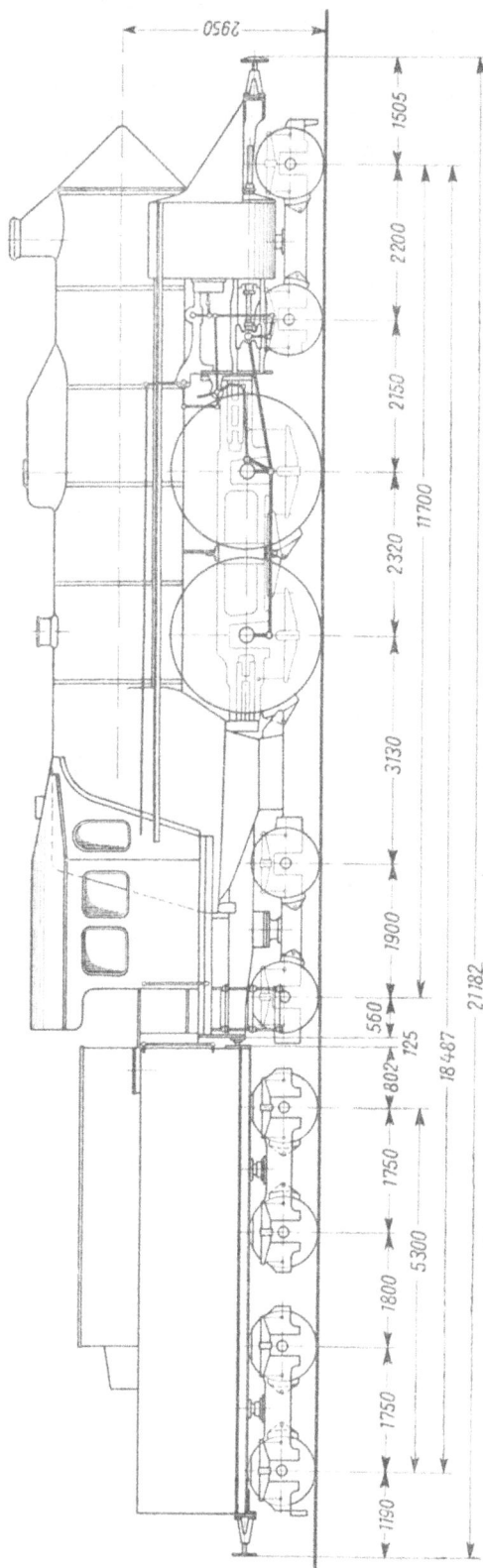

Abb. 100. 2 B 2 h 4 v Schnellzuglokomotive der Bayerischen Staatsbahn, Gattung S²/₆;
Erbauer Maffei 1906.

Rostfläche	4,7 m²	Kesseldruck	14 atü
Verdampfungsheizfl. .	214,5 m²	Treibraddurchmesser .	2200 mm
Überhitzerheizfläche .	37,5 m²	Zylinderdurchm.	2 × 410/610 mm

Kolbenhub . . . . . 640 mm
Dienstgewicht d. Lok. . 83,0 t
Reibungsgewicht . . . 32,0 t

Die 2 B 2 Lokomotive hatte gegenüber der etwas älteren preußischen 2 B 2 Schnellfahrlokomotive (s. S. 42) eine etwas größere Rostfläche, nämlich 4,7 m², aber eine kleinere Heizfläche von 214,5 m²; sie war jedoch mit einem Schmidtschen Rauchröhrenüberhitzer ausgerüstet, dessen Heizfläche (37,5 m²) im Verhältnis zur Gesamtheizfläche leider zu klein bemessen war. Der wegen der großen Treibräder von 2200 mm Durchmesser hochgelegte Kessel (Mittellinie 2950 mm über SO) fügte sich in die Gesamterscheinung ausgezeichnet ein; die Wirkung der Lokomotive auf den Beschauer wurde durch das durchsichtige Triebwerk noch verstärkt.

Der Rahmen war als Barrenrahmen ausgebildet, das hintere Drehgestell war so weit nach hinten hinausgeschoben, daß der Aschkasten, der ja bei den preußischen Lokomotiven über dem hinteren Drehgestell lag, noch zwischen der hinteren Kuppelachse und der ersten Drehgestellachse untergebracht werden konnte. Beide Drehgestelle hatten ein Spiel von 70 mm nach jeder Seite; sie führten die Lokomotive lauftechnisch richtig am langen Hebelarm des Abstandes ihrer beiden Drehzapfen. Der kurze feste Achsstand der beiden gekuppelten Achsen war an der Führung so gut wie unbeteiligt. Das Triebwerk glich dem der S²/₅ Lokomotive (Abb. 96).

Stromlinienförmige Verkleidungen kannte man damals an schnellfahrenden Lokomotiven nicht; man beschränkte sich darauf, verschiedene Teile, die dem Wind eine Angriffsfläche boten, wie Rauchkammer, Schornstein, Dom und Sandkasten, Führerhausvorderwand, mit Windschneiden zu versehen. Diese Zutaten hatten wenig praktischen Wert, sie erhöhten aber den schnittigen Eindruck der Lokomotive; man würde heute die Verkleidung beim Schornstein und Dom zur Verringerung des Sogs mit der Schneide nach hinten, also umgekehrt, anordnen.

Als höchste Geschwindigkeit waren 150 km/h zugelassen; über die vorzüglichen Leistungen der Lokomotive und die erreichten hohen Geschwindigkeiten ist bereits bei der Behandlung der

Schnellfahrversuche (1904) in Preußen berichtet worden (s. S. 41). Die Zeit war aber für solche hohen Geschwindigkeiten noch nicht reif. Der damalige Zustand der Strecken (Oberbau, Gleisbögen) gestattete noch nicht, einen regelmäßigen Verkehr mit sehr schnell fahrenden Schnellzügen einzurichten. Auch dürfte damals das Bedürfnis nach solchen Zügen noch sehr gering gewesen sein. Deshalb blieb es bei dieser einen 2 B 2 Lokomotive, die man im normalen Schnellzugbetrieb einsetzte, in dem sie noch 23 Jahre Dienst geleistet hat. Sie wurde 1925 im Verkehrsmuseum zu Nürnberg aufgestellt und kehrte damit an den Ort ihres ersten Erscheinens zurück.

Zweifach gekuppelte Schnellzuglokomotiven waren bereits im Jahre 1905 nur noch unter besonders günstigen Verhältnissen auf einzelnen bayerischen Strecken verwendbar. An der 2 B 2 Lokomotive war bemängelt worden, daß die Achsanordnung gegen nicht ganz einwandfreie Gleislage empfindlich war und daß die Treibachsen oft schleuderten. Bei schweren Zügen bereitete das Anfahren häufig so große Schwierigkeiten, daß der Bau einer dreifach gekuppelten Schnellzuglokomotive ernsthaft erwogen werden mußte; ganz besonders dringend wurde eine leistungsfähige Schnellzuglokomotive auf der Strecke München—Salzburg mit ihren langen Steigungen von 1:95 benötigt.

Die Badische Staatsbahn hatte im Jahre 1906 bei Maffei eine 2 C 1 h 4 v Schnellzuglokomotive bauen lassen, die 1907 in Betrieb genommen worden war (s. Abb. 150). Noch im gleichen Jahre entschloß sich auch die Bayerische Staatsbahn, auf der Grundlage der Erfahrungen mit den S ²/₅ und S ²/₆ Lokomotiven eine 2 C 1 h 4 v Schnellzuglokomotive zu entwickeln. Die Firma Maffei erhielt den Auftrag, diese Lokomotiven (Gattung S ³/₆, Abb. 101, Tafel 9) zu bauen. Sie sollte Züge mit einem Gewicht von

400 t auf 2⁰/₀₀ mit 95 km/h und
400 t auf 10⁰/₀₀ mit 65 km/h befördern.

Die Lokomotive war im Frühjahr 1908 fertiggestellt und im gleichen Jahre

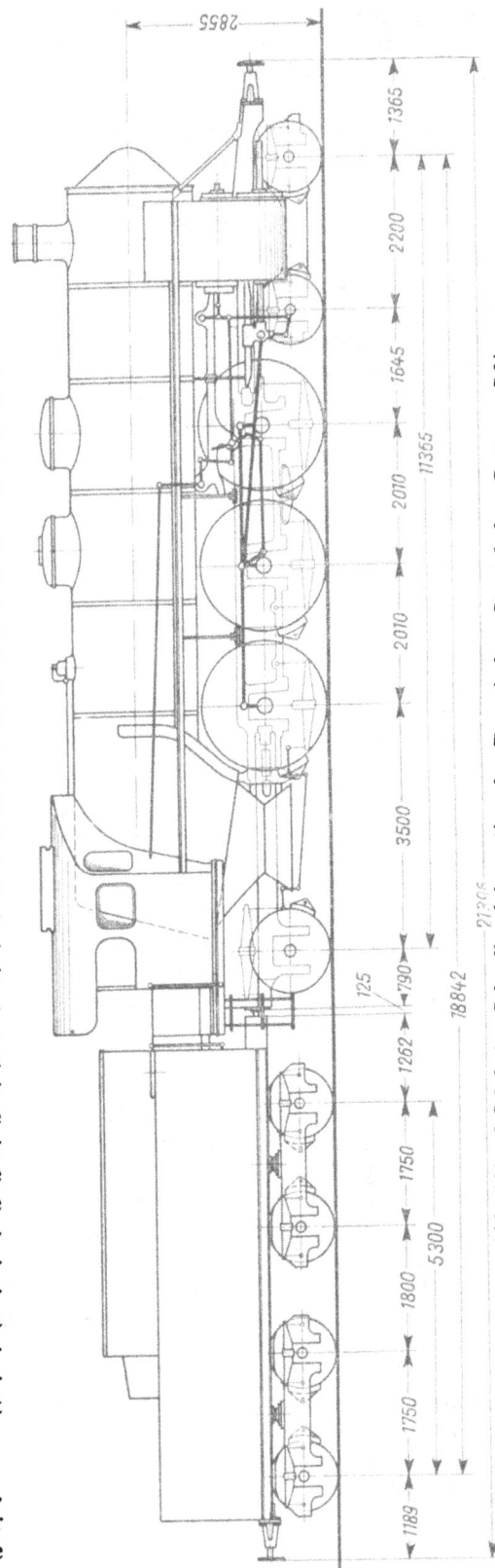

Abb. 101. 2 C 1 h 4 v Schnellzuglokomotive der Bayerischen Staatsbahn, Gattung S ³/₆;
Erbauer Maffei 1908.

Rostfläche	4,5 m²	Kesseldruck	15 atü
Verdampfungsheizfl.	218,4 m²	Treibraddurchmesser	1870 mm
Überhitzerheizfläche	50,0 m²	Zylinderdurchm.	2 × 425/650 mm
		Kolbenhub	610 mm
		Dienstgewicht d. Lok.	86,4 t
		Reibungsgewicht . .	48,0 t

auf der Münchener Ausstellung und 1910 auch auf der Brüsseler Weltausstellung zu sehen. Ihr Kessel stimmte in der Größe fast genau mit dem der Badischen 2 C 1 Lokomotive überein, nur waren die Rohre 155 mm länger. Die Treibräder hatten 1870 mm Durchmesser gegenüber 1800 mm, die Zylinder $2 \times 425/2 \times 650$ mm Durchmesser und einen Hub von 610/670 mm. Der Barrennrahmen war nach dem Vorbild der früheren Bayerischen Lokomotiven wieder aus 3 Teilen zusammengesetzt; das vordere Drehgestell hatte 70 mm, die hintere Adamsachse 60 mm Spiel nach jeder Seite.

Der Schmidtsche Rauchröhrenüberhitzer war wie an allen bayerischen Lokomotiven auffallend klein (50 m²). Später wurde er auf 62 m² und 1928 sogar auf 76,4 m² Heizfläche vergrößert, so daß sein Verhältnis zur Kesselheizfläche günstiger wurde. Die größeren Überhitzer wurden auch nach und nach bei den älteren Lokomotiven eingebaut. Den in Bayern üblichen kleinen Überhitzern und den entsprechenden niedrigen Dampftemperaturen ist es zuzuschreiben, daß man dort noch bis zum Übergang der Bahnen an das Reich starr an der Vierzylinder-Verbundlokomotive festhielt, weil das Verbundverfahren bei so niedrigen Dampftemperaturen noch merkbare Vorteile bot.

Der Dampfdruck betrug zuerst 15 atü, doch wurde er bei einer Neubestellung im Jahre 1927 auf 16 atü erhöht. Im Laufe der Jahre wurden manche Einzelheiten vervollkommnet und u. a. auch Speisewasservorwärmer eingebaut, so daß das Dienstgewicht von ursprünglich 86,6 t auf 96 t, das Reibungsgewicht von 48 t auf 53,8 t stieg. Eine Anzahl Lokomotiven, die während des Weltkrieges gebaut wurden, erhielten wegen des Kupfermangels stählerne Feuerbüchsen. Damit der Achsdruck von 17 t erhalten blieb, mußten im Rahmen Ballastgewichte eingebaut werden; diese wurden aber später wieder entfernt, als die Stahlfeuerbüchsen durch kupferne ersetzt wurden.

Eine in den Jahren 1912—13 gebaute Reihe von 18 Lokomotiven erhielt ausnahmsweise Treibräder von 2000 mm Durchmesser; dabei wurde der Hub der Hochdruckzylinder auf 670 mm vergrößert und damit dem der Niederdruckzylinder angepaßt. Die Kesselmittellinie mußte der höheren Räder wegen von 2855 mm auf 2920 mm über SO hinaufgerückt werden; auch wurde es nötig, die Achsstände wegen der größeren Raddurchmesser ein wenig zu vergrößern. An den übrigen Abmessungen wurde nichts geändert. Neu war an den 18 Lokomotiven die Bauart des Tenders mit einem vorderen Drehgestell und 2 hinteren, fest im Rahmen gelagerten Achsen, die am Achsstand des Tenders etwa das einsparte, was am Achsstand der Lokomotive hinzugekommen war.

Die S³/₆ Lokomotive bewährte sich außerordentlich gut. Sie besaß nicht nur gute Laufeigenschaften, sondern war auch eine für damalige Verhältnisse sehr sparsame Lokomotive; ihr gefälliges Aussehen machte sie zu der schönsten Lokomotive ihrer Zeit. Die an ihr durchgeführten Baugrundsätze waren vielfach verwertbar für die Entwicklung der neuzeitlichen Schnellzuglokomotive.

Die damals noch bestehende Gruppenverwaltung Bayern der Deutschen Reichsbahn unternahm mit der S³/₆ Lokomotive noch in den Jahren 1928—29 umfangreiche Leistungsversuche auf verschiedenen Strecken, um auf einer den neuzeitlichen Gesichtspunkten entsprechenden Grundlage Erfahrungen über die Verwendbarkeit und Leistungsfähigkeit der Lokomotive zu gewinnen. Auf den Strecken von München nach Salzburg, Stuttgart und Nürnberg konnten 550—600 t schwere Schnellzüge mit bedeutend kürzeren Fahrzeiten als die fahrplanmäßigen Züge befördert werden; dabei wurden Dauerleistungen von 2000—2500 PS_i und Heizflächenbelastungen von 70—79 kg Dampf je m² Heizfläche und Stunde erreicht.

Bei den später von der Lokomotivversuchsabteilung Grunewald der Deutschen Reichsbahn vorgenommenen Versuchsfahrten wurde bei einer Geschwindigkeit von 80 km/h und Leistungen von 1100—1850 PS_i ein Kohlenverbrauch von 0,87—0,82 kg/PS_{ih} gemessen. Die zuletzt genannte Zahl wurde etwa bei 1300 PS_i erreicht. Bei niedrigen Leistungen hatte die S³/₆ gegenüber der späteren leichten 2 C 1 h 2 Einheitslokomotive der Reihe 03 der Deutschen Reichsbahn einen etwas niedrigeren Kohlenverbrauch, bei hohen Leistungen war sie ihnen aber eindeutig unterlegen.

Es ist ein deutlicher Beweis für die technische und betriebliche Brauchbarkeit der S³/₆ Lokomotive, daß sie noch bis zum Jahre 1930 beschafft worden ist, als die Reichsbahn bereits die bewährten Einheitslokomotiven besaß. Sie wurde außerhalb Bayerns besonders auf Strecken verwendet, auf denen die bis dahin entwickelten ersten Einheitsschnellzuglokomotiven (Baureihe 01) wegen ihres Achsdruckes von 20 t noch nicht verkehren durften. So z. B. beförderte sie auf der linksrheinischen Strecke die Rheingoldzüge von Mannheim bis Zevenaar an der holländischen Grenze. Mit den Lokomotiven der letzten Lieferung aus dem Jahre 1930 wurden eine kurze Zeit hindurch auch Schnellzüge in Norddeutschland, z. B. zwischen Köln und Hamburg befördert. Hier waren die alten preußischen 2 C Lokomotiven im Laufe der Jahre zu schwach für den Verkehr geworden.

Von der S $^3/_6$ Lokomotive sind insgesamt 159 Stück gebaut worden. Von allen 2 C 1 Lokomotiven in Deutschland mit Ausnahme der Einheitslokomotiven waren etwa 58% S $^3/_6$ Lokomotiven.

Damit hat die Entwicklung der Schnellzug- und Personenzuglokomotive in Bayern ihren Höhepunkt und gleichzeitig auch ihren Abschluß gefunden.

DIE GÜTERZUGLOKOMOTIVEN.

Der Güterverkehr, der sich in den 60er Jahren und noch im Anfang der 70er Jahre kräftig entwickelt hatte, war aus den gleichen Gründen wie der Personenverkehr um die Mitte der 70er Jahre stark zurückgegangen. Der wirtschaftliche Niedergang nach dem „Wiener Krach" war die erste Ursache dafür. Dazu kam, daß in den Alpenbahnstrecken durch den Arlberg und den Gotthard den bayerischen Bahnen ernsthafte Wettbewerber erstanden waren. Ein Teil des Güterverkehrs, hauptsächlich der Durchgangsverkehr, wanderte auf diese Strecken ab.

Bis zum Jahre 1883 wurden die Güterzüge hauptsächlich durch die C n 2 Lokomotiven der Gattungen C I bis C III und durch einige 1 B Lokomotivreihen der B-Klasse befördert. Da nun die C Lokomotiven der Klasse C I bereits über 30 Jahre alt waren und ein Teil der C II Lokomotiven aus dem Ende der 50er und Anfang der 60er Jahre stammte, ging die Bayerische Staatsbahn im Jahre 1884 zu einer neuen C n 2 Güterzuglokomotive über, die etwas kräftiger als die C III war und einen Innenrahmen erhielt (Gattung C IV).

Die Abmessungen des Kessels blieben annähernd gleich, der Dampfdruck wurde jedoch auf 11 atü erhöht; im Jahre 1892 wurde er sogar auf 12 atü gebracht. Die Treibräder erhielten ähnlich wie in Norddeutschland einen Durchmesser von 1340 mm gegenüber bisher 1272 mm; trotzdem wurden der Zylinderdurchmesser und der Kolbenhub auf 486 und 630 mm gegen bisher 508 und 660 mm verkleinert. Die Höchstgeschwindigkeit der Lokomotive konnte bei den größeren Raddurchmessern von 45 auf 50 km/h erhöht werden. Der Gesamtachsstand des Fahrgestells betrug nur 3200 mm.

Mit dem Bau der C IV Lokomotive verschwand eine alte bayerische Sonderheit, der Hallsche Außenrahmen. Jetzt wurden hinfort einfache Blechplatten von 25—30 mm Stärke ausgeführt und auf die Innenseite der Räder verlegt. Dadurch konnten bessere Querverbindungen und größere Dampfzylinder untergebracht werden. Durch den Innenrahmen entfielen nunmehr auch die Hallschen Kurbeln, die häufig gebrochen waren.

Im Jahre 1889 wurden versuchsweise 2 Lokomotiven mit Verbundanordnung gebaut (Abb. 102), und zwar mit dem Kesseldruck 12 atü und mit einem Niederdruckzylinder von 705 mm Durchmesser. Sie waren die ersten Verbundlokomotiven in Bayern. Da sie sich im Betriebe gut bewährten, wurde die Gattung C IV vom Jahre 1892 an nur noch als Verbundlokomotive weitergebaut. Der Dampfdruck wurde jedoch auf 13 atü erhöht, während die Dampfzylinder 500 und 705 mm Durchmesser erhielten. Diese Lokomotiven waren die ersten in Deutschland, die einen höheren Dampfdruck als 12 atü hatten. Da bei den ersten beiden Lokomotiven die Vorderachse sehr hoch belastet war, mußte der Kessel bei den folgenden Lokomotiven um etwa 200 mm nach hinten verschoben werden.

Als Anfahrvorrichtung wurde ein Lindnersches Anfahrventil mit dem Kraußschen Unterbrechungsschieber benutzt; dieser Unterbrechungsschieber wurde vom Kreuzkopf des Hochdruckzylinders bewegt. In Fällen, wo auch der Niederdruckzylinder mit anziehen sollte, wurde der Zutritt von Frischdampf zum Verbinder durch diesen Schieber abgesperrt, um das Entstehen eines Gegendruckes zu verhindern.

Von der Zwillingsausführung der C IV Lokomotive wurden von 1884—1892 insgesamt 87 Stück und von der Verbundausführung in den Jahren 1889—1897 100 Stück beschafft.

Die Notzeit im bayerischen Wirtschaftsleben war gegen Ende der 80er Jahre überstanden. Ein neuer, lebhafter Aufschwung hatte im Anfang der 90er Jahre eingesetzt, das Gewicht der Güterzüge war in kurzer Zeit derart gestiegen, daß der Betrieb mit dreifach gekuppelten Lokomotiven kaum noch pünktlich durchgeführt werden konnte. Auf starken Steigungen war es schon üblich geworden, die schweren Güterzüge mit 2 oder 3 Stück C Lokomotiven zu befördern; leistungsfähigere Lokomotiven waren dringend notwendig.

Ganz besonders schwierig waren die Verhältnisse auf den bayerischen linksrheinischen Strecken der Pfalzbahn, deren starke Steigungen und scharfe Bögen Lokomotiven großer Zugkraft erforderten. Hier wurden daher auch die ersten vierfach gekuppelten Schlepp-

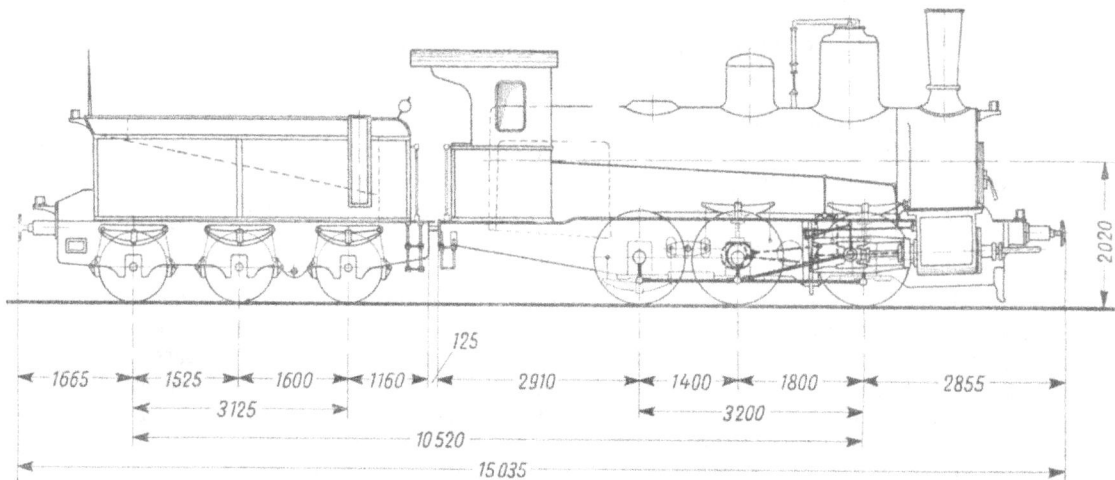

Abb. 102. C n 2 v Güterzuglokomotive der Bayerischen Staatsbahn, Gattung C IV;
Erbauer Krauß und Maffei 1889—1897.

Rostfläche	. . . . .	1,67 m²	Treibraddurchmesser	. 1340 mm	Dienstgewicht d. Lok. . . . 40,4 t
Verdampfungsheizfl.	111,8	m²	Zylinderdurchm. . .	. 486/705 mm	Reibungsgewicht . . . . 40,4 t
Kesseldruck	 12	atü	Kolbenhub	. . . . . 630 mm	

tenderlokomotiven in Bayern in Betrieb genommen. Sie werden in der Reihe der pfälzischen Lokomotiven weiter unten behandelt. Auf den rechtsrheinischen Strecken der Bayerischen Staatsbahn war der Schritt zu einer vierfach gekuppelten Lokomotive zunächst noch nicht dringlich, so daß man zunächst noch mit dreifach gekuppelten Lokomotiven auskommen konnte. Als aber im Jahre 1894 die Zeit gekommen war, wo eine vierfach gekuppelte Lokomotive entwickelt werden mußte, übersprang man die Achsanordnung D und ging zu einer 1 D n 2 Lokomotive über, die von jetzt an im rechtsrheinischen Bayern der D Lokomotive mit Recht vorgezogen wurde.

Die erste Ausführung dieser 1 D Lokomotive war die Gattung E I (Abb. 103). Sie wurde 1894 von Krauß in München erbaut und unterschied sich von allen sonstigen 1 D Lokomotiven besonders dadurch, daß sie überhängende Zwillingszylinder besaß, welche die erste Kuppelachse antrieben. Die Laufachse war mit der zweiten Kuppelachse zu einem Krauß-Helmholtz-Drehgestell vereinigt. Diese Zylinderwerksanordnung hat verständlicherweise keine Nachahmung gefunden; die bis zum Jahre 1896 gebauten 12 Stück E I Lokomotiven blieben die einzigen regelspurigen 1 D Lokomotiven ihrer Art.

Ein großer Fortschritt war das Krauß-Helmholtz-Drehgestell. Die Laufachse war durch Wickelfedern belastet, die mit Ausgleichhebeln mit der ersten Kuppelachse verbunden waren.

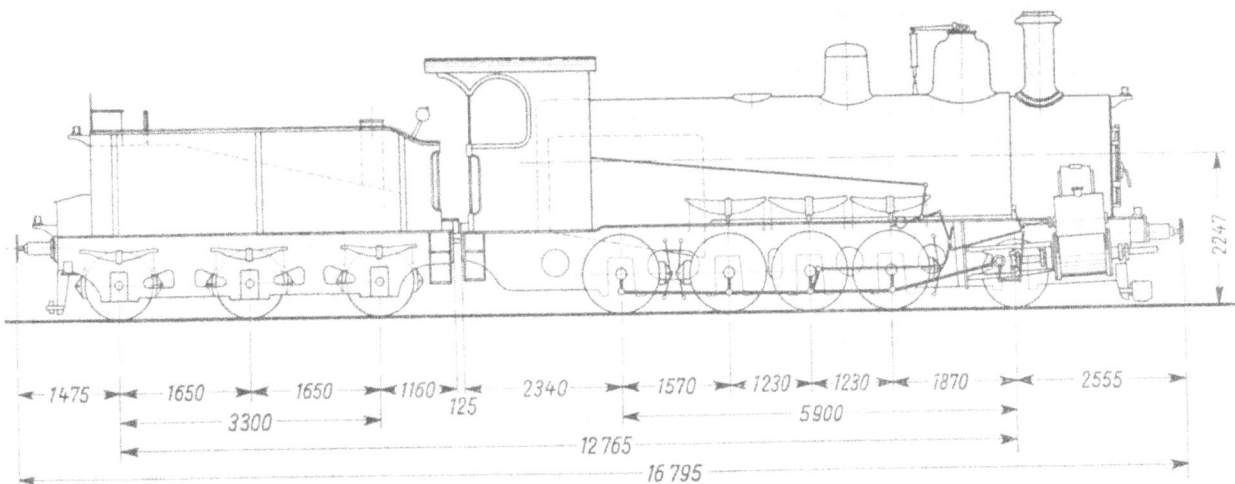

Abb. 103. 1 D n 2 Güterzuglokomotive der Bayerischen Staatsbahn, Gattung E I;
Erbauer Krauß 1895—1896.

Rostfläche . . . . . 2,43 m²	Treibraddurchmesser . 1170 mm	Dienstgewicht d. Lok. . . 65,5 t
Verdampfungsheizfl. 159,8 m²	Zylinderdurchm.. . 2×540 mm	Reibungsgewicht . . . . 54,9 t
Kesseldruck . . . . . 12 atü	Kolbenhub . . . . . 560 mm	

Wegen der für deutsche Verhältnisse außergewöhnlich kleinen Treibraddurchmesser von 1170 mm mußten die Tragfedern der gekuppelten Achsen über den Rahmen untergebracht werden. Bei der letzten Kuppelachse war diese Anordnung nicht möglich. Hier mußten die Tragfedern hinter die Achse verlegt werden.

Der Kessel und dementsprechend auch das Reibungsgewicht war schon etwas größer als bei der preußischen 1 D n 2 v, Abb. 38. Von der Verbundwirkung wurde zunächst noch abgesehen; die Lokomotiven hatten eine außenliegende Heusingersteuerung.

Im Jahre 1896 folgten 2 weitere ähnliche Lokomotiven, die sich aber in manchem von der vorher genannten Baureihe unterschieden: vor allem waren die Zylinder jetzt hinter die Laufachse verlegt. Sehr eigenartig war das Vierzylinder-Verbundtriebwerk der Bauart Sondermann, bei dem die Hoch- und Niederdruckzylinder ineinandergeschachtelt waren (Abb. 104).

Abb. 104. 1 D n 4 v Güterzuglokomotive der Bayerischen Staatsbahn, Gattung E I mit Triebwerk
Bauart Sondermann; Erbauer Krauß 1896—1901.

Rostfläche . . . . . 2,43 m²	Zylinderdurchm. 2 × 370/710 mm	Reibungsgewicht . . . . 55,8 t
Kesseldruck . . . . . 13,5 atü	Kolbenhub . . . . . . 560 mm	
Treibraddurchmesser . 1170 mm	Dienstgewicht d. Lok. . . 65,6 t	

137

Beide Zylinder hatten einen gemeinsamen großen Flachschieber. Die Gegenkurbel für die Schwingenstange war an die letzte Kuppelachse verlegt und — wie es später üblich wurde, auf den Zapfen aufgesetzt. Die Schwingenstange wurde dabei über 3 m lang.

Die Pfälzische Eisenbahn erhielt gleichzeitig 2 derartige Lokomotiven mit einem etwas kleineren Kessel. Um die sehr lange Schwingenstange zu vermeiden, legte man bei diesen Lokomotiven den Antrieb der Schwinge wie bei der sogenannten Erfurter Bauart (s. S. 15) zwischen die Rahmen und übertrug den Antrieb der Schieber durch eine Zwischenwelle nach außen.

Die erste und zweite Achse waren in einem Krauß-Helmholtz-Drehgestell vereinigt. Am Drehzapfen des Gestells war zunächst kein Seitenspiel vorgesehen; da aber die Lokomotive in den Kletterweichen auf den Industrie-Anschlußgleisen der Pfalzbahn zu Entgleisungen neigte, erhielt das Krauß-Helmholtz-Gestell am Drehzapfen nachträglich noch seitliches Spiel und Rückstellung durch Federn.

Die Lokomotiven, von denen eine auf der Nürnberger Ausstellung 1896 zu sehen war, waren leistungsfähiger und vor allem sparsamer als die Zwillingslokomotiven, solange Kolben und Schieber dicht waren. Da es aber sehr schwierig war, die übergroßen Schieber dicht zu halten, entschlossen sich die Bayerische Staatsbahn und die Pfälzische Eisenbahn im Jahre 1899, die Sondermann-Zylinder durch normale Zwillingszylinder von 540 mm Durchmesser zu ersetzen. In dieser Ausführung beschaffte dann die Bayerische Staatsbahn bis zum Jahre 1901 noch weitere 48 Lokomotiven. Die Schwingenkurbel wurde jedoch von der letzten Kuppelachse an die Treibachse verlegt, der Dampfdruck wurde auf 12 atü herabgesetzt und die Lokomotiven erhielten vierachsige Tender für 18 m³ Wasser.

Kurze Zeit nach dieser Beschaffung, im Jahre 1896, machte die Bayerische Staatsbahn im Schiebedienst auf den nordbayerischen Steilrampen einen Versuch mit je einer B B n 4 v Güterzuglokomotive der Bauart Mallet von Maffei (Gattung B B I, Abb. 105). Zur gleichen Zeit führte die Pfalzbahn ähnliche Versuche durch. Man hatte wohl bei den 1 D Lokomotiven eine starke Abnutzung der Radreifen und Schienen befürchtet und gehofft, mit einer Lokomotive mit doppeltem Triebwerk geringere Spurkranz- und Gleis-

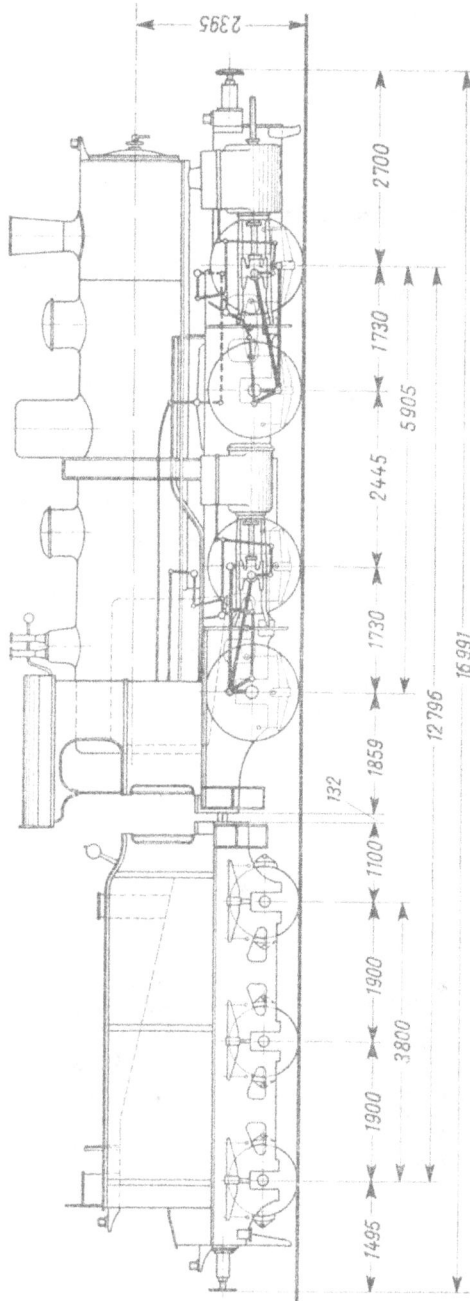

Abb. 105. BB n 4 v Güterzuglokomotive der Bayerischen Staatsbahn, Gattung BB I; Erbauer Maffei 1896.

Rostfläche . . . . . 2,07 m²
Verdampfungsheizfl. 123,0 m²
Kesseldruck . . . . . 14 atü

Treibraddurchmesser . 1340 mm
Zylinderdurchm. 2 × 415/635 mm
Kolbenhub . . . . . 630 mm

Dienstgewicht d. Lok. . . 55,6 t
Reibungsgewicht . . . . 55,6 t

abnützung in Krümmungen erreichen zu können; zur gleichen Zeit beschafften ja auch die Preußische Staatsbahn (s. S. 66) und die Badische Staatsbahn (s. S. 187) ähnliche B B n 4 v Lokomotiven. Die auf die gegliederte Maschine gesetzten Hoffnungen gingen aber nicht in Erfüllung: die Lokomotiven liefen nicht nur unruhig, sondern neigten auch sehr zum Schleudern, da ja keine zwangläufige Kupplung zwischen den beiden Triebwerken bestand. Schleuderte ein Triebwerk, so erhielt das andere ein so großes Druckgefälle in den Zylindern, daß es ebenfalls zu schleudern begann. Die Vorteile besserer Bogenläufigkeit waren also durch schwerwiegende Nachteile erkauft.

Der Kessel hatte einen Dampfdruck von 14 atü. Die Zylinder waren bei den kleinen Treibraddurchmessern (1340 mm) reichlich groß gewählt (415/635 × 630 mm) und vergrößerten natürlich die schon vorhandene Neigung zum Schleudern noch mehr. Die Pfalzbahn verkleinerte daher später die Hochdruckzylinder durch Einsetzen von Laufbuchsen auf 375 mm, ohne daß damit dem Übel nennenswert abgeholfen wurde. Den unruhigen Lauf des vorderen Triebgestells hatte man durch den Einbau einer Öldämpfung zwischen dem Triebgestell und dem Hauptrahmen mit einigem Erfolge gemildert. Der hintere Hauptrahmen, der den Langkessel und die Steuerungswelle für das vordere Niederdrucktriebwerk trug, war nach vorn verlängert und überragte den Rahmen des vorderen Triebgestelles, auf das er sich in dessen Mitte mit stählernen, gefütterten Gleitplatten abstützte; beide Rahmen waren durch ein senkrechtes Doppelgelenk miteinander verbunden. Das Gelenk hatte unten eine Spannvorrichtung mit 2 Schraubenfedern, die das Gewicht der überhängenden Niederdruckzylinder ausgleichen sollte. Die bewegliche Dampfleitung zwischen dem hinteren und vorderen Triebgestell bestand statt aus den sonst üblichen Rohren mit Kugelgelenken und Stopfbüchsen aus einem elastischen Federrohr mit nachgiebigen Membranen; auch in die Ausströmleitung der Niederdruckzylinder unter der Rauchkammer war ein ähnliches federndes Rohr eingeschaltet.

Um das Anfahren zu erleichtern, hatte man am Einströmrohr für den rechten Hochdruckzylinder einen Dampfhahn angebracht, dessen Hebel

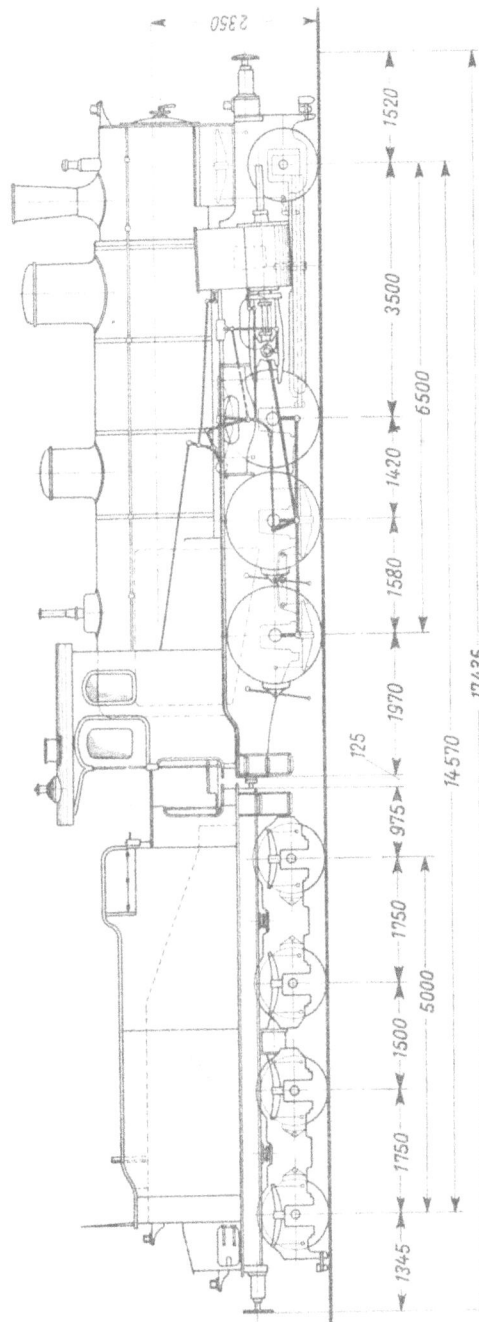

Abb. 106. 1 C n 2 v Güterzuglokomotive der Bayerischen Staatsbahn, Gattung C VI; Erbauer Krauß, Maffei 1899—1909.

Rostfläche	2,25 m²	Treibraddurchmesser .	1340 mm	Dienstgewicht d. Lok. . . . 55,2 t
Verdampfungsheizfl.	133,2 m²	Zylinderdurchm. . .	500/740 mm	Reibungsgewicht . . . . 42,6 t
Kesseldruck	13 atü	Kolbenhub	630 mm	

zwangläufig bei ausgelegter Steuerung umgestellt wurde, so daß Frischdampf durch eine 35 mm weite Leitung in den Verbinder strömen konnte; die Sicherheitsventile der Niederdruckdampfkammern bliesen bei 6,5 atü ab.

Zur Gewichtsersparnis war die Rauchkammer vorn abgeschrägt; um die Rauchkammertür leichter öffnen zu können, hatte man sie mit einer Federausgleichvorrichtung versehen.

Wegen der grundsätzlichen Mängel, die die Lokomotive auf Grund ihres Doppeltriebwerks hatte, wurde vom Weiterbau abgesehen; außerdem hatte sich inzwischen gezeigt, daß die im Jahre 1894 eingeführten 1 D Lokomotiven den Ansprüchen an guten Bogenlauf vollauf genügten.

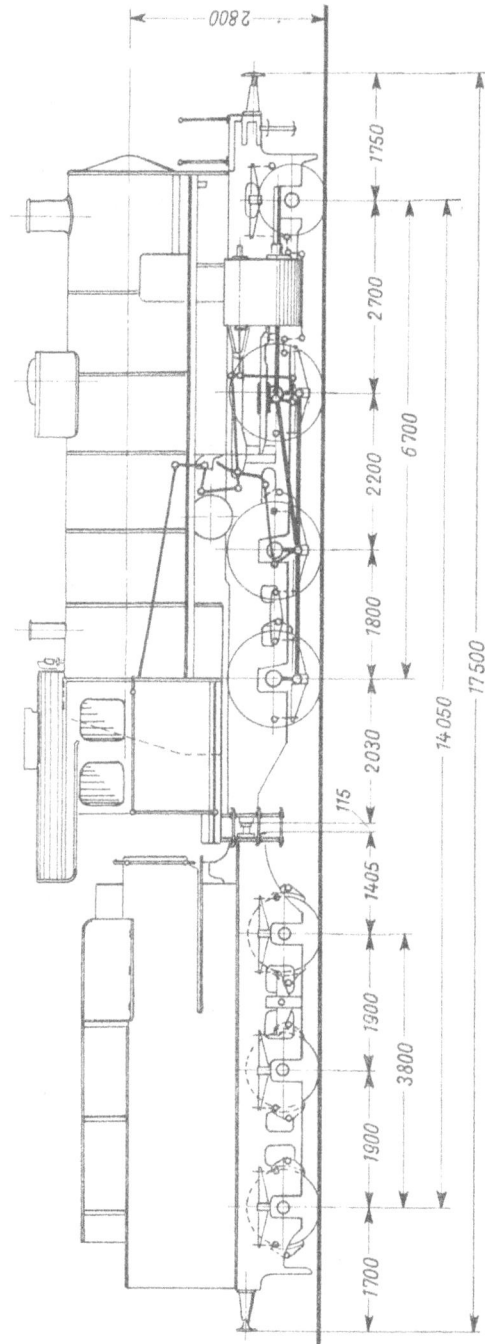

Abb. 107. 1 C h 2 Güterzuglokomotive der Bayerischen Staatsbahn, Gattung· G ³/₄ H; Erbauer Maffei, Krauß 1919.

Rostfläche . . . 2,66 m²
Verdampfungsheizfl. 128,8 m²
Überhitzerheizfläche . 37,7 m²

Kesseldruck . . . . . 13 atü
Treibraddurchmesser . 1350 mm
Zylinderdurchm. . . 2×520 mm

Kolbenhub . . . . . 630 mm
Dienstgewicht d. Lok. . . 60,5 t
Reibungsgewicht . . . . 48,0 t

Gegen Ende der 90er Jahre tauchte verschiedentlich der Wunsch auf, für Güterzüge im Flachlande eine leichte schnellfahrende Güterzuglokomotive zu verwenden, die auch an Sonn- und Festtagen die Spitzenleistungen im Ausflugsverkehr übernehmen konnte. Zu diesem Zweck bestellte die Bayerische Staatsbahn 1899 bei Krauß eine 1 C n 2 v Güterzuglokomotive (Gattung C VI, später G ³/₄ N, Abb. 106).

Diese Lokomotive glich in ihren Hauptabmessungen ziemlich genau der preußischen 1 C n 2 v Lokomotive der Gattung G 5⁴ mit Krauß-Helmholtz-Drehgestell; sie hatte jedoch einen höheren Kesseldruck (13 atü) und erhielt von Anfang an das Krauß-Helmholtz-Drehgestell und die Heusinger-Steuerung, diese jedoch mit gerader Schwinge nach dem Vorschlage von v. Helmholtz.

Die Abstände der einzelnen Achsen waren zum Unterschiede von ähnlichen Lokomotivbauarten der damaligen Zeit so bemessen, daß eine günstige und gleichmäßige Lastverteilung erreicht wurde; aus diesem Grunde mußte das Krauß-Helmholtz-Drehgestell den ungewöhnlich großen Achsstand 3500 mm erhalten. Bei dem sehr kurzen, festen Achsstand von nur 1580 mm und der großen geführten Länge von 5800 mm lief die Lokomotive auch in scharfen Bögen vorzüglich; sie konnte also auf den Lokalbahnen und Strecken mit zahlreichen Krümmungen erfolgreich eingesetzt werden.

Von dieser Baureihe wurden in dem Jahrzehnt von 1899—1909 insgesamt 120 Lokomotiven beschafft. Dann ruhte der Bau von 1 C Lokomotiven etwa 10 Jahre. Erst nachdem der Weltkrieg beendet war, ging man von neuem daran, eine 1 C Lokomotive zu entwickeln; jetzt aber machte man sich die Vorteile des Heißdampfes zunutze und baute die neue 1 C Lokomotive als Heißdampfzwillingsmaschine (Abb. 107).

Der Kessel wurde gegenüber der Vorgängerin um etwa 20% vergrößert; die Kesselmittellinie legte man auf 2800 mm über SO und stellte die breite Feuerbüchse (1430 mm) auf den Rahmen. Den Fortschritten des Lokomotivbaues entsprechend wurde die Lokomotive jetzt auch mit einem Speisewasservorwärmer ausgerüstet, der zwischen den Rahmen hinter der zweiten Kuppelachse lag. Um bei geschlossenem Regler das Speisen des Kessels mit kaltem Wasser zu vermeiden, war der Reglerhebel mit der Schneiderschen Vorrichtung zur Verhütung des Kaltspeisens gekuppelt, die den Vorwärmer mit gedrosseltem Frischdampf beaufschlagte (sogenanntes Stoßventil).

Besonders auffallend war an der Lokomotive, daß man das Krauß-Helmholtz-Drehgestell, das vor Jahrzehnten von Bayern ausgegangen war und sich ausgezeichnet bewährt hatte, durch eine Adamsachse ersetzt hatte. Diese Achse hatte sich bekanntlich in Preußen als führende Achse nicht besonders bewährt.

Die G³/₄ H Lokomotive beförderte Züge von 700 t Gewicht auf 5⁰/₀₀ mit 40 km/h, sie leistete also rund 75% mehr als die ersten 1 C Lokomotiven in Preußen der Gattung G 5 (Abb. 34). Sie bewährte sich ausgezeichnet und galt bis zum Jahre 1920 als die leistungsfähigste 1 C Lokomotive im Vereinsgebiet. Auch im Kohlenverbrauch war sie sparsamer als die älteren vorher beschriebenen C VI Lokomotiven. Daher wurden bis zum Jahre 1923 zahlreiche Lokomotiven nachbestellt, so daß in Bayern schließlich insgesamt 225 Stück G³/₄ Heißdampflokomotiven vorhanden waren.

Bei der Behandlung der Personen- und Schnellzuglokomotiven ist bereits gesagt worden, daß die Bayerische Staatsbahn im Jahre 1899 zu Studienzwecken 2 Stück 2 B 1 n 4 v Lokomotiven der Bauart Vauclain von Baldwin in Philadelphia bezog. Gleichzeitig erwarb sie von derselben Firma auch 2 Stück 1 D n 4 v Güterzuglokomotiven ganz ähnlicher Bauart (Abb. 108). Diese Lokomotiven waren — von geringen, durch die deutschen gesetzlichen Vorschriften bedingten Änderungen abgesehen — ganz nach amerikanischen Grundsätzen erbaut und besaßen wie

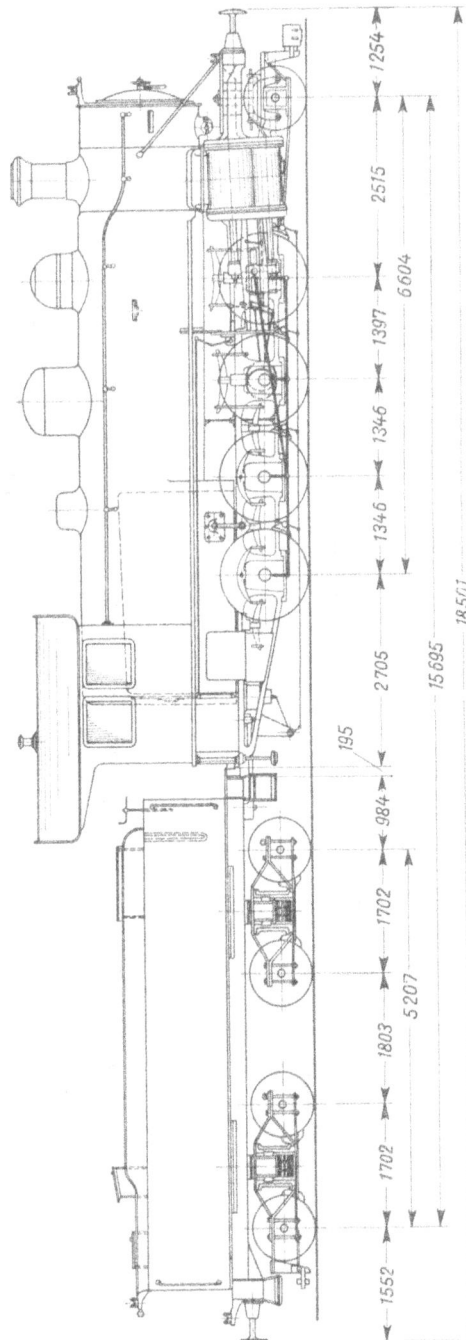

Abb. 108. 1 D n 4 v Güterzuglokomotive der Bayerischen Staatsbahn, Gattung E I, Bauart Vauclain; Erbauer Baldwin 1899.

Rostfläche . . . . . 3,08 m²	Treibraddurchmesser . 1270 mm	Dienstgewicht d. Lok. . . 62,6 t
Verdampfungsheizfl. 177,5 m²	Zylinderdurchm. 2×356/610 mm	Reibungsgewicht . . . . 54,4 t
Kesseldruck . . . . . 14 atü	Kolbenhub . . . . . 660 mm	

die 2 B 1 Lokomotiven einen Barrenrahmen. Nach amerikanischem Brauch waren die breiten, auf den Rahmen gestellten Feuerbüchsen aus Flußeisen hergestellt. Der Kohlenverbrauch war trotz der Verbundwirkung nicht geringer als der Verbrauch der 1 D Zwillingslokomotive der Gattung E 1 (Abb. 103), außerdem zuckten sie stärker als diese. Vor allem aber wollte es nicht gelingen, die Feuerbüchse dicht zu erhalten; bereits im Jahre 1904 mußte eine neue flußeiserne Feuerbüchse eingebaut und im Jahre 1907 schon wieder durch eine dritte ersetzt

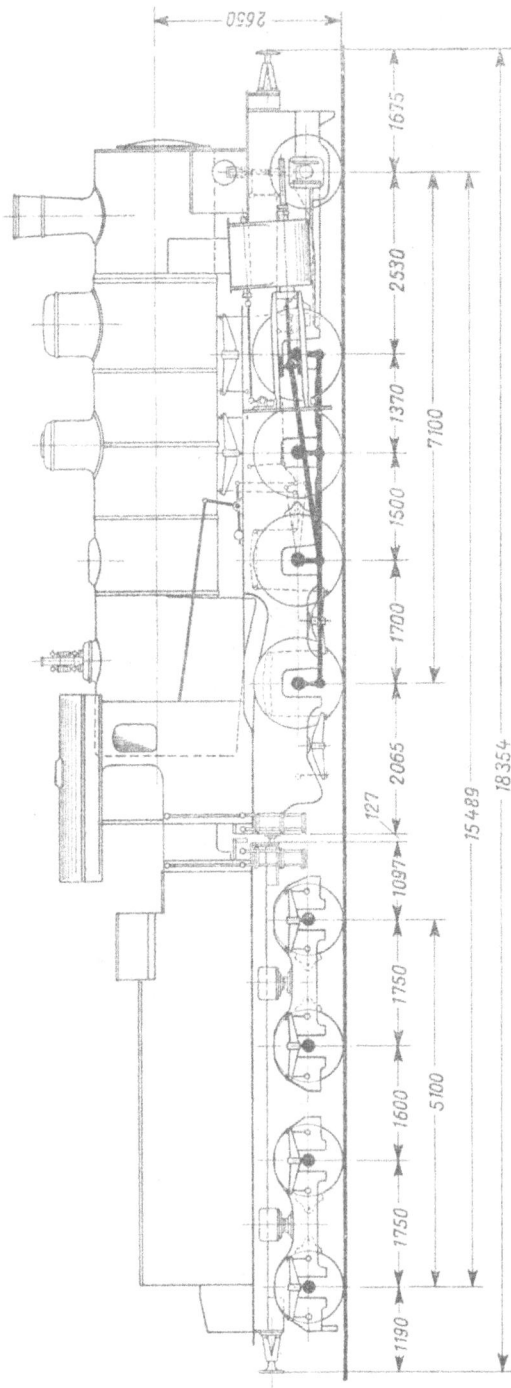

Abb. 109. 1 D n 2 Güterzuglokomotive der Bayerischen Staatsbahn, Gattung G $^4/_5$ N; Erbauer Krauß 1905—1906.

Rostfläche	2,85 m²
Verdampfungsheizfl.	179,7 m²
Kesseldruck	12 atü
Treibraddurchmesser	1270 mm
Zylinderdurchm. . .	2 × 540 mm
Kolbenhub	610 mm
Dienstgewicht d. Lok. . .	64,8 t
Reibungsgewicht	55,9 t

werden. Jetzt aber wählte man als Baustoff Kupfer. Beide Lokomotiven schieden bereits vor 1920 aus, die eine durch Ausmusterung, die andere durch die Auslieferung an die früheren Kriegsgegner.

Die Erfahrungen mit den amerikanischen 1 D Lokomotiven wurden für den Entwurf einer stärkeren 1 D n 2 Lokomotive der Gattung G $^4/_5$ N verwertet, die im Oktober 1905 als 5000ste von Krauß hergestellte Lokomotive abgeliefert wurde (Abb. 109).

Um die Feuerbüchse noch über dem Rahmen anordnen zu können, wurde die Mittellinie des Kessels auf 2500 mm über SO gelegt. Der Kessel war etwas kleiner als bei den amerikanischen Lokomotiven, immerhin aber bedeutend größer als bei den früheren 1 D Lokomotiven; er stützte sich hinten durch ein Pendelblech auf den Rahmen. Da kein Innentriebwerk vorhanden war, wurde von einem Barrenrahmen abgesehen. Die vordere Laufachse wurde als Bisselachse mit einer Querfeder ausgebildet, die mit den Tragfedern der ersten Kuppelachse durch Ausgleichhebel verbunden war. Die Tragfedern der andern 3 Kuppelachsen waren ebenfalls durch Ausgleichhebel miteinander verbunden, so daß die abgefederte Last der Lokomotive in drei Punkten aufgehängt war; die Federgehänge waren nach amerikanischem Brauch in Schneiden aufgehängt. Da die breite Feuerbüchse an der dritten und vierten Kuppelachse keine über den Achsen liegenden Tragfedern zuließ, wurden diese nach Abb. 110 hinter den Achsen am Untergurt der Rahmenplatten angebracht. Die zweite und vierte Kuppelachse hatten 22 mm Spiel nach jeder Seite, um einen guten Lauf in Gleisbögen zu erreichen.

Die Treibräder erhielten wie die der amerikanischen Lokomotiven einen

Durchmesser von 1270 mm; als größte Geschwindigkeit wurde 60 km/h zugelassen. Die Stephensonsteuerung lag den Vorbildern entsprechend innen; die Bewegung der Schieber wurde nach außen durch eine Übertragungswelle abgeleitet, obwohl sich diese Anordnung bei den preußischen 2 B Lokomotiven von 1890, der Erfurter Bauart, nicht bewährt hatte. Sie wurde auch später bei anderen bayerischen Lokomotiven nicht wieder verwendet. Ein Fortschritt waren dagegen die Kolbenschieber der Bauart Carlquist, die bereits früher an Lokomotiven der Pfälzischen

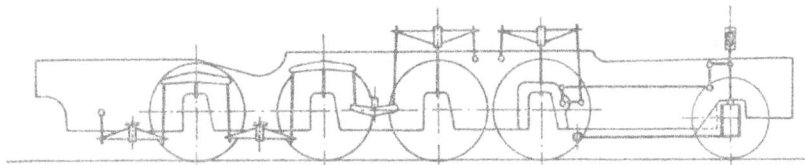

Abb. 110. Federanordnung der Lokomotive G $^4/_5$ N.

Eisenbahn eingeführt waren. Diese Kolbenschieber wurden aber 1910 durch solche mit frei federnden Ringen ersetzt.

Die G $^4/_5$ N Lokomotiven beförderten 515 t schwere Züge auf Steigungen von 5⁰/₀₀ mit einer Geschwindigkeit von 40 km/h, während die E I Lokomotiven (Abb. 103) nur 435 t befördert hatten.

Von den 7 im Jahre 1905 gebauten Lokomotiven war eine im Jahre 1906 in Nürnberg ausgestellt.

10 Jahre hindurch wurden keine weiteren 1 D Lokomotiven mehr gebaut. Unter dem Druck der Kriegsbedürfnisse sah sich jedoch die Bayerische Staatsbahn im Jahre 1915 genötigt, den Bau von 1 D Lokomotiven wieder aufzunehmen; da sich inzwischen aber das Heißdampfverfahren im deutschen Lokomotivbau durchgesetzt hatte, wurde die neue Gattung G $^4/_5$ H eine 1 D h 4 v Lokomotive (Abb. 111).

Ihr Kessel erhielt einen Dampfdruck von 16 atü und eine etwas kleinere Rostfläche als die G $^4/_5$ N, dagegen wurde die Heizfläche durch die längeren Rohre größer. Der Schmidtsche Rauchröhrenüberhitzer hatte anfangs nur 24 Überhitzereinheiten, so daß das Verhältnis der Überhitzer- zur Verdampfungsheizfläche nicht günstig war (1:4,2). Bei späteren Lieferungen wurde die Zahl der Überhitzereinheiten auf 32 erhöht, das erwähnte Verhältnis stieg auf 1:2,9.

Besonders auffallend waren die Abweichungen im Triebwerk gegenüber dem der früheren 1 D Lokomotiven: die 4 Zylinder lagen zwar ebenfalls in einer Querebene, sie trieben aber alle die zweite Kuppelachse an. Dadurch wurden die inneren Treibstangen nur 1960, die äußeren nur 1920 mm lang. Bei der badischen 1 D Lokomotive dagegen waren die äußeren Treibstangen fast 3 m lang. Das Verhältnis r:l betrug 1:6,3 und 1:6,12, so daß die senkrechten Kreuzkopfdrücke groß wurden; die Neigung der Innenzylinder wurde dabei ebenfalls recht erheblich (1:6,34).

Der Treibraddurchmesser betrug wie bei den 1911 beschafften E h 4 v Güterzuglokomotiven nur 1300 mm, daher mußte der Kolbenhub der Innenzylinder auf 610 mm verringert werden. Die Kolbenschieber beider Zylinderpaare hatten einen Durchmesser von 360 mm und lagen wie bei den ersten badischen Lokomotiven (s. S. 189) ineinander.

Der Barrenrahmen war aus 3 Teilen zusammengesetzt; das hintere kurze Ende unter dem Führerhaus und der vordere Teil vor der Rauchkammer waren dabei aus einer 40 mm starken Blechplatte gebildet. Wie bei den 1 C Lokomotiven (Abb. 106 und 107) war auch an der G $^4/_5$ H das Krauß-Helmholtz-Drehgestell durch eine Adamsachse ersetzt, die 70 mm Spiel nach jeder Seite hatte. Von den Kuppelachsen hatte nur die letzte 20 mm Spiel nach jeder Seite.

Abweichend von der badischen 1 D h 4 v Lokomotive (Abb. 156) waren die Tragfedern der ersten 3 Achsen über dem Rahmen angeordnet. Über den beiden letzten Kuppelachsen war für die Tragfedern wegen des Stehkessels kein Platz mehr. Sie wurden aber nicht unter den Achslagern untergebracht, was durchaus möglich gewesen wäre (s. die badische 1 D Lokomotive, S. 188), sondern man ersetzte sie durch 2 Bügel, die sich in der Mitte auf die Achsbuchsen, mit den äußeren Enden auf Wickelfedern und mit den inneren Enden auf eine Blattfeder stützten, die als federnder Ausgleichhebel wirkte. Der Grund war, daß man die Achsen ausbauen wollte, ohne die Tragfedern abnehmen zu müssen. Eine ähnliche Lösung wählte übrigens auch die Preußische Staatsbahn an der 1 E h 3 Lokomotive der Gattung G 12.

Die 1 D h 4 v Lokomotive G $^4/_5$ H galt lange Zeit wie die ebenfalls von Maffei gebauten 1 D Lokomotiven Badens als die leistungsfähigste deutsche 1 D Lokomotive. Sie beförderte als Regellast 995 t auf 5‰ mit 40 km/h. In den Jahren 1915—1918 wurden von ihr 230 Stück gebaut.

Für den Güterzugdienst auf steigungsreichen Strecken hatte sich bereits gegen Ende des ersten Jahrzehnts des neuen Jahrhunderts das Bedürfnis nach einer fünffach gekuppelten Lokomotive herausgestellt. Für diesen Zweck hatte die Bayerische Staatsbahn im Jahre 1910/1911 bei Maffei in München eine neue E h 4 v Güterzuglokomotive Gattung G $^5/_5$ bestellt, die auf Steigungen von 11‰ 800 t schwere Züge mit 25 km/h befördern sollte (Abb. 112). Damit war die neue Gattung noch leistungsfähiger als die preußische E h 2 Güterzuglokomotive der Gattung G 10.

Der Kessel hatte Rost- und Verdampfungsheizflächen, die fast 40% größer waren als die der G 10 Lokomotive. Er lag auch mit seinem auf dem Rahmen stehenden breiten Stehkessel etwas höher über SO (2751 gegen 2700 mm); außerdem betrug sein Dampfdruck 16 atü gegenüber 12 atü bei der G 10 Lokomotive. Leider war aber die Überhitzerheizfläche von 47 m² wie bei vielen bayerischen .Lokomotiven recht knapp bemessen; ihr Verhältnis zur Verdampfungsheizfläche betrug 1:4,9 gegen 1:2,8 bei den ersten und 1:2,4 bei den letzten G 10 Lokomotiven.

Das Vierzylinder-Verbundtriebwerk hatte wie bei den G $^4/_5$ H Lokomotiven für jedes Zylinderpaar einen gemeinsamen Kolbenschieber; die Hochdruckzylinder lagen innen, die Niederdruckzylinder außen. Der Barrenrahmen war aus Platten von 100 mm Stärke hergestellt.

Wegen des Innentriebwerks waren die zweite und dritte Achse auf

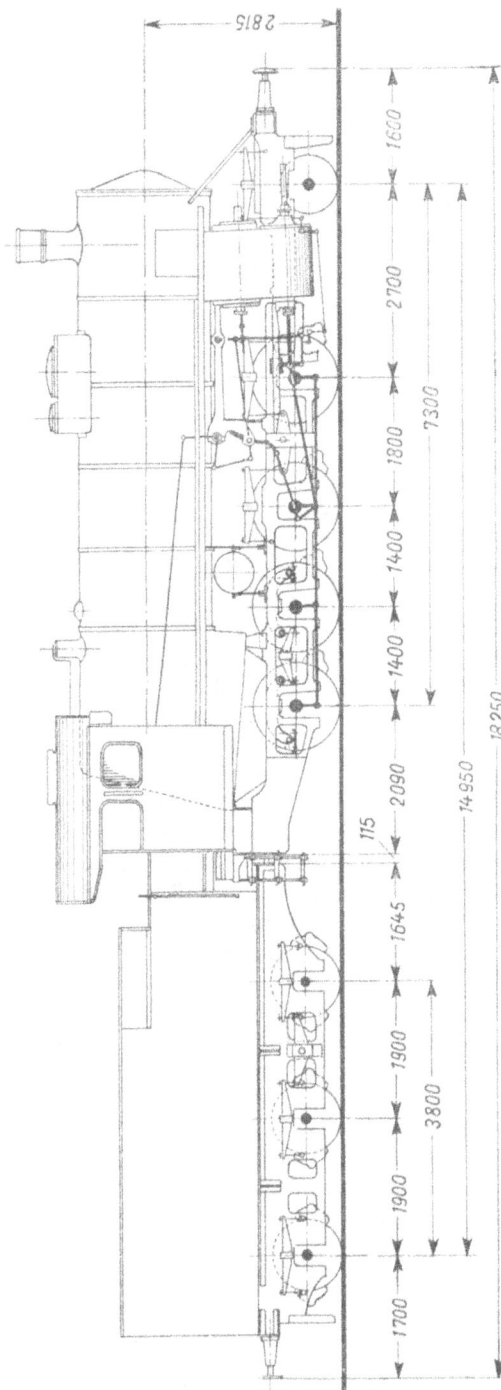

Abb. 111. 1 D h 4 v Güterzuglokomotive der Bayerischen Staatsbahn, Gattung G $^4/_5$ H; Erbauer Maffei, Krauß 1915—1918.

Rostfläche	3,3 m²	
Verdampfungsheizfl. .	186,7 m²	
Überhitzerheizfläche .	44,0 m²	
Kesseldruck	16 atü	
Treibraddurchmesser .	1300 mm	
Zylinderdurchm. 2 ×	400/620 mm	
Kolbenhub	HD = 610 mm	
	ND = 640 mm	
Dienstgewicht d. Lok. .	75,9 t	
Reibungsgewicht . . .	62,9 t	

144

1800 mm auseinandergezogen; alle Zylinder trieben die fest im Rahmen gelagerte dritte Achse an, deren Spurkränze um 7 mm geschwächt waren. Zur Erzielung guten Bogenlaufs hatten die Endachsen 20 mm Spiel nach jeder Seite erhalten.

Nachdem zunächst in den ersten Jahren nur etwa 15 Stück dieser Reihe gebaut worden waren, setzte im Jahre 1920 der Weiterbau in größerem Umfange ein. Da der Kessel ausgezeichnet Dampf entwickelte, wurde an seiner Rost- und Heizfläche nichts geändert, die Heizfläche des sehr knappen Überhitzers aber wurde auf 55 m² vergrößert. Sie war also auch jetzt noch verhältnismäßig klein. Die Zylinderdurchmesser vergrößerte man von 425/640 auf 450/690 mm, das Dienstgewicht stieg von 78,5 auf 83,4 t.

Die erste von Maffei gelieferte Lokomotive war im Jahre 1911 in Turin ausgestellt. Auf Versuchsfahrten mit dieser Lokomotive zeigte sich, daß die eben genannten Zuggewichte statt bei 25 km/h noch bei 28—32 km/h befördert werden konnten. Die Leistung der nach 1920 gebauten Lokomotiven lag noch beträchtlich höher. Nach den Belastungstafeln sollten die Lokomotiven des Baujahres 1911 1050 t auf 5⁰/₀₀ mit 40 km/h befördern, die nach 1920 gebauten Maschinen konnten dagegen unter gleichen Verhältnissen 1210 t schleppen. Die letzte Ausführung der G 5/5 übertraf damit noch die preußische 1 E h 3 Güterzuglokomotive Gattung G 12 (Abb. 44) und war innerhalb unseres Berichtszeitraumes, abgesehen von der württembergischen 1 F Lokomotive Klasse K, die leistungsfähigste deutsche Güterzuglokomotive. Da sie sich gut bewährte und auch einen günstigen Dampf- und Kohlenverbrauch hatte, wurden bis zum Jahre 1923 insgesamt von der Gattung 95 Lokomotiven gebaut.

Mit der G 5/5 war die Entwicklung der bayerischen Güterzuglokomotive mit Schlepptender abgeschlossen.

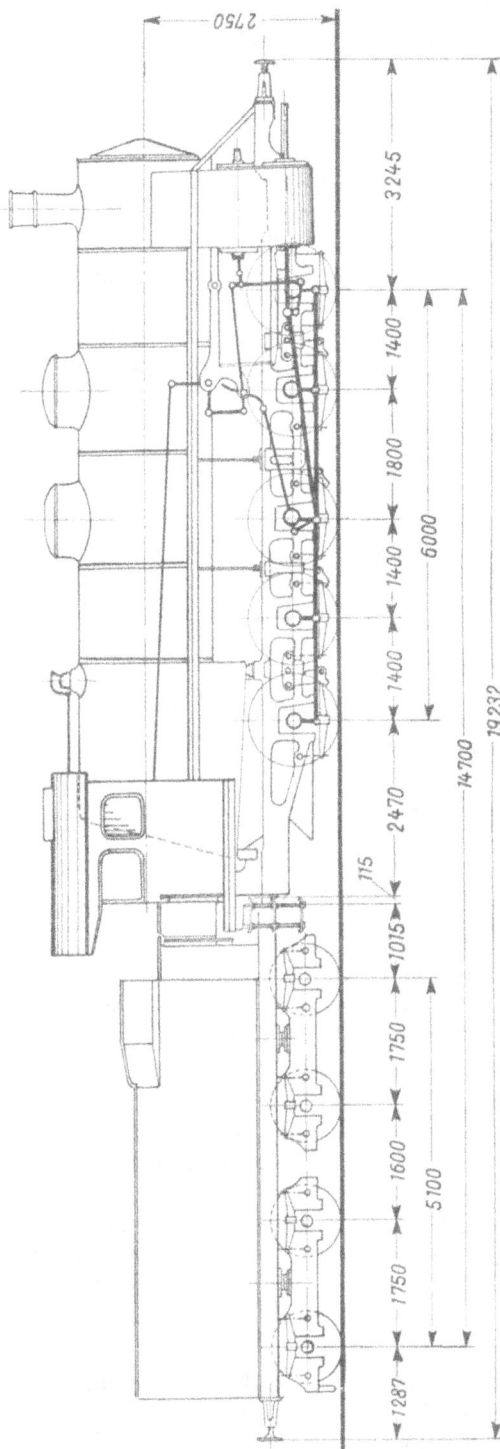

Abb. 112. E h 4 v Güterzuglokomotive der Bayerischen Staatsbahn, Gattung G 5/5; Erbauer Maffei 1911.

Rostfläche	3,7 m²	Treibraddurchmesser	1270 mm	Dienstgewicht d. Lok.	78,5 t
Verdampfungsheizfl.	206,0 m²	Zylinderdurchm. 2 × 425/650 mm		Reibungsgewicht	78,5 t
Überhitzerheizfläche	47,0 m²	Kolbenhub	HD = 610 mm		
Kesseldruck	16 atü		ND = 640 mm		

DIE TENDERLOKOMOTIVEN.

Auf den Strecken der bayerischen Eisenbahnen waren bis zum Beginn der 70er Jahre Tenderlokomotiven unbekannt; den Verschiebedienst auf den Bahnhöfen und den Zugdienst auf den Nebenbahnen besorgten ausschließlich Schlepptenderlokomotiven. Als aber in dieser Zeit das Netz der bayerischen Hauptbahnen im großen und ganzen fertiggestellt war, begann in größerem Umfange der Ausbau der Nebenbahnen, der sogenannten Vizinal- und Lokalbahnen. Diese Bahnen hatte die Aufgabe, den Hauptbahnen neuen Verkehr aus ihrem Hinterland zu erschließen. Sie wurden unter dem Gesichtspunkt größtmöglicher Billigkeit erbaut. Im Gegensatz zu anderen Ländern (z. B. Sachsen) entschloß sich aber der bayerische Staat, die Bahnen mit wenigen Ausnahmen für Regelspur zu bauen. Für diesen Zweck war die Tenderlokomotive das gegebene Betriebsmittel; sie war billig, konnte in beiden Fahrtrichtungen verkehren und benötigte auf den Endbahnhöfen keine Drehscheiben. Die Bayerische Staatsbahn machte sich daher ohne Zögern die bereits in anderen Ländern gerühmten Vorteile dieser Lokomotivbauart zunutze.

Die ersten Tenderlokomotiven für Vizinalbahnen waren die B n 2 Lokomotiven der Gattung D I, von denen Maffei in den Jahren 1871—1875 15 Stück lieferte. Diese Lokomotiven hatten abweichend von den zur gleichen Zeit üblichen Hauptbahnlokomotiven einen Innenrahmen mit eingehängtem Wasserkasten und außenliegende Stephensonsteuerung.

Im Jahre 1873 folgten zwei weitere Gattungen von B Tenderlokomotiven, die D II (6 Stück) und die D III (6 Stück), die Krauß lieferte. Während die D I Lokomotive bei einer Heizfläche von 46 m² ein Dienstgewicht von 21,5 t hatte, war die D II als Vizinalbahnlok. mit 28 m² Heizfläche und 14 t Dienstgewicht bedeutend leichter. Von diesen 3 Gattungen sind nach dem Jahre 1875 (D I) und 1878 (D II und D III) keine weiteren Lokomotiven mehr beschafft worden; es hatte sich wahrscheinlich schon sehr bald gezeigt,

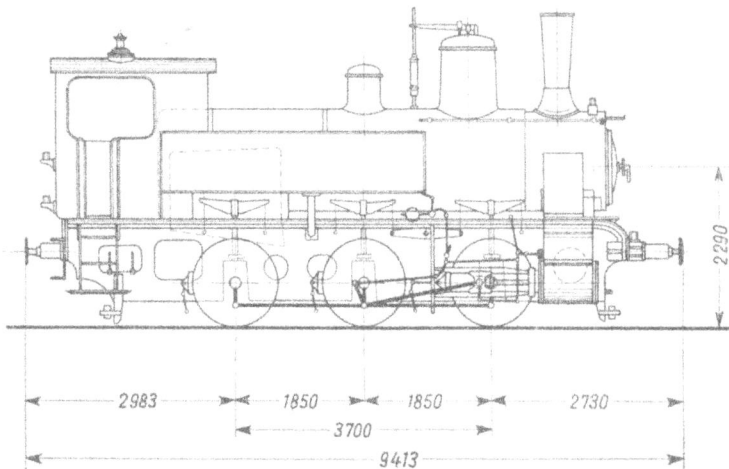

Abb. 113. C n 2 Tenderlokomotive der Bayerischen Staatsbahn, Gattung D II; Erbauer Krauß, Maffei 1898—1904.

Rostfläche	1,61 m²	Zylinderdurchm.	2×420 mm
Verdampfungsheizfl.	90,6 m²	Kolbenhub	610 mm
Kesseldruck	12 atü	Dienstgewicht d. Lok.	44,8 t
Treibraddurchmesser	1216 mm	Reibungsgewicht	44,8 t

daß sie den Ansprüchen nicht recht gewachsen waren. Die D II Lokomotive war bereits im Jahre 1895 ausgemustert, die dadurch frei werdende Gattungsbezeichnung D II wurde im Jahre 1898 für die C n 2 Verschiebelokomotive benutzt, die späterhin die Bezeichnung R ³/₃ erhielt.

Die eigentliche Verschiebelokomotive der 80er und 90er Jahre war die B n 2 Tenderlokomotive der Gattung D IV, die zum ersten Male im Jahre 1875 von Maffei geliefert worden war. Im Jahre 1897 waren von ihr 144 Stück vorhanden. Die D IV Lokomotive, die in ihren Abmessungen eine vergrößerte D I darstellte, bewährte sich bei mäßigen Ansprüchen gut (vgl. Bd. I, S. 85, Abb. 89).

Im Jahre 1877 lieferte Maffei die erste dreifach gekuppelte Tenderlokomotive der Gattung D V; sie sollte für die Güterzüge auf der steilen Hauptbahnstrecke Plattling—Eisenstein im Gebiete der früheren Bayerischen Ostbahn verwendet werden und ist bereits im I. Band,

S. 270, Abb. 385, beschrieben worden. Sie erhielt zum ersten Male einen Dampfdruck von 12 atü, verschwand aber bald aus dem Streckendienst und endete im Verschiebedienst. Die Pfälzische Eisenbahn baute die Gattung mit geringen Änderungen lange Jahre (1888—1903) nach (27 Stück).

Im Jahre 1898 aber sah sich die Bayerische Staatsbahn genötigt, eine schwerere C n 2 Tenderlokomotive für den Verschiebedienst neu zu entwickeln (Abb. 113). Da inzwischen die Gattungsbezeichnung D II durch die Ausmusterung der alten Lokomotiven frei geworden war, erhielt die neue C Tender-

lokomotive diese Bezeichnung. Im Vergleich zu der preußischen C Tenderlokomotive (Abb. 74) hatte sie eine größere Rostfläche und kleinere Räder.

Der Kessel war von der weiter unten beschriebenen D VIII Lokomotive übernommen, der Wasservorrat wurde hauptsächlich im Rahmen untergebracht. Die Lokomotive bewährte sich vorzüglich und war lange Jahre hindurch eine beliebte Maschine im Verschiebedienst.

Für die Zwecke der Lokalbahnen hatte Krauß im Jahre 1880 die ersten zweiachsigen Tenderlokomotiven der Gat-

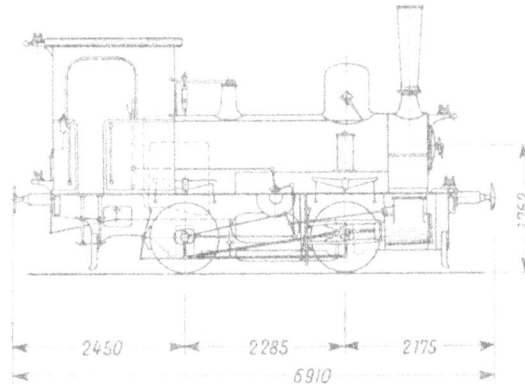

Abb. 114. B n 2 Tenderlokomotive der Bayerischen Staatsbahn, Gattung D VI; Erbauer Maffei, Krauß 1883—1894.

Rostfläche	0,75 m²	Zylinderdurchm.	2 × 266 mm
Verdampfungsheizfl.	25,6 m²	Kolbenhub	508 mm
Kesseldruck	12 atü	Dienstgewicht d. Lok.	19,0 t
Treibraddurchmesser	1006 mm	Reibungsgewicht	19,0 t

tung D VI (Abb. 114) geliefert. Sie hatten anfangs ein Dienstgewicht von 17 t, das nach und nach auf 19 t anstieg, die Wasserkästen waren noch lose zwischen den leichten Rahmenblechen aufgehängt. Neu war auch das Umlaufblech zu beiden Seiten des Langkessels und die Luftsaugebremse der Bauart Hardy, deren Strahlsauger hinter dem Dome zu erkennen ist. Bei einigen Lokomotiven wurde eine Möglichkeit geschaffen, mit einer einfachen Übergangsbrücke zum Zug überzusteigen; eine Reihe von Lokomotiven dieser Gattung war auch in der Pfalz tätig.

Zur gleichen Zeit baute wiederum Krauß ähnliche Lokomotiven mit 3 gekuppelten Achsen, die Gattung D VII, von der bis zum Jahre 1897 77 Stück entstanden (vgl. Bd. I, S. 270, Abb. 386). Auch sie hatten eine Luftsaugebremse der Bauart Hardy, außerdem besaßen sie noch die Riggenbachsche Gegendruckbremse, deren Schalldämpfer hinter dem Schornstein lag.

Mit diesen 7 Gattungen von Tendermaschinen bediente die Bayerische Staatsbahn eine Reihe von Jahren den Verkehr auf den Vizinal- und Lokalbahnen. Als aber im Jahre 1888 die Strecke Freilassing—Berchtesgaden mit ihren starken Steigungen hinter Bad Reichenhall in Betrieb genommen war, sah man sich genötigt, für die Bedürfnisse dieser Strecke neue schwere Tenderlokomotiven zu beschaffen (Gattung D VIII). Diese Lokomotiven sollten auf der 6 km langen ununterbrochenen Steigung von 40⁰/₀₀ mit zahlreichen Gleisbögen von 180 m Halbmesser leichte Züge von 60—70 t Gewicht auch bei schlechtem Wetter mit einer Geschwindigkeit von 15 km/h befördern und bei der Fahrt im Tale noch bei 45 km/h ruhig laufen. Da ein Kessel von dieser Leistung auf 3 Achsen nicht mehr untergebracht werden konnte, wählte man auf Vorschlag von Krauß (v. Helmholtz) die Achsanordnung C 1 (Abb. 115), bei der die hintere Laufachse mit der letzten Kuppelachse zum ersten Male zu einem Krauß-Helmholtz-Drehgestell vereinigt war. Diese Achsanordnung bot für die Verhältnisse auf der genannten Strecke manche Vorzüge. Bergan konnte die Lokomotive ohne Nachteil mit der Kuppelachse voran laufen, bei der Talfahrt von Berchtesgaden nach Reichenhall aber gab das Krauß-Helmholtz-Drehgestell der Lokomotive eine ausgezeichnete Führung in den scharfen Bögen.

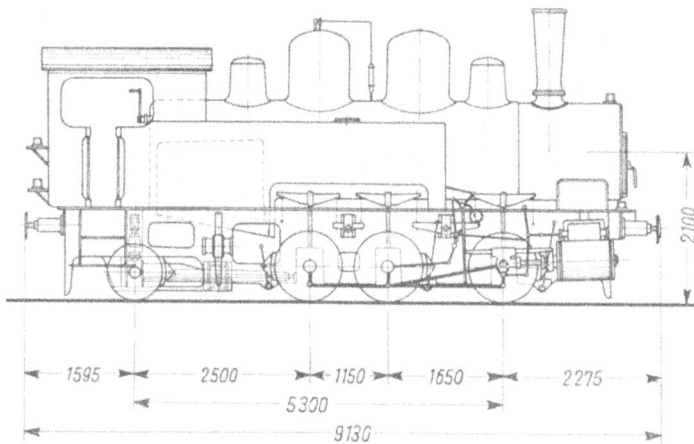

Abb. 115. C 1 n 2 Tenderlokomotive der Bayerischen Staatsbahn,
Gattung D VIII; Erbauer Krauß 1888.

Rostfläche	1,6 m²	Zylinderdurchm. . . 2 × 390 mm	
Verdampfungsheizfl. .	90,4 m²	Kolbenhub . . . . . . 508 mm	
Kesseldruck	12 atü	Dienstgewicht d. Lok. . . 43,3 t	
Treibraddurchmesser .	1006 mm	Reibungsgewicht . . . . 36,3 t	

Am Kessel sah man manche Neuerungen vor: der starken Streckenneigung entsprechend gab man der Feuerbüchsdecke eine Neigung 1:25. Da man bei der Bergfahrt mit sehr stoßweiser Dampfentnahme rechnete, legte man den Dom auf die Mitte des Kessels, um dem Überreißen von Kesselwasser in beiden Fahrtrichtungen möglichst zu begegnen. Zu demselben Zweck riegelte man auf Vorschlag Franks den Domraum vom Dampfraum des Kessels durch ein Siebblech ab, das die Aufgabe hatte, die vom Dampf mitgerissenen Wassertropfen abzuscheiden.

Um eine Belästigung der Fahrgäste durch Funken- und Löscheflug zu vermeiden, machte man die Rauchkammer besonders groß, um hier die Lösche durch die Minderung der Rauchgasgeschwindigkeit absetzen zu lassen. Die Heusinger-Steuerung erhielt nach dem Vorschlag von Helmholtz eine gerade Schwinge, den Schiebern gab man die ungewöhnlich große Auslaßüberdeckung von +6 mm, um die Dauer der Vorausströmung zu verkürzen. Das war bei niedriger Geschwindigkeit und großen Füllungen vorteilhaft.

Der Wasserkastenrahmen war recht kräftig gebaut; seine Bleche waren 20 mm stark. Das Krauß-Helmholtz-Drehgestell hatte an seiner Laufachse 31 mm, an der Kuppelachse 25 mm Spiel nach jeder Seite; die Kuppelzapfen dieser Kuppelachse waren kugelig ausgebildet; die Kuppelstange hatte am Treibzapfen ein Kreuzgelenk. Auch die Kuppelzapfen der vorderen Kuppelachse erhielten kugelige Zapfen, damit die vordere Kuppelachse gegen die hintere ausgetauscht werden konnte, wenn die Spurkränze scharfgelaufen waren.

Wegen der schwierigen Streckenverhältnisse hatte man der Bremse besondere Aufmerksamkeit geschenkt. Eine durch einen Wurfhebel am Kessel auf der Führerseite zu betätigende Handbremse wirkte auf die beiden Vorderachsen; die beiden hinteren Achsen wurden durch eine Dampfklotzbremse abgebremst, deren Bremszylinder neben dem Stehkessel am Rahmen schwingend aufgehängt war und daher den Seitenbewegungen der Achsen und Bremsklötze nachgeben konnte. Außerdem war noch eine Riggenbach-Gegendruckbremse vorgesehen, deren Schalldämpfer hinter dem Schornstein lag. Der Wagen-

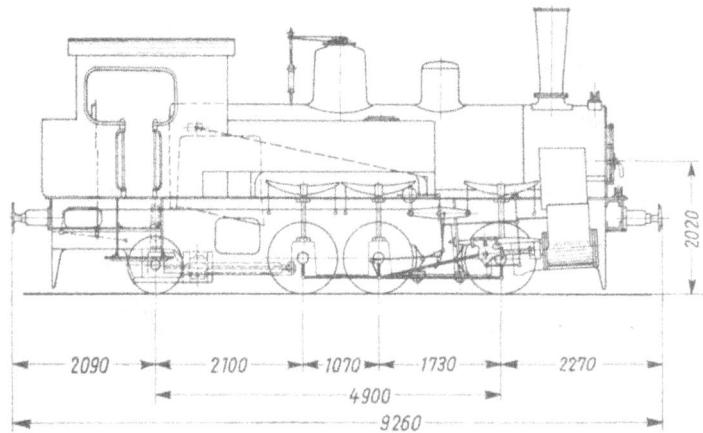

Abb. 116. C 1 n 2 Tenderlokomotive der Bayerischen Staatsbahn,
Gattung D XI; Erbauer Krauß 1895—1909.

Rostfläche	1,34 m²	Zylinderdurchm. . . 2 × 375 mm	
Verdampfungsheizfl. .	67,35 m²	Kolbenhub . . . . . 508 mm	
Kesseldruck	12 atü	Dienstgewicht d. Lok. . . 38,9 t	
Treibraddurchmesser .	1006 mm	Reibungsgewicht . . . . 31,2 t	

zug wurde durch die Westinghouse - Druckluftbremse gebremst; die Druckluft lieferte
eine einstufige Kolbenpumpe
auf der rechten vorderen Seite
des Langkessels. Der Luftbehälter war in dem vorderen
domartigen Aufbau untergebracht. Der Sandung dienten
zwei Sandrohre vor der ersten
und hinter der letzten Kuppelachse. Auch zwei Sandkästen
waren vorhanden.

Von dieser ersten Aus-
führung (Abb. 115) wurden zunächst von 1888—1893 10 Lokomotiven gebaut. Sie entsprachen in jeder Hinsicht den

Abb. 117. C 1 n 2 v Tenderlokomotive der Lokalbahn AG. München;
Erbauer Krauß 1897.

Rostfläche	1,34 m²	Zylinderdurchm.	375/620 mm
Verdampfungsheizfl.	67,4 m²	Kolbenhub	508 mm
Kesseldruck	14 atü	Dienstgewicht d. Lok.	40,2 t
Treibraddurchmesser	1006 mm	Reibungsgewicht	33,5 t

Erwartungen; ihr Lauf war auch bei höheren Geschwindigkeiten auffallend ruhig. Von der
D VIII Lokomotive wurden in den Jahren 1898—1903 nochmals 9 Stück nachgebaut. Die
Lokomotive diente auch als Vorbild für weitere C 1 Lokomotiven auf anderen Strecken in
Bayern und auf der Pfälzischen Eisenbahn.

Zu den Nachkömmlingen der Gattung gehörte die etwas schwächere C 1 n 2 Lokomotive
D X, von der von 1890—1893 9 Stück von Krauß gebaut wurden.

Bei der C 1 Gattung D XI, die der D VIII sehr ähnlich war, wurde lediglich der Kohlenkasten hinter das Führerhaus verlegt (Abb. 116); alle diese C 1 Lokomotiven dienten dem
Nebenbahnverkehr. Bei den noch verhältnismäßig geringen Geschwindigkeiten und den
ungünstigen Streckenverhältnissen mancher Bahnen hatten sie sämtlich Treibräder von nur
1006 mm Durchmesser; der Kolbenhub betrug einheitlich 508 mm. Von 1888—1914 wurden
im Gebiete der bayerischen Staatsbahn einschließlich der Pfälzischen Eisenbahn 187 Stück
C 1 Lokomotiven beschafft, außerdem besaß die Lokalbahn-A.-G. München 19 C 1 Lokomotiven (Abb. 117). Die Hauptabmessungen dieser Lokomotiven waren der Staatsbahnlokomotive der Gattung D X entlehnt, doch hatte der Kessel einen Dampfdruck von 14 atü. Außerdem arbeiteten die beiden Dampfzylinder im Verbundverfahren. Von dieser Bauart sind von
1897—1909 insgesamt 16 Stück gebaut worden; ein Teil von ihnen leistete auf den von München

Abb. 118. 1 C n 2 v Tenderlokomotive der Lokalbahn AG. München;
Erbauer Krauß 1890—1897.

Rostfläche	1,3 m²	Zylinderdurchm.	360/550
Verdampfungsheizfl.	65,7 m²	Kolbenhub	500 mm
Kesseldruck	12—14 atü	Dienstgewicht d. Lok.	35,0 t
Treibraddurchmesser	1090 mm	Reibungsgewicht	27,0 t

ausgehenden Strecken Dienst,
der andere auf einigen Strecken
in der Lausitz, die der Lokalbahn-AG. München gehörten.

Tenderlokomotiven mit der
Achsanordnung 1 C sind im Gebiete der Bayerischen Staatsbahn im Gegensatz zu anderen
Ländern, z.B. zu Preußen, nicht
verwendet worden. Nur die
Lokalbahn-AG. München be-
schaffte vom Jahre 1890 ab
eine Reihe von 1 C n 2 v Tenderlokomotiven (Abb. 118).
Man erwartete zu den Ober-
ammergauer Passions-Festspie-
len einen lebhaften Fremden-
verkehr, dessen Bewältigung
mit den bisher benützten C

Tenderlokomotiven zweifelhaft war. In der Größe des Kessels entsprachen diese Lokomotiven etwa der kleinsten bayerischen C 1 Staatsbahn-Lokomotive der Gattung D XI (Abb. 116), sie waren aber im Triebwerk schwächer als diese und auch sonst recht leicht gebaut, so daß sie etwa 5 t weniger wogen. Die Wasservorräte waren zum Teil im Wasserkastenrahmen, zum Teil aber auch in seitlichen Kästen neben dem Kessel untergebracht. Zum Anfahren diente eine Anfahrvorrichtung Bauart Lindner.

Man war mit den ersten Lokomotiven sehr zufrieden und bestellte bis zum Jahre 1897 insgesamt 13 Verbundmaschinen, außerdem zum Vergleich noch 2 Zwillingslokomotiven. Bei den nachbestellten Verbundlokomotiven wurde der Dampfdruck auf 14 atü erhöht.

Im Jahre 1900 folgten noch 2 ähnliche aber stärkere Lokomotiven (Abb. 119), deren Hauptabmessungen den oben behandelten C 1 n 2 v Lokomotiven der Lokalbahn-AG. (Abb. 117) entsprachen. Die Wasser- und Kohlenkästen waren aber anders verteilt als bei den vorhergehenden 1 C Lokomotiven. Die Kolbenstangen waren durch den vorderen Zylinderdeckel hindurchgeführt; die Tragfedern der letzten Achse mußten wegen des geringen zur Verfügung stehenden Raumes über und unter der Achse nach hinten verlegt werden.

Abb. 119. 1 C n 2 v Tenderlokomotive der Lokalbahn AG. München; Erbauer Krauß 1900.

Rostfläche	1,4 m²	Zylinderdurchm.	400/620 mm
Verdampfungsheizfl.	71,7 m²	Kolbenhub	500 mm
Kesseldruck	14 atü	Dienstgewicht d. Lok.	41,7 t
Treibraddurchmesser	996 mm	Reibungsgewicht	31,3 t

Nach dem Jahre 1897 wurden die 1 C Lokomotiven nicht mehr nachgebaut; man bevorzugte vielmehr wieder die Achsanordnung C 1 (Abb. 117).

Die Lokalbahn-AG. München war eine der wenigen kleineren Privatbahnen, welche sich schon frühzeitig und in nennenswertem Umfange die Vorteile des Verbundverfahrens zunutze machten. Außer den eben genannten 13 Verbundlokomotiven besaß sie, wie schon früher erwähnt wurde, noch 4 Stück C und 7 Stück C 1 Verbund-Tenderlokomotiven.

Im Jahre 1903 ging die Lokalbahn-AG. noch einen Schritt weiter. Sie ließ eine 1 C Lokomotive der leichteren Bauart, ihre Betriebsnummer 18, in eine Heißdampflokomotive mit Schmidtschem Rauchröhrenüberhitzer umbauen. Sie erhielt 10 Rauchrohre mit 12,3 m² Überhitzerheizfläche. Der Hochdruckzylinder erhielt Kolbenschieber und wurde 10 mm größer im Durchmesser. Diese Lokomotive war die erste mit Rauchröhrenüberhitzer im Vereinsgebiet und auch die erste Heißdampf-Verbundlokomotive.

Der Kohlenverbrauch dieser Lokomotive war kleiner als bei der Naßdampf-Schwestermaschine. Trotzdem wurde davon abgesehen, weitere Lokomotiven auf Heißdampf umzubauen. Die hohen Umbaukosten hätten durch die verhältnismäßig geringen Ersparnisse nicht verzinst und abgeschrieben werden können, weil die jährlichen Kilometerleistungen viel zu klein waren.

Beim Neubau von Lokomotiven dagegen ist die Lokalbahn-AG. schon von 1906 an zum Heißdampfverfahren übergegangen.

So ließ sie im Jahre 1906 eine kleine 1 A h 2 Tenderlokomotive mit selbsttätiger Rostbeschickungseinrichtung bei Krauß bauen. Diese Lokomotiven sollten leichte Züge von 3 Wagen von 43 t Gewicht auf der Strecke Fürth—Cadolzburg befördern; auf Steigungen von 25°/₀₀ sollte noch eine Geschwindigkeit von 15 km/h erreicht werden. Da nunmehr Heißdampf verwendet wurde und das Reibungsgewicht 12 t betrug, war die Lokomotive bedeutend leistungsfähiger als die 1 A Lokomotive, die in den 80er Jahren in Preußen im Betriebe waren. Der Rost wurde durch eine Schüttfeuerung beschickt (ähnlich wie in Abb. 130); dabei bewährten sich in gleicher Weise Ruhrnußkohlen wie auch böhmische Nußkohlen. Der Fülltrichter faßte etwa 250 kg Kohle, die für einen Weg von 35 km ausreichten. Der Führerstand lag eigenartigerweise neben dem Kessel.

Die Lokalbahn AG. hatte mit den oben beschriebenen 1 C n 2 v Tenderlokomotiven von 1890 (Abb. 118) gute Erfahrungen gemacht. Da sich die Verbundanordnung bei ihnen gut bewährte, entschloß sich die Gesellschaft im Jahre 1895, bei Krauß 2 Stück C Tenderlokomotiven ihrer Regelbauart mit 13 statt bisher 11 atü als Versuchslokomotiven bauen zu lassen (Abb. 120). Als Treibachse diente wie bei vielen anderen kleineren C Tenderlokomotiven die dritte Achse.

Abb. 120. C n 2 v Tenderlokomotive der Lokalbahn AG. München; Erbauer Krauß 1895.

Rostfläche	1,0 m²	Zylinderdurchm. .	360/550 mm
Verdampfungsheizfl. .	54,1 m²	Kolbenhub	500 mm
Kesseldruck	13 atü	Dienstgewicht d. Lok. . .	29,1 t
Treibraddurchmesser .	920 mm	Reibungsgewicht	29,1 t

Bemerkenswerte Einzelheiten sind die gemeinsame Tragfeder für die zweite und dritte Achse, die Helmholtzsche gerade Schwinge und die große 1100 mm lange Rauchkammer; zum Anfahren diente die Anfahrvorrichtung Bauart Lindner. Die Lokomotiven waren für die Strecke Markt Oberdorf—Füssen im Allgäu bestimmt.

Die Bayerische Staatsbahn hatte im Jahre 1888 von Maffei für den leichten Personenverkehr auf der Strecke Reichenhall—Freilassing—Salzburg 1 B n 2 Tenderlokomotiven (Gattung D IX, Abb. 121) bezogen, die in ihren Abmessungen zwischen den auf S. 87 beschriebenen preußischen 1 B und den auf S. 269 beschriebenen 1 B Lokomotiven der Reichseisenbahnen lagen. Die Treibräder der D IX Lokomotive hatten einen Durchmesser von 1340 mm; als Höchstgeschwindigkeit waren 65 km/h zugelassen. Die Lokomotiven wurden später mehr und mehr für den Verkehr auf den ebenen Vorortstrecken von München, Augsburg und Nürnberg verwendet, nachdem die C 1 Lokomotiven sich auf der Strecke Freilassing—Berchtesgaden bewährt hatten.

Insgesamt wurden von der Gattung D IX von 1888—1899 55 Lokomotiven beschafft; auf längeren Vorortstrecken ging die Bayerische Staatsbahn aber schon im Jahre 1897 zu leistungsfähigeren Tenderlokomotiven mit der Achsanordnung 1 B 2 über, die mit ihren größeren Vorräten und ihrem ausgezeichneten Laufwerk vorteilhafter verwendet werden konnten.

Trotzdem wurde noch im Jahre 1909 eine neue leichte 1 B Tenderlokomotive in verbesserter Gestalt für den leichten Nahverkehr entwickelt (Gattung Pt ²/₃, Abb. 122). Diese

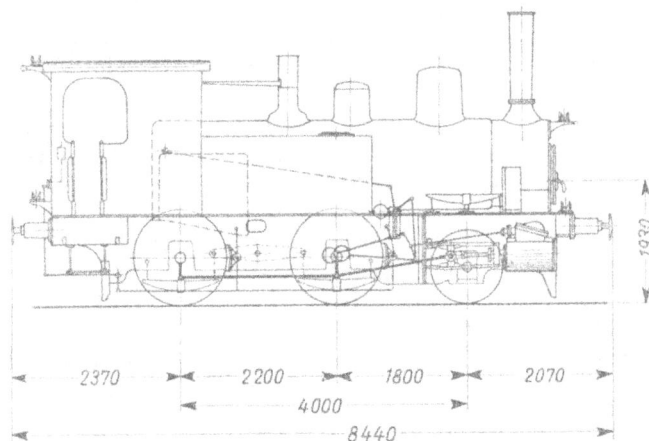

Abb. 121. 1 B n 2 Tenderlokomotive der Bayerischen Staatsbahn, Gattung D IX; Erbauer Maffei 1888—1899.

Rostfläche	1,2 m²	Zylinderdurchm. . .	2×330 mm
Verdampfungsheizfl. .	61,9 m²	Kolbenhub	500 mm
Kesseldruck	12 atü	Dienstgewicht d. Lok. . .	34,0 t
Treibraddurchmesser .	1340 mm	Reibungsgewicht	23,8 t

Lokomotive „der leichten Züge" unterschied sich in mancher Hinsicht von den bisher gebräuchlichen 1 B Bauarten.

Der Kessel entsprach in der Größe ungefähr dem der oben erwähnten Gattung D IX (Abb. 121), er besaß aber einen verhältnismäßig großen Überhitzer, dessen Heizfläche etwa 30% der Verdampfungsheizfläche betrug.

Obwohl die Höchstgeschwindigkeit auf 65 km/h festgesetzt war, hatte man nach dem Vorbild der Reichseisenbahnen den Treibrädern einen Durchmesser von nur 1250 mm gegeben. Die beiden gekuppelten Achsen waren nahe aneinander gerückt; ihr Abstand wurde 1450 mm. Die Laufachse wurde weit nach vorn geschoben und fest im Rahmen gelagert; dadurch konnten die Zylinder hinter ihr angeordnet werden. Die Treibstangen waren 1890 mm lang (r:1 = 1:7,55) und trieben die erste Kuppelachse an, eine Anordnung, die sonst nur ganz vereinzelt um 1860 bei außerdeutschen Bahnen gewählt worden ist. Abgesehen vom Kohlenkasten war jeglicher Überhang vermieden; die abgefederte Last war recht gleichmäßig auf die Achsen verteilt. Da die Mittellinie des Kessels ziemlich hoch lag (2210 mm über SO), konnte die Feuerbüchse so groß werden, daß ihre Heizfläche fast 10% der gesamten Verdampfungs-Heizfläche ausmachte. Der Rahmen war als Wasserkastenrahmen ausgebildet und mit seinen 16 mm starken Blechen sehr kräftig ausgeführt. Da außerdem noch seitliche Wasserkästen vorgesehen waren, war der Wasservorrat 6 m³, also ungewöhnlich groß, so daß auch längere Strecken ohne Halt durchfahren werden konnten. Zum Zwecke guter Bogenläufigkeit erhielt die letzte Kuppelachse ein Spiel von 20 mm nach jeder Seite.

Die Lokomotive bewährte sich mit ihrem außergewöhnlich leistungsfähigen Kessel ganz vorzüglich. Sie war der schärfste Wettbewerber der Triebwagen, die damals auf der Grundlage Dampf, Elektrizität, Benzin und Rohöl versucht wurden und wegen ihres geringen Fassungsvermögens dem Betriebe bei Verkehrsspitzen

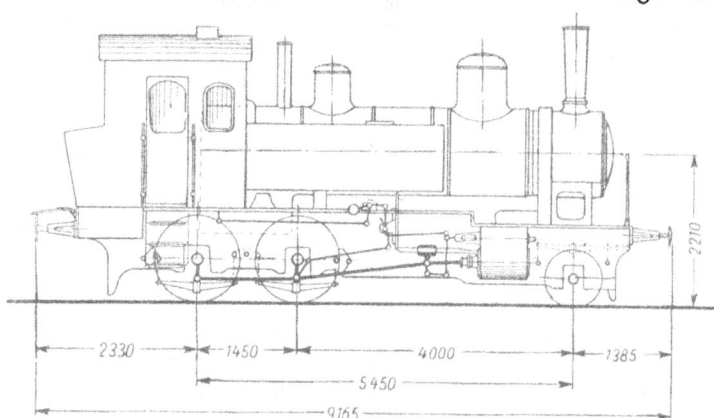

Abb. 122. 1 B h 2 Tenderlokomotive der Bayerischen Staatsbahn, Gattung Pt ²/₃; Erbauer Krauß 1909—1916.

Rostfläche	1,22 m²	Zylinderdurchm.	2×375 mm
Verdampfungsheizfl.	58,09 m²	Kolbenhub	500 mm
Überhitzerheizfläche	18,36 m²	Dienstgewicht d. Lok.	27,2 t
Kesseldruck	12 atü	Reibungsgewicht	27,2 t
Treibraddurchmesser	1250 mm		

manche Schwierigkeiten machten. Die Bayerische Staatsbahn beschaffte allein bis zum Jahre 1916 97 Stück. Im Jahre 1913 entschloß sich auch die Badische Staatsbahn, diese Bauart ohne große Änderung für ihre „leichten Züge" zu übernehmen. Sie ließ von 1914—1916 für ihr Streckennetz 20 Stück bauen als Gattung I g. Im Jahre 1927 übernahm auch die Deutsche Reichsbahn diese 1 B Lokomotive; sie erhöhte den Dampfdruck auf 14 atü, legte auch die hintere Kuppelachse fest (fester Achsstand 5450 mm statt bisher 4000 mm), vergrößerte den Überhitzer auf 20,4 m² und rüstete die neuen Lokomotiven mit einem Speisewasservorwärmer und -reiniger und mit einem Turbogenerator für die elektrische Lokomotivbeleuchtung aus. Bei dieser Ausführung der Deutschen Reichsbahn waren die Spurkränze der Treibräder geschwächt; an einigen Lokomotiven wurden die Spurkränze der Treibräder sogar versuchsweise fortgelassen. Der Lauf der Lokomotive gewann durch die Vergrößerung des Achsstandes auf 5450 mm sehr. Bis dahin hatte die Eisenbahn-Bau- und Betriebsordnung der deutschen Bahnen für den Achsstand als obere Grenze 4500 mm festgelegt; dies war die erste Überschreitung.

Die zuletzt von der Reichsbahn beschafften Lokomotiven konnten 320 t schwere Züge auf Steigungen von 5‰ mit V = 40 km/h befördern; als Höchstgeschwindigkeit konnten 70 km/h zugelassen werden.

Die Leistung war ein beträchtlicher Fortschritt gegenüber der oben behandelten D IX Lokomotive, die unter gleichen Verhältnissen nur 180 t befördern konnte, insbesondere wenn man bedenkt, daß die Rost- und Verdampfungsheizflächen bei beiden Bauarten gleich groß waren.

Gleichzeitig mit der 1 B h 2 Tenderlokomotive Pt $^2/_3$ (Abb. 122) hatte die Bayerische Staatsbahn im Jahre 1909 zu vergleichenden Versuchen zwei 2 B n 2 Tenderlokomotiven (Abb. 123) entwickeln lassen, die einen gleich großen Kessel wie jene hatten. Statt der Laufachse war jedoch ein zweiachsiges Drehgestell von 1700 mm Achsstand vorgesehen. Versuche ergaben, daß diese Abart der durchaus bewährten Lokomotive Pt $^2/_3$ überflüssig war: der Achsdruck der Drehgestellachsen betrug nur 6,5 t, die Last konnte also ebensogut und billiger von einer Laufachse aufgenommen werden. Die Lokomotive wurde daher nicht weiter nachgebaut.

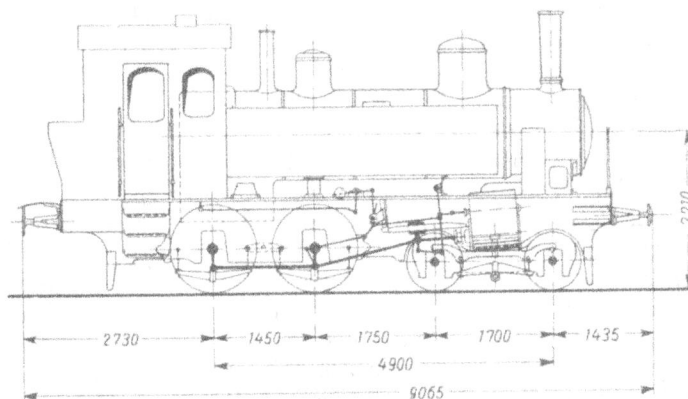

Abb. 123. 2 B n 2 Tenderlokomotive der Bayerischen Staatsbahn, Gattung Pt $^2/_4$; Erbauer Krauß 1909.

Rostfläche	1,22 m²	Zylinderdurchm.	2 × 350 mm
Verdampfungsheizfl.	73,6 m²	Kolbenhub	500 mm
Kesseldruck	12 atü	Dienstgewicht d. Lok.	39,0 t
Treibraddurchmesser	1250 mm	Reibungsgewicht	26,2 t

Für den Schnellverkehr auf den längeren Münchener Vorortstrecken ging die Bayerische Staatsbahn bereits im Jahre 1897, als man in Preußen und Sachsen die 1 B 1 Tenderlokomotiven eingeführt hatte, zu einer Tenderlokomotive Gattung D XII über (Abb. 124, Tafel 10). Im Gegensatz zu anderen Verwaltungen (z. B. Holland) baute man sie aber nicht als 2 B 1 Lokomotive, sondern in der Achsanordnung 1 B 2. Diese eigenartige, aber logische Achsfolge war wegen der besonderen Betriebsverhältnisse und Wünsche gewählt worden; sie bot den Vorteil, daß längere Strecken durchfahren werden konnten, ohne die Vorräte zu ergänzen, dann aber auch, daß das Reibungsgewicht sich mit den abnehmenden Vorräten wenig veränderte.

Die vordere Laufachse war mit der ersten Kuppelachse zu einem Krauß-Helmholtz-Drehgestell vereinigt, das Seitenspiele von 19 und 25 mm hatte. Die Treibachse lag fest im Rahmen, das hintere Laufachsdrehgestell hatte 25 mm Spiel nach jeder Seite. Ein fester Achsstand war also nicht vorhanden, die Lokomotive hatte dafür aber eine große geführte Länge.

Der Rahmen bestand aus je 2 Blechplatten von vorn 18 und hinten 23 mm Stärke, die überlappt vernietet waren. Dadurch war vorn Raum für die beweglichen Achsen und hinten für den Stehkessel zwischen den Rahmenblechen geschaffen.

Die abgefederte Last wurde über der vorderen Laufachse durch eine doppelte Querfeder abgestützt. An den gekuppelten Achsen lagen die Tragfedern über den Achslagern; zwischen ihnen waren als Ausgleichhebel weitere 1200 mm lange Blattfedern angeordnet. Das hintere Drehgestell übernahm seinen Anteil am Lokomotivgewicht durch zwei seitliche Gleitlager. Die Tragfedern der hinteren Achse des Drehgestells waren

Abb. 124. 1 B 2 n 2 Tenderlokomotive der Bayerischen Staatsbahn, Gattung D XII; Erbauer Krauß 1897.

Rostfläche	1,96 m²	Zylinderdurchm.	2 × 450 mm
Verdampfungsheizfl.	104,63 m²	Kolbenhub	560 mm
Kesseldruck	13 atü	Dienstgewicht d. Lok.	68,8 t
Treibraddurchmesser	1640 mm	Reibungsgewicht	28,8 t

durch einen Querausgleichhebel miteinander verbunden; demnach war die Lokomotive in 4 Punkten aufgehängt.

Wohl keine Lokomotive hatte bis dahin mehr dazu beigetragen, die Erfahrungen auf dem Gebiete der Führung der Lokomotiven zu bereichern als diese Schöpfung des großen Konstrukteurs R. v. Helmholtz. Obwohl kein fester Achsstand vorhanden war, lief die Lokomotive in beiden Fahrtrichtungen noch bei der zugelassenen Höchstgeschwindigkeit von 90 km/h sehr ruhig. Da auch der Kessel trotz der verhältnismäßig kurzen Rohre von 3830 mm Länge leistungsfähig war, konnte sie vorteilhaft im Personenzugdienst, vereinzelt auch vor leichten Schnellzügen verwendet werden. Die großen Vorräte (9 m³ Wasser, 2,6 später 3,2 t Kohle) gestatteten, längere Strecken zu durchfahren. Für eine gute Sandung in jeder Fahrtrichtung war durch zwei getrennte Sandstreuer gesorgt. Die D XII Lokomotive beförderte 140 t schwere Züge auf 0⁰/₀₀ mit 80 km/h und 105 t schwere Züge auf 10⁰/₀₀ mit 50 km/h.

Sie bewährte sich vorzüglich. Die Bayerische Staatsbahn beschaffte von 1897—1907 insgesamt 106 Stück, die Pfälzische Eisenbahn von 1902—1903 auch 31 Stück und die Reichseisenbahnen von 1903—1912 allmählich 37 Stück. Die Lokomotive galt damals als die leistungsfähigste deutsche Naßdampf-Tenderlokomotive.

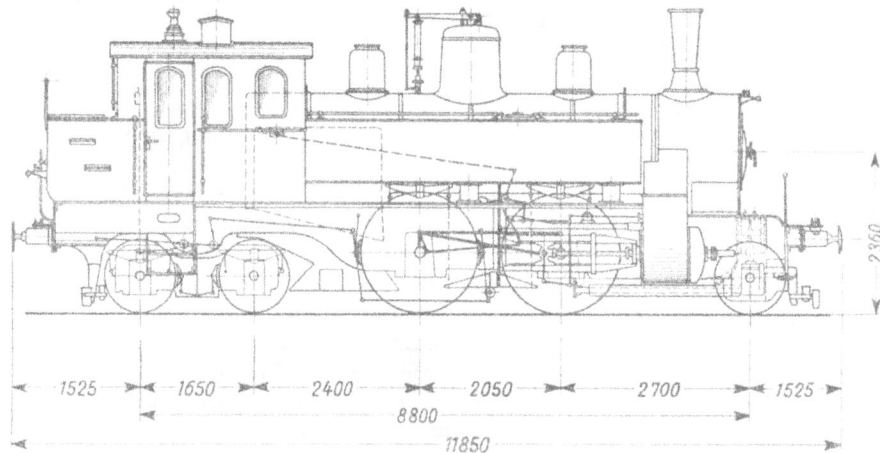

Abb. 125. 1 B 2 h 2 Tenderlokomotive der Bayerischen Staatsbahn, Gattung D XII (Pt ²/₅ H); Erbauer Krauß 1906.

Rostfläche	1,96 m²	Kesseldruck	12 atü	Kolbenhub	560 mm
Verdampfungsheizfl.	89,07 m²	Treibraddurchmesser	1640 mm	Dienstgewicht d. Lok.	70,7 t
Überhitzerheizfläche	20,2 m²	Zylinderdurchm.	2×500 mm	Reibungsgewicht	32,0 t

Eine 1 B 2 Lokomotive dieser Bauart wurde im Jahre 1906 versuchsweise mit einem Überhitzer und mit Zylindern von 500 mm Durchmesser ausgerüstet und auf der Nürnberger Ausstellung gezeigt (Abb. 125). Der Kessel war etwas höher gelegt als sonst und hatte eine um 100 mm tiefere Feuerbüchse, er war aber sonst in seinen äußeren Abmessungen unverändert. Die Abb. zeigt auch das seit etwa 1900 an diesen Lokomotiven ausgeführte Führerhaus.

Zu weiteren derartigen Heißdampflokomotiven ist es aber nicht mehr gekommen. Die Gattung D XII wurde vom Jahre 1907 an von der Bayerischen Staatsbahn nicht mehr beschafft; der stark angewachsene Verkehr nach dem Gebirge bereitete den zweifach gekuppelten Lokomotiven immer größere Schwierigkeiten, so daß für diesen Zweck von etwa 1911 an dreifach gekuppelte Lokomotiven verwendet werden mußten (1 C 2 Gattung Pt ³/₆).

Auf der Nürnberger Ausstellung von 1906 war außer der eben erwähnten 1 B 2 h 2 Tenderlokomotive noch eine weitere Heißdampftenderlokomotive zu sehen, die von Krauß in München erbaut war (Gattung Pt ²/₄ H, Abb. 126).

Der Kessel war mit seiner Mittellinie so hoch gelegt (2600 mm über SO), daß der 1500 mm breite Stehkessel auf den Blechrahmen gestellt werden konnte. Da die Lokomotive auch gelegentlich im leichten Dienst verwendet werden sollte, war der hintere Teil des Rostes als

Trommelabschnitt ausgebildet (Abb. 127). Dieser Trommelabschnitt war in der einen Hälfte mit Roststäben, in der anderen mit Blech versehen; durch Drehen konnte die Rostfläche beliebig von 1,69 auf 1,0 m² verkleinert werden. Diese Einrichtung bewährte sich aber nicht, sie wurde bei den nachfolgenden Lokomotiven der Bauart wieder verlassen. Die Größe der Rostfläche wurde jetzt einheitlich auf 1,23 m² festgesetzt, dafür wurde wie bei den B Tenderlokomotiven auf S. 157 eine Schüttfeuerung mit Fülltrichter für Einmann-

Abb. 126. 1 B 1 h 2 Tenderlokomotive der Bayerischen Staatsbahn, Gattung Pt ²/₄ H; Erbauer Krauß 1906.

Rostfläche	1,69 m²	Zylinderdurchm. . .	. 2 × 440 mm
Verdampfungsheizfl. .	77,16 m²	Kolbenhub	. 540 mm
Überhitzerheizfläche .	19,2 m²	Dienstgewicht d. Lok. .	60,0 t
Kesseldruck	12 atü	Reibungsgewicht . . .	32,0 t
Treibraddurchmesser .	1546 mm		

bedienung vorgesehen. Aus diesem Grunde waren auch sämtliche Hebel auf der rechten Seite des Führerhauses untergebracht.

Der bemerkenswert große Wasservorrat von anfangs 8, später 7 m³ war zum Teil im Rahmen, zum anderen Teile in seitlichen Wasserkästen neben dem Langkessel untergebracht. Diese Wasserkästen waren so schmal, daß ein Zugbegleiter, der dem Lokomotivführer als zweiter Mann beigegeben wurde, den Führerstand vom Zuge aus über das Umlaufblech erreichen konnte. Zu diesem Zweck hatte die Führerhausvorderwand eine Tür.

Die Lokomotive hatte einen großen Achsstand (7300 mm), die vordere Laufachse war mit der ersten gekuppelten Achse zu einem Krauß-Helmholtz-Drehgestell vereinigt. Die hintere Laufachse war eine freie Lenkachse der Bauart Klose. Der Betrieb lobte die guten Eigenschaften dieser Lokomotive. Noch oberhalb der zugelassenen Höchstgeschwindigkeit von 80 km/h war ihr Lauf recht ruhig; sie stellte im Gegensatz zur preußischen 1 B 1 Lokomotive von 1895 eine Bauart dar, die auch für höhere Geschwindigkeiten geeignet war. Ihre Leistung lag ebenfalls weit über der der preußischen Lokomotive; sie beförderte nach den Belastungstafeln

250 t auf 0⁰/₀₀ mit 75 km/h und
370 t auf 5⁰/₀₀ mit 40 km/h,

während die preußische 1 B 1 Tenderlokomotive unter gleichen Bedingungen nur 150 bzw. 290 t schleppen konnte. Die Bayerische Staatsbahn beschaffte in den Jahren 1906—1908 12 Lokomotiven dieser Bauart.

Für die Nebenbahnen Bayerns wurde um 1905 die leichte Tenderlokomotive mit zwei gekuppelten Achsen tatkräftig weiterentwickelt. Einer der Hauptgesichtspunkte war dabei die einmännige Bedienung, die im Nebenbahnbetriebe wirtschaftliche Vorteile versprach.

Zwei Ausführungen solcher leichten B Tenderlokomotiven von Maffei und von Krauß waren 1906 in Nürnberg ausgestellt; sie waren beide Heißdampflokomotiven und hatten wie

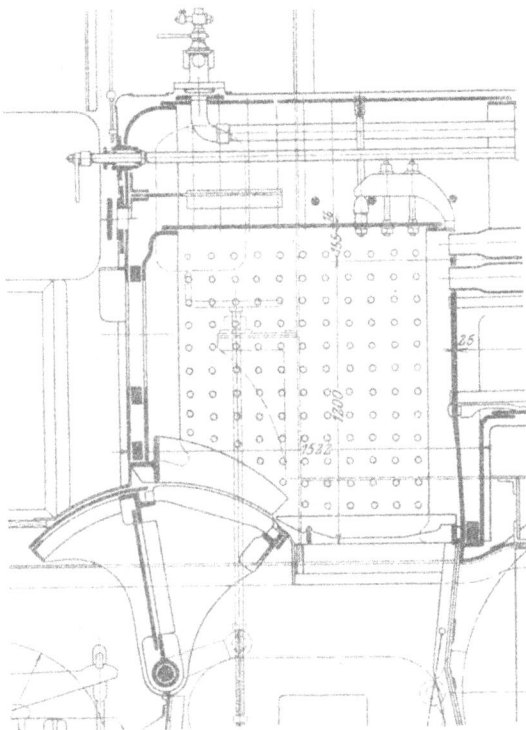

Abb. 127. Sektorrost der Lokomotive Abb. 126.

die 1 B 1 Lokomotive eine halbselbsttätige Schüttfeuerung. Der Kessel der Maffeischen Lokomotive (Abb. 128 und Tafel 11) war etwas kleiner als der Kessel der Kraußschen Lokomotive. Bemerkenswert war an der Maffei-Lokomotive, daß die Vorder- und Hinterachse
durch getrennte Kolben aus demselben Zylinder angetrieben wurden, der zwischen den
beiden Achsen lag. Die Achsen waren innerhalb des Rahmens gekröpft und hier durch Kuppelstangen miteinander gekuppelt. Die Kurbeln der vorderen und hinteren Räder jeder Seite
waren um 180⁰ gegeneinander versetzt, die Kurbeln der rechten und linken Seite waren wie
üblich um 90⁰ gegeneinander versetzt. Die Kolbenschieber beider Triebwerke wurden durch
eine Heusinger-Steuerung von der letzten Achse aus ange-
trieben.

Bei diesem vollständigen Massenausgleich, dem verhältnismäßig großen Achsstand von 2900 mm und den geringen überhängenden Massen liefen die Lokomotiven sehr ruhig. Sie
beförderten Züge von 65 t Gewicht auf 0⁰/₀₀ mit 50 km/h und
auf 25⁰/₀₀ mit 11 km/h. Da sie für leichten Nebenbahnbetrieb
recht brauchbar waren, wurden bis zum Jahre 1908 von ihnen
24 Stück beschafft.

Die gleiche Bauart des Kessels und der Maschine, jedoch
mit 16 atü Kesseldruck und kleineren Zylinderabmessungen
(200 × 260 mm), wurde auch an 7 Dampftriebwagen der Bayerischen Staatsbahn verwendet. Hier wurden aber die Kuppelstangen wie bei den B Tender-

Abb. 128. A A h 4 Tenderlokomotive der Bayerischen Staatsbahn,
Gattung Pt L ²/₂ (ML ²/₂); Erbauer Maffei 1906—1908.

Rostfläche	0,83 m²	Zylinderdurchm. . .4 × 265 mm	
Verdampfungsheizfl. .	42,3 m²	Kolbenhub	280 mm
Überhitzerheizfläche .	6,5 m²	Dienstgewicht d. Lok. . .	21,9 t
Kesseldruck	12 atü	Reibungsgewicht	21,9 t
Treibraddurchmesser .	990 mm		

lokomotiven der Firma Hohenzollern (Bd. I, S. 87, Abb. 92) außen gelagert. Das war bei den
kleineren Zylinderdurchmessern möglich. Nur bei 5 Dampftriebwagen, die Maffei im Jahre 1907
an die Otavi-Bahn geliefert hatte, wurde die Kuppelstange innerhalb des Rahmens beibehalten.

Auch die Ungarische Staats-Maschinenfabrik hat im gleichen Jahre 2 ähnliche Lokomotiven an die Ungarische Staatsbahn geliefert.

Da die Lokomotiven von Maffei im Aufbau verwickelter waren als die von Krauß, bevorzugte man vom Jahre 1908 an die Kraußsche Bauart. Sämtliche Lokomotiven von Maffei
waren bereits im Jahre 1925 ausgemustert. Eine von diesen Lokomotiven ist im Nürnberger
Verkehrsmuseum der Nachwelt erhalten worden.

Die von Krauß gebauten B h 2 Tenderlokomotiven der Gattung Pt L ²/₂ (Abb. 129)
hatten gleichfalls eine halbselbsttätige Rostfeuerung mit Fülltrichter, doch hatte bei der ersten
Ausführung vom Jahre 1906 die Feuerbüchse keine wassergekühlte Rückwand. Eine Stehkesselrückwand war nur im oberen Teil vorhanden, nach unten hin war die Rückwand der
U förmigen Feuerbüchse aus feuerfesten Steinen gebildet. Da die Bauart nicht befriedigte,
wurde schon im folgenden Jahre eine Feuerbüchsrückwand wie üblich vorgesehen. Der Wasserraum zwischen der Stehkessel- und Feuerbüchsrückwand endigte aber noch in der Höhe des
Feuerlochs, so daß unterhalb des Feuerloches kein Wasserraum vorhanden war. Da sich
auch diese Bauform nicht bewährte, ging man im Jahre 1908 wieder zur üblichen Feuerbüchse
über. Nun konnte bei der selbsttätigen Rostfeuerung der Fall eintreten, daß bei ungünstiger
Feuerlage von Hand nachgeschürt werden mußte; zu diesem Zweck war auf der rechten Steh-
kesselseite ein Feuerloch vorgesehen. Ein Schauloch in der oberen rechten Ecke des Stehkessels

gestattete, die Lage des Feuers nachzuprüfen. Der Kessel wurde durch eine Worthington-Pumpe gespeist, die bis dahin in Deutschland wenig verwendet worden war.

Das Triebwerk lag innen und arbeitete auf eine Blindwelle. Die Kreuzkopf-Gleitbahnen lagen der besseren Zugänglichkeit wegen unterhalb der Kolbenstangen und Kreuzköpfe. Die inneren Treibkurbeln und die äußeren Kuppelzapfen auf der Blindwelle waren nicht gegeneinander versetzt, da man sich davon eine geringere Lagerreibung versprach; dafür mußten aber größere Gegengewichte angeordnet werden. Die Lokomotiven liefen ruhig, da die Zylinder innerhalb der Rahmen lagen und der Achsstand verhältnismäßig groß war (3200 mm).

Abb. 129. B h 2 Tenderlokomotive der Bayerischen Staatsbahn, Gattung Pt L ²/₂; Erbauer Krauß 1905—1906.

Rostfläche	0,6 m²	Zylinderdurchm.	2 × 305 mm
Verdampfungsheizfl.	28,5 m²	Kolbenhub	400 mm
Überhitzerheizfläche	8,8 m²	Dienstgewicht d. Lok.	21,8 t
Kesseldruck	12 atü	Reibungsgewicht	21,8 t
Treibraddurchmesser	1006 mm		

Sehr eigenartig war der Aufbau des Führerhauses. Der Stand des Lokomotivführers war nicht wie üblich hinter dem Stehkessel, sondern seitlich neben dem Langkessel; der Platz für den Begleiter war auf der anderen Seite des Langkessels. Dieser Platz war vom Zuge aus durch eine Brücke und durch Türen in den Führerhaus-Vorder- und Rückwänden zugänglich. Bei der ersten Ausführung von 1906 war die Vorderwand auf der Führerseite noch durch den Wasserkasten verbaut. Da sich nun aus der schlechten Zugänglichkeit der Innenzylinder manche Unzuträglichkeiten ergaben, wurden die Zylinder nach außen vor die erste Achse gelegt; die Blindwelle wurde zunächst noch beibehalten (Abb. 130). Im Jahre 1911 wurde auch diese aufgegeben, der Achsstand wurde auf 2700 mm verringert und die hintere Achse wurde Treibachse. Nachdem der Wasserkasten im Rahmen untergebracht war, was im Jahre 1908 geschah, konnte die Vorderwand auch auf der Führerseite eine Tür erhalten.

Die Kraußschen Lokomotiven beförderten im leichten Dienst 50 t schwere Züge auf 0⁰/₀₀ mit 50 km/h und 125 t schwere Züge auf 5⁰/₀₀ mit 30 km/h. Bis 1914 wurden von den 3 Ausführungen 6, 31 und 13 Stück beschafft. Von den

Abb. 130. B h 2 Tenderlokomotive der Bayerischen Staatsbahn, Gattung Pt L ²/₂; Erbauer Krauß 1908.

Rostfläche	0,6 m²	Zylinderdurchm.	2 × 320 mm
Verdampfungsheizfl.	28,5 m²	Kolbenhub	400 mm
Überhitzerheizfläche	8,8 m²	Dienstgewicht d. Lok.	22,7 t
Kesseldruck	12 atü	Reibungsgewicht	22,7 t
Treibraddurchmesser	1006 mm		

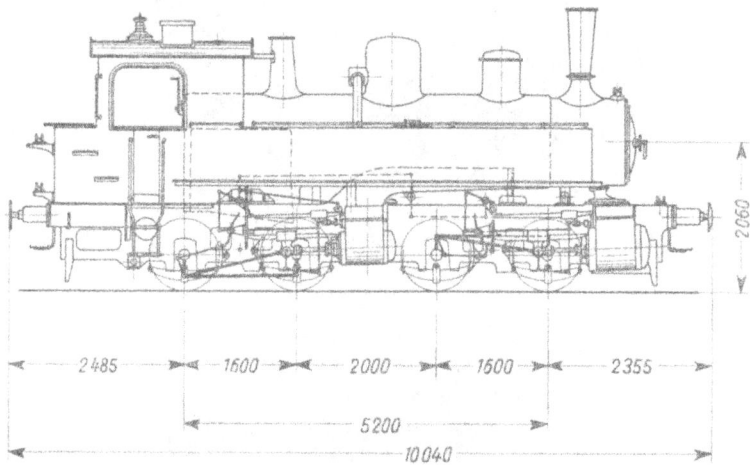

Abb. 131. B B n 4 v Tenderlokomotive der Bayerischen Staatsbahn, Gattung B B II; Erbauer Maffei 1899—1908.

Rostfläche	1,4 m²	Zylinderdurchm.	2 × 310/490 mm
Verdampfungsheizfl.	67,7 m²	Kolbenhub	530 mm
Kesseldruck	12 atü	Dienstgewicht d. Lok.	42,2 t
Treibraddurchmesser.	1006 mm	Reibungsgewicht	42,2 t

31 Stück der zweiten Ausführung (Abb. 130) erhielt die Eisenbahndirektion Altona 2 Stück.

Auf den Lokalbahnen stellte sich gegen Ende der 90er Jahre das Bedürfnis nach vierfach gekuppelten Tenderlokomotiven heraus. Wegen der zahlreichen Gleisbögen auf diesen Bahnen hielt man anfänglich eine Lokomotivbauart mit 2 Triebdrehgestellen der Bauart Mallet für notwendig. So wurden 1899 die ersten B B n 4 v Lokalbahn-Tenderlokomotiven in Betrieb genommen (Gattung B B II, Abb. 131); es waren ihrem Verwendungsgebiet entsprechend leichte Maschinen, deren Achsdruck nur 13 t betrug. Bis zum Jahre 1904 wurden 31 Lokomotiven dieser Bauart beschafft. Mallet-Lokomotiven mit so kurzen festen Achsständen haben nirgends befriedigt. Man klagte allgemein über den unruhigen Lauf, starken Verschleiß und große Instandhaltungskosten.

Größere Bedeutung als die oben beschriebenen B B Malletlokomotiven erlangten die D h 2 Nebenbahntenderlokomotiven der Gattung Gt L ⁴/₄, Abb. 132, von denen die erste Lokomotive im Jahre 1911 von Krauß geliefert wurde; bis 1924 wurden von dieser Gattung 117 Stück gebaut.

Ein zwangfreier Bogenlauf wurde bei ihnen dadurch erreicht, daß die zweite und die vierte Achse 30 mm Spiel nach jeder Seite hatten. Die Lokomotive beförderte 260 t auf 30⁰/₀₀ mit V = 30 km/h; ihr Achsdruck betrug nur 11—12 t. Eine Besonderheit der Gattung Gt L ⁴/₄ war das geräumige Führerhaus mit großem Lüftungsaufsatz und großen Seitentüren. Von diesen Lokomotiven sind 14 Stück später noch in 1 D Maschinen umgebaut worden.

Auf anderen deutschen Nebenbahnen sind keine anderen D Tenderlokomotiven verwendet worden; dagegen sind Privatbahnen in immer größerem Umfange zu ihnen übergegangen. Anfangs bevorzugte man noch häufig einen tiefliegenden Kessel mit einer zwischen den Rahmen liegenden Feuerbüchse; die Wasserkästen lagen dabei zu beiden Seiten des Kessels. Nach und nach wanderte aber die Kesselmittellinie zwangläufig weiter nach oben, weil der Stehkessel breiter wurde und nicht mehr zwischen den Rahmenwangen

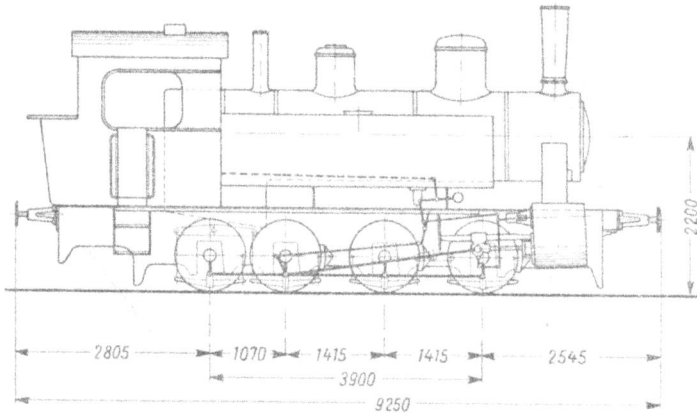

Abb. 132. D h 2 Tenderlokomotive der Bayerischen Staatsbahn, Gattung Gt L ⁴/₄; Erbauer Krauß 1911—1924.

Rostfläche	1,34 m²	Zylinderdurchm.	2 × 460 mm
Verdampfungsheizfl.	61,41 m²	Kolbenhub	508 mm
Überhitzerheizfläche	18,4 m²	Dienstgewicht d. Lok.	43,4 t
Kesseldruck	12 atü	Reibungsgewicht	43,4 t
Treibraddurchmesser	1006 mm		

untergebracht werden konnte. Die Wasservorräte wurden größer, so daß sie zum Teil zwischen den Rahmenblechen untergebracht werden mußten; die Achsdrücke stiegen zuweilen bis auf 16 t.

In manchen Einzelheiten unterschieden sich die Lokomotivbauarten voneinander. Später unternahm der Engere Lokomotivnormenausschuß (ELNA) ohne Mitwirkung einer Staatsbahn bei den deutschen Privatbahnen den Versuch, einer Verwilderung der Lokomotivbauarten durch die Entwicklung typisierter Lokomotiven vorzubeugen. Die Entwürfe umfaßten 6 Typen von C, 1 C und D Tenderlokomotiven für Naßdampf und Heißdampf. Bei den C und 1 C Lokomotiven waren Raddurchmesser von 1100 und 1200 mm gebräuchlich. Die D Tenderlokomotiven erhielten daher, um den Achsstand klein zu halten, 1100 mm hohe Treibräder; alle Bauarten erhielten den Verhältnissen auf den einzelnen Bahnen entsprechend nach Wunsch 12 und 14 t Achsdruck. Eine D Tenderlokomotive der Elna-Typenreihe ist in Abb. 133 und 134 dargestellt.

Auf den drei bayerischen Steilstrecken Laufach—Heigenbrücken (Strecke Aschaffenburg—Gemünden), Probstzella—Rothenkirchen und Neuenmarkt—Wirsberg—Marktschorgast mit ihren langen Rampen von 20 und 25⁰/₀₀ war gegen Ende des ersten Jahrzehntes die Beförderung schwerer Güterzüge immer schwieriger geworden. Jeder schwere Güterzug mußte vor der Steigung in mehrere Teile zerlegt werden und mittelschwere Güterzüge mußten Vorspann erhalten, da die Zugkräfte der vorhandenen Lokomotiven nicht ausreichten. Um diesem unerträglichen Zustand abzuhelfen, ließ die Bayerische Staatsbahn im Jahre 1913 von Maffei eine D D h 4 v Mallet-Tenderlokomotive bauen (Gattung Gt 2 × 4/4, Abb. 135), die sowohl als Schiebelokomotive als auch als Zugmaschine auf den erwähnten Strecken verwendet werden sollte. Sie war bis zum Erscheinen der preußischen 1 E 1 h 2 Tenderlokomotive Gattung T 20 die schwerste Tenderlokomotive im Vereinsgebiet.

Abb. 133. D n 2 Tenderlokomotive der Thüringischen Nebenbahnen (Bachstein); Erbauer Hanomag 1911—1913.

Rostfläche	1,36 m²	Zylinderdurchm.	2 × 430 mm
Verdampfungsheizfl.	91,6 m²	Kolbenhub	550 mm
Kesseldruck	13 atü	Dienstgewicht d. Lok.	46,0 t
Treibraddurchmesser	1100 mm	Reibungsgewicht	46,0 t

Abb. 134. D n 2 Tenderlokomotive der Peine-Ilseder E.W. Erbauer Hanomag 1921.

Rostfläche	2,3 m²	Zylinderdurchm.	2 × 540 mm
Verdampfungsheizfl.	150,0 m²	Kolbenhub	510 mm
Kesseldruck	14 atü	Dienstgewicht d. Lok.	65,0 t
Treibraddurchmesser	1200 mm	Reibungsgewicht	65,0 t

Die Rostfläche der Gt 2 × 4/4 Lokomotive war etwas kleiner als die der späteren preußischen T 20, die Heizfläche war aber wegen der längeren Rohre (5075 mm) und der engen Rohrteilung beträchtlich größer; der Blasrohrkopf war verstellbar. Alle Zylinder hatten Kolbenschieber; die Hochdruckzylinder waren am Hauptrahmen befestigt und trieben das hintere Triebwerk an, die Niederdruckzylinder lagen in dem voranlaufenden Mallet-Triebgestell, dessen Drehpunkt zwischen der dritten

159

und vierten Achse lag. Das Malletgestell konnte in der Höhe der vorderen Achse nach jeder Seite um 250 mm ausschlagen, außerdem hatten die zweiten Achsen beider Triebwerke ein Spiel von 8 mm nach jeder Seite.

Der Achsdruck betrug anfangs etwa 15,5 t, so daß einige der bis zum Beginn des Krieges gebauten 15 Lokomotiven auch auf schwachem Oberbau im Kriegsgebiete verwendet werden konnten. So leistete die Gt 2 × ⁴/₄ in Belgien wertvolle Dienste auf der Steilrampe zwischen Lüttich und Ans. Als im Jahre 1929 auf der nur 6,4 km langen eingleisigen Strecke Brügge—Lüdenscheid in Westfalen (die eine 4,63 km lange Steigung von 28⁰/₀₀ mit einem S förmigen

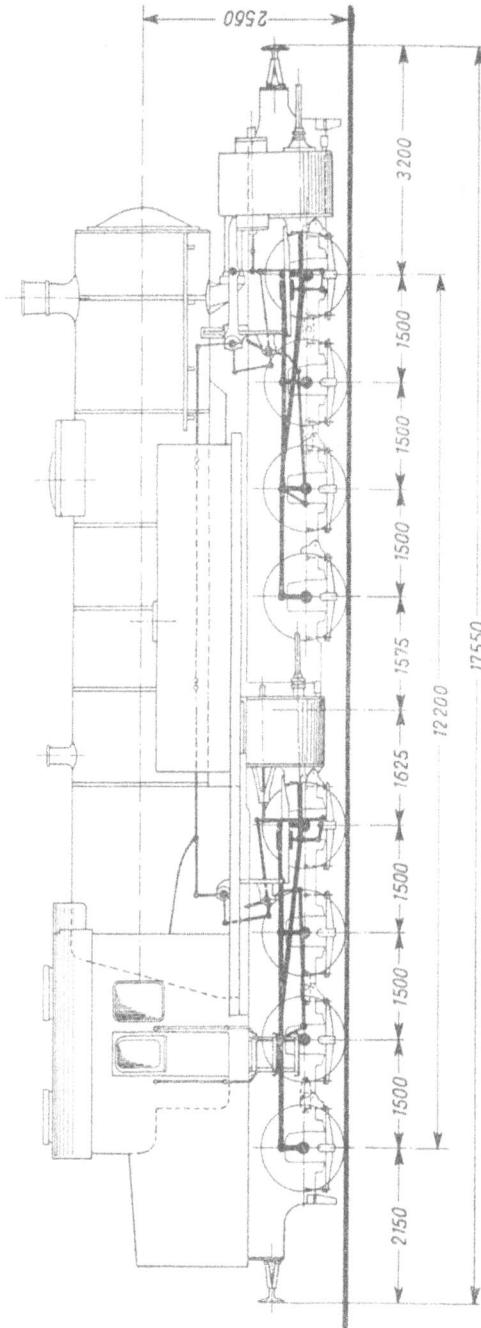

Abb. 135. D D h 4 v Tenderlokomotive der Bayerischen Staatsbahn, Gattung Gt 2 × ⁴/₃;
Erbauer Maffei 1913—1914.

Kolbenhub	640 mm	Rostfläche	4,25 m²
Dienstgewicht d. Lok. .	123,2 t	Verdampfungsheizfl.	229,61 m²
Reibungsgewicht . .	123,2 t	Überhitzerheizfläche .	55,39 m²
Kesseldruck	15 atü		
Treibraddurchmesser .	1216 mm		
Zylinderdurchm.	2 × 520/800 mm		

379 m langen Tunnel hat) der Verkehr mit den preußischen Gattungen T 14 und T 16 (Abb. 89 und 86) nicht mehr pünktlich bewältigt werden und die 1 E 1 Tenderlokomotive der Gattung T 20 wegen ihres zu hohen Achsdruckes nicht eingesetzt werden konnte, halfen einige Gt 2 × ⁴/₄ Lokomotiven dort aus. Die planmäßige Fahrzeit der 200 t schweren Personenzüge sank von 19 auf 12, die der 350 t schweren Güterzüge von 25 auf 18 Minuten; die Kürzung der Fahrzeit verringerte vor allem die Belästigung durch den Rauch im Tunnel.

Als nun aber im Jahre 1922 auf der Strecke Probstzella—Steinbach im Thüringer Wald die preußischen 1 E 1 h 2 Tenderlokomotiven der Gattung T 20 (Abb. 91) in Betrieb genommen wurden, zeigte sich, daß diese Lokomotiven bei 30 t geringerem Reibungsgewicht die gleiche Schiebeleistung abgaben wie die bayerische D D Mallet-Lokomotive. Die Ursache war darin zu suchen, daß das Niederdrucktriebwerk zu wenig Leistung erhielt, weil für die großen Füllungen auf der Steilstrecke die zu kleinen Hochdruckzylinder nicht genug Dampf durchließen.

Man begegnete im Jahre 1923 bei einem Umbau der Lokomotive dieser Neigung, die übrigens allen Bauarten mit zwei selbständigen Triebwerken eigen ist, dadurch, daß man den Durchmesser der Hochdruckzylinder von 520 auf 600 mm vergrößerte. Das Zylinderraumverhältnis ging damit von 1:2,28 auf das ungewöhnliche Maß von 1:1,78 zurück. Gleichzeitig wurde die Sandstreuvorrichtung verbessert, der Leerlauf der Lokomotive durch Druckausgleicher mit großen Eckventilen verbessert und eine Riggenbach-Gegendruckbremse eingebaut. Das hohe veränderliche Blasrohr in der Rauchkammer und der enge Schornstein wurden durch ein weites, tiefliegendes mit weitem Schornstein ersetzt.

Die anfangs recht enge Rohrteilung des Kessels mit 14 mm Wassersteg wurde vergrößert, um die Heizfläche durch besseren Abzug der Dampfblasen wirksamer zu machen; dadurch verringerte sich die Verdampfungsheizfläche auf 200 m², doch die Kesselleistung stieg. Schließlich wurde noch der nach bayerischem Brauch etwas knapp bemessene Überhitzer auf 65,4 m² vergrößert und ein Speisewasservorwärmer in eine Rauchkammernische vor dem Schornstein eingebaut (Abb. 136). Der Umbau, der vom Bauartdezernenten des Zentralamtes Berlin, R. P. Wagner, vorgeschlagen war, wurde ein voller Erfolg und die Leistung hob sich beträchtlich. Die Berechtigung des ungewöhnlichen Zylinderverhältnisses für große Füllungen erwies sich ebenfalls; die Leistungen beider Triebwerke wurden gleich groß. Leider wurden wegen der hohen Kosten nur einige Lokomotiven umgebaut.

Mit dieser Lokomotive ist die Entwicklung der Lokomotive im rechtsrheinischen Bayern abgeschlossen. Seit dem Übergang der Bayerischen Staatsbahn in die Deutsche Reichsbahn wurden in Bayern keine neuen Dampflokomotivbauarten mehr entwickelt. Ein wichtiger Abschnitt der Lokomotivgeschichte war beendet, dem Männer wie R. v. Helmholtz und Hammel das Gepräge gaben und der von entscheidender Bedeutung für den Lokomotivbau auf dem europäischen Festlande war.

Abb. 136. D D h 4 v Tenderlokomotive der Bayerischen Staatsbahn, Gattung Gt 2 × ⁴/₄; Erbauer Maffei 1923 (Umbau).

Rostfläche . . . . . 4,25 m²	Kesseldruck . . . . 15 atü	Kolbenhub . . . . . . 640 mm
Verdampfungsheizfl. 200,43 m²	Treibraddurchmesser . 1216 mm	Dienstgewicht d. Lok. . 131,1 t
Überhitzerheizfläche . 65,37 m²	Zylinderdurchm. 2 × 600/800 mm	Reibungsgewicht . . . 131,1 t

III. DIE ENTWICKLUNG DER DAMPFLOKOMOTIVE AUF DER PFÄLZISCHEN EISENBAHN (SPÄTER BAYRISCHE STAATSBAHN LINKSRHEIN. NETZ).

DIE SCHNELLZUG- UND PERSONENZUGLOKOMOTIVEN.

Der Personenverkehr auf der Pfalzbahn wurde bis in die 80er Jahre hinein hauptsächlich von einfach und zweifach gekuppelten Lokomotiven bedient; die einfach gekuppelten Lokomotiven hatten, wie es auch anderswo üblich war, anfangs die Achsanordnung 1 A 1. Nach dem Jahre 1850 wurden 1 A 1 Lokomotiven nicht mehr neu entwickelt; für die nunmehr aufkommenden Schnellzüge benutzte man von 1853 an eine größere Reihe von 11 A Crampton-Lokomotiven, die lange Jahre hindurch den Schnellzugdienst in der Rheinebene versahen (vgl. Band I). Hier war der Wettbewerb der Strecken auf den beiden Rheinufern (rechtsrheinisch: Baden und Hessen, linksrheinisch: Pfalz und Elsaß-Lothringen) von jeher sehr scharf. Die Pfälzische Eisenbahn hatte daher 1852/53, also kurz vor der Badischen Staatsbahn für diesen Zweck die Crampton-Lokomotive gewählt, die in damaliger Zeit die beste Gewähr für gute Laufeigenschaften bei hohen Geschwindigkeiten bot.

In den 60er Jahren hatte der Personenverkehr bereits derart zugenommen, daß nun 1 B Lokomotiven für Personenzüge beschafft werden mußten (vgl. Bd. I, S. 186, Abb. 235).

Abb. 137. 1 B 1 n 2 Schnellzuglokomotive der Pfälzischen Eisenbahn, Gattung P 2 I; Erbauer Krauß 1891—1896.

Rostfläche	1,8 m²	Zylinderdurchm.	2 × 435 mm
Verdampfungsheizfl.	116,6 m²	Kbolenhub	600 mm
Kesseldruck	12 atü	Dienstgewicht d. Lok.	48,7 t
Treibraddurchmesser	1820 mm	Reibungsgewicht	28,0 t

Diese Lokomotiven lehnten sich in der Bauweise an ältere Typen aus den 50er und 60er Jahren an (vgl. Bd. I, S. 119/21, Abb. 131—134); sie wurden noch bis zum Jahre 1875 gebaut und genügten den Ansprüchen des Betriebes bis zum Anfang der 90er Jahre. Wie in anderen Ländern bereitete zu dieser Zeit die Beförderung der Personen- und Schnellzüge mit 1 B Lokomotiven schon Schwierigkeiten. Ganz besonders lästig wurde die mangelhafte Leistung der 1 B Lokomotiven im Schnellzugdienst auf der Strecke Kreuznach—Hochspeyer—Neustadt empfunden, auf der die Schnellzüge Holland—Basel im Wettbewerbe mit den Rheinuferstrecken Ludwigshafen—Worms—Mainz und Heidelberg—Darmstadt—Mainz verkehrten.

Für diese Zwecke ließ sich die Pfälzische Eisenbahn im Jahre 1890/91 von Krauß in München eine 1 B 1 n 2 Lokomotive bauen (Gattung P 2¹, Abb. 137). Die Lokomotive erhielt vorn ein Krauß-Helmholtz-Drehgestell und hinten eine in außen liegenden Hilfsrahmen gelagerte Laufachse. Der feste Achsstand betrug nur 1800 mm; das Fahrgestell hatte einen Gesamtachsstand von 6200 mm. Um dem Krauß-Helmholtz-Drehgestell eine möglichst große Länge zu geben, hatte Krauß den Gelenkkopf der hinteren Gestellachse (Kuppelachse) am hinteren Verbindungsblech der Lager dieser Achse angebracht. Die Last wurde auf die vordere Laufachse durch eine Querfeder mit kugeliger Stützfläche übertragen; die Tragfedern der anderen 3 Achsen waren bei der ersten Lieferung durch Längsausgleichhebel miteinander verbunden. Bei den nachbestellten Lokomotiven wurde der Federausgleich zwischen der Treibachse und der hinteren Laufachse jedoch wieder aufgegeben. Überhängende Massen waren dadurch weitgehend vermieden, daß die Zylinder hinter der vorderen Laufachse lagen. Die Schwinge der Heusinger-Steuerung war nach dem Brauch der Kraußschen Fabrik gerade.

Die Kesselleistung der ersten Lokomotiven scheint aber nicht ganz befriedigt zu haben, denn bei den späteren Lieferungen wurden die Heizrohre um 600 mm auf 4350 mm verlängert; dadurch stieg das Verhältnis R:H von 1:57 auf 1:67. Die Rostfläche war jedoch recht knapp bemessen (1,8 m²), und zwar noch knapper als bei vielen 1 B Lokomotiven der gleichen Zeit. Günstig war der große Anteil der tiefen Feuerbüchse, die 10,1 m² Fläche aufwies, an der Gesamtheizfläche. Der Betrieb lobte außer dem geringen Kohlenverbrauch auch die hervor-

Abb. 138. 2 B 1 n 2 Schnellzuglokomotive der Pfälzischen Eisenbahn;
Erbauer Krauß 1898—1904.

Rostfläche . . . . . 2,7 m²	Treibraddurchmesser . 1980 mm	Dienstgewicht d. Lok. . . . 59,6 t
Verdampfungsheizfl. . 168,6 m²	Zylinderdurchm. . . 2×490 mm	Reibungsgewicht . . . . 30,0 t
Kesseldruck . . . . . 13 atü	Kolbenhub . . . . . 570 mm	

ragenden Laufeigenschaften der Lokomotive; bis zum Jahre 1896 wurden daher 22 Lokomotiven dieser Gattung gebaut.

Auch die Hessische Ludwigsbahn hat statt 2 B Lokomotiven von 1893—1896 insgesamt 13 Stück der gleichen Bauart wie die beschriebenen, aber schon mit den längeren Rohren, beschafft.

2 B Lokomotiven hat die Pfälzische Eisenbahn nie besessen.

Vom Sommer 1896 ab wurden die Schnellzüge Holland—Basel in Bingen a. Rh. geteilt. Den einen Teil übernahm die Pfälzische Eisenbahn, um ihn über die bereits erwähnte Strecke durch das Alsenztal über Hochspeyer nach Neustadt zu bringen. Die Züge hatten anfangs eine Stärke von etwa 20 Achsen und konnten zunächst noch von den 1 B 1 Lokomotiven befördert werden. Als aber die Züge länger wurden, waren diese nicht mehr leistungsfähig genug, so daß man sich 1897 mit dem Gedanken trug, eine leistungsfähigere Lokomotive zu beschaffen. Auf den Vorschlag Stabys, des damaligen maschinentechnischen Leiters, wählte man eine Lokomotive mit der Achsanordnung 2 B 1 als erste dieser Art in Deutschland. Die Lokomotivfabrik Krauß hatte wahlweise Entwürfe mit der Achsanordnung 1 B 2 und vorderem Krauß-Helmholtz-Drehgestell und als 2 B 1 vorgelegt; man entschied sich für den letzten (Abb. 138).

Da man bei dem Zweizylindertriebwerk auf möglichst ruhigen Lauf bei hohen Geschwindigkeiten großen Wert legte, sah man ein Triebwerk mit innenliegenden Zylindern vor. Entscheidend waren dabei wohl auch die guten Erfahrungen der Badischen Staatsbahn mit ihren 2 B Lokomotiven mit Innentriebwerk (Gattung II c, Abb. 147). Die Lokomotive sollte 220 t auf ebener Strecke mit 90 km/h und auf Steigungen bis zu $10^0/_{00}$ mit 65 km/h ziehen.

Die Feuerbüchse war sehr breit (1844 mm), so daß der Rost nur 1524 mm lang wurde. Dadurch konnten die Feuerbüchsrohrwand und die Stehkesselvorderwand senkrecht ausgebildet werden, ohne bei der hinteren Laufachse den Achsdruck 13 t zu überschreiten. Der Langkessel schloß an den glatten Stehkessel mit einem kegeligen geschweißten Schuß an, um für ein möglichst großes Rohrbündel Platz zu gewinnen. Die Heizfläche des Kessels war mit 169 m² gut bemessen; der Dampfdruck betrug bereits 13 atü. Von der Verbundwirkung sah man ab, da die Lokomotive auch für Personenzüge verwendet werden sollte.

Die Heusinger-Steuerung lag innen und wurde von der Treibstange aus angetrieben, um Hubscheiben und Gegenkurbeln zu vermeiden. Die Flachschieber lagen schräg unter der Rauchkammer und waren von außen gut zugänglich; sie hatten Entlastungsringe. Die Kropfachsen erhielten Schrägarme und bestanden aus Kruppschem Tiegelgußstahl.

Die Hauptrahmen hatten eine Blechstärke von nur 23 mm, doch war zur Unterstützung des breiten Stehkessels außerhalb der Treibräder noch ein weiterer 13 mm starker Außenrahmen angeordnet, der von hinten bis zum Drehgestell durchlief. Das Innentriebwerk war durch eine Einsteigöffnung im linken Umlaufblech zugänglich.

Die Lokomotivlast wurde vorn durch 2 seitliche halbkugelförmige Druckpfannen mit Rotgußlagern auf das Drehgestell übertragen, das durch einen zylindrischen Zapfen in einem kugelförmigen Gleitstück geführt wurde. Das Drehgestell war um 25 mm nach jeder Seite

Abb. 139. 2 B 1 n 4 v Schnellzuglokomotive der Pfälzischen Eisenbahn; Umbau der Lokomotive Abb. 138.

Rostfläche	2,7 m²	Zylinderdurchm.	2 × 360/570 mm
Verdampfungsheizfl.	168,6 m²	Kolbenhub	570 u. 630 mm
Kesseldruck	13 atü	Dienstgewicht d. Lok.	59,6 t
Treibraddurchmesser	1980 mm	Reibungsgewicht	30,0 t

verschiebbar und besaß eine Rückstellvorrichtung mit Blattfedern. Vom Drehgestellrahmen wurde die Last durch je zwei parallel nebeneinander gelegte Querfedern unter den Achslagern auf die Achsen übertragen, das Drehgestell lag also auf einer Längsschneide. An einer der letzten Lokomotiven dieser Gattung wurde im Jahre 1904 zum erstenmal bei der Pfälzischen Eisenbahn am führenden Drehgestell die Druckluftbremse eingebaut. Dieselbe Lokomotive erhielt übrigens auch einen Pielock-Überhitzer von 20,3 m² Heizfläche, der auch nur sehr mäßig überhitzten Dampf für die Dampfstrahlpumpen, die Luftpumpen, die Dampfheizung und die Rauchverbrennungseinrichtung der Bauart Staby lieferte. Der Überhitzer wurde schon nach wenigen Jahren wieder ausgebaut.

Die hintere Laufachse war, wie bei den 2 B 1 Lokomotiven der Kaiser-Ferdinands-Nordbahn in Österreich von 1895 (s. S. 297), eine freie Lenkachse mit einem Seitenspiel von ± 15 mm.

Einen klaren Beweis für die vorzügliche Führung und Schmiegsamkeit der Lokomotive in Bögen brachte ein Unfall im Januar 1899, bei dem die Lokomotive mit einem D-Zug mit einer Geschwindigkeit von 90 km/h in eine Weiche von 200 m Halbmesser einfuhr. Dabei blieb die Lokomotive im Gleise, während sämtliche D-Zugwagen umkippten.

Im Jahre 1913/14 wurden sämtliche 12 Lokomotiven nach Vorschlägen von Staby in Vierzylinderverbundlokomotiven umgebaut (Abb. 139), da ihre Leistung in der alten Form nicht mehr genügte. Die Innenzylinder wurden jetzt Hochdruckzylinder, behielten aber wohl wegen der vorhandenen Kurbeln den früheren Hub; sie erhielten jetzt Kolbenschieber mit äußerer Einströmung. Die Niederdruckzylinder wurden nach außen gelegt und erhielten gleichfalls Kolbenschieber; bei ihnen betrug der Kolbenhub jedoch 630 mm, da die Kurbelkreise, die früheren Kurbelzapfen, bereits diesen Hub besaßen. Der Außenrahmen mußte des Triebwerks wegen nach außen durchgekröpft werden; das Drehgestell wurde nach vorn verschoben, um es nicht zu überlasten und den Treibachsen ein größeres Reibungsgewicht zu geben.

Die Lokomotiven wurden im Jahre 1925/26 nach dem Übergang der Deutschen Ländereisenbahnen auf die Deutsche Reichsbahn ausgemustert. Die Bauart fiel später so sehr aus dem Rahmen der gebräuchlichen Lokomotivtypen heraus, daß die hohen Kosten für die betriebliche und werkstattechnische Unterhaltung bei einer in so geringer Stückzahl vorhandenen Lokomotivbauart nicht mehr vertretbar waren.

Wie anderswo zeigte sich auch an den 2 B 1 Lokomotiven der Pfalzbahn bald, daß das Reibungsgewicht zweier Treibachsen für die Beförderung der schwerer werdenden Schnellzüge nicht ausreichte. Ganz besondere Schwierigkeiten bereitete das Anfahren in den Bahnhöfen; wenn nicht Schiebelokomotiven vorhanden waren, welche den ausfahrenden Zug aus

Abb. 140. 2 a B 1 n 2 v Schnellzuglokomotive der Pfälzischen Eisenbahn; Erbauer Krauß 1900.

Rostfläche . . . . . 2,91 m²	Zylinderdurchm.:	Kolben- { Hauptmasch. 660 mm
Verdampfungsheizfl. 191,0 m²	Hauptmasch. . . 440/650 mm	hub { Hilfsmasch. 400 mm
Kesseldruck . . . . 14 atü	Hilfsmasch. . . . 2×260 mm	Dienstgewicht d. Lok. . . 60,0 t
Treibraddurchm. 1870 u. 1000 mm		Reibungsgewicht . . . . 28,2 t

den Bahnhofshallen drückten, gelang es den Zuglokomotiven nur selten, die Schnellzüge ohne mehrmaliges Zurücksetzen und ohne Verspätung in Gang zu bringen. Die Lokomotiven schleuderten häufig, so daß eine Abhilfe dringend notwendig war.

Angesichts dieser Sachlage wiederholte ·die Firma Krauß im Jahre 1900 den Versuch mit einer abhebbaren Vorspannachse, der einige Jahre zuvor schon an einer einfach gekuppelten Schnellzuglokomotive der Bayerischen Staatsbahn gemacht worden war (s. S. 125, Gattung A A 1). Sie zeigte auf der Pariser Weltausstellung im Jahre 1900 eine 2 a B 1 n 2 v Lokomotive (Abb. 140) mit Innenzylindern. Die Vorspannachse war im Hauptrahmen fest, lag aber zwischen den beiden Drehgestellachsen. Dadurch erhielt das Drehgestell einen großen Achsstand (2380 mm). Die Hilfsmaschine hatte eine Joy-Steuerung, die Hauptmaschine die Heusinger-Steuerung ohne Hubscheibe oder Gegenkurbel; die Bewegung der Schwinge wurde wie bei einer Joysteuerung abgeleitet. Die Steuerspindel lag dabei in einem senkrechten Bock vorn neben dem Kessel über der letzten Achse des Drehgestells und wurde vom Steuerrad auf dem Führerstand durch eine lange Welle und Kegelräder angetrieben. Der Regler der Hauptmaschine hatte einen Flachschieber mit einem kleinen Hilfsventil, der Regler der Zusatzmaschine war mit der Vorrichtung zum Andrücken der Vorspannachse an die Schienen derart verriegelt, daß er nur bei angedrückter Achse geöffnet werden konnte.

Eine besondere Neuheit war der Ausgleich der hin- und hergehenden Massen nach Yarrow durch hin- und hergehende Gewichte, die seitlich neben dem Aschkasten lagen. Diese sogenannten Bobgewichte wurden von der ersten Kuppelachse aus durch Stangen, vom Kuppelzapfen der hinteren Kuppelachse aus durch kleine Gegenkurbeln angetrieben. Man erkannte damals noch nicht, daß solche Gewichte zwar das Zucken beseitigten, dafür aber störende Kräfte zweiter und höherer Ordnung zusätzlich erzeugten (s. Eisb. Techn. d. G. 1912 Bd.). Ein Helmholtzscher Sandstreuer sandete die Vorspannachse und die erste Kuppelachse.

Nach Schluß der Ausstellung wurde die Lokomotive von der Pfälzischen Eisenbahn angekauft. Sie entwickelte vorzüglich Dampf und lief auch außerordentlich ruhig. Der Betrieb konnte sich aber mit den Hilfseinrichtungen nicht recht befreunden, da der Selbstausgleich hohe Unterhaltungskosten verursachte. Die Lokomotive wurde daher im Jahre 1902 umgebaut, Hilfsmaschine und Bobgewichte wurden entfernt und die Kuppelradsätze durch neue mit größeren Gegengewichten zum Ausgleich der hin- und hergehenden Massen ersetzt. Die hintere Bisselachse wurde beibehalten. In diesem Zustande hat die Lokomotive dann noch als einzige deutsche zweizylindrige 2 B 1 Verbundlokomotive bis zum Jahre 1925 Dienst getan.

Die schlechten Erfahrungen mit der Anfahrzugkraft der oben beschriebenen Zweizylinder-Verbund-Naßdampflokomotive veranlaßten die Pfälzische Eisenbahn bereits im Jahre 1905 6 Stück neue 2 B 1 h 4 v Lokomotiven bei Maffei in München zu bestellen (Abb. 141). Die Badische Staatsbahn besaß bereits seit mehreren Jahren ähnliche Lokomotiven gleicher Größe, die Pfalzbahn aber ging bei ihren neuen Lokomotiven noch einen Schritt weiter: sie machte sich die Vorteile des inzwischen auch auf anderen Bahnen eingeführten Heißdampfverfahrens zunutze. Leider tat sie aber in der Wahl des Überhitzers Bauart Pielock keinen guten Griff; dieser Überhitzer war vorher bereits versuchsweise bei anderen Bahnen

Abb. 141. 2 B 1 h 4 v Schnellzuglokomotive der Pfälzischen Eisenbahn; Erbauer Maffei 1905—1906.

Rostfläche	3,8 m²	Zylinderdurchm.	2 × 360/590 mm
Verdampfungsheizfl.	187,0 m²	Kolbenhub	640 mm
Überhitzerheizfläche	36,0 m²	Dienstgewicht d. Lok.	75,7 t
Kesseldruck	15 atü	Reibungsgewicht	32,0 t
Treibraddurchmesser	1870 mm		

verwendet worden und hatte sich schlecht bewährt. Im Jahre 1905 mußte er schon als überholt gelten, da der Schmidtsche Rauchröhrenüberhitzer bereits entwickelt war und an einer Reihe von Heißdampflokomotiven befriedigend arbeitete. Noch verwunderlicher ist es aber, daß bei der zweiten Lieferung der pfälzischen 2 B 1 h 4 v Lokomotive im Jahre 1906 der Pielock-Überhitzer noch etwas verlängert wurde, um 300⁰ Heißdampftemperatur zu erreichen. Wie bei den ersten pfälzischen Lokomotiven mit dem Pielock-Überhitzer (s. S. 164) wurden sämtliche Hilfseinrichtungen mit Heißdampf betrieben. Da aber die Überhitzer sehr stark unter Anrostungen litten, denen bei der Unzugänglichkeit des Überhitzerraumes nicht begegnet werden konnte, wurden sie schon sehr bald wieder ausgebaut; die Lokomotiven wurden dann weiter mit Naßdampf betrieben.

Wie bei den badischen 2 B 1 Lokomotiven waren die 4 Zylinder in 3 Gußstücken untergebracht (rechter und linker Außenzylinder, beide Innenzylinder). Die Zylinderabmessungen aber waren etwas größer, die Treibräder etwas kleiner als bei jenen. Das lag einmal daran, daß die Lokomotive mit allerdings nur schwach überhitztem Dampf betrieben wurde, dann aber auch an dem hügeligen Charakter der pfälzischen Strecken.

Ein Fortschritt gegenüber den badischen 2 B 1 Lokomotiven war der Barrenrahmen, den Maffei bekanntlich schon an den bayerischen 2 B 1 n 4 v Lokomotiven (S ²/₅, Abb. 97) verwendet hatte.

Die Leistung der neuen pfälzischen 2 B 1 Lokomotiven war ungefähr doppelt so groß wie die der ersten 2 B 1 Lokomotiven von 1897 (Abb. 138); sie beförderten Schnellzüge von 400 t Gewicht in der Ebene mit 100 km/h.

Als die Pfälzische Eisenbahn am 1. Januar 1909 auf die Bayerische Staatsbahn überging, waren auch die eben beschriebenen 2 B 1 Lokomotiven an zahlreichen Stellen an der Grenze ihrer Leistungsfähigkeit angelangt. Wie in anderen Ländern konnten die schwerer gewordenen Schnellzüge häufig nicht mehr pünktlich befördert werden; die Schwierigkeiten beim Anfahren mit zwei gekuppelten Achsen waren im hügeligen Gelände der Pfälzischen Bahn unerträglich. Die Bayerische Staatsbahn stellte daher vom Jahre 1911 an der Pfalzbahn für bestimmte Strecken, auf denen schwere Schnellzüge verkehrten, einige ihrer 2 C 1 h 4 v Schnellzuglokomotiven (Gattung S ³/₆) zur Verfügung; ebenso wurden einige S ²/₅ Lokomotiven und die S ²/₆ Schnellfahrlokomotive den pfälzischen Strecken zur Dienstleistung überwiesen. Mit allen diesen Gattungen wurde der Schnellzugdienst bis zum Übergange der Pfalzbahn auf die Deutsche Reichsbahn bewältigt.

DIE GÜTERZUGLOKOMOTIVEN.

Der Güterverkehr auf der Pfälzischen Eisenbahn war bis zum Jahre 1880 hauptsächlich mit den B, 1 B und C Lokomotiven (s. Bd. I, S. 96, Abb. 99, S. 71, Abb. 70 und S. 260, Abb. 355) abgewickelt worden.

Im Jahre 1884 beginnend wurden noch einmal 22 Stück C Lokomotiven mit außenliegender Allansteuerung beschafft, die in ihren Hauptabmessungen den C Güterzuglokomotiven der Preußischen Staatsbahn glichen. Vom Jahre 1892 an wurde dann der Bau von C Güterzuglokomotiven für die Pfälzische Bahn eingestellt, da durch den Aufschwung der Wirtschaft im Anfang der 90er Jahre die Güterzüge so schwer geworden waren, daß eine kräftigere Güterzuglokomotive entwickelt werden mußte. Nur einmal noch ist in späteren Jahren (1919) eine C n 2 v Güterzuglokomotive durch Zufall an die Pfälzische Eisenbahn gekommen, die dadurch bemerkenswert ist, daß sie mit ihrem Achsdruck von 17 t die schwer-

Abb. 142. C n 2 v Güterzuglokomotive der Pfälzischen Eisenbahn, Gattung G ³/₃; Erbauer Maffei 1919.

Rostfläche	2,2 m²	Zylinderdurchm.	490/730 mm
Verdampfungsheizfl.	118,7 m²	Kolbenhub	635 mm
Kesseldruck	15 atü	Dienstgewicht d. Lok.	50,6 t
Treibraddurchmesser	1300 mm	Reibungsgewicht	50,6 t

ste C Lokomotive war, die bis zum Jahre 1920 auf deutschen Bahnen arbeitete. Sie war auch die einzige deutsche C Lokomotive, die eine über dem Rahmen liegende Feuerbüchse besaß (Abb. 142).

Es handelte sich um 4 ursprünglich für Marokko bestimmte Lokomotiven, welche die Bayerische Staatsbahn 1919 von der Firma Maffei erwarb und dem pfälzischen Netz überwies. Zwei von ihnen besaßen der Notzeit des Krieges entsprechend stählerne Feuerbüchsen; der Dampfdruck betrug bereits 15 atü. Da sich die Lokomotiven wegen ihrer ungewöhnlichen Bauart schlecht zusammen mit anderen Lokomotiven verwenden ließen, wurden sie schon 1924 wieder ausgemustert.

Die sprungartige Wirtschaftsbelebung im Anfang der 90er Jahre brachte die Pfälzische Bahn mit dem Güterzugverkehr in eine gewisse Bedrängnis. Auf den krümmungsreichen und auch steilen Strecken der Pfalz war es bald an der Tagesordnung, daß schwere Güterzüge mit 2 oder 3 Stück C Lokomotiven bespannt werden mußten. Solch ein Zustand war auf die Dauer unhaltbar; um dem dringenden Bedürfnis nach schwereren Lokomotiven abzuhelfen entschloß sich die Verwaltung, auf dem Lokomotivmarkt im Auslande nach fertigen vierfach gekuppelten Lokomotiven Ausschau zu halten. Sie erwarb von der englischen Lokomotivfabrik Sharp Stewart u. Co. in Manchester 6 Stück D n 2 Güterzuglokomotiven. Das geschah übrigens gleichzeitig mit der Badischen Staatsbahn, die von derselben Gattung 3 Stück kaufte. Die Lokomotiven waren in den Jahren 1886/88 für eine norwegische Bahn gebaut worden, die in Konkurs geriet, bevor die Lokomotiven abgeliefert waren. Sie waren ganz nach englischen Grundsätzen gebaut und waren gleichzeitig auch die letzten Lokomotiven, die von England nach Deutschland eingeführt wurden.

Diese englischen Lokomotiven waren 2 t schwerer als die von Egestorff in Hannover gebauten badischen D Lokomotiven Nr. 344—355 von 1875 (Bd. I, S. 295, Abb. 416), ihre Heizfläche war aber bei fast gleicher Rostfläche (2,1 m² gegenüber 2,0 m² der badischen Lok.) rund 60 m² kleiner als deren Heizfläche (119 gegen 182 m²). Trotzdem waren sie leistungsfähiger als jene, denn einmal war bei den badischen Lokomotiven das Verhältnis R : H übermäßig groß (1 : 91), so daß die 5000 mm langen und für diese Länge zu engen Rohre (gegenüber 3900 mm bei den englischen Lokomotiven) im vorderen Teil nur noch wenig Wärme an das Kesselwasser abgaben, dann aber hatten die englischen Lokomotiven eine tiefere Feuerbüchse, deren Heizfläche 2,5 m² größer war als die der badischen Lokomotiven (10,7 gegen 8,2 m²). Da die englischen Lokomotiven sich im Betriebe bewährten, kaufte die Badische Staatsbahn 1893 noch weitere 7 Stück aus dem Vorrat der Fabrik nach, von denen 4 Stück später den um 10 m² Heizfläche größeren, sehr ähnlichen Kessel der 2 C n 4 v Lokomotive (Gattung IV e, Abb. 149) erhielten. Die Lokomotiven haben zum Teil noch bis zum Ende der 20er Jahre dieses Jahrhunderts Dienst geleistet, ohne daß nennenswerte Schäden auftraten.

Der Bedarf der Pfälzischen Eisenbahn an vierfach gekuppelten Güterzuglokomotiven war jedoch mit den aus England bezogenen Maschinen noch nicht gedeckt. Wenn auch die ersten dringenden Ansprüche des Betriebes für kurze Zeit befriedigt waren, so entschloß sich doch die Pfälzische Bahn schon im Jahre 1895, eine neue 1 D n 2 Lokomotive (Gattung G 4^{III}) und zu Vergleichszwecken eine B B n 4 v Mallet-Lokomotive (Gattung G 4^{II}) zu beschaffen. Die 1 D Lokomotive glich der im Jahre 1894 von der Bayerischen Staatsbahn beschafften Lokomotive der Gattung E I, die auf S. 137 beschrieben worden ist, bis auf ihren kleineren Kessel. Einige der E I Lokomotiven für die Pfalzbahn wurden übrigens versuchsweise mit Verbund-Doppelzylindern der Bauart Sondermann ausgerüstet, nach deren Versagen aber bald mit einfachen Zylindern versehen. Die B B Mallet-Lokomotive entsprach in allen Einzelheiten der im Jahre 1896 von Maffei für die Bayerische Staatsbahn gelieferten Maschine (vgl. S. 138). Sie war übrigens die erste Verbundlokomotive der Pfalzbahn.

Obwohl sich die 1 D Lokomotiven von 1896 recht gut bewährten, wurde im Anfang des neuen Jahrhunderts die D Lokomotive als Regelbauart weiter entwickelt. Der Kessel rückte mit seiner Mittellinie auf 2780 mm über SO hinauf, die Feuerbüchse wurde stark verbreitert, mit dem Stehkessel über dem Rahmen untergebracht und man machte sich die Vorteile des Verbundverfahrens zunutze. Die erste derartige D n 2 v Lokomotive wurde im Jahre 1905 von Krauß geliefert (Abb. 143); die Rostfläche war bei ihr auf 2,5 m² vergrößert (2090 × 1258 mm) und der Dampfdruck auf 14 atü erhöht. Im Kessel waren 17 Heizrohre mehr untergebracht als bei den preußischen D Lokomotiven der Reihe G 8, ohne daß der Dampfraum über der Feuerbüchse oder der Wassersteg zwischen den Rohren eingeengt worden wäre. Das hatte Krauß durch einen kurzen konischen Schuß zwischen Langkessel und Stehkessel vermieden, denn auf diese Weise konnte die Feuerbüchse bei gleicher Entfernung zwischen Decke und Stehkesselscheitel tiefer werden (1575 mm) und an der Rohrwand mehr Rohre aufnehmen.

Die gegen die Waagerechte 1 : 15 geneigten Zylinder waren dem leistungsfähigeren Kessel entsprechend etwas größer als die der preußischen Reihe. Die Lokomotive hatte als erste deutsche Naßdampfmaschine Kolbenschieber, und zwar die der damals in Bayern gebräuchlichen Bauart Carlquist; dieser Kolbenschieber hatte einen breiten federnden Ring, dessen Druck gegen die Wandungen der Schieberbüchsen durch Anschläge am Schieberkörper begrenzt

Abb. 143. D n 2 v Güterzuglokomotive der Pfälzischen Eisenbahn;
Erbauer Krauß 1905—1907.

Rostfläche . . . . . 2,5 m²	Treibraddurchmesser . 1250 mm	Dienstgewicht d. Lok. . . 56,7 t
Verdampfungsheizfl. . 156,1 m²	Zylinderdurchm. . . 540/810 mm	Reibungsgewicht . . . . 56,7 t
Kesseldruck . . . . . 14 atü	Kolbenhub . . . . . 660 mm	

war, so daß er sich nicht festklemmen konnte. Die zweite und vierte Achse hatten ein Spiel von je 25 mm nach jeder Seite, das bei gleichem Achsstande wohl wegen der Streckenverhältnisse auf den Pfälzischen Bahnen größer war als das an den preußischen Lokomotiven.

Die Tragfedern waren oberhalb der Achslager untergebracht, da unten nicht genügend Platz vorhanden war; bei der hohen Lage des Kessels waren sie auch hier gut zugänglich. Nur bei der letzten Achse konnten sie oben nicht angeordnet werden, sie wurden, wie man es schon an anderen bayerischen Lokomotiven getan hatte, hinter die letzte Achse verlegt.

Die Pfälzische Eisenbahn beschaffte von dieser Gattung von 1905—1907 insgesamt 24 Lokomotiven. Weitere Schlepptenderlokomotiven sind von der Pfälzischen Eisenbahn nicht selbständig entwickelt worden. Mit dem Übergang der Bahn in die Verwaltung der Bayerischen Staatsbahn am 1. 1. 1909 konnte der Bedarf der Pfalzbahn aus dem Bestande der Staatsbahn gedeckt werden.

DIE TENDERLOKOMOTIVEN.

An Tenderlokomotiven war in der Pfalz im Jahre 1880 eine Reihe von Maschinen im Betriebe, die sämtlich die Achsanordnung B besaßen. Sie waren für die eigenartigen Bedürfnisse der Pfälzischen Eisenbahn zugeschnitten, unter denen die Betriebsverhältnisse der verschiedenen Schiffsbrücken über den Rhein bemerkenswert sind. Einige von ihnen waren für den Verkehr auf diesen Brücken besonders leicht gebaut und hatten einen sehr tief liegenden Schwerpunkt (vgl. Bd. I, S. 78, Abb. 79, Gattung T 1). Andere waren nach den bekannten Baugrundsätzen von Krauß entstanden, der zahlreichen Lokomotiven der 60er Jahre ihr Gepräge gab, wie Wasserkastenrahmen, I-förmige Treib- und Kuppelstangen usw. (Gattung T 2¹, vgl. Bd. I, S. 81, Abb. 84).

Diesen leichten Tenderlokomotiven folgten von 1888—1903, also 15 Jahre lang, 27 Stück C Tenderlokomotiven der Gattung T 3, die der bayerischen Gattung D V (s. S. 146) nachgebaut waren; sie wurden hauptsächlich im Nebenbahn- und Verschiebedienst verwendet. Im Jahre 1895 lieferte Krauß einige C 1 n 2 Tenderlokomotiven (Gattung T 4¹), die ebenfalls wieder nach dem Vorbild der Gattung D VIII der Bayerischen Staatsbahn entwickelt waren (vgl. S. 148). Im Jahre 1900 folgte dann eine weitere C 1 n 2 Lokomotive von Krauß (T 4ᴵᴵ), die der Staatsbahngattung D XI (s. S. 148) entsprach.

Für den Personenverkehr auf den bayerischen Strecken der Pfalz bezog die Pfalzbahn von 1900—1903 nach dem Vorbilde der auf S. 153 beschriebenen bayerischen Staatsbahnlokomotive (Gattung D XII) 31 Stück 1 B 2 n 2 Tenderlokomotiven von Krauß (Gattung P 2ᴵᴵ). Die Streckenverhältnisse auf der Pfalzbahn ließen diese Achsanordnung besonders günstig erscheinen. Im Laufe der Jahre genügte aber die Zugkraft, die mit zwei gekuppelten Achsen erzielt werden konnte, nicht mehr den Ansprüchen des Verkehrs. Im Jahre 1907 sah man sich daher genötigt, eine neue Tenderlokomotive mit drei gekuppelten Achsen zu beschaffen. Da sich die Achsanordnung an der 1 B 2 Tenderlokomotive (Abb. 124) bewährt hatte, ordnete man die Achsen bei der neuen Lokomotive ganz ähnlich an (Abb. 144). Nun wäre aber so der Gesamtachsstand dieser 1 C 2 n 2 Lokomotive durch die dritte gekuppelte Achse reichlich groß geworden, darum rückte man die führende Laufachse nahe an die erste Kuppelachse heran. Das erzwang wiederum eine höhere Lage der Zylinder; sie erhielten so eine Neigung gegen die Waagerechte von etwa 1:7. Als Treibachse konnte daher nur die letzte gekuppelte Achse in Betracht kommen; dabei mußte die Kolbenstange etwas verlängert werden. Die Treibstange war rund 3 m lang. Bei der kurzen Entfernung der Laufachse von der ersten Kuppelachse mußte die Deichsel des Krauß-Helmholtz-Drehgestells mit der zweiten Kuppelachse verbunden werden. Bei den früheren Ausführungen dieses Gestelles war die Laufachse stets fest im Gestell gelagert; dabei bestand der Nachteil, daß die Spurkränze der Laufachse einseitig scharf liefen. Der Grund war, daß beim Lauf in der Geraden der Unterschied der Laufkreisdurchmesser nicht ausreichte, um eine Wendebewegung des Gestells zu erzwingen. Die Laufachse lief also solange einseitig an, bis eine äußere Kraft den Zustand änderte. Im vorliegenden Falle war im Anfang die Bauart die bisher übliche und die Folgen blieben nicht aus; daher gab v. Helmholtz, der die Ursache erkannte, der Laufachse im Drehgestell ein seitliches Spiel derart, daß die Deichsel kleinen Drehbewegungen nicht folgte. Das hintere Drehgestell erhielt mit Rücksicht auf einen möglichst kurzen Gesamtachsstand einen Achsstand von nur 1650 mm. Nach Durchführung dieser Maßnahmen betrug die Seitenverschiebbarkeit

Abb. 144. 1 C 2 n 2 Tenderlokomotive der Pfälzischen Eisenbahn, Gattung T 5; Erbauer Krauß 1908.

Rostfläche	2,34 m²	Zylinderdurchm.	2×500 mm
Verdampfungsheizfl.	139,3 m²	Kolbenhub	560 mm
Kesseldruck	14 atü	Dienstgewicht d. Lok.	92,0 t
Treibraddurchmesser	1500 mm	Reibungsgewicht	48,0 t

an der vorderen Achse: 40 mm,
an der ersten Kuppelachse: 25 mm und
am Drehgestellzapfen: 30 mm nach jeder Seite.

Die Lokomotivlast war auf eigenartige Weise abgestützt. Sämtliche Laufachsen hatten Tragfedern über den Achslagern, die Tragfedern der Kuppelachsen dagegen waren nach Abb. 145 angeordnet. Sie hatten mit den Ausgleichhebeln den Platz getauscht.

Der lichte Abstand der Rahmenbleche betrug nur 1040 mm. Dabei waren aber die Achslagerführungen außen aufgeschraubt, so daß die Tragfedern zwischen Rahmen und Rädern

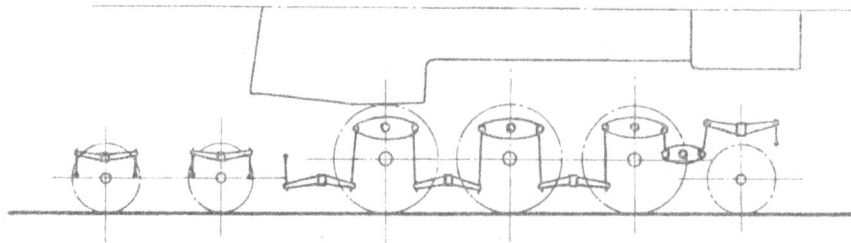

Abb. 145. Federanordnung der 1 C 2 n 2 Tenderlokomotive der Pfälzischen Eisenbahn.

170

untergebracht werden konnten und der Innenraum zwischen den Rahmenblechen ganz für die Unterbringung des Wasservorrates zur Verfügung stand. Der Wasservorrat, der zwischen den Rahmen, neben dem Langkessel und hinter dem Führerhaus untergebracht war, betrug 16 m³; an Kohlen konnten 5,2 t geladen werden. Man hatte auf diese sehr großen und bei keiner anderen Lokomotive des Vereinsgebietes in den Jahren bis 1920 erreichten Vorräte besonderen Wert gelegt, da die Lokomotiven längere Strecken ohne Ergänzung der Vorräte durchfahren sollten.

Vom Jahre 1911 an wurde die Lokomotive als Heißdampfmaschine gebaut; bis 1923 waren es 29 Stück. Die Abmessungen blieben durchweg dieselben wie an den Naßdampflokomotiven; geändert wurde lediglich der Zylinderdurchmesser von 500 auf 530 mm. Da die Lokomotive durch den Überhitzer schwerer geworden war, mußten die Vorräte zur Wahrung der Achsdrücke verkleinert werden, und zwar auf 14 m³ Wasser und 4,5 t Kohle. Dabei entfiel der vordere Ansatz der seitlichen Wasserkästen über der ersten Kuppelachse. In dieser Bauform war die Lokomotive im Jahre 1911 auf der Weltausstellung in Turin ausgestellt; im Jahre 1925 wurden dann auch die 12 anfangs beschafften Naßdampflokomotiven in Heißdampfmaschinen umgebaut.

Wenn auch die Lokomotive bei äußerlicher Betrachtung einen etwas gedrungenen Eindruck machte, den die schrägen Zylinder und die nahe vor der ersten Kuppelachse liegende Laufachse noch verstärkten, so hat sie sich sowohl in der Pfalz als auch später im rechtsrheinischen Bayern als Pt $^3/_6$ Lokomotive gut bewährt. Sie diente in ausgedehntem Maße dem Schnellzugverkehr, besonders auf den Strecken Ludwigshafen—Neustadt und Neustadt—Weißenburg, während des Weltkrieges aber auch auf den übrigen Strecken der Pfalzbahn. Auch im rechtsrheinischen Bayern verwendete man sie im Personen- und Schnellzugverkehr hauptsächlich auf der Strecke München—Garmisch-Partenkirchen. Sie beförderte 305 t schwere Züge auf Steigungen von 5⁰/₀₀ mit einer Geschwindigkeit von 60 km/h.

Vierfach gekuppelte Tenderlokomotiven eigener Bauart sind bei der Pfalzbahn nicht entwickelt worden; der Verkehr konnte ohne Anstände mit den gebräuchlichen, dreifach gekuppelten Tenderlokomotiven und mit den vierfach gekuppelten Schlepptenderlokomotiven bewältigt werden. Nur auf der betrieblich besonders schwierigen Steilrampe zwischen Biebermühle und Pirmasens wurde im Jahre 1907 eine fünffach gekuppelte Tenderlokomotive notwendig, deren Verwendung auf diese Strecke beschränkt blieb (Abb. 146). Sie war eine Naßdampflokomotive, erhielt aber Kolbenschieber. Ihre besonderen Merkmale waren die niedrigen

Abb. 146. E n 2 Tenderlokomotive der Pfälzischen Eisenbahn;
Erbauer Krauß 1907.

Rostfläche . . . . . 2,73 m²	Treibraddurchmesser . 1180 mm	Dienstgewicht d. Lok. . . 72,0 t
Verdampfungsheizfl. 169,0 m²	Zylinderdurchm. . . 2×560 mm	Reibungsgewicht . . . . 72,0 t
Kesseldruck . . . . . 13 atü	Kolbenhub . . . . . 560 mm	

Treibräder von nur 1180 mm Durchmesser und der durch die 5 Kuppelachsen bedingte große Achsstand von 5620 mm. Eine ausreichende Bogenläufigkeit war durch die seitliche Verschiebbarkeit der ersten, dritten und fünften Achse erreicht. Die vierte, fest im Rahmen gelagerte Achse war die Treibachse. Der Stehkessel stand auf dem Rahmen, die Wasserkästen lagen quer zwischen Kessel und Rahmen. Sie waren nur so breit, daß neben ihnen noch die Hängeeisen der Steuerung untergebracht werden konnten.

Diese Lokomotive war die letzte Tenderlokomotive, die von der Pfalzbahn selbständig entwickelt worden ist. Als am 1. Januar 1909 das pfälzische Eisenbahnnetz in den Besitz der Bayerischen Staatsbahn überging, hörte die Entwicklung eigener Lokomotivbauarten auf. Auch für den Güterzug- und Verschiebedienst wurden der Pfalzbahn bayerische Lokomotiven zur Dienstleistung überwiesen. Nach dem Übergang der Bayerischen Staatsbahn auf die Deutsche Reichsbahn waren auch verschiedene preußische Lokomotiven in der Pfalz tätig (z. B. die P 8 und die T 16).

IV. DIE ENTWICKLUNG DER DAMPFLOKOMOTIVE IN BADEN.

DIE SCHNELLZUG- UND PERSONENZUGLOKOMOTIVEN.

Die Badische Staatsbahn hatte als einzige deutsche Eisenbahnverwaltung seit dem Jahre 1860 meist 2 B Lokomotiven für den Personen- und Schnellzugverkehr beschafft, deren Zylinder vor der ersten Drehgestellachse lagen, daneben aber waren seit der Mitte der 50er Jahre mehrere Bauarten von 11 A und 2 A Crampton-Schnellzuglokomotiven entstanden, welche die damals noch leichten Schnellzüge in der Oberrheinischen Tiefebene beförderten. Den leichten Personenzugdienst bedienten 1 A 1 Lokomotiven, die zum Teil noch aus der ersten Zeit des badischen Eisenbahnwesens stammten.

Die Lokomotiven waren seit dem Ende der 60er Jahre in verschiedenen Reihen zusammengefaßt, die mit römischen Ziffern bezeichnet wurden und sich im Laufe der Jahre immer mehr erweiterten. Eine alte Gattungsbezeichnung, ebenfalls mit römischen Zahlen, die noch aus den ersten Anfängen des badischen Eisenbahnwesens stammte, hatte aufgegeben werden müssen, da sie ihren Zweck nicht mehr erfüllte.

In den neuen Gattungsreihen waren die Lokomotiven folgendermaßen zusammengefaßt:

Gattung   I: Tenderlokomotiven verschiedener Bauart,
  ,,   II: Schnellzuglokomotiven,
  ,,   III: Personenzuglokomotiven,
  ,,   IV: Personenzugtender- und Schnellzuglokomotiven,
  ,,   V: Personenzug- und Personenzugtenderlokomotiven,
  ,,   VI: Güterzug- und Güterzugtenderlokomotiven,
  ,,   VII: Dreifach gekuppelte C Güterzuglokomotiven,
  ,, VIII: Vierfach gekuppelte D u. B — B und andere Güterzuglokomotiven,
  ,,   IX: Zahnradlokomotiven,
  ,,   X: Güterzugtenderlokomotiven.

Unterbauarten wurden außerdem noch durch kleine Buchstaben gekennzeichnet (z. B. IVf, IVh). Diese Gattungsbezeichnung wurde bis zum Übergang der Badischen Staatsbahn auf die Deutsche Reichsbahn beibehalten.

Die 2 B Lokomotiven der 60er Jahre waren nach dem Vorbilde schweizerischer, von Maffei in München gelieferten Lokomotiven von der Maschinenbaugesellschaft Karlsruhe gebaut; sie trugen das Gattungszeichen II a und sind im Band I, S. 230, Abb. 298, beschrieben. Auffällig war an diesen Lokomotiven der sehr kurze Achsstand des Drehgestells, der die Lage der Zylinder vor dessen erster Achse zur Folge hatte. Bei einer späteren Verstärkung, bei der auch der Kessel und die Feuerbüchse vergrößert worden waren, änderte sich der kurze Achsstand des Drehgestells noch nicht. Bei dem nur etwas längeren Kessel war aber der vordere Überhang so groß geworden, daß die 2 B Lokomotive als eigentliche Schnellzuglokomotive verdorben war. Das Drehgestell wurde eben damals kaum anders gewertet als eine fast im Rahmen gelagerte führende Laufachse. Man ordnete zwei Achsen an und verband sie in einem Drehgestell, wenn der Achsdruck einer einzelnen Laufachse die zulässige Größe überschritten hätte. Wie sehr Drehgestelle dazu beitragen, die Laufsicherheit zu erhöhen, hat man erst viel später erkannt.

Andererseits wird auch der kleine Durchmesser der damaligen Drehscheiben den kurzen Drehgestellachsstand entscheidend beeinflußt haben.

Im Jahre 1880 wurde die 2 B Schnellzuglokomotive der Gattung IIa beträchtlich verstärkt; dabei wurde der Achsstand des Drehgestells von 1032 auf 1440 mm vergrößert. Die Zylinder lagen nunmehr neben der ersten Drehgestellachse. Die alte Drehgestellbauart von 1861 war damit endgültig aufgegeben; die Lokomotivlast wurde auf das neue Drehgestell durch seitliche Wickelfedern und einen Halbkugelzapfen übertragen, dessen Wölbung nach oben gerichtet war. Der Drehgestellrahmen stützte sich auf je eine Tragfeder über jedem Achslager. Eine Seitenverschiebbarkeit war noch nicht vorhanden.

Gegenüber der Lokomotive von 1861 (Bd. I, S. 233, Abb. 301) war diese Maschine noch kein nennenswerter Fortschritt. Der vordere Überhang war wohl größtenteils beseitigt, das gedrungene Aussehen der Lokomotive läßt aber immer noch erkennen, daß man den Mut zu größeren Achsständen nicht aufgebracht hatte.

Als im Jahre 1889 nun 10 weitere Schnellzuglokomotiven nachgebaut werden sollten, gab man wenigstens dem Drehgestell einen Achsstand von 2000 mm. Die etwas größeren Zylinder verlegte man um 280 mm nach vorn, so daß sie trotz des größeren Drehgestellachsstandes immer noch zur Hälfte neben der vorderen Drehgestellachse lagen. Auch dieses Drehgestell hatte noch eine Seitenverschiebbarkeit; die hintere Drehgestellachse blieb an ihrer alten Stelle nahe an der Treibachse. Am Kessel wurde wenig verändert, auch der für die damalige Zeit niedrige Dampfdruck von 10 atü wurde beibehalten. Diese 10 Lokomotiven erhielten das Gattungszeichen IIb. Beide Bauarten (Gattung IIa und IIb) besaßen noch einen außenliegenden Blechrahmen; ihn hier zu verwenden, lag besonders nahe, da er die Möglichkeit bot, die Zylinder neben die Drehgestellräder zu legen und damit den Überhang nahezu zu vermeiden. Bemerkenswert sind die damals in Baden gebräuchlichen genieteten Radfelgen. Im übrigen verraten die Lokomotiven noch gewisse französische Einflüsse, die u. a. an der eigenartigen Form des Schornsteins (Gattung IIa), an der Reglerbüchse mit der über dem Kesselscheitel liegenden Betätigungsstange und an den außen am Kessel herumgeführten Dampfrohren zu erkennen sind.

Die Lokomotiven versahen ausschließlich den Schnellzugdienst auf der langen Strecke Heidelberg—Basel. Solange die Züge noch nicht schwer waren, reichte die im Vergleich zu gleichaltrigen anderen deutschen 1 B Lokomotiven sehr geringe Leistung der 2 B Maschinen aus; als sie aber auf der Schwarzwaldstrecke Singen—Offenburg eingesetzt werden sollten, die Steigungen von 20⁰/₀₀ besitzt, wurde doch offenbar, daß sie größeren Ansprüchen nicht genügten. Man hatte daher für diese Strecke im Jahre 1876 eine 1 B Lokomotive mit verhältnismäßig großen Zylindern und kleinem Treibraddurchmesser beschafft (vgl. Bd. I, S. 189, Abb. 240); als man aber auch mit ihr keine guten Erfahrungen gemacht hatte, kehrte man im Jahre 1889 zur oben behandelten verstärkten 2 B Lokomotive zurück.

Schon seit den 50er Jahren stand die badische Staatsbahn mit der Pfalzbahn auf der linken Seite des Rheins in lebhaftem Wettbewerb im Schnellzugverkehr. Jede Bahn versuchte mit allen Mitteln, ihre Züge schneller als ihr Wettbewerber zu befördern. Der Kampf wurde zunächst auf beiden Seiten mit den Crampton-Lokomotiven ausgetragen; im Laufe der Zeit aber waren diese Lokomotiven für die immer größer werdenden Leistungen zu schwach geworden; in Baden traten die 2 B Lokomotiven an ihre Stelle. Bei ihrer bereits erwähnten geringen Leistungsfähigkeit waren aber auch sie bald am Ende ihrer Kräfte. Als nun zu Beginn der 90er Jahre dazu noch ein Verkehrsaufschwung einsetzte, brach die Badische Staatsbahn mit allen Überlieferungen und beschritt unter der Führung des Oberbaurats Esser (s. Organ, 1894, S. 41) in der Entwicklung neuer Lokomotiven eigene Wege, die sich von denen in Norddeutschland in mancher Hinsicht unterschieden.

Man schrieb einen Wettbewerb unter den Lokomotivfabriken aus, der die allgemeinen Gesichtspunkte und die betrieblichen Anforderungen an die gewünschten Lokomotiven vorschrieb. Vor allem wurde gefordert, daß die gewünschte Lokomotive bei einer Höchstgeschwindigkeit von 90 km/h in jeder Beziehung gute Eigenschaften zeigen sollte. Im übrigen aber war den Wettbewerbern die Wahl der Bauart freigelassen, insbesondere waren gekröpfte Achsen und Innenzylinder nicht ausgeschlossen.

Von den eingereichten Entwürfen wurde der Vorschlag der Maschinenbaugesellschaft Grafenstaden zur Ausführung angenommen. Er sah eine 2 B n 2 Lokomotive mit innenliegenden Zylindern und 2100 mm hohen Treibrädern vor (Abb. 147); diese wurde im Frühjahr 1892 angeliefert und erhielt das Gattungszeichen IIc.

Der Kessel hatte 2,05 m² Rostfläche und 102,6 m² Heizfläche, war also kleiner als bei den gleichaltrigen preußischen 2 B Lokomotiven. Auch das Dienstgewicht war geringer. Die Kropfachswellen bestanden aus nicht legiertem Tiegelflußstahl und hatten ein gerades Mittelstück. Die Lokomotivfabrik hatte einen Laufweg dieser Achswellen von mindestens 300 000 km gewährleistet. In Wirklichkeit wurden Laufwege bis zu 1 000 000 km erreicht. In späteren Jahren, ab 1902, verwendete man als Baustoff für die Kropfachswellen Tiegelstahl mit 5% Nickelgehalt, um die Anbrüche, die sich auch an den Kropfachsen der 2 C n 4 v Lokomotiven (s. S. 178) gezeigt hatten, möglichst zu vermeiden.

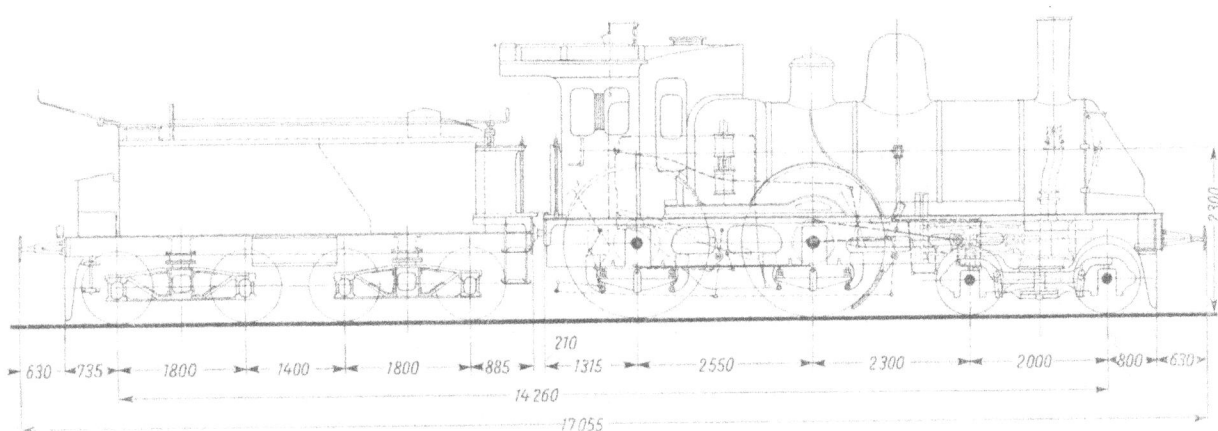

Abb. 147. 2 B n 2 Schnellzuglokomotive der Badischen Staatsbahn, Gattung II c; Erbauer M. G. Karlsruhe, Grafenstaden, Hartmann 1892—1900.

Rostfläche . . . . . 2,05 m²	Treibraddurchmesser . 2100 mm	Dienstgewicht d. Lok. . . 45,7 t
Verdampfungsheizfl. 102,6 m²	Zylinderdurchm. . . 2 × 460 mm	Reibungsgewicht . . . . 29,6 t
Kesseldruck . . . . 13 atü	Kolbenhub . . . . . 600 mm	

Der Achsstand des Drehgestells stieg nun auf 2000 mm; die Last wurde durch einen ebenen kreisrunden Mittelteller und durch Längs-Blatttragfedern in Schwanenhalsträgern übertragen. Bei keiner anderen badischen Lokomotivgattung ist diese Tellerform der Mittelstützung wieder angewendet worden, obwohl sich keine Anstände ergeben hatten. Wären die Drehgestelle zweifach abgefedert worden, wie das z. B. bei niederländischen Lokomotiven geschah, so wäre das Drehgestell technisch einwandfrei gewesen.

Da die Dampfzylinder innerhalb der Rahmen lagen, besaß die Lokomotive ausgezeichnete Laufeigenschaften noch bei 120 km/h; wohl zum ersten Male in Deutschland konnte daher die Höchstgeschwindigkeit der Lokomotive auf 110 km/h festgesetzt werden.

Die IIc Lokomotive beförderte Schnellzüge bis zu 30 Achsen und etwa 260 t Gewicht und bewährte sich so gut, daß der ersten Lieferung von 2 Stück sogleich eine Nachbestellung von 16 Stück folgte. Bis zum Jahre 1900 wurden von der Gattung insgesamt 35 Stück geliefert; die letzten Lokomotiven vom Jahre 1900 hatten einen Dampfdruck von 13 atü und eine Windschneide an der Rauchkammer und am Führerhaus. Das waren übrigens die ersten Windschneiden in Deutschland. Zu den Lokomotiven gehörten zuerst dreiachsige Tender mit 13,5 m³ Wasser; doch vom Jahre 1897 an wurden sie durch vierachsige, aus Belgien bezogene Tender, mit 15 m³ Wasserinhalt ersetzt. Diese besaßen Diamond-Drehgestelle, hatten aber noch Wasserkästen in Hufeisenform.

Um die Jahrhundertwende herum stiegen die Gewichte der Schnellzüge derart, daß die Grafenstadener 2 B n 2 Schnellzuglokomotiven vom Jahre 1892 (Gattung IIc) den Ansprüchen nicht mehr genügten. Um die schweren Züge auf der badischen Rheintalstrecke Mannheim—

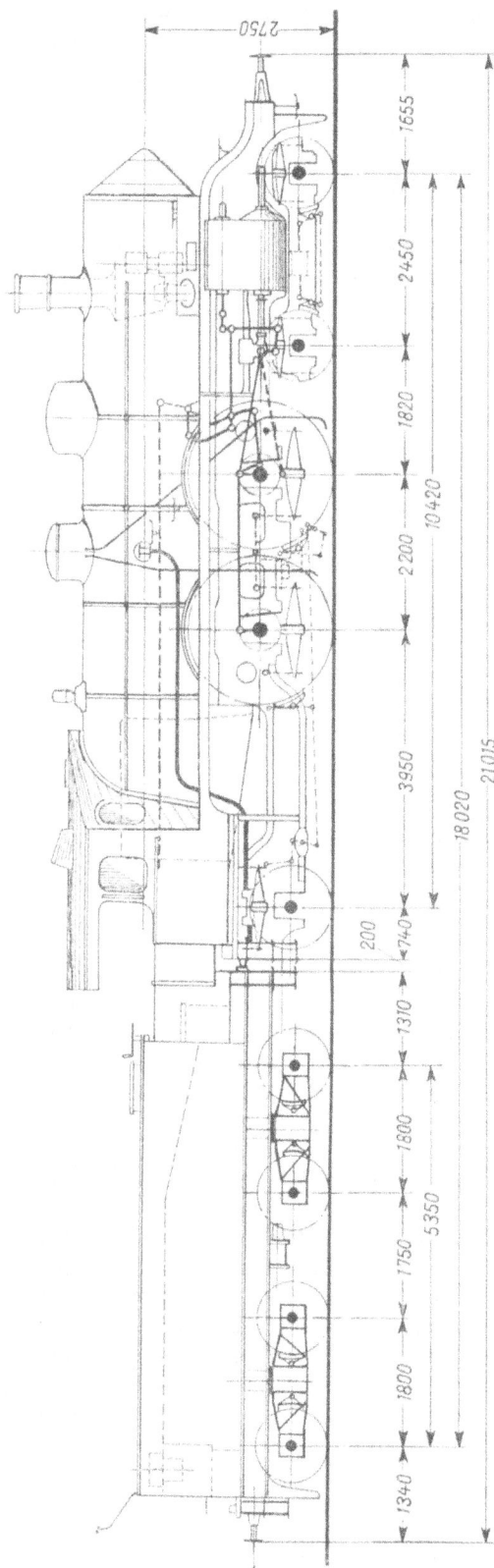

Abb. 148. 2 B 1 n 4 v Schnellzuglokomotive der Badischen Staatsbahn, Gattung II d; Erbauer Maffei, M. G. Karlsruhe 1902—1905.

| Rostfläche . . . . . | 3,87 m² | Kesseldruck . . . . . | 16 atü | Zylinderdurchm. | 2×335/570 mm | Dienstgewicht d. Lok. . | 75,7 t |
| Verdampfungsheizfl. | 210,0 m² | Treibraddurchmesser | 2100 mm | Kolbenhub . . . . . | 620 mm | Reibungsgewicht . . . . | 38,3 t |

Heidelberg—Basel mit Geschwindigkeiten von etwa 90 km/h zu befördern, waren in der Regel Vorspannlokomotiven notwendig. Hier wurde eine neue schwerere Schnellzuglokomotive dringend benötigt. Um sie zu erhalten, wurde wiederum wie im Anfang der 90er Jahre ein Wettbewerb unter den Lokomotivfabriken ausgeschrieben, an dem sich sieben Hersteller beteiligten.

Die neue Lokomotive sollte einen 200 t schweren Zug auf einer Steigung von $3,3^0/_{00}$ mit 100 km/h befördern. Ihre Höchstgeschwindigkeit sollte 120 km/h betragen, das Reibungsgewicht 30 t nicht überschreiten. Aus dem Wettbewerb ging die Firma J. A. Maffei in München als Sieger hervor. Die vorgeschlagene 2 B 1 n 4 v Lokomotive (Gattung II d, Abb. 148, Tafel 12) war damals die schwerste ihrer Art in Europa; sie wurde im Januar 1901 bestellt und im Juni 1902 in Betrieb genommen. Ihre äußere Form läßt bereits die Umwälzungen in der Formgebung erkennen, die sich in den folgenden Jahren unter dem Einfluß Hammels immer mehr bemerkbar machten.

Der verlangten hohen Leistung entsprechend steigerte man Rostfläche und Heizfläche auf die bisher noch nicht ausgeführte Größe von 3,87 m² und 210 m². Trotz der Rostabmessungen von 2050 mm Länge und 1890 mm Breite konnte die Stehkesselvorderwand noch senkrecht ausgebildet werden. Allerdings mußte ein sehr großer Abstand zwischen Schleppachse und hinterer Kuppelachse (3950 mm) in Kauf genommen werden, der für die guten Laufeigenschaften der Lokomotive doch recht nützlich war.

Da man befürchtete, daß die große Feuerbüchsrohrwand dem für damalige Verhältnisse hohen Dampfdruck von 16 atü nicht dauernd standhalten würde, brachte man vorsichtshalber 5 Ankerrohre zwischen den 274 Heizrohren unter; diese Maßnahme erwies sich aber hier wie überall als überflüssig. Bei den bisher anderwärts laufenden 2 B 1 Lokomotiven hatte man wegen

176

der großen Breite des Rostes fast immer 2 Feuerlöcher vorgesehen. Bei dieser neuen 2 B 1 Lokomotive begnügte man sich mit einem einzigen, dafür aber sehr breitem rechteckigen Feuerloch. Dabei bestand die Tür aus 3 Klappflügeln. Die mittlere Klappe öffnete sich stets beim Öffnen der linken oder rechten Klappe mit. Die Klappen schlugen ähnlich wie bei der späteren Marcotty-Tür nach innen auf.

Die vier Dampfzylinder lagen, wie es in Preußen bereits seit Jahren durch v. Borries eingeführt war, in einer Querebene, die Hochdruckzylinder wurden aber auf den Vorschlag Hammels nach innen, die Niederdruckzylinder nach außen verlegt. Das war sehr zweckmäßig, weil die Kurbelwangen der Kropfachse dabei verhältnismäßig kräftig werden konnten. Alle vier Zylinder trieben die vordere Kuppelachse an.

Bei der Anordnung der Zylinder lehnte sich Courtin, der damalige Fahrzeugdezernent der Badischen Staatsbahn, an das Vorbild v. Borries' an; abweichend von ihm aber teilte er die Gußstücke nicht in 2 Halbsättel, sondern vereinigte die beiden inneren Hochdruckzylinder zu einem Gußstück und befestigte die außenliegenden Niederdruckzylinder einzeln am Rahmen, um bei einer Beschädigung eines Außenzylinders den Ersatz zu verbilligen. Auch verringerte das den Abstand der Innenzylinder voneinander. Angefahren wurde mit besonderen Anfahrhähnen, die bei mehr als 65% Füllung Frischdampf in den Verbinder leiteten. Die Hochdruckzylinder besaßen von Anfang an bereits Kolbenschieber, die Niederdruckzylinder aber zunächst noch Flachschieber. Erst seit dem Jahre 1905 wurden auch sie mit Kolbenschiebern ausgerüstet. Die Steuerung der Hochdruckzylinder wurde durch Umkehrhebel von der Steuerung der Niederdruckzylinder abgeleitet.

Der Rahmen war noch ein vollständiger Blechrahmen, obwohl ein nach dem Vorbilde Preußens ausgeführter vereinigter Blech- und Barrenrahmen die Zugänglichkeit des Innentriebwerks ohne Zweifel sehr erleichtert hätte. Der hohen Geschwindigkeit der Lokomotive entsprechend hatten die Treibräder ebenso wie bereits die der früheren Badischen Schnellzuglokomotive der Gattung IIc einen Durchmesser von 2100 mm erhalten. Der Rahmen des Fahrgestells stützte sich zweiseitig auf das Drehgestell, das einen Innenrahmen und über jeder Achse eine Blattragfeder hatte. Der Achsstand des Drehgestells betrug 2450 mm; der Drehzapfen lag nicht in der Quermitte des Drehgestells, sondern war um 100 mm nach hinten verschoben. Das Drehgestell hatte 65 mm Spiel nach jeder Seite, die hintere Schleppachse, eine Adamsachse, hatte 25 mm.

Die Ergebnisse der Versuchsfahrten mit der IId-Lokomotive waren außerordentlich gut. Die bisherige fahrplanmäßige Fahrzeit von Mannheim nach Karlsruhe (60,6 km) von 47 Minuten wurde bei 300 t Last (6—7 D-Zugwagen) um 9—12$^1/_2$ Minuten unterschritten; dabei betrug die Reisegeschwindigkeit 102 km/h, und die Höchstgeschwindigkeit 120 km/h. Die Strecke Offenburg—Freiburg (62,5 km) wurde mit einem 138 t schweren Zuge trotz des Höhenunterschiedes von 110 m wiederholt in 33$^1/_2$ Minuten zurückgelegt; die Reisegeschwindigkeit betrug dabei 116 km/h. Mehrfach wurde im Beharrungszustand mit 130 km/h gefahren; die höchste erreichte Geschwindigkeit lag bei etwa 144 km/h. Sehr gelobt wurde der ruhige Lauf der Lokomotive, der wohl neben dem guten Massenausgleich der großen, vorher noch nicht erreichten geführten Länge von 10 240 mm zuzuschreiben war.

Bei den Versuchsfahrten leistete die IId-Lokomotive bis zu 1850 PS$_i$ und 1640 PS am Radumfang.

Auch im Betriebsstoffverbrauch waren die Lokomotiven sehr sparsam. Im Durchschnitt des Jahres 1903 und bei 12 Lokomotiven betrug der Kohlenverbrauch einer Lokomotive nur 13,7 kg/km. Bei dem hohen Gewicht und der großen Geschwindigkeit der Züge ist das für damalige Verhältnisse ein sehr günstiger Wert. Auf ein Achskilometer verbrauchten die 2 B 1 Lokomotiven nur 0,32 kg Kohle gegenüber 0,41 kg bei der 2 B n 2 Lokomotive Gattung IIc (Abb. 147).

Die Lokomotiven befuhren täglich die Strecke zwischen Mannheim oder Heidelberg und Basel und zurück mit Mannschaftswechsel in Offenburg. Sie legten also täglich 512 oder 502 km zurück. Die jährliche Laufleistung ergab im Jahre 1903 einen Durchschnitt von mehr als 108 000 km bei einer Höchstleistung von 140 300 km. Das waren beachtliche Zahlen. Die Erfahrungen mit diesen Lokomotiven wiesen daher die Richtung an für die weitere Entwicklung in Süddeutschland, ja auf dem ganzen Europäischen Festlande. Auf ihnen baute Hammel seine weiteren Schöpfungen auf, deren Ruf wenige Jahre später in alle Länder drang.

Der ersten Lieferung von 12 Stück von Maffei vom Jahre 1902 folgte im Jahre 1905 eine zweite von 6 Stück durch die Maschinenbaugesellschaft Karlsruhe.

Dem schnell wachsenden Verkehr waren auch diese Maschinen aber als zweifach gekuppelte Lokomotiven mit nur 30 t Reibungsgewicht auf die Dauer nicht gewachsen; ähnlich wie in Preußen den S 9 Lokomotiven bereitete auch ihnen das Anfahren große Schwierigkeiten. Als nach dem Weltkriege 10 Stück II d-Lokomotiven an die früheren Kriegsgegner abgeliefert werden mußten, wurde die Unterhaltung der übriggebliebenen 7 Lokomotiven zu kostspielig (eine Maschine war im Jahre 1903 durch einen schweren Unfall ausgeschieden). Dieser Rest wurde daher noch vor Übergang der Badischen Staatsbahn auf die Deutsche Reichsbahn ausgemustert.

Im Personenverkehr, besonders aber im leichten Schnellzugdienst auf der Schwarzwaldbahn waren seit 1891 1 B 1 Tenderlokomotiven (Gattung IV d, Abb. 160) im Dienst (s. S. 190), deren Aufgabe es war, leichte Schnellzüge nicht nur über die Schwarzwaldbahn, sondern auch über deren ebene Anschlußstrecken ohne Lokomotivwechsel zu befördern. Da diese Lokomotiven in ihren Laufeigenschaften als auch in der Leistung und Zugkraft den Ansprüchen schon sehr bald nicht mehr gewachsen waren, kamen unter Esser im Mai 1894 mehrere 2 C n 4 v Lokomotiven zur Beschaffung (Gattung IV e, Abb. 149), die von der Elsässischen Maschinenbau-Gesellschaft Grafenstaden entworfen und gebaut waren. Im Mai 1894 wurde die erste Maschine in Betrieb genommen. Sie war die erste 2 C n 4 v Lokomotive der Bauart de Glehn in Europa. Diese Lokomotiven lehnten sich — wie die gleichartigen preußischen 2 C Lokomotiven vom Jahre 1896 — eng an die 2 B (n 4 v) Lokomotiven an, welche die Französische Nordbahn im Jahre 1891 und die Preußische Staatsbahn im Jahre 1894 aus Grafenstaden bezogen hatten. Wie diese Lokomotiven besaßen sie eine lange, schmale Feuerbüchse mit glattem Crampton-Stehkessel, einen Dampfdruck von 13 atü, ein verstellbares Froschmaulblasrohr und das de Glehn-Triebwerk mit getrennten Steuerungen für die außenliegenden Hochdruckzylinder und die versetzt gegen sie über dem Drehgestell liegenden Niederdruckzylinder. Ferner hatten sie das lauftechnisch wenig gute Grafenstadener Drehgestell mit Außenrahmen, zweiseitiger Stützung des Rahmens, 4 Blattragfedern und 35 mm Spiel nach jeder Seite. Die Blattragfedern der gekuppelten Achsen waren nicht durch Ausgleichhebel verbunden; die Lokomotive war also auf 8 Punkten abgestützt. Daran hat sich auch bei allen später gelieferten Lokomotiven dieser Gattung nichts geändert. Die Abmessungen waren

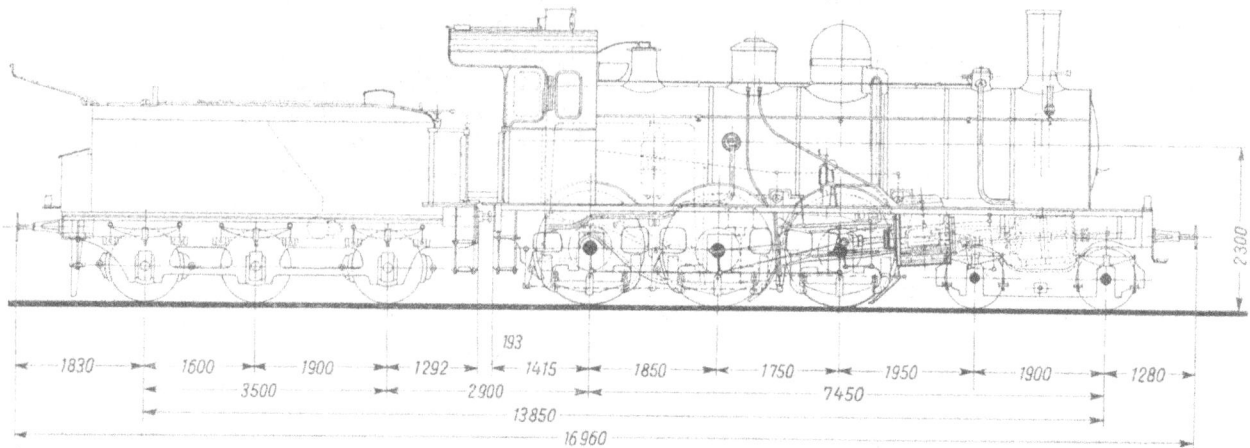

Abb. 149. 2 C n 4 v Personenzuglokomotive der Badischen Staatsbahn, Gattung IV e; Erbauer M. G. Grafenstaden und Karlsruhe 1894—1901.

Rostfläche . . . . . 2,1 m²	Treibraddurchmesser . 1600 mm	Dienstgewicht d. Lok. . . 58,8 t
Verdampfungsheizfl. 125,93 m²	Zylinderdurchm. 2×350/550 mm	Reibungsgewicht . . . . 41,7 t
Kesseldruck . . . . . 13 atü	Kolbenhub . . . . . 640 mm	

für heutige Begriffe bescheiden, der Kessel z. B. war nicht größer als der der gleichaltrigen preußischen 2 B n 2 v Schnellzuglokomotiven Gattung S 3. In Baden waren eben bis dahin verhältnismäßig kleine Kessel gebräuchlich. Der Treibraddurchmesser von nur 1600 mm machte die Lokomotive geeignet für den Schnellzugdienst auf den langen Steigungen der Schwarzwaldbahn (20‰).

Die Lokomotiven bewährten sich gut; sie leisteten auf Versuchsfahrten auf der 35,6 km langen Schwarzwaldstrecke mit durchschnittlich 17,6‰ Steigungen bei Geschwindigkeiten von etwa 30 km/h im Mittel 581—636 und höchstens 778—811 PS$_i$. Dabei betrug der Dampfverbrauch nur 8,72—9,26 kg/PS$_i$ und der Kohlenverbrauch nur 0,9—1,08 kg/PS$_i$; die Maschinen waren also für damalige Verhältnisse durchaus sparsam.

Als höchste Geschwindigkeit waren für sie 90 km/h zugelassen. Deswegen war man auch mit ihnen bei häufig haltenden Schnellzügen und bei Durchgangsgüterzügen mit 60 km/h Geschwindigkeit auf Flachlandstrecken sehr zufrieden, so daß bis zum Jahre 1901 jährlich größere Nachbestellungen folgten, ohne an den Lokomotiven Änderungen vorzunehmen. An diesen Lieferungen beteiligte sich nun auch die einheimische Maschinenbau-Gesellschaft Karlsruhe. Schließlich war der Bestand auf 83 Stück angewachsen; als aber 1902 die schon erläuterten stärkeren 2 B 1 Lokomotiven (Gattung II d) erschienen waren, ging ihre Bedeutung auf den Strecken der Rheinebene mehr und mehr zurück. Stärkere 2 C Lokomotiven wurden dann in Baden nicht mehr entwickelt, weil im Jahre 1907 die 2 C 1 Lokomotiven der Gattung IV f in Betrieb genommen wurden. Die letzten 2 C Lokomotiven wurden 1932 aus dem Dienst gezogen; eine der drei ersten IV e Lokomotiven steht heute im Verkehrsmuseum der Technischen Hochschule in Karlsruhe.

Als im Jahre 1902 die 2 B 1 n 4 v Schnellzuglokomotiven der Gattung II d (Abb. 148) in den Betrieb kamen, hatten sie 200 t schwere Züge auf einer Steigung von 3,3‰ mit 100 km/h zu befördern (s. S. 176). Bald darnach aber nahm der deutsch-schweizerische Verkehr einen kräftigen Aufschwung und die Reichseisenbahnen auf dem linken Rheinufer traten in so lebhaften Wettbewerb mit den rechtsrheinischen badischen Strecken, daß sich die Badische Staatsbahn im Jahre 1904 schon wieder genötigt sah, eine leistungsfähigere Lokomotive zu entwickeln, welche 300 t, also um 50% schwerere Züge als die II d Lokomotive, unter sonst gleichen Bedingungen befördern sollte. Sie sollte ferner auf der Schwarzwaldbahn Züge von 185 t Gewicht auf langen Steigungen von 10—20‰ mit durchschnittlich 50 km/h ziehen und die Schnellzüge von Mannheim bis Konstanz, eine Entfernung von 312 km, ohne Maschinenwechsel durchfahren. Auf den Vorschlag von Courtin fiel die Wahl auf den Entwurf einer 2 C 1 h 4 v Schnellzuglokomotive mit Einachsantrieb, den die Lokomotivfabrik J. A. Maffei in München unter Hammel ausgearbeitet hatte. Die Maschine wurde im Mai 1905 als erste sogenannte „Pacific"-Type Europas bestellt, und zwar mit 3 Stück. Da die Bauart vieles grundsätzlich Neue erforderte, zog sich die Durcharbeitung des Entwurfes so lange hin, daß die Lokomotiven (Gattung IV f, Abb. 150 u. Tafel 13) statt im Juli 1906, wie ursprünglich beabsichtigt, erst im August und September 1907 abgeliefert wurden, also einige Monate später als die wesentlich später bestellten 2 C 1 Lokomotiven der Paris—Orleans-Bahn. Dadurch ging der Badischen Staatsbahn der Ruhm verloren, die erste 2 C 1 Lokomotive in Europa zu besitzen.

Das Aussehen der Lokomotive legte Zeugnis davon ab, mit welcher Sorgfalt und mit welchem konstruktiven Geschick Hammel die 2 B 1 Lokomotiven weiter entwickelt hatte. Der Blechrahmen war nach den guten Erfahrungen der Bayerischen Staatsbahn mit den amerikanischen Vauclain-Maschinen einem Barrenrahmen gewichen. Der für einen Dampfdruck von 16 atü gebaute Kessel lag verhältnismäßig hoch; das gab der Lokomotive einen sehr übersichtlichen und eleganten Eindruck.

Bei der damals ungewöhnlich großen Rostfläche von 4,5 m² ragte der Stehkessel seitlich weit über den Rahmen hinaus. Wegen der hohen Treibräder mußte also die Stehkesselvorderwand nach hinten durchgekümpelt werden. Neu war auch der Schmidtsche Rauchröhrenüberhitzer, der allerdings im Verhältnis zur Heizfläche noch klein war. Wie bei den 2 B 1 Lokomotiven hatte man auch hier noch an der Versteifung der Rohrwände durch 5 Ankerrohre von 34/50 mm Durchmesser festgehalten.

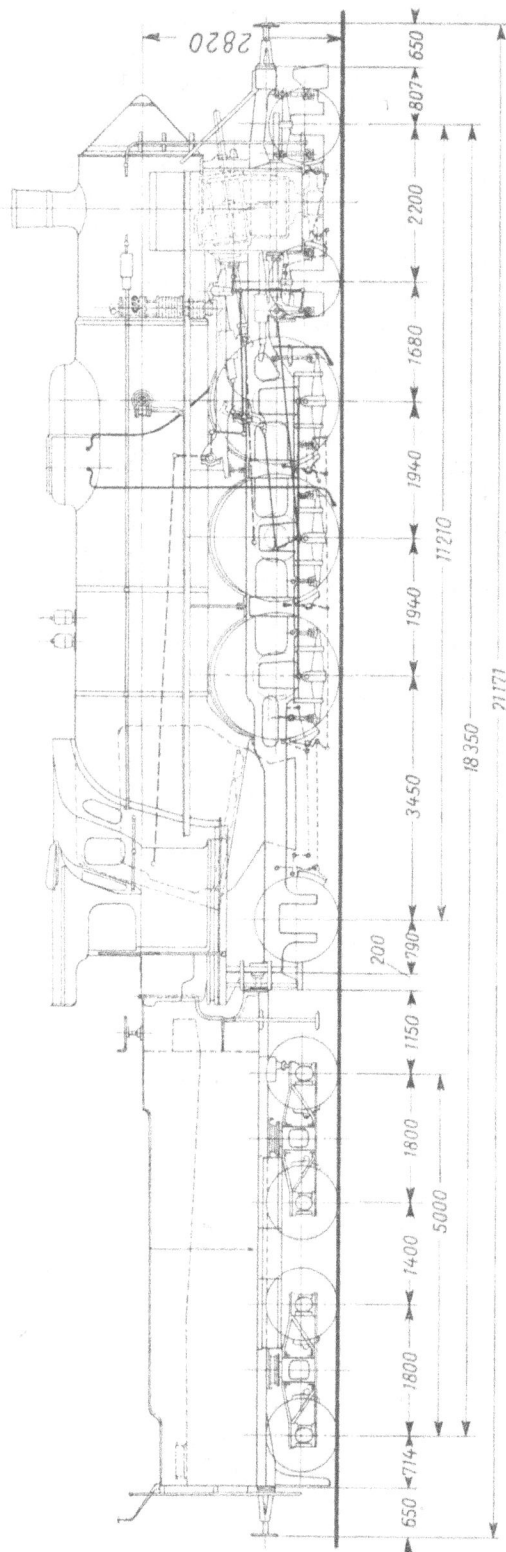

Abb. 150. 2 C 1 h 4 v Schnellzuglokomotive der Badischen Staatsbahn, Gattung IV f;
Erbauer Maffei, M. G. Karlsruhe 1907—1913.

Rostfläche . . . . . 4,5 m²	Kesseldruck . . . . . 16 atü	Zylinderdurchm. 2 × 425/650 mm
Verdampfungsheizfl. 208,72 m²	Treibraddurchmesser . 1800 mm	HD = 610 mm
Überhitzerheizfläche . 50,0 m²	Kolbenhub . . . 1800 mm	ND = 670 mm

Dienstgewicht d. Lok. . . 88,3 t
Reibungsgewicht . . . 49,6 t

Die Zylinder lagen in einer Querebene und unter der Rauchkammer. Die innenliegenden Hochdruckzylinder bildeten ein Gußstück, das gleichzeitig den Rauchkammersattel und den Drehzapfen für das Drehgestell trug. Die 4 Zylinder trieben die mittlere Kuppelachse an; da die Treibstangen der inneren Zylinder über die vordere Kuppelachse hinweggeführt werden mußten und man eine Kröpfung dieser Achse vermeiden wollte, war der Kolbenhub der Innenzylinder auf 610 mm verkleinert worden, während er bei den außenliegenden Niederdruckzylindern 670 mm betrug. Das Raumverhältnis der Zylinder war 1 : 2,55. Die Neigung der Hochdruckzylinder betrug 1 : 8,25 gegen die Waagerechte; dabei schnitt die Zylinderachse die senkrechte Ebene der Treibachse noch 120 mm über der Achsmitte.

Da die drehenden Massen des Vierzylindertriebwerkes vollständig ausgeglichen waren, konnte man wie bei allen badischen Vierzylinderlokomotiven auf den teilweisen Ausgleich der hin- und hergehenden Massen verzichten. Die Steuerung der Innenzylinder wurde von der außenliegenden Heusinger-Steuerung durch eine an den Voreilhebel angelenkte Umkehrwelle abgeleitet.

Zum Anfahren erhielten die Niederdruckzylinder Frischdampf bis zu 9 atü Spannung aus dem Zwischenbehälter durch ein Frischdampfventil, das bei Steuerungslagen über 68% zwangsläufig geöffnet wurde. Daneben besaßen die Hochdruckzylinder an jedem Ende Umgehungsventile, die sich bei ausgelegter Steuerung selbsttätig öffneten und bei jeder Kolbenstellung auch nach Abschluß der Hochdruckeinströmung den Hochdruckzylindern Dampf zuleiteten, so daß die Lokomotive außerordentlich leicht anzog.

Mit dieser Type war auch in Baden der Barrenrahmen eingeführt; er unterschied sich aber von dem damals in Bayern gebräuchlichen Rahmen dadurch, daß er nicht wie dieser aus 3 Stücken zusammengeschraubt oder genietet war, sondern aus mehreren

Teilen aus schweißbarem Flußeisen zusammengeschweißt war. Die Schweißfugen waren an die Stellen ohne Zugspannung gelegt; nach dem Schweißen wurden die etwa 13 m langen Rahmenwangen ausgeglüht.

Gute Bogenläufigkeit wurde durch Ausschläge des Drehgestelles und der Adamsachse um je 75 mm nach jeder Seite erreicht. Der badischen Weiche 1 : 8 mit R = 165,4 m wegen wurden die Ausschläge des Drehgestells bei den Lieferungen vom Jahre 1912 an auf 85 mm und der Adamsachse auf 95 mm vergrößert; außerdem wurden hauptsächlich dieser Weiche wegen die Spurkränze der Treibachse um einige Millimeter geschwächt.

Neuartig war eine Einrichtung nach Abb. 151, ein sogenannter Lastausgleich, der gestattete, das Reibungsgewicht durch Verändern der Länge eines Winkelhebels im Längsausgleich zwischen der letzten Kuppelachse und der Adamsachse von 49,6—52,4 t zu erhöhen. Vom Jahre 1912 an hielt man diese Einrichtung nicht mehr für notwendig, sie wurde daher fortgelassen.

Die IV f Lokomotive beförderte bei Versuchsfahrten D-Züge von

460 t auf 0⁰/₀₀ mit 110 km/h, von
460 t auf 3,3⁰/₀₀ ,, 80/85 km/h und von
194 t auf 16,3⁰/₀₀ ,, 55 km/h; sie erfüllten also das Leistungs-

programm überreichlich.

In der äußeren Gestaltung der Lokomotive hatte die Zusammenarbeit des badischen Fahrzeugdezernenten, Geheimrat Courtin mit der Firma Maffei, besonders mit deren Direktor Hammel, schon ihre Früchte getragen. Leider war aber sonst an der Lokomotive mancherlei auszusetzen. Der Betrieb klagte über die mangelhafte Dampfentwicklung und über hohe Unterhaltungskosten des Triebwerkes, die auf den kleinen Treibraddurchmesser von 1800 mm zurückzuführen waren. Dieser war für hohe Geschwindigkeiten entschieden zu klein, um so mehr, als der ruhige Lauf dazu verführte, hohe Drehzahlen anzuwenden. Der rasche Verschleiß des Triebwerkes führte

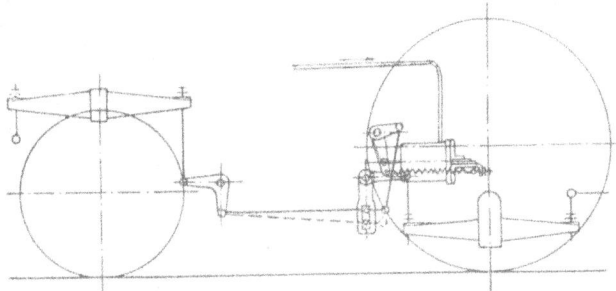

Abb. 151. Vorrichtung zur Erhöhung des Reibungsgewichtes der badischen IV f Lokomotive.

dann auch später zu einer vorzeitigen Ausmusterung der Lokomotive.

Einige Jahre später (1910/11) forderte der Betrieb eine leichtere Lokomotive für Personen- und Schnellzüge, die 440 t schwere Züge auf einer 20 km langen Steigung von 4,2⁰/₀₀ mit einer Geschwindigkeit von mindestens 70 km/h und auf einer rund 11 km langen Steigung von 12,3⁰/₀₀ noch 350 t mit mindestens 50 km/h befördern sollte. Sie sollte eine Strecke von 270 km ohne Ergänzung der Vorräte durchfahren können. Damit wollte man einen Teil der sonst von der 2 C 1 Lokomotive IV f auf der Strecke Mannheim—Heidelberg—Basel gefahrenen Züge dieser leichteren Lokomotive zuweisen; ebenso wollte man mit ihr auch Züge im Hügelland befördern.

Der Betrieb hatte eine 5achsige Lokomotive verlangt und in dem Bestreben, Tonnenkilometer zu sparen, dem Gewicht von Lokomotive und Tender sehr enge Grenzen gezogen. Da die verhältnismäßig hohen, dem Leistungsprogramm entsprechenden Kesselleistungen aber eine Rostfläche von über 3 m² verlangten, mußte die Lokomotive einen über den Rahmen hinaus verbreiterten Stehkessel und Rost erhalten, da eine so lange Rostfläche sich bei schmaler Feuerbüchse kaum noch von Hand bedienen läßt. Da auch eine mechanische Rostbeschickung nicht beabsichtigt war, blieb als Achsanordnung für die neue Maschine nur noch die der 1 C 1 übrig, aus der die Gattung IV g entstand (Abb. 152). Der Gewichtsersparnis wegen kam ein Krauß-Helmholtz-Drehgestell vorn nicht in Betracht; man war also genötigt, eine führende Adamsachse mit allen ihren Schwächen in Kauf zu nehmen. Ihre Führungsaufgaben suchte man durch eine kräftige Rückstellvorrichtung aus Blattfedern mit 300 kg Anfangs- und 2600 kg Endspannung zu unterstützen.

Der Kessel der von der Mbg Karlsruhe erbauten Lokomotive blieb mit seiner Heizfläche von 167 m² um 41,7 m² hinter dem Kessel der IV f Lokomotive zurück; die 43 m² große Heizfläche des an dieser Lokomotive zum letzten Male in Baden verwendeten Dampftrockners der Bauart Clench bot dafür keinen Ersatz. Daß man lediglich um Gewicht zu sparen den schon bei der IV f verwendeten Rauchröhrenüberhitzer aufgab, war ein großer Rückschritt; ebenso bedenklich war auch die aus gleichen Gründen nötig gewordene geringe Wandstärke der Heizrohre von 2 mm bei einem Durchmesser von 48/52 mm, die an der Feuerbüchse aufgelötete Kupferringe erhalten hatten.

Das Reibungsgewicht der im Jahre 1912 abgelieferten ersten Lokomotive betrug nur 46,6 t gegenüber 48,5 t bei der IV f Lokomotive. Die 4 in einer Querebene angeordneten Zylinder trieben die mittlere der 3 gekuppelten Achsen an. Wegen der Nähe der vorderen Kuppelachse waren die innenliegenden Hochdruckzylinder mit 1 : 7,26 geneigt. Jeder der Hochdruckzylinder war mit seinem Niederdruckzylinder in einem Stück gegossen; die Zylinderblöcke waren in der senkrechten Mittelebene der Lokomotive miteinander verschraubt. Man wich also auch hier von der Ausführung bei der IV f Lokomotive ab, wählte aber merkwürdigerweise die schwerere amerikanische Bauform. Die Kolbenschieber für die Hoch- und Niederdruckzylinder jeder Seite lagen gleichachsig in einem Gehäuse über dem Niederdruckzylinder, und zwar derart, daß sich die Hochdruckschieber in der Mitte zwischen den beiden Schieberhälften des Niederdruckzylinders befanden; beide Schieber hatten 300 mm Durchmesser. Das Stellzeug der Anfahrtvorrichtung der Bauart Maffei (s. S. 180) betätigte bei ausgelegter Steuerung je 3 über den Schiebergehäusen angeordnete Ventile.

Die Bogenläufigkeit der Lokomotive war durch ein Seitenspiel der vorderen Adamsachsen von 80 und der hinteren von 85 mm sowie durch Schwächung der Spurkränze der mittleren gekuppelten, der Treibachse, um 10 mm erreicht.

Der Barrenrahmen war aus Paketschweißeisen hergestellt und aus meh-

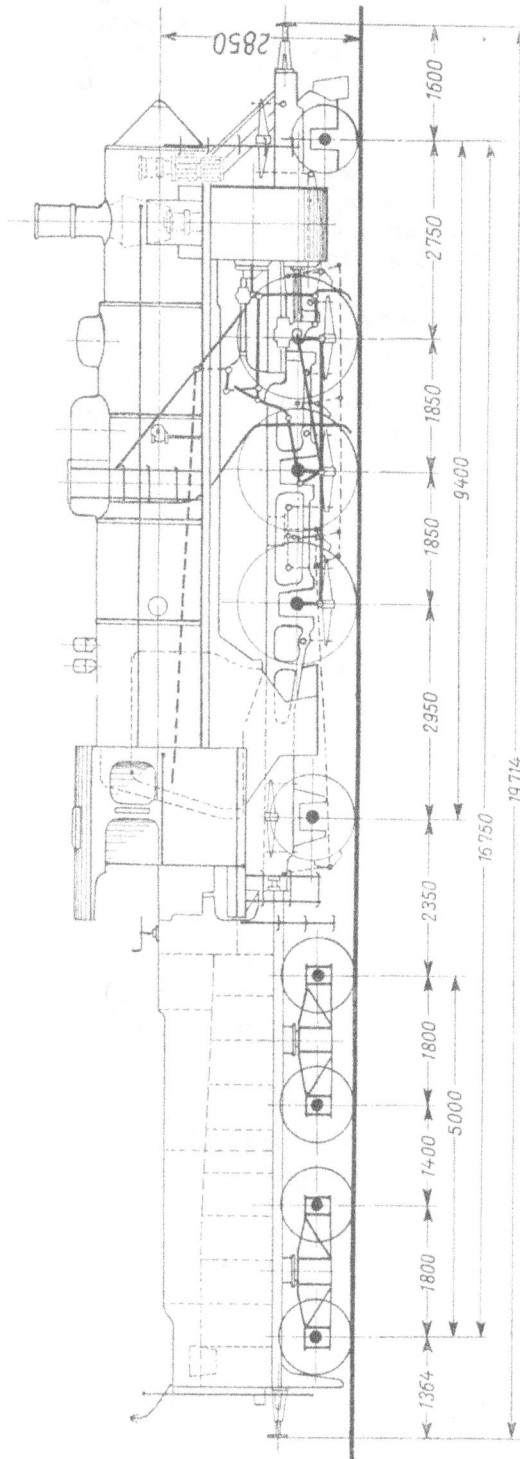

Abb. 152. 1 C 1 t 4 v Personenzuglokomotive der Badischen Staatsbahn, Gattung IV g: Erbauer M. G. Karlsruhe 1912.

Rostfläche	3,75 m²	Kesseldruck	16 atü	Kolbenhub . . . . . 640 mm
Verdampfungsheizfl.	167,0 m²	Treibraddurchmesser	1700 mm	Dienstgewicht d. Lok. . 72,0 t
Überhitzerheizfläche	43,0 m²	Zylinderdurchm.	2 × 360/590 mm	Reibungsgewicht . . . 46,6 t

reren Teilen zusammengeschweißt. Die Lokomotive war in 3 Stützebenen auf 6 Punkten abgestützt. Die Federn der vorderen Laufachse waren mit denen der ersten Kuppelachse und die der zweiten Kuppelachse mit denen der dritten durch Längsausgleichhebel verbunden. Die hintere Laufachse war unabhängig gefedert, die Lokomotive war also auf 6 Punkten abgestützt. Der Gesamtentwurf der 1 C 1 Maschine zeigt ebenso wie die Durchbildung der Einzelteile, welche Unterschiede im Können der Lieferwerke und ihrer Konstrukteure bestanden.

Die Lokomotiven erfüllten jedoch im Neuzustand, rein fahrzeugtechnisch beurteilt, das vom Betrieb aufgestellte Leistungsprogramm; das Leistungsprogramm hatte sich aber nicht mit allen tatsächlichen Erfordernissen des Betriebes gedeckt. Für den Aushilfsdienst im Dienstplan der 2 C 1 waren die Lokomotiven zu schwach, sie konnten nur bei leichten bis mittelschweren Zügen verwendet werden. Infolgedessen blieb es bei der ersten Lieferung von 5 Lokomotiven; auch diese wurden nach dem Weltkrieg auf Grund des Waffenstillstandsvertrages an die früheren Kriegsgegner Deutschlands abgegeben.

Die Gewichte der badischen Schnellzüge auf der Rheinstrecke waren im Laufe von wenigen Jahren auf 500 t angewachsen; schon im Jahre 1912 mußte deshalb wieder daran gedacht werden, leistungsfähigere Lokomotiven zu beschaffen, denn die IV f Lokomotive beförderte normalerweise nur etwa 300 t mit 100 km/h. Für die neue Lokomotive wurde ein Achsdruck von 18 t zugestanden. Überschlägliche Berechnungen ergaben, daß man mit der Achsanordnung 2 C 1 noch auskommen konnte; eine grundsätzliche Frage war allerdings noch, ob man den Einachsantrieb, für den man sich bei den 2 B 1 Lokomotiven der Gattung II d und den 2 C 1 Lokomotiven der Gattung IV f in den Jahren 1902 und 1907 entschieden hatte, auch bei dem höheren Achsdruck von 18 t und einem Reibungsgewicht von 54 t beibehalten könne. Die Kropfachsen hatten damals bei den verschiedenen Bahnen nicht überall befriedigt. Vielfach rissen sie an und mußten zum Teil nach verhältnismäßig kurzen Laufwegen ausgeschieden werden. Die Kropfachse war ein Sorgenkind derer geworden, die diesen wichtigen Bauteil zu betreuen hatten. Wie ernst man die Frage nahm, sieht man daraus, daß man damals im Verein Mitteleuropäischer Eisenbahnverwaltungen das Kropfachsproblem zu einer der „Technischen Fragen" machte (s. 14. Ergänzungsband zum Organ 1912, S. 90). Auch nach der Art des Antriebes und nach seinem Einfluß auf die Lebensdauer der Achsen wurde dabei gefragt; die Verwaltungen äußerten sich aber bei der Umfrage darüber so allgemein, daß für die Antriebfrage der neuen Lokomotive dadurch keine Erfahrung gewonnen wurde. Man gewann aber doch einen überaus allgemeinen Überblick über das Verfahren bei den Verwaltungen des Vereins; persönliche Erhebungen bei der Paris—Lyon—Mittelmeerbahn und insbesondere bei der französischen Nordbahn, die sehr genaue Aufzeichnungen geführt hatte, vervollständigten den Erfahrungsstoff. Die Nordbahn hatte an der de Glehn-Bauart festgehalten (Niederdruckzylinder innen, Hochdruckzylinder außen, Zweiachsantrieb) und gab sich mit Laufwegen von 100 000 km damals im großen und ganzen zufrieden; keine ihrer Kropfachsen hatte im September 1913 Kurbelwangen über 100 mm Stärke. Diesen Laufwegen standen in Baden (s. 14. Ergänzungsband zum Organ 1912 S. 100) durchschnittliche Laufwege von rd. 835 000 km, in Holland von 345 000 km gegenüber. Vergleichsrechnungen des mit der Planung der Lokomotive betrauten Fahrzeugdezernenten der Badischen Staatsbahn, Baurat Baumann, klärten die Frage: aus der Gegenüberstellung einer Anzahl von Lokomotiven, die man für die Berechnungen einmal mit Einachs- und danach mit Zweiachsantrieb betrachtete, ergab sich, daß die Beanspruchungen der Kropfachsen sich wie 12 : 7 verhielten. Auf Baumanns Vorschlag entschied sich die Badische Staatsbahn bei der neu zu entwerfenden Lokomotive (Gattung IV h) zur Rückkehr zum Zweiachsantrieb. Selbstverständlich blieb man bei den innenliegenden Hochdruckzylindern, die Hammel schon an den II d und IV f Lokomotiven vorgeschlagen hatte. Durch eine zweckmäßige Anordnung der Innenzylinder, die in engem Aneinanderrücken und sogar leichten Schränken der Mittellinien gegeneinander bestand, konnte man den Kurbelblättern eine Stärke von 160 mm geben, die bis dahin wohl nirgends erreicht worden ist. Daß dieser Weg richtig war, beweist die Tatsache, daß die 20 IV h Lokomotiven der Badischen Staatsbahn, die in der Zeit vom 13. Juni 1918—11. März 1920 in Dienst gestellt wurden, mit ihren ersten Kropfachsen bis zum 1. April 1936 Laufwege von rd. 948 000 bis 1 420 000 km zurückgelegt haben, ohne daß je Anrisse aufgetreten sind. Im Durchschnitt ist der Laufweg jeder Achse 1 216 000 km in dieser Zeit gewesen. Was man durch den Zwei-achsantrieb erreichen wollte, war gelungen. Zu dem Erfolge haben die Frémont-Aussparungen in den Kurbelblättern, große Hohlkehlenhalbmesser von 25 und 30 mm und bester Baustoff (Chrom-Nickeltiegelstahl) entscheidend beigetragen.

Die 2 C 1 Lokomotive der Gattung IV h (Abb. 153) wurde eine reine Flachlandlokomotive; sie erhielt daher Treibräder von 2100 mm Durchmesser, wie sie in Baden seit 1892 (2 B Loko-motive Gattung II c) bei Schnellzuglokomotiven üblich waren und sonst im Vereinsgebiet an dreifach gekuppelten Lokomotiven nur von Gölsdorf bei den 1 C 2 Lokomotiven der Öster-reichischen Staatsbahnen verwendet wurden. Die innenliegenden Rahmen der zweiachsigen Drehgestelle waren wie bei den badischen 2 B 1 und 2 C 1 Lokomotiven der Gattung II d und IV f durch 4 einzelne Blattragfedern gegen die Laufachsen abgestützt. Der Hauptrahmen stützte sich wie bei diesen Lokomotiven zweiseitig auf das Drehgestell, das am Drehzapfen durch zwei hintereinander geschaltete Blattfedern zurückgestellt wurde. Die Schleppachse war eine Adamsachse mit ähnlicher Rückstellvorrichtung. Die ersten 3 Lokomotiven wurden im November 1915 bei Maffei bestellt. Die Nöte des Weltkrieges verzögerten aber ihre Ab-lieferung bis zum Juni 1918.

Die Lokomotiven sollten nach den ursprünglichen Absichten die schweren Schnellzüge von Basel nach Frankfurt über Heidelberg, eine Entfernung von 338 km, ohne Maschinen-

Abb. 153. 2 C 1 h 4 v Schnellzuglokomotive der Badischen Staatsbahn, Gattung IV h;
Erbauer Maffei 1918—1920.

Rostfläche . . . . . 5,0 m²	Kesseldruck . . . . . 15 atü	Kolbenhub . . . . . . 680 mm
Verdampfungsheizfl. . 224,8 m²	Treibraddurchmesser . 2100 mm	Dienstgewicht d. Lok. . 96,92 t
Überhitzerheizfläche . 77,6 m²	Zylinderdurchm. 2 × 440/680 mm	Reibungsgewicht . . . 53,19 t

wechsel befördern; aus diesem Grunde erhielt der Rost eine Fläche von 5 m². Da aber durch den Krieg und seine Folgen der schon begonnene Umbau des Kopfbahnhofes Heidelberg in einen Durchgangsbahnhof nicht zustandekam, mußten die Maschinen in Heidelberg gewechselt werden.

Die Lokomotiven beförderten Schnellzüge von 52 Achsen, d. h. 13 Wagen, und 650 t Gewicht in der Ebene ohne Anstände mit 100 km/h. Der Dampfdruck, der bei den IV f Loko-motiven 16 atü betragen hatte, war auf 15 atü ermäßigt worden, weil man besonderen Wert auf möglichst wenig Unterhaltungsarbeiten an dem ungewöhnlich großen Stehkessel legte. Die Abmessungen des Kessels waren gegenüber denen des Kessels der IV f Lokomotive be-trächtlich vergrößert, denn seine Rostfläche war 10%, seine Heizfläche 8% größer. Die Über-hitzerheizfläche, die früher an badischen Lokomotiven ziemlich klein war, stieg von 24% auf 34,5% der Verdampfungsheizfläche. Der Kessel der IV h Lokomotive war damit damals der größte der deutschen Eisenbahnen. Erst die späteren Einheitsschnellzuglokomotiven der Deutschen Reichsbahn erhielten noch leistungsfähigere und auch im Verhältnis Rostfläche zu Heizfläche günstiger abgestimmte Kessel.

Wie schon gesagt wurde, hatte man sich bei der IV h Lokomotive für den Zweiachsantrieb entschieden. Damit nun beim Innentriebwerk noch eine genügend lange Treibstange untergebracht werden konnte, mußten die Hochdruckzylinder gegenüber den Niederdruckzylindern um etwa eine Zylinderlänge nach vorn verschoben werden. Sie waren außerdem durch verschiedene Höhenlage ihrer Mittellinien und dementsprechend verschiedene Schränkung gegen die Waagerechte näher zusammengerückt, um den Querabstand der Innenkurbelmitten so klein wie möglich zu machen. Dadurch konnten die Kurbelblätter der Kropfachse auf die schon erwähnte Stärke von 160 mm gebracht werden. Infolge der Versetzung der Hochdruckzylinder gegen die Niederdruckzylinder konnten die Kolbenschieber für je einen Hoch- und Niederdruckzylinder in einer Achse hintereinander angeordnet werden (s. Abb. 153). Sie wurden dabei dicht an den Rahmen herangerückt, um kurze Dampfwege für den Hochdruckzylinder zu erhalten. Die Steuerung wurde einfach, weil das Übertragungsgestänge nach innen fortfiel; man mußte jedoch in Kauf nehmen, daß von einer Schwinge sehr große Schiebermassen beschleunigt und verzögert werden mußten. Das hat jedoch im Betriebe zu keinen Störungen geführt. Die Schieber mußten etwas unbequem nach hinten ausgebaut werden; die Steuerspindel lag nach bayerischem Brauch am vorderen Ende der Steuerzugstange.

Für die Tender wurde die bayerische Bauart mit einem voranlaufenden Drehgestell und zwei dahinter im Rahmen fest gelagerten Achsen übernommen.

Die IV h Lokomotive war etwa bis zum Jahre 1920 die leistungsfähigste Schnellzuglokomotive Deutschlands. Besonders gut war ihr Lauf, der sie befähigte, Versuchszüge mit Höchstgeschwindigkeiten bis zu 154 km/h ohne Anstände zu befördern. Sie bewährte sich besser als ihre Vorgängerinnen, wenn auch verschiedentlich über Schäden am Kessel geklagt wurde. Ihr Aussehen hatte allerdings durch die eigenartige Zylinderlage etwas an Harmonie eingebüßt. In den Jahren 1934/35 wurden nach und nach Lokomotiven nach Norddeutschland abgegeben, wo sie vorübergehend vor schnellfahrenden Schnellzügen (bis 140 km/h) verwendet wurden.

Bis zum Jahre 1920 wurden insgesamt 20 IV h Lokomotiven gebaut. Damit war auch die Entwicklung der Schnellzuglokomotiven in Baden abgeschlossen.

DIE GÜTERZUGLOKOMOTIVEN.

Die Entwicklung der Güterzuglokomotiven war in Baden bis zum Jahre 1891 bei der C n 2 Lokomotive von 1878 (Gattung VII a, s. Bd. I, S. 243, Abb. 315) stehengeblieben; noch im Jahre 1891 wurden solche Lokomotiven beschafft. Nennenswerte bauliche Änderungen wurden nicht ausgeführt, doch erhöhte man den Kesseldruck auf 12 atü und vergrößerte die Zylinderdurchmesser auf 500 mm. Das Verbundverfahren setzte sich in Baden erst im Jahre 1893 durch, und zwar zunächst an den damals noch üblichen C Güterzuglokomotiven, die von jetzt an nur noch als Verbundlokomotiven als Gattung VII d (Abb. 154) weitergebaut wurden. Die ersten beiden Versuchslokomotiven besaßen noch Belpairekessel wie die älteren Bauarten und nur 1,45 m² Rostfläche; die folgenden Lokomotiven erhielten einen glatten Cramptonkessel, bei dem die Rostfläche auf 1,62 m² vergrößert war. Der Gewichtsersparnis wegen wurde die Stehkesselrückwand schräg geneigt; die Rohrlänge wurde 4350 mm. Vom Jahre 1901 an wurde die Rostfläche auf 1,72 m² vergrößert auf Kosten der Rohre, die auf 4000 mm gekürzt wurden. Die Zylinder, die bis zu diesem Zeitpunkt einen Durchmesser von 500/700 mm hatten, wurden jetzt wegen des Dienstes der Lokomotiven auf Flachlandstrecken auf 490/730 mm geändert. Mit ihrem Raumverhältnis von 1 : 2,4 unterschieden sie sich von den sonstigen Zweizylinder-Verbundgüterzuglokomotiven in Deutschland beträchtlich, deren Raumverhältnis rund 1 : 2 betrug. Für häufiges Beschleunigen der Züge war das Raumverhältnis nicht günstig.

Als Anfahrvorrichtung diente anfangs die Bauart Gölsdorf; im Jahre 1896 wurde diese durch einen Wechselschieber ersetzt (Abb. 154).

Bei der ersten Lieferung der Verbundlokomotiven war die Hinterachse wie bei den älteren C Lokomotiven noch durch kurze Zwillingsfedern über dem Achslagergehäuse (elliptische Doppelblattragfedern wie bei Drehgestellwiegen) abgefedert. Von 1894 an wurden dann

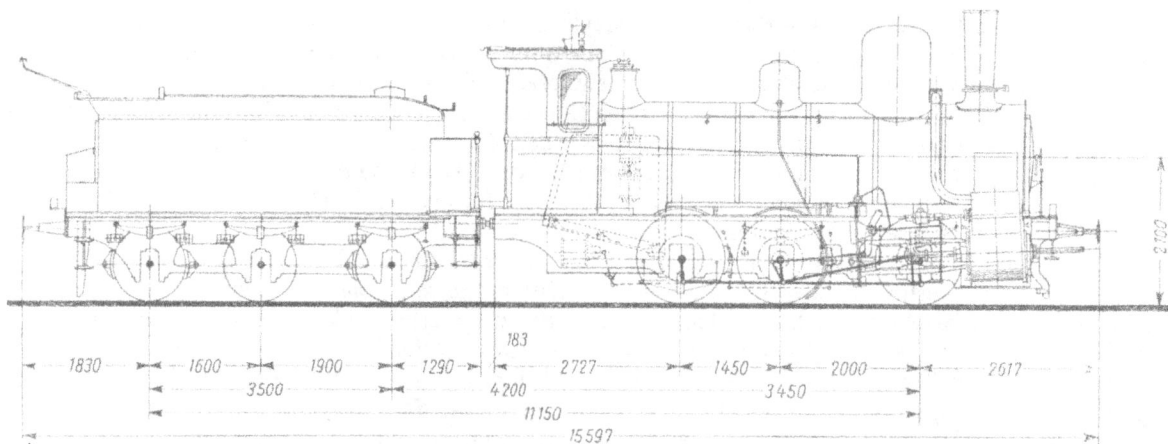

Abb. 154. C n 2 v Güterzuglokomotive der Badischen Staatsbahn, Gattung VII d;
Erbauer M. G. Karlsruhe 1893—1902.

Rostfläche	1,6 m²	Treibraddurchmesser	1262 mm	Dienstgewicht d. Lok.	43,0 t
Verdampfungsheizfl.	111,52 m²	Zylinderdurchm.	500/700 mm	Reibungsgewicht	43,0 t
Kesseldruck	12 atü	Kolbenhub	635 mm		

längere einfache Blattragfedern unter den Achslagerkästen angeordnet. Ausgleichhebel waren nicht vorhanden. Die Lokomotiven waren in 6 Punkten gestützt. Gleichzeitig wurde auch die seitliche Abstützung des Stehkessels durch Pendelstützen eingeführt.

Die C n 2 v Lokomotiven der Gattung VII d gehörten damals mit ihrem Gewichte von 43,8 t zu den schwersten deutschen C Güterzuglokomotiven. Sie hatten noch im Jahre 1894 einen zweiachsigen Tender mit nur 8 m³ Wasser; erst vom Jahre 1896 an erhielten sie dreiachsige Tender mit einem Wasservorrat von 13,5 m³. Der Wasserbehälter hatte noch die alte Hufeisenform. Bis 1902 wurden im ganzen 107 Stück gebaut.

Neben diesen noch auf der Grundlage der alten Lokomotiven aus den 70er Jahren erbauten Maschinen waren auf einigen Strecken mit schwierigen Betriebsverhältnissen, besonders auf der Odenwaldbahn, vierfach gekuppelte Lokomotiven im Dienst, die Egestorff, die Strousberg-sche Lokomotivfabrik, in den Jahren 1874/75 gebaut hatte (12 Stück); sie sind im I. Band, S. 295, Abb. 416, beschrieben worden.

Die Beförderung der Güterzüge auf der Schwarzwaldbahn mit den bis dahin vorhandenen Güterzuglokomotiven bereitete im Anfang der 90er Jahre bereits einige Schwierigkeiten; auf den langen und starken Steigungen wurden in der Regel zwei dreifach gekuppelte Güterzuglokomotiven notwendig. Im Zuge der Neugestaltung des Fahrzeugparks, die unter Oberbaurat Esser eingesetzt hatte (Gattung II c und IV e) beschaffte die Badische Staatsbahn im Jahre 1893 von der Elsässischen Maschinenbau-Gesellschaft Grafenstaden 2 Stück B B n 4 v Malletlokomotiven, die ersten Maschinen dieser Art in Deutschland (Gattung VIII c, Abb. 155). Die Badische Staatsbahn besaß bekanntlich schon seit 1874 eine sehr leistungsfähige D-Güterzuglokomotive, die ohne Zweifel den Ansprüchen der Schwarzwaldbahn an Zugkraft und Leistung voll genügt haben würde, insbesondere, wenn man sie durch höheren Dampfdruck und Verbundverfahren den Fortschritten der Zeit angepaßt hätte. Der Verwendung dieser steifachsigen Maschinen auf der krümmungsreichen Schwarzwaldbahn standen aber ernste Bedenken entgegen. Deshalb griff man zur B B Lokomotive.

In der Rost- und Heizfläche und im Reibungsgewicht war die neue B B Lokomotive sowohl der badischen D Lokomotive von 1874 als auch der gleichzeitig neu entwickelten D n 2 Güterzuglokomotive G 7 der Preußischen Staatsbahn unterlegen. Daß sie ihnen in der Leistung überlegen war, wie vielfach behauptet wurde, muß bei den grundsätzlichen Mängeln der Lokomotiven mit doppeltem Triebwerk bezweifelt werden, denn die starke Neigung dieser Maschinen zum Schleudern ließ nicht zu, das Reibungsgewicht dauernd voll für die Zugkraft auszunutzen.

186

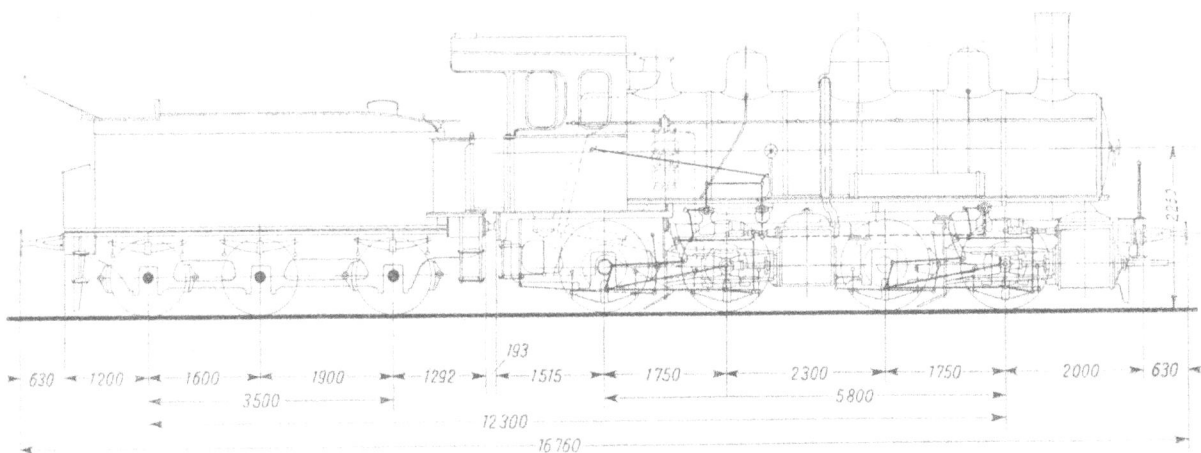

Abb. 155. B B n 4 v Güterzuglokomotive der Badischen Staatsbahn, Gattung VIII c;
Erbauer Grafenstaden, M. G. Karlsruhe 1893—1900.

Rostfläche . . . . . 1,93 m²	Treibraddurchmesser . 1260 mm	Dienstgewicht d. Lok. . . 57,8 t
Verdampfungsheizfl. 134,89 m²	Zylinderdurchm. 2 × 390/600 mm	Reibungsgewicht . . . . 57,8 t
Kesseldruck . . . . . 13 atü	Kolbenhub . . . . . 600 mm	

Bei den Versuchsfahrten auf der 35,6 km langen Strecke Hausach—Sommerau mit einer durchschnittlichen Steigung von 17,6⁰/₀₀ wurden 278 t schwere Güterzüge mit 18,8 km/h befördert. Bei einer mittleren Leistung von 549 PS$_i$ betrug der Dampfverbrauch 9,8 kg/PS$_i$ h und der Kohlenverbrauch 1,21 kg/PS$_i$ h; das waren für damalige Verhältnisse ziemlich günstige Werte. Bis zum Jahre 1902 beschaffte die Badische Staatsbahn weitere 30 Lokomotiven genau gleicher Ausführung, jedoch mit 13 atü Kesseldruck und schräger Stehkesselrückwand.

Eine lange Lebensdauer konnten diese kurzachsständigen und vielteiligen B B Lokomotiven nicht haben; ihr unruhiger Lauf, die starke Neigung zum Schleudern und ihre hohen Unterhaltungskosten führten dazu, daß sämtliche Lokomotiven bereits im Jahre 1925 ausgemustert waren.

Die Gewichte der Güterzüge stiegen zu Beginn des neuen Jahrhunderts weiter an. Wenn auch vielfach im Flachlande der Betrieb noch mit den alten dreifach gekuppelten Güterzuglokomotiven (Gattung VII d) und in schwierigerem Gelände mit der oben beschriebenen B B Lokomotive bewältigt werden konnte, so traten die Mängel der erwähnten Bauarten doch immer deutlicher zutage, so daß sich die Badische Staatsbahn im Jahre 1907 als erste Deutsche Bahnverwaltung entschloß, eine neue 1 D Güterzuglokomotive in Vierzylinderverbundanordnung (Gattung VIII e, Abb. 156) zu beschaffen. Der Auftrag fiel im Wettbewerb der Lokomotivfabrik J. A. Maffei, München, zu; 10 Lokomotiven wurden im Jahre 1908 in Betrieb genommen. Ein Vergleich dieser Lokomotiven mit der etwa um die gleiche Zeit entstandenen bayerischen Gattung G $^4/_5$ zeigt, daß die von Hammel vertretenen Baugrundsätze sich auch außerhalb Bayerns durchsetzten.

Die Kessel der ersten Ausführung hatten eine verhältnismäßig große Rostfläche, nämlich 3,75 m². Die Lokomotiven waren aber um rund 2 t zu schwer ausgefallen; man verminderte daher bei der zweiten Lieferung im Jahre 1910 das Gewicht durch Änderungen am Hinterkessel und am Langkessel. Die Rostfläche wurde dabei auf 3,55 m² verkleinert; sie blieb aber trotzdem die größte aller deutscher 1 D Lokomotiven. Die Mittellinie des Kessels lag bereits 2790 mm über SO; bemerkenswert ist auch der hohe Dampfdruck von 16 atü.

Die Kessel der 39 von 1908 bis Anfang 1912 gelieferten Lokomotiven (Serien 1—5) erhielten den Dampftrockner der Bauart Clench, die übrigen 31 noch bis 1915 gelieferten Lokomotiven (Serien 6—8) den Rauchröhrenüberhitzer von Schmidt. Daß man noch im Jahre 1907 bei der Badischen Staatsbahn den Clench-Dampftrockner wählte, hatte folgenden Grund: der Rauchkammerüberhitzer war kurz vorher aufgegeben worden und an seine Stelle war der Schmidtsche Rauchröhrenüberhitzer getreten. Andererseits hatte Gölsdorf in Österreich mit dem Dampftrockner Bauart Clench bis dahin gute Erfahrungen gemacht. Im Abwägen des Für und Wider begnügte sich die Badische Staatsbahn mit dem Clench-Dampftrockner, mit dem nach den Erfahrungen in Österreich etwa 10% Heizstoffersparnis erhofft werden konnten, zumal ihm eine einfachere Einbaumöglichkeit und Bedienung nachgesagt wurde als dem Überhitzer. Welche Schwierigkeiten der Dampftrockner durch den schwierigen Ausbau bei Kesselinstandsetzungen und noch mehr durch seine eigenen Schäden bereitete, lehrte erst eine mehrjährige Erfahrung. Im Jahre 1913 verschwand der Clench-Dampftrockner und wurde durch den wirksameren Schmidtschen Rauchröhrenüberhitzer mit 50 m² Heizfläche ersetzt.

Die 4 Zylinder lagen in einer Querebene und trieben die dritte Kuppelachse an, denn um den Führungsdruck so klein wie möglich zu halten, hatte man der zweiten und vierten gekuppelten Achse 25 mm Seitenspiel gegeben. Die Innenzylinder erhielten so eine Neigung von 1 : 7,05. Die vordere Laufachse war eine Adamsachse und hatte 65 mm Seitenspiel. Die Bayerische Staatsbahn gab bei ihrer 1 D Lokomotive nur der hinteren Kuppelachse Querspiel und wählte die zweite Kuppelachse als Treibachse. Sie vermied damit die langen Treibstangen.

Den verschiedenen Kesselabmessungen entsprechend und durch den Übergang vom Dampftrockner zum Überhitzer wurde das Triebwerk in 3 Spielarten mit Zylinderdurchmessern von

395/635 mm, 380/610 und
395/610 mm

und einem Kolbenhube von 640 mm gebaut, denen die Reibungsgewichte von

66,7, 61,8 und 64,5 t

zugeordnet waren.

Die Hoch- und Niederdruckzylinder hatten einfache innere Einströmung, ihre Schieber saßen auf einer gemeinsamen Schieberstange. Der Hochdruckschieber hatte 220 mm Durchmesser und lag wie bei der 2 B 1 Lokomotive innerhalb der beiden Schieberkörperhälften des Niederdruckzylinders, die 440 mm Durchmesser hatten. Die Schieberachse lag senkrecht über der Mittel-

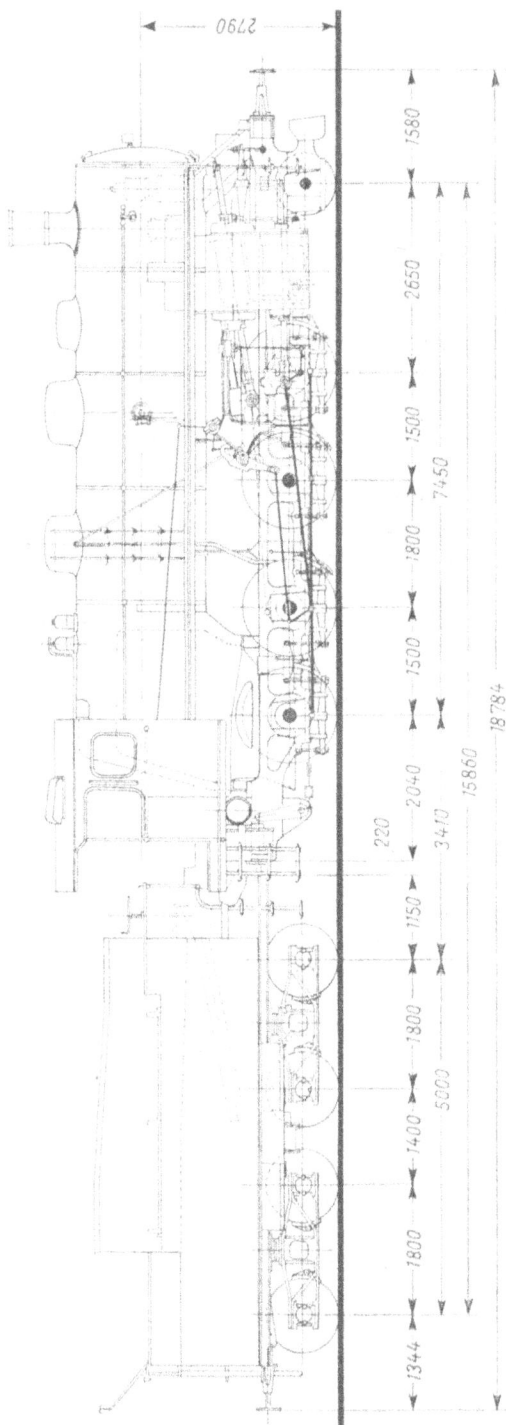

Abb. 156. 1 D h 4 v Güterzuglokomotive der Badischen Staatsbahn, Gattung VIII c;
Erbauer M. G. Karlsruhe 1908—1915.

Rostfläche . . . . . 3,55 m²
Verdampfungsheizfl. . 187,09 m²
Überhitzerheizfläche . 48,56 m²
Kesseldruck . . . . . 16 atü
Treibraddurchmesser . 1350 mm
Zylinderdurchm. 2 × 380/610 mm
Kolbenhub . . . . . 640 mm
Dienstgewicht d. Lok. . 75,3 t
Reibungsgewicht . . . 63,2 t

188

linie der Niederdruckzylinder und in gleicher Höhe wie die Hochdruckzylinder (Abb. 157). Da diese Anordnung zu Ungenauigkeiten in der Dampfverteilung und zu mancherlei Unzuträglichkeiten führen mußte, wurden im Jahre 1913 bei der Einführung des Heißdampfes beide Schieber nach Abb. 158 getrennt und erhielten den gleichen Durchmesser 250 mm; der Niederdruckschieber hatte dabei doppelte Einströmung.

Die VIII e Lokomotiven waren übrigens auch die ersten in Deutschland gebauten Güterzuglokomotiven mit Barrenrahmen; der Rahmen bestand wie bei den badischen Schnellzuglokomotiven aus einem Stück.

Die Lokomotiven liefen auch bei hohen Geschwindigkeiten sehr ruhig und waren vielseitig verwendbar. Bis 1915 wurden 70 Stück beschafft, von denen 39 noch den Dampftrockner der Bauart Clench erhielten.

Die Schleppleistung der VIII e Lokomotive betrug nach den Belastungstafeln

700 t auf 0⁰/₀₀ mit 65 km/h,
(1500 t ,, 0⁰/₀₀ ,, 50 ,,),
525 t ,, 5⁰/₀₀ ,, 50 ,, und
415 t ,, 10⁰/₀₀ ,, 40 ,, .

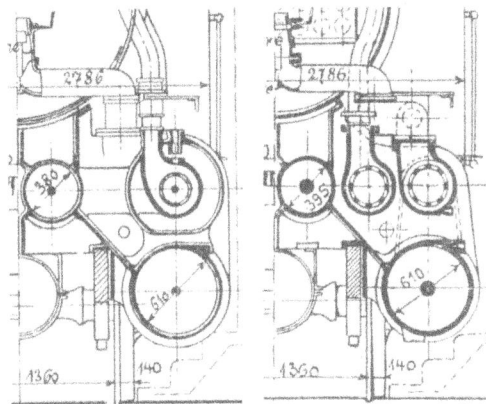

Abb. 157 und 158.
Schieberanorndung der badischen VIII e Lokomotive.

Mit der VIII e Lokomotive war die selbständige Entwicklung der Güterzuglokomotiven in Baden abgeschlossen. Als im Verlauf des Weltkrieges der Bedarf an noch leistungsfähigeren Güterzuglokomotiven einsetzte, beschaffte auch die Badische Staatsbahn die als Einheitslokomotive gedachte preußische 1 E h 3 Güterzuglokomotive Gattung G 12, die im Rahmen der Preußischen Lokomotivgeschichte behandelt worden ist (s. S. 75).

DIE TENDERLOKOMOTIVEN.

Als am Ende der 60er Jahre die neuen Gattungsbezeichnungen für die Lokomotiven der Badischen Staatsbahn eingeführt wurden, gab es noch wenig Tenderlokomotiven. Diese waren meist durch Umbau älterer Schlepptenderlokomotiven entstanden. Es handelte sich durchweg um zweifach gekuppelte Tenderlokomotiven (Gattung I c, IV a). Eine Reihe weiterer Tenderlokomotiven war um 1880 aus B Lokomotiven des Baujahres 1866 in B 1 Tenderlokomotiven umgebaut worden (Gattung IV a, vgl. Bd. I, S. 69/70, Abb. 68).

Als nun um diese Zeit der Gedanke der Kleinzüge auftauchte, ließ die Badische Staatsbahn in den Jahren 1882—1885 bei der Maschinenbau-Gesellschaft Karlsruhe 3 Stück 1 A n 2 Kleinlokomotiven Gattung I d bauen, die den in Norddeutschland (Oldenburg, Hannover) entwickelten Omnibuslokomotiven ähnelten (Abb. 159); der sehr kleine Kessel hatte einen Dampfdruck von nur 9 atü. Der Kohlenbehälter lag an der Führerhausrückwand, während der Wasserkessel in den Blechrahmen eingehängt war; das Gesamtgewicht der Lokomotive war 23,4 t, also ziemlich hoch.

Einige Jahre später baute man die älteren 1 B Schlepptenderlokomotiven vom Jahre 1873 (s. Bd. I, S. 125, Abb. 140) in 1 B 1 Personenzugtenderlokomotiven um; sie erhielten das Gattungszeichen IV b. Die 1 B Lokomotive ließ man bis zur Hinterkante des Kessels unverändert, nur die Kesselaufbauten wurden verlegt oder neu hinzugefügt. Neu waren die Reglerbüchse, der Sandkasten und die hintere Laufachse. Die beiden Laufachsen waren fest im Rahmen gelagert, hatten aber wegen des Bogenlaufs in den Achslagern ein geringes Seitenspiel, nämlich 12 mm Querschiebung nach jeder Seite. Im Jahre 1892 waren alle 20 Schlepptenderlokomotiven dieser Gattung in 1 B 1 Tenderlokomotiven umgebaut. Äußerlich hatten sie manche Ähnlichkeit mit den Grafenstadener 1 B 1 Lokomotiven der Unterelbe-Eisenbahn (s. S. 89, Abb. 57).

Zu derselben Zeit, im Jahre 1887, wurden von der Maschinenbaugesellschaft Karlsruhe für den gemischten Reibungs- und Zahnradbetrieb auf der Strecke Freiburg—Hinterzarten (Höllentalbahn) mehrere C-Zahnradtenderlokomotiven mit Riggenbach-Gegendruckbremse gebaut (Gattung IX a). Diese Lokomotiven werden unter den Zahnradlokomotiven beschrieben.

Aber noch bevor der Umbau der oben erwähnten 1 B Schlepptenderlokomotiven in 1 B 1 Tenderlokomotiven abgeschlossen war, ging die Badische Staatsbahn zu einer neuen 1 B 1 Tenderlokomotive (Abb. 160) über (Gattung IV d). Die Lokomotive sollte auf der Schwarzwaldbahn und den ebenen Anschlußstrecken leichte Schnellzüge ohne Lokomotivwechsel befördern; diesem Zwecke konnte die oben erwähnte 1 B 1 Tenderlokomotive mit ihren großen Überhängen vorn und hinten und ihrer niedrigen Höchstgeschwindigkeit (60 km/h) nicht genügen. Auch dürften die Laufeigenschaften jener Maschine nicht gut gewesen sein. Diesen Mangel wollte man bei der neuen 1 B 1 Lokomotive vermeiden; die Zylinder wurden daher hinter die vordere Laufachse verlegt. Der Gesamtachsstand betrug 7350 mm, der feste Achsstand 2350 mm. Die Endachsen waren Adamsachsen; sie erhielten 23 mm Spiel nach jeder Seite und eine Rückstellvorrichtung mit Keilflächen, die eine gleichbleibende Rückstellkraft erzeugten. Die Wasserkästen wurden neben dem Langkessel und der Rauchkammer angeordnet. Das Dienstgewicht war gleichmäßig auf die 4 Achsen verteilt.

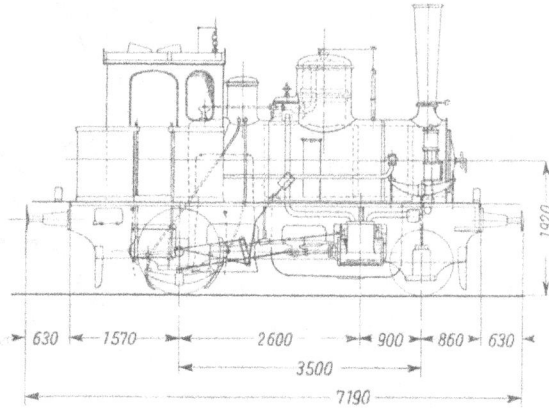

Abb. 159. 1 A n 2 Tenderlokomotive der Badischen Staatsbahn, Gattung I d; Erbauer M. G. Karlsruhe 1882—1885.

Rostfläche	0,75 m²	Zylinderdurchm.	2 × 260 mm
Verdampfungsheizfl.	31,07 m²	Kolbenhub	450 mm
Kesseldruck	9 atü	Dienstgewicht d. Lok.	23,4 t
Treibraddurchmesser	1240 mm	Reibungsgewicht	11,8 t

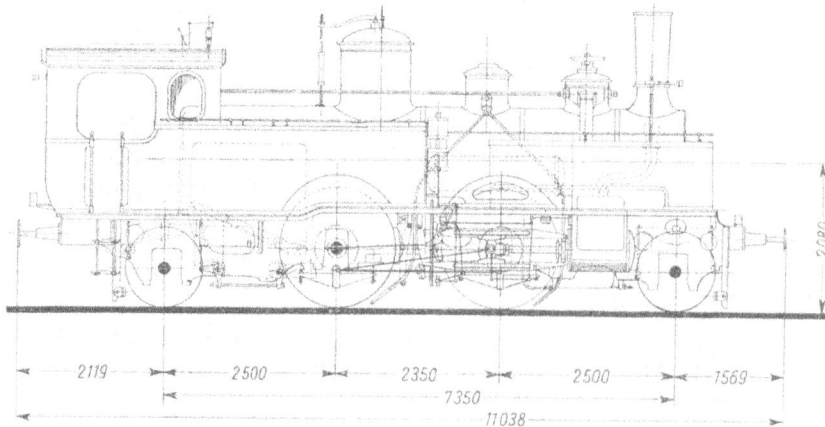

Abb. 160. 1 B 1 n 2 Tenderlokomotive der Badischen Staatsbahn, Gattung IV d; Erbauer Maffei 1891.

Rostfläche	1,75 m²	Treibraddurchmesser	1716 mm	Dienstgewicht d. Lok.	53,9 t
Verdampfungsheizfl.	115,6 m²	Zylinderdurchm.	2 × 457 mm	Reibungsgewicht	27,4 t
Kesseldruck	10 atü	Kolbenhub	610 mm		

Die Rost- und Heizfläche waren mit 1,7 m² und 115,6 m² gegenüber der älteren 1 B 1 Lokomotive nur wenig vergrößert. Da die Heizrohre um etwa 900 mm länger waren als z. B. bei der 1 B 1 Lokomotive der Unterelbe-Eisenbahn (Abb. 57), konnte der Stehkessel zwischen den beiden hinteren Achsen Platz finden. So konnte auch die Stehkesselvorderwand hinter der Treibachse tief heruntergeführt und der Feuerbüchse trotz der sehr tiefen Kessellage (2080 mm über SO) vorn noch etwa 1490 mm Feuerraumtiefe gegeben werden.

In der Beschreibung der Lokomotive im Organ 1891, S. 200, steht: ,,Um bei schneller Fahrt auf der Flachlandstrecke ein Pendeln des Lokomotivoberbaus auf den Endachsen zu verhindern, ist die Einrichtung getroffen, daß die Hinterachse in einfacher Weise festgestellt werden kann.'' Man ahnte also schon von vornherein, daß eine Maschine nicht besonders gut laufen würde, bei der die Kohlenvorräte und ein Teil des Wasservorrats über der 2500 mm weit von der nächsten führenden Kuppelachse entfernten Laufachse angeordnet waren. Weil sich diese Einrichtung aber doch nicht auf einfache Weise durchführen ließ, wurde sie fortgelassen. Der Bogenlauf der IV d Lokomotive befriedigte nur leidlich; die Laufeigenschaften bei höheren Geschwindigkeiten waren schlecht. Der erste Versuch in Deutschland, Schnellzüge über Flachland- und Bergstrecken ohne Lokomotivwechsel zu befördern, war mißlungen.

Da die Schnellzüge über Erwarten rasch schwerer wurden, folgten den bis zum Jahre 1891 gelieferten 14 Lokomotiven der Gattung IV d keine weiteren nach; die Badische Staatsbahn entschloß sich vielmehr schon im Jahre 1894, für den Schnellzugdienst auf der Schwarzwaldbahn eine neue 2 C n 4 v Schnellzuglokomotive mit Schlepptender zu beschaffen (Gattung IV e, S. 178, Abb. 149).

Schon im Jahre 1900, als die ersten preußischen Entwürfe einer 1 C Tenderlokomotive für den Vorortverkehr auftauchten (T 11, T 12), hatte A. v. Borries auf die bereits mehrjährigen Erfahrungen mit 1 C 1 n 2 v Tenderlokomotiven auf der Wiener Stadtbahn (Reihe 30 der Österr. Staatsbahnen s. Abb. 308, S. 356) hingewiesen und den Standpunkt vertreten, daß für den Vorortverkehr die 1 C 1 Anordnung trotz des höheren Preises die richtigere Lösung sei, weil die 1 C Lokomotive bei der Rückwärtsfahrt durch ihre hohen Treibräder nicht so sicher geführt werde und den Oberbau stärker

Abb. 161. 1 C 1 n 2 Tenderlokomotive der Badischen Staatsbahn, Gattung VI b; Erbauer Maffei und M. G. Karlsruhe 1900—1923.

Rostfläche	1,83 m²	Zylinderdurchm.	2 × 435 mm
Verdampfungsheizfl.	116,22 m²	Kolbenhub	630 mm
Kesseldruck	13 atü	Dienstgewicht d. Lok.	64,5 t
Treibraddurchmesser	1480 mm	Reibungsgewicht	41,7 t

beansprucht als jene. Seine Worte verhallten aber ungehört. In Preußen war durch den Fehlschlag der Wittfeldschen 1 C 1 Lokomotive die Abneigung gegen ähnliche Lokomotiven zu groß geworden. In den anderen Ländern dagegen hatte man die Vorzüge der Tenderlokomotiven mit Laufachsen an beiden Enden erkannt und schätzen gelernt und ging zur 1 C 1 oder 1 C 2 Lokomotive über.

Als erste Bahnverwaltung in Deutschland tat die Badische Staatsbahn noch im Jahre 1900 diesen Schritt mit ihrer 1 C 1 n 2 Tenderlokomotive Gattung VI b (Abb. 161 und Tafel 14); der Entwurf zu dieser Lokomotive stammte wieder von Maffei in München.

Da die Lokomotive auch auf allen Nebenbahnstrecken verkehren sollte, mußte der Achsdruck auf 13,5 t beschränkt werden. Trotzdem war der Kessel noch etwas größer als bei den preußischen 1 C Tenderlokomotiven der Gattung T 11 mit 16 t Achsdruck und war ebenso wie diese für 13 atü Kesseldruck gebaut. Da die Lokomotive auch Züge auf der Höllentalbahn befördern sollte, erhielt die Feuerbüchsdecke eine Neigung von 1 : 18. Der Blechrahmen war nur 20 mm stark. Die Adamsachsen waren an beiden Enden der Lokomotive symmetrisch angeordnet und hatten 60 mm Spiel nach jeder Seite. Ihre Tragfedern waren mit denen der benachbarten Kuppelachse durch Längsausgleichhebel verbunden; die Lokomotive war also in 6 Punkten abgestützt. Zum zwangfreien Bogenlauf wurden die Spurkränze der mittleren gekuppelten Achse 10 mm geschwächt; die Höchstgeschwindigkeit betrug 80 km/h. Nach österreichischem Vorbild waren die beiden großen Dampfdome durch ein Dampfrohr miteinander verbunden.

Die Lokomotive bewährte sich vorzüglich, so daß bis 1908 von ihr 131 Stück und dann noch einmal 1921 und 1923 42 Stück gebaut wurden.

Vom Jahre 1913 an wurde die 1 C 1 Tenderlokomotive als Gattung VI c wesentlich verstärkt und vergrößert (Abb. 162). Sie erhielt einen Schmidtschen Rauchröhrenüberhitzer von anfangs 32, später 41 m² Heizfläche, also 38% der 106,1 m² großen Verdampfungsheizfläche. Die Verringerung des Dampfdrucks auf 12 atü war ein kleines Zugeständnis an die Garbesche Auffassung. Da die Lokomotive eine Höchstgeschwindigkeit von 90 km/h erhalten sollte, vergrößerte man den Durchmesser der gekuppelten Räder von 1480 mm auf 1600 mm und den festen Achsstand um 600 mm auf 4000 mm. Mit der Einführung der höheren Räder

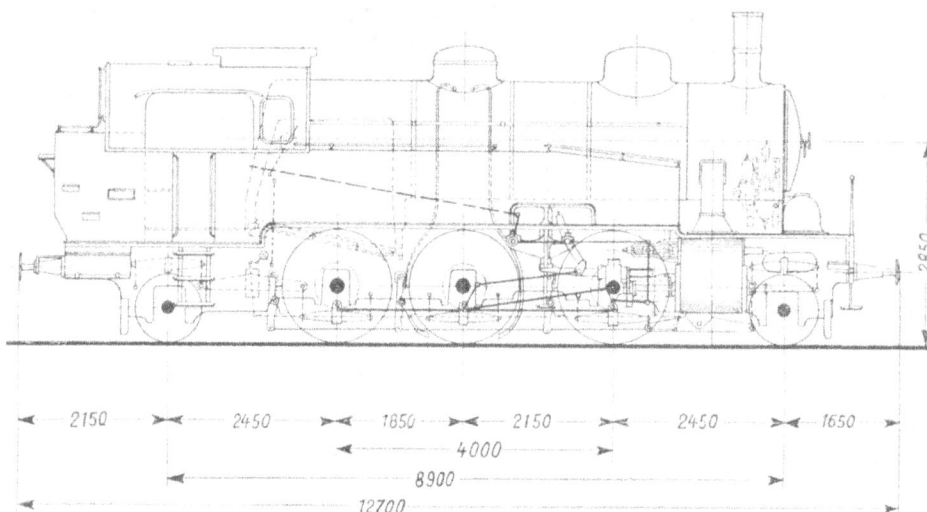

Abb. 162. 1 C 1 h 2 Tenderlokomotive der Badischen Staatsbahn, Gattung VI c; Erbauer M. G. Karlsruhe 1913—1922.

Rostfläche . . . . . 2,06 m²	Kesseldruck . . . . . 12 atü	Kolbenhub . . . . . 640 mm
Verdampfungsheizfl. 106,11 m²	Treibraddurchmesser . 1600 mm	Dienstgewicht d. Lok.. 78,31 t
Überhitzerheizfläche . 40,75 m²	Zylinderdurchm.. . 2 × 540 mm	Reibungsgewicht . . 49,7 t

hob sich auch die Mittellinie des Kessels um 500 mm auf 2850 mm über SO. Da nun auch ein größerer Wasservorrat von 10 m³ unterzubringen war, stand einer Verwendung der Lokomotive vor Schnellzügen nichts mehr im Wege. Auch hier bewährte sie sich gut, so daß von 1914 bis 1921 insgesamt 135 Stück beschafft wurden.

Die Schlepplast, die bei der Naßdampfausführung nur 165 t auf Steigungen von 5⁰/₀₀ bei 60 km/h Geschwindigkeit betragen hatte, konnte bei der VI c Lokomotive auf 290 t festgesetzt werden. Die preußischen 1 C Lokomotiven T 11 und T 12 konnten unter gleichen Verhältnissen nur Züge von 160 und 215 t Gewicht befördern.

Vor der zuerst beschriebenen 1 C 1 Lokomotive VI b machte die Badische Staatsbahn im Jahre 1900 noch einen Versuch mit einer 1 C n 2 Personenzugtenderlokomotive Gattung VI a (Abb. 163), die von der Maschinenbaugesellschaft Karlsruhe geliefert wurde. Es handelte sich um eine verhältnismäßig schwere Bauart mit 16 t Achsdruck, 2 m² Rostfläche und 119 m² Heizfläche und vorderer Adamsachse. Die nur 1480 mm hohen Treibräder drückten die Höchstgeschwindigkeit auf 70 km/h herunter. Von dieser Gattung VI a sind nur 2 Lokomotiven beschafft worden; bei den großen Vorzügen der gleichzeitig entwickelten 1 C 1 Lokomotive lag keinerlei Veranlassung vor, den Bau dieser nicht so vorteilhaften Lokomotivtype fortzusetzen. Sie blieb auch in ganz Süddeutschland die einzige regelspurige 1 C Tenderlokomotive.

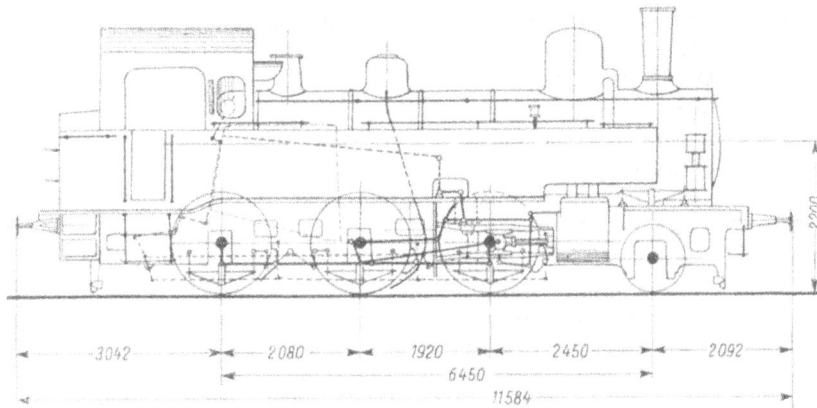

Abb. 163. 1 C n 2 Tenderlokomotive der Badischen Staatsbahn, Gattung VI a;
Erbauer M. G. Karlsruhe 1900.

Rostfläche	2,0 m²	Treibraddurchmesser .	1480 mm	Dienstgewicht d. Lok..	59,60 t
Verdampfungsheizfl.	118,95 m²	Zylinderdurchm. . .	2 × 410 mm	Reibungsgewicht . .	47,0 t
Kesseldruck	12 atü	Kolbenhub	600 mm		

Für den Güterzug- und Verschiebedienst entstanden bis zum Ende des 19. Jahrhunderts in Baden nach den B und B 1 Tenderlokomotiven der 70er und 80er Jahre, abgesehen von den C Zahnradtenderlokomotiven von 1887, keine neuen Tenderlokomotivbauarten. Von den im Jahre 1900 entwickelten 1 C Tenderlokomotiven der Gattung VI a, die mit ihren 1480 mm hohen Treibrädern mehr den Personenzuglokomotiven zuzurechnen waren, ist bereits gesprochen worden.

In demselben Jahre bestellte die Badische Staatsbahn wohl zu Versuchszwecken bei Henschel in Kassel zwei D n 2 Tenderlokomotiven mit dem Haganstriebwerk der Gattung VIII d, die den gleichartigen D Tenderlokomotiven der Preußischen Staatsbahn sehr ähnelten und fast den gleichen Kessel besaßen. Der hauptsächlichste Unterschied bestand in der außenliegenden Heusingersteuerung und dem Wasserkastenrahmen (Abb. 164). Der Gesamtachsstand war kleiner, und auch der Achsstand des Maschinendrehgestells betrug nur 1350 mm gegenüber 1700 mm bei der preußischen Lokomotive.

Da aber im Laufe der Jahre die Abwicklung des Verschiebedienstes mit den vorhandenen Tenderlokomotiven infolge der hohen Anforderungen auf den neuen großen Verschiebebahn-

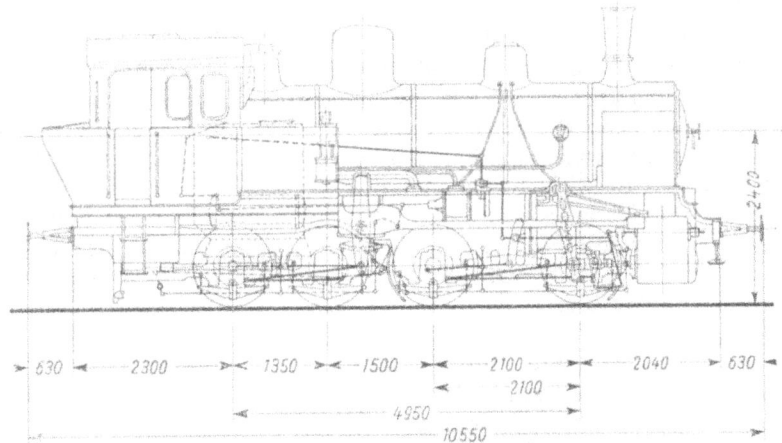

Abb. 164. D n 2 Tenderlokomotive der Badischen Staatsbahn, Gattung VIII d mit Haganstriebwerk;
Erbauer Henschel und Sohn 1900.

Rostfläche	1,57 m²	Treibraddurchmesser .	1120 mm	Dienstgewicht d. Lok..	53,3 t
Verdampfungsheizfl. .	96,84 m²	Zylinderdurchm. . . .	2 × 420 mm	Reibungsgewicht . .	53,3 t
Kesseldruck	12 atü	Kolbenhub	550 mm		

höfen schwierig wurde, sah sich die Badische Staatsbahn im Jahre 1907 genötigt, zu einer Güterzug- und Verschiebetenderlokomotive überzugehen. Nach den Vorschlägen von Courtin entwarf man die D n 2 Tenderlokomotive Abb. 165, die das Gattungszeichen X b erhielt; sie wurde von der Maschinenbaugesellschaft Karlsruhe gebaut. Der Kessel rückte mit seiner Mittellinie auf 2700 mm über SO, so daß die Feuerbüchse über dem Rahmen angeordnet werden konnte. Bei der hohen Kessellage konnte der Wasservorrat (7 m³) fast ganz in einem in den Rahmen eingehängten T förmigen Wasserkasten untergebracht werden. Der Kessel trug mit Rücksicht auf die häufige stoßweise Dampfentnahme vorn zwei geschweißte Dome, die durch ein weites Überströmrohr miteinander verbunden waren; der Ventilregler im vorderen Dom bestand aus einem Doppelsitzventil. Obgleich die Lokomotive noch nicht für Heißdampf gebaut war, wählte man doch als Steuerungsorgane Kolbenschieber von 180 mm Durchmesser mit breiten federnden Ringen. Da diese Schieber leicht beweglich waren, sah man für die Umsteuerung keine Steuerschraube, sondern einen Handhebel mit Rasten vor. Der zweiten und vierten Kuppelachse gab man je 25 mm Seitenspiel. Das Blasrohr und der Hilfsbläser waren so bemessen, daß bei mäßiger Geschwindigkeit und auch im Stillstand bereits eine hohe Luftverdünnung in der Rauchkammer erreicht wurde.

Die Lokomotive konnte normal 280 t auf 10⁰/₀₀ mit 30 km/h befördern. Sie bewährten sich sehr gut, so daß von ihr in der Zeit von 1907 bis 1921 98 Stück gebaut wurden. Mit dieser Lokomotive ist auch die Entwicklung der Tenderlokomotive in Baden abgeschlossen.

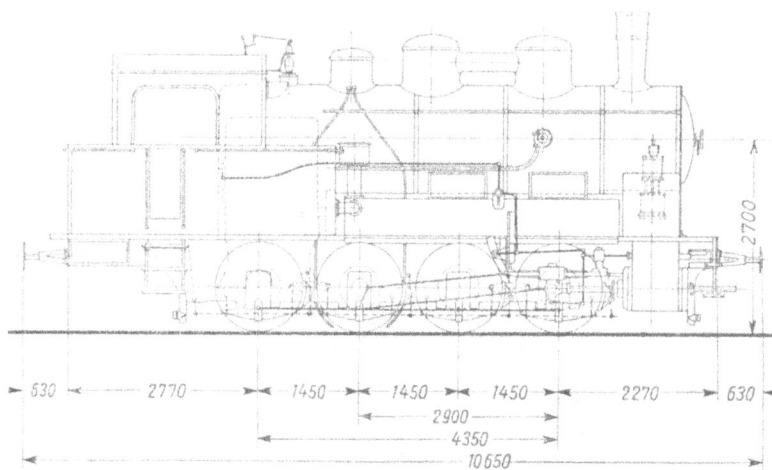

Abb. 165. D n 2 Tenderlokomotive der Badischen Staatsbahn, Gattung X b; Erbauer M. G. Karlsruhe 1907—1921.

Rostfläche	1,75 m²	Zylinderdurchm.	2 × 480 mm
Verdampfungsheizfl.	110,19 m²	Kolbenhub	630 mm
Kesseldruck	13 atü	Dienstgewicht d. Lok.	58,4 t
Treibraddurchmesser	1262 mm	Reibungsgewicht	58,4 t

Nach dem Kriegsende beschaffte die Badische Staatsbahn keine Lokomotiven mehr. Wenn man in den folgenden Jahren mit den badischen Lokomotiven nicht auskam, half Preußen mit 2 C Lokomotiven der Gattung P 8 aus. Wie überall wurde auch in dieser rund 80 jährigen Entwicklung der badischen Lokomotiven die harte Schule des Erfolges und Mißerfolges die Lehrmeisterin. Im Ganzen waren fünf Fahrzeugdezernenten (Klingel, Bissinger, Esser, Courtin und Baumann) an dieser Entwicklung beteiligt, die wie überall in erster Reihe durch die Bedürfnisse des Betriebes und Verkehrs und das Streben nach größerer Wirtschaftlichkeit in Gang gesetzt wurde, dann aber doch in hohem Grade auch von dem Können der Leistung führender Werke abhängig war. Vor 1900 war es die Maschinenfabrik Grafenstaden (de Glehn) und nach 1900 die Lokomotivfabrik J. A. Maffei mit ihrem genialen Konstrukteur Hammel, die Meisterleistungen schufen.

Im Schnellzugdienst erreichte die Entwicklung der badischen Lokomotiven in der 2 C 1 Lokomotive IV h (1918), im Personenzugdienst in der 2 C Lokomotive IV e (1894) und der 1 C 1 Lokomotive IV c (1914), im Güterzugdienst in der 1 D Lokomotive VIII e (1908) und im Verschiebedienst in der D Lokomotive X b (1907) ihren Höhepunkt.

194

V. DIE ENTWICKLUNG DER DAMPFLOKOMOTIVE IN WÜRTTEMBERG.

ALLGEMEINES.

Die Entwicklung der Lokomotive in Württemberg ist, wie aus dem ersten Band unserer Lokomotivgeschichte zu ersehen, in mancher Hinsicht andere Wege gegangen als bei den übrigen deutschen Bahnverwaltungen. Die Tatsache, daß die meisten Eisenbahnstrecken durch gebirgiges Gelände führten, hatte zur Folge, daß man sich schon von Anfang an für zweifach gekuppelte Lokomotiven entschied und außerdem für den Albübergang zwischen Geislingen an der Steige und Ulm mit Steigungen 1 : 45 dreifach gekuppelte Lokomotiven vorsah. Diese sogenannten Albmaschinen, im ganzen 5 Stück (Bd. I, S. 244, Tafel 30), hatten zur Erhöhung des Reibungsgewichts den damals ungewöhnlich hohen Achsdruck von 11 t erhalten. Den starken und langen Steigungen entsprechend waren die Raddurchmesser auch bei den Personen- und Schnellzuglokomotiven klein. Ein Versuch, die in den 50er Jahren aufkommenden Eil- und Schnellzüge durch Lokomotiven mit hohen Rädern zu befördern (s. Bd. I, S. 226, Abb. 291) hatte keinen großen Erfolg; die Lokomotiven wurden bald in untergeordnete Dienste zurückgedrängt.

Die meisten zweifach gekuppelten Lokomotiven hatten die Achsanordnung 2 B; die vorderen beiden Laufachsen waren dabei in einem Drehgestell mit sehr kurzem Achsstand untergebracht. Ihm gab man den Vorzug, weil es die Bogenläufigkeit der Lokomotive verbesserte und außerdem ein Mittel bot, die Überlastung einer einzelnen vorderen Laufachse zu verhindern.

Daß ein Drehgestell mit langem Achsstande auch dem Lauf im geraden Gleise infolge der größeren geführten Länge der Lokomotive sehr zugute kommt, hatte man noch nicht erkannt. Die kleinen Durchmesser der Drehscheiben in Württemberg waren wohl auch ein Hindernis für die Entwicklung von Lokomotiven mit großem Gesamtachsstand und damit auch von langen Drehgestellen. Viele Jahre gingen ins Land, bis man diese hervorragende Eigenschaft erkannte und sich nutzbar machte.

Da man die steifachsigen Albmaschinen im Jahre 1859 zur Schonung des Oberbaues in Güterzuglokomotiven mit 2 gekuppelten Achsen und einem vorderen zweiachsigen Drehgestell umgebaut hatte, waren im Jahre 1864 bei der Württembergischen Staatsbahn nur noch vierachsige Drehgestellokomotiven im Betriebe (130 Stück), die man nicht nach der Bauart und der Achsanordnung, sondern nach der Leistung und dem Verwendungszweck in 5 Klassen einteilte.

Klasse A: Eilzuglokomotiven,
Klasse B: leichte Lokomotiven,
Klasse C: mittelstarke   ,,   ,
Klasse D: ältere Güterzuglokomotiven,
Klasse E: neuere   ,,

Diese Einteilung wurde im Laufe der Jahre mehrfach geändert. Aus ihr ging dann um die Mitte der 70er Jahre eine neue Klassenbezeichnung — wieder mit großen lateinischen Buchstaben — hervor, die bis zum Übergang der Württembergischen Staatsbahn auf die Deutsche Reichsbahn in Gebrauch war. Außerdem erhielt jede einzelne Lokomotive noch einen Namen, und zwar die Schnell- und Personenzuglokomotiven Städtenamen und die Güterzuglokomotiven württembergische Berg- und Flußnamen.

DIE SCHNELLZUG- UND PERSONENZUGLOKOMOTIVEN.

Wie in anderen Ländern hatte auch in Württemberg um das Jahr 1866 das Streben nach Einfachheit im Lokomotivbau an Boden gewonnen, das damals besonders Krauß in München eifrig verfocht. Ältere Lokomotiven wurden in großer Zahl umgebaut, einzelne sogar mehrmals, dreiachsige Tender wurden durch zweiachsige ersetzt, ja, man versuchte nach den günstigen Erfahrungen in anderen Ländern sogar im Jahre 1866, zweiachsige Tenderlokomotiven Krauß-scher Bauart vor Schnell- und Personenzügen zu verwenden, allerdings ohne Erfolg. Wenn auch die Leistungen und Laufeigenschaften befriedigten, so reichte aber doch ihr Wasservorrat für Schnellzüge nicht aus, so daß man zweiachsige Tender anhängen mußte. Da auch die Mannschaften eine Abneigung gegen zweiachsige Lokomotiven hatten, wurden sie nicht mehr beschafft.

Zu dieser Zeit waren bei anderen Eisenbahnverwaltungen in großer Zahl 1 B Lokomotiven für verschiedene Zwecke in Gebrauch. Diese Bauart kam dem Streben nach Einfachheit sehr gelegen. Die Württembergische Staatsbahn hatte im Jahre 1865 einen neuen Obermaschinenmeister Brockmann erhalten, der früher bei der Hannoverschen Staatsbahn tätig gewesen war; unter ihm wurde die bewährte vierachsige Drehgestellokomotive zugunsten der einfacheren 1 B Lokomotive verlassen. Auch wurde der kegelige Prüsmannsche Schornstein eingeführt. Als diese neuen Lokomotiven sich einige Jahre bewährt hatten, wurden zahlreiche 2 B Lokomotiven aus dem ersten Bauabschnitt durch die Staatsbahnwerkstätten in 1 B Maschinen umgebaut; es ist anzunehmen, daß der damals einsetzende großzügige Umbau dem Einfluß Brockmanns zuzuschreiben ist.

Die 1 B Lokomotiven entwickelten sich dann im Laufe der 70er Jahre weiter: der Kessel wurde vergrößert und der Dampfdruck auf 12 atü erhöht. Auch der Umbau der älteren Lokomotiven wurde fortgesetzt.

Dann zeigten sich auch in Württemberg die Folgen der Wirtschaftskrisis. Neue Lokomotiven wurden nur in geringem Umfange gebaut. Im Jahre 1886 waren insgesamt 334 Lokomotiven vorhanden, von denen nur 21 Stück vier Achsen besaßen, 307 Stück hatten 3 und 6 Stück (von Krauß) hatten 2 Achsen.

Inzwischen hatte von Preußen aus das Verbundverfahren seinen Siegeszug angetreten, doch verhielt sich die Württembergische Staatsbahn der neuen Erfindung gegenüber zunächst noch abwartend. Nachdem aber fast überall beträchtliche Ersparnisse im Kohlenverbrauch festgestellt worden waren, entschloß auch sie sich im Jahre 1887 auf Vorschlag Kloses, der im Anfang dieses Jahres zur Württembergischen Staatsbahn übertrat, das Verbundverfahren zunächst an 5 neuen dreiachsigen Schnellzuglokomotiven zu erproben. Da man aber den bisher üblichen niedrigen Dampfdruck von 12 atü beibehielt, blieb gegenüber den gleich großen und mit gleichem Kessel versehenen Zwillingslokomotiven der gleichen Bestellung die erhoffte Kohlenersparnis aus. Erst nachdem der Dampfdruck bei den Verbundlokomotiven auf 14 atü erhöht worden war, wurden Leistung und Kohlenersparnis so günstig, daß bis zur Einführung des Heißdampfes fast nur noch Verbundmaschinen beschafft wurden.

Trotz der nur 1650 mm hohen Treibräder wurden diese Verbundlokomotiven (Klasse A c, Abb. 166) für Schnellzüge verwendet, da diese in dem hügeligen Gelände nur mäßige Geschwindigkeiten erreichten. Die Höchstgeschwindigkeit der Lokomotiven war auf 81 km/h festgesetzt; die überhängenden Massen der Dampfzylinder werden bei dieser Geschwindigkeit den Lauf der Lokomotive noch nicht allzu ungünstig beeinflußt haben. Im ganzen wurden von dieser Type bis zum Jahre 1897 31 Stück gebaut; zum Vergleich waren 25 Zwillingslokomotiven (Klasse A a und A) sonst gleicher Bauart vorhanden.

Bei allen diesen Lokomotiven lagen die Schieberkästen innen zwischen dem Rahmen; auf Vorschlag Kloses wurde der früher senkrechte Schieberspiegel schräg gelegt (Abb. 167). Von Klose rührt auch die eigenartige Anordnung der Rohre in der Rauchkammer und ihre Verbindung durch Rotgußstutzen mit kugeligen Dichtungsflächen und in der Mitte durchgehenden stählernen Schrauben her, deren kleinere Wärmeausdehnung das Dichthalten der Dichtflächen begünstigt. Diese Art der Abdichtung durch einen mittig ausgeübten Anpreßdruck auf kugelige

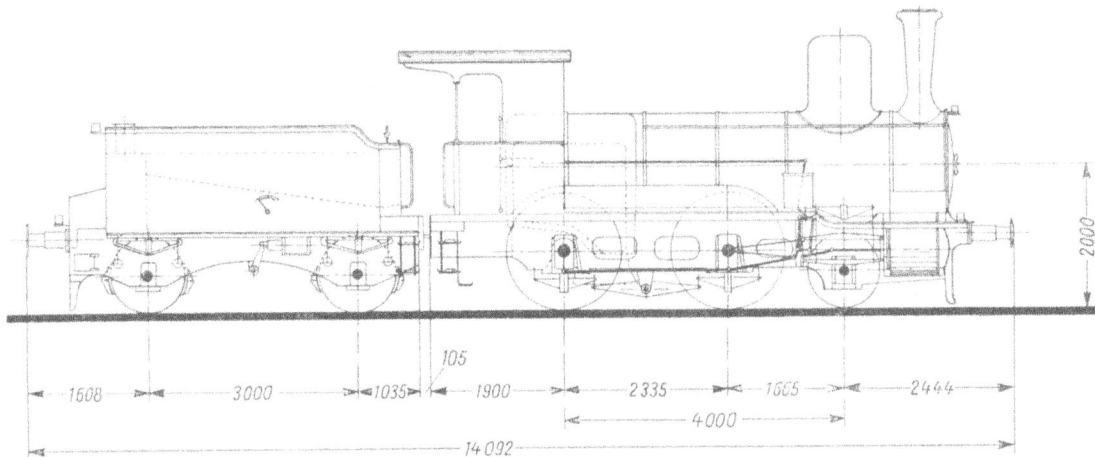

Abb. 166. 1 B n 2 v Personenzuglokomotive der Württembergischen Staatsbahn; Gattung Ac;
Erbauer Eßlingen 1888—1897.

Rostfläche	1,6 m²	Treibraddurchmesser	1650 mm	Dienstgewicht d. Lok.	40,4 t
Verdampfungsheizfl.	105,25 m²	Zylinderdurchm.	420/600 mm	Reibungsgewicht	27,2 t
Kesseldruck	12 atü	Kolbenhub	560 mm		

Metallinsen wurde von ihm auch für andere Teile, z. B. Wasserstände und Waschlukendeckel mit Erfolg angewendet.

Die Lokomotiven waren mit zweiachsigen Tendern von 10 m³ Wasserinhalt gekuppelt.

Außer diesen Schnellzuglokomotiven waren seit dem Jahre 1889 C n 2 v Lokomotiven entwickelt worden (Klasse F c); für den schweren Dienst wurden diese Lokomotiven sehr bald zu schwach. Als im Betriebe immer mehr Vorspannlokomotiven gestellt werden mußten, entschloß sich die Württembergische Staatsbahn im Jahre 1890, neue schwere 1 B 1 3 v Schnellzuglokomotiven für Naßdampf und getrockneten Dampf bauen zu lassen (Klasse E, Abb. 168). Die Lokomotiven wurden wegen billigerer Preise und kürzerer Lieferzeit im Auslande, und zwar nach einem Antrag von Klose bei der belgischen Lokomotivfabrik John Coquerill in Seraing bei Lüttich bestellt, denn die Maschinenfabrik Eßlingen und das maschinentechnische Büro der Württembergischen

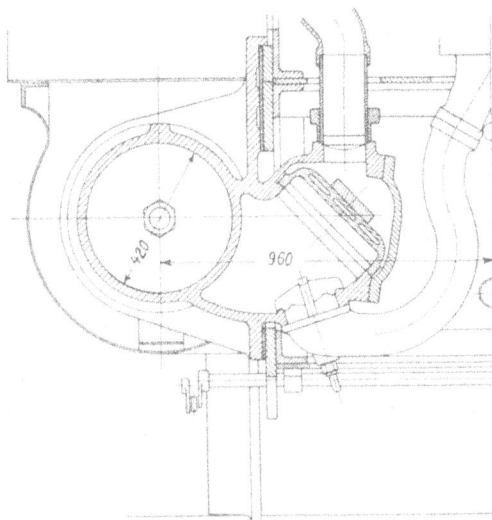

Abb. 167. Anordnung von Schieber und Einströmrohr nach Klose.

Staatsbahn waren mit anderen Aufgaben, wie der Entwicklung neuer schwerer Güterzuglokomotiven, neuer Schmalspurwagen, Personen- und Güterwagen voll ausgelastet. Die Ablieferung der Lokomotiven verzögerte sich aber durch Bauartänderungen um ein Jahr, so daß die Württembergische Staatsbahn die neuen Maschinen erst im Jahre 1892 in Betrieb nehmen konnte.

Äußerlich hatten die 1 B 1 Lokomotiven manche Ähnlichkeit mit der Type 12 der Belgischen Staatsbahnen, mancherlei wurde aber doch nach den Anordnungen Kloses geändert. Der Kessel mit Belpaire-Stehkessel wurde beträchtlich vergrößert, und zwar auf 1500 mm Durchmesser. Man hatte ihn für 15 atü berechnet, nahm ihn aber mit nur 12 atü in Betrieb. Neuartig waren auch die bronzenen Bügelanker über der Feuerbuchsrohrwand. Die Rostfläche von 2 m² war im Verhältnis zur Heizfläche, die 148 m² groß war, ziemlich knapp bemessen (R : H = 1 : 74), weil damals schon in Württemberg zur Verminderung der Frachtkosten Kohlen

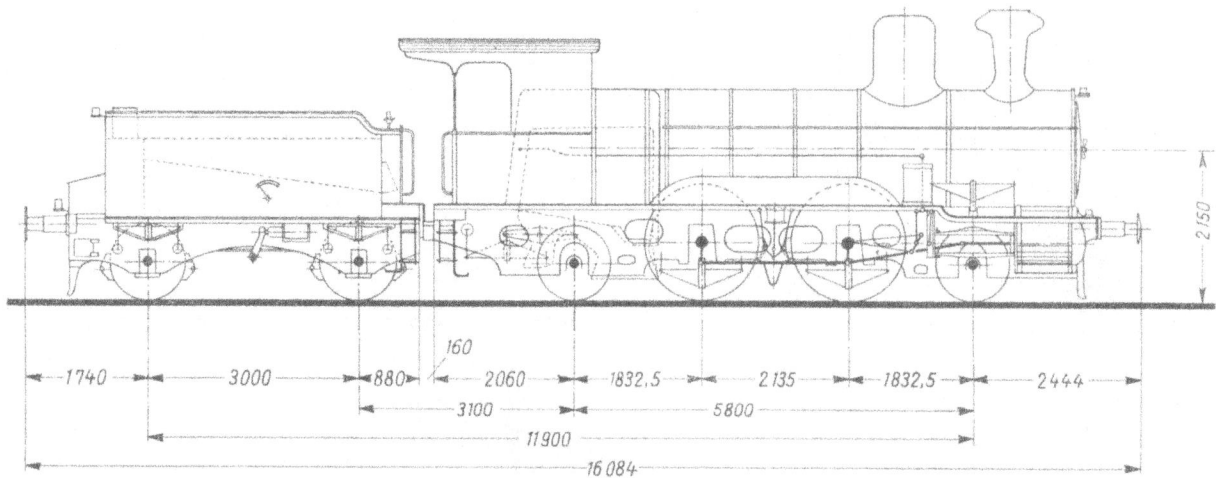

Abb. 168. 1 B 1 t 3 v Personenzuglokomotive der Württembergischen Staatsbahn, Gattung E;
Erbauer Cocquerill Seraing, Belgien 1892.

Rostfläche	2,0 m²	Treibraddurchmesser	1650 mm	Dienstgewicht d. Lok.	54,2 t
Verdampfungsheizfl.	148,1 m²	Zylinderdurchm.	3×420 mm	Reibungsgewicht	27,6 t
Kesseldruck	12 atü	Kolbenhub	560 mm		

mit möglichst hohem Heizwert beschafft wurden. Neu war auch die Kümpelung der Stehkesselrückwand nach rückwärts (Abb. 169), zu der man wegen des Einbringens der Feuerbüchse
von hinten gezwungen war. Der Rost war wie bei allen damaligen württembergischen Lokomotiven mit unterstützter Feuerbüchse stufenförmig ausgebildet.

Die Hauptunterschiede gegenüber den belgischen Staatsbahnlokomotiven und auch den
1 B 1 Lokomotiven der Main—Neckarbahn lagen im Trieb- und Laufwerk. Das Triebwerk
besaß drei gleiche Zylinder von 420 mm Durchmesser in Verbundanordnung. Der Hochdruckzylinder lag innen, die beiden Niederdruckzylinder außen, die Kurbeln des Triebwerks waren
um 120° gegeneinander versetzt. Zum Anfahren diente ein Wechselventil, das während des
Anfahrvorgangs alle Zylinder auf einfache Dampfdehnung schaltete; die Umsteuerung auf
Verbundwirkung besorgte eine Dampfhilfssteuerung. Die Blechrahmen lagen innen und waren
30 mm stark.

Die beiden Laufachsen waren durch ein Klosesches Lenkwerk mit der Tenderkupplung
verbunden; bei dem Lauf der Lokomotive durch Gleisbögen wurden sie durch die schräge
Stellung des Tenders zum Lokomotivfahrgestell angenähert radial eingestellt. Die Last wurde
auf die hintere Laufachse über Längstragfedern übertragen, die weit hinter der Achse lagen
und im Bilde hinter der tiefliegenden Dampfstrahlpumpe zu erkennen sind.

Die Lokomotiven beförderten nach Angaben im Schrifttum 150 t schwere Züge auf Steigungen von 10⁰/₀₀ noch mit 60 km/h. Sie waren auch die ersten Dreizylinderlokomotiven in
Deutschland und sind, auch abgesehen von den zur gleichen Zeit gebauten württembergischen
E n 3 Güterzuglokomotiven und den mißlungenen Dreizylindertenderlokomotiven Wittfelds
in Preußen lange Jahre hindurch die einzigen geblieben, bis die Preußische Staatsbahn im
Jahre 1914 ihre 2 C h 3 Schnellzuglokomotiven (S 10²) entwickelte. Sie sind aber nicht mehr
nachgebaut worden; schon nach wenigen Jahren

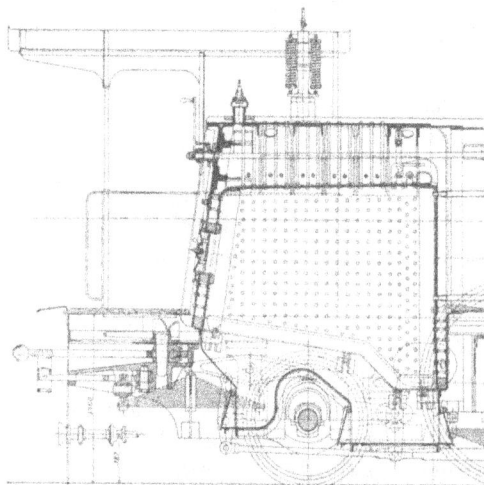

Abb. 169. Rückwärtiger Teil der 1 B 1-Loko-
motive, Gattung E.

(1899) kehrte die Württembergische Staatsbahn auf Vorschlag Kittels, des Nachfolgers von Klose, wieder zu ihrer alten, nun aber den neuen Erkenntnissen angepaßten 2 B Bauart zurück und begann daneben auch schon ein Jahr zuvor mit dem Bau von 2 C Schnellzuglokomotiven.

Merkwürdigerweise ist die Württembergische Staatsbahn, die doch als eine der ersten Bahnverwaltungen 2 B Lokomotiven beschaffte und auch lange als einzige an dieser Bauart fast ausschließlich festhielt, als letzte der großen deutschen Staatsbahnen zu der neuzeitlichen 2 B Schnellzuglokomotive mit großem Gesamt- und Drehgestellachsstand übergegangen. Der Grund lag wohl darin, daß bereits 1892 die 10 beschriebenen 1 B 1 Lokomotiven beschafft wurden und schon 1898 die ersten 2 C Lokomotiven in Betrieb kamen.

Die neue württembergische 2 B Lokomotive der Klasse AD (Abb. 170) entsprach in ihren Hauptabmessungen ungefähr den 2 B Lokomotiven der übrigen Ländereisenbahnen. Bei den guten Erfahrungen mit dem Verbundverfahren wurde sie von vornherein als Zweizylinderverbundlokomotive gebaut; sie erhielt einen Dampfdruck von 14 atü und 2 Dampfdome, die

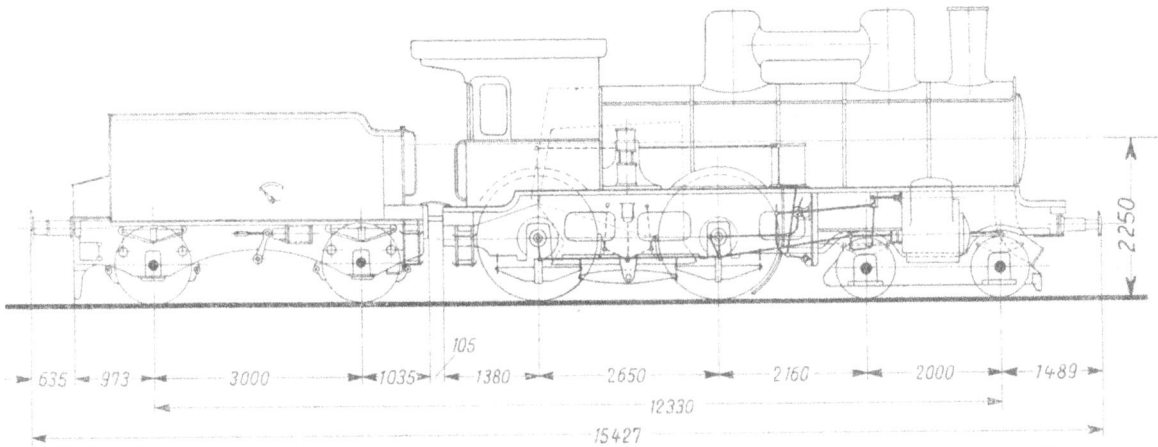

Abb. 170. 2 B n 2 v Schnellzuglokomotive der Württembergischen Staatsbahn, Gattung A D;
Erbauer Eßlingen 1899—1907.

Rostfläche . . . . . 2,0 m²	Treibraddurchmesser . 1800 mm	Dienstgewicht d. Lok.. 50,2 t
Verdampfungsheizfl. 129,06 m²	Zylinderdurchm. 450/670 mm	Reibungsgewicht . . 29,0 t
Kesseldruck . . . . . 14 atü	Kolbenhub . . . . . 560 mm	

durch ein weites Rohr miteinander verbunden waren und der Lokomotive ein eigenartiges Aussehen gaben. Die Sandkästen lagen auf dem Umlaufblech über der Schwinge. Die ersten Lokomotiven hatten entlastete Flachschieber, vom Jahre 1903 an wurden jedoch an ihnen auch Kolbenschieber eingeführt. 16 Lokomotiven waren mit Serverohren ausgerüstet, die sich aber wie bei anderen deutschen Eisenbahnverwaltungen auf die Dauer nicht bewährten. Die ursprünglich vorhandene Dampfbremse wurde später durch die Druckluftbremse ersetzt.

Nachdem sich der Heißdampf im Lokomotivbau durchgesetzt hatte, wurde vom Jahre 1907 an die Type AD mit sonst unveränderten Abmessungen als Heißdampfzwillingslokomotive weiter gebaut; der Dampfdruck wurde dabei wohl nach preußischem Vorbild wieder auf 12 atü ermäßigt. Die Zylinder dieser Heißdampflokomotiven hatten einen Durchmesser von 490 mm, während die Verdampfungs- und Überhitzerheizflächen 104,6 bzw. 30,3 m² betrugen. Von den insgesamt beschafften 115 AD Lokomotiven waren 98 Naßdampf- und 17 Heißdampfmaschinen.

Noch bevor die eben beschriebene 2 B Lokomotive der Klasse AD gebaut war, war man bei der Württembergischen Staatsbahn zu der Überzeugung gekommen, daß für die schwierigen Betriebsverhältnisse auf der steigungsreichen Strecke Bretten—Stuttgart und Stuttgart—Ulm zweifach gekuppelte Schnellzuglokomotiven den Ansprüchen nicht mehr lange gewachsen sein würden und daß für diese Strecken nur noch eine dreifach gekuppelte Lokomotive in Betracht käme. Auf Grund der Erfahrungen der Preußischen und der Badischen Staatsbahnen mit 2 C Lokomotiven fiel auch hier die Wahl auf diese Achsanordnung.

Die neue 2 C n 4 v Lokomotive Klasse D (Abb. 171) war bedeutend leistungsfähiger als die nur wenig älteren 2 C Lokomotiven der Badischen und Preußischen Staatsbahn. Die Treibräder waren den Streckenverhältnissen entsprechend wie bei der badischen 2 C Lokomotive (IV e) nur 1650 mm hoch. Die bisher gebräuchliche Anordnung der Zylinder nach de Glehn (HD Zylinder außen, ND Zylinder innen) mußte aus baulichen Gründen verlassen werden: da der Raum für die großen Niederdruckzylinder von 600 mm Durchmesser zwischen den Rahmen zu knapp wurde, mußten sie nach außen und die Hochdruckzylinder nach innen verlegt werden. Der Zweiachsantrieb nach de Glehn wurde beibehalten; auch die Lage der Außenzylinder zwischen der hinteren Drehgestellachse und der ersten Kuppelachse weist auf das Vorbild der Maschinenbau-Gesellschaft Grafenstaden hin. Da hier aber nur sehr wenig Raum zur Verfügung stand, mußte die Zylinderachse der Außenzylinder geneigt werden. Es ist eigenartig, daß man noch nicht die Möglichkeit ausgenutzt hat, diese Zylinder am Rahmen in der Mittelebene des Drehgestells anzubringen, zumal man in Württemberg ohnehin dem Drehgestell einen Innenrahmen gegeben hatte. Besonders bemerkenswert ist an der Steuerung, daß die Umsteuerung und die Regelung der Füllung durch einen dampfbeaufschlagten Servomotorkolben bewirkt wurde. Die Steuerungen der Hoch- und Niederdruckzylinder waren fest miteinander gekuppelt. Das Füllungsverhältnis blieb also unveränderlich, jedoch konnte die Füllung der Innenzylinder durch Umstecken eines Bolzens in verschiedene Bohrungen des Aufwerfhebels, die über den Schieberkästen zu erkennen sind, in bestimmten Grenzen verändert werden.

Der Kessel hatte eine Heizfläche von 162 m², 14 atü Dampfdruck und eine Belpaire-Feuerbüchse mit schmalem Rost, deren Rostfläche 2,3 m² war und die von hinten in den Stehkessel eingebracht wurde. Der Umbug der Stehkesselrückwand war zu diesem Zweck rückwärts gekümpelt.

Ein Fortschritt gegenüber der badischen 2 C n 4 v Lokomotive war der Lastausgleich zwischen den beiden

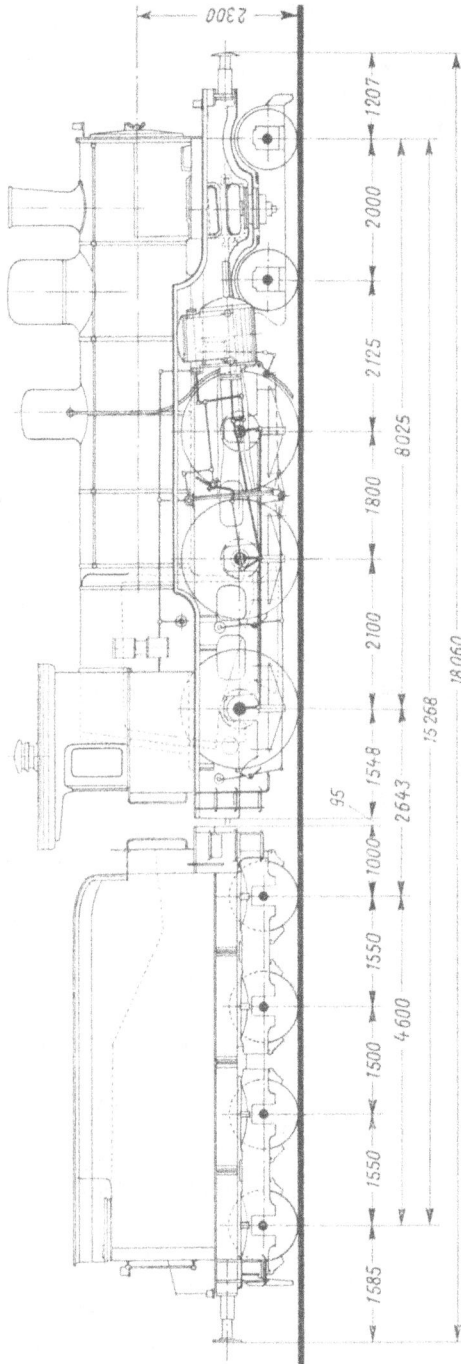

Abb. 171. 2 C n 4 v Personenzuglokomotive der Württembergischen Staatsbahn, Gattung D; Erbauer Eßlingen 1898—1905.

Treibraddurchmesser	1650 mm
Zylinderdurchm.	2 × 344/600 mm
Kolbenhub	560 mm
Dienstgewicht d. Lok.	64,5 t
Reibungsgewicht	44,9 t
Rostfläche	2,3 m²
Verdampfungsheizfl.	162,0 m²
Kesseldruck	14 atü

Treibachsen; nachteilig war, daß nur die erste Treibachse gesandet wurde.

Die Leistung der Lokomotive war für damalige Verhältnisse hoch. Es konnten auf Steigungen von 10⁰/₀₀ 250 t schwere Züge mit 60 km/h befördert werden. Die größte Geschwindigkeit betrug 90 km/h.

Da die Maschinen nur für den schweren durchgehenden Verkehr auf der Strecke Bretten—Stuttgart—Ulm in Betracht kamen, sind bis zum Jahre 1905 nur 14 Stück gebaut worden.

Als die Schnellzüge auf den bereits mehrfach erwähnten schwierigen Strecken Bretten—Stuttgart und Stuttgart—Ulm im Anfang des Jahrhunderts mit höheren Geschwindigkeiten gefahren werden mußten, reichte die 2 C Lokomotive nicht mehr aus. Die zahlreichen Gleisbögen legten nach den Bestimmungen der Eisenbahn-Bau- und Betriebsordnung dem Betriebe so starke Geschwindigkeitsbeschränkungen auf, daß eine Erhöhung der Grundgeschwindigkeiten über 90 km/h auf den kurzen graden Strecken keinen nennenswerten Gewinn an Fahrzeit mehr gebracht hätte; der lebhafte Wunsch nach einer kürzeren Reisegeschwindigkeit konnte daher nur erfüllt werden, wenn auch auf den Steigungen schneller als bisher gefahren wurde. Diesen Ansprüchen an Zugkraft und Leistung genügten aber die 2 C Lokomotiven der Klasse D mit ihrem Achsdruck von 15 t nicht, zumal auch das Gewicht der Züge inzwischen weiter angestiegen war. Schwere Züge konnten unter diesen Umständen nicht mehr ohne den kostspieligen Vorspann befördert werden. Die Württembergische Staatsbahn entschloß sich deshalb im Jahre 1908 zu einer neuen schweren Schnellzuglokomotive, die 350 t schwere Züge auf Steigungen von 10⁰/₀₀ noch mit 60 km/h befördern und außerdem im Flachland 110 km/h erreichen sollte. Sie mußte auch auf den Anschlußbahnen der Nachbarverwaltungen verkehren, die z. T. im Flachland lagen. Besonderer Wert wurde auch wegen der Eigenart des Württembergischen Schnellzugbetrie-

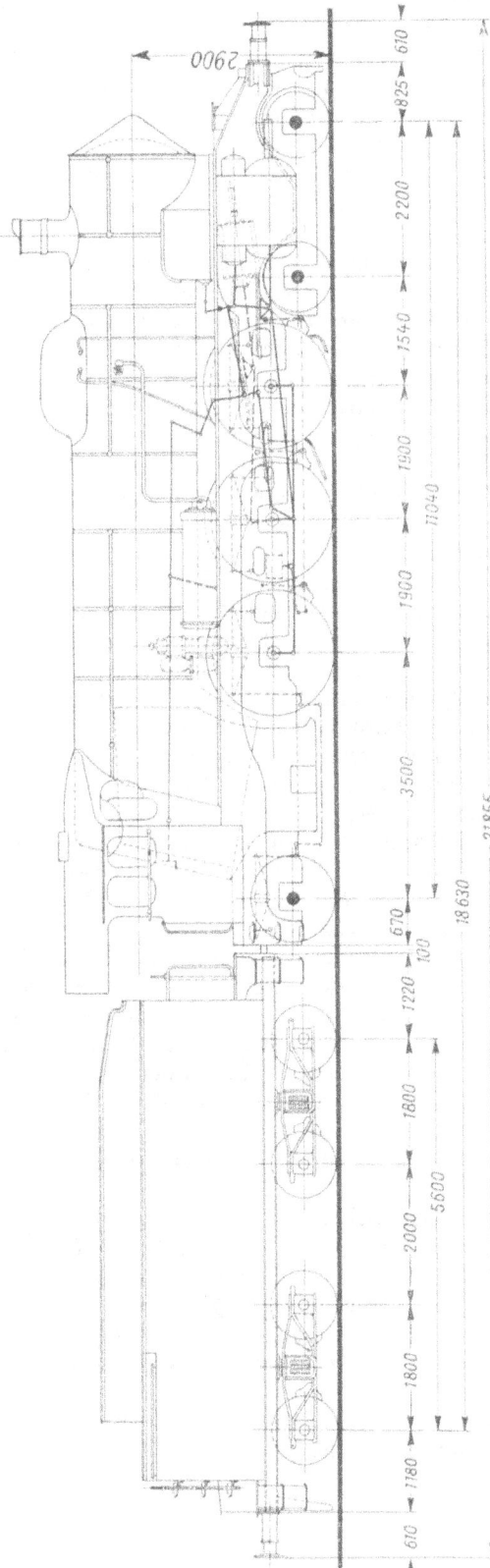

Abb. 172. 2 C 1 h 4 v Schnellzuglokomotive der Württembergischen Staatsbahn, Gattung C; Erbauer Eßlingen 1909—1921.

Rostfläche	3,95 m²	Kesseldruck	15 atü	Zylinderdurchm. 2 × 420/620 mm	Dienstgewicht d. Lok.	87,8 t
Verdampfungsheizfl.	208,0 m²	Treibraddurchmesser	1800 mm	Kolbenhub	612 mm	Reibungsgewicht . .	47,8 t
Überhitzerheizfläche	65,0 m²					

bes (Abwarten von Anschlußzügen) auf einen ausreichenden Leistungsüberschuß gelegt. Man wählte daher auf den Vorschlag Kittels, des Württembergischen Maschinendirektors die inzwischen in Bayern und Baden eingeführte Achsanordnung 2 C 1, die gestattete, einen leistungsfähigen Kessel mit großer breiter Rostfläche unterzubringen.

Obwohl inzwischen die Versuchsfahrten mit der preußischen 2 C h 2 Lokomotive der Gattung P 8 zu großen Erfolgen geführt hatten, wollte man nach den guten Erfahrungen mit 2 C n 4 v Lokomotiven der Klasse AD auf die auch in Baden und Bayern gerühmten Vorteile des Vierzylinder-Verbund-Triebwerks nicht verzichten.

Die neue 2 C 1 h 4 v Lokomotive (Klasse C) wurde nach Angaben von Kittel von der Maschinenfabrik Eßlingen erbaut und 1909 abgeliefert (Abb. 172). In ihrem grundsätzlichen Aufbau wich sie nur unwesentlich von den bayerischen und badischen 2 C 1 Lokomotiven ab. Die Rostfläche war dem etwas niedrigeren Leistungsprogramm entsprechend kleiner als bei diesen Lokomotiven, nämlich 3,95 m²; der Kessel hatte 208 m² Heizfläche und Rauchrohre, die am hinteren Ende gewellt waren, um sie in der Richtung der Rohrachse nachgiebig zu machen. Der Rost hatte einen Kipprost in der Mitte und eine Dampfbrause nach Manner, die einer Verschlackung der Rostspalten vorbeugen sollte. Der Aschkasten war sehr geräumig. Der Überhitzer war auch hier zunächst noch etwas knapp (53 m²), er wurde später, im Jahre 1914, auf 65 m² Heizfläche vergrößert. Eigenartig für deutsche Verhältnisse war der Kragen am vorderen Rande des Schornsteins, der an französische und belgische Vorbilder erinnert und wirkungslos blieb.

Größere Eigenart zeigte das Triebwerk und der Rahmen. Das Zylinderraumverhältnis, das bei den bayerischen und badischen 2 C 1 Lokomotiven 1 : 2,56 war, betrug zunächst 1 : 2,2, dann 1 : 2,17 bei Zylinder-Durchmessern von 420/620 und später 430/635 mm, so daß die Lokomotive in ihren Leistungen etwas stärker veränderlich und für das Hügelland besser geeignet war. Dieses Zylinderverhältnis hatte sich bereits bei den 2 C Lokomotiven der Klasse D bewährt, deren Hochdruckzylinder man nach den Angaben Dauners durch Einziehen einer gußeisernen Büchse verkleinert hatte. Die Hochdruckzylinder lagen innen und waren um eine halbe Zylinderlänge gegen die Außenzylinder nach hinten verschoben; dadurch war für die über ihnen liegenden Kolbenschieber Platz gewonnen und die Kolbenstange wurde kürzer. Alle 4 Zylinder arbeiteten auf die zweite gekuppelte Achse. Die Schieberkästen der beiden äußeren Niederdruckzylinder waren durch ein weites Bogenrohr miteinander verbunden, das durch die Rauchkammer ging und von den Rauchgasen beheizt wurde. Der Inhalt dieses Verbinders war etwa 275 Liter.

Zu einem Barrenrahmen konnte man sich damals auch in Württemberg noch nicht entschließen. Die Platten des Blechrahmens hatten eine Stärke von nur 28 mm, doch wurden sie durch einen außen unter dem Umlaufblech entlanggehenden niedrigen Außenrahmen verstärkt, wie ihn ganz ähnlich die Pfälzische Eisenbahn an ihren 2 B 1 Lokomotiven (Abb. 138) verwendet hatte. Zwischen der ersten und zweiten gekuppelten Achse war dieser Hilfsrahmen in einer schmalen Schürze tiefer nach unten gezogen, an der wie bei den pfälzischen Lokomotiven Einsteigstufen zum inneren Triebwerk befestigt waren. Das Innentriebwerk konnte man dann von einer tiefliegenden waagerechten Rahmenversteifungsplatte aus bequem erreichen.

Die erwarteten Leistungen wurden bei den Versuchsfahrten weit übertroffen. Auf einer 10 km langen Steigung von 10⁰/₀₀ beförderte die Lokomotive einen Zug von 408 t mit 70 km/h. Bei Geschwindigkeiten von 80—90 km/h wurden Dauerleistungen von 1900 PS_i erzielt; der Dampfverbrauch betrug dabei 7,7 kg/PS_ih.

Die Kittel zu dankende äußere Form der Lokomotive wirkte recht ansprechend, wenn auch vielleicht das Aussehen der Lokomotive durch einen Barrenrahmen noch mehr gewonnen haben würde.

Bis zum Jahre 1921 wurden 41 Lokomotiven gebaut, von denen die ersten 24 Stück den kleinen Überhitzer besaßen.

DIE GÜTERZUGLOKOMOTIVEN.

In der Entwicklung der Güterzuglokomotiven war in Württemberg um 1880 eine längere Pause eingetreten, die ihre Ursache in der noch nicht überwundenen Wirtschaftskrise hatte. Zu dieser Zeit wurde der Güterverkehr auf der Württembergischen Staatsbahn hauptsächlich mit C Lokomotiven der Klasse F vom Jahre 1864 (s. Bd. I, S. 245, Abb. 317) abgewickelt; die alte 2 B Type aus Bd. I, S. 235, Abb. 305 war bereits seit Jahren in eine zweiachsige Tenderlokomotive für den Verschiebedienst umgebaut. Als sich nun gegen Ende der 80er Jahre die Wirtschaftslage besserte, wurden die C Lokomotiven der Klasse F weitergebaut, jetzt allerdings mit einem Kesseldruck von 12 atü statt bisher 10 atü und entsprechend kleineren Zylindern (450 mm statt 480 mm), ferner mit einem nicht überhöhten Belpaire-Stehkessel. Sie erhielten das Klassenzeichen F 2 (Klasse F 1 s. u.).

Von 1890 bis 1892 wurden diese Lokomotiven als Verbundmaschinen Klasse F c (Abb. 173) nachgebaut (30 Stück); sie erhielten Zylinder von 480/685 mm Durchmesser und einem Raum-

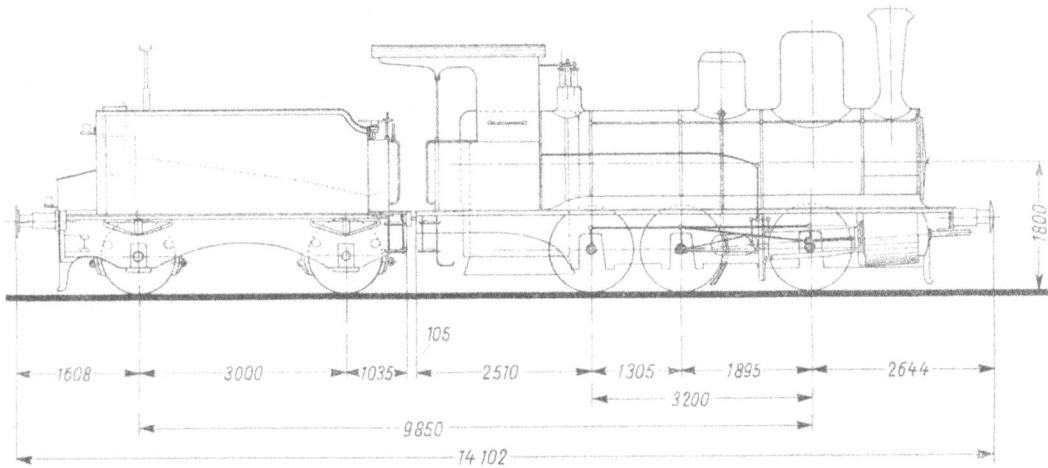

Abb. 173. C n 2 v Güterzuglokomotive der Württembergischen Staatsbahn, Gattung F c;
Erbauer Eßlingen 1890—1909.

Rostfläche . . . . . 1,4 m²	Treibraddurchmesser . 1230 mm	Dienstgewicht d. Lok.. 39,6 t
Verdampfungsheizfl. . 117,9 m²	Zylinderdurchm. 480/685 mm	Reibungsgewicht . . 39,6 t
Kesseldruck . . . .12—14 atü	Kolbenhub . . . . . 612 mm	

verhältnis von 1 : 2,03. Der Buchstabe c in der Gattungsbezeichnung bedeutet Verbund (Compound).

Der bisher sehr kurze Achsstand der C Lokomotive wurde jetzt von 300 mm auf 3200 mm vergrößert, wobei der Kessel zum Ausgleich der größeren Zylindergewichte etwas nach hinten verschoben wurde. Das Dienstgewicht stieg so auf 39,6 t. Bei dem höheren Achsdruck und den niedrigen Treibrädern (1230 mm Durchmesser) war es nicht mehr möglich, die Tragfedern der letzten Achse unter dem Achslagergehäuse unterzubringen. Auch über dem Achslager konnte eine Tragfeder nicht mehr in der üblichen Weise angeordnet werden, da hier der Raum zum Teil durch die Feuerbüchse eingeengt war. Um nun eine harte Querfeder zu vermeiden, wählte man die Federanordnung nach Abb. 174.

Nach einer Pause von wenigen Jahren, in der die Versuchsausführung der C Lokomotiven mit dem Klosetriebwerk entwickelt wurde (Klasse F 1 s. u.), nahm man im Jahre 1896 den Bau der F c Lokomotiven

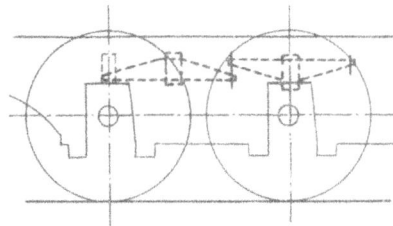

Abb. 174. Federanordnung der C n 2 v
Güterzugslokomotive Gattung F c.

wieder auf und setzte ihn bis 1909 unverändert fort; lediglich der Dampfdruck wurde von 12 auf 14 atü erhöht.

Die F c Lokomotive hob sich von den gleichartigen Lokomotiven der meisten Bahnen durch ihre harmonische und glatte Linienführung vorteilhaft ab. Von ihr wurden 125 Stück gebaut; die meisten lieferte die Maschinenfabrik Eßlingen. Nur 7 Stück aus den Jahren 1907 bis 1909 stammten aus der Werkstatt der Werkstätteninspektion Eßlingen; sie waren damit eines der wenigen Beispiele des bahneigenen Lokomotivbaus aus der Zeit nach 1880.

Die C Lokomotiven der Klasse F c hatten den Nachteil, daß die überhängenden schweren Massen des Stehkessels und der Zylinder keine hohen Geschwindigkeiten zuließen. Außerdem beeinflußte der noch immer kurze Achsstand dieser Lokomotiven die Laufeigenschaften ungünstig. Gegen Lokomotiven mit größerem festen Achsstand aber hatte man in Württemberg bei der großen Zahl starker Krümmungen von jeher eine gewisse Abneigung. Der Wunsch nach schneller fahrenden Güterzuglokomotiven, die auch für gemischten Dienst verwendet werden konnten, also gute Laufeigenschaften hatten, wurde aber zu Beginn der 90er Jahre immer lebhafter; gleichzeitig entstand auch das Bedürfnis nach einer besonders leistungsfähigen fünffach gekuppelten Güterzuglokomotive, die schwere Güterzüge über die Geislinger Steige befördern sollte.

Die Entwicklung dieser beiden langgebauten Lokomotivbauarten stieß bei den Streckenverhältnissen in Württemberg vielerseits auf Bedenken, denen Klose durch eine theoretisch richtige, aber den Betriebsansprüchen auf die Dauer nicht gewachsene Triebwerksbauart einen anscheinend gangbaren Ausweg bot.

Klose verband die vordere und die hintere Achse der neuen Lokomotiven durch ein Lenkwerk derart miteinander und mit dem Tenderrahmen, daß sich diese Achsen im Gleisbogen radial einstellen konnten. Die dabei notwendige Verlängerung oder Verkürzung der Kuppelstangen auf beiden Seiten der Lokomotive — entsprechend dem größeren Kreisbogen der Krümmung bei der äußeren Schiene — wurde durch einen am Treibzapfen befestigten sogenannten Differentialkopf hergestellt, der über zwei Parallelogrammführungen mit Zwischenhebeln und Verbindungsstangen mit den die Achsen umfassenden Armlagern zwangläufig verbunden war. Außerdem stellte eine stehende Welle die Verbindung mit dem großen Kuppeleisen des Tenders her, dessen Schrägstellung zur Lokomotive in Gleisbögen selbsttätig die radiale Einstellung herbeiführte. Nach der Fahrt durch den Gleisbogen wurde das gesamte Lenkwerk von hier aus wieder in die Ausgangsstellung zurückgeführt.

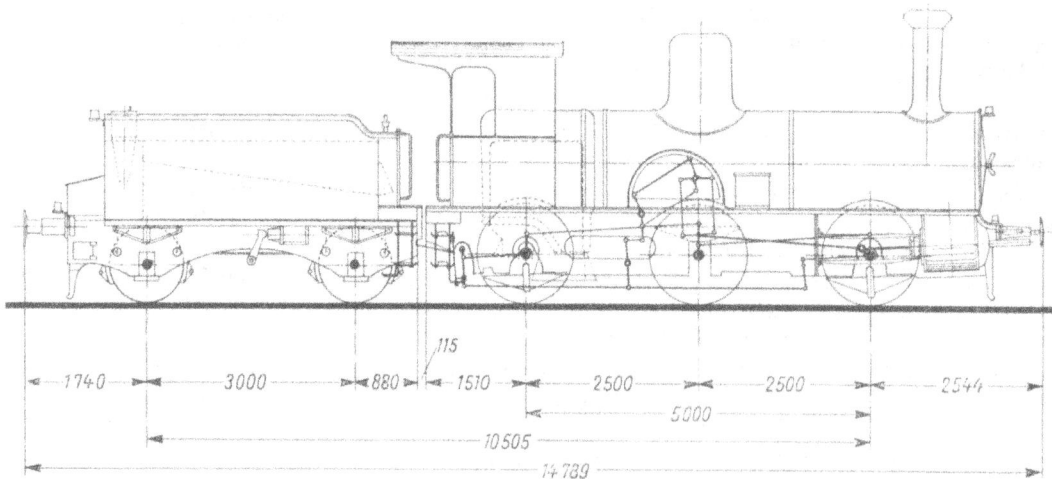

Abb. 175. C n 2 v Güterzuglokomotive der Württembergischen Staatsbahn, Gattung F 1c; Erbauer Eßlingen 1893.

Rostfläche	1,4 m²	Treibraddurchmesser	1380 mm	Dienstgewicht d. Lok.	41,4 t
Verdampfungsheizfl.	116,80 m²	Zylinderdurchm.	480/685 mm	Reibungsgewicht	41,4 t
Kesseldruck	14 atü	Kolbenhub	612 mm		

204

Nach dem Beispiel der kurz vorher entwickelten E n 3 v Güterzuglokomotive (s. S. 207) baute Klose auch die C n 2 v Lokomotiven der Klasse F 1 (Abb. 175). Der Achsstand konnte auf 5000 mm vergrößert werden. Zum Zwecke einer gleichmäßigen Gewichtsverteilung wurde der Kessel so weit nach hinten geschoben, daß der Stehkessel nicht, wie es wohl möglich gewesen wäre, zwischen der 2. und 3. Achse durchhing, sondern die dritte Achse noch um 600 mm überragte. Die Rauchkammer wurde dabei 1500 mm lang.

Wie alle Schöpfungen Kloses enthielt diese Lokomotive auch sonst manche Neuerungen: Der Kessel mit Belpaire-Feuerbüchse hatte einen Dampfdruck von 14 atü, während man sich doch sonst selbst bei Verbundlokomotiven noch bis ins neue Jahrhundert hinein mit 12 oder ausnahmsweise 13 atü begnügte. Die mittlere feste Treibachse war außer in den Rahmenlagern auch noch in einem dritten mittleren Lager geführt, das in einem kurzen Mittelrahmen untergebracht war.

Der Rost war in gebrochener Linie aus drei Feldern zusammengesetzt; das mittlere Feld hatte eine auffallend starke Neigung. Der Kessel ruhte hinten auf kurzen Pendelstützen, war aber sonst noch recht klein, denn die Rostfläche war nur 1,4 m², die Heizfläche 116 m² groß. Das Verhältnis Rostfläche zu Heizfläche war mit 1 : 83 gut.

Die ersten 6 Lokomotiven, geliefert im Jahre 1893 (Gattung F 1 c, Abb. 175), waren Zweizylinder-Verbundmaschinen; die Zylinder lagen außen und hatten die gleichen Abmessungen wie die der älteren C n 2 v Lokomotive der Klasse F c von 1890 (Abb. 173). Der Durchmesser der Treibräder konnte bei dem höheren Dampfdruck von 14 statt 12 atü von 1230 auf 1380 mm vergrößert werden. Das geschah zunächst, um die zulässige Geschwindigkeit zu erhöhen, dann aber wohl wegen der gleichzeitig geplanten Beschaffung gleichartiger Lokomotiven mit innenliegenden Zwillingszylindern (Klasse F 1, Abb. 176), die im Jahre 1894 zum ersten Male geliefert und bis 1896 weiterbeschafft wurden (28 Stück).

Auch die Zwillingsausführung F 1, übrigens die einzige Bauart von C Lokomotiven mit Innenzylindern im Vereinsgebiet nach 1865, erhielt das Klosesche Triebwerk, das, wie schon gesagt, bereits im Jahre 1891 an den E Lokomotiven der Klasse C ausgeführt worden war.

In der F 1 Lokomotive schuf Klose eine außerordentlich ruhig und infolge der 1160 mm langen Tragfedern weich laufende C Lokomotive, die trotz ihres großen Achsstandes von 5000 mm gut bogenläufig war. Ihre auf 60 km/h erhöhte zulässige Fahrgeschwindigkeit vergrößerte den Verwendungsbereich gegenüber den sonst üblichen C Lokomotiven beträchtlich, jedoch war die Klosesche Lenkeinrichtung im Betriebe recht empfindlich und in der

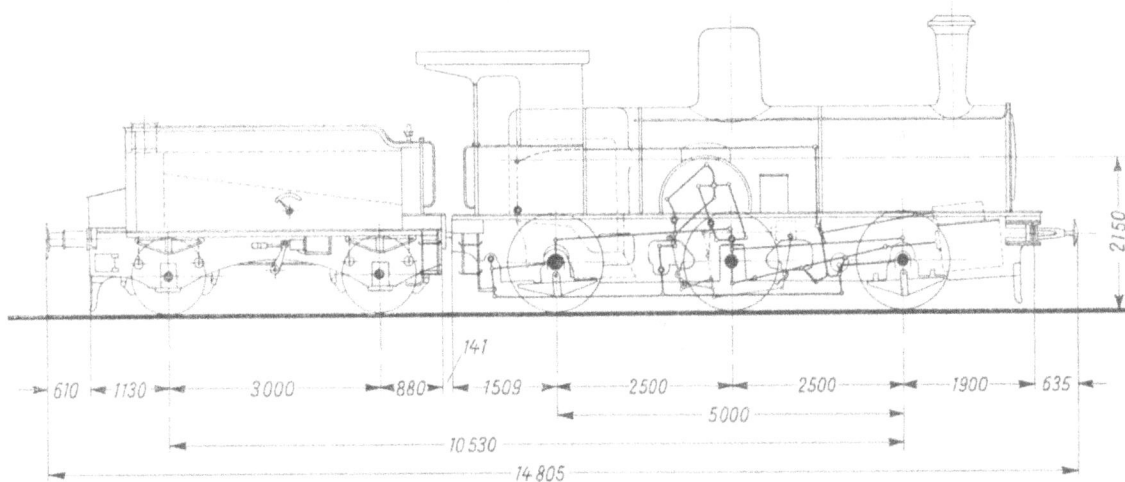

Abb. 176. C n 2 Güterzuglokomotive der Württembergischen Staatsbahn, Gattung F 1; Erbauer Eßlingen 1894—1896.

Rostfläche	1,4 m²	Treibraddurchmesser . 1380 mm	Dienstgewicht d. Lok.. 41,4 t
Verdampfungsheizfl. .	116,8 m²	Zylinderdurchm. 2 × 450 mm	Reibungsgewicht . . 41,4 t
Kesseldruck	14 atü	Kolbenhub . . . . . 612 mm	

Unterhaltung teuer, so daß nach Kloses Ausscheiden aus dem Bahndienst keine weiteren Lokomotiven mit seinem Triebwerk mehr beschafft wurden. Die vorhandenen Lokomotiven erreichten aber ein hohes Alter; sie wurden erst in den Jahren 1921/22 ausgemustert. In diesem Zusammenhang sei darauf hingewiesen, daß das hohe Lebensalter der Lokomotiven bei einigen Bahnen noch nicht als ein Maßstab für ihre Bewährung angesehen werden kann, denn verschiedene Verwaltungen pflegten aus finanziellen Gründen in der Beschaffung neuer Lokomotivbauarten sparsam vorzugehen und nahmen lieber größere Ausbesserungen und Umbauten vor, während andere Bahnen ältere und veraltete Bauarten ausmusterten und so ihren Lokomotivpark schneller dem technischen Fortschritt anpassen konnten.

Um die Jahrhundertwende schwand allmählich die Scheu vor den großen festen Achsständen. Nachdem dann durch seitenverschiebbare gekuppelte Achsen nach dem Verfahren Gölsdorfs auf einfache und billige Art eine gute Bogenläufigkeit auch bei vier- und fünffach gekuppelten Lokomotiven erreicht war, trat die Bedeutung der gelenkigen Triebwerke (Hagans, Klose, Köchy, Klien-Lindner usw.) immer mehr zurück. Immerhin hatte Klose ein Triebwerk entwickelt, das ihm gestattete, leistungsfähige Lokomotiven für die Württembergischen Eisenbahnen zu bauen.

Außer diesen und den weiter unten besprochenen regelspurigen E Lokomotiven war das Klose-Triebwerk noch an einigen Schmalspurlokomotiven in Württemberg vorhanden. Außerhalb Württembergs wurde es nur wenig angewendet; als Beispiele für seine Anwendung seien die Sächsische Staatsbahn und die Herzegowinischen Landesbahnen genannt.

Auf den Strecken mit leichtem Oberbau wurde im Anfang der 90er Jahre der Wunsch nach einer leistungsfähigen Lokomotive für den Personen- und gemischten Verkehr laut. Hier waren bisher die 1 B Lokomotiven (Gattung B 3 s. Bd. I, S. 114/115, Abb. 124) tätig, die durch Umbau aus den älteren 2 B Lokomotiven entstanden waren. Das Reibungsgewicht dieser 1 B Lokomotiven war etwas knapp, so daß man sich im Jahre 1894 zu einem nochmaligen Umbau durch die Bahnwerkstatt Rottweil entschloß.

Rahmen und Triebwerk mit den Rädern blieben erhalten; der Zylinderdurchmesser wurde von 381 auf 400 mm vergrößert. Der Rahmen wurde hinten zur Aufnahme einer dritten Kuppelachse durch eine 32 mm starke Blechplatte verlängert; auf das Fahrgestell wurde der Kessel der C n 2 Lokomotive (Klasse F 1, Abb. 176) aufgesetzt. So entstand aus der 1 B Lokomotive mit 21 t Reibungsgewicht eine 1 C Maschine mit 29 t Reibungsgewicht (Klasse F b, Abb. 177). Der Überhang des Stehkessels bei der 1 B Lokomotive war durch die dritte Kuppelachse beseitigt, die überhängenden Zylinder waren aber geblieben. Die vordere Laufachse

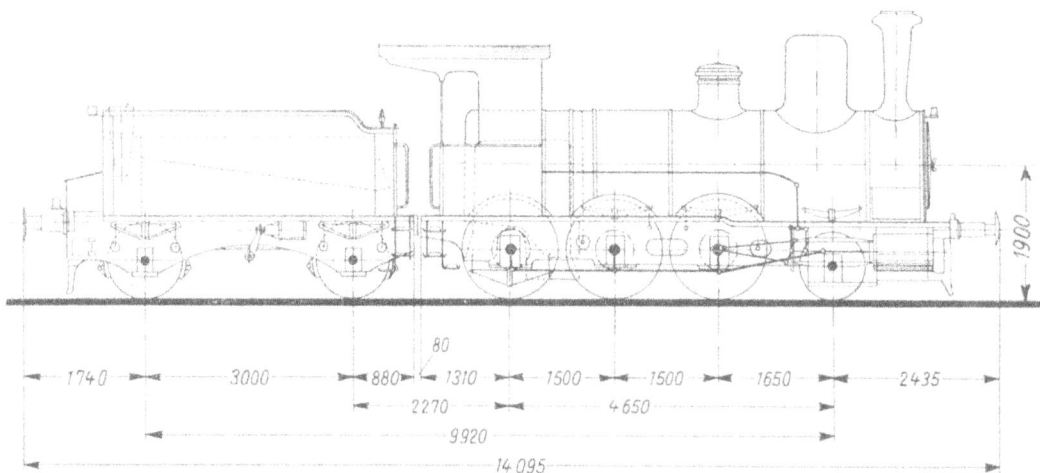

Abb. 177. 1 C n 2 Güterzuglokomotive der Württembergischen Staatsbahn, Gattung F b; Erbauer Rottweil 1911.

Rostfläche	1,4 m²	Treibraddurchmesser	1380 mm	Dienstgewicht d. Lok.	38,5 t
Verdampfungsheizfl.	116,8 m²	Zylinderdurchm.	2×400 mm	Reibungsgewicht	29,0 t
Kesseldruck	12 atü	Kolbenhub	561 mm		

206

war als freie Lenkachse ausgebildet. Im Vereinsgebiet wurden solche Achsen als führende Achsen nur bei $^3/_4$ gekuppelten Lokomotiven verwendet und haben sich dort im allgemeinen bis 65 km/h bewährt (s. 13. Ergänzungsband zum Organ 1903). Bei den großen, vorn überhängenden Massen wäre es vielleicht besser gewesen, wenn man die Laufachse als feste Achse oder Nowotny-Achse ausgeführt und der letzten Kuppelachse seitliches Spiel gegeben hätte.

Von der alten 1 B Lokomotive blieb also nur wenig erhalten. Ob der Umbau damals wirtschaftlich war, bleibe dahingestellt; anscheinend haben die umgebauten 1 C Lokomotiven zufriedenstellend gearbeitet, denn bis zum Jahre 1899 wurden weitere 11 Lokomotiven umgebaut, die noch etwa bis 1920 Dienst getan haben.

Bei anderen Bahnverwaltungen im Vereinsgebiet hat die 1 C Lokomotive mit überhängendem Zylinder keine Nachfolgerinnen gefunden mit der einzigen Ausnahme der 1 D Lokomotive der Bayerischen Staatsbahn Gattung E I (Abb.103) vom Jahre 1894, deren erste Lieferung noch mit überhängenden Zylindern beschafft worden war.

Auch im schweren Güterzugdienst wurde im Anfang der 90er Jahre die pünktliche Beförderung der Züge sehr schwierig, da keine Lokomotive der erforderlichen Zugkraft vorhanden war; man war genötigt, diese Züge zu teilen oder durch zwei dreifach gekuppelte Lokomotiven zu befördern. Der Vorspann war natürlich unwirtschaftlich. Ebenso konnten wegen der meist eingleisigen Strecken die Züge nur selten in mehreren Teilen befördert werden, ohne dadurch andere Züge in Mitleidenschaft zu ziehen.

Ein wirtschaftlicher Betrieb konnte also nur mit einer neuen Lokomotive erreicht werden, die allein so viel leistete wie zwei dieser dreifach gekuppelten Lokomotiven zusammen. Dazu war aber ein Reibungsgewicht von etwa 70 t notwendig, das wegen des zulässigen Achsdrucks auf mindestens 5 Achsen verteilt werden mußte. Eine solche Lokomotive war damals für Deutschland etwas Neues. Die größten Schwierigkeiten bereitete Klose die Bogenläufigkeit. Die v. Helmholtzschen Untersuchungen (1888) waren noch nicht in die Wirklichkeit übertragen. Hier fand Klose acht Jahre, bevor Gölsdorf seine bekannte E Lokomotive mit seitlich verschiebbaren Kuppelachsen schuf, einen zwar teueren, aber brauchbaren Ausweg in seinem bereits beschriebenen gelenkigen Triebwerk. An dieser neuen

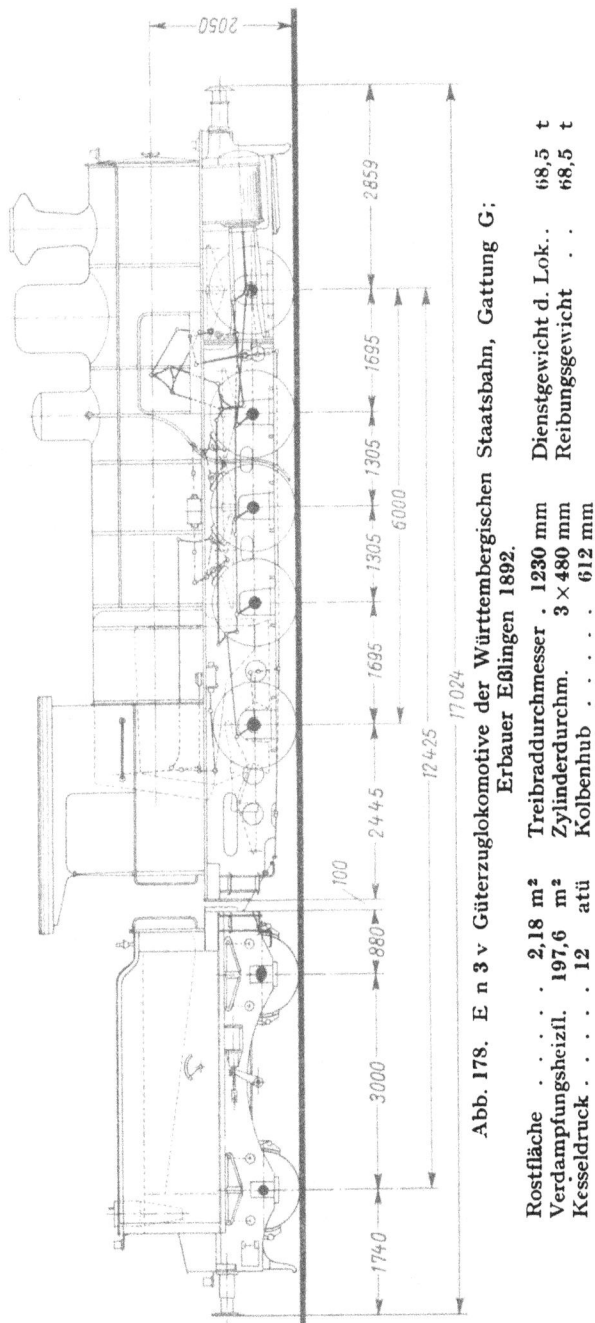

Abb. 178. E n 3 v Güterzuglokomotive der Württembergischen Staatsbahn, Gattung G; Erbauer Eßlingen 1892.

Rostfläche	2,18 m²	
Verdampfungsheizfl.	197,6 m²	
Kesseldruck	12 atü	
Treibraddurchmesser	1230 mm	
Zylinderdurchm.	3 × 480 mm	
Kolbenhub	612 mm	
Dienstgewicht d. Lok. .	68,5 t	
Reibungsgewicht . .	68,5 t	

207

E n 3 v Güterzuglokomotive (Klasse G) ist es im Jahre 1892 zum ersten Male im großen erprobt worden (Abb. 178).

Die in mancher Hinsicht neuartige Bauform der Lokomotive erregte bei den Fachleuten des In- und Auslandes großes Aufsehen um so mehr, als der Entwurf einer bereits im Jahre 1876 von Maey für die Gotthardbahn vorgeschlagenen E Lokomotive an der Scheu vor zu langen Achsständen gescheitert war.

Die von der Maschinenfabrik Eßlingen erbauten 5 Lokomotiven wurden im Jahre 1892 abgeliefert; auf den Versuchsfahrten zeigte sich, daß sie den Erwartungen voll entsprachen. Sie liefen ruhig und beförderten ohne Anstände eine doppelt so große Zuglast wie die dreiachsigen Güterzuglokomotiven, also 300 t, auf 22,5$^0/_{00}$ mit 13 km/h, 680 t auf 10$^0/_{00}$ mit 18 km/h.

Es fehlte allerdings auch nicht an Kritikern, welchen die Nachteile dieser neuen Bauart Anlaß zu lebhaften Presseerörterungen über den zweifelhaften Wert solcher schweren und langsam fahrenden Lokomotiven gaben. Einige sprachen sogar von einer „Hemmung des technischen Fortschritts". Sie sollten nicht recht behalten, denn es war hier zum ersten Male nachgewiesen, daß vielachsige Lokomotiven auch auf bogenreichen Strecken verwendet werden konnten, wenn auch das technische Mittel zur Erreichung dieses Zieles wenig vollkommen war. Kloses Erfolg brachte bald auch andere Eisenbahnfachleute auf die Beine, die ihrerseits versuchten, auf einfachere Weise eine gute Bogenläufigkeit vielachsiger Lokomotiven zu erreichen (Gölsdorf, v. Helmholtz, Klien-Lindner usw.).

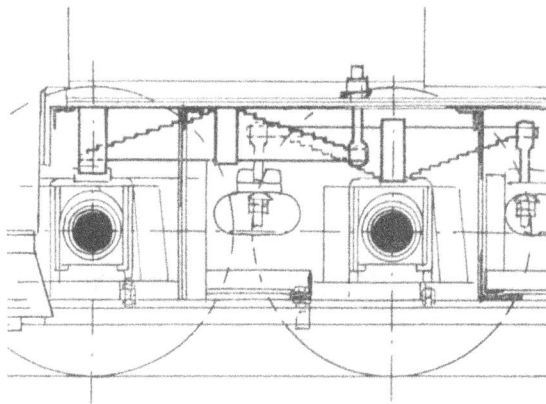

Abb. 179. Federanordnung der E n 3 v-Güterzugloko-
motive, Gattung G.

Kloses E n 3 v Lokomotive hatte einen für damalige Verhältnisse großen Belpaire-Kessel mit langer schmaler Feuerbüchse, einer Rostfläche von 2,2 m² und einer Heizfläche von 197,6 m². Der Umbug der Stehkesselrückwand war wie schon an anderen Lokomotiven nach rückwärts durchgekümpelt.

Die Anordnung der 3 Zylinder gleichen Durchmessers entsprach der an der gleichaltrigen 1 B 1 Schnellzuglokomotive (Abb. 168); alle 3 Zylinder arbeiteten auf die zweite Achse und konnten sowohl mit doppelter als auch beim Anfahren mit einfacher Dampfdehnung betrieben werden. Die Allansteuerung konnte durch einen Hilfsdampfzylinder umgesteuert werden, der über der dritten Achse erkennbar ist; sie ließ getrennte Einstellung für den Hoch- und Niederdruckteil zu.

Bei dem kleinen Abstand der 3 mittleren Achsen war es unmöglich, die Tragfedern in einer Längsebene über oder unter den Lagergehäusen unterzubringen. Durch einen Kunstgriff fand Klose auch hier einen Ausweg: er brachte die Federn in 2 Längsebenen unter. Eine Tragfeder war auf übliche Art über dem Lagergehäuse angeordnet; die andere stützte sich daneben mit dem Bund gegen eine Rahmenversteifung und mit dem einen Federende auf das Achslager, während ihr anderes Ende an derselben Versteifung aufgehängt war (Abb. 179). Auch an der Kuppelachse neben der Feuerbüchse konnten die Tragfedern wegen des sich nach oben stark verbreiternden Stehkessels nicht mehr oberhalb oder unterhalb des Lagergehäuses untergebracht werden. Hier hatte Klose anfangs dieselbe Anordnung gewählt wie zwischen der dritten und vierten Achse; später wurde aber die Feder der fünften Achse im Rahmen unter dem Führerhaus gelagert und die Belastung durch einen zweiarmigen Hebel auf das Achslager übertragen.

Die Dreizylinderverbundanordnung ist in Deutschland in der Zeit von 1880—1920 ebensowenig nachgebaut worden wie die ähnlichen Versuchsausführungen der Österreichischen und Ungarischen Staatsbahnen. Der Hauptgrund war, daß bei der üblichen Lage des Verbinderdruckes der Hochdruckzylinder annähernd die halbe Maschinenleistung übernehmen mußte

208

und daher das innere Treibstangenlager sehr hoch beansprucht war; bei einer Drillingslokomotive mit einstufiger Dehnung und entsprechend kleineren Zylindern übernimmt der Innenzylinder nur $^1/_3$ der Maschinenleistung.

Nach der Inbetriebnahme dieser 5 E Lokomotiven der Klasse G trat in Württemberg in der Entwicklung schwerer Güterzuglokomotiven für eine Reihe von Jahren Ruhe ein. Wie in anderen Verwaltungen fehlte auch hier das Bedürfnis nach einer größeren Zahl solcher Maschinen, da die Betriebsansprüche mit den vorhandenen Lokomotiven vorerst noch erfüllt wurden. Im Beginn des neuen Jahrhunderts aber nahm die Zahl der an den Landesgrenzen herangebrachten schweren Güterzüge zu, so daß die Württembergische Staatsbahn sich erneut mit der Beschaffung schwerer Güterzuglokomotiven befassen mußte.

Inzwischen aber hatte Gölsdorf in Österreich seine vier- und fünffach gekuppelten Lokomotiven mit seitlich verschiebbaren Kuppelachsen herausgebracht und an ihnen bewiesen, daß man zur Erzielung guter Bogenläufigkeit das verwickelte Klosesche Triebwerk nicht nötig

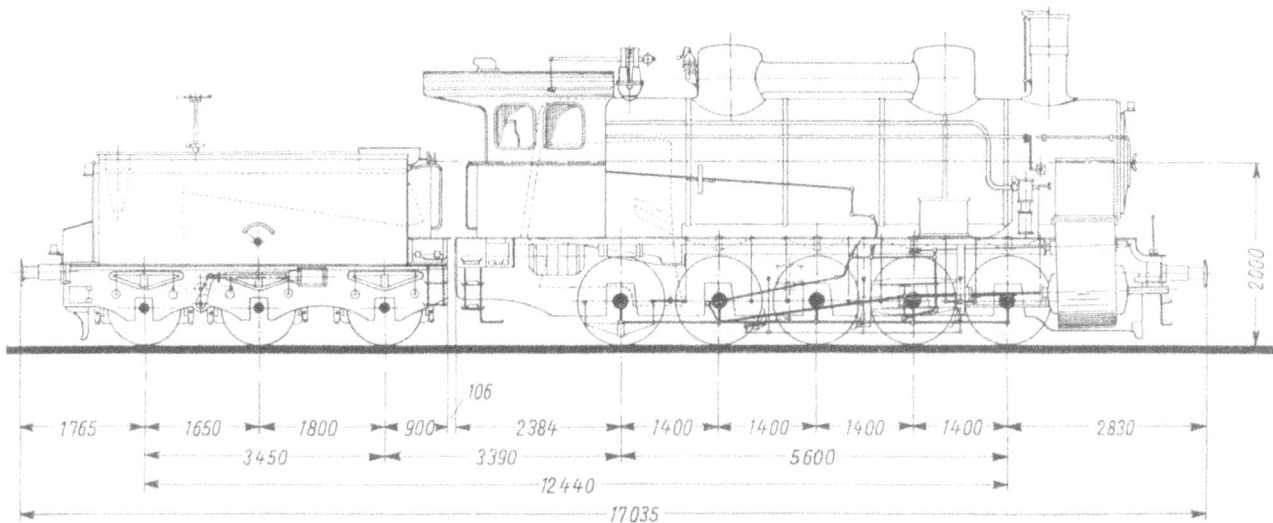

Abb. 180. E n 2 v Güterzuglokomotive der Württembergischen Staatsbahn, Gattung H;
Erbauer Eßlingen 1904—1909.

Rostfläche . . . . . 2,83 m²	Treibraddurchmesser . 1250 mm	Dienstgewicht d. Lok.. 72,9 t
Verdampfungsheizfl. 193,7 m²	Zylinderdurchm. 565/860 mm	Reibungsgewicht . . 72,9 t
Kesseldruck . . . . . 15 atü	Kolbenhub . . . . . 612 mm	

hatte. Auf Grund der guten Erfahrungen in Österreich und in anderen Ländern (z. B. mit der preußischen G 8) sah daher die Württembergische Staatsbahn von der Wiederverwendung des Klose-Triebwerks ab. Sie ließ im Jahre 1904 durch die Maschinenfabrik Eßlingen eine neue E n 2 v Güterzuglokomotive Klasse H mit seitenbeweglichen Kuppelachsen nach Gölsdorf entwickeln, von der bis zum Jahre 1909 8 Stück geliefert wurden (Abb. 180).

Da inzwischen auch der Oberbau für einen Achsdruck von 15 t hergerichtet war, konnte die neue Lokomotive einen um fast 30% leistungsfähigeren Kessel erhalten; der Dampfdruck stieg auf 15 atü. Um möglichst trockenen Dampf zu erhalten, gab man dem Kessel wie bei den Lokomotiven von der Klasse AD 2 Dome, die durch ein weites Rohr miteinander verbunden waren. Außerdem erhielt der Kessel Serve-Rippenrohre, mit denen zu derselben Zeit auch bei anderen deutschen Bahnverwaltungen Versuche angestellt wurden. Die Mittellinie des Kessels lag bei der neuen E Lokomotive 2500 mm über SO, also etwa 450 mm höher als bei den vorher beschriebenen Klose-Lokomotiven; bei dieser hohen Kessellage konnte der Stehkessel jetzt breit ausgebildet und auf den Rahmen gestellt werden.

Der Durchmesser der Treibräder von nur 1250 mm wurde beibehalten; an die Stelle der Dreizylinder-Verbundanordnung traten jetzt 2 außenliegende, in Verbundwirkung arbeitende Zylinder. Nach dem Vorbilde Gölsdorfs gab man 3 Achsen ein seitliches Spiel, und zwar der

14

ersten 26, der dritten 20 und der fünften 26 mm nach jeder Seite; die vierte Achse war die Treibachse. Um eine übermäßig lange Treibstange zu vermeiden, verlängerte man die Kolbenstangen ähnlich wie bei der ersten preußischen Tenderlokomotive T 16, führte sie in einer Brille und legte die Gleitbahnen neben die zweite Achse.

Die Kuppelstangen hatten keine nachstellbaren Lager, sondern Rotgußbüchsen und Weißmetallfutter. Beide Zylinder hatten zunächst noch Flachschieber, später aber wurden die Hochdruckzylinder mit Kolbenschiebern ausgerüstet. Die Sandkästen, die ursprünglich zwischen der ersten und zweiten Achse auf dem Umlaufblech gelegen hatten, wurden gleichzeitig auf den Kesselrücken verlegt.

Die Lokomotiven waren sehr leistungsfähig. Auf Versuchsfahrten entwickelten sie bei Geschwindigkeiten von 35—40 km/h mittlere Leistungen von 833—884 PS; dabei wurde ein Dampfverbrauch von 9,1 ka/PS$_i$ gemessen. Auf Steigungen von 10⁰/₀₀ beförderten sie 495 t schwere Züge mit 35 km/h, in der Ebene 1750 t mit 45 km/h.

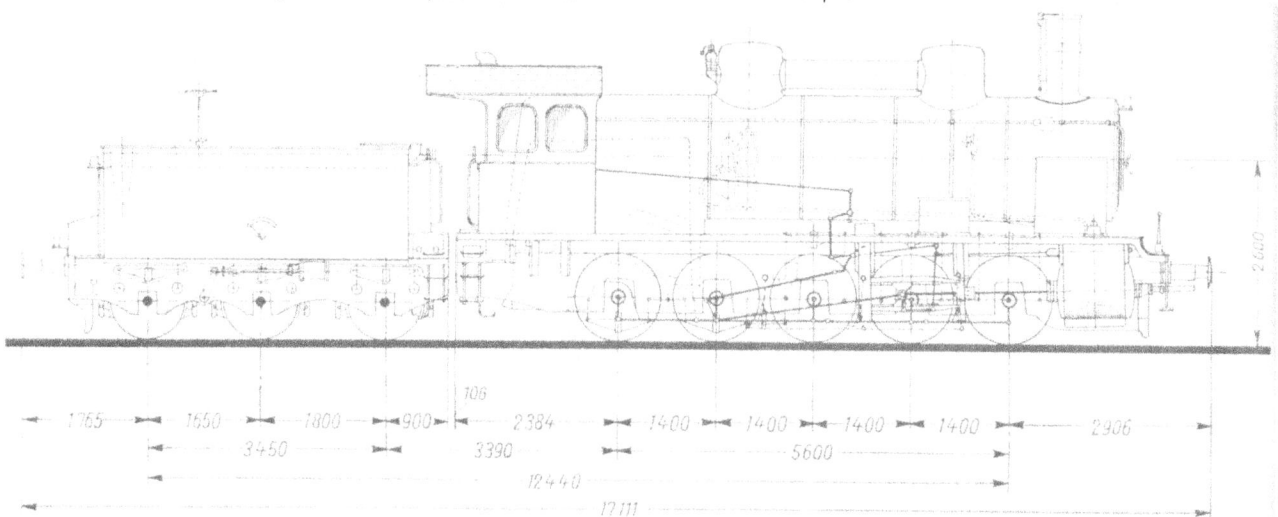

Abb. 181. E h 2 Güterzuglokomotive der Württembergischen Staatsbahn, Gattung H h; Erbauer Eßlingen 1909.

Rostfläche . . . . . 2,58 m²	Kesseldruck . . . . . 13 atü	Kolbenhub . . . . . 612 mm
Verdampfungsheizfl. 159,2 m²	Treibraddurchmesser . 1250 mm	Dienstgewicht d. Lok.. 73,8 t
Überhitzerheizfläche . 46,5 m²	Zylinderdurchm. 2 × 620 mm	Reibungsgewicht . . 73,8 t

Als im Jahre 1909 weitere E Lokomotiven beschafft werden mußten, hatte sich das Heißdampfverfahren schon in Preußen, Bayern und Baden durchgesetzt und war auch in Württemberg bereits an der AD Lokomotive seit dem Jahre 1907 erfolgreich in Erprobung; man machte sich daher bei den neuen Lokomotiven die Vorteile des Heißdampfes zunutze. Da sich das Laufwerk an den eben beschriebenen E Lokomotiven der Klasse H durchaus bewährt hatte, wurde es unverändert beibehalten. Der Kessel und das Triebwerk aber wurden für Heißdampf neu entwickelt. Die Heizfläche und Rostfläche des Kessels wurden von 193 auf 160 m² und von 2,83 auf 2,58 m² verkleinert, die breite Feuerbüchse wurde durch eine lange schmale ersetzt. Leider ermäßigte man auch den Dampfdruck von 15 auf 12 atü. Die beiden Verbundzylinder wurden durch Zwillingszylinder von 620 mm Durchmesser ersetzt.

Obwohl der Kessel tatsächlich kleiner geworden war, leistete die neue Lokomotive (Klasse H h, Abb. 181) mehr als ihre Vorgängerin. In der Ebene beförderte sie 1550 t mit 50 km/h, auf 10⁰/₀₀ Steigung noch 530 t mit 35 km/h. Von ihr wurden 26 Stück bis zum Jahre 1920 unverändert beschafft, die letzten Lokomotiven erhielten allerdings noch als Zusatz eine Kolbenspeisepumpe mit einem Abdampfvorwärmer.

Die Zugvorrichtungen der Fahrzeuge der Württembergischen Staatsbahn waren um 1910 so bemessen, daß sie den Zugkräften der E Lokomotiven Klasse H h (etwa 12 000 kg) gerade noch gewachsen waren; der Entwicklung noch stärkerer Lokomotiven war also zunächst noch ein Riegel vorgeschoben. Der schwere Güterzugbetrieb auf der Geislinger Steige aber geriet schon wenige Jahre nach dem Erscheinen der H h Lokomotiven in Bedrängnis. Als nun im Jahre 1913 der Verein Deutscher (jetzt Mitteleuropäischer) Eisenbahnverwaltungen die Einführung verstärkter Zugvorrichtungen für 21 t beschlossen hatte, entschloß sich auch die Württembergische Staatsbahn, die leistungsfähigere Güterzuglokomotive gleich für solche Zugkräfte zu bauen. Bei dem in Württemberg zugelassenen Achsdruck von höchstens 16 t waren somit 6 gekuppelte Achsen notwendig. Für die Anordnung der Achsen und des Triebwerks gab es verschiedene Möglichkeiten: die eine war das Doppeltriebwerk der Bauart Mallet, das in Bayern bereits seit einiger Zeit an der Gt 2 × $^4/_4$ ausgeführt war, die andere das gebräuchliche Triebwerk, das bei 6 gekuppelten Achsen den Lokomotivbau vor schwierige Aufgaben stellte. Bei den schon erwähnten im Wesen der Mallet-Lokomotiven liegenden Mängeln entschied sich die Württembergische Staatsbahn im Jahre 1916/17 nach dem Vorschlage ihres Fahrzeugbearbeiters, Baurat Dauner, für 6 gekuppelte Achsen in einem gemeinsamen Rahmen, zumal Gölsdorf in Österreich mit seinen 1 F Lokomotiven gute Erfahrungen gemacht hatte (s. S. 343).

Die neue Lokomotive erhielt das Klassenzeichen K. Infolge der Nöte des Krieges trat im Bau eine beträchtliche Verzögerung ein, so daß die ersten Maschinen erst im Januar 1918 abgeliefert werden konnten (Abb. 182, Tafel 15).

Der Kessel lag wie bei der preußischen G 12 Lokomotive 3000 mm über SO. Die Heizrohre wurden zum ersten Male seit 1875 an einer Güterzuglokomotive wieder 5500 mm lang gemacht, der Durchmesser des Langkessels wuchs auf 1850 mm. Der Rost war mit 2700 × 1530 mm = 4,2 m² Fläche der größte, der bis zum Ende des Zeitraumes 1880—1920 an

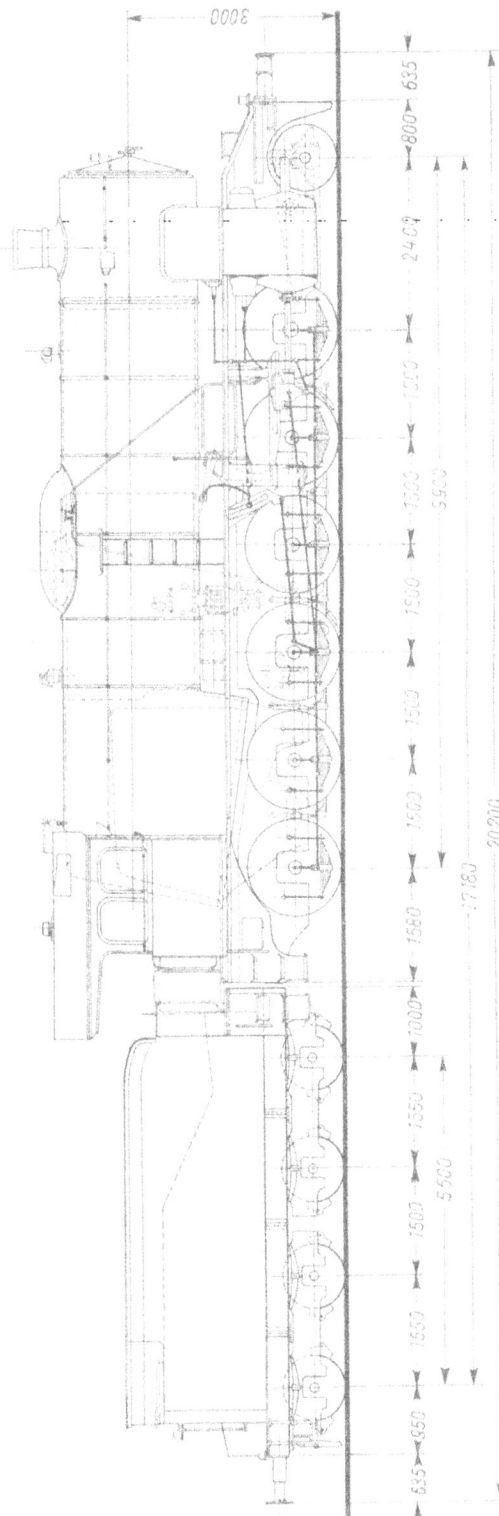

Abb. 182. 1 F h 4 v Güterzuglokomotive der Württembergischen Staatsbahn, Gattung K; Erbauer Eßlingen 1917.

Rostfläche	4,2 m²	Kesseldruck	15 atü	Zylinderdurchm. 2 × 500/750 mm
Verdampfungsheizfl.	232,0 m²	Treibraddurchmesser	1350 mm	Kolbenhub . . . 650 mm
Überhitzerheizfläche	80,0 m²			

Dienstgewicht d. Lok.. 108,0 t
Reibungsgewicht . . 94,6 t

einer deutschen Güterzuglokomotive ausgeführt worden ist, wenn man von einer für die Türkei bestimmten 1 E Lokomotive absieht.

Von den Österreichischen 1 F Lokomotiven unterschieden sich die württembergischen Maschinen in mancher Hinsicht: während die Niederdruckzylinder fast den gleichen Durchmesser wie die österreichischen Lokomotiven hatten, wurden die Hochdruckzylinder mit 500 mm größer bemessen, so daß die Leistung der Lokomotive der Klasse K durch ihr Raumverhältnis 1 : 2,2 in weiteren Grenzen veränderlich war.

Die außenliegenden Niederdruckzylinder trieben die vierte, die innenliegenden Hochdruckzylinder die dritte gekuppelte Achse an. Da die Zylinder in einer Ebene lagen, mußte die äußere Gleitbahn nach dem Vorbilde Gölsdorfs weiter zurückverlegt werden, wenn eine allzulange Treibstange vermieden werden sollte. Trotzdem wurde diese noch 3650 mm lang. Die geringe Neigung der Achse der Innenzylinder (1 : 8) wurde dadurch möglich, daß man die zweite Kuppelachse soweit kröpfte, daß die inneren Treibstangen ungehindert durchschlagen konnten.

Der Rahmen war wie bei allen württembergischen Lokomotiven als Blechrahmen ausgeführt und war 35 mm stark. Das Innentriebwerk war durch besondere, in den Rahmenplatten ausgesparte Einstiegöffnungen zugänglich, die sich bei den 2 C 1 Lokomotiven der Klasse C gut bewährt hatten.

Die Kuppelstangenlager waren sämtlich Buchsenlager, also nicht nachstellbar; nur die Treibstangenlager konnten durch Doppelkeile nachgestellt werden.

Die Bogenläufigkeit der Lokomotive wurde auf andere Art als bei den österreichischen 1 F Lokomotiven erreicht; die Abweichungen gehen aus dem folgenden Vergleich hervor:

	Laufachse	1.	2.	3.	4.	5.	6.
				Kuppelachse			
Österr. 1 F-Lokomotiven	± 50 (Adams)	fest	± 26	ohne Spurkr.	fest	± 26	± 40
Württ. 1 F-Lokomotiven	± 95 (Bissel)	± 20	fest	Spurkränze 15 mm schwächer	fest		± 45

Es ergibt sich hieraus, daß die Anordnung der württembergischen Lokomotive gegenüber der österreichischen einige Vorzüge hatte, von denen besonders die Bisselachse die günstigere Lage des festen Achsstandes und die Beibehaltung des Spurkranzes der dritten gekuppelten Achse zu erwähnen sind; außerdem konnte das Kardangelenk in den Kuppelstangen zwischen der 5. und 6. Kuppelachse fortfallen.

Da die württembergische Lokomotive niedrigere Treibräder hatte als die österreichische, war ihr fester Achsstand etwas kleiner, nämlich 4500 mm gegen 4580 mm. Bemerkenswert ist noch die Rückstellvorrichtung an der letzten Kuppelachse, die erst nach einem Ausschlag der Achse um 20 mm zur Wirkung kam, so daß bei der Rückwärtsfahrt die vorletzte Achse etwas vom Seitendruck entlastet wurde. Die Triebwerks- und Laufwerksteile wurden durch zwei große Boschöler auf dem Führerstand mit zusammen 42 Schmierstellen mit Öl versehen.

Die Lokomotive der Klasse K erfüllte alle Erwartungen; sie konnte bei niedrigem Wasser- und Kohlenverbrauch 1310 t schwere Züge auf Steigungen von 5⁰/₀₀ mit 40 km/h befördern. Sie war damit damals die leistungsfähigste deutsche Güterzuglokomotive. Bis zum Jahre 1924 sind von ihr insgesamt 44 Stück gebaut worden. Als aber später nach Schaffung der Reichsbahn der Achsdruck auch auf den württembergischen Hauptstrecken auf 20 t stieg, konnte die gleiche Leistung mit 5 gekuppelten Achsen erreicht werden; ein Bedürfnis nach sechsfach gekuppelten Lokomotiven ist daher in Deutschland bisher nicht wieder aufgetreten. Mit der 1 F Lokomotive der Klasse K ist die Entwicklung der Schlepptenderlokomotiven in Württemberg abgeschlossen.

DIE TENDERLOKOMOTIVEN.

Die Entwicklung der Tenderlokomotive ist in Württemberg weit weniger einheitlich und übersichtlich als bei den anderen deutschen Ländereisenbahnen. Im Laufe der 70er und 80er Jahre hatte, wie schon weiter vorn gesagt, unter dem Obermaschinenmeister Brockmann der Umbau älterer Lokomotiven eingesetzt. Schlepptenderlokomotiven wurden in größerer Zahl in Tenderlokomotiven umgebaut und in der Klasse T zusammengefaßt. Es handelte sich hauptsächlich um zweifach gekuppelte Maschinen mit der Achsanordnung B, 1 B und 2 B (vgl. Bd. I, S. 227, Abb. 293). Die 2 B Lokomotiven waren aus älteren Lokomotiven entstanden, die zum Teil noch aus dem Jahre 1849 stammten (Klasse T 4a); eine weitere Reihe von 10 Lokomotiven aus den Jahren 1861—68 wurde von 1891—1894 in gleicher Weise umgebaut (Klasse T 4 n). Diese erhielten aber Treibräder von 1380 mm Durchmesser statt bisher 1230 mm, einen hinter dem Führerhaus liegenden Kohlenbehälter und einen Wasservorrat, der mit 5,8 m³ mehr als doppelt so groß wie derjenige der T 4 a Lokomotiven war. Ihr Dampfdruck betrug nur 7 atü. Als neuzeitlich konnten die Lokomotiven also keinesfalls bezeichnet werden.

Um das Jahr 1890 wurden auch ältere B Tenderlokomotiven der Klasse T in 1 B Tenderlokomotiven umgebaut, die mit anderen B Tenderlokomotiven in der Klasse T 2 zusammengefaßt waren; später bildete man für diese die besonderen Klassen T 2 a und T 2 aa, aus denen dann abermals durch Umbau dreifach gekuppelte Tenderlokomotiven entstanden (Klasse T 3). Vom technischen Standpunkt aus erscheint der Wert dieses mehrfachen Umbaues recht zweifelhaft. Bei den aus Sparsamkeitsgründen immer recht knapp bemessenen Mitteln für Fahrzeugneubauten mußten aber bei der Entwicklung neuer Bauarten die Tenderlokomotiven, weil sie nur für den Stations- und kleinen Streckendienst gebraucht wurden, hinter den eigentlichen Streckenlokomotiven, Personenwagen und Bodenseedampfschiffen zurückstehen.

So kam es, daß die württembergische Staatsbahn erst spät, nämlich im Jahre 1891, mit dem Neubau von C n 2 Tenderlokomotiven begann (Klasse T 3, Abb. 183). Die ersten 8 Lokomotiven wurden bei Krauß in München nach der mehrfach ausgeführten Kraußschen Bauart bestellt. Diese leichte Lokomotive war für den Verschiebedienst bestimmt, sollte aber auch zum Schiebedienst auf der Geislinger Steige herangezogen werden und als Zuglokomotive auf Nebenbahnen laufen. In der Größe entsprach sie ungefähr der preußischen T 3 Lokomotive, doch hatte sie, abgesehen von der Heusingersteuerung, gegenüber der fast 15 Jahre älteren preußischen T 3 Lokomotive keine besonderen Vorzüge aufzuweisen.

Der Stehkessel hing vollständig über, was zu dieser Zeit sonst kaum noch vorkam. Der Führerstand war außerdem recht eng, so daß die Mannschaften über die geringe Bewegungsfreiheit klagten. Die Dampfmaschine wurde noch nicht durch eine Schraube, sondern mit einem Handhebel umgesteuert; dieser Handhebel war überhaupt in Württemberg sehr beliebt, da das häufige Umsteuern im Verschiebedienst mit ihm leichter und schneller vor sich ging. Da die Lokomotive hauptsächlich für den Verschiebedienst bestimmt war,

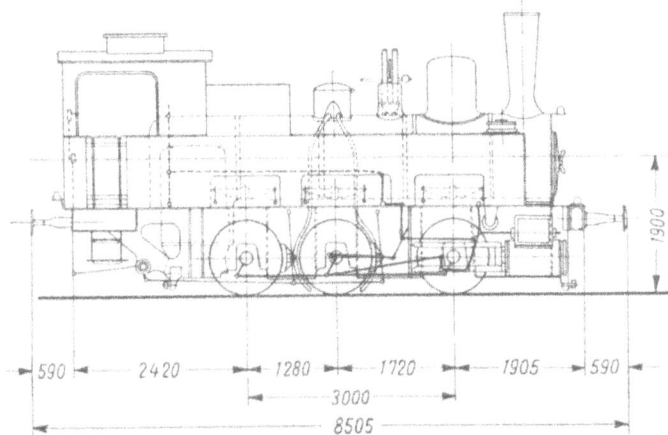

Abb. 183. C n 2 Tenderlokomotive der Württembergischen Staatsbahn, Gattung T 3; Erbauer Eßlingen 1891—1913.

Rostfläche	1,0 m²	Zylinderdurchm.	2 × 380 mm
Verdampfungsheizfl.	63,9 m²	Kolbenhub	540 mm
Kesseldruck	12 atü	Dienstgewicht d. Lok..	35,7 t
Treibraddurchmesser	1045 mm	Reibungsgewicht	35,7 t

Abb. 184. C n 2 Tenderlokomotive der Württembergischen Staatsbahn, Gattung T 3 mit Klosetriebwerk; Erbauer Eßlingen 1894—1896.

Rostfläche	1,0 m²	Zylinderdurchm.	2 × 380 mm
Verdampfungsheizfl.	63,9 m²	Kolbenhub	540 mm
Kesseldruck	12 atü	Dienstgewicht d. Lok..	32,3 t
Treibraddurchmesser	1045 mm	Reibungsgewicht	32,3 t

war das Triebwerk kräftiger und die Treibräder waren niedriger als bei den preußischen T 3 Lokomotiven. Die ersten neu gebauten Lokomotiven hatten einen Wasservorrat von nur 3 m³, doch vergrößerte man ihn vom Jahre 1894 ab auf 5,3 m³, indem man die seitlichen Wasserkästen bis an die Rauchkammer verlängerte.

Bei den großen Überhängen vorn und hinten und dem kurzen Achsstand von 3000 mm waren die Laufeigenschaften der württembergischen T 3 Lokomotive natürlich nicht sehr gut. Im Verschiebedienste störte das aber weniger. Als aber im Jahre 1892 die Strecke Schiltach—Schramberg neu eröffnet wurde, die zahlreiche Bögen von 100 m Halbmesser besaß, genügten die T 3 Lokomotiven trotz ihres kurzen Achsstandes für sie nicht. Klose beschloß daher im Jahre 1894, für diese Strecke eine C Lokomotive mit 4400 mm Achsstand zu bauen und die erforderliche Bogenläufigkeit durch sein Triebwerk zu erreichen, das er damals schon an den Schlepptenderlokomotiven der Klasse F 1 c und G erprobt hatte (Klasse T 3 mit Lenkachsen, Abb. 184). Im ganzen wurden für die genannte Strecke und die ebenfalls sehr krümmungsreiche Nebenbahnstrecke Waldenburg—Künzelsau 4 Stück dieser Bauart beschafft. Ihrer hohen Unterhaltungskosten wegen sind diese Lokomotiven nicht sehr spät ausgemustert worden. Im Verschiebedienst und auch auf Nebenbahnstrecken mit flachen Bögen aber bewährten sich die einfachen Lokomotiven Klasse T 3 und wurden deshalb ohne wesentliche Änderungen bis zum Jahre 1913 mit 110 Stück weiterbeschafft.

Die C Lokomotiven der Klasse T 3 genügten um das Jahr 1905 auch für den Schiebedienst auf der Geislinger Steige nicht mehr; es mußte häufig mit 2 Maschinen gedrückt werden. Diesem Zustand bereitete man im Jahre 1906 ein Ende durch den Bau einer neuen vierfach

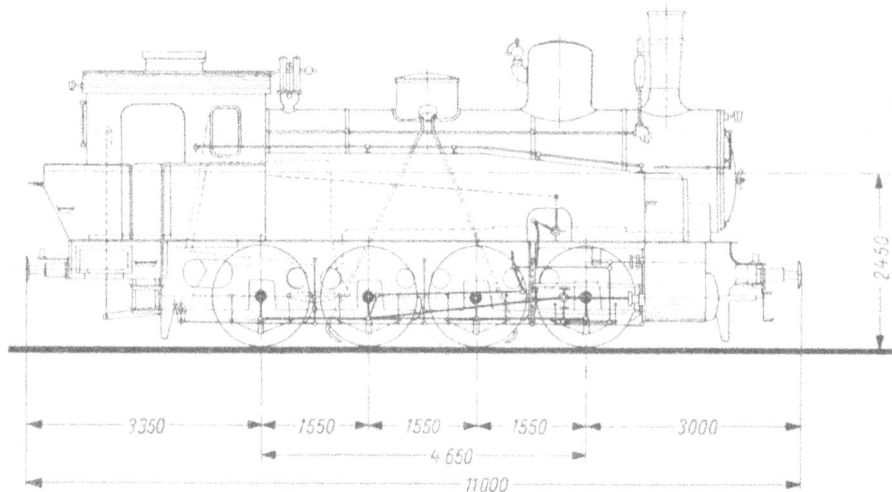

Abb. 185. D n 2 Tenderlokomotive der Württembergischen Staatsbahn, Gattung T 4; Erbauer Eßlingen 1906—1909.

Rostfläche	2,08 m²	Treibraddurchmesser	1380 mm	Dienstgewicht d. Lok..	64,5 t
Verdampfungsheizfl.	143,4 m²	Zylinderdurchm.	2 × 530 mm	Reibungsgewicht	64,5 t
Kesseldruck	14 atü	Kolbenhub	612 mm		

214

gekuppelten D n 2 Güterzugtenderlokomotive mit 16 t Achsdruck (Klasse T 4, Abb. 185). Diese blieb bis zum Jahre 1913 die schwerste D Tenderlokomotive im Vereinsgebiet und hatte auch den für die damalige Zeit großen Raddurchmesser 1380 mm. Um ihre Leistung im Schiebedienst auf der ganzen Steigungsstrecke voll ausnutzen zu können, gab man dem Kessel einen großen Wasserraum und damit eine gute Wärmespeicherung, die erlaubte, den ganzen Schiebevorgang ohne Nachspeisen durchzuhalten. Der Wasserraum im Kessel betrug 8,9 m³ gegen 6,15 und 5,35 m³ bei den ähnlich schweren D Tenderlokomotiven der Preußischen und Bayerischen Staatsbahn T 13 und R ⁴/₄. Da bei dem großen Kesseldurchmesser auch der Dampfraum groß war, lieferten die Lokomotiven selbst bei hohem Wasserstande trockenen Dampf; der Druck betrug 14 atü. Der Kessel lag verhältnismäßig tief, nur 2450 mm über SO; infolgedessen konnte der Stehkessel noch zwischen den Rahmenplatten untergebracht werden. Vorteilhafter für die Längenentwicklung der Lokomotive wäre allerdings eine höhere Kessellage, etwa 2850 mm über SO, gewesen, denn in diesem Falle hätte ein kurzer breiter über den Rahmen hinausreichender Stehkessel verwendet werden können, um den hinteren Überhang zu vermindern. Neu für württembergische Reibungslokomotiven war die Riggenbach-Gegendruck-

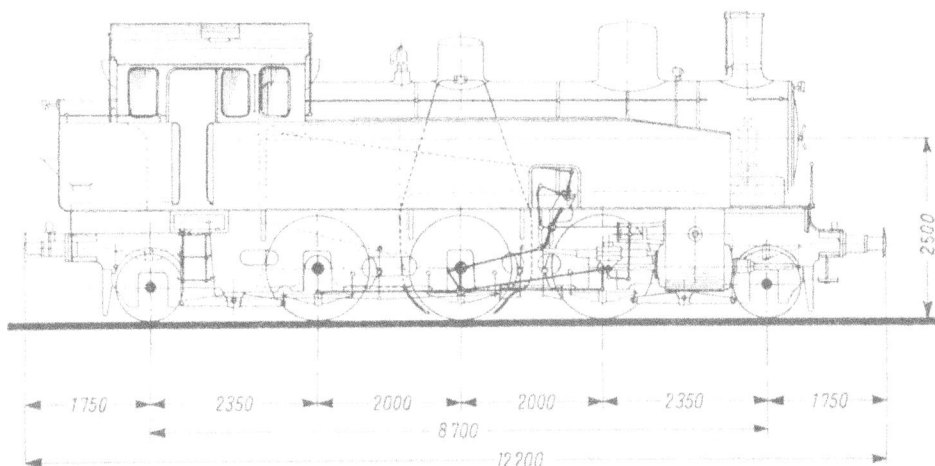

Abb. 186. 1 C 1 h 2 Tenderlokomotive der Württembergischen Staatsbahn, Gattung T 5; Erbauer Eßlingen 1908—1920.

Rostfläche . . . . 1,93 m²	Kesseldruck . . . . 12 atü	Kolbenhub . . . . . 612 mm
Verdampfungsheizfl. 109,5 m²	Treibraddurchmesser . 1450 mm	Dienstgewicht d. Lok.. 69,5 t
Überhitzerheizfläche . 38,6 m²	Zylinderdurchm. 2 × 500 mm	Reibungsgewicht . . 43,9 t

bremse, deren etwas knapp bemessener Schalldämpfer hinter dem Schornstein zu sehen ist. Die T 4 Lokomotive beförderte auf einer Steigung von 22,5⁰/₀₀ 275 t mit 15 km/h; von ihr wurden in den Jahren 1907—1909 8 Stück beschafft.

Bescheidener in ihren Abmessungen, jedoch in mancher Hinsicht neuzeitlich war eine leichte D n 2 v Tenderlokomotive, die vom Jahre 1904 an von der Maschinenfabrik Eßlingen mehrfach für Württembergische Privatbahnen gebaut worden ist; an ihnen war erwähnenswert die Anwendung des Verbundverfahrens und der einschienige Kreuzkopf.

Ein Jahr vor den oben beschriebenen D Tenderlokomotiven der Staatsbahn waren hauptsächlich für die Zwecke der Nebenbahnen in Württemberg 10 Stück 1 C n 2 Tenderlokomotiven (Klasse T 9) nach den Zeichnungen der preußischen T 9³ Lokomotive beschafft worden (s. S. 96, Abb. 66.)

Im Stuttgarter Vorortverkehr und auf den wichtigeren Neben- und Anschlußbahnen waren lange Jahre hindurch neben den älteren Schlepptendermaschinen die obenerwähnten C n 2 Tenderlokomotiven (Klasse T 3) tätig; später sprangen dann verschiedentlich die 1 C n 2 und die D n 2 Lokomotiven (Klasse T 9 und T 4) für sie ein. Eine eigentliche Personenzugtenderlokomotive für den Vorortdienst und für Nebenbahnen aber war nicht vorhanden. Mit der allmählichen Erhöhung der Geschwindigkeiten wurde jedoch das Bedürfnis nach einer solchen

Lokomotive immer lebhafter, so daß die Württembergische Staatsbahn im Jahre 1908/1909 von der Maschinenfabrik Eßlingen für diesen Zweck eine neue 1 C 1 Tenderlokomotive nach den Vorschlägen Dauners bauen ließ, der sich besonders für den damals noch ungewöhnlich großen festen Achsstand von 4000 mm einsetzte. Die neue Lokomotive erhielt das Klassenzeichen T 5. Sie sollte auch auf Nebenlinien verkehren, ihr Achsdruck mußte daher auf 15 t beschränkt werden (Abb. 186).

Da sich inzwischen der Heißdampf durchgesetzt hatte, wurde die T 5 Lokomotive als Heißdampf-Zwillingsmaschine gebaut; das brachte den Vorteil mit sich, daß sich mit 5 Achsen bei gleichem Lokomotivgewicht eine wesentlich leistungsfähigere Maschine bauen ließ, die dazu noch wegen ihres geringeren Kohlen- und Wasserverbrauchs eine größere Fahrweite hatte. Die Lokomotiven bewährten sich gut und erfreuten sich allgemeiner Beliebtheit. Sie wurden mit Erfolg auch auf den krümmungs- und steigungsreichen Schwarzwaldstrecken eingesetzt und liefen trotz der niedrigen Treibräder von 1450 mm Durchmesser wegen ihres großen festen Achsstandes von 4000 mm selbst bei 80 km/h noch ruhig, so daß sie verschiedentlich auch im

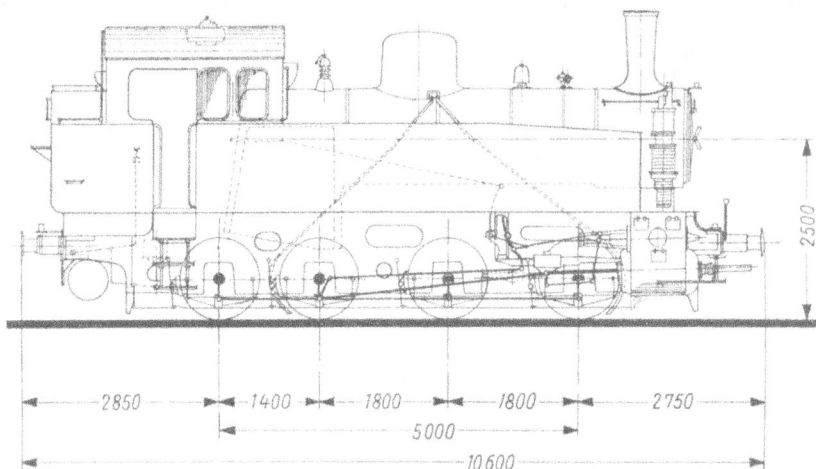

Abb. 187. D h 2 Tenderlokomotive der Württembergischen Staatsbahn, Gattung T 6; Erbauer Eßlingen 1916.

Rostfläche	1,5 m²	Kesseldruck	13 atü	Kolbenhub	560 mm
Verdampfungsheizfl. .	71,4 m²	Treibraddurchmesser .	1150 mm	Dienstgewicht d. Lok..	60,0 t
Überhitzerheizfläche .	44,0 m²	Zylinderdurchm.	2 × 500 mm	Reibungsgewicht . .	60,0 t

Schnellzugdienst auf der Strecke Stuttgart—Immendingen eingesetzt wurden. Der Wasservorrat war schon bei den ersten Lieferungen ziemlich groß (8,4 m³), später wurde er auf 10 m³ erhöht.

Die Lokomotiven beförderten 350 t schwere Züge auf 10⁰/₀₀ mit 32 km/h. Sie hatten in der Gesamtausführung manche Ähnlichkeit mit der badischen 1 C 1 h 2 Gattung VI c (Abb. 162, S. 192), deren Leistung sie etwas übertrafen. Bis zum Jahre 1920 wurden 86 Stück T 5 Lokomotiven gebaut.

Im Jahre 1916 wurde die seit 1909 ruhende Beschaffung der D Zweizylinder-Tenderlokomotiven für den schweren Verschiebedienst wieder fortgesetzt (Abb. 187). Die Maschinenfabrik Eßlingen lieferte 6 Stück D h 2 Tenderlokomotiven, die das Gattungszeichen T 6 erhielten. Es war die einzige Gattung von D Tenderlokomotiven in Deutschland, die nur als Heißdampflokomotive beschafft worden ist; wie die letzten preußischen D Tenderlokomotiven der Reihe T 13 erhielt sie einen Schmidtschen Kleinrohrüberhitzer. Auffallend gegenüber den gleichaltrigen Lokomotiven anderer Verwaltungen (badische X b, bayerische R ⁴/₄) war die niedrige Kessellage, die keinen breiten, auf dem Rahmen stehenden Stehkessel zuließ.

Die Bogenläufigkeit war durch seitliche Verschiebbarkeit der zweiten und vierten Achse um 30 mm erreicht, der feste Achsstand betrug 3600 mm. Auffallend lang war die Treibstange, welche an der dritten, nahe an der vierten Achse liegenden Treibachse angriff. Den ersten 6 Lokomotiven folgten im Jahre 1918 weitere 6 Stück.

216

Die eben beschriebene D Tenderlokomotive T 6 war hauptsächlich für den Verschiebedienst bestimmt. Da sie aber für den lebhaften Güterverkehr auf den Neben- und Stichbahnen wegen ihres zu hohen Achsdruckes auf dem leichten Oberbau mit nur 13 t zulässigem Achsdruck nicht verwendet werden konnte, mußte eine neue Lokomotive entwickelt werden, die dem Lastenzug entsprechend 5 gekuppelte Achsen erhielt. Als Vorbild dienten E Tenderlokomotiven mit 10,5—11 t Achsdruck, von denen die Württembergische Nebenbahn-Gesellschaft und die Hohenzollernsche Landesbahn in den Jahren 1911—1914 von der Maschinenfabrik Eßlingen 3 Stück bezogen hatten. Eine von ihnen hatte auch einen Schmidtschen Kleinrohrüberhitzer. Die nach ihnen ebenfalls von der Maschinenfabrik Eßlingen gebaute E h 2 Tenderlokomotive erhielt das Klassenzeichen T n (n = Nebenbahnen) (Abb. 188). Wegen der billigeren und wirtschaftlicheren Unterhaltung wurden soweit wie möglich bewährte Teile und Abmessungen von der 1 C 1 Lokomotive der Klasse T 5 übernommen. Dieses Verfahren hatte Kittel am Ende der 90er Jahre eingeführt; es wurde auch bei den neueren Lokomotiven der Württembergischen Staatsbahn in großem Umfange angewendet. Bemerkenswert ist, daß als Treib-

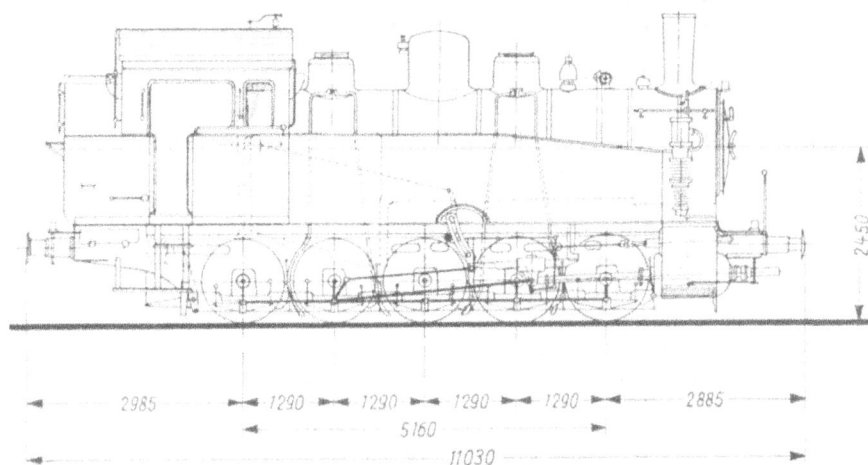

Abb. 188. E h 2 Tenderlokomotive der Württembergischen Staatsbahn, Gattung T n;
Erbauer Eßlingen 1921.

Rostfläche	1,97 m²	Kesseldruck . . . . 13 atü	Kolbenhub . . . . . 560 mm
Verdampfungsheizfl.	106,13 m²	Treibraddurchmesser . 1150 mm	Dienstgewicht d. Lok.. 64,5 t
Überhitzerheizfläche .	57,2 m²	Zylinderdurchm. 2 × 500 mm	Reibungsgewicht . . 64,5 t

achse wieder die vierte Achse gewählt wurde. Man ließ aber — im Gegensatz zur ersten preußischen E Tenderlokomotive T 16 — die Führung der langen Kolbenstange in einer besonderen Brille fort.

Sehr günstig für die Wirtschaftlichkeit der Maschine war der recht wirksame Überhitzer. Bei Versuchsfahrten (allerdings mit besonders guter Kohle) wurden Heißdampftemperaturen von 435⁰ gemessen; diese hohen Temperaturen dürften auch zum Teil dem ziemlich kurzen Kessel von 3550 mm Rohrlänge zuzuschreiben sein.

Im regelmäßigen Betriebe erreichte die Lokomotive, die übrigens die zierlichste aller deutschen regelspurigen E Lokomotiven war, trotz des niedrigen Achsdrucks von 13 t beachtliche Leistungen. Sie beförderte 540 t auf 5⁰/₀₀ mit 40 km/h.

Die T n Lokomotive war das Schlußglied in der Kette der von der Württembergischen Staatsbahn selbständig entwickelten Lokomotiven.

Ein kurzer Rückblick zeigt, daß bei den Württembergischen Staatseisenbahnen die Entwicklung der Lokomotive vornehmlich durch die besonders anspruchsvollen Streckenverhältnisse beeinflußt wurde. Die Lokomotivkonstrukteure hatten, zumal da ausgesprochene Schnellfahrstrecken im Lande fehlten, in erster Linie diesen Verhältnissen Rechnung zu tragen. Die Württembergischen Staatsbahnen können sich rühmen, in Deutschland nachgewiesen zu haben, daß eine Lokomotive mit 6 gekuppelten Achsen ohne Anstände auch in krümmungsreichem Gelände verkehren kann, ohne daß es besonderer Hilfsmittel oder gelenkiger Triebwerke bedürfte.

VI. DIE ENTWICKLUNG DER DAMPFLOKOMOTIVE IN SACHSEN.

ALLGEMEINES.

Die Eigenart des sächsischen Eisenbahnnetzes liegt etwa in der Mitte zwischen der des preußischen und des württembergischen Netzes; mit dem preußischen hat es zahlreiche Flachlandstrecken gemein und mit dem württembergischen viele krümmungsreiche Strecken, die stellenweise in Steigungen bis zu 25⁰/₀₀ liegen. Im ersten Band unserer Lokomotivgeschichte ist ausgeführt worden, daß diese Streckenverhältnisse schon frühzeitig den Weg zu einstellbaren Laufachsen und Drehgestellen wiesen; in den 90er Jahren führten sie zu einer Reihe von Lokomotivbauarten mit gelenkigem Triebwerk und dem eigenartigen Hohlachsantrieb der Bauart Klien-Lindner. Außerdem gab es in Sachsen wie in keinem anderen deutschen Lande eine große Zahl von Schmalspurbahnen, die die abgelegenen Gebirgstäler des Mittelgebirges dem Verkehr auf billige Weise erschlossen. Die eigenartige eisenbahngeographische Gestalt des Landes Sachsen brachte es mit sich, daß hier im Laufe der Entwicklung der Lokomotive fast alle nur denkbaren Achsanordnungen versucht wurden.

Zu Beginn der 70er Jahre waren die Lokomotiven der Sächsischen Staatsbahn in einer Reihe von Gattungen zusammengefaßt, unter denen man Eilzuglokomotiven (Gattung VI, VIII und VI A, Treibraddurchmesser 1830—1875 mm), Personenzuglokomotiven (Gattung III b, Treibraddurchmesser 1525 mm) und Güterzuglokomotiven (Gattung V, Va, Treibraddurchmesser 1370 mm) unterschied. Dann waren noch aus älterer Zeit sogenannte Mittellokomotiven (Gattung III, IIIa und VII) und Lokomotiven für verschiedene Zwecke mit Treibraddurchmessern von 1370—1675 mm (Gattung I, II, IV) vorhanden, die ungefähr den sogenannten gemischten Lokomotiven anderer Ländereisenbahnen entsprachen.

DIE SCHNELLZUG- UND PERSONENZUGLOKOMOTIVEN.

Der Bestand an Eilzug- und Personenzuglokomotiven umfaßte im Anfang der 70er Jahre 1 A 1, 1 B und 2 B Lokomotiven. Die 1 A 1 Maschinen stammten aus dem Jahre 1857 und anschließenden Lieferungen (vgl. Bd. I, S. 55, Abb. 53), zum Teil aber auch aus noch früherer Zeit (1848); sie hatten für den Eil- und Personenzugdienst keine große Bedeutung mehr, da ihr Reibungsgewicht nur noch für leichteste Züge hinreichte. Zu ihnen waren schon seit 1860 1 B Eilzugmaschinen getreten, die sie immer mehr in untergeordnete Dienste zurückdrängten (vgl. Bd. I, S. 145, Abb. 167). Auch im Personenzugdienst herrschte die 1 B Lokomotive seit Jahren vor (vgl. Bd. I, S. 110, Abb. 117/118); eine Ausnahme bildeten lediglich die B Nebenbahnlokomotiven der Gattung VII, die in den 60er Jahren nach den von Krauß in München verfochtenen Grundsätzen gebaut waren (Bd. I, S. 74, Abb. 74/75).

An den älteren 1 B Lokomotiven war die Laufachse noch durchweg fest im Rahmen gelagert. In der Mitte der 60er Jahre aber hatten in Sachsen Bestrebungen eingesetzt, den Bogenlauf der Lokomotive zu verbessern, da auf bogenreichen Strecken der Verschleiß der Radreifen sehr groß war. Nach den ersten Versuchen mit den einachsigen Lenkgestellen von Goullon im Anfang der 60er Jahre hatte der Maschinenmeister Nowotny sein gleichfalls einachsiges Drehgestell entwickelt, das vom Jahre 1870 an bei allen neuen 1 B Lokomotiven verwendet wurde; auch an fast allen vorhandenen Lokomotiven wurde die feste Laufachse durch das Nowotny-Drehgestell ersetzt. Dieses Drehgestell konnte sich um einen über der Achsmitte am Lokomotivrahmen befestigten senkrechten Zapfen drehen und war seitlich nicht verschiebbar; die Rückstellung besorgten Keilflächen. Diese Einstellachse war im Aufbau recht einfach und bewährte sich auch im Betriebe gut.

Im Jahre 1870 hatte Keßler in Eßlingen noch einige 2 B Schnellzuglokomotiven nach Sachsen geliefert (Gattung VIII b 1), die sich von den vorangegangenen sächsischen Bauarten erheblich unterschieden, dagegen einer älteren württembergischen Type sehr ähnlich waren (vgl. Bd. I, S. 226, Abb. 292). Der Überlieferung nach sollen sie ursprünglich für Rumänien bestimmt gewesen sein; sie wurden aber wegen Geldschwierigkeiten nicht abgeliefert und kamen durch einen Gelegenheitskauf an die Sächsische Staatsbahn.

Das vordere Drehgestell mit dem auffallend kurzen Achsstand zeugt von zu kurzen Drehscheiben des Bestimmungslandes.

Gegen Ende der 70er und Anfang der 80er Jahre war in der Entwicklung der Lokomotive in Sachsen eine Pause eingetreten. Die wirtschaftliche Notzeit dieser Jahre war auch an Sachsen nicht spurlos vorübergegangen; längere Zeit hindurch blieb der Lokomotivbestand fast unverändert. Etwa um die Zeit aber, wo sich von Preußen her das Verbundverfahren erfolgreich durchsetzte, war auch gleichzeitig mit der Besserung der wirtschaftlichen Lage neues Leben im sächsischen Lokomotivbau zu spüren.

Nach einem erfolgreichen Versuche mit einer neuen C n 2 v Güterzuglokomotive im Jahre 1885 (s. S. 230) ging die Sächsische Staatsbahn im Jahre 1886 zu ihrer ersten Verbund-Personen- und Schnellzuglokomotive über (Gattung VI b $\mathfrak{B}$, Abb. 189).

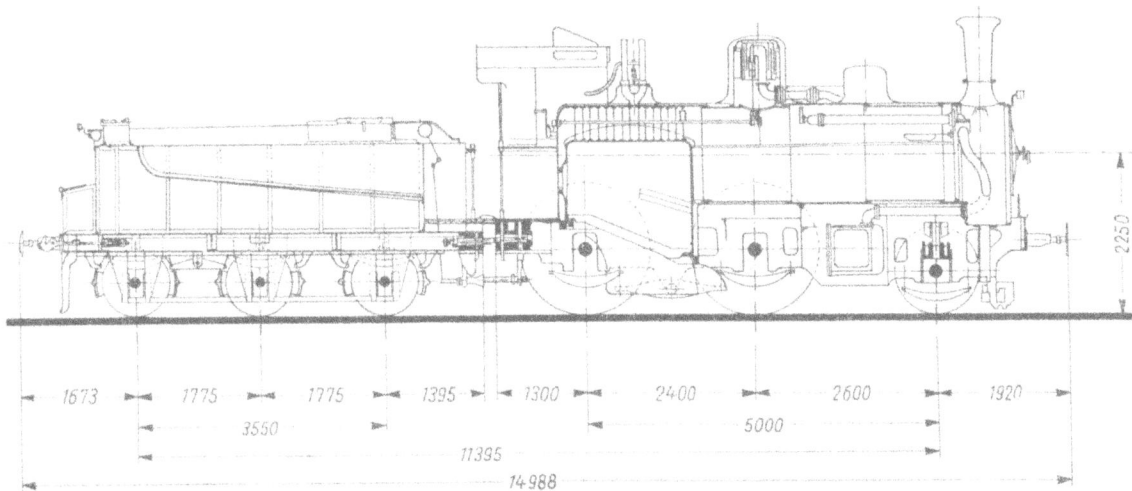

Abb. 189. 1 B n 2 v Schnellzuglokomotive der Sächsischen Staatsbahn, Gattung VI b $\mathfrak{B}$.; Erbauer Hartmann 1886.

Rostfläche	1,82 m²	Treibraddurchmesser . 1875 mm	Dienstgewicht d. Lok.. 43,0 t
Verdampfungsheizfl.	102,13 m²	Zylinderdurchm. 420/600 mm	Reibungsgewicht . . 29,0 t
Kesseldruck	12 atü	Kolbenhub . . . . . 550 mm	

Um den vorderen Überhang zu verkleinern, wurden die Zylinder hinter die Laufachse verlegt und die hintere Kuppelachse zur Treibachse gemacht; dadurch ergab sich eine ähnliche Bauart, wie sie fast zur gleichen Zeit in Preußen (Gattung P 3²) und Bayern (Gattung B X) aufkam. Immerhin waren aber eine Reihe wesentlicher Unterschiede festzustellen: während die vordere Laufachse der preußischen 1 B Lokomotive fest im Rahmen gelagert und bei der bayerischen Lokomotive zum ersten Male mit der ersten Kuppelachse in einem Krauß-Helmholtz-Drehgestell vereinigt war, wurde sie bei der sächsischen 1 B 2 v Lokomotive als einachsiges Nowotny Drehgestell ausgeführt (s. o. und Bd. I, S. 337).

Die Feuerbüchsdecke war außer einigen Deckenankerreihen im mittleren Teil durch längsliegende Barrenanker versteift. Der Verbinder zwischen den beiden Zylindern hatte die

Gestalt eines 10,5 m langen Rohres und lag zum Teil in der Rauchkammer; er sollte also zweifellos als Dampftrockner dienen.

Grundsätzlich anders als in Preußen und Bayern war die Bauart der Steuerung; während man dort wegen Platzmangels die Steuerwelle für die Heusinger-Steuerung über den Kessel hinwegführte, sah die Sächsische Staatsbahn eine innenliegende Allansteuerung vor, deren Hubscheiben auf der ersten Kuppelachse befestigt waren. Da aber auch hier kein genügender Raum zur Verfügung stand, mußten die Schieberstangen von vorn her in den Schieberkasten geführt werden.

Die Bewegung wurde von der Schwinge durch eine Umkehrwelle auf die Schieberstangen übertragen. Zum Anfahren diente eine Lindnersche Anfahrvorrichtung (s. S. 485), die bei allen späteren Verbundlokomotiven der Sächsischen Staatsbahn verwendet wurde.

Um ein genaues Bild über die mit den Verbundlokomotiven erzielten Ersparnisse zu gewinnen, beschaffte man eine sonst genau gleiche Lokomotive in Zwillingsanordnung mit 10,5 atü Kesseldruck. Beim Vergleich der Verbrauchszahlen zeigte sich eindeutig die Überlegenheit der Verbundlokomotiven, die einen um etwa 20% niedrigeren Kohlenverbrauch hatten.

Einige Unklarheit herrschte noch bei den sächsischen Lokomotivfachleuten in der Frage des zweckmäßigsten Zylinderdurchmessers und des zweckmäßigsten Zylinderraumverhältnisses zwischen Hoch- und Niederdruckzylinder, das bei schnellaufenden Zweizylinder-Verbundlokomotiven von gewisser Bedeutung nicht nur für Leistungsbereich und Wirtschaftlichkeit, sondern auch für den ruhigen Lauf der Lokomotive war.

Die Zylinderdurchmesser betrugen bei der ersten Lokomotive noch 420/600 mm und das Raumverhältnis 1:2,04, sie wurden aber schon bei den nächsten Lieferungen auf 440/650 mm erhöht, so daß das Raumverhältnis mit 1:2,2 etwas günstiger lag.

Wenn sich die Lokomotiven auch im großen und ganzen bewährten, so daß von 1886 bis 1890 14 Stück und von 1889—1892 noch 18 Stück ganz ähnlicher Personenzuglokomotiven (Gattung IIIb 𝔅) mit 1560 mm hohen Treibrädern und einem um 200 mm kürzeren Langkessel gebaut wurden, so waren sie doch bei den Mannschaften nicht sehr beliebt. Da die letzte gekuppelte Achse die Treibachse war, machten sich die Triebwerkskräfte in starken Stößen auf dem Führerstand bemerkbar, so daß das Führerhaus häufig losgerüttelt wurde. Schon im Anfang der 90er Jahre wurden sie nicht mehr weiter beschafft; die Gewichte und die Geschwindigkeiten der Züge waren in wenigen Jahren so gestiegen, daß neue leistungsfähigere Lokomotiven notwendig wurden. Größere Leistungen konnten jedoch nicht mehr auf dem Fahrgestell einer 1 B Lokomotive untergebracht werden, ohne die Laufachse zu überlasten. So war auch in Sachsen der Schritt zur vierachsigen 2 B Lokomotive nicht mehr zu umgehen.

Bereits ein Jahr nach der ersten preußischen 2 B Lokomotive der Bauart v. Borries begann auch die Sächsische Staatsbahn mit dem Bau einer neuen 2 B n 2 Schnellzuglokomotive, die allerdings zunächst noch Zwillingszylinder und einen Kesseldruck von nur 10 atü erhielt (Abb. 190); sie trug das Gattungszeichen VIII 2. Der Kesseldruck wurde erst in den Lieferungen von 1894 an auf 12 atü erhöht. Nachdem der Ruf der 2 B Verbundlokomotiven August v. Borries' über die Grenzen Preußens zu den anderen Eisenbahnverwaltungen gedrungen war, baute auch die Sächsische Staatsbahn ihre 2 B Lokomotive vom Jahre 1896 an als Zweizylinder-Verbundmaschine (VIII 𝔅 1), und zwar zunächst mit genau den gleichen Zylinderdurchmessern wie sie die preußische S 3 Lokomotive hatte (460/680 mm).

Aber bereits im Jahre 1897 vergrößerte man (wie in Preußen im Jahre 1905) die Zylinder auf 500/700 mm, ging jedoch bei der darauffolgenden Lieferung auf 480/700 mm zurück, also auf ungefähr den gleichen Wert wie bei der preußischen S 5² (475/700).

Die ersten sächsischen 2 B n 2 Lokomotiven hatten, ähnlich wie die preußischen 2 B Lokomotiven der Erfurter Bauart (s. S. 15), eine innenliegende Allan-Steuerung, die nach amerikanischen Vorbildern den Antrieb auf die außenliegenden Flachschieber über eine Umkehrwelle übertrug. Mit der Einführung des Verbundverfahrens bei den 2 B Lokomotiven im Jahre 1896 ging die Sächsische Staatsbahn zur außenliegenden Heusinger-Steuerung über, wie sie v. Borries an seinen S 3 Lokomotiven benutzt hatte.

In der Längenentwicklung der Lokomotiven war die Sächsische Staatsbahn durch ihre etwas größeren Drehscheiben weniger behindert als die Preußische Staatsbahn bei ihren ersten 2 B Lokomotiven. Während das Fahrgestell dieser Lokomotiven einen Achsstand von 6575 mm hatte, konnte der Achsstand des Fahrgestells bei der sächsischen 2 B Lokomotive auf 6750 erhöht werden. Das war für die Ausbildung eines großen Drehgestell-Achsstandes (hier 2400 mm) sehr zweckmäßig; bei den Verbundlokomotiven aber wurde dieser große Achsstand wieder auf 2150 mm gekürzt, weil man durch eine bessere Gewichtsverteilung das Reibungsgewicht, das bei der Zwillingslokomotive nur 27,8 t betragen hatte, auf 30—31 t erhöhen wollte.

Das Drehgestell entsprach dem der Erfurter Bauart und hatte wie dieses einen Kugelzapfen und eine Wiege. Bemerkenswert ist, daß bei allen sächsischen Lokomotiven der damaligen Zeit die Treibstangen zwischen den Kuppelstangen und Radsternen lagen. Man wollte durch diese Maßnahmen die Zylinder möglichst nahe an den Rahmen heranrücken, um das Drehen unter der Wirkung der Massenkräfte klein zu halten.

Von den beschriebenen 2 B Schnellzuglokomotiven wurden insgesamt 52 Stück gebaut, davon waren 20 Zwillings- und 32 Verbundlokomotiven. Die hohe Zahl der Zwillingslokomotiven beweist, daß die Sächsische Staatsbahn großen Wert auf sorgfältige Vergleiche der beiden Bauarten auf breiter Grundlage legte; übrigens ging sie bei der Erprobung der Mehrzylinder- und Heißdampf-Lokomotiven im Anfang des neuen Jahrhunderts ganz ähnlich vor.

Der Aufschwung des Personenverkehrs in dem engbesiedelten sächsischen Industriegebiet machte im Jahre 1896 stärkere Personenzuglokomotiven notwendig, die in Anlehnung an die 2 B n 2 v Schnellzuglokomotive gleichfalls als 2 B n 2 v Lokomotiven, aber mit Raddurchmessern von 1590 mm gebaut wurden. Sie erhielten das Gattungszeichen VIII 𝕭 2. Abweichend von der etwas älteren Bauart der preußischen P 4 Lokomotive wählte man einen etwas kleineren Kessel mit Belpaire-Feuerbüchse und baute die Lokomotiven nur in der Verbundanordnung mit Heusinger-Steuerung. Die Lokomotive bewährte sich gut, so daß von 1896—1902 insgesamt 118 Stück beschafft wurden.

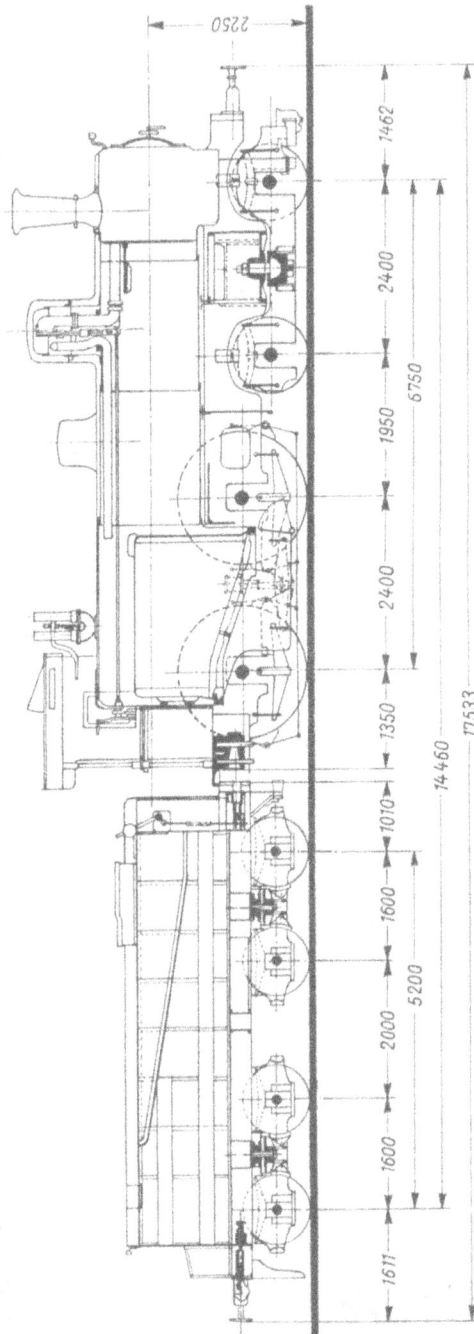

Abb. 190. 2 B n 2 Schnellzuglokomotive der Sächsischen Staatsbahn, Gattung VIII 2; Erbauer Hartmann 1894.

Rostfläche	2,32 m²
Verdampfungsheizfl.	121,56 m²
Kesseldruck	12 atü
Treibraddurchmesser	1875 mm
Zylinderdurchm.	2 × 440 mm
Kolbenhub	600 mm
Dienstgewicht d. Lok.	46,7 t
Reibungsgewicht	27,8 t

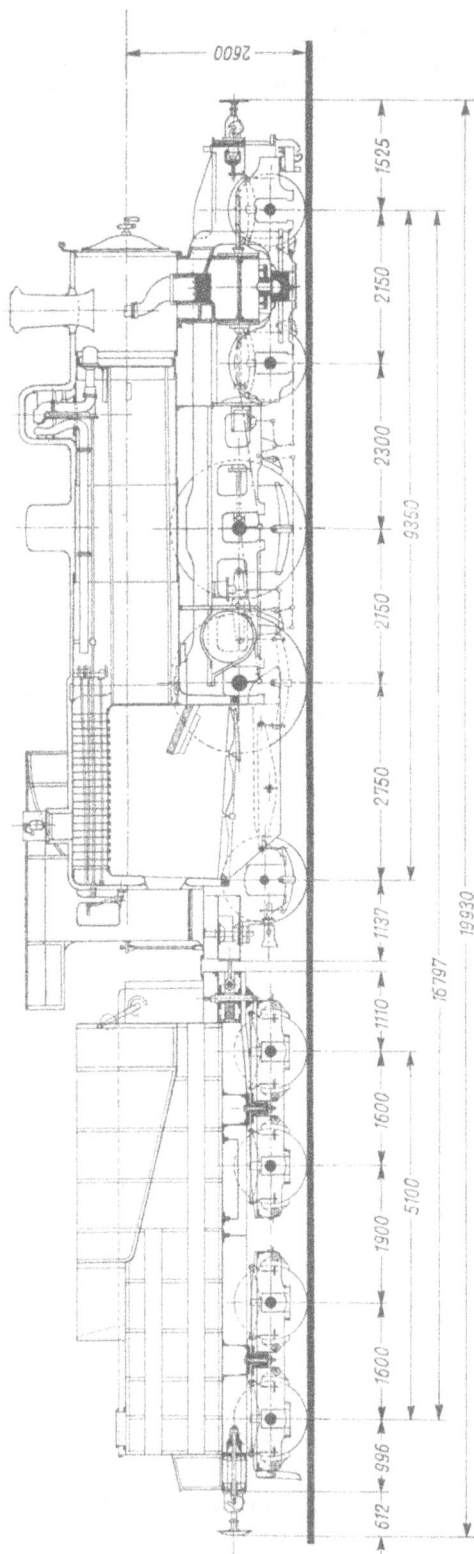

Abb. 191. 2 B 1 n 4 v Schnellzuglokomotive der Sächsischen Staatsbahn, Gattung X 𝕭; Erbauer Hartmann 1900—1903.

Rostfläche	2,38 m²	Kesseldruck	15 atü	Zylinderdurchm. 2×350/555 mm
Verdampfungsheizfl.	160,80 m²	Treibraddurchmesser .	1980 mm	Kolbenhub . . . . . 660 mm
				Dienstgewicht d. Lok.. 69,4 t
				Reibungsgewicht . . 31,4 t

Seit den Jahren um 1880 waren fast alle Lokomotiven der Sächsischen Staatsbahn von Hartmann in Chemnitz bezogen worden; in den Jahren 1900—1901 wurde dieser Brauch fallen gelassen, denn an der Lieferung der eben genannten 2 B n 2 v Personenzuglokomotive waren auch die Bauanstalten Schwartzkopff-Berlin, die Maschinenfabrik Eßlingen und Linke-Hofmann in Breslau mit zusammen 36 Stück beteiligt. Bemerkenswert ist, daß nach dem Jahre 1902 in Sachsen keine 2 B Lokomotiven mehr beschafft worden sind, während in Norddeutschland 2 B Lokomotiven noch bis 1913 gebaut wurden. Wahrscheinlich hatte die Sächsische Staatsbahn mit der großen Beschaffung ihren Bedarf an Lokomotiven auf Jahre hinaus gedeckt; in den Jahren von 1899—1901 wurden allein 83 Lokomotiven der Gattung VIII 𝕭 2 geliefert.

Der Schnellzugverkehr zwischen Leipzig und Dresden und auf der sehr schwierigen Strecke Leipzig—Hof bereitete den 2 B n 2 v Maschinen VIII 𝕭 1 (S. 220) stets große Schwierigkeiten; Züge im Gewicht bis zu 385 t mit Geschwindigkeiten bis 100 km/h mußten befördert werden. Für diese Leistungen war die Heizfläche der 2 B Lokomotiven mit 117,5 m² und ihre Rostfläche mit 2,3 m² zu klein. Nun hatte die Sächsische Maschinenfabrik Hartmann in Chemnitz auf der Pariser Weltausstellung im Jahre 1900 eine neuartige 2 B 1 n 4 v Schnellzuglokomotive mit Zweiachsantrieb nach de Glehn ausgestellt, die als eine der ersten Bauarten dieser Art in Deutschland Aufsehen erregte. Diese Lokomotive wurde von der Sächsischen Staatsbahn erworben und erhielt die Gattungsbezeichnung X 𝕭 (Abb. 191).

Der Kessel dieser neuen Lokomotiven war gegenüber dem der 2 B Lokomotive beträchtlich vergrößert; seine Heizfläche betrug 160,8 m². Die Rostfläche war aber nur wenig größer geworden, nämlich 2,38 m²; dadurch verschob sich das Verhältnis R:H von 1:51 bei der 2 B Lokomotive auf 1:67. Den Dampfdruck erhöhte man von 12 auf 15 atü.

Die Lokomotive war in mancher Hinsicht den von der Maschinenbaugesellschaft Grafenstaden gebauten Lokomotiven ähnlich, besonders die zwischen der ersten Kuppelachse und der zweiten Drehgestellachse liegenden Hochdruckzylinder deuten auf elsässische und französische Vorbilder hin (Bauart de Glehn). Die v. Borries'sche Triebwerksanordnung konnte noch nicht bekannt sein, sie ist ja erst um diese Zeit entstanden. Die Außenzylinder besaßen Heusingersteuerung, die Innenzylinder Joy-Steuerung.

Der Stehkessel lag noch zwischen den Rahmen; bei der kleinen Rostfläche hatte man keine Lust, zur breiten Feuerbüchse überzugehen. Zweifellos wäre das aber ein Vorteil gewesen, denn bei einem über den Rahmen hinausreichenden breiten Stehkessel mit breiter und auch größerer Feuerbüchse hätte sich ein größerer und für lange Jahre ausreichender Kessel unterbringen lassen. So aber konnte die Lokomotive in der Ebene nur einen 170 t schweren Wagenzug mit einer Geschwindigkeit von 100 km/h befördern, also bedeutend weniger als die gleichaltrigen 2 B 1 Lokomotiven anderer Länderbahnen.

Besonders schwierig war es, die Niederdruckzylinder in dem engen Raum zwischen den Rahmenblechen unterzubringen und dabei den Kurbelarmen der Kropfachse noch genügend starke Kurbelblätter zu geben; zu diesem Zweck wurden die Rahmenbleche vorn an jeder Seite um 90 mm nach außen gekröpft.

Das Drehgestell hatte Innenrahmen, entsprach der sogenannten Erfurter Bauart und hatte wieder wie das der 2 B Lokomotiven eine Wiege, auf die sich der Hauptrahmen der Lokomotive mit einem Kugelzapfen stützte. Die hintere Laufachse war eine freie Lenkachse und hatte anfangs 1045, später 1240 mm hohe Räder; die Last wurde auf sie durch zwei Querfedern übertragen.

Bemerkenswert ist noch die Windschneide vor dem Führerhaus, die zu dieser Zeit auch schon an den Schnellzuglokomotiven einiger anderer Bahnen zu finden war.

Die Sächsische Staatsbahn beschaffte von der X ℬ Lokomotive in den Jahren 1900—1903 15 Stück.

Bei der erwähnten geringen Leistung der 2 B 1 Lokomotive der Gattung X ℬ war es nicht verwunderlich, daß schon nach wenigen Jahren eine leistungsfähigere Schnellzuglokomotive erforderlich wurde. Zur Zeit, als Garbe in Preußen seine 2 C h 2 Personenzuglokomotive P 8 baute, sah sich auch die Sächsische Staatsbahn genötigt, zu einer neuen leistungsfähigen dreifach gekuppelten Schnellzuglokomotive überzugehen. Sie wollte damit den Vorspannleistungen ein Ende bereiten, die durch die dauernden Anfahrschwierigkeiten auf den stark belasteten Schnellzugstrecken unerträglich geworden waren.

Daß es eine Heißdampflokomotive werden mußte, stand nach den guten Erfahrungen mit Heißdampfmaschinen fest, jedoch war man sich über die Zahl und Anordnung der Zylinder (Zwilling, Doppelzwilling, Vierzylinder-Verbund) noch nicht klar, da noch keine Erfahrungen über den Einfluß des Heißdampfs bei Zwillings- und Verbundwirkung vorlagen.

Die Sächsische Staatsbahn entschloß sich zunächst zu einer 2 C h 4 Schnellzuglokomotive, welche die erste deutsche Vierlingslokomotive wurde (Gattung XII ℌ, Abb. 192). Bei der Wahl eines Vierzylindertriebwerks mit einfacher Dampfdehnung war der Wunsch nach einer ruhig laufenden Maschine entscheidend.

Die ersten Lokomotiven wurden 1906 von Hartmann in Chemnitz geliefert. Sie hatten gegenüber den bisherigen sächsischen und auch anderen Lokomotiven manches Neue aufzuweisen. Der Kessel war in seiner Verdampfungsheizfläche kleiner als der Kessel der vorher beschriebenen X ℬ Lokomotive (146,13 statt 160,8 m²). Der Rauchröhrenüberhitzer mit 43,8 m² Heizfläche war auch verhältnismäßig kleiner als derjenige der P 8 Lokomotive; die erzielten Heißdampftemperaturen werden demnach kaum über 320⁰ hinausgegangen sein. Der Dampfdruck betrug 12 atü. Der Langkessel bestand noch aus 3 Schüssen, während der Kessel der P 8 bereits aus 2 Schüssen zusammengenietet war. Eigenartig waren die beiden Dampfdome mit dem Verbindungsrohr und dem hinter dem Schornstein in die Rauchkammer eintretenden Einströmrohr; die Sandkästen mit den Sandstreuern für die beiden ersten Kuppelachsen schlossen sich unmittelbar an die Dombekleidung an. Zur Verringerung des Luftwiderstandes hatten sowohl das Führerhaus als auch die Rauchkammer und das Drehgestell Windschneiden erhalten. Bei den damals gefahrenen Geschwindigkeiten und der Form der Verkleidung können diese kleinen Zutaten, wie wir heute wissen, wenig genützt haben.

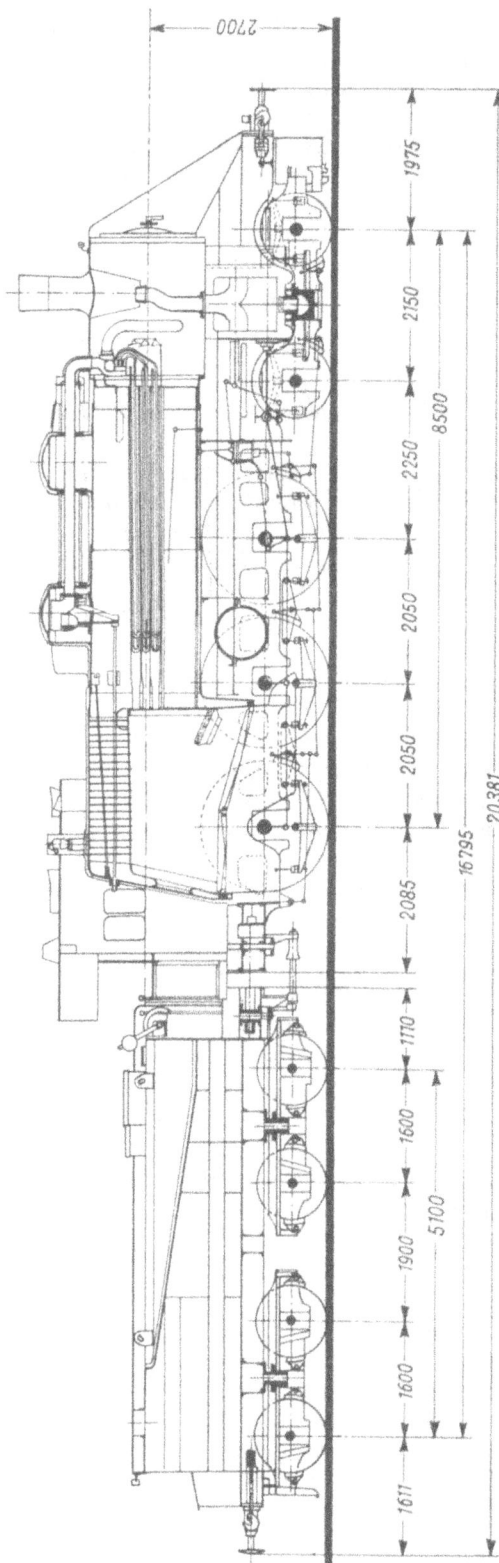

Abb. 192. 2 C h 4 Schnellzuglokomotive der Sächsischen Staatsbahn, Gattung XII H.; Erbauer Hartmann 1906.

Rostfläche . . . . . 2,77 m²	Kesseldruck . . . . . 12 atü	Zylinderdurchm. 4×430 mm	Dienstgewicht d. Lok. 73,3 t
Verdampfungsheizfl. 146,13 m²	Treibraddurchmesser . 1885 mm	Kolbenhub . . . . . 630 mm	Reibungsgewicht . . 49,0 t
Überhitzerheizfläche . 43,8 m²			

Das de Glehn-Triebwerk der X A Lokomotive wurde bei dieser Gattung zugunsten des v. Borries-Triebwerkes verlassen; alle 4 Zylinder trieben wie bei der bayerischen S $^3/_5$ Lokomotive die erste gekuppelte Achse an. Die Zylinder lagen in einer Querebene über dem Drehgestell und waren in 3 zusammengeschraubten Gußstücken untergebracht; sie hatten Kolbenschieber mit schmalen federnden Ringen von 160 mm Durchmesser. Damit beim Anfahren größere Füllungen angewendet werden konnten, sah man einen Lindnerschen Nachfüllschieber vor, der eine Füllung von 80% ermöglichte. Die größte Füllung des Hauptschiebers konnte deshalb auf 55% verringert werden.

Während sich die Sächsische Staatsbahn in der Ausführung des Triebwerkes mehr den süddeutschen Vorbildern, besonders der bayerischen S $^3/_5$ Lokomotive angeschlossen hatte, folgte sie beim Rahmen der norddeutschen Bauweise des Blechrahmens, der aber mit 30 mm stärker als dort gewählt wurde.

Die Wahl der einstufigen Dampfdehnung bei der 2 C h 4 Lokomotive war wohl auch auf die Erkenntnis zurückzuführen, daß die zweistufige Dehnung bei Heißdampf keine wesentlichen Vorzüge hat.

Der Dampfverbrauch dieser Vierlingslokomotive war wohl niedriger als der Verbrauch der Naßdampflokomotive, war aber doch noch verhältnismäßig hoch. Man kam zu der Überzeugung, daß hier nur sorgfältige Versuche mit den verschiedenen Bauarten, der Vierlings-, der Vierzylinder-Verbund- und der Zwillingsanordnung Klarheit über die zweckmäßigste Bauart der Heißdampflokomotive bringen könnten. Die Sächsische Staatsbahn beauftragte deshalb schon im Jahre 1907 die Maschinenfabrik Hartmann mit dem Bau einer 2 C h 4 v und im Jahre 1909 mit dem Bau einer 2 C h 2 Schnellzuglokomotive auf der Grundlage der eben besprochenen Vierlingslokomotive.

Bei den Fahrten mit diesen Versuchsbauarten zeigte sich, daß die

Voraussagen von dem Ende des Verbundverfahrens damals noch verfrüht waren. In der Tat konnten bei den noch ziemlich niedrigen Heißdampftemperaturen durch das Verbundverfahren noch gewisse Ersparnisse erzielt werden, denn die 2 C h 4 v Lokomotive hatte bei den Vergleichsfahrten den niedrigsten Dampfverbrauch aller 3 Bauarten. Ihr folgte in einigem Abstande die 2 C h 2 Maschine und erst hinter dieser die Vierlingslokomotive.

Die Vierzylinder-Verbundlokomotive hatte nahezu den gleichen Kessel mit Belpaire-Stehkessel wie die XII Ș Lokomotive, der Dampfdruck war jedoch von 12 auf 15 atü erhöht, da man mit Recht glaubte, bei der Verbundanordnung könne ein höheres Druckgefälle, als es bisher üblich war, ausgenutzt werden. Hierdurch wurden die Grundlagen des Vergleiches verschoben; ohne Zweifel hätte ein höherer Dampfdruck auch die Lokomotiven mit einfacher Dampfdehnung sparsamer gemacht. Bemerkenswert ist noch, daß die Kropfachsen der letzten Lieferungen der Verbundlokomotive an den Kurbelblättern Fremont-Ausschnitte erhielten.

Die Zwillingslokomotive hatte den gleichen Kessel wie die 2 B 1 h 2 Lokomotive der Gattung X Ș 1 (Abb. 194, S. 226) erhalten, die zur gleichen Zeit beschafft wurde. Dieser Kessel hatte nur einen Dom und nur noch einen Sandkasten, aber einen um 50 mm größeren Kesseldurchmesser als die zuvor beschafften 2 C Maschinen. Da dadurch 36 Heizrohre mehr untergebracht werden konnten, stieg die Heizfläche um 31 m² auf 177 m²; der Überhitzer wurde

Abb. 193. 2 C h 2 Schnellzuglokomotive der Sächsischen Staatsbahn, Gattung XII Ș 2; Erbauer Hartmann 1916.

Rostfläche . . . . . 2,83 m²	Kesseldruck . . . . . 13 atü	Kolbenhub . . . . . 600 mm
Verdampfungsheizfl. 159,64 m²	Treibraddurchmesser . 1590 mm	Dienstgewicht d. Lok.. 73,3 t
Überhitzerheizfläche . 43,2 m²	Zylinderdurchm. 2 × 550 mm	Reibungsgewicht . . 47,1 t

im ungefähr gleichen Verhältnis vergrößert (47 m²), blieb also immer noch recht klein. Auffallend groß war der Zylinder-Durchmesser mit 610 mm, infolgedessen lag die Zugkraftkennziffer mit 26,0 für eine Zwillingslokomotive ziemlich hoch.

Während die beiden Vierzylinder-Bauarten infolge des guten Massenausgleichs sehr ruhig liefen, waren die Laufeigenschaften der XII Ș 1 Lokomotive wegen der großen Zwillingszylinder naturgemäß weniger gut; da auch sonst die 2 C h 4 v Lokomotive XII Ș ẞ die meisten Vorzüge auf sich vereinigte, wurde sie allein bis zum Jahre 1914 nachbeschafft (42 Stück).

Für den Personenzugverkehr im sächsischen Hügelland wurde im Jahre 1910 ebenfalls eine dreifach gekuppelte Lokomotive notwendig; hier entschied man sich wiederum für die Achsanordnung 2 C. Die neue Lokomotive erhielt das Gattungszeichen XII Ș 2 und wurde zum ersten Male im Jahre 1910 auf der Weltausstellung in Brüssel gezeigt (Abb. 193). Der Kessel war von den letzten Schnellzuglokomotiven (XII Ș 1) übernommen, nur die Rohre wurden um 150 mm auf 4200 mm gekürzt.

Dem hügeligen Charakter des Landes entsprechend betrug der Durchmesser der Treibräder nur 1590 mm; die größte zulässige Geschwindigkeit wurde auf 80 km/h festgesetzt. Man wählte wie in Preußen (P 8) das Zweizylindertriebwerk, da bei den niedrigen Treibrädern innenliegende Zylinder nur mit starker Neigung über dem Drehgestell untergebracht werden konnten. Außerdem lag bei den niedrigen Geschwindigkeiten im Personenzugdienst keinerlei Bedürfnis für ein schwerer zugängliches und vielseitiges Triebwerk vor.

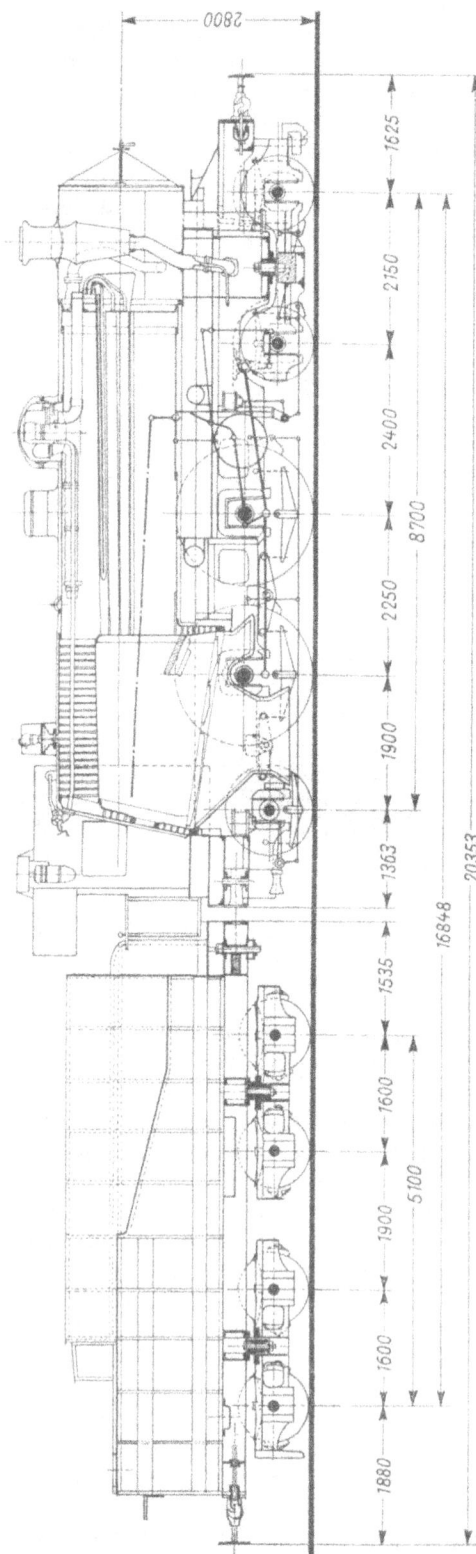

Abb. 194. 2 B 1 h 2 Schnellzuglokomotive der Sächsischen Staatsbahn, Gattung X ה 1; Erbauer Hartmann 1909—1913.

Rostfläche . . . . . 2,84 m²
Verdampfungsheizfl. 171,66 m²
Überhitzerheizfläche . 47,1 m²

Kesseldruck . . . . . 12 atü
Treibraddurchmesser . 1980 mm

Zylinderdurchm. . 2 × 510 mm
Kolbenhub . . . . . 630 mm

Dienstgewicht d. Lok. . 70,1 t
Reibungsgewicht . . 30,9 t

Auch die XII ה 2 Lokomotive hatte ebenso wie die vorherbeschriebenen Schnellzuglokomotiven einen Lindnerschen Nachfüllschieber, dessen Schieberstange oberhalb der Hauptschieberstange zu erkennen ist (Abb. 193).

Äußerlich wirkte die Lokomotive nicht so gut wie etwa die XII ה B oder XII ה 1. Man hatte das Drehgestell und die Zylinder weiter nach rückwärts gelegt, um die mittlere gekuppelte Achse als Treibachse benutzen zu können. Dadurch war die Ausgeglichenheit in der Erscheinung gestört, was auch den Lokomotiven Garbes (S 4, S 6, P 8) eigen war. Musterbeispiele für gute Lösungen sind die Lokomotiven Hammels und v. Borries: S $^3/_6$, S $^2/_5$, S $^2/_6$; S 3, S 5², S 7, S 9. Die Lokomotive bewährte sich gut, so daß bis zum Jahre 1922 noch 159 Stück gebaut wurden.

Obwohl der Sächsischen Staatsbahn im Jahre 1909 außer der älteren 2 B 1 n 4 v Lokomotive der Gattung X B (Abb. 191) noch die drei beschriebenen Gattungen 2 C Lokomotiven zur Verfügung standen, entschloß man sich, für den Schnellzugdienst im Flachlande eine leichtere neuzeitliche 2 B 1 h 2 Schnellzuglokomotive zu beschaffen (Gattung X ה 1, Abb. 194). Wie die Abbildung zeigt, wurde sie ganz auf der Grundlage der 2 C h 2 Lokomotive XII ה 1 entwickelt, deren Kessel sie auch erhalten hatte.

Das Drehgestell hatte wie an den anderen Schnellzuglokomotiven eine Wiege, auf die sich das Fahrgestell abstützte. Der Drehzapfen hatte zwar beiderseits 74 mm Luft, doch war das Seitenspiel durch Anschläge am Hauptrahmen so begrenzt, daß die vordere Achse nach beiden Seiten um 61 mm, die hintere Achse um 17 mm ausschlagen konnte. Die Schleppachse war unverschiebbar im Rahmen gelagert, so daß der feste Achsstand 4150 mm betrug. Um das Zucken der Lokomotive zu vermindern, gab man der Feder in der Tenderkupplung eine Vorspannung von 6500 kg, um dadurch die Masse des Tenders mit zur Dämpfung der Zuckbewegungen heranzuziehen.

Ein Leistungsvergleich mit den 2 B 1 Lokomotiven der anderen Länderbahnen zeigt, daß die sächsische Lokomotive mit zu den stärksten 2 B 1 Lokomotiven in Deutschland zählte.

	Sächsische	Preußische		Bayerische		Badische
	X H 1	S 7	S 9	S $^2/_5$	P 4	II d
1 : ∞ , 80 km/h	800 t	500 t *)	800 t *)	610 t	815 t	450 t
1 : ∞ , 100 km/h	440 t	320 t *)	500 t *)	370 t	400 t	—
5 $^0/_{00}$, 80 km/h	290 t	200 t *)	300 t *)	275 t	290 t	—

*) ungefähre Werte.

Ob es allerdings notwendig war, im Jahre 1909 noch einmal eine Bauart mit nur zwei gekuppelten Achsen zu entwickeln, wo doch vorher schon leistungsfähige 2 C Lokomotiven beschafft worden waren, mag dahingestellt bleiben. Jedenfalls wurde die Lokomotive nach dem Jahre 1913 nicht mehr weitergebaut; zu dieser Zeit waren 18 Stück vorhanden.

Der Schnellzugdienst auf der Strecke Leipzig—Hof hatte von jeher an die Leistungsfähigkeit der Lokomotiven sehr hohe Ansprüche gestellt. Die Strecke liegt von Leipzig an zur Hälfte im Flachland, dann folgt eine 11 km lange Steigung von 10$^0/_{00}$ und die übrige Strecke von 171 km Länge liegt abwechselnd in Gefällen und Steigungen von 10$^0/_{00}$. Hieraus ergaben sich naturgemäß im schweren Dienst mancherlei Schwierigkeiten, die um so größer wurden, je mehr die Geschwindigkeiten erhöht wurden. Besonders unangenehm war es, wenn ein schwerer Schnellzug mit einer 2 B 1 Lokomotive auf einer Steigung aus irgendeinem Grunde zum Halten gekommen war; er konnte häufig nur unter großen Schwierigkeiten wieder in Gang gebracht werden. Aber auch das Anfahren der Züge auf den Bahnhöfen litt unter dem zu niedrigen Reibungsgewicht der Lokomotiven. Lange Zeit versuchte man Abhilfe durch Gestellung einer zweiten Schnellzuglokomotive als Vorspann zu schaffen, doch ließ sich dieser Zustand aus wirtschaftlichen Gründen auf die Dauer nicht aufrechterhalten. Nach und nach brach sich die Überzeugung Bahn, daß eine neue und leistungsfähige Schnellzuglokomotive sowohl für den schweren, als auch für den leichteren Dienst entwickelt werden mußte.

Beide Lokomotiven sollten folgende Ansprüche erfüllen:

1. sollten sie auf der langen Flachlandstrecke Leipzig—Werdau eine hohe Geschwindigkeit entwickeln (430 t mit 100 km/h),

2. mußte die Leistung des Kessels für die Beförderung der Züge auf der langen und bogenreichen Steigung ausreichen ohne Inanspruchnahme der Kesselreserve. Die Lokomotive mußte darum einerseits eine schnellfahrende Lokomotive sein, andrerseits aber auch eine hohe Dauerzugkraft auf der Steigung entwickeln können. Das waren zwei weit auseinandergehende Forderungen, die bisher in Deutschland noch an keine Lokomotive gestellt worden waren. Die Reibung dreier Achsen konnte bei 17 t Achsdruck allenfalls noch genügen; man entschloß sich daher im Jahre 1917, zunächst nach dem Vorbilde der süddeutschen Eisenbahnverwaltungen eine neue 2 C 1 Schnellzuglokomotive zu beschaffen. Diese erhielt aber nicht das Vierzylinder-Verbundtriebwerk, sondern offenbar unter preußischem Einfluß (S 10²) ein Drillingstriebwerk, mit dem ein gleichmäßiges Drehmoment und damit gute Anfahrbeschleunigung erzielt werden konnte.

Kurze Zeit später ging man zum Zwecke des Vergleichs auch zum Bau einer vierfach gekuppelten Schnellzuglokomotive über, welche die Achsanordnung 1 D 1 erhielt (Abb. 196, S. 229).

Die 2 C 1 Lokomotive (Gattung XVIII H, Abb. 195) wich durch ihr Drillingstriebwerk von allen bisher gebauten 2 C 1 Lokomotiven ab. Bei den 2 B 1 und 2 C Lokomotiven hatte die Sächsische Staatsbahn schon frühzeitig mehrfach versucht, das vielteilige Vierzylinder-Verbundtriebwerk zu verlassen, sie ist aber stets wieder zu ihm zurückgekehrt, da seine wirtschaftlichen Vorteile bei der damaligen niedrigen Überhitzung unverkennbar waren. Auch

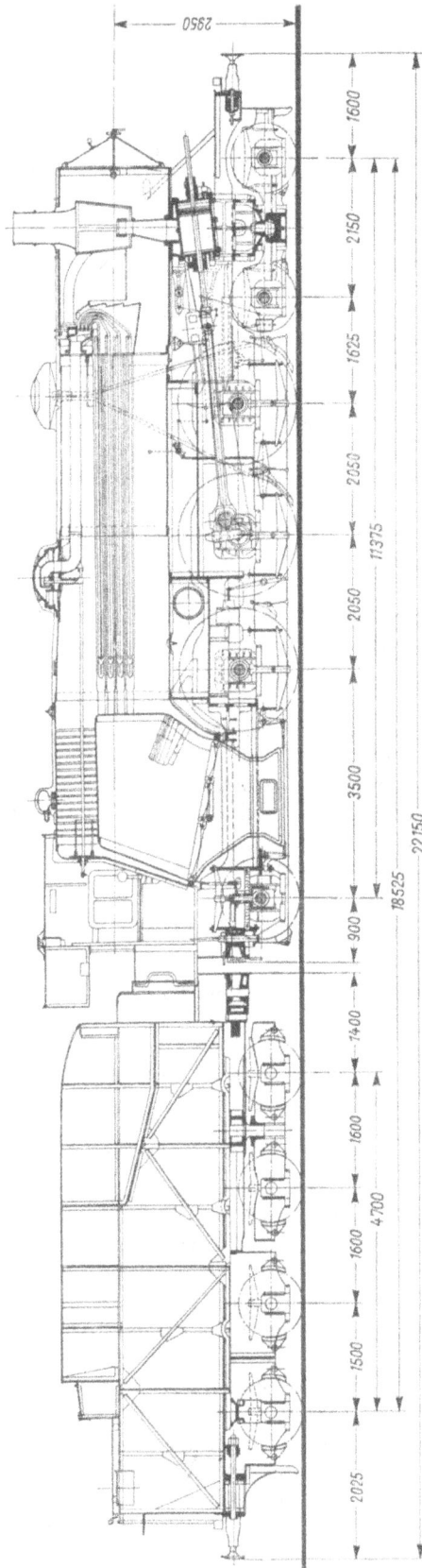

Abb. 195. 2 C 1 h 3 Schnellzuglokomotive der Sächsischen Staatsbahn, Gattung XVIII ♄:
Erbauer Hartmann 1917—1919.

Rostfläche . . . . . 4,51 m²	Kesseldruck . . . . 14 atü	Dienstgewicht d. Lok.. 93,5 t
Verdampfungsheizfl. 215,76 m²	Treibraddurchmesser . 1905 mm	Reibungsgewicht . . 50,7 t
Überhitzerheizfläche . 72,0 m²	Zylinderdurchm. 3 × 500 mm	
	Kolbenhub . . . . . 630 mm	

bei den neuen 2 C 1 und 1 D 1 Lokomotiven ging der Kampf um das zweckmäßigste Triebwerk, doch entschied man sich schließlich wieder für Vierzylinderverbund und die Achsanordnung 1 D 1.

Was den Kessel der 2 C 1 h 3 Lokomotive auszeichnete, war sein für damalige Verhältnisse großer Überhitzer mit einer Heizfläche von 72 m² (Hü:Hv = 0,34), der alle Überhitzer an den früheren süddeutschen Schnellzuglokomotiven wie die bayerische S ^{3}/$_6$ und die badische IV f beträchtlich übertraf. Auch die Heizrohre waren länger (5500 mm), was den Kesselwirkungsgrad günstig beeinflußte. Der letzte Kesselschuß war schwach kegelig (1730/1790).

Das Triebwerk glich in seinen Hauptabmessungen ziemlich genau der preußischen 2 C h 3 Schnellzuglokomotive S 10² (S. 38); nur die Treibräder hatten den in Sachsen üblichen Durchmesser von 1905 mm (statt in Preußen 1980 mm). Die Kolbenschieber erhielten 250 mm Durchmesser, für eine Schnellzuglokomotive ein günstigerer Durchmesser als 220 mm an den preußischen S 10² Lokomotiven. Während bei der S 10² Lokomotive die 3 Zylinder die erste Achse antrieben, wählte die Sächsische Staatsbahn die mittlere gekuppelte Achse als Treibachse und erhielt damit längere Stangen. Abweichend von der S 10² Lokomotive wurde auch die Steuerung für den Innenzylinder abgeleitet: die Preußische Staatsbahn hatte die Bewegung des Innenschiebers von den äußeren Schieberstangen durch waagerecht liegende Hebel abgeleitet. Die Sächsische Staatsbahn verwendete dagegen zwei in den Schwingenträgern gelagerte Zwischenwellen. Beide Einrichtungen waren nicht sehr zweckmäßig, da der in ihren Lagern und Gelenken auftretende tote Gang die Dampfverteilung ungünstig beeinflußte.

Der Rahmen war wie bei den preußischen S 10² Lokomotiven vorn als Barren- und hinten als Blechrahmen ausgeführt, der Blechrahmen war jedoch 30 mm stark statt 25 mm bei der

S 10². Für die Bogenläufigkeit gab man dem Drehgestell einen Seitenausschlag von nur 38 mm und der hinteren Laufachse einen solchen von 60 mm nach jeder Seite, also in beiden Fällen weniger als bei anderen 2 C 1 Lokomotiven üblich.

Da der Kessel größer war als der nicht sehr wirtschaftliche Kessel der preußischen S 10² Lokomotive, leistete die sächsische 2 C 1 Lokomotive beträchtlich mehr als die S 10²; sie beförderte 400 t (gegenüber 300 t der S 10²) schwere Züge auf 10⁰/₀₀ mit 50 km/h und in der Ebene mit 110 km/h.

Bei den verhältnismäßig kurzen Abständen der Schnellzugbahhöfe in Sachsen litt die 2 C 1 Lokomotive aber unter dem Mangel an Reibungskraft, so daß die erwünschte hohe Anfahrbeschleunigung nicht erreicht werden konnte, wenn das Zuggewicht die gebräuchlichen Werte überstieg. Außerdem ließ die Wirtschaftlichkeit der Lokomotive aus nicht ohne weiteres ersichtlichen Gründen zu wünschen übrig, so daß sich schon bald die Meinung durchsetzte, es könnte nur eine vierfach gekuppelte Lokomotive mit einem Vierzylinder-Verbundtriebwerk Abhilfe bringen.

Diese neue 1 D 1 h 4 v Lokomotive wurde im Jahre 1917 von der Maschinenfabrik Hartmann in Chemnitz geliefert (Gattung XX Ş ẞ, Abb. 196 und Tafel 16). Sie war ein Höhepunkt in der Geschichte des sächsischen Lokomotivbaues und zählte damals zu den stärksten Schnellzuglokomotiven des Festlandes.

Besonders auffallend an ihr war der große Kessel mit 5800 mm langen Rohren, breitem über den Rahmen hinausreichenden Stehkessel und einer Rostfläche von 4,5 m². Die Bauart des Kessels war von der kurz vorher beschafften 2 C 1 h 3 Lokomotive Gattung XVIII Ş,

Abb. 196. 1 D 1 h 4 v Schnellzuglokomotive der Sächsischen Staatsbahn, Gattung XX Ş ẞ; Erbauer Hartmann 1918—1923.

Rostfläche . . . . . 4,5 m²	Kesseldruck . . . . . 15 atü	Kolbenhub . . . . . 630 mm
Verdampfungsheizfl. . 226,6 m²	Treibraddurchmesser . 1905 mm	Dienstgewicht d. Lok. . 99,9 t
Überhitzerheizfläche . 74,0 m²	Zylinderdurchm. 2×480/720 mm	Reibungsgewicht . . 68,6 t

Abb. 195 entlehnt, die Heizfläche aber etwa 10 m² größer. Da der Langkessel der 2 C 1 h 3 Lokomotive bereits einen Durchmesser von 1696 mm besaß, mußte der Kessel durch Verlängerung der Rohre um 300 mm vergrößert werden; die Rauchkammer war 2965 mm lang. Der Dampfdruck war zum ersten Male in Sachsen wegen der Verbundwirkung auf 15 atü festgesetzt. Sämtliche Zylinder trieben die zweite Kuppelachse an. Die großen Niederdruckzylinder lagen schon ihrer großen Durchmesser von 720 mm wegen außerhalb der Rahmen; die innenliegenden Hochdruckzylinder erhielten die große Neigung 1:8,6.

Die Bewegung der Schieber der Innenzylinder wurde nach dem älteren Patentverfahren von Borries' von der äußeren Schwinge, und zwar vom Angriffspunkt der Schieberschubstange am äußeren Voreilhebel abgeleitet; die Innenzylinder hatten eigene Voreilhebel. Die Steuerzugstange war wegen ihrer großen Länge in 3 Teile geteilt und an den Trennstellen in Pendelstützen geführt. Als Anfahrvorrichtung diente der Lindnersche Anfahrhahn, der Frischdampf aus der Naßdampfkammer des Dampfsammelkastens in der Rauchkammer in den Verbinder strömen ließ, sobald die Steuerung auf über 60% ausgelegt war.

Die Kropfachse bestand aus Tiegelstahl von 50—60 kg/mm² Festigkeit. Sie hatte in der Mitte einen Schrägarm und seitlich Kurbelscheiben mit Frémont-Ausschnitten.

Der Rahmen war abweichend von der 2 C 1 Lokomotive XVIII $\mathfrak{H}$ ganz als Barrenrahmen ausgebildet. Die beiden ersten Achsen der Lokomotive waren zu einem Krauß-Helmholtz-Drehgestell vereinigt, dessen Mittelzapfen nach jeder Seite 57 mm Querspiel hatte; die Ausschläge der Laufachse aus der Mittellage betrugen 160 mm, die der Kuppelachse 20 mm. Diese Achse war mit einer Rückstellvorrichtung versehen, außerdem hatte die dritte gekuppelte Achse um 15 mm schwächere Spurkränze. Die hintere Achse war eine Adamsachse, sie konnte um 60 mm nach jeder Seite verschoben werden. So konnte die Lokomotive Gleisbögen mit sehr kleinem Halbmesser ohne Anstände durchfahren, doch ließ sich das nur mit großen baulichen Schwierigkeiten erreichen. Abb. 196 zeigt, daß man sich bei der Entwicklung der Lokomotive in der Länge große Beschränkungen auferlegen mußte. Wenn der feste Achsstand der gekuppelten Achsen bei dem großen Durchmesser der Treibräder noch innerhalb der üblichen Grenzen bleiben sollte, mußten diese Achsen sehr eng zusammengedrückt werden. Dadurch war für die Unterbringung auch nur eines Bremsklotzes in der Mitte zwischen den Rädern kein Platz mehr vorhanden; die Klötze mußten daher weit unterhalb der Achsmitten angeordnet werden. Wegen des seitlichen Ausschlages war auch der Achsstand zwischen der Laufachse und der ersten gekuppelten Achse klein, so daß dem vorderen Teil der Lokomotive die architektonische Ausgeglichenheit fehlte, die andere 1 D 1 Lokomotiven (z. B. die preußische P 10) und besonders die verschiedenen 2 C 1 Lokomotiven besaßen. Der enge Schornstein, der eine Folge des engen Blasrohrs war, paßte wenig zu der gewaltigen Lokomotive und erhöhte den Gegendruck in den Zylindern.

Der Tender folgte bayerischen Vorbildern; die beiden vorderen Achsen waren in einem Drehgestell untergebracht, die hinteren fest im Rahmen gelagert.

Die Lokomotive sollte

630 t auf 0⁰/₀₀ mit 100 km/h und
495 t auf 10⁰/₀₀ mit 50 km/h befördern.

Sie leistete damit allerdings nicht mehr als die bayerische S ³/₆ Lokomotive, besaß aber mit ihrem größeren Reibungsgewicht ein bedeutend besseres Anzugs- und Beschleunigungsvermögen und eine größere Kesselreserve.

Die erste Lokomotive wurde am 8. März 1918 unter der Fabriknummer 4000 von Hartmann in Chemnitz abgeliefert. Da sich die ersten 5 Lokomotiven gut bewährten, wurden in den Jahren 1920 und 1922 noch 18 Stück nachgeliefert.

Auf Grund späterer Versuchsfahrten wurde die Feueranfachung noch etwas verbessert, ein Speisewasservorwärmer mit Fahrpumpe wurde hinzugefügt und der anfangs etwas knappe Überhitzer wurde durch Verlängerung der Überhitzerrohre vergrößert.

Mit diesen beiden großen Schnellzuglokomotiven war in Sachsen der Höhepunkt in der Entwicklung von Lokomotiven für den Personenverkehr auf den regelspurigen Strecken erreicht.

DIE GÜTERZUGLOKOMOTIVEN.

Den Güterzugverkehr bedienten am Ende der 70er Jahre die C n 2 Lokomotiven der Gattung V vom Jahre 1876, die der Lokomotive „Simplon" in Band I, S. 247, Abb. 321 ähnlich war, jedoch keinen überhöhten Stehkessel mehr besaß.

Angeregt durch die günstigen Erfahrungen der Preußischen Staatsbahn mit ihren Verbundlokomotiven ging auch die Sächsische Staatsbahn im Jahre 1884 zu Versuchen mit Verbundlokomotiven über. Sie übernahm die Zylinderabmessungen 460/650 mm und das v. Borriessche Anfahrventil von der preußischen C n 2 v Normallokomotive von 1882 (s. S. 57). Der Kesseldruck, der bei den alten C Lokomotiven der Gattung V noch bis 1885 8,5 atü betragen hatte, wurde bei den Verbundlokomotiven auf 12 atü erhöht. Der Kessel dieser Gattung V $\mathfrak{V}$ lieferte trotz der kleinen Rostfläche von 1,41 m² (R:H = 1:81) so reichlich Dampf, daß bei späteren Ausführungen die Zylinderdurchmesser von 480/700 auf 500/700 mm vergrößert wurden. Später wurde der Kessel wieder etwas geändert; die Heizfläche wurde durch Vermehrung der Rohre bei gleichzeitiger Verkürzung um etwa 370 mm auf 123 m², also um etwa 10%, vergrößert. Das Verhältnis R:H verschob sich dabei auf 1:70. Das Anfahrventil nach v. Borries wurde im Jahre 1887 durch die Lindnersche Anfahrvorrichtung ersetzt. Abb. 197 zeigt eine aus den letzten Lieferungen stammende Lokomotive.

Die Erfahrungen mit der V ℬ Lokomotive waren günstig. Sie war bis 1903 die schwerste deutsche C Lokomotive und dank ihrer kräftigen Bauart zeigten sich in sechsjährigem Betriebe keine nennenswerten Mängel. Auch in der Unterhaltung war sie nicht teuerer als die Zwillingslokomotive, daher wurde von 1888—1901 nur noch die Verbundanordnung gebaut. Schließ-

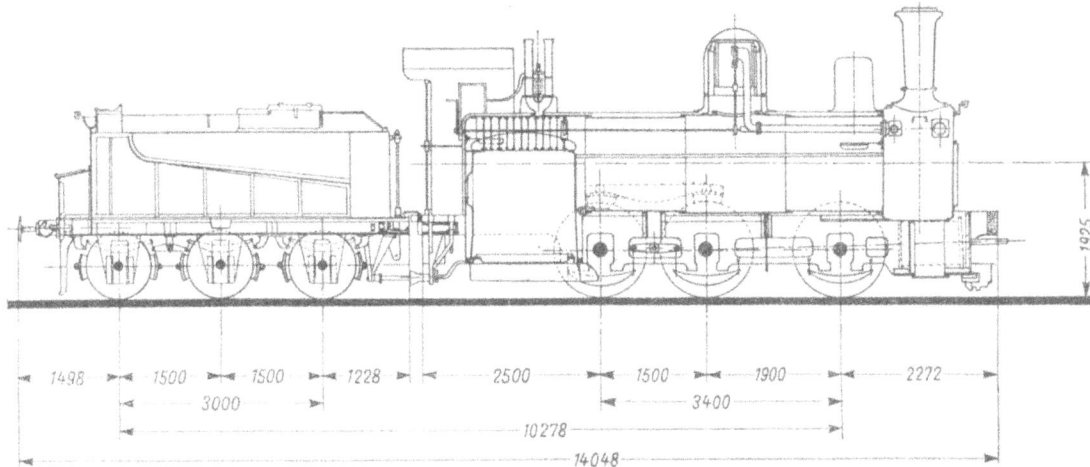

Abb. 197. C n 2 v Güterzuglokomotive der Sächsischen Staatsbahn, Gattung V ℬ; Erbauer Hartmann 1900/01.

Rostfläche . . . . . 1,41 m²	Treibraddurchmesser . 1400 mm	Dienstgewicht d. Lok. . 42,0 t
Verdampfungsheizfl. 115,06 m²	Zylinderdurchm. 480/700 mm	Reibungsgewicht . . 42,0 t
Kesseldruck . . . . . 12 atü	Kolbenhub . . . . . 610 mm	

lich waren insgesamt 164 Stück V ℬ Lokomotiven vorhanden; dazu kam im Jahre 1920 noch eine weitere Lokomotive, die gebaut worden war, um einen Lokomotivkessel zu verwerten, der aus einer Kriegslieferung der Firma Hartmann an die Türkei stammte, aber nicht mehr abgeliefert werden konnte.

Als Leistung der älteren Lokomotiven wurden folgende Werte angegeben:
1080 t auf 0%₀ mit 45 km/h und
430 t auf 10%₀ mit 25 km/h.

Wenn auch diese Leistung lange Jahre hindurch den Ansprüchen im großen und ganzen genügte, so wurde doch schon nach einiger Zeit auf den Strecken des Erzgebirges mit ihren starken Steigungen und sehr engen Krümmungen ein Bedürfnis nach einer stärkeren Maschine bemerkbar, die dabei zugleich eine besonders gute Bogenläufigkeit besitzen mußte. Für diesen Zweck bestellte die Sächsische Staatsbahn im Jahre 1891 von Hartmann 2 weiter unten beschriebene B B n 4 v Tenderlokomotiven Bauart Meyer mit 2 Maschinendrehgestellen (Gattung M I T ℬ). Da sich 2 Maschinendrehgestelle aber nicht bewährten, ging man im Jahre 1898 zu einer B B n 4 v Schlepptenderlokomotive der Bauart Mallet über, also zu einer Anordnung, bei der nur noch das vordere (Niederdruck)-Triebwerk in einem Treibgestell untergebracht war (Gattung I ℬ, Abb. 198). Die Lokomotive war recht kräftig ausgeführt, leider hatte sie die gleichen grundsätzlichen Mängel wie alle kurzachsständigen Maschinen mit mehreren voneinander unabhängigen Triebwerken. Dadurch konnte auch der verhältnismäßig große Kessel (141 m²) nicht voll ausgenutzt werden. Die Neigung zum Schleudern konnte durch die getrennte Sandung beider Triebwerke nur wenig vermindert werden. Nach den Erfahrungen anderer Bahnen mit ähnlichen Lokomotivbauarten (Preußen, Baden) konnte die I ℬ Lokomotive schon im Jahre ihres Erscheinens als überholt gelten; daß von ihr trotzdem bis 1903 noch 30 Stück beschafft worden sind, kennzeichnet die Besorgnisse, die man in

Sachsen wegen der Bogenläufigkeit von D oder 1 D Lokomotiven hatte. Die Maschine beförderte nach den Belastungstafeln bei günstiger Witterung

1310 t auf   0⁰/₀₀ mit 40 km/h und

505 t auf 10⁰/₀₀ mit 25 km/h,

also verhältnismäßig wenig mehr als die dreifach gekuppelte V ℬ Lokomotive.

Die Mängel dieser Lokomotivbauart hatten schon nach wenigen Jahren zur Folge, daß man zu einer vierfach gekuppelten Lokomotive mit einfachem Triebwerk zurückkehrte. Aber auch die D Lokomotive befriedigte nicht, sie machte Schwierigkeiten im Bogenlauf. Diesen Schwierigkeiten suchte man mit Lokomotiven der 1 D Bauart Herr zu werden.

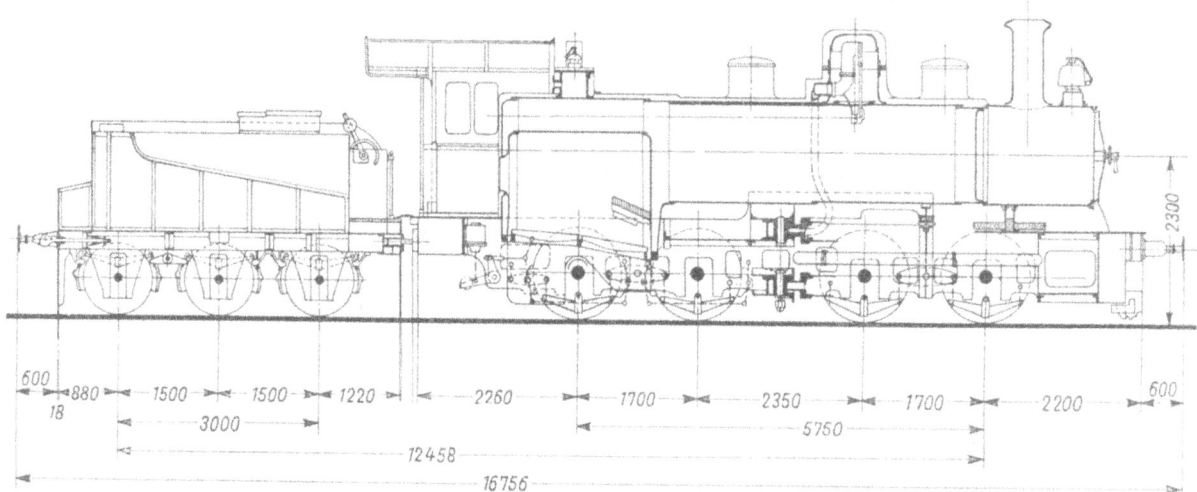

Abb. 198. B B n 4 v Güterzuglokomotive der Sächsischen Staatsbahn, Gattung I ℬ; Erbauer Hartmann 1898—1903.

Rostfläche	2,08 m²	Treibraddurchmesser .	1240 mm	Dienstgewicht d. Lok..	60,0 t
Verdampfungsheizfl.	141,06 m²	Zylinderdurchm.	2×420/650 mm	Reibungsgewicht . .	60,0 t
Kesseldruck	12 atü	Kolbenhub	600 mm		

Die neue 1 D n 2 v Lokomotive (Gattung IX ℬ, Abb. 199), die man nun folgerichtig entwickelte, wurde erstmals im Jahre 1902 von Hartmann geliefert; sie hatte manche bemerkenswerten Neuerungen aufzuweisen. Man hatte gefordert, daß die Last der Lokomotive auf eine größere Länge zu verteilen sei, um den schwachen sächsischen Oberbau und die Brücken zu schonen. Dann legte man, um den hinteren Überhang zu beseitigen und die Feuerbüchse zweckmäßig ausbilden zu können, die letzte gekuppelte Achse unter die Stehkesselrückwand. Den Schwierigkeiten in der Bogenläufigkeit der Maschine begegnete man auf eigenartige Weise. Der führenden Laufachse, einer Adamsachse, gab man 50 mm und der zweiten Kuppelachse 17 mm Spiel nach jeder Seite, ferner führte man die weit hinten liegende vierte Kuppelachse nach den Vorschlägen Kliens und Lindners aus. Bei diesem sogenannten Klien-Lindner Radsatz waren beide Räder durch eine Hohlachse miteinander verbunden; durch diese ging eine auf beiden Seiten fest im Außenrahmen außerhalb der Räder gelagerte Kurbelwelle, die von den Kuppelstangen angetrieben wurde. In der Mitte der Hohlachse war die Kurbelwelle mit einer Kugel in einem seitenverschieblichen Gleitstück der Hohlachse gelagert und trieb mit zwei in Gleitstücken eingreifenden Zapfen die Hohlachse an; diese konnte sich also in Gleisbögen radial einstellen. Da sie nun mit dem Tender durch ein Lenkwerk verbunden war, wurde sie von ihm in den Gleisbögen eingestellt. Da die Klien-Lindnerachse nur in einem Außenrahmen gelagert werden konnte, mußte der Rahmen hinter der dritten Kuppelachse nach außen geführt werden. Dadurch konnte auch der Stehkessel zwischen den Rahmenwangen beträchtlich breiter werden; das war sehr erwünscht, da man die Absicht hatte, die Lokomotive mit Braunkohle zu feuern und dafür einen größeren Rost benötigte. Die Rostfläche wurde also mit 3,2 m² etwa 50% größer als bisher bemessen.

Die zweite Neuerung war ein großes langes Dampfsammelrohr von 600 mm Durchmesser und 4856 mm Länge auf dem Scheitel des Kessels, das den Dampfraum vergrößern und dadurch für trockenen Dampf sorgen sollte. Es hat sich nicht bewährt. Durch die Längenänderungen infolge der Temperaturunterschiede zwischen Kessel und Dampfsammler waren die Verbindungsstutzen schwer dichtzuhalten, auch war der Dampfsammler bei der Erneuerung der unter ihm liegenden Deckenanker der Belpairefeuerbüchse ein Hindernis; daher erhielten spätere Ersatzkessel 2 Dome mit einem im Kessel liegenden Verbindungsrohr. Die ersten 30 Lokomotiven waren mit einem Verbinderdampftrockner der Bauart Klien ausgerüstet, der eine Heizfläche von 16 m² hatte und in der 2450 mm langen Rauchkammer untergebracht war. Er soll den Verbinderdampf um etwa 40° überhitzt haben. Der vordere Kesselschuß war nach sächsischem Brauch sehr kurz, um ihn bei Abzehrungen billiger auswechseln zu können.

Eigenartig war an der Steuerung der Antrieb der Schwinge: um eine über die Fahrzeugbegrenzungslinie hinaus reichende Gegenkurbel zu vermeiden, trieb man die Schwinge durch einen Joy-Lenker an, dessen Bewegung von der Mitte der Treibstange aus abgeleitet war.

Die Lokomotive konnte nach den Leistungstafeln Güterzüge von 1310 t in der Ebene mit 50 km/h und 605 t auf 10⁰/₀₀ mit 25 km/h befördern.

Als sich um die Mitte des ersten Jahrzehnts das Heißdampfverfahren durchsetzte, wurde auch die sächsische 1 D Lokomotive als Heißdampfmaschine (Gattung IX H V) weitergebaut. Sie erhielt einen nicht sehr großen Schmidtschen Rauchröhrenüberhitzer (Hv : Hü = 1 : 0,27), den Kesseldruck 15 atü und Kolbenschieber, blieb aber sonst unverändert. Ihre Leistung stieg dadurch beträchtlich: in der Ebene konnten nun 1670 t mit 50 km/h und auf 10⁰/₀₀ 700 t mit 25 km/h befördert werden.

Die Laufeigenschaften beider Gattungen waren in jeder Hinsicht gut; sie konnten noch Gleisbogen von 170 m Halbmesser ohne Anstände durchfahren und liefen auch bei 60 km/h noch ruhig.

Von den 50 bis zum Jahre 1908 gebauten Lokomotiven waren 20 Stück Naßdampfmaschinen mit dem Verbinderdampftrockner, 30 Lokomotiven waren mit dem Schmidtschen Rauchröhrenüberhitzer ausgerüstet.

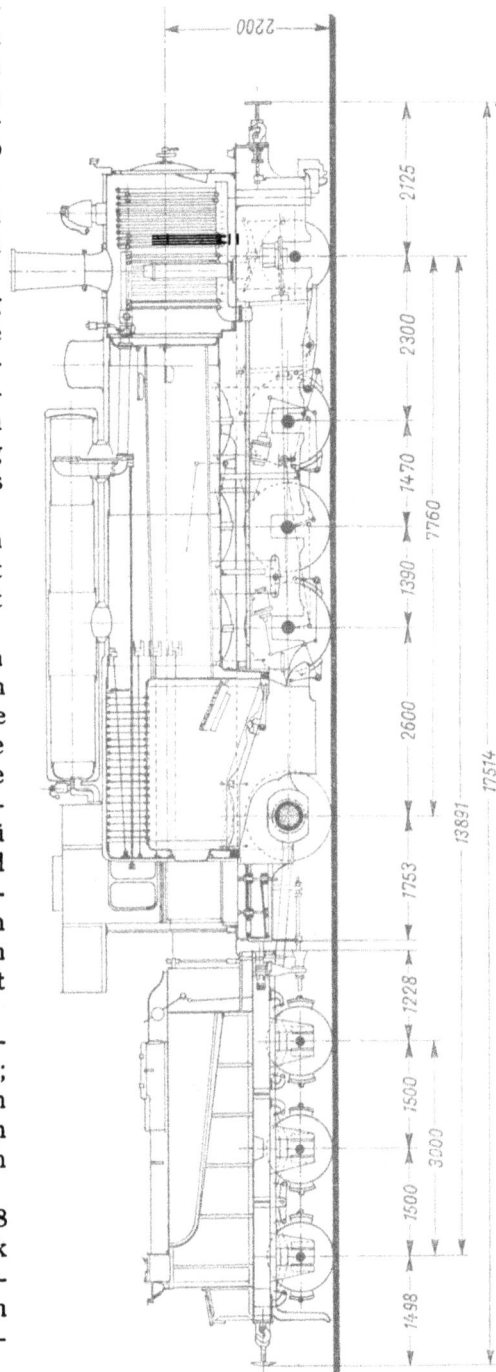

Abb. 199. 1 D n 2 v Güterzuglokomotive der Sächsischen Staatsbahn, Gattung IX V; Erbauer Hartmann 1902—1906.

Rostfläche	3,17 m²	Treibraddurchmesser	1240 mm	Dienstgewicht d. Lok. 72,0 t
Verdampfungsheizfl.	180,48 m²	Zylinderdurchm.	530/770 mm	Reibungsgewicht 62,4 t
Kesseldruck	14 atü	Kolbenhub	630 mm	

233

Mittlerweile brach sich auch in Sachsen die Überzeugung Bahn, daß eine gute Bogenläufigkeit auf einfachere Weise zu erreichen ist als mit der Klien-Lindner-Achse oder ähnlichen Vorrichtungen. Da diese Achse hohe Unterhaltungskosten verursachte, ging man 1905, als eine fünffach gekuppelte Maschine gebaut werden mußte, zum einfachen Triebwerk mit seitlich verschiebbaren Achsen nach Gölsdorf über.

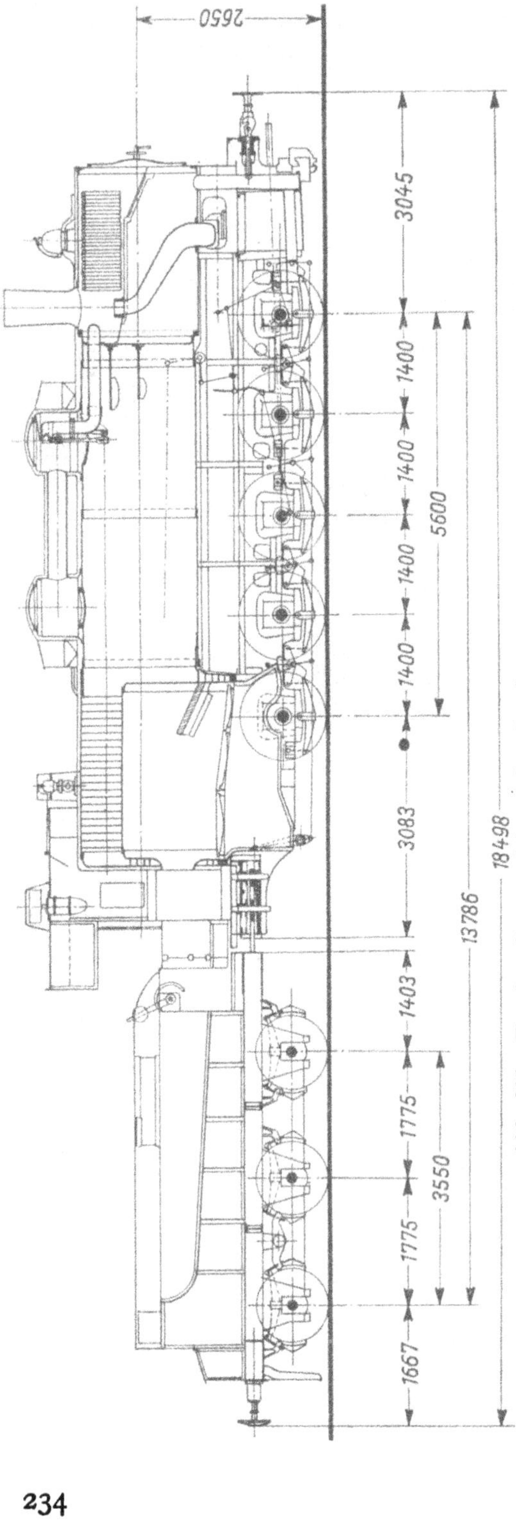

Bei der Entwicklung dieser neuen E Lokomotive, deren Notwendigkeit sich aus dem schweren Güterzugbetrieb auf den sächsischen Gebirgsstrecken ergeben hatte, ging die Sächsische Staatsbahn in der Weise vor, daß sie 1905 bei Hartmann in Chemnitz 12 Lokomotiven in verschiedenen Bauarten bestellte, um sich ein eigenes Urteil über den Wert der einzelnen Ausführungen zu bilden. 2 Stück waren Naßdampfverbundlokomotiven mit einem Verbinderdampftrockner Bauart Klien (Gattung XI 𝔅), 2 Stück Heißdampfverbundlokomotiven mit einem Schmidtschen Rauchkammerüberhitzer (Gattung XI 𝔥 𝔅) und 8 Stück waren Heißdampf-Zwillingsmaschinen, ebenfalls mit Rauchkammerüberhitzer ausgerüstet (Gattung XI 𝔥). Äußerlich unterschieden sich die 3 Bauarten, von denen die Abb. 200 die E n 2 v Lokomotive zeigt, fast nur durch die verschiedenartige Lage des Schornsteins, der bei den Heißdampflokomotiven wegen des Rauchkammerüberhitzers nach vorn geschoben war.

Alle 3 Gattungen hatten gleich große Belpaire-Kessel mit 2 Domen und weitem Verbindungsrohr; der Stehkessel lag über dem Rahmen. Lediglich der Dampfdruck war verschieden, er betrug bei den Verbundlokomotiven 13 atü und bei den Zwillingsmaschinen 12 atü. Das Verbindungsrohr wurde später entfernt, da sich durch die starken Wärmespannungen Undichtigkeiten an den Domnähten gezeigt hatten. Der Verbinderdampftrockner, Bauart Klien, der in der Rauchkammer lag, hatte eine Heizfläche von 20,8 m². Mit den Heißdampflokomotiven, die den Rauchkammerüberhitzer erhalten hatten, war man nicht recht zufrieden. Die grundsätzlichen Mängel dieser Überhitzerbauart sind früher erörtert worden (s. S. 26). Die Sächsische Staatsbahn beschaffte daher zunächst die Gattung XI 𝔅 mit Verbinderdampftrockner nach Abb. 200 bis zum Jahre 1915 weiter

Abb. 200. E n 2 v Güterzuglokomotive der Sächsischen Staatsbahn, Gattung XI 𝔅; Erbauer Hartmann 1909.

Rostfläche . . . . . 3,29 m²
Verdampfungsheizfl. . 200,6 m²
Kesseldruck . . . . . 13 atü
Treibraddurchmesser . 1240 mm
Zylinderdurchm. . 590/860 mm
Kolbenhub . . . . . 630 mm
Dienstgewicht d. Lok. . 70,5 t
Reibungsgewicht . . . 70,5 t

(118 Stück). Erst dann entschloß sie sich, zur Heißdampfbauart mit dem Rauchröhrenüberhitzer von Schmidt überzugehen, der sich seit Jahren bei den verschiedenen Bahnverwaltungen vorzüglich bewährt hatte.

Den Schwierigkeiten im Bogenlauf der Lokomotive war man nach dem Gölsdorfschen Verfahren der seitlichen Verschiebbarkeit einiger gekuppelter Achsen ganz ähnlich wie bei den E h und n 2 Lokomotiven der Klasse H der Württembergischen Staatsbahn (Abb. 180) begegnet. Bei den Lokomotiven aber, die auf die erste Probelieferung folgten, wurde nach dem preußischen Vorbild der G 10 Lokomotive die mittlere Achse als Treibachse gewählt und ihre seitliche Verschiebbarkeit aufgegeben (s. Abb. 200). Da ferner seit dem Jahre 1912 der Abdampfspeisewasservorwärmer von Knorr an den Heißdampflokomotiven der Preußischen Staatsbahn und danach auch bei anderen Bahnen eingeführt war, wurden auch die sächsischen Lokomotiven der Gattung XI, und zwar auch die Maschinen mit dem Verbinderdampftrockner, mit einem solchen Vorwärmer in Verbindung mit einer Kolbenspeisepumpe der Bauart Knorr ausgerüstet.

Durch die Zutaten stieg der Achsdruck von 14 auf 15 t. In ihrem letzten Zustande konnte die XI $\mathfrak{H}$ $\mathfrak{B}$ Lokomotive in der Ebene einen Güterzug von 1730 t mit 50 km/h und auf $10^0/_{00}$ einen solchen von 780 t mit 25 km/h befördern; diese Leistung entsprach fast genau derjenigen der ähnlichen württembergischen Lokomotive der Klasse H (vgl. S. 209).

Mit den Lokomotiven der Gattung XI schloß die selbständige Entwicklung der Güterzuglokomotive in Sachsen ab. Als im Weltkriege eine noch leistungsfähigere Güterzuglokomotive beschafft werden mußte, schloß sich die Sächsische Staatsbahn dem an anderer Stelle (s. S. 74) geschilderten Streben nach einer Einheitslokomotive an und beschaffte nach dem Vorbilde der preußischen 1 E h 3 Güterzuglokomotive der Gattung G 12 mit nur wenig Änderungen eine etwas leichtere aber sonst gleiche 1 E h 3 Lokomotive, die das Gattungszeichen XIII $\mathfrak{H}$ erhielt (vgl. Abb. 44, S. 75). Diese Lokomotive genügte allen Ansprüchen des Betriebes, so daß das Bedürfnis nach noch stärkeren Maschinen bis zum Jahre 1920 in Sachsen nicht mehr aufgetreten ist.

DIE TENDERLOKOMOTIVEN.

Um die Mitte der 70er Jahre waren in Sachsen zahlreiche Bauarten von Tenderlokomotiven vorhanden, die zum größten Teil aus den Schlepptenderlokomotiven abgeleitet waren; manche waren auch durch den Umbau älterer Maschinen entstanden. Fast von jeder Hauptgattung (I, II, III, IV, V, VII usw.) gab es Unterbauarten als Tenderlokomotiven, die als Zusatz den Buchstaben „T" erhielten.

So war die Gattung
I T eine 1 B Tenderlokomotive
(später umgebaut in die 1 B Reihen II T, II a T und II b T).

Aus den Gattungen III b, V und VII waren gegen Ende der 60er und im Anfang der 70er Jahre Tenderlokomotiven der Gattung III b T mit der Achsanordnung B 1, V T mit der Achsanordnung C und VII T mit der Achsanordnung B entstanden, von denen die ersten beiden im Lokalbahn- und im Güterzugdienst, die letzte im Verschiebe- und Lokalbahndienst tätig waren. Eine 1 B Tenderlokomotive der Gattung VIII b T leistete seit 1866 auf der der damaligen Sächsischen Westlichen Staatsbahn gehörenden Strecke Dresden—Tharandt Dienst als Lokalbahnlokomotive.

Sehr beliebt war in Sachsen die Achsanordnung B 1; zahlreiche Ausführungen sind bereits im Band I, S. 201—209 besprochen worden. Manche der dort erwähnten Bauarten wurden noch lange nachgebaut, meist unverändert, nur mit etwas höherem Dampfdruck. So z. B. wurden geliefert die oben erwähnte B 1 Lokomotive der Gattung III b T (vgl. Bd. I, S. 207, Abb. 265) bis zum Jahre 1892, einige andere Bauarten sogar bis zum Jahre 1898; von der im I. Band, S. 268, Abb. 377 gezeigten Lokomotive der Gattung V T wurden bis zum Jahre 1901 und in etwas verstärkter Form sogar noch von 1914—1919 insgesamt 120 Stück gebaut.

Als nach 1880 das Verbundverfahren aufkam, erprobte die Sächsische Staatsbahn im Jahre 1883 die Neuerung auch an einer B Tenderlokomotive, die manche Ähnlichkeit mit

Abb. 201. B n 2 v Tenderlokomotive der Sächsischen Staatsbahn, Gattung VII T ℬ; Erbauer Hartmann 1885—1887.

Rostfläche	0,44 m²	Zylinderdurchm.	270/415 mm
Verdampfungsheizfl.	26,5 m²	Kolbenhub	400 mm
Kesseldruck	12 atü	Dienstgewicht d. Lok.	19,2 t
Treibraddurchmesser	1230 mm	Reibungsgewicht	19,2 t

der B n 2 v Tenderlokomotive der Preußischen Ostbahn (Abb. 47) hatte. Im Jahre 1885 folgte ein zweiter Versuch mit 2 weiteren B Tenderlokomotiven, die jedoch einen etwas kleineren Kessel und größere Treibräder besaßen (Abb. 201); sie erhielten das Gattungszeichen VII T ℬ. Von beiden Bauarten wurden 1887 nochmals 1 und 2 Stück nachgebaut. Weiterhin aber ist das Verbundverfahren an Tenderlokomotiven in Sachsen ebenso wie im übrigen Deutschland zunächst nicht verwendet worden, da es sich im Verschiebedienst, in dem allmählich fast nur Tenderlokomotiven verwendet wurden, als nicht zweckmäßig erwies. Eine Ausnahme bildete damals lediglich eine 1 B 1 Tenderlokomotive der Reichseisenbahnen (vgl. S. 270). Immerhin waren die Tenderlokomotiven in mancher Beziehung die Schrittmacher für die Einführung der Verbundwirkung an den Güterzuglokomotiven.

In der Zeit des wieder aufblühenden Wirtschaftslebens und der beginnenden Industrialisierung Sachsens gegen Ende der 80er Jahre erfuhr nun der Vorortverkehr der sächsischen Großstädte einen lebhaften Auftrieb, und das Bedürfnis nach einer Lokomotive, welche die große Zahl der außerhalb der Städte wohnenden Berufstätigen an ihre Arbeitsplätze befördern sollte, wurde dringend. Ganz besonders geeignet war für diesen Dienst naturgemäß die Tenderlokomotive, da sie nach beiden Richtungen verkehren konnte ohne auf einer Drehscheibe zu wenden. Zu diesem Zweck wurde daher im Jahre 1897 eine 1 B 1 n 2 Personenzugtenderlokomotive geschaffen (Gattung IV T), die bis zum Jahre 1909 in großer Zahl, nämlich 91 Stück, weitergebaut worden ist. Sie hatte die gleichen Kessel- und Triebwerksabmessungen wie die preußische 1 B 1 Tenderlokomotive der Gattung T 5¹ vom Jahre 1895. Wie diese hatte sie vorn und hinten je eine Adamsachse mit einem Spiel von 40 mm nach jeder Seite; die Rückstellkraft wurde durch 2 Wickelfedern erzeugt. Die Höchstgeschwindigkeit betrug 75 km/h; wahrscheinlich haben die Laufeigenschaften der Lokomotive bei schnellem Lauf nicht recht befriedigt, denn im Jahr 1905 wurde die Rückstellvorrichtung durch eine andere, allerdings noch schlechtere ersetzt, bei der eine Wickelfeder von vorn auf das Verbindungsstück der beiden Achslager der Adamsachse drückte und bei Seitenverschiebung der Achse an schrägen Gleitflächen eine schwache Rückstellkraft erzeugte. Nun konnten sich die Zylinderkräfte bei dem kleinen festen Achsstand von 2000 mm trotz der geführten Länge von 6800 mm wegen der wenig wirksamen Führung noch hemmungsloser auswirken. Einige unaufgeklärte Entgleisungen werden hierauf zurückzuführen sein.

Abb. 202. 1 B 1 n 2 Tenderlokomotive der Sächsischen Staatsbahn, Gattung IV T; Erbauer Hartmann 1897—1909.

Rostfläche	1,56 m²	Zylinderdurchm.	2 × 430 mm
Verdampfungsheizfl.	94,01 m²	Kolbenhub	600 mm
Kesseldruck	12 atü	Dienstgewicht d. Lok.	59,9 t
Treibraddurchmesser	1570 mm	Reibungsgewicht	30,6 t

236

Im großen ganzen aber haben die IV T Lokomotiven ihre Aufgaben im leichten Personenzugverkehr eine Reihe von Jahren hindurch erfüllt; als später ein größerer Wasservorrat gewünscht wurde, um längere Strecken durchfahren zu können, wurden noch seitliche Wasserkästen hinzugefügt (s. Abb. 202), so daß der gesamte Wasservorrat schließlich 7,5 m³ betrug. Die IV T Lokomotiven beförderten in der Ebene 150 t schwere Züge mit 75 km/h und dasselbe Zuggewicht auf 10⁰/₀₀ Steigung mit 40 km/h.

Als aber im Lauf der Jahre das Platzangebot in den Vorortzügen der Großstädte in den Jahren des wirtschaftlichen Wohlstandes immer knapper wurde und die Züge schwerer und länger werden mußten, bereitete das Anfahren den verhältnismäßig leichten 1 B 1 Tenderlokomotiven immer ·größere Schwierigkeiten. Bei dem geringen Reibungsgewicht von nur 30 t stand auch für die Beschleunigung nur wenig Zugkraft zur Verfügung. Die Sächsische Staatsbahn entschloß sich daher, eine neue, leistungsfähigere Personenzugtenderlokomotive zu beschaffen, die drei gekuppelte Achsen und die Achsanordnung 1 C 1 erhielt; der Zeit entsprechend war sie eine Heißdampflokomotive. Leider behielt man die Adamsachsen der 1 B 1 Lokomotive mit allen ihren Mängeln bei, obwohl schon in anderen Ländern, z. B. in Bayern, gute Erfahrungen mit dem Krauß-Helmholtz Drehgestell vorlagen.

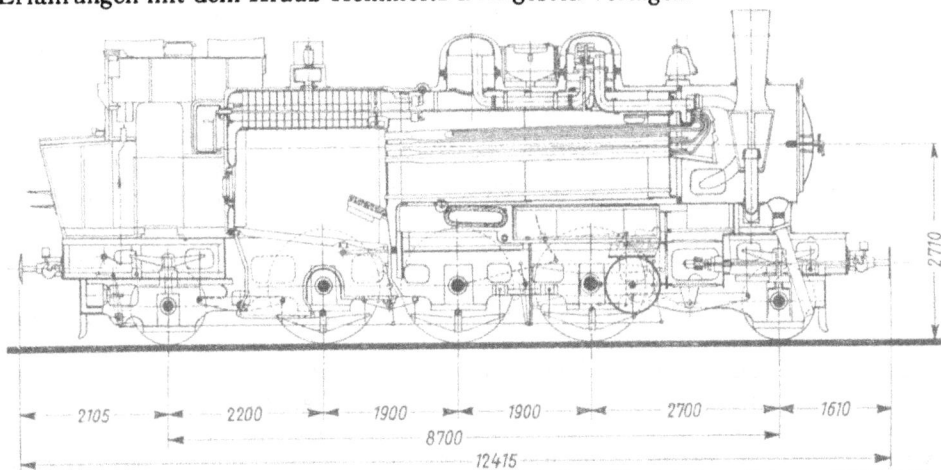

Abb. 203. 1 C 1 h 2 Tenderlokomotive der Sächsischen Staatsbahn; Gattung XIV $\mathfrak{H}$ T; Erbauer Hartmann 1912.

Rostfläche . . . . 2,3 m²	Kesseldruck . . . . 12 atü	Kolbenhub . . . . . 600 mm
Verdampfungsheizfl. 122,26 m²	Treibraddurchmesser . 1590 mm	Dienstgewicht d. Lok.. 77,6 t
Überhitzerheizfläche . 36,2 m²	Zylinderdurchm. 2 × 550 mm	Reibungsgewicht . . 48,4 t

Die neue 1 C 1 h 2 Lokomotive (Gattung XIV $\mathfrak{H}$ T, Abb. 203) hatte mit 122 m² Heizfläche einen noch größeren Kessel als die badische 1 C 1 Lokomotive der Gattung VI c, der sie sonst in ihrem Aufbau entsprach; ungünstig war das niedrige Verhältnis der Verdampfungsheizfläche zur Überhitzerheizfläche (1:0,275). Der Wasservorrat betrug anfangs 8 m³, wurde aber gelegentlich einer Verstärkung verschiedener Teile im Jahre 1917 auf 9 m³ erhöht. In diesem Zustande war sie bis zum Jahre 1920 die schwerste 1 C 1 Lokomotive im Gebiete des Vereins mitteleuropäischer Eisenbahnverwaltungen. Sie befriedigte betrieblich trotz der grundsätzlichen Mängel der Adamsachsen, so daß von ihr bis zum Jahre 1921 106 Stück gebaut worden sind.

Ihre Leistung war beträchtlich höher als die der 1 B 1 Lokomotive; sie beförderte 750 t in der Ebene mit 75 km/h und 400 t auf 10⁰/₀₀ mit 40 km/h, übertraf also die Leistungen anderer deutscher 1 C 1 Lokomotiven und der preußischen T 12 Lokomotive beträchtlich.

Den Güterzugdienst besorgte lange Zeit die C Schlepptenderlokomotive der Gattung V $\mathfrak{B}$ vom Jahre 1885. Nun war, wie bereits weiter oben kurz angedeutet wurde, im Anfang der 90er Jahre auf den krümmungsreichen Strecken des Erzgebirges das dringende Verlangen nach einer kräftigeren Maschine entstanden, die gleichzeitig auch eine gute Bogenläufigkeit haben mußte. Da die Strecken nicht sehr lang waren und bei den ohnedies erwünschten vier gekuppelten Achsen Gewicht zur Verfügung stand, entschloß man sich zum Bau einer Tender-maschine. Aus Rücksicht auf den schwachen Oberbau dieser Strecken getraute man sich jedoch nicht, eine einfache Lokomotive zu verwenden; zudem war die Gölsdorfachse noch nicht bekannt. So fiel die Wahl auf eine Maschine mit 2 getrennten Triebwerken. Hier wurden 3 Möglichkeiten erwogen:

1. das Mallet-Triebwerk,
2. die Bauart Fairlie und
3. die Bauart Meyer.

Mit dem Mallet-Triebwerk, bei dem das eine Triebwerk in einem Treibgestell untergebracht, das andere fest mit dem Hauptrahmen verbunden ist, waren noch keine Erfahrungen gesammelt. Die Bauart Fairlie, die bereits auf den sächsischen Schmalspurlinien vorhanden war und 2 Kessel mit einer gemeinsamen Feuerbüchse besaß, war zu teuer; auch war ihr neben dem Doppelkessel liegender Führerstand und die Unterbringung der Kohlen auf der einen Seite des Kessels für größere Lokomotiven unbequem. So wurde die dritte Möglichkeit, die Bauart Meyer gewählt, bei der die Triebwerke in 2 Drehgestellen untergebracht sind.

Die neue Tenderlokomotive war eine B B n 4 v Maschine mit 2 zweiachsigen Maschinen-drehgestellen (Gattung M I T 𝔅). Die Hochdruckzylinder waren im hinteren, die Nieder-druckzylinder im vorderen Drehgestell untergebracht und zwar derart, daß die Zylinder des hinteren Triebgestells vorn, die des vorderen Gestelles hinten lagen. Die Bauart Meyer hatte den grundsätzlichen Mangel, daß in den Dampfzuleitungen mindestens 2 Stopfbüchsen not-wendig waren, von denen mindestens eine unter Kesseldruck stand, während bei der Mallet-anordnung der Hochdruckzylinder an dem Hauptrahmen liegt, eine Hochdruckstopfbüchse hier also nicht vorhanden ist. Zu den Mängeln beider Bauarten gehörte die Schleuderneigung der Lokomotiven mit doppeltem Triebwerk, die keine volle Ausnutzung der Reibungszugkraft gestattete. Bei der Bauart Meyer waren die Laufeigenschaften zweifellos schlecht, da sie 2 Drehgestelle mit kurzem Achsstand hatte, die durch die Massenkräfte dauernd in Dreh-bewegungen um eine lotrechte Achse versetzt wurden. Man suchte diesem Mangel dadurch zu begegnen, daß man beide Drehgestelle kreuzweise durch Kuppeleisen miteinander verband; diese Kuppeleisen sollten sowohl die Zugkräfte aufnehmen als auch die Schlingerbewegungen beider Gestelle gegenseitig dämpfen. Die Maßnahme war grundsätzlich falsch, da so das Vordergestell gezwungen wurde, sich in einem falschen Winkel zur angelaufenen Schiene einzustellen. Um die Bewegungen der Gestelle noch weiterhin zu dämpfen, übertrug man die Last auf die Drehgestelle durch seitliche Stützpfannen. Als Höchstgeschwindigkeit waren für die Meyer-Maschine 45 km/h zugelassen; bei den kleinen Raddurchmessern von 1100 mm und den grundsätzlichen Mängeln der Bauart war das reichlich viel.

Ihre Leistung war für eine vierfach gekuppelte Lokomotive recht bescheiden. Sie be-förderte Züge von

135 t auf 25⁰/₀₀ mit 20 km/h

Abb. 204. B B n 4 v Tenderlokomotive der Sächsischen Staatsbahn, Gattung I T 𝔅; Erbauer Hartmann 1910.

Rostfläche	1,6 m²	Zylinderdurchm.	2 × 360/570 mm
Verdampfungsheizfl.	99,3 m²	Kolbenhub	630 mm
Kesseldruck	13 atü	Dienstgewicht d. Lok.	60,2 t
Treibraddurchmesser	1260 mm	Reibungsgewicht	60,2 t

bei zahlreichen Krümmungen von 200 m Halbmesser, also ungefähr so viel wie die drei-fachgekuppelte preußische 1 C Güterzuglokomotive G 5². Hier-bei erhielten die Hochdruck-zylinder 70% Füllung.

Für Sonderbedürfnisse einiger Hauptstrecken wurden von 1898 an noch einige B B n 4 v Malletlokomotiven mit Schlepptender beschafft, die bereits früher beschrieben wor-den sind (s. S. 232).

Aus ähnlicher Veranlas-sung entschloß man sich im

Jahre 1910, für die sogenannte Windbergbahn (Dresden—Possendorf), die Steigungen von 25°/₀₀ hat, der engen Krümmungen von 85 m Halbmesser wegen nochmals B B n 4 v Tenderlokomotiven der Bauart Meyer zu beschaffen, allerdings in vergrößerter Ausführung (Abb. 204). Die Hochdruckzylinder lagen jetzt im vorderen Drehgestell, da sich hierbei kürzere Dampfleitungen ergaben; im übrigen aber waren die Lokomotiven den früheren gleich. Von dieser größeren Bauart wurden von 1910—1914 noch 18 Lokomotiven gebaut; sie beförderten Züge von 195 t auf 25°/₀₀ mit 20 km/h.

Die Wahl der Meyer-Bauart für die sächsischen Tenderlokomotiven ist wohl daraus zu erklären, daß die Bogeneinstellung zweier Drehgestelle auf krümmungsreichen Strecken besonders bei der Rückwärtsfahrt besser war als die der Mallet-Bauart, wenn auch die starken störenden Bewegungen der Drehgestelle nachteilig wirkten. Es überrascht, daß die Meyer-Lokomotiven noch so lange in Sachsen beliebt waren, nachdem seit 1905 die E Lokomotiven der Gattung XI mit Schlepptender ihre Brauchbarkeit bewiesen hatten. In anderen Ländern waren solche Bauarten schon damals durch einfachere und dabei leistungsfähigere Maschinen verdrängt.

Auch in Sachsen machte man im Jahre 1908 auf Grund der guten Erfahrungen mit den E Schlepptenderlokomotiven einen Versuch mit einer schweren E h 2 Tenderlokomotive Gattung XI ℌ T, bei der eine gute Bogenläufigkeit nach dem Verfahren von Gölsdorf erreicht wurde (Abb. 205); die erste und fünfte Kuppelachse der Versuchsmaschine hatten

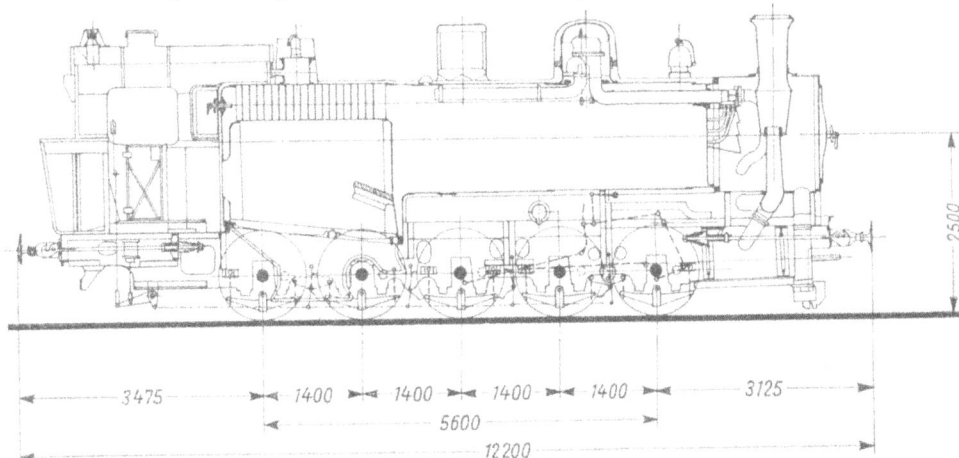

Abb. 205. E h 2 Tenderlokomotive der Sächsischen Staatsbahn, Gattung XI ℌ T;
Erbauer Hartmann 1913.

Rostfläche	2,28 m²	Kesseldruck	12 atü	Kolbenhub	630 mm
Verdampfungsheizfl.	136,43 m²	Treibraddurchmesser .	1240 mm	Dienstgewicht d. Lok..	77,0 t
Überhitzerheizfläche .	41,37 m²	Zylinderdurchm.	2 × 620 mm	Reibungsgewicht . .	77,0 t

ein Seitenspiel von je 26 mm. Die Lokomotive war auch in der Anordnung der Treibachse der ersten preußischen T 16 Lokomotive ähnlich, besaß aber nach sächsischem Brauch einen Belpaire-Kessel. Später wurde wohl wegen unruhigen Laufes die erste Achse fest im Rahmen gelagert und dafür der zweiten Achse Seitenspiel gegeben. Von 1931 an gab man ebenso wie bei der preußischen G 10 Lokomotive nur der ersten Achse 26 mm Spiel nach jeder Seite und schwächte die Spurkränze der dritten und vierten Achse um 10 mm. Von dieser Gattung wurden 10 Lokomotiven für einen Achsdruck von nur 15 t gebaut und erhielten dementsprechend einen etwas kleineren Kessel und leichteres Triebwerk; bei diesen Lokomotiven war von Anfang an die dritte Achse die Treibachse.

Der Versuch hatte ebenso wie in anderen Ländern Erfolg. Der ersten Bestellung folgten bald zahlreiche weitere nach; im Jahre 1925 waren 163 Lokomotiven dieser Gattung XI ℌ T vorhanden.

Trotz des Sieges der Gölsdorfanordnung an den fünffach gekuppelten Tenderlokomotiven gaben sich in Sachsen die Anhänger der gelenkigen Triebwerke, zu denen auch Oberbaurat

Lindner gehörte, noch nicht geschlagen. Immer wieder wurde die Ansicht laut, bei noch höheren Kupplungsgraden sei das Verfahren nach Gölsdorf nicht mehr anwendbar. Andrerseits war man sich einig darüber, daß die Hochdruckstopfbüchsen bei der Meyer-Bauart ein Übel seien. So kam Klien auf eine eigenartige Lösung: er beseitigte an einer sechsachsigen Tenderlokomotive die beiden Meyer-Treibgestelle, brachte zwei C Triebwerke fest am Lokomotivfahrgestell an und gab den Endachsen die Möglichkeit, sich nach dem Bogenmittelpunkt einzustellen. Auf seinen Vorschlag ließ die Sächsische Staatsbahn im Jahre 1916 bei Hartmann 2 solche C C h 4 v Lokomotiven bauen (Gattung XV ﬡ T ﬠ, Abb. 206). Die Zylinder, je ein Hochdruck- und ein Niederdruckzylinder auf jeder Seite, waren in einem Gußstück vereinigt und in der Mitte der Lokomotive angeordnet; sie trieben nach vorn und hinten zwei voneinander unabhängige Triebwerke an. Die Treibachsen lagen fest im Rahmen, so daß der feste Achsstand das außergewöhnliche Maß von 7500 mm erreichte. Die dem Zylinder zugekehrten Achsen hatten ein seitliches Spiel von 26 mm nach jeder Seite. Die Endachsen wurden wie bei den früheren Lokomotiven der Gattung IX ﬠ Klien - Lindner-

Abb. 206. C C h 4 v Tenderlokomotive der Sächsischen Staatsbahn, Gattung XV ﬡ T ﬠ; Erbauer Hartmann 1916.

Rostfläche	2,5 m²	Zylinderdurchm.	2 × 440/680 mm
Verdampfungsheizfl.	127,2 m²	Kolbenhub	630 mm
Überhitzerheizfläche	40,9 m²	Dienstgewicht d. Lok..	92,2 t
Kesseldruck	15 atü	Reibungsgewicht	92,2 t
Treibraddurchmesser	1400 mm		

Achsen, die an Deichselarmen gelagert waren und nach jeder Seite um 37 mm ausschlagen konnten. Die Rückstellung besorgten Rückstellfedern.

Diese Lösung war interessant, konnte aber neben den einfacheren Bauarten mit Gölsdorf-Achsen nicht bestehen. Wenn auch die lästigen Stopfbüchsen der Meyer- und Mallet-Bauarten wegfielen, so blieb doch der grundsätzliche Mangel der stetigen Neigung zum Schleudern. Dazu kam die verwickelte Bauart der Klien-Lindner-Achsen. Die hohen Unterhaltungskosten der 2 Triebwerke und die Nachteile der langen Dampfleitungen waren weitere Gründe dafür, daß keine Lokomotiven dieser Gattung mehr gebaut wurden. Über den Lauf in Krümmungen sind keine Klagen bekannt geworden. Die Lokomotiven wurden früh in den Verschiebedienst überführt.

Daß solche verwickelten Bauweisen nicht notwendig sind, haben 10 Stück F n 2 v Tenderlokomotiven mit Gölsdorf-Achsen bewiesen, die sich die Bulgarische Staatsbahn im Jahre 1922 von der Hanomag in Hannover bauen ließ; diese machten vor der Ablieferung in Deutschland Versuchsfahrten. Sie arbeiten auch heute noch zufriedenstellend und sind in Bulgarien die Vorläufer für den Bau von 1 F 2 Lokomotiven geworden.

Mit der C C h 4 v Tenderlokomotive der Gattung XV ﬡ T ﬠ ist die Entwicklung der sächsischen regelspurigen Tenderlokomotive abgeschlossen. Starke Anforderungen an Leistung gaben der Entwicklung in Sachsen ihr besonderes Gepräge. Als Eigenart verdient noch hervorgehoben zu werden, daß die Sächsische Staatsbahn den weitaus größten Teil ihres Lokomotivparkes ausschließlich in der Sächsischen Maschinenfabrik vorm. Richard Hartmann in Chemnitz bauen ließ, deren Lokomotivbau der Wirtschaftsnot der Nachkriegszeit zum Opfer fiel; nur wenige Lokomotiven stammten aus anderen Werkstätten. Die große Bedeutung, die in Sachsen neben den regelspurigen noch die Schmalspurlokomotiven hatten, wird in einem besonderen Abschnitt gewürdigt werden.

VII. DIE ENTWICKLUNG DER DAMPFLOKOMOTIVE IN OLDENBURG.

Im ersten Bande unserer Lokomotivgeschichte ist angedeutet worden, daß das frühere Großherzogtum Oldenburg erst im Jahre 1867 seine erste Eisenbahn erhielt. Da das Land ländlich besiedelt war und daher ein geringer Verkehrsanfall erwartet werden mußte, hatte sich die Verwaltung bei der Beschaffung der Betriebsmittel große Beschränkungen auferlegt. Sollte der Betrieb wirtschaftlich sein, so mußten die Lokomotiven billig, leicht, einfach und für alle möglichen Dienstleistungen verwendbar sein. Diese Grundforderungen zielten auf eine Lokomotive hin, die den sogenannten „gemischten Lokomotiven" anderer Bahnen ähnlich war. Ihnen kam die Oberflächengestaltung des Landes weitgehend entgegen; da nur wenige und schwache Steigungen vorhanden waren und mit mäßigen Geschwindigkeiten gefahren wurde, konnte man zunächst mit einer einzigen Lokomotivgattung auskommen. Nun hatte sich bekanntlich kurz vorher Georg Krauß, der Obermaschinenmeister der Schweizerischen Nord-Ostbahn, im Anfang der 60er Jahre tatkräftig für eine eigenartige Lokomotivbauart eingesetzt, die den besonderen Bedürfnissen seiner Bahnstrecken entsprach. Die auf seine Veranlassung von Maffei in München gebaute B Lokomotive ist im ersten Band S. 69 beschrieben worden. Diese Bauart schien auch für die Betriebsverhältnisse der Oldenburgischen Bahnen geeignet; man beauftragte ihn daher mit dem Entwurf einer ähnlichen, inzwischen noch verbesserten zweiachsigen Lokomotive, von der zunächst bei Hartmann in Chemnitz 6 Stück gebaut wurden. Als Krauß dann im Jahre 1866 in München eine eigene Lokomotivfabrik gegründet hatte, übernahm er die weitere Lieferung dieser Lokomotivbauart (Bd. I, S. 71, Abb. 71); später lieferten dann auch die Firmen Wöhlert in Berlin und Hohenzollern in Düsseldorf gleiche Lokomotiven für die Oldenburgische Staatsbahn. Im Jahre 1893 waren insgesamt 54 Stück der Bauart vorhanden; sie bewältigten lange Jahre den gesamten Verkehr, wurden aber später vorwiegend für den Personenzugdienst verwendet, den sie bis zum Jahre 1896 ausschließlich versahen. Von dieser Gattung erhielten 20 Lokomotiven, die in den Jahren 1876/77 beschafft worden waren, im Anfang der 90er Jahre neue Kessel, mit denen sie noch bis zum Weltkriege Dienst taten.

Der Raddurchmesser war 1520 mm, die zulässige Geschwindigkeit 60 km/h; nachteilig wirkte sich bei höheren Geschwindigkeiten der kurze Achsstand der Lokomotiven (2450 mm) aus. Um die Laufeigenschaften zu verbessern, wurde der Achsstand bei 8 aus dem Jahre 1889 und 1891 stammenden Lokomotiven auf 2680 mm vergrößert und die höchste Geschwindigkeit der Lokomotiven mit dem größeren

Abb. 207. B n 2 v Personenzuglokomotive der Oldenburgischen Staatsbahn; Erbauer Hanomag 1894.

Rostfläche	1,14 m²	Zylinderdurchm.	400/570 mm
Verdampfungsheizfl.	82,1 m²	Kolbenhub	560 mm
Kesseldruck	12 atü	Dienstgewicht d. Lok..	28 t
Treibraddurchmesser	1540 mm	Reibungsgewicht	28 t

Achsstand auf 75 km/h festgesetzt. Diese für eine so kurze Lokomotive recht hohe Geschwindigkeit wurde damit gerechtfertigt, daß der Tender mit der Lokomotive durch eine Querkupplung der Bauart Wolff verbunden war. Das Reibungsgewicht stieg von 27 t auf 28 t; um es voll ausnutzen zu können, vergrößerte man den Zylinderdurchmesser von 360 auf 365 mm. Am Kessel wurde nichts geändert, der frühere niedrige Kesseldruck von nur 10 atü blieb ebenfalls.

Im Jahre 1894/95 wurden 7 weitere Lokomotiven derselben Bauart beschafft, jedoch der allgemeinen Entwicklung entsprechend als Verbundmaschinen und mit einem Dampfdruck von 12 atü (Abb. 207); gleichzeitig wurde die Rostfläche von 1,0 m² auf 1,14 m² vergrößert. Der Kessel blieb unverändert, da der zulässige Achsdruck von 14 t damit erreicht war. Wie alle damaligen Oldenburgischen Personenzuglokomotiven erhielten sie die Schleifer-Druckluftbremse, die hier nur auf die Räder der Treibachse wirkte. In diesem Zusammenhang sei darauf hingewiesen, daß an den Zwillingslokomotiven bis etwa zum Jahre 1893 nur die Tenderachsen gebremst waren.

Kennzeichnend für das Streben nach einer einfachen Bauart war, daß die B Lokomotiven u. a. keine Achslagerstellkeile besaßen; die Achslagergehäuse aus Stahlguß, die übrigens ganz mit Weißmetall ausgegossen waren, liefen auch ohne Rotgußleitschuhe in den Stahlgußachslagerführungen. Ebenso hatte man die Lokomotiven nicht mit einem Dampfdom oder einer Reglerbüchse ausgerüstet; der Regler lag vielmehr vor der Rauchkammerrohrwand in der Rauchkammer und schloß sich an ein 3 m langes Dampfsammelrohr von 100 mm Durchmesser an.

Recht eigenartig und für kleine Kräfte gut verwendbar war die Steuerung der Verbundlokomotiven. Um die während der Fahrt gewöhnlich verwendeten verschiedenen Füllungsgrade im Hoch- und Niederdruckzylinder bei beiden Fahrtrichtungen in ein zweckmäßiges Verhältnis zueinander zu bringen, waren die Aufhängebolzen der Schwingen- und Schieberstangenhängeeisen des Hochdruckzylinders in dem schwingenartig ausgebildeten Aufwerfhebel gelagert und durch Gegenlenker festgehalten. Drehte sich die Steuerwelle, so konnte durch diese Einrichtung der Hochdruckzylinder eine gewünschte andere Füllung erhielten als der Niederdruckzylinder. Zum Anfahren benutzte man eine Anfahrvorrichtung der Bauart Lindner.

Im ersten Bande ist bereits erwähnt worden, daß die ersten Lokomotiven mit Torf gefeuert wurden und daher auch überdachte Torftender hatten; die Verwendung von Torf hatte ihren Grund in dem großen Reichtum des Oldenburger Landes an abbauwürdigen Mooren. Da in den Jahren 1871—1874 die Preise für Steinkohlen ungewöhnlich hoch getrieben wurden, konnten auch durch die Verfeuerung von Torf beträchtliche Ersparnisse gemacht werden. Erst im Jahre 1875 ging man zur Steinkohlenfeuerung über; der Verkehr hatte zugenommen und es war häufig nicht mehr möglich, mit Torf den nötigen Dampf für die Beförderung schwerer Züge zu erzeugen. Außerdem wurde im Jahre 1875/76 die Eisenbahnstrecke Oldenburg—Osnabrück eröffnet, auf der die Kohlen unmittelbar aus dem Ruhrgebiet auf dem Schienenwege zu billigeren Preisen herbeigeschafft werden konnten. Die Torftender wurden daher durch Tender für Steinkohlen ersetzt, die ebenfalls nur 2 Achsen hatten, später jedoch einen größeren Wasservorrat erhielten, nämlich 10 m³ statt 8,5 m³.

Neben diesen B Lokomotiven für den Personen- und Güterverkehr waren im Jahre 1870 noch kleinere B n 2 Tenderlokomotiven als die beschriebenen beschafft worden, die für den Verschiebedienst und für die Beförderung von Bauzügen bestimmt waren. Diese Maschinen waren von der Verwaltung selbst entworfen; die ersten beiden Lokomotiven baute die bahneigene Hauptwerkstatt in Oldenburg. Auf Grund der guten Erfahrungen mit diesen beiden Versuchsmaschinen wurden bis 1873 weitere 10 Lokomotiven in der Hauptwerkstätte Oldenburg gebaut. Die vorübergehende Abkehr von der Beschaffung bei Lokomotivfabriken hatte ihren Grund in den außerordentlich hohen Preisen, welche diese Fabriken in den Gründerjahren forderten; nach Rückkehr geordneter Verhältnisse jedoch wurden wieder Lokomotivfabriken mit der Lieferung beauftragt.

Diese leichten B Tenderlokomotiven hatten manche Ähnlichkeit mit der im Band I, S. 85, Abb. 90, abgebildeten, später von Maffei in München entwickelten Lokomotive der Nürnberg-Fürther Bahn. Sie bewährten sich, wie gesagt, so daß bis zum Jahre 1891 insgesamt

34 Stück hergestellt wurden. Die ersten 7 Lokomotiven besaßen die Gooch-Steuerung, die weiteren erhielten aber wie die anderen Oldenburgischen Lokomotiven die Allan-Steuerung. Ihre Höchstgeschwindigkeit wurde zunächst auf 40 km/h festgesetzt; nachdem aber in den 80er Jahren, und zwar von der 17. Lokomotive an, der Achsstand von 2000 auf 2300 mm vergrößert und gleichzeitig auch der Dampfdruck auf 12 atü erhöht worden war, wurden 45 km/h als größte Geschwindigkeit zugelassen.

An anderer Stelle ist bereits erwähnt worden, daß zu Beginn der 80er Jahre allgemein Bestrebungen einsetzten, den Personenverkehr auf bestimmten Strecken durch besonders kleine und leichte sogenannte Omnibuszüge aufzuteilen. Diese Bestrebungen fanden in Oldenburg lebhaften Widerhall; da hier auf den Strecken mit geringem Verkehrsanfall täglich nur wenige Personenzüge verkehrten, waren weitere Zugverbindungen sehr erwünscht. Diese konnten aber nur geschaffen und einigermaßen wirtschaftlich betrieben werden, wenn die Kosten auf ein Mindestmaß herabgedrückt wurden. Solche Omnibuszüge, die häufig nur 1 Gepäck- und 1—2 Personenwagen führten, wurden zunächst mit den eben erwähnten B Tenderlokomotiven befördert. Da diese Tenderlokomotiven aber vom Betriebe für andere Zwecke (Verschiebedienst, Bauzüge) dringend benötigt wurden und auch für die Omnibuszüge noch zu schwer waren, wurde im Jahre 1885 nach preußischem Vorbild eine 1 A n 2 Omnibuslokomotive entwickelt (Abb. 208), die im Verhältnis zu ihrer Größe den recht großen Achsstand 3,7 m hatte, aber dadurch in der Lage war, eine höchste Geschwindigkeit von 60 km/h zu entwickeln. Die Lokomotive entsprach durchaus den Erwartungen; die Kosten für Heizstoffe und Unterhaltung sanken ungefähr auf die Hälfte derjenigen der B Lokomotiven mit Schlepptender. Die durchschnittliche Betriebsleistung der Omnibuszüge betrug im Jahre 1890 54000 km, also eine recht beachtliche Leistung. Die Wagen der Omnibuszüge waren teils ältere Durchgangswagen mit Heberlein-Reibungsbremse, teils auch neue, besonders für diesen Zweck geschaffene Personenwagen, die meist noch einen Gepäckraum enthielten. Die Gesamtkosten für den Betrieb der Omnibuszüge betrugen etwa die Hälfte der üblichen Züge. Die Omnibuslokomotiven erhielten zum Teil Geländer am Umlaufblech und Übergangsbrücken, damit der Zugbegleiter bei Einmannbesetzung auf Nebenbahnen ungefährdet vom Zuge aus auf den Führerstand gelangen konnte. Dieser Zugbegleiter verrichtete gleichzeitig die Arbeiten des Zugführers, Schaffners und Bremsers.

Im Jahre 1893 bestand also der gesamte Lokomotivpark der Oldenburgischen Staatsbahn aus den 3 beschriebenen Gattungen, den

B Lokomotiven (54 Stück), den
B Tenderlokomotiven (34 Stück) und den
1 A Omnibuslokomotiven (6 Stück).

Bei dieser kleinen Stückzahl bestand für die Bezeichnung nach Gattungen kein Bedürfnis. Neben ihren Betriebsnummern führten aber die Lokomotiven Eigennamen; die Schlepptenderlokomotiven trugen die Namen Oldenburgischer Landschaften, Flüsse und Städte (z. B.

Abb. 208. 1 A n 2 Tenderlokomotive der Oldenburgischen Staatsbahn, sog. Omnibuslokomotive; Erbauer Hohenzollern 1885.

Rostfläche	0,52 m²	Zylinderdurchm.	2×220 mm
Verdampfungsheizfl.	28,2 m²	Kolbenhub	440 mm
Kesseldruck	12 atü	Dienstgewicht d. Lok.	17,6 t
Treibraddurchmesser	1210 mm	Reibungsgewicht	9,2 t

Wangerland, Landwührden, Stedingen). Die Verbundlokomotiven hatten die Namen der großen deutschen Flüsse erhalten; die Tenderlokomotiven bezeichnete man mit kurzen, meist einsilbigen Stichworten (z. B. Schnipp, Hin, Her, Kurz, Deich, Flink usw.). Außerdem trugen alle Lokomotiven noch eine Betriebsnummer.

Nach Auslieferung dieser B Verbundlokomotiven wechselte der Hersteller der Oldenburgischen Lokomotiven. Bis dahin hatten sich Krauß, Hohenzollern, Hartmann und Wöhlert (dieser bis etwa 1880) in die Lieferungen geteilt; von jetzt an wurde bis zum Übergang der Oldenburgischen Staatsbahn auf die Deutsche Reichsbahn die Hannoversche Maschinenbau AG. vorm. G. Egestorff in Hannover, die spätere Hanomag, der alleinige Lieferer und Berater Oldenburgs.

Die B Lokomotiven für gemischten Dienst hatten ihre Aufgaben im allgemeinen wohl erfüllt. Als aber mit dem Aufblühen des Wirtschaftslebens im Anfang der 90er Jahre der Güterverkehr einen lebhaften Auftrieb erfuhr, ließ die Oldenburgische Staatsbahn im Jahre 1895 bei der Hanomag eine neue C n 2 v Güterzuglokomotive entwickeln, die der preußischen C n 2 v Normal-Güterzuglokomotive nachgebildet war (Abb. 209). Nach oldenburgischem Brauch war jedoch der Dom fortgelassen; der Regler lag wie bei den B Lokomotiven in der Rauchkammer und wurde durch eine rechts am Kessel entlang gehende Betätigungsstange bedient. Auch die innenliegende Allan-Steuerung war in ähnlicher Weise durchgebildet wie bei den B n 2 v Personenzuglokomotiven. Der Aufwerfhebel der rechten, der Hochdruckseite, war mit der Steuerwelle aus einem Stück gearbeitet und als Schwinge ausgebildet. Dadurch erhielt der Niederdruckzylinder bei einer Füllung des Hochdruckzylinders von 40% eine Füllung von 60%. Später wurde diese Steuerungsart verlassen; man ging dann zu der zugänglicheren außenliegenden Heusinger-Steuerung über.

Abb. 209. C n 2 v Güterzuglokomotive der Oldenburgischen Staatsbahn, Gattung G 4² old.; Erbauer Hanomag 1895.

Rostfläche	1,53 m²	Zylinderdurchm.	460/650 mm
Verdampfungsheizfl.	117,46 m²	Kolbenhub	630 mm
Kesseldruck	12 atü	Dienstgewicht d. Lok.	40,2 t
Treibraddurchmesser	1340 mm	Reibungsgewicht	40,2 t

Die ersten 15 Lokomotiven dieser Reihe trugen die Namen siegreicher Schlachten aus dem Kriege 1870/71.

Die Lokomotive bewährte sich gut und wurde viele Jahre hindurch weiter beschafft. Vom Jahre 1907 an wurden 15 neu gelieferte Lokomotiven mit dem Verbinderdampftrockner der Bauart Ranafier ausgerüstet, der als U-förmiges Röhrenbündel in der Rauchkammer lag und eine Heizfläche von ungefähr 12—14 m² besaß. Da dieser Dampftrockner die Zugänglichkeit des Reglers einschränkte, wurden die Kessel mit einem Dom versehen, der dann den Regler aufnahm. Insgesamt waren schließlich von der C n 2 v Lokomotive 80 Stück vorhanden. Nach den Leistungstafeln konnten sie bei ihrer größten Geschwindigkeit von 45 km/h in der Ebene einen 1000 t schweren Güterzug befördern. Auf 5‰ schleppten sie noch 590 t mit 30 km/h; das waren Leistungen, die auf Jahre hinaus für die oldenburgischen Verhältnisse ausreichten.

Die Schwierigkeiten mit den B n 2 v Personenzuglokomotiven bei den höheren Geschwindigkeiten und Zuggewichten der 90er Jahre, die sich besonders im Schlingern der Lokomotiven und in häufigem Dampfmangel ausdrückten, führten im Jahre 1896 zum Bau einer neuen, zweifach gekuppelten Personenzuglokomotive. Da inzwischen in Preußen und anderen Ländern gute Erfahrungen mit den 2 B Lokomotiven gemacht waren (in Preußen: Gattung S 3, P 4), wählte man jetzt auch in Oldenburg diese Achsanordnung; die 1 B Lokomotive, die bekanntlich lange Jahre die beliebteste Maschine des Personenzugdienstes war, wurde also in Oldenburg übersprungen. Die neue Bauart der 2 B n 2 Personenzuglokomotive, von der insgesamt 19 Stück gebaut wurden, hatte große Ähnlichkeit mit der Zwillingsausführung der preußischen P 4 Lokomotive (Abb. 210). Wie es scheint, legte man also großen Wert auf die reichen Erfahrungen der benachbarten großen Eisenbahnverwaltung und lehnte sich, sicherlich nicht mit Unrecht, auch bei den weiteren Beschaffungen anderer Lokomotiven vielfach an die bewährten Bauarten der Preußischen Staatsbahn an.

Die „Oldenburgische P 4 Lokomotive", wie sie von den Lokomotivfachleuten genannt wurde, war den Betriebsansprüchen gemäß etwas schwächer als die preußische Schwesterbauart; bei den bis 1902 beschafften Lokomotiven war die Rostfläche mit 1,92 m² kleiner als beim Vorbild mit 2,35 m². Auch den Dom hatte man nach oldenburgischem Brauch fortgelassen und den Regler wie bisher in der Rauchkammer untergebracht (Abb. 210). Demgemäß war auch das übliche Dampfsammelrohr im Langkessel vorhanden. Die Flachschieber einfacher Bauart, mit denen die Lokomotive zunächst ausgerüstet war, wurden bald durch entlastete Schieber ersetzt. Trotz der kleineren Abmessungen war aber die Maschine recht lei-

stungsfähig; sie beförderte 368 t schwere Züge in der Ebene noch mit 68 km/h, reichte also für den Dienst auf den oldenburgischen Strecken aus.

Vom Jahre 1907 an wurde sie als Verbundlokomotive gebaut, nunmehr aber in der rein preußischen Ausführung mit ganz unwesentlichen Abweichungen. Sie erhielt jetzt auch einen Dampfdom und einen Verbinderdampftrockner der Bauart Ranafier; der scheinbare zweite Dom vor dem Führerhause gehörte zu der Stabyschen Rauchverbrennungseinrichtung. Das Anfahren erleichterte eine Anfahrvorrichtung nach Lindner. Bis zum Jahre

Abb. 210. 2 B n 2 Personenzuglokomotive der Oldenburgischen Staatsbahn, Gattung P 4¹ old.; Erbauer Hanomag 1896—1920.

Rostfläche	1,92 m²	Zylinderdurchm.	2 × 460 mm
Verdampfungsheizfl.	119,5 m²	Kolbenhub	600 mm
Kesseldruck	12 atü	Dienstgewicht d. Lok..	45,2 t
Treibraddurchmesser .	1750 mm	Reibungsgewicht . .	27,4 t

1909 wurden von der Verbundbauart insgesamt 8 Lokomotiven gebaut; von diesen erhielten 3 Stück aus dem Jahre 1909 wie alle vom gleichen Jahre an beschafften Schnellzug- und Güterzuglokomotiven die Ventilsteuerung von Lentz mit einer Anfahrvorrichtung nach Ranafier. Der Verbindungsdampftrockner wurde beibehalten. Als Zusatzeinrichtungen seien noch der Preßluftsandstreuer Bauart Lentz und die schon erwähnte Rauchverbrennungsvorrichtung von Staby erwähnt.

Im Bereich der Oldenburgischen Staatsbahn gab es eigentlich nur eine Strecke, auf der planmäßige Schnellzüge verkehrten, die Strecke Wilhelmshaven—Oldenburg—Bremen.

Hier wurden die Schnellzüge zunächst mit den beschriebenen 2 B n 2 Personenzuglokomotiven, den oldenburgischen P 4, befördert; da aber die Personenzuglokomotiven häufig in der Nähe ihrer Höchstgeschwindigkeit fahren mußten und das Triebwerk auf die Dauer dem nicht gewachsen war, wurde im Jahre 1903 eine 2 B n 2 v Schnellzuglokomotive mit 1980 mm hohen Treibrädern entwickelt, die ebenfalls dem preußischen Vorbild, der S 3, getreu nachgebildet war. Sie war übrigens die erste Lokomotive der Oldenburgischen Staatsbahn, die einen Dampfdom erhielt; der zweite Dom vor dem Führerhaus diente dem gleichen Zweck wie derjenige der vorher beschriebenen Personenzuglokomotive. Im Jahre 1909 folgte eine weitere 2 B n 2 v Schnellzuglokomotive, die in ihren Hauptabmessungen der preußischen S 5² Lokomotive entsprach (11 Stück). Auch sie erhielt wie die anderen Oldenburger Lokomotiven derselben Zeit die Ventilsteuerung nach Lentz und die Anfahrvorrichtung der Bauart Ranafier. Die Schnellzuglokomotiven trugen die Namen germanischer Gottheiten.

Inzwischen waren die oben beschriebenen B n 2 Tenderlokomotiven für den Verschiebedienst mit ihrem niedrigen Dienstgewicht von 17—20 t in den 90er Jahren zu schwach geworden. Wieder war es eine preußische Lokomotive, die T 2, die als Vorbild für eine neue B n 2 Tenderlokomotive mit 28 t Dienstgewicht diente. Die von der Hanomag von 1896 an gelieferten Lokomotiven hatten wiederum keinen Dom, der Regler lag wie bei den gleichaltrigen anderen Maschinen in der Rauchkammer. Der Achsstand, der bei den letzten B Tenderlokomotiven vom Jahre 1891 bei einer Höchstgeschwindigkeit von 45 km/h nur 2300 mm betragen hatte, wurde auf 2500 mm vergrößert. Als größte Geschwindigkeit wurden nun 50 km/h zugelassen. Die 29 Lokomotiven, die von dieser Reihe bis zum Jahre 1913 gebaut wurden, waren für den Verschiebedienst und daneben für den Zugverkehr auf den Nebenbahnen bestimmt. Für das letztgenannte Verwendungsgebiet erhielten später einige Lokomotiven die Druckluftbremse; der Hauptluftbehälter wurde dabei ähnlich wie bei den ersten v. Borriesschen S 3 Lokomotiven nach Art eines Dampfdomes auf dem Langkessel untergebracht. Die Lokomotiven trugen die Namen einheimischer und tropischer Tiere, z. B. Eber, Fuchs, Lama, Zebra usw.

Kurze Zeit später (1898) forderte der Betrieb eine dreifach gekuppelte Tenderlokomotive für den Verschiebedienst und für den Nebenbahnbetrieb. Es scheint, als ob der verhältnismäßig hohe Achsdruck von 14 t bei der vorher beschriebenen B Lokomotive als nachteilig empfunden wurde. Da bei dem noch verhältnismäßig schwachen Oberbau in Oldenburg eine Lokomotive geringeren Achsdruckes zweifellos gewisse Vorteile bot, wurde eine C n 2 Tenderlokomotive entwickelt. In der Heizfläche war sie der 2 Jahre älteren B Lokomotive nicht überlegen; auch die Abmessungen der Zylinder wurden nur wenig verändert. Da sie wieder nach dem Vorbild einer preußischen Tenderlokomotive (T 3) gebaut war, brachte sie kaum etwas Neues; lediglich für den Betrieb auf Nebenbahnen wurden der Seilzug für die Heberlein-Bremse und das Dampfläutewerk hinzugefügt. Von diesen Lokomotiven wurden 15 Stück bis zum Jahre 1909 ohne große Änderungen weiter beschafft. Der Kessel wurde in zwei verschiedenen Größen ausgeführt; die erste Ausführung mit den größeren Heizflächen dürfte für den Zugbetrieb gedacht gewesen sein, die kleinere Ausführung mit der kleinen Rostfläche dagegen für den Verschiebedienst. Die Lokomotiven trugen die Namen einheimischer Vögel (Fink, Zeisig, Meise usw.).

Diese Lokomotiven waren mit ihrer niedrigen Höchstgeschwindigkeit von 45 und 50 km/h immerhin nur beschränkt verwendbar. Zwar waren sie im Verschiebedienst und im Güterverkehr auf den Nebenbahnen lange Jahre durchaus zu gebrauchen; ebenso reichten sie für Personenzüge mit niedriger Geschwindigkeit noch aus. Zu Beginn des neuen Jahrhunderts aber mußten die Geschwindigkeiten der Personenzüge auf verschiedenen Strecken in Oldenburg aus Gründen der Verkehrswerbung erhöht werden, was auf Schwierigkeiten stieß. In den Fällen, wo wegen des Fehlens von Drehscheiben Lokomotiven mit Schlepptendern, etwa die alten B oder die 2 B Lokomotiven, nicht zu verwenden waren, mußte man auf die vorher beschriebenen B oder C Tenderlokomotiven zurückgreifen. Das hatte zur Folge, daß im günstigsten Falle mit 50 km/h gefahren werden konnte, denn für höhere Geschwindigkeiten war keine Tenderlokomotive vorhanden. Dem Mangel wurde im Jahre 1907 durch den Bau einer neuen 1 B 1 n 2 Tenderlokomotive abgeholfen, die wiederum einer preußischen Bauart, und zwar der Gattung T 5¹, getreu nachgebaut war (vgl. Abb. 58, S. 90). Diese Lokomotive, deren gute Bogenläufigkeit man auf den Strecken der Berliner Stadtbahn sehr gelobt hatte, schien für die oldenburgischen Strecken mit ihrem verhältnismäßig schwachen Oberbau geeignet. Als nachteilig erwies sich, daß die Lokomotive wie in Preußen wegen der geringen Dämpfung in der Rückstellvorrichtung der Adamsachsen bei höheren Geschwindigkeiten in der Geraden sehr unruhig lief. Nachdem bis zum Jahre 1909 von dieser Bauart 5 Stück angeliefert waren, suchte die Oldenburgische Staatsbahn bei Nachbestellungen vom Jahre 1911 an, die bis 1921 15 Stück umfaßten, den Mangel dadurch zu beheben, daß sie den Abstand zwischen der ersten Laufachse und der Kuppelachse von 2300 auf 2450 mm und den Gesamtachsstand von 6800 auf 7000 mm vergrößerte und gleichzeitig die Rückstellfedern verstärkte. Die Laufeigenschaften aber wurden dadurch nur wenig verbessert. Bei dem eindeutigen Erfolg des Krauß-Helmholtz-Drehgestells in allen Ländern muß es überraschen, daß die Oldenburgische

Staatsbahn noch zu so vorgerückter Zeit sich für eine solch überholte Bauart wie die T 5¹ entschied. Zweifellos wäre auch ein vorderes und hinteres Bisselgestell bedeutend zweckmäßiger gewesen. Dann wäre auch der weit über die erste Achse hinausreichende unzweckmäßige Wasserkasten fortgefallen, der die Schlingerbewegungen und den Massenführungsdruck vermehrte.

Bei den 1 B 1 Lokomotiven von 1911 an lag der Kessel 225 mm höher und wurde dadurch besser zugänglich; ebenso wurde die Bremse verbessert, indem man die Bremsklötze auf die Höhe der Achsmitte verlegte.

Im Jahre 1911 wurde außerdem noch eine vierfach gekuppelte D n 2 Güterzugtenderlokomotive von der Hanomag geliefert, die für den Verschiebedienst auf den größeren Güterbahnhöfen der Oldenburgischen Staatsbahn bestimmt war, wo die Leistung der dreifach gekuppelten Tenderlokomotiven nicht mehr ausreichte. Sie glich durchaus der preußischen Gattung T 13 (Abb. 87); als einzige Abweichung sind nur die durch die vorderen Zylinderdeckel hindurchgeführten Kolbenstangen und die in Oldenburg gebräuchlichen entlasteten Flachschieber zu erwähnen. Im Weltkriege, und zwar im Jahre 1916, wurden einige Lokomotiven mit eisernen Feuerbüchsen beschafft, nach dem Kriege aber wieder durch kupferne Feuerbüchsen ersetzt.

Im Jahre 1921 baute die Hanomag weitere 4 Lokomotiven derselben Gattung, die den Schmidtschen Kleinrohrüberhitzer und Lentz-Ventilsteuerung erhielten. Außerdem wurde die eine Dampfstrahlpumpe durch eine Kolbenspeisepumpe mit Abdampfspeisewasservorwärmer der Bauart Knorr ersetzt.

Im Güterzugdienst hatten die alten C n 2 v Lokomotiven vom Jahre 1895 noch im ersten Jahrzehnt des neuen Jahrhunderts die Anforderungen des Betriebes erfüllen müssen; schwere Güterzüge mußten mit Vorspannlokomotiven befördert werden. Als aber die Vorspannleistungen sich mehrten, entschloß sich die Oldenburgische Staatsbahn im Jahre 1912, eine neue vierfach gekuppelte D n 2 v Güterzuglokomotive einzuführen (Abb. 211). Diese neue Bauart blieb zwar in ihren Hauptabmessungen und daher auch in ihrer Leistung hinter der um 4 Jahre älteren preußischen D n 2 Lokomotive der Gattung G 9 zurück, trug aber manche Kennzeichen der fortgeschrittenen Entwicklung im Lokomotivbau. Besonders auffällig waren der große Durchmesser des Kessels von 1660 mm und seine hohe Lage mit 2820 mm über SO; dadurch fand der Stehkessel trotz des Blechrahmens über diesem Platz. Wie alle neueren Oldenburger Lokomotiven erhielt auch diese Bauart als Eigenart eine Lentz-Ventilsteuerung mit Ventilen von 210 mm Durchmesser. Abweichend von der bisher verwendeten Ventilsteuerung mit geschlossenem Ventilkasten waren die Ventile jetzt in einzelnen Ventilkästen an das Zylindergußstück angebaut. Die Heusinger-Steuerung war sehr einfach durchgebildet, die Schwinge einseitig nach dem Rahmen zu gelagert. Der Kreuzkopf der Ventilnockenstange war an einer einfachen kurzen rechteckigen Gleitbahn geführt. Etwas stiefmütterlich war die Sandstreuanlage behandelt, die den Sand nur vor die zweite Achse streute.

Obwohl schon im Jahre 1912 bei fast allen deutschen Eisenbahnverwaltungen seit mehreren Jahren zahlreiche Heißdampflokomotiven mit großem Erfolge tätig waren, hatte die Oldenburgische Staatsbahn bei dieser D Lokomotive noch von der Anwendung des Heißdampfes abgesehen; das muß um so mehr überraschen, als viele oldenburgische Verbundlokomotiven in dem Verbinderdampftrockner eine Art Zwischenüberhitzer hatten und die Vorteile getrockneten Dampfes

Abb. 211. D n 2 v Güterzuglokomotive der Oldenburgischen Staatsbahn, Gattung G 9 old.; Erbauer Hanomag 1912—1915.

Rostfläche	2,23 m²	Zylinderdurchm.	500/750 mm
Verdampfungsheizfl.	180,1 m²	Kolbenhub	660 mm
Kesseldruck	12 atü	Dienstgewicht d. Lok.	58,6 t
Treibraddurchmesser	1350 mm	Reibungsgewicht	58,6 t

deutlich zeigten; vielleicht war es noch das alte Streben nach möglichst einfachen und billigen Bauarten, das die Oldenburgische Staatsbahn veranlaßte, von dem Einbau eines Überhitzers abzusehen. Die Lokomotive bewährte sich so gut, wie es bei einer Naßdampfmaschine möglich war, so daß sie noch bis zum Jahre 1915 weiter gebaut wurde (16 Stück). Im Jahre 1925 wurde sie aber schließlich doch noch in eine Heißdampflokomotive umgebaut; gleichzeitig wurde auch ihre größte zulässige Geschwindigkeit von 45 km/h auf 50 km/h erhöht.

Die Beförderung der Schnellzüge auf der stark belasteten Strecke Wilhelmshaven—Oldenburg—Bremen mit den 2 B Lokomotiven wurde in der Kriegszeit außerordentlich schwierig. Da Wilhelmshaven der wichtigste Stützpunkt der deutschen Kriegsmarine war und große Truppenmassen beherbergte, waren die Schnellzüge meist sehr lang und dazu noch übermäßig besetzt. Um den unerträglichen Anfahrschwierigkeiten bei den 2 B Lokomotiven zu begegnen, mußte beschleunigte Abhilfe durch eine dreifach gekuppelte Schnellzuglokomotive geschaffen werden. Dies war um so wichtiger, als Störungen im Zugbetriebe durch vergebliche Anfahrversuche, namentlich auf freier Strecke, den sehr lebhaften und lebenswichtigen Güterverkehr, meist Kohlenzüge für die Marine, empfindlich behinderten. Außerdem versprach man sich von der neuen Lokomotive eine größere Beschleunigung der Bäderzüge über Leer nach Emden und Norddeich. Nun wäre es immerhin möglich gewesen, mit einigen ausgeliehenen preußischen 2 C Lokomotiven den Verkehr zu bewältigen; das scheiterte aber an dem zu schwachen Oberbau der Strecke, der nur einen Achsdruck von 15 und streckenweise 16 t zuließ, während die preußischen S 10 Lokomotiven einen Achsdruck von $\sim 17,5$ t hatten. Man ließ daher bei der Hanomag unter der Leitung Ranafiers eine neue 1 C 1 h 2 Schnellzuglokomotive mit etwa 15 t höchstem Achsdruck entwerfen, von der 3 Stück geliefert wurden (Abb. 212). Diese eigenartige und doch folgerichtige Achsanordnung war in Deutschland selten; wie anderwärts blieb ihr auch in diesem Falle der Erfolg versagt, da die Erfordernisse guten Laufes nicht beachtet wurden.

Der Kessel mußte wegen der großen Treibräder verhältnismäßig lang werden; er hatte 5200 mm Rohrlänge. Da die Heizfläche 145,88 m² betrug, wurde sein Durchmesser nur 1540 mm; bemerkenswert war der ziemlich hohe Dampfdruck von 14 atü. Wegen des Rohstoffmangels in der Kriegszeit mußte die Feuerbüchse aus Stahl hergestellt werden, sie erhielt als Feuertür eine zweiteilige Schiebetür. Im Gegensatz zur Preußischen Staatsbahn wählte die Oldenburgische Staatsbahn aus Gründen billigerer Unterhaltung das Zwillingstriebwerk, rüstete aber nach ihrem Brauch die Zylinder mit der Lentz-Ventilsteuerung aus. Die Zahl der insgesamt mit Ventilsteuerung ausgerüsteten oldenburgischen Lokomotiven betrug mit diesen 3 1 C 1 Lokomotiven 34 Stück.

Wegen der großen Kolbenkräfte von etwa 48 000 kg führte man die Rahmenwangen 28 mm stark aus. Die Laufachsen waren nach dem Vorbild der badischen 1 C 1 Lokomotiven

Abb. 212. 1 C 1 h 2 Schnellzuglokomotive der Oldenburgischen Staatsbahn, Gattung S 10 old.; Erbauer Hanomag 1916.

Rostfläche . . . . . 3,00 m²	Kesseldruck . . . . . 14 atü	Kolbenhub . . . . . 630 mm
Verdampfungsheizfl. 145,88 m²	Treibraddurchmesser . 1980 mm	Dienstgewicht d. Lok.. 73,9 t
Überhitzerheizfläche . 41,2 m²	Zylinderdurchm. 2 × 580 mm	Reibungsgewicht . . 45,4 t

Adamsachsen; da man aber Gewicht sparen mußte, lagen die beiden Achslager jeder Achse nicht in einem gemeinsamen Stahlgußkörper, sondern waren durch kräftige Bleche miteinander verbunden. Diese Bauart hatte sich an der hinteren Laufachse der preußischen 2 B 1 n 4 v Schnellzuglokomotiven der Gattung S 9 (Abb. 18) bewährt. Die vordere Adamsachse hatte 80 mm, die hintere 60 mm Spiel nach jeder Seite; dazu waren die Spurkränze der Treibachse um 10 mm geschwächt. So konnte die Lokomotive die damals in Oldenburg gebräuchlichen Gleisbögen von 140 m Halbmesser bei 24 mm Spurerweiterung noch ohne Anstände durchfahren.

Der äußere Anblick der Lokomotive zeigt ein auffallendes Mißverhältnis zwischen den Abmessungen des Kessels und des Fahrgestells, für das die Gewichtsschwierigkeiten wohl mit verantwortlich zu machen sind. Die hintere Laufachse mußte der Gewichtsverteilung wegen weit nach hinten verlegt werden, so daß der Abstand zwischen ihr und der letzten Kuppelachse 3400 mm, also für Lokomotiven dieser Größe ungewöhnlich groß wurde. Über der Vorderachse dagegen mußten alle Hilfseinrichtungen wie Speisepumpe, Vorwärmer und Luftpumpe untergebracht werden. Zu erwähnen ist noch eine Vorrichtung, die das Speisen des Kessels mit kaltem Wasser bei geschlossenem Regler vermeiden sollte. Dieses aus Bayern stammende Schneidersche Stoßventil gab selbsttätig Frischdampf an den Vorwärmer ab, sobald der Regler geschlossen war.

Die 1 C 1 h 2 Schnellzuglokomotive beförderte Züge von
$$300 \text{ t in der Ebene mit } 100 \text{ km/h und}$$
$$310 \text{ t auf } 5^0/_{00} \text{ mit } 70 \text{ km/h;}$$
bei Versuchsfahrten wurden sogar
$$519 \text{ t auf } 10^0/_{00} \text{ mit } 33 \text{ km/h}$$
gefahren. Im planmäßigen Verkehr beförderte sie zwischen Oldenburg und Hannover Schnellzüge bis zu 56 Achsen Stärke, also etwa 560 t Gewicht. Wenn auch demnach ihre Leistung ausreichte, so klagte man doch sehr über ihren sehr unruhigen Lauf bei 70 km/h; die Ursache dafür lag wahrscheinlich in einer Resonanz in der Rückstellvorrichtung, denn bei 100 km/h lief die Lokomotive etwas ruhiger.

Die stählerne Feuerbüchse bereitete dem Betriebe manche Sorgen. Die Rohre waren in der Feuerbüchsrohrwand nicht dicht zu halten; auch der Versuch, durch Anlöten kupferner Rohrvorschuhe dichtere Einwalzstellen zu erhalten, scheiterte. Aber auch nach dem Einbau einer kupfernen Feuerbüchse war keine nennenswerte Abhilfe zu verspüren. Es scheint, als ob die Stege zwischen den Rohren in der Feuerbüchsrohrwand zu schwach waren.

Als die Oldenburgische Staatsbahn auf die Deutsche Reichsbahn überging, wurde die Gattung im Jahre 1926 ausgemustert. Damit verschwand auch die Bauart der 1 C 1 Lokomotive mit Schlepptender von den deutschen Bahnen.

Mit der 1 C 1 Lokomotive schloß die selbständige Lokomotiventwicklung bei der Oldenburgischen Staatsbahn ab. Wenn man auch nur etwa 3 Jahrzehnte hindurch, nämlich von 1867—1895, von einer selbständigen Entwicklung sprechen kann und in der nachfolgenden Zeit die Oldenburgische Staatsbahn sich hauptsächlich an bewährte Vorbilder der Preußischen Staatsbahn anlehnte, so gaben doch auch hier noch die besonderen Verhältnisse wie Achsdruck, Wirtschaftlichkeit bei schwacher Verkehrsdichte u. a. m. der Entwicklung ihr eigenes Gepräge. Erst während der letzten Zeit des Weltkrieges fielen die Beschränkungen mit der Einführung stärkeren Oberbaues weg, so daß nun auch stärkere Lokomotiven mit höherem Achsdruck beschafft werden konnten. Jetzt aber lag keine Notwendigkeit mehr vor, eigene Bauarten zu entwickeln. Man bestellte daher im Jahre 1921 neue Lokomotiven nach den Zeichnungen der Preußischen Staatsbahn; lediglich in der Steuerung hielt man noch an der in Oldenburg üblichen Bauart fest (Lentz-Ventilsteuerung). So waren die in diesem Jahre von der Hanomag gelieferten 5 Stück 1 D h 2 Güterzuglokomotiven mit Ausnahme der Lentz-Ventilsteuerung getreue Nachbildungen der preußischen G 8² Lokomotive. In demselben Jahre sollten ferner noch einige P 8 Lokomotiven, und zwar ebenfalls mit der Lentz-Ventilsteuerung, beschafft werden. Da diese Maschinen aber dringend benötigt wurden, mußten 5 Stück P 8 Lokomotiven aus einer für Preußen bestimmten Lieferung mit der dort üblichen Kolbenschiebersteuerung übernommen werden. Sie waren damit die ersten Maschinen der Oldenburgischen Staatsbahn, die ohne jede Zutat rein preußischer Bauart waren, und gleichzeitig ihre letzte Beschaffung.

VIII. DIE ENTWICKLUNG DER DAMPFLOKOMOTIVE BEI DEN REICHSEISENBAHNEN IN ELSASS-LOTHRINGEN.

ALLGEMEINES.

Das Land Elsaß-Lothringen war nach dem deutsch-französischen Kriege 1870/71 wieder an Deutschland zurückgefallen. Seine Eisenbahnen, die bis dahin dem Netz der privaten Französischen Ostbahn angehörten, wurden unter dem Namen Reichseisenbahnen unmittelbar unter die Verwaltung des Deutschen Reiches gestellt.

Bis zum Beginn des Krieges waren die Lokomotiven für die elsässischen Eisenbahnen hauptsächlich von elsässischen Fabriken gebaut worden, von denen besonders Meyer, Mülhausen, André Köchlin, Mülhausen, und die Usines de Grafenstaden genannt seien. André Köchlin hatte seine erste Lokomotive bereits im Jahre 1839 geliefert, während die Maschinenbaugesellschaft Grafenstaden erst im Jahre 1856/57 mit dem Bau von Lokomotiven begann. Die beiden zuletzt genannten Fabriken schlossen sich im Jahre 1872 zusammen, nachdem Köchlin bis dahin 1412 und Grafenstaden 705 Lokomotiven gebaut hatte. Seit der Fabrik-Nummer 2118 wurde der Lokomotivbau unter der neuen Firma „Société Alsacienne" in den Werkstätten in Mülhausen und Grafenstaden, später auch in Belfort fortgesetzt. Beide Fabriken hatten eine gemeinsame Fabriknummernreihe, obwohl die eine in Frankreich, die andere in Deutschland lag. Daneben stammte aber auch eine Reihe elsaß-lothringischer Lokomotiven von reichsdeutschen Lieferern.

Als die Reichseisenbahnen in deutsche Verwaltung genommen waren, wurden die Lokomotiven zur besseren Kennzeichnung in Reihen eingeteilt, die nach dem Beispiel der Bayerischen Staatsbahn durch große lateinische Buchstaben mit einer Ziffer als Index dargestellt wurden. In der Reihe

A (A 1, A 2 usw.) waren Personen- und Schnellzuglokomotiven,
B (B 1, B 2 usw.) Lokomotiven für gemischten Dienst,
C Güterzuglokomotiven,
D Tenderlokomotiven und
E Schmalspurlokomotiven

zusammengefaßt. Daneben trugen die Maschinen noch Eigennamen, die verschiedenen Gebieten entnommen waren, z. B. trugen Lokomotiven der Reihen A und B die Namen deutscher und ausländischer Flüsse, die Güterzuglokomotiven der Reihe C Städtenamen. Bei den Tenderlokomotiven waren die Namen der Götterwelt des klassischen und germanischen Altertums entnommen; ein Teil der Tenderlokomotiven trug männliche und weibliche Vornamen. Als zu Beginn des neuen Jahrhunderts die Gattungsbezeichnungen bei der Preußischen Staatsbahn geändert wurden (z. B. G 8, P 8, S 3 usw.), schloß sich auch die Reichseisenbahn im Jahre 1904 dieser Änderung an und kennzeichnete ihre Lokomotivgattungen in ganz ähnlicher Weise mit den gleichen Buchstaben und Ziffern wie die Preußische Staatsbahn, wenn auch manchmal die Bauart der Lokomotiven anders war als die der Preußischen Staatsbahn mit dem gleichen Zeichen. Die Eigennamen wurden weiter beibehalten. Im Jahre 1910 wurden dann die Bezeichnungen und Betriebsnummern noch einmal geändert und der Entwicklung entsprechend noch mehr der in Preußen üblichen Bezeichnungsweise angepaßt. Dabei wurden die Eigennamen beseitigt.

DIE SCHNELLZUG- UND PERSONENZUGLOKOMOTIVEN.

Der Personen- und Schnellzugdienst wurde am Ende der 60er Jahre in der Regel mit 1 B und B 1 Lokomotiven bewältigt; die 1 A 1 und 2 A Crampton-Lokomotiven sind im Elsaß nie verwendet worden. Die 1 B Lokomotiven bedienten hauptsächlich den Verkehr im Rheintal im Wettbewerb mit den badischen Strecken, auf denen bekanntlich seit dem Anfang der 50er Jahre vielfach Crampton-Lokomotiven eingesetzt waren.

Nach dem Kriegsende im Jahre 1871 herrschte im Elsaß großer Mangel an Lokomotiven aller Art. Zahlreiche Maschinen waren im Kriegsdienste unbrauchbar geworden; die noch brauchbaren waren beim Rückzuge des französischen Heeres abgeschleppt worden. Um den dringendsten Bedürfnissen abzuhelfen, hatte man während des Krieges und nach Friedensschluß sowohl bei den Lokomotivfabriken als auch bei verschiedenen Bahnverwaltungen des In- und Auslandes verfügbare Lokomotiven aller Gattungen aufgekauft.

Für den Schnellzugdienst waren im Jahre 1871 zwei 1 B Lokomotiven mit 2 m hohen Rädern, Innenzylindern und der für deutsche Kohle übermäßig großen Rostfläche von 3,07 m² von der belgischen Lokomotivfabrik Gebr. Carels in Gent erworben worden. Auch vier 1 B Personenzuglokomotiven mit Innenzylindern und einem Raddurchmesser von 1524 mm, die im Jahre 1866 von den Vulcan Foundry in Lancashire (England) gebaut und schon auf englischen Bahnen tätig gewesen waren, kamen durch einen Gelegenheitskauf an die Reichseisenbahnen. Die Württembergische Staatsbahn hatte aus ihren Beständen 4 Stück 2 B Güterzuglokomotiven mit Deichseldrehgestellen (vgl. Bd. I, S. 235/36, Abb. 305) zur Verfügung gestellt. Weitere 4 D Lokomotiven, die 1870 von Sigl in Wiener Neustadt für die Ungarische Staatsbahn gebaut waren, hatte man ebenfalls übernommen. Ferner stammten 2 im Jahre 1872 beschaffte C Güterzuglokomotiven aus Lieferungen der Firma Schwartzkopff an preußische Eisenbahnverwaltungen.

Außerdem aber hatte man bei der Strousbergschen Lokomotivfabrik vormals Egestorff in Hannover-Linden eine größere Zahl, nämlich 12 Stück B 1 n 2 Lokomotiven für gemischten Dienst bestellt (Reihe B 1), denen im Jahre 1872 und 1873 weitere B 1 Lokomotiven folgten (Reihe B 2 und B 4). Diese Lokomotiven ähnelten sehr den B 1 Lokomotiven, welche zu derselben Zeit die Hannover-Altenbekener Bahn von Strousberg erhalten hatte und die zu den sogenannten Strousberg-Typen gehörten (s. Bd. I, S. 199, Abb. 252); die im Jahre 1870 und 1872 beschafften Lokomotiven hatten noch zweiachsige Tender. Da die deutschen Fabriken in der wirtschaftlichen Blütezeit der Gründerjahre nicht rasch genug liefern konnten, mußten 1874 von der englischen Firma Kitson & Co. in Leeds weitere 10 Lokomotiven ähnlicher Bauart beschafft werden, die bei gleicher Leistung beträchtlich teurer waren als die deutschen Maschinen; sie kosteten 64000 M. gegenüber 54500 M. Der Dampfdruck hatte bei den ersten Lokomotiven noch 8,5 atü betragen, war aber bei den Lieferungen von 1873 an auf 9 atü erhöht worden. Der Rost lag zunächst noch waagerecht in der Höhe der hinteren Laufachse, von 1873 an wurde er jedoch schräg gelegt, so daß auch die Feuerbüchsheizfläche etwas größer wurde. Die Lieferungen von 1873 und 1874 hatten Schornsteine mit einem vorderen Kragen nach französischem Vorbild, wie er auch an den gleichalterigen Lokomotiven anderer deutscher Bahnen zu finden war (s. Bd. I, S. 249, Abb. 327; S. 192, Abb. 244; S. 173, Abb. 212; S. 158, Abb. 188).

Neben diesen B 1 Lokomotiven für gemischten Dienst hatten die Reichseisenbahnen noch eine Reihe von verschiedenen 1 B n 2 Lokomotiven beschafft, die mit ihren 1580—1750 mm hohen Treibrädern für den Personenzugdienst bestimmt waren. So hatte Strousberg im Jahre 1870 etwa 13 Stück 1 B n 2 Lokomotiven mit Treibrädern von 1726 mm Durchmesser und zweiachsigem Tender geliefert, die ursprünglich für die Bahn Halle—Sorau—Guben bestimmt waren und der im Bd. I, S. 155, Abb. 184, dargestellten, etwas später gelieferten Lokomotive „Leim" ähnelten, aber nur 8,5 atü Kesseldruck hatten; die Zylinderabmessungen waren trotzdem bei beiden Typen gleich. Besondere Kennzeichen waren der schwach überhöhte Stehkessel und der hohe, auf dem hinteren Schuß des Langkessels angeordnete Dom. Die Allan-Steuerung hatte gekreuzte Stangen und lag wie bei zahlreichen Lokomotiven der damaligen Zeit innen.

Eine andere 1 B Lokomotive, die frühere Reihe A 3, mit 1580 mm hohen Rädern hatte im Jahre 1871 die Lokomotivfabrik G. Sigl in Wiener Neustadt ursprünglich für die Alföld-Fiumer Eisenbahn gebaut; durch eine Vereinbarung mit der genannten Bahnverwaltung wurde sie aber nicht an den Besteller abgeliefert, sondern den Reichseisenbahnen überlassen. Sie hatte noch 8 atü Dampfdruck, einen ungewöhnlich tiefliegenden Kessel und einen langen, weiten Schornstein, wie er zu dieser Zeit an den Lokomotiven der Bayerischen Ostbahn und der Badischen Staatsbahn zu finden war. Ihr Äußeres entsprach etwa der im Bd. I, S. 127, Abb. 143, dargestellten 1 B Lokomotive von Maffei und Krauß, an deren Lieferung bekanntlich auch Sigl beteiligt war. Die Lokomotive hatte außerdem Außenrahmen und Hallsche Kurbeln.

Zwei weitere 1 B n 2 Personenzuglokomotiven mit 1720 mm hohen Treibrädern und Innenrahmen stammten aus den Werkstätten von André Köchlin in Mülhausen (Reihe A 5) und in etwas leichterer Ausführung aus der Maschinenbaugesellschaft Grafenstaden (Reihe A 6). Sie wurden im Jahre 1872 angeliefert und hatten ein Reibungsgewicht von etwa 26 t. Ihr Aussehen wurde bestimmt durch den stark überhöhten Stehkessel, den hohen Dampfdom auf dem mittleren Langkesselschuß und den großen Sandkasten zwischen Dom und Stehkessel, von dessen Scheitel aus im Innern des Kessels ein Dampfsammelrohr zum Dom führte. Der Rost war stark geneigt, so daß die hintere Kuppelachse noch unter der Feuerbüchse untergebracht werden konnte. Die Rauchkammer war noch recht kurz; von ihrem Boden führte ein Löschefallrohr nach vorn. Diese Lokomotive wurde hauptsächlich für den Schnellzugdienst verwendet; ihre Leistung übertraf trotz des kleineren Kessels die der vorher beschriebenen Lokomotive von Sigl, da der Dampfdruck auf 9 atü erhöht war.

Auf ihrer Grundlage entwickelte die Maschinenbaugesellschaft Grafenstaden ein Jahr später (1873) eine noch leistungsfähigere 1 B Personenzuglokomotive mit größerem Kessel und etwas höheren, nämlich 1752 mm großen Rädern (Reihe A 7). Der Dom und der Sandkasten blieben in gleicher Größe an ihrem Platz, der Stehkessel aber war nur noch schwach überhöht. Der Rost erhielt eine noch steilere Neigung und einen Brechpunkt im hinteren Drittel. Zu Beginn des neuen Jahrhunderts wurde etwa die Hälfte der Lokomotiven dieser Bauart mit größeren Ersatzkesseln ausgerüstet, bei denen der Dampfdruck von bisher 9 atü auf 10 atü erhöht wurde.

Der dringende Bedarf an 1 B Lokomotiven war aber mit den bisher behandelten Typen noch nicht gedeckt. Da die elsässischen Lokomotivfabriken die große Zahl der benötigten Lokomotiven nicht zu den verlangten Zeitpunkten liefern konnten, hatte im Jahre 1874 die Verwaltung der Reichseisenbahnen 15 Stück 1 B Lokomotiven fast gleicher Bauart wie die vorher beschriebenen von der englischen Lokomotivfabrik Kitson in Leeds (Reihe A 8) und bei der Maschinenfabrik Eßlingen (Reihe A 9) bauen lassen. Mit diesen letzten Gattungen betrug die Gesamtzahl der von 1870—1875 beschafften 1 B und B 1 Lokomotiven über 150 Stück.

Der Schnellzugdienst wurde bis zum Beginn der 90er Jahre fast ausschließlich mit den erwähnten 1 B n 2 Lokomotiven der Reihen A 5—A 9 abgewickelt. Als aber im Laufe der Zeit durch den Wettbewerb der beiden Rheinufer die Geschwindigkeiten immer weiter erhöht worden waren und die Laufeigenschaften der 1 B Lokomotiven dafür nicht mehr ausreichten, wurde die Maschinenbaugesellschaft Grafenstaden im Jahre 1892 mit der Entwicklung einer leistungsfähigeren und den neueren Erfordernissen angepaßten Schnellzuglokomotive beauftragt. Da sich das Verbundverfahren inzwischen bei den größeren Bahnverwaltungen durchgesetzt hatte, wurde die neue Lokomotive als Zweizylinder Verbundmaschine gebaut (Reihe A 10, Abb. 213). Die große Ähnlichkeit mit der preußischen S 3 Lokomotive der Bauart v. Borries von 1890 deutet darauf hin, daß man diese Lokomotive als Vorbild benutzt hat. Neu war, abgesehen von der Verbundwirkung, für Elsaß-Lothringen die Heusinger-Steuerung. Wie bei der S 3 war man wegen der niedrigen Kessellage gezwungen, den Aufwerfhebel und die Schieberschubstange durch lange Stützstangen und eine unten am Gleitbahnträger angebrachte Zwischenwelle mit einem doppelarmigen Hebel herzustellen, da bei einer unmittelbaren Verbindung das Hängeeisen zu kurz geworden wäre. Die Abmessungen des Triebwerks stimmten mit der genannten preußischen S 3 Lokomotive angenähert überein. Zylinderdurchmesser und Hub der elsässischen Lokomotive waren etwas kleiner, dafür waren aber die Treibräder um 130 mm niedriger, nämlich 1850 statt 1980 mm. Das Drehgestell,

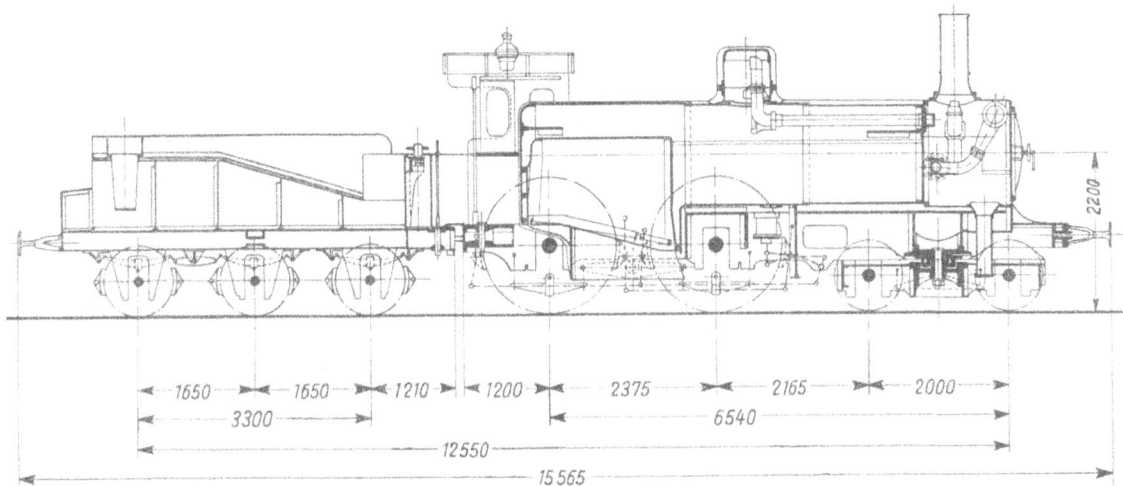

Abb. 213. 2 B n 2 v Schnellzuglokomotive der Reichseisenbahnen Elsaß-Lothringen, Gattung P 3 (A 10);
Erbauer Grafenstaden 1892.

Rostfläche	2,06 m²	Treibraddurchmesser	1850 mm	Dienstgewicht d. Lok.	49,3 t
Verdampfungsheizfl.	113,6 m²	Zylinderdurchm.	430/640 mm	Reibungsgewicht	27,4 t
Kesseldruck	12 atü	Kolbenhub	580 mm		

das ja bei A. v. Borries' Lokomotive die beachtenswerteste Neuerung darstellte, hatte hier abweichend noch eine schwere stufenförmige Stützpfanne, durch deren Mitte der Drehzapfen hindurchgeführt war. Die Stützpfanne war ähnlich wie bei der Erfurter Bauart mit einer Wiege verbunden, die sich auf die am Drehgestellrahmen hängenden Blattfedern stützte. Die gesamte auf dem Drehgestell ruhende Last wurde also von der Stufenpfanne aufgenommen. Von einer seitlichen Verschiebbarkeit des Drehgestells sah man absichtlich ab, weil, wie man sagte, „vorwiegend die von der hinteren Kuppelachse erstrebte radiale Einstellung eintreten sollte, ohne daß hierdurch ein Klemmen der Treibachsspurkränze im Gleise hervorgerufen wird, da beide Achsen volle Freiheit haben, sich der äußeren Schiene zu nähern".

Man begründete diese rein statisch gedachte Auffassung mit dem Vergleich eines Geschützes mit Protze, übersah hierbei aber, daß bei einem Geschütz die Protzenachse und von ihr die Achse des Geschützes gezogen wird, während bei der Lokomotive das Drehgestell geschoben wird. Außerdem berücksichtigte man die beim Durchfahren von Gleisbögen auftretenden Fliehkräfte und, was man erst sehr viel später lernte, die Anpassung an Überhöhungsrampen und die dynamische Seite der Führung, nicht.

Von dieser Reihe A 10 sind nur wenige Lokomotiven gebaut worden. 2 Jahre später (1894) lieferte die Maschinenbaugesellschaft Grafenstaden eine baulich recht wenig durchdachte 2 B Schnellzuglokomotive, die nicht eine Verbundmaschine war, sondern ein Zwillingstriebwerk besaß (Reihe A 11, Abb. 214). Die Heusinger-Steuerung war wieder zugunsten der außenliegenden Allan-Steuerung aufgegeben; die wenig gute Bauart des Drehgestells blieb unverändert. Das Frischdampfrohr vom Regler zu den Zylindern war recht eigenartig geführt. Vom Regler im Dom aus verlief es zunächst im Innern des Kessels bis zur Mitte des ersten Kesselschusses. Hier durchbrach es den Kesselscheitel und teilte sich in zwei Arme, die an der Außenwand des Kessels entlang zu den beiden Schieberkästen führten. An dieser französischen Eigenart hielt die Maschinenbaugesellschaft Grafenstaden viele Jahre fest; sie ergab auch bei den späteren Vierzylinder-Verbundlokomotiven nach de Glehn mit zurückverlegten Hochdruckzylindern die kürzesten Dampfwege. Bei diesen Maschinen waren dann allerdings die Rohre unmittelbar an den unteren Teil des Domes angeschlossen, so daß das Kesselblech nicht mehr besonders durchbrochen zu werden brauchte.

Die nächste 2 B Schnellzuglokomotive (Reihe A 12, Abb. 215) lieferte Henschel im Jahre 1895. Sie war wiederum nach dem Vorbild der preußischen S 3 Lokomotive als Zweizylinder-Verbundlokomotive gebaut und hatte eine Heusinger-Steuerung, die ganz ähnlich wie bei der S 3 Lokomotive durchgebildet war. Die Bauart des Drehgestells wurde leider von der Reihe

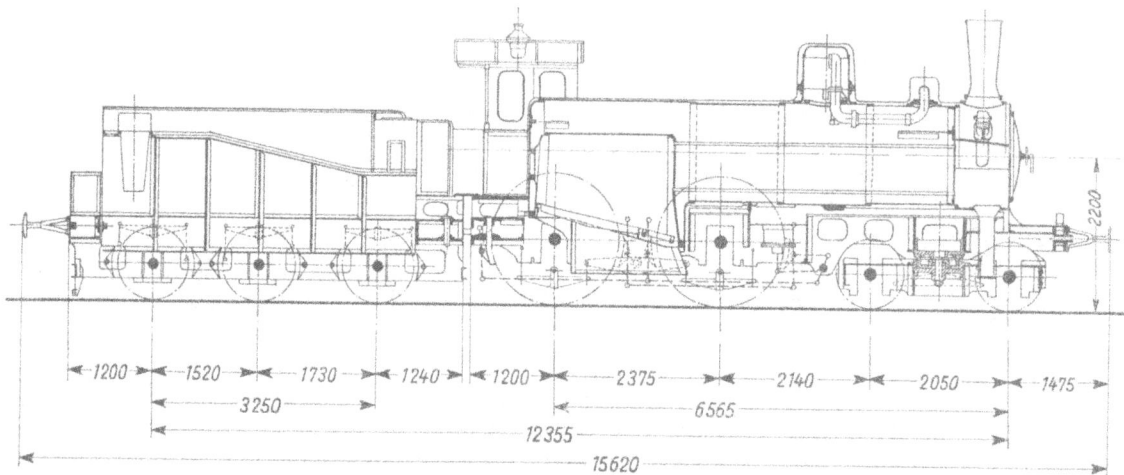

Abb. 214. 2 B n 2 Schnellzuglokomotive der Reichseisenbahnen Elsaß-Lothringen, Gattung P 3 (A 11);
Erbauer Grafenstaden 1894.

Rostfläche . . . . . 2,06 m²   Treibraddurchmesser . 1850 mm   Dienstgewicht d. Lok.. 47,8 t
Verdampfungsheizfl. 125,0 m²   Zylinderdurchm.   2 × 465 mm   Reibungsgewicht . . 28,0 t
Kesseldruck 12   atü   Kolbenhub . . . . . 620 mm

A 11 ohne grundsätzliche Änderungen übernommen. Bei Nachlieferungen dieser Type im
Jahre 1897 durch die Maschinenbaugesellschaft Grafenstaden (Reihe A 13) wurden die Zylinderabmessungen etwas vergrößert, doch blieben Kessel und Fahrgestell im großen und ganzen
unverändert.

Nun trat in der Entwicklung der 2 B Lokomotiven eine dreijährige Pause ein. In der
Zwischenzeit baute die Maschinenbaugesellschaft Grafenstaden neue 2 B n 4 v für die fran-
zösische Nordbahn (1891) und für die Preußische Staatsbahn (1894), ferner die erste 2 C n 4 v
Lokomotive nach den Angaben de Glehns für die Badische Staatsbahn (1894) und weitere
2 C Maschinen u. a. auch für die Preußische Staatsbahn (1896), deren außerordentlich ruhiger
Lauf die Fachwelt aufhorchen ließ.

Bevor die Verwaltung der Reichseisenbahnen sich zu dieser Bauart entschloß, wurde die
Beschaffung der 2 B Lokomotive zunächst noch fortgesetzt, und zwar übernahm man im Jahre

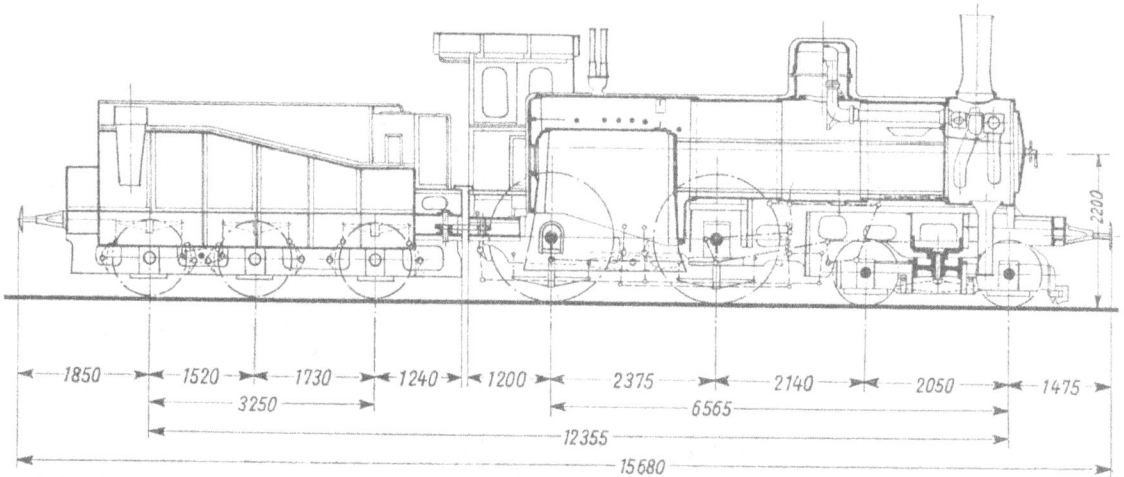

Abb. 215. 2 B n 2 v Schnellzuglokomotive der Reichseisenbahnen Elsaß-Lothringen, Gattung P 1 (A 12);
Erbauer Henschel und Sohn 1895.

Rostfläche . . . . . 2,06 m²   Treibraddurchmesser . 1850 mm   Dienstgewicht d. Lok.. 50,6 t
Verdampfungsheizfl. 119,24 m²   Zylinderdurchm.   465/700 mm   Reibungsgewicht . . 28,0 t
Kesseldruck 12   atü   Kolbenhub . . . . . 620 mm

254

1900 in der 2 B n 2 v Lokomotive Reihe A 15 (spätere S 2 bzw. S 3) mit ganz geringfügigen Änderungen die preußische S 3 Lokomotive hannoverscher Bauart, die sich in Preußen seit Jahren ausgezeichnet bewährt hatte. Mit dieser Maschine hielt endlich das hannoversche Drehgestell seinen Einzug bei den Reichseisenbahnen; die einzigen geringen Abweichungen zeigte der glatte Grafenstadener Schornstein, der Rahmen und das Führerhaus, bei dem das Dach nicht so weit nach hinten auslud, wie bei der preußischen Lokomotive, also kleine Eigenarten der französischen Überlieferung des Lieferers.

Die Maschinenbaugesellschaft Grafenstaden baute von dieser Gattung 6 Lokomotiven, doch wurden noch in demselben Jahre die vier preußischen Lokomotivfabriken Egestorff (die spätere Hanomag), Schwartzkopff, die Union-Gießerei in Königsberg i. P. und Henschel mit der Lieferung gleicher Lokomotiven betraut (Reihe A 16, später S 2 bzw. S 3), denen im Jahre 1901 weitere Lokomotiven vom Vulkan in Stettin und von Borsig folgten; insgesamt waren das 35 Stück. Diese Lokomotiven waren nach den Zeichnungen der S 3 Lokomotive erbaut, nur waren die beiden Zylinder miteinander vertauscht; der Niederdruckzylinder lag also nun auf der rechten Seite. Die letzte der von Borsig 1901 gelieferten 6 Lokomotiven war eine Zwillingslokomotive mit dem Rauchkammerüberhitzer von Schmidt. Sie war also die erste Heißdampflokomotive der Reichseisenbahnen.

Bisher waren bei den Reichseisenbahnen nur 2 B Lokomotiven mit 2 Zylindern beschafft worden. Diese Maschinen gerieten schon in den letzten Jahren des alten Jahrhunderts im Schnellzugdienst in einige Bedrängnis. Bei den schweren Zuggewichten, die auf den Hauptstrecken der Reichslande befördert werden mußten, bereitete das Anfahren bei den geringen Anzugskräften der Lokomotiven in gewissen Kurbelstellungen große Schwierigkeiten. Auch waren bei hohen Geschwindigkeiten die Kessel meist überlastet, so daß immer wieder Fahrzeitverluste durch Dampfmangel auftraten. Solche Mißstände waren bekanntlich zu derselben Zeit auch in Preußen und anderen Ländern zu beobachten. Der Wunsch nach einer neuen, leistungsfähigeren Lokomotive mit besserem Anzugsvermögen war daher allgemein. Eine Besserung versprach das Vierzylinder-Verbundtriebwerk, das im Auslande schon seit mehreren Jahren beliebt war.

Die Elsässische Maschinenbaugesellschaft Grafenstaden hatte, wie gesagt, bereits im Jahre 1891 eine 2 B n 4 v Schnellzuglokomotive de Glehnscher Bauart an die französische Nordbahn, im Jahre 1894 eine ähnliche 2 B n 4 v an die Preußische Staatsbahn und kurz darauf (1894) die erste 2 C n 4 v Lokomotive de Glehnscher Bauart an die Badische Staatsbahn geliefert, die sich gut bewährt hatten. Es muß überraschen, daß noch viele Jahre ins Land gingen, bis auch die Verwaltung der Reichseisenbahnen den Vorschlägen ihrer heimischen Industrie Gehör gab. Erst im Jahre 1901/02 bestellte sie bei der Grafenstadener Maschinenbaugesellschaft die ersten 2 B n 4 v Schnellzuglokomotiven (Reihe A 18). Diese Maschinen waren den an die Preußische Staatsbahn gelieferten 2 B n 4 v Lokomotiven (Abb. 14) durchaus ähnlich; die Dampfzylinder hatten die gleichen Abmessungen wie bei den preußischen Maschinen. Die Hochdruckzylinder lagen hinter der letzten Drehgestellachse. Die Anordnung war bedingt durch den Zweiachsantrieb nach de Glehn und hatte zur Folge, daß der Rahmen zwischen den Hochdruckzylindern durch Stahlgußverstrebungen versteift werden mußte, welche die Zugänglichkeit zum inneren Triebwerk erschwerten. Der Frischdampf wurde durch außen am Kessel entlang nach unten geführte Rohre den Hochdruckschiebern zugeleitet. Der Kessel wurde äußerlich nicht größer, aber man versuchte, die von den Heizgasen berührte Heizfläche durch den Einbau von Serverohren zu vergrößern und die Wärmeausnutzung zu verbessern. Die Serverohre waren in Frankreich lange Jahre beliebt, doch waren die Ansichten über ihre Wirksamkeit sehr geteilt. Außerdem klagte der Betrieb über die starke Verschmutzung der Rohre durch Lösche und Flugasche, die häufig an den Rippen festbrannte und dann nur schwer zu entfernen war. Wenn aber die Rohre nicht sauber waren, war die Dampfentwicklung mangelhaft. Von den 50 Lokomotiven, welche die Maschinenbaugesellschaft Grafenstaden von 1902—1904 lieferte, hatten nur 10 Stück glatte Heizrohre. Weitere 4 Lokomotiven, die im Jahre 1913 nachgeliefert wurden, erhielten ebenfalls glatte Heizrohre.

Die Leistungsfähigkeit der Lokomotive stieg gegenüber den Vorbildern durch die Steigerung des Kesseldrucks von 14 auf 15 atü.

Das Drehgestell war nach Grafenstadener Art gebaut, hatte also Außenrahmen; diesen hatte Grafenstaden schon früher gern verwendet und behielt ihn auch bei den folgenden 2 B und 2 B 1 und 2 C Lokomotiven noch eine Reihe von Jahren bei. Wir wissen heute aus Erfahrung und Rechnung, daß führende Drehgestelle mit Innenrahmen wesentlich betriebssicherer sind.

Bei der Behandlung der preußischen Schnellzuglokomotiven ist schon erwähnt worden, daß mit der Beschleunigung der Schnellzüge der Wunsch laut wurde, lange Strecken ohne Maschinenwechsel und möglichst ohne Halt zu durchfahren. Hand in Hand damit ging auch im Elsaß ein lebhafter Verkehrsaufschwung bei den Schnellzügen der größere Zuglasten zur Folge hatte. Diese konnten aber mit den 2 B Lokomotiven nicht mehr befördert werden, da die Leistung des Kessels mit seiner kleinen Rost- und Heizfläche nicht mehr ausreiche; eine größere Heizfläche aber konnte bei der verhältnismäßig schweren Bauart de Glehn wegen der 4 Zylinder, dazu der Rahmenversteifung für die Hochdruckzylinder, nicht mehr untergebracht werden, wenn der damals zugelassene Achsdruck von 15 t eingehalten werden sollte. Für die neue Lokomotivbauart konnten 2 verschiedene Typen in Betracht kommen:

a) die 2 B 1 n 4 v oder
b) die 2 C n 4 v Lokomotive.

Die zuerst genannte Bauart schied aus, weil man besonderen Wert auf großes Reibungsgewicht und großes Anzugsmoment legen mußte.

So bestellten die Reichseisenbahnen im Jahre 1898 für den schweren Schnellzugdienst auf dem linken Rheinufer fünf 2 C n 4 v Lokomotiven mit 1750 mm hohen Treibrädern bei der Elsässischen Maschinenbaugesellschaft in Grafenstaden, die das Gattungszeichen A 14 (später P 5, Abb. 216) erhielten. Ähnliche 2 C n 4 v Lokomotiven aus derselben Werkstatt liefen, wie schon erwähnt, seit 1894 auf der Badischen Staatsbahn und es ist wahrscheinlich, daß sich die Reichseisenbahnen schon wegen eines erfolgreichen Wettbewerbs mit den badischen Strecken gezwungen sahen, zu dieser neuen Bauart überzugehen.

Die Lokomotive hatte einen Kessel, dessen Abmessungen denen der preußischen P 7 Lokomotiven glichen. Auch der sonst im Elsaß übliche Belpaire-Stehkessel war nach preußischem Vorbild der glatten Cramptonschen Form gewichen; der Dampfdruck betrug 12 atü.

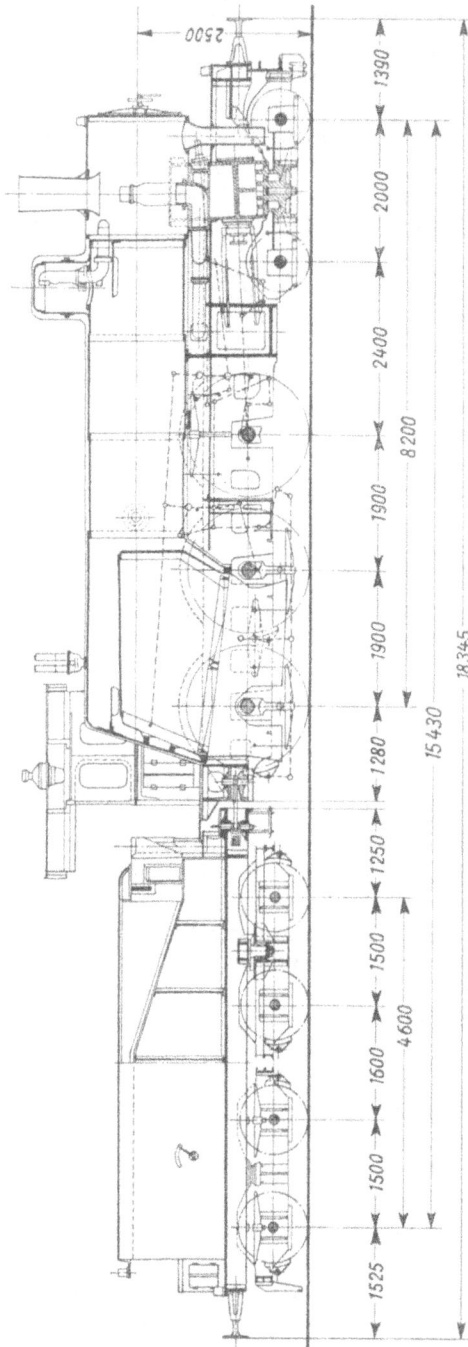

Abb. 216. 2 C n 4 v Personenzuglokomotive der Reichseisenbahnen Elsaß-Lothringen, Gattung P 5 (A 14); Erbauer Grafenstaden 1898.

Rostfläche	2,5 m²	Treibraddurchmesser	1750 mm
Verdampfungsheizfl.	141,0 m²	Zylinderdurchm. 2 × 360/560 mm
Kesseldruck	12 atü	Kolbenhub	650 mm
		Dienstgewicht d. Lok.	65,0 t
		Reibungsgewicht	42,0 t

Verschieden waren nur die Lage der Zylinder, die Bauart des Drehgestells und die Form der Feuerbüchse; jetzt lagen die Hochdruckzylinder innen und die Niederdruckzylinder außen. Bei der veränderten Lage der Zylinder brauchte auch das Frischdampfrohr nicht mehr vom Dom außen am Kessel entlang heruntergeführt zu werden; der Dom mit dem Regler lag daher unmittelbar hinter dem Schornstein auf dem ersten Kesselschuß. Das Frischdampfrohr führte durch die Rauchkammerrohrwand und die Rauchkammer zu den Hochdruckzylindern. Zum Anfahren gab ein außen an der Rauchkammer angebrachtes Anfahrventil der Bauart de Glehn Frischdampf an den Verbinder ab. Recht eigenartig war die Bauart der Feuerbüchse. Bisher waren die Rückwand und die Stehkesselvorderwand bei den 2 B Lokomotiven senkrecht ausgebildet; hier aber wurde die Rückwand nach oben abgeschrägt, um Gewicht einzusparen und den Schwerpunkt der Lokomotive möglichst weit nach vorn zu verlegen. Deshalb wurde auch die Stehkesselvorderwand geneigt ausgeführt, zumal der Bodenring sonst etwa 300 mm vor der zweiten Kuppelachse gelegen und die zweckmäßige Durchbildung des Aschkastens erschwert hätte. Das Drehgestell hatte nach dem hannoverschen Vorbilde einen Innenrahmen, dabei aber nach Grafenstadener Übung eine Drehpfanne, welche die Last auf eine schwere Wiege übertrug.

Die Sandstreuanlage war etwas stiefmütterlich behandelt. Die Sandkästen lagen über den Schieberkästen der Außenzylinder und streuten in wenig ausreichender Weise den Sand vor die erste Kuppelachse; der Aufwerfhebel der Steuerung war mit einem Gegengewicht ausgerüstet.

Dieser Gattung A 14 (P 5) folgte wenige Jahre später, in den Jahren 1902 und 1903, eine neue 2 C n 4 v Schnellzuglokomotive mit 1850 mm hohen Rädern (Reihe A 17, später Gattung P 7, Abb. 217), deren Äußeres deutlich französischen Einfluß verriet. Kennzeichen hierfür sind die große, 2 m tiefe Belpaire-Feuerbüchse mit senkrechter Vorder- und Rückwand und die Serverohre. Bemerkenswert hoch für die damalige Zeit war der Dampfdruck von 16 atü; das Drehgestell hatte wieder den Grafenstadener Außenrahmen. Von der Reihe A 17 (P 7)

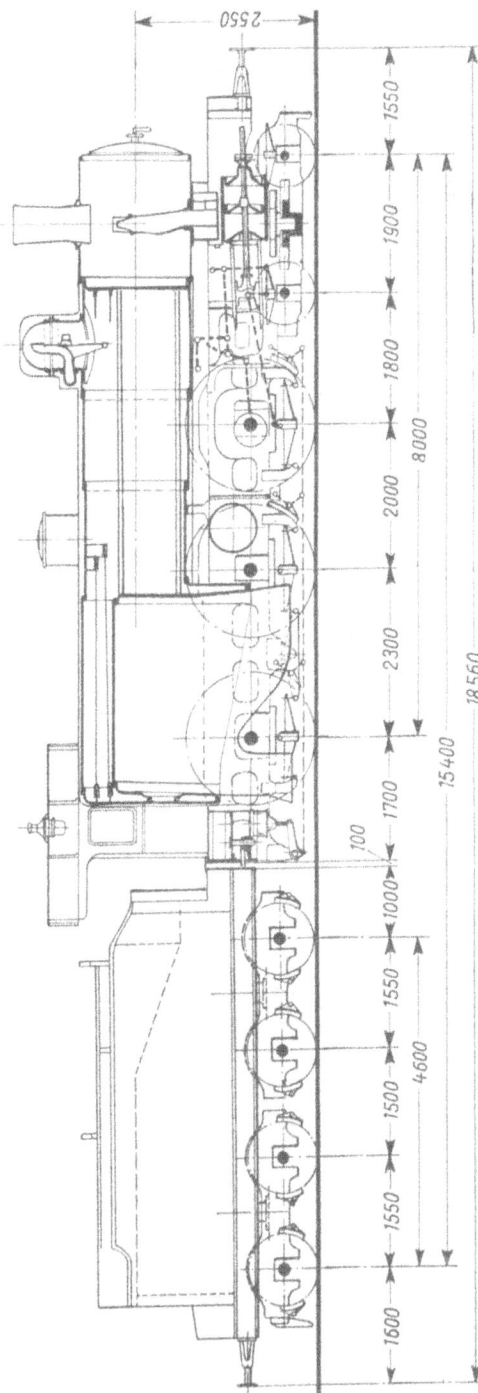

Abb. 217. 2 C n 4 v Schnellzuglokomotive der Reichseisenbahnen Elsaß-Lothringen, Gattung P 7 (A 17); Erbauer Grafenstaden 1902—1903.

Rostfläche	2,75 m²	Treibraddurchmesser . 1850 mm	Dienstgewicht d. Lok. . 65,6 t
Verdampfungsheizfl. .	209,0 m²	Zylinderdurchm. 2 × 340/560 mm	Reibungsgewicht . . 45,6 t
Kesseldruck	16 atü	Kolbenhub . . . . . . 640 mm	

wurden bis zum Jahre 1903 30 Lokomotiven von der Maschinenbaugesellschaft Grafenstaden beschafft.

Im Jahre 1906 wurden die 2 C Lokomotiven fortgesetzt mit einer neuen Reihe S 5, der späteren S 9; zunächst wurden 6 Stück von Grafenstaden geliefert. Diese Lokomotive hatte Treibräder von 1980 mm Durchmesser, entsprach aber sonst in ihren Abmessungen der vorher beschriebenen Reihe A 17. Ihr Kessel war wieder mit Serverohren ausgerüstet; der Stehkessel hatte eine geknickte Rückwand, die etwa bis zur Höhe der Feuerbüchsdecke senkrecht und dann geneigt verlief. Diese Ausführung hatte den Vorteil, daß die Ausrüstungsteile (Wasserstände, Reglerstopfbüchse usw.) besser als an einer durchweg schrägen Wand angebracht werden konnten.

Da mit der mangelhaft durchgebildeten Sandstreuanlage der ersten 2 C Reihe keine guten Erfahrungen gemacht waren, hatte man schon bei der Reihe A 17 den Sandkasten mit der von Hand betätigten Streuvorrichtung auf den Kessel gelegt und das Sandrohr vor der zweiten Kuppelachse münden lassen. Damit war zwar die Trockenhaltung des Sandes, aber noch nicht die Wirkung des Sandstreuers verbessert, denn jetzt erhielt die erste Kuppelachse überhaupt keinen Sand mehr. Erst bei der dritten Reihe der 2 C n 4 v Lokomotiven (Gattung S 5/S 9, Abb. 218) wurde der Sand mit einer Preßlufteinrichtung vor die erste und zweite Kuppelachse gestreut. Von dieser Gattung, die sich im übrigen in den Abmessungen von der vorhergehenden nicht unterschied, wurden bis zum Jahre 1909 insgesamt 80 Lokomotiven gebaut. Von diesen lieferte die Maschinenbaugesellschaft Grafenstaden 65 Stück; die letzte Lieferung von 15 Stück stammte von Henschel u. Sohn. Sämtliche Grafenstadener Maschinen besaßen Serve-Rippenrohre, während die Lokomotiven von Henschel mit glatten Heizrohren ausgerüstet waren.

Die bisher beschriebenen Schnellzug- und Personenzuglokomotiven der Reichseisenbahnen waren mit einer einzigen Ausnahme (s. S. 255) sämtlich Naßdampfmaschinen. Man kann hieraus ersehen, wie wenig Einfluß das preußische Ministerium auf die ihm

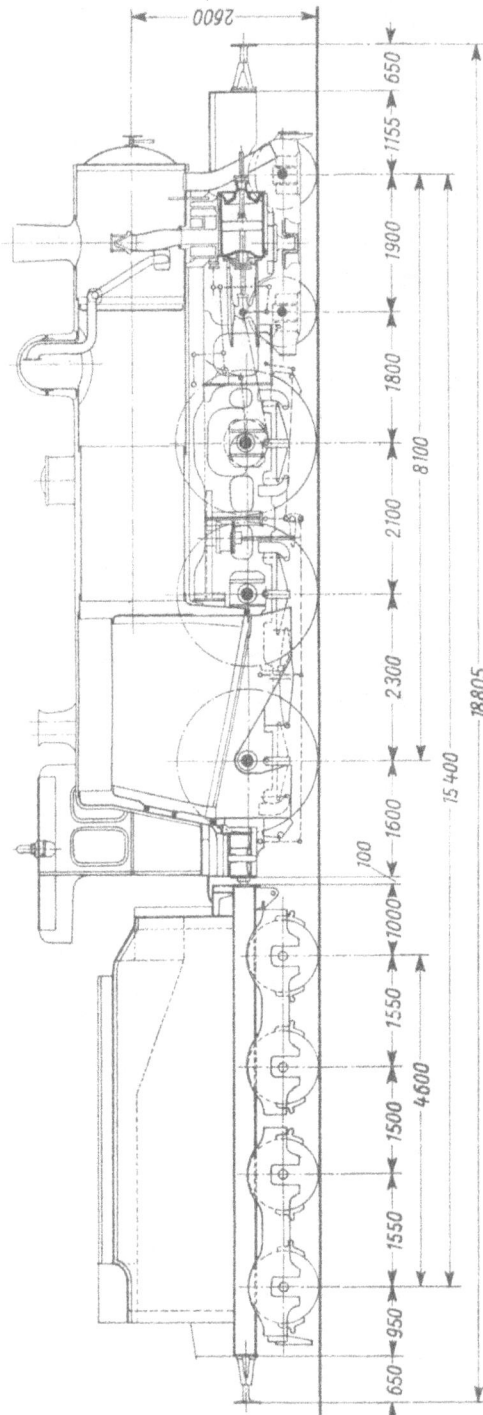

Abb. 218. 2 C n 4 v Schnellzuglokomotive der Reichseisenbahnen Elsaß-Lothringen, Gattung S 9; Erbauer Grafenstaden, Henschel und Sohn 1906—1909.

Rostfläche . . . . . 2,75 m²
Verdampfungsheizfl. 208,75 m²
Kesseldruck . . . . . 16 atü
Treibraddurchmesser . 1980 mm
Zylinderdurchm. 2 × 340/560 mm
Kolbenhub . . . . . 640 mm
Dienstgewicht d. Lok.. 67,1 t
Reibungsgewicht . . 46,3 t

angegliederte Verwaltung nahm und wie große Rücksicht auf die von Grafenstaden beeinflußte Generaldirektion in Straßburg geübt wurde.

Nun hatte aber, wie im Abschnitt über die Entwicklung der Lokomotive in Baden berichtet wurde, die Badische Staatsbahn im Jahre 1907 mit ihrer ersten 2 C 1 Heißdampfschnellzuglokomotive entschieden Erfolg erzielt. Dem durch sie erreichten technischen Fortschritt konnte sich auch das Elsaß nicht länger verschließen; im Jahre 1908 begann man sich ernsthaft mit dem Gedanken zu beschäftigen, eine der badischen ähnliche Lokomotive zu beschaffen, um im Wettbewerb bestehen zu können.

Im Jahre darauf lieferte dann die Maschinenbaugesellschaft Grafenstaden 8 Stück 2 C 1 h 4 v Lokomotiven, die elsässischem Brauch entsprechend wieder das de Glehn-Triebwerk besaßen und im Gegensatz zu den anderen deutschen 2 C 1 Lokomotiven noch eine lange schmale Feuerbüchse erhalten hatten (Gattung S 6, später Gattung S 12, Abb. 219). Es war leicht zu erkennen, daß die im Elsaß vorgeschriebenen höchsten Achsdrücke von nur 15 t und die vorhandenen Drehscheiben der baulichen Entwicklung manchen Zwang auferlegt hatten. Der Kessel war für eine 2 C 1 Lokomotive reichlich klein; bei nur mäßig höheren Achsdrücken hätte er ohne weiteres auf einer 2 C Lokomotive untergebracht werden können. Insbesondere wäre das möglich gewesen, wenn man sich zu der deutschen Zylinderanordnung in einer Querebene entschlossen hätte, wie sie zu derselben Zeit in Preußen bei der neuen 2 C h 4 Schnellzuglokomotive (Gattung S 10) gewählt war und wobei die schweren Querversteifungen zwischen den Hochdruckzylindern fortfielen, und wenn ferner die auch an dieser Maschine verwendeten Serverohre durch glatte Heizrohre ersetzt worden wären. So aber mußte eine Laufachse als Schleppachse hinzugefügt werden, die, obwohl sie sehr nahe an die hintere Kuppelachse herangerückt wurde, nur wenig Last

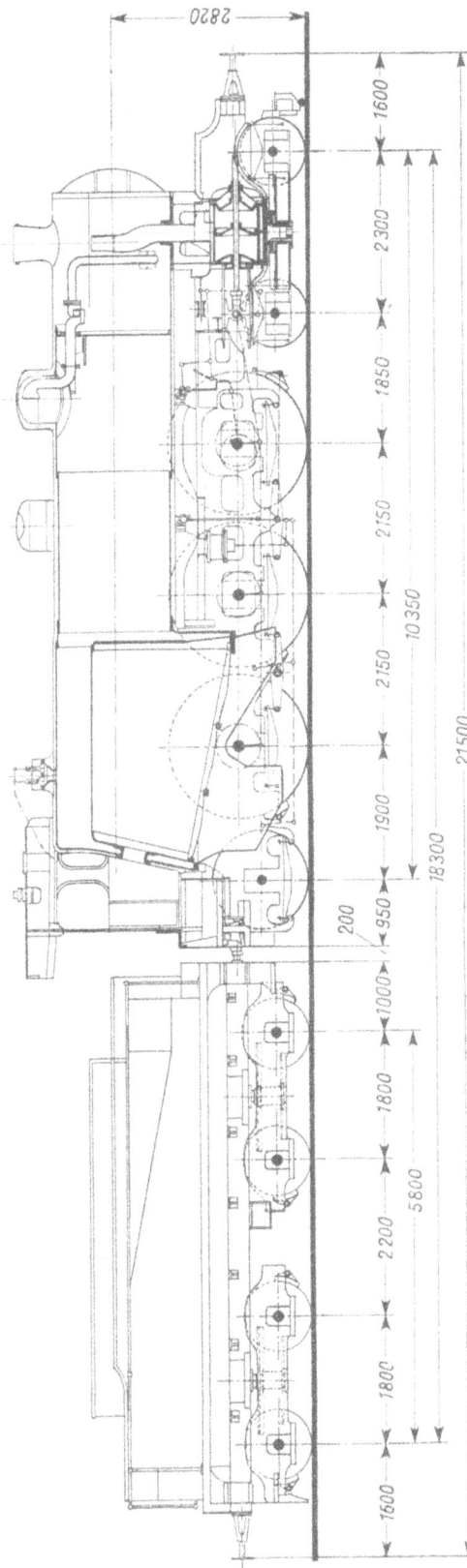

Abb. 219. 2 C 1 h 4 v Schnellzuglokomotive der Reichseisenbahnen Elsaß-Lothringen, Gattung S 12; Erbauer Grafenstaden 1909.

Rostfläche	3,22 m²	Kesseldruck	15 atü	Zylinderdurchm. 2×380/600 mm	Dienstgewicht d. Lok.. 82,2 t
Verdampfungsheizfl.	200,21 m²	Treibraddurchmesser	2040 mm	Kolbenhub 660 mm	Reibungsgewicht . . 48,0 t
Überhitzerheizfläche	38,5 m²				

erhielt; ihr Achsdruck war 10900 kg. Infolgedessen mußte auch der Stehkessel zwischen den Treibrädern, die 2040 mm Durchmesser hatten, eingezogen werden. Bei dem geringen Achsstand zwischen der Schleppachse und der letzten Kuppelachse begnügte man sich mit einem Spiel von 15 mm nach jeder Seite und mit einer Rückstellung durch Keilflächen.

Die Abmessungen des Kessels und des Triebwerks waren bedeutend kleiner als die der badischen 2 C 1 Lokomotive von 1907; besonders knapp war die Heizfläche des Überhitzers mit 38,5 m² bemessen. Im großen und ganzen genügte die Lokomotive wohl im Beginn den Ansprüchen des Betriebes, doch schon nach wenigen Jahren sah man ein, daß man zur Erzielung einer solchen verhältnismäßig geringen Mehrleistung einen unnützen Aufwand an baulichen Mitteln getrieben hatte. Es blieb daher bei den 8 im Jahre 1909 gelieferten Lokomotiven. Vom Jahre 1913 an wurde dafür von der um 1 t schwereren preußischen 2 C h 4 v Lokomotive der Gattung S 10¹ (Abb. 21), deren Kessel dasselbe leistete und deren Triebwerk mit seinen größeren Zylindern und seinem um 5 t höheren Reibungsgewicht dem der elsässischen 2 C 1 Lokomotive überlegen war, 18 Stück beschafft.

Mit der S 10¹ Lokomotive konnten im Elsaß alle Bedürfnisse des schweren Schnellzugdienstes auch in den Jahren des Weltkrieges befriedigt werden. Sie bildete das Schlußglied in der Kette einer eigenartigen, fast fünfzigjährigen Entwicklung, die mit dem Weltkrieg abschloß.

Im Personenzugverkehr war in den Kriegsjahren außerdem noch eine Reihe von P 8 Lokomotiven tätig, die hauptsächlich Truppen- und Urlaubertransporte zu befördern hatten, daneben aber auch vor Schnellzügen zu sehen waren.

DIE GÜTERZUGLOKOMOTIVEN.

Nach dem Kriegsende 1871 herrschte in den Reichslanden Mangel auch an Güterzuglokomotiven; mit Nachdruck wurde versucht, den dringendsten Bedarf durch den Ankauf von Lokomotiven bei verschiedenen Lokomotivfabriken, ja sogar bei Eisenbahnverwaltungen des In- und Auslandes zu decken. Da die deutschen Lokomotivfabriken in der Zeit unmittelbar nach dem Kriege vollauf beschäftigt waren, mußten die Lokomotiven zunächst bei den österreichischen Lokomotivfabriken von Sigl in Wiener Neustadt, bei der Wiener Lokomotivfabrik-AG. Floridsdorf bei Wien und bei österreichischen und ungarischen Bahnverwaltungen gekauft werden. Daneben lieferten außer der Maschinenbaugesellschaft Grafenstaden an reichsdeutschen Werken noch Schwartzkopff, Wöhlert, Berlin, die Maschinenbaugesellschaft Karlsruhe, Vulkan, Stettin, Egestorff in Hannover-Linden (Dr. Strousberg), Maffei in München, Henschel in Kassel zahlreiche Lokomotiven nach eigenen Entwürfen. Einige weitere Maschinen stammten von Gebr. Carels in Gent (Belgien).

Es ist nicht verwunderlich, daß bei dieser großen Zahl von Lieferern gerade die Güterzuglokomotive im Elsaß bei gleicher Achsanordnung in allen nur denkbaren Bauarten vertreten war; das erschwerte natürlich die Unterhaltung in den Werkstätten ganz außerordentlich. Hier war also eine Verwilderung im Lokomotivbau durch das Überhandnehmen der Fabrikentwürfe eingetreten, deren böse Folgen sich bald zeigten, der Preußischen Staatsbahn als Lehre dienten und sicherlich auch die Bestrebungen zur Normalisierung gefördert haben. Wahrscheinlich war dies der Anlaß dafür, daß schon nach wenigen Jahren die Güterzuglokomotiven bei den verschiedenen Fabriken nach einheitlichen Zeichnungen bestellt und später sogar fast ohne Ausnahme nach preußischen Zeichnungen gebaut wurden.

Die erste Lokomotive, von der 5 Stück unmittelbar nach der Besetzung der Reichslande durch das deutsche Heer im Jahre 1870 beschafft wurde, war eine C n 2 Güterzuglokomotive mit überhängendem Stehkessel und tiefer Kessellage, die Reihe C 5, spätere Gattung G 2. Die Lokomotiven waren für die französische PLM-Bahn bestimmt; da sie aber erst nach Kriegsausbruch fertig wurden, beschlagnahmte man sie in der Grafenstadener Werkstatt. Bemerkenswert war der große Dom und die Verankerung der Feuerbüchsdecke durch lange Längsbarren nach Bd. I, S. 347/48. Zu der Lokomotive, deren Fahrgestell übrigens noch keine Bremse besaß, gehörte ein zweiachsiger Tender mit hufeisenförmigem Wasserkasten, dessen Räder mit einer Handbremse einseitig abgebremst werden konnten. Die Lokomotive machte mit ihrer tiefen Kessellage und ihrem hohen zylindrischen Schornstein schon damals einen vorsintflutlichen Eindruck. Eine ähnliche C n 2 Lokomotive, die Reihe C 6, jedoch mit 8 atü Dampfdruck gegenüber 9 bei der Reihe C 5 und mit dreiachsigem Tender war ursprünglich von Schwartzkopff, Berlin, an die Berlin-Potsdam-Magdeburger Eisenbahn geliefert worden und wurde von dieser den Reichseisenbahnen überlassen; ihre Leistung war infolge ihres niederen Dampfdruckes geringer als die der vorher genannten Lokomotive.

Noch in demselben Jahre lieferte Strousberg (Egestorff) eine C n 2 Lokomotive, die Reihe C 4, später G 2, die der im Bd. I, S. 251 Abb. 332, dargestellten glich (sogenannte Strousberg-Type); sie hatte u. a. einen zweiachsigen Tender, dessen Räder doppelseitig abgebremst waren.

Von weiteren von der Lokomotivfabrik Sigl in Wiener Neustadt gebauten C n 2 Lokomotiven mit dreiachsigen Tendern hatte man im Jahre 1871 von der Alföld-Fiumer Eisenbahn und von der Kaiser-Franz-Josephs-Bahn 12 und 4 Stück erworben (Reihe C 2 und C 3, später G 1), deren alte Kessel mit 8,5 atü Dampfdruck vom Jahre 1889 an durch neue Kessel mit 10 atü Dampfdruck ersetzt wurden.

Ihnen folgten im Jahre 1872 und 1873 6 Stück C n 2 Lokomotiven von der Lokomotivfabrik Floridsdorf bei Wien, die Reihe C 14, später G 1, und 17 Stück von G. Sigl (Reihe C 15—G 1), die ebenfalls zum größten Teil von 1889 an leistungsfähigere Ersatzkessel mit 10 atü Dampfdruck erhielten.

Von ganz ähnlicher Bauart und Leistung waren 20 Lokomotiven aus der Werkstatt von Wöhlert-Berlin aus demselben Jahre, deren ursprüngliche Kessel mit 8,5 atü Dampfdruck von 1894 an neuen Ersatzkesseln mit 10 atü Druck weichen mußten; das war die Reihe C 7, später G 2.

Weitere 9 Stück C Lokomotiven von der Maschinenbaugesellschaft Karlsruhe aus dem Jahre 1872, die in den Reihen C 8 und C 9 (später G 2) vereinigt waren, und 10 Stück von Schwartzkopff-Berlin hatten wohl eine größere Kesselheizfläche als die bisher genannten C Lokomotiven, waren aber wegen ihres geringen Dampfdruckes von 8 und 8,5 atü nicht leistungsfähiger als sie.

20 Lokomotiven, welche die Lokomotivfabrik des Vulkan in Stettin 1872 geliefert hatte, die Reihe C 10, später G 2, ähnelten der preußischen C Normalgüterzuglokomotive von 1877 besonders, nachdem sie am Ende der 90er Jahre neue Ersatzkessel mit 10 atü Kesseldruck erhalten hatten.

Von den wenigen Lokomotiven der beiden weiteren Reihen C 17 und C 18 stammten 5 aus den Werkstätten von Gebr. Carels in Gent und 3 von Maffei in München, beide Reihen aus dem Jahre 1872. Die Lokomotiven der belgischen Firma entsprachen in den Abmessungen und in der Leistung etwa den C Lokomotiven der Reihe C 11 von Egestorff; abweichend von diesen hatten sie aber einen glatten Stehkessel und einen hohen Dampfdom hinter dem Schornstein, dem der Dampf durch ein langes Sammelrohr zugeführt wurde. Der Tender hatte wie bei den älteren C Lokomotiven nur 2 Achsen, die doppelseitig abgebremst waren.

Die Maffei-Lokomotiven waren von der Bayerischen Staatsbahn übernommen und bildeten für die Reichseisenbahnen insofern eine Sonderbauart, als sie einen Außenrahmen und Hallsche Kurbeln besaßen. Sie waren ähnlich der im Bd. I, S. 259, Abb. 352 beschriebenen Lokomotive „Stephenson", doch hatten sie abweichend von dieser einen weiten kegeligen Schornstein und den Regler in einem hohen Dom hinter dem Schornstein. Auch die Heizfläche war um etwa 25 m² größer, während der Dampfdruck nur 8 atü betrug. Trotzdem waren die Zylinderabmessungen noch kleiner als die der bayerischen Lokomotive.

Die folgenden Lieferungen von C Lokomotiven, die den Reihen C 11 (13 Stück, Hersteller Egestorff-Strousberg, 1873/74) C 12 (18 Stück, Hersteller Mbg. Grafenstaden 1873) und C 13 (12 Stück, Hersteller Mbg. Karlsruhe 1873) angehörten, waren nach gleichen Zeichnungen erbaut. Es scheint, daß die Verwirrung, die im Betriebe durch die zahlreichen verschiedenen Gattungen entstanden war, bereits dem Gedanken einer planmäßigeren Beschaffung nach einheitlichen Zeichnungen zum Siege verholfen hatte.

Die Vorteile der Beschaffung nach einheitlichen Zeichnungen waren im Betriebe bald zu spüren; die Kosten für die Unterhaltung sanken bedeutend. Auf Grund der guten Erfahrungen wurden weiteren Bestellungen von C Lokomotiven, und zwar der Reihen C 19 (40 Stück, Henschel und Sohn 1874) und C 20 (14 Stück, Mbg. Grafenstaden 1874), die Zeichnungen der Reihen C 11, C 12 und C 13 zugrunde gelegt. Ein Teil der von Henschel gebauten Lokomotiven erhielt vom Jahre 1905 an Ersatzkessel mit angenähert gleicher Heizfläche und einem Dampfdruck von 10 atü.

Als die letzten Lokomotiven der genannten Reihen angeliefert waren, verspürte man auch im Elsaß den schon mehrfach erwähnten wirtschaftlichen Rückschlag; der in den Gründerjahren lebhaft aufgeblühte Güterverkehr ging stark zurück, so daß der große Bedarf an Lokomotiven, der noch bis zum Jahre 1874 angehalten hatte, plötzlich überreichlich gedeckt war. So entstand in der Beschaffung neuer Güterzuglokomotiven eine achtjährige Pause, die wie in anderen Ländern dazu ausgenutzt wurde, um Erfahrungen zu sammeln, die bei der späteren Entwicklung neuer Lokomotiven verwertet werden konnten. Die Betriebsbeobachtungen in dieser Zeit ergaben, daß die letzte Bauart der C Güterzuglokomotive eine recht brauchbare und auch verhältnismäßig leistungsfähige Maschine war. Zu bemängeln war allerdings der ziemlich hohe Preis von rund 68 000 M., der um fast 28 000 M. über dem der preußischen C n 2 Güterzuglokomotive der Gattung G 3 lag und sicherlich zum mindesten teilweise durch eine allgemein spürbare Kaufkraftminderung des Geldes bedingt war.

Die Vorteile einer einheitlichen Lokomotivbauart hatten sich schon bei den zuletzt beschafften C Lokomotiven gezeigt; da diese Bauart der inzwischen entwickelten preußischen Normal-Güterzuglokomotive in der Leistung und den Abmessungen ähnelte, war es für die Reichseisenbahnen zweckmäßig, sich bei weiteren Beschaffungen die Vorteile des Reihenpreises der bewährten preußischen Bauart zunutze zu machen. So wurden, als im Jahre 1882 neue Güterzuglokomotiven beschafft werden mußten, 12 dieser Maschinen nach den Zeichnungen der preußischen C n 2 Normalgüterzuglokomotive, der Gattung G 3, in der Ausführung mit außenliegender Allansteuerung bei der Maschinenfabrik Eßlingen bestellt (Reihe C 21). Bei einer Nachlieferung vom Jahre 1883, die aus derselben Fabrik stammte (12 Stück, Reihe C 22), wurden einige Teile etwas verstärkt und der Tender erhielt einen etwas größeren Kohlenvorrat; im übrigen blieben die Abmessungen des Kessels und des Triebwerks gleich.

Vom Jahre 1885 an übernahm die Maschinenbaugesellschaft Grafenstaden die weitere Lieferung der Lokomotive als Reihe C 23 (7 Stück) und lieferte sie 1892 in fast gleicher Form als Reihe C 24 (6 Stück).

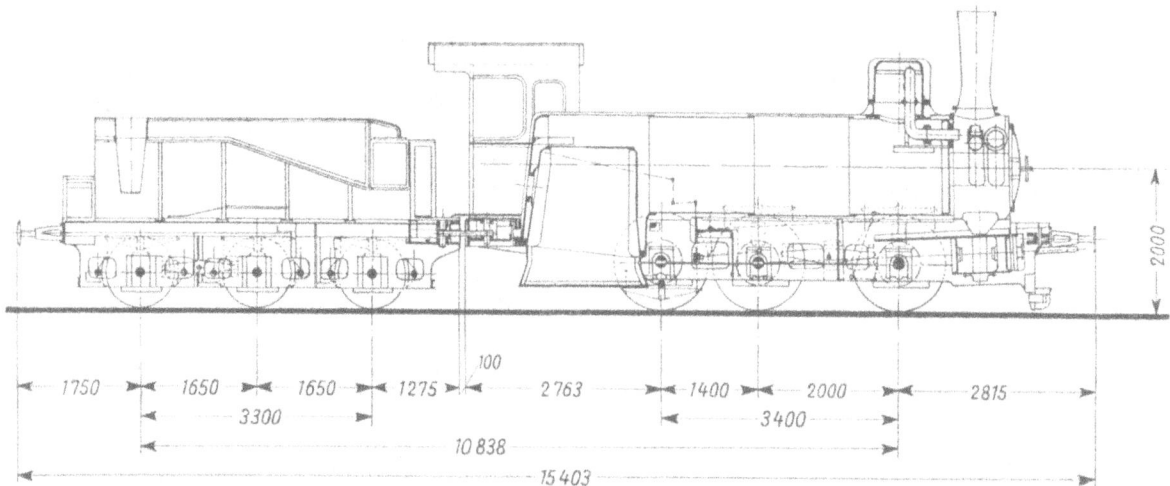

Abb. 220. C n 2 v Güterzuglokomotive der Reichseisenbahnen Elsaß-Lothringen, Gattung G 4 (C 25); Erbauer Grafenstaden 1895.

Rostfläche	1,54 m²	Treibraddurchmesser	1330 mm	Dienstgewicht d. Lok.	41,1 t
Verdampfungsheizfl.	123,96 m²	Zylinderdurchm.	480/720 mm	Reibungsgewicht	41,1 t
Kesseldruck	12 atü	Kolbenhub	630 mm		

Mittlerweile hatte sich nach anfänglichen Schwierigkeiten das Verbundverfahren auch bei den Güterzuglokomotiven durchgesetzt, so daß im Jahre 1895 von den Reichseisenbahnen ebenfalls ein Versuch mit 8 Stück einer C n 2 v Güterzuglokomotive gemacht wurde, die Grafenstaden als Reihe C 25 (Abb. 220) lieferte. Der Kessel behielt ungefähr die gleiche Heizfläche wie bei den bisherigen C Zwillingslokomotiven, doch wurde der Dampfdruck auf 12 atü erhöht. Bei dem bedeutend sparsameren Dampfverbrauch konnte die Zylinderleistung beträchtlich vergrößert werden, so daß das Reibungsgewicht jetzt voll für die Entwicklung der Zugkraft nutzbar wurde. Der Stehkessel erhielt wegen der besseren Gewichtsverteilung eine schräge Rückwand; der Rost war schwach geneigt angeordnet. Zum ersten Male im Gebiet der Reichseisenbahnen und an Lokomotiven mit Schlepptender wurde hier die Heusinger Steuerung verwendet, deren Schwinge sehr eigenartig von der Gegenkurbel an der mittleren, der Treibachse, durch eine nach hinten gehende Schwingenstange angetrieben wurde.

Diesen C n 2 v Lokomotiven der Reihe C 25 folgten im Jahre 1896 noch 9 und 1898 wieder 19 Stück gleicher Bauart von Henschel und Sohn als Reihen C 26 und C 27, die ein etwas größeres Reibungsgewicht besaßen.

Die in den Jahren 1899 und 1900 von Grafenstaden beschafften 18 Stück C n 2 v Lokomotiven der Reihe C 28 waren getreue Nachbildungen der normalen preußischen Gattung G 4 (Abb. 32; S. 58), ihnen folgten in den nächsten Jahren weitere Lokomotiven mit rückwärts verlegtem Dampfdom in größerer Zahl als Reihe C 30. Von ihnen stammten 12 Stück aus der Lokomotivfabrik Hohenzollern in Düsseldorf, 11 Stück von Egestorff (Hanomag) in Hannover-Linden, beide geliefert im Jahre 1900, und 16 Stück aus der Maschinenbaugesellschaft Grafenstaden, geliefert 1903/04.

Die Kesselleistung dieser C n 2 v Lokomotiven reichte schon innerhalb ihrer Beschaffungszeit, nämlich gegen Ende der 90er Jahre, nicht mehr überall aus, um die Güterzüge ohne Anstände zu befördern. Da sich nun auf dem dreiachsigen Fahrgestell ein leistungsfähigerer Kessel ohne Vergrößerung der Überhänge und des Achsdrucks nicht mehr unterbringen ließ, mußte im Jahre 1900 eine neue Lokomotivtype größerer Leistung mit einer vierten Achse beschafft werden (Reihe C 29). Da aber für die Zugkraft das Reibungsgewicht dreier Achsen genügte, wurde die vierte als vordere Adamsachse angeordnet; das ergab den weiteren Vorteil, daß die vorn überhängenden Massen fortfielen, weil jetzt die Dampfzylinder zwischen der Laufachse und der ersten Kuppelachse untergebracht werden konnten. Die hintere Kuppelachse lag unter dem Stehkessel, so daß nunmehr auch der hintere Überhang größtenteils beseitigt war; die höchste Geschwindigkeit der Lokomotive konnte so auf 65 km/h heraufgesetzt werden. In ihrem Aufbau entsprach die Lokomotive der preußischen Gattung G 5. Allerdings klagte man im Elsaß wie in Preußen über den unruhigen Lauf der Lokomotive bei höheren Geschwindigkeiten, dessen Ursache in der zu schwachen Rückstellvorrichtung der Adamsachse zu suchen war.

Von dieser Reihe C 29 lieferte im Jahre 1900 zunächst Grafenstaden 18 Stück, 4 weitere Lokomotiven baute in demselben Jahre Borsig. Im Jahre 1901 wurden dann 8 Lokomotiven von der Hanomag, 5 von Henschel und Sohn, 8 von Schwartzkopff und 5 von Schichau in Elbing in Betrieb genommen (Reihe C 31). Diese 1 C Lokomotiven hatten noch dreiachsige Tender für 12 m³ Wasser und 5 t Kohlen.

Bei den Nachlieferungen dieser Type vom Jahre 1904 an (Reihe C 32) wurden verschiedene Verbesserungen eingeführt, die sich im Laufe der Jahre als wünschenswert gezeigt hatten. Der Kessel rückte mit seiner Mittellinie von 2170 mm auf 2300 mm über SO hinauf; dadurch konnte die Heizfläche der Feuerbüchse etwas vergrößert werden. Die Adamsachse wurde beibehalten. Da die Lokomotiven auch Personenzüge befördern sollten, wurden sie mit der Westinghouse-Druckluftbremse ausgerüstet. Sie erhielten jetzt auch vierachsige Tender für 16 m³ Wasser und 5 t Kohle, deren Achsen in Drehgestellen untergebracht waren. An der Lieferung der Reihe C 32 (später G 5) waren mehrere Firmen beteiligt.

Schwartzkopff baute im Jahre 1904 von dieser Reihe 21 Lokomotiven; die letzten 10 von ihnen hatten einen etwas kleineren Kessel, nämlich 136,4 statt 141,09 m² Heizfläche. Ferner wurden in demselben Jahre 1904 und im Jahre 1906 je 5 Lokomotiven von Hartmann in Chemnitz bezogen. Die weitaus größte Zahl der Lokomotiven aber stammte von der Maschinenbaugesellschaft Grafenstaden, die in den Jahren 1905 und 1906 65 Stück baute. Weitere 9 Lokomotiven erwarb man 1907/08 von Schwartzkopff und 44 von Henschel; schließlich lieferte noch 1907/08 die Maschinenfabrik Humboldt in Köln-Kalk 18 Stück, so daß bei den Reichseisenbahnen insgesamt 215 1 C n 2 v Lokomotiven der Gattung G 5 (Reihen C 29, C 31, C 32) vorhanden waren.

Eine der vorher beschriebenen Gattung sehr ähnliche, aber etwas verstärkte 1 C n 2 v Güterzuglokomotive mit rund 44 t Reibungsgewicht und mit vierachsigem Tender, der 16 m³

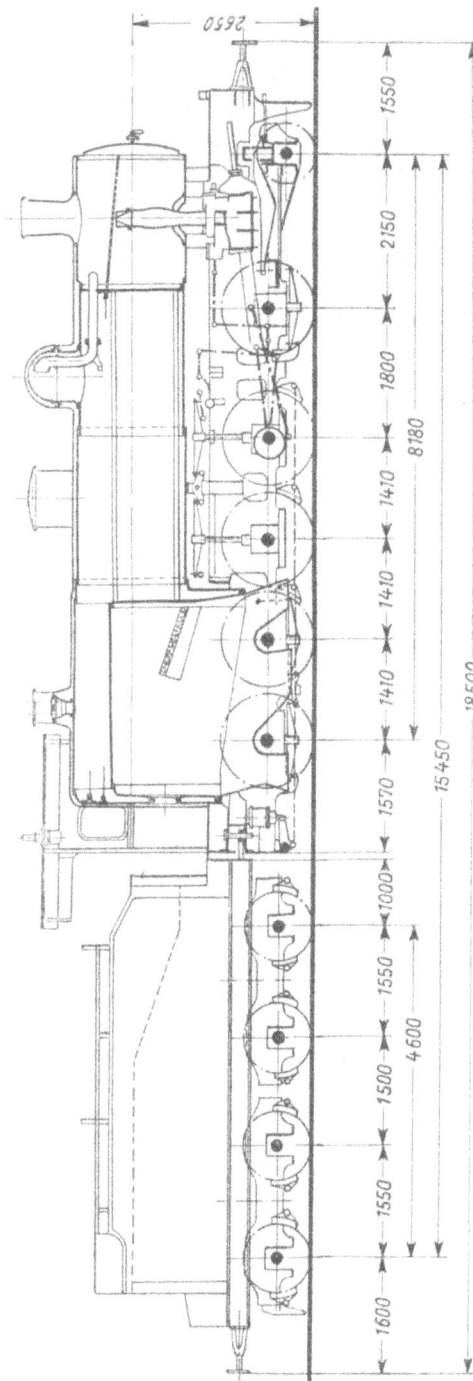

Abb. 221. 1 E n 4 v Güterzuglokomotive der Reichseisenbahnen Elsaß-Lothringen, Gattung G 11 (C 33).
Erbauer Grafenstaden 1905—1910.

Rostfläche	2,77 m²	Treibraddurchmesser	1350 mm	Dienstgewicht d. Lok.	75,8 t
Verdampfungsheizfl.	250,52 m²	Zylinderdurchm.	2 × 390/600 mm	Reibungsgewicht	66,8 t
Kesseldruck	15 atü	Kolbenhub	650 mm		

Wasser, 7 t Kohle und Fachwerkdrehgestelle faßte, baute im Jahre 1912 Grafenstaden nach den Zeichnungen der preußischen G 5⁴ in 3 Stück. Diese hatten nicht mehr die innenliegende Allansteuerung, sondern eine außenliegende Heusinger-Steuerung. Bei ihr war auch die vordere Adamsachse durch einen langen Ausgleichhebel mit der Federaufhängung der ersten Kuppelachse verbunden. Die Zylinderabmessungen waren vergrößert, um höhere Zugkräfte als mit den bisherigen zu schwachen 1 C Lokomotiven zu entwickeln. Eine nennenswerte Verbesserung wurde aber damit nicht erzielt; zu dieser Zeit genügte das Reibungsgewicht von drei gekuppelten Achsen nur noch unter sehr günstigen Betriebsverhältnissen den Ansprüchen des Güterzugbetriebes.

Mit den beschriebenen C und 1 C Güterzuglokomotiven konnten zu Beginn des Jahrhunderts die meisten Güterzüge noch ohne Anstände befördert werden; Schwierigkeiten zeigten sich aber im Güterverkehr des aufblühenden lothringisch-luxemburgischen Hüttenbezirkes, wo die schweren Erz- und Kohlenzüge nur noch mit Vorspannlokomotiven gefahren werden konnten. Um den hohen Anforderungen an Zugkraft für längere Zeit zu genügen, entschloß sich die Verwaltung zu einer neuen Lokomotivbauart, welche die Leistung von 2 C Güterzuglokomotiven besitzen und die schweren Züge ohne Vorspann befördern sollte. Als erste europäische Eisenbahnverwaltung bestellte sie bei der Maschinenbaugesellschaft Grafenstaden im Jahre 1905 fünf 1 E n 4 v Güterzuglokomotiven mit einem vierachsigen Tender für 18 m³ Wasser und 5 t Kohleninhalt. Sie ging damit von ihrer bisherigen stärksten Güterzuglokomotive, der oben beschriebenen 1 C n 2 v Lokomotive, unmittelbar auf die neue Bauart über, überschlug also die D, 1 D und E Lokomotiven. In diesem Schritte zeigt sich gleichzeitig, daß die bisher maßgebenden ängstlichen und überalterten Fachleute neuen Männern gewichen waren, unter denen als Fahrzeugdezernent der bedeutende Baurat Hinrich Lübken hervortrat.

An der 1 E n 4 v Lokomotive (Abb. 221) war wie bei den meisten von der Maschinenbaugesellschaft Grafenstaden selbständig entwickelten Maschinen vieles französischen Vorbildern entlehnt. Der große Belpaire-Kessel mit 148 Serverohren, 15 atü Dampfdruck und einer Heizfläche von 250,52 m² war dem der 1 D Lokomotiven der Französischen Südbahn genau gleich; ebenso war auch von diesen der Zweiachsantrieb übernommen, bei dem aber die Niederdruckzylinder außen lagen und Heusinger-Steuerung, die Innenzylinder dagegen Stephenson-Steuerung hatten. Da die Hochdruckschieber ziemlich hoch lagen, mußte ihr Antrieb von der Schwinge her über einen langen zweiarmigen Hebel übertragen werden. Beide Steuerungen konnten unabhängig voneinander eingestellt werden; ein kraftgesteuerter Wechseldrehschieber gestattete, daß nach Belieben mit Zwillings- und Verbundwirkung mit einem oder zwei Zylinderpaaren gefahren werden konnte.

Die für damalige Zeiten schon recht ansehnliche Leistung der Lokomotive hätte bei rechtzeitig verbessertem Oberbau noch sehr gut von einer Lokomotive mit 4 Treibachsen erreicht werden können; das beweist die genannte 1 D Bauart der Französischen Südbahn, welche die gleiche Zugkraft bei einem Achsdruck von 16 t erzeugte. Da jedoch im Elsaß nur ein Achsdruck von 14—15 t zugelassen war, mußte die Grafenstadener Maschine 5 gekuppelte Achsen erhalten.

Die Laufachse war nach französischem Vorbilde eine Bisselachse, die vorn mit Zugeisen am Rahmen angelenkt war, so daß sie stets gezogen wurde; für den Lauf in Gleisbögen erhielt sie ein seitliches Spiel von 40 mm nach jeder Seite. Die letzte Kuppelachse war um 15 mm seitlich verschiebbar, während an der zweiten und dritten Kuppelachse die Spurkränze schwächer gedreht waren.

Besonderen Wert legte man jetzt endlich auf einen leistungsfähigen Kessel, der auch vorübergehende Überlastungen ohne weiteres bewältigen konnte. Daraus erklärt sich auch die sehr große rechnerische Heizfläche von 250,52 m², bei der allerdings der Einfluß der Serverohre reichlich günstig angenommen wurde, denn bei der letzten Lieferung im Jahre 1910 wurde bei glatten Siederohren die Heizfläche nicht größer als rund 185 m². Aber selbst dann war das Verhältnis der Rostfläche zur Heizfläche mit 1 : 67 noch etwas knapp.

Bei Versuchsfahrten erzielte man beachtliche Leistungen: auf Steigungen von 12,6⁰/₀₀ beförderte die Lokomotive 605 t schwere Züge mit 20 km/h (850 PSᵢ) und 356 t mit 40 km/h (1240 PSᵢ). Da sie sich also bewährte, wurden bis zum Jahre 1910 von ihr 47 Stück beschafft; von diesem Zeitpunkt an wurde sie durch die preußischen Bauarten G 10 (35 Stück) und, von 1913 an, durch G 8¹ ersetzt. Ganz besonders zahlreich waren die G 8¹ Lokomotiven im Elsaß vertreten. Den ersten 10 Maschinen vom Jahre 1913 folgten bald weitere größere Lieferungen. Henschel und Sohn lieferten 2 Stück 1913, Grafenstaden 31 Stück 1914, Henschel und Sohn 9 Stück 1915/16, Grafenstaden 70 Stück 1916/17, so daß also insgesamt 122 G 8¹ Lokomotiven im Gebiete der Reichseisenbahnen vorhanden waren. Von diesen Lokomotiven haben die in den Kriegsjahren von 1915 an gelieferten Maschinen eiserne Feuerbüchsen erhalten.

Während des Weltkrieges wurde nun ein Teil der Transportzüge aller Art nach der südlichen Westfront über die Strecken der Reichseisenbahnen befördert. Das hohe Gewicht dieser Züge von 1200 t und mehr konnte auf den z. T. schwierigen Strecken von den G 8¹ und G 10 Lokomotiven nur mit großer Mühe und meist nur mit Vorspann befördert werden, insbesondere, weil der Unterhaltungszustand der Lokomotiven und die Güte der Kohlen sehr zu wünschen übrig ließen. Nun war Henschel und Sohn im Jahre 1915 für Preußen mit der Entwicklung einer neuen 1 E h 3 Güterzuglokomotive mit schmaler Feuerbüchse und Blechrahmen beauftragt worden, welche ein Reibungsgewicht von 85 t erhalten sollte; dies führte zu der preußischen Gattung G 12¹. Von dieser Bauart erhielten die Reichseisenbahnen noch im Winter 1915/16 12 Stück, die sämtlich eiserne Feuerbüchsen besaßen. An anderer Stelle ist bereits erwähnt worden, daß die Schwierigkeiten in der Unterhaltung der zahlreichen Lokomotivbauarten der Ländereisenbahnen noch im gleichen Winter zu den Bestrebungen geführt hatten, eine einheitliche Lokomotive für alle deutschen Bahnverwaltungen durchzubilden, welche den Forderungen des Chefs des Feldeisenbahnwesens entsprechen sollte (beschrieben als preußische Gattung G 12, s. S. 74/75). Die Fertigstellung der Lokomotive wurde mit allen Mitteln gefördert, so daß schon im August 1917 die ersten Lokomotiven abgeliefert wurden. Von dieser ersten Einheitslokomotive erhielten die Reichseisenbahnen bis zum Ende des Krieges 68 Stück, die ebenfalls mit eisernen Feuerbüchsen ausgerüstet waren. Mit der G 12 Lokomotive ist die Entwicklung der Güterzuglokomotive bei den Reichseisenbahnen abgeschlossen.

DIE TENDERLOKOMOTIVEN.

War schon die Entwicklung der Güterzuglokomotive in Elsaß-Lothringen sehr mannigfaltig, so zeigt eine Übersicht über die von 1870 bis 1918 verwendeten Tenderlokomotiven ein noch bunteres Bild. Gerade in einem Grenzland wie Elsaß-Lothringen konnte die Tenderlokomotive mit besonderem Erfolge eingesetzt werden; da die Strecken von den Verkehrsknotenpunkten bis zur Landesgrenze nicht allzu lang waren, war eine von Drehscheiben unabhängige Lokomotive naturgemäß sehr zweckmäßig. Eine Sonderaufgabe war dabei wie in Baden der Schiffbrückenbetrieb über den Rhein, für den besonders leichte Tenderlokomotiven mit tiefer Schwerpunktslage, also mit Wasserkastenrahmen, notwendig waren. So gab es schon zu Beginn der 70er Jahre bei den Reichseisenbahnen eine Reihe von Tenderlokomotiven verschiedenster Bauarten in z. T. recht eigenartigen Ausführungen, die zusammengefaßt wurden in der früheren Reihe D, der späteren Gattung T; der Achsanordnung nach waren es zunächst B, 1 B, B 1 und C Lokomotiven.

Bereits im Jahre 1870 hatte die Maschinenbaugesellschaft Grafenstaden mehrere C n 2 Tenderlokomotiven (Reihe D 2) geliefert, die für den Güterzugdienst auf den Nebenbahnen und im Verschiebedienst verwendet wurden. Sie gehörten zu den ersten Lokomotiven im Vereinsgebiet, die eine Heusinger-Steuerung besaßen.

In demselben Jahre erwarb die Verwaltung der Reichseisenbahnen 4 Stück D n 2 Tenderlokomotiven von der Ungarischen Staatsbahn, die von Sigl in Wiener Neustadt gebaut waren und die ebenfalls im Verschiebedienst und im schweren Güterzugdienst eingesetzt wurden; sie erhielten die Betriebs-Nr. 58—61 ohne Gattungsbezeichnung.

In der Reihe D 1 waren C Tenderlokomotiven vereinigt, welche die belgische Lokomotivfabrik Société Générale in Tubize im Jahre 1871 gebaut hatte. Sie besaßen ebenfalls schon die Heusinger-Steuerung und waren wohl für den Personenzugverkehr bestimmt, denn sie waren mit der Westinghouse-Druckluftbremse und der Hardy-Saugluftbremse ausgerüstet. Darauf deutet auch der geringe hintere Überhang hin, der dadurch erreicht war, daß die letzte Kuppelachse unter dem Stehkessel lag.

Ausschließlich für den Verschiebedienst waren die 1 B n 2 Lokomotiven der Reihe D 4 und D 6 bestimmt; sie waren 1874 in 31 Stück geliefert von der Maschinenbaugesellschaft Karlsruhe. Ihr Wasservorrat war in einem großen Satteltender über dem Langkessel untergebracht. Der Entwurf zu dieser Lokomotive stammte ursprünglich von dem Maschinenmeister der Bergisch-Märkischen Eisenbahn, Stambke, der sie für den Dienst auf den scharfen Bögen der Anschlußgleise auf den Kohlenzechen und Werken im Ruhrbezirk geschaffen hatte; zu diesem Zwecke war die vordere Laufachse in einem Bisselgestell untergebracht. Diese Lokomotive ist auch in größerer Zahl von verschiedenen Lokomotivfabriken an reichsdeutsche Eisenbahnen geliefert worden (vgl. Bd. I, S. 137).

Dem gemischten Dienst auf Nebenbahnen diente die B 1 Lokomotive der Reihe D 5, die Schwartzkopff in den Jahren 1872 und 1873 geliefert hatte; sie entsprach im großen und ganzen der im Bd. I, S. 205, Abb. 262 dargestellten B 1 Lokomotive „Casparus". Sie hatte wie diese einen überhöhten Stehkessel und eine hintere Adamsachse, aber abweichend von ihr eine außenliegende Allansteuerung.

Von sehr eigenartiger Bauart war die C n 2 Tenderlokomotive der Reihe D 7 Vulkan-Stettin, 1876. Diese Maschine war für den Schiffsbrückenbetrieb bestimmt. Da die Aufbauten der Brücken nicht zuließen, daß die Zylinder in Höhe der Achsmitte angeordnet wurden, mußten die Zylinder um 726 mm höher am Rahmen befestigt werden. Jetzt konnten aber die Treibstangen nicht mehr unmittlebar an den Treibzapfen der mittleren gekuppelten Achse angreifen. Man war vielmehr genötigt, eine Zwischenwelle über dieser Achse vorzusehen, welche im Rahmen senkrecht verschiebbar gelagert war und mit Kurbeln und Kuppelstangen zwei weitere im Rahmen gelagerte Hilfswellen antrieb. Alle drei Wellen trieben mit Reibrollen die unter ihnen liegenden Räder an. Die Erfahrungen mit diesem Triebwerk konnten nicht anders als schlecht sein, da die Reibung zwischen den Rollen und den Radkörpern selten genügte und die Dampfmaschine ständig schleuderte. Später wurde der Antrieb geändert: die zwei äußeren Hilfswellen wurden entfernt und von den Kurbelzapfen der mittleren Hilfswelle wurden Kuppelstangen an die Treibzapfen der mittleren Kuppelachse gelenkt, die weiter mit den äußeren Achsen durch Kuppelstangen verbunden war.

Infolge der eigenartigen Triebwerksanordnung lag naturgemäß die Mittellinie des Kessels für damalige Verhältnisse schon ziemlich hoch, nämlich 2100 mm über SO, so daß der Stehkessel mit seiner ziemlich kleinen Rostfläche von 0,79 m² (R : H = 1 : 70) noch ohne weiteres zwischen den Rädern untergebracht werden konnte, um so mehr, als der Rahmen außen lag.

Die Bauart des Triebwerks war ein gänzlicher Fehlschlag, denn es gab andere Wege, auf denen man auf einfachere Weise zum Ziele kommen konnte, z. B. durch Innenzylinder. So blieb die Lokomotive, die den Namen Fasolt trug, das einzige Stück der Gattung D 7.

In verschiedenen Bauarten waren B und C Tenderlokomotiven vertreten, deren Hauptarbeitsgebiet der Zugdienst auf den Nebenbahnen und der Verschiebedienst auf den Bahnhöfen und Werkstattgleisen war. Die Lokomotiven, die auf den Strecken vor Personenzügen verkehrten, waren z. T. mit Druckluft- (Westinghouse-) oder Saugluftbremsen (Hardy) ausgerüstet. Die gegen Ende der 70er und im Anfang der 80er Jahre gelieferten B Lokomotiven hatten durchweg Wasserkastenrahmen, verhältnismäßig kleine Kessel von 25—60 m² Heizfläche und einen Regler, der in einer Reglerbüchse untergebracht war. Als Beispiele seien genannt:

Betriebs-Nr. 176/179	Wöhlert	1872,	4 Stück,
Reihe D 8,	Grafenstaden	1879,	4 Stück,
Reihe D 9	,,	1880,	2 Stück,
Reihe D 10,	,,	1880,	1 Stück,
Reihe D 12,	Henschel und Sohn	1880,	1 Stück,
Reihe D 13,	,, ,, ,,	1881,	2 Stück,
Reihe D 14,	,, ,, ,,	1881,	2 Stück.

Drei Lokomotiven der Reihen D 8 und D 9 wurden später mit einer halbselbsttätigen Rostbeschickungsvorrichtung ausgerüstet, die der Einrichtung an der weiter unten erwähnten Reihe D 30 ähnelte.

Die Beschaffung der C Tenderlokomotiven wurde nach mehrjähriger Pause im Jahre 1880 mit der Reihe D 11, Abb. 222 wieder aufgenommen, von der Grafenstaden 1 Stück lieferte. Diese Lokomotive hatte im Gegensatz zu den eben aufgezählten Lokomotiven seitliche Wasserkästen, dagegen war die Reglerbüchse auf dem ersten Langkesselschuß beibehalten. Im übrigen waren die Unterschiede gegenüber den Bauarten anderer Ländereisenbahnen gering.

Die im Jahre 1881 von Krauß in München in einem Stück gebaute C Tenderlokomotive der Reihe D 15 hatte dem alten Brauch der Fabrik entsprechend einen Wasserkastenrahmen und einen vor der Rauchkammerrohrwand liegenden Regler, dem der Dampf durch ein Dampfsammelrohr zugeführt wurde. Zum ersten Male war hier an den Tenderlokomotiven der Reichseisenbahnen die Rückwand des unterstützten Stehkessels geneigt ausgeführt. Da sich die Lokomotive bewährte, wurde sie in den folgenden Jahren ohne wesentliche Änderungen auch bei anderen Lokomotivfabriken nachbestellt als

Reihe D 16, bei der Maschinenfabrik Eßlingen	1882,	2 Stück,
Reihe D 19, bei I. A. Maffei-München	1884,	6 Stück,
Reihe D 22, bei Henschel und Sohn	1886,	6 Stück,
Reihe D 25, bei Grafenstaden	1888,	3 Stück.

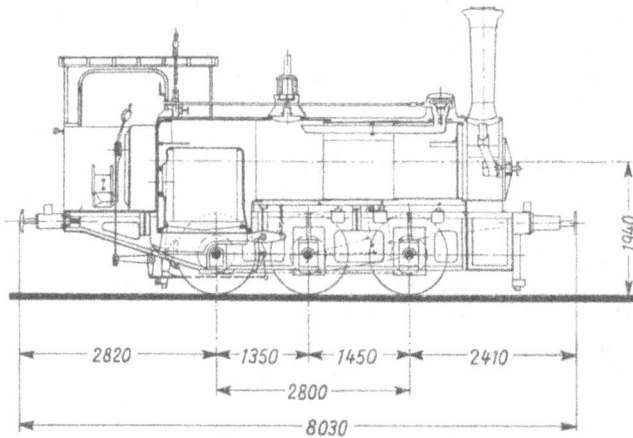

Abb. 222. C n 2 Tenderlokomotive der Reichseisenbahnen Elsaß-
Lothringen, Gattung T 3 (D 11); Erbauer Grafenstaden 1880.

Rostfläche	1,01 m²	Zylinderdurchm.	2 × 350 mm
Verdampfungsheizfl. .	58,59 m²	Kolbenhub	540 mm
Kesseldruck	11 atü	Dienstgewicht d. Lok..	30,4 t
Treibraddurchmesser .	1120 mm	Reibungsgewicht . .	30,4 t

Bei den zuletzt genannten Lokomotiven der Reihe D 25 lag der Regler wieder in einer Reglerbüchse auf dem ersten Langkesselschuß. Diese Bauart diente dann in den folgenden Jahren als Vorbild für weitere ähnliche Lokomotiven, mit deren Bau die Mbg. Grafenstaden beauftragt wurde (Reihe D 26, 13 Stück 1891, 1 Stück 1899, Reihe D 27, 11 Stück 1897, Reihe D 29, 4 Stück 1899, Reihe D 30, 12 Stück 1900). Drei Lokomotiven, die im Jahre 1913 nach den Zeichnungen der Reihe D 30 (Abb. 223) gebaut waren, jetzt aber einen Dampfdom und einen Dampfdruck von 12 atü statt bisher 11 atü erhielten, wurden nach dem Vorbilde ähnlicher Maschinen der Bayerischen Staatsbahn mit einer halbselbsttätigen Rostbeschickungseinrichtung versehen, die allerdings später nicht weiter gebaut worden ist.

Während die genannten C Lokomotiven hauptsächlich für den Verschiebedienst und den Güterzugverkehr, in Ausnahmefällen auch für den Personenverkehr auf Nebenbahnen bestimmt waren, setzte vom Beginn der 80er Jahre an, sicherlich unter dem Einfluß der Bestrebungen bei anderen deutschen Bahnen, die Entwicklung der Personenzugtenderlokomotive für Lokalbahnen ein. Die Verwaltung der Reichseisenbahnen bestellte 1882 bei Schichau in Elbing eine leichte 1 B n 2 Tenderlokomotive, die trotz ihrer nur 1250 mm hohen Treibräder mit einer Höchstgeschwindigkeit von 70 km/h verkehren durfte (Reihe D 17, Abb. 224). Sie war ihrem Verwendungszweck entsprechend sehr einfach gebaut und besaß weder einen Dom noch eine Reglerbüchse. Der Regler lag oben in der Rauchkammer und erhielt den Dampf durch ein Sammelrohr; die Wasservorräte waren in dem als Wasserkasten ausgebildeten Rahmen untergebracht. Die vordere Laufachse war fest im Rahmen gelagert. Der Bau dieser Type wurde in den folgenden Jahren 1883—86 ohne wesentliche Änderungen fortgesetzt. Im Jahre 1883 lieferte Maffei 12 Lokomotiven mit gleichen Abmessungen als Reihe D 18, Abb. 225. Drei Lokomotiven mit etwas größeren Kesseln aus dem Jahre 1884 waren in der Mbg. Grafenstaden erbaut (Reihe D 20); weitere 6 Lokomotiven, und zwar je 3 Stück der Reihe D 21 und D 23, stellte Henschel und Sohn in den Jahren 1885/86 fertig.

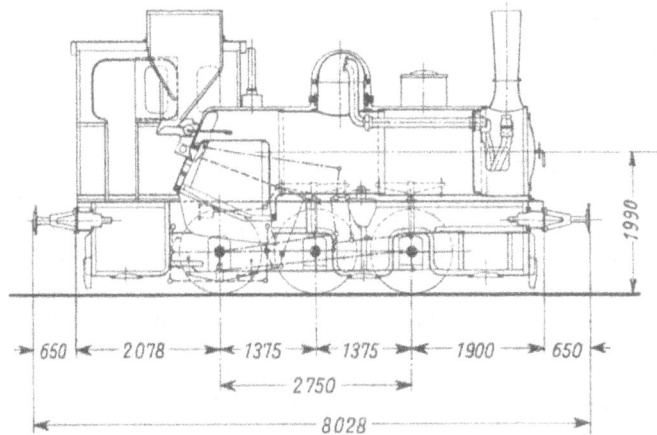

Abb. 223. C n 2 Tenderlokomotive der Reichseisenbahnen Elsaß-
Lothringen, Gattung T 3 (D 30); Erbauer Grafenstaden 1900—1913.

Rostfläche	1,25 m²	Zylinderdurchm.	2 × 370 mm
Verdampfungsheizfl. .	69,14 m²	Kolbenhub	540 mm
Kesseldruck	12 atü	Dienstgewicht d. Lok..	35,4 t
Treibraddurchmesser .	1170 mm	Reibungsgewicht . .	35,4 t

An diesen Lokomotiven stellte sich im Laufe der Jahre heraus, daß die Vorräte an Wasser und Kohle nicht groß genug waren, um längere Strecken durchfahren zu können; ebenso zeigte sich, daß für eine höchste Geschwindigkeit von etwa 70 km/h die Triebraddurchmesser von 1250 mm reichlich klein waren. Als man daher im Jahre 1887 einer neuen Personenzug-Tenderlokomotive nähertrat, sollten zunächst einmal die hauptsächlichsten Mängel der vorher genannten 1 B Lokomotiven abgestellt werden. Der Inhalt der Wasserbehälter sollte von 3 auf 9 m³ und der Vorrat an Kohle von 1 auf 2 t erhöht werden. Da aber hiermit eine Steigerung des Achsdrucks über das zulässige Maß hinaus verbunden gewesen wäre, mußte eine weitere Laufachse hinzugefügt werden, so daß aus der 1 B Lokomotive jetzt eine 1 B 1 Lokomotive entstand (Abb. 226). Dadurch bot sich gleichzeitig die günstige Gelegenheit, die Abmessungen des Kessels beträchtlich zu vergrößern und die Dampfzylinder hinter die vordere Laufachse, eine Adamsachse, zu verlegen; an dem Wasserkastenrahmen hielt man fest. Die Wasservorräte wurden nunmehr auch über der hinteren, im Rahmen fest gelagerten Laufachse und unter dem Kohlenkasten hinter dem Führerhaus untergebracht. Die Treibräder hatten einen Durchmesser von 1500 mm; die höchste Geschwindigkeit der Lokomotive wurde auf 75 km/h festgesetzt. Von dieser neuen Gattung (Reihe D 24) lieferte Henschel im Jahre 1887 2 Maschinen, von denen die erste ein Verbundtriebwerk besaß; diese war die erste Verbundlokomotive der Reichseisenbahnen. Die zweite sonst genau gleiche Zwillingslokomotive diente als Vergleichsmaschine. Wenn auch die dem Verbundverfahren nachgerühmten Vorteile bei den eingehenden Versuchsfahrten festgestellt wurden, so vergingen doch noch viele Jahre, bis wieder Verbund-Tenderlokomotiven beschafft wurden. Bei den anfänglichen Schwierigkeiten im Anfahren war naturgemäß besonders die Tenderlokomotive im Nachteil, da sie in der Regel vor häufig haltenden Zügen verwendet wurde; daneben aber kamen im Betriebe bei den zahlreichen Anfahrperioden und den nur kurzen Fahrten im Beharrungszustand die Vorteile der Verbundwirkung nicht voll zur Geltung. So war es auch wohl zu erklären, daß das Verbundverfahren sich bei Tenderlokomotiven nicht recht durchsetzen konnte.

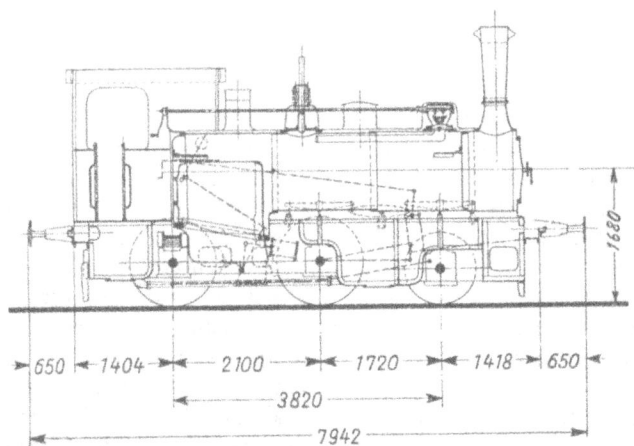

Abb. 224. 1 B n 2 Tenderlokomotive der Reichseisenbahnen Elsaß-Lothringen, Gattung T 4 (D 17); Erbauer Schichau 1882.

Rostfläche	1,17 m²	Zylinderdurchm.	2 × 320 mm
Verdampfungsheizfl.	54,9 m²	Kolbenhub	500 mm
Kesseldruck	11 atü	Dienstgewicht d. Lok..	26,3 t
Triebraddurchmesser	1250 mm	Reibungsgewicht	17,5 t

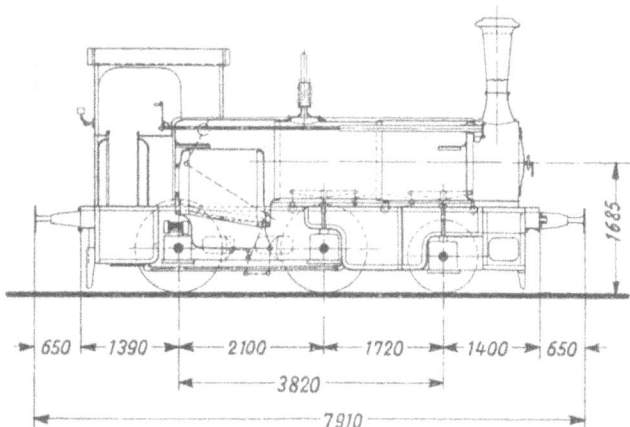

Abb. 225. 1 B n 2 Tenderlokomotive) der Reichseisenbahnen Elsaß-Lothringen, Gattung T 4 (D 18; Erbauer Maffei 1883.

Rostfläche	1,17 m²	Zylinderdurchm.	2 × 320 mm
Verdampfungsheizfl.	54,9 m²	Kolbenhub	500 mm
Kesseldruck	11 atü	Dienstgewicht d. Lok..	26,3 t
Triebraddurchmesser	1250 mm	Reibungsgewicht	17,4 t

269

Schon die nächste Tenderlokomotivbauart, eine 1 B Maschine, die nach den Zeichnungen der preußischen 1 B n 2 Normaltenderlokomotive, der späteren Gattung T 4[1], im Jahre 1899 von Henschel in Kassel erbaut war, wurde wieder eine Zwillingslokomotive (Reihe D 28, 10 Stück). Zu dieser Zeit hatte sich aber der Personenverkehr schon so lebhaft entwickelt, daß in verschiedenen Fällen die 1 B Lokomotive schon bei ihrer Entstehung zu schwach war. Bei der Beförderung schwerer Züge wurden ständig Klagen über Dampfmangel laut, so daß sich die Verwaltung der Reichseisenbahnen schon im Jahre 1903 entschließen mußte, für besonders schwierige Verhältnisse eine neue Personenzugtenderlokomotive zu beschaffen. Diese neue Lokomotive sollte in der Lage sein, bei Bedarf auch Schnellzüge auf den kurzen Strecken von den größeren Verkehrsknotenpunkten bis zu den Grenzbahnhöfen der Pfalzbahn zu befördern, z. B. bis Landau, Saarbrücken usw. Für solche Zwecke schien die 1 B 2 n 2 Tenderlokomotive der Bayerischen Staatsbahn (Gattung D XII, S. 153, Abb. 124) recht geeignet, da sie einen für damalige Verhältnisse ziemlich leistungsfähigen Kessel besaß und auch bei der größten zugelassenen Geschwindigkeit recht ruhig lief. So wurden im Jahre 1903 zunächst 10 Lokomotiven der genannten Bauart bei Krauß in München bestellt, denen im Jahre 1904

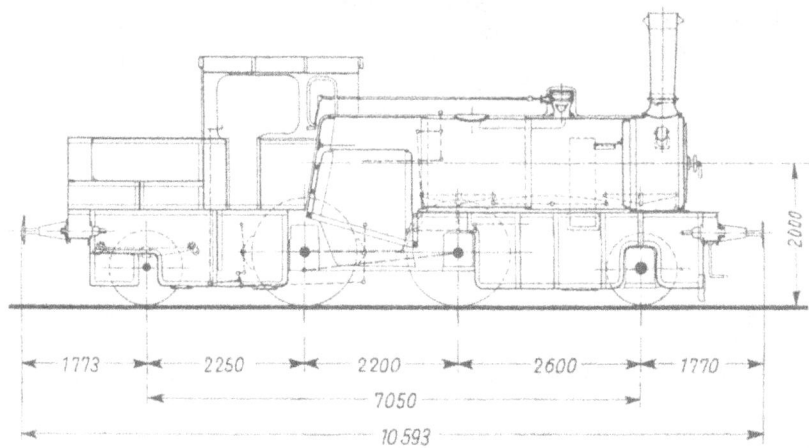

Abb. 226. 1 B 1 n 2 v Tenderlokomotive der Reichseisenbahnen Elsaß-Lothringen, Gattung T 5 (D 24);
Erbauer Henschel und Sohn 1887.

Rostfläche	1,56 m²	Treibraddurchmesser	1500 mm	Dienstgewicht d. Lok.	47,7 t
Verdampfungsheizfl.	78,7 m²	Zylinderdurchm.	375/500 mm	Reibungsgewicht	24,5 t
Kesseldruck	12 atü	Kolbenhub	500 mm		

weitere 3 und im Jahre 1906 wiederum 10 Maschinen folgten (Reihe D 32, spätere Gattung T 5); eine Nachlieferung von 14 Lokomotiven aus dem Jahre 1911 stammte von Grafenstaden.

Ganz ähnlich wie im Personenzugdienst lagen die Verhältnisse im Güterzugverkehr; die Leistung der C Tenderlokomotiven genügte bei den kleinen Kesseln dieser Maschinen nur den bescheidensten Ansprüchen. Daneben waren ihre Laufeigenschaften nur in niedrigen Geschwindigkeitsbereichen erträglich. Nun hatte die Preußische Staatsbahn gegen Ende der 90er Jahre aus ihren älteren 1 C Güterzugtender-Lokomotiven mit Adamsachse eine neue Gattung mit dem Krauß-Helmholtz-Drehgestell entwickelt, die sowohl vor Güterzügen, besonders auf Nebenbahnen, als auch vor mäßig schnell fahrenden Personenzügen mit einer Höchstgeschwindigkeit von 65 km/h vielseitig verwendet werden konnte (Gattung T 9[3], S. 96, Abb. 66). Diese Gattung war in mancher Hinsicht der ebengenannten 1 B 2 Personenzugtenderlokomotive der Reihe D 32 überlegen; sie besaß zunächst einmal einen leistungsfähigeren Kessel, dazu aber ein wesentlich höheres Reibungsgewicht und eine geringere Neigung zum Schleudern, so daß sie auf Strecken mit zahlreichen Haltestellen vorteilhaft eingesetzt werden konnte. Die fehlende Führung der Lokomotive durch eine Laufachse bei der Rückwärtsfahrt war bei den damals üblichen mäßigen Geschwindigkeiten noch kein stark empfundener Nachteil. Bei den offensichtlichen Vorteilen, welche diese Bauart bot, wurden im Jahre 1901 sogleich

14 Lokomotiven bei Henschel und 10 bei der Union Gießerei in Königsberg bestellt. Man scheint mit ihren Eigenschaften sehr zufrieden gewesen zu sein, denn schon von 1903 an folgten Nachbestellungen bei verschiedenen Lokomotivfabriken in größerem Umfange (Henschel 17 Stück 1903, 21 Stück 1905, Krauß 5 Stück 1908, Humboldt 24 Stück 1908/09, 13 Stück 1910, Grafenstaden 13 Stück 1910, 16 Stück 1911—13); insgesamt waren also 133 Lokomotiven dieser Gattung bei den Reichseisenbahnen eingesetzt. Dazu kamen in den Jahren 1910, 1913 und 1914 insgesamt noch 24 1 C h 2 Lokomotiven, die nach den Zeichnungen der preußischen Gattung T 12 (S. 99, Abb. 68) von Grafenstaden gebaut wurden.

Die Erfolge dieser 1 C Tenderlokomotive waren wohl der Anlaß zu dem Wunsch nach einer neuen Personenzugtenderlokomotive mit höherem Reibungsgewicht, die aber wie die 1 B 2 Maschine für höhere Geschwindigkeiten verwendbar sein und auch schwere Schnellzüge auf kürzeren Strecken befördern sollte. Die Maschinenbaugesellschaft Grafenstaden wurde 1904 mit den Entwurfsarbeiten dafür betraut. Verlangt wurde eine Lokomotive mit hoher Anfahrzugkraft und einer für damalige Verhältnisse ziemlich großen Leistung, welche 200 t schwere Züge auf Steigungen von $10^0/_{00}$ mit 60 km/h befördern und ein möglichst weitgehend

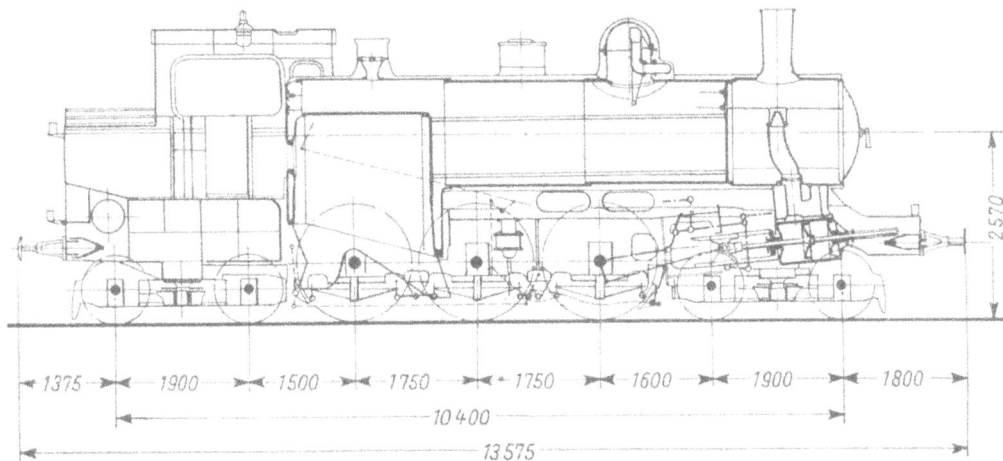

Abb. 227. 2 C 2 n 4 v Tenderlokomotive der Reichseisenbahnen Elsaß-Lothringen, Gattung T 17 (D 33); Erbauer Grafenstaden, Humboldt 1905—1913.

Rostfläche	1,96 m²	Treibraddurchmesser	1650 mm	Dienstgewicht d. Lok.	86,5 t
Verdampfungsheizfl.	123,4 m²	Zylinderdurchm.	2 × 340/530 mm	Reibungsgewicht	42,0 t
Kesseldruck	14 atü	Kolbenhub	640 mm		

ausgeglichenes Triebwerk und gleich gute Laufeigenschaften in beiden Fahrtrichtungen besitzen sollte. Nach diesem Bauplan konnte nur eine 2 C 2 Tenderlokomotive mit vierzylindrigem Triebwerk in Betracht kommen.

Der Entwurf, den die Mbg. Grafenstaden im Jahre 1904/05 vorlegte (Reihe D 33/T 17, Abb. 227), zeigte die bekannten auf Vorbilder der französischen Ostbahn deutenden Merkmale der Grafenstadener Bauweise: das de Glehn-Triebwerk, den Balpaire-Stehkessel, die am Langkessel vom Dom nach unten führenden Frischdampfrohre, 2 Grafenstadener Drehgestelle mit Außenrahmen, den Kipprost und das verstellbare Blasrohr. Der Kessel hatte jedoch keine Serverohre, sondern glatte Heizrohre. Der Achsdruck betrug nur 14 t. Die außenliegenden Hochdruckzylinder mußten wegen der hinteren Lauräder des Drehgestells geneigt angeordnet werden. Da die ersten 10 im Jahre 1905 gelieferten Lokomotiven sich gut bewährten, folgten in den nächsten Jahren weitere Bestellungen in größerem Umfange (10 Stück 1906, 10 Stück 1907, 10 Stück 1908, 5 Stück 1909 von Humboldt, 17 Stück 1910 und 4 Stück 1913, insgesamt also 66 Stück); eine Lokomotive war im Jahre 1906 auf der Weltausstellung in Mailand zu sehen. Während der Kriegsjahre wurde die Beschaffung dieser Lokomotive, die unverständlicherweise stets Naßdampf behielt, eingestellt, da die Preußische Staatsbahn in ihrer 2 C 2 h 2 Lokomotive der Gattung T 18 (S. 104) eine leistungsfähigere, dabei aber bedeutend sparsamere Maschine besaß, die auch im Aufbau einfacher war. Von dieser Bauart erhielten die Reichseisenbahnen von 1915—1918 noch insgesamt 27 Lokomotiven (Hersteller Vulkan-Stettin).

Der Verschiebedienst wurde bis zum Jahre 1912 hauptsächlich durch die B und C Tenderlokomotiven bedient; vereinzelt mußten bei größeren Anforderungen auch die 1 C Lokomotiven helfend einspringen. Kurz vor dem Weltkriege aber bedurfte der Betrieb schwererer Verschiebelokomotiven. Nun hatte die Preußische Staatsbahn schon seit 1905 eine sehr leistungsfähige E h 2 Tenderlokomotive (Gattung T 16, s. S. 111, Abb. 85 u. 86) im Betriebe, welche lange Zeit hindurch als die leistungsfähigste und auch erfolgreichste Tenderlokomotive Deutschlands galt, besonders, nachdem einige Verbesserungen an ihr durchgeführt waren. Von dieser Gattung bestellte die Verwaltung der Reichseisenbahnen von 1913—1914 bei der Mbg. Grafenstaden insgesamt 16 Stück. Daneben waren im leichteren Dienst seit 1914 59 Stück D n 2 Tenderlokomotiven der preußischen Gattung T 13 (S. 114, Abb. 87) tätig. Hiervon lieferten Grafenstaden 28 Stück 1914, Hohenzollern 12 Stück 1915/16, Grafenstaden 10 Stück 1916/17, Hagans 1 Stück 1916/17, Grafenstaden 8 Stück 1917/18; die während der Kriegsjahre gelieferten Maschinen erhielten eiserne Feuerbüchsen.

Schließlich wurden noch während des Weltkrieges für den umfangreichen Kriegsverkehr auf den elsässischen Strecken von verschiedenen deutschen Lokomotivfabriken insgesamt 40 1 D 1 h 2 Güterzugtenderlokomotiven der preußischen Gattung T 14 (s. S. 116, Abb. 89) bezogen; hiervon lieferten Henschel 14 Stück 1916/17, Hanomag 12 Stück 1916/17, Hohenzollern 14 Stück 1916/18. Diese Lokomotiven hatten wie alle im Kriege gelieferten Maschinen eiserne Feuerbüchsen.

Die auf den wenigen Schmalspurstrecken der Reichseisenbahnen vorhandenen Schmalspurtenderlokomotiven werden in dem Abschnitt Schmalspurlokomotiven behandelt werden.

Damit schließt auch die Entwicklung der Tenderlokomotive in Elsaß-Lothringen ab. Die Reichslande schieden mit der Besetzung durch französische Truppen aus dem Reichsverbande und die Bahnen aus dem Verbande Mitteleuropäischer Eisenbahnverwaltungen aus.

IX. DIE ENTWICKLUNG DER SCHMALSPUR-
LOKOMOTIVEN IN DEUTSCHLAND.

Das erste deutsche Schmalspurnetz entstand in den Jahren 1851—1854 in Oberschlesien unter der Leitung des „Transport-Unternehmers" Pringsheim in Beuthen. Dieser schuf eine Reihe von Verbindungs- und Anschlußbahnen für die Oberschlesische Hüttenindustrie mit 785 mm Spurweite ($2^1/_2$ preußische Fuß), Steigungen bis $33^0/_{00}$ und Gleisbögen bis herab zu 40 m. Dieses Netz wurde von Anfang an hauptsächlich mit Dampflokomotiven betrieben und ging im Jahre 1884 als Oberschlesische Schmalspurbahn in den Besitz der Preußischen Staatsbahn über. Im Jahre 1879 wurde in Thüringen mit der Fuldabahn begonnen, einzelne der schwer zugänglichen Waldtäler mit der Meterspur zu erschließen. Bald darauf wurde auch das sächsische Erzgebirge durch ein größeres Netz von Schmalspurbahnen mit 750 mm Spurweite erschlossen. Im Bezirk der Württembergischen Staatsbahn wurden in den abgelegeneren Gebirgstälern (z. B. Marbach—Heilbronn, Laichingen—Amstetten; Buchau—Schussenried, Möckmühl—Dörzbach an der Jagst usw.) beginnend mit dem Jahre 1891 mehrere Schmalspurbahnen gebaut. In diese Zeit fallen auch die Gründungen der Schmalspurbahnen in Elsaß-Lothringen (z. B. Colmar—Straßburg/Neudorf, Colmar—Kaysersberg—Schnierlach usw.).

Noch mehr als bei den regelspurigen Kleinbahnen gab es bei den Schmalspurbahnen eine außerordentlich mannigfaltige Reihe von Lokomotiven verschiedener Bauarten, unter denen auch Lokomotiven mit besonderem Tender nicht fehlten; bei dem beschränkten Raum können hier nur die wichtigsten Lokomotiven erwähnt werden. Die zwei- und dreiachsigen Lokomotiven, auch die vereinzelten 1 C oder C 1 Lokomotiven boten selten etwas Bemerkenswertes; bauliche Schwierigkeiten traten erst bei den Lokomotiven mit mehr als 3 gekuppelten Achsen auf.

Da die Schmalspurbahnen sich aus wirtschaftlichen Gründen mehr als die regelspurigen Bahnen dem Gelände anpassen mußten, waren Gleisbögen mit besonders kleinen Halbmessern recht häufig anzutreffen. So mußten bei den Lokomotiven mit 4 und mehr gekuppelten Achsen besondere Maßnahmen für guten Bogenlauf getroffen werden. Hier wurden daher alle nur denkbaren Verfahren zur Verbesserung des Bogenlaufs in mehr oder weniger großem Umfange erprobt. Lange Jahre waren die Doppellokomotiven, die Lokomotiven der Bauarten nach Fairlie, Meyer, Mallet, die Triebwerke nach Hagans, Klien-Lindner, Klose und später auch Luttermöller beliebt. Durch hohe Unterhaltungskosten aber schalteten sich die vielteiligen und verwickeltsten Triebwerke selbst aus; bestehen blieben die etwas einfachere Klien-Lindner-Achse und das Luttermöller-Gestell. Später gewann auch das Gölsdorfsche Verfahren mit seitlich verschiebbaren Kuppelachsen an Boden, allerdings nicht in dem Umfange wie bei den regelspurigen Lokomotiven, da mit den baulich möglichen seitlichen Spielen der Achsen nicht immer die gewünschte Bogenläufigkeit erreicht wurde. Unter den Lokomotiven mit mehr als 3 gekuppelten Achsen waren die vierfach gekuppelten Maschinen besonders häufig, daneben gab es aber auch mehrfach E und C C Lokomotiven.

Die ersten deutschen Schmalspurlokomotiven dürften die im Jahre 1855/57 von Günther-Wien (spätere Fabrik Wiener Neustadt) an den Transportunternehmer Pringsheim für die Oberschlesischen Schmalspurbahnen gelieferten 1 B 1 n 2 Tenderlokomotiven mit der Spurweite 785 mm gewesen sein (Abb. 228). Sie glichen bis auf die Spurweite den Lokomotiven, die Zeh im Jahre 1854 für die Steintransportbahn Wien—Fischau entworfen hatte; die beiden Endachsen waren in Deichselgestellen gelagert. Eine Rückstellvorrichtung war nicht vorhanden,

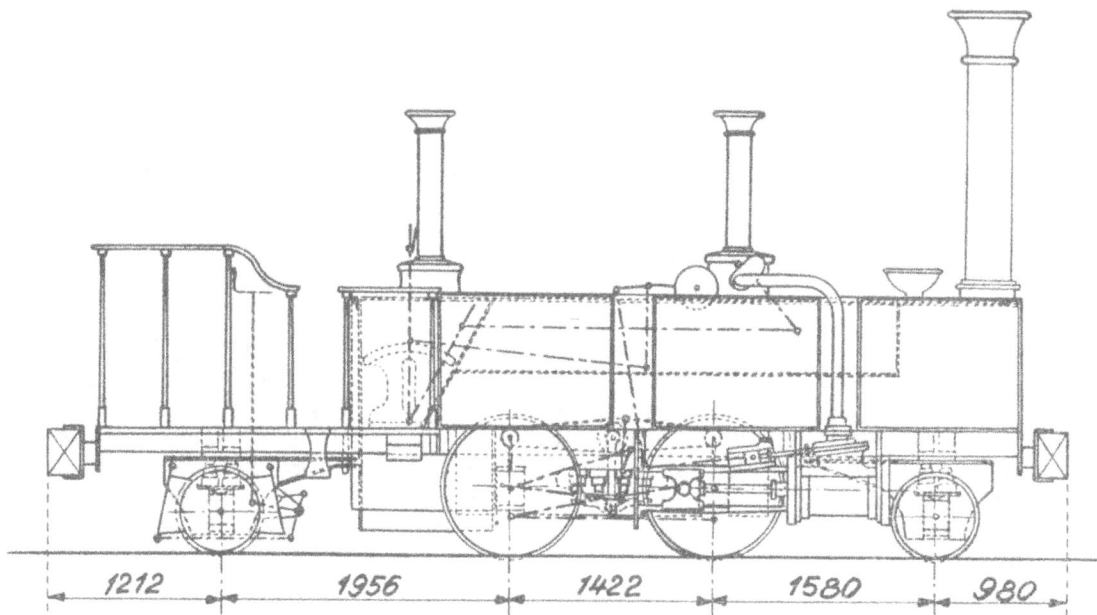

Abb. 228. 1 B 1 n 2 Tenderlokomotive der Oberschlesischen Schmalspurbahnen; Erbauer Günther, Wien 1855—1857.

Spurweite	785 mm	Kesseldruck	6 atü	Kolbenhub	421 mm
Rostfläche	0,5 m²	Treibraddurchmesser .	940 mm	Dienstgewicht d. Lok..	31,5 t
Verdampfungsheizfl. .	43,0 m²	Zylinderdurchm.	2 × 316 mm	Reibungsgewicht . .	14,0 t

die Lokomotiven liefen daher schon bei niedrigen Geschwindigkeiten sehr unruhig. Schon nach wenigen Jahren (1862/63) sah man sich genötigt, sie wieder zu verkaufen und durch andere Bauarten (anscheinend mit der Achsanordnung B oder C) zu ersetzen. Als besondere Eigenart der 1 B 1 Lokomotiven sei die Abfederung der Achsen durch Wickelfedern erwähnt; bei den Kuppelachsen wurde die Last über 4 Wickelfedern über ein Querhaupt und Gehänge auf einen großen Ausgleichhebel übertragen, der sich mit seinen Enden auf die Achslager abstützte.

Besondere Bedeutung erhielten die Schmalspureisenbahnen zu Beginn der 80er Jahre, als in Deutschland in größerem Umfange mit dem Bau von Bahnen geringerer Verkehrsbedeutung begonnen wurde. So wurde in Sachsen der Wunsch laut, die schönen Gebirgstäler des Erzgebirges dem Verkehr zu erschließen und für die hier aufblühende Heimindustrie einen Anschluß an das Schienennetz der Regelspurbahnen zu schaffen. Da an Bau- und Betriebskosten gespart werden mußte, entstand ein Netz von Schmalspurbahnen von 1 m und 0,75 m Spurweite, das schließlich insgesamt etwa 16% des gesamten sächsischen Eisenbahnnetzes ausmachte. Die 0,75 m-Spur war dabei überwiegend vertreten.

Unter den ältesten sächsischen Schmalspurlokomotiven ist eine B n 2 Tenderlokomotive mit kleinen Rädern von 650 mm Durchmesser zu erwähnen, die im Jahre 1872 beschafft und 1897 wieder verkauft wurde.

Von 1881 bis 1892 nahm die Sächsische Staatsbahn über 40 C n 2 Lokomotiven mit Außenrahmen in Betrieb; im Jahre 1894 wurde bei 4 Maschinen die feste Vorderachse durch eine Klien-Lindner-Hohlachse ersetzt. Diese 4 Lokomotiven besaßen also zum ersten Male in Deutschland lenkbare Kuppelachsen; sie bewährten sich in siebenjährigem Betriebe gut. Die Hohlachsen liefen ohne jede Störung, und die Laufwege konnten bis zum Abdrehen der Radreifen verdoppelt werden. Auch die früher häufigen Entgleisungen dreifach gekuppelter Lokomotiven wurden seltener. Ähnliche Lokomotiven sind dann später auch gern von Industriewerken verwendet worden.

Aber schon nach wenigen Jahren mußten auf verschiedenen steigungsreichen Schmalspurstrecken Sachsens (z. B. Hainsberg-Kipsdorf und Heidenau-Altenberg) leistungsfähigere

274

Abb. 229. B B n 4 v Tenderlokomotive, Reihe IM, der Sächsischen Staatsbahn (Bauart Fairlie);
Erbauer Hartmann 1902.

Spurweite . . . . . 1000 mm	Kesseldruck . . . . . 14 atü	Kolbenhub . . . . . 380 mm
Rostfläche . . . . . 1,89 m²	Treibraddurchmesser . 760 mm	Dienstgewicht d. Lok.. 41,8 t
Verdampfungsheizfl. . 79,0 m²	Zylinderdurchm. 2 × 280/430 mm	Reibungsgewicht . . 41,8 t

Lokomotiven eingesetzt werden. Hier waren Steigungen von $30^0/_{00}$ und Gleisbögen mit Halbmessern bis zu 50 m herab zu überwinden. Die Sächsische Staatsbahn kaufte für diese Strecken 1885 von der englischen Lokomotivfabrik Hawthorn in Newcastle 2 Stück B B n 4 Tenderlokomotiven der Bauart Fairlie, bei denen 2 Kessel einen gemeinsamen Stehkessel mit gemeinsamer Feuerbüchse besaßen und auf 2 Maschinendrehgestellen ruhten. Die Lokomotiven bewährten sich zuerst, doch traten sie zurück gegenüber der Bauart Meyer, deren Kessel bedeutend einfacher war. Lediglich im Jahre 1902 wurden noch einmal 3 B B Fairlie-Lokomotiven von Hartmann bezogen, als es sich darum handelte, auf einer Strecke mit 1 m-Spur auch Fabrikanschlüsse mit Gleisbögen von 30 m Halbmesser zu bedienen. Diese Maschinen waren bedeutend schwerer als die obengenannten Lokomotiven und hatten ein Vierzylinder-Verbundtriebwerk; sie dürften wohl die einzigen Fairlie-Verbundlokomotiven der Erde gewesen sein. Da die Gleise der Fabrikanschlüsse über Straßen des öffentlichen Verkehrs führten, hatte man verlangt, daß der Lokomotivführer stets an dem vorausfahrenden Ende der Lokomotive stehen sollte; zu diesem Zweck konnten der Regler, das Läutewerk und die Bremse von beiden Stirnseiten der Lokomotive aus bedient werden. Außerdem hatten die Maschinen einen großen Umbau, damit die Mannschaft ohne Gefahr von einem Ende der Lokomotive zum anderen gelangen konnte (Abb. 229). Diese Verkleidung wurde später wieder entfernt und der Lokomotivführer erhielt seinen Platz auf dem in der Mitte liegenden Führerstande (Abb. 230).

Den Fairlie-Lokomotiven vom Jahre 1885 folgte im Jahre 1889 eine C 1 n 2 Tenderlokomotive mit Innenzylindern und dem bereits bekannten gelenkigen Triebwerk nach Klose, von der Krauß 2 Stück und Hartmann 4 Stück lieferte.

Abb. 230. B B n 4 v Tenderlokomotive Reihe IM der Sächsischen Staatsbahn (ohne Verkleidung); Erbauer Hartmann 1902.

Spurweite . . . . . 1000 mm	Zylinderdurchm. 2 × 280/430 mm
Rostfläche . . . . . 1,98 m²	Kolbenhub . . . . . 380 mm
Verdampfungsheizfl. . 79,05 m²	Dienstgewicht d. Lok.. 41,8 t
Kesseldruck . . . . . 14 atü	Reibungsgewicht . . 41,8 t
Treibraddurchmesser . 760 mm	

Besondere Beachtung verdienen neben dem Klose-Lenkwerk der eigenartig runde Schieberkasten, der von außen gut zugänglich war, und die Lenkung des hinteren Laufachsgestells durch
die dritte Kuppelachse. Das Klosesche Lenkwerk wurde aber bald wegen seines verwickelten
Aufbaues und der hohen Unterhaltungskosten wieder verlassen. Bereits im Jahre 1890 beschaffte die Sächsische Staatsbahn von Hartmann in Chemnitz eine B B n 4 v Tenderlokomotive der Bauart Meyer mit 2 selbständigen Maschinendrehgestellen (s. Abb. 204, S. 238).
Diese hatte gegenüber den Fairlie-Lokomotiven den Vorzug des einfacheren Kessels und wurde
daher auch vom Jahre 1892 an auch für die Strecken mit 750 mm Spurweite eingeführt; die
erste Bestellung umfaßte schon 14 Lokomotiven. Baulich glichen sie den bereits auf S. 238 erwähnten regelspurigen B B Lokomotiven, und zwar in der Ausführung mit den Hochdruckzylindern am hinteren Maschinendrehgestell. In der Abbildung ist die Führung der Dampfrohre und die Kupplung der beiden Drehgestelle zu erkennen.

Die Lokomotiven bewährten sich, so daß von 1892—1921 insgesamt 96 Stück beschafft
wurden. Die Sächsische Staatsbahn verfügte schließlich über 116 Lokomotiven der Bauart
Meyer; sie waren die ersten deutschen Verbundlokomotiven für Schmalspurbahnen.

Im Laufe der Jahre wurde der Durchmesser der Niederdruckzylinder von anfangs 390 auf
400 mm geändert und der Dampfdruck von 12 auf 14 atü, später sogar auf 15 atü erhöht;
damit stieg das Reibungsgewicht von 26,8 auf 28,6 t.

Im Jahre 1913 machte dann die Sächsische Staatsbahn noch einen bemerkenswerten
Versuch, durch Zusammenkuppeln zweier B n 2 Schmalspurlokomotiven mit den Führerhäusern
aneinander eine Doppellokomotive zu gewinnen; die Erfahrungen waren aber nicht günstig,
denn die Lokomotiven waren teurer als die anderen Bauarten. Außerdem gab es damals
schon andere Mittel, mit denen das gleiche Ziel einfacher und billiger erreicht werden konnte.

Schon im Anfang der 90er Jahre entstanden den eben beschriebenen gelenkigen Lokomotiven der Bauarten Meyer, Mallet und Fairlie ernsthafte Wettbewerber in den Hohlachsbauarten von Klien-Lindner und Hagans. Hiervon wurde die Klien-Lindner-Achse bereits
bei der Behandlung der sächsischen Regelspurlokomotiven beschrieben. Die Lokomotivfabrik
Hagans in Erfurt lagerte ihre Hohlachse in einem Bisselgestell. Die durch die Hohlachse
hindurchgehende Kernachse war im Außenrahmen des Fahrgestells gelagert und durch Kuppelstangen mit den vorauslaufenden Kuppelachsen verbunden; im Gegensatz zur Klien-Lindner-
Achse war sie also vom Lokomotivgewicht entlastet.

Wenn sich auch die Regelspur-Lokomotiven mit Hohlachsen wegen der hohen Unterhaltungskosten nicht recht bewährten, so boten diese Achsen doch bei den D Schmalspur-
Tenderlokomotiven besondere Vorteile, weil sich z. B. durch die Ausbildung der beiden Endachsen als Klien-Lindner-Ach-
sen eine ausgezeichnete Bogenläufigkeit selbst in sehr scharfen
Gleisbögen erreichen ließ. Beide
Achsen wurden durch ein Lenk-
gestänge derart miteinander
verbunden, daß ein Ausschlag
der vorauslaufenden Hohlachse
zwangsläufig einen entgegen-
gesetzten der nachlaufenden
Hohlachse zur Folge hatte.

So bezogen die Oberschle-
sischen Schmalspurbahnen, die
Eisenbahndirektion Erfurt und
die Reichseisenbahnen in Elsaß-Lothringen von 1899—1913
von der Lokomotivfabrik Hagans etwa 18 D n 2 Lokomotiven, die eine hintere Hagans-
Hohlachse besaßen (Abb. 231).

Abb. 231. D n 2 Tenderlokomotive der Preußischen Staaatsbahn,
Gattung T 35; Erbauer Hagans 1902.

Spurweite	1000 mm	Zylinderdurchm.	2 × 320 mm
Rostfläche	0,94 m²	Kolbenhub	400 mm
Verdampfungsheizfl.	50,77 m²	Dienstgewicht d. Lok.	21,55 t
Kesseldruck	12 atü	Reibungsgewicht	21,55 t
Treibraddurchmesser	800 mm		

Abb. 232. D n 2 Tenderlokomotive, Gattung T s, der Württembergischen Staatsbahn; Erbauer Eßlingen 1891 und 1899.

Spurweite	1000 mm	Zylinderdurchm.	2 × 340 mm
Rostfläche	1,0 m²	Kolbenhub	500 mm
Verdampfungsheizfl.	70,6 m²	Dienstgewicht d. Lok..	29,4 t
Kesseldruck	12 atü	Reibungsgewicht	29,4 t
Treibraddurchmesser	900 mm		

Die an die Reichseisenbahnen gelieferten 13 Lokomotiven waren etwas größer als die in der Abbildung dargestellte Maschine.

Auch die Sächsische Staatsbahn ließ von 1901—1907 einige D n 2 v Tenderlokomotiven mit Klien-Lindner-Endachsen für ihr Schmalspurnetz bauen, allerdings in geringer Stückzahl. Im Jahre 1904 folgten die Oberschlesischen Schmalspurbahnen mit ähnlichen D n 2 Lokomotiven, die später Kleinrohr- und von 1914 an Rauchröhrenüberhitzer erhielten. Bei der Bauart mit Rauchröhrenüberhitzer, die als preußische Gattung T 38 geführt wurde, waren die Zylinder weit nach oben verlegt, schräg angeordnet und einander soweit genähert, daß die Treibstangen am Treibzapfen noch innerhalb der Kuppelstangen gelagert werden konnten. Dadurch ergab sich eine geringere Lokomotivbreite, so daß in schneereichen Wintern die Schneeverwehungen auf den oberschlesischen Strecken leichter durchbrochen werden konnten. Recht eigenartig war an der T 38 Lokomotive die Heusinger-Steuerung durchgebildet. Die Schwinge wurde nicht wie gewöhnlich von einer Gegenkurbel, sondern durch eine am Kreuzkopf angelenkte Stange angetrieben, die mit einem an der Schwinge befestigten einarmigen Hebel verbunden war. Auch die Schieberstange war nicht wie sonst in einem Schieberkreuzkopf, sondern durch den an senkrechten Flächen der Gleitbahn entlang schleifenden, besonders dafür ausgebildeten Voreilhebel geführt.

Neben den Bauarten mit Hohlachsen wurde auch vereinzelt an den Schmalspurlokomotiven das von den Regelspurlokomotiven her bekannte Hagans-Triebwerk (s. S. 108) verwendet (Beschreibungen des Triebwerks s. Organ 1894, S. 182 und 1897, S. 222).

Im Jahre 1891 führte Klose bei der Württembergischen Staatsbahn sein Triebwerk an den D-Schmalspur-Tenderlokomotiven aus, das schon bei den regelspurigen C Lokomotiven (S. 204) erwähnt wurde. Die zweite württembergische Schmalspurlokomotive dieser Bauart war die Lokomotive „Berneck", Klasse T s (Abb. 232); sie war für Strecken mit 1000 mm Spurweite gebaut und konnte z. B. auf der Strecke Nagold—Altensteig Bögen von 40 m Halbmesser befahren. Sie hatte einen Gesamtachsstand von 4000 mm; bei der Treibachse war der Spurkranz fortgelassen. Bald folgten in Württemberg weitere ähnliche Lokomotiven auch für 750 mm Spurweite mit 3 und 4 gekuppelten Achsen. Im Jahre 1899 waren hier 10 solche Lokomotiven im Betriebe, dann aber ging man zu der Bauart Mallet und zu Lokomotiven mit seitlich ver-

Abb. 233. B B n 4 v Malletlokomotive der Harzquer- und Brockenbahn; Erbauer Jung 1897—1901.

Spurweite	1000 mm	Zylinderdurchm.	2 × 285/425 mm
Rostfläche	1,2 m²	Kolbenhub	500 mm
Verdampfungsheizfl.	64,6 m²	Dienstgewicht d. Lok.	36,0 t
Kesseldruck	12 atü	Reibungsgewicht	36,0 t
Treibraddurchmesser	1000 mm		

Abb. 234. E n 2 Tenderlokomotive der Greifenhagener Kreisbahn;
Erbauer Vulkan 1912.

Spurweite	1000 mm	Zylinderdurchm.	2 × 350 mm
Rostfläche	1,17 m²	Kolbenhub	550 mm
Verdampfungsheizfl.	56,36 m²	Dienstgewicht d. Lok.	28,8 t
Kesseldruck	12 atü	Reibungsgewicht	28,8 t
Treibraddurchmesser	1000 mm		

schiebbaren Achsen nach Gölsdorf über.

Einige C 1 Lokomotiven mit dem Klose-Triebwerk für 750 mm Spur beschaffte auch die Sächsische Staatsbahn in den Jahren 1889—1891; in größerem Umfange waren daneben Schmalspurlokomotiven der Bauart Klose bei der Bosnisch-Herzogewinischen Landesbahn vorhanden.

Aber diejenigen deutschen Schmalspureisenbahnen, welche erst von der Mitte der 90er Jahre an zu B B Lokomotiven übergehen mußten, wählten fast ohne Ausnahme Lokomotiven der Bauart Mallet, obwohl diese Lokomotive bei Rückwärtsfahrt keine besonders günstigen Laufeigenschaften besitzt. Die ersten Lokomotiven dieser Bauart mit 25 t Dienstgewicht lieferte Borsig 1895 an die Müllheim—Badenweilerer Eisenbahn im Schwarzwald; in der Abb. 233 ist eine ähnliche, aber bedeutend schwerere Lokomotive dargestellt, die von 1897 an von der Lokomotivfabrik Jung mehrfach für die Harzquerbahn (Nordhausen—Wernigerode) gebaut worden ist. Die B B Malletlokomotive erlangte allmählich bei den Schmalspurbahnen weite Verbreitung; die Harzbahnen haben weiterhin auch noch Mallet-Maschinen mit den Achsanordnungen 1 B B, 1 B B 1 und B B 1 beschafft.

Zwei Lokomotiven der zuletzt genannten Achsanordnung wurden im Jahre 1930 von Henschel und Sohn in E Lokomotiven mit zahnradgekuppelten Endachsen nach dem Vorschlage des Direktors Luttermöller von Orenstein und Koppel umgebaut.

Als es notwendig wurde, Schmalspurlokomotiven mit 5 gekuppelten Achsen zu entwickeln, machte man nach dem Vorbild der Regelspurlokomotiven Versuche mit dem Haganstriebwerk; so bezogen die Reichseisenbahnen und die Oberschlesischen Schmalspurbahnen in den 90er Jahren einige E Lokomotiven dieser Bauart. An den Oberschlesischen Maschinen wurde aber später das Hagans-Triebwerk wieder entfernt; sie wurden eigenartigerweise in 2 C Lokomotiven umgebaut.

Das Verfahren Gölsdorfs, eine gute Bogenläufigkeit mit seitlich verschiebbaren Kuppelachsen zu erzielen, konnte sich bei den Schmalspurlokomotiven lange nicht durchsetzen. Bei den bedeutend stärker gekrümmten Schmalspurstrecken mit den größeren Anlaufwinkeln der führenden Räder bezweifelte man wohl, daß man mit diesem Verfahren auskommen konnte. Erst im Jahre 1912 lieferte der Stettiner Vulcan an die Greifenhagener Kreisbahn in Pommern die erste E Schmalspurlokomotive mit Gölsdorfachsen (Abb. 234). An dieser

Abb. 235. E h 2 Tenderlokomotive der Sächsischen Staatsbahn und
der Deutschen Reichsbahn; Erbauer Henschel 1919—1927.

Spurweite	750 mm	Treibraddurchmesser	800 mm
Rostfläche	1,6 m²	Zylinderdurchm.	2 × 430 mm
Verdampfungsheizfl.	64,2 m²	Kolbenhub	400 mm
Überhitzerheizfläche	24,5 m²	Dienstgewicht d. Lok.	42,25 t
Kesseldruck	14 atü	Reibungsgewicht	42,25 t

Lokomotive, deren hohe Kessellage und deren unter dem Kessel liegender Wasserkasten auffallen, waren nur die beiden Endachsen seitlich verschiebbar.

Hingegen hatten bei den E h 2 Schmalspurlokomotiven (750 mm Spurweite) der Sächsischen und später auch der Württembergischen Staatsbahnen (Abb. 235), die von 1919 an in größerem Umfange beschafft wurden, die Endachsen 30 mm und die dritte Achse 20 mm seitliches Spiel. Hier ließen sich aber trotz der hohen Kessellage von 2050 mm über SO die größeren Wasservorräte nicht mehr unter dem Kessel allein unterbringen; diese Lokomotiven erhielten daher auch noch seitliche Wasserkästen. Sie waren bis 1920 die schwersten und leistungsfähigsten E Tenderlokomotiven für 750 mm Spurweite im Vereinsgebiet; bis 1927 wurden von ihnen 62 Stück geliefert. Dann wurden noch 4 fast gleiche Lokomotiven, jedoch für eine Spurweite von 1000 mm, für die württembergische Strecke Nagold—Altensteig als Ersatz für die D n 2 Lokomotiven der Bauart Klose von 1891 (Abb. 232) beschafft.

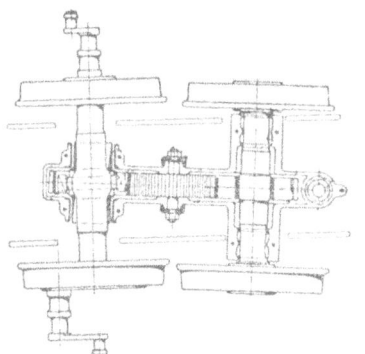

Abb. 236.
Zahnradgestell, Bauart Luttermöller.

Eine recht günstige Einstellung vielfach gekuppelter Lokomotiven in Gleiskrümmungen erzielte Luttermöller mit den nach ihm benannten zahnradgekuppelten Endachsen; seine Lösung hatte noch den Vorteil, daß der Gesamtachsstand der Lokomotive vergrößert werden, und damit auch ein leistungsfähigerer Kessel untergebracht werden konnte. Die Kupplung durch Zahnräder war eigentlich eine bedeutsame Verbesserung des Engerthschen Vorschlages (vgl. Bd. I, Tafel 35). Da das Zahnradgehäuse Luttermöllers (Abb. 236) sich um einen Kugelwulst an der treibenden Achse drehen konnte, waren die Voraussetzungen für den Antrieb einer radial einstellbaren Achse gegeben. Dazu kam noch gegenüber den Klien-Lindner-Achsen der Vorteil, daß auch Innenrahmen verwendet werden konnten.

Nachdem im Weltkriege bereits eine größere Anzahl von Feldbahnlokomotiven für 600 mm Spurweite mit Luttermöllerachsen gebaut worden war, wurden vom Jahre 1919 an solche Lokomotiven auch für die Oberschlesischen Schmalspureisenbahnen von 785 mm Spurweite beschafft (Abb. 237, Tafel 17); diese Lokomotiven erhielten einen Kleinrohrüberhitzer. Von ihnen sind bis zum Jahre 1925 insgesamt 13 Stück gebaut worden.

Das Bedürfnis nach Schmalspurlokomotiven mit mehr als 5 gekuppelten Achsen war in Deutschland gering; es wurden z. B. in Sachsen und im Harz kurz vor dem Kriege Wünsche nach sechsfach gekuppelten Lokomotiven laut.

Die Sächsische Staatsbahn half sich 1913 dadurch, daß sie 2 ältere C Tenderlokomotiven mit den Führerhäusern zusammenkuppelte, anderwärts aber bevorzugte man C C n 4 v Lokomotiven der Bauart Mallet. Als Beispiel sei die 1910 von der Harzquerbahn für die Brockenbahn mit Steigungen von 33⁰/₀₀ und Bögen von 60 m Halbmesser beschaffte C C n 4 v Mallet-Lokomotive für 1 m Spurweite genannt, die mit einem Dampftrockner nach Gölsdorf ausgerüstet war (Abb. 238); die Mittelachsen jeder Triebwerksgruppe hatten 30 mm seitliches Spiel. Die Anpassung der Maschine, die einen ziemlich großen Achsstand hatte, an die wind-

Abb. 237. E h 2 Tenderlokomotive, Gattung T 39, der Preußischen Staatsbahn (Oberschlesische Schmalspurbahnen) mit zahnradgekuppelten Endachsen; Erbauer Orenstein und Koppel 1919.

Spurweite	785 mm	Treibraddurchmesser	820 mm
Rostfläche	1,4 m²	Zylinderdurchm.	2 × 450 mm
Verdampfungsheizfl.	49,52 m²	Kolbenhub	450 mm
Überhitzerheizfläche	21,5 m²	Dienstgewicht d. Lok.	40,0 t
Kesseldruck	13 atü	Reibungsgewicht	40,0 t

schiefen Überhöhungsrampen vor und hinter überhöhten Gleisbögen war durch Sonderkonstruktionen in der Lagerung der Achsen gesichert. Die Ausschläge des Triebgestells, die bis zu 3° betragen konnten, wurden durch eine Ölbremse gedämpft. Das in diesem Drehgestell untergebrachte Niederdrucktriebwerk arbeitete mit gleichbleibender Füllung von 75%.

Abb. 238. C C n 4 v Malletlokomotive der Harzquerbahn;
Erbauer Orenstein und Koppel 1910.

Spurweite . . . . . 1000 mm	Kesseldruck . . . . . 12 atü	Kolbenhub . . . . . 500 mm
Rostfläche . . . . . 1,9 m²	Treibraddurchmesser . 1000 mm	Dienstgewicht d. Lok.. 54,0 t
Verdampfungsheizfl. . 131,0 m²	Zylinderdurchm. 2 × 380/600 mm	Reibungsgewicht . . 54,0 t

Um den Wasservorrat der Lokomotive möglichst groß zu machen, machte man die über das vordere Gestell hinausragende Zunge des Hauptrahmens zum Wasserkasten.

Diese C C n 4 v mit ihrem Dienstgewicht von 54 t und eine gleich schwere, im Jahre 1920 von der Bayerischen Staatsbahn beschaffte ähnliche Lokomotive waren bis zum Jahre 1929 die schwersten deutschen Tenderlokomotiven für Schmalspurbahnen. Sie wurden erst von der neuen 1 E 1 h 2 Einheitslokomotive der Deutschen Reichsbahn (Reihe 99[73]) mit Gölsdorf-Achsen übertroffen.

X. DIE ENTWICKLUNG DER LOKOMOTIVTENDER IN DEUTSCHLAND.

ALLGEMEINES.

Die Entwicklung der Tender war in den 40 Jahren des Zeitraumes, über den dieser Band berichtet, fast ebenso mannigfaltig wie die der Lokomotiven. Wenn es auch im großen und ganzen nur 3 grundsätzliche Bauarten gab, nämlich

die zweiachsigen,

die dreiachsigen und

die vierachsigen Tender, so war doch ihr Aufbau und ihr Fassungsvermögen an Wasser und Kohle bei fast jeder Bahnverwaltung verschieden. So hatten die Wasserräume der zweiachsigen Tender ein Fassungsvermögen, das zwischen 7 und 13,5 m³ lag; die dreiachsigen Tender konnten Wassermengen zwischen 7,5 und 21 m³ fassen, die vierachsigen Tender Wasservorräte von 15,5 bis 32,5 m³.

Der Betrieb forderte vierachsige Tender im Anfang der 90er Jahre, als die Schnellzüge auf Hauptlinien lange Strecken ohne Zwischenhalte durchfahren sollten.

Bis zum Jahre 1880 hatte der Wasserbehälter fast ausschließlich die Form eines Hufeisens (vgl. Bd. I, S. 301), dann setzte sich der heute allgemein bevorzugte trapezförmige Wasserkasten mit aufgesetztem Kohlenbunker durch. Trotzdem behielt z. B. die Badische Staatsbahn den hufeisenförmigen Wasserbehälter sogar bei ihren vierachsigen Tendern noch bis zum Jahre 1901 bei.

ZWEIACHSIGE TENDER.

Die zweiachsigen Tender begannen schon zu Beginn der 80er Jahre besonders in Norddeutschland zu verschwinden; bei der Entwicklung der preußischen Normallokomotiven hatte man schon 1877 dreiachsige einheitliche Tender für die verschiedenen Lokomotivbauarten vorgesehen.

Eine Ausnahme machte die Oldenburgische Staatsbahn. Diese Bahn bewältigte mehrere Jahrzehnte hindurch ihren Betrieb hauptsächlich mit den von Georg Krauß entwickelten B Lokomotiven (vgl. Bd. I, S. 71); zu diesen Lokomotiven, die noch bis zum Jahre 1895 beschafft wurden, gehörten zweiachsige Tender nach Abb. 239. Krauß' Bestreben war, das Gewicht der Lokomotive in ein möglichst günstiges Verhältnis zur Leistung zu bringen, deshalb zog er auch wie bei seinen Tenderlokomotiven den Rahmen des Tenders mit als Wasserkasten heran. So konnte das Leergewicht des zweiachsigen Tenders für 9 m³ Wasser auf 9,3 t vermindert werden; später gebaute Tender für 10 m³ Wasser hatten ein Leergewicht von 11 t. Der zweiachsige Tender war auf 3 Punkten gestützt; über der hinteren Achse lag eine Querfeder, über den Achslagern der vorderen Achse war je eine Längstragfeder angeordnet. Die rohrförmigen Achsgabelstege der vorderen Achse stellten die Verbindung zwischen den tiefliegenden Wasserkästen her; diese eigenartige Lösung hat sich 25 Jahre hindurch halten können. Die Tender mit dem größeren Wasservorrat wurden noch bis zum Jahre 1895 für die B n 2 v Lokomotive beschafft.

Auch die Württembergische Staatsbahn ließ noch in den 90er Jahren für ihre Schnellzuglokomotiven zweiachsige Tender mit doppeltem äußeren Blechrahmen und mit Wasserkästen von 10 m³ Inhalt bauen, deren Böden zwischen den Rädern lagen.

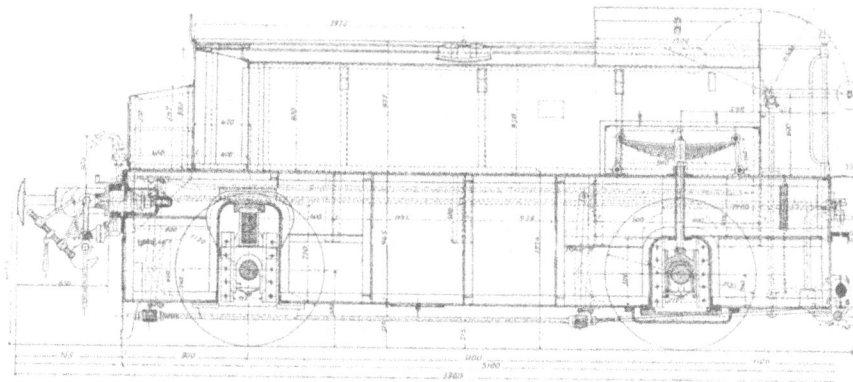

Abb. 239. Zweiachsiger Tender der Oldenburgischen Staatsbahn (2 T 10), 1876—1895; Wasser 9—10 m³, Kohle 4 t, Leergewicht 9,3—10 t.

Wenn sich auch die Preußische Staatsbahn bei der Entwicklung der Normalien für den dreiachsigen Tender entschieden hatte, so wurden doch noch zweiachsige Tender bis zum Jahre 1898 für die B n 2 Nebenbahnlokomotiven beschafft. Sie hatten Wasserkästen von nur 8 m³ Inhalt.

Schließlich erwarb die Bayerische Staatsbahn noch im Jahre 1919 durch einen Gelegenheitskauf einige C Lokomotiven mit zweiachsigen Tendern für 13,5 m³ Wasser.

DREIACHSIGE TENDER.

Wie schon erwähnt, fiel in Preußen der zweiachsige Tender mit der Aufstellung der Entwürfe zu den preußischen Normalien am Ende der 70er Jahre; der damals mit der Normung betraute Ausschuß entschied sich für einen dreiachsigen Einheitstender für Personen- und Güterzuglokomotiven mit einem Wasserraum von 10,5 m³ und einem Kohlenvorrat von 4 t (Abb. 240). Um eine gleichmäßige Achsbelastung zu erreichen, erhielt der Tender eine größtenteils waagerechte Decke, die von der Stelle ab, wo die Kohlenvorräte untergebracht waren, nach vorn geneigt war. Das Untergestell war wie bei den Güterwagen aus Walzeisenträgern zusammengesetzt, die Achshalter waren angenietet. Die Bremse war damals nur eine Spindelbremse und wirkte nur auf die beiden Endachsen, so daß die Mittelachse erforderlichenfalls seitlich verschiebbar gelagert werden konnte. Übrigens hatte das Fahrgestell der Lokomotiven zunächst noch keinerlei Bremse.

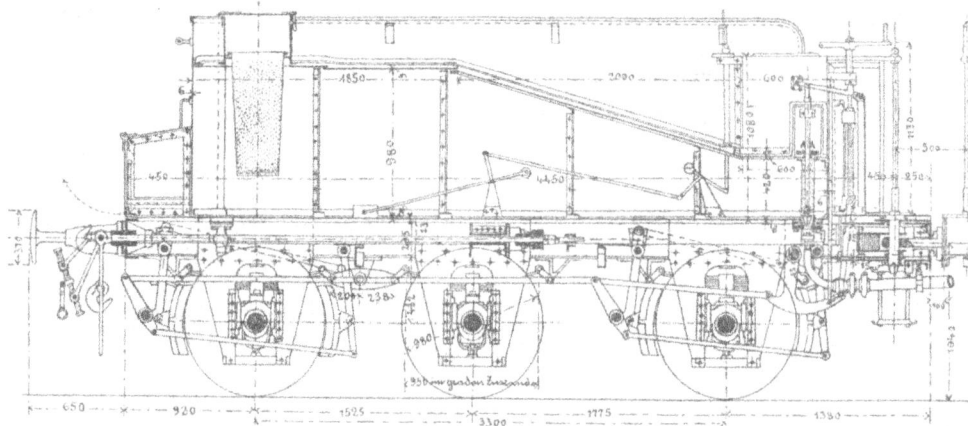

Abb. 240. Dreiachsiger Tender der Preußischen Staatsbahn (3 T 10), 1877—1890; Wasser 10 m³, Kohle 4 t, Leergewicht 12,3—14 t.

282

An einigen Tendern wurden die unteren Längskanten nicht mit scharfen Ecken, sondern mit einem schlanken Bogen ausgerundet (vgl. Abb. 2).

Diese dreiachsigen Tender wurden bis zum Jahre 1890 ausschließlich verwendet; von ihnen wurden allein in Preußen über 3500 Stück gebaut.

Als dann zu Beginn der 90er Jahre in Preußen die vierachsigen Lokomotiven (so z. B. die 2 B Schnellzuglokomotiven) aufkamen und größere Strecken ohne Halt durchfahren werden mußten, war der Wasserinhalt der alten Tender von 10,5 m³ zu knapp; man entwickelte daher neue Tender von 12 und 15 m³ Inhalt. Da die angenieteten schwachen Achshalter nach Abb. 240, die im Volksmunde die „Haarnadeln" genannt wurden, den Massenwirkungen nicht standgehalten hatten und große Ausbesserungskosten erforderten, verließ man sie bei den neuen Tendern und schuf einen kräftigen Rahmen mit außenliegenden bis zu 20 mm starken Rahmenplatten. Um den für damalige Verhältnisse großen Wasserkasten unterbringen zu können, mußte man ihn bis zwischen die Räder hinunterführen; dazu lag seine Oberkante mit 2695 mm schon sehr nahe an der durch die damaligen Mündungen der Wasserkrane festgesetzten Grenze von 2750 mm. Alle Achsen wurden durch die Extersche Wurfhebelbremse abgebremst, die man am Beginn der 80er Jahre an Stelle der Schraubenspindelbremse eingeführt hatte.

Die älteren Tender hatten ursprünglich noch zweiteilige Achslagergehäuse, die wie bei den Güterwagen durch eiserne Bügel zusammengehalten wurden. Da nun bei den steigenden Geschwindigkeiten sich die Fälle häuften, daß die Lagerunterkästen während der Fahrt verloren gingen und dann Heißläufer eintraten, wurden die alten Lager in den 90er Jahren allgemein durch Lagergehäuse aus einem Stück ersetzt.

Die Füllöffnungen im Wasserkasten lagen am hinteren Ende des Wasserkastens quer; sie waren zunächst nur 450 × 600 mm groß. Der Lokomotivführer mußte also in einem eng begrenzten Bereich am Wasserkrane halten, wenn er den Tender nachfüllen wollte. Erst im Jahre 1897 wurden die Abmessungen der Füllöffnungen auf 350 × 1100 mm geändert; dadurch vergrößerte sich der Anfahrbereich wesentlich.

Als später wiederum größere Wasservorräte benötigt wurden, versuchte man für Güterzuglokomotiven die dreiachsige Anordnung so lange wie möglich beizubehalten. So entstanden im Jahre 1914 dreiachsige Tender mit 16,5 m³ Wasser und schließlich für die 1 E Einheitsgüterzuglokomotive G 12¹ und G 12 im Jahre 1917/18 dreiachsige Tender mit 20 m³ Inhalt. Auf die Wasserkästen zwischen den Rädern mußte allerdings bei schwerer Ausführung verzichtet werden, damit das Untergestell kräftiger ausgebildet werden konnte und auch genügend Platz für die Zugvorrichtung und die Druckluftbremseinrichtung zur Verfügung stand. Dafür wurde

Abb. 241. Dreiachsiger Tender der Preußischen Staatsbahn (3 T 16,5), 1914—1920; Wasser 16,5 m³, Kohle 7 t, Leergewicht 21 t.

jetzt der Wasserkasten bei vergrößerten Achsständen länger und wurde außerdem bis an die zulässige Grenze (2750 mm über SO) erhöht. Für die Kohlenvorräte wurde ein etwa 2 m breiter Kastenaufsatz vorgesehen. Auf dem zu beiden Seiten verbleibenden schmalen Streifen der Wasserkastendecke konnten dann weitere Füllöffnungen angebracht werden, wie sie Gölsdorf in Österreich eingeführt hatte.

Der preußische 16,5 m³ Tender (Abb. 241) war bei einer Gesamtlänge von 7310 mm ziemlich schwer ausgefallen; er wog leer etwa 21 t. Der nach ihm entwickelte Tender mit 20 m³ Wasserraum, der übrigens auch in Sachsen und Württemberg übernommen wurde, war trotz seines größeren Inhaltes beträchtlich leichter; er wog leer nur 19,6 t.

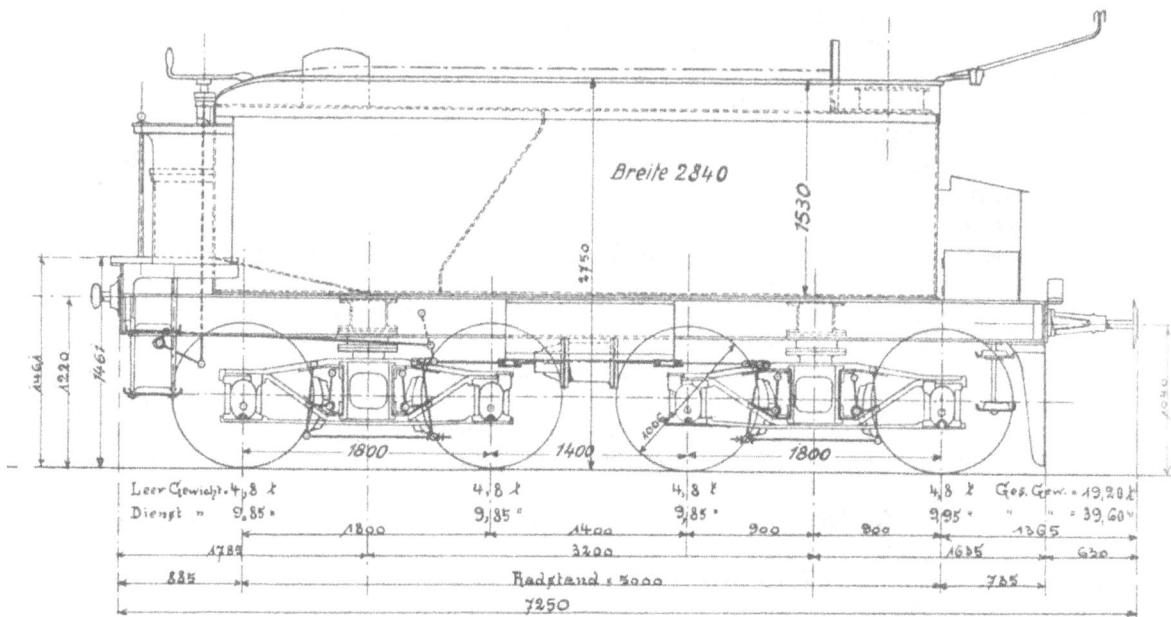

Abb. 242. Vierachsiger Tender der Badischen Staatsbahn (4 T 15), 1895—1913; Wasser 15 m³, Kohle 5 t, Leergewicht 19,6 t.

VIERACHSIGE TENDER.

Den ersten vierachsigen Tender führte in Deutschland die Badische Staatsbahn im Jahre 1895 ein (Abb. 242); er sollte den dreiachsigen Tender an den 2 B Lokomotiven mit Innenzylindern (Abb. 147) ersetzen. Er hatte Drehgestelle der amerikanischen Diamond-Bauart, besaß aber noch einen hufeisenförmigen Wasserkasten von 15 m³ Rauminhalt und war der kleinste deutsche vierachsige Tender. Nachdem die Versuche mit dem ersten im Jahre 1895 in der Eisenbahnwerkstätte Karlsruhe gebauten Tender günstig verlaufen waren, wurden in den folgenden Jahren (1897/98) alle Lokomotiven der Gattung mit solchen Tendern ausgerüstet. Die Hufeisenform des Wasserkastens wurde allerdings schon bald zugunsten der heute gebräuchlichen Trapezform verlassen. Bis zum Beginn des Weltkrieges erhielten die meisten badischen Schnellzuglokomotiven vierachsige Tender dieser Bauart. Von 1907 an wurden nun mit den neuen badischen 2 C 1 Lokomotiven ganz ähnliche, aber größere Tender für 20 m³ Wasser und 7 t Kohle eingeführt, die nach österreichischem Vorbilde seitliche Füllklappen von 3,5 m Länge erhielten. Die Schürgeräte waren nach österreichischem Brauch in einem Rohr untergebracht, das in den Wasserkasten hineinragte. Diese Einrichtung, die übrigens in neuerer Zeit wieder gern verwendet wird, hatte den Vorteil, daß die Schürgeräte beim Fortlegen nicht gewendet zu werden brauchten. Dadurch beugte man schweren Gefahren und Unfällen vor, die immer wieder entstanden, wenn die Schürhaken beim Wenden während der Fahrt mit Bauwerken oder entgegenkommenden Zügen oder in neuerer Zeit mit hochspannungführenden Teilen der elektrischen Fahrleitungen in Berührung kamen.

Auch die preußische Staatsbahn führte gegen Ende der 90er Jahre bei den Schnell- und Personenzuglokomotiven vierachsige Tender ein, die zunächst einen Wasserraum von 16 m³ erhielten; sie hatten Drehgestelle mit Blechrahmen. Erst im Jahre 1910/11 wurden an den neuen Schnellzuglokomotiven der Gattung S 10 statt der Drehgestelle mit Blechrahmen die Diamond-Fachwerkdrehgestelle verwendet, die den Vorzug geringeren Gewichts und besserer Übersichtlichkeit des Bremsgestänges hatten, aber, wie wir heute wissen, nur solange laufsicher genug sind, als ihr Achsstand eine gewisse Größe nicht überschreitet, denn die Achsen sind fest in ihrer Lage gehalten und können sich nicht gegeneinander windschief stellen. Die Wasserräume wuchsen auf 20 und 21,5 m³, schließlich sogar auf 30 und 31,5 m³, nachdem die Schnellzüge auf der Strecke Berlin—Hannover bereits seit 1908 ohne Aufenthalt durchgeführt wurden und das außerplanmäßige Halten auf verschiedenen Bahnhöfen (z. B. Öbisfelde, Gardelegen oder Stendal) überhand nahm.

Die ersten preußischen Tender für 30 und 31 m³ besaßen Drehgestellrahmen aus Preßblechen; da die Bauart aber sehr teuer war, wurde sie wieder verlassen. Auch die ersten Diamond-Drehgestelle waren den Beanspruchungen durch die schweren Wasserkästen nicht recht gewachsen, so daß auch sie wieder auf-

Abb. 243. Vierachsiger Tender der Bayrischen Staatsbahn (4 T 32,5), 1912; Wasser 32,5 m³, Kohle 8 t, Leergewicht 23,5 t.

gegeben werden mußten. Immerhin dienten sie als Vorbild für ein verstärktes Fachwerk-Drehgestell, das seinen Zweck viele Jahrzehnte gut erfüllt hat.

Bei den vierachsigen Tendern mit kleinen Wasserkästen wie 16 oder 21,5 m³ konnten die Kohlenvorräte zunächst noch in der schrägen Tasche im vorderen Teil des Wasserkastens untergebracht werden. Nach und nach wurden aber die Leistungen und Durchlaufwege der Lokomotiven so groß, daß das Drängen nach größeren Kohlenvorräten schließlich zu besonderen Kastenaufbauten führte. Bei den großen Wasserräumen mußte ferner für eine Dämpfung der Wasserbewegung bei der Bremsung durch besondere Schwallwände gesorgt werden, besonders in der Nähe der Füllöffnungen.

Die Bayerische Staatsbahn hatte im Jahre 1912 eine Nebenbauart der S 3/6 Lokomotive mit 2000 mm hohen Treibrädern entwickelt; durch die höheren Räder wuchs der Achsstand des Fahrgestells um etwa 230 mm. Da nun der Gesamtachsstand der Lokomotive mit dem bis dahin gebräuchlichen vierachsigen Drehgestell-Tender von 31,7 m³ Wasserinhalt für die damals noch vorhandenen 20 m-Drehscheiben zu groß geworden wäre, mußte für sie ein Tender mit kürzerem Achsstand entworfen werden (Abb. 243). Die Kürzung des Achsstandes und des Tenders selbst wurde nach Vorschlägen von Prof. Schenk auf 2 Wegen erreicht. Zunächst wurde der Wasserkasten als eine sich selbst tragende Konstruktion ausgebildet, d. h. der sonst vom Wasserkasten getrennte Rahmen wurde jetzt in die Wasserkastenkonstruktion einbezogen. Dadurch konnte der Wasserkasten bei 5 t geringerem Dienstgewicht noch fast 1 m³ Wasser mehr als bisher, nämlich 32,5 m³ aufnehmen. Ferner wurde das hintere Drehgestell durch 2 im Tenderrahmen fest gelagerte Achsen ersetzt, deren Abstand auf 1400 mm verringert werden konnte. Gegen diese Maßnahme wurden anfangs ernste Bedenken geäußert, da der kurze, steife Hauptrahmen in 4 Punkten gestützt war; die zweifellos bestehende Gefahr einer Stützpunktentlastung wurde durch weiche Federung so weit wie möglich beseitigt. Durch diese Bauweise konnte das Leergewicht des Tenders von 28,3 t bei dem 31,7 m³ Tender auf 23,5 t ermäßigt werden. In der Abb. 243 ist auch die Versteifung der Rahmenplatten des Drehgestells durch aufgeniete Winkel zu erkennen.

Der oben beschriebene bayerische Tender diente auch anderen deutschen Bahnen als Vorbild für ähnliche Bauarten, z. B. in Sachsen. Auch die Bayerischen Tender für 21,6, für 21,9 und für 26,4 m³ Wasser waren ähnlich gebaut, jedoch waren bei den 21,6 und 21,9 m³-Tendern die Wasserkästen auf das selbständige Rahmengestell aufgesetzt.

Als die Reichsbahn größere Drehscheiben mit 23 m Durchmesser einführte, verlor die Bauart allmählich wieder ihre Bedeutung. Bei den ersten Einheitslokomotiven der Deutschen Reichsbahn wurde sie notweise noch einmal an einigen Tendern mit 30 m³ Wasserinhalt der Lokomotivreihen 01, 43 und 44 eingeführt, da einige Wendebahnhöfe noch die 20 m-Drehscheibe hatten. Aber schon nach der ersten Lieferung im Jahre 1926 wurde sie zugunsten des Einheitstenders mit 2 Drehgestellen und 32 m³ und geschweißt 34 m³ Wasserinhalt verlassen, dessen Vorzüge vorwiegend in der Bauart und der gediegenen Federung der Drehgestelle liegen.

285

XI. DIE ENTWICKLUNG DER DAMPFLOKOMOTIVE IN ÖSTERREICH.

ALLGEMEINES.

In Österreich ging die Entwicklung der Lokomotive wesentlich anders vor sich als in Deutschland. Es gab zwar um 1880 bereits österreichische Staatsbahnen, doch war der größere Teil des Eisenbahnnetzes und vor allem der überwiegende Teil der Lokomotiven in Privatbesitz. Noch im Jahre 1890 gehörten von den Lokomotiven der österreichischen Vereinsbahnen 64% Privatgesellschaften, während zur gleichen Zeit in Deutschland nur mehr 5,5% der Lokomotiven der Vereinsbahnen Eigentum der Privatbahnen waren. Diese Verhältnisse und der Umstand, daß die Strecken der einzelnen Bahnverwaltungen sich in ihrer Anlage stark voneinander unterschieden und auch die Betriebserfordernisse der einzelnen Eisenbahnunternehmungen voneinander abwichen, brachte es mit sich, daß die Lokomotive sich wenig einheitlich, teilweise auch unstetig fortentwickelte. Viele Privatbahnen hatten ihre eigenen Konstrukteure, welche den von ihnen entworfenen Lokomotiven ihre persönliche Note gaben. Es seien hier nur die Namen Rayl und Simon von der Kaiser Ferdinands-Nordbahn, Kamper von den österreichischen Staatsbahnen, Wehrenpfennig von der österreichischen Nordwestbahn und Polonceau von der österreichisch-ungarischen Staatseisenbahngesellschaft genannt. Auf die Entwicklung der Lokomotive der zuletzt angeführten Unternehmung übte neben Polonceau auch die der Bahnverwaltung gehörende Lokomotiv- und Maschinenfabrik einen bestimmenden Einfluß aus. Dieser Einfluß herrschte bis zur Verstaatlichung dieser Bahn im Jahre 1907 vor. Erst als Karl Gölsdorf 1892 das Konstruktionsbüro der k. k. österreichischen Staatsbahnen übernommen hatte, begann sich der österreichische Lokomotivbau langsam nach einheitlichen Gesichtspunkten zu entwickeln. Die Ursache dafür ist in den überragenden konstruktiven Fähigkeiten Karl Gölsdorfs zu suchen, der es verstand, durch seine leichten, dabei leistungsfähigen und architektonisch schön geformten Lokomotiven dem österreichischen Lokomotivbau einen eigenen Stempel aufzudrücken. Nur die österreichisch-ungarische Staatseisenbahngesellschaft ging in der Lokomotivkonstruktion ihre eigenen Wege und schuf Lokomotivtypen, welche durch ihren Aufbau auch auf Gölsdorf nicht ohne Einfluß blieben.

Die vielen Hügelland- und Gebirgsstrecken der österreichischen Staatsbahnen und die immer größer werdenden Zuglasten erforderten bogenbewegliche Lokomotiven, welche bei mäßigen Achsdrücken hohe Leistungen aufbringen sollten. Der höchste zulässige Achsdruck betrug zur Zeit Gölsdorfs (Anfang der 90er Jahre) auf den meisten österreichischen Hauptlinien nur 14—14,5 t. Erst im Jahre 1913 begann man langsam den Oberbau der Hauptstrecken für Achsdrücke von 16—18 t zu verstärken. Gölsdorf sah sich daher gezwungen, vielachsige Lokomotiven zu bauen, um bei den beschränkten Achsdrücken die erforderlichen Zugkräfte zu erhalten. Dies führte ihn zu der nach ihm benannten Achsanordnung, bei welcher innerhalb des festen Achsstandes liegende Kuppelachsen achsial verschiebbar ausgebildet sind. Solche Achsen gab es wohl schon vor Gölsdorf; sie wurden unter anderen auch von der österreichisch-ungarischen Staatseisenbahngesellschaft bei vierfach gekuppelten Lokomotiven, z. B. schon bei der Lokomotive „Vindobona" angewendet, die bei dem Semmering-Wettbewerb eine Rolle spielte. Es ist aber das Verdienst Gölsdorfs, daß bei Lokomotiven mehrere solcher Achsen mit zylindrischen Kurbelzapfen angewendet wurden. Von Österreich aus wurde diese Anordnung nach und nach in der ganzen Welt beliebt.

286

Die Notwendigkeit, leichte leistungsfähige Lokomotiven zu bauen, führte Gölsdorf nach dem damaligen Stand der Lokomotivbautechnik zur weitgehenden Anwendung der Verbundwirkung. Der Erfolg, welchen er damit hatte, war derart gut, daß er erst in seinen letzten Konstruktionen von der Verbundlokomotive zur Lokomotive mit einfacher Dampfdehnung und hoher Überhitzung überging. Zweifellos waren die bahnbrechenden Erfolge Garbes und Schmidts in Deutschland auch an Gölsdorf nicht ohne Eindruck vorübergegangen. Die guten Ergebnisse, welche mit den Naßdampf-Verbundlokomotiven der verschiedensten Bauarten auf den k. k. Staatsbahnen erzielt wurden, waren die Ursache des nur langsamen und zögernden Vorgehens dieser Bahnverwaltung in der Heißdampffrage. Erst nachdem man eine größere Zahl von Lokomotiven mit Dampftrocknern erprobt hatte, entschloß sich Gölsdorf im Jahre 1908 zum Bau von Heißdampfverbundlokomotiven, obwohl die erste österreichische Heißdampflokomotive bereits im Jahre 1905 auf einer Landesbahn in Betrieb genommen war und die Kaiser Ferdinands-Nordbahn 1907 regelspurige Heißdampf-Zwillings-Schnellzuglokomotiven in größerer Zahl in Dienst gestellt hatte. Die beiden Hauptschwierigkeiten, mit denen der österreichische Lokomotivkonstrukteur Ende des 19. und Anfang des 20. Jahrhunderts zu kämpfen hatte: der geringe zulässige Achsdruck und die bogenreichen Strecken, führten Gölsdorf zu Konstruktionen, welche vielleicht bei oberflächlicher Betrachtung als Fehlgriff erscheinen mögen, sich aber wegen ihrer zweckmäßigen Anordnung im Betriebe gut bewährten. Hier sei auf den Verzicht auf die Rückstellvorrichtung bei Adamsachsen hingewiesen, welcher durch richtige Wahl der Achsstände, der Bogenhalbmesser der Achslagerführungen und der richtigen Lastverteilung von vollem Erfolge begleitet war. Heute laufen auf den österreichischen Bundesbahnen viele Lokomotiven mit solchen Laufachsen auch mit Geschwindigkeiten von 90 km/h und darüber, ohne zu Klagen Anlaß zu geben. Auch die von Gölsdorf zuerst angewendete Achsanordnung 1 C 2 ist auf die angeführten Schwierigkeiten zurückzuführen. Durch diese Achsfolge war es möglich, große einfach gebaute Stehkessel unterzubringen, ohne den Achsdruck der letzten Achsen über das zulässige Maß zu steigern. Die gute Bogenbeweglichkeit dieser Lokomotivbauart wurde durch ein vorn laufendes Krauß-Helmholtz-Drehgestell und durch die Vereinigung der beiden hinteren Laufachsen zu einem Deichselgestelle erreicht.

Nach Gölsdorfs Tode ging man in Österreich immer mehr von den Verbundbauarten ab und, wie schon früher in Deutschland, zu Heißdampflokomotiven mit einfacher Dampfdehnung über. Es sei an dieser Stelle noch der vielen wissenschaftlichen Versuchsarbeiten Dr. techn. Sanzins gedacht, dem ursprünglich die Abfassung dieses Werkes übertragen war, der aber schon im Jahre 1922 verschied. Die Ergebnisse seiner Versuche sind bei den Leistungsangaben berücksichtigt.

Die verschiedenartigen Anforderungen, welche die Flachland-, Hügelland- und Gebirgsstrecken an die Lokomotiven stellen, brachten es mit sich, daß man in Österreich in der Zeit von 1880—1910 fast alle Achsanordnungen findet. Ausgenommen ist nur die Achsfolge 2 C 1, welche man sich aber durch die Anordnung 1 C 2 ersetzt denken kann. Auffallend ist, daß besonders vielachsige Maschinen schon frühzeitig stark vertreten sind.

Dagegen haben in Österreich die Tenderlokomotiven eine wesentlich geringere Bedeutung gehabt als in Deutschland, weil das Kleinbahnwesen sich erst spät und dann auch nur in geringerem Umfange entwickelte. Der große Vorortverkehr beschränkte sich fast ausschließlich auf Wien. Für den Verschiebedienst wurden hauptsächlich ältere, für den Streckendienst nicht mehr genügend leistungsfähige Lokomotiven benutzt. Zur langsameren Entwicklung der Tenderlokomotiven mag auch viel der Umstand beigetragen haben, daß man es in Österreich meist mit Hügellandstrecken und leichtem Oberbau zu tun hatte und man darauf angewiesen war, Lokomotiven mit gleichbleibendem Reibungsgewichte zu verwenden, um die verhältnismäßig großen Zuglasten befördern zu können. Auch lag bei der größten Zahl der Kleinbahnen der Betrieb in den Händen der Staatsbahnen, welche ihre einheitlichen Lokomotivbauarten verwendete. So kam es, daß z. B. die Achsanordnungen 1 B 1, 2 B, 1 B 2, 2 C 2, 1 D 1, E bei österreichischen Tenderlokomotiven des öffentlichen Verkehrs überhaupt nicht vertreten waren und andere wie z. B. 1 B, B 1, C 1, 1 D nur ganz vereinzelt vorkamen.

Wenn auch die von Gölsdorf entwickelten Bauarten für die mannigfaltigen Bedürfnisse sehr zahlreich sind, so ist doch die Entwicklung stets durchaus planmäßig gewesen. Er hat, soweit dies möglich war, immer ganze Konstruktionsgruppen vorhandener Lokomotiven übernommen. Es ist auch in diesem Sinne kennzeichnend, daß er beim Übergang zum Heißdampf im Gegensatz zu Garbe fast nie neue Typen schuf, sondern die vorhandenen bewährten auf Heißdampf umkonstruierte.

Bemerkenswert ist der große Kolbenhub vieler österreichischer Lokomotiven, der auch dem Bedürfnisse nach geringem Lokomotivgewicht entgegenkam.

Die Betriebsverhältnisse der Gebirgsbahnen brachten es mit sich, daß in Österreich bis etwa zum Jahre 1900 selbst solche Lokomotiven, die man im Flachland als reine Güterzuglokomotiven anspricht, also C und selbst D Lokomotiven mit 1300—1200 mm Treibraddurchmesser, auch Schnellzüge beförderten. Um aber einen Lokomotivwechsel am Fuße der Rampe zu ersparen, sah man sich bald genötigt, Lokomotiven mit größeren Raddurchmessern zu bauen und den neuen Lokomotivtyp der Gebirgslokomotive zu schaffen. Während sich sehr bald der Unterschied zwischen Personen- und Güterzuglokomotive deutlich in den Raddurchmessern ausdrückte, ist dies zwischen Personen- und Gebirgslokomotive weniger der Fall. Diese beiden Maschinentypen unterscheiden sich hauptsächlich in der Anzahl ihrer gekuppelten Achsen.

Zum Verständnis sei noch vorausgeschickt, daß Gölsdorf die verstärkte Ausführung einer Gattung mit einer jeweils um 100 erhöhten Reihenzahl bezeichnete, so daß also z. B. die Reihen 6—106—206—306 die Entwicklung der 2 B Lokomotive der Österreichischen Staatsbahn kennzeichnet. Ganz streng war allerdings diese Bezeichnungsweise nicht überall durchführbar.

Das Netz der Staatseisenbahn-Gesellschaft und der Südbahn umfaßte auch ungarische Linien. Die Lokomotiven dieser beiden Bahnen sind aber einheitlich hier bei Österreich behandelt. Dagegen sind die Lokomotiven der sich ebenfalls auf beide Länder erstreckenden Kaschau—Oderberger, Ungarische West- und I. Ungarische Galizische Eisenbahn zu Ungarn gezählt.

DIE SCHNELLZUG- UND PERSONENZUGLOKOMOTIVEN.

In Österreich wurden nach 1880 nur noch wenige Lokomotiven der Bauart 1 B von den verschiedenen Bahnverwaltungen in Dienst gestellt. Obwohl die Kaiserin-Elisabeth-Bahn schon 1879 derartige Lokomotiven mit unterstützter Feuerbüchse (von der Maschinenfabrik der St. E. G. gebaut) verwendete, bestellte die galizische Carl-Ludwigs-Bahn noch im Jahre 1881 4 1 B Lokomotiven mit überhängender Feuerbüchse. 12 Stück gleiche Lokomotiven wurden auch 1884 von der galizischen Transversalbahn in Dienst gestellt. 1885 erhielt die Eisenbahn Wien—Aspang gleichfalls noch 3 Lokomotiven derselben Bauart. Erst 1884 beschaffte die galizische Carl Ludwigs-Bahn von der Sächsischen Maschinenfabrik vorm. Richard Hartmann 8 Stück 1 B Lokomotiven mit unterstützter Feuerbüchse. Diese Maschinen waren in ihren Triebwerks- und Kesselabmessungen ihren Vorläuferinnen fast vollständig gleich, nur hatten die Kessel dieser Lieferung stark überhöhte Belpaire-Feuerbüchsen. Der Achsstand war gegenüber jenen Lokomotiven mit überhängender Feuerbüchse von 3319 auf 4450 mm vergrößert. Im Jahre 1885 wurden für die gleiche Bahnverwaltung neuerlich sechs 1 B Lokomotiven geliefert, deren Hauptabmessungen aus Abb. 244 zu entnehmen sind. Diese Lokomotiven hatten Belpaire-Feuerbüchsen mit glatten Wänden zum Unterschiede von den 1 B Lokomotiven der Kaiserin Elisabeth-Bahn, welche Wellblechfeuerbüchsen besaßen. Die Außenrahmen, deren beide Hauptwangen aus je zwei durch Füllstücke miteinander verbundenen Platten bestanden, stützten sich in 3 Ebenen auf die Achslager. Ausgleichhebel zwischen den Tragfedern waren nicht vorhanden. Das Triebwerk und die innenliegende Stephenson-Steuerung entsprechen in ihrer Anordnung und in ihren Formen den damals allgemein gebräuchlichen Baugrundsätzen.

Im Jahre 1884, also zu einer Zeit, als verschiedene österreichische Bahnverwaltungen 1 B Lokomotiven bezogen, welche sich in ihren Bauformen nur wenig voneinander unter-

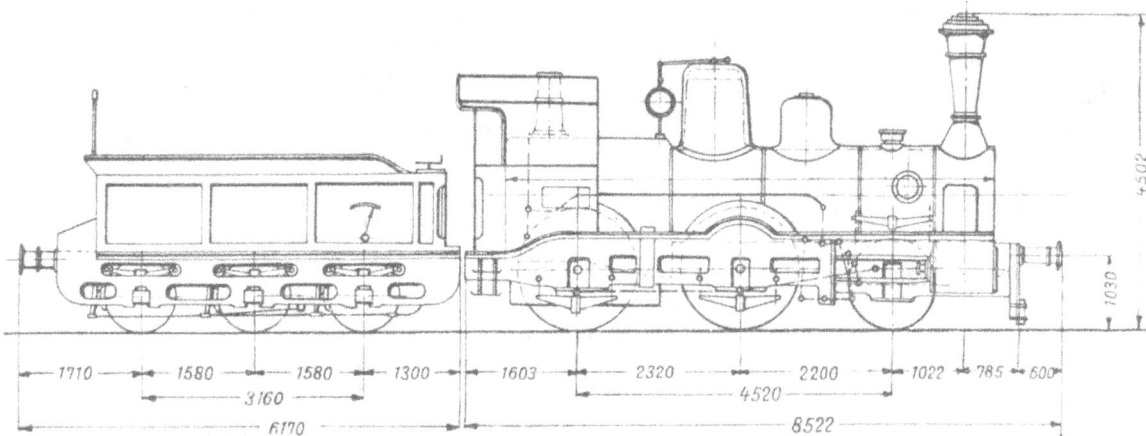

Abb. 244. 1 B n 2 Lokomotive, Reihe 107, der Galizischen Karl-Ludwigs-Bahn;
Erbauer Maschinenfabrik der Österr.-Ung. Staatseisenbahn-Gesellschaft 1885.

Rostfläche	1,86 m²	Treibraddurchmesser	1700 mm	Dienstgewicht d. Lok.	40,6 t
Verdampfungsheizfl.	100,2 m²	Zylinderdurchm.	2 × 422 mm	Reibungsgewicht	27,4 t
Kesseldruck	10 atü	Kolbenhub	632 mm		

schieden und nur in ihren Abmessungen verschieden waren, bezog die österreichisch-ungarische Staatseisenbahngesellschaft von Sharp-Stewart u. Co. in Manchester eine dreizylindrige 1 Bo Verbundlokomotive. Es ist bezeichnend für den Unternehmungsgeist der damals leitenden Männer der Staatseisenbahngesellschaft, daß sie sich nicht mit einem einfachen Versuche an einer Zweizylinderlokomotive, wie er bereits Ende·der siebziger Jahre durch die Kaiser Ferdinands-Nordbahn unternommen war, begnügten, sondern daß sie das System an einer dreizylindrigen ungekuppelten Maschine mit 2 Treibachsen erproben wollten.

Die Lokomotive (Abb. 245) war als Schnellzugmaschine gebaut. Der Stehkessel reichte tief zwischen den beiden Treibachsen nach unten. Die kleine Rostfläche, die nur für gute englische Kohle geeignet war, entsprach keineswegs den auf den Linien der Staatseisenbahngesellschaft verwendeten teilweise sehr minderwertigen Kohlensorten. Der innenliegende Rahmen hatte in seinem vorderen Teile doppelte Rahmenplatten. Von den 3 Zylindern waren die beiden Hochdruckzylinder als Außenzylinder hinter der Laufachse angeordnet, während der Niederdruckzylinder oberhalb dieser lag und die vordere Rahmenversteifung bildete. Die Hochdruckzylinder arbeiteten auf die zweite, der Niederdruckzylinder auf die erste Treibachse. Als Steuerung war die Joy-Steuerung gewählt worden. Die Hochdruckschieber lagen unter den Zylindern. Der Lokomotivrahmen war in 5 Punkten aufgehängt, und zwar mit je 2 Federn über der Lauf-achse und der vorderen Treibachse und mit einer Querfeder über der hinteren Treibachse.

Diese erste österreichische Verbundlokomotive, die nicht durch Umbau einer Zwillings-lokomotive entstanden war, hat sich nicht bewährt. Ihr Anfahr-

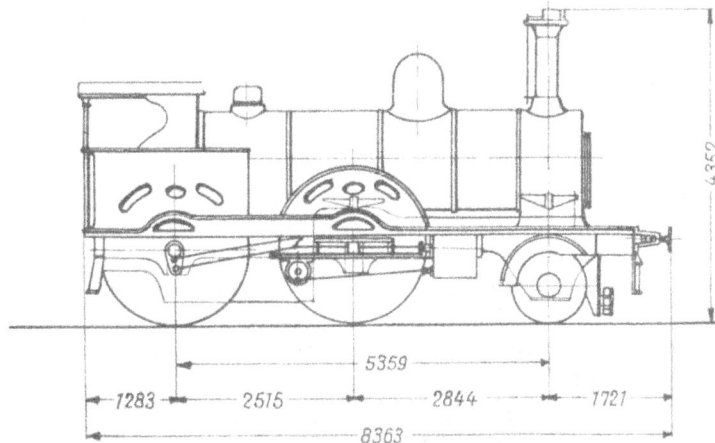

Abb. 245. 1 Bo n 3 v Schnellzuglokomotive·der Österr.-Ung. Staats-eisenbahn-Gesellschaft; Erbauer Atlas Works Manchester 1884.

Rostfläche	1,56 m²	Zyl-Durchm.	2 × 330/1 × 660 mm
Verdampfungsheizfl.	88,81 m²	Kolbenhub	610 mm
Kesseldruck	9 atü	Dienstgewicht d. Lok.	39,0 t
Treibraddurchmesser	1980 mm	Reibungsgewicht	28,0 t

vermögen ließ viel zu wünschen übrig. Da die hintere Treibachse zunächst die Arbeit zu übernehmen hatte, bis der Verbinder zum innenliegenden Niederdruckzylinder gefüllt war, geriet sie naturgemäß häufig ins Schleudern. Dann füllte sich aber der Verbinder schnell auf, so daß an der ersten Achse so hohe Kolbenkräfte vom Niederdruckzylinder wirkten, daß auch sie schleuderte. Außerdem war ihr Rost für die verwendeten Kohlensorten viel zu klein, so daß der Kessel nicht genügend Dampf erzeugen konnte. Die Lokomotive wurde daher bald außer Betrieb gestellt und ausgemustert.

In Österreich wurde dann die 1 B Lokomotive nicht mehr weiter entwickelt. Während in Deutschland nach 1880 noch rund 1600 Lokomotiven dieser Achsfolge gebaut wurden, wurden in Österreich nach diesem Jahre nur 34 Stück solcher Lokomotiven neu entwickelt. In Österreich trat schon in den siebziger Jahren die 2 B Lokomotive vielfach als Ersatz für die 1 B Maschinen auf. Nur die österreichisch-ungarische Staatseisenbahngesellschaft verwendete statt der 2 B Lokomotiven 1 B 1 Maschinen französischer Bauart.

Wenn gerade die Staatseisenbahngesellschaft als einzige österreichische Verwaltung im Jahre 1883 die vorhandenen 2 A und die B 3 (Engerth-) Schnellzugmaschinen (vgl. Bd. I, S. 283, Abb. 401) durch solche der Achsanordnung 1 B 1 und nicht 2 B ersetzte, so lag das

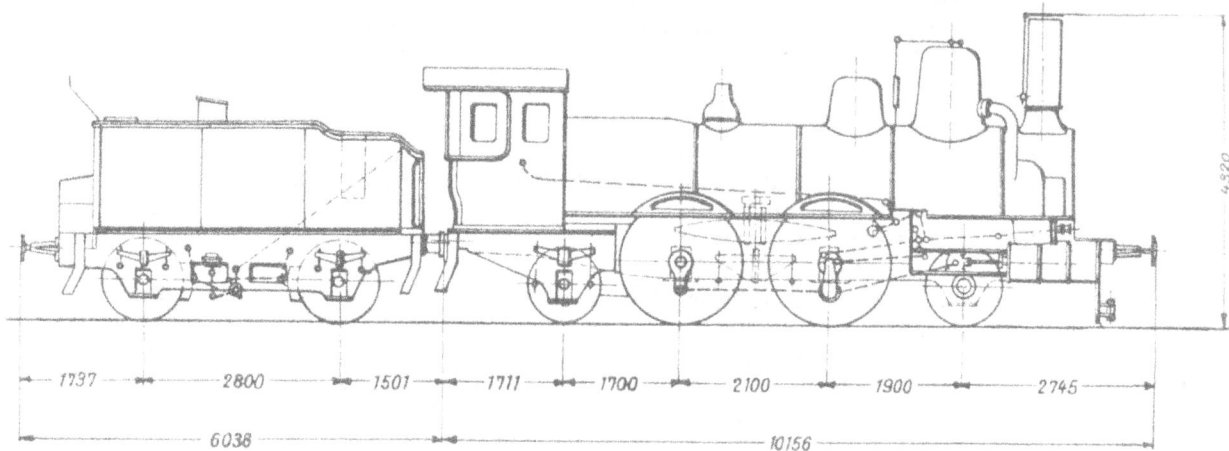

Abb. 246. 1 B 1 n 2 Schnellzuglokomotive, Reihe 5, der Österr.-Ung. Staatseisenbahn-Gesellschaft; Erbauer Hannoversche Maschinenbau-A.-G. 1883—1885.

Rostfläche	2,31 m²	Treibraddurchmesser	1800 mm	Dienstgewicht d. Lok..	47,4 t
Verdampfungsheizfl.	129,2 m²	Zylinderdurchm.	2 × 430 mm	Reibungsgewicht	26,7 t
Kesseldruck	9,5 atü	Kolbenhub	650 mm		

daran, daß damals Polonceau von der Paris—Orleansbahn die Leitung des Maschinenwesens dieser Gesellschaft übernommen hatte und die von ihm in Frankreich entwickelte Bauform auch hier einführte. Außerdem bot diese Bauform die Möglichkeit, tiefe, für die Verbrennung besonders günstige Feuerbüchsen anwenden zu können, da der Stehkessel hinter der Kuppelachse untergebracht werden konnte, ohne dabei überzuhängen und so den Lauf der Lokomotive ungünstig zu beeinflussen (Abb. 246).

Die Heizrohre waren mit 5000 mm bei nur 47 mm lichtem Durchmesser reichlich lang. Den Übergang zu dem um 180 mm überhöhten Stehkessel Bauart Becker (vgl. Bd. I, S. 350, Abb. 529) vermittelte eine oben geschlossene Stiefelknechtsplatte. Die Feuerbüchsdecke war durch Deckenstehbolzen verankert.

Die beiden Laufachsen besaßen 10 mm Spiel nach jeder Seite mit Keilrückstellung. Die hintere Laufachse war in einem Außenrahmen gelagert, damit ein möglichst breiter Stehkessel untergebracht werden konnte.

Die beiden Kuppelachsen waren durch Ausgleichhebel verbunden, an deren mittlerem Drehpunkte je eine 23blättrige Tragfeder hing. Die beiden Laufachsen waren jede für sich abgefedert, so daß der Rahmen in 6 Punkten unterstützt war.

Bei Probefahrten wurde eine Geschwindigkeit bis zu 110 km/h erreicht. Dabei soll der Lauf trotz des kurzen festen Achsstandes von nur 2100 mm nicht unruhig gewesen sein.

Die ersten 39 Lokomotiven mit 1800 mm hohen Treibrädern wurden von 1882—1883 von der Hanomag und von der Lokomotivfabrik der Staatseisenbahngesellschaft (Steg) geliefert, denen bis 1889 14 gleiche und dann 1891 nochmals 5 mit Polonceaufeuerbüchse und einem zweiten Dampfdome folgten. Ein Teil dieser Lokomotiven ging bei der Verstaatlichung an die Ungarische Staatsbahn über.

Da ihre Leistung befriedigte, wurden, nachdem Polonceau bereits 1885 wieder zur Paris—Orleansbahn gegangen war, von 1886—1896 für die böhmischen Linien der Gesellschaft noch weitere 30 ähnliche Lokomotiven, jedoch mit dem für Österreich ungewöhnlich großem Treibraddurchmesser von 2100 mm nachbestellt (Abb. 247). Der Kessel erhielt bei gleicher Länge nur 149 statt 163 Heizrohre und einen zweiten großen Dom auf dem Stehkessel, der mit dem hinter dem Schornstein liegenden Dom durch ein Rohr verbunden war.

Bei diesen Lokomotiven wurde ebenfalls die Polonceau-Feuerbüchse verwendet. Ihre gewölbte Decke setzte sich aus 9-förmigen Kupferplatten zusammen, deren Schenkel miteinander vernietet waren. Die Seitenwände solcher Feuerbüchsen bestanden aus ebenen, durch Stehbolzen mit den Stehkesselseitenwänden verbundenen Kupferplatten. Die Polonceau-Feuerbüchse hatte den Vorteil, daß sie keiner Decken-

Abb. 247. 1 B 1 n 2 Schnellzuglokomotive, Reihe 205, der Österr.-Ung. Staatseisenbahn-Gesellschaft; Erbauer Maschinenfabrik der Österr.-Ung. Staatseisenbahn-Gesellschaft 1886—1896.

Rostfläche	2,31 m²	Zylinderdurchm.	2 × 460 mm
Verdampfungsheizfl.	118,7 m²	Kolbenhub	650 mm
Kesseldruck	9,5 atü	Dienstgewicht d. Lok.	49,4 t
Treibraddurchmesser	2100 mm	Reibungsgewicht	26,7 t

verankerungen bedurfte, hatte aber den Nachteil des schwierigen Abdichtens der Decke gegen die Seitenwände. Sie gestattete die Anordnung eines Dampfdomes auf dem Stehkessel, ohne daß damit eine umständliche Deckenverankerung in Kauf genommen werden mußte. Auffallend ist die Ausrüstung aller dieser 1 B 1 Lokomotiven mit 4 Sicherheitsventilen von 114 mm Durchmesser.

Entsprechend den größeren Treibrädern mußte auch der Gesamtachsstand auf 6000 mm vergrößert werden (fester Achsstand 2220 mm).

Auf Versuchsfahrten wurde mit diesen Lokomotiven mit einer Belastung von 200 t auf 6,7⁰/₀₀ eine Geschwindigkeit von 75 km/h erreicht.

Im Jahre 1888 erschienen noch 2 Lokomotiven einer dritten Bauart mit etwas kleineren Zylindern (410 mm) und nahe aneinander gerückten Domen, bei denen die einzelnen Kuppelachsen getrennte Federn mit Längsausgleichhebeln erhalten hatten. Diese Lokomotiven hatten lange Belpaire-Stehkessel mit Deckenstehbolzen. Da die Heizrohre nur 4000 mm lang waren, war das Verhältnis der Rostfläche (2,96 m²) zur Heizfläche (106 m²) nicht sehr günstig (1 : 36). Obgleich die unverhältnismäßig große Rostfläche gerade für die österreichischen Kohlen ganz zweckmäßig war, ist diese Abart nicht nachgebaut worden. Die Bahn blieb vielmehr bei der Polonceau-Feuerbüchse, die dann auch in Ungarn noch häufig angewendet wurde.

Die 1 B 1 Lokomotiven haben sich gut bewährt. Sie waren besonders sparsam und deswegen sehr beliebt; ihre Ausmusterung hat, von wenigen Ausnahmen abgesehen, erst etwa im Jahre 1923 begonnen. Eine Nachahmung hat aber die Bauart bei anderen österreichischen Bahnen nicht gefunden. Überall wurde für vierachsige, zweifach gekuppelte Lokomotiven das führende Drehgestell bevorzugt. Dagegen beschaffte die Rumänische Staatsbahn 1886 bis 1893 noch 53 1 B 1 Lokomotiven, die gleichfalls von der Hanomag und der Steg geliefert wurden.

Die 2 B Lokomotive war bereits in den siebziger Jahren des vorigen Jahrhunderts in Österreich stark verbreitet, so daß, wie oben angegeben, nach 1880 nur noch sehr wenige 1 B Lokomotiven gebaut wurden. Die Entwicklung der Bauarten ist in Bd. I, S. 234—235 bereits geschildert. Alle diese Lokomotiven hatten Außenrahmen. In der ersten Zeit verwendete man meist Drehgestelle der Bauart Kamper, später ging man in immer größerem Ausmaße auf Mittelzapfen-Drehgestelle über. Die Zylinder lagen meist über den vorderen Drehgestellrädern. Diese Bauart ist bis in die Mitte der neunziger Jahre, vereinzelt auch noch bis 1901 bei fast allen österreichischen Bahnen grundsätzlich unverändert weiter beibehalten worden. Nur die Hauptabmessungen schwankten, so z. B. die

Rostflächen von	1,8 —	2,7	m²
Heizflächen „	104 —	136	m²
Zylinderdurchmesser von	410 —	460	mm
Treibraddurchmesser „	1580 —	2000	mm
Dienstgewichte „	37,5 —	48	t
Kesselmitte über SO „	1760 —	2165	mm

Ein typisches Beispiel aus dem Jahre 1891 zeigt Abb. 248. Erst im Jahre 1893 ersetzte die Nordbahn bei Neubaulokomotiven das Kamper-Drehgestell durch ein solches mit Kugelzapfen und Pendelaufhängung.

Die unterstützte Feuerbüchse war die Regel; nur wenige Typen besaßen durchhängende Feuerbüchse.

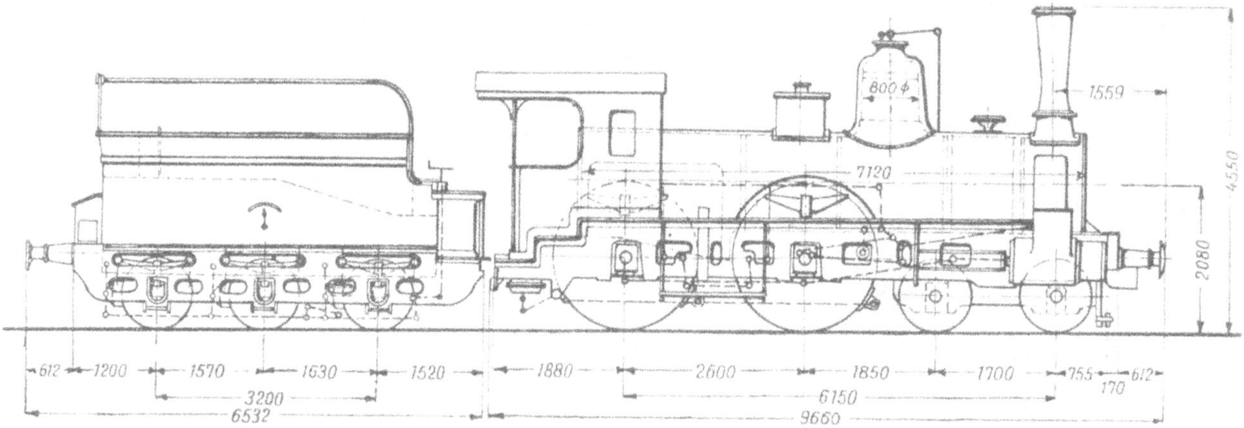

Abb. 248. 2 B n 2 Schnellzuglokomotive, Reihe 104, der Kaiser-Ferdinands-Nordbahn; Erbauer Sigl, Wiener-Neustadt 1884—1893.

Rostfläche	2,2 m²	Treibraddurchmesser .	1960 mm	Dienstgewicht d. Lok..	47,0 t
Verdampfungsheizfl. .	116,1 m²	Zylinderdurchm.	2 × 435 mm	Reibungsgewicht . .	27,6 t
Kesseldruck	11 atü	Kolbenhub	632 mm		

Alle bis zum Jahre 1893 in Österreich gebauten 2 B Lokomotiven hatten Außenrahmen und tiefliegenden Kessel. Innenrahmen wurden nur bei den Lokomotiven der Staats-Eisenbahn-Gesellschaft und bei einigen Güterzuglokomotiven der Staatsbahnen und anderer Bahnverwaltungen verwendet. Im Jahre 1893 hatte jedoch Gölsdorf eine neue 2 B Verbund-Schnellzugslokomotive entwickelt (Reihe 6), welche ein Markstein in der Entwicklung der österreichischen Schnellzuglokomotiven werden sollte. Gölsdorf hatte die großen Vorteile des Innenrahmens richtig erkannt und diese Lokomotive damit ausgerüstet. Wie oben erwähnt wurde, hatte die Staatseisenbahngesellschaft zwar bei ihren Lokomotiven fast ausschließlich den Innenrahmen verwendet; sie hatte aber bei den damals noch sehr tiefliegenden Kesseln den mißlichen Umstand in Kauf nehmen müssen, daß der Rost zwischen den Rahmenwangen lag und dadurch in seiner Breite arg beschränkt war. Gölsdorf ging jetzt einen kräftigen Schritt weiter und stellte als Erster bei seiner 2 B Lokomotive den Kessel über den Rahmen und erzielte dadurch eine breite Rostfläche und als weiteren Vorteil einen einfachen Stehkessel. Außerdem ergab sich durch die hohe Kessellage ein hochliegender Schwerpunkt der gefederten Massen der Maschine, der sich auf den Lauf der Lokomotive sehr günstig auswirkte (Abb. 249, Tafel 18).

Die Kesselmitte dieser Maschine lag 2570 mm über SO, also rund 500 mm höher als bei den bis 1893 in Österreich betriebenen 2 B Lokomotiven. Damit die tiefliegende Feuerbüchse untergebracht werden konnte, mußten die beiden Hauptrahmenplatten zwischen den gekuppelten Achsen tief ausgeschnitten werden. Die Rostfläche (2,9 m²) war im Vergleich zu jenen der übrigen europäischen 2 B Lokomotiven sehr groß, doch war das Verhältnis von Rostfläche zu feuerberührter Verdampfungsheizfläche (1 : 48) für die verwendeten Kohlenmischungen glücklich gewählt. Der Kessel hatte wieder 2 Dampfdome erhalten, die durch ein weites Rohr miteinander verbunden waren. Der vordere Dom enthielt den von außen betätigten Regler, von dem aus das Frischdampfrohr außen am Kessel entlang senkrecht nach unten zu den Zylindern führte.

Nach den günstigen Erfahrungen, welche man mit Verbund-Güterzuglokomotiven gemacht hatte, wählte Gölsdorf auch für die neue Schnellzugmaschine die zweifache Dampfdehnung. Das Raumverhältnis der beiden Zylinder (1 : 2,2) war gut getroffen. Um die Triebwerksteile leicht halten zu können, hatte man einen für die damaligen Verhältnisse großen Hub von 680 mm gewählt. Wegen des großen Niederdruckzylinders mußte der vordere Teil des Rahmens

Abb. 249. 2 B n 2 v Schnellzuglokomotive, Reihe 6, der Kaiserl.-Königl. Österr. Staatsbahnen; Erbauer Wiener Lokomotivfabrik A.-G. Floridsdorf 1894—1898.

Rostfläche	2,9 m²	Zylinderdurchm.	500/740 mm
Verdampfungsheizfl.	140,0 m²	Kolbenhub	680 mm
Kesseldruck	13 atü	Dienstgewicht d. Lok.	55,4 t
Treibraddurchmesser	2100 mm	Reibungsgewicht	28,8 t

stark eingezogen werden. Diese Ausführung wurde aber später bei der Weiterentwicklung dieser Lokomotivtype wieder verlassen. Als äußere Steuerung wurde die Heusinger-Steuerung mit doppelt gelagerter Schwinge angewendet. Die innere Steuerung bestand aus einfachen, nicht entlasteten Muschelschiebern. Um besonders für den Niederdruckzylinder gute Ein- und Ausströmverhältnisse zu erhalten, hatte man die Zylinderkanäle sehr breit (590 mm) ausgebildet.

Nicht minder stark wich auch das Laufwerk von allem Früheren ab. Die 1 B 1 Lokomotiven der Staatseisenbahngesellschaft hatten zwar auch schon große Treibraddurchmesser, doch wurde bei der neuen Lokomotive der Achsstand der Kuppelachsen auf 2800 mm statt 2000 bis 2600 mm bei den bisherigen 2 B und 1 B 1 Lokomotiven vergrößert. Das Drehgestell hatte einen bis dahin nicht bekannten Achsstand von 2700 mm und war dicht an die Treibachse herangezogen. Bei dem nunmehr weit zurückliegenden Zapfen (er lag wie bei den ersten Ausführungen des hannoverschen Drehgestells noch 90 mm hinter der Mitte des Drehgestells) konnte auf eine Seitenverschiebbarkeit verzichtet werden. Der Rahmen war zu beiden Seiten des Drehzapfens in Kugelpfannen gelagert.

Durch diese Laufwerksanordnung wurde eine vorzügliche Führung erreicht. Außerdem übernahm das Drehgestell einen größeren Teil der abgefederten Last (hier 26,6 von 55,4 t, also etwa 48% des Dienstgewichtes). Nur so konnte bei 14,4 t Achsdruck ein Kessel untergebracht werden, dessen Abmessungen bedeutend größer waren als z. B. bei den preußischen 2 B Lokomotiven.

Ursprünglich war diese Lokomotive mit der einfach wirkenden Luftsaugebremse der Bauart Hardy ausgerüstet. Im Jahre 1901 erhielt sie als erste Maschine der Welt die selbsttätige schnellwirkende Luftsaugebremse gleicher Bauart.

Diese Reihe 6 brachte eine Umwälzung im österreichischen Schnellzugverkehr. Die Fahrzeit des damaligen Luxuszuges Wien—Karlsbad konnte z. B. von 12 auf 8 Stunden herabgesetzt werden.

Bei Versuchsfahrten lief sie auch bei einer Geschwindigkeit von 130 km/h einwandfrei. Sie zog einen Zug von

210 t auf Steigungen von 2—3⁰/₀₀ mit V = 100 km/h
und auf 10⁰/₀₀ ,, V = 58 km/h.

In etwas abgeänderter Form wurde diese Lokomotive im Jahre 1898 als Reihe 106 nachgebaut. An ihr wurden alle Erfahrungen mit der ersten Ausführung verwertet. So wurde die Rostfläche auf 3 m² und der Durchmesser des Niederdruckzylinders auf 760 mm vergrößert. Das Drehgestell erhielt jetzt auch eine Bremse. Die sich daraus ergebenden Mehrgewichte konnten durch Vereinfachungen im Rahmenaufbau wettgemacht werden. So entfiel, wie schon

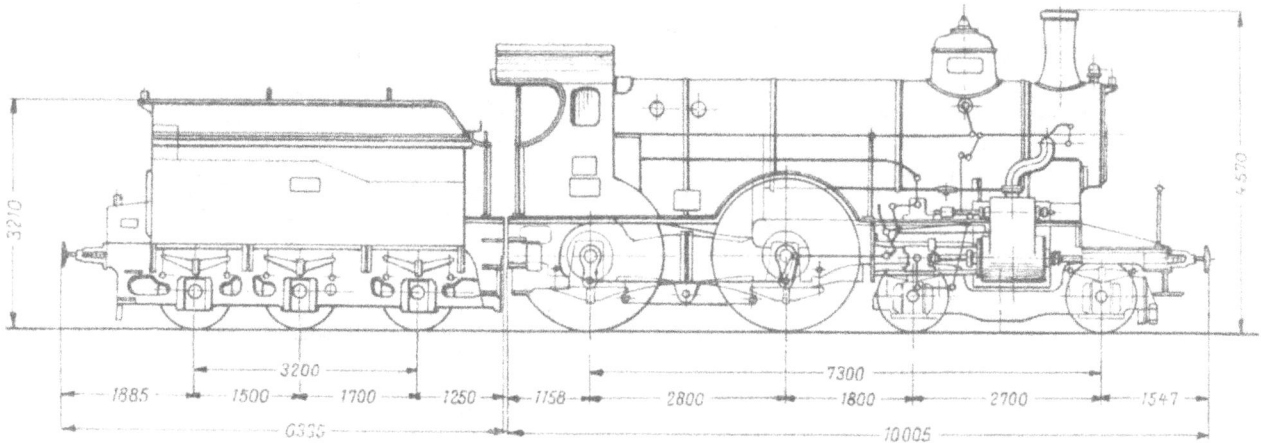

Abb. 250. 2 B n 2 v Schnellzuglokomotive, Reihe 206, der Kaiserl.-Königl. Österr. Staatsbahnen;
Erbauer G. Sigl, Wiener-Neustadt 1903—1907.

Rostfläche	3,0 m²	Treibraddurchmesser	2100 mm	Dienstgewicht d. Lok.	54,2 t
Verdampfungsheizfl.	135,0 m²	Zylinderdurchm.	500/760 mm	Reibungsgewicht	29,0 t
Kesseldruck	13 atü	Kolbenhub	680 mm		

erwähnt wurde, die Einschnürung des vorderen Rahmenteiles. Der Niederdruckzylinder ragte in einen großen Ausschnitt der linken Rahmenplatte hinein. Dadurch wurde der Rahmen nicht nur einfacher und leichter, sondern auch wesentlich fester.

Auf Versuchsfahrten entwickelte diese Lokomotive

bei einer Geschwindigkeit von 50 km/h 848 PSᵢ
,, ,, ,, ,, 90 km/h 940 PSᵢ und
,, ,, ,, ,, 100 km/h 925 PSᵢ.

Vom Jahre 1903 an erhielt diese Lokomotivbauart als Reihe 206 wieder ein anderes Aussehen (Abb. 250).

Bei dieser Lokomotive ist, ebenso wie bei vielen später entstandenen Bauarten, der Eindruck deutlich zu erkennen, den englische Lokomotiven mit ihren schönen glatten Formen auf Gölsdorf gemacht haben müssen, als er studienhalber längere Zeit in England war. Trieb- und Laufwerk waren gegenüber der Lokomotive der Reihe 106 gleich geblieben, aber der Kessel war wesentlich geändert.

Die Mittellinie des Kessels war auf 2800 mm über SO verlegt worden. Dadurch konnte die Feuerbüchse noch mehr vertieft werden, so daß ihre feuerberührte Heizfläche von 10,4 auf 12,0 m² stieg. Dafür wurden aber die Heizrohre des Langkessels von 4400 auf 3900 mm Länge gekürzt. Ein Teil des Verlustes an Heizfläche wurde jedoch durch eine Erhöhung der Rohrzahl (von 205 auf 219) bei gleichbleibendem Kesseldurchmesser wieder eingebracht. Das

294

Verhältnis R : H stieg von 1 : 47 auf 1 : 45. Der zweite Dom wurde fortgelassen und das Einströmrohr nunmehr durch die Rauchkammer geführt. Durch diese Maßnahmen gelang es, die Drehgestellachsdrücke von zusammen 27 auf 25,2 t zu verringern. Bei einer Lokomotive machte Gölsdorf einen Versuch mit einem unter dem Langkessel liegenden, von der Feuerbüchse aus geheizten Überhitzer, der sich aber nicht bewährte und bald wieder ausgebaut werden mußte.

Schließlich wurde diese Lokomotive im Jahre 1908 als Reihe 306 mit dem Schmidtschen Rauchröhrenüberhitzer ausgerüstet. Diesmal blieb der Kessel in seinen äußeren Abmessungen unverändert. Die Kesselbleche wurden jedoch wegen der Erhöhung des Dampfdruckes von 13 auf 15 atü um 1 mm verstärkt. Bei 18 Rauchrohren ergab sich eine Verdampfungsheizfläche von 106 und eine Überhitzerheizfläche von 35 m².

Diese Lokomotive war die erste der k. k. österreichischen Staatsbahn, welche mit dem Schmidtschen Rauchröhrenüberhitzer ausgestattet war. Verschiedene Privatbahnen waren aber den österreichischen Staatsbahnen im Bau von Schmidtschen Heißdampflokomotiven bereits zuvorgekommen. Dies mag wohl seinen Grund darin haben, daß der Betrieb mit den Verbundlokomotiven durchaus wirtschaftlich war und außerdem die k. k. Staatsbahn von 1905 an eine größere Anzahl von Lokomotiven, allerdings anderer Bauart, mit Dampftrocknern Bauart Crawford-Clench ausgerüstet hatte. Erst als bei den österreichischen Privatbahnen, unter denen wieder die Staatseisenbahngesellschaft eine führende Rolle spielte, genügend Erfahrungen über hochüberhitzten Dampf vorlagen, entschloß man sich auch bei den k. k. Staatsbahnen, den Schmidtschen Überhitzer in größerem Ausmaße einzuführen.

Die spiralig gewellten Rauchrohre, Bauart Pogany, waren bei der Staatsbahn zunächst die Regelbauart. Der Regler, der nach dem Muster der Österreichischen Nordwestbahn als waagerecht liegender Flachschieber mit Zahnradantrieb ausgeführt war, lag auf dem Überhitzerkasten. Er besaß eine kleine Umlaufeinrichtung, die bei geschlossenem Regler etwas Kühldampf durch den Überhitzer strömen ließ.

Am Triebwerk wurden nur die durch den Heißdampf bedingten Änderungen vorgenommen. Der Niederdruckzylinder blieb unverändert. Dagegen wurde der Durchmesser des Hochdruckzylinders um 20 mm vergrößert, außerdem erhielt der Hochdruckzylinder Kolbenschieber mit äußerer Einströmung, weil die äußere Steuerung unverändert beibehalten werden sollte. Der Durchmesser der Kolbenschieber (250 mm) war wesentlich größer, als es damals in Preußen üblich war.

Da der Schieberkasten durch die äußere Einströmung (Stopfbüchse!) notgedrungen länger geworden war, mußte der Hochdruckzylinderblock um 155 mm nach vorn verschoben werden, so daß bei dieser Lokomotive die beiden Zylinder nicht mehr in einer Querebene lagen.

Durch den Überhitzer war der gesamte Drehgestellachsdruck wieder auf 28 t angewachsen, so daß mit dieser Lokomotive die äußerste zugelassene Grenze (14,5 t Achsdruck) nahezu ausgenutzt war.

Die Kohlenersparnis gegenüber den Naßdampflokomotiven betrug 14,5%.

Von den 4 Ausführungen wurden 68, 99, 70 und 3 = 240 Stück gebaut, zu denen dann noch 27 gleiche Lokomotiven der Reihe 106, 19 der Reihe 206 und 2 der Reihe 306 für die Südbahn traten. Wenn von der Heißdampfausführung nur 5 Stück gebaut wurden, so ist dies dadurch begründet, daß die 2 B Lokomotive bereits im Jahre 1908 in Österreich durch andere Achsanordnungen überholt war. Bezogen auf die Gewichtseinheit müssen diese 2 B Lokomotiven in allen ihren Ausführungen als die leistungsfähigsten ihrer Art angesprochen werden.

Die Gölsdorfsche Lokomotive der Reihe 6 und 106 machte bald in Österreich Schule. Besonders regten die großen Vorteile, welche der hochliegende Kessel und die Verbundmaschine boten, die Lokomotivkonstrukteure an, ähnliche Bauarten zu entwickeln. Im Jahre 1897 baute die Staatseisenbahngesellschaft in ihrer Lokomotivfabrik zwei 2 B Schnellzugslokomotiven, die sich stark an die Lokomotive Reihe 6 der k. k. Staatsbahn anlehnten. Um einen ruhigen Lauf bei großen Geschwindigkeiten zu erhalten, glaubte man damals zum Dreizylindertriebwerk greifen zu müssen und bildete diese Lokomotiven, welche später die Reihenbezeichnung 506 (Abb. 251) erhielten, als Dreizylinderverbundmaschine aus. Während die erste Verbundlokomotive dieser Bahnverwaltung, die Webbsche 1 B Schnellzuglokomotive, 2 Hochdruck- und einen Niederdruckzylinder hatte, erhielten die neuen Maschinen nur einen zwischen den Rahmen liegenden Hochdruckzylinder und 2 außenliegende Niederdruckzylinder. Alle 3 Zylinder trieben die erste gekuppelte Achse an. Der Hochdruckzylinder hatte 470 mm, die beiden Niederdruckzylinder 500 mm Durchmesser. Das Raumverhältnis war daher 1 : 2,2. Der Innenzylinder hatte wie bei der Webbschen Verbundlokomotive einen unten liegenden Schieber. Als Steuerung wurde für den Hochdruckzylinder die Goochsteuerung, für die Niederdruckzylinder die Heusinger-Steuerung gewählt. Die Steuerungen beider Zylindergruppen konnten getrennt voneinander verstellt werden. Der ruhige Lauf bei großen Geschwindigkeiten, den man durch die Dreizylinderverbundanordnung erreichen wollte, wurde nicht erreicht. Es zeigte sich nämlich bei diesen Maschinen, daß man die Füllung der Niederdruckzylinder wesent-

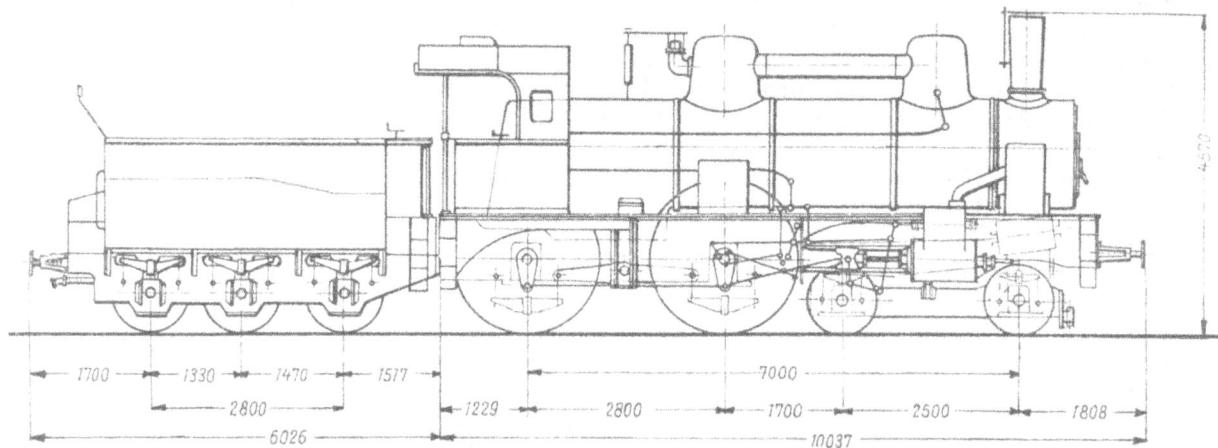

Abb. 251. 2 B n 3 v Schnellzuglokomotive, Reihe 506, der Österr.-Ung. Staatseisenbahn-Gesellschaft; Erbauer Lokomotivfabrik der Österr.-Ung. Staatseisenbahn-Gesellschaft 1897.

Rostfläche	2,9 m²	Treibraddurchmesser	2100 mm	Kolbenhub	650 mm
Verdampfungsheizfl.	148,5 m²	Zylinderdurchm.		Dienstgewicht d. Lok..	53,7 t
Kesseldruck	13 atü		1 × 470/2 × 500 mm	Reibungsgewicht	27,8 t

lich kleiner einstellen mußte als die des Hochdruckzylinders, wenn man einen ruhigen Lauf erzielen wollte. Dadurch wurde aber der Druck im Verbinder erhöht, so daß die Leistung der Niederdruckzylinder wieder stieg. Wenn der Betrieb wirtschaftlich sein sollte, mußte der Niederdruckzylinder eine große und der Hochdruckzylinder eine kleine Füllung erhalten. Dann aber gab der Hochdruckzylinder an den Niederdruckteil zu wenig Dampf ab, so daß die Hauptarbeit vom Hochdruckzylinder geleistet wurde. Diese mißlichen Verhältnisse hatten zur Folge, daß man den Hochdruckzylinder bald ausbaute und die Maschine als Zwillingsmaschine weiter betrieb.

Von 1900—1902 wurden dann weitere 16 Lokomotiven, jetzt aber in Zwillingsausführung, gebaut. Das Gewicht, das man durch den Fortfall des einen Zylinders und durch die nur 28 mm dicken Rahmenplatten gegenüber der Reihe 6 eingespart hatte, wurde zur Vergrößerung der Rost- und Heizfläche ausgenützt. Sonst glichen diese Lokomotiven auch in den meisten Einzelheiten dem Vorbild der Reihen 6 und 106 der k. k. Staatsbahn.

Der Entwurf einer ²/₅ gekuppelten Lokomotive beschäftigte Gölsdorf schon im Anfang der neunziger Jahre. Von ihm stammt die Skizze (Abb. 22, S. 40) einer 3 B Lokomotive für Schnellfahrten. Sie zeigt bereits viele Züge seiner späteren Entwürfe (Verbundtriebwerk, großen Kolbenhub, Dampfsammler statt Dom usw.). Vergleiche auch hierzu die Ausführungen über Schnellfahrversuche S. 40.

Sowohl diese Lokomotive als auch die Achsanordnung 3 B überhaupt ist nie ausgeführt worden.

Als die Kaiser Ferdinands-Nordbahn im Jahre 1895 eine Lokomotive benötigte, die im hügligen Gelände der Strecke Wien—Krakau 200 t mit V = 80 km/h befördern sollte, entstand die erste 2 B 1 Lokomotive der Welt (Abb. 252). An sich hatte wohl die 2 B Lokomotive der Reihe 6 der k. k. österreichischen Staatsbahnen ausgereicht, da aber der Achsdruck von 14 t keinesfalls überschritten werden durfte, entschloß man sich zur Durchbildung einer neuen Lokomotivbauart mit einem vorderen zweiachsigen Drehgestell, 2 gekuppelten Achsen und rückwärtiger freier Lenkachse mit einem Seitenspiel von je 10 und einem Längsspiele von je 32 mm. Die vom Jahre 1908 an gelieferten Lokomotiven hatten statt der Lenkachse radial einstellbare zwangsläufig gesteuerte Schleppachsen mit Innenlagern nach der Bauart Adams erhalten. Diese Bauart wurde dann auch später bei den ersten deutschen 2 B 1 Lokomotiven der Pfälzischen Eisenbahn (Abb. 138) übernommen, aber wiederum mit freier Lenkachse. Der Kessel war in der Rostfläche gleich, in der Heizfläche nur wenig größer als bei der k. k. Staats-

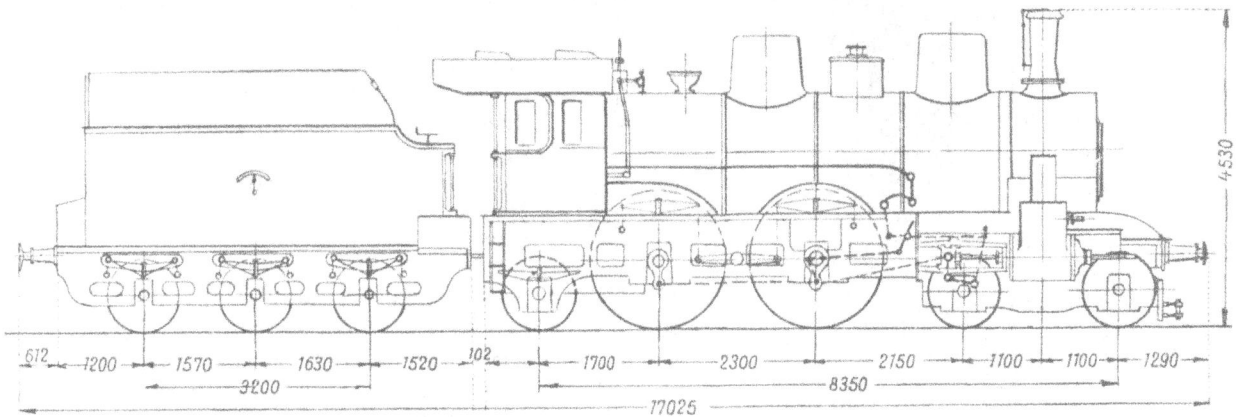

Abb. 252. 2 B 1 n 2 Schnellzuglokomotive, Reihe 308, der Kaiser-Ferdinands-Nordbahn;
Erbauer Sigl, Wiener-Neustadt 1895—1908.

Rostfläche	2,9 m²	Treibraddurchmesser	1960 mm	Dienstgewicht d. Lok..	60,6 t
Verdampfungsheizfl.	152,0 m²	Zylinderdurchm.	2 × 470 mm	Reibungsgewicht	28,0 t
Kesseldruck	12—13 atü	Kolbenhub	600 mm		

bahnlokomotive der Reihe 6. Der Stehkessel lag aber nicht über dem 35 mm starken Außenrahmen, sondern konnte bei der verfügbaren größeren lichten Breite noch zwischen den Rahmenwangen untergebracht werden. Das Drehgestell von nur 2200 mm Achsstand besaß in der Mitte einen Kugelzapfen, der nur als Drehzapfen diente. Die Last wurde mit seitlichen Pfannen auf das Drehgestell übertragen.

Die Lokomotiven bewährten sich sehr gut, sie liefen auch bei 125 km/h Geschwindigkeit ruhig. Bis zum Jahre 1908 wurden 57 Stück beschafft, von ihnen besaßen die letzten 12 Stück einen Clench-Dampftrockner, der bei einer Länge von 1040 mm eine Heizfläche von 36 m² ergab. Da die Dampftrockner große Ausbesserungskosten verursachten, wurden sie später wieder ausgebaut. Die mit ihnen erreichbare Überhitzung war nur sehr gering und konnte den Nachteil der Verkleinerung der dampferzeugenden Heizfläche keineswegs ausgleichen.

Im Jahre 1913 baute man 3 Lokomotiven auf die Achsanordnung 2 C um, wobei gleichzeitig der Durchmesser der Treibräder von 1960 mm auf 1574 mm und der Laufräder von 970 auf 830 mm verkleinert wurde. Die Achsstände blieben dabei unverändert. Die Mittellinie des Kessels wurde von 2520 mm auf 2375 mm über SO verlegt. Die günstigste Geschwindigkeit lag bei diesen Lokomotiven schon bei 20 km/h. Die indizierte Leistung war aber nach den Sanzinschen Versuchen trotzdem bei den höheren Geschwindigkeiten noch befriedigend. Sie ergab z. B. bei 80 km/h noch 870 PS$_i$, ohne damit den Höhepunkt, der schätzungsweise erst bei 96 km/h lag, zu erreichen.

Im Jahre 1898 lieferte Sigl in Wiener-Neustadt 11 fast genau gleiche 2 B 1 Lokomotiven an die Warschau—Wiener Eisenbahn.

1901 ging auch die Nordwestbahn zur 2 B 1 Lokomotive über. Von der vorher beschriebenen Lokomotive unterscheidet sich diese Maschine hauptsächlich durch den größeren Kessel, den innenliegenden Rahmen und das Verbundtriebwerk. Wie bei den letztgelieferten 2 B 1 Nordbahnlokomotiven war auch hier die letzte Achse des Fahrgestells als Adamsachse ohne Rückstellvorrichtung ausgebildet. Der Hauptrahmen lag vorn mit einer in einer Wiege gelagerten Kugel auf dem Drehgestellrahmen. Auch diese Lokomotive, welche nach der Verstaatlichung der österreichischen Nordwestbahn die Reihenbezeichnung 208 erhielt, bewährte sich im Betriebe gut.

Im gleichen Jahre wurde auf den k. k. Staatsbahnen die von Gölsdorf entworfene 2 B 1 Lokomotive Reihe 108 (Abb. 253) in Dienst gestellt. Der Kessel dieser Maschine war wesentlich größer als der der vorbeschriebenen 2 B 1 Lokomotiven. Seine Mittellinie war auf 2830 mm über SO hinaufgerückt, der Stehkessel lag über dem Rahmen, damit ein breiterer Rost untergebracht werden konnte. Der Rost war für damalige Verhältnisse ungewöhnlich lang (3270 mm).

Bei der Größe der Feuerbüchse, die vorn 2000 mm tief war, mußte ihr Mantel aus 3 Teilen zusammengesetzt werden. Diese Bauweise wurde bei der Staatsbahn auch dann noch beibehalten, nachdem die Kupferwerke an die Südbahn im Jahre 1906 für die gleichen Lokomotiven einteilige Mäntel geliefert hatten.

Da man eine möglichst tiefe Feuerbüchse anstrebte, wurde der Rahmen über der Kuppelachse durchgeschnitten und beide Stücke durch ein kräftiges Stahlformgußstück von 380 mm Höhe verbunden.

Der Achsstand des Drehgestells war kürzer als bei den 2 B Lokomotiven Reihe 6; er war aber immer noch wesentlich größer als es damals sonst üblich war. Bei den Lokomotiven der ersten Lieferung betrug er 2420 mm, bei den späteren Lieferungen 2440 mm. Das Drehgestell war auch jetzt noch nicht seitlich verschiebbar. Dagegen hatten seine Achsen in den Achslagern 3 mm Spiel nach jeder Seite. Die hintere Laufachse war eine Adamsachse ohne Rückstellvorrichtung. Sie war für sich gefedert. Die vorderen Federenden waren aber durch einen querliegenden Ausgleichhebel miteinander verbunden. Dieser Lastausgleich wurde bei Adamsachsen der österreichischen Lokomotiven häufig ausgeführt.

Mit der 2 B 1 Lokomotive der Reihe

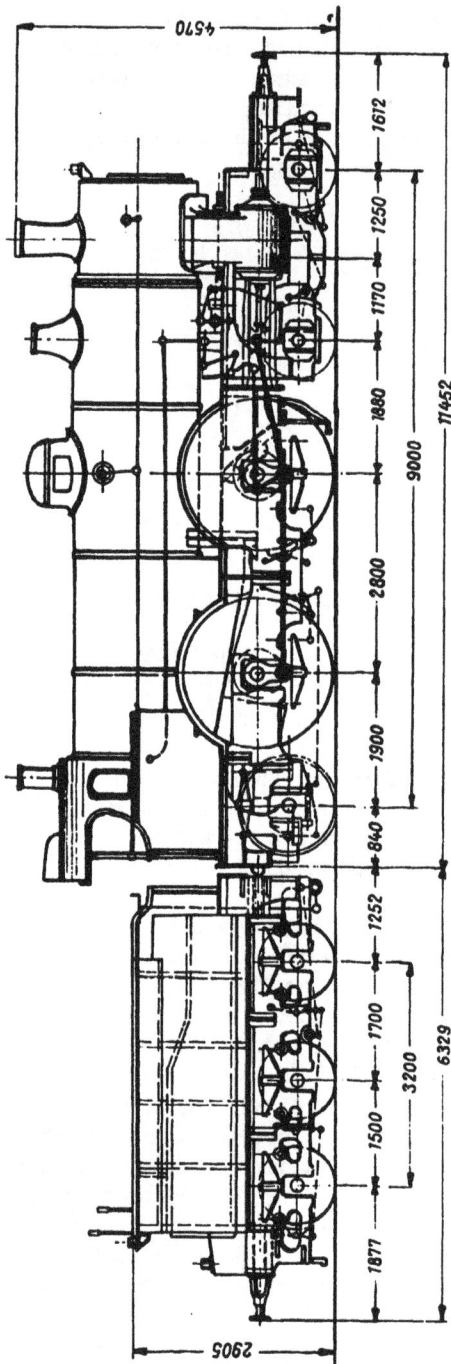

Abb. 253. 2 B 1 n 4 v Schnellzuglokomotive, Reihe 108, der Kaiserl.-Königl. Österr. Staatsbahnen; Erbauer Böhmisch-Mährische Maschinenfabrik A.-G. 1901—1910.

Rostfläche	3,53 m²	Treibraddurchmesser	2100 mm	Dienstgewicht d. Lok. 68,3 t
Verdampfungsheizfl.	214,8 m²	Zylinderdurchm. 2×350/600 mm		Reibungsgewicht 29,0 t
Kesseldruck	15 atü	Kolbenhub	680 mm	

108 wurde das vierzylindrige Triebwerk, und zwar in der von Borriesschen Bauart in Österreich eingeführt. Gölsdorf wählte aber das Zylinderraumverhältnis 1 : 2,94, damit bei gleichen Füllungen im Hoch- und Niederdruckzylinder eine gleichmäßige Arbeitsverteilung erreicht wurde. Dadurch wurde die Übertragung der Schieberbewegung von außen nach innen einfacher. Die Schieber aller Zylinder waren einfache Muschelschieber, die Schieber der außenliegenden Niederdruckzylinder waren um 45° geneigt, so daß sich kurze Dampfwege ergaben.

Nach den Sanzinschen Versuchen leistete die Lokomotive schon bei 65 km/h 1300 PS$_i$, die Leistung stieg bis 80 km/h auf 1371 PS$_i$, um dann langsam bis 100 km/h auf 1310 PS$_i$ zu fallen. Bei Probefahrten wurden Geschwindigkeiten von 140 km/h erreicht. Sie schleppte

$$230 \text{ t auf } 10^0/_{00} \text{ mit } V = 74 \text{ km/h},$$

wobei vorübergehend Leistungen von 1500 PS$_i$ erzielt wurden.

Da die Lokomotive sich gut bewährte, wurde sie nicht nur von der Staatsbahn (25 Stück), sondern auch von der Südbahn (11 Stück) beschafft. Die letzte Maschine dieser Bauart wurde im Jahre 1910 geliefert. Nach diesem Jahre wurden in Österreich keine zweifach gekuppelten

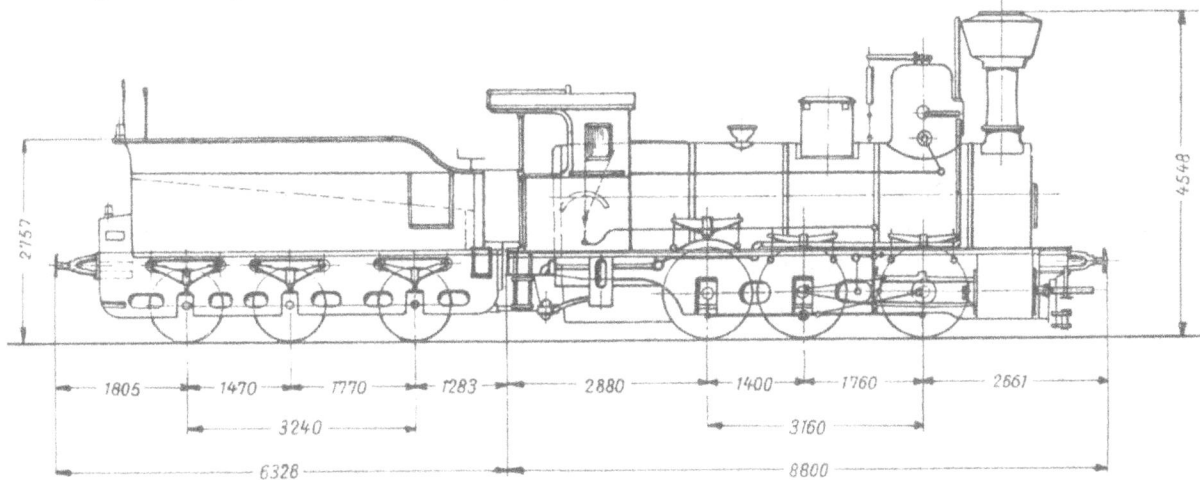

Abb. 254. C n 2 Güterzuglokomotive, Reihe 56, der Kaiserl.-Königl. Österr. Staatsbahnen; Erbauer Sigl, Wiener-Neustadt 1888—1900.

Rostfläche . . . . . 1,81 m²	Treibraddurchmesser . 1258 mm	Dienstgewicht d. Lok.. 41,5 t
Verdampfungsheizfl. .118,8 m²	Zylinderdurchm. 2×450 mm	Reibungsgewicht . . 41,5 t
Kesseldruck . . . . 10—11 atü	Kolbenhub . . . . . 632 mm	

Schnellzuglokomotiven mehr bestellt, weil die immer größer gewordenen Zuglasten bei den ungünstigen Streckenverhältnissen nur noch mit dreifach gekuppelten Maschinen befördert werden konnten.

Wie schon in Bd. I, S. 263—264 erwähnt war, wurden die alten aus den siebziger Jahren stammenden Bauarten der C Lokomotiven mit überhängender Feuerbüchse und Außenrahmen noch nach dem Jahre 1880 vielfach weitergebaut. Namentlich bei den böhmischen Kohlenbahnen, z. B. bei der Böhmischen Nordbahn, wurden sie noch bis zum Jahre 1901, bei der Buschtehrader Eisenbahn sogar bis 1908 beschafft. Die Lokomotiven der zuletzt genannten Bahn hatten Hauptrahmenplatten, welche aus 2 Blechen mit Füllstücken zusammengesetzt waren. Die letzten 6 Lokomotiven dieser Bauart hatten Clench-Dampftrockner. Die Raddurchmesser der Lokomotiven beider Bahnen betrugen im Mittel 1190 mm, die Zylinderdurchmesser 475 mm bei einem Hub von 632 mm. Die Rostflächen waren der weniger heizkräftigen böhmischen Braunkohle entsprechend verhältnismäßig groß (1,9—2 m²). Auch die k. k. Staatsbahnen haben eine solche Lokomotive mit Außenrahmen noch bis zum Jahre 1888 gebaut. Diese C Lokomotiven waren meist mit Hallschen Kurbeln ausgestattet. Die Gesamtzahl der nach 1880 gebauten C Lokomotiven der beschriebenen Bauarten betrug 278.

Alle diese Lokomotiven besaßen überhängende Feuerbüchsen. Eine Ausnahme bildeten nur 4 C Tenderlokomotiven aus dem Jahre 1881, welche die Wien—Aspang-Bahn in den

Jahren 1891—1894 teils in C Lokomotiven mit Schlepptender, teils in C 1 Tenderlokomotiven umbauen ließ. Sie behielten nach dem Umbau den einfachen Außenrahmen mit Hallschen Kurbeln, bekamen aber die Heusinger-Steuerung.

Die Lokomotiven mit Außenrahmen und Hallschen Kurbeln waren im Laufe der Jahre auch in Österreich sehr beliebt geworden. Trotzdem gab es mehrere Bahnverwaltungen, die, von wenigen Ausnahmen abgesehen, grundsätzlich am Innenrahmen festhielten.

Zu diesen Verwaltungen gehörten die österreichisch-ungarische Staatseisenbahngesellschaft und die Aussig—Teplitzer Eisenbahn. Die Lokomotive der Aussig—Teplitzer Eisenbahn „Bilin" (vgl. Bd. I, Abb. 337) und eine Type mit 1380 mm Raddurchmesser sind von 1869—1885 bzw. 1894 fast unverändert weiterbeschafft worden. Die verbreitetste Bauart der Staatseisenbahngesellschaft war in den Jahren 1875/76 für die Staatsbahn (u. a. für die Strecke Rakonitz—Protivin) beschafft worden. (Im Bd. I, S. 253, Abb. 338 wurde sie irrtümlich der Dalmatiner Staatsbahn zugeschrieben.) Im Jahre 1874 ging die Südbahn bei ihren C Lokomotiven wieder zum Innenrahmen über (vgl. Bd. I, S. 254, Abb. 339—340). Diese Type wurde fast unverändert bis 1900 gebaut. Insgesamt wurden nach dem Jahre 1880 143 C Lokomotiven älterer Bauarten beschafft. Der Innenrahmen wurde aber erst am Ende der 80er Jahre allgemein eingeführt, z. B. bei den österreichischen Staatsbahnen erst 1888. Solange man noch mit Rostflächen bis 1,9 m² auskam, wurde die überhängende Feuerbüchse vorgezogen.

Eine der ersten neueren C Lokomotivbauarten war die im Jahre 1888 in Dienst gestellte Reihe 56 der k. k. österreichischen Staatsbahn (Abb. 254). Sie unterschied sich von den obenerwähnten C Lokomotiven der Südbahn durch den glatten Cramptonkessel, die etwas größere Rostfläche und den höheren Dampfdruck von 11 atü. Daher konnte der Zylinderdurchmesser auf 450 mm verringert werden, der bei den Südbahnlokomotiven, die mit geringerem Dampfdruck arbeiteten, 480 mm betrug.

Da die Tragfedern oben lagen, mußte bei der dritten Achse ein Querträger über dem Rahmen angeordnet werden, damit die Tragfedern neben dem Kessel in einer Entfernung von etwa 1500 mm von Mitte zu Mitte der Tragfedern untergebracht werden konnten. Die Rahmenbleche waren 32 mm stark, während z. B. in Deutschland das übliche Maß nur 25 mm betrug.

Die Lokomotiven waren hauptsächlich für Güterzüge im Flach- und Hügelland, aber auch für den Schnellzugdienst am Arlberg bestimmt. Die ähnlichen Lokomotiven der Südbahn fuhren am Semmering und Brenner sogar noch nach dem Jahre 1900 Schnellzüge. Sie schleppten:

$$490 \text{ t auf } 0^0/_{00} \text{ mit } V = 35 \text{ km/h},$$
$$350 \text{ t auf } 10^0/_{00} \text{ mit } V = 20 \text{ km/h}.$$

Am Arlberg konnten sie auf $33^0/_{00}$ nur 110—120 t schleppen. Hier waren schon in den neunziger Jahren Vorspannlokomotiven erforderlich.

Bis zum Jahre 1895 wurden von der Staatsbahnreihe 56 insgesamt 152 Stück gebaut, denen 1900 nur noch eine einzige Lokomotive folgte.

Vom Jahre 1893 an wurde diese Zwillingslokomotive nach und nach durch eine C Verbundlokomotive ersetzt (Reihe 59). Diese Verbundlokomotive war die erste von Gölsdorf im Staatsdienste entworfene neue Lokomotive. Die Abmessungen des Kessels und Laufwerks waren im großen und ganzen gleich denen der Reihe 56. Der Kesseldruck wurde auf 12 atü erhöht. Der Durchmesser der Hochdruckzylinder betrug 500, der Durchmesser des Niederdruckzylinders dagegen 740 mm. Die unmittelbar darnach entstandene 2 B Lokomotive Reihe 6 erhielt die gleichen Zylinderabmessungen. Das Anfahren wurde durch die Gölsdorfsche Anfahrvorrichtung erleichtert. Die außenliegende Heusinger-Steuerung wurde mit vereinigter Schrauben- und Händelumsteuerung Bauart Löbel, verstellt, doch wurde diese Umsteuereinrichtung bald durch die einfache Schraubenumsteuerung ersetzt, während die Zwillingsmaschinen die Händelumsteuerung weiter behielten.

Die Verbundlokomotive verdrängte bei den k. k. Staatsbahnen in 2 Jahren die C Zwillingslokomotive vollständig. Sie wurde bis zum Jahre 1903 so gut wie unverändert weitergebaut (192 Stück), so daß die genannte Bahnverwaltung über 345 neuere C Lokomotiven verfügte.

300

Eine noch etwas größere Rostfläche hatten die 1889 beschafften 10 C Lokomotiven der Nordwestbahn (Abb. 255). Sie besaßen zwar wieder den schwach überhöhten Cramptonkessel, der aber jetzt eine schräge Rückwand erhalten hatte. Die Kesselmitte rückte auf 2100 mm über SO und damit erstmals bei den C Lokomotiven mit überhängender Feuerbüchse über 2 m hinaus. Die Lokomotive besaß eine eigenartige Rauchkammer, die länger als bei den bisherigen Lokomotiven war und eine im oberen Teil abgeschrägte Stirnwand besaß. Zwischen dem Führerhaus und dem Tender waren niedrige Schutztüren angebracht, welche bei der Buschtehrader Bahn schon früher eingeführt waren.

Die Lokomotiven, die zunächst noch mechanisch betätigte Sandstreuer besaßen, erhielten später Dampfsandstreuer, welche in Österreich weit verbreitet waren; Preßluftsandstreuer konnten nicht betrieben werden, weil in Österreich allgemein die Saugluftbremse verwendet wurde und daher auf den Lokomotiven keine Luftpumpen für Druckluft vorhanden waren. In den Jahren 1893—1899 wurden noch 10 solcher Lokomotiven nachbeschafft.

Ihnen sehr ähnlich waren die 18 von der Süd-Norddeutschen Verbindungsbahn von 1891 bis 1896 beschafften C Lokomotiven.

Im Hügelland hatte man an einigen Stellen auch Eilgüter- und Personenzüge mit C Lokomotiven befördern müssen. Da die Laufeigenschaften dieser Lokomotiven wegen des geringen

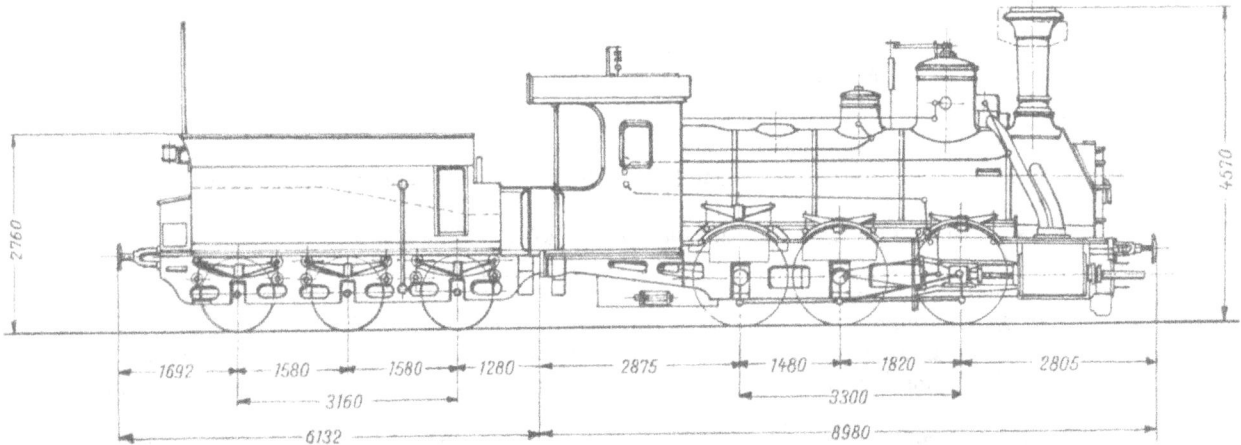

Abb. 255. C n 2 Güterzuglokomotive, Reihe 55, der Österr. Nordwestbahn; Erbauer Wiener Lokomotivfabrik A.-G. Floridsdorf 1889—1899.

Rostfläche . . . . . 1,91 m²	Treibraddurchmesser . 1364 mm	Dienstgewicht d. Lok.. 41,4 t
Verdampfungsheizfl. 121,5 m²	Zylinderdurchm. 2 × 470 mm	Reibungsgewicht . . 41,4 t
Kesseldruck . . . . . 10 atü	Kolbenhub . . . . . 632 mm	

Achsstandes (3200 mm) und der überhängenden Feuerbüchse bei höheren Geschwindigkeiten schlecht waren und auch die Rostflächen bei den üblichen minderwertigen Kohlensorten nicht ausreichten, um die nötigen Leistungen aufzubringen, hatte man in den 80er Jahren zu einer neuen Bauart mit größerer Rostfläche und unterstützter Feuerbüchse übergehen müssen.

Die erste derartige neue Lokomotive war die 1887 von der Staatseisenbahngesellschaft beschaffte C Lokomotive mit Innenrahmen (Abb. 256). Der Rost von 2,57 m² (2531 × 1044 mm) lag mit seiner Mitte ungefähr über der Hinterachse. Die Heizrohre waren ziemlich kurz (3500 mm), so daß das Verhältnis der Rostfläche zur Heizfläche nur 1 : 48,5 betrug.

Der Achsstand war auf 3420 mm vergrößert. Die erste Achse hatte aber 14 mm Spiel nach jeder Seite und Querausgleichhebel an den vorderen Federenden erhalten.

Die lichte Entfernung der Rahmenbleche betrug vorn 1180 mm. Hinten wurde sie zwischen Stehkessel und den Rädern der letzten Achse durch Kröpfung auf 1284 mm vergrößert. Der große Unterschied in der Rahmenplattenentfernung von 104 mm, der jedoch nichts mit dem Seitenspiel der Vorderachse zu tun hatte, erklärt sich daraus, daß man vorn das früher bei anderen Lokomotivbauarten mehrfach angewandte Maß von 1180 mm gern beibehalten wollte, um Zylinder, Rahmenverstrebungen usw. möglichst unverändert übernehmen zu können.

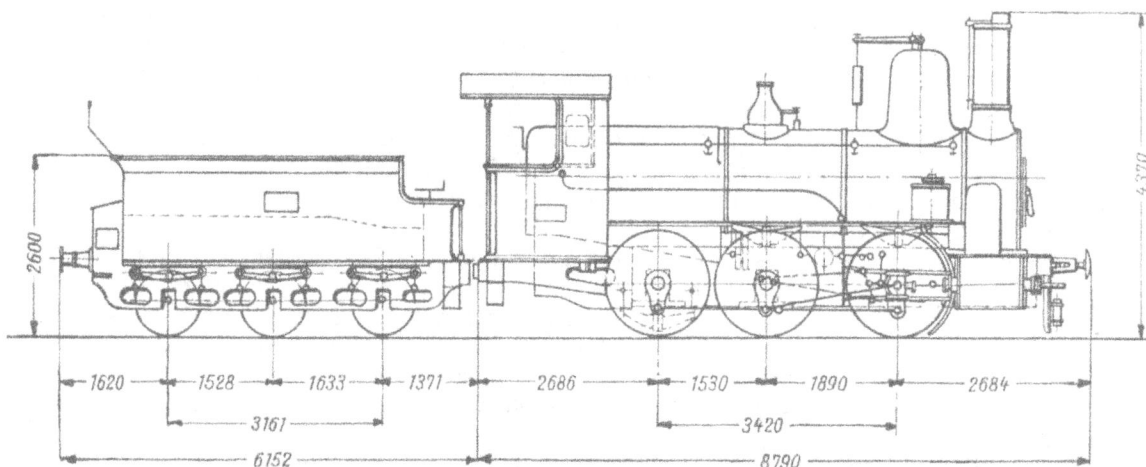

Abb. 256. C n 2 Güterzuglokomotive, Reihe 131, der Österr.-Ung. Staatseisenbahn-Gesellschaft;
Erbauer Maschinenfabrik der Österr.-Ung. Staatseisenbahn-Gesellschaft 1887—1890.

Rostfläche	2,57 m²	Treibraddurchmesser	1440 mm	Dienstgewicht d. Lok..	38,2 t
Verdampfungsheizfl.	124,8 m²	Zylinderdurchm.	2×450 mm	Reibungsgewicht	38,2 t
Kesseldruck	10 atü	Kolbenhub	650 mm		

Die verhältnismäßig hohen Treibräder (1440 mm) bei nur 450 mm Zylinderdurchmesser deuten darauf hin, daß man die Lokomotive noch gut für den Personenzugdienst im Hügelland verwenden konnte.

Die Kuppelzapfen dieser Lokomotiven waren kugelig. Solche Zapfen waren zum ersten Male in Österreich im Jahre 1877 gleichfalls bei einer C Lokomotive der Staatseisenbahngesellschaft verwendet worden.

Das Dienstgewicht der Lokomotive war ziemlich niedrig (38,2, später 39,6 t).

Von dieser Bauart wurden bis zum Jahre 1890 27 Stück beschafft. Die Lokomotiven der letzten Lieferung hatten 2 Dome erhalten, die durch ein weites Rohr miteinander verbunden waren.

Die Laufeigenschaften der Lokomotive waren bei dem kurzen festen Achsstande von nur 1530 mm nicht gut. Daher wurde im Jahre 1890 ein neuer Entwurf aufgestellt, bei dem das Triebwerk an sich grundsätzlich beibehalten war. Lediglich der Abstand der zweiten und dritten Achse war auf 2060 mm vergrößert. Damit war der Gesamtachsstand auf 3950 mm gestiegen. Auch der hintere Überhang war auf diese Weise verringert. In der Bemessung der Rostfläche gegenüber der Heizfläche war man bei der neuen Lokomotive jedoch für österreichische Kohle etwas zu weit gegangen. Man kürzte daher den Rost und verlängerte die Heizrohre, so daß sich ein Verhältnis R : H = 1 : 54 ergab. Der zweite Dom wurde beibehalten, ebenso der niedrige Dampfdruck von nur 10 atü. Auch diese Lokomotive hatte kugelige Kuppelzapfen erhalten.

Von dieser geänderten Ausführung wurden bis zum Jahre 1904 45 Stück beschafft. Von ihnen hatten 41 einen Belpaire-Stehkessel und 4 Stück eine Polonceau-Feuerbüchse. Der Dampfdruck betrug bei allen nur 10 atü.

Auch die Kaiser-Ferdinands-Nordbahn beschaffte 1890 2 Stück C Lokomotiven für Eilgüter- und Personenzüge. Da man mit einer Höchstgeschwindigkeit von 50 km/h auszukommen glaubte, hatte man sich mit einem verhältnismäßig kleinen Achsstand von nur 3500 mm begnügt.

Der wesentlichste Unterschied gegenüber den oben beschriebenen Lokomotiven war aber das Verbundtriebwerk, das mit diesen Lokomotiven in Österreich eingeführt wurde. Zum Anfahren diente eine Anfahrvorrichtung der Bauart Lindner. Bei zwei späteren Lokomotiven hatte man eine Anfahrvorrichtung der Bauart von Borries eingebaut.

Im Jahre 1891 folgten weitere 12 gleiche Lokomotiven, von denen 4 zu Vergleichszwecken als Zwillingslokomotiven mit 460 mm Zylinderdurchmesser gebaut wurden. Die Kessel dieser Nachbestellung waren versuchsweise mit 257 Rohren von nur 39/44 mm Durchmesser ausgerüstet, die bei den Tenderlokomotiven der Nordbahn üblich waren, während die zuerst bestellten beiden Maschinen die in Österreich damals allgemein verwendeten Rohre von 48/52 mm Durchmesser hatten. Durch die Verkleinerung des Rohrdurchmessers war es möglich, bei den 1891 gelieferten Maschinen die feuerberührte Heizfläche auf 120,5 m² gegenüber 115 m² bei den ersten beiden Maschinen zu erhöhen.

Ihrem Verwendungszweck entsprechend erhielten die Nordbahnlokomotiven eine Luftsaugebremse sowohl für den Wagenzug als auch für sich selbst. Die Bremse wirkte auf die zweite und die dritte Achse einseitig von vorn. Die vordere Achse war fest im Rahmen gelagert.

Die erste europäische 1 C Lokomotive mit Tender war die Personenzuglokomotive Abb. 257. Sie war von v. Helmholtz entworfen und wurde im Jahre 1884 von Krauß in München geliefert. Man hatte sie ursprünglich wohl auf der Arlbergbahn verwenden wollen, überwies sie dann aber der Strecke Salzburg—Wörgl.

Der Kessel lag mit seiner Mitte 2230 mm über SO. Sein 1100 mm breiter Rost lag über dem Rahmen, der zu diesem Zwecke zwischen Treib- und hinterer Kuppelachse tief ausgeschnitten war.

Der verhältnismäßig große Treibraddurchmesser, der im Vereinsgebiet bei 1 C Lokomotiven erst rd. 20 Jahre später bei der preußischen Gattung P 6 (Abb. 25) wieder gewählt worden ist, kennzeichnet sie als Personenzuglokomotive. Sie beförderte bis 1898 die Schnellzüge auf der Arlbergbahn.

Die Laufachse war in einem Deichselgestell gelagert, das eine Blattfeder-Rückstellvorrichtung besaß. Als besondere Eigentümlichkeit dieser Lokomotive ist das eigenartige Federgehänge zu erwähnen. Der Rahmen war in 3 Punkten unter-

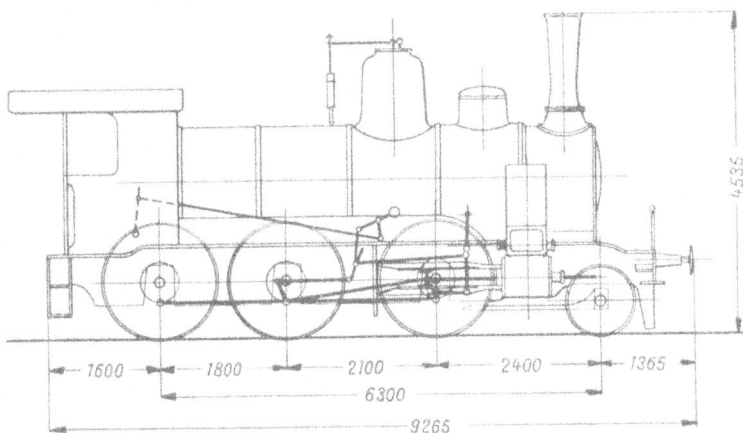

Abb. 257. 1 C n 2 Güterzuglokomotive, Reihe 28, der Kaiserin-Elisabeth-Bahn; Erbauer Krauß, München 1884.

Rostfläche	2,06 m²	Zylinderdurchm.	2 × 500 mm
Verdampfungsheizfl.	131,8 m²	Kolbenhub	610 mm
Kesseldruck	12 atü	Dienstgewicht d. Lok.	47,9 t
Treibraddurchmesser	1575 mm	Reibungsgewicht	39,6 t

stützt. Der eine Punkt lag über der Mitte der Laufachse. Die Laufachse war durch eine Querfeder belastet. Die beiden anderen Punkte des Stützdreieckes lagen außerhalb der Rahmenplatten. Man suchte wegen des Innenrahmens eine möglichst große Stützweite zu erhalten, wie man es bei den damals in Österreich weit verbreiteten Außenrahmenlokomotiven gewohnt war. Die gekuppelten Achsen waren daher auf folgende Weise abgefedert:

Unter jedem Achslager der gekuppelten Achsen waren Längsausgleichshebel angeordnet. Zwischen der ersten und zweiten und zwischen der zweiten und dritten gekuppelten Achse drückten die Enden der Ausgleichhebel gegen verhältnismäßig harte unter den Rahmenplatten liegende Längstragfedern. Die vorderen Enden der beiden Ausgleichhebel der ersten Kuppelachse und die rückwärtigen Enden der Ausgleichhebel der letzten Kuppelachse waren mit Kugelzapfen in Querträgern gelagert, welche mit ihren weit außerhalb des Rahmens liegenden Enden mit Druckstiften auf querliegende weiche Blattfedern über dem Rahmen drückten. Die Enden dieser Federn waren durch Konsole gegen den Rahmen abgestützt. Diese Abfederung scheint sich trotz der vielen Teile (4 Längs-, 4 Querfedern, 6 Längsausgleichhebel und 2 Querträger, dazu noch die Abfederung der Laufachse) gut bewährt zu haben, da an ihr bis zum Abbruch der Lokomotiven nichts geändert wurde. Sie ist aber sonst nicht wieder verwendet worden, da man sich doch wohl allmählich überzeugt hatte, daß die Stützweite von etwa 1100 mm bei Innenrahmen (Querabstand der Achslager) auch bei hoher Kessellage völlig ausreichte.

In dem Kraußschen Kastenrahmen mit 15 mm starken Wangen war ursprünglich ein Wasserraum von 2,4 m³ untergebracht, so daß ein zweiachsiger Tender mit 9 m³ Wasserinhalt genügte. Die Lokomotive war, wenn man von der umgebauten Lokomotive „Steyerdorf" (Bd. I, S. 277) absieht, somit das erste und auch einzige Beispiel einer regelspurigen „Halbtenderlokomotive" im Vereinsgebiet. Später wurde jedoch der Wasserkasten entfernt und der Lokomotive ein dreiachsiger Tender beigegeben. Das fehlende Wassergewicht im Lokomotivrahmen wurde durch Ballast ersetzt.

Die 1 C Bauart begann in Österreich erst im Jahre 1893 heimisch zu werden, also sehr bald, nachdem diese Achsanordnung in Deutschland eingeführt war. In den nun folgenden Jahren wurde sie in Österreich sehr rasch und auf allen Bahnen beliebt.

Wie schon an anderer Stelle erwähnt wurde, hatte man in Österreich auf besonders schwierigen Strecken die Personen- und Eilzüge, stellenweise sogar die Schnellzüge mit C Lokomotiven befördert. Da hier bei den Fahrten bergauf nur geringe Geschwindigkeiten erreicht wurden, spielten die schlechten Laufeigenschaften solcher Lokomotiven kaum eine Rolle. Unangenehmer waren allerdings die Fahrten zu Tal, bei denen naturgemäß schneller gefahren wurde. Man atmete erleichtert auf, als man in der 1 C Lokomotive eine bedeutend brauchbarere Gebirgsmaschine gefunden hatte, die nunmehr in immer größerem Umfang den Personenzugdienst übernahm. In Deutschland dagegen blieb die 1 C Lokomotive mit Schlepptender (abgesehen von der einen, erst 1902 geschaffenen preußischen P 6 Lokomotive, Abb. 25) lange Jahre hindurch eine Güterzuglokomotive, die nur gelegentlich im Feiertagsverkehr Personenzugdienst leistete. Daher lagen auch bei allen weiteren österreichischen 1 C Lokomotiven der Staatsbahn (mit Ausnahme der Reihe 60 und 160) die Raddurchmesser über 1400 mm, also über den z. B. in Deutschland üblichen Werten. Gleichzeitig wurde auch bei diesen Maschinen das Verbundverfahren in immer größerem Umfange eingeführt.

Abb. 258 zeigt eine der ersten Lokomotiven dieser Bauart, welche im Jahre 1893 für die Kaiser Ferdinands-Nordbahn geliefert wurde. Der Kessel gleicht in seinen Hauptmaßen sehr dem der oben beschriebenen 1 C Lokomotive. Das Deichselgestell war beibehalten; nur der Achsstand war um 150 mm kürzer und ebenso der Treibraddurchmesser 175 mm kleiner. Die Bauart des Rahmens wurde nicht geändert; er bestand aus 32 mm starken Hauptrahmenplatten. Ebenso war die Abfederung mit Ausgleichhebeln zwischen der ersten und zweiten und zwischen der dritten und vierten Achse in der üblichen Weise ausgeführt.

Von den ersten 12 Lokomotiven wurden, wie bei den C Lokomotiven der gleichen Bahn, 6 Stück mit Zwillings- und 6 Stück mit Verbundwirkung gebaut: Ähnlich wie bei den preußischen 1 C Lokomotiven wurde auch hier das Triebwerk (und zwar für beide Bauarten) von den C Lokomotiven soweit wie möglich übernommen. Die innenliegende Allansteuerung wurde

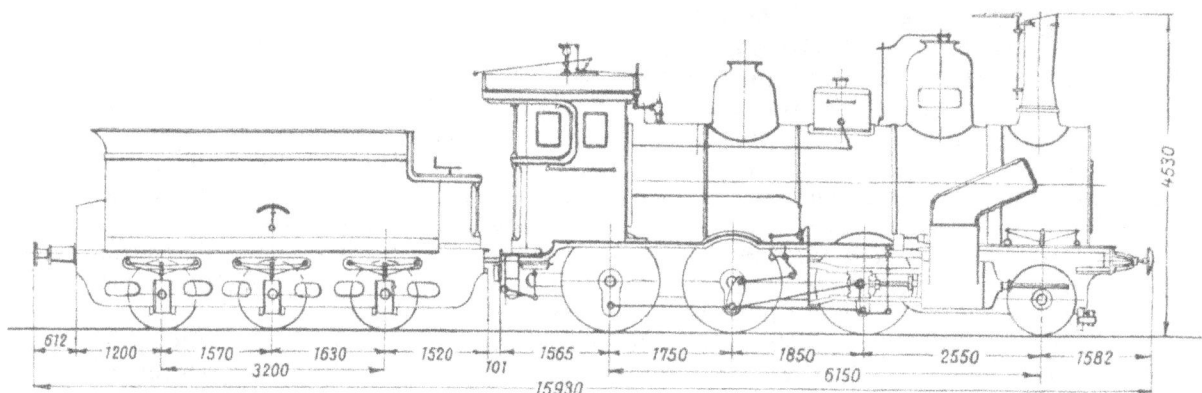

Abb. 258. 1 C n 2 Personenzuglokomotive, Reihe 260, der Kaiser-Ferdinands-Nordbahn; Erbauer Sigl, Wiener-Neustadt 1893—1908.

Rostfläche . . . . . 2,2 m²	Treibraddurchmesser . 1400 mm	Dienstgewicht d. Lok..	50,0 t
Verdampfungsheizfl. . 133,2 m²	Zylinderdurchm. 2×460 mm	Reibungsgewicht . .	39,2 t
Kesseldruck . . . . . 12 atü	Kolbenhub . . . . . 660 mm		

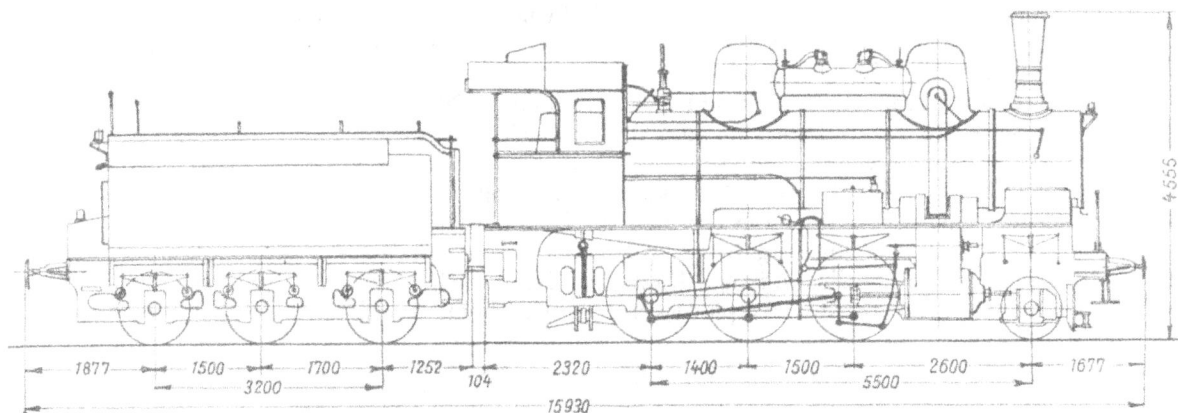

Abb. 259. 1 C n 2 v Güterzuglokomotive, Reihe 60, der Kaiserl.-Königl. Österr. Staatsbahnen;
Erbauer Sigl, Wiener-Neustadt 1895—1910.

Rostfläche	2,7 m²	Treibraddurchmesser	1258 mm	Dienstgewicht d. Lok.	53,5 t
Verdampfungsheizfl.	130,23 m²	Zylinderdurchm.	520/740 mm	Reibungsgewicht	43,1 t
Kesseldruck	13 atü	Kolbenhub	632 mm		

aber durch eine außenliegende Heusinger-Steuerung ersetzt; die Umsteuereinrichtung mit Händel und Schraube, die an den C Lokomotiven der gleichen Bahnverwaltung schon vorhanden war, wurde ebenfalls beibehalten.

Die Verbundbauart war der Zwillingsbauart schon nach kurzer Zeit weit überlegen, so daß sie allein nachbeschafft wurde. Bis 1908 wurden allein 215 Verbundlokomotiven nachgeliefert.

Im Jahre 1896 wurde aber das Deichselgestell bei diesen Lokomotiven zugunsten der Adamsachse verlassen. Die Adamsachse hatte zunächst noch eine Rückstellvorrichtung erhalten. Später wurde jedoch auch auf diese Einrichtung verzichtet. Bei allen Ausführungen betrug das Spiel der Laufachse nach jeder Seite 40 mm.

Die Lokomotive, welche später die Reihenbezeichnung 260 erhielt, bewährte sich im Betriebe sehr gut und wurde sowohl im Güterzugdienste als auch für Personenzüge verwendet. Ihre Kesselleistung wurde später durch den Einbau von Abdampf-Speisewasservorwärmern erhöht.

Im Jahre 1895 folgten die k. k. österreichischen Staatsbahnen mit einer 1 C n 2 v Lokomotive nach Abb. 259, welche die Reihenbezeichnung 60 erhielt. Diese Maschine war von Gölsdorf entworfen und nach wesentlich anderen Grundsätzen gebaut als die vorbeschriebene Nordbahnlokomotive.

Der Kessel mit seiner 2505 mm über SO liegenden Mittellinie stand völlig frei über dem Rahmen. Seine Hauptplatten waren unter dem Stehkessel nicht ausgeschnitten. Dadurch wurde die Festigkeit des Rahmens nicht geschwächt.

Das Triebwerk war nach den großen Erfolgen des Verbundverfahrens in aller Welt als Verbundtriebwerk gebaut. Gölsdorf erhöhte aber den Kesseldruck gegenüber der Nordbahnlokomotive auf 13 atü und vergrößerte den Durchmesser des Hochdruckzylinders auf 520 mm, so daß das Zylinderraumverhältnis von 1 : 2,4 bei der Nordbahn auf 1 : 2 änderte. Außerdem verringerte er den Durchmesser der Treibräder auf 1258 mm im Gegensatz zu allen sonstigen Ausführungen von 1 C Lokomotiven der übrigen österreichischen Bahnen.

Wegen der krümmungsreichen Steilstrecken wurde der Gesamtachsstand auf 5500 mm, der der gekuppelten Achsen auf 2900 mm verringert. Jetzt konnte aber die mittlere gekuppelte Achse nicht mehr als Treibachse beibehalten werden, da die Treibstangen zu kurz geworden wären. Gölsdorf wählte daher die letzte Achse als Treibachse. Er verwendete bei dieser Maschine kein Deichselgestell, sondern entschied sich für die Adamsachse ohne Rückstellvorrichtung.

In den Jahren 1905—1908 wurden 22 dieser Lokomotiven mit dem Clench-Dampftrockner von 745 mm Länge und 22,3 m² Heizfläche ausgerüstet. An die Stelle des vorderen Domes trat eine kleine Reglerbüchse. Das Leergewicht ermäßigte sich dadurch um 0,5 t, das Dienstgewicht um 1,5 t. Versuche ergaben eine Kohlenersparnis von 8,5%. Nachdem im Jahre 1908 auch noch 3 Lokomotiven mit dem Pielock-Überhitzer ausgerüstet worden waren, der sich, wie überall, nicht bewährte, entschloß sich Gölsdorf, an diesen Lokomotiven den Schmidtschen Rauchröhrenüberhitzer einzuführen, der bereits 1908 an einer 2 B Schnellzuglokomotive erfolgreich erprobt war. Damit aber das Gewicht nicht über die zulässige Grenze erhöht wurde, mußten die Rohre von 4165 mm auf 3900 mm gekürzt und der vordere Dom fortgelassen werden. Die schweren Pendelstützen wurden durch seitliche leichtere Gleitlager ersetzt. Um bei der nunmehr mit Reihe 160 bezeichneten Lokomotive mit möglichst wenig Änderungen am Triebwerk auszukommen, gab er dem Kolbenschieber von 250 mm Durchmesser am Hochdruckzylinder äußere Einströmung. Damit der Hochdruckzylinder seinen alten Durchmesser behalten konnte, wurde der Dampfdruck auf 14 atü erhöht. Die Laufachsen hatten gußeiserne Scheibenräder.

Die Erfahrungen mit der 1 C Naßdampf-Verbundlokomotive waren sehr gut. Auf Versuchsfahrten beförderte sie

$$510 \text{ t auf } 10^0/_{00} \text{ mit } V = 17 \text{ km/h.}$$

Die Leistung betrug nach Sanzin bei Geschwindigkeiten von 40—60 km/h zwischen 754 und 774 PS_i. Die zugelassene Geschwindigkeit betrug 60 km/h. Bei Versuchsfahrten wurden sogar Geschwindigkeiten bis 84 km/h erreicht.

Bis zum Jahre 1910 wurden daher von dieser Bauart 297 Stück in Betrieb genommen. Weniger Erfolg hatten die mit Dampftrocknern und Überhitzern ausgestatteten Lokomotiven, weil man die Verdampfungsheizfläche auf Kosten der genannten Einrichtungen zu sehr verkleinert hatte, so daß die Verhältnisse von Rostfläche zu Heizfläche zu ungünstig waren. Die Clench-Dampftrockner und die Pielock-Überhitzer mußten bald ausgebaut werden, da die Heizrohre in den die Dampftrocknerwände bildenden verschiedenen Rohrwänden schon nach kurzer Zeit undicht waren und die Arbeiten an den Kesseln hohe Kosten verursachten. Mit Dampftrocknern arbeiteten nur 25 Lokomotiven (davon besaßen 3 den Pielock-Überhitzer); 46 Lokomotiven besaßen den Schmidtschen Überhitzer.

Auch die Südbahn hat die Naßdampfausrüstung unverändert übernommen und 1900—1914 73 Stück beschafft.

Im Kriegsjahr 1915 wurden nochmals 2 Lokomotiven der Reihe 160 an die Militärbahn Banjaluka-Doberlin geliefert. Diese Lokomotiven hatten wegen der besonders schlechten Kohle einen über die Räder verbreiterten Rost erhalten. Ihre Niederdruckzylinder besaßen aber abweichend von den anderen Lokomotiven Kolbenschieber.

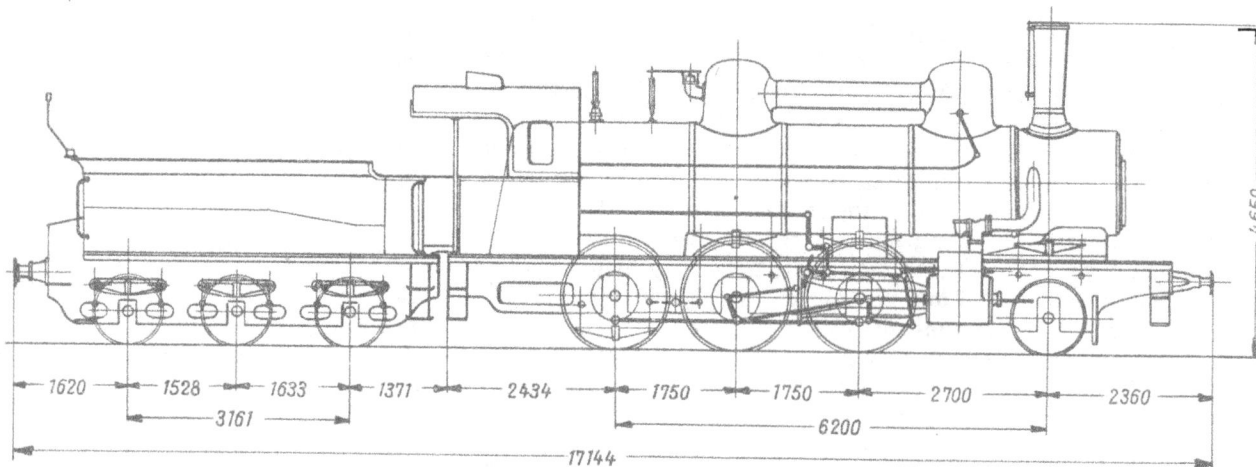

Abb. 260. 1 C n 2 Güterzuglokomotive, Reihe 560, der Österr.-Ung. Staatseisenbahn-Gesellschaft; Erbauer Österr.-Ung. Staatseisenbahn-Gesellschaft 1900—1906.

Rostfläche . . . . . 2,7 m²	Treibraddurchmesser . 1440 mm	Dienstgewicht d. Lok.. 51,4 t
Verdampfungsheizfl. . 166,5 m²	Zylinderdurchm. 2×490 mm	Reibungsgewicht . . 40,5 t
Kesseldruck. . . . . 12 atü	Kolbenhub . . . . . 650 mm	

306

Die anderen Bahnen wählten, wie weiter unten auseinandergesetzt werden wird, für ihre weiteren Beschaffungen nicht diese Staatsbahnlokomotive zum Vorbild. Das lag hauptsächlich an den anders gearteten und schwierigeren Betriebsverhältnissen, welche meist größere Kesselleistungen erforderten. Diese Bahnen benötigten Personenzuglokomotiven, während die Staatsbahnbauart 60—160 eine reine Güterzuglokomotive war. Man übernahm daher von der Staatsbahnlokomotive nur die Verbundwirkung und auch überall die Adamsachse ohne Rückstellvorrichtung.

Erst im Jahre 1900 ging die Staatseisenbahngesellschaft zur 1 C Lokomotive (Abb. 260) über, die gleichzeitig als Zwillings- und Verbundlokomotive beschafft wurde. Die große Rostfläche der Reihe 60 der K. k. St.-B. (2,7 m²) und der über dem Rahmen liegende Stehkessel wurde beibehalten. Die Rohrheizfläche wurde aber durch eine Vermehrung der Rohre auf 231 Stück und besonders durch die Verlängerung der Rohre auf 4600 mm um 36 m² vergrößert, so daß sich das Verhältnis von Rostfläche zu Heizfläche von 1 : 49 auf den damals in Österreich seltenen Wert von 1 : 62 änderte. Diese Kesselabmessungen sind auch bei den weiteren 1 C Lokomotiven der Staatseisenbahngesellschaft beibehalten worden. Auch das Raumverhältnis des Hochdruckzylinders zum Niederdruckzylinder wurde geändert; bei der Reihe 60 betrug es 1 : 2,0, bei der hier beschriebenen Lokomotive 1 : 2,35.

Auffallend niedrig war bei dem großen Kessel, der übrigens der größte Kessel von 1 C Lokomotiven im Vereinsgebiet gewesen ist, das Dienstgewicht von nur 52,3 t bei der Verbundlokomotive bzw. 51,4 t bei der Zwillingslokomotive. Das hatte nur dadurch erreicht werden können, daß man überall an Werkstoffen sehr gespart hatte. Die Kesselbleche waren für den Kesseldurchmesser von 1450 mm verhältnismäßig dünn (15 mm).

Von dieser 1 C Lokomotive wurden bis zum Jahre 1902 34 Verbund- und 21 Zwillingslokomotiven nebeneinander beschafft.

Als die Aussig—Teplitzer Eisenbahn für den Schnellzugverkehr auf der neuen Linie Teplitz —Reichenberg stärkere Lokomotiven benötigte, ließ sie sich 2 Lokomotiven bauen, welche der vorher beschriebenen Gattung an sich genau glichen. Eine von ihnen jedoch erhielt nach Erfahrungen, die inzwischen in der Schweiz gemacht waren, ein Dreizylinder-Verbundtriebwerk. Der Hochdruckzylinder lag innen 1 : 10 geneigt vor der Laufachse und trieb die vordere Kuppelachse an. Sein Schieberkasten lag unten. Die beiden Niederdruckzylinder trieben mit Kurbeln, die um 120⁰ versetzt waren, die mittlere Achse an. Das Raumverhältnis betrug bei Zylinderdurchmessern von 490 und 2 × 580 mm 1 : 2,70. Die Kropfachse besaß gerade Wangen mit einem Treibzapfen von 190 mm Durchmesser und 250 mm Breite, er war also breiter als dick. Später wählte man bekanntlich die Maße in umgekehrter Richtung. Die Steuerungen für beide Zylindergruppen arbeiteten getrennt voneinander, konnten aber miteinander gekuppelt werden. Die Anfahrvorrichtung entsprach der alten v. Borriesschen Bauart mit Hilfsschlitz im Reglerschieber.

Die Verbundlokomotive beförderte
200 t auf 10⁰/₀₀ mit V = 54 km/h,
140 t auf 25⁰/₀₀ mit V = 38 km/h.
Auf Vergleichsfahrten mit beiden Lokomotiven war die Verbundlokomotive etwa 20% sparsamer im Dampfverbrauch.

Dennoch wurde die Verbundlokomotive bei der Aussig—Teplitzer Eisenbahn nicht nachgebaut. Man ging später zur Heißdampfzwillingslokomotive über.

Wohl aber beschaffte die Staatseisenbahngesellschaft, die schon mehrfach Versuche mit Dreizylinderlokomotiven gemacht hatte, 1905 10 den vorbeschriebenen in den Hauptabmessungen fast genau gleiche 1 C n 3 v Lokomotiven. Aber auch sie wurden trotz der Ersparnisse nicht nachgebaut, weil bei den gewählten Zylinderraumverhältnissen die Leistungen auf die einzelnen Zylinder sehr ungünstig verteilt waren. Den weitaus größten Teil der Arbeit leistete der Hochdruckzylinder. Die beiden Niederdruckzylinder erhielten viel zu wenig Dampf, da der Hochdruckzylinder die zur Auffüllung der Niederdruckzylinder nötige Dampfmenge nicht liefern konnte. Um einen Leistungsausgleich zu erzielen, verminderte man die Füllung der Niederdruckzylinder, dadurch wurde die Aufnehmerspannung erhöht und die Leistung des Hochdruckzylinders gedrückt, während die der Niederdruckzylinder stieg. Durch diese Maßnahme litt aber die Wirtschaftlichkeit der Maschine, so daß ihr in dieser Beziehung die Zweizylinder-Verbundlokomotive überlegen war.

Die Nordwestbahn beschaffte in den Jahren 1901—1906 noch 23 Stück 1 C n 2 und n 2 v Lokomotiven, nämlich 19 Stück n 2 und 4 Stück n 2 v, die den 1 C Lokomotiven der Staatseisenbahngesellschaft sehr ähnlich waren (Reihe 360). Sie hatten jedoch kleinere Zylinder und etwas kürzere Rohre. Die letzten 3 dieser Lokomotiven erhielten größere Kessel mit 2,9 m² Rostfläche und 159 m² Heizfläche. Zwei von diesen Maschinen wurden mit Clench-Dampftrocknern ausgestattet. Gleichzeitig mit diesen verschiedenen Lokomotiven wurde von der Bahnverwaltung im Jahre 1906 versuchsweise eine 1 C Zwillings-Heißdampflokomotive mit Schmidtschem Überhitzer bestellt. Die Erfahrungen mit den 4 Lokomotiven sollten die Frage entscheiden, welche Bauart künftig nachbestellt werden sollte. Das vorsichtige Tasten der Nordwestbahn war zu dieser Zeit eigentlich kaum noch notwendig, da im Jahre 1906 die weitere Entwicklung der Heißdampflokomotive schon klar zu erkennen war. Die Nordwestbahn bevorzugte aber wie die meisten österreichischen Bahnverwaltungen das Verbundtriebwerk und ebenso wohl unter dem Einflusse der K. k. Staatsbahnen den Clench-Dampftrockner. Nur wenige österreichische Privatbahnen, darunter die Österreichisch-Ungarische Staatseisenbahngesellschaft lehnten von vornherein den überall mißlungenen Versuch mit Dampftrocknern ab.

Die 1 C h 2 Lokomotive der Österreichischen Nordwestbahn, welche bei der Verstaatlichung dieser Verwaltung die Reihenbezeichnung 460 erhielt, ähnelt in ihrem Gesamtaufbau und auch in ihren Triebwerksabmessungen sehr der vorbeschriebenen Reihe 360 der gleichen Bahnverwaltung. Die Maschine bewährte sich im Güter- und im Personenzugsdienste so gut, daß bis 1909 von ihr 23 Stück gebaut wurden. Später wurden diese Maschinen und noch ein Teil der Lokomotiven der Reihe 360 mit Abdampf-Speisewasservorwärmern der Bauart Dabeg ausgerüstet.

Die Staatseisenbahngesellschaft war im Jahre 1907 von der Dreizylinder-Naßdampflokomotive zur Heißdampfzwillingslokomotive übergegangen. Diese 1 C h 2 Lokomotive behielt aber den Kessel der Naßdampflokomotive der Reihe 560 in seinen Außenmaßen bei. Wegen des größeren Gewichtes (Überhitzer) mußte er aber um 100 mm gekürzt werden. Außerdem wurde der Dampfdruck auf 11,5 atü herabgesetzt. Auch der Rahmen und das Laufwerk blieben im wesentlichen gleich.

Bis zum Jahre 1909 wurden 43 Lokomotiven dieser Bauart in Betrieb genommen, zu denen im Jahre 1907 noch 20 genau gleiche Maschinen, aber mit größeren Rädern von 1540 mm Durchmesser nach Abb. 261 gekommen waren. Als höchste Geschwindigkeit waren bei den zuletzt genannten Lokomotiven 75 km/h zugelassen.

Abb. 261. 1 C h 2 Personenzuglokomotive, Reihe 228, der Österr.-Ung. Staatseisenbahn-Gesellschaft; Erbauer Maschinenfabrik der Österr.-Ung. Staatseisenbahn-Gesellschaft 1907.

Rostfläche	2,7 m²	Zylinderdurchm. 2 × 520 mm
Verdampfungsheizfl.	136,6 m²	Kolbenhub 650 mm
Überhitzerheizfläche	42,5 m²	Dienstgewicht d. Lok. 53,6 t
Kesseldruck	11,5 atü	Reibungsgewicht 42,0 t
Treibraddurchmesser	1540 mm	

Bei allen bisher erwähnten Heißdampflokomotiven handelte es sich durchweg nicht um grundsätzlich neue Bauarten. Die Kessel waren von älteren Lokomotivtypen übernommen und dann mit Überhitzern versehen worden. Diese Lokomotiven konnten daher auch nicht höhere Ansprüche auf Wirtschaftlichkeit erfüllen, da das Verhältnis der Rostfläche zur dampferzeugenden Heizfläche in allen Fällen ungünstig war. Trotzdem waren sie aber alle den bisherigen Naßdampflokomotiven wirtschaftlich noch weit überlegen.

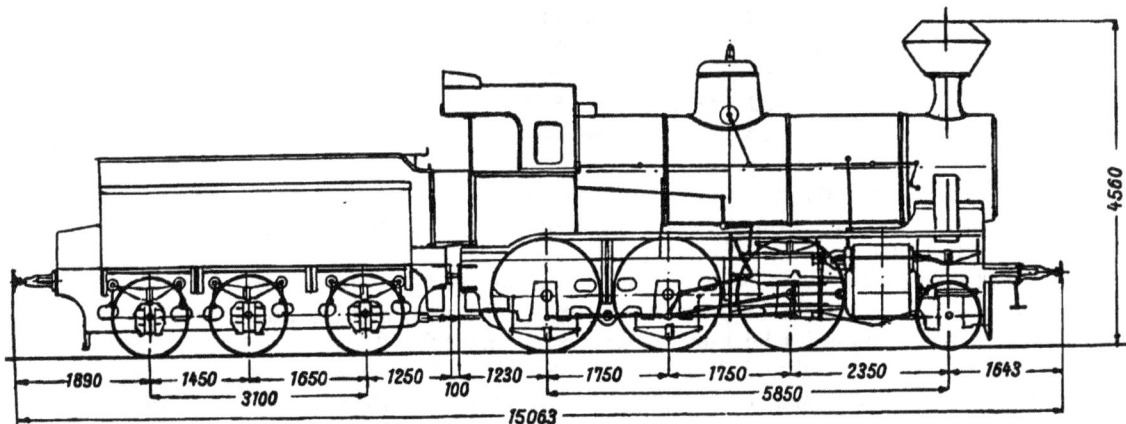

Abb. 262. 1 C h 2 Personenzuglokomotive, Reihe 128, der Kaiserl.-Königl. priv. Böhmischen Nordbahn-Gesellschaft; Erbauer Erste Böhmisch-Mährische Maschinenfabrik Prag 1905—1908.

Rostfläche	2,35 m²	Kesseldruck	12 atü	Kolbenhub	600 mm
Verdampfungsheizfl.	97,5 m²	Treibraddurchmesser	1522 mm	Dienstgewicht d. Lok..	47,8 t
Überhitzerheizfläche	32,5 m²	Zylinderdurchm.	2 × 500 mm	Reibungsgewicht	37,2 t

In Österreich gab es aber schon vor diesen vom Jahre 1906 an aus Naßdampfbauarten entwickelten Heißdampflokomotiven (abgesehen von einer im Juni 1905 an die Niederösterreichisch—Steirische Alpenbahn gelieferten schmalspurigen Lokomotive) einige Heißdampflokomotiven bei der Böhmischen Nordbahn, die im Dezember 1905 2 völlig neu entworfene 1 C h 2 Lokomotiven für den Personenverkehr auf der Strecke Prag—Turnau in Betrieb nahm (Abb. 262).

Da auf dieser Strecke nur ein Achsdruck von 12,5 t zugelassen war, standen diese Lokomotiven in der Größe hinter den vorbeschriebenen Lokomotiven zurück. Sie hatten ziemlich kurze Rohre (3600 mm), die Mittellinie des Kessels lag 2500 mm über SO. Mit ihrem kurzen Kessel machten sie einen etwas gedrungenen Eindruck. Die Abmessungen des Kessels waren auch bei dieser Maschine ungünstig. So betrug das Verhältnis der Rostfläche zur feuerberührten Verdampfungsheizfläche nur 1 : 41,5.

Die Zylinder hatten wohl nach dem Vorbild der preußischen Heißdampflokomotiven noch Schmidtsche nichtfedernde eingeschliffene Kolbenschieber von nur 150 mm Durchmesser erhalten. Die Steuerungsteile waren auffallend leicht gebaut.

Trotz der in der Bauart des Kessels liegenden Mängel war man mit der Lokomotive doch recht zufrieden, so daß die Bahn bis zum Jahre 1908 6 Stück beschaffte.

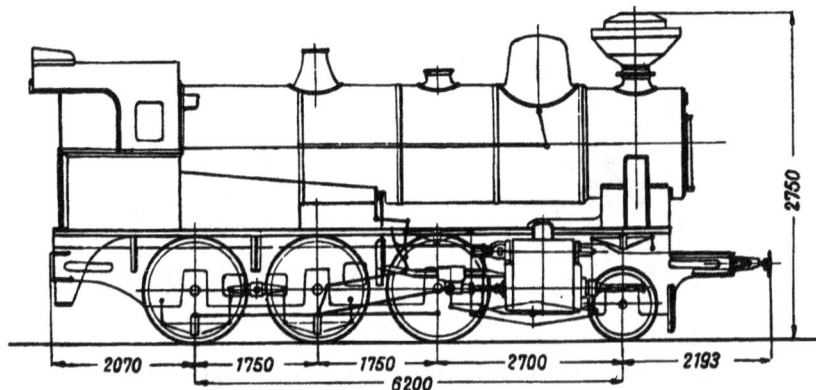

Abb. 263. 1 C h 2 Güterzuglokomotive, Reihe Ie, der Aussig-Teplitzer Eisenbahn; Erbauer Erste Böhmisch-Mährische Maschinenfabrik Prag 1908.

Rostfläche	3,3 m²	Kesseldruck	13 atü	Kolbenhub	650 mm
Verdampfungsheizfl.	139,75 m²	Treibraddurchmesser	1440 mm	Dienstgewicht d. Lok..	53,0 t
Überhitzerheizfläche	46,7 m²	Zylinderdurchm.	2 × 520 mm	Reibungsgewicht	40,7 t

Die letzte und auch leistungsfähigste österreichische 1 C h 2 Lokomotive wurde im Jahre 1908 auf der Aussig—Teplitzer Bahn in Betrieb genommen (Abb. 263). Am Kessel fällt die wegen der wenig heizkräftigen böhmischen Braunkohle außergewöhnlich große Rostfläche von 3,3 m² auf. Der Rost war 2388 mm lang und 1392 mm breit. Hier war also zum ersten Male bei 1 C Lokomotiven der Stehkessel über die Räder hinaus verbreitert und die Kesselmitte auf 2750 mm über SO hinaufgerückt.

An dieser Lokomotive hatte man wiederum eingeschliffene Kolbenschieber von 150 mm Durchmesser verwendet und das Triebwerk, insbesondere die Steuerung, wie bei der vorher beschriebenen Lokomotive sehr leicht gehalten.

Trotzdem die Rostfläche bei gleicher Heizfläche um 50% größer, der Dampfdruck um 1 atü höher (13 atü) und die Zugkraft etwa 10% größer war, war die Lokomotive mit 48,1 t Leergewicht um beinahe 5 t leichter als die preußische 1 C h 2 Lokomotive (Abb. 25).

Sie wurde bis zum Jahre 1914 gebaut (10 Stück) und war die letzte österreichische 1 C Lokomotive, wenn man von den 20 Stück 1 C h 2 Lokomotiven absieht, welche sich die Heeresbahn im Jahre 1916 von der Firma Henschel und Sohn in Kassel bauen ließ (Reihe 860). Diese Lokomotiven der Reihe 860 stimmten genau mit der Regelbauart der Serbischen Staatsbahnen überein. Sie besaßen Barrenrahmen. Die Feuerbüchse stand auf dem Rahmen.

Solange sich die Anforderungen im Schnellzugbetriebe auf den österreichischen Gebirgsstrecken noch in mäßigen Grenzen hielten, erfüllten die alten C und 1 C Lokomotiven durchaus ihren Zweck. Allmählich aber war doch der Wunsch laut geworden, auf den krümmungsreichen Gebirgsstrecken Lokomotiven zu verwenden, bei denen die gekuppelten Achsen durch ein sicher führendes Drehgestell vom Führungsdruck entlastet wurden. Außerdem bot eine solche Bauart bessere Laufeigenschaften bei der Talfahrt. Da die Frage eines leistungsfähigen Kessels in Österreich wegen der hier verwendeten minderwertigeren Kohle von jeher von besonderer Bedeutung war, war das Drehgestell auch aus diesem Grunde sehr erwünscht, denn jetzt konnte der verfügbare Achsdruck der neu hinzugekommenen Laufachse für die Heizfläche größere Treibräder und für das Drehgestell ausgenutzt werden.

Die ersten 2 C Lokomotiven beschaffte in Österreich die Nordwestbahn im Jahre 1896. Die Maschinen waren für die ehemalige Kronprinz-Rudolf- und Gisela-Bahn (Salzburg—Wörgl) bestimmt, auf der Steigungen von 14—20% vorkamen.

Es handelte sich zunächst um 2 Zwillings- und eine Verbundlokomotive (Abb. 264). Im Gegensatz zu den 1 C Lokomotiven lag bei ihnen die Mittellinie des Kessels noch niedrig (2300 mm über SO). Der Stehkessel lag tief zwischen den Rahmenblechen. Die Rostfläche war fast 10% größer als bei den gleichaltrigen 1 C Lokomotiven. Das führende Drehgestell besaß einen Kugelzapfen in der Mitte und war nunmehr auch um 30 mm nach jeder Seite

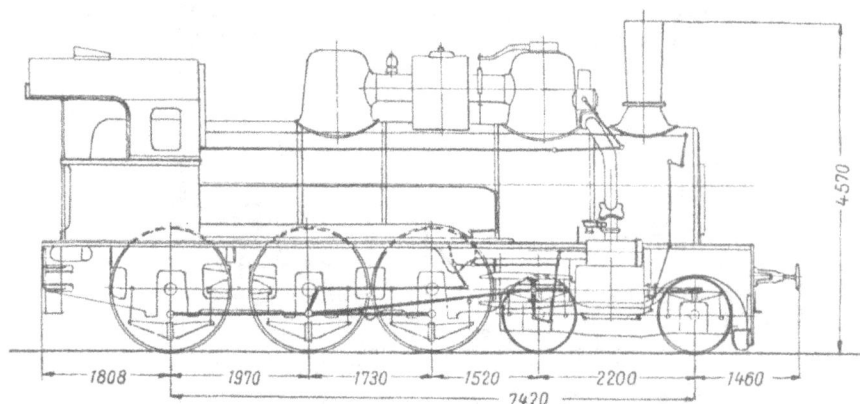

Abb. 264. 2 C n 2 Personenzuglokomotive, Reihe 11, der Kaiserl.-Königl. priv. Österr. Nordwestbahn; Erbauer Maschinenfabrik der Österr.-Ung. Staatseisenbahn-Gesellschaft 1896—1909.

Rostfläche . . . . . 2,9 m²	Treibraddurchmesser . 1620 mm	Dienstgewicht d. Lok. . 60,7 t
Verdampfungsheizfl. . 161,9 m²	Zylinderdurchm. 2 × 500 mm	Reibungsgewicht . . 41,4 t
Kesseldruck . . . . . 12 atü	Kolbenhub . . . . . 650 mm	

310

verschiebbar. Bemerkenswert ist, daß die Achsstände aller österreichischen Drehgestelle der 2 C Lokomotiven durchweg über dem in Deutschland damals üblichen Maß von 2000 mm lagen. Im vorliegenden Falle betrug der Achsstand des Drehgestells 2200 mm.

Bei den gekuppelten Achsen waren nur die Federn der beiden hinteren Achsen durch Ausgleichhebel verbunden.

Der Kessel war mit Pop-Sicherheitsventilen ausgerüstet, die in Deutschland erst viel später verwendet wurden.

Die Nordwestbahn beschaffte zwar in den Jahren 1898 und 1900 neben den Verbundlokomotiven noch 3 Zwillingslokomotiven dieser Bauart; sie entschied sich dann aber doch wegen der größeren Leistung für die Verbundlokomotiven, obgleich bei Versuchen nur eine Kohlenersparnis von 5% erzielt worden war. Sie besaß schließlich 5 Zwillings- und 19 Verbundlokomotiven.

Die Zwillingsausführung der Nordwestbahn wurde fast ohne Änderungen von 1898—1908 von der Buschtehrader Eisenbahn (17 Stück) und von der Aussig—Teplitzer Eisenbahn im Jahre 1899 und 1900 (4 Stück) übernommen. Die letzte Lokomotive der Buschtehrader Eisenbahn war jedoch mit einem Clench-Dampftrockner ausgerüstet.

Ähnliche Abmessungen wie die 2 C Lokomotiven der Nordwestbahn hatten auch die 2 C n 2 Lokomotiven der Südbahn, Reihe 32f (Abb. 265), die bereits seit dem Jahre 1892 geplant waren, aber erst 1896 fast gleichzeitig mit den vorbeschriebenen Maschinen in Betrieb genommen wurden (bis 1898 27 Stück).

Da sie auch dem Verkehr von Innsbruck nach Bozen über den Brenner dienen sollten, so begnügte man sich mit einem Treibraddurchmesser von 1500 mm, wählte aber den Kolbenhub von 680 mm, um besonders auch auf Steigungsstrecken eine größere Anfahr-

Abb. 265. 2 C n 2 Personenzuglokomotive, Reihe 32f, der Kaiserl.-Königl. priv. Südbahn-Gesellschaft; Erbauer Maschinenfabrik der Österr.-Ung. Staatseisenbahn-Gesellschaft 1896—1898.

Rostfläche	2,85 m²	Zylinderdurchm.	2 × 500 mm
Verdampfungsheizfl.	165,6 m²	Kolbenhub	680 mm
Kesseldruck	13 atü	Dienstgewicht d. Lok.	60,6 t
Treibraddurchmesser	1500 mm	Reibungsgewicht	42,3 t

beschleunigung zu erzielen. Die Rostfläche von 2,9 m² wurde beibehalten, dagegen wurde die Heizfläche durch Verlängerung der Rohre auf 4760 mm vergrößert. Da die Mittellinie des Kessels 2500 mm über SO lag, konnte der Stehkessel noch über den Rahmenblechen untergebracht werden.

Der Gesamtachsstand der Lokomotive war bedeutend kürzer als bisher (6750 mm). Das Drehgestell besaß bei den ersten Lieferungen noch kein seitliches Spiel, dafür hatte man aber den Achsen in den Achslagern ein geringes Spiel von 3 mm gegeben.

Der Kessel trug 2 große Dome, die durch ein weites Rohr miteinander verbunden waren. Vom vorderen Dom führten die Frischdampfrohre außen am Kessel entlang zu den Schieberkästen.

Mit den Leistungen konnte man durchaus zufrieden sein. Die Lokomotive beförderte auf krümmungsreichen Strecken

200 t auf 10⁰/₀₀ mit V = 52 km/h und
150 t auf 25⁰/₀₀ mit V = 30 km/h.

Sie leisteten nach Sanzin bei 60—70 km/h 911—926 PSᵢ.

Entgegen ihrer ursprünglichen Bestimmung wurden die Lokomotiven nicht am Brenner, sondern hauptsächlich auf der Semmeringbahn eingesetzt. Da sie aber infolge ihres Reibungsgewichtes nicht mehr schleppen konnten als die C Lokomotiven, wanderten sie bald auf andere Linien ab, namentlich auf die Pustertalbahn, auf der Steigungen bis 14⁰/₀₀ vorkamen.

Als die Kessel nach dem Jahre 1920 wegen ihres hohen Alters ersetzt werden mußten, erhielten einige Lokomotiven neue Kessel für 14 atü Dampfdruck mit Kleinrohrüberhitzern und außerdem noch Dampfzylinder von 520 mm Durchmesser mit der Lentz-Ventilsteuerung. Andere Lokomotiven wurden gleichzeitig auch mit Dabeg-Vorwärmern ausgerüstet.

Dieser Südbahnlokomotive war die 2 C n 2 Lokomotive der Kaiser Ferdinands-Nordbahn in mancher Hinsicht ähnlich, die 1902 für die sogenannte Städtebahn Teschen—Prerau mit vielen Steigungen von 15⁰/₀₀ beschafft wurde (7 Stück). Der zweite Dom war fortgefallen. Auch die Zylinder waren etwas kleiner. Die Rostfläche war anfangs 2,8 m² groß; bei einer zweiten Lieferung von 4 Lokomotiven im Jahre 1903 wurde sie auf 2,93 m² vergrößert.

Weitere 2 C Lokomotiven entstanden im Jahre 1913 durch den Umbau von 3 Stück 2 B 1 Lokomotiven. Diese Umbau-Lokomotiven entsprachen aber nicht den Erwartungen. Durch das ungünstige Verhältnis zwischen Kessel und Triebwerk sank die günstigste Geschwindigkeit auf 20 km/h, so daß von dem Umbau weiterer Lokomotiven abgesehen wurde.

Im Jahre 1903 hatte sich die Böhmische Nordbahn einige sonst gleiche Lokomotiven bauen lassen. Wegen des hier zugelassenen geringen Achsdruckes von nur 13 t hatten diese Maschinen einen etwas kleineren Kessel erhalten müssen.

Gölsdorf war inzwischen bei der Staatsbahn andere Wege gegangen. Als im Jahre 1898 für die Strecken Amstetten—Pontafel mit vielen Steigungen von 14, 18 und 22⁰/₀₀ eine dreifach gekuppelte Schnellzuglokomotive nötig wurde, entwickelte er eine 2 C n 2 v Lokomotive, die nach ganz anderen Grundsätzen als seine 2 B Lokomotiven und die bereits vorhandenen Ausführungen anderer Bahnen gebaut war. Die Lokomotive erhielt die Reihenbezeichnung 9 (Abb. 266, Tafel 19). Gölsdorf wählte

Abb. 266. 2 C n 2 v Schnellzuglokomotive, Reihe 9, der Kaiserl.-Königl. Österr. Staatsbahn; Erbauer Maschinenfabrik der Österr.-Ung. Staatseisenbahn-Gesellschaft 1898—1903.

Rostfläche	3,1 m²	Zylinderdurchm.	530/810 mm
Verdampfungsheizfl.	187,0 m²	Kolbenhub	720 mm
Kesseldruck	14 atü	Dienstgewicht d. Lok.	69,8 t
Treibraddurchmesser	1780 mm	Reibungsgewicht	43,0 t

einen Treibraddurchmesser von 1780 mm, der damals der größte an den österreichischen 2 C Lokomotiven war. Obwohl der Kessel schon ziemlich hoch (2600 mm) über SO lag, hatte Gölsdorf dennoch eine tief nach unten reichende Feuerbüchse beibehalten, da er Wert auf ein günstiges Verhältnis zwischen Rostfläche und Heizfläche legte. So hatte auch die Feuerbüchse die größte Heizfläche aller österreichischen 2 C Lokomotiven (14,0 m²). Da die Lokomotive wegen der eigenartigen Lage der Zylinder einen Außenrahmen erhalten hatte, konnte die ziemlich große Rostfläche 3,1 m² auf das größte mögliche Maß von 1086 mm verbreitert werden. Trotzdem war sie noch 2855 mm lang.

Die sonst gebräuchlichen beiden Dampfdome waren durch einen großen Dampfsammler von 640 mm lichter Weite und 4125 mm Länge ersetzt. Solch ein Dampfsammler war bei Naßdampflokomotiven ohne Zweifel recht zweckmäßig, wenn er gut gegen Abkühlung isoliert war.

Ein großer Fortschritt war der zum ersten Male an größeren österreichischen Lokomotiven gewählte Dampfdruck von 14 atü. Der Kessel war mit 273 Rohren von nur 4400 mm Länge besetzt und hatte eine Heizfläche von 187 m². Das war die größte Heizfläche, die an österreichischen Naßdampflokomotiven erreicht wurde. Bei dem hohen Dampfdruck war der Kessel (1600 mm Durchmesser) aus 17 mm starken Blechen an den Längsnähten in sechsreihiger

Doppellaschennietung zusammengenietet. Das Verhältnis von Rostfläche zu Heizfläche von 1 : 60,3 hatte Gölsdorf sehr glücklich gewählt.

Bei den weiteren Beschaffungen behielt Gölsdorf die Verbundanordnung grundsätzlich bei. Er verlegte jetzt aber die Zylinder nach innen, weil er wohl den Lauf der Lokomotive verbessern wollte (Verminderung der verdrehenden Massenkräfte). Da der Niederdruckzylinder sehr groß war (Durchmesser 810 mm, Raumverhältnis 1 : 2,33) mußte wieder ein Außenrahmen gewählt werden. Dieser Zylinderdurchmesser war damals ebenso wie der Kolbenhub (720 mm) der größte in Europa. Wegen der großen Lagerentfernung war die Kropfachse noch in einem kurzen Innenrahmen gelagert. Die Kropfachse bestand aus Nickelstahl und war zur Gewichtsersparnis hohl gebohrt.

Die Exzenter der Heusinger-Steuerung waren mit den Kurbeln aus einem Stück hergestellt, die Lenkerstange zum Voreilhebel war an den vorderen Kopf der Kuppelstange angelenkt. Die letzten 5 Lokomotiven erhielten die Joy-Steuerung.

Der Achsstand des Drehgestells betrug 2650 mm; auch der Gesamtachsstand (8460 mm) war bedeutend größer als bei den bisherigen 2 C Lokomotiven. Das Drehgestell nahm seinen Lastanteil durch eine Kugelpfanne und eine Wiege auf. Es war an der Wiege um 35 mm seitlich verschiebbar. Die letzte Kuppelachse hatte 20 mm Spiel nach jeder Seite. Die Staatsbahn war mit den Leistungen der Lokomotive sehr zufrieden. Bei einer Geschwindigkeit von 65 km/h wurden fast 1400 PS_i erreicht. Bis zum Jahre 1903 wurden daher von dieser Bauart 38 Stück beschafft. Auch die Südbahn bestellte im Jahre 1900 4 Stück von dieser bewährten Bauart.

Lange Jahre hat die Lokomotive der Reihe 9 ihren Dienst treu erfüllt, ohne daß grundsätzliche Bauartänderungen notwendig waren. Nach dem Weltkriege aber regte sich doch der Wunsch, die außerordentlich gut gelungene Lokomotive dem Fortschreiten der Technik anzupassen. Der Kessel erhielt im Jahre 1922 den Schmidtschen Rauchröhrenüberhitzer, das Verbundtriebwerk wurde ausgebaut; an seine Stelle traten Zwillingszylinder von 530 mm Durchmesser. Die Flachschiebersteuerung, welche wegen der großen Schieber zu vielen Anständen Anlaß gegeben hatte, wurde durch die Lentz-Ventilsteuerung nach der Bauart der österreichischen Bundesbahnen ersetzt, die jetzt aber nicht mehr von der Heusinger-Steuerung mit dem großen Exzenter, sondern von der Joy-Steuerung abgeleitet war.

Als letzte große österreichische Bahnverwaltung war im Jahre 1902 die Staatseisenbahngesellschaft zur Bauart der 2 C Lokomotiven übergegangen. Sie wählte, vielleicht beeinflußt durch die Erfahrungen, die inzwischen in Deutschland gesammelt waren, die Vierzylinderverbundanordnung nach dem von Borriesschen Vorbild (Abb. 267). Im Gegensatz zu der oben beschriebenen Staatsbahnlokomotive Reihe 9 (Abb. 266) lag der Stehkessel bei dieser Lokomotive trotz der fast gleich hohen Räder über dem Rahmen, der zu diesem Zwecke zwischen den beiden letzten Achsen tief ausgeschnitten war. Das hatte man aber nur dadurch erreichen können, daß von der Feuerbüchsheizfläche 2,5 m² und von der Rohrheizfläche 17 m² aufgegeben werden mußten, obwohl man noch versucht hatte, durch 200 mm längere Rohre einen Ausgleich zu schaffen. Da der Kessel länger geworden war, hatte der Achsstand zwischen den beiden letzten Achsen um 300 mm vergrößert und der des Drehgestelles um 100 mm verringert werden müssen. Die Lokomotive besaß mit 8680 mm den größten Achsstand aller österreichischen 2 C Lokomotiven. Ein Fortschritt waren die 1184 mm langen Tragfedern, die bei der Staatsbahnlokomotive Reihe 9 nur 950 mm lang waren. Gemeinsam war beiden Typen die getrennte Abfederung der letzten Achse, die hier jedoch ein geringeres Seitenspiel besaß (7 mm). Das Drehgestell war um 35 mm nach jeder Seite verschiebbar. Außerdem hatten beide Laufachsen in den Achslagern noch 6 mm Spiel.

Die Staatseisenbahngesellschaft stellte von dieser Gattung in den Jahren 1902—1904 insgesamt 14 Stück in den Dienst.

Die Steuerungen für Hoch- und Niederdrucktriebwerk konnten anfänglich nach französischer Bauart getrennt voneinander eingestellt werden. Später wurden die inneren Schieber von der äußeren Steuerung durch eine Umkehrwelle angetrieben. Dies war vom Standpunkte der Unterhaltung wohl zweckmäßig, dagegen wärmewirtschaftlich ungünstig, weil die Dampfverteilung durch den toten Gang im Übertragungsgestänge ungenau wurde (vgl. die preußischen Gattungen S 10, S 10¹ und S 10², S. 36).

Trotzdem wurden alle Lokomotiven umgebaut. Nicht in letzter Linie war dabei die leichtere Bedienung der vereinigten Steuerungen maßgebend.

Bei den 2 C n 2 v Lokomotiven der Nordwestbahn zeigten sich auf Strecken mit wechselnder Steigung bald die Nachteile der Zweizylinder-Verbundmaschine mit zwangläufig gekuppelter Umsteuereinrichtung, wenn die Zylinderfüllung häufig geändert werden mußte. Bei ungleicher Verteilung der Leistungen auf die beiden Zylinder liefen die Lokomotiven unruhig, außerdem nutzten sich die Getriebeteile der Hochdruck- und der Niederdruckmaschine ungleichmäßig ab. Da bei Drei- oder Vierzylinder-Verbundlokomotiven eine ungleiche Arbeitsverteilung auf beide Triebwerke den ruhigen Gang wenig verschlechterte, ließ sich die Nordwestbahn im Jahre 1904 je 4 Stück 2 C n 3 v und 2 C n 4 v Lokomotiven mit etwas größerem Kessel bauen. Bei beiden Ausführungen trieben alle Zylinder die dritte Achse an. Der große Hochdruckzylinder von 490 mm Durchmesser mußte allerdings bei der Dreizylinderbauart vor der Wiege mit einer Neigung von 1 : 6,1 untergebracht werden, während die Zylinder der Vierzylinderverbund-Maschine nach von Borriesschen Vorbildern aus 2 Gußstücken bestanden und unmittelbar vor dem Drehzapfen lagen. Aber auch hier mußten die Innenzylinder, die 350 mm Durchmesser hatten, wegen der Wiege schräg gelegt werden (Neigung 1 : 9,1). Das Zylinderraumverhältnis betrug wie bei den Gölsdorfschen vierzylindrigen Lokomotiven rd. 1 : 3. Der Dampf wurde den Zylindern durch flache Kanalschieber zugeführt.

Das Anfahren erleichterte die alte von Borriessche Anfahrvorrichtung mit einem Hilfskanal im Reglerschieber.

Die Schieber wurden bei den Vierzylinderlokomotiven in gleicher Art wie bei der vorher beschriebenen Lokomotive der Staatseisenbahngesellschaft von den außenliegenden Heusinger-Steuerungen bewegt, die auf jeder Seite 2 Schwingen besaßen. Dadurch, daß die beiden Steuerschrauben und die beiden Steuerwellen unabhängig waren, konnten die Füllungen beider Triebwerke unabhängig voneinander eingestellt werden. Allerdings mußte die Schieberbewegung für die Innenzylinder durch Umkehrwellen nach innen übertragen werden. Bei der Dreizylinderlokomotive lag eine besondere Stephensonsteuerung innen.

Das Drehgestell, das wieder einen Kugelzapfen und eine Wiege besaß, hatte 40 mm Spiel nach jeder Seite. Die letzte Kuppelachse war dagegen jetzt fest im Rahmen gelagert. Die Federn der ersten und zweiten gekuppelten

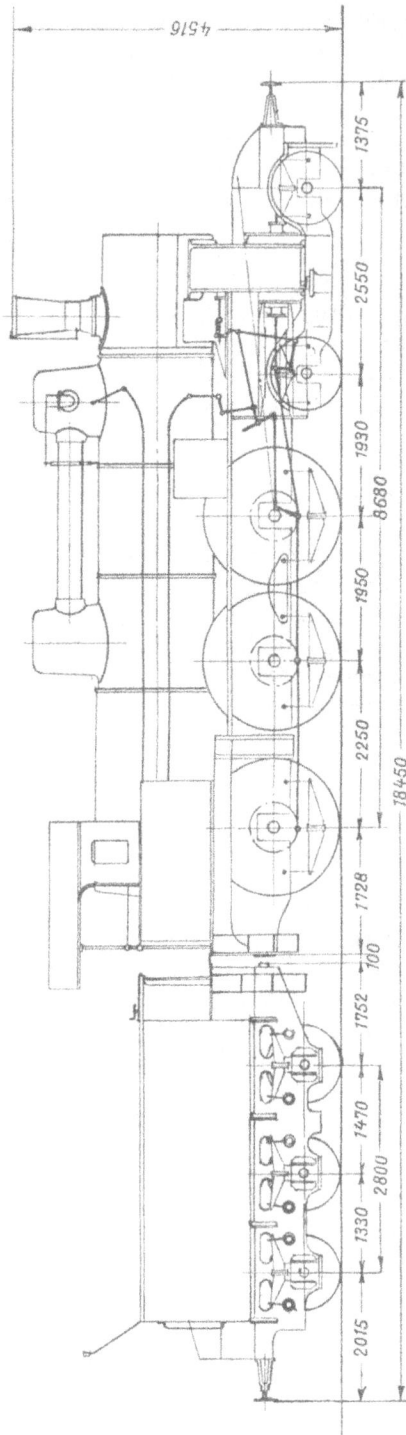

Abb. 267. 2 C n 4 v Schnellzuglokomotive, Reihe 109, der Österr.-Ung. Staatseisenbahn-Gesellschaft; Erbauer Maschinenfabrik der Österr.-Ung. Staatseisenbahn-Gesellschaft 1902—1904.

Kesseldruck	12 atü	
Zylinderdurchm.	2 × 350/580 mm	Dienstgewicht d. Lok. . . 64,9 t
Kolbenhub	650 mm	Reibungsgewicht . . . . 42,0 t
Treibraddurchmesser	1800 mm	
Rostfläche	3,1 m²	
Verdampfungsheizfl.	167,4 m²	

Achse waren durch Ausgleichhebel verbunden, die auf Schneiden ruhten. Diese Ausführung hatte sich schon bei früheren Lokomotivbauarten verschiedener Bahnverwaltungen bewährt.

Bei Versuchen waren beide Bauarten im Dampfverbrauch (9,59 kg Dampf je PS_i h bei der Dreizylinderlokomotive, und 9,88 kg bei der Vierzylinderbauart) fast gleichwertig. Im Betriebe verbrauchte die zuerst genannte 6,45 kg, die Vierzylinderlokomotive 6,14 kg Kohle/100 t km. Die alte 2 C n 2 v von 1896 verbrauchte unter gleichen Umständen dagegen 7,42 kg Kohle. Ein Teil des geringeren Kohlenverbrauchs dürfte allerdings wohl dem größeren Kessel der mehrzylindrigen Lokomotiven zuzuschreiben sein.

Die Höchstleistungen betrugen bei den Versuchen 1050 PS am Radumfang bei 44,5 km/h Geschwindigkeit.

Trotz der günstigen Ergebnisse wurden die Lokomotiven nicht nachgebaut, da sie ebenso wie die vorbeschriebenen 2 C n 4 v Lokomotiven der Staatseisenbahngesellschaft sehr bald durch Heißdampfzwillingslokomotiven abgelöst wurden.

Die bahnbrechenden Erfolge der Heißdampflokomotive in Preußen machten auch bald in Österreich Schule. Die außerordentlich guten Erfahrungen mit der P 8 Lokomotive waren wohl der Grund dafür, daß die Kaiser Ferdinands-Nordbahn schon im Jahre 1907 die ersten acht 2 C Heißdampflokomotiven in Betrieb nahm (Abb. 268).

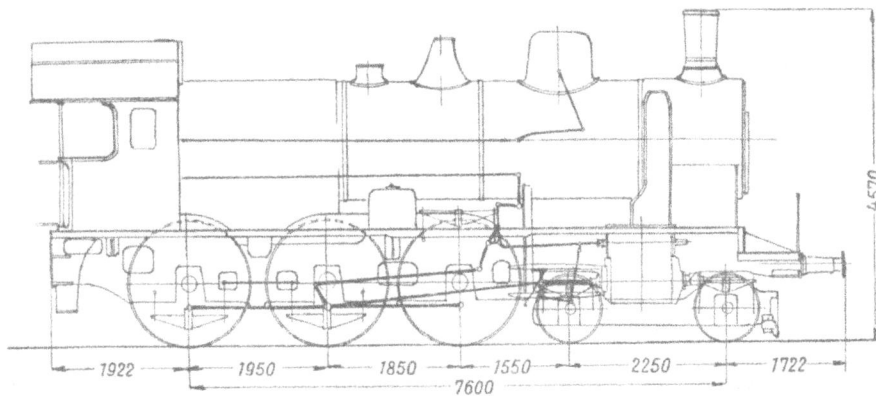

Abb. 268. 2 C h 2 Personenzuglokomotive, Reihe 111, der Kaiserl.-Königl. priv. Kaiser-Ferdinands-Nordbahn; Erbauer Sigl, Wiener-Neustadt 1907.

Rostfläche	3,25 m²	Kesseldruck	12 atü	Kolbenhub	630 mm
Verdampfungsheizfl.	137,9 m²	Treibraddurchmesser	1670 mm	Dienstgewicht d. Lok.	66,7 t
Überhitzerheizfläche	49,8 m²	Zylinderdurchm.	2 × 540 mm	Reibungsgewicht	43,8 t

Der Kessel dieser Lokomotiven lag für damalige Verhältnisse schon recht hoch (2800 mm über SO). Der Rost war gegenüber allen bisher erwähnten Ausführungen weiter vergrößert auf 2963 × 1100 mm = 3,25 m². Der Achsstand dagegen war kleiner als bei den meisten der bisherigen 2 C Lokomotiven (7600 mm). Da der Schwerpunkt der Lokomotive jetzt durch die Überhitzeranlage weiter nach vorn gewandert war, mußte auch der Kessel etwas nach hinten verschoben werden. Durch den etwas größeren hinteren Überhang des ebenfalls schwerer gewordenen Stehkessels war der Achsdruck der beiden letzten Achsen, den man bisher immer auf 14 und 14,5 t eingehalten hatte, auf 14,8 und 14,9 t gestiegen. Eine Überlastung der ersten Kuppelachse hatte man dadurch vermieden, daß das Drehgestell mehr nach hinten verlegt war und dadurch einen etwas größeren Lastanteil übernehmen konnte. Die Wiege mit dem Kugelzapfen war an dieser neuen Lokomotive verlassen worden; die Führung übernahm wie an den preußischen Drehgestellen ein Drehzapfen, während die Last durch seitliche ebene Stützpfannen übertragen wurde.

Dem Beispiel der Kaiser-Ferdinands-Nordbahn folgte schon im Jahre 1908 die Staatseisenbahngesellschaft mit 10 sehr ähnlichen 2 C h 2 Lokomotiven, die jedoch 1800 mm hohe Treibräder und einen Kessel mit nur 3,1 m² Rostfläche, mit einer feuerberührten Verdampfungsheizfläche von 141,5 m², einer feuerberührten Überhitzerheizfläche von 48,7 m² besaßen.

Die Mittellinie des Kessels lag noch höher als bisher: 2925 mm über SO. Der Drehzapfen war am Rahmen des Drehgestells befestigt, während die Rückstellvorrichtung im Hauptrahmen der Lokomotive lag. Der größte Achsdruck dieser Lokomotive betrug nur etwa 13,3 t. Der Rahmen, das Triebwerk und der Kessel waren wie bei den ersten preußischen Heißdampflokomotiven sehr leicht ausgeführt. Wenn auch die Lokomotive wärmewirtschaftlich durchaus gut arbeitete, so wurde doch ihre Wirtschaftlichkeit durch die hohen Unterhaltungskosten an den schwachen Teilen des Triebwerks und Kessels recht ungünstig beeinflußt.

Bei allen bisher behandelten österreichischen 2 C Lokomotiven lag der Stehkessel entweder vollkommen zwischen den Rahmenblechen oder über dem Rahmen zwischen den Rädern der gekuppelten Achsen.

Im Jahre 1908 hatte die Buschtehrader Eisenbahn 2 Stück 2 C Lokomotiven bei der Lokomotivfabrik der Staatseisenbahngesellschaft bestellt, die einen über die Räder hinausreichenden Stehkessel besaßen. Sie waren mit einem Dampftrockner der Bauart Clench ausgerüstet und wurden erst im Jahre 1910 in Betrieb genommen. Da man mit dem Dampftrockner wohl nicht allzu gute Erfahrungen machte, wurden in den Jahren 1913/14 bei einer Nachbestellung 4 sehr ähnliche Lokomotiven mit Rauchröhrenüberhitzern versehen. Ihre Kessel waren etwas kürzer als bei den ersten 2 Lokomotiven. Der Rost war 1400 mm breit und 2300 mm lang, die Seitenwände des Stehkessels lagen also noch etwa 50 mm außerhalb der Räder.

Kurze Zeit vor den ersten beiden der vorher genannten Lokomotiven hatte die Südbahn im Dezember 1909 einige neue 2 C h 2 Lokomotiven in den Dienst gestellt, die ebenfalls eine breite Feuerbüchse besaßen (Südbahnreihe 109, Abb. 269).

Die Lokomotiven stellten die letzte 2 C Bauart unter den österreichischen Lokomotiven dar, sie erreichten damit auch die höchste Stufe in der Entwicklung dieser Bauart. Die Mittellinie des Kessels hatte zum ersten Male in Europa den Wert von 3000 mm über SO erreicht. So konnte der breite Stehkessel mit einer Rostfläche von 2229 × 1580 mm = 3,55 m² noch über den 1700 mm hohen Treibrädern untergebracht werden. Der Kessel hatte einen größten Durchmesser von 1707 mm und enthielt 152 Heiz- und 24 Rauchrohre von 4900 mm Länge, das waren die längsten Rohre, die an österreichischen 2 C Lokomotiven verwendet wurden. Die feuerberührte dampferzeugende Kesselheizfläche war auf 167 m² gestiegen. Allerdings war die Feuerbüchsheizfläche (11 m²) kleiner als z. B. bei den ersten österreichischen 2 C Lokomotiven mit bedeutend

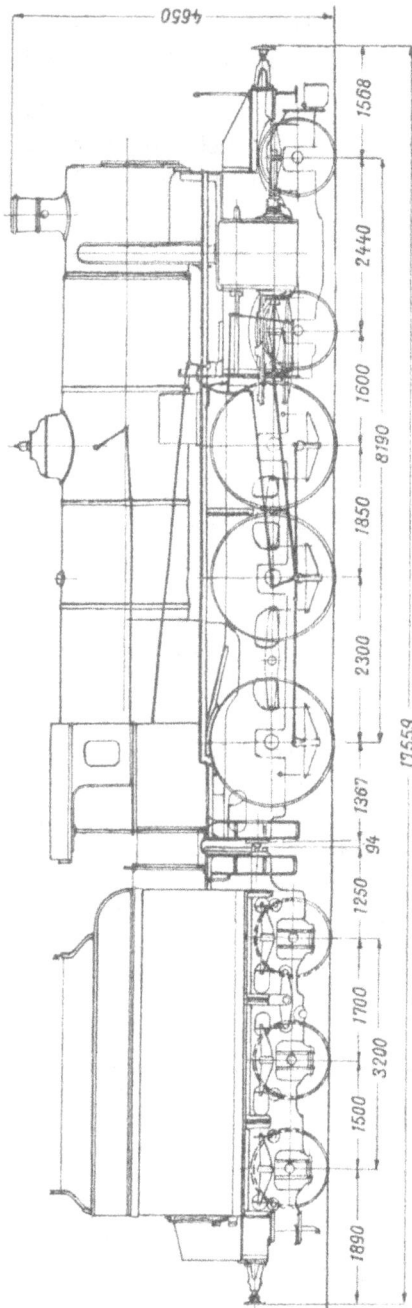

Abb. 269. 2 C h 2 Personenzuglokomotive, Reihe 109, der Kaiserl.-Königl. priv. Südbahn-Gesellschaft; Erbauer Maschinenfabrik der Österr.-Ung. Staatseisenbahn-Gesellschaft 1909.

Rostfläche	3,55 m²	Kesseldruck	13 atü	Kolbenhub	650 mm
Verdampfungsheizfl.	166,8 m²	Treibraddurchmesser	1700 mm	Dienstgewicht d. Lok.	66,9 t
Überhitzerheizfläche	67,0 m²	Zylinderdurchm.	2 × 550 mm	Reibungsgewicht	43,2 t

kleinerer Rostfläche (2,9 m² Abb. 264), weil die Feuerbüchse wegen der hohen Treibräder nicht sehr tief ausgebildet werden konnte. Dagegen war der Dampfraum bei einem Wasserstand von 150 mm über der Feuerbüchsdecke noch ausreichend hoch (370 mm).

Die Heusinger-Steuerung besaß eine lange Schwingenstange und große Kolbenschieber von 280 mm Durchmesser mit innerer Einströmung. Sie war also vorteilhafter durchgebildet als die Steuerung an der preußischen P 8 Lokomotive.

Das Triebwerk der Südbahnlokomotive hatte im großen und ganzen ähnliche Abmessungen wie die P 8 Lokomotive; wegen der in Österreich verfeuerten minderwertigeren Kohle war aber die Rostfläche um etwa 36% und die Heizfläche um etwa 10% größer als bei der P 8 Lokomotive. Die Feuerbüchsheizfläche war jedoch um 2,3 m² kleiner. Wenn auch genau vergleichbare Zahlen fehlen, so kann man doch die österreichische Lokomotive auch bei Verfeuerung minderwertiger Kohle in der Leistung der preußischen P 8 ungefähr gleichstellen, trotzdem sie noch etwa 10 t leichter war.

Die Südbahnlokomotive der Reihe 109 sollte nach dem Leistungsprogramm 320 t schwere Züge auf $12,5^0/_{00}$ mit V = 40 km/h befördern.

Bei den von Dr. Sanzin mit dieser Lokomotive vorgenommenen ausführlichen Versuchsfahrten wurde diese Leistung reichlich erfüllt, so daß die Südbahn die Fahrzeiten der Schnellzüge im Sommer 1911 kürzen konnte. Als höchste Leistung ermittelte Dr. Sanzin 1547 PS_i bei einer Geschwindigkeit von 68 km/h, aber auch bei der günstigsten Geschwindigkeit von 45 km/h wurden noch 1305 PS_i erreicht. Mit höheren Geschwindigkeiten als 68 km/h konnten wohl wegen der ungünstigen Streckenverhältnisse keine Versuche durchgeführt werden.

Nachdem die Ergebnisse der Versuchsfahrten vorlagen, erhöhte Sanzin die zulässigen Belastungen beträchtlich. Jetzt sollte die Lokomotive z. B. 400 t schwere Züge auf $10^0/_{00}$ mit V = 50 km/h befördern.

Bei Vergleichsfahrten mit ungefähr gleich schweren Zügen wurde ein Dampfverbrauch für die PS_i-Stunde von 9,04 kg bei 823 PS_i gegen 13,92 kg bei den 2 C n 2 Lokomotiven von 1896 (Abb. 264) ermittelt. Bei größeren Leistungen (z. B. 1200 PS_i) stieg der Dampfverbrauch nur wenig (9,9 kg), das durfte vor allem der gut durchgebildeten Steuerung (große Schieberdurchmesser) und der besseren Überhitzung bei hohen Leistungen zuzuschreiben sein.

Da die Lokomotive sich gut bewährte, wurde sie bald auf fast allen Südbahnstrecken gern verwendet. Bis zum Jahre 1917 wurden daher, ohne daß grundsätzliche Änderungen notwendig waren, 53 Stück beschafft. In den Jahren 1927—30 bezog die Nachfolgerin der Südbahn, die Donau—Save—Adria-Bahn, von der Maschinenfabrik der ungarischen Staatsbahnen in Budapest nochmals 4 Stück für das ungarische Netz der ehemaligen Südbahn. In Österreich wurden die Lokomotiven zur weiteren Steigerung der Leistungsfähigkeit und Wirtschaftlichkeit später noch mit Dabeg-Vorwärmern ausgestattet.

Damit ist die Reihe der in Österreich entwickelten 2 C Lokomotiven abgeschlossen. Wenn diese Bauart in Österreich nicht so verbreitet und beliebt war wie etwa in Preußen, so lag das einmal daran, daß man auf den Gebirgsbahnen schon bald Lokomotiven mit größerer Zugkraft, also größerem Reibungsgewicht benötigte, das sich aber bei dem zugelassenen niedrigen Achsdruck nicht mehr mit 3 gekuppelten Achsen erreichen ließ. Dann aber konnten bei den 2 C Lokomotiven zwischen den Treibrädern nur mäßig große Rostflächen untergebracht werden, die für die in Österreich verwendeten geringwertigen Kohlensorten zu klein waren und deren Länge wieder durch die Leistungsfähigkeit des Heizers beschränkt war. Wurde aber die Rostfläche breit gewählt und noch über den Rädern angeordnet, so ging ein Teil der wertvollen Feuerbüchsheizfläche verloren.

Hier waren Lokomotiven mit einer Schleppachse oder einem nachlaufenden Drehgestell im Fahrgestell günstiger, weil eine solche Achse die Unterbringung eines großen Rostes und einer geräumigen Feuerbüchse erleichterte. Zahlreiche europäische Lokomotivkonstrukteure gingen daher von der 2 C Lokomotive zur 2 C 1-Bauart über, die schon nach wenigen Jahren besonders als Schnellzuglokomotive besonders in Süddeutschland und Frankreich beliebt wurde. Österreichs Lokomotivbau, vor allem Gölsdorf, ging hier andere Wege. Er wählte nicht die Achsanordnung 2 C 1, sondern die 1 C 1. Gölsdorfs Streben ging darauf hinaus, durch das fortfallende vordere Drehgestell Lokomotivgewicht einzusparen, denn die meisten Strecken ließen nur geringe Achsdrücke zu, dann aber wollte er auch gern die Möglichkeit großer Rostflächen hinter den gekuppelten Achsen ausnutzen, die ja in Österreich aus den bekannten Gründen für leistungsfähige Lokomotiven von größter Bedeutung waren.

Seine erste 1 C 1 n 4 v Lokomotive (Reihe 110, Abb. 270) war im Jahre 1905 fertiggestellt und sollte auf den steilen Alpenstrecken — hauptsächlich im Salzburger Bezirk — 230 t schwere Schnellzüge über Steigungen von etwa 22⁰/₀₀ ohne Vorspann befördern. Nach heutigen Begriffen muß es überraschen, daß Gölsdorf für die Laufachsen die Bauart der Adamsachsen ohne Rückstellvorrichtung wählte, die doch bei anderen Verwaltungen (vgl. Preußen) wenigstens als führende Achsen keinen Erfolg hatten. Obwohl Gölsdorfs 1 C 1 Lokomotive ein ausgeglichenes Vierzylinderverbundtriebwerk mit außenliegenden Niederdruckzylindern besaß, wirkten sich die Drehkräfte der großen Massen des Niederdrucktriebwerks nicht sehr störend aus, so daß selbst bei hohen Geschwindigkeiten kein starkes Schlingern auftrat. Noch bei einer Geschwindigkeit von 118 km/h war ihr Lauf einwandfrei. Trotzdem wurden wohl wegen der etwas schwachen Steuerung als höchste Geschwindigkeit nur 80 km/h zugelassen. Diese Geschwindigkeit reichte aber damals für den Schnellzugdienst im Hügelland und auf den großen Steigungen im Gebirge (bis zu 20⁰/₀₀), für den sie ja bestimmt war, vollkommen aus.

Bei der Entwicklung des Kessels war Gölsdorf neue Wege gegangen. Auch hier suchte er mit möglichst geringem Aufwand an Baustoffen große Leistungen zu erreichen. Besonderen Wert legte er auf eine ausreichende Erzeugung trockenen Dampfes. So gab er einmal dem Kessel eine verhältnismäßig große Heizfläche (232 m²), die er durch lange Heizrohre (5200 mm) erreichte. Dann aber vergrößerte er den Dampfraum über den Stellen der stärksten Dampfentwicklung dadurch, daß er den letzten Schuß des Langkessels nach oben um 150 mm kegelig erweiterte und auch auf diesem Schuß den Dampfdom unterbrachte. Die hohe Lage der Stehkesseldecke kam der Entwicklung einer tiefen Feuerbüchse (1750 mm) mit einer großen Feuerbüchsrohrwand zugute, so daß im Langkessel 282 Heizrohre (48 × 53 mm) untergebracht werden konnten (Wassersteg 18 mm).

Wegen der Gewichtsverteilung hätte eigentlich die Stiefelknechtsplatte nach hinten durchgekümpelt werden müssen. Gölsdorf aber zog vorn den Bodenring entsprechend hoch, so daß die Platte zwischen den Rädern senkrecht nach unten gerichtet bleiben konnte. Das war eine Maßnahme von zweifelhaftem Wert, denn ein solcher Bodenring

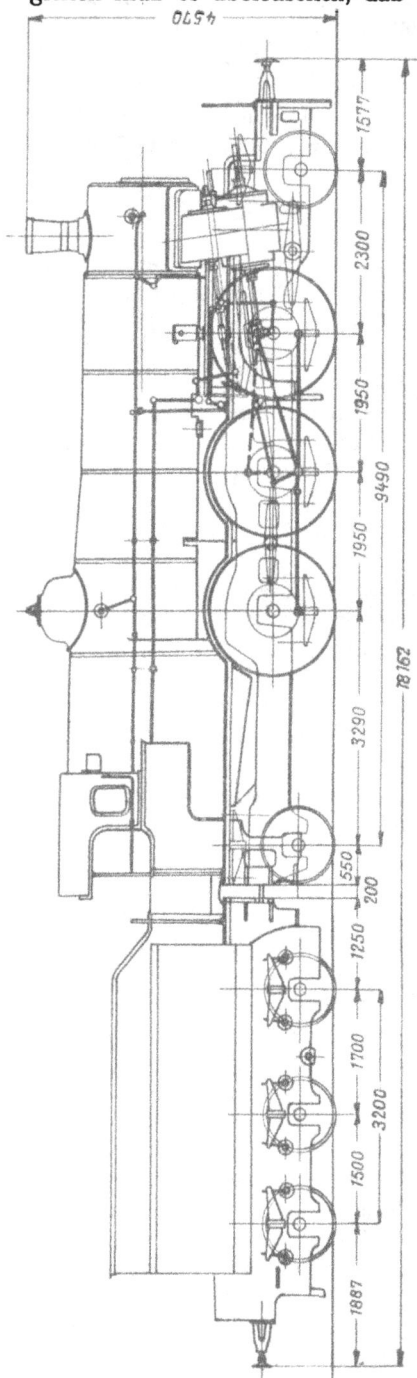

Abb. 270. 1 C 1 n 4 v Schnellzuglokomotive, Reihe 110, der Kaiserl.-Königl. Österr. Staatsbahnen; Erbauer Wiener Lokomotivfabrik A.-G. Floridsdorf 1905—1909.

Rostfläche . . . . . . 4,0 m²
Verdampfungsheizfl. . 232,0 m²
Kesseldruck . . . . . 15 atü
Treibraddurchmesser . 1780 mm
Zylinderdurchm. 2 × 370/630 mm
Kolbenhub . . . . . . 720 mm
Dienstgewicht d. Lok. . 69,1 t
Reibungsgewicht . . . 42,9 t

war sehr schwierig herzustellen und noch schwieriger dicht zu halten. Die häufigen Schäden an diesem Teil der Feuerbüchse waren auch der Grund, daß nach dem Weltkriege die Kessel umgebaut wurden. Die Rohre wurden um 372 mm verlängert und der Rost entsprechend gekürzt. Dabei ging allerdings die Rostfläche auf 3,6 m² zurück. Das aber war für die Wirtschaftlichkeit der Kessel sehr vorteilhaft.

Da schon bei der Reihe 9 wegen des großen Niederdruckzylinders von 810 mm Durchmesser ein Außenrahmen hatte gewählt werden müssen, war Gölsdorf bei den neuen Maschinen zum vierzylindrigen Triebwerk, und zwar mit einachsigem Antrieb übergegangen, wobei er wegen Platzmangels zwischen der Laufachse und der ersten Kuppelachse den äußeren Niederdruckzylindern die gleiche Neigung 1 : 8 geben mußte, welche die Innenzylinder erforderten.

Die bisher übliche lichte Entfernung der Rahmenplatten von 1200 mm wurde bei den 1 C 1 Lokomotiven soweit verringert, daß die Rahmenbleche wegen des Seitenspiels der Laufachsen nicht eingezogen zu werden brauchten (1120 mm).

Der Fortschritt gegenüber der 2 C n 2 v Lokomotive der Reihe 9 lag hauptsächlich darin, daß die 1 C 1 Lokomotive mit einem etwas geringeren Gewicht eine vierzylindrige wesentlich leistungsfähigere Verbund-Lokomotive war, deren Rostfläche um 0,9 m² und deren Heizfläche um 45 m² größer war. Die kleine Einbuße an Feuerbüchsheizfläche (12,3 m² statt 14,0 m² bei der 2 C Lokomotive) wurde durch den großen Zuwachs an Rohrheizfläche mehr als aufgewogen.

Bei Versuchsfahrten beförderte die 1 C 1 Lokomotive

$$400 \text{ t auf } 10^0/_{00} \text{ mit } V = 50 \text{ km/h,}$$
$$220 \text{ t } „ 22^0/_{00} „ V = 40 \text{ km/h.}$$

Dabei zeigte sich, daß die indizierte Grenzleistung sich innerhalb eines großen Geschwindigkeitsbereiches nur wenig änderte. Sanzin ermittelte bei 50 km/h eine Leistung von 1400 PS$_i$ und bei 90 km/h noch 1460 PS$_i$.

Im fahrplanmäßigen Dienst wurden mit dieser Lokomotive schon im Jahre 1906 im Gebirge Strecken von 250 km Länge ohne Maschinenwechsel durchfahren. Das war für die damalige Zeit im österreichischen Gelände eine gute Leistung. Im Kriege führte sie den Balkanexpreß von Tetschen bis Wien (458 km) mit einer Reisegeschwindigkeit von 65 km/h. Mit ihr konnten auch die bis zum Jahre 1905 von Linz bis Wien getrennt gefahrenen Orient- und Ostende—Wien-Expreßzüge gemeinsam befördert werden.

Bereits vom Jahre 1906 an wurden diese Lokomotiven mit Clench-Dampftrocknern und von 1909 an mit Schmidtschen Rauchröhrenüberhitzern als Reihe 10 weiterbeschafft. Hierbei wurde wiederum wie z. B. bei der 1 C Lokomotive Reihe 60 und 160 nur das Nötigste geändert. Die Hochdruckzylinder erhielten einen um 20 mm größeren Durchmesser und die Kolbenschieber einen Durchmesser von 250 mm. Die Heizrohre mußten des Gewichtes wegen um 300 mm gekürzt werden. An den neuen Lokomotiven wurden zum ersten Male in Österreich die dreiteiligen Kropfachsen, Bauart Witkowitz, verwendet, bei denen die inneren Kurbelwangen auf die Kurbelzapfen an den äußeren Wellenstümpfen aufgepreßt waren. Die Lokomotive bewährte sich sehr gut, so daß nicht allein die Staatsbahn bis zum Jahre 1900 54 Stück beschaffte (16 Naßdampf, 19 mit Dampftrockner und 10 mit Heißdampf), sondern auch die Südbahn sich von dieser Bauart von 1906—09 14 Stück bauen ließ, von denen 3 mit einem Dampftrockner ausgerüstet waren. Außerdem bestellte die Kaschau—Oderberger Eisenbahn von 1908 bis 1912 18 Naßdampflokomotiven gleicher Bauart.

Die Dampftrockner wurden später überall wegen der dauernden Schäden und großen Ausbesserungskosten wieder ausgebaut.

Die Erwartungen, die Gölsdorf an die Bauart der 1 C 1 Schnellzuglokomotive geknüpft hatte, waren mit wenigen Ausnahmen erfüllt. So kam ihm schon bald der Gedanke, auch für den Personenzugverkehr eine leichtere und einfacher gebaute 1 C 1 Lokomotive zu entwickeln. Diese Lokomotive (Reihe 329, Abb. 271) war schon im Jahre 1907 fertiggestellt. Mit den vorher genannten Reihen 110 und 10 stimmte sie eigentlich nur in der Achsanordnung überein. Der Kessel war bedeutend kleiner geworden (Rostfläche 3,0 m², Heizfläche 109,6 m²). Der Stehkessel reichte jetzt nicht mehr weit über den Rahmen hinaus, sondern lag über den Rahmenblechen zwischen den Rädern der letzten Kuppelachse. So wurde die Feuerbüchsheizfläche trotz der um etwa 25% kleineren Rostfläche noch größer als bei den Lokomotiven der Reihe 10. Die Stiefelknechtplatte, die zwischen der zweiten und dritten Kuppelachse senkrecht nach unten ging, hatte das übliche Aussehen. Die Mittellinie des Kessels lag 2800 mm über SO

Da die Lokomotiven hauptsächlich oft haltende Personenzüge befördern sollten, hatte Gölsdorf besonderen Wert auf ein gutes Anzugs- und Beschleunigungsvermögen gelegt und daher den Treibrädern einen Durchmesser von 1574 mm und den Kolben einen Hub von 720 mm gegeben. Da für den Verwendungszweck ein Vierzylinder-Triebwerk keinen Sinn hatte, wählte er ein Zweizylinder-Verbundtriebwerk. Als größte Geschwindigkeit waren wie bei den Schnellzuglokomotiven 80 km/h zugelassen.

Die schmale Feuerbüchse und die kleinen Räder hatten manche Vorteile, auf die z. T. schon bei der Besprechung der Reihe 110 eingegangen wurde. Das Lokomotivgewicht konnte jetzt besser auf die einzelnen Achsen verteilt werden, die hintere Laufachse konnte näher

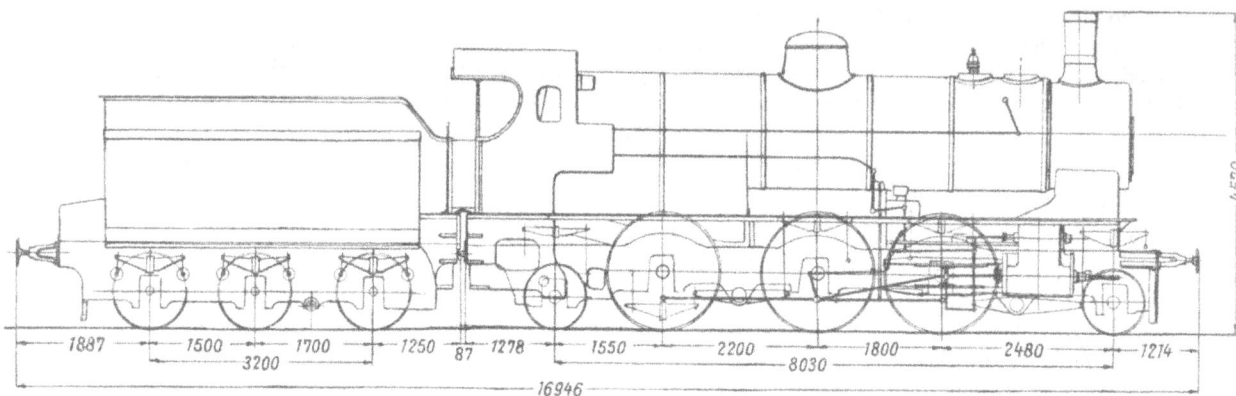

Abb. 271. 1 C 1 h 2 v Personenzuglokomotive, Reihe 329, der Kaiserl.-Königl. Österr. Staatsbahnen; Erbauer Wiener Lokomotivfabrik A.-G. Floridsdorf 1907—1909.

Rostfläche	3,0 m²	Kesseldruck	15 atü	Kolbenhub	720 mm
Verdampfungsheizfl.	109,6 m²	Treibraddurchmesser	1574 mm	Dienstgewicht d. Lok.	59,7 t
Überhitzerheizfläche	57,7 m²	Zylinderdurchm.	450/690 mm	Reibungsgewicht	43,0 t

an die letzte Kuppelachse herangezogen werden und die kleinen Treibräder gestatteten einen kürzeren Gesamtachsstand. Außerdem stand zwischen der ersten Laufachse und der ersten Kuppelachse soviel Raum zur Verfügung, daß die Zylinder waagerecht am Rahmen befestigt werden konnten. Dadurch erhielt die neue Lokomotive ein durchaus harmonisches Aussehen. Vor allem aber war die Belastung der Laufachsen auf etwa 10 t zurückgegangen, während sie bei den Schnellzuglokomotiven der Reihe 10 über 14 t betragen hatte.

Der Lauf auch dieser Lokomotiven war bei Geschwindigkeiten bis 100 km/h noch befriedigend, ebenso auch ihre Leistung. Bei Versuchsfahrten wurden

313 t schwere Züge auf 10% mit V = 42 — 45 km/h

befördert.

Die Maschine konnte auch für Güterzüge, besonders Eilgüterzüge, sehr gut verwendet werden, da sie noch

1145 t auf 3,3% mit V = 28 km/h

schleppen konnte.

Da die großen Privatbahnen Österreichs inzwischen fast sämtlich verstaatlicht waren, wurde diese Bauart bald in ganz Österreich beliebt. Bis zum Jahre 1909 wurden insgesamt 93 Stück gebaut. Auch die Ungarische Staatsbahn hatte Gefallen an der Maschine; sie beschaffte sich in den Jahren 1908—1910 65 Stück ohne nennenswerte Änderungen aus Österreich. Auch die Militärbahn Banjaluka—Doberlin erhielt 1908 2 solche Lokomotiven. Der Clench Dampftrockner bewährte sich nicht, er wurde bald, wie bei allen übrigen Lokomotivreihen, ausgebaut.

Gölsdorf rüstete — wie bei den Schnellzuglokomotiven — im Jahre 1909 auch diese Lokomotiven mit den Schmidtschen Überhitzern aus (Reihe 429). Er änderte dabei grund-

320

sätzlich nur wieder das, was unbedingt notwendig war. So mußte z. B. der Hochdruckzylinder um 80 mm nach vorn verschoben werden, weil die hintere Heißdampfstopfbüchse der Kolbenstange länger als die bisherige Naßdampfstopfbüchse geworden war.

Der Niederdruckzylinder hatte anfangs noch einen Flachschieber.

Vom Jahre 1911 an erhielt er einen großen Kolbenschieber von 398 mm Durchmesser, der auch bei anderen Gattungen verwendet wurde. Die Schieber der Hochdruck- und Niederdruckseite hatten breite Federringe.

Neben dieser 1 C 1 h 2 v Lokomotive wurde noch eine ähnliche Lokomotive mit einem Zwillingstriebwerk und 475 mm Zylinderdurchmesser beschafft (Reihe 429.900). Auffallend klein war an ihr und auch an den vorher beschriebenen Lokomotiven die Überhitzerheizfläche (nur 27,2 m²). Das lag wohl zum Teil an dem Mangel an geeigneten Schmierölen und an der Furcht vor Verkrustungen des Öles in den Schieberkästen und Zylindern, die tatsächlich bei diesen Maschinen sehr stark auftraten.

Bisher waren die Zwillings- und Verbundlokomotiven in bunter Reihe nebeneinander bestellt worden, ohne daß man sich grundsätzlich für die eine oder andere Bauart entschieden hatte. Im Jahre 1912 fiel aber dann die endgültige Entscheidung zugunsten der Zwillingslokomotive. Vom Jahre 1913 an wurden daher nur noch Zwillingslokomotiven beschafft. Eine Ausnahme bildeten lediglich 10 Verbundlokomotiven vom Jahre 1916. Beide Typen wurden in großer Zahl gebaut. Von der Verbundlokomotive waren mit den 6 Maschinen der Südbahn schließlich 289 Stück vorhanden, von der Zwillingslokomotive wurden bis zum Jahre 1918 197 Stück gebaut.

Gölsdorfs erste 1 C 1 Heißdampflokomotive war, wie wir sahen, gegen Ende des Jahres 1906 in Betrieb genommen worden. Bereits im Mai desselben Jahres war ihm aber die Aussig—Teplitzer Eisenbahn, die von jeher ein eifriger Förderer des technischen Fortschritts gewesen war, mit einer neuen 1 C 1 h 2 Lokomotive zuvorgekommen, von der sie zunächst 3 Stück in Betrieb nahm. Der nur wenig kleinere Kessel war auch in der Bauart der Feuerbüchse nach den Grundsätzen der Reihe 10 der Staatsbahn (s. S. 319) entwickelt. Ebenso war auch die Abfederung der Lokomotivlast dieser Reihe entlehnt. Die Tragfedern der ersten und zweiten und der dritten und vierten Achse waren durch Ausgleichhebel und durch einen Querausgleich für die vorderen Federenden der fünften Achse miteinander verbunden. Das Triebwerk dagegen glich dem der 1 C 1 Personenzuglokomotive der Reihe 429. Die Zylinderdurchmesser waren wegen des niedrigeren Dampfdruckes (13 atü) größer geworden, dagegen hatte man den Hub auf 630 mm verkleinert, trotzdem der lange Kolbenhub von 720 mm manche Vorteile gehabt hatte. Die ungefederten Kolbenschieber hatten einen Durchmesser von nur 150 mm. Das war ohne Zweifel kein Fortschritt, wahrscheinlich hat hier das nicht ganz vorbildliche Beispiel der preußischen Lokomotiven der Gattungen S 6 und P 8 die Entscheidungen der Aussig—Teplitzer Bahn beeinflußt. In diesem Punkte war Gölsdorf, wie wir sahen, bei seinen Lokomotiven auf dem richtigeren Wege.

Die Lokomotiven haben in fast allen Zweigen des Verkehrs Dienst getan. Sie beförderten nicht nur die Bäderschnellzüge Berlin—Karlsbad mit Lasten bis 388 t über Steigungen von 10⁰/₀₀, sondern wurden auch für den Güterzugdienst herangezogen. Nach den Leistungsschaulinien schleppten sie:

300 t schwere Züge auf 10⁰/₀₀ mit V = 52 km/h.

Nach ihren Abmessungen gehörten sie damals zu den leistungsfähigsten Heißdampflokomotiven in ganz Europa. Wenn ihre tatsächlichen Leistungen hinter denen der preußischen P 8 Lokomotiven zurückstanden, so lag das allein an der in ihnen verfeuerten minderwertigen böhmischen Braunkohle, mit der auch bei Versuchsfahrten keine größeren Verdampfungsziffern als 3,4 kg Dampf/kg Kohle erreicht werden konnten. Die Heizflächenbelastung erreichte kaum den Wert von 34 kg Dampf/m² und Stunde.

Die guten Laufeigenschaften der beiden oben beschriebenen 1 C 1 Lokomotiven der K. k. Staatsbahn veranlaßten Gölsdorf, diese Achsanordnung auch für eine ausgesprochene 1 C 1 h 2 Schnellzuglokomotive zu wählen. So entstand im Jahre 1916 die leichte für die

Linien der ehemaligen österreichischen Nordwestbahn bestimmte Schnellzuglokomotive der Reihe 910 (Abb. 272). Sie war die letzte Schöpfung Gölsdorfs.

Der Stehkessel war von der 1 C 1 Personenzuglokomotive übernommen und lag wie bei ihr zwischen den Rädern über den Rahmenblechen. (Rostfläche 3 m².) Trotz der kleineren Feuerbüchse war die Heizfläche des Kessels bei einer Rohrlänge von 4600 mm noch um 29 m² größer. Die Heizfläche des Überhitzers war auch hier noch sehr klein (36,2 m²). Der Dampfdruck betrug 14 atü.

Der bisher übliche Kolbenhub wurde von 720 mm auf 680 mm verkleinert und die äußere Einströmung beim Kolbenschieber beibehalten. Besondere Druckausgleicher für den Leerlauf waren nicht vorgesehen, statt dessen hatte man aber je ein Luftsaugeventil am vorderen und hinteren Zylinderdeckel und eines am Schieberkasten angebracht.

Der bemerkenswerteste Unterschied gegenüber der Bauform der Personenzuglokomotive lag darin, daß Gölsdorf jetzt die Adamsachse durch ein Krauß-Helmholtz-Drehgestell ersetzt hatte, das sich an den 1 C 2 Schnellzuglokomotiven der Reihe 210 (Abb. 273) schon seit dem Jahre 1908 bewährt hatte.

Die vordere Achse des Krauß-Helmholtz-Drehgestells hatte 28, die nachlaufende Achse (1. Kuppelachse) 22 mm Spiel nach jeder Seite. Außerdem waren die Spurkränze der Treibachse um 14 mm geschwächt.

Gölsdorf wollte mit dieser neuen Lokomotivbauart, besonders aber mit dem Krauß-Helmholtz-Drehgestell den großen Nachteil der älteren 1 C 1 Lokomotiven (Reihe 10 und 110), nämlich ihre niedrige Höchstgeschwindigkeit (80 km/h) beseitigen. Abb. 272 zeigt, daß die bei den genannten Lokomotiven gerügten Mängel (schräge Zylinderlage, zu geringer Abstand der vorderen Laufachse von der ersten Kuppelachse) jetzt behoben waren. Allerdings hatte er noch an dem großen Treibraddurchmesser 1780 mm festgehalten, obwohl bei der größten zugelassenen Geschwindigkeit von 90 km/h und dem kleineren Kolbenhub noch etwa 1700 mm hohe Treibräder voll genügt hätten. Auch die bisher üblichen nur 900 mm langen Tragfedern waren beibehalten.

Die Leistung der Lokomotive erreichte naturgemäß nicht die Werte der 1 C 1 Lokomotive der Reihe 10 (s. S. 319). Immerhin stellte Sanzin auf Versuchsfahrten zwischen 60 und 90 km/h indizierte Leistungen von 1100—1180 PS fest.

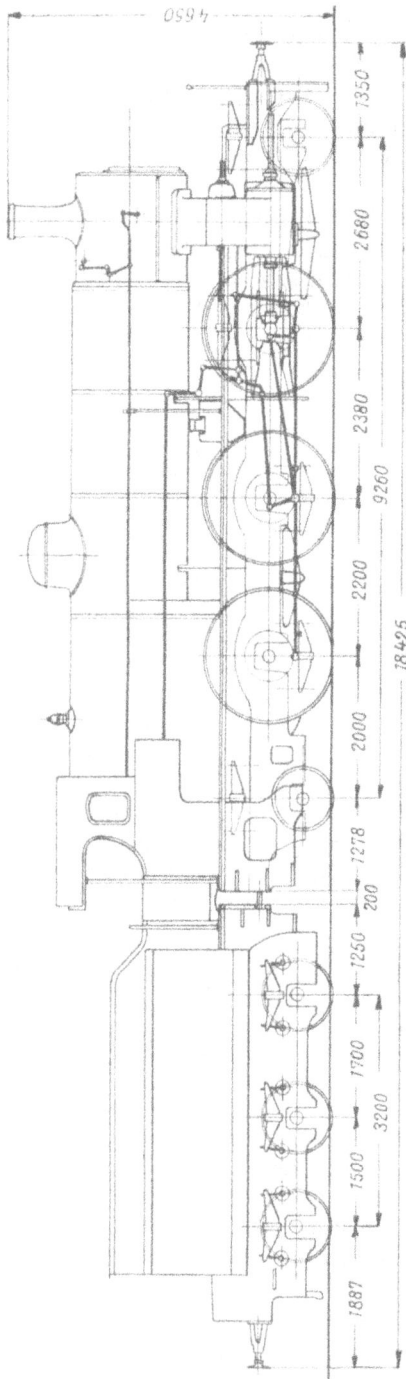

Abb. 272. 1 C 1 h 2 Schnellzuglokomotive, Reihe 910, der Kaiserl.-Königl. Österr. Staatsbahnen; Erbauer Wiener Lokomotivfabrik A.-G. Floridsdorf 1916—1918.

Rostfläche . . . 3,0 m²	Kesseldruck . . . 14 atü	Kolbenhub . . 680 mm
Verdampfungsheizfl. . 147,5 m²	Treibraddurchmesser . 1780 mm	Dienstgewicht d. Lok. . 68,0 t
Überhitzerheizfläche . 36,2 m²	Zylinderdurchm. . 2×540 mm	Reibungsgewicht . . 41,0 t

In den Jahren 1916—1918 wurden von dieser Type nur 22 Stück gebaut. Nach dem Kriege wurden die 22 Lokomotiven von den Tschechoslowakischen Staatsbahnen übernommen. In Österreich ist die Lokomotive nicht weitergebaut worden, weil sie mit ihrem geringen Reibungsgewicht (3 × 14 = 42 t) für den Schnellzugdienst zu schwach geworden war. Zu erwähnen ist noch, daß die auf die ersten beiden Probelokomotiven folgenden 20 Maschinen einen zweiten Dom (Speisedom) erhalten hatten, in dem ein Pogany-Kesselsteinabscheider untergebracht war.

Die zuletzt beschriebene 1 C 1 Schnellzuglokomotive der Reihe 910 war mit ihrer Rostfläche von 3 m² nur eine Zwischenlösung. Während bei den 1 C 1 Lokomotiven der Reihen 10 und 110 die Verwendbarkeit durch die unverhältnismäßig niedrige zugelassene Geschwindigkeit von 80 km/h beschränkt war, genügte die Reihe 910 mit ihrem weniger leistungsfähigen Kessel nur mäßigen Ansprüchen des Betriebes. Besonders schwierig war die Lage auf den Schnellzugstrecken der Nordbahn geworden. Hier waren die Zuggewichte und Geschwindigkeiten so groß geworden, daß keine der bisher beschriebenen 1 C 1 Lokomotiven verwendet werden konnte. Für diese Leistungen waren große Kessel mit Rostflächen von etwa 4,6 m² erforderlich. Gölsdorf sah sich daher schon im Jahre 1908 vor die Aufgabe gestellt, eine neue leistungsfähigere Schnellzuglokomotive zu entwickeln.

Andere europäische Bahnverwaltungen mußten zu dieser Zeit bereits zur 2 C 1 Lokomotive greifen. Bei diesen Lokomotiven war aber die hintere Laufachse meist schon bis an die Grenze des zulässigen Achsdrucks belastet, obwohl die Kessel kleinere Rostflächen besaßen, als sie jetzt in Österreich benötigt wurden. Eine solche Bauart war daher für die österreichischen Verhältnisse nicht besonders brauchbar. Da hier ein Achsdruck von nur 14 t zugelassen war, hätte bei einer 2 C 1 Lokomotive eine 4,6 m² große Rostfläche nur in einer baulich und unterhaltungstechnisch sehr ungünstigen Feuerbüchse mit trapezförmigem Grundriß erreicht werden können (vgl. die 1 D 1 Lokomotiven, Gattung P 10 der Preußischen Staatsbahn). Außerdem hätten die Heizrohre übermäßig verlängert werden müssen, wenn die notwendige große Heizfläche erzielt werden sollte.

Gölsdorf lehnte daher aus allen diesen Gründen die 2 C 1 Lokomotive mit Recht ab und wählte als erster europäischer Konstrukteur die Achsanordnung 1 C 2. Bei dieser Achsanordnung konnten die Feuerbüchse und der Stehkessel sehr günstig durchgebildet werden, so daß keine schräge, nach hinten durchgekümpelte Stiefelknechtsplatte notwendig wurde. Die beiden hinteren Laufachsen wurden nur mäßig belastet. Außerdem konnten die Treibräder einen großen Durchmesser erhalten, ohne daß die Mittellinie des Kessels weit nach oben verlegt zu werden brauchte. An die Stelle der vorderen Adamsachse war ein Krauß-Helmholtz-Drehgestell getreten, das der Lokomotive auch bei hohen Geschwindigkeiten eine gute Führung gab.

Die erste als Versuchslokomotive gedachte Maschine wurde im Jahre 1908 abgeliefert (Reihe 210, Abb. 273).

Aus der Abbildung ist zu ersehen, daß der Stehkessel günstig durchgebildet war. Besonders zweckmäßig war der breite Bodenring (101 mm) durch den zwischen der Feuerbüchs- und Stehkesselseitenwand ein breiter Wasserraum entstand. Der Langkessel war auf seiner ganzen Länge — von der Rauchkammerrohrwand an — kegelig ausgeführt (Durchmesser vorn 1660, hinten 1800 mm). Dadurch hatte man wie bei den älteren 1 C 1 Lokomotiven einen großen Dampfraum erzielt. Die Mittellinie des Kessels lag 2930 mm über SO; das Dach des Führerhauses schloß sich an die Bekleidung des Stehkessels unmittelbar an. Die Heizrohre waren 5750 mm lang; vorn im Langkessel war ein Dampftrockner von 1450 mm Länge untergebracht.

Alle 4 Zylinder waren nebeneinander angeordnet und trieben die dritte Achse an. Die Niederdruckzylinder lagen außen waagerecht. Je ein Hoch- und Niederdruckzylinder bildeten mit dem für beide gemeinsamen Schieberkasten ein Gußstück. Die Hochdruckschieber (340 mm Durchmesser) hatten innere Einströmung, während die Niederdruckschieber (338 mm Durchmesser) für äußere Einströmung eingerichtet waren. Beide besaßen federnde breite Ringe und waren hintereinander auf derselben Schieberstange befestigt. Das war eine verhältnismäßig einfache Lösung, die aber verschiedene schwerwiegende Mängel hatte. Zunächst entstanden durch die Wärmedehnung der sehr langen Schieberstange leicht Ungenauigkeiten in der Dampfverteilung, da sich dabei die steuernden Kanten verschoben. Außerdem hatte sie den Nachteil, daß die Füllungen der Hoch- und Niederdruckgruppen immer nur zwangsläufig im gleichen

21*

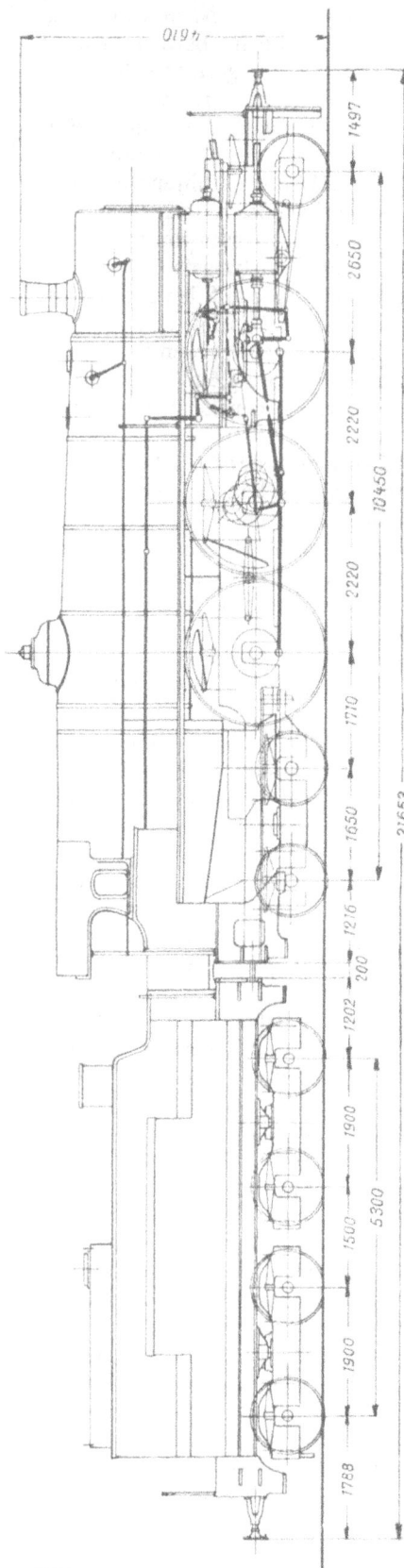

Abb. 273. 1 C 2 h 4 v Schnellzuglokomotive, Reihe 210, der Kaiserl.-Königl. Österr. Staatsbahnen;
Erbauer Wiener Lokomotivfabrik A.-G. Floridsdorf 1908—1910.

Rostfläche	4,62 m²	Kesseldruck	15 atü	Zylinderdurchm. 2×390/660 mm	Dienstgewicht d. Lok. .	83,8 t
Verdampfungsheizfl.	199,9 m²	Treibraddurchmesser .	2100 mm	Kolbenhub	720 mm	Reibungsgewicht . .	43,8 t
Überhitzerheizfläche .	88,8 m²				

Verhältnis eingestellt werden konnten, so daß sich nur in bestimmten Stellungen die gleichen Leistungen im Hoch- und Niederdruckzylinder erreichen ließen (Raumverhältnis 1 : 3). Als Verbinder diente der sehr große Schieberkasten.

Die Treibräder hatten einen Durchmesser von 2100 mm, der in Europa an ³/₆ gekuppelten Lokomotiven nur noch einmal wieder an den badischen 2 C 1 Schnellzuglokomotiven der Reihe IV h anzutreffen ist (Abb. 153).

Sehr eigenartig war das hintere Drehgestell durchgebildet. Eigentlich war es kein Drehgestell im üblichen Sinne, sondern ein Deichselgestell mit einem Achsstand von 1650 mm, dessen Drehpunkt 700 mm hinter der letzten Kuppelachse lag und dessen Vorderachse 16 mm Spiel im Gestell hatte. Da es bei der Vorwärtsfahrt gezogen wurde, waren die Bedenken, die verschiedentlich gegen diese Lösung geäußert wurden, nicht sehr schwerwiegend. Die Last wurde auf das Deichselgestell durch 2 seitliche Kugelpfannen übertragen, die sich auf dem Drehgestellrahmen um 46,5 mm nach jeder Seite verschieben konnten.

Wenn auch der feste Achsstand nur 2220 mm betrug, so war doch die geführte Länge auf 5810 mm angewachsen. Die Laufeigenschaften der Lokomotive waren daher bei 100 km/h noch durchaus gut.

Die zulässigen Achsdrucke waren bei der ausgeführten Maschine fast voll ausgenutzt. Die gekuppelten Achsen hatten je 14,6 t, die vordere Laufachse 14 und die hinteren Laufachsen je 13 t Achsdruck.

Die Lokomotive sollte auf bogenreichen Strecken mit Steigungen von 10⁰/₀₀ 360 t schwere Schnellzüge mit 60 km/h befördern (etwa 1570 PSᵢ). Bei Versuchsfahrten wurden aber noch höhere Leistungen (über 400 t unter gleichen Verhältnissen) erzielt, allerdings erst, nachdem man verschiedene Mängel an der Steuerung (s. o.) beseitigt hatte.

Da sie sich gut bewährte, wurden im Jahre 1910 weitere 10 Lokomotiven nachgeliefert.

Ab 1911 wurde die 1 C 2 Type mit einem Rauchröhrenüberhitzer als Reihe 310 (Tafel 20) weitergebaut. Da das zulässige Gewicht schon bei der Naßdampfausführung fast ausgenutzt war, mußte der Rundkessel um 600 mm gekürzt werden.

Außerdem war die Bauart des Zylindergußstücks geändert worden. Um einerseits leichter zu bearbeitende Gußstücke zu erhalten und andererseits bei Beschädigungen mit billigeren Ersatzstücken rechnen zu können, hatte man die beiden inneren Zylinder (ohne Schieberkästen) zu einem Sattelstück vereinigt. Die Kolbenschieber für beide Zylindergruppen lagen in den äußeren Gußstücken und hatten breite federnde Ringe. Sie erhielten 398 mm Durchmesser und wurden derart ineinander geschachtelt, daß der Niederdruckschieber innen, der geteilte Hochdruckschieber außen lag. Alle Schieber steuerten mit ihren Außenkanten. Der Aufnehmer war der Raum, welcher zwischen den beiden Kolbenkörpern des Hochdruckschiebers lag. Die Kanalverbindung zum Hochdruckzylinder wurde durch kurze eingeschraubte Rohrstücke hergestellt.

Diese Heißdampfbauart wurde nur bis zum Jahre 1916 geliefert (90 Stück). Ein Teil dieser 90 Lokomotiven hatte einen Kesseldruck von 16 atü. Das Gesamtgewicht der Lokomotiven war nun allerdings so weit gestiegen, daß die vordere Laufachse über 14 t, die beiden hinteren nahezu 14 t Achsdruck erhielten. Die Leistung betrug nach Sanzin bei 70 km/h 1680 PS_i und stieg bei 100 km/h auf 1800 PS_i an.

Als man während des Krieges weitere 10 Lokomotiven beschaffen mußte, hatte man wegen des Mangels an Kupfer für die Feuerbüchsen die Kesselbauart ändern müssen. Man beschloß, einen Versuch mit dem bekannten Brotan-Kessel zu machen, der sich bereits in Ungarn bewährt hatte. Das setzte aber voraus, daß die Zahl der Heizrohre verringert wurde; damit wurde nicht nur die feuerberührte Heizfläche, sondern auch die Rostfläche (von 4,62 auf 4,12 m²) kleiner. Die Heizfläche der aus zahlreichen Rohren bestehenden Feuerbüchse stieg dagegen um 1,3 m².

Bevor diese 10 Maschinen fertiggestellt waren, war der Weltkrieg zu Ende. Die Umgruppierung der Staaten im Donauraum hatte zur Folge, daß Österreich einen großen Teil seiner Eisenbahnstrecken einbüßte. So waren auch die 10 Lokomotiven überflüssig geworden; sie wurden nicht mehr abgeliefert, sondern von anderen Bahnverwaltungen übernommen. 7 Stück wurden von der Preußischen Staatsbahn und 3 Stück von der Polnischen Staatsbahn angekauft. In Preußen konnte man sich wegen der völlig abweichenden Bauart und der für Steinkohlenfeuerung nicht zweckmäßigen Kesselverhältnisse mit ihnen nicht anfreunden, so daß auch diese 7 Lokomotiven bald an die Polnische Staatsbahn abgegeben wurden.

Für Österreich waren aber die beschriebenen 111 Stück 1 C 2 Lokomotiven nicht nur die richtige, sondern auch die einzig mögliche Bauart einer leistungsfähigen ³/₆ gekuppelten Schnellzuglokomotive. Durchaus zweckmäßig war auch das hintere Deichselgestell, das auch an den von 1928 an von der Österreichischen Bundesbahn beschafften 1 D 2 Schnellzuglokomotiven in etwas abgeänderter Form wieder verwendet worden ist.

Mit der 1 C 2 Lokomotive war die Entwicklung einer eigentlichen Schnellzuglokomotive in Österreich, deren Kennzeichen ja im allgemeinen die hohen Treibräder zu sein pflegen, innerhalb des im zweiten Bande behandelten Zeitraumes abgeschlossen. Neben den dreifach gekuppelten Schnellzuglokomotiven hat es aber in Österreich schon seit dem Ende der 90er Jahre eine Reihe von vierfach gekuppelten Lokomotiven in der Achsanordnung 1 D gegeben, die dem Äußeren nach eigentlich in die Reihe der Güterzuglokomotive gehörten, die aber wegen der Schwierigkeiten auf den Bergstrecken schon sehr bald auch im Schnellzugdienst verwendet wurden. Ihre Bauart wird bei den Güterzuglokomotiven behandelt werden.

DIE GÜTERZUGLOKOMOTIVEN.

Im Güterzugbetriebe war in Österreich zu Beginn der 80er Jahre neben der C und der in dieser Zeit neu entwickelten 1 C Lokomotive schon seit mehreren Jahrzehnten die D Lokomotive sehr beliebt gewesen. Sie blieb es bis weit in das 20. Jahrhundert hinein. Ihre großen Zugkräfte wurden ganz besonders auf den Gebirgstrecken sehr geschätzt. Da nur geringe Geschwindigkeiten üblich waren, begnügte man sich bis zum Ende der Bauzeit mit ziemlich kleinen Treibraddurchmessern von 1100—1200 mm.

Die D Lokomotiven, die seit dem Jahre 1855 in ganz Österreich in großem Umfange verbreitet waren, waren bis zum Jahre 1880 stets mit überhängender Feuerbüchse und von 1870 an nur mit Innenrahmen ausgeführt worden (s. Bd. I, Abb. 410—413). Diese Bauart wurde noch im Anfang der 80er Jahre (bis 1883) bei der Nordwestbahn nach den alten Vorbildern von 1873 (Bd. I, S. 292, Abb. 412) weiter gebaut (20 Stück). Bei der Aussig—Teplitzer Bahn zog sich die Beschaffung solcher Lokomotiven sogar noch bis zum Jahre 1897 hin. Allerdings war die anfangs noch recht bescheidene Rostfläche der alten Lokomotiven von 1,9 auf 2,1 m² vergrößert worden. Auch die Südbahn hatte noch bis zum Jahre 1897 eine 52 t schwere D Lokomotive beschafft, die der im Bd. I, S. 293, Abb. 413 dargestellten ähnlich war. Alle diese Lokomotiven besaßen Innenrahmen. Dennoch hatte man in den Jahren 1882—1888 auf der Böhmischen Westbahn (vgl. Bd. I, S. 298) und dann noch 1884 bei der Buschtehrader und der Arlbergbahn wieder D Lokomotiven mit Außenrahmen bevorzugt. Das war sicherlich kein Fortschritt; wahrscheinlich hatte man besonderen Wert auf eine möglichst breite Feuerbüchse gelegt, ohne daß man sich zu dem Entschluß durchringen konnte, die Mittellinie des Kessels so hoch zu legen, daß der Rost über die Räder hinaus verbreitert werden konnte. Das wäre sehr leicht zu erreichen gewesen, da ja die Treibräder nur einen sehr kleinen Durchmesser besaßen.

Die Buschtehrader Eisenbahn hat, wie von den C Lokomotiven her bekannt ist, immer eine besondere Vorliebe für den Außenrahmen gehabt und an ihm bei diesen Lokomotiven noch bis zum Jahre 1908 festgehalten. So ist es verständlich, daß sie auch bei den 6 Stück D Lokomotiven, die sie von 1884—1891 beschaffte, wieder den Doppelblech-Außenrahmen verwendete. An den D Lokomotiven fallen besonders die sehr niedrige Kessellage (1788 mm über SO) und die ziemlich große Heizfläche (144 m²) auf, zu der die kleine Rostfläche (2 m²) in keinem günstigen Verhältnis stand. Die letzte Achse besaß das damals in Österreich allgemein übliche Seitenspiel von $\pm$ 13 mm. Sonst glich die Buschtehrader D Lokomotive fast genau der Bauart der Reihe IV und IVa der Ungarischen Staatsbahn (Abb. 349).

Die andere D n 2 Lokomotive mit Außenrahmen war ebenfalls im Jahre 1884 erschienen. Sie war als Wettbewerbslokomotive für die Arlbergbahn gedacht. Als Vorbild hatte wohl die im Bd. I, S. 298 abgebildete Lokomotive der Böhmischen Westbahn mit einfachem Außenrahmen gedient.

Die Arlberglokomotive besaß aber größere Zylinder, einen Kesseldruck von 11 atü und ein günstigeres Verhältnis zwischen Rostfläche (2,46 m²) und Heizfläche (147 m²), also 1 : 59,8 gegen 1 : 72 bei der vorher behandelten Lokomotive. Da der Kessel jetzt höher gelegt war (2035 mm über SO), hatte auch die Feuerbüchse an Raum gewonnen. Ebenso zweckmäßig war auch die Kürzung der Rohrlänge um 400 mm. Bei den großen Zylindern von 540 mm Durchmesser, die an österreichischen D Lokomotiven sonst nicht vorkamen und bei den niedrigen Rädern überschritt die Lokomotive aber in den unteren Teilen die Begrenzungslinie, so daß sie in ihrer Freizügigkeit behindert war. Die Hinterachse besaß $\pm$ 12,5 mm Seitenspiel. An den beiden letzten Achsen wirkten die Bremsklötze einseitig von vorn.

Das damalige bescheidene Leistungsprogramm der Lokomotive von

$$175 \text{ t auf } 26^0/_{00} \text{ mit } V = 12 \text{ km/h}$$

wird von ihr wohl erfüllt worden sein.

Alle diese 4 Lokomotiven sind in den folgenden Jahren nicht nachgebaut worden. Dasselbe Schicksal teilten noch 2 weitere Wettbewerbslokomotiven, eine D- und eine D 2 Tenderlokomotive, die weiter unten bei den Tenderlokomotiven behandelt werden. Die eigentliche Gebirgs-Güterzuglokomotive Österreichs wurde die im folgenden besprochene D Lokomotive der Reihe 73 (Abb. 274).

Bisher lagen die Reibungsgewichte der österreichischen D Lokomotiven noch in ziemlich bescheidenen Grenzen. Nachdem aber im Jahre 1885 bei der Staatsbahn diese bedeutend schwerere D Lokomotive (Reihe 73) mit 14 t Achsdruck in Betrieb genommen war, konnte von einem beachtlichen Fortschritt gesprochen werden. Die Zugkraft war durch den höheren Achsdruck beträchtlich gestiegen. Der Kessel der neuen Lokomotive, der zwar eine etwas kleinere Rostfläche als die vorher beschriebene Reihe 76 besaß, war durch die Verlängerung der Rohre auf 5100 mm leistungsfähiger geworden (das Maß von 5100 mm wurde übrigens auch bei den späteren österreichischen D Lokomotiven nicht mehr übertroffen). Dagegen war sie im Triebwerk (Zylinder) schwächer als die Reihe 76 und die deutschen gleich schweren D Lokomotiven. Das war aber kein fühlbarer Nachteil, denn wenn das Gewicht an der Reibungsgrenze ausgenutzt werden sollte, brauchte ja nur mit etwas größeren Füllungen gefahren zu werden.

Die Lokomotive war ursprünglich für die Strecken am Arlberg bestimmt. Sie bewährte sich hier gut und beförderte 500 t schwere Güterzüge auf Steigungen von $10^0/_{00}$ mit 15 km/h und 180—200 t auf $25^0/_{00}$ mit 10—12 km/h. Wegen ihrer guten Leistungen wurde sie auch bald für andere Strecken beschafft und bis zum Jahre 1909 weitergebaut, ohne daß an dem Triebwerk etwas geändert wurde (453 Stück). Sie war lange Jahre hindurch die beliebteste Güterzuglokomotive in Österreich.

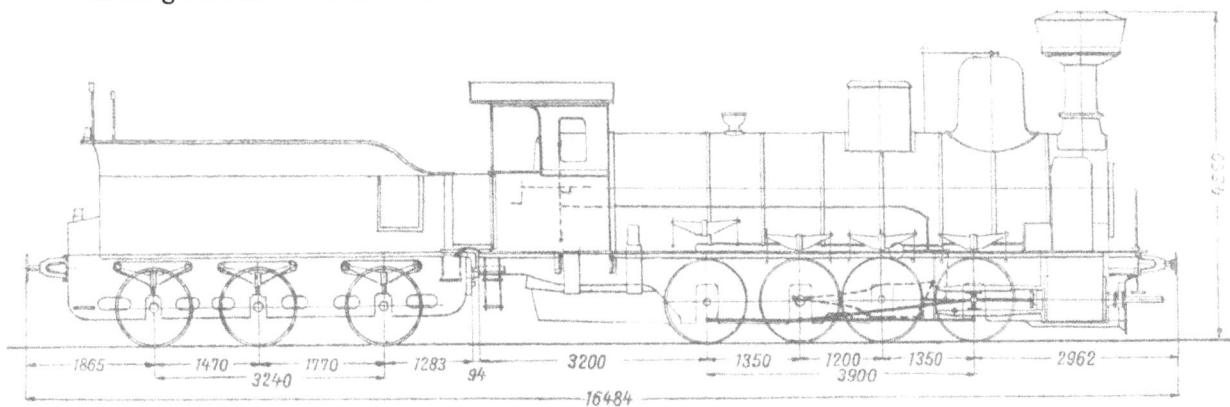

Abb. 274. D n 2 Güterzuglokomotive, Reihe 73, der Arlbergbahn;
Erbauer Wiener Lokomotivfabrik A.-G. Floridsdorf 1885—1909.

Rostfläche	2,25 m²	Treibraddurchmesser	1100 mm	Dienstgewicht d. Lok.	55,1 t
Verdampfungsheizfl.	163,8 m²	Zylinderdurchm.	2×500 mm	Reibungsgewicht	55,1 t
Kesseldruck	10 atü	Kolbenhub	570 mm		

Die Feuerbüchse lag hinter der letzten Kuppelachse. Da sie ziemlich schwer war, hatte man den Kessel zum Ausgleich der großen hinten überhängenden Massen nach vorn verlängert. Da das aber noch nicht genügte, mußten auch die Zylinder weiter nach vorn verschoben werden. Außerdem mußte zum weiteren Ausgleich vorn noch ein großes gußeisernes Ballastgewicht eingebaut werden. So war zwischen der ersten Kuppelachse und den Zylindern soviel Raum gewonnen, daß diese Achse vorn angreifende Bremsklötze erhalten konnte. Der Vorteil dieser Maßnahme war ein einfaches Bremsgestänge, das nur auf Zug beansprucht wurde. Der Nachteil des großen Zylinderüberhanges war allerdings eine stärkere Neigung der Lokomotive zum Drehen und unruhiger Lauf, der jedoch bei den niedrigen Geschwindigkeiten ohne Bedeutung war.

Die nur 1100 mm hohen Treibräder waren eigenartigerweise aus Gußeisen hergestellt. Die Tragfedern lagen oberhalb des Rahmens, da bei dem kleinen Raddurchmesser unten kein Platz war. Ebenso konnte auch der zweifellos vorhandene Wunsch, die Lokomotive als Verbundlokomotive zu bauen, nicht erfüllt werden, weil bei den niedrigen Treibrädern der große Niederdruckzylinder die Umgrenzungslinie überschritten hätte. Wegen des geringen Achsstandes der einzelnen Treibachsen hatte man auf Ausgleichhebel zwischen den Tragfedern verzichten müssen. Der Bogenlauf des Fahrgestells war durch das seitliche Spiel der vierten (und später auch der zweiten) Achse gesichert.

Die Lokomotive wurde durch eine Saugluftbremse gebremst, deren Ausgleichgestänge waagerecht lag. Eine Reihe von Lokomotiven besaß zur Verstärkung der Bremswirkung und zur Erleichterung des Anfahrens Dampfsandstreuer der Bauart Holt-Gresham. Diese Art von Sandstreuern war den mit Druckluft betriebenen Sandstreuern unterlegen, da aber auf der Lokomotive keine Druckluft zur Verfügung stand, hatte man zu dieser Bauart greifen müssen.

Die bereits oben erwähnte Leistung der Lokomotive erreichte nicht ganz die Werte der preußischen D n 2 Lokomotive der Gattung G 7[1], die einen fast gleichen Kessel und dasselbe Gewicht hatte. Man muß aber hierbei bedenken, daß die Lokomotiven in Österreich mit minderwertigerer Kohle als in Preußen geheizt wurden und darum bei gleichen Kesselabmessungen nicht die gleiche Leistung zu erzielen war. Außerdem waren ja die österreichischen Gebirgsstrecken krümmungsreicher, und man mußte auf die ungünstigeren Reibungsverhältnisse im Hochgebirge und auf die schlüpfrigen Schienen in den zahlreichen Tunneln Rücksicht nehmen.

Der vorher beschriebenen D n 2 Lokomotive der Reihe 73 waren 5 D Lokomotiven der Buschtehrader Eisenbahn vom Jahre 1909 sehr ähnlich. An ihnen hatte man den Nachteil des großen hinteren Überhangs bei der Reihe 73 zu mildern gesucht: Der Stehkessel hatte eine schräge Rostfläche und eine stark geneigte Rückwand erhalten. Der Kessel war um 170 mm höher gelegt worden. Ein zweifelhafter Fortschritt war der im vorderen Teil des Langkessels untergebrachte 1300 mm lange Dampftrockner, der in dieser vorgerückten Zeit eigentlich schon keine Daseinsberechtigung mehr hatte.

Die Staatseisenbahngesellschaft hatte im Jahre 1890 für die Eisenbahn über den Vlarapaß in den Weißen Karpathen eine neue D n 2 Lokomotive beschafft, die sich durch eine unverhältnismäßig große Rostfläche (4,35 m²) auszeichnete (Abb. 275). Der Grund für die Wahl

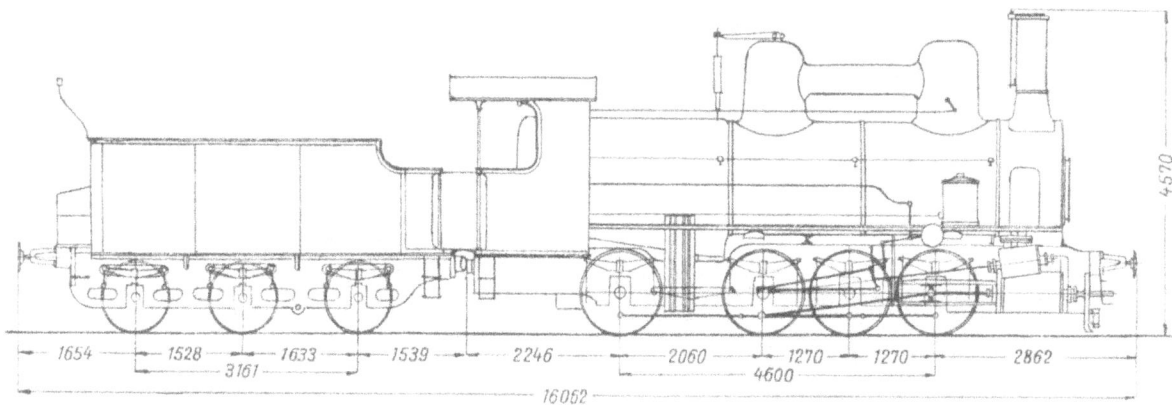

Abb. 275. D n 2 Güterzuglokomotive, Reihe 75, der Österr.-Ung. Staatseisenbahn-Gesellschaft;
Erbauer Maschinenfabrik der Österr.-Ung. Staatseisenbahn-Gesellschaft 1890.

Rostfläche	4,35 m²	Treibraddurchmesser	1173 mm	Dienstgewicht d. Lok.	52,0 t
Verdampfungsheizfl.	149,6 m²	Zylinderdurchm.	2×480 mm	Reibungsgewicht	52,0 t
Kesseldruck	10 atü	Kolbenhub	630 mm		

eines so großen Rostes war wohl der, daß man die im Brünner Kohlenbecken gewonnene nicht sehr hochwertige Rossitzer Kohle (Braunkohle) ohne Beimischung von Steinkohle verfeuern wollte, wie es die Staatsbahn tat (²/₃ Braunkohle, ¹/₃ Steinkohle). Jetzt ließ sich eine unterstützte Feuerbüchse nicht mehr umgehen, weil sich sonst ein übermäßig großer Überhang ergeben hätte. Der Langkessel wurde so hoch gelegt (2250 mm über SO), daß die Feuerbüchse (2725 × 1600 mm) noch weit über die Räder hinausragte. Es ließ sich dabei allerdings nicht vermeiden, daß die Feuerbüchse ziemlich flach wurde (vorn 1364, hinten 1030 mm tief). Besser wäre es wohl gewesen, wenn man den Kessel beträchtlich höher gelegt hätte, denn dann hätte man leicht einen großen Feuerraum erreichen können. Der Rundkessel war ziemlich kurz (Rohrlänge 4000 mm). Der große Belpaire-Stehkessel und 2 Dampfdome mit einem Verbindungsrohr sorgten für einen angemessenen großen Dampfraum von 4,2 m³ Inhalt bei einem Wasserstand von 105 mm über der Feuerbüchsdecke. Das Verhältnis der Rostfläche zur Heizfläche betrug 1 : 34,4.

Das Fahrgestell war nach fortschrittlichen Gesichtspunkten abgefedert. Die Federn der dritten und vierten Achse waren durch Längsausgleichhebel und die Federn der ersten Achse durch einen Querausgleichhebel verbunden. Abweichend von der sonstigen österreichischen

Gepflogenheit hatte die erste Achse 10 mm Spiel nach jeder Seite erhalten. Die Kuppelstangen waren als Gelenkstangen mit Kugeln in den Gelenken ausgebildet. Ebenso waren die Kurbelzapfen der ersten und vierten Achse Kugelzapfen. Der Gesamtachsstand des Fahrgestells (4600 mm) war der größte, den österreichische D Lokomotiven je erreicht haben.

Beim Weiterbau der Lokomotive verkleinerte die Bahnverwaltung die Rostfläche wie bei den C Lokomotiven beträchtlich, und zwar auf 2666×1216 mm $= 3,24$ m². Die Verkürzung der Feuerbüchse kam wieder wie dort der Rohrlänge zugute, so daß das Verhältnis R : H nun den Wert 1 : 51 erreichte. Der Dampfdruck wurde auf 12 atü erhöht. Jetzt mußten aber die vom Aschkasten verdeckten obenliegenden Tragfedern der vierten Achse geändert werden. Man ersetzte sie durch einen von der dritten zur vierten Achsbüchse reichenden Längsausgleichhebel mit gemeinsamer, unter ihm liegender, schwerer Tragfeder. Sonst blieben die Lokomotiven unverändert und wurden so bis zum Jahre 1900 weiter beschafft (19 Stück).

Für die bisher beschriebenen D Lokomotiven war wegen der kleinen Raddurchmesser von 1100—1200 mm und wegen der großen Überhänge eine Höchstgeschwindigkeit von nur 35 km/h zugelassen, auch für die zuletzt erwähnte, obgleich die unterstützte Feuerbüchse (kleinerer Überhang) wohl eine höhere Geschwindigkeit zugelassen hätte.

Für Güterzüge im Gebirge genügte diese niedrige Geschwindigkeit wohl, für Personenzüge aber war sie nicht mehr ausreichend. Die Aussig—Teplitzer Eisenbahn ging daher 1899 zu Lokomotiven mit 1270 mm hohen Treibrädern über, weil sie auf der Strecke Teplitz—Reichenberg, die längere Steigungen von 25⁰/₀₀ besitzt, auch Personenzüge mit den D Lokomotiven befördern wollte.

Die Feuerbüchse dieser Lokomotiven hatte eine 2,3 m² große Rostfläche. Sie überragte zwar die letzte Achse immer noch um rd. 1800 mm; der hintere Überhang war aber dadurch verringert, daß der Stehkessel ziemlich schmal ausgebildet und dadurch leichter geworden war. So konnte die Höchstgeschwindigkeit dieser Lokomotive auf 50 km/h erhöht werden.

Über ihre Leistung wurde angegeben, daß

250 t auf 25⁰/₀₀ mit V = 20 km/h und
580 t auf 5⁰/₀₀ mit V = 40 km/h

befördert werden konnten; das sind Werte, die selbst unter Berücksichtigung der sogenannten Schwarzkohle mit einer Verdampfungsziffer von $5^1/_2$ kg Dampf/kg Kohle noch reichlich hoch erscheinen.

Die Lokomotive wurde bis zum Jahre 1910 gebaut (22 Stück). Zwischendurch hatte auch die Böhmische Nordbahn 6 Stück ohne große Änderungen in Betrieb genommen. Schon vom Jahre 1894 an wurden übrigens auch mehrere Lokomotiven in fast genau gleicher Ausführung an die Türkei geliefert.

Im Jahre 1906 baute die Staatsbahn eine D Lokomotive mit dem Triebwerke der Reihe 73 versuchsweise mit einem Brotankessel (Reihe 174, Abb. 276).

Der Langkessel, dessen Mitte auf 2600 mm über SO hinaufgerückt war, hatte einen kleinen Durchmesser (1230 mm), dafür bot aber der große Dampfsammler von 720 mm Durchmesser allein schon einen Dampfraum von rd. 2,7 m³. Das Trieb- und Laufwerk und auch der kurze Achsstand von nur 3900 mm waren, wie oben erwähnt, von der Reihe 73 übernommen.

Die Feuerbüchse ragte noch fast ganz über die letzte Kuppelachse hinaus. Trotzdem hatte sich der hintere Überhang des Kessels um 650 mm verringert, so daß der vordere Ballast, den man bei der Reihe 73 hatte anbringen müssen, entfallen konnte.

Vom Jahre 1908 an erhielten die Brotankessel einen Dampftrockner, der auch noch beibehalten wurde, als die nach 1910 gebauten Lokomotiven wieder gewöhnliche Kessel erhielten. Schließlich aber verschwand auch bei diesen Lokomotiven der Dampftrockner wieder.

Eine Anzahl Lokomotiven der Reihen 174 und 73 wurden mit einer Feuerung für Heizöl (Bauart Holden) versehen, weil sie im Arlbergtunnel verwendet werden sollten, in dem die Rauchentwicklung der Steinkohlenfeuerung besonders lästig war.

Von einem bemerkenswerten technischen Fortschritt gegenüber der Reihe 73 kann man bei diesen bis zum Jahre 1914 gebauten 44 Lokomotiven der Reihe 174 kaum sprechen, denn die zulässige Geschwindigkeit konnte wegen des immer noch großen Überhangs nur auf 40 km/h erhöht werden. Die Lokomotive der Reihe 174 besaß lediglich den am höchsten liegenden Kessel aller österreichischen D Lokomotiven, dessen Schwerpunkt allerdings durch den großen Dampfsammler noch wesentlich mehr als die Kesselmittellinie hinaufgerückt war. Die hohe Kessellage stand auch nicht recht im Einklang mit dem kurzen Achsstande von nur 3900 mm.

Eine noch etwas höhere Lage (2665 mm über SO) hatte der Kessel der preußischen D n 2 Lokomotive der Gattung G 9. Hier hatte aber der Kessel keine so schweren Aufbauten, er war auch außerdem kürzer, während der Achsstand 600 mm größer war. Außer diesen D Lokomotiven waren von der österreichischen Heeresbahn im Jahre 1916 noch 35 preußische D n 2 Lokomotiven (Gattung G 7¹) aus Deutschland angekauft worden.

Damit ist die Reihe der D Lokomotiven in Österreich erschöpft. Diese in Österreich schon früh beliebte Bauart blieb im Gegensatz zur C Lokomotive eine reine Güterzuglokomotive. Bei ihrer durchweg niedrigen Höchstgeschwindigkeit konnte sie auch im Gebirge nicht vor Schnellzügen verwendet werden. Außerdem ließen die niedrigen Treibräder nicht zu, daß sie als Verbundlokomotive gebaut wurde (Fahrzeugbegrenzung). Ihre Größe und Leistung hielt

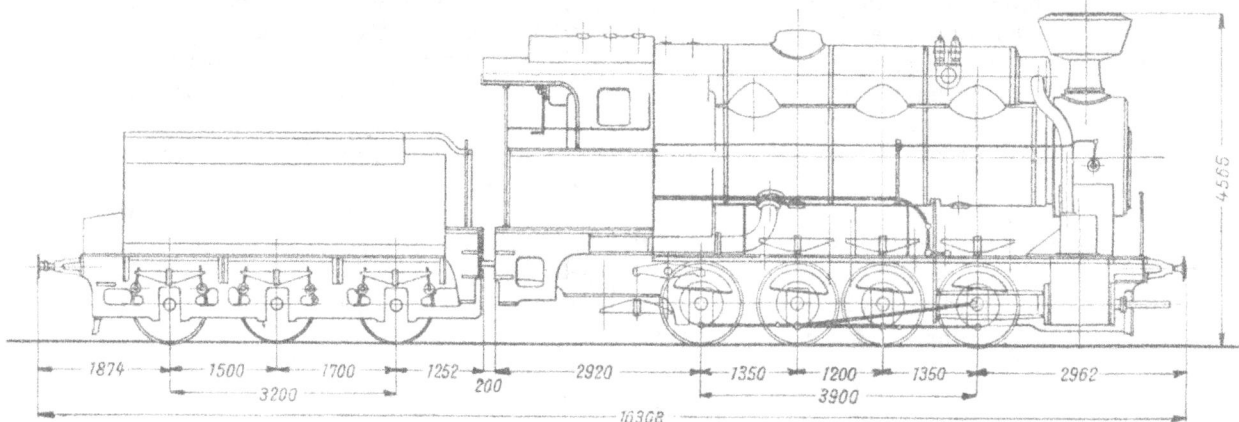

Abb. 276. D h 2 Güterzuglokomotive, Reihe 174, der Kaiserl.-Königl. Österr. Staatsbahnen;
Erbauer Sigl, Wiener-Neustadt 1908.

Rostfläche . . . . . 2,48 m²	Kesseldruck . . . . . 11 atü	Kolbenhub . . . . . 570 mm
Verdampfungsheizfl. 120,7 m²	Treibraddurchmesser . 1100 mm	Dienstgewicht d. Lok.. 56,7 t
Überhitzerheizfläche . 56,4 m²	Zylinderdurchm. 2 × 500 mm	Reibungsgewicht . . 56,7 t

sich in bescheidenen Grenzen, die durch ihre niedrigen Achsdrucke vorgeschrieben waren. Solange also die Güterzüge noch mit mäßigen Leistungen und mit Geschwindigkeiten bis etwa 35 km/h befördert wurden, war die D Lokomotive eine durchaus brauchbare Maschine. Dieser Zustand änderte sich aber schon um die Jahrhundertwende, als ein Bedürfnis nach einer vierfach gekuppelten Lokomotive entstand, die nicht allein Güterzüge, sondern auch Personen- und Schnellzüge im Gebirge mit höheren Geschwindigkeiten befördern sollte.

Die dreifach gekuppelten C Lokomotiven waren schon in der Mitte der 90er Jahre auf verschiedenen Gebirgsstrecken in Bedrängnis geraten. Der Wunsch nach höheren Geschwindigkeiten war auch hier laut geworden. Wie schon früher erörtert wurde, hatten sich besonders bei den Talfahrten mit den C Lokomotiven manche Mißstände herausgestellt. Die Radreifen dieser Lokomotiven nutzten sich in den zahlreichen Krümmungen schnell ab. Hohe Unterhaltungskosten am Laufwerk waren die Folge, weil ja stets beim Abdrehen des Radreifens einer Kuppelachse auch die der anderen Achsen mit abgedreht werden mußten. Da auch die C Lokomotiven lauftechnisch nur im Bereich mäßiger Geschwindigkeiten einigermaßen befriedigten, hatte Gölsdorf einen neuen Entwurf einer 1 D n 2 v Lokomotive aufgestellt, der 1897 in die Tat umgesetzt wurde (Reihe 170, Abb. 277). Diese neue Maschine hatte den Vorteil, daß der Führungsdruck nicht mehr wie bei den D Maschinen von der ersten Kuppelachse allein aufgenommen wurde. Gölsdorf hatte für die Laufachse die Bauart Adams mit 58 mm

Spiel nach jeder Seite gewählt; außerdem hatte er wohl nach den theoretischen Abhandlungen v. Helmholtz' (Z. d. V. D. I. 1888) auch der zweiten und letzten Kuppelachse seitliches Spiel gegeben, so daß bei der Vorwärtsfahrt in Krümmungen 2 Achsen sich selbst führten. So war dem starken Spurkranzverschleiß wirksam begegnet. Es ist allerdings eigenartig, daß Gölsdorf sich noch nicht zu dem von Helmholtz erfundenen Krauß-Helmholtz-Drehgestell entschließen konnte, zumal sich ja in anderen Ländern (z. B. Preußen) immer wieder gezeigt hatte, daß die Adamsachse als führende Achse den ruhigen Lauf der Lokomotive im geraden Gleis nicht sicherstellen konnte, wenn nicht sehr kräftige Rückstellfedern mit starker Dämpfung vorgesehen wurden. Von anderen Lokomotiven her ist aber bekannt, daß man in Österreich gern die Adamsachse ohne Rückstellfedern gewählt hat.

Die neue Lokomotive wich von den nur wenig älteren deutschen Vorbildern beträchtlich ab. Sie hatte einen größeren, reichlich bemessenen Kessel, der auch bedeutend höher lag als bei den deutschen Maschinen (2615 mm über SO). So konnte der Stehkessel von 1250 mm Durchmesser noch über den Rädern untergebracht und über den Rahmen hinaus verbreitert werden.

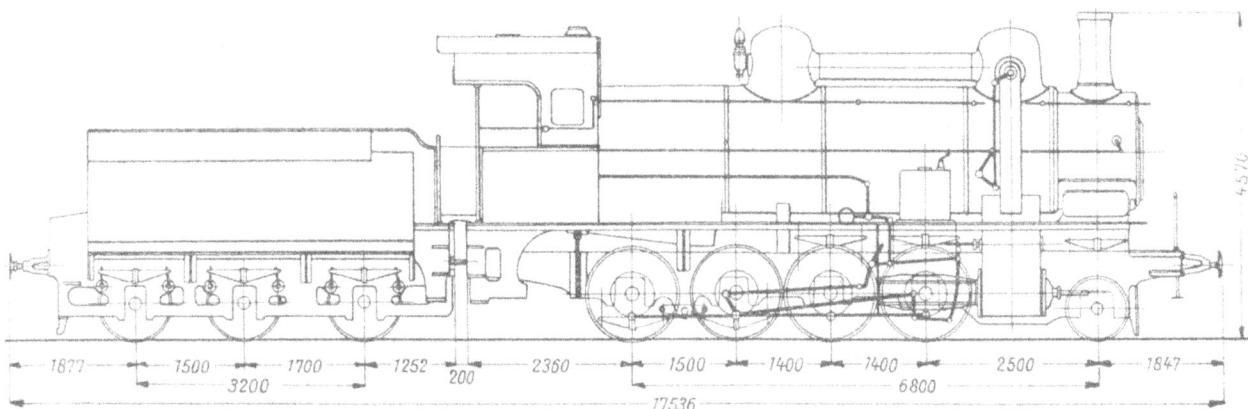

Abb. 277. 1 D n 2 v Güterzuglokomotive, Reihe 170, der Kaiserl.-Königl. Österr. Staatsbahnen; Erbauer Sigl, Wiener-Neustadt 1897—1919.

Rostfläche	3,36 m²	Treibraddurchmesser	1258 mm	Dienstgewicht d. Lok.	68,5 t
Verdampfungsheizfl.	225,0 m²	Zylinderdurchm.	540/800 mm	Reibungsgewicht	57,0 t
Kesseldruck	12 atü	Kolbenhub	632 mm		

Das Verbund-Triebwerk mit dem Zylinderraumverhältnis 1 : 2,2 entsprach genau dem der schon früher beschriebenen Gölsdorfschen Verbundlokomotiven. Der Rahmen war zwar etwas niedriger, er bestand dafür aber aus 34 mm starken Blechen und war gut versteift. Zwischen den Federn der beiden ersten und beiden letzten Achsen waren Ausgleichhebel eingeschaltet, während die mittlere Achse selbständig abgefedert war.

Bei den Lokomotiven der ersten Lieferungen wirkte die Saugluftbremse nur auf die ersten 2, bei den späteren Bestellungen aber auf die ersten 3 Kuppelachsen. Die Bremsklötze griffen aber sehr tief an, weil die Räder eng aneinandergerückt waren, während sie bei den D Lokomotiven der Reihen 73 und 174 in der Höhe der Achsmitte lagen.

Auf dem Führerstand hatte Gölsdorf die Betätigungszüge für den Regler, für das veränderliche Blasrohr, die Zylinderhähne und die Sandkästen in einer waagerechten Ebene nebeneinander untergebracht. Dadurch wurde nicht nur das Aussehen verbessert, sondern auch dem Führer die Handhabung erleichtert.

Mit der ersten Lokomotive wurden zahlreiche Versuchsfahrten unternommen. Hierbei wurden im Beharrungszustande

702 t schwere Züge auf 10⁰/₀₀ mit V = 29 km/h

befördert.

Die Leistung betrug nach den Ermittlungen von Sanzin bei einer Geschwindigkeit von 40—50 km/h 1230—1250 PS_i.

Auch bei der Geschwindigkeit von 84 km/h waren die Laufeigenschaften noch befriedigend. Als höchste Geschwindigkeit konnten aber 80 oder 85 km/h nicht zugelassen werden, weil die in den Technischen Vereinbarungen festgesetzte höchste Radumdrehungszahl nur eine Geschwindigkeit von 60 km/h ergab.

Da man der Lokomotive auf Steigungen von 25⁰/₀₀ notfalls auch eine Zuglast von 250 t zumuten konnte, konnte sie auch sehr gut als Gebirgsschnellzuglokomotive verwendet werden, besonders, nachdem im Jahre 1905 der Rost um 200 mm verbreitert und die Rostfläche auf 3,91 m² vergrößert worden war. In diesem Zustande war sie eine sehr beliebte und leistungsfähige Schnellzuglokomotive für Gebirgsbahnen. Mittlerweile hatte sich der Güterverkehr im Flach- und Hügelland lebhaft entwickelt. Die Züge waren schwerer geworden und die Geschwindigkeiten dauernd weiter gestiegen. So kam es, daß die 1 D n 2 v Lokomotive sich auch hier vorzüglich bewährte.

Sie wurde daher in immer größerem Umfange ohne nennenswerte Änderungen bis zum Jahre 1919 von der Staatsbahn beschafft (796 Stück). Dazu kamen noch 54 Lokomotiven, welche sich die Südbahn von 1898—1908 bauen ließ.

Die Reihe 170 gehört damit nicht nur zu den am längsten (22 Jahre) gebauten neueren österreichischen Lokomotiven, sondern sie ist auch in Österreich mit 850 Stück die weitaus am meisten gebaute Lokomotive. Sie wurde von der Tschechoslowakischen Staatsbahn, in deren Besitz ein Teil der österreichischen Strecken nach dem Weltkrieg überging, noch bis 1921 weiter beschafft (58 Stück). Bisher war die 1 D Lokomotive immer als Naßdampfmaschine gebaut worden. Nun hatte der Sektionschef im österreichischen Eisenbahnministerium, Rihošek, mit Wissen Gölsdorfs im Jahre 1915 einen neuen Entwurf einer 1 D h 2 Lokomotive aufgestellt, der aber zunächst noch nicht ausgeführt wurde.

Erst nach Gölsdorfs Tode im Jahre 1917 wurde der Gedanke wieder aufgegriffen. Die nach diesem Entwurf durchgebildete Lokomotive war eine Heißdampf-Zwillingslokomotive (Reihe 270). Das Lauf- und Triebwerk war im großen und ganzen unverändert von der Naßdampflokomotive übernommen. Nur die Bauart des Zylindergußstückes war geändert worden. Da man die von der Naßdampflokomotive (Reihe 170) her vorhandenen Räder und die Steuerung weiter benutzen wollte, mußte auf die zweckmäßigere Inneneinströmung der Kolbenschieber verzichtet werden. Auch der Stehkessel hatte ungefähr dieselbe Größe wie bei der Naßdampflokomotive behalten, der Langkessel dagegen war durch Kürzung der Rohre um 500 mm um das gleiche Maß kürzer geworden. Der erste Dampfdom und das Verbindungsrohr wurden fortgelassen. Dadurch, daß jetzt zu beiden Seiten des Dampfdomes je ein Sandkasten auf dem Kessel untergebracht war, konnten zwei Achsen (statt bisher einer) gesandet werden.

Durch die Änderungen am Kessel war das Gewicht der Lokomotive um über 1 t kleiner geworden, so daß sich der Achsdruck der Laufachse von 12 auf knapp 11 t ermäßigte.

Im Kriegsjahr 1917/18 waren zunächst 91 Lokomotiven abgeliefert worden. Da sie sich recht gut bewährt hatten, hatte man noch 1918 weitere 244 Maschinen bestellt. Einige Lokomotivfabriken hatten solche Lokomotiven sogar auf Vorrat gebaut in der Hoffnung, daß sie bei dem großen Bedarf in der Kriegszeit ohne weiteres abgesetzt werden könnten. Dann aber kam das plötzliche Ende des Krieges und mit ihm die großen Änderungen in den Grenzen der Donauländer. Österreich konnte die bestellten Lokomotiven nicht mehr allein aufnehmen. 144 Stück wurden von den Jugoslavischen, Polnischen, Rumänischen und Tschechoslowakischen Staatsbahnen angekauft. Erst im Jahre 1922 war der große Bestand bei den Lokomotivfabriken vollständig abgeliefert. Die genannten Bahnen scheinen mit den österreichischen Lokomotiven sehr zufrieden gewesen zu sein, denn sie bestellten bis zum Jahre 1926 noch weitere 253 Stück nach. An den Lieferungen für die Rumänische Staatsbahn war auch die Firma Schneider in Le Creuzot beteiligt. Bei den Lokomotiven, welche die Tschechoslowakische Staatsbahn weiter bauen ließ, waren die Kolbenschieber für innere Einströmung eingerichtet worden. Außerdem hatte der Kessel einen zweiten Dom erhalten, weil die Lokomotiven leicht Wasser überrissen.

Nach 1929/1930 wurden von der Donau—Save—Adria-Bahn, der Nachfolgerin der Österreichischen Südbahn, 8 weitere Lokomotiven dieser Bauart nachbestellt, die jetzt ebenfalls einen zweiten Dom erhielten. In diesem Dom war ein Schlammabscheider der Bauart Pogány untergebracht. Die Lokomotiven waren mit elektrischer Beleuchtung und Zentralschmierung ausgerüstet. Die Sandkästen lagen jetzt nicht mehr auf dem Kesselscheitel, sondern mußten wegen Mangels an Platz wieder über den Rahmenblechen angeordnet werden. Durch die verschiedenen Zutaten war das Gewicht der Lokomotive um 2,5 t gestiegen.

Die weite Verbreitung der Reihe 270 (insgesamt 596 Stück) beweist, daß sie sich überall gut bewährt hat. Sie wurde in Österreich nicht nur im Güterzugdienste, sondern auch besonders im Hügellande sehr vorteilhaft und gern im Personenzugdienste verwendet. Die meisten dieser 1 D Lokomotiven wurden später mit Dabeg-Speisewasser-Vorwärmern und mit einer Druckluft-Zusatzbremse ausgestattet. Die Maschinenbremse dagegen wurde auch weiterhin durch Saugluft betätigt.

Im Jahre 1920 wurden 25 Lokomotiven gleicher Bauart für russische Breitspur an Rußland verkauft.

Andere 1 D Lokomotiven sind für die österreichischen Bahnen nicht beschafft worden. Eine Ausnahme bildeten 31 Stück 1 D h 2 Lokomotiven, die sich die Heeresbahn in den Jahren 1914—1916 in Deutschland nach den Zeichnungen der 1 D h 2 Lokomotiven Reihe 700 der Serbischen Staatsbahn bauen ließ. An ihnen fiel der außerordentlich lange Achsstand von 9800 mm besonders auf. Nähere Angaben über ihre Bauart sind in Glasers Annalen Band 95 (1924 II), S. 51 abgedruckt.

Wenn auch die 1 D Lokomotiven der Reihen 170 und 270 für den Schnellzugdienst im Gebirge vorzüglich geeignet waren, so konnten sie doch mit ihren niedrigen Treibrädern und ihrer niedrigen Höchstgeschwindigkeit von nur 60 km/h für anschließende schwach geneigte Strekken nicht recht verwendet werden, weil hier schon weit höhere Schnellzuggeschwindigkeiten üblich waren. Die Staatsbahn entschloß sich daher im Jahre 1913, eine neue 1 D 1 Lokomotive mit 1574 mm hohen Treibrädern zu entwickeln (Reihe 470, Abb. 278). Diese neue Bauart hatte ein Vierzylinder-Verbundtriebwerk erhalten mit innenliegenden Hochdruckzylindern, so daß wegen des guten Massenausgleichs als größte Geschwindigkeit 80 km/h zugelassen werden konnten. Der Nachteil, daß die großen Niederdruckzylinder außen lagen und die schweren hin- und hergehenden Massen das Drehen der Maschine begünstigten,

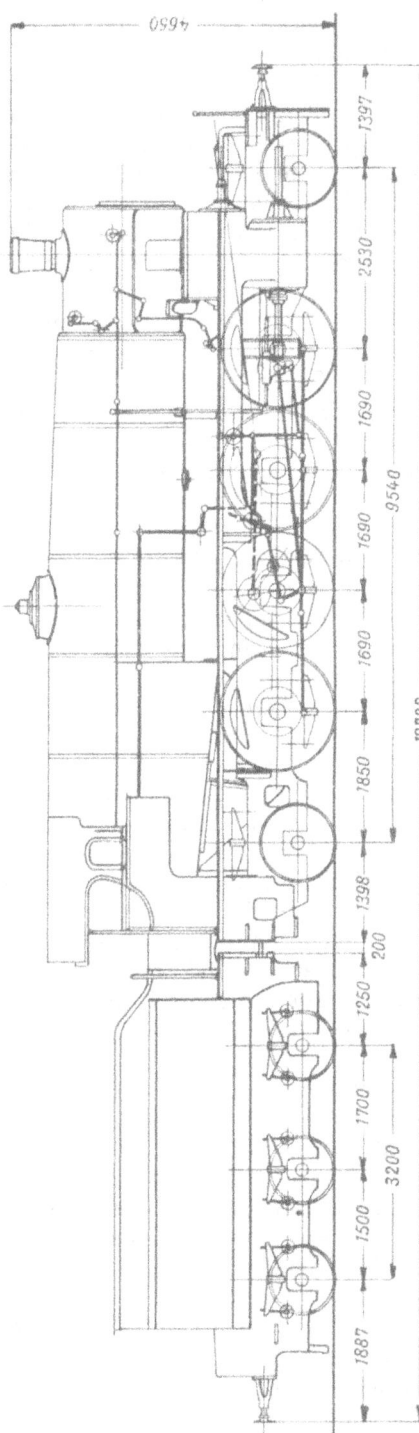

Abb. 278. 1 D 1 h 4 v Güterzuglokomotive, Reihe 470, der Kaiserl.-Königl. Österr. Staatsbahnen; Erbauer Wiener Lokomotivfabrik A.-G. Floridsdorf 1914—1918.

Rostfläche	4,46 m²	Kesseldruck	15 atü	Zylinderdurchm. 2 × 450/690 mm	Dienstgewicht d. Lok.	86,7 t
Verdampfungsheizfl.	172,0 m²	Treibraddurchmesser	1574 mm	Kolbenhub	680 mm	Reibungsgewicht	58,0 t
Überhitzerheizfläche	50,3 m²			

hatte bei den verhältnismäßig niedrigen Geschwindigkeiten und der großen geführten Länge keine große Bedeutung.

Ein besonderes Bedürfnis nach schneller fahrenden, leistungsfähigeren Gebirgsschnellzuglokomotiven bestand auf der nach Italien führenden Alpenstrecke Wien—Amstetten—St. Michael (bei Leoben)—Tarvis. Diese Strecke führt von Wien aus zunächst durch das Donautal, also durch hügeliges Flachland, dann aber von Amstetten aus durch die Alpen über drei Wasserscheiden und über längere Steigungen von $18^0/_{00}$. Auf ihr verkehrten die Nachtschnellzüge von Wien nach Italien. Von den neuen Lokomotiven mußte also gefordert werden, daß sie in der Ebene hohe Geschwindigkeiten, im Gebirge große Zugkräfte entwickeln konnten und dazu noch gute Laufeigenschaften in den zahlreichen Krümmungen besaßen. Das waren Forderungen, die sich gewöhnlich gleichzeitig nicht erfüllen lassen. Dadurch aber, daß Gölsdorf den Durchmesser der Treibräder auf 1574 mm festsetzte und ein Vierzylinderverbundtriebwerk wählte, waren die Voraussetzungen für große Zugkräfte, gute Anfahrbeschleunigung und ruhigen Lauf in der Ebene und im Gebirge erfüllt. Nicht so einfach war dagegen die Forderung guter Bogenläufigkeit zu erfüllen. Trotz der verhältnismäßig kleinen Treibraddurchmesser war der feste Achsstand der gekuppelten Achsen sehr groß (5070 mm zwischen erster und letzter Kuppelachse). Um trotzdem eine ausreichende Bogenläufigkeit zu erreichen, hatte Gölsdorf der zweiten Kuppelachse 26 mm Spiel nach jeder Seite gegeben und außerdem noch den Radreifen der Treibachse ohne Spurkränze ausgeführt. Die beiden Laufachsen waren nach österreichischem Brauch Adamsachsen ohne Rückstellung; zweckmäßiger wäre wohl ein Krauß-Helmholtz-Drehgestell gewesen. Wegen des niedrigen Achsdruckes hatte aber Gölsdorf die leichteren Adamsachsen wählen müssen.

Das beim Entwurf zugrunde gelegte Leistungsprogramm:

$$390 \text{ t auf } 10^0/_{00} \text{ mit } V = 55 \text{ km/h}$$

wurde von der Lokomotive glatt erfüllt und die Höchstgeschwindigkeit auf 80/90 km/h festgesetzt. Bei weiteren 10 Lokomotiven, die im Jahre 1917 nachbestellt waren, erhielt der Kessel einen Speisedom mit einem Kesselsteinabscheider Bauart Pogány. Gleichzeitig wurde die Blasrohrmündung erweitert und tiefer gelegt. Damit begann das tiefliegende Blasrohr sich auch in Österreich durchzusetzen. Eine weitere Bestellung auf 15 gleiche Lokomotiven mußte wegen der Verhältnisse beim Kriegsende zurückgezogen werden.

Vergleiche mit den 1924 beschafften (in diesem Band nicht mehr behandelten) 2 D h 2 Lokomotiven der Reihe 113 ergaben als Folge des Vierzylinderverbundtriebwerkes einen hohen Eigenwiderstand der 1 D 1 h 4 v Lokomotive. Das zeigte sich besonders bei Talfahrten; hier mußte bei den 1 D 1 Lokomotiven noch Dampf gegeben werden, während die 2 D h 2 Lokomotiven ohne Dampf bergab liefen. Der hohe Eigenwiderstand und besonders häufige schwere Schäden an der Steuerung und am Triebwerk, welche auf die großen und schweren Schieber und auf die etwas schwach bemessenen inneren Treibstangenlager zurückzuführen waren, veranlaßten die Bahnverwaltung zum Umbau dieser Lokomotivtype. Die Maschinen wurden in Zwillingslokomotiven mit Zylindern von 560 mm Durchmesser umgebaut. Die Kolbenschiebersteuerung wurde durch die Lentz-Ventilsteuerung ersetzt. Alle Lokomotiven wurden dann auch mit Dabeg-Speisewasservorwärmern ausgerüstet. Sie erhielten die Reihenbezeichnung 670.

Aus den geschilderten Gründen sind die 1 D 1 Lokomotiven in Österreich nicht weitergebaut worden. Außerdem waren seit dem Jahre 1924 die neuen 2 D und seit 1928 1 D 2 Lokomotiven entwickelt worden, die ihnen in jeder Weise ebenbürtig oder gar überlegen waren.

Auch auf der Südbahn war kurz vor Beginn des Weltkrieges der Wunsch nach einer leistungsfähigen vierfach gekuppelten Schnellzuglokomotive laut geworden, welche 400 t schwere Schnellzüge auf der Karststrecke Laibach—Triest befördern und eine größte Geschwindigkeit von 100 km in der Stunde erreichen sollte. Die Südbahn entschied sich aber nicht wie kurz vorher die Staatsbahn für die Achsanordnung 1 D 1, sondern wählte eine Lokomotive mit vorderem Drehgestell (Achsanordnung 2 D) und Zwillingstriebwerk (Abb. 279). Diese Maschine war die erste europäische 2 D Lokomotive, die Treibräder von 1700 mm Durchmesser besaß. Da bei einer so schweren Lokomotive der Rost nicht mehr gut zwischen den Rädern untergebracht werden konnte, weil er bei der in Österreich verwendeten geringwertigen Kohlensorte zu groß geworden wäre, ordnete man den Stehkessel über den immerhin schon ziemlich hohen Rädern an. Das hatte natürlich zur Folge, daß die Mittellinie des Kessels ungewöhnlich hoch gelegt werden mußte (3250 mm über SO).

Von der kegeligen Kesselform der 1 D 1 Staatsbahnlokomotive wurde abgesehen, dagegen wurden die Rohre um 500 mm verlängert (5200 mm), so daß sich bei fast gleicher Rostfläche eine größere Heizfläche als bei der 1 D 1 Lokomotive ergab. Die Zylinder hatten 610 mm Durchmesser und erhielten zur besseren Dampfverteilung bei hohen Umdrehungszahlen (Drosselverluste) Kolbenschieber von 320 mm Durchmesser.

Das Drehgestell hatte 45 mm Spiel nach jeder Seite und eine Rückstellvorrichtung mit Blattfedern; außerdem waren seine Achsen in den Achslagern noch um $\pm$ 3 mm verschiebbar. Die letzte Kuppelachse hatte ein Seitenspiel von $\pm$ 26 mm, während bei der vierten und fünften Achse die Spurkränze um 7 mm schwächer gedreht waren. Der feste Achsstand ging damit auf 3700 mm zurück, die geführte Länge des Fahrgestells war aber wesentlich größer als bei der vorbeschriebenen 1 D 1 Lokomotive (6420 mm).

Wenn auch durch den Fortfall der Innenzylinder an Gewicht gespart war, so war die Lokomotive durch den größeren Kessel und die höheren Treibräder wieder so schwer geworden, daß das Drehgestell keine Bremse erhalten konnte, wenn man die zugelassenen Achsdrücke einhalten wollte.

Die 2 D Lokomotive beförderte bei Versuchsfahrten Züge von
449 t auf 10⁰/₀₀ mit V = 50 km/h.
Sie leistete also etwas mehr als die 1 D 1 Lokomotive Reihe 470 mit dem Vierzylinderverbundtriebwerk.

Die ersten 2 Lokomotiven wurden im Jahre 1915 abgeliefert. Die erste dieser 2 Lokomotiven war die 4000. Lokomotive der Lokomotivfabrik der Staatseisenbahngesellschaft in Wien. Infolge des Weltkrieges wurden dann aber in Österreich keine weiteren Maschinen gleicher Bauart mehr beschafft. Die beiden Lokomotiven wurden auch nicht, wie es ursprünglich beabsichtigt war, auf den Karststrecken, sondern auf der Semmeringbahn in Betrieb genommen. Später entlieh sich die Kaschau—Oderberger-Bahn eine Lokomotive zu Versuchszwecken und beschaffte daraufhin 5 Stück ohne große Änderungen.

Im Jahre 1923/24 bauten dann die öster-

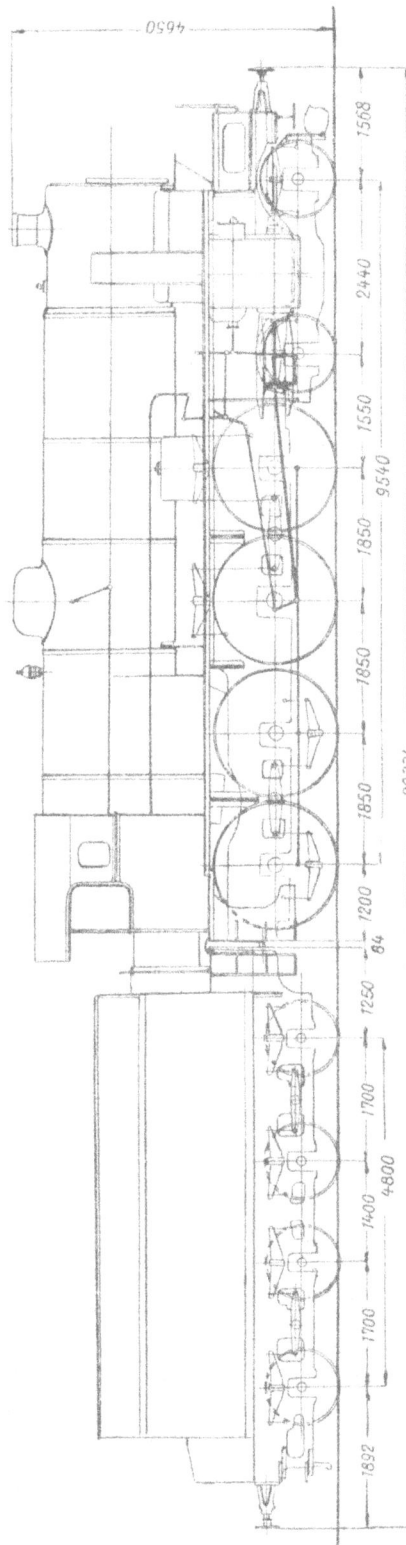

Abb. 279. 2 D h 2 Güterzuglokomotive, Reihe 570, der Kaiserl.-Königl. priv. Südbahn; Erbauer Maschinenfabrik der Österr.-Ung. Staatseisenbahn-Gesellschaft 1915.

Rostfläche	4,47 m²
Verdampfungsheizfl.	197,8 m²
Überhitzerheizfläche .	86,0 m²
Kesseldruck	14 atü
Zylinderdurchm.	2 × 610 mm
Treibraddurchmesser .	1700 mm
Kolbenhub	650 mm
Dienstgewicht d. Lok. . .	83,7 t
Reibungsgewicht . .	57,5 t

335

reichischen Bundesbahnen nach dem Vorbilde der obenerwähnten 2 D Lokomotive der Süd-bahn eine neue 2 D h 2 Lokomotive, die in größerer Zahl beschafft wurde (bis 1928 40 Stück). Sie wird im später erscheinenden Dritten Band dieses Werkes beschrieben werden.

E Lokomotiven waren zwar schon im Jahre 1867 von der Paris—Orleans-Bahn (Forquenot) und dann auch mehrfach in Amerika ausgeführt worden. Trotzdem wagte man sich in Europa an die Lösung dieser Aufgabe nicht recht heran, sondern griff zunächst zu verwickelten Bauarten wie z. B. der von Klose (1891), Hagans (1897—1903), bei vierfach gekuppelten Lokomotiven für Hauptbahnstrecken sogar zum Mallettriebwerk. In Österreich ist keine dieser Bauarten angewendet worden. Hier wurde wieder Gölsdorf der Bahnbrecher für das nach ihm benannte, heute in aller Welt bekannte Verfahren.

Den Anlaß zum Bau der ersten E Lokomotiven in Österreich gaben nicht die Alpenbahnen, auf denen man Nachschub, manchmal sogar mit 2 Lokomotiven, gewöhnt war, sondern der schwere Braunkohlenverkehr auf der nach Sachsen führenden Linie Klostergrab—Moldau. Auf den langen Steigungen von $37^0/_{00}$ sollten Züge von 190 t mit 15 km/h Geschwindigkeit gefahren werden. Es ist ein besonderes Verdienst Gölsdorfs, daß er hierfür, fußend auf den

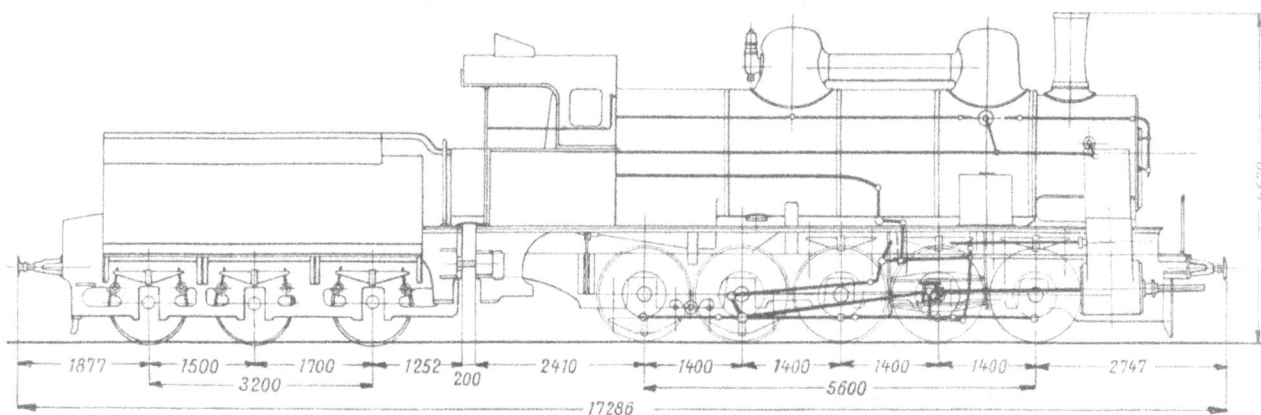

Abb. 280. E n 2 v Güterzuglokomotive, Reihe 180, der Kaiserl.-Königl. Österr. Staatsbahnen; Erbauer Wiener Lokomotivfabrik A.-G. Floridsdorf 1900—1908.

Rostfläche	3,0 m²	Treibraddurchmesser	1258 mm	Dienstgewicht d. Lok.	65,7 t
Verdampfungsheizfl.	182,7 m²	Zylinderdurchm.	560/850 mm	Reibungsgewicht	65,7 t
Kesseldruck	13 atü	Kolbenhub	632 mm		

wissenschaftlichen Untersuchungen von Helmholtz, die erste E Lokomotive mit parallel verschiebbaren Achsen schuf, von der zunächst nur eine Probemaschine als Reihe 180 (Abb. 280), im Frühjahr 1900 in Dienst gestellt wurde. Die Lokomotive hatte ein Zweizylinderverbund-triebwerk.

Die theoretisch richtige und praktisch für den Krümmungslauf beste Anordnung des Seitenspiels an der ersten, dritten und fünften Achse führte dazu, daß die vierte, feste Achse als Treibachse gewählt wurde. Dabei wäre allerdings die Treibstange unnötig lang und schwer geworden. Diesen Nachteil vermied Gölsdorf dadurch, daß er die Kolbenstange verlängerte und die Gleitbahnen der Kreuzköpfe neben die zweite Achse legte. Das war deshalb günstig, weil die Zylindermitten näher an den Rahmen gelegt werden konnten, da im anderen Falle zwischen den langen Kuppelzapfen der ersten Achse und der Gleitbahn und dem Kreuzkopf noch ein zusätzlicher Spielraum vorhanden sein mußte, damit eine Berührung zwischen dem ersten Kuppelzapfen und dem Kreuzkopf in der vorderen Totpunktlage vermieden wurde.

Diese „Gölsdorfsche" Anordnung des Triebwerkes ist bei allen österreichischen E Loko-motiven bis nach dem Kriege beibehalten worden und ist auch bei dem 1905 einsetzenden Bau von E Lokomotiven in Deutschland zuerst angewendet worden. Später ist man aber dort wieder davon abgekommen, da die weniger krümmungsreichen deutschen Strecken die Verschiebbarkeit der dritten Achse entbehrlich erscheinen ließen und man damit zum ein-facheren Antrieb der dritten Achse zurückkehren konnte.

336

Gölsdorf legte an seinen E Lokomotiven auch gleich die Kesselmitte so hoch (2615 mm über SO), daß der Stehkessel mit einer Rostfläche von 2397×1240 mm = 3 m² über dem Rahmen und den Rädern lag.

Der Stehkessel wurde durch seitliche Pendel gestützt, an deren Stelle später Pendelbleche unter der Bodenringhinterkante traten.

Auf Versuchsfahrten beförderten die E Lokomotiven:

$$700 \text{ t auf } 10^0/_{00} \text{ mit } V = 20 \text{ km/h};$$

Sanzin ermittelte bei 30—50 km/h Geschwindigkeit eine Dauerleistung von 1000—1050 PS$_i$.

Die Lokomotive bewährte sich so gut, daß nicht nur die Staatsbahn, sondern auch die Südbahn sofort größere Bestellungen folgen ließ.

1905 wurde der Rost auf 1430 mm verbreitert, so daß die Rostfläche auf 3,42 m² stieg; vom Jahre 1907 wurde der Clench-Dampftrockner eingeführt. An einer Lokomotive wurde ein zusätzlicher Verbinderüberhitzer von 7 m² Heizfläche versuchsweise eingebaut. Sonst aber blieb die Lokomotive unverändert. 2 Lokomotiven aus dem Jahre 1908 hatten versuchsweise stählerne Feuerbüchsen erhalten, beide Versuche befriedigten aber nicht. Im Jahre 1910 liefen

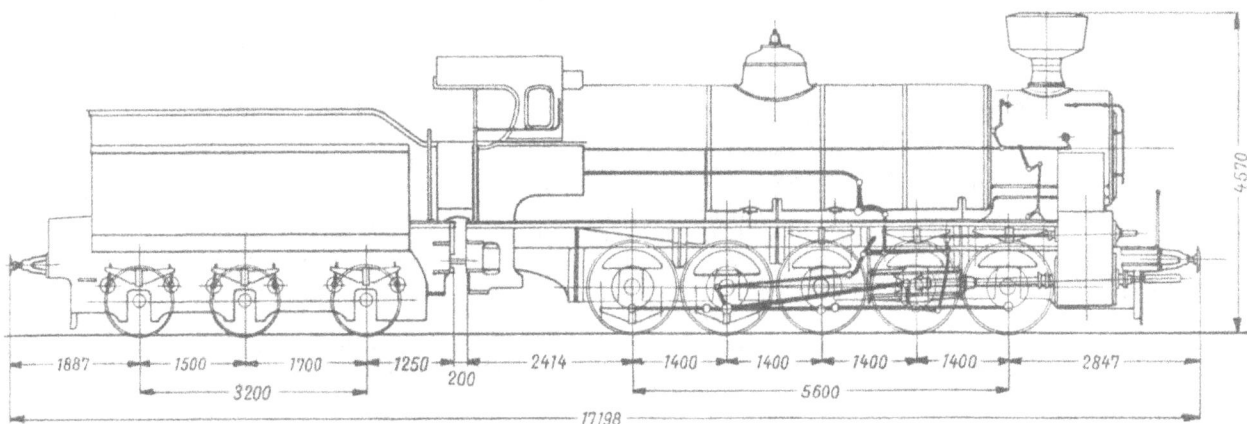

Abb. 281. E h 2 v Güterzuglokomotive, Reihe 80, der Kaiserl.-Königl. Österr. Staatsbahnen; Erbauer Wiener Lokomotivfabrik A.-G. Floridsdorf 1909—1921.

Rostfläche	3,42 m²	Kesseldruck	14 atü	Kolbenhub	632 mm
Verdampfungsheizfl.	135,2 m²	Treibraddurchmesser	1258 mm	Dienstgewicht d. Lok.	69,4 t
Überhitzerheizfläche	34,0 m²	Zylinderdurchm.	590/850 mm	Reibungsgewicht	69,4 t

im Ganzen von diesen Lokomotiven 239 Stück auf der Staatsbahn und 27 Stück auf der Südbahn.

Im Jahre 1909 ging man bei den E Lokomotiven zum Heißdampf über. Es entstand die neue Reihe 80 (Abb. 281), an der wie auch sonst nur das notwendigste geändert war. Der Kessel besaß den Rauchröhrenüberhitzer von Schmidt. Bei den großen Füllungen des Hochdruckzylinders gelangte der Verbinderdampf noch überhitzt in den Niederdruckschieberkasten, so daß sich an den großen Niederdruckflachschiebern (560 × 338 mm) schon bald starke Abnutzungen und Undichtigkeiten zeigten. Vom Jahre 1911 ab wurden daher die Flachschieber durch Kolbenschieber mit äußerer Einströmung ersetzt, die als Rohrschieber mit breiten federnden Ringen ausgebildet wurden und einen Durchmesser von 398 mm hatten.

Sanzin fand bei späteren Versuchen, daß die Flachschieber einen günstigeren Kohlenverbrauch ergaben als die großen Kolbenschieber. Die Hauptursache des größeren Dampf- und Kohlenverbrauches der Lokomotive mit Niederdruckkolbenschiebern lag in den nur ungenügend abgedichteten Anfahröffnungen der Niederdruckkolbenschieberbüchsen. Die Lokomotiven besaßen nämlich die Gölsdorfsche Anfahrvorrichtung, bei der die Anfahrkanäle durch den Niederdruckschieber gesteuert wurden. Als dieser noch ein Flachschieber war, bestand die Gewähr, daß die Anfahröffnungen bei der Bewegung des Schiebers zuverlässig abgedeckt waren. Das war aber bei den verwendeten Kolbenschiebern mit Deckleisten niemals zu erreichen. So konnte aus der Anfahrleitung stets Frischdampf in die Ausströmleitung des Niederdruckzylinders gelangen; dieser ging für die Arbeitsleistung verloren.

Nach Kriegsende wurde noch einmal eine größere Zahl dieser E Lokomotiven mit Niederdruckflachschiebern nachgebaut und von der Baufirma Lokomotiv-Fabrik vorm. G. Sigl in Wiener-Neustadt an das Ausland verkauft. Nur eine dieser Maschinen ging in den Besitz der österreichischen Bundesbahnen über.

1911 wurde eine Lokomotive in Zwillingsausführung mit 590 mm Zylinderdurchmesser geliefert. Die Südbahn hatte aber ihre 8 Stück in den Jahren 1913—1915 beschafften fast gleichen Lokomotiven mit innerer Einströmung ausrüsten lassen und Kolbenschieber von 300 mm statt 250 mm Durchmesser vorgesehen. Bis 1915 wurden die h 2 v und die h 2 Ausführungen von der Staatsbahn nebeneinander beschafft. Erst von 1916 an wurde abgesehen von 20 Stück nochmals im Jahre 1918 bestellten Verbundlokomotiven nur noch die Zwillingslokomotive geliefert, jetzt aber in großem Umfange. Bis zum Ende des Krieges wurden 160 Verbund- und 421 Zwillingslokomotiven bestellt. Infolge des Kriegsausganges gingen aber von den letzten Bestellungen 178 Stück in das Ausland; dazu kamen wegen der vorzüglichen Brauchbarkeit dieser Gattung noch große Lieferungen der österreichischen Fabriken an das Ausland. Die Heißdampfzwillingslokomotive wurde auch in der Tschechoslowakei von Breitfeld-Danek nachgebaut. Auf französischen, griechischen, italienischen, jugoslawischen, polnischen, rumänischen und tschechoslowakischen Bahnen liefen nach Kriegsende über 400 Lokomotiven der Reihe 80.

Die österreichische Bundesbahn beschaffte in den Jahren 1919—22 noch weitere 20 Zwillingslokomotiven, und zwar teils mit einem Kleinrohrüberhitzer von 83 m² Heizfläche, teils mit der Lentz-Ventilsteuerung mit liegenden Ventilen.

Abb. 282. E h 2 Güterzuglokomotive, Reihe 480, der Kaiserl.-Königl. priv. Südbahn-Gesellschaft; Erbauer Maschinenfabrik der Österr.-Ung. Staatseisenbahn-Gesellschaft 1921.

Rostfläche	3,7 m²	Zylinderdurchm.	2 × 610 mm
Verdampfungsheizfl.	174,5 m²	Kolbenhub	632 mm
Überhitzerheizfläche	45,8 m²	Dienstgewicht d. Lok.	71,5 t
Kesseldruck	14 atü	Reibungsgewicht	71,5 t
Treibraddurchmesser	1258 mm		

Während die Kleinrohrüberhitzer wegen zu hoher Instandhaltungskosten nicht weiter gebaut wurden, erwies sich die Lentz-Ventilsteuerung doch den österreichischen Kolbenschiebern wirtschaftlich überlegen, so daß bald zahlreiche Lokomotiven mit ihr ausgerüstet wurden. Später wurden die meisten dieser Lokomotiven mit Dabeg-Vorwärmern ausgestattet.

Im Jahre 1919 wurde versuchsweise bei 2 Lokomotiven den fünften Achsen kein Seitenspiel mehr gegeben, da man ähnliche Erfahrungen gemacht hatte wie bei den preußischen G 10 Lokomotiven (s. S. 72). Da sich diese Maßnahme bewährte, hat man später bei allen Lokomotiven der Reihen 80 und 180, aber auch bei den 1 D Lokomotiven der Reihen 170 und 270 das Seitenspiel der hinteren Achse aufgehoben.

Auf der Südbahn hatte sich gezeigt, daß bei der Mittelachse praktisch ein Spiel von 3 mm nach jeder Seite genügte. Diese Verwaltung ließ daher bei der weiteren Beschaffung von 6 Stück im Jahre 1918 bestellten, aber erst im Jahre 1921 abgelieferten E Lokomotiven dieses Seitenspiel überhaupt fort und nutzte nicht nur das durch die Verlegung des Antriebs auf die dritte Achse eingesparte Gewicht (kurze Kolben- und Treibstangen), sondern auch den bisher nicht erreichten Achsdruck von 14,5 t voll aus. So entstand die verstärkte E Lokomotive der Reihe 480 (Abb. 282).

Den Achsstand hatte man beibehalten, die Zylinder und besonders der Kessel waren wesentlich vergrößert worden. Der Kessel lag um 170 mm höher als bei den bisherigen Lokomotiven. Die Lokomotive wurde die leistungsfähigste österreichische E Lokomotive.

Außer diesen E Lokomotiven waren im Jahre 1917 20 Stück preußische G 10 Lokomotiven von der österreichischen Heeresbahn angekauft und auf den Strecken am Brenner eingesetzt worden.

Der Fortschritt, den die E Lokomotiven dem österreichischen Zugbetrieb brachten, zeigt sich besonders deutlich in den Belastungtafeln der Südbahn für die Semmeringstrecken, die Steigungen von 28⁰/₀₀ und Krümmungen bis herab zu 189 m Halbmesser besitzt. Hier beförderten mit 25 km/h:

die Reihe 180 (E n 2 v) 210 t
„   „   80 (E h 2)   240 t
„   „   480 (E h 2)   360 t.

Nach dem Jahre 1921 sind die E Lokomotiven nicht mehr für österreichische Bahnen gebaut worden, da sie inzwischen durch die lauftechnisch günstigeren und auch leistungsfähigeren 1 E Lokomotiven überholt waren. Lediglich ausländische Bahnen bezogen, wie gesagt, noch zahlreiche E Lokomotiven aus Österreich.

Den Anlaß zur Entwicklung der 1 E Lokomotive in Österreich gab aber nicht der Güterverkehr, sondern der Schnellzugbetrieb auf den Gebirgsstrecken. Auf der Arlbergbahn waren seit dem Jahre 1897 die 1 D Lokomotiven der Reihe 170 im Schnellzugdienst tätig. Schon nach wenigen Jahren zeigte sich, daß diese Lokomotiven die inzwischen auf etwa 250—280 t angewachsenen Zuggewichte nicht mehr planmäßig befördern konnten. Gölsdorf entschloß sich daher im Jahre 1905 zur Entwicklung einer neuen 1 E n 4 v Lokomotive mit den für österreichische Verhältnisse großen Treibrädern von 1410 mm Durchmesser.

Die erste Lokomotive der neuen Bauart (Reihe 280, Abb. 283) war im Jahre 1906 fertiggestellt und auf der Weltausstellung in Mailand 1906 zu sehen. Der Dampfdruck betrug 16 atü. Der Kessel war nach österreichischem Brauch kegelig durchgebildet und hatte hinten einen Durchmesser von 1800 mm. Die Kesselschüsse waren hier aus 21,5 mm starken Blechen hergestellt.

Die Lokomotive hatte einen Clench-Dampftrockner, der erst im Jahre 1926 wieder ausgebaut wurde. Der Rost war 1630 mm breit, der Stehkessel ragte also weit über die Räder hinaus. Der Aschkasten war daher waagerecht geteilt, wobei der untere leicht abnehmbare Teil am Rahmen, der obere am Bodenring befestigt war.

Alle 4 Zylinder lagen 1:8 geneigt und trieben die vierte Achse an. Ihre bauliche Anordnung war die gleiche wie bei der 1 C 1 n 4 v Reihe 110 (Abb. 270).

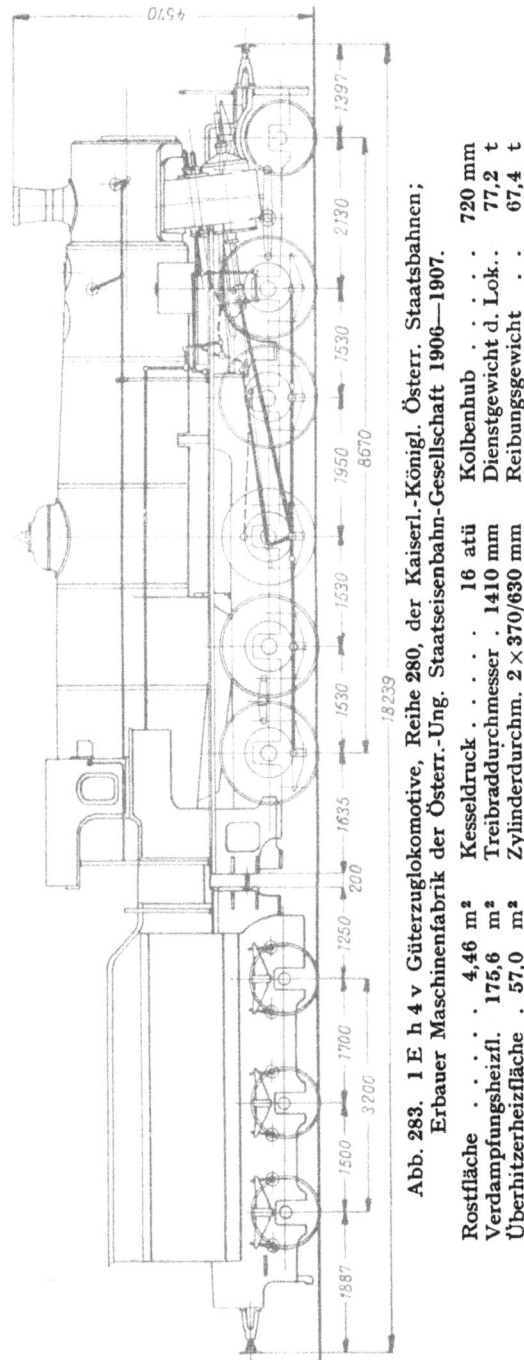

Abb. 283. 1 E h 4 v Güterzuglokomotive, Reihe 280, der Kaiserl.-Königl. Österr. Staatsbahnen; Erbauer Maschinenfabrik der Österr.-Ung. Staatseisenbahn-Gesellschaft 1906—1907.

Rostfläche	4,46 m²	Kesseldruck	16 atü	Kolbenhub	720 mm
Verdampfungsheizfl.	175,6 m²	Treibraddurchmesser	1410 mm	Dienstgewicht d. Lok..	77,2 t
Überhitzerheizfläche .	57,0 m²	Zylinderdurchm.	2×370/630 mm	Reibungsgewicht . .	67,4 t

Zur Sicherung der Bogenbeweglichkeit besaß die führende Adamsachse 49, die dritte und sechste Achse je 26 mm Spiel nach jeder Seite. Bei der Treibachse war der Spurkranz fortgelassen. Der feste Achsstand reichte von der zweiten bis zur fünften Achse und hatte damit das ungewöhnliche Maß von 5010 mm.

Je ein Bremszylinder der Saugluft-Bremse bremste mit einem Ausgleichgestänge die beiden ersten und die beiden letzten Kuppelachsen.

Die Leistungen der Lokomotive waren gut. Sie beförderte

280 t auf 26,4⁰/₀₀ mit V = 32 km/h.

Der Lauf, selbst bei Geschwindigkeiten von über 90 km/h war noch einwandfrei, so daß die zulässige Geschwindigkeit auf 70 km/h festgesetzt werden konnte.

Der ersten Versuchslokomotive folgten daher bald 2 weitere.

Auch die Südbahn übernahm diese Type und beschaffte davon 1908 und 1911 insgesamt 5 Stück.

2 Staatsbahnlokomotiven der Reihe 280 wurden später in Vierzylinder-Heißdampf-Verbundlokomotiven umgebaut, wobei die Zylinder beibehalten wurden. An Stelle der nicht entlasteten Hochdruckflachschieber wurden entlastete Flachschieber aus einer Sonderbronze eingebaut. Die Wärmewirtschaft dieser Lokomotiven war gut; trotzdem wurden beide Maschinen bald abgestellt, da die Hochdruckflaschenschieber auf die Dauer nicht zu halten waren.

Bereits im Jahre 1909, als die Schnellzüge der Tauernbahn auf 300 t angewachsen waren und weitere 1 E Lokomotiven nötig wurden, war die Staatsbahn zur Heißdampfausführung der 1 E Lokomotiven als Reihe 380 (Tafel 21) mit Hochdruckkolben- und Niederdruckflachschiebern übergegangen. Geändert wurde wieder nur das, was unbedingt notwendig war. Vom Jahre 1911 an aber wurden auch die Niederdruckzylinder mit Kolbenschiebern versehen. Hierbei hatte die um 100 mm höhere Lage der Schiebermitte des Niederdruckzylinders einige Schwierigkeiten bereitet. Man hatte sich aber dadurch geholfen, daß man die äußere Steuerung unverändert ließ, die Schieberstange jedoch nicht am Voreilhebel, sondern an der nach rückwärts gerichteten Verbindungsstange zur Umkehrwelle für die innere Schieberbewegung angreifen ließ.

Die Heißdampflokomotive schleppte auf der Tauernbahn bei Versuchen bis zu

300 t auf 28⁰/₀₀ mit V = 38 km/h und
230 t auf 28⁰/₀₀ mit V = 52 km/h,

im letzteren Falle bei einer Leistung von 2100 PS$_i$. Die betriebsmäßig zu erwartende Leistung stieg nach Sanzin von 1525 PS$_i$ bei 30 km/h bis auf 1810 PS$_i$ bei 60 km/h. Bei dieser Geschwindigkeit ergab sich eine Heizflächenbelastung von 78,2 kg Dampf je m² und Stunde und eine Leistung von 10,2 PS$_i$ je m² Verdampfungsheizfläche, so daß Sanzin die Reihe 380 „als eine der erfolgreichsten Lokomotivbauarten Österreichs" bezeichnet.

Bis zum Jahre 1914 wurden 28 Stück beschafft. Wie die meisten stärkeren Streckenlokomotiven erhielten auch die Lokomotiven der Reihe 380 später Dabeg-Vorwärmer.

Die Südbahn ging 1911 bei der Entwicklung ihrer 1 E Lokomotive der Reihe 580 (Abb. 284) genau wie bei der 2 D Maschine Reihe 570 (Abb. 279) eigene Wege.

Abb. 284. 1 E h 2 Güterzuglokomotive, Reihe 580, der Kaiserl.-Königl. priv. Südbahn-Gesellschaft; Erbauer Maschinenfabrik der Österr.-Ung. Staatseisenbahn-Gesellschaft 1912—1922.

Rostfläche	4,47 m²	Zylinderdurchm.	2 × 610 mm
Verdampfungsheizfl.	187,5 m²	Kolbenhub	720 mm
Überhitzerheizfläche	74,0 m²	Dienstgewicht d. Lok.	81,8 t
Kesseldruck	14 atü	Reibungsgewicht	69,0 t
Treibraddurchmesser	1410 mm		

340

Der Kessel lag für damalige Verhältnisse schon recht hoch (3000 mm über SO). Er hatte zwar die gleiche Rostfläche wie die Reihe 380, eine um 8% größere Heizfläche bei nur 14 atü Dampfdruck. Der Bodenring und Rost war muldenförmig ausgebildet. Dadurch wurde die Feuerbüchse in der Mitte um 110 mm tiefer. Ein Fortschritt war der Übergang zur Zwillings-wirkung mit waagerecht liegenden Zylindern. Da das innere Triebwerk fortgefallen war, konnte der feste Achsstand ohne Schwierigkeiten auf 4590 mm gekürzt werden. Dafür mußte allerdings der Achsstand zwischen der Laufachse und der ersten Kuppelachse wegen der da-zwischen liegenden Zylinder entsprechend größer werden und der Adamsachse etwas mehr seitliches Spiel gegeben werden. Die Spurkränze der Treibachse waren um 8 mm schwächer gedreht.

Die Kolbenschieber hatten (bei einem Zylinderdurchmesser von 610 mm) einen zweckmäßig gewählten Durchmesser von 320 mm und besaßen innere Einströmung. Die Hängeeisen der Schieberschubstange griffen unmittelbar an den Bolzen des Schwingensteines an.

Von den bis 1922 beschafften 37 Stück wurde die letzte mit einem Kleinrohrüberhitzer versehen. Dadurch war die Überhitzerheizfläche um rd. 80% größer geworden, so daß die Dampftemperaturen von 340 auf 380° stiegen. Da man wohl Schwierigkeiten mit der Schmie-rung der Kolbenschieber befürchtet hatte, wurde diese Maschine mit der Lentz-Ventilsteuerung mit liegenden Ventilen ausgerüstet, während in die vorletzte Lokomotive Kolbenschieber mit schmalen federnden Ringen statt der bisher in Österreich ziemlich allgemein üblichen Schieber mit breiten Ringen eingebaut wurden.

In den Jahren 1923—26 beschafften die Griechischen Staatsbahnen 40 gleiche Lokomo-tiven, die teils von der Lokomotivfabrik der ehemaligen Staatsbahn der „Steg", teils von den Skodawerken geliefert wurden.

Speisewasservorwärmer wurden in die österreichischen Lokomotiven erst zu einem späteren Zeitpunkt eingebaut.

Noch während des Weltkrieges war es notwendig geworden, den Verkehr der Kohlenzüge aus dem Ostrauer Kohlenrevier nach Wien zu beschleunigen. Ursprünglich hatte man beab-sichtigt, Lokomotiven der Reihe 380 für diesen Dienst zu verwenden. Man ließ jedoch diesen Plan wieder fallen, weil die genannte Lokomotive ja eigentlich als Gebirgsschnellzugslokomotive gebaut worden war und weil sie für den Kohlenverkehr, bei dem nur Geschwindigkeiten von höchstens 60 km/h erreicht werden sollten, zu kostspielig war. Man entschloß sich daher zum Bau einer von Rihošek entworfenen 1 E h 2 Lokomotive (Reihe 81), bei welcher der Durchmesser der Treibräder wieder auf das bei Güterzugslokomotiven in Österreich gebräuch-liche Maß von 1258 mm verkleinert wurde. Nicht besonders zweckmäßig war an dieser Zwil-lingslokomotive, daß die Kolbenschieber äußere Einströmung besaßen.

Der Kessel blieb ungefähr der gleiche wie bei der Reihe 380 (Tafel 21), erhielt aber 194 Rohre von 46/51 mm Durchmesser statt 164 von 48/53 mm. Als Treibachse diente die mittlere spurkranzlose Kuppelachse. Da die Abstände der gekuppelten Achse von 1400 auf 1500 mm gegenüber den österreichischen E Lokomotiven gleichen Raddurchmessers vergrößert waren, konnten die Bremsklötze höher gelegt werden. Der feste Achsstand (4500 mm) war noch etwas kleiner als bei der besprochenen 1 E Lokomotive der Südbahn.

Diese Lokomotiven erhielten auch Speisewasserreiniger Bauart Pogány im vorderen Dom, ferner Dabeg-Vorwärmer. Eine Ausnahme bildete die erste Maschine, welche mit Knorrschen Vorwärmern ausgerüstet wurde, und eine zweite Maschine, welche eine Abdampfstrahlpumpe besaß. Eine Anzahl dieser Lokomotiven wurde mit der Lentz-Ventilsteuerung und einem Kleinrohrüberhitzer ausgerüstet. Ein Teil der Lokomotiven erhielt ferner in der Feuerbüchse je 2 Wasserrohre als Feuerschirmträger. Diese Rohre mußten aber später wieder ausgebaut werden.

Die Lokomotiven beförderten

$$303 \text{ t auf } 27{,}8^0/_{00} \text{ mit } V = 28 \text{ km/h.}$$

In den Jahren 1920—24 wurden insgesamt 73 Stück beschafft. 10 gleiche Lokomotiven gingen an die Jugoslawische Staatsbahn.

Vom Jahre 1916 an betrachtete man bei Heißdampflokomotiven das Verbundtriebwerk im allgemeinen als überflüssig, da mit ihm bei den gebräuchlichen Belastungsverhältnissen kaum noch Ersparnisse erzielt werden konnten, insbesondere, wenn die Heißdampftemperaturen über 350° lagen. Dennoch kam Rihošek im Jahre 1922 beim Weiterbau der 1 E Zweizylinderlokomotive als Reihe 181 wieder auf das Verbundtriebwerk zurück. Wegen der Klagen über die Undichtigkeiten an den viel verwendeten Kolbenschiebern von 400 mm Durchmesser bei Benutzung der Gölsdorfschen Anfahrvorrichtung wählte er hier am Niederdruckzylinder wieder den alten Rotgußflachschieber. Nach den früheren schlechten Erfahrungen widmete er jedoch der Schmierung des Flachschiebers besondere Sorgfalt.

Sonst war gegenüber der Reihe 81 nur wenig geändert. Der Dampfdruck war wieder auf 16 atü erhöht worden. Der Feuerschirm war auf 2 Wasserrohren von je 0,9 m² Heizfläche gelagert, das Blasrohr stark erweitert und die Laufachse 100 mm vorgeschoben, damit die Zylinderdeckel ausgebracht werden konnten. Als Aufnehmer zwischen Hoch- und Niederdruckzylinder diente ein gußeiserner Zylinder unter dem Langkessel.

Die Erfahrungen mit der Lokomotive waren überraschend gut. Im Schnellzugverkehr Wörgl—Saalfelden und Landeck—Bludenz (Arlberg) konnten gegenüber den Zwillingslokomotiven der Reihe 81 Kohlenersparnisse von ungefähr 16% erzielt werden. Diese können allerdings nicht allein auf die Verbundwirkung zurückgeführt werden, sondern waren z. T. auch eine Folge des höheren Kesseldrucks der Wasserrohre in der Feuerbüchse und des weiten Blasrohrs.

Die Lokomotive beförderte Züge von 900 t auf 10‰ mit V = 22 km/h und 320 t auf 26‰ mit V = 28 km/h.

In den Jahren 1922/23 wurden insgesamt 27 Stück 1 E h 2 v Lokomotiven abgeliefert. Alle Maschinen wurden später mit Dabeg-Vorwärmern ausgerüstet. Wie bei den Lokomotiven der Reihe 81 mußten auch bei den Verbundlokomotiven die Wasserrohre in der Feuerbüchse entfernt werden, weil sie sich nicht bewährten.

Im Jahre 1910 war der Schnellzugbetrieb auf der Tauernbahn in zunehmende Schwierigkeiten geraten, denn das Gewicht der planmäßigen Schnellzüge war mittlerweile auf 330—350 t gestiegen. Da der auf den Gebirgsstrecken zugelassene Achsdruck nur etwa 14 t betrug, konnte mit dem Reibungsgewicht der bisher verwendeten 1 E n 4 v und h 4 v der Reihen 280 und 380 der

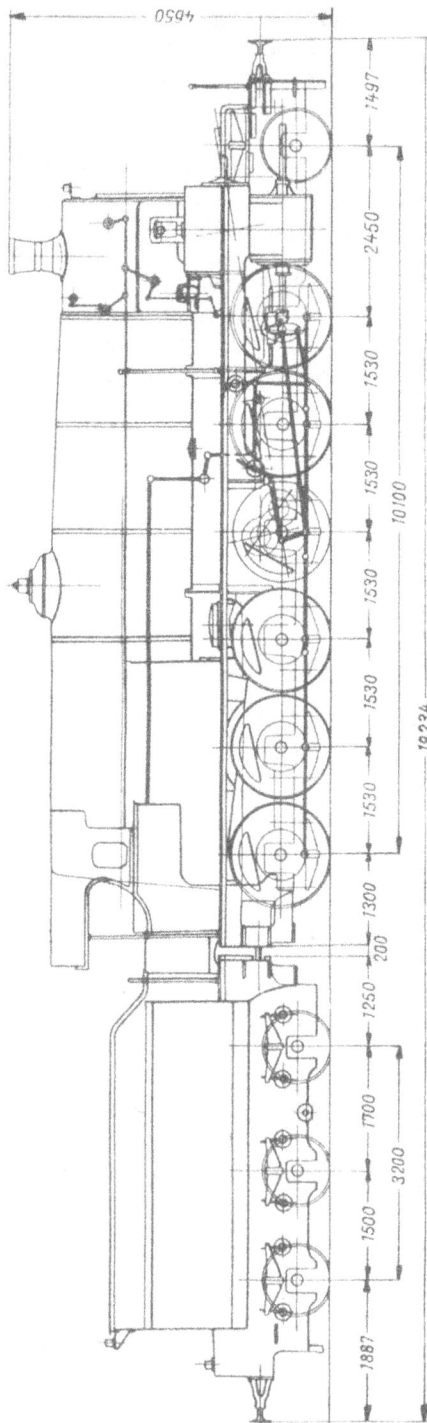

Abb. 285. 1 F h 4 v Güterzuglokomotive, Reihe 100, der Kaiserl.-Königl. Österr. Staatsbahnen; Erbauer Wiener Lokomotivfabrik A.-G. Floridsdorf 1911.

Dienstgewicht d. Lok.. 95,8 t
Reibungsgewicht . . 82,2 t
Kesseldruck . . . . 16 atü
Zylinderdurchm. 2 × 450/760 mm
Treibraddurchmesser . 1410 mm
Kolbenhub . . . . . 680 mm
Rostfläche . . . 5,0 m²
Verdampfungsheizfl. 224,1 m²
Überhitzerheizfläche . 50,7 m²

342

Betrieb bei den immer kürzer gewordenen Fahrzeiten nur mit Vorspannlokomotiven aufrechterhalten werden.

Gölsdorf konnte den Ansprüchen des Betriebes nur dadurch genügen, daß er an den Entwurf einer 1 F h 4 v Lokomotive heranging, die gleichzeitig den Schlußstein in der Größenentwicklung des österreichischen Lokomotivbaues bildete (Reihe 100, Abb. 285).

Der höheren Leistung entsprechend war der Kessel beträchtlich vergrößert worden. Bei einem größten lichten Durchmesser von 1855 mm hatte der Kessel eine Heizfläche von 224,1 m² gegenüber 175,6 m² bei der 1 E Lokomotive der Reihe 280. Die Rostfläche war von 4,46 m² bei dieser Maschine auf 5 m² gestiegen. Der Überhitzer hatte eine Heizfläche von nur 50,7 m², so daß die Heißdampftemperaturen kaum 330⁰ erreicht haben dürften.

Abweichend von den Vierzylindertriebwerken der 1 E Lokomotiven legte Gölsdorf bei der neuen Lokomotive wie bei den 1 C 2 Lokomotiven der Reihen 210 und 310 die äußeren Niederdruckzylinder waagerecht; die inneren Hochdruckzylinder mußten mit einer Neigung von 1 : 7,2 angeordnet werden, weil die dritte gekuppelte Achse als Treibachse gewählt war. Die Kolbenschieber waren wie bei der Reihe 310 ineinander geschachtelt und hatten den größten bisher ausgeführten Durchmesser (460 mm). Der zwangfreie Lauf in Gleisbögen war auf eigenartige Weise erreicht worden. Die vordere Adamsachse erhielt 50 mm, die dritte und sechste Achse je 26 und die siebente 40 mm Spiel nach jeder Seite. Die vierte Achse, die Treibachse, hatte keine Spurkränze. Der feste Achsstand betrug daher nur 4590 mm wie bei den 1 E Lokomotiven der Reihe 580 der Südbahn (Abb. 284) bei einem Gesamtachsstand von 10100 mm. Zum ersten Male hatte man 2 aufeinanderfolgenden Kuppelachsen (der fünften und sechsten) ein Seitenspiel gegeben. Das Spiel der letzten Achse (± 40 mm) konnte nicht mehr von den Kuppelzapfen aufgenommen werden. Gölsdorf schaltete daher nach dem Vor-

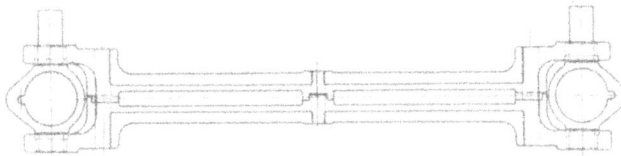

Abb. 286. Hintere Kuppelstange der 1 F Güterzuglokomotive,
Reihe 100, mit Kardangelenken nach Pillwa.

schlag des Ingenieurs Pillwa von der Lokomotivfabrik Floridsdorf in die Köpfe der letzten Kuppelstange Kardangelenke nach Abb. 286 ein. Dabei mußte die Stange wegen des Zusammenbaues zweiteilig werden. Diese Ausführung hat sich in jahrelangem Betriebe gut bewährt.

Die zugelassene Höchstgeschwindigkeit betrug 60 km/h. Bei Probefahrten wurden ohne Anstände 85 km/h Geschwindigkeit erreicht.

Die Lokomotive beförderte auf der Tauernbahn fahrplanmäßig

300 t auf 28⁰/₀₀ mit V = 40 km/h.

Dabei war jedoch ihre Leistung noch nicht erschöpft. Sie konnte ohne weiteres Züge bis zu 360 t Gewicht planmäßig fahren. Nach Ermittlungen von Sanzin kann ihre Regelleistung bei 50 km/h mit 2020 PS$_i$ gegen 1780 PS$_i$ der 1 E Lokomotive Reihe 380 angenommen werden.

Der ersten Probelokomotive sind keine weiteren Maschinen mehr gefolgt. Ein Grund lag im Ausbruch des Weltkrieges, der andere in der allmählichen Steigerung der Achsdrucke, so daß gleiche Zugkräfte schon von fünffach gekuppelten Lokomotiven erzeugt werden konnten. Die Lokomtive wurde 1925 noch einmal auf der Münchener Verkehrsausstellung gezeigt, ist aber dann bald zerschlagen worden. Anlaß zu dieser Maßnahme waren die vielen Zylinderbrüche, welche auf eine etwas zu leichte Konstruktion der Zylinder zurückzuführen waren. Immerhin gaben die guten lauftechnischen Eigenschaften der 1 F Lokomotive der Württembergischen Staatsbahn die Gewißheit, daß das Gölsdorfsche Verfahren der seitlichen Verschiebbarkeit einzelner Kuppelachsen sogar bei 1 F Lokomotiven durchführbar war, so daß der Wunsch nach einer 1 F Lokomotive in Württemberg noch im Laufe des Weltkrieges in die Tat umgesetzt werden konnte.

DIE TENDERLOKOMOTIVEN.

Das um 1880 herrschende Streben nach Verbilligung des Nebenbahnbetriebes führte auch in Österreich zu leichten ungekuppelten Tenderlokomotiven, die nach Entwürfen von Elbel im Jahre 1879 zuerst von der Nordwestbahn beschafft wurden (Abb. 287). Dabei wurde der Packraum mit der Lokomotive vereinigt, aber die Treibachse entgegen der preußischen Ausführung von 1880 (vgl. Bd. I, S. 61, Abb. 59a) unter den Kessel gelegt, so daß das Reibungsgewicht weniger abhängig von der Abnahme der Vorräte war. Die Bahn bestellte im nächsten Jahre weitere 9 Stück nach, bei denen der Kolbenhub und die Heizfläche etwas vergrößert waren.

Die gegenüber der preußischen Ausführung nicht unwesentlich vergrößerten Abmessungen mögen dazu beigetragen haben, daß diese 10 Lokomotiven noch nach dem Jahre 1927 auf Nebenbahnlinien der Tschechoslowakischen Staatsbahnen in Betrieb standen. Bei 11,8 t Reibungsgewicht konnten sie 100 t auf 10⁰/₀₀ mit $V = 16$ km/h befördern.

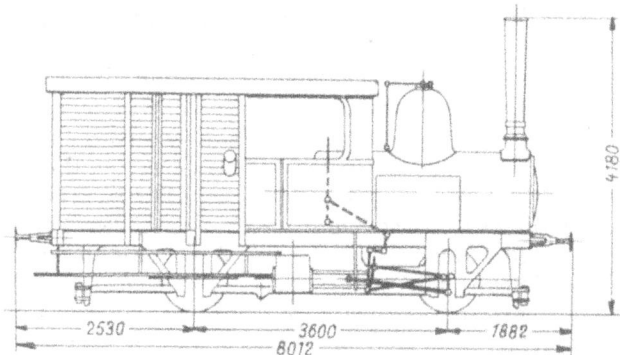

Abb. 287. A 1 n 2 Tenderlokomotive, Reihe D T4, der Kaiserl.-Königl. priv. österr. Nord-West-Bahn; Erbauer Wiener Lokomotivfabrik A.-G. Floridsdorf 1880.

Rostfläche	0,64 m²	Zylinderdurchm.	2 × 225 mm
Verdampfungsheizfl.	38,0 m²	Kolbenhub	400 mm
Kesseldruck	13 atü	Dienstgewicht d. Lok.	21,0 t
Treibraddurchmesser	995 mm	Reibungsgewicht	11,8 t

Eine fast gleiche Lokomotive beschaffte auch die Hullein-Kremsierbahn, die später von der Kaiser-Ferdinands-Nordbahn übernommen wurde. Auch in Ungarn liefen solche Lokomotiven.

Aus dieser Bauart entwickelte sich dann die B 1 Lokomotive der Südbahn (Bd. I, S. 210, Abb. 270).

Die Südbahn beschaffte ferner im Jahre 1889 zwei 1 A Lokomotiven für die Strecke Mödling—Laxenburg (Abb. 288), bei denen jedoch der Packraum fortgefallen war.

Sie besaßen eine größere Rostfläche, größeren Treibraddurchmesser und auch ein höheres Reibungsgewicht als die A 1 Lokomotive nach Abb. 287. Sie wurden nicht nachgebaut.

Im Jahre 1907 griff Gölsdorf nochmals den Gedanken einer ungekuppelten Tenderlokomotive auf, diese Bauart sollte jetzt aber nicht für Nebenbahnen, sondern für schnelle Zubringerzüge zum Schnellzugverkehr verwendet werden (Reihe 112, Abb. 289). Diese 1 A 1 n 2 v Tenderlokomotive sollte z. B. im Pendelverkehr Wels—Linz und Steyr—St. Valentin—Linz das Halten der Schnellzüge in Wels oder St. Va-

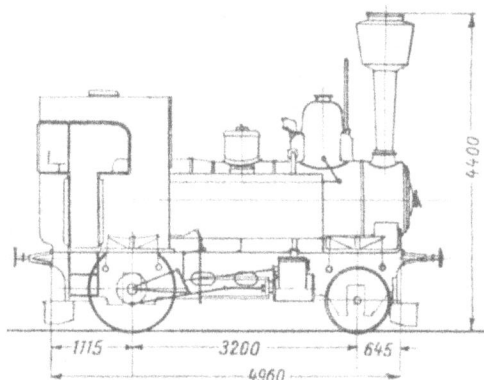

Abb. 288. 1 A n 2 Tenderlokomotive, Reihe 1, der Kaiserl.-Königl. priv. Südbahn-Gesellschaft; Erbauer Maschinenfabrik der Österr.-Ung. Staatseisenbahn-Gesellschaft 1889.

Rostfläche	0,87 m²	Zylinderdurchm.	2 × 260 mm
Verdampfungsheizfl.	34,4 m²	Kolbenhub	440 mm
Kesseldruck	12 atü	Dienstgewicht d. Lok.	20,3 t
Treibraddurchmesser	1200 mm	Reibungsgewicht	11,2 t

344

lentin unnötig machen. Da man eine zulässige Geschwindigkeit von 75 km/h verlangt hatte, wählte man die Achsanordnung 1 A 1. Der Kessel erhielt eine Rostfläche von 1,03 m², 15 atü Druck und einen Verbinderdampftrockner von 3,3 m² Heizfläche; die Dampfzylinder arbeiteten mit doppelter Dampfdehnung.

Zur Erzielung eines ruhigen Laufs bei höheren Geschwindigkeiten waren die Zylinder hinter die Laufachse gelegt worden. Das hatte eine zwar eigenartige, aber für die Belastung günstige Verteilung der Achsen zur Folge. Die Achsdrücke betrugen 10,0, 14,3

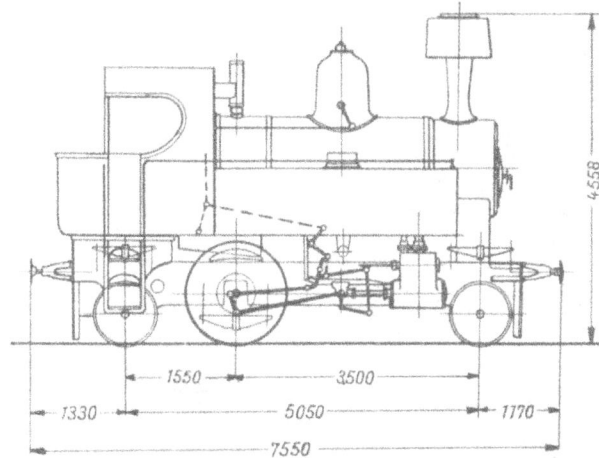

Abb. 289. 1 A 1 n 2 v Tenderlokomotive, Reihe 112, der Kaiserl.-Königl. Österr. Staatsbahn; Erbauer Krauß & Co., Linz 1907.

Rostfläche	1,03 m²	Zylinderdurchm.	260/400 mm
Verdampfungsheizfl.	47,0 m²	Kolbenhub	550 mm
Kesseldruck	15 atü	Dienstgewicht d. Lok.	31,6 t
Treibraddurchmesser	1410 mm	Reibungsgewicht	12,3 t

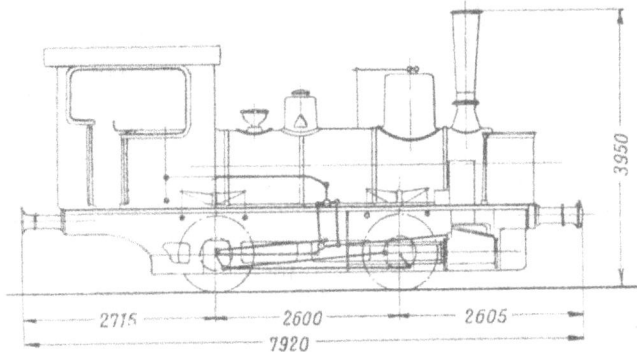

Abb. 290. B n 2 Tenderlokomotive der Kaiserin-Elisabeth-Bahn; Erbauer Sigl, Wiener-Neustadt 1880.

Rostfläche	0,96 m²	Zylinderdurchm.	2 × 250 mm
Verdampfungsheizfl.	44,5 m²	Kolbenhub	480 mm
Kesseldruck	10 atü	Dienstgewicht d. Lok.	23,8 t
Treibraddurchmesser	1100 mm	Reibungsgewicht	23,8 t

St. Pölten (davon lagen 13 km in einer Steigung von 10⁰/₀₀) mit einem 44 t schweren Zuge eine Durchschnittsgeschwindigkeit von 62 km/h und eine Höchstgeschwindigkeit von 103 km/h.

Beide Lokomotiven wurden niemals für die Zubringerzüge, für welche sie ursprünglich geplant waren, verwendet, sondern im Wiener Stadtbahnverkehr zur Beförderung leichter Züge eingesetzt. Eine Lokomotive endete 1927 in Inns-

und 7,3 t, der feste Achsstand 3500 mm. Die hintere Laufachse war eine Adamsachse ohne Rückstellvorrichtung. Die Federn der beiden hinteren Achsen waren durch Längsausgleichhebel, die hinteren Enden der Federn der vorderen Laufachse dagegen durch einen Querausgleichhebel verbunden.

Bei Versuchsfahrten erreichte die Lokomotive auf der 61 km langen Strecke Wien—

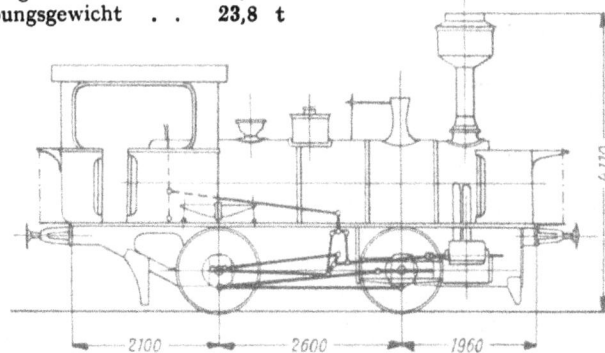

Abb. 291. B n 2 Tenderlokomotive, Reihe 88, der Kaiserl.-Königl. Österr. Staatsbahn; Erbauer Krauß & Co., Linz 1882—1885.

Rostfläche	0,9 m²	Zylinderdurchm.	2 × 280 mm
Verdampfungsheizfl.	49,3 m²	Kolbenhub	480 mm
Kesseldruck	12 atü	Dienstgewicht d. Lok.	24,5 t
Treibraddurchmesser	1100 mm	Reibungsgewicht	24,5 t

Abb. 292. B n 2 Tenderlokomotive, Reihe 85, der Nieder-Österr.
Südwestbahn; Erbauer Sigl, Wiener-Neustadt 1880—1882.

Rostfläche	0,63 m²	Zylinderdurchm.	2×240 mm
Verdampfungsheizfl.	27,0 m²	Kolbenhub	400 mm
Kesseldruck	12 atü	Dienstgewicht d. Lok.	17,0 t
Treibraddurchmesser	840 mm	Reibungsgewicht	17,0 t

bruck, nachdem sie dort noch zeitweilig als „Heizkesselwagen" in den elektrisch beförderten Arlbergschnellzügen verwendet worden war; die zweite beförderte noch im Jahre 1935 Kurzzüge (2 zweiachsige Personenwagen geschoben, 2 gezogen) im Pendelverkehr zwischen Hütteldorf — Hacking und Unter-Purkersdorf.

Nach dem Vorbilde von 5 Stück B n 2 Lokomotiven, welche die Kaiserin Elisabeth-Westbahn im Jahre 1880 von Sigl bezogen hatte (Abb. 290), ließ die Staatsbahn in den Jahren 1882—1885 für Nebenbahnlinien 47 Stück B n 2 Lokomotiven der Reihe 88 bauen (Abb. 291). Die Lokomotiven fielen durch den großen Achsstand von 2600 mm besonders auf. Vorn und hinten besaßen sie Übergangsbrücken zum Zuge. Die zugelassene Höchstgeschwindigkeit betrug 55 km/h.

Auch einige andere Bahnen, besonders in Böhmen und die Südbahn, beschafften 1881—1890 sehr ähnliche Lokomotiven, deren Gesamtzahl jedoch nicht groß war.

Gleichzeitig mit dieser Gattung entstand eine leichtere Bauart mit 9 t Achsdruck und rd. 800 mm Raddurchmesser für eine Höchstgeschwindigkeit von 35—40 km/h.

Abb. 292 zeigt eine dieser Lokomotiven, die im Jahre 1880 für die Niederösterreichische Südwestbahn (Leobersdorf—St. Pölten), später als Staatsbahnreihe 85, geliefert wurden (16 Stück). Im Jahre 1904 wurde nach Entwürfen von v. Littrow und Zeh eine Schüttfeuerung eingebaut. Dabei mußten die Ecken des Rostes durch einen Gußkranz abgedeckt werden, weil die fallende Kohle sie nicht erreichte. Die Rostfläche verkleinerte sich dadurch auf 0,35 m². Fast unverändert wurde diese Lokomotive noch bis zum Jahre 1892 von der Böhmischen Commercialbahn, der Erzherzog-Albrecht-Bahn u. a. beschafft (insgesamt 10 Stück).

Ähnliche Lokomotiven, größtenteils von noch gedrängterer Bauart mit Achsständen bis zu 1500 mm hinab, aber meist mit Zylinderdurchmessern von 260—265 mm wurden in den nächsten Jahren mehrfach beschafft, und zwar meist von privaten Lokalbahnen. Diese Lokomotiven besaßen aber fast stets einen Wasserkastenrahmen. Abb. 293 zeigt eine der letzten, in den Jahren 1897—1909 gebauten Ausführungen. Diese Lokomotive hatte bereits einen Achsdruck von 11 t.

Die Staatsbahn ging erst im Jahre 1903 zu leichten

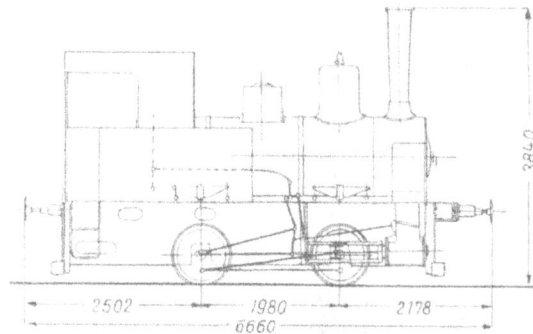

Abb. 293. B n 2 Tenderlokomotive, Reihe 184, der Niederösterr.
Landesbahnen; Erbauer Krauß & Co., Linz 1902—1909.

Rostfläche	0,64 m²	Zylinderdurchm.	2 × 300 mm
Verdampfungsheizfl.	32,7 m²	Kolbenhub	400 mm
Kesseldruck	12 atü	Dienstgewicht d. Lok.	21,0 t
Treibraddurchmesser	800 mm	Reibungsgewicht	21,0 t

B Tenderlokomotiven mit niedrigen Rädern über. Diese Lokomotiven waren für die Welser-Lokalbahn bestimmt (Reihe 185, Abb. 294). Da Gölsdorf den Nachweis erbringen wollte, daß Kleinbahnlokomotiven wirtschaftlicher seien als Triebwagen, mußten sie für Einmann-Bedienung eingerichtet werden. Die Kohlenfeuerung wurde daher durch eine leicht regelbare Rohölzusatzfeuerung ergänzt. Der Kessel besaß hinter der Rohrwand nur einen etwa 100 mm langen, überhöhten Feuerbüchsansatz, dessen Dampfraum mit dem Dom durch einen Stutzen unmittelbar verbunden war. Der übrige Feuerraum war von einem Blechmantel mit Chamotte-ausmauerung umgeben. Man beabsichtigte, nur bei größerer Leistung über das kleine Kohlengrundfeuer Öl einzuspritzen; in den Zwischenpausen und während der Aufenthalte sollte der Dampf nur von der Wärme der Auskleidung erzeugt werden. Deshalb wurde auch der Schornstein mit einem Drehdeckel versehen, um den Zuzug kalter Luft zu vermeiden.

Dem Zweck entsprechend waren die Abmessungen des Kessels und des Verbundtriebwerks sehr klein, so daß diese Lokomotive, abgesehen von einigen Bau- und Straßenbahnlokomotiven, die kleinste österreichische regelspurige B Lokomotive blieb. Die Steuerung war eine von Gölsdorf abgeänderte Joy-Steuerung, bei welcher die Schwinge durch einen Lenker ersetzt war.

Die B Lokomotive beförderte

45 t auf $10^0/_{00}$ mit $V = 25$ km/h.

Die erste Lokomotive bewährte sich im allgemeinen gut, so daß im Jahre 1905 noch 2 weitere für die von der Südbahn betriebene Strecke Laibach—Oberlaibach gebaut wurden. Sie unterschieden sich von der

Abb. 294. B n 2 v Tenderlokomotive, Reihe 185, der Welser Lokalbahn; Erbauer Krauß & Co., Linz 1903.

Rostfläche	0,37 m²	Zylinderdurchm.	180/280 mm
Verdampfungsheizfl. .	16,96 m²	Kolbenhub	380 mm
Kesseldruck	12 atü	Dienstgewicht d. Lok..	15,7 t
Treibraddurchmesser .	780 mm	Reibungsgewicht . .	15,7 t

ersten nur durch den höheren Dampfdruck (15 atü) und größere Vorräte. Jedenfalls zeigen die Bestellzeichnungen noch die oben beschriebene Feuerbüchsform. Spätestens im Jahre 1909 ist aber die Feuerbüchse durch eine Feuerbüchse der üblichen Bauart ersetzt worden. Die Ölfeuerung wurde aber beibehalten.

1905 folgte der vorerwähnten Lokomotive eine größere Ausführung mit 15 atü Kesseldruck (Reihe 86).

Wenn auch die Ölfeuerung noch beibehalten war, so hatte man auch hier die zuerst beschriebene eigenartige Feuerbüchsform wieder zugunsten der Regelbauart aufgegeben, übrigens ähnlich, wie es die Bayerische Staatsbahn bei ihren B Motorlokomotiven (Abb. 129) tat. Da man aber auf die günstigen Eigenschaften der Chamotteausmusterung als Wärmespeicher und auf den Schutz der Feuerbüchswände vor der Ölstichflamme nicht gern verzichten wollte, wurde die Ausmauerung als ein keilförmiger Kasten beibehalten, der vom Bodenring bis zur Höhe des Feuerschirmes reichte.

Die Treibräder hatten einen Durchmesser von nur 930 mm. Die Höchstgeschwindigkeit der Lokomotive wurde dementsprechend auf 50 km/h festgesetzt. Auf Versuchsfahrten wurden 75 km/h erreicht.

Der ersten Lokomotive folgten im Jahre 1908 2 weitere mit reiner Kohlenfeuerung. Bei diesen war die Chamotte-Ausmauerung fortgefallen.

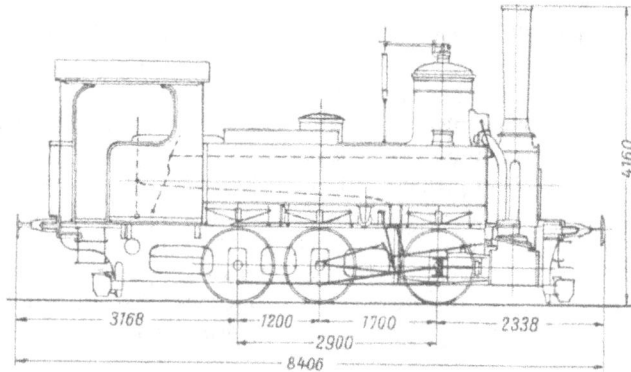

Abb. 295. C n 2 Tenderlokomotive, Reihe 163, der Kaiserl.-Königl.
priv. Ost-Nord-West-Bahn; Erbauer Wiener Lokomotivfabrik A.-G.
Floridsdorf 1881—1901.

Rostfläche	1,22 m²	Zylinderdurchm.	2 × 342 mm
Verdampfungsheizfl.	63,3 m²	Kolbenhub	500 mm
Kesseldruck	10 atü	Dienstgewicht d. Lok.	33,2 t
Treibraddurchmesser	995 mm	Reibungsgewicht	33,2 t

Regelspurige B 1 Tender-
lokomotiven sind in Österreich
außer den im Band I, S. 210
beschriebenen Lokomotiven der
Südbahn nicht gebaut worden.
Auch die 1 B Anordnung war
schon vor 1880 selten und nur
durch Umbau entstanden. Nach
1880 sind nur in den Jahren
1892—1899 4 solche Lokomotiven von Krauß für die Kremstalbahn gebaut worden. Wenn
auch die Strecke 9 t Achsdruck
zuließ, so konnten doch bei
der geringen Tragfähigkeit der
Brücken nur Lokomotiven mit
verhältnismäßig großen Achsständen (geringe Trägerbela-
stung je laufenden Meter) zu-
gelassen werden. Daraus ergaben sich aber neue Schwierigkeiten beim Lauf durch die zahlreichen Krümmungen, deren Halbmesser vielfach nur 120 m betrug. Krauß hatte hier mit
dem Krauß-Helmholtz-Drehgestell einen recht brauchbaren Ausweg gefunden. Da auch die
Zylinder hinter die Laufachse verlegt waren, machten die 4 Lokomotiven für damalige Verhältnisse einen durchaus fort-
schrittlichen Eindruck.

Zu diesen Lokomotiven
traten im Jahre 1903 durch
Umbau auf Regelspur 4 ähnliche, später noch zu erwäh-
nende Verbund-Schmalspurlo-
komotiven der Lambach—
Gmundener Eisenbahn.

Wie bei den deutschen C
Tenderlokomotiven kann auch
bei den österreichischen C Tenderlokomotiven vom Jahre
1880 bis zur Jahrhundertwende
keine folgerichtige Entwicklung festgestellt werden. Die
C Tenderlokomotiven wurden
nach den verschiedenartigen
Bedürfnissen in bunter Reihe
durcheinander beschafft. Ihre

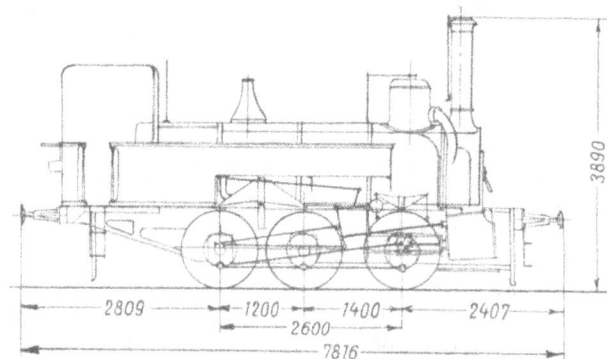

Abb. 296. C n 2 Tenderlokomotive, Reihe 195, der Österr.-Ung.
Staatseisenbahn-Gesellschaft; Erbauer Werkst. Simmering der Österr.-
Ung. Staatseisenbahn-Gesellschaft 1879—1891.

Rostfläche	0,93 m²	Zylinderdurchm.	2 × 300 mm
Verdampfungsheizfl.	50,5 m²	Kolbenhub	460 mm
Kesseldruck	10 atü	Dienstgewicht d. Lok.	27,1 t
Treibraddurchmesser	1100 mm	Reibungsgewicht	27,1 t

Abmessungen schwankten je nach den Betriebsansprüchen und Verwendungszwecken in weiten
Grenzen, z. B. die Zylinderdurchmesser zwischen 225 und 450 mm,
die Treibraddurchmesser „ 800 „ 1450 mm,
die Achsstände „ 1800 „ 3800 mm,
die Heizflächen „ 21 „ 100 m²,
die Dienstgewichte „ 15 „ 44 t.
Bereits um 1880 waren überhängende und unterstützte Stehkessel und seitliche, in den Rahmen
eingehängte und Kraußsche Wasserkästen nebeneinander anzutreffen.

Bis zum Jahre 1920 wurden insgesamt etwa 700 Stück C Tenderlokomotiven in allen
möglichen Spielarten beschafft. Da der beschränkte Raum verbietet, hier alle Bauarten zu
behandeln, sollen nur einige bemerkenswerte Typen herausgegriffen werden.

Abb. 295 zeigt eine kleinrädrige C n 2 Lokomotive der
österreichischen Nordwestbahn
mit 33 t Dienstgewicht, Sei-
tenwasserkästen und Scheiben-
rädern, von der von 1881—1901
51 Stück fast ohne Änderungen gebaut wurden. Die Lokomotiven aus späteren Lieferungen hatten einen wesentlich größeren Wasservorrat
(5,2 m³ gegen 3,1 m³ der ersten
Bestellung). Sehr ähnliche Ausführungen besaßen auch verschiedene andere Bahnen. Wie
sehr die langen seitlichen Wasserkästen den Überblick er-
schweren, sieht man am besten
durch einen Vergleich mit der
aus dem gleichen Jahre stam-
menden, in den Abmessungen und in der Höhenlage des Kessels fast gleichen preußischen
T 3 Lokomotive (Abb. 52).

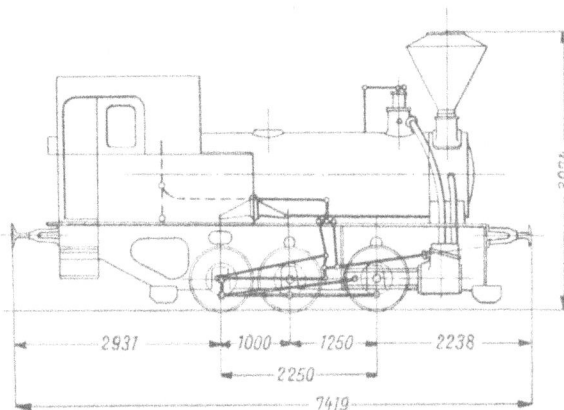

Abb. 297. C n 2 Tenderlokomotive der Nieder-Österr. Lokalbahn;
Erbauer Wiener Lokomotivfabrik A.-G. Floridsdorf 1881—1902.

Rostfläche	1,03 m²	Zylinderdurchm.	2 × 320 mm
Verdampfungsheizfl.	48,8 m²	Kolbenhub	400 mm
Kesseldruck	10 atü	Dienstgewicht d. Lok..	25,0 t
Treibraddurchmesser	792 mm	Reibungsgewicht	25,0 t

Sehr frühzeitig hatte man die letzte Achse als Treibachse gewählt, so z. B. bei den C Lokomotiven der Staatseisenbahngesellschaft, von denen in den Jahren 1879—1891 47 Stück nach
Abb. 296 beschafft wurden.

Der Achsstand konnte dabei auf 2600 mm zusammengedrängt werden. Die zweite und
die dritte Achse hatten gemeinsame Längstragfedern. Der Zylinderdurchmesser stieg von
anfänglich 300 auf 320, dann auf 370 mm; sonst blieb die Ausführung so gut wie unverändert.
Auch der niedrige Dampfdruck von nur 10 atü wurde auch bei späteren Bestellungen beibehalten.

Etwas neuzeitlicher sieht schon die im Jahre 1881 für die österreichische Lokal-Eisenbahn-
Gesellschaft und andere Bahnverwaltungen gebaute Lokomotive (Abb. 297) aus. Der Achs-
stand betrug nur 2250 mm. Um Gewicht einzusparen, hatte man die Stehkesselrückwand
geneigt ausgebildet, den Dom fortgelassen und den Rahmen als Wasserkasten ausgeführt.
Die Vorderachse erhielt eine Querfeder, die beiden Hinterachsen hatten eine gemeinsame
Längstragfeder auf jeder Seite,
so daß die Lokomotive in 3
Punkten abgestützt war. Ge-
sandet wurde aus 4 unter dem
Laufblech hängenden Kästen.

Der Entwurf dieser auch
für andere Bahnen häufiger gebauten Lokomotive stammt von
der Lokomotivfabrik Krauß
& Co.

Als kleine Regellokomotive
hatten die K. K. Staatsbahnen
zum ersten Male im Jahre 1878
10 C Tenderlokomotiven nach
Abb. 298 gebaut, welche die
Reihenbezeichnung 97 erhielten. Vom Jahre 1882 an wurde
diese Bauart häufiger in größerem Umfange bestellt und

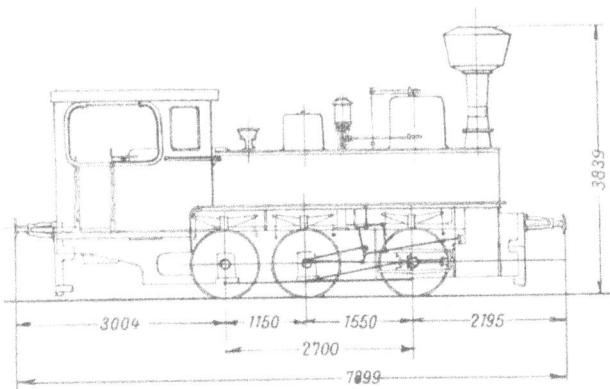

Abb. 298. C n 2 Tenderlokomotive, Reihe 97, der Kaiserl.-Königl.
Österr. Staatsbahnen; Erbauer Sigl, Wiener-Neustadt 1878—1913.

Rostfläche	1,04 m²	Zylinderdurchm.	2 × 345 mm
Verdampfungsheizfl.	53,2 m²	Kolbenhub	480 mm
Kesseldruck	10 atü	Dienstgewicht d. Lok.	29,0 t
Treibraddurchmesser	930 mm	Reibungsgewicht	29,0 t

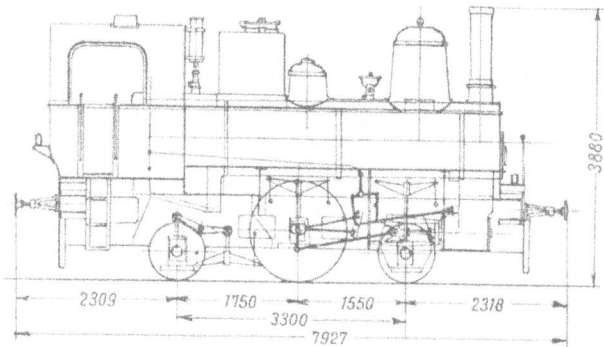

Abb. 299. 1 A 1 n 2 Tenderlokomotive, Reihe 12, der Österr. Bundesbahnen; Erbauer Werkst. Floridsdorf der Österr. Bundesbahnen 1934.

Rostfläche	1,04 m²	Zylinderdurchm.	2 × 345 mm
Verdampfungsheizfl.	53,2 m²	Kolbenhub	480 mm
Kesseldruck	11 atü	Dienstgewicht d. Lok..	32,0 t
Treibraddurchmesser	1410 mm	Reibungsgewicht	12,0 t

für die Staatsbahnen bis 1908, für Privatbahnen bis 1913 gebaut; insgesamt wurden 233 Stück geliefert. Die Maschinen hatten nur 10 t Achsdruck. Bei den späteren Ausführungen wurde die Mittellinie des Kessels von 1560 auf 1750 mm gehoben, dadurch wurde es möglich, einen geräumigeren Aschkasten unterzubringen. Eine Anzahl dieser Lokomotiven der Staatsbahn wurde im Jahre 1934 auf die Bauart 1 A 1 nach Abb. 299 (Reihe 12) umgebaut. Dabei mußte die Mittellinie des Kessels wegen der höheren Treibräder (1410 mm) auf 1980 mm über SO verlegt werden. Die Maschinen wurden für Einmann-Bedienung eingerichtet und erhielten eine Ölfeuerung und einen Dampftrockner in der Rauchkammer.

Die in jeder Beziehung größten österreichischen C Tenderlokomotiven waren 10 Stück C n 2 Lokomotiven der Eisenbahn Wien—Aspang (Abb. 300), die schon 1879 gebaut, aber erst 1881 abgeliefert waren. Sie hatten eine Rostfläche von 2,2 m², einen Achsdruck von 14,7 t und fallen durch ihre hohen Räder von 1420 mm Durchmesser auf. Die Maschinen hatten ferner Außenrahmen, Hallsche Kurbeln und die Heusinger-Steuerung. Der feste Achsstand betrug 3800 mm. Ihr Wasservorrat war im Verhältnis zu den Kesselabmessungen nur klein (4,3 m³). Da er wegen des beschränkten zugelassenen Höchstachsdruckes nicht mehr vergrößert werden konnte, entschloß man sich schon im Anfang der 90er Jahre zu einem weitgehenden Umbau. In den Jahren 1892—1895 wurden 4 Maschinen in C Schlepptender-Lokomotiven, in den Jahren 1911—1913 die übrigen 6 Maschinen in C 1 Tenderlokomotiven umgestaltet. Die C 1 Tenderlokomotiven erhielten jetzt einen Wasservorrat von 6 m³.

Die etwas kleinere C n 2 Lokomotive der Staatseisenbahngesellschaft, die spätere Reihe 166 der Staatsbahn, besaß noch größere Räder (1440 mm Durchmesser). Die Vorderachse war um 8 mm seitenbeweglich, der feste Achsstand betrug also nur 1720 mm. Der Wasservorrat lag hauptsächlich in Kästen, die in den Rahmen eingehängt waren. Sie war bei einer zugelassenen Höchstgeschwindigkeit von 60 km/h hauptsächlich für den Personenzugdienst bestimmt und bewährte sich so gut, daß in den Jahren 1882 bis 1892 62 Stück beschafft wurden.

Abb. 301 zeigt eine neuzeitliche Ausführung zweier im Jahre 1911 für die Nebenbahn Schönbrunn—Königsberg in Schlesien gelieferten Lokomotiven mit hochliegendem Kessel (Mitte 2400 mm über SO). Die Maschine macht einen sehr gedrungen Eindruck.

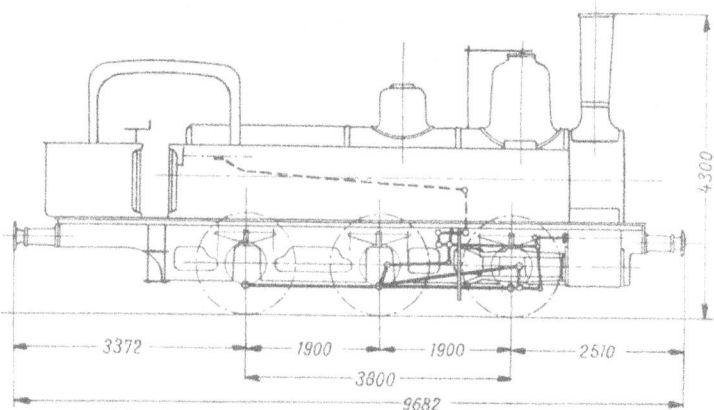

Abb. 300. C n 2 Tenderlokomotive der Eisenbahn Wien—Aspang; Erbauer Sigl, Wiener-Neustadt 1879.

Rostfläche	2,2 m²	Zylinderdurchm.	2 × 420 mm
Verdampfungsheizfl.	101,2 m²	Kolbenhub	600 mm
Kesseldruck	9 atü	Dienstgewicht d. Lok..	42,0 t
Treibraddurchmesser	1420 mm	Reibungsgewicht	42,0 t

Eine besondere Entwicklung, die sich aber immer nur auf wenige Lokomotiven beschränkte, begann erst im Jahre 1897, als die Lokomotivfabrik Krauß & Co. in Linz a. D. für die Lokalbahn Saitz—Göding 3 Lokomotiven geliefert hatte (Abb. 302, später Betriebs-Nr. 909—911 der Kaiser Ferdinands-Nordbahn und schließlich Reihe 564 der Staatsbahn). Diese Lokomotiven hatten bei einem Dienstgewicht von 37,5 t ein sehr reichlich bemessenes Verbundtriebwerk mit der Gölsdorfschen Anfahrvorrichtung. Wegen des kurzen Abstandes der einzelnen

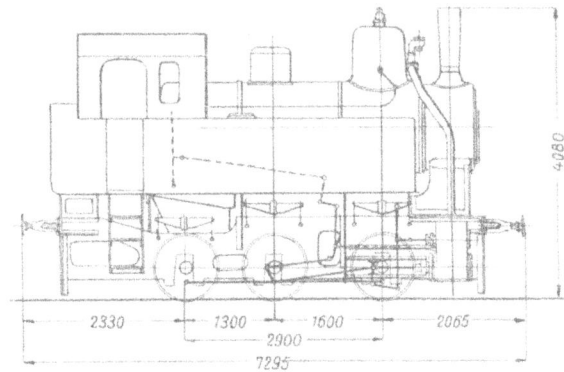

Abb. 301. C n 2 Tenderlokomotive, Reihe 493, der Lokalbahn Schönbrunn—Vitkowitz—Königsberg in Schlesien; Erbauer Maschinenfabrik der Österr.-Ung. Staatseisenbahn-Gesellschaft 1911.

Rostfläche	1,4 m²	Zylinderdurchm.	2 × 310 mm
Verdampfungsheizfl.	67,0 m²	Kolbenhub	420 mm
Kesseldruck	13 atü	Dienstgewicht d. Lok.	30,0 t
Treibraddurchmesser	840 mm	Reibungsgewicht	30,0 t

Achsen (nur 2800 mm) mußte die letzte Achse als Treibachse gewählt werden. Der gesamte Wasservorrat von 4 m³ war im Rahmen untergebracht.

Eine weitere Verbundlokomotive mit gleich großen Zylindern und Rädern hatte Krauß in demselben Jahre an die Bukowinaer Lokalbahn geliefert (Staatsbahn, Reihe 64). Der Kessel war aber um 750 mm länger, obwohl die Rost- und Heizfläche gleich groß waren, die Feuerbüchse hing daher trotz des größeren Achsstandes über. Da die Lokomotive einen Wasserraum von 5,2 m³ und einen Kohlenraum für 3,2 t Kohle erhalten sollte, hatte man noch halblange Seitenkästen für Wasser anbringen müssen. Das Dienstgewicht betrug 42 t. Die Maschine hatte die Heusinger-Steuerung mit gerader Helmholtzscher Schwinge.

Die C Tenderlokomotive hat bei der Bukowinaer Lokalbahn eine Reihe weiterer bemerkenswerter Entwicklungsstufen durchgemacht, jedoch mit unterstützter Feuerbüchse. Im Jahre 1906 erschien sie hier — wieder nur in 1 Stück — als Heißdampfzwillingslokomotive (Reihe 164, Abb. 303). Sie war für Holzfeuerung eingerichtet (4,5 m³ Holz neben 0,8 m³ Kohle) und hatte einen kleineren Kessel als die vorher beschriebene Lokomotive. Sie war dementsprechend über 3 t leichter.

Der Verkehr nahm aber auf der 128 km langen Strecke von Hatna nach Dorna—Watra—Bad bald zu, so daß man die Leistung erhöhen und damit die Holzfeuerung verlassen mußte. Man griff daher bei den 3 im Jahre 1907 beschafften Lokomotiven der Reihe 264 wieder zur Verbundwirkung, jetzt aber mit wesentlich größeren Zylindern, und vergrößerte auch den Kessel und den Achsstand erheblich. Der Stehkessel lag über dem Rahmen. Den Überhitzer hatte man durch einen Clench-Dampftrockner ersetzt. Die Heizrohre 39/44 mm waren wie bei der Reihe 164 (Abb. 303) sehr eng.

Der Wasservorrat war auf 6,2 m³ erhöht worden, damit

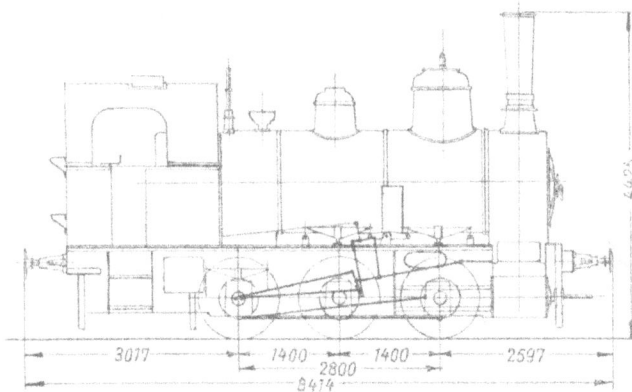

Abb. 302. C n 2 v Tenderlokomotive, Reihe 564, der Lokalbahn Saitz—Czeitsch—Göding; Erbauer Krauß & Co., Linz 1897.

Rostfläche	1,5 m²	Zylinderdurchm.	420/620 mm
Verdampfungsheizfl.	78,8 m²	Kolbenhub	540 mm
Kesseldruck	13 atü	Dienstgewicht d. Lok.	37,5 t
Treibraddurchmesser	1100 mm	Reibungsgewicht	37,5 t

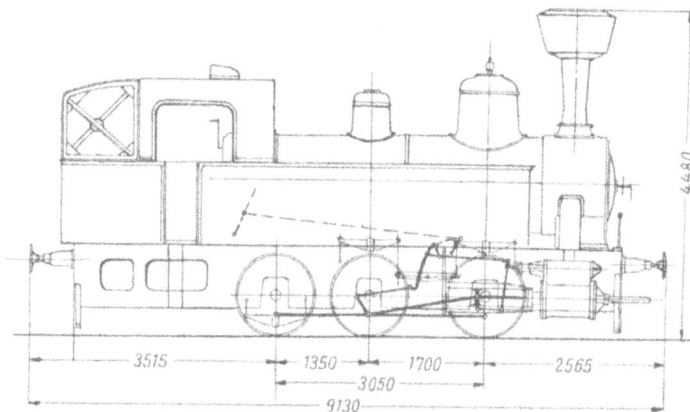

Abb. 303. C h 2 Tenderlokomotive, Reihe 164, der Bukowinaer Lokalbahn; Erbauer Krauß & Co., Linz 1906.

Rostfläche	1,3 m²	Zylinderdurchm.	2 × 400 mm
Verdampfungsheizfl.	57,5 m²	Kolbenhub	540 mm
Überhitzerheizfl.	13,2 m²	Dienstgewicht d. Lok.	38,4 t
Kesseldruck	12 atü	Reibungsgewicht	38,4 t
Treibraddurchmesser	1100 mm		

im Sommer ein beschleunigter Personenverkehr ohne Wassernahme auf den Zwischenstationen durchgeführt werden konnte. Zu diesem Zweck mußten natürlich außer dem Wasserkasten innerhalb des Rahmens noch große Seitenbehälter vorgesehen werden.

Im nachfolgenden Jahre (1908) wurden dann endlich 2 Heißdampfzwillingslokomotiven beschafft (Reihe 364). Damit hatte sich die Heißdampfzwillingslokomotive endgültig durchgesetzt, denn auch die nächste 1909 für eine andere Strecke der Bukowinaer Lokalbahnen ausgeführte leichtere Lokomotive (Reihe 464) war eine C h 2 Lokomotive.

Im Jahre 1913 wurden 2 weitere Lokomotiven der Reihe 364 nachbeschafft.

Die hier angeführten Lokomotiven waren die einzigen regelspurigen österreichischen C Tenderlokomotiven mit Verbund- oder Heißdampfwirkung. Die sonstigen wenigen C Lokalbahnlokomotiven, die nach dem Jahre 1900 beschafft wurden, waren sämtlich Naßdampfzwillingslokomotiven.

An anderer Stelle ist geschildert worden, daß der Kampf um die C 1 oder 1 C Bauart besonders in Deutschland seit 1888 lange Jahre hin- und herwogte. In Österreich dagegen hatte man sich schon bald nach dem ersten Erscheinen der 1 C Lokomotive im Jahre 1897 für diese Bauart entschieden, die sich dann auch durchsetzte, ohne daß ihr in nennenswertem Umfange von der C 1 Lokomotive der Rang abgelaufen wurde.

Gölsdorf dagegen hatte schon im Jahre 1897 sich zum Bau einer 1 C n 2 v Tenderlokomotive mit 10 t Achsdruck entschlossen, nachdem sich herausgestellt hatte, daß die C Tenderlokomotiven der Reihe 97 (Abb. 298) den Ansprüchen nicht mehr genügten (Reihe 99, Abb. 304).

Die neuen Lokomotiven besaßen Verbundtriebwerk, das die letzte Achse antrieb. Die in der Herstellung teure Schwinge wurde durch die Gölsdorfsche Winkelhebelsteuerung eingespart. Die Radsterne hatte man später statt aus Stahlguß wieder aus Gußeisen hergestellt. Bei den ersten Lokomotiven hatte die Laufachse (Adamsachse) noch Rückstellfedern erhalten. Bei den späteren Lieferungen wurden die Rückstellfedern fortgelassen. Anfänglich wurden nur die beiden letzten Achsen, später aber alle gekuppelten Achsen gebremst. Wegen des großen Wasservorrats (4,8 m³) hatten

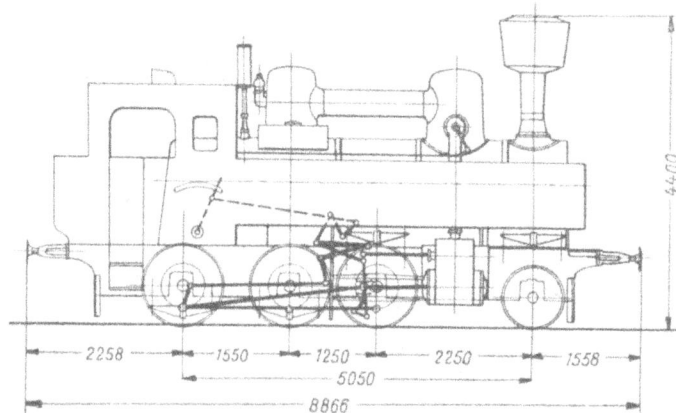

Abb. 304. 1 C n 2 v Tenderlokomotive, Reihe 99, der Kaiserl.-Königl. Österr. Staatsbahnen; Erbauer Krauß & Co., Linz 1897—1908.

Rostfläche	1,42 m²	Zylinderdurchm.	370/570 mm
Verdampfungsheizfl.	73,8 m²	Kolbenhub	570 mm
Kesseldruck	13 atü	Dienstgewicht d. Lok.	39,3 t
Treibraddurchmesser	1100 mm	Reibungsgewicht	28,0 t

352

die seitlichen Wasserkästen bis an die Rauchkammer verlängert werden müssen; die Kohlen waren hinter dem Führerstande gelagert.

Die von den Lokomotiven geforderte Schleppleistung

$$(100 \text{ t auf } 25^0/_{00} \text{ mit } 20 \text{ km/h})$$

wurde voll erreicht.

Im Jahre 1908 hatte die Bozen—Meraner Eisenbahn größere Wasser- und Kohlenvorräte (6 und 2,5 m³) verlangt. Das ließ sich nur erreichen, wenn ein Teil des Mehrgewichts an anderer Stelle eingespart wurde. Zu diesem Zweck wurde der zweite Dampfdom entfernt. Sonst aber blieb die Lokomotive unverändert, die jetzt als Reihe 199 bezeichnet wurde.

In den Jahren 1897—1907 wurden von der ersten Ausführung 69 Stück und von 1908—1911 von der zweiten Ausführung 19 Stück geliefert. Die Niederösterreichische Landesbahn beschaffte für ihre Nebenbahnlinien diese Gattungen unverändert bis zum Jahre 1914 (zunächst 5, dann 10 Stück). Die letzten 4 Lokomotiven erhielten wieder die normale Steuerungsschwinge.

Im Jahre 1909 wurde die 1 C Tenderlokomotive für die Kolomearer Lokalbahn als Heißdampflokomotive mit 11 t Achsdruck als Reihe 299 ausgebaut. Der Kessel rückte um 320 mm höher, so daß die Feuerbüchse über dem Rahmen lag. Die Heizrohre wurden von 3500 auf 3200 mm gekürzt und die Rauchkammer entsprechend verlängert, der Kesseldurchmesser wurde gleichzeitig um 76 mm vergrößert. Die Rauchrohre von 112/121 mm Durchmesser erhielten wegen des schlechten Speisewassers 200 mm lange Kupferstutzen in der Feuerbüchsrohrwand. Der Durchmesser der Kolbenschieber war mit 250 mm sehr reichlich gewählt. Der Durchmesser des Hochdruckzylinders wurde auf 400 mm vergrößert. Der Achsstand war um 310 mm kürzer als bei der vorher beschriebenen Lokomotive.

Ein Jahr (1910) später beschaffte auch die Niederösterreichische Landesbahn 3 gleiche Lokomotiven (Reihe 399) aber mit Zwillingszylindern von 390 mm Durchmesser und der Heusinger-Steuerung mit Schwinge.

Für schnellfahrende Vorortzüge auf Hauptbahnstrecken hatte die Staatsbahn im Jahre 1902 eine 1 C Lokomotive (Reihe 129, Abb. 305) in Betrieb genommen. Der recht kurze Kessel hatte Rohre von nur 3500 mm Länge, eine schräge Stehkesselhinterwand und stand auf dem Rahmen. Seine Mittellinie lag 2650 mm über SO. Am Verbundtriebwerk war der große Kolbenhub (720 mm) besonders auffallend. Man hatte ihn gewählt, um der Lokomotive ein großes Beschleunigungsvermögen zu geben. Die Laufachse (Adamsachse) hatte keine Rückstellfedern; die 3 auf 4000 mm Achsstand auseinandergezogenen Kuppelachsen waren fest im Rahmen gelagert, die überhängenden Massen sehr gering. Der Vorwärtslauf war infolgedessen auch bei 80 km/h noch ruhig, so daß diese Lokomotive auch im Schnellzugverkehr

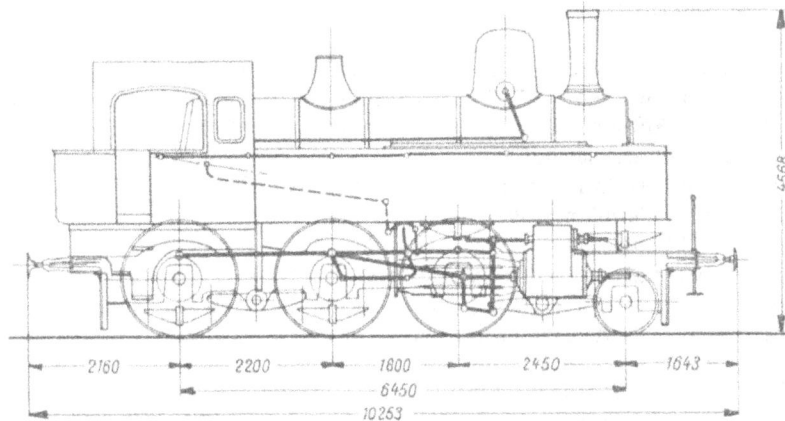

Abb. 305. 1 C n 2 v Tenderlokomotive, Reihe 129, der Kaiserl.-Königl. Österr. Staatsbahnen; Erbauer Wiener Lokomotivfabrik A.-G. Floridsdorf 1902.

Rostfläche	2,0 m²	Treibraddurchmesser	1575 mm	Dienstgewicht d. Lok.	57,5 t
Verdampfungsheizfl.	95,5 m²	Zylinderdurchm.	420/650 mm	Reibungsgewicht	40,0 t
Kesseldruck	14 atü	Kolbenhub	720 mm		

Laibach—Tarvis, Wien—St. Pölten und Prag—Brüx vorteilhaft verwendet werden konnte. Die Leistung war recht befriedigend (240 t auf $10^0/_{00}$ mit 38 km/h), der Wasservorrat (7,2 m³) war jedoch trotz der bis an die Rauchkammer verlängerten Wasserkästen etwas knapp.

Die Lokomotive lief jedoch rückwärts bei hohen Geschwindigkeiten ziemlich hart, so daß für sie nur 60 km/h zugelassen wurden. Dieser schlechte Lauf bei Rückwärtsfahrten war auch der Grund, daß sämtliche 17 im Jahre 1902 gelieferten Lokomotiven vom Jahre 1906 an durch den Anbau einer hinteren Laufachse in 1 C 1 Lokomotiven umgebaut wurden und damit den später zu besprechenden 1 C 1 Lokomotiven der Reihe 229 ähnlich wurden. Der Wasservorrat wurde dabei um 2,6 m³, der Kohlenvorrat um ungefähr 300 kg vergrößert.

Die C 1 Tenderlokomotive war, wie oben erwähnt, auf den österreichischen Bahnen sehr selten. Tatsächlich sind überhaupt nur 2 solche Lokomotiven im Jahre 1906 von der Böhmischen Nordbahn neu beschafft worden (Abb. 306). Mit diesen C 1 Lokomotiven wollte man eigentlich nur vorhandene ältere C Lokomotiven durch den Anbau einer Laufachse für den Streckendienst geeignet machen, insbesondere, da hierbei auch gleichzeitig die Vorräte beträchtlich vergrößert werden konnten. Man ging dabei so vor, daß man am Kessel und Triebwerk nichts änderte, dagegen über der hinteren Laufachse (Adamsachse) einen großen Kohlenbehälter anbaute. Das hatte den Vorteil, daß die so entstandenen C 1 Lokomotiven den gleichen Kessel

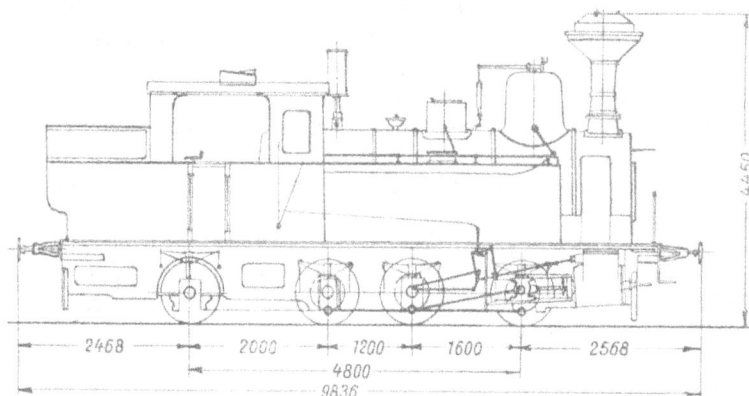

Abb. 306. C 1 n 2 Tenderlokomotive, Reihe 265, der Kaiserl.-Königl. priv. Böhmischen Nordbahn-Gesellschaft; Erbauer Erste Böhmisch-Mährische Maschinenfabrik Prag 1907.

Rostfläche . . . . . 1,66 m²	Treibraddurchmesser . 930 mm	Dienstgewicht d. Lok.. 45,5 t
Verdampfungsheizfl. . 77,1 m²	Zylinderdurchm. 2 × 420 mm	Reibungsgewicht . . 33,7 t
Kesseldruck . . . . 12 atü	Kolbenhub . . . . . 480 mm	

und das gleiche Triebwerk wie die noch übriggebliebenen C Lokomotiven hatten, so daß viele Teile ausgetauscht werden konnten. Allerdings besaß die Laufachse bei vollen Vorräten einen um 1 t höheren Achsdruck als die Kuppelachsen.

Einige andere C Tenderlokomotiven mußten in Österreich in C 1 Lokomotiven umgebaut werden, weil sich herausgestellt hatte, daß sie zu schwer geworden waren. Zu diesen Lokomotiven gehörten 6 Stück C 1 Tenderlokomotiven der Eisenbahn Wien—Aspang (s. S. 350). Die Staatsbahn hatte bereits 1901 eine ältere C Güterzuglokomotive in eine C 1 Tenderlokomotive umgebaut. Dieser Umbau hat sich jedoch wegen der großen Kosten nicht gelohnt. In ähnlicher Weise sind später auch in Holland einige C 1 Lokomotiven entstanden.

Die regelspurige C 2 Tenderlokomotive war in England und Frankreich häufig anzutreffen. Im Vereinsgebiet dagegen hat es von ihr nur 2 Stück gegeben, und zwar bei der Kaiser Ferdinands-Nordbahn (Abb. 307). Diese Lokomotiven waren im Jahre 1888 für eine Nebenbahnstrecke mit nur 8 t Achsdruck gebaut worden und sollten leichte Züge aller Art, auch Personenzüge mit Geschwindigkeiten bis zu 50 km/h, befördern. Da bei dem niedrigen Achsdruck die Last nur auf 5 Achsen untergebracht werden konnte, ist die Wahl wohl deshalb auf die C 2 Achsanordnung gefallen, weil bei dieser das Reibungsgewicht weniger durch die Vorräte beeinflußt wird als z. B. bei einer 1 C 1 Lokomotive.

Die Lokomotive hatte vorn einen Innenrahmen, an den sich hinter dem Stehkessel ein Außenrahmen von 1800 mm lichter Weite anschloß, der die Wasser- und Kohlenkästen trug. Die Last wurde auf den Drehgestellrahmen (einen Innenrahmen) in der Mitte durch Kugelzapfen in zylindrischer Pfanne mit Seitenspiel und 2 seitlichen Pendelhängeeisen übertragen. Diese Pendeleisen waren mit dem einen Ende am Hauptrahmen, mit dem anderen an dem Drehgestellrahmen befestigt.

Das Drehgestell war vorn durch eine Deichsel mit einem senkrechten Bolzen am Lokomotivrahmen und mit 2 waagerechten Bolzen am Gestell geführt, aber auch hinten durch 2 Zugpendel ähnlich wie ein Bisselgestell an die Pufferbohle der Lokomotive angelenkt.

Dabei waren die Spielräume so bemessen, daß das Untergestell in jeder Fahrtrichtung gezogen wurde. Durch diese Anordnung und durch die Wiege war also in jeder Fahrtrichtung eine Rückstellkraft vorhanden, allerdings ohne Vorspannung.

Obwohl diese Bauart keinesfalls einfach war, ist man mit ihr doch wohl ganz zufrieden gewesen, denn diese beiden Lokomotiven sind erst in den Jahren 1926 und 1929 ausgemustert worden. Die C 2 Anordnung ist dann nur noch einmal (1896) bei einigen Schmalspurlokomotiven (Abb. 324) angewendet worden.

Sonst hat man stets die einfachere und zweckmäßigere 1 C 1 Lokomotive vorgezogen, denn es waren schon verschiedentlich Bedenken wegen der Laufsicherheit aufgetaucht, wenn

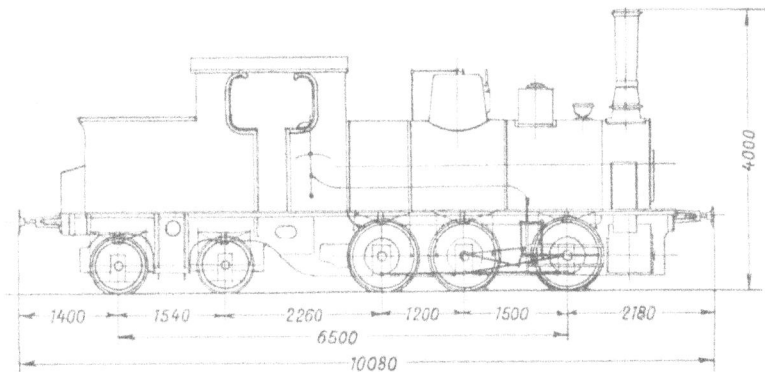

Abb. 307. C 2 n 2 Tenderlokomotive, Reihe 191, der Kaiserl.-Königl. priv. Kaiser-Ferdinand-Nordbahn; Erbauer Sigl, Wiener-Neustadt 1888.

Rostfläche	1,36 m²	Treibraddurchmesser	1000 mm	Dienstgewicht d. Lok.	38,0 t
Verdampfungsheizfl.	63,4 m²	Zylinderdurchm.	2×370 mm	Reibungsgewicht	23,6 t
Kesseldruck	12 atü	Kolbenhub	460 mm		

das Drehgestell bei leeren Vorratsbehältern so stark entlastet war, daß das Verhältnis des Führungsdrucks zum Raddruck nahe an der Entgleisungsgrenze lag. Das mag auch der Grund gewesen sein, weshalb die Höchstgeschwindigkeit für diese Lokomotiven später auf 35 km/h ermäßigt wurde.

Im Jahre 1898 war die Wiener Stadtbahn eröffnet worden. Sie war teils als Hochbahn, teils als Untergrundbahn ausgeführt und hatte Steigungen bis zu 25⁰/₀₀ und kleinste Krümmungen von 100 m Halbmesser. Die Aufgabe, eine Lokomotive für diese Strecke und den auf ihr verlangten Verkehr zu schaffen, war nicht leicht. Das Durchschnittsgewicht der Stadtbahnzüge betrug 150—160 t ohne Maschine. Die Fahrzeiten waren sehr gespannt und die Stationsentfernungen meist kürzer als 1 km. Es war also eine Lokomotive erforderlich, die neben großem Beschleunigungsvermögen verhältnismäßig hohe Fahrgeschwindigkeiten erreichen konnte und die möglichst große Vorräte an Wasser und Kohle mitführen mußte, weil ein Teil der Stadtbahnzüge auf die Hauptstrecken übergehen sollte. Gölsdorf entwarf für diesen Zweck eine schwere, aber kleinrädrige 1 C 1 Lokomotive (Reihe 30, Abb. 308). Der Kessel war für damalige Verhältnisse recht groß. Die Feuerbüchse lag über dem Rahmen und wurde durch Pendel abgestützt. Besonders bemerkenswert war aber, daß Gölsdorf auch für diesen

Betrieb auf den zahlreichen kurzen Strecken, auf denen die Lokomotiven gar nicht zur Beharrung kamen, das Verbundtriebwerk mit Erfolg einführte.

Beide Laufachsen (Adamsachsen) hatten keine Rückstellvorrichtung. Der feste Achsstand konnte bei den niedrigen Rädern auf 2900 mm verringert werden, so daß die Bogenläufigkeit gesichert war.

Alle Maschinen waren mit Rauchverzehrern ausgerüstet. Einige Lokomotiven hatten die Holdensche Ölfeuerung erhalten, die vollkommen rauchfrei arbeitete. Eine Lokomotive besaß sogar eine Kondensationseinrichtung, die aber wieder ausgebaut wurde, da sich Schwierigkeiten mit der Entölung des Niederschlagwassers und mit der Speisung durch Strahlpumpen ergaben.

Der Wasservorrat war mit 8,5 m³ sehr reichlich bemessen.

Bei den bahnamtlichen Probefahrten lief die Lokomotive auch bei 92 km/h (376 Umdrehungen je Minute) noch ruhig. Sie bewährte sich ausgezeichnet und wurde daher bis 1900 in großem Umfange beschafft (113 Stück). Diese Gattung wurde auch später im Güterzugdienst der Tauernbahn, allerdings mit Vorspann, verwendet. Sie lief noch im Jahre 1936 im Wiener Vorortverkehr, nachdem die Wiener Stadtbahn seit 1924 auf elektrischen Betrieb umgestellt worden war.

Die großrädrige 1 C Lokomotive der österreichischen Staatsbahn von 1902 (Reihe 129, Abb. 305) hatte sich gut bewährt und das Interesse der Südbahn für eine solche Maschine

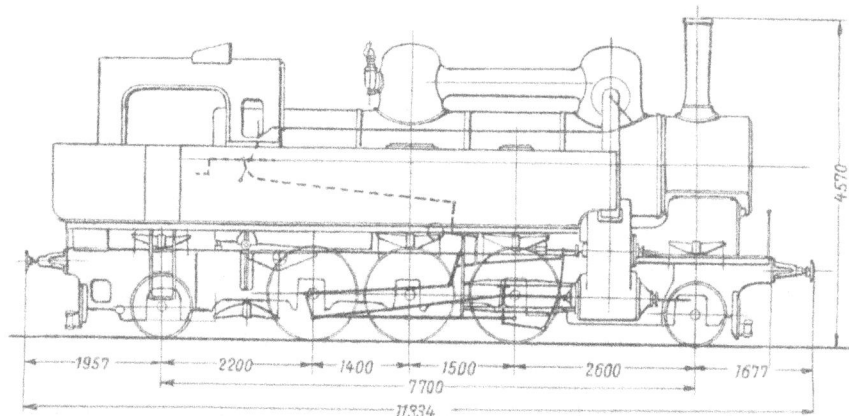

Abb. 308. 1 C 1 n 2 v Tenderlokomotive, Reihe 30, der Wiener Stadtbahn;
Erbauer Wiener Lokomotivfabrik A.-G. Floridsdorf 1895—1901.

Rostfläche	2,3 m²	Treibraddurchmesser . 1258 mm	Dienstgewicht d. Lok.. 69,5 t
Verdampfungsheizfl.	129,5 m²	Zylinderdurchm. 520/740 mm	Reibungsgewicht . . 40,0 t
Kesseldruck	13 atü	Kolbenhub . . . . . 632 mm	

für den Verkehr Wien—Payerbach erregt. Da aber die Vorräte für diesen Zweck nicht ausreichten, hatte Gölsdorf der 1 C Lokomotive, die sonst unverändert blieb, eine hintere Adamsachse angefügt. Dadurch konnte bei geringerer Belastung der Laufachsen der Wasservorrat von 7,2 auf 9,8, der Kohlenraum von 3,5 auf 3,9 m³ erhöht werden. So erhöhte sich die Fahrweite der Lokomotive auf fast 100 km. Sie wurde als Reihe 229 zunächst im Jahre 1903 bei der Südbahn in Betrieb genommen (Abb. 309). Vom Jahre 1904 an führte sie sich aber auch bei der Staatsbahn schnell ein und wurde in den Jahren 1909—1920 auch von der Eisenbahn Wien—Aspang beschafft.

Im Jahre 1912 wurde sie sogar als Heißdampflokomotive (Reihe 29) gebaut. Um mehr Heizfläche unterbringen zu können, hatte man den Raum zwischen Feuerbüchs- und Stehkesseldecke durch Höherlegen der Feuerbüchsdecke von 449 auf 374 mm verkleinert. Trotzdem war die feuerberührte Verdampfungsheizfläche um nahezu 9 m² kleiner geworden, so daß auch das Verhältnis von Verdampfungsheizfläche zu Rostfläche auf 43,2 : 1 sank. Damit das Mehrgewicht durch den Überhitzer ausgeglichen wurde, hatte man nicht den Kessel, sondern die Wasserbehälter vorn gekürzt. Dadurch wurde der Inhalt der Wasserbehälter auf 8,3 m³ verringert.

Im Triebwerk wurden die Flachschieber durch Kolbenschieber ersetzt; die äußere Einströmung wurde jedoch beibehalten.

Wegen der ungünstigen Kesselverhältnisse wurde bei der Staatsbahn nicht die Heißdampfausführung, sondern die Naßdampflokomotive als Reihe 229 bis zum Jahre 1917 weitergebaut. Zu den 11 Stück der Südbahn und den 239 Stück der Staatsbahn traten in den Jahren 1909 bis 1920 noch 10 Lokomotiven, die der Eisenbahn Wien—Aspang gehörten. Nachdem auch die 17 Stück

Abb. 309. 1 C 1 n 2 v Tenderlokomotive, Reihe 229, der Kaiserl.-Königl. Österr. Staatsbahnen; Erbauer Sigl, Wiener-Neustadt 1904 bis 1918.

Rostfläche	2,0 m²	Zylinderdurchm.	420/650 mm
Verdampfungsheizfl.	95,5 m²	Kolbenhub	720 mm
Kesseldruck	14 atü	Dienstgewicht d. Lok.	67,1 t
Treibraddurchmesser	1574 mm	Reibungsgewicht	38,0 t

1 C der Abb. 305, wie erwähnt, in 1 C 1 umgebaut waren, waren bei den österreichischen Bahnen über 313 Lokomotiven dieser Bauart vorhanden.

Die beschriebenen großrädrigen 1 C 1 Tenderlokomotiven hatten wegen des niedrigen zugelassenen Achsdrucks nur einen verhältnismäßig kleinen Kessel erhalten. Dieser Kessel war bedeutend kleiner als z. B. der Kessel der kleinrädrigen Wiener Stadtbahn Lokomotive (Reihe 30, Abb. 308). Als dann der Betrieb auf der Südbahnstrecke Wien—Gloggnitz leistungsfähigere Tenderlokomotiven erforderte, war die Achsanordnung 1 C 1 nicht mehr entwicklungsfähig. Die Wahl fiel daher auf eine 2 C 1 h 2 Tenderlokomotive, die im Jahre 1913 als Reihe 629 (Abb. 310, Tafel 22) in Betrieb genommen wurde. Da jetzt eine Laufachse mehr vorhanden war, konnten der Kessel und besonders die Feuerbüchsheizfläche gegenüber den 1 C 1 Naßdampfverbundlokomotiven wesentlich vergrößert werden.

Das Drehgestell konnte um 35 mm nach jeder Seite ausschlagen; seine Achsen waren außerdem in den Achslagern um 3 mm nach jeder Seite verschiebbar. Es stimmte genau mit dem Drehgestell der Lokomotivreihe 109 (Abb. 269) überein, das einen Drehzapfen auf dem Drehgestell und eine Feder-Rückstellvorrichtung im Hauptrahmen besaß. Der Gesamtachsstand der Lokomotiven mußte wegen der kleinen Drehscheiben (10 m Durchmesser) auf 9590 mm zusammengedrängt werden. Der rückwärtige Überhang war aber trotzdem nur gering. Die hintere Achse war wieder eine Adamsachse ohne Rückstellvorrichtung. Für alle Laufachsen wurde ein größerer Raddurchmesser gewählt, als bei den 1 C 1 Lokomotiven (1034), weil man bei den höheren Dauergeschwindigkeiten der Lokomotiven sonst zu hohe Lagertemperaturen befürchtete. Zur Aufnahme des verhältnismäßig großen Wasservorrates von 10,5 m³ wurden neben dem Kessel und über der hinteren Laufachse Wasserkästen vorgesehen. Dabei hatte man aber gefordert, daß die Stehbolzen am Stehkessel möglichst gut zugänglich waren. Man setzte daher den rechten seitlichen Wasserkasten vor den

Abb. 310. 2 C 1 h 2 Tenderlokomotive, Reihe 629, der Kaiserl.-Königl. priv. Südbahn-Gesellschaft; Erbauer Maschinenfabrik der Österr.-Ung. Staatseisenbahn-Gesellschaft 1913—1915.

Rostfläche	2,7 m²	Zylinderdurchm.	2 × 475 mm
Verdampfungsheizfl.	116,8 m²	Kolbenhub	720 mm
Überhitzerheizfläche	37,0 m²	Dienstgewicht d. Lok.	80,2 t
Kesseldruck	13 atü	Reibungsgewicht	40,0 t
Treibraddurchmesser	1574 mm		

357

Stehkessel und benützte den Raum neben dem Stehkessel als Werkzeugkasten; den linken Wasserkasten teilte man in einen festen Behälter vor dem Stehkessel und in einen seitlich ausschwenkbaren Kasten neben dem Stehkessel.

Der Kohlenkasten über dem hinteren Wasserkasten erhielt einen schmaleren Aufbau, der bis an das Führerhausdach reichte. Hierdurch war aber die Bedienung des über 2,5 m langen Rostes durch die Schürhaken sehr erschwert, weil die sonst hierfür üblichen Klappen in der Rückwand nicht mehr untergebracht werden konnten. Bei den späteren Lieferungen wurde daher der Kohlenkastenaufbau weggelassen.

Das zunächst aufgestellte Leistungsprogramm

(300 t auf 7,7⁰/₀₀ mit 40 km/h)

wurde um rd. 20% übertroffen. Die Höchstgeschwindigkeit konnte auf 85 km/h festgesetzt werden und wurde später auf 90 km/h erhöht.

Nach der Erprobung einer Südbahnlokomotive beschaffte sich auch die Staatsbahn im Jahre 1917 diese Bauart mit nur ganz unwesentlichen Abänderungen. Die Lokomotive bewährte sich im Personen- und Schnellzugverkehr sehr gut; die Österreichischen Bundesbahnen nahmen auf den verschiedenen Strecken bis zum Jahre 1927 zusammen 45 Stück in Betrieb, so daß der gesamte Bestand mit den Lokomotiven der Südbahn schließlich 100 Stück betrug. Die letzten Lieferungen erhielten Lentz - Ventilsteuerung, Dabeg-Vorwärmer und Wasserkästen für 11 m Wasser; 5 Lokomotiven waren mit der Caprotti-Steuerung ausgerüstet. Das Dienstgewicht betrug dabei 83,8 t. Außerdem hatte sich auch die Tschechoslowakische Staatsbahn 1919 Lokomotiven bauen lassen, die 2 Dome besaßen. Schließlich liefen noch 10 Stück bei der Polnischen Staatsbahn.

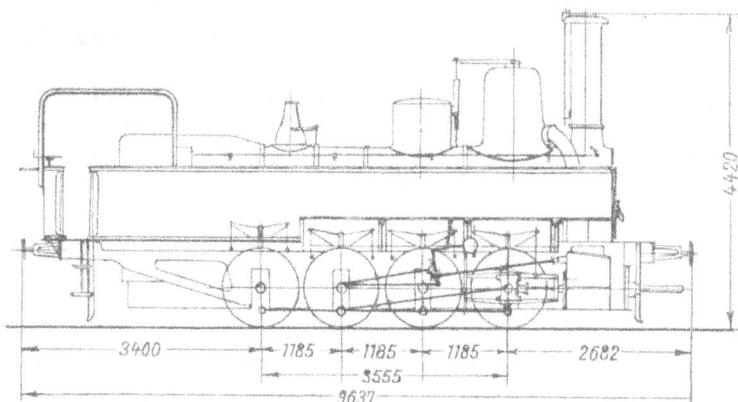

Abb. 311. D n 2 Tenderlokomotive, Reihe 378, der Österr.-Ung. Staatseisenbahn-Gesellschaft; Erbauer Maschinenfabrik der Österr.- Ung. Staatseisenbahn-Gesellschaft 1880—1891.

Rostfläche	1,68 m²	Zylinderdurchm.	2×450 mm
Verdampfungsheizfl.	113,6 m²	Kolbenhub	600 mm
Kesseldruck	9 atü	Dienstgewicht d. Lok..	50,8 t
Treibraddurchmesser .	1100 mm	Reibungsgewicht . .	50,8 t

Wie die D Lokomotive mit Schlepptender ist auch die D Tenderlokomotive im Vereinsgebiet zuerst in Österreich entwickelt worden. Die Staatseisenbahngesellschaft hatte in den Jahren 1880—1891 13 Stück D Tenderlokomotiven nach Abb. 311 für den schweren Verschiebedienst beschafft. Diese Lokomotiven waren nicht nur die ersten österreichischen D Tenderlokomotiven, sondern auch mit ihrem hohen Dienstgewicht von fast 50,8 t damals die schwersten D Lokomotiven; sie hatten auch Steigungen von 25⁰/₀₀ zu überwinden.

Der Kessel hatte eine Beckersche Feuerbüchse (vgl. Bd. I, S. 350, Abb. 529); in der Mitte des Langkessels lag eine Tragwand für die 4550 mm langen Rohre, die viele Jahre später auch in Baden wieder anzutreffen ist. Der Stehkessel hing über, die Achsen waren auf den kleinsten möglichen Achsstand von 3 × 1185 = 3555 mm zusammengedrängt. Dabei besaßen die Endachsen 8 mm Seitenspiel mit einer Rückstellvorrichtung durch Keilflächen, so daß der feste Achsstand nur 1185 mm betrug.

Zu den großen seitlichen Wasserkästen, die bis an die Rauchkammer reichten, traten noch besondere Wasserkästen, die in den Rahmen eingehängt waren. Auch bei dieser Lokomotive waren die Hauptrahmenplatten zu beiden Seiten des Stehkessels auseinander gekröpft, damit der Stehkessel noch zwischen den Rahmenblechen Platz fand.

Den Anlaß zur Entwicklung einer noch schwereren D Tenderlokomotive gab im Jahre 1884 der Wettbewerb der Arlbergbahn. Die Lokomotivfabrik Krauß in München lieferte nach dem Entwurf von R. v. Helmholtz 5 schwere D n 2 Tenderlokomotiven nach Abb. 312, deren Abmessungen in Österreich erst wieder im Jahre 1927 erreicht wurden.

Der Stehkessel lag bei diesen Maschinen über dem Rahmen. Die Rohre waren nur 3750 mm lang, der Achsstand betrug dagegen 3900 mm, so daß die Überhänge gering waren. Die Kesselmitte lag für jene Zeit recht hoch (2260 mm über SO). Von den Achsen hatte nur die erste seitliches Spiel; v. Helmholtz entwickelte ja seine Theorie erst später. Bei der Abfederung der Last war Helmholtz eigene Wege gegangen, um einerseits eine Dreipunktaufhängung zu erreichen und um andererseits die Federn der vierten Achse einzusparen, die wegen des Stehkessels und Aschkastens schlecht untergebracht werden konnten. Die Vorderachse erhielt eine Querfeder mit Rückstellkraft durch eine pendelwiegenartige Abstützung. Für die 3 letzten Achsen wurden 2 Querhebel angeordnet, welche die Federstützweite nach der damaligen österreichischen Gepflogenheit verbreitern sollten (auf 1520 mm). Die Abfederung hat sich durchaus bewährt, obwohl sie theoretisch angefochten wurde. Sie wurde allerdings in neuerer Zeit nicht mehr ausgeführt, weil man auf die Dreipunktaufhängung verzichtete und andere Mittel fand, die Feder der vierten Achse unterzubringen.

Ebenso sinnreich war die Bremse ausgebildet. Wegen der langen Bremsstrecken wollte v. Helmholtz die waagerecht angepreßten Bremsklötze vermeiden, weil sie durch die senkrechten Kräfte der Bremsgehänge die Abfederung beeinflussen. Er wählte deshalb Bremsklötze, die von oben auf die Radreifen wirkten und früher z. B. in Sachsen vielfach üblich waren (vgl. Bd. I, S. 431, Abb. 700). Während aber dort die Bremswelle am Rahmen saß und somit eine Entlastung von Rädern oder Tragfedern eintreten konnte, lagerte er die Bremswelle in den Längsbalken, welche die Achsbüchsen der zweiten und dritten Achse verbanden. Die Bremswirkung blieb also vom Federspiel unberührt, lediglich die ungefederten Massen wurden etwas größer.

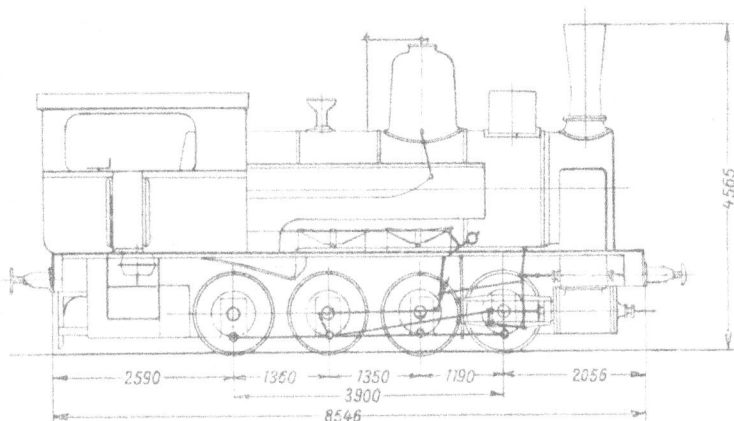

Abb. 312. D n 2 Tenderlokomotive, Reihe 78, der Arlbergbahn; Erbauer Krauß & Co. München 1884.

Rostfläche	2,1 m²	Zylinderdurchm.	2 × 500 mm
Verdampfungsheizfl.	137,6 m²	Kolbenhub	610 mm
Kesseldruck	10 atü	Dienstgewicht d. Lok..	56,6 t
Treibraddurchmesser	1100 mm	Reibungsgewicht	56,6 t

Abgesehen von der äußeren Form entsprachen auch die meisten Einzelheiten der Kraußschen Bauweise, so die Wasserkastenrahmen, die gerade Helmholtzsche Schwinge usw. Die Zylinder stimmten mit denen der 1 C Lokomotive (Abb. 262) überein, die ebenfalls R. v. Helmholtz für die Arlbergbahn entworfen hatte. Beide Bauarten hatten also gegenüber dem Hergebrachten manches Neue aufzuweisen.

Bei dem großen Kessel von 2,1 m² Rostfläche und 137,6 m² Heizfläche war der Wasservorrat von 5 m³ für den Streckendienst etwas knapp.

Diese D Tenderlokomotiven wurden ebensowenig wie die anderen Wettbewerbslokomotiven nachgebaut. Sie wurden bald nach Pola abgeschoben, wo ihre Vorräte der Achsdrücke wegen etwas vermindert wurden; dafür wurde ihnen ein zweiachsiger Tender mit 11 m³ Wasser beigegeben.

Nach diesen Lokomotiven beschränkte sich die Weiterentwicklung der D Lokomotive auf den Nebenbahnbetrieb. Hier war es wieder die Staatseisenbahngesellschaft, die bereits vom Jahre 1885 an eine kleinrädrige, leichte D n 2 Tenderlokomotive für 9 t Achsdruck ein-

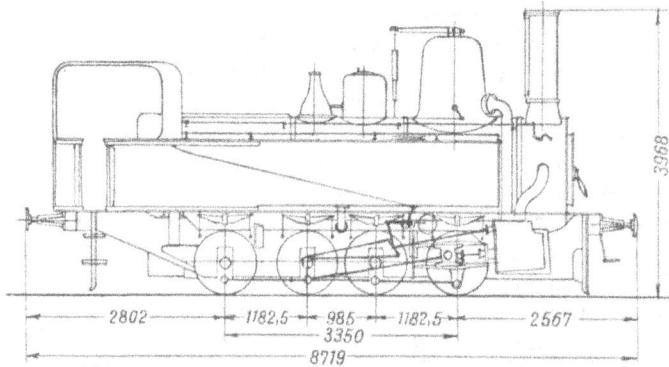

Abb. 313. D n 2 Tenderlokomotive, Reihe 478, der Österr.-Ung. Staatseisenbahn-Gesellschaft; Erbauer Maschinenfabrik der Österr.-Ung. Staatseisenbahn-Gesellschaft 1885—1912.

Rostfläche	1,45 m²	Zylinderdurchm.	2 × 400 mm
Verdampfungsheizfl.	81,2 m²	Kolbenhub	460 mm
Kesseldruck	10 atü	Dienstgewicht d. Lok..	36,5 t
Treibraddurchmesser	900 mm	Reibungsgewicht	36,5 t

führte (Abb. 313). Der Stehkessel hatte die von Becker angegebene Form und lag über der letzten Achse zwischen dem Rahmen. Der Rost war mit 1700 × 854 mm = 1,45 m² verhältnismäßig lang. Dadurch konnten die Tragfedern über der vierten Achse angeordnet werden. Der Kessel lag sehr niedrig (1775 mm über SO).

Die erste und letzte Achse waren im Rahmen seitlich verschiebbar gelagert. Der feste Achsstand betrug daher nur 985 mm. Der Raum zwischen den Rahmenblechen war durch einen eingehängten Wasserkasten ausgefüllt.

Die Lokomotive wurde, zuletzt etwas verstärkt, noch bis 1912 beschafft (32 Stück).

Zwei sehr ähnliche, aber noch etwas kleinere D Lokomotiven lieferte Sigl im Jahre 1888 für die Bahn Reichenberg—Tannwald, die mit 1,3 m² Rostfläche, 74 m² Heizfläche und 36 t Dienstgewicht die leichtesten österreichischen regelspurigen D Tenderlokomotiven waren.

Von der alten Bauweise wurde im Jahre 1898 erst abgewichen, als die Schneebergbahn für die Strecke Wiener-Neustadt—Puchberg 2 Stück D n 2 v Lokomotiven beschaffte, die der in der Abb. 314 dargestellten ähnlich waren. Der Kessel hatte einen Dampfdruck von 12 atü; er lag wie bei der v. Helmholtzschen D Lokomotive von 1884 (Abb. 312) hoch, so daß der Stehkessel über dem Rahmen stand, der zu diesem Zwecke zwischen der dritten und vierten Achse etwas ausgeschnitten war. Die Mitarbeit Gölsdorfs an der Entwicklung dieser Lokomotive ist am Verbundtriebwerk an der Winkelhebelsteuerung und der Verschiebbarkeit der zweiten und vierten Achse (+ 23 mm) zu erkennen. Die bisher bevorzugte Einzelabfederung der Achsen wurde verlassen. Da gewöhnliche Ausgleichhebel zu kurz geworden wären, wurden die Federn der beiden ersten und beiden letzten Achsen durch verschränkte Ausgleichhebel miteinander verbunden. Ein zweiter Sandstreuer sorgte für eine ausreichende Sandung der hinteren Achsen bei Rückwärtsfahrt.

Bei Versuchsfahrten beförderte die Lokomotive 110 t auf 23⁰/₀₀ mit 22 km/h. Die Schneebergbahn, die Eisenbahn Wien—Aspang und andere Bahnen beschafften vom Jahre 1900 an noch 23 gleichartige Lokomotiven, von denen jedoch die meisten eine Heusinger-Steuerung mit Schwinge besaßen.

Bemerkenswert ist, daß die Staatsbahn diese Lokomo-

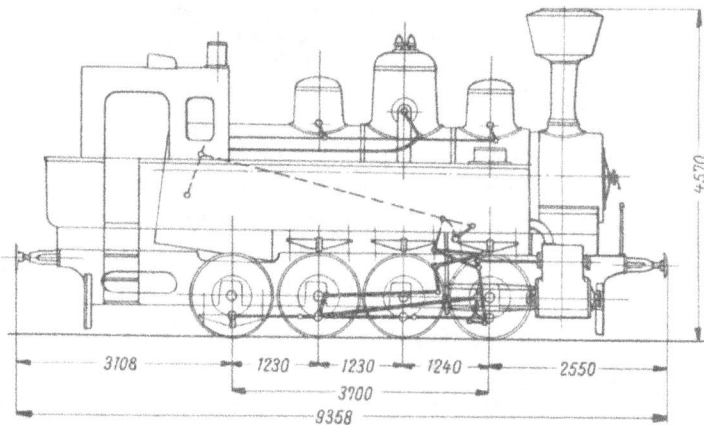

Abb. 314. D n 2 v Tenderlokomotive, Reihe 178, der Eisenbahn Karlsbad—Johanngeorgenstadt; Erbauer Krauß & Co., Linz 1900 bis 1924.

Rostfläche	1,65 m²	Zylinderdurchm.	420/650 mm
Verdampfungsheizfl.	89,8 m²	Kolbenhub	570 mm
Kesseldruck	12 atü	Dienstgewicht d. Lok..	46,0 t
Treibraddurchmesser	1100 mm	Reibungsgewicht	46,0 t

tivbauart im Jahre 1900 als
Regelform einführte (Reihe
178, Abb. 314). Gegenüber
den Erstausführungen der Privatbahnen (s. o.), war an der
Staatsbahnlokomotive nur wenig geändert: die gußeisernen
Radsterne waren durch Stahlgußräder ersetzt und einige
Teile stärker ausgeführt, da der
für die Schneebergbahn zugelassene Achsdruck von 11 t
auf den Staatsbahnstrecken
überschritten werden durfte.

Später wurden die Wasserbehälter auf 7,5 m³ und teilweise auch die Kohlenbehälter
auf 2,5 m³ vergrößert, so daß
das Dienstgewicht auf 49—52 t
stieg.

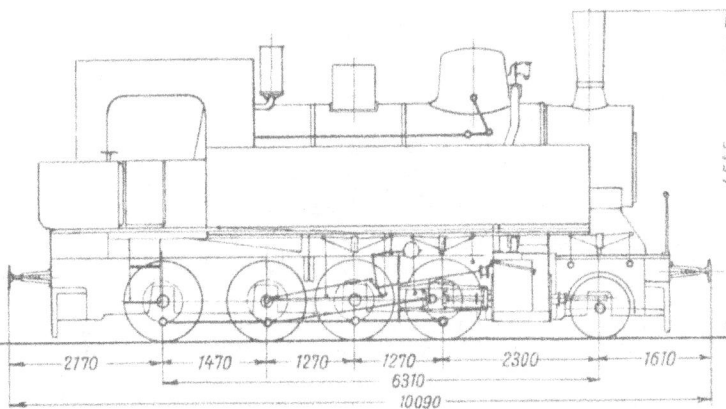

Abb. 315. 1 D n 2 Tenderlokomotive, Reihe 179, der Österr.-Ung.
Staatseisenbahn-Gesellschaft; Erbauer Maschinenfabrik der Österr.-
Ung. Staatseisenbahn-Gesellschaft 1908—1909.

Rostfläche	1,9 m²	Zylinderdurchm.	2 × 450 mm
Verdampfungsheizfl. .	118,7 m²	Kolbenhub	600 mm
Kesseldruck	10 atü	Dienstgewicht d. Lok..	53,4 t
Treibraddurchmesser .	1100 mm	Reibungsgewicht . .	38,0 t

Die Lokomotive wurde bis
zum Jahre 1924 von der Staatsbahn ständig weiter beschafft (227 Stück).

Auf der Bukowinaer Lokalbahn war sie im Jahre 1909 auch als Heißdampfzwillingslokomotive (Reihe 278) mit 440 mm Zylinderdurchmesser, sonst aber mit nur wenigen Veränderungen eingeführt worden. Den 2 ersten Maschinen folgten bis zum Jahre 1911 noch
6 weitere. Die anderen Bahnen blieben aber bei der bewährten Naßdampfverbundausführung.
Eine Ausnahme bildeten 2 Stück Naßdampfzwillingslokomotiven, welche im Jahre 1920 für
einen Privatbetrieb gebaut worden sind, später aber in den Besitz der Österreichischen Bundesbahnen übergingen.

Während des Weltkrieges wurden von der Heeresbahn 22 schwere D n 2 Tenderlokomotiven
(Reihe 578) von Henschel bezogen, die 2 m² Rostfläche, 118 m² Heizfläche und 58,8 t Dienstgewicht besaßen.

Die Staatsbahn schritt erst im Jahre 1927 zum Bau einer nunmehr 64 t schweren D h 2
Lokomotive (Reihe 478), die im III. Bande beschrieben werden soll.

Die 1 D Tenderlokomotive kam im Vereinsgebiet bis zum Jahre 1920 nur in Österreich
vor. Hier verdankte sie ihr Entstehen verschiedenen Umständen. Im Jahre 1907 sollten
die für den Verschiebedienst auf der Rampe zur Wiener Verbindungsbahn verwendeten D Tenderlokomotiven der Staatseisenbahngesellschaft (Abb. 311) durch neuzeitliche stärkere Lokomotiven ersetzt werden. Der Entwurf sah eine neue D Tenderlokomotive mit hochliegendem
Kessel von 119 m² Heizfläche und 8,1 m³ Wasser bei 54 t Dienstgewicht, also 13,5 t Achsdruck
vor. Da aber inzwischen die Verstaatlichung verschiedener Bahnen eingesetzt hatte, verlangte
man, daß die Lokomotive auch auf Strecken mit nur 11—12 t Achsdruck freizügig verkehren
konnte. Das war natürlich mit der geplanten Achsanordnung D nicht zu erreichen. Man
hatte also eine weitere Laufachse hinzufügen müssen.

Der Kessel dieser Lokomotive (Reihe 179, Abb. 315) lag 2530 mm über SO; sein Stehkessel ragte mit dem 1271 mm breiten Rost seitlich über die Räder hinaus. Auffallend dünn
waren die Kesselbleche: 12,5 mm im Rundkessel von 1371 mm Durchmesser und 13,5 mm
in den Seitenwänden des Stehkessels.

Im Triebwerk wurden die alten Zylinder und auch die außenliegende Stephensonsteuerung
der erwähnten Vorgängerin von 1880 beibehalten.

Die 1 D Lokomotive ist dann aber nicht weiter gebaut worden, da die D n 2 v Tenderlokomotive der Staatsbahn (Reihe 178, Abb. 314) bei gleichem Reibungsgewicht wegen des
höheren Dampfdruckes (12 atü) und wegen der Verbundwirkung trotz des kleineren Kessels
ungefähr die gleiche Leistung hatte.

Abb. 316. D 2 n 2 Tenderlokomotive, Reihe 79, der Arlbergbahn;
Erbauer Wiener Lokomotivfabrik A.-G. Floridsdorf 1885.

Rostfläche	2,5 m²	Zylinderdurchm.	2×550 mm
Verdampfungsheizfl.	147,6 m²	Kolbenhub	610 mm
Kesseldruck	11 atü	Dienstgewicht d. Lok..	72,5 t
Treibraddurchmesser	1100 mm	Reibungsgewicht	53,0 t

Bei dem Wettbewerb für die Arlbergbahn im Jahre 1884 war auch eine D 2 n 2 Tenderlokomotive (Abb. 316) angeboten worden, die von der Wiener Lokomotiv-Fabrik A. G. Floridsdorf entworfen war. Sie war als Ersatz für D Lokomotiven mit besonderem Tender gedacht, wobei der Einfluß der Vorräte auf das Reibungsgewicht möglichst ausgeschaltet werden sollte, dessen volle Ausnutzung ja hier besonders wichtig war.

Der Kessel war bei dem Reibungsgewicht der Lokomotive von 53 t mit 2,49 m² Rostfläche und 147,6 m² Heizfläche reichlich und auch in seinen Bauverhältnissen gut ausgeglichen. Der Zylinderdurchmesser von 550 mm ist von österreichischen D Lokomotiven überhaupt nicht wieder erreicht worden.

Wie bei der 4 Jahre später gebauten C 2 Tenderlokomotive der Nordbahn (Abb. 307) war der Rahmen vorn als Innenrahmen, hinten dagegen als Außenrahmen ausgeführt. Der Übergang zum Außenrahmen lag aber bei der D 2 Lokomotive vor der letzten Kuppelachse, so daß diese im Außenrahmen gelagert war. Das zweiachsige Deichselgestell der Bauart Kamper hatte einen Achsstand von nur 1040 mm.

Der Wasserkasten faßte 8 m³; das war für eine Tenderlokomotive damals reichlich viel, aber im Wettbewerb mit Schlepptenderlokomotiven etwas knapp. Daher erhielt eine zweite im Jahre 1885 gelieferte Lokomotive einen Wasserraum von 10,5 m³ und einen Kohlenvorrat von 5,5 t. Dabei mußte der gesamte Achsstand auf 8130 mm vergrößert werden, während das Dienstgewicht auf 76,8 t stieg.

Diese Wettbewerbslokomotive ist nicht mehr nachgebaut worden; die erste Lokomotive wurde bereits im Jahre 1907 ausgemustert, die zweite war aber, wenn auch nur im Verschiebedienst, bis 1927 im Betriebe.

E Tenderlokomotiven sind in Österreich im Gegensatz zu Deutschland nur ganz selten und dann auch nur für industrielle Betriebe gebaut worden, so z. B. im Jahre 1911 für die Brucher Kohlenwerke.

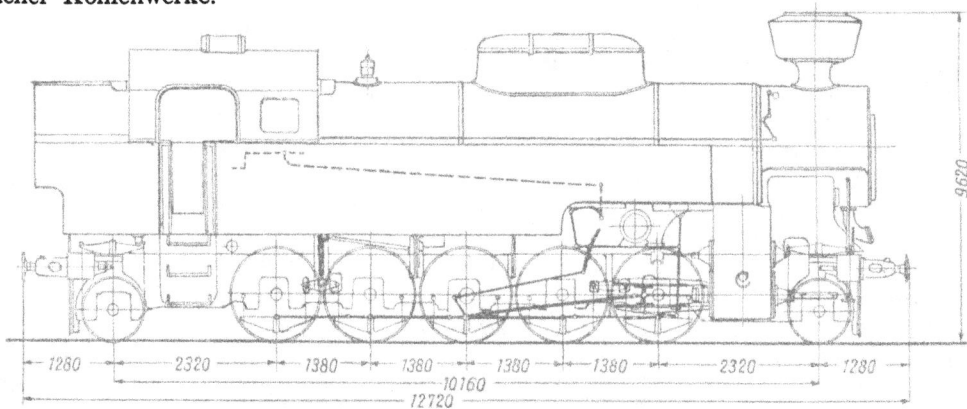

Abb. 317. 1 E 1 h 2 Tenderlokomotive, Reihe V a, der Buschtehrader Eisenbahn;
Erbauer Maschinenbau A.-G. vorm. Breitfeld, Danek & Co. 1918.

Rostfläche	3,84 m²	Kesseldruck	13 atü	Kolbenhub	632 mm
Verdampfungsheizfl.	166,0 m²	Treibraddurchmesser	1260 mm	Dienstgewicht d. Lok..	94,4 t
Überhitzerheizfläche	48,6 m²	Zylinderdurchm.	2×570 mm	Reibungsgewicht	79,1 t

Dagegen ist die 1 E 1 Lokomotive bereits im Jahre 1918 zum ersten Male im Vereinsgebiet auf der Buschtehrader Eisenbahn in Böhmen verwendet worden (6 Stück) (Abb. 317). Diese Maschinen machten einen durchaus neuzeitlichen Eindruck, obgleich sie zunächst als Naßdampflokomotiven gebaut waren.

Sie sollten besonders auf der Strecke Prag—Kladno (Steigungen von $25^0/_{00}$ mit vielen Krümmungen von 280 m Halbmesser) für alle Züge Schiebedienst leisten und auf der Strecke Weipert—Komotau ($20^0/_{00}$) auch Personenzüge fahren. Diesen Bedingungen entsprechend hatte man der Lokomotive 1260 mm hohe Treibräder gegeben (Höchstgeschwindigkeit 55 km/h).

Um die Überhänge klein zu halten, hatte man die Länge der Rohre auf 4500 mm gekürzt und dafür den Durchmesser des Kessels auf 1600 mm vergrößert. Die Mittellinie des Kessels lag 2750 mm über SO. Der Stehkessel ragte über die Räder hinaus. Außerdem hatte man überall Rücksicht genommen auf den späteren Einbau eines Überhitzers. Aus diesem Grunde erhielten auch die Zylinder Kolbenschieber. Sehr kräftig war der teilweise als Wasserkasten ausgebildete Hauptrahmen aus 34 mm dicken Blechen durchgebildet.

Die Bogenläufigkeit war durch das Seitenspiel der zweiten und fünften Kuppelachse ($\pm$ 22 mm) der Adamsachsen ($\pm$ 65 und 75 mm) gesichert. Die Spurkränze der Treibräder waren 10 mm schwächer gedreht.

Die Lokomotive beförderte bei Versuchsfahrten

356 t auf $25^0/_{00}$ mit 15,3 km/h.

Die Lokomotive wurde später auch als Heißdampflokomotive von der Tschechoslowakischen Staatsbahn in größerer Zahl beschafft.

Bei der Österreichischen Bundesbahn wurden die 1 E 1 Tenderlokomotiven erst vom Jahre 1922 an eingeführt.

SCHMALSPURLOKOMOTIVEN.

Die österreichischen Schmalspurbahnen hatten zum größten Teil eine Spurweite von nur 760 mm und meist einen zulässigen Achsdruck von nur 6,5 t. Infolgedessen ging die Entwicklung der Lokomotiven für diese Bahnen in engeren Grenzen vor sich als z. B. in Deutschland. Wenn auch vielfach der Betrieb durch die Staatsbahn mit deren Regellokomotiven geführt wurde, so gab es hier doch eine sehr große Zahl verschiedener Bauarten von Schmalspurlokomotiven, die dazu oft nur in geringer Zahl gebaut worden sind. Der beschränkte Raum gestattet leider nicht, sie alle im einzelnen zu behandeln; daher sollen aus der bunten Reihe der Bauarten nur die bemerkenswertesten Lokomotiven herausgegriffen werden. Wie bei den österreichischen Regelspurlokomotiven, so haben sich auch bei den Schmalspurlokomotiven außer den Stütztenderlokomotiven besonders die bogenläufigen Bauarten, wie z. B. die Mallet-Lokomotiven, abgesehen von einigen Lieferungen während des Weltkrieges, nicht einführen können. Das lag zum Teil daran, daß bei den Betriebsansprüchen kaum mehr als 4 gekuppelte Achsen notwendig waren. Seit dem Jahre 1880 wurden fast alle, oft recht bemerkenswerten Bauarten der Schmalspurlokomotiven von der Lokomotivfabrik Krauß u. Co. in Linz geliefert.

In den folgenden Abschnitten sollen zunächst noch 2 bemerkenswerte ältere Lokomotiven behandelt werden, die im ersten Band nicht berücksichtigt wurden und baulich aus dem Rahmen der neueren Lokomotiven herausfallen.

Im Jahre 1836 wurde bereits eine Fortsetzung der Linz—Budweiser Pferdebahn (wenn sie auch durch die Donaubrücke in Linz von ihr getrennt war) über Lambach bis Gmunden (66 km) eröffnet, die hauptsächlich dem Salz- und Kohlenverkehr dienen sollte. Diese Bahn hatte wie die Linz—Budweiser Bahn eine Spurweite von 1106 mm ($3^1/_2$ österreichische Fuß) und wurde noch bis zum Jahre 1854 mit Pferden betrieben. Dann erst wurde der Lokomotivbetrieb eingeführt. Im Jahre 1859 kaufte die neugegründete Kaiserin Elisabeth-Bahn die Strecken auf und ließ die an der Strecke Wien—Salzburg liegende Linie von Linz bis Lambach auf Regelspur umbauen. So ist es auch zu erklären, daß die nur 28 km lange Lambach—Gmundener Bahn schon frühzeitig im Besitz von 14 Lokomotiven (10 Stück 2 B und 4 Stück

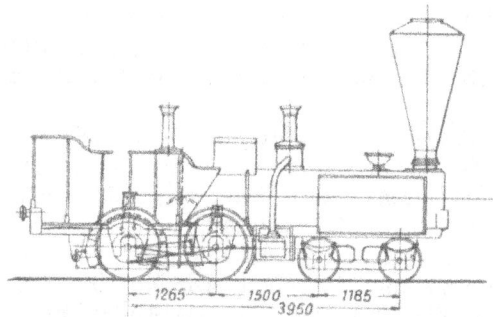

Abb. 318. 2 B n 2 Tenderlokomotive der Lambach-Gmunden-Bahn;
Erbauer Lokomotivfabrik Günther, Wiener-Neustadt 1855.

Rostfläche	0,5 m²	Zylinderdurchm.	2 × 250 mm
Verdampfungsheizfl. .	27,0 m²	Kolbenhub	421 mm
Kesseldruck	6,7 atü	Leergewicht d. Lok. .	11,0 t
Treibraddurchmesser .	948 mm	Reibungsgewicht . .	7,0 t

1 C 1) war und sich nach deren Ausmusterung vom Jahre 1883 an zunächst mit 4 kleinen B Tenderlokomotiven behelfen mußte.

Von den im Jahre 1854 von Zeh entworfenen 2 B Lokomotiven (Abb. 318) ist heute glücklicherweise noch eine Maschine im Technischen Museum in Wien erhalten. Der Kessel besaß eine im waagerechten Querschnitt etwa halbzylindrische, zwischen der dritten und vierten Achse durchhängende Feuerbüchse. Neuzeitlich mutet die Anordnung der Zylinder hinter dem Drehgestell an. Man könnte sie beinahe als eine Abart der Crampton-Lokomotive bezeichnen. Die Schieberkästen lagen bei den kleinen Zylinderabmessungen außen senkrecht. Statt einer Fahrpumpe diente eine kleine Schwungradpumpe zur Kesselspeisung. Das Drehgestell war ein geschobenes Deichselgestell.

Die Leistung dieser Lokomotive dürfte kaum 40—50 PS erreicht haben.

Wesentlich größer war die 1 C 1 Lokomotive der gleichen Bahn (Abb. 319), die im Jahre 1855 ebenfalls von Zeh entworfen war. Sie besaß, wie die auch von ihm herrührende schmalspurige 1 B 1 Tenderlokomotive der Abb. 228 (S. 274), einachsige Deichselgestelle. Der Gesamtachsstand war mit 5084 mm gegenüber dem festen Achsstand von 1686 mm ungewöhnlich groß.

Im Jahre 1883 traten an die Stelle dieser 14 Lokomotiven 4 leichte 1 B Tenderlokomotiven der üblichen Kraußschen Bauart von 16 t Dienstgewicht, die wiederum in den Jahren 1895—99 durch 4 Stück mehr als doppelt so schwere 1 B Tenderlokomotiven (Abb. 320) abgelöst wurden. Diese Maschinen waren neuzeitliche, von Gölsdorf entworfene Verbundlokomotiven mit einer über dem Rahmen stehenden

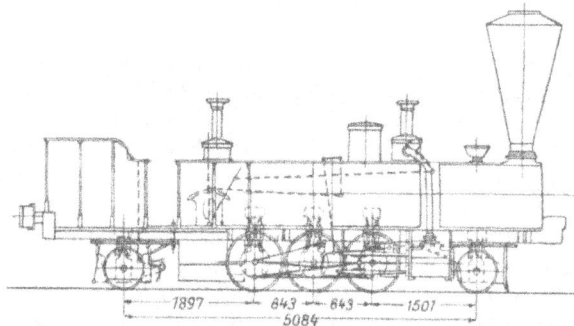

Abb. 319. 1 C 1 n 2 Tenderlokomotive der Lambach-Gmunden-Bahn;
Erbauer Lokomotivfabrik Günther, Wiener-Neustadt 1856.

Rostfläche	0,56 m²	Zylinderdurchm.	2 × 316 mm
Verdampfungsheizfl. .	46,6 m²	Kolbenhub	421 mm
Kesseldruck	6,7 atü	Leergewicht d. Lok. .	18,0 t
Treibraddurchmesser .	790 mm	Reibungsgewicht . .	13,0 t

Feuerbüchse. Ihre beiden ersten Achsen waren zu einem Krauß-Gestell vereinigt. Im Jahre 1903 wurden die Lambach—Gmundener Bahn und damit auch diese Lokomotiven auf die Regelspurweite umgebaut.

Auch eine kleine im Jahre 1905 für die Zillertalbahn gebaute 1 B Lokomotive hatte ein Verbundtriebwerk.

Bei der C Lokomotive nach Abb. 321 hing die Feuerbüchse über. Der Innenrahmen hörte vor dem Stehkessel auf und wurde durch einen beim Gleitbahnträger beginnenden Außenrahmen mit 1300 mm lichten Plattenabstand ersetzt. So konnte der Rost bei einer Länge von nur 700 mm 1000 mm breit ausgebildet werden. Dadurch verringerte sich der Überhang wesentlich. Da der Außenrahmen nur niedrig war, war auch der Aschkasten sehr gut zugänglich. Diese Lokomotive wurde zum erstenmal im Jahre 1893 für die Steiermärkische

Landesbahn, dann im Jahre 1897 als Reihe Z für die Pinzgauer Lokalbahn gebaut.

Die beliebteste Schmalspur-Lokomotivbauart war in Österreich nicht wie bei den Regelspurbahnen die 1 C, sondern die C 1 Lokomotive. Diese Lokomotive wurde zum ersten Male im Jahre 1888 von Krauß für die Steyrtalbahn gebaut.

Die Triebwerksabmessungen blieben die gleichen wie bei der Reihe Z, jedoch wurden Kessel und Vorräte wesentlich vergrößert. Die beiden letzten Achsen bildeten ein Krauß-Gestell. Der Rahmen ging vor dem Stehkessel in einen Außenrahmen über, der hier wesentlich höher gehalten wurde als bei der Reihe Z. Durch entsprechende Ausschnitte wurde der Aschkasten bequem von den Seiten aus zugänglich gemacht.

Aus dieser Lokomotive entstand nach geringen Änderungen im Jahre 1897 die Staatsbahnreihe U (Abb. 322), die dann bis zum Jahre 1913 von Staats- und Privatbahnen in größerer Zahl beschafft worden ist (50 Stück).

Vom Jahre 1902 an wurde sie auch mehrfach als Verbundlokomotive (320/500 mm Zylinderdurchmesser) unter Vergrößerung der Heizfläche auf rd. 56 m² gebaut. Die Niederösterreichische Landesbahn beschaffte sie im Jahre 1905 sogar als Heißdampflokomotive mit 340 mm Zylinderdurchmesser. Sie war also die erste österreichische Heißdampflokomotive. Bei den etwas verstärkten Ausführungen vom Jahre 1928 an wurde die teure Rahmenausbildung fortgelassen. Die Rahmenplatten wurden jetzt vielmehr glatt durchgeführt. Diese Lokomotiven erhielten zum Teil die Caprotti-

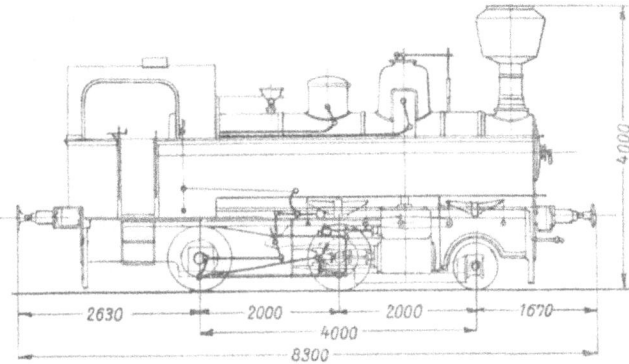

Abb. 320. 1 B n 2 v Tenderlokomotive, Reihe 189, der Lambach-Gmunden-Bahn; Erbauer Krauß & Co., Linz 1895—1899.

Rostfläche	1,25 m²	Zylinderdurchm.	320/470 mm
Verdampfungsheizfl. .	54,6 m²	Kolbenhub	500 mm
Kesseldruck	13 atü	Dienstgewicht d. Lok..	34,0 t
Treibraddurchmesser .	930 mm	Reibungsgewicht . .	24,2 t

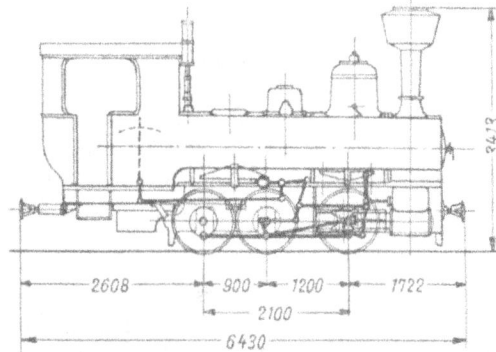

Abb. 321. Cn 2 Tenderlokomotive, Reihe Z, der Pinzgauer Lokalbahn; Erbauer Krauß & Co., Linz 1893—1898.

Rostfläche	0,7 m²	Zylinderdurchm.	2 × 290 mm
Verdampfungsheizfl. .	37,3 m²	Kolbenhub	400 mm
Kesseldruck	12 atü	Dienstgewicht d. Lok..	19,4 t
Treibraddurchmesser .	800 mm	Reibungsgewicht . .	19,4 t

Abb. 322. C 1 n 2 Tenderlokomotive, Reihe U, der Murtalbahn; Erbauer Krauß & Co., Linz 1894—1913.

Rostfläche	1,0 m²	Zylinderdurchm.	2 × 290 mm
Verdampfungsheizfl. .	45,7 m²	Kolbenhub	400 mm
Kesseldruck	12 atü	Dienstgewicht d. Lok..	24,2 t
Treibraddurchmesser .	800 mm	Reibungsgewicht . .	17,0 t

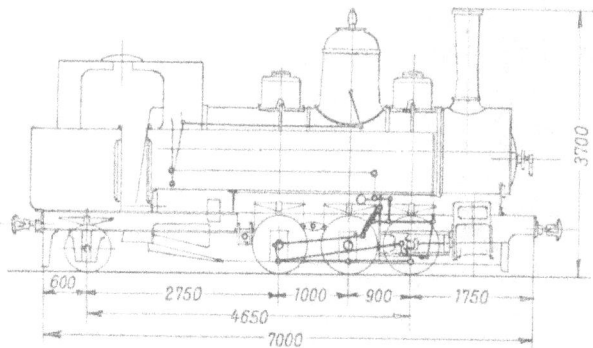

Abb. 323. C 1 n 2 v Tenderlokomotive der Innsbrucker Mittelgebirgsbahn; Erbauer Krauß & Co., Linz 1900—1901.

Rostfläche	1,0 m²	Zylinderdurchm.	320/500 mm
Verdampfungsheizfl.	56,25 m²	Kolbenhub	400 mm
Kesseldruck	13 atü	Dienstgewicht d. Lok.	26,8 t
Treibraddurchmesser	820 mm	Reibungsgewicht	20,0 t

entworfen worden und wichen in der Bauart von innen in mancher Hinsicht grundsätzlich ab. Wegen der vielen Bogen von 30—40 m Halbmesser hatte man das Kraußgestell verlassen und dafür einen einachsigen Stütztender vorgesehen, dessen theoretischer Drehpunkt vor dem Stehkessel lag. Die Anlenkung ist in der Abb. 323 hinter der letzten Kuppelachse sichtbar. Die mittlere Kuppelachse besaß ein Seitenspiel von 30 mm. Die Lokomotiven taten noch im Jahre 1932 Dienst. Die Anwendung der Verbundwirkung ist hier wie auch schon bei den Lokomotiven der Wiener Stadtbahn um so bemerkenswerter, als die Stationsabstände der 8,5 km langen Strecke nur etwa 1,2 km betrugen.

Die C 2 n 2 v Lokomotive, Gattung Y v vom Jahre 1896 (3 Stück, Abb. 324), unterschied sich im Aufbau von der regelspurigen C 2 Lokomotive nach Abb. 307 zunächst dadurch, daß die Wasserbehälter neben dem Kessel lagen. Das Drehgestell, das sich um einen mittleren Kugelzapfen drehte, rückte unter die Feuerbüchse; für die Ausbildung des Aschkastens war das trotz des großen Drehgestellachsstandes von 1800 mm nicht gerade günstig. Der Rahmen war auch hier wieder vorn als Innenrahmen, hinten dagegen als Außenrahmen durchgebildet. Abweichend von der Bauart der anderen Schmalspurlokomotiven bestand er hier aber aus durchgehenden 20 mm starken Rahmenplatten, deren lichte Entfernung vor dem Stehkessel durch Kröpfung von 608 auf 1050 mm vergrößert wurde.

Der Außenrahmen des Drehgestelles mit den seitlichen Auflagen und festen Drehzapfen, wie ihn Abb. 324 zeigt, wurde später durch einen Innenrahmen mit mittlerer seitlich verschiebbarer Kugelpfanne ersetzt.

Diese 3 Lokomotiven sind nicht nachgebaut worden.

Einige sehr leichte D Lokomotiven für Holzfeuerung (Staatsbahn Reihe C v, Abb. 325) wurden in den Jahren 1908 und 1912 für die Bukowinaer Lokalbahn beschafft. Der Kessel stand auf dem Rahmen. Um die zweite und dritte Achse verschiebbar machen zu können,

Ventilsteuerung und die Lentz-Ventilsteuerung.

In allen Fällen blieb aber der Gesamtaufbau ungefähr gleich, so auch bei den kleineren Lokomotiven der Staatsbahn Reihe T vom Jahre 1898, die bei einem Achsdruck von 4,4 t nur 27 m² Heizfläche besaßen.

Etwas früher als bei der Reihe U war die Verbundwirkung schon bei der Innsbrucker Mittelgebirgsbahn (1 m-Spurweite) bei 3 Lokomotiven nach Abb. 323 eingeführt worden. Diese Lokomotiven waren in den Jahren 1900/01 von Krauß unter Mitwirkung von Gölsdorf

Abb. 324. C 2 n 2 v Tenderlokomotive, Reihe Yv, der Ybbstalbahn; Erbauer Krauß & Co., Linz 1896.

Rostfläche	1,03 m²	Zylinderdurchm.	310/450 mm
Verdampfungsheizfl.	59,2 m²	Kolbenhub	400 mm
Kesseldruck	13 atü	Dienstgewicht d. Lok.	26,5 t
Treibraddurchmesser	800 mm	Reibungsgewicht	18,0 t

366

hatte man die vierte Achse als
Treibachse gewählt.

Drei D 1 Heißdampf-Zwillings-Lokomotiven nach Abb.
326 (Staatsbahn Reihe P) wurden im Jahre 1911 auf der
Strecke Triest—Parenzo in Betrieb genommen. Wie bei den
C Lokomotiven der Reihe Z
reichte der 25 mm starke Innenrahmen nur bis zum Stehkessel,
der einen 1222 mm breiten und
nur 1027 mm langen Rost besaß.
An den Innenrahmen schloß sich
vom Gleitbahnträger beginnend
ein Außenrahmen mit 1500 mm
lichten Plattenabstand an.

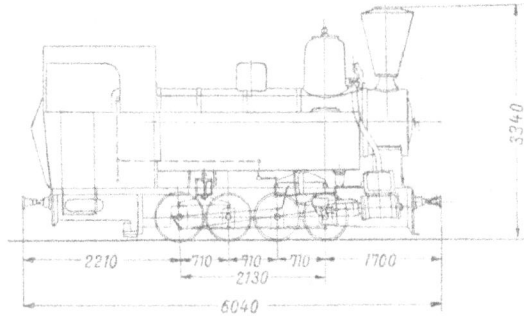

Abb. 325. D n 2 v Tenderlokomotive, Reihe Cv, der Lokalbahn
Czudin-Koszczuja; Erbauer Krauß & Co., Linz 1908—1912.

Rostfläche	0,71 m²	Zylinderdurchm.	270/410 mm
Verdampfungsheizfl. .	27,4 m²	Kolbenhub	340 mm
Kesseldruck	13 atü	Dienstgewicht d. Lok..	17,0 t
Treibraddurchmesser .	640 mm	Reibungsgewicht . .	17,0 t

Wie bei den erwähnten D Schmalspur-Tenderlokomotiven hatte man die vierte Achse
zur Treibachse gemacht und den beiden Mittelachsen Seitenspiel gegeben. Hierdurch war
einmal infolge des großen festen Achsstandes von der ersten bis zur vierten Achse eine gute
Führung, dann aber auch eine in beiden Fahrtrichtungen gute Bogenläufigkeit erreicht.
Der Nachteil der langen Treibstange war demgegenüber unbedeutend. Bei dieser Achsanordnung ergab sich als weiterer Vorteil, daß statt des teueren Krauß-Gestelles eine Adamsachse verwendet werden konnte.

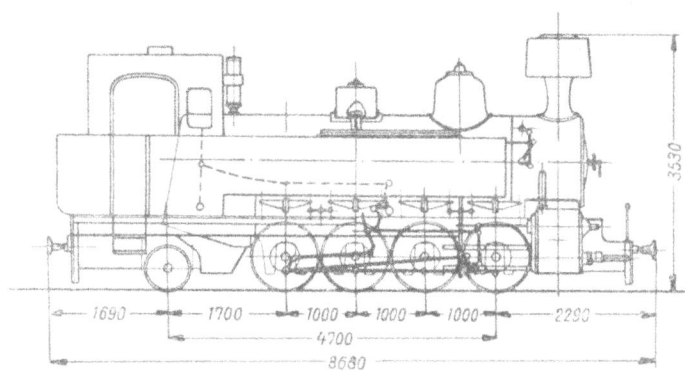

Abb. 326. D 1 h 2 Tenderlokomotive, Reihe P, der Lokalbahn Triest-
Parenzo; Erbauer Krauß & Co., Linz 1911.

Rostfläche	1,25 m²	Zylinderdurchm.	2 × 330 mm
Verdampfungsheizfl. .	45,5 m²	Kolbenhub	400 mm
Überhitzerheizfläche .	19,7 m²	Dienstgewicht d. Lok..	36,1 t
Kesseldruck	13 atü	Reibungsgewicht . .	27,8 t
Treibraddurchmesser .	880 mm		

Der feste Achsstand von
3000 mm erlaubte noch, daß
Krümmungen mit 70 m Halbmesser durchfahren werden
konnten. Die Mittelachsen waren um 25 mm seitlich verschiebbar. Damit die Kuppelstangen
sicher in ihrer Längsebene geführt wurden, erhielten ihre
Enden bügelförmige Ansätze,
welche nach Abb. 327 die
Schmiergefäße der benachbarten Stange umfaßten.

Mit ganz unwesentlichen
Änderungen wurden 3 gleiche
Lokomotiven im Jahre 1927 von
der Lokalbahn Ruprechtshofen—Gresten beschafft, die aber wegen ihres sehr kleinen Kessels
nicht immer den Betriebsanforderungen genügten.

Die Niederösterreichische Landesbahn benötigte im Jahre 1905 für ihre Strecke St. Pölten—
Mariazoll—Gußwerk eine besonders leistungsfähige Lokomotive. Die Linie besaß bei einem
zulässigen Achsdruck von 8 t Steigungen bis zu 25⁰/₀₀ und Krümmungen mit Halbmessern
bis herab auf 80 m. Die Firma Krauß in Linz fand auch hier wieder die geeignetste Lösung

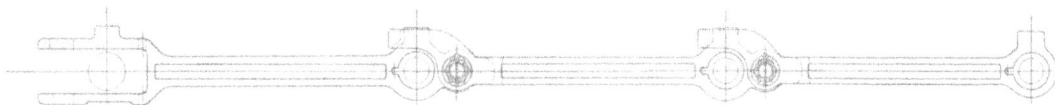

Abb. 327. Kuppelstange der D 1-Lokomotive, Reihe P.

in einer Stütztenderlokomotive nach Abb. 328, die jetzt aber als Heißdampfmaschine ausgeführt wurde.

Die Feuerbüchse hing wie bei allen vorher behandelten Lokomotiven hinter der letzten Kuppelachse über und wurde von einem Außenrahmen umfaßt, der aber erst zwischen der dritten und vierten Achse begann.

Von den vier gekuppelten Achsen waren die erste und die dritte (spurkranzlose Treibachse) fest im Rahmen gelagert, die zweite besaß 30 mm, die vierte 25 mm seitliches Spiel. Diese letzte Achse konnte sich jedoch nur gleichzeitig mit dem Querhaupt für den Tenderrahmen verschieben. Der Stütztender besaß ein zweiachsiges Drehgestell. Die Lokomotive hatte also keinen festen Achsstand (Gesamtachsstand 8100 mm).

Die wesentlichen Vorteile der neueren Stütztender-Lokomotive gegenüber den alten Bauarten aus den 50er und 60er Jahren des vorigen Jahrhunderts (vgl. Bd. I, S. 273 u. ff.) bestand in der Verlegung des Drehpunktes vor den Stehkessel und in dem besonderen Drehgestell. Erst der Stütztender an sich beseitigte die Nachteile der D 2 Tenderlokomotive.

Abb. 328. D 2 h 2 Tenderlokomotive, Reihe Mh, der Nieder-Österr. Landesbahnen; Erbauer Krauß & Co., Linz 1900—1908.

Rostfläche	1,59 m²	Zylinderdurchm.	2 × 410 mm
Verdampfungsheizfl.	78,8 m²	Kolbenhub	450 mm
Überhitzerheizfläche	23,3 m²	Dienstgewicht d. Lok.	45,08 t
Kesseldruck	13 atü	Reibungsgewicht	30,08 t
Treibraddurchmesser	900 mm		

Die Laufeigenschaften und die Leistung der Lokomotiven befriedigten sehr.

Die Maschinen beförderten 120 t auf 23⁰/₀₀ mit 30 km/h, während die C 1 Lokomotiven (Reihe U, Abb. 322) dort unter gleichen Verhältnissen nur 60 t schleppen konnten.

In den Jahren 1906—1908 wurden insgesamt 8 solcher Lokomotiven beschafft, 2 Stück von ihnen aus dem Jahre 1907 waren Naßdampf-Verbundlokomotiven mit Zylindern von 370/550 mm Durchmesser.

DIE TENDER.

Zweiachsige Tender hat nach 1880 nur noch die Staatseisenbahngesellschaft in größerem Umfange beschafft.

Abb. 246 zeigt einen solchen Tender für die verschiedenen 1 B 1 Lokomotivbauarten der Staatseisenbahngesellschaft.

Die hohen Räder von 1220 mm Durchmesser und der große Achsstand von 3000 und 2800 mm kennzeichnen ihn als einen Tender, der wohl für den damaligen Schnellzugbetrieb geeignet war. Sehr einfach war die schrägliegende Spindelbremse ausgebildet.

Insgesamt wurden von dieser Tenderbauart 90 Stück geliefert.

Die dreiachsigen österreichischen Tender waren im allgemeinen etwas gedrungener gebaut als die deutschen. Der Achsstand betrug selten über 3200 mm. Man verwendete stets einen außenliegenden Blechrahmen. Besondere Ausgleichhebel zwischen den Tragfedern fehlten noch. Die Wurfhebelbremse konnte sich an diesen Tendern nicht durchsetzen.

Da die Kessel schon sehr bald höher gelegt wurden, rückte auch der Führerhausboden hinauf und damit auch die Plattform des Tenders mit dem Schaufelblech, das auf dem vorderen Teile der Wasserkastendecke angebracht ist. Das hatte zur Folge, daß die Neigung der Wasserkastendecke wegen der durch die Wasserkrane gegebenen Höhe der Füllöffnungen nur gering sein konnte, und zwar wesentlich geringer als bei deutschen Tendern. Bemerkenswert für diese und auch die später entstandenen österreichischen Tenderbauarten ist, daß die Feuerwerkzeuge (Schürhaken usw.) in einem schräg in den Wasserkasten hineinragenden Rohre abgelegt werden konnten.

Die Bleche waren meist nur 5 mm dick, weil man an Gewicht sparen wollte; in Deutschland dagegen waren 6—9 mm dicke Bleche üblich.

Abb. 253 zeigt den im Jahre 1894 als Regelform eingeführten 3 T 16,75 (Reihe 56) der Staatsbahn mit Fülltaschen, die über die ganze Länge des Wasserkastens reichten.

Dieser Tender wurde mit Seitentaschen und einem hohen Kohlenaufbau nach Abb. 272 als Reihe 156 bis zum Jahre 1918 in großem Umfange dauernd weiterbeschafft und für verschiedene Lokomotivbauarten verwendet.

Daneben wurden aber in den Jahren 1896—1913 auch noch leichtere Tender mit 12 und 14,2 m³ Wasserraum in bedeutend geringerem Umfange gebaut; auch diese Tender erhielten die seitlichen Fülltaschen.

Während in Deutschland bei Wasserbehältern mit einem Inhalt bis 21 m³ noch dreiachsige Tender möglich waren, war dies bei den geringen Achsdrücken in Österreich ausgeschlossen. Die Staatsbahn beschaffte im Jahre 1902 für diesen Wasserraum vierachsige Tender (Reihe 86) mit Blechrahmendrehgestellen.

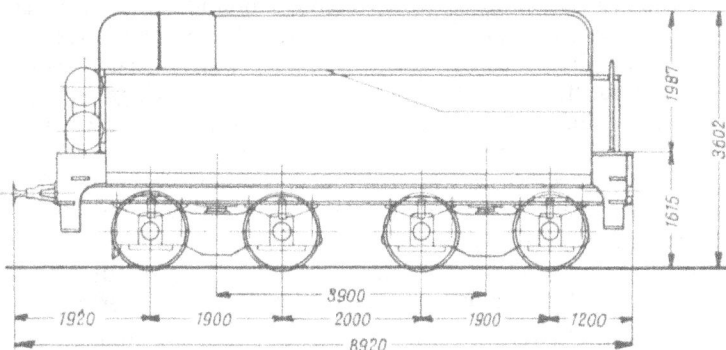

Abb. 329. Tender 4 T 30, Reihe 88, der Kaiserl.-Königl. Österr. Staatsbahnen.

Der Wasserbehälter war nunmehr ein vollständig rechteckiger 6460 mm langer Kasten und trug einen kürzeren Kohlenaufbau.

Der Kohlenraum hatte einen Rauminhalt von 9 m³, das Leergewicht betrug 22,2 t.

Als die Südbahn im Jahre 1915 Tender mit 27 m³ Wasser benötigte, führte sie einen Tender ohne Drehgestelle nach Abb. 279 ein. Die dritte und vierte Achse waren im Rahmen um 17 mm nach jeder Seite verschiebbar. Das war ganz bestimmt keine Verbesserung gegenüber den Tendern für 21,5 m³ Wasser, da das hintere Ende besonders bei loser Kupplung mit dem Wagenzuge sehr leicht in heftige seitliche Schwingungen geraten konnte.

Wegen der niedrigen Achsdrücke hatte man aber auf die Drehgestelle verzichten müssen; dadurch, daß man den Boden des Wasserkastens tiefer gelegt hatte, hatte man die große Wassermenge unterbringen können, obwohl der Wasserkasten noch etwa 400 mm kürzer war als bei dem 4 T 21,5 Tender. Der Kohlenkastenaufbau reichte bis auf 3490 mm über SO. Durch den Fortfall der Drehgestelle und die ganze gedrungene Bauart des Tenders hatte man soviel Gewicht eingespart, daß sein Leergewicht noch unter dem des 21 m³-Tenders lag.

Gleichzeitig hatte auch die Staatsbahn einen größeren Tender beschaffen müssen, der im Jahre 1916 als Reihe 88 nach den Entwürfen von Rihošek gebaut wurde (Abb. 329).

Rihošek behielt die Drehgestelle bei, bildete sie aber mit Innenrahmen aus, um Gewicht einzusparen. Zur besseren Schmiegsamkeit hatte man bei dem hinteren Drehgestell zwischen den hinteren Enden der letzten Tragfeder einen Querausgleichhebel eingeschaltet. Der Wasserkasten war noch länger als bei dem Tender der Reihe 86 (7010 mm) und faßte 30 m³ Wasser, er durfte aber bei einem Achsdruck von 14,5 t nur mit 27 m³ gefüllt werden. Der Tender war von Puffer zu Puffer gemessen 8920 mm lang und war damit viele Jahre hindurch der längste Tender im Vereinsgebiet.

XII. DIE ENTWICKLUNG DER DAMPFLOKOMOTIVE IN UNGARN.

ALLGEMEINES.

Ungarn bildete in seinem früheren Umfange eine ausgedehnte Tiefebene, die im Norden und Osten in einem großen Bogen von den Karpathen begrenzt war. Der Kamm des Gebirges war die Landesgrenze. Nur im Südwesten führten die Eisenbahnstrecken zum Ausfuhrhafen Fiume (am Adriatischen Meer) über den Karst. Die Ungarischen Bahnen sind daher größtenteils Flachlandbahnen. Die wenigen Strecken, welche die Karpathen überquerten, führten meist nur bis zur Höhe der Pässe, hatten aber bisweilen Steigungen bis zu $17^0/_{00}$. Dagegen war die im Jahre 1873 eröffnete Karstbahn eine Gebirgsbahn ersten Ranges, die sich auf der rd. 36 km langen Strecke Liŏ—Fiume mit fast ununterbrochenem Gefälle von $25^0/_{00}$ und Bögen von 275 m Halbmesser aus einer Höhe von 816 m bis nahe an den Meeresspiegel senkt. Der gesamte europäische Personenverkehr nach dem Orient ging durchweg über die Flachlandstrecken, während die Karstbahn einen sehr lebhaften Güterverkehr bewältigen mußte.

Die ungarischen Lokomotiven waren deshalb zum größten Teil Flachlandlokomotiven. Auf den Gebirgsstrecken war nach der D Lokomotive die Mallet-Lokomotive die bevorzugte Bauart. Die zwischen diesen beiden Gattungen liegenden Typen der 1 D, E und 1 E Lokomotiven, ferner auch die 1 C Lokomotiven fehlten ganz.

Den Verschiebedienst besorgten wie in Österreich in großem Umfange ältere Lokomotiven mit Schlepptender. Auch im Vorortverkehr von Budapest wurden zunächst Lokomotiven mit Schlepptendern verwendet. Das ländliche Nebenbahnnetz entfaltete sich erst nach dem Jahre 1900. B und C Tenderlokomotiven wurden daher zu dieser Zeit nur noch in wenigen Ausführungen beschafft. Statt ihrer zog man die leistungsfähigere 1 C 1 Tenderlokomotive vor.

In Ungarn war zu Beginn unseres Berichtsabschnittes auf den Hauptbahnstrecken (wie in Österreich) ein höchster Achsdruck von etwa 14 t zugelassen. Er wurde etwa vom Jahre 1910 an auf verschiedenen Hauptstrecken auf 16 t erhöht, so daß der Bau leistungsfähiger Lokomotiven bedeutend erleichtert wurde.

Ebenso wie in Österreich ist auch in Ungarn die heimische Kohle nicht sehr hochwertig. Sie ist zum Teil stark schwefelhaltig und neigt zu lebhaftem Funkenflug. Ihr Heizwert liegt ziemlich niedrig ($H_u = 5000$ WE/kg), so daß man mit einem kg Kohle nur etwa 5 kg Dampf erzeugen konnte. Man hatte daher zu großen Rostflächen und geräumigen Feuerbüchsen greifen müssen und lange am Außenrahmen festgehalten. Erst als das Verbundverfahren eingeführt war, war man zum Innenrahmen übergegangen, nachdem man noch im Jahre 1890 dem Außenrahmen zuliebe die Tandem-Verbundanordnung gewählt hatte.

Anfangs hatten fast alle Lokomotiven besondere Funkenfängerschornsteine, die aber den Schornsteinzug beeinträchtigten. Aber schon am Ende der 80er Jahre fand man in den längeren und größeren Rauchkammern ein Mittel, das die Funken ebensogut zurückhielt und dabei die Feueranfachung nicht verschlechterte. Wegen der geringen Güte der Kohlen war man auch schon frühzeitig zu Kipprosten übergegangen, die das Ausschlacken erleichterten.

Wegen der schlechten Wasserverhältnisse hatte man die Lokomotivkessel mit zahlreichen Waschluken versehen. Um den Schwierigkeiten mit dem Speisewasser zu entgehen, waren in größerem Umfange Versuche mit der Polonceau-, der gewellten Haswell- und schließlich der Brotan-Feuerbüchse gemacht worden. Die Brotan-Feuerbüchse war auch gegenüber schwefelhaltiger Kohle weniger empfindlich als die kupferne und wurde besonders in Ungarn sehr beliebt. Daneben führte das schlechte Speisewasser zur Ausbildung wirksamer Speisewasserreiniger auf der Lokomotive.

Noch im Anfang der 80er Jahre lehnte sich der ungarische Lokomotivbau stark an österreichische Vorbilder an, ging dann aber bald unter der Mithilfe der aufblühenden einheimischen Industrie eigene Wege. Da schon im Jahre 1890 die meisten Bahnen in den Besitz des Staates übergegangen waren, war die Entwicklung der Lokomotiven von diesem Zeitpunkt an einheitlicher als in anderen Vereinsländern. Die einzige größere Privatbahn, die neben der Südbahn noch übrigblieb, die Kaschau—Oderberger Eisenbahn, benutzte die Ausführungen der Staatsbahn mehr oder weniger als Vorbilder für ihre Maschinen. Besonders oft und gern wurde an den ungarischen Lokomotiven der im Lande erzeugte Stahlformguß verwendet.

Die planvolle Entwicklung des ungarischen Lokomotivbaues ist das Ergebnis des engen Zusammenarbeitens zwischen den leitenden Persönlichkeiten der Staatsbahn und der Staatsmaschinenfabrik.

Die auf den ungarischen Streckenabschnitten verkehrenden Lokomotiven der Österreichisch-Ungarischen Staatseisenbahngesellschaft und der Südbahn sind bereits im Abschnitt Österreich behandelt worden.

Im Anfang unseres Berichtszeitraumes wurden die Lokomotivgattungen in Ungarn durch römische Ziffern mit kleinen Buchstaben gekennzeichnet, z. B. I e. Vom Jahre 1912 an wurde diese Bezeichnung durch eine neue ersetzt, bei der die Gattungen — ähnlich wie in Österreich — durch dreistellige arabische Ziffern unterschieden wurden (z. B. 222). Um das Verständnis zu erleichtern, ist zu der alten Bezeichnung die neue in Klammern hinzugefügt worden (z. B. I e (222)).

DIE SCHNELLZUG- UND PERSONENZUGLOKOMOTIVEN.

Die Beschaffung von 1 B Lokomotiven hatte in Ungarn im allgemeinen schon im Jahre 1874 aufgehört. Die im Bd. I, S. 187, Abb. 236 wiedergegebene Lokomotive der Gattung II b (240) ist nicht im Jahre 1879, sondern schon im Jahre 1874 gebaut worden. Nach dem Jahre 1880 haben lediglich die Erste Ungarisch-Galizische Eisenbahn (die spätere Ungarische Nordostbahn) noch 5 Stück der alten Bauart der Ungarischen Staatsbahn (Gattung II (238)) mit

3160 mm Achsstand, Doppelblech-Außenrahmen und überhängender Feuerbüchse (vgl. Bd. I, S. 129, Abb. 147), und noch in den Jahren 1902—1909 die Raab—Ödenburg—Ebenfurter Eisenbahn 6 Stück beschafft (s. Zahlentafel), bei denen der Achsstand auf 3350 mm vergrößert war. Der Dampfdruck betrug nur 10 atü. Abb. 330 zeigt diese Lokomotive mit großer Funkenfänger-Rauchkammer.

Die Erste Ungarisch-Galizische Eisenbahn beschaffte im Jahre 1886 noch 3 Stück 1 B Lokomotiven nach Abb. 331, bei denen aber die Feuerbüchse unterstützt war (1,96 m² Rostfläche). Den alten Doppelblechrahmen behielt man noch bei. Der Achsstand betrug 4300 mm,

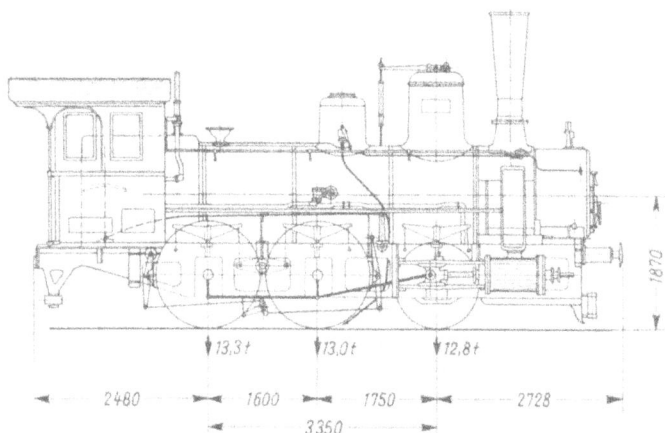

Abb. 330. 1 B n 2 Personenzuglokomotive der Raab—Ödenburg—Ebenfurter Eisenbahn, Gattung II; Erbauer Maschinenfabrik der Kgl. Ungar. Staatseisenbahnen Budapest 1902—1909.

Rostfläche	1,56 m²	Zylinderdurchm.	2 × 400 mm
Verdampfungsheizfl.	128,77 m²	Kolbenhub	632 mm
Kesseldruck	10 atü	Dienstgewicht d. Lok.	39,2 t
Treibraddurchmesser	1516 mm	Reibungsgewicht	26,4 t

Abb. 331. 1 B n 2 Personenzuglokomotive der Ungarisch-Galizischen Eisenbahn, Gattung II p (241); Erbauer Maschinenfabrik der Kgl. Ungar. Staatseisenbahnen Budapest 1886.

Rostfläche	1,96 m²	Zylinderdurchm.	2 × 420 mm
Verdampfungsheizfl.	100,0 m²	Kolbenhub	630 mm
Kesseldruck	12 atü	Dienstgewicht d. Lok..	38,4 t
Treibraddurchmesser	1604 mm	Reibungsgewicht	25,4 t

die Laufachse hatte 14 mm Spiel nach jeder Seite. Diese 1 B Lokomotive stellt die letzte Entwicklungsstufe der 1 B Lokomotive in Ungarn dar.

Bereits im Jahre 1881 begann die Ungarische Staatsbahn mit der Beschaffung von 2 B Schnellzuglokomotiven (Reihe Ia), zunächst genau nach dem Vorbild der im Bd. I, S. 235 erwähnten, von Tilp im Jahre 1879 für die Kaiser-Franz-Josephsbahn entworfenen Type (Abb. 332). Diese Lokomotiven hatten noch das Kampersche Deichselgestell und einen Außenrahmen mit Hallschen Kurbeln. Wie in Österreich ist auch in Ungarn das Kampergestell bald durch ein Drehgestell mit Kugelzapfen (aber ohne Seitenverschiebbarkeit) ersetzt worden. Im Jahre 1890 wurde der Kesseldruck von 10,5 auf 12 atü erhöht, die Rauchkammer wurde verlängert und die Federn und Ausgleichhebel der dritten und vierten Achse wurden nach oben verlegt (s. Abb. 332). Im vorderen Teil des Rostes hatte man schon im Jahre 1883 einen Kipprost untergebracht. Diese Bauart, die übrigens auch in Österreich stark verbreitet war, bewährte sich gut, so daß sie in den Jahren 1894—1905 in großer Zahl beschafft wurde. Es waren schließlich 201 Stück vorhanden. Sie haben viele Jahre Dienst getan; selbst die erste Lieferung von 1881 hat noch den Weltkrieg überdauert. Auch die Kaschau—Oderberger Bahn beschaffte von dieser Gattung in den Jahren 1895/96 5 Stück.

Diese Bahngesellschaft hatte schon im Jahre 1884 die 2 B Lokomotive eingeführt, jedoch nach dem österreichischen Vorbilde der Südbahn-Reihe 17 a. Der Außenrahmen bestand hier noch aus Doppelblechen mit Füllstücken, das Drehgestell hatte aber bereits einen nicht tragenden, also nur der Führung dienenden Drehzapfen. Sonst unterschied sie sich von der vorher beschriebenen Gattung (Reihe Ia) nur durch etwas kleinere Abmessungen. Bis zum Jahre 1891 wurden nach dem österreichischen Vorbild 10 Stück geliefert. Zwischendurch hatte die Ungarische Staatsbahn von 1883—1888 noch 32 leichtere, den zuletzt geschilderten sehr ähnliche Lokomotiven mit 1726 mm hohen Treibrädern und 41,3 t Dienstgewicht beschafft (Reihe I d (221), Abb. 333). Bei diesen Lokomotiven war man wieder zum äußeren Doppelrahmen mit Füllblechen zurückgekehrt. Neu waren der vornliegende Kipprost, der durch einen einfachen Hebel-

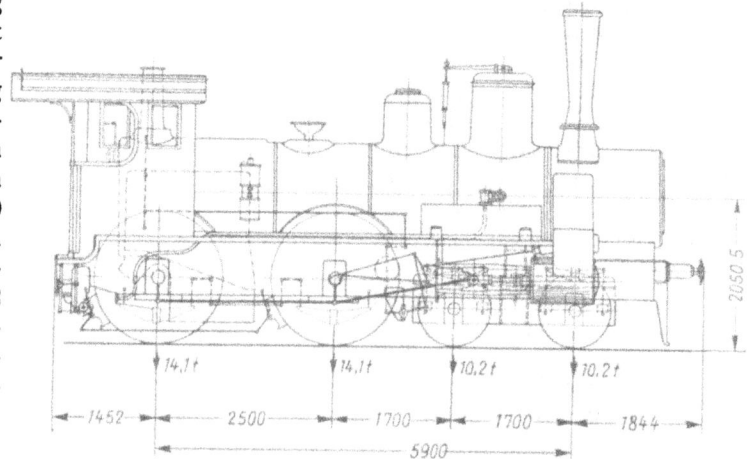

Abb. 332. 2 B n 2 Schnellzuglokomotive der Staatsbahn Kaschau—Oderberg, Gattung Ia (220); Erbauer Maschinenfabrik der Kgl. Ungar. Staatseisenbahnen Budapest 1881—1905.

Rostfläche	2,1 m²	Zylinderdurchm.	2 × 450 mm
Verdampfungsheizfl.	135,6 m²	Kolbenhub	650 mm
Kesseldruck	12 atü	Dienstgewicht d. Lok..	48,8 t
Treibraddurchmesser	1826 mm	Reibungsgewicht	28,3 t

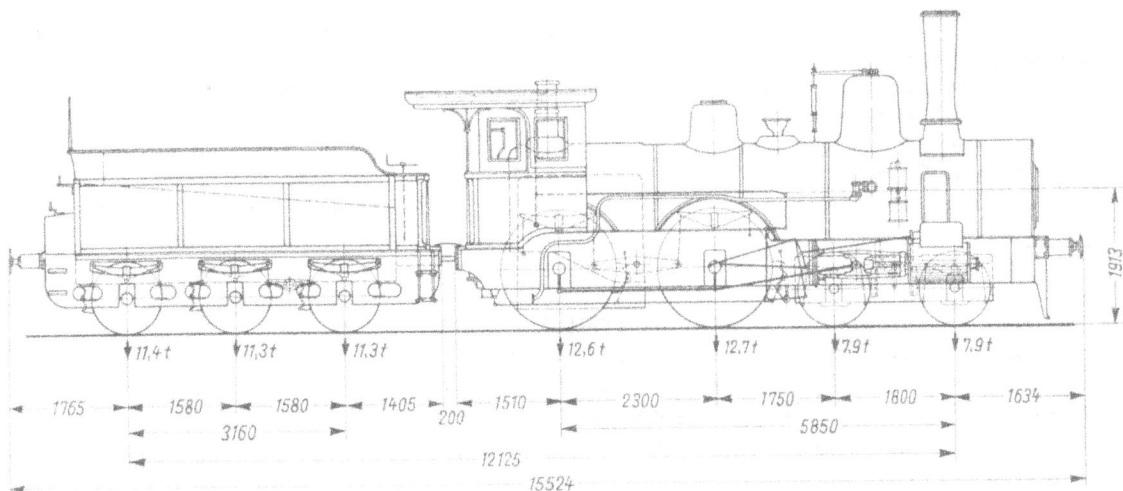

Abb. 333. 2 B n 2 Personenzuglokomotive der Ungarischen Staatsbahn, Gattung I d (221);
Erbauer Maschinenfabrik der Kgl. Ungar. Staatseisenbahnen Budapest 1883—1888.

Rostfläche . . . . 2,05 m²	Treibraddurchmesser . 1726 mm	Dienstgewicht d. Lok.. 41,3 t
Verdampfungsheizfl. 121,9 m²	Zylinderdurchm. 2 × 430 mm	Reibungsgewicht . . 25,4 t
Kesseldruck . . . . 10 atü	Kolbenhub . . . . . 650 mm	

zug zu betätigen war, die geschlossenen Kuppelstangenköpfe und der I förmige Stangenquerschnitt. Die verlängerte Rauchkammer der Abb. 333 ist später hinzugefügt worden.

Eine dieser Lokomotiven war im Jahre 1885 in Budapest ausgestellt.

Als im Jahre 1889 in Ungarn der Zonentarif eingeführt wurde und damit ein starker Verkehrsaufschwung einsetzte, mußte sich die Ungarische Staatsbahn entschließen, eine besonders leistungsfähige Schnellzuglokomotive für 14 t Achsdruck zu beschaffen. Diese 2 B n 4 v Lokomotive wurde nach den Entwürfen von Kordina ausgeführt (Reihe I e (222), Abb. 334 und Tafel 23). Der Kessel war durch einen höheren Dampfdruck (13 atü), besonders aber durch die größere Rostfläche (2680 × 1110 mm = 2,98 m²) wesentlich leistungsfähiger geworden. Die I e Lokomotiven waren die ersten europäischen 2 B Lokomotiven mit großer

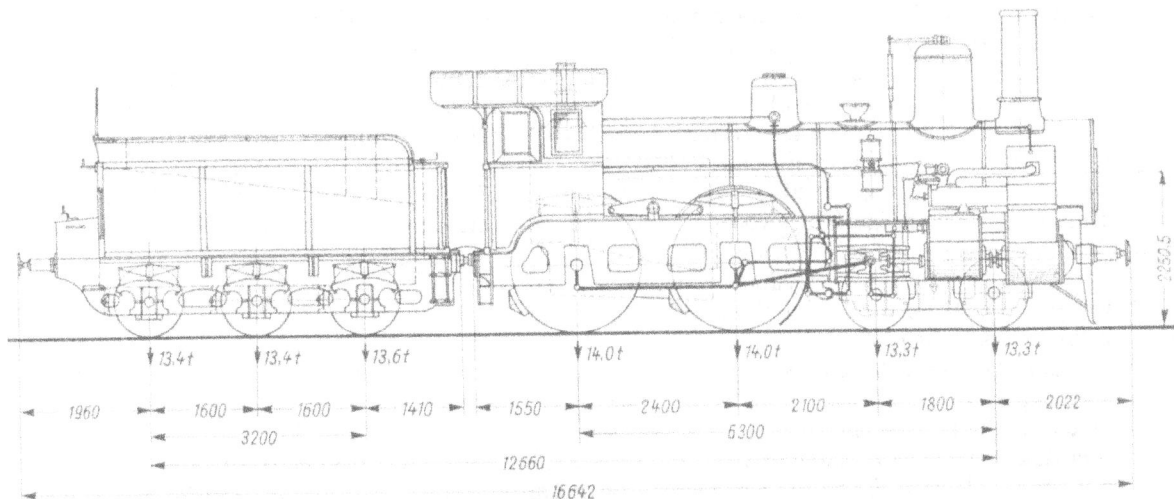

Abb. 334. 2 B n 4 v Schnellzuglokomotive der Ungarischen Staatsbahn, Gattung I c (222);
Erbauer Maschinenfabrik der Kgl. Ungar. Staatseisenbahnen Budapest und andere Firmen 1890—1903.

Rostfläche . . . . . 2,98 m²	Treibraddurchmesser . 2001 mm	Dienstgewicht d. Lok.. 54,7 t
Verdampfungsheizfl. 134,9 m²	Zylinderdurchm. 2 × 320/490 mm	Reibungsgewicht . . 28,0 t
Kesseldruck . . . . . 13 atü	Kolbenhub . . . . . 650 mm	

Rostfläche. Da die Feuerbüchse hinten sehr weit nach unten reichte, mußte der Aschkasten die Kuppelachse umfassen.

Für die Kesselbleche wurde bereits Flußeisen verwendet, auch die Stehbolzen der kupfernen Feuerbüchse bestanden aus Flußeisen.

Da man den Außenrahmen nicht gern aufgeben wollte, der bei 1840 mm lichter Weite und 30 mm Plattenstärke 1900 mm breit war, konnte ein Niederdruckzylinder von rd. 700 mm Durchmesser nicht mehr außen am Rahmen untergebracht werden. Man wählte daher ein vierzylindriges Triebwerk in Tandemanordnung, das mit dieser Lokomotive zum ersten Male im Vereinsgebiet ausgeführt wurde, allerdings auch sonst nicht wieder verwendet worden ist.

Die Zylinderpaare waren in je einem Stück gegossen. Hoch- und Niederdruckschieber saßen auf einer gemeinsamen Stange. Der Hochdruckkolben war mit der Kolbenstange aus einem Stück geschmiedet, der Niederdruckkolben mit einem Keil befestigt. Zum Anfahren diente eine Anfahrvorrichtung der Bauart Lindner, die anfangs mit der Steuerung verbunden war, später aber getrennt betätigt wurde. Der Verbinder besaß ein durch Druckluft bewegtes Dampfventil.

Neu war für Ungarn auch die Heusinger-Steuerung, deren Gegenkurbel an die Hallsche Kurbel der Treibachse angeschmiedet war. Die Kuppelachse hatte eine aufgekeilte Kurbel.

Bei der Neuheit der Verbundwirkung, insbesondere bei dem festen Füllungsverhältnis der hintereinander liegenden Zylinder hatte man anfangs Schwierigkeiten mit der Wahl der richtigen Zylinderdurchmesser. Die ersten Lieferungen von 1890—1891 hatten Zylinder von 340/480 mm Durchmesser (Raumverhältnis 1 : 1,88), 325/550 mm (1 : 2,85), 315/490 mm (1 : 2,4) und 370/500 mm (1 : 1,84), bis dann schließlich im Jahre 1892 die endgültigen Durchmesser gefunden wurden (320/490 mm, 1 : 2,32).

Zu Vergleichszwecken wurden übrigens im Jahre 1891 auch 2 Lokomotiven (Gattung I f) mit Zwillingszylindern von 500 mm Durchmesser gebaut. Diese Zylinder nahmen ungefähr den Raum der Niederdruckzylinder ein; ihr Durchmesser wurde später auf 460 mm verringert.

Die Verbundlokomotiven beförderten 160 t auf 6,7⁰/₀₀ mit V = 60 km/h, wenn ungarische Braunkohle verwendet wurde (5 kg Dampf/kg Kohle). Der Dampfverbrauch der Verbundlokomotiven war 12% geringer als der der Zwillingslokomotiven.

Die Verbundlokomotiven hatten größere hin- und hergehende Massen als die Zweizylinderlokomotiven; bei dem großen Gewicht der Lokomotiven und bei der meist nicht sehr hohen Umdrehungszahl der Treibräder (2001 mm Durchmesser) hat sich das noch nicht bemerkbar gemacht. Von diesen Lokomotiven sind bis zum Jahre 1903 93 Stück beschafft worden.

Die erste ungarische Schnellzuglokomotive mit Innenrahmen war die 2 B 1 n 2 v Lokomotive Nr. 701, Gattung I l (201), Abb. 335, die im Jahre 1900 auf der Weltausstellung in Paris ausgestellt war. Sie war zugleich die erste ungarische Lokomotive mit 15,6 t Achsdruck. Die Mittellinie des Kessels lag 2700 mm über SO, so daß die lange schmale Feuerbüchse auf den Rahmen gestellt werden konnte. Der Rost (2773 × 1020 mm = 2,82 m²) war kleiner als der der 2 B, Gattung I e (222), ihre Heizfläche war aber durch den größeren und längeren Kessel um rd. 50 m² größer geworden, so daß sich das Verhältnis der Rostfläche zur Heizfläche, das dort 1 : 45,3 betrug, bei dieser Lokomotive auf 1 : 67 verschob.

Da man gern das Zweizylinderverbundtriebwerk verwenden wollte, mußte man, wie schon im Jahre 1897 bei der 2 C Lokomotive, Abb. 338, S. 377 vom Außenrahmen zum Innenrahmen übergehen.

Das Drehgestell hatte 2400 mm Achsstand; es hatte einen mittleren halbkugelförmigen Drehzapfen und war seitlich verschiebbar. Die Rückstellkraft wurde durch Blattfedern erzeugt. Die hintere Laufachse, die nahe bei der zweiten Kuppelachse lag, war wie bei vielen von den ersten 2 B 1 Lokomotiven, eine freie Lenkachse. Die Treibräderdurchmesser hatten zum ersten Male in Ungarn einen Durchmesser von 2100 mm. Die Steuerungen konnten für beide Zylinder unabhängig voneinander eingestellt werden.

Die Lokomotive lief im Schnellzugdienst auf der Strecke Budapest—Marchegg, wo bisher die 1 B 1 n 2 Lokomotiven der Staatseisenbahngesellschaft, Abb. 246, verwendet worden waren. Sie beförderte dort 200 t auf 7⁰/₀₀ mit 65 km/h.

1901 folgte eine fast genau gleiche 2 B 1 Lokomotive Nr. 801, Gattung I m (202), aber mit Zwillingszylindern von 485 mm Durchmesser und Kolbenschiebern, die bereits einmal im Jahre 1878 in Ungarn versucht worden waren (s. Bd. I, S. 258 und Tafel 32).

Die Verbundlokomotiven der Reihe I l und die Zwillingslokomotive der Reihe I m wurden im Jahre 1910 in 2 einander gleiche Heißdampf-Zwilling-Lokomotiven umgebaut. Bei diesem Umbau erhielten die Lokomotiven Zylinder von 510 mm Durchmesser und Kolbenschieber von 250 mm Durchmesser. Die Verdampfungsheizfläche betrug 143,72 m². Die Heizfläche des Überhitzers (40,81 m²) war also im Verhältnis zur Verdampfungsheizfläche klein.

Den beiden 2 B 1 Lokomotiven folgten mehrere Jahre hindurch keine weiteren. Erst im Jahre 1906 bestellte die Staatsbahn neue 2 B 1 Lokomotiven in größeren Mengen. Diese Maschinen waren bedeutend größer als die bisherigen und hatten ein Vierzylinderverbundtriebwerk, sie wurden aber noch mit Naßdampf betrieben (Reihe I n (203), Abb. 336). Diese Maschinen waren damals die größten 2 B 1 Lokomotiven des europäischen Festlandes.

Der Kessel (Dampfdruck 16 atü) hatte 5250 mm lange Rohre, eine fast senkrechte Stehkesselvorderwand und einen beinahe quadratischen Rost (3,9 m²). Der Aschkasten hatte außer den Stirn- auch Seitentüren.

Den Blechrahmen hatte man beibehalten; die beiden Innenzylinder bildeten ein Gußstück. Das auffallend große Zylinderraumverhältnis (1 : 2,98) ist wohl auf amerikanische und österreichische Einflüsse zurückzuführen. Alle 4 Zylinder hatten Kolbenschieber mit breiten Ringen, aber noch mit äußerer Einströmung. Die Bewegung der Innenschieber wurde von der äußeren Heusinger-Steuerung durch einen zweiarmigen Hebel abgeleitet. Zwischen dem Hoch- und dem Niederdruckzylinder lag ein Wechselschieber, der zum Anfahren Frischdampf in den Niederdruckzylinder leitete und von Hand betätigt wurde.

Sämtliche Laufachsen und Kurbelzapfen waren hohlgebohrt.

Völlig neu für Europa war der Tender der Bauart Vanderbilt, der bei den Tendern auf S. 404 behandelt ist.

Die Regelleistung (300 t auf 0⁰/₀₀ bei V = 100 km/h) war bedeutend größer als bei der ersten 2 B 1 n 2 v

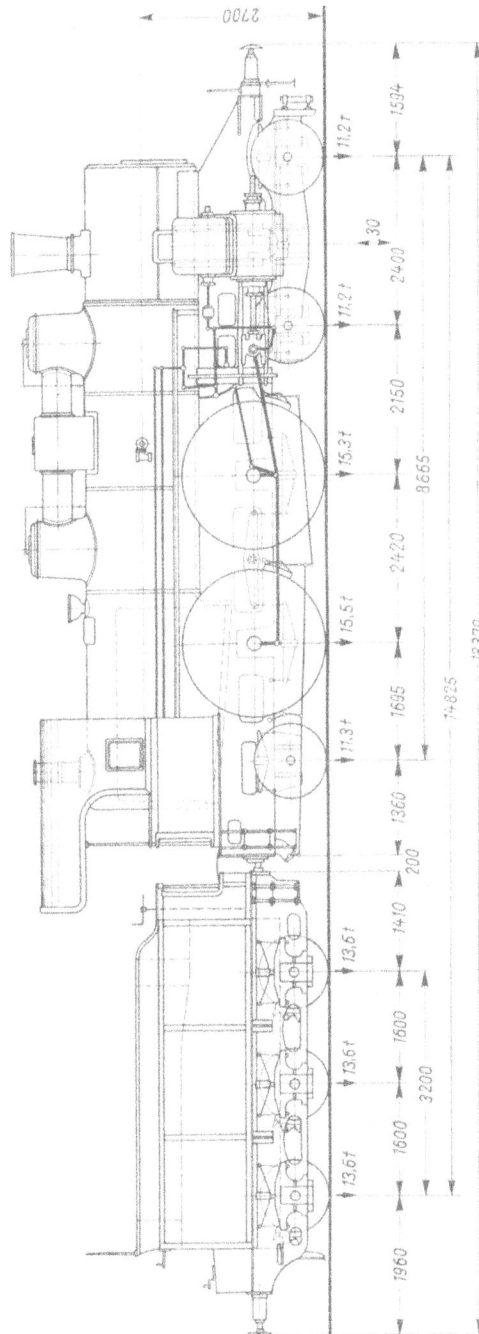

Abb. 335. 2 B 1 n 2 v Schnellzuglokomotive der Ungarischen Staatsbahn, Gattung I l (201);
Erbauer Maschinenfabrik der Kgl. Ungar. Staatseisenbahnen Budapest 1900.

Rostfläche . . . . . 2,82 m²	Treibraddurchmesser . 2100 mm	Dienstgewicht d. Lok. . 64,7 t
Verdampfungsheizfl. . 189,01 m²	Zylinderdurchm. . 500/750 mm	Reibungsgewicht . . . 30,9 t
Kesseldruck . . . . . 13 atü	Kolbenhub . . . . . 680 mm	

Lokomotive vom Jahre 1900/01. Von der 2 B 1 n 4 v Lokomotive wurden in den Jahren 1906—08 24 Stück gebaut.

Für den Verkehr auf der Gebirgsstrecke nach Fiume hatten schon im Jahre 1892 nach der Einführung des neuen Zonentarifs 2 C n 2 Lokomotiven (Gattung I h (320), Abb. 337) entwickelt werden müssen; diese 2 C Lokomotiven waren die ersten im Vereinsgebiet. Sie wichen von ihrem einzigen europäischen Vorbild, den 2 C Lokomotiven der Oberitalienischen Eisenbahn vom Jahre 1883 wesentlich ab.

Der Kessel glich ungefähr dem der 2 B n 4 v Lokomotiven der Reihe I e (222), Abb. 334, er hatte aber Stehbolzen aus Manganbronze. Auch der Außenrahmen und die Bauart des Drehgestelles waren beibehalten; dieses hatte nur knapp 8 t Achsdruck. Bei den 2 C Lokomotiven legte man die Gegenkurbel der Heusinger-Steuerung nach außen. Die Hallschen Kurbeln an den gekuppelten Achsen hatten eine besondere Form, sie waren nicht, wie gewöhnlich, flach, sondern hatten an der Innenseite noch einen Bund, der in die Radnabe eingepreßt wurde. Dadurch sollte beim Heißlaufen ein Abrutschen der Kurbel nach außen verhindert werden.

An den Kuppelachsen waren die Wangen der Hallschen Kurbeln wesentlich schmäler als an der Treibachse; die Kuppelstangen waren dementsprechend geschränkt, um den Querabstand der Zylinder möglichst klein zu halten. Das Drehgestell war noch nicht seitlich verschiebbar, dagegen waren nach amerikanischen Vorbildern die Spurkränze der vorderen Kuppel- und der Treibachse 10 mm schwächer gedreht.

Als besondere Ausrüstung war eine Radreifennäßvorrichtung vorhanden. Da man auf den gebirgigen Strecken ganz besonderen Wert auf ein sicheres Anfahren legen mußte und die Anfahrvorrichtungen damals noch nicht betriebssicher genug arbeiteten, hatte man nicht ein Verbundtriebwerk, sondern die Zwillingsanordnung gewählt.

Die Lokomotive beförderte als Regellast auf Strecken mit Bögen von 275 m Halbmesser 100 t auf 25⁰/₀₀ mit V = 30 km/h. Dabei wurde eine Kohle verfeuert, die 5,5 kg Dampf/kg Kohle erzeugte.

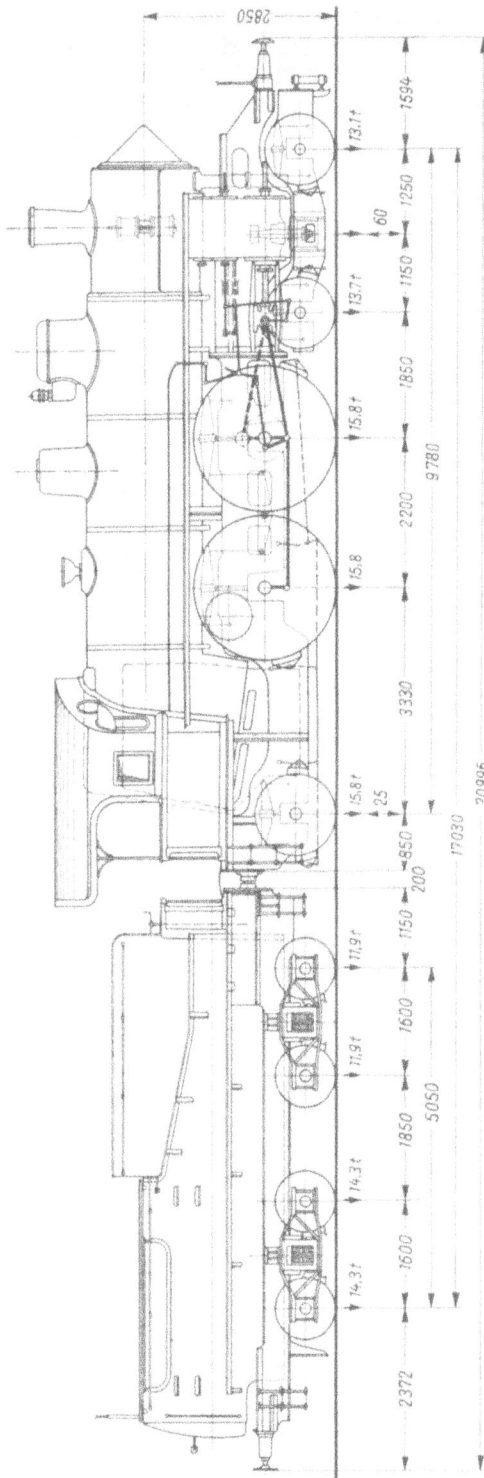

Abb. 336. 2 B 1 n 4 v Schnellzuglokomotive der Ungarischen Staatsbahn, Gattung I n (203); Erbauer Maschinenfabrik der Kgl. Ungar. Staatseisenbahnen Budapest 1906—1908.

Dienstgewicht d. Lok. . 74,4 t
Reibungsgewicht . . . 31,7 t
Zylinderdurchm. 2 × 360/620 mm
Kolbenhub . . . . . . 660 mm
Treibraddurchmesser . 2100 mm
Kesseldruck . . . . 16 atü
Rostfläche . . . . . 3,9 m²
Verdampfungsheizfl. 262,28 m²

Von dieser Gattung wurden im Jahre 1892 8 Stück und im Jahre 1896 1 Stück gebaut.

Im Jahre 1897 wurden weitere 2 C Lokomotiven beschafft (Reihe I k (321) Abb. 338), und zwar bis zum Jahre 1899 18 Stück. Diese erhielten eine kleinere Rostfläche, aber eine größere Heizfläche, da man für den Personenzugdienst zu einer besseren Kohlensorte übergegangen war. Die wichtigsten Neuerungen waren das Zweizylinderverbundtriebwerk und der Innenrahmen. Der vordere Teil des Rahmens war auf 810 mm lichte Weite eingezogen, um Raum für die Räder, Federn und Rahmen des Drehgestelles zu gewinnen.

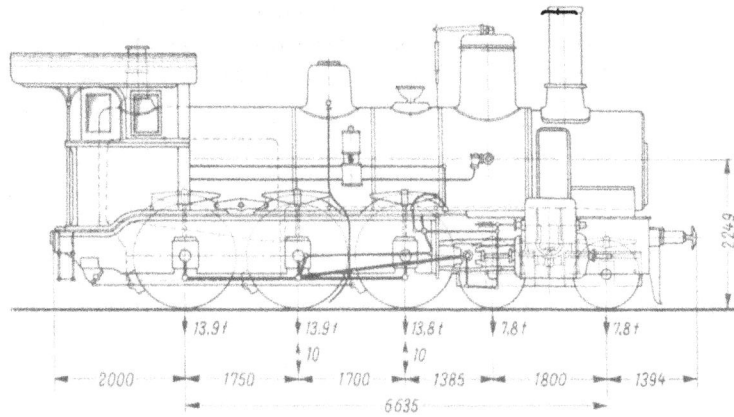

Abb. 337. 2 C n 2 Personenzuglokomotive der Ungarischen Staatsbahn, Gattung I h (320); Erbauer Maschinenfabrik der Kgl. Ungar. Staatseisenbahnen Budapest 1892—1896.

Rostfläche	3,0 m²	Zylinderdurchm.	2 × 500 mm
Verdampfungsheizfl.	142,3 m²	Kolbenhub	650 mm
Kesseldruck	13 atü	Dienstgewicht d. Lok.	57,2 t
Treibraddurchmesser	1604 mm	Reibungsgewicht	41,6 t

Die Außenzylinder erhielten sehr hohe Zylinderfüße, deren Rippen große Biegungsmomente aufzunehmen hatten.

Die Verschiedenheit des Füllungsverhältnisses der beiden Zylinder wurde durch die in der Abb. 338 sichtbare gegabelte Anlenkung der Steuerungszugstange an verschieden lange Steuerwellenhebel erreicht. Wegen der großen Flachschieber (Kanalschieber mit v. Borriesscher Entlastung) wurden die Schieberkästen unförmig groß.

Da der Kessel länger wurde, konnte der Achsstand des Drehgestells auf 2190 mm vergrößert werden. Das Drehgestell erhielt jetzt eine seitliche Verschiebbarkeit von 30 mm und eine Rückstellvorrichtung mit Blattfedern. Der auf das Drehgestell entfallende Lastenteil war auch jetzt noch klein (15 t).

Für viele Bauteile, z. B. auch für die Rahmenversteifung über dem Drehgestell (Drehzapfenträger), wurde Stahlguß verwendet. Das äußere Aussehen gewann durch das höher gelegte Umlaufblech.

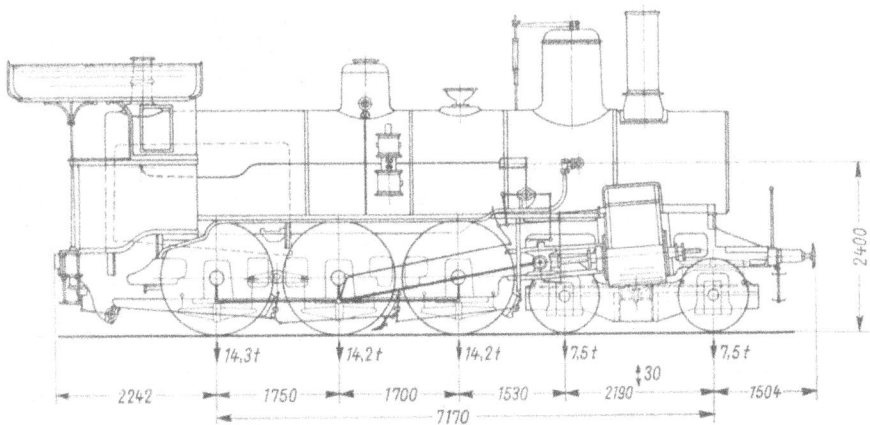

Abb. 338. 2 C n 2 v Personenzuglokomotive der Ungarischen Staatsbahn, Gattung I k (321); Erbauer Maschinenfabrik der Kgl. Ungar. Staatseisenbahnen Budapest 1897—1899.

Rostfläche	2,6 m²	Treibraddurchmesser	1606 mm	Dienstgewicht d. Lok.	57,7 t
Verdampfungsheizfl.	163,64 m²	Zylinderdurchm.	510/750 mm	Reibungsgewicht	42,7 t
Kesseldruck	13 atü	Kolbenhub	650 mm		

Die 2 C n 2 v Lokomotiven beförderten 130 t auf $25^0/_{00}$ mit 50 km/h.

Über ein Jahrzehnt ruhte dann die Entwicklung der 2 C Lokomotive in Ungarn. Auf den Gebirgsstrecken wurde die 2 C Lokomotive im Jahre 1905 durch 1 B B Mallet-Lokomotiven abgelöst, den übrigen Personenverkehr übernahmen vom Jahre 1907 an zunächst die 1 C 1 Lokomotiven.

Erst vom Jahre 1912 wurde die 2 C Lokomotive wieder weiter beschafft, sie diente nunmehr aber ausschließlich dem Flachlandschnellzugdienst (Reihe 327, Abb. 339). Die Mittellinie des Kessels rückte bei dieser Reihe auf 2885 mm über SO hinauf; der Stehkessel lag über dem Rahmen. Die Rostfläche war zwar nur wenig größer als bei den ersten 2 C Lokomotiven vom Jahre 1892 (Abb. 337), dafür war aber die Leistung durch einen Überhitzer gesteigert. Bei den ersten 48 Lokomotiven dieser Reihe wurden als Sicherheitsventile noch Federwaagen verwendet. Auf dem Kessel lag der Speisewasserreiniger Pecz-Rejtö, der im Jahre 1910 eingeführt und von 1912 an in viele Lokomotiven eingebaut wurde.

Das Drehgestell wurde weiter nach vorn geschoben, so daß die vordere der gekuppelten Achsen wie bei den kurz vorher entwickelten preußischen S 10 Lokomotiven angetrieben werden konnte.

Die Kolbenschieber hatten 354 mm Durchmesser und besaßen federnde Ringe. Die Hängeeisen der Steuerung griffen an den gegabelten Schieberschubstangen unmittelbar am Bolzen des Schwingensteins an. Sehr zweckmäßig war die Führung der Schieberstange an dem Stahlgußträger zwischen Zylinder und Steuerwellenlagerung. Der Rahmen war auf dem Drehgestell in 2 Seitenpfannen und einer mittleren Halbkugelpfanne gestützt, die ein seitliches Spiel des Drehgestells von 85 mm zuließ.

Alle Treibräder wurden durch Preßluftsandstreuer gesandet. Die Rauchkammer und das Führerhaus waren nach vorn zugeschärft, um den Luftwiderstand zu verringern.

Die Lokomotive beförderte auf Versuchsfahrten 350 t auf $0^0/_{00}$ mit 90 km/h.

In den Jahren 1912—1913 wurden 2 Lokomotiven dieser Bauart mit einem Zweizylinder-Verbundtriebwerk geliefert, deren Zylinder 525/780 mm Durchmesser hatten. Die Ersparnisse waren

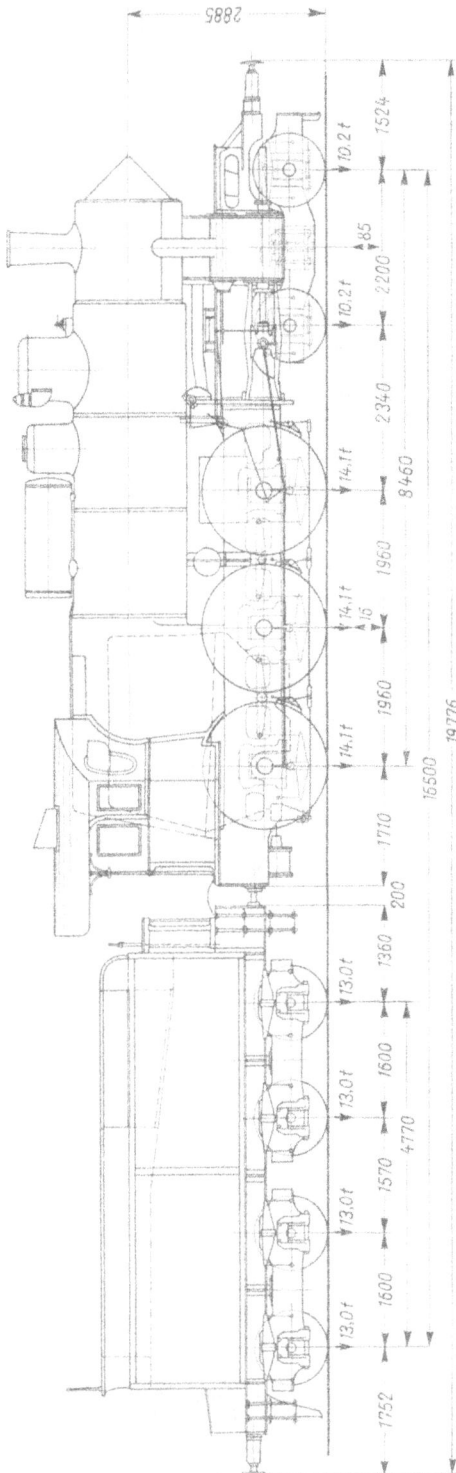

Abb. 339. 2 C h 2 Schnellzuglokomotive der Ungarischen Staatsbahn, Gattung 327; Erbauer Maschinenfabrik der Kgl. Ungar. Staatseisenbahnen Budapest 1912—1914.

Rostfläche	3,09 m²	Kesseldruck	12 atü
Verdampfungsheizfl.	152,8 m²	Treibraddurchmesser	1826 mm
Überhitzerheizfläche	34,0 m²	Zylinderdurchm.	2 × 550 mm
		Kolbenhub	650 mm
		Dienstgewicht d. Lok.	62,88 t
		Reibungsgewicht	42,41 t

aber gegenüber den Zwillingslokomotiven nicht groß, so daß die 2 C Lokomotive bis zum Jahre 1914 wieder als Zwillingslokomotive weitergebaut wurde.

Während des Weltkrieges wurden wie in Deutschland zunächst keine weiteren Schnellzuglokomotiven beschafft. Als aber im Jahre 1916 der lebhafte Truppen-Durchgangsverkehr zum Balkan neue Schnellzuglokomotiven erforderte, entstand aus der 2 C h 2 Lokomotive der Reihe 327 eine neue 2 C h 2 Lokomotive in wesentlich verstärkter Ausführung. Der Kessel der neuen Gattung 328 (Abb. 340) wurde gegenüber der Reihe 327 verlängert, so daß die Heizfläche um etwa 10% stieg. Auch die Rostfläche war etwas größer. Da während des Krieges für die Feuerbüchsen kein Kupfer verwendet werden konnte, ging man zum Brotan-Kessel über; die seitlichen Grundrohre des Brotan-Kessels lagen zwischen den Rädern der Treibachse und der letzten Kuppelachse, und zwar noch außerhalb der Laufkreisebenen in einer Höhe von etwa 1750 mm über SO. Die Räder der hinteren Kuppelachse ragten also noch um etwa 75 mm über den Boden der Grundrohre nach oben, so daß an den Stellen, wo sich die Scheitel

Abb. 340. 2 C h 2 Schnellzuglokomotive der Ungarischen Staatsbahn, Gattung 328;
Erbauer Maschinenfabrik der Kgl. Ungar. Staatseisenbahnen Budapest und Henschel u. Sohn 1918—1922.

Rostfläche	3,25 m²	Kesseldruck	12 atü	Kolbenhub	650 mm
Verdampfungsheizfl.	164,7 m²	Treibraddurchmesser	1826 mm	Dienstgewicht d. Lok..	69,0 t
Überhitzerheizfläche	45,2 m²	Zylinderdurchm.	2×570 mm	Reibungsgewicht	42,92 t

der Räder der Rostlage näherten, keine Roststäbe mehr Platz fanden. Diese Stellen wurden durch Eisenplatten abgedeckt, die auf der Feuerseite mit Chamotte verkleidet waren; später wurde hier ein kleiner Treppenrost eingebaut.

Um eine zu starke Belastung der Kuppelachsen zu vermeiden, hatte man das Drehgestell nahe an die erste Kuppelachse herangeschoben und auch die Kesselaufbauten (Dom usw.) nach vorn verlegt. Der Achsdruck der Drehgestellachsen kam dadurch nahe an die zulässige Grenze heran. Das Aussehen der Lokomotive hatte durch diese Lage des Drehgestells nicht gerade gewonnen, es ist aber allen leistungsfähigen 2 C Lokomotiven eigen (weit nach vorn geschobener Kessel).

Neu war an diesen Lokomotiven die Rauchverbrennungseinrichtung von Pottyondy, bei der durch die Vorderwand des Brotan-Stehkessels und durch Kanäle im Feuerschirm zusätzliche Verbrennungsluft mittels eines Dampfbläsers eingeblasen wurde. Die Einrichtung war bei der kräftigen Erwärmung der Luft im Feuerschirm sehr wirksam, mußte aber wieder aufgegeben werden, weil der Feuerschirm sich nicht halten ließ. Auch die Überhitzerheizfläche war gegenüber der Gattung 327 vergrößert worden.

Mit dieser Lokomotive wurde das tiefliegende Blasrohr in Ungarn eingeführt. Es mündete beinahe 500 mm unter der Mittellinie des Kessels.

Da die Rauchkammer-Rohrwand nach vorn geschoben war, die Zylinder aber mehr nach hinten, wurden die Einströmrohre außen am Kessel vor dem Dom senkrecht nach unten geführt.

Die mittlere gekuppelte Achse war die Treibachse. Die Tragfedern waren auffallend kurz (900 mm); sie lagen unter den Achslagern.

Die Lokomotiven besaßen außer dem Speisewasserreiniger auch Knorrsche Kolbenspeisepumpen und einen Abdampfspeisewasservorwärmer, der unter der Rauchkammer lag. Als Sicherheitsventile wurden Pop-Ventile verwendet. Rauchkammer und Führerhaus blieben im Gegensatz zu den anderen Vereinsverwaltungen zugeschärft.

Die Ungarische Staatsbahn hat von dieser Gattung 158 Stück beschafft; der größte Teil stammte von Henschel und Sohn. Die Lokomotiven hatten wegen des Krieges erst in den Jahren 1918—1922 abgeliefert werden können. Da sich inzwischen die Grenzen im Donauraum beträchtlich verschoben hatten und Ungarn einen Teil seines Gebietes hatte abtreten müssen, wurde ein Teil der Lieferung (17 Stück) von der neugegründeten Tschechoslowakischen Staatsbahn übernommen.

Die Lokomotive beförderte 256 t schwere Züge auf $10^0/_{00}$ mit 50 km/h. Ihre Leistung deckte sich fast mit der der preußischen P 8 Lokomotive, die unter gleichen Streckenverhältnissen etwa 270 t befördern konnte.

Wie schon erwähnt, war die Entwicklung der 2 C Lokomotive in Ungarn durch den gesetzlich zugelassenen niedrigen Achsdruck von nur etwa 14,5 t stark behindert. Schon bei der vorher beschriebenen Reihe 328 hatte das Drehgestell eine größere Last übernehmen müssen als sonst üblich. Die hohen Treibräder hatten der baulichen Durchbildung des Stehkessels Grenzen gezogen, die bei der 2 C Anordnung nur durch besondere Hilfsmaßnahmen umgangen werden konnten. (Hohe Lage des Kessels usw.) Diesen Schwierigkeiten war man z. B. in Österreich durch die Entwicklung der 1 C 1 Lokomotiven und später der 1 C 2 Lokomotiven aus dem Wege gegangen. Die 1 C 1 Lokomotive bot vor allem den Vorteil der Gewichtsersparnis, da ja das Drehgestell fortfiel und die Laufachsen als Radialachsen besonders leicht ausgeführt werden konnten. Zu dieser leichten Bauart konnte man sich um so leichter entschließen, als durch ein ausgeglichenes Triebwerk (4 Zylinder) die störenden Bewegungen durch die Massenkräfte klein gehalten werden konnten. Über der hinteren Laufachse aber wurde ausreichender Raum für einen zweckmäßigen Stehkessel gewonnen. Die dann noch übrigbleibende Ersparnis an Gewicht konnte für einen größeren Kessel ausgenutzt werden.

Als sich im Jahre 1908 neuer Bedarf an dreifach gekuppelten Lokomotiven einstellte, wählte man nunmehr die in Österreich bewährte Achsanordnung 1 C 1. Da die ungarische Lokomotivfabrik in Budapest zu dieser Zeit so stark beschäftigt war, daß sie Entwurfsarbeiten für neue Lokomotiven nicht übernehmen konnte, bezog man zunächst eine Reihe von 1 C 1 Lokomotiven österreichischer Bauart mit 1820 und 1614 mm hohen Treibrädern aus Österreich. Dann aber stellte man auch selbst eigene Entwürfe einer 1 C 1 n 4 v Lokomotive mit 1606 mm hohen Treibrädern und später einer 1 C 1 n 2 v mit nur 1440 mm hohen Treibrädern auf.

Als erste Bahnverwaltung hatte sich die Kaschau—Oderberger Eisenbahn 10 Stück 1 C 1 n 4 v Lokomotiven nach den Zeichnungen der Österreichischen Reihe 110 (s. Abb. 270) je zur Hälfte in der Budapester Lokomotivfabrik und in Floridsdorf bauen lassen, denen im Jahre 1910 nochmals 8 Stück folgten. Von diesen 8 Lokomotiven stammten drei aus dem Budapester Werk und 5 aus der österreichischen Fabrik in Wiener-Neustadt.

Zu derselben Zeit ging auch die Ungarische Staatsbahn zu einer 1 C 1 n 4 v Bauart (Gattung III s (322), Abb. 341) über, die sich stark an die österreichische Bauart der Kaschau—Oderberger Bahn anlehnte.

Der Kessel entsprach ungefähr dem der 2 B 1 Lokomotiven der Gattung I n (203) (Abb. 336) und stimmte in den Hauptmaßen ziemlich mit der österreichischen Gattung 110 überein. Ein Vergleich der Heizflächen mit der letzten Bauart der 2 C Lokomotive läßt die Vorteile erkennen, die sich aus der Wahl der Achsanordnung 1 C 1 ergaben. Allerdings wurde der Achsdruck der Laufachsen im Verhältnis zum Achsdruck der Kuppelachsen groß, man konnte aber dadurch einen sehr großen und leistungsfähigen Kessel mit breiter, fast quadratischer Rostfläche unterbringen, der für das geringe Reibungsgewicht schon reichlich groß war. Ebenso verhielt es sich mit den Zylindern. Die hohe Zugkraftkennziffer (36,8) deutet an, daß die Zylinder zu groß geraten waren, selbst wenn man berücksichtigt, daß die Lokomotive ein Vierzylinder-Verbundtriebwerk besaß. Man hatte die Zylinder-Abmessungen der öster-

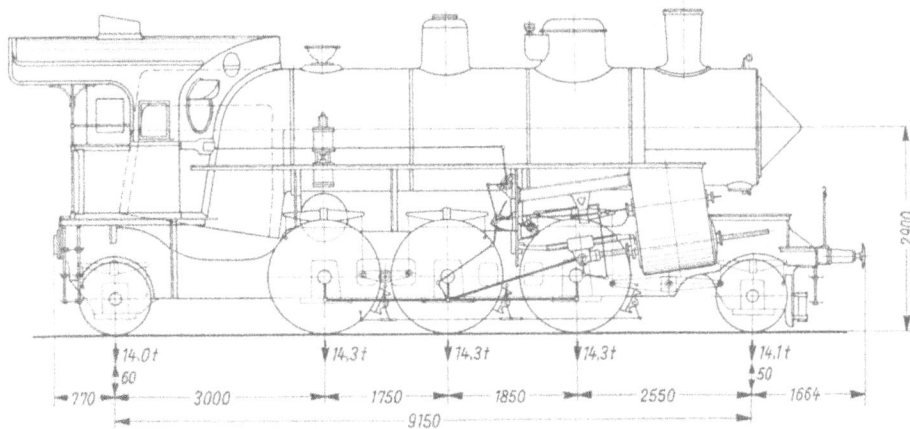

Abb. 341. 1 C 1 n 4 v Personenzuglokomotive der Ungarischen Staatsbahn, Gattung III s (322);
Erbauer Maschinenfabrik der Kgl. Ungar. Staatseisenbahnen Budapest 1908—1909.

Rostfläche . . . . . 3,91 m²	Treibraddurchmesser . 1606 mm	Dienstgewicht d. Lok.. 71,2 t
Verdampfungsheizfl. 256,79 m²	Zylinderdurchm. 2 × 360/620 mm	Reibungsgewicht . . 43,0 t
Kesseldruck . . . . . 16 atü	Kolbenhub . . . . . 660 mm	

reichischen Reihe 110 im großen und ganzen übernommen, deren Zugkraftkennziffer auch schon reichlich hoch lag (37,4). Die ungarische Lokomotive hatte zwar einen kleineren Hub (660 gegenüber 720 mm), dafür waren aber auch die Treibräder nur 1606 mm hoch (statt 1780 bei den österreichischen Lokomotiven).

Im Gegensatz zur Reihe 110 wählte man jetzt in Ungarn statt der Flachschieber Kolbenschieber in beiden Zylindergruppen (270/395 mm), weil man beabsichtigte, die Lokomotiven unter Umständen auf Heißdampf umzubauen. Das ist aber nicht geschehen. Der Kreuzkopf war einschienig; diese Bauart hat sich aber in Ungarn nicht recht durchsetzen können, weil man befürchtete, die Kreuzköpfe könnten bei Verschleiß nicht so leicht nachgestellt werden wie die zweischienige Bauart. Die Laufachsen waren wie in Österreich Adamsachsen ohne Rückstellvorrichtung.

Ein Sandstreuer Bauart Leach sandete sämtliche Kuppelräder. Die Windschneiden wurden auch hier beibehalten.

Von diesen Lokomotiven wurden in den Jahren 1908/09 40 Stück beschafft; sie beförderten auf der Strecke Budapest—Bruck mit Steigungen von 6,7⁰/₀₀ planmäßig Schnellzüge bis zu 450 t. Sie sollten sogar etwa 500 t schwere Züge auf derselben Strecke mit 55 km/h befördern können.

Die eben beschriebene Lokomotive der Gattung III s (322) mit ihren 1606 mm hohen Rädern war eigentlich keine Schnellzuglokomotive, sondern eine Personenzuglokomotive. Trotzdem beschaffte die Ungarische Staatsbahn im Jahre 1908 eine leichtere und einfacher gebaute 1 C 1 n 2 v Lokomotive für den Personenzugdienst.

Da in Österreich gerade zu dieser Zeit eine 1 C 1 Personenzuglokomotive entwickelt worden war (Reihe 329), bestellte man aus den schon oben erwähnten Gründen bei österreichischen Lokomotivfabriken (Lokomotivfabrik Wiener-Neustadt, der Maschinen-Fabrik der priv. Österreichisch-Ungarischen Staats-Eisenbahngesellschaft, Wien, und der Lokomotivfabrik A.-G. Floridsdorf) insgesamt 65 Lokomotiven nach den Zeichnungen der österreichischen Reihe 329 (Abb. 271). Die Lokomotiven erhielten die Gattungszeichen III t (323).

Die Lokomotiven waren mit einem Dampftrockner von 45,04 m² Heizfläche ausgerüstet, der später wieder ausgebaut werden mußte, weil er sich nicht bewährte.

Gleichzeitig (1909) ließ die Ungarische Staatsbahn aber eine weitere 1 C 1 Lokomotive mit noch niedrigeren Rädern von einheimischen Lokomotivfabriken bauen (Gattung III u (324), Abb. 342).

Der Kessel der neuen Lokomotive war bedeutend größer als bei der vorher erwähnten Lokomotive der Reihe III t (323). Die Rohre waren auf 5000 mm verlängert; der Rost war

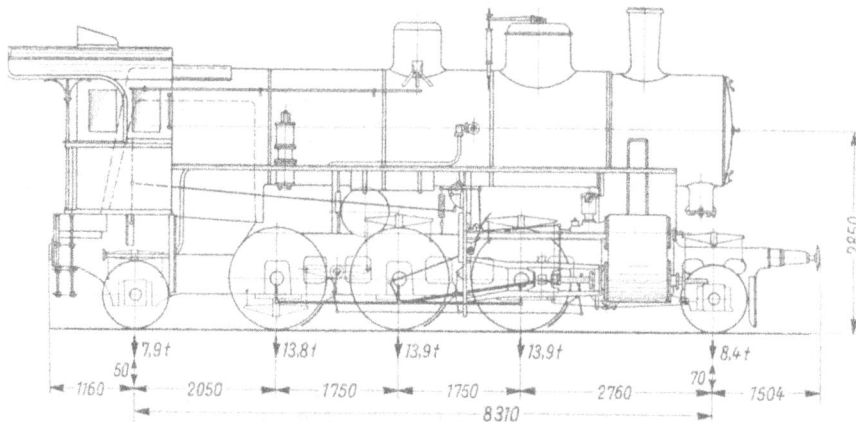

Abb. 342. 1 C 1 n 2 v Personenzuglokomotive der Ungarischen Staatsbahn, Gattung III u (324);
Erbauer Maschinenfabrik der Kgl. Ungar. Staatseisenbahnen Budapest 1909—1913.

Rostfläche . . . . . 3,15 m²	Treibraddurchmesser . 1440 mm	Dienstgewicht d. Lok. . 58,08 t
Verdampfungsheizfl. 213,6 m²	Zylinderdurchm. 460/690 mm	Reibungsgewicht . . 41,7 t
Kesseldruck . . . . . 15 atü	Kolbenhub . . . . . 650 mm	

auf 1500 mm verbreitert, dafür aber um rd. 750 mm gekürzt. Der Stehkessel ragte daher an den Seiten über die Räder hinaus. Er bot zwar ein wenig mehr Rostfläche, hatte aber dafür rd. 3 m² an Strahlungsheizfläche eingebüßt. Dem stand eine um rd. 50 m² größere Rohrheizfläche gegenüber. Die Leistung des Kessels dürfte also kaum größer geworden sein als bei der Reihe III t (323). Der Dampftrockner wurde fortgelassen. Die Zylinder erhielten auch jetzt wieder Kolbenschieber. Die vereinigte Hebel- und Schraubenumsteuerung dieser Lokomotive wurde zu der Zeit sonst kaum noch verwendet. Die Treibräder hatten wie bei den C n 2 v Lokomotiven der Reihe III q (325) (Abb. 347) nur 1440 mm Durchmesser. Dadurch konnte der feste Achsstand auf 3500 mm zusammengedrängt werden. Der Gesamtachsstand wurde gegenüber der vorher beschriebenen Lokomotive noch etwas vergrößert.

Trotz des größeren Kessels war das Leergewicht der Lokomotive rd. 2 t kleiner als das der österreichischen Bauart; der Achsdruck der gekuppelten Achsen lag etwas unter 14 t.

Die 1 C 1 n 2 v Lokomotiven der Gattung III u (324) beförderten

$$270 \text{ t auf } 10^0/_{00} \text{ mit } 50 \text{ km/h und}$$
$$459 \text{ t auf } 5^0/_{00} \text{ mit } 50 \text{ km/h.}$$

Die Höchstgeschwindigkeit betrug 75 km/h. Die Lokomotive konnte damit für fast jeden Zugdienst vom Güter- bis nötigenfalls zum Schnellzugdienst verwendet werden. Sie wurde von 1909—1913 in einem für Ungarn sehr großen Umfange (355 Stück) gebaut.

Alle bisher erläuterten ungarischen 1 C 1 Lokomotiven waren Naßdampflokomotiven. Vom Jahre 1914 an wurden die 1 C 1 Lokomotiven als Heißdampfzwillingslokomotiven weitergebaut (Reihe 324, Abb. 343 und Tafel 24). Da die Schienendrücke der Laufachsen bei der 1 C 1 Naßdampflokomotive nur 7,5—9,7 t betrugen, konnte das Mehrgewicht des Überhitzers ohne Schwierigkeiten untergebracht werden. Der Kessel brauchte also nicht, wie es in Österreich meist geschah, gekürzt zu werden; wohl aber wurde die Dampfspannung von 15 auf 12 atü verringert. Dem geringeren Dampfdruck entsprechend mußte dann der Zylinderdurchmesser wesentlich vergrößert werden. Die Lokomotive erhielt einen Speisewasserreiniger oben auf dem Kessel. Solche Reiniger waren inzwischen auch bei den 1 C 1 Naßdampflokomotiven allgemein eingeführt worden.

Die Schlepplast der Heißdampflokomotive konnte nach den Belastungstafeln um etwa 10% erhöht werden.

Die 1 C 1 Heißdampflokomotive wurde bald außerordentlich beliebt. Sie war leistungsfähig, sparsam und mit ihren kleinen Treibrädern (1440 mm) für mancherlei Zwecke gut zu gebrauchen. Ihr Hauptarbeitsgebiet war allerdings der Personenzugdienst, dem sie mit ihrer Höchstgeschwindigkeit von 75 km/h durchaus gewachsen war.

382

Abb. 343. 1 C 1 h 2 Personenzuglokomotive der Ungarischen Staatsbahn, Gattung 324;
Erbauer Maschinenfabrik der Kgl. Ungar. Staatseisenbahnen Budapest 1914—1923.

Rostfläche . . . . . 3,15 m²	Kesseldruck . . . . 12 atü	Kolbenhub . . . . . 650 mm
Verdampfungsheizfl. 171,61 m²	Treibraddurchmesser . 1440 mm	Dienstgewicht d. Lok. . 61,66 t
Überhitzerheizfläche . 39,8 m²	Zylinderdurchm. 2 × 510 mm	Reibungsgewicht . . 43,0 t

Sie wurde in noch größerem Umfange als die vorhergenannten Maschinen beschafft (in den Jahren 1914—1923: 540 Stück). Während des Weltkrieges mußte wegen des Mangels an Kupfer der Stehkessel durch einen Brotankessel ersetzt werden (vgl. Abb. 343).

Von der Geschichte der österreichischen Schnellzuglokomotive her sind die Gründe bekannt, welche dort zur 1 C 2 Lokomotive geführt haben. Es wurde u. a. dargelegt, daß der geringe Heizwert der österreichischen Kohle (böhmische Braunkohle) große Rostflächen notwendig gemacht hatte. Der dadurch bedingte große und schwere Stehkessel mußte über einem hinteren Drehgestell untergebracht werden, damit die zugelassenen Achsdrucke gewahrt wurden.

Wenn nun die Ungarische Staatsbahn im Jahre 1911 bei der Entwicklung von ³/₆ gekuppelten Lokomotiven trotz ihrer ebenfalls nicht sehr hochwertigen Kohle andere Wege gegangen ist und die Achsanordnung 2 C 1 wählte, so lag das daran, daß der andere Gesichtspunkt, der in Österreich den Schritt zur 1 C 2 entschieden hatte, nämlich der niedrige Achsdruck, für Ungarn nicht mehr zutraf. Hier waren schon einige Jahre vorher die Hauptschnellzugstrecken auf einen Achsdruck von 16 t umgestellt worden. Bei diesem Achsdruck aber konnte ohne Schwierigkeit noch eine 2 C 1 Lokomotive entwickelt werden, deren Rostfläche der schlechten Kohle angepaßt war. So bestellte die Ungarische Staatsbahn bei der Staats-Maschinenfabrik in Budapest zunächst 4 Stück 2 C 1 Lokomotiven. Selbstverständlich entschied man sich zu dieser Zeit (1911) für eine Heißdampfmaschine. Noch nicht geklärt war aber damals die Frage, ob Lokomotiven mit einfacher oder mit doppelter Dampfdehnung vorgezogen werden sollten. So wählte man einen Mittelweg und bestellte je 2 Lokomotiven mit einem Vierlings- und einem Vierzylinder-Verbundtriebwerk (Reihe 301, Abb. 344). Nach den Erfahrungen mit ihnen wollte man sich dann für die zweckmäßigste Bauart entscheiden.

Die Verbundlokomotive besaß einen Kessel für 16 atü mit der außerordentlich großen Rostfläche von 4,84 m², die erst im Jahre 1918 von der badischen 2 C 1 Lokomotive (Gattung IV h, Abb. 153, 5,0 m²) ein wenig übertroffen wurde. Die Heizfläche war allerdings bei der ungarischen 2 C 1 Lokomotive noch etwas größer, dafür aber überwog bei der badischen wiederum die Überhitzerheizfläche um etwa 10 m². Die Höhenlage der Kesselmitte (3020 mm über SO) ist bis zum Jahre 1920 von keiner anderen 2 C 1 Lokomotive im Vereinsgebiet erreicht worden. Bei einer solchen Höhenlage und bei den niedrigen Rädern (nur 1826 mm Durchmesser) konnte eine sehr geräumige Feuerbüchse gewählt werden, so daß die Strahlungsheizfläche mit 16,8 m² größer war als bei irgendeiner anderen 2 C 1 Lokomotive mit breiter Feuerbüchse im Vereinsgebiet.

Der Bodenring war nur 76 mm breit; der Wasserraum zwischen dem Stehkessel- und Feuerbüchsmantel wurde aber nach oben weiter. In der Höhe der Feuerbüchsdecke erreichte

383

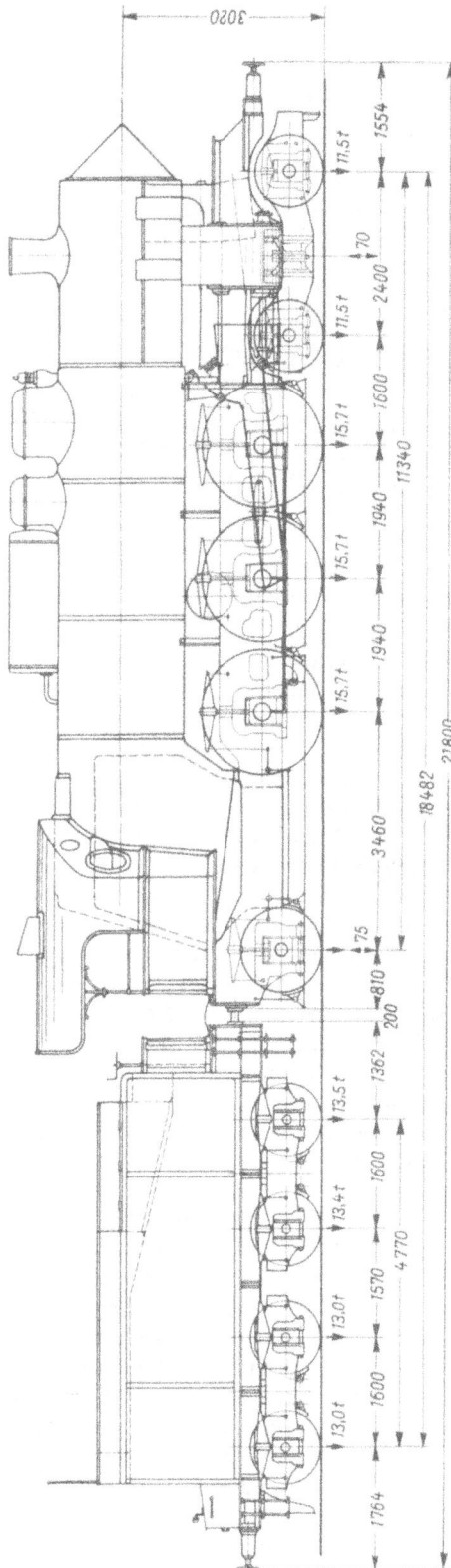

Abb. 344. 2 C 1 h 4 Schnellzuglokomotive der Ungarischen Staatsbahn, Gattung 301; Erbauer Maschinenfabrik der Kgl. Ungar. Staatseisenbahnen Budapest 1911—1914.

Rostfläche	4,84 m²	Kesseldruck.	12 atü
Verdampfungsheizfl.	261,9 m²	Treibraddurchmesser .	1826 mm
Überhitzerheizfläche .	53,6 m²	Zylinderdurchm.	4×430 mm
		Kolbenhub	660 mm
Dienstgewicht d. Lok..	84,68 t		
Reibungsgewicht . .	47,16 t		

er 120—130 mm. Der Aschkasten war am Rahmen befestigt; die Rauchkammer hatte die bedeutende Länge von 2832 mm.

Da an den 2 B 1 Lokomotiven (Gattung I n (203) viel über Brüche der Kropfachsen (Einachsantrieb) geklagt wurde, hatte man bei den 2 C 1 h 4 v Lokomotiven den Zweiachsantrieb gewählt. Die Innenzylinder waren zu diesem Zweck um eine Zylinderlänge nach vorn geschoben und trieben die erste Kuppelachse an, während die Außenzylinder auf die mittlere gekuppelte Achse wirkten. Das Zylinderraumverhältnis betrug 1:2,5. Um die Ungenauigkeiten in der Übertragung der Schieberbewegung nach innen auszugleichen, wurden die Innenschieber nicht von der äußeren Schieberstange, sondern nach dem Entwurf der Staatsmaschinenfabrik von einer um 120 mm vorgeschobenen Nase des Voreilhebels abgenommen.

Zum Anfahren diente ein Wechselschieber, der gedrosselten Frischdampf an den Verbinder abgab. Die Lokomotive machte einen recht fortschrittlichen Eindruck, den der Barrenrahmen noch verstärkte. Der Dampfdruck betrug 15 atü.

Die zu derselben Zeit beschafften Vierlingslokomotiven (Abb. 344) besaßen den gleichen Kessel, der Dampfdruck war jedoch leider auf 12 atü herabgesetzt. Auch die Triebwerksanordnung war bei den Vierlingslokomotiven dieselbe geblieben.

In der Leistung und im Lauf waren beide Bauarten gleichwertig. Auf Versuchsfahrten wurden Leistungen von rd. 1860 PS$_i$ erzielt. Die Vierlingslokomotive verbrauchte dabei rd. 460 kg, die Verbundlokomotive rd. 435 kg hochwertige Kohle (Heizwert etwa 7400 WE/kg) je m² Rostfläche und Stunde. Auf Leerfahrten wurden sogar Geschwindigkeiten von 140 km/h erreicht. Das entspricht 408 Radumdrehungen in der Minute und 8,98 m/s Kolbengeschwindigkeit.

Obwohl die Verbundlokomotive einen um 6—7% geringeren Kohlenverbrauch hatte, wählte man doch für die weitere Beschaffung wegen der geringeren Unterhaltungskosten die Vierzylinder-Lokomotive mit einfacher Dampfdehnung (bis 1914 zusammen 20 Stück).

Diese 2 C 1 Lokomotiven reichten für den schweren Schnellzugdienst in Ungarn im allgemeinen aus. Nur die Kaschau—Oderberger Eisenbahn mußte im Jahre 1916 zu noch schwereren Lokomotiven übergehen. Auf ihrer Strecke Oderberg—Zsolna (Sillein) konnten die 2 C 1 Lokomotiven auf den starken Steigungen von 15—16⁰/₀₀ die in der Kriegszeit häufig übermäßig ausgelasteten Schnellzüge nicht mehr pünktlich befördern. Da es sich nicht lohnte, für diesen beschränkten Zweck eine neue ungarische Gattung zu entwickeln, übernahm man ohne große Änderungen (z. B. Schüttelrost) die 2 D h 2 Lokomotive der Reihe 570 der Österreichischen Südbahn (Abb. 279) und bestellte bei der Maschinenfabrik der Österreichisch-Ungarischen Staatseisenbahngesellschaft in Wien 5 Stück, die im Jahre 1918 geliefert wurden.

DIE GÜTERZUGLOKOMOTIVEN.

In Ungarn hatte vom Jahre 1874 an die Beschaffung von C Güterzuglokomotiven mehrere Jahre hindurch geruht. Mit dem Aufschwung des Wirtschaftslebens im Beginn der 80er Jahre stieg auch wieder der Bedarf an solchen Lokomotiven. Die Ungarische Staatsbahn bezog zunächst von ihrer Maschinenfabrik in Budapest, daneben aber auch von österreichischen und deutschen Fabriken eine Reihe von C n 2 Lokomotiven, die das Gattungszeichen III k (341) und III e (326) (Abb. 345) erhielten. Beide Gattungen waren nach dem Vorbilde älterer österreichischer Lokomotiven gebaut. Sie ähnelten den Lokomotiven im Bd. I, S. 263 (Abb. 362—363); sie hatten einen tiefliegenden Kessel, einen doppelten Außenrahmen und nach damaligem Brauch einen schwach überhöhten Crampton-Stehkessel. In der Leistung waren sie nur wenig voneinander verschieden. Im Jahre 1888 wurde die Gattung III c dem Stande der Technik angepaßt. Man verlängerte die Rauchkammer, beseitigte den alten Funkenfängerschornstein und baute in den Rost einen Kipprost ein. Von jetzt an übernahm die Budapester Lokomotivfabrik die alleinige

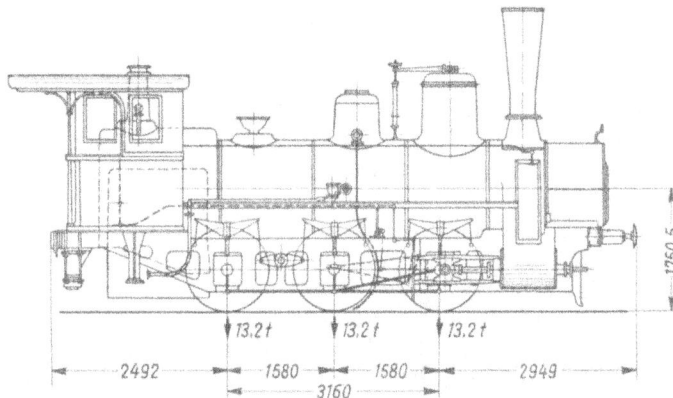

Abb. 345. C n 2 Güterzuglokomotive der Ungarischen Staatsbahn, Gattung III e (326); Erbauer Maschinenfabrik der Kgl. Ungar. Staatseisenbahnen Budapest und andere Firmen 1882—1912.

Rostfläche	1,65 m²	Zylinderdurchm.	2 × 460 mm
Verdampfungsheizfl.	125,38 m²	Kolbenhub	632 mm
Kesseldruck	10 atü	Dienstgewicht d. Lok.	39,6 t
Treibraddurchmesser	1221 mm	Reibungsgewicht	39,6 t

Lieferung der C Lokomotiven. In dieser Ausführung wurde die Lokomotive unverändert bis zum Jahre 1897 nachgebaut. Einzelne Privatbahnen beschafften sie sogar noch bis zum Jahre 1912. Der recht niedrige Dampfdruck (10 atü) wurde bis zum Schluß beibehalten. Schließlich waren in Ungarn 534 Lokomotiven dieser Bauart vorhanden, von denen viele noch nach dem Weltkriege, zum Teil sogar noch im Jahre 1935, im Betriebe waren.

Bereits im Jahre 1892 war auch die Staatsbahn zur C Verbundlokomotive übergegangen. Zu Versuchszwecken hatte sie zunächst von der österreichischen Steg-Fabrik eine dreizylindrige Verbund-Lokomotive (Gattung III n) bezogen (Abb. 346). Der Stehkessel dieser Lokomotive besaß eine Polonceau-Feuerbüchse und lag über dem Rahmen, aber noch zwischen den Rädern der letzten Achse. Aus diesem Grunde war für die Federn der dritten Achse über den Achslagern kein Platz vorhanden. Man ordnete sie aber nicht unter den Achslagern an, sondern belastete die Achslager durch einen Winkelhebel, dessen senkrechter Schenkel sich gegen eine waagerechte Blattfeder legte.

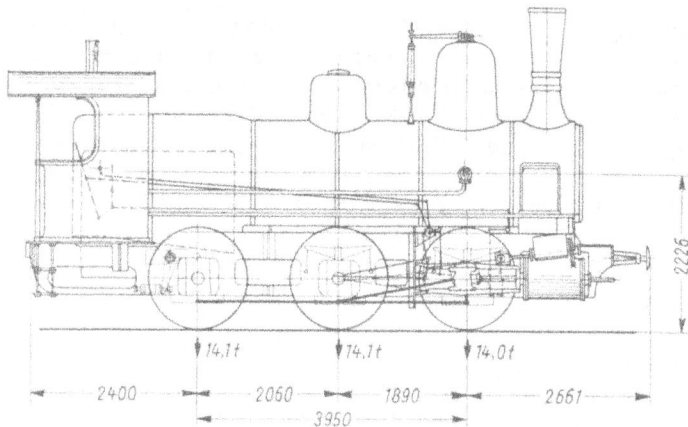

Abb. 346. C n 3 v Güterzuglokomotive der Ungarischen Staatsbahn, Gattung III n; Erbauer Maschinenfabrik der priv. österr.-ungar. Staatseisenbahn-Gesellschaft Wien 1892.

Rostfläche	2,27 m²	Zylinderdurchm. . . .	
Verdampfungsheizfl.	127,26 m²		1 × 450, 2 × 400 mm
Kesseldruck	12 atü	Kolbenhub	650 mm
Treibraddurchmesser .	1472 mm	Dienstgewicht d. Lok..	42,2 t
		Reibungsgewicht . .	42,2 t

Alle 3 Zylinder trieben die mittlere Achse an. Der innenliegende Hochdruckzylinder und die beiden Niederdruckzylinder hatten wie bei den 1 C n 3 v Lokomotiven der Aussig—Teplitzer Eisenbahn und der Staatseisenbahngesellschaft 2 getrennte Steuerungen.

Die Lokomotive wurde bald auf Zwillingswirkung umgebaut; sie hatte nicht befriedigt, denn ihre Zylinder, besonders die Niederdruckzylinder waren reichlich klein geraten (Zugkraftkennziffer 16,8).

Gleichzeitig mit dieser Versuchslokomotive ließ man bei der Staatsmaschinenfabrik auch eine Verbundlokomotive mit 2 Zylindern bauen (Reihe III q (325), Abb. 347, Tafel 25).

Den Fortschritt gegenüber der bisherigen Zwillingslokomotive sieht man am besten, wenn man diese Lokomotive mit denen der Abb. 345 vergleicht. Die Mittellinie des nunmehr glatten Cramptonkessels war von 1750 auf 2250 mm über SO gerückt, die Rostfläche war um 30% größer geworden, der Stehkessel reichte zwar noch etwas in den Rahmen hinein, hing aber nicht mehr über. Da der Langkessel einen größeren Durchmesser erhalten hatte, konnten in ihm mehr Rohre untergebracht werden. So konnte die gleiche Heizfläche mit kürzeren Rohren (3700 gegen 4200 mm) erreicht werden. Die Feuerbüchsdecke lag ziemlich hoch; die Entfernung zwischen Feuerbüchsdecke und Kesselscheitel betrug nur 400 mm (Höhe des Dampfraums rd. 250 mm). Diese Maße reichten aber noch aus, sie wurden bei anderen Lokomotiven lange Zeit als Regelmaße beibehalten.

Der Kipprost lag bei dieser Lokomotive ausnahmsweise hinten, weil vorn die letzte Kuppelachse im Wege gewesen wäre. Außerordentlich hoch lag das Froschmaulblasrohr; seine Mündung schnitt mit dem Scheitel der Rauchkammer ab.

Der Raddurchmesser wurde von 1221 auf 1440 mm, der Achsstand von 3160 auf 3500 mm vergrößert, weil die Lokomotive auch Eilgüterzüge befördern sollte. Auch bei dieser Lokomotive hatte man einen Innenrahmen gewählt und das Umlaufblech hoch über die Räder und die Steuerung gelegt. Die Tragfedern waren nicht durch Ausgleichhebel miteinander verbunden und lagen noch unter dem Laufblech.

Die Kessel- und Triebwerksabmessungen waren bei

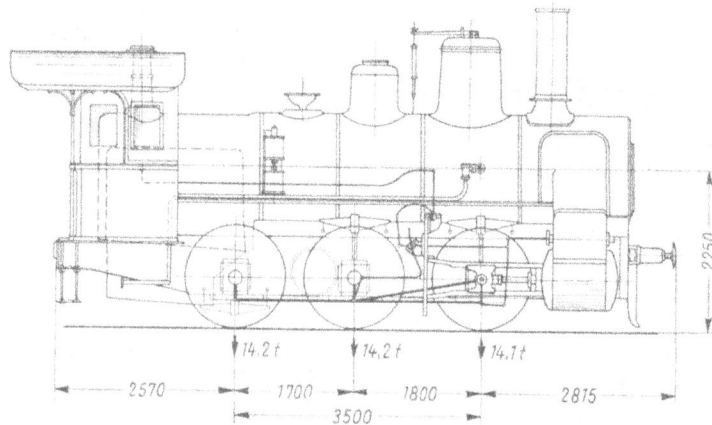

Abb. 347. C n 2 v Güterzuglokomotive der Ungarischen Staatsbahn, Gattung III q (325); Erbauer Maschinenfabrik der Kgl. Ungar. Staatseisenbahnen Budapest 1893—1907.

Rostfläche	2,1 m²	Zylinderdurchm.	485/700 mm
Verdampfungsheizfl. .	122,4 m²	Kolbenhub	650 mm
Kesseldruck	13 atü	Dienstgewicht d. Lok..	42,5 t
Treibraddurchmesser .	1440 mm	Reibungsgewicht . .	42,5 t

dieser Lokomotive besser aufeinander abgestimmt als bei ihrer Vorgängerin. Die verschiedenen Füllungsgrade wurden in gleicher Weise wie später bei den 2 C Lokomotiven (Abb. 338) erreicht. Die Lokomotive beförderte auf krümmungsreichen Strecken 574 t auf 7⁰/₀₀ mit 20 km/h.

Sie wurde nunmehr als Regellokomotive bis zum Jahre 1907 von der Staatsbahn im großen Umfange beschafft (247 Stück). Auch die Kaschau—Oderberger Eisenbahn erwarb in den Jahren 1899—1913 35 Stück vorwiegend für den Personenzugdienst.

Wenn man von den bis zum Jahre 1897 noch beschafften C n 2 Lokomotiven, Gattung III e (326) (Abb. 345) absieht, hat die Ungarische Staatsbahn keine C Zwillingslokomotiven mehr beschafft. Eine Ausnahme bildeten nur 18 Lokomotiven, die nach dem Kriege von den Schweizerischen Bundesbahnen gekauft wurden. Diese Lokomotiven stammten aus den Jahren 1882—1895 und waren in der Schweiz durch den Übergang der Bundesbahnstrecken auf elektrischen Betrieb überzählig geworden.

Für die Raab—Ödenburger Eisenbahn und für lange Nebenbahnstrecken der Staatsbahn mit nur 10 t Achsdruck wurden vom Jahre 1897 an auch noch leichte C Zweizylinder-Verbundlokomotiven von nur rd. 30 t Dienstgewicht entwickelt (Reihe V a (370), Abb. 348). Sie waren wohl die leichtesten regelspurigen C Lokomotiven, die nach 1880 im Vereinsgebiet gebaut worden sind. Man kann sie als eine verkleinerte Ausführung der bisher behandelten C Lokomotiven ansehen. Sie besaßen aber eine überhängende Feuerbüchse und wegen des weniger guten Oberbaues auf den Nebenbahnstrecken Ausgleichhebel zwischen den Tragfedern der zweiten und dritten Achse. Die Räder hatten bei den Lokomotiven der Raab—Ödenburger Eisenbahnen 1340, bei den Lokomotiven der Staatsbahn 1180 mm Durchmesser. Die Kessel- und Zylinderdurchmesser aber waren bei den Lokomotiven beider Bahnen gleich, nur der Kolbenhub (620 und 580 mm) und die Unterteilung des Achsstandes von 2950 mm waren verschieden. Bis zum Jahre 1908 wurden 137 Stück für die Staatsbahn und 18 Stück für die Privatbahnen gebaut.

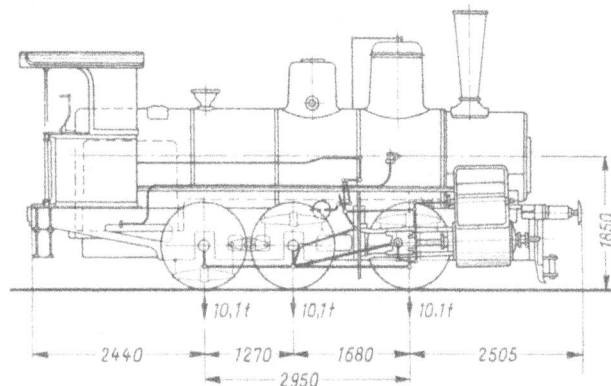

Abb. 348. C n 2 v Güterzuglokomotive der Ungarischen Staatsbahn, Gattung V a (370); Erbauer Maschinenfabrik der Kgl. Ungar. Staatseisenbahnen Budapest 1897—1908.

Rostfläche	1,41 m²	Zylinderdurchm.	410/620 mm
Verdampfungsheizfl.	91,92 m²	Kolbenhub	580 mm
Kesseldruck	12 atü	Dienstgewicht d. Lok..	30,63 t
Treibraddurchmesser	1180 mm	Reibungsgewicht	30,63 t

Wie an den C Lokomotiven hielt die Ungarische Staatsbahn auch nach dem Jahre 1880 noch lange an der D Lokomotive von 1871 fest, die im Bd. I, S. 297 erwähnt wurde (Reihe IV (441), vgl. auch Tafel 38 im Bd. I). Diese Lokomotive hatte noch einen überhängenden Stehkessel und einen doppelten Außenrahmen. Zu den im Bd. I genannten 32 Lokomotiven kamen in den Jahren 1882—1885 noch 38 fast genau gleiche Lokomotiven hinzu (Reihe IV a (420)), die ebenfalls aus österreichischen Fabriken stammten; der Dampfdruck war aber bei diesen Lokomotiven auf 10 atü erhöht. Im Jahre 1891 folgte noch eine ungarische Lieferung von 5 Stück (Reihe IV a (420), Abb. 349), bei der der Kessel eine längere Rauchkammer erhalten hatte und der Stehkessel durch eine Pendelstütze abgestützt war. Sonst war aber kaum etwas geändert.

Im Jahre 1894 wurde dann ein neuer Entwurf einer D n 2 Lokomotive nach den gleichen Grundsätzen wie bei den C Lokomotiven der Reihe III q (325) (Abb. 347) aufgestellt (Reihe IV c (421), Abb. 350). Diese Lokomotiven erhielten ebenfalls einen Cramptonkessel für 13 atü, dessen Mittellinie höher als bisher lag. Die Rostfläche wurde vergrößert, der Stehkessel unter-

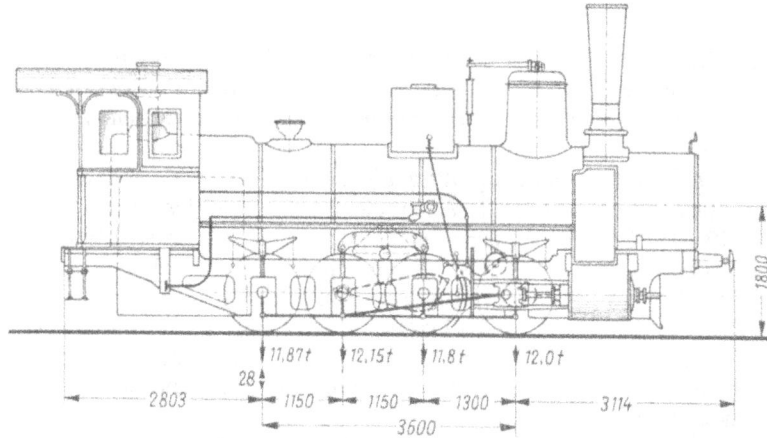

Abb. 349. D n 2 Güterzuglokomotive der Ungarischen Staatsbahn, Gattung IV a (420);
Erbauer Maschinenfabrik der Kgl. Ungar. Staatseisenbahnen Budapest und andere Firmen 1882—1891.

Rostfläche	2,0 m²	Treibraddurchmesser	1085 mm	Dienstgewicht d. Lok..	47,1 t
Verdampfungsheizfl.	176,5 m²	Zylinderdurchm.	2 × 520 mm	Reibungsgewicht	47,1 t
Kesseldruck	10 atü	Kolbenhub	610 mm		

stützt und ein Kipprost eingebaut. Auch die Rauchkammer wurde verlängert; die Heizrohre
wurden dafür gekürzt und der Achsstand auf 4600 mm vergrößert (bisher 3600 mm).

Um eine möglichst große Rostfläche zwischen den Rädern unterbringen zu können, hatte
man am Außenrahmen festgehalten, der jetzt allerdings als ein einfacher 30 mm starker Blechrahmen ausgeführt war. Ebenso hatte man das Zwillingstriebwerk beibehalten und den Raddurchmesser gegenüber den C Lokomotiven nur unwesentlich vergrößert. Neu war aber die
Heusinger-Steuerung. Die bisher recht harte gemeinsame Abfederung der zweiten und dritten
Achse wurde durch Trennung der Tragfedern und Einfügung von Ausgleichhebeln verbessert; die
Hinterachse besaß ein seitliches Spiel von 15 mm. Die D Lokomotiven der Reihe IV c (421)
beförderten

225 t auf 25⁰/₀₀ mit 15 km/h.

Bis zum Jahre 1896 wurden insgesamt 35 Stück gebaut.

Darnach hörte die Beschaffung neuer D Lokomotiven in Ungarn auf. Man zog die B B
Mallet-Lokomotive vor. Eine Ausnahme bildeten nur 14 D Lokomotiven aus dem Jahre

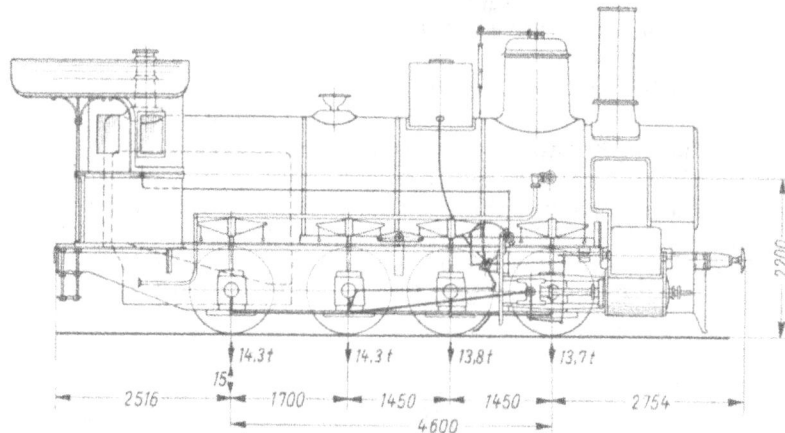

Abb. 350. D n 2 Güterzuglokomotive der Ungarischen Staatsbahn, Gattung IV c (421);
Erbauer Maschinenfabrik der Kgl. Ungar. Staatseisenbahnen Budapest 1895—1896.

Rostfläche	2,9 m²	Treibraddurchmesser	1220 mm	Dienstgewicht d. Lok..	56,15 t
Verdampfungsheizfl.	168,1 m²	Zylinderdurchm.	2 × 520 mm	Reibungsgewicht	56,15 t
Kesseldruck	13 atü	Kolbenhub	610 mm		

388

1882—83, die man nach dem Weltkriege aus den Beständen der Schweizerischen Bundesbahnen erwarb.

Besonders hohe Anforderungen an die Leistungen der Lokomotiven hatte in Ungarn von jeher der Güterzugdienst auf der Karstbahn gestellt. Hier hatte daher die Ungarische Staatsbahn ihre D Lokomotiven der Reihe IV c (421), Abb. 350 eingesetzt. Auf den bogenreichen Strecken dieser Bahn nahmen diese steifachsigen Lokomotiven aber den Oberbau sehr stark mit. Außerdem klagte man über großen Spurkranz-Verschleiß und über den hohen Laufwiderstand. Die Ungarische Staatsbahn entschloß sich daher im Jahre 1898 zu einem Versuch mit Mallet-Lokomotiven, denen zu dieser Zeit in anderen Ländern gute Eigenschaften nachgesagt wurden.

Diese Mallet-Lokomotiven sollten auf der $16^0/_{00}$ geneigten Strecke mit zahlreichen Gleisbögen von 275 m Halbmesser 394 t schwere Züge mit 15 km/h befördern und einen Achsdruck von 14 t nicht überschreiten.

Der Entwurf wurde von der Ungarischen Staats-Maschinenfabrik in Budapest sorgfältig durchgearbeitet. Das Gewicht der Reihe IV c (421) konnte trotz des doppelten Triebwerks eingehalten und ein fast genau gleicher Kessel untergebracht werden. Nur die Rostfläche

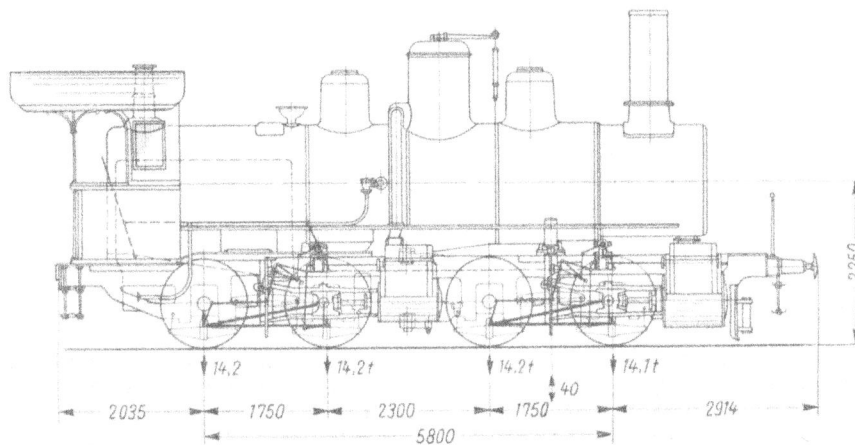

Abb. 351. BB n 4 v Güterzuglokomotive der Ungarischen Staatsbahn, Gattung IV d (422);
Erbauer Maschinenfabrik der Kgl. Ungar. Staatseisenbahnen Budapest 1898—1902.

Rostfläche	2,6 m²	Treibraddurchmesser .	1220 mm	Dienstgewicht d. Lok. .	56,9 t
Verdampfungsheizfl. .	166,9 m²	Zylinderdurchm.	2 × 385/580 mm	Reibungsgewicht . .	56,9 t
Kesseldruck	13 atü	Kolbenhub	610 mm		

mußte von 2,9 auf 2,6 m² verkleinert werden. Dadurch wurde aber die Leistung nicht beeinträchtigt, weil der Verlust an Rostfläche durch den geringeren Dampfverbrauch des Verbundtriebwerks voll ausgeglichen wurde.

In der Größe und Ausführung entsprachen diese B B n 4 v Lokomotiven (Reihe IV d (422), Abb. 351) ziemlich genau den früher beschriebenen deutschen Ausführungen. Sie besaßen aber eine Lenkersteuerung und seitliche Dämpfungsfedern (Blattfedern), die das Schlingern des vorderen Triebgestelles vermindern sollten. Die Steuerwelle des hinteren Triebwerkes lag vor dem Stehkessel. Verbindungsstangen führten von hier aus zu der Steuerwelle des vorderen Triebwerkes und zu den 2 seitlichen kurzen Hilfssteuerwellen der hinteren Maschine. Diese Bauart wurde bei allen folgenden ungarischen Mallet-Lokomotiven beibehalten.

Die Lokomotive erfüllte voll die Erwartungen. Bis zum Jahre 1902 wurden daher 30 Stück beschafft. Eine von diesen Lokomotiven war im Jahre 1900 auf der Weltausstellung in Paris ausgestellt.

Inzwischen war der Oberbau auf der Karstbahn für einen Achsdruck von 16 t hergerichtet worden. So konnte im Jahre 1905 eine bedeutend schwerere und leistungsfähigere Lokomotive beschafft werden (Gattung IV e (401), Abb. 352). Da die alte B B n 4 v Lokomotive der Reihe IV d (422) bei ihrer Höchstgeschwindigkeit (50 km/h) nicht besonders ruhig lief, gab man dem vorderen Treibgestell eine führende Laufachse mit 20 mm seitlichem Spiel. Weiter wurde der Durchmesser der Treibräder auf 1440 mm vergrößert, so daß die Höchstgeschwindigkeit auf 60 km/h erhöht werden konnte. Die Lokomotive durfte nunmehr auch vor Schnellzügen verwendet werden.

Besonders günstig hatten sich der um etwa 40% größere Kessel und der höhere Dampfdruck ausgewirkt (16 atü gegen 13 atü bei der Reihe IV d). Die Mittellinie des Kessels lag verhältnismäßig hoch (2850 mm über SO), so daß der Rost noch über dem Rahmen Platz fand. Der Kessel wurde auf eigenartige Weise gestützt. Um einen zu großen Überhang des Langkessels zu vermeiden, hatte man den Rahmen des hinteren Maschinengestells (Hauptrahmen) als Stützarm weit nach vorn verlängert. Er endigte etwa 1 m vor den Stützplatten des vorderen Drehgestells.

An die Stelle der Flachschieber bei der Reihe IV d waren Kolbenschieber getreten, außerdem hatten die Treibräder jetzt eine Bremse erhalten, die der IV d gefehlt hatte. Alle Treib-

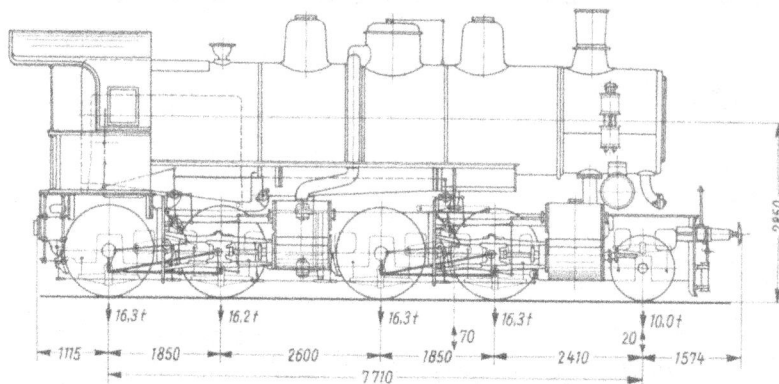

Abb. 352. 1 BB n 4 v Güterzuglokomotive der Ungarischen Staatsbahn, Gattung IVe (401); Erbauer Maschinenfabrik der Kgl. Ungar. Staatseisenbahnen Budapest 1905—1908.

Rostfläche . . . . . 3,55 m²	Treibraddurchmesser . 1440 mm	Dienstgewicht d. Lok.. 75,32 t
Verdampfungsheizfl. 235,75 m²	Zylinderdurchm. 2 × 390/635 mm	Reibungsgewicht . . 65,32 t
Kesseldruck . . . . . 16 atü	Kolbenhub . . . . . 650 mm	

räder wurden mit einem Preßluftsandstreuer gesandet. Das Ausströmrohr des vorderen Niederdrucktriebdrehgestells war beweglich. Bis zum Jahre 1908 sind 15 Lokomotiven der Reihe IV e (401) gebaut worden.

Die Lokomotiven bewährten sich auf den Karststrecken gut, so daß man im Jahre 1909 begann, auch für die Strecke Petrozsény—Lupény in den Karpathen eine neue, schwerere C C n 4 v Lokomotive zu entwickeln (Gattung VI m (651), Abb. 353).

Die Leistung dieser neuen Lokomotive war aber nicht größer als die der 1 B B Lokomotive, da auf den Karpathenstrecken nur ein Achsdruck von 12 t zugelassen war; nur im Bereich niedrigerer Geschwindigkeiten konnte sie etwas größere Lasten befördern. Wegen der scharfen Bögen hatte man den Treibrädern kleinere Durchmesser gegeben (1220 mm) und sie nahe aneinander gerückt. Trotzdem ragte das Triebdrehgestell vorn noch weit über den Kessel hinaus, der übrigens fast genau mit dem der 1 B B Lokomotive übereinstimmte. Die Steuerung war etwas vereinfacht, indem der Lenker am Kreuzkopf angelenkt und die Schieberschubstange unmittelbar am Schwingenstein befestigt war.

Die Lokomotive bewährte sich ebenfalls. Bis zum Jahre 1914 wurden 58 Stück von der Staatsbahn bestellt. Zum Teil wurden diese Lokomotiven auch auf der Karststrecke eingesetzt.

Mit demselben Erfolge konnte die C C Lokomotive aber auch auf den Strecken der Kaschau—Oderberger Eisenbahn verwendet werden. Hier war nämlich das Gewicht der Kohlen- und Erzzüge auf 900—1200 t angewachsen. Auf den langen Steigungen von rd. 15⁰/₀₀ bis 16⁰/₀₀ über den Jablunkaupaß hatten die Züge bisher häufig mit 3—4 C Lokomotiven der Reihe III q, Abb. 347 befördert werden müssen. Die Bahn ging daher im Jahre 1913 zu einer genau gleichen C C Mallet-Lokomotive über. Bei Versuchsfahrten ergab sich, daß 1000 t-Züge mit 2 solchen Lokomotiven (1 Lokomotive arbeitete als Schiebelokomotive) auf 16⁰/₀₀ befördert werden konnten. Die Kaschau—Oderberger Bahn bezog bis zum Jahre 1915 im ganzen 24 C C Lokomotiven, die zum Teil von der österreichischen Lokomotivfabrik in Floridsdorf stammten. Am Ende des Weltkrieges wurden noch 13 weitere Lokomotiven nachbestellt, die aber bei dem damaligen Kupfermangel einen Brotankessel und außerdem noch einen Wasserreiniger der Bauart Rauscher erhielten. Dabei verringerte sich die Rostfläche auf 3,42 m². Die unmittelbare Heizfläche aber wurde um rd. 15 m² größer, ebenso stieg das Dienstgewicht auf 77 t. Die Lokomotiven wurden 1919 geliefert; sie waren noch Naßdampflokomotiven.

Diese C C n 4 v Lokomotiven hatten bei ihrem niedrigen Reibungsgewicht eine verhältnismäßig geringe Leistung, die, wie gesagt, nicht viel größer war als bei den 1 B B Lokomotiven

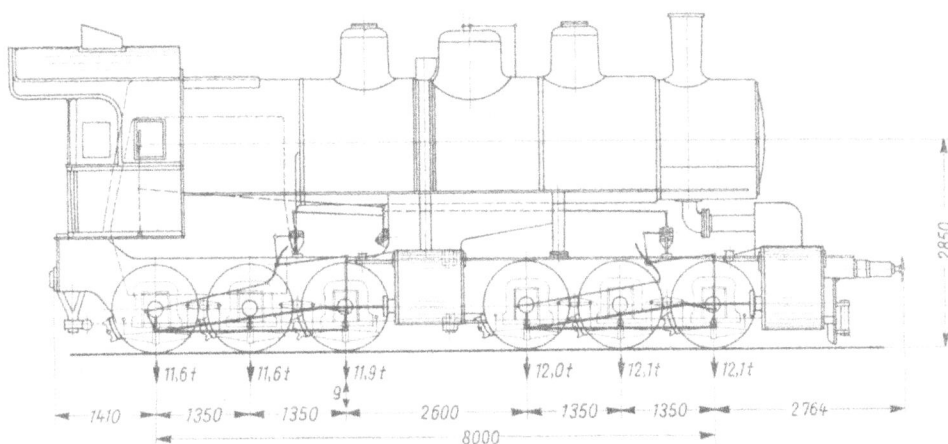

Abb. 353. CC n 4 v Güterzuglokomotive der Ungarischen Staatsbahn, Gattung VI m (651); Erbauer Maschinenfabrik der Kgl. Ungar. Staatseisenbahnen Budapest 1909—1914.

Rostfläche	3,61 m²	Treibraddurchmesser	1220 mm	Dienstgewicht d. Lok.	71,46 t
Verdampfungsheizfl.	235,20 m²	Zylinderdurchm.	2×400/620 mm	Reibungsgewicht	71,46 t
Kesseldruck	16 atü	Kolbenhub	610 mm		

der Karstbahn. Hier mußten im Jahre 1912 schon 500—600 t schwere Güterzüge gefahren werden, für die beide Bauarten zu schwach waren. Inzwischen war auf der Karstbahn der zulässige Achsdruck auf 16 t erhöht worden, so daß die neue 1 C C h 4 v Lokomotive (Reihe 601, Abb. 354, Tafel 26) ganz bedeutend kräftiger ausgebildet werden und auch einen Überhitzer erhalten konnte.

Der große Kessel (er war der größte Kessel im Vereinsgebiet innerhalb des im zweiten Bande behandelten Zeitraumes) hatte einen Brotan-Stehkessel erhalten; sein Überhitzer war sehr klein. Da der Kessel ziemlich hoch lag (vorn 3120 mm, hinten 3226 mm über SO), konnte die Feuerbüchse sehr geräumig ausgebildet werden; ihre Heizfläche war infolge der zahlreichen Einzelrohre (Brotanbauart) 23 m² groß.

Die Treibräder hatten wie bei den 1 B B Lokomotiven 1440 mm Durchmesser, so daß eine Höchstgeschwindigkeit von 60 km/h zugelassen werden konnte. Die Lokomotive war also auch im Gebirge für Schnellzüge gut verwendbar.

Die vordere Laufachse, eine Adamsachse, hatte 42 mm Spiel nach jeder Seite; die Spurkränze der dritten Kuppelachse waren um 10 mm schwächer gedreht, die erste Achse des hinteren Triebwerkes hatte 12 mm Seitenspiel.

Bei den 2 ersten Lokomotiven hatten die Niederdruckzylinder einen Durchmesser von 800 mm. Es stellte sich aber heraus, daß beide Triebwerke nicht gleichmäßig beansprucht waren. Man vergrößerte daher den Durchmesser der Niederdruckzylinder bei den weiteren Lokomotiven auf 850 mm. Es handelte sich hierbei offenbar um eine ähnliche Erfahrung, die bei der D D Tenderlokomotive der Bayerischen Staatsbahn 10 Jahre später richtigerweise zur Vergrößerung der Hochdruckzylinder führte (Neigung zum Schleudern vgl. S. 160).

Die 1 C C Lokomotiven beförderten 350 t auf 25⁰/₀₀ mit 40 km/h; die günstigste Geschwindigkeit lag infolge des großen Kessels bei etwa 35 km/h. Da die Lokomotiven sich gut bewährten, wurden bis zum Jahre 1921 60 Stück in Betrieb genommen.

Doppeltriebwerks-Lokomotiven haben starke Neigung zum Schleudern, das liegt in der Natur dieser Bauart. Die Ungarische Staatsbahn war aber mit den Mallet-Lokomotiven

Abb. 354. 1 CC h 4 v Güterzuglokomotive der Ungarischen Staatsbahn, Gattung 601;
Erbauer Maschinenfabrik der Kgl. Ungar. Staatseisenbahnen Budapest 1914—1921.

Rostfläche	5,09 m²	Kesseldruck	15 atü	Kolbenhub	660 mm
Verdampfungsheizfl.	275,0 m²	Treibraddurchmesser	1440 mm	Dienstgewicht d. Lok..	108,01 t
Überhitzerheizfläche	66,0 m²	Zylinderdurchm.	2 × 520/850 mm	Reibungsgewicht	96,18 t

zufrieden. Deshalb konnten sich in Ungarn die Lokomotiven mit einfachem Triebwerk und 5 und mehr gekuppelten Achsen (E, 1 E, 1 E 1, F oder 1 F) im Gegensatz zu Österreich und Deutschland nicht durchsetzen. Es ist aber kaum zu bezweifeln, daß die gleichen oder noch größere Leistungen sicherlich bei gleichen Achsdrücken noch von E oder 1 E Lokomotiven hätten erreicht werden können, zumal man ja bereits in Österreich und Deutschland mit den Gölsdorfschen seitenverschiebbaren Kuppelachsen gute Erfahrungen gemacht hatte. So kam es, daß die 1 C C h 4 v Lokomotive die letzte Entwicklungsstufe der Güterzuglokomotive in Ungarn bis zum Jahre 1920 bildete.

DIE TENDERLOKOMOTIVEN.

Ähnlich wie in anderen Ländern hatte man auch in Ungarn zu Beginn der 80er Jahre einen Versuch mit einer ungekuppelten leichten Tenderlokomotive für Lokalzüge auf Nebenbahnen gemacht. Es handelte sich um eine A 1 n 2 Lokomotive der Bauart Elbel, die hinten einen Packraum besaß und sonst im großen und ganzen der Lokomotive in der Abb. 288 ähnlich war. Diese Bauart geriet dann lange Jahre in Vergessenheit und wurde erst im Jahre 1908 durch die Ungarische Staatsbahn zu neuem Leben erweckt. In der nördlichen Hauptwerkstatt der Ungarischen Staatsbahn in Budapest wurden 2 Stück A 1 n 2 v Tender-Lokomotiven mit Brotankessel, 16 atü Dampfdruck und Clench-Dampftrockner gebaut, deren Höchstgeschwindigkeit 60 km/h betrug (Reihe M I (10), Abb. 355). Die Vorräte waren über der hinteren Laufachse untergebracht, wo sie das Reibungsgewicht nur wenig beeinflußten. Da die Lokomotiven sich bewährten, wurden in den Jahren 1910—1913 weitere 29 ähnliche

Lokomotiven beschafft, bei denen jetzt aber die Achsanordnung 1 A gewählt war (Reihe M I a (11), Abb. 356). Der Brotankessel und der Dampftrockner wurden beibehalten, mehrere Lokomotiven hatten auch einen Speisewasserreiniger erhalten. Die Umkehrung der Achsanordnung hatte zur Folge, daß die Dampfrohre zu den Schieberkästen zweckmäßiger verlegt werden konnten. Die Treibräder waren etwas niedriger und daher auch die Zylinder etwas kleiner. Um das Reibungsgewicht durch die veränderliche Größe der Vorräte weniger zu beeinflussen, legte man den Wasserbehälter neben den Kessel. Mit dem Verbund-

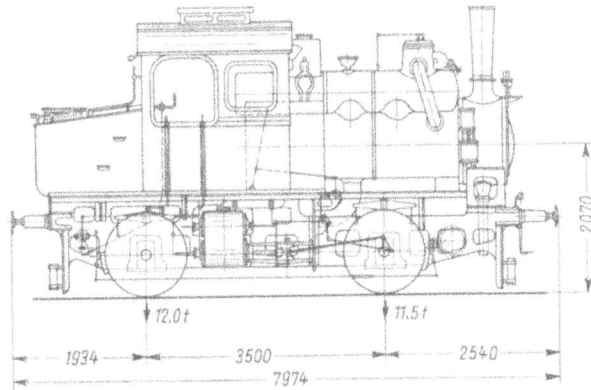

Abb. 355. A 1 t 2 v Tenderlokomotive der Ungarischen Staatsbahn, Gattung MI (10); Erbauer Nördl. Hauptwerkstätte der Kgl. Ungar. Staatseisenbahnen Budapest 1908.

Rostfläche	0,86 m²	Treibraddurchmesser	1180 mm
Verdampfungsheizfl.	27,6 m²	Zylinderdurchm.	235/360 mm
Heizfläche des Dampf-		Kolbenhub	420 mm
trockners	5,55 m²	Dienstgewicht d. Lok.	23,5 t
Kesseldruck	16 atü	Reibungsgewicht	11,5 t

triebwerk hatte man allerlei Schwierigkeiten beim Anfahren. Man baute darum mehrere Lokomotiven später in Zwillingslokomotiven um, rüstete sie mit Überhitzern aus und setzte nach damaligem Brauch den Dampfdruck bei den Heißdampflokomotiven von 16 zuerst auf 15 und dann auf 14 atü herab.

Abb. 356. 1 A n 2 v Tenderlokomotive der Ungarischen Staatsbahn, Gattung M I a (11); Erbauer Maschinenfabrik der Kgl. Ungar. Staatseisenbahnen Budapest 1910—1913.

Rostfläche	0,78 m²	Treibraddurchmesser	1040 mm
Verdampfungsheizfl.	25,65 m²	Zylinderdurchm.	220/330 mm
Heizfläche des Dampf-		Kolbenhub	400 mm
trockners	5,2 m²	Dienstgewicht d. Lok.	19,13 t
Kesseldruck	16 atü	Reibungsgewicht	9,51 t

Die B Tenderlokomotiven waren aus den in der Einleitung erwähnten Gründen in Ungarn nur wenig vertreten. Für ihre Nebenbahnen hatten sich die Szatmàr—Nagybánya-Bahn und die Ungarische Staatsbahn in den Jahren 1881—1884 25 Stück B Tenderlokomotiven der Reihe X (20) (Abb. 357) mit 8—9 t Achsdruck bauen lassen, die einen recht fortschrittlichen Eindruck machten und auch von Privatbahnen mehrfach beschafft worden sind. Der Raddurchmesser betrug nur 856 mm. Eine dieser Lokomotiven erhielt als erste ungarische Lokomotive im Jahre 1883 ein Verbundtriebwerk (Zylinder-Durchmesser 220/330 mm).

In der Abb. 358 ist eine regelspurige Straßenbahntype der Budapester Lokalbahn dargestellt, die auch an die Ungarische Staatsbahn als Reihe VII (284) geliefert wurde. Der Rahmenwasserkasten dieser Lokomotive war in der Längsrichtung von einem Rohrbündel durchzogen, in dem bei Bedarf (auf der Fahrt durch die Straßen) der Dampf niedergeschlagen werden konnte. Die Lokomotiven hatten schon einen bemerkenswert hohen Dampfdruck (15 atü); der Wasserraum faßte 2,0 m³, der Achsstand war nur wenig größer als die Spurweite (1450 mm). Es überrascht

393

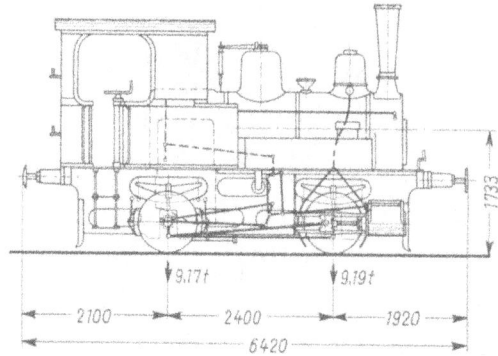

Abb. 357. B n 2 Tenderlokomotive der Ungarischen Staatsbahn, Gattung X (20); Erbauer Maschinenfabrik der Kgl. Ungar. Staatseisenbahnen Budapest 1881—1884.

Rostfläche	0,69 m²	Zylinderdurchm.	2 × 220 mm
Verdampfungsheizfl.	31,3 m²	Kolbenhub	400 mm
Kesseldruck	12 atü	Dienstgewicht d. Lok.	18,36 t
Treibraddurchmesser	856 mm	Reibungsgewicht	18,36 t

daher, daß man trotzdem eine höchste Geschwindigkeit von 30 km/h zugelassen hat.

Die Erfahrungen der Bayerischen Staatsbahn mit ihren Motorlokomotiven (s. S. 156) gaben auch in Ungarn im Jahre 1908 den Anstoß zu einem Versuch mit 2 Bo h 4 Lokomotiven mit dem gegenläufigen Triebwerk Maffeischer Bauart (Gattung M II). Ihre Abmessungen stimmten mit denen der Bayerischen Lokomotiven (Abb. 128) überein.

Andere B Tenderlokomotiven waren in Ungarn nicht vorhanden. Auch die 1 B und B 1 Tenderlokomotiven haben hier kaum eine Rolle gespielt. Die einzigen 1 B Tenderlokomotiven wurden in den Jahren 1884—85 von Krauß in München für die Ungarische Westbahn (Strecke Győr (Raab)—Graz—Székesfehérvár (Stuhlweißenburg)) geliefert (12 Stück). Bemerkenswert ist, daß bei diesen Lokomotiven ähnlich wie bei der erst 8 Jahre später gebauten äußerlich gleichen Lokomotive der österreichischen Kremstalbahn die Zylinder bereits hinter der Laufachse lagen. In Deutschland gab es diese Anordnung seit dem Jahre 1880 (Krauß), mit überhängender Feuerbüchse sogar schon vom Jahre 1860 an (vgl. Bd. I, S. 194, Abb. 246 und S. 138, Abb. 158). Bei den ungarischen Lokomotiven waren alle 3 Achsen fest im Rahmen gelagert. Nachdem die Westbahn in den Besitz der Ungarischen Staatsbahn übergegangen war, wurden die Lokomotiven im Jahre 1892 in C n 2 v Tenderlokomotiven umgebaut (Abb. 360).

Als einzige ungarische B 1 Tenderlokomotiven liefen seit 1881—1884 6 Stück auf der Kaschau—Oderberger Eisenbahn. Sie hatten, wie die im Bd. I, S. 210, Abb. 270 dargestellte Lokomotive, hinten ebenfalls einen Packraum.

In größerem Umfange waren in Ungarn die C Tenderlokomotiven verbreitet. Sie liefen hauptsächlich auf den Privatbahnen und dann auf den Nebenbahnstrecken der Ungarischen Staatsbahn. Im Verschiebedienst sind sie selten verwendet worden.

4 Stück C n 2 Tenderlokomotiven hatte Krauß in München in den Jahren 1883 bis 1886 an die Budapest—Fünfkirchener Eisenbahn geliefert. Die Lokomotiven hatten einen Achsstand von nur 2250 mm und einen Achsdruck von 9 t. Die Heizfläche des ziemlich kurzen Kessels war im Vergleich zum Gesamtgewicht der Lokomotive groß (75,9 m²). Bemerkenswert ist die Abfederung der hinteren Kuppelachse durch eine Querfeder. Nach dem Übergang der Budapest—Fünfkirchener Eisen-

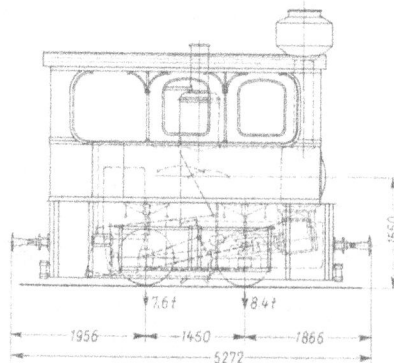

Abb. 358. B n 2 Tenderlokomotive der Ungarischen Staatsbahn, Gattung VII (284); Erbauer Maschinenfabrik der Kgl. Ungar. Staatseisenbahnen Budapest 1888—1895.

Rostfläche	0,46 m²	Zylinderdurchm.	2 × 200 mm
Verdampfungsheizfl.	21,3 m²	Kolbenhub	320 mm
Kesseldruck	15 atü	Dienstgewicht d. Lok.	16,10 t
Treibraddurchmesser	800 mm	Reibungsgewicht	16,10 t

394

bahn in den Besitz der Ungarischen Staatsbahn erhielten die Lokomotiven das Gattungszeichen XII a (Abb. 361).

Ganz ähnliche Lokomotiven hatte übrigens Krauß schon im Jahre 1882/83 an die Österreichische Lokal-Eisenbahn-Gesellschaft geliefert.

Die Ungarische Staatsbahn entwickelte nun im Jahre 1885 für ihre Nebenbahnen eine C n 2 Lokomotive, die das Gattungszeichen XII (377) erhielt (Abb. 359, Tafel 25).

Der Kessel hatte die im Bd. I, S. 349 (Abb. 525) beschriebene Haswell-Maeysche deckenankerlose Feuerbüchse, die man oft bei schlechten Wasserverhältnissen gewählt hatte. Sie wurde häufig an ungarischen drei- und vierachsigen Tenderlokomotiven verwendet, bei dieser C Lokomotive aber im Jahre 1889 wieder aufgegeben.

Die Lokomotive hatte noch einen Außenrahmen von nur 15 mm Stärke und Hallsche Kurbeln. Alle Federn lagen oben, waren aber nicht durch Ausgleichhebel miteinander verbunden.

Diese Lokomotive entsprach in ihren Abmessungen ungefähr der preußischen T 3 Lokomotive (Abb. 52), sie war ihr aber insofern etwas überlegen, als der Stehkessel unterstützt war, obwohl sie einen um 200 mm kleineren Gesamtachsstand hatte. Heizfläche und Dampfdruck waren allerdings etwas kleiner als bei der T 3 Lokomotive.

Sie war wie die T 3 Lokomotive jahrzehntelang auf Nebenbahnen tätig und wurde auch für zahlreiche Privatbahnen ohne nennenswerte Änderungen sogar noch bis zum

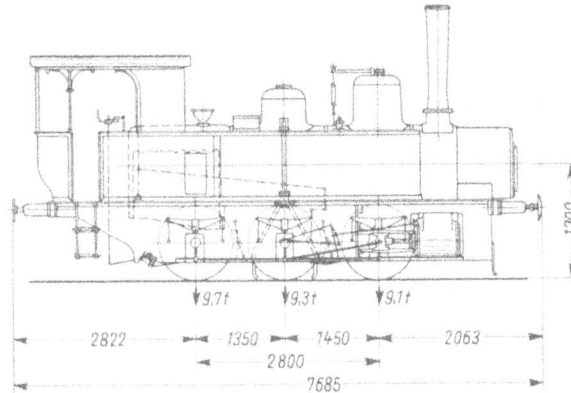

Abb. 359. C n 2 Tenderlokomotive der Ungarischen Staatsbahn, Gattung XII (377); Erbauer Maschinenfabrik der Kgl. Ungar. Staatseisenbahnen Budapest und andere Firmen 1885—1927.

Rostfläche	1,2 m²	Zylinderdurchm.	2 × 350 mm
Verdampfungsheizfl.	52,25 m²	Kolbenhub	480 mm
Kesseldruck	10 atü	Dienstgewicht d. Lok..	29,3 t
Treibraddurchmesser	1110 mm	Reibungsgewicht	29,3 t

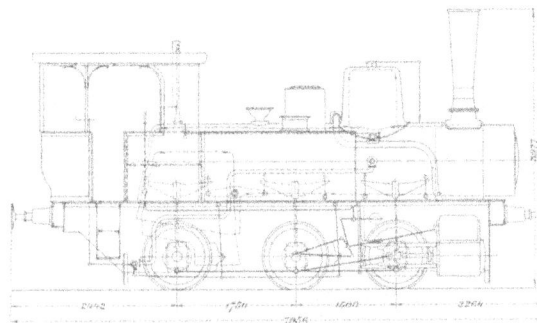

Abb. 360. C n 2 v Tenderlokomotive der Ungarischen Staatsbahn, Gattung XII 1 (384); Erbauer Krauß 1884—1885.

Rostfläche	1,2 m²	Zylinderdurchm.	325/500 mm
Verdampfungsheizfl.	56,73 m²	Kolbenhub	400 mm
Kesseldruck	12 atü	Dienstgewicht d. Lok..	29,17 t
Treibraddurchmesser	960 mm	Reibungsgewicht	29,17 t

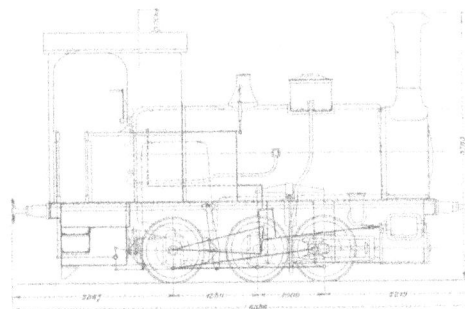

Abb. 361. C n 2 Tenderlokomotive der Ungarischen Staatsbahn, Gattung XII a; Erbauer Krauß, München 1883—1886.

Rostfläche	1,08 m²	Zylinderdurchm.	2 × 335 mm
Verdampfungsheizfl.	75,9 m²	Kolbenhub	500 mm
Kesseldruck	12 atü	Dienstgewicht d. Lok..	27,0 t
Treibraddurchmesser	920 mm	Reibungsgewicht	27,0 t

Jahre 1927 gebaut. Mit insgesamt 530 Stück war sie die am meisten beschaffte ungarische Lokomotivbauart.

Die Lokomotiven, die auf straßenbahnähnlichen Strecken liefen, erhielten ein verkleidetes Triebwerk (Abb. 359).

Durch den Umbau der schon erwähnten 12 Stück 1 B Lokomotiven der Ungarischen Westbahn entstanden im Jahre 1892 die ersten C n 2 v Tenderlokomotiven (Reihe XII 1 (384) Abb. 360); anscheinend ist aber bei dem Umbau nicht viel mehr als der Kessel erhalten geblieben.

Diese 12 Lokomotiven und die obenerwähnten 4 Lokomotiven der Budapest—Fünfkirchener Eisenbahn (später Staatsbahnreihe XII a) (Abb. 361) dürften in Ungarn die einzigen C Tenderlokomotiven mit Innenrahmen gewesen sein.

Viele Jahre hindurch haben die C Lokomotiven ihren Dienst auf den Nebenbahnen treulich erfüllt. Aber auch für sie kam die Zeit, wo sie durch neuzeitliche Bauarten abgelöst werden mußten. Schon zu Beginn des neuen Jahrhunderts hatte man als lästig empfunden, daß ihre Höchstgeschwindigkeit nur 40 und 45 km/h betrug. Als dann auch ihre Leistung nicht mehr

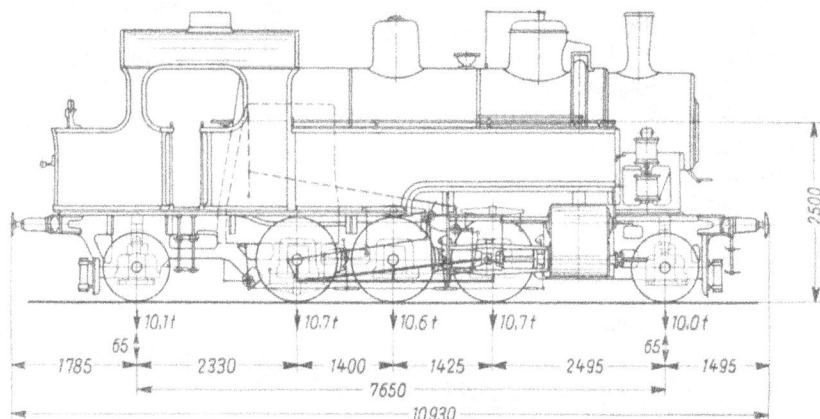

Abb. 362. 1 C 1 n 2 v Tenderlokomotive der Ungarischen Staatsbahn, Gattung TV (375); Erbauer Maschinenfabrik der Kgl. Ungar. Staatseisenbahnen Budapest 1907—1916.

Rostfläche . . . . . 1,89 m²	Treibraddurchmesser . 1180 mm	Dienstgewicht d. Lok.. 52,13 t
Verdampfungsheizfl. 103,5 m²	Zylinderdurchm. 390/590 mm	Reibungsgewicht . . 32,1 t
Kesseldruck . . . . . 14 atü	Kolbenhub . . . . . 600 mm	

recht befriedigte, ging man gleich einen kräftigen Schritt weiter. Man überschlug die sonst überall beliebte 1 C und C 1 Lokomotive und entwickelte im Jahre 1907 die 1 C 1 Lokomotive. Die erste von der Budapester Fabrik gelieferte Bauart hatte den Verhältnissen auf den Nebenbahnen entsprechend nur einen Achsdruck von 10 t (Reihe T V (375), Abb. 362, Tafel 27), ihre Leistung aber war gegenüber der Reihe 377 ganz beträchtlich gestiegen. Der Kessel lag 800 mm höher als bei den C Lokomotiven, so daß der Stehkessel noch über dem Rahmen untergebracht werden konnte.

Die alte Maeysche Feuerbüchse wurde durch eine kupferne Polonceau-Feuerbüchse ersetzt, die seinerzeit mit den Lokomotiven der Österreichischen Staatseisenbahngesellschaft zur Ungarischen Staatsbahn gekommen war. 2 Lokomotiven (375.701 und 375.702) erhielten im Jahre 1911 Brotanfeuerbüchsen. Der Langkessel und der Dom waren nahtlos mit Wassergas geschweißt; bemerkenswert hoch war der Dampfdruck (14 atü).

Das Triebwerk war der ganzen Bauart entsprechend kräftiger und natürlich zu dieser Zeit als Verbundtriebwerk ausgeführt. Obwohl es noch mit Naßdampf betrieben wurde, hatten die Lokomotiven Kolbenschieber erhalten. Der bisher beliebte Außenrahmen war einem Innenrahmen gewichen.

Die Laufachsen (Adamsachsen) hatten ein seitliches Spiel von 65 mm, aber keine Rückstellvorrichtung. Die Last wurde auf sie durch Querfedern übertragen. Die Federn der zweiten und dritten Achse waren durch Ausgleichhebel miteinander verbunden.

396

Die Höchstgeschwindigkeit betrug 60 km/h.

Da auf zahlreichen Nebenbahnstrecken noch ein Achsdruck von nur 9 t zugelassen war, wurde im Jahre 1910 eine weitere Bauart entwickelt (Reihe T V a (376)), die in jeder Hinsicht nur eine verkleinerte Ausführung der vorigen Lokomotive war. Ihre Höchstgeschwindigkeit betrug trotz ihrer nur 1040 mm hohen Treibräder 50 km/h.

Von der größeren Bauart wurden für die Staatsbahn und für Privatbahnen in den Jahren 1907—16 257 Stück, von der kleineren von 1910—14 219 Stück in Betrieb genommen.

Es fällt auf, daß man noch im Jahre 1907 eine vollkommen neue Lokomotive als Naßdampflokomotive baute, obwohl doch in Deutschland das Heißdampfverfahren eindeutig gesiegt hatte. Man hatte aber in Ungarn anscheinend noch einiges Mißtrauen gegen die neue Errungenschaft und versprach sich im Nebenbahndienst von ihr keine großen Vorteile. Im Jahre 1911 endlich entschloß man sich zu einem Versuch, 2 Lokomotiven der Reihe T V (375) mit Heißdampf zu betreiben (Nr. 375.801—375.802). Diese Lokomotiven besaßen einen Brotankessel (s. Tafel 27), den ja auch im gleichen Jahre zwei Naßdampflokomotiven erhalten hatten. Auch die Arad—Csanáder Eisenbahn beschaffte in demselben Jahre 6 Lokomotiven nach Abb. 363. Beide Ausführungen unterschieden sich nur wenig voneinander. Die Staatsbahnlokomotive hatte einen Zylinderdurchmesser von 410 mm und 1,8 m² Rostfläche, die Arad—Csanáder Lokomotive 400 mm Zylinderdurchmesser und 2 m² Rostfläche. Der Kessel wurde in seinen Hauptmaßen gegenüber der Naßdampfausführung nur wenig verändert, dagegen wurde der Dampfdruck nach damaligem Brauch auf 12 atü herabgesetzt. Das Dienst- und Reibungsgewicht stiegen durch das Gewicht des eingebauten Überhitzers um rd. 1 t. Die Versuche mit diesen Lokomotiven zogen sich, wie es scheint, lange hin, denn erst im Jahre 1915 wurde die Beschaffung in größerem Umfange aufgenommen. Die Lokomotiven erhielten zunächst wieder die kupferne Polonceau-Feuerbüchse, jetzt aber einen größeren Überhitzer (18 Überhitzereinheiten statt 15), bis man wegen des Kupfermangels im weiteren Verlauf des Weltkrieges wieder zum Brotankessel übergehen mußte. Von den 215 Heißdampflokomotiven, die sich die Staatsbahn bis zum Jahre 1923 hatte bauen lassen, besaßen 143 Stück den Brotankessel. Ein Versuch mit flußstählernen Feuerbüchsen im Jahre 1915 scheiterte.

Außer der Staatsbahn haben noch folgende ungarischen Bahnverwaltungen Lokomotiven der gleichen Gattung bestellt:

Mit Polonceau-Feuerbüchsen:

die Szamostalbahn	im Jahre 1915	. . . 3 Stück,
die Arad—Csanáder Eisenbahn	„ „ 1925	. . . 3 Stück,
die Raab—Oedenburger Eisenbahn	„ „ 1925	. . . 1 Stück;

mit Brotan-Feuerbüchsen:

die Banjaluka—Doberliner Bahn	im Jahre 1917	. . . 3 Stück,
das Staatliche Eisenwerk Diósgyör	„ „ 1917	. . . 2 Stück,
und die Jugoslawische Staatsbahn	„ „ 1926	. . . 30 Stück.

Bei der kleineren Ausführung (T V a (376) (insgesamt 191 Stück) ging man im Jahre 1914 zum Heißdampf über; hierbei erhielten 3 Lokomotiven den Schmidtschen Kleinrohrüberhitzer. 78 Lokomotiven mußten im Kriege mit dem Brotankessel ausgerüstet werden.

Abb. 363. 1 C 1 n 2 Tenderlokomotive der Arad Csanáder Eisenbahn; Erbauer Maschinenfabrik der Kgl. Ungar. Staatseisenbahnen 1911.

Rostfläche	2,0 m²	Zylinderdurchm.	2 × 400 mm
Verdampfungsheizfl.	80,1 m²	Kolbenhub	600 mm
Kesseldruck	12 atü	Dienstgewicht d. Lok.	52,7 t
Treibraddurchmesser	1180 mm	Reibungsgewicht	31,8 t

Etwa vom Jahre 1913 an erhielten alle Lokomotiven beider Typen den Speisewasserreiniger von Pecz-Rejtő (zwischen dem Dom und dem Sandkasten auf dem Kesselscheitel) und statt der bisher in Ungarn sehr beliebten Meggenhoferschen Sicherheitsventile Popventile (s. S. 473).

Dis bisherigen 1 C 1 Tenderlokomotiven waren mit ihren kleinen Treibrädern und ihrem niedrigen Achsdruck durchweg für Nebenbahnen bestimmt, auf denen ja kaum schneller als mit 50 km/h gefahren wurde. Inzwischen hatte sich aber in den schnell aufblühenden Großstädten, besonders in Budapest, ein lebhafter Vorortverkehr entwickelt, der zunächst noch mit Schlepptenderlokomotiven oder — mit geringeren Geschwindigkeiten — mit den schon erwähnten 1 C 1 Lokomotiven abgewickelt wurde. Das stets notwendige Drehen der Lokomotiven auf den Endhaltestellen aber war natürlich betrieblich sehr lästig. Die Ungarische Staatsbahn entschloß sich daher im Jahre 1915 zum Bau einer schnellfahrenden Vorortzug-Tenderlokomotive. Nach den guten Erfahrungen mit den kleinen 1 C 1 Lokomotiven wählte man wieder diese gerade für den Pendelverkehr höchst zweckmäßige Achsanordnung, baute aber die Lokomotive jetzt mit wesentlich höheren Treibrädern (1606 statt bisher 1040—1180 mm) und mit dem auf den Strecken zugelassenen Achsdruck von 14 t. Sie wurde von Anbeginn als Heißdampf-Zwillingslokomotive entwickelt (Reihe 342, Abb. 364).

Abb. 364. 1 C 1 h 2 Tenderlokomotive der Ungarischen Staatsbahn, Gattung 342; Erbauer Maschinenfabrik der Kgl. Ungar. Staatseisenbahnen Budapest und Henschel 1915—1918.

Rostfläche	2,34 m²	Zylinderdurchm. 2 × 500 mm
Verdampfungsheizfl. .	100,8 m²	Kolbenhub . . . . . 650 mm
Überhitzerheizfläche .	29,8 m²	Dienstgewicht d. Lok.. 71,02 t
Kesseldruck	13 atü	Reibungsgewicht . . 43,14 t
Treibraddurchmesser .	1606 mm	

Der Kessel lag schon ziemlich hoch (2800 mm über SO), so daß der Stehkessel über dem Rahmen zwischen den Rädern der letzten Kuppelachse untergebracht werden konnte. Die Polonceau-Feuerbüchse hatte man aber zugunsten der üblichen Bauart verlassen.

Die Kolbenschieber (300 mm Durchmesser) waren für damalige Verhältnisse auffallend groß, aber durchaus richtig gewählt. Die Steuerwelle wurde zum ersten Male in Ungarn nach schweizerischer Bauart in die Achse der Schwinge gelegt, während bei der Reihe 375 (Abb. 362 und 363) unten am Gleitbahnträger Zwischenwellen eingeschaltet waren, um eine Aussparung in den Wasserkästen zu vermeiden. Die Laufachsen waren Adamsachsen mit Rückstellvorrichtung; sie hatten 70 mm Spiel nach jeder Seite, das für die auf den Hauptstrecken vorkommenden Gleisbögen genügte. Bei dem großen festen Achsstande (4000 mm) liefen die Lokomotiven auch bei höheren Geschwindigkeiten noch ruhig. Die Spurkränze der Treibräder waren um 8 mm geschwächt; die Spurkränze der ersten, zweiten und fünften Achse wurden durch eine Spurkranzschmiervorrichtung nach Pottyondy-Konth mit Starrfett geschmiert. Ähnliche Vorrichtungen wurden auch schon früher bei anderen Gattungen angewendet. Da bei den großen Kesseln und Wasserbehältern (7,5 m³) der Achsdruck an den Kuppelachsen zu groß geworden wäre, mußten die Laufachsen einen größeren Lastenteil übernehmen, als es sonst üblich war; ihr Achsdruck war fast so hoch wie der der Kuppelachsen.

Außer den ersten 2 Lokomotiven (342 001 und 342 002) mußten alle weiteren 294 Lokomotiven wegen des Kupfermangels den Brotankessel erhalten. Sie waren teils mit einem Großrohrüberhitzer, teils mit einem Kleinrohrüberhitzer ausgerüstet.

Sowohl beim Großrohrüberhitzer als auch beim Kleinrohrüberhitzer konnte man mehrere Abarten feststellen. Bei der Mehrzahl der Lokomotiven hatte der Kessel einen Kleinrohrüberhitzer, dessen Heizfläche 50 m² groß war gegenüber 30 m² bei dem Großrohrüberhitzer und eine Verdampfungsheizfläche von 120 m² gegenüber 100 m² bei den Kesseln mit Großrohrüberhitzer.

Fast die Hälfte dieser Lokomotiven wurde aus Deutschland bezogen (145 Stück von Henschel u. Sohn). Die Lokomotive der Reihe 342 kann sehr gut mit der badischen Gattung VIc (Abb. 162) verglichen werden. Ihr Kessel besaß zwar einen etwas größeren Rost, aber eine etwas kleinere Heizfläche; die Triebwerke beider Lokomotiven stimmten im großen und ganzen überein. Das Dienst- und Reibungsgewicht der ungarischen Lokomotive war allerdings um 4 t kleiner, weil in Ungarn nur 14,5 t Achsdruck zugelassen waren. Die Schlepplasten waren aber nach den Tafeln der Ungarischen Staatsbahnen ziemlich gleich (279 t auf 5⁰/₀₀ mit 60 km/h).

An regelspurigen D Tenderlokomotiven war in Ungarn nur eine Ausführung der Staatsbahnen vorhanden. Es handelte sich um eine D n 2 v Tenderlokomotive, die vom Jahre 1896 an (Reihe XIV a (475) (Abb. 365) von der Budapester Lokomotivfabrik geliefert wurde. Diese Lokomotive hatte noch Außenrahmen, der von den C n 2 Tenderlokomotiven der Reihe XII (377) (Abb. 359) her bekannt ist. Dieser Außenrahmen ermöglichte größere Rostbreiten (1100 mm). Die Achsen hatten wegen des Außenrahmens Hallsche Kurbeln erhalten. Der auffallend tief liegende Kessel war reichlich bemessen und hatte einen Dampfdruck von

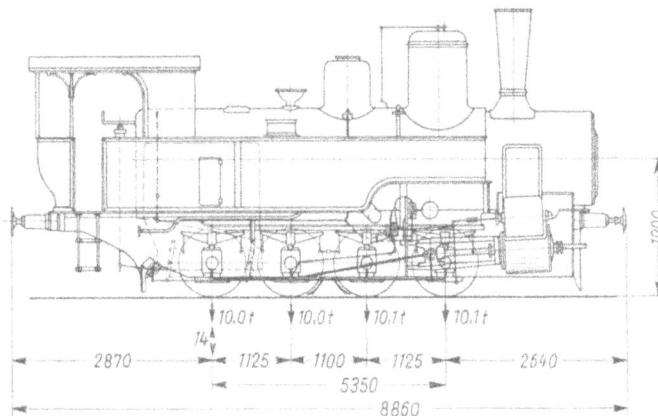

Abb. 365. D n 2 v Tenderlokomotive der Ungarischen Staatsbahn, Gattung XIV a (475); Erbauer Maschinenfabrik der Kgl. Ungar. Staatseisenbahnen Budapest 1896—1909.

Rostfläche	1,9 m²	Zylinderdurchm.	420/600 mm
Verdampfungsheizfl. .	96,95 m²	Kolbenhub	460 mm
Kesseldruck	12 atü	Dienstgewicht d. Lok..	40,25 t
Treibraddurchmesser .	950 mm	Reibungsgewicht . .	40,25 t

12 atü, eine normale Deckenverankerung der Feuerbüchse und bereits von Anbeginn die verlängerte Rauchkammer, die an anderen Lokomotiven nachträglich hergestellt wurde. Im übrigen war die Lokomotive für damalige Verhältnisse neuzeitlich durchgebildet, sie hatte ein Verbundtriebwerk und eine Heusinger-Steuerung. Die Zylinderdurchmesser wurden bei den nachgelieferten Lokomotiven von 420/600 mm bei der ersten Lieferung auf 435/620 mm vergrößert. Die Tragfedern lagen außerhalb der Rahmen, waren also sehr bequem zugänglich; Ausgleichhebel waren nur zwischen den Tragfedern der zweiten und dritten Achse vorhanden. Die letzte Achse war seitlich um 14 mm verschiebbar.

Abb. 366. 1 D 1 h 2 Tenderlokomotive der Ungarischen Staatsbahn, Gattung 442; Erbauer Maschinenfabrik der Kgl. Ungar. Staatseisenbahnen Budapest 1917—1922.

Rostfläche	2,77 m²	Zylinderdurchm.	2×570 mm
Verdampfungsheizfl.	148,3 m²	Kolbenhub	650 mm
Überhitzerheizfläche .	63,7 m²	Dienstgewicht d. Lok..	86,0 t
Kesseldruck	12 atü	Reibungsgewicht . .	57,45 t
Treibraddurchmesser .	1606 mm		

Die Ungarische Staatsbahn beschaffte von dieser Bauart in den Jahren 1896—1901 40 Stück, von denen eine Lokomotive im Jahre 1896 in Budapest ausgestellt war. An andere ungarische Bahnverwaltungen ist nur noch einmal (im Jahre 1909) eine Lokomotive dieser Bauart geliefert worden.

Die Vorortzüge auf der Strecke Budapest—Gödöllő waren in wenigen Jahren auf ein Gewicht von etwa 420 bis 470 t angewachsen. Da nun diese Strecke eine 15 km lange

Steigung von $7^0/_{00}$ enthielt, reichte die Kesselleistung der 1 C 1 Lokomotiven Reihe 342 (Abb. 364) für sie nicht mehr aus. Das Reibungsgewicht hätte an sich wohl noch genügt, um die erforderlichen Zugkräfte zu entwickeln, eine größere Heizfläche ließ sich aber auf 5 Achsen ohne Überschreitung des zulässigen Achsdrucks (14,5 t) nicht mehr unterbringen. Um allen künftigen Anforderungen auf längere Zeit zu genügen, überschlug die Ungarische Staatsbahn die Achsanordnungen 1 C 2, 2 C 1 und 2 C 2 und ging gleich zu einer neuen 1 D 1 h 2 Tenderlokomotive über, die im Jahre 1917 als erste reine Personenzugtenderlokomotive im Vereinsgebiet von der staatlichen Lokomotivfabrik in Budapest geliefert wurde (Reihe 442, Abb. 366 und Tafel 28).

Die Heizfläche des Kessels war etwa um die Hälfte größer geworden als bei den 1 C 1 Lokomotiven. Der Kessel lag 2900 mm über SO. Er mußte wegen des Mangels an Kupfer als Brotankessel ausgebildet werden. Wie bei einem Teil der 1 C 1 Lokomotiven wurde bei den ersten 10 1 D 1 Lokomotiven ein Kleinrohrüberhitzer verwendet. Bei weiteren 10 in den Jahren 1919—1921 nachgelieferten Lokomotiven war man zum Großüberhitzer mit 22 Einheiten und 36,3 m² Heizfläche übergegangen. Die letzten 10 Lokomotiven aus den Jahren 1921/22 wurden wieder mit einem Kleinrohrüberhitzer gebaut.

Die Heizrohre waren im Vergleich zu der preußischen 1 D 1 h 2 Tenderlokomotive T 14 (Abb. 89) ziemlich kurz. Die Rohrheizfläche war allerdings bei beiden Bauarten fast gleich groß, die Überhitzerheizfläche dagegen war bei der ungarischen Lokomotive recht knapp.

Die ersten beiden Lokomotiven hatten vorn und hinten Krauß-Zara-Drehgestelle mit 100 und 80 mm seitlicher Verschiebung der Achsen und 65 mm Seitenspiel am Drehzapfen. Bei einem Gesamtachsstand von 10 700 mm betrug der feste Achsstand nur 1800 mm. Der Bogenlauf war vorzüglich, da aber die Laufachsen zu häufig einseitig scharf liefen, erhielten die weiteren 28 Lokomotiven Adamsachsen mit 80 mm Seitenspiel und Rückstellfedern. Gleichzeitig erhielten die erste und letzte Kuppelachse 20 mm Seitenspiel. Die Längsfedern der Adamsachse und der benachbarten Kuppelachse waren durch Ausgleichhebel miteinander verbunden; der feste Achsstand und die gute Bogenläufigkeit blieben erhalten.

Damit die Lokomotive auch auf den Strecken mit nur 14,5 t Achsdruck verwendet werden konnte, hatte man im Wasserkasten ein Überfallrohr angebracht, womit man den Wasservorrat auf 9 m³ beschränken konnte. Bei ganzer Füllung konnten die seitlichen 7400 mm langen Wasserkästen zusammen 12 m³ Wasser aufnehmen; dabei wurde der zulässige Achsdruck auch auf den Laufachsen bei einem Dienstgewicht von 86 t voll ausgenutzt.

Die Lokomotive beförderte 714 t auf $0^0/_{00}$ mit 60 km/h,
562 t auf $5^0/_{00}$ mit 40 km/h.

Diese 1 D 1 h 2 Lokomotive stellte die letzte Entwicklungsstufe der regelspurigen Tenderlokomotive in Ungarn dar. Fünffach gekuppelte Tenderlokomotiven hat es in Ungarn bis 1920 nicht gegeben; 3 ältere preußische E Tenderlokomotiven mit Hagans-Triebwerk vom Jahre 1904/05 (Gattung T 15), die die Mohacs—Fünfkirchener Eisenbahn gekauft hatte, taten erst 1922 Dienst. Diese Lokomotiven wurden bereits im Jahre 1931 ausgemustert.

DIE SCHMALSPURLOKOMOTIVEN.

Das ungarische Schmalspurnetz hat fast durchweg eine Spurweite von 760 mm; der Bau und Betrieb war meist privaten Gesellschaften überlassen. Der Fahrzeugpark war daher im Gegensatz zu Österreich wenig einheitlich und entwickelte sich erst nach der Jahrhundertwende lebhafter. Die zulässigen Achsdrücke schwankten zwischen 3 und 6 t. Im Laufe der Jahre entstand eine bunte Reihe verschiedenartiger Lokomotivbauarten von der B Lokomotive mit 9 t Dienstgewicht mit Tender bis zur D Klien-Lindner-Lokomotive von 24 t Dienstgewicht. Dabei waren von jeder Bauart meist nur wenige gleichartige Lokomotiven vorhanden. Selbst die D Klien-Lindner-Lokomotive war in mindestens 6 verschiedenen Größen vertreten.

Da eine zielgerichtete Fortentwicklung kaum festgestellt werden kann, sollen hier auf dem engen Raum nur einige bemerkenswerte Bauarten beschrieben werden.

Die Torontáler Kleinbahn hatte sich im Jahre 1898 6 Stück B n 2 Lokomotiven mit Tender von Weitzer in Arad bauen lassen (spätere Staatsbahn-Gattung XXI b (289), Abb. 367). Der Kessel hatte schon die von den regelspurigen Lokomotiven her bekannte lange Rauchkammer; er lag mit der Mitte nur 1405 mm über SO. Die Treibraddurchmesser waren größer als bei allen sonstigen ungarischen Schmalspurlokomotiven für 760 mm Spurweite (820 mm); die Höchstgeschwindigkeit betrug daher auch 30 km/h. Diese B Lokomotive war wohl die kleinste ungarische Kleinbahnlokomotive, sie leistete nur etwa 40 PS.

2 Lokomotiven ähnlicher Bauart besaß auch die Slawonische Drautalbahn. Sie wurden in den Jahren 1890 und 1896 von Krauß geliefert. Auch die Gyulavidéki-Lokalbahn hatte im Jahre 1901 2 ähnliche Maschinen ebenfalls von Weitzer in Arad bezogen, bei denen aber Kohlenbehälter auf der Lokomotive untergebracht waren. Der zweiachsige Tender führte Wasser- und weitere Kohlenvorräte mit.

Als Schmalspurlokomotiven mit Schlepptender hatten diese Lokomotiven in Ungarn schon Vorgänger. So waren im Jahre 1886 z. B. 2 Stück C n 2 Lokomotiven von Sigl in Wiener-Neustadt an die Taracztaler Lokalbahn geliefert worden. Sie waren für 750 mm Spurweite gebaut und hatten ein Dienstgewicht von 12 t (spätere Staatsbahn-Gattung XXI (389)).

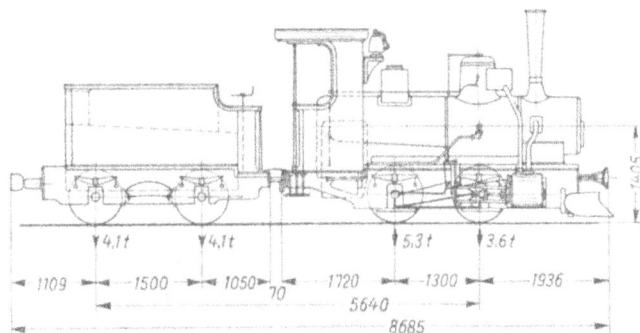

Abb. 367. B n 2 Schmalspurlokomotive der Ungarischen Staatsbahn, Gattung XXI b (289); Erbauer Weitzer, Arad 1898.

Spurweite	760 mm	Zylinderdurchm.	2 × 200 mm
Rostfläche	0,43 m²	Kolbenhub	330 mm
Verdampfungsheizfl.	19,6 m²	Dienstgewicht d. Lok..	9,07 t
Kesseldruck	13 atü	Reibungsgewicht	9,07 t
Treibraddurchmesser	820 mm		

Auch auf der Wiener Ausstellung vom Jahre 1873 war schon eine D Schmalspurlokomotive mit Tender und 5 t Achsdruck zu sehen (Abb. 368), die allerdings nicht für den öffentlichen Verkehr bestimmt war, sondern für die ausgedehnten Montanbahnen der Hüttenwerke in Reschitza (Spurweite 948 mm). Ihr Stehkessel lag über dem Innenrahmen und war unterstützt. Er hatte einen gewellten Mantel. Unter dem Langkessel lag ein großer Schlammsack. Das Hüttenwerk Reschitza hat diese Lokomotive in den Jahren 1884—1898 noch viermal selbst nachgebaut; alle nachgebauten Lokomotiven waren im Jahre 1932 noch im Betriebe. Sehr ähnliche Lokomotiven sind auch nach dem Jahre 1900 noch mehrfach mit Klien-Lindner-Achsen für ungarische Werkbetriebe ausgeführt worden. Eine solche Lokomotive war z. B. im Jahre 1906 auf der Weltausstellung in Mailand ausgestellt.

Alle diese Lokomotiven besaßen kleine zweiachsige Tender.

Abb. 369 zeigt eine C n 2 Tenderlokomotive vom Jahre 1906 für 760 mm Spurweite. Diese Lokomotive hatte einen verhältnismäßig hoch liegenden Kessel (1560 mm über SO) und

Abb. 368. D n 2 Schmalspurlokomotive des Hüttenwerkes Reschitza; Erbauer Maschinenfabrik der Österr.-Ungar. Staatseisenbahn-Gesellschaft 1873.

Spurweite	948 mm	Zylinderdurchm.	2 × 350 mm
Rostfläche	1,4 m²	Kolbenhub	316 mm
Verdampfungsheizfl.	42,0 m²	Dienstgewicht d. Lok..	20,0 t
Kesseldruck	10 atü	Reibungsgewicht	20,0 t
Treibraddurchmesser	720 mm		

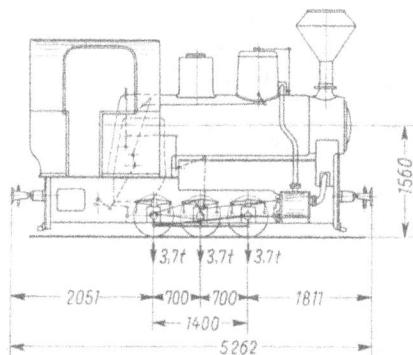

Abb. 369. C n 2 Schmalspur-Tenderlokomotive der Ungarischen Staatsbahn, Gattung 399; Erbauer Maschinenfabrik der Kgl. Ungar. Staatseisenbahnen Budapest 1906—1913.

Spurweite	760 mm	Zylinderdurchm.	2 × 220 mm
Rostfläche	0,51 m²	Kolbenhub	300 mm
Verdampfungsheizfl.	19,6 m²	Dienstgewicht d. Lok..	11,25 t
Kesseldruck	12 atü	Reibungsgewicht	11,25 t
Treibraddurchmesser	600 mm		

eine über dem Rahmen liegende Feuerbüchse. So konnte trotz des Außenrahmens der Rahmen mit dem Wasserkasten vereinigt werden; die dicht über den Achsbüchsen liegenden Federn waren allerdings schlecht zugänglich. Die Lokomotive hatte eine Klugsche Lenkersteuerung. Nach dieser Bauart sind bis zum Jahre 1913 mehrfach Lokomotiven für Lokalbahnen und mit geringen Änderungen auch für die Ungarische Staatsbahn als Reihe 399 gebaut worden.

Eine sehr leichte C 1 n 2 Tenderlokomotive vom Jahre 1899 ist in der Abb. 370 dargestellt. Sie gehörte der Lokalbahn Szatmar—Erdöd und besaß ebenfalls noch Außenrahmen; die hintere Laufachse war im Rahmen seitlich verschiebbar. Diese Lokomotivbauart war schon vom Jahre 1895 an auch von der österreichischen Fabrik der „Steg" mehrfach für Ungarn gebaut worden (spätere Staatsbahn-Reihe XXI a (395)); auch einige ungarische Bergwerksbahnen haben sich diese Type bauen lassen.

Schmalspurige D n 2 Tenderlokomotiven waren in Ungarn schon im Jahre 1876 vorhanden. Sie arbeiteten allerdings hauptsächlich auf Bergwerksbahnen mit 790 mm Spurweite, also nicht im öffentlichen Verkehr. Diese D Lokomotiven hatten eigenartigerweise sämtlich einen Innenrahmen, der jedoch keinen Wasserkasten enthielt; die Rahmenbleche waren sehr kräftig (16—18 mm). Der Kessel hatte anfänglich eine überhöhte Crampton-Feuerbüchse, später zog man die Maeysche gewellte Büchse vor; vom Jahre 1891 an erhielt auch er eine lange Rauchkammer. Seine Mitte lag 1200 mm über SO; der Stehkessel reichte also noch in den Rahmen hinein, hing aber bei keiner Lokomotive über. Schwierig war dabei die Anordnung der Tragfedern für die vierte Achse. Zunächst wurde eine Querfeder etwa hinten unter dem Bodenring vorgesehen, die ihre Last durch zweiarmige Längshebel auf die Achslager übertrug; dann aber legte man diese Querfeder unmittelbar auf die Achslager, so daß sie den Aschkasten durchdrang. Die Vorderachse hatte ebenfalls eine Querfeder, die beiden Mittelachsen hatten gemeinsame Längstragfedern.

Erst im Jahre 1899 erschien eine D n 2 Lokomotive neuzeitlicher Form nach Abb. 371 mit hochliegendem Kessel (1515 mm über SO) für die Segesvar—Szentágotaer Lokalbahn. Der glatte Crampton-

Abb. 370. C 1 n 2 Tenderlokomotive der Ungarischen Staatsbahn, Gattung XXIa (395); Erbauer Maschinenfabrik der Österr.-Ungar. Staatseisenbahn-Gesellschaft Wien 1895—1899.

Spurweite	760 mm	Zylinderdurchm.	2 × 290 mm
Rostfläche	0,67 m²	Kolbenhub	320 mm
Verdampfungsheizfl.	40,82 m²	Dienstgewicht d. Lok..	21,27 t
Kesseldruck	12 atü	Reibungsgewicht	16,37 t
Treibraddurchmesser	720 mm		

402

Stehkessel mit Deckenstehbolzen lag über dem Rahmen. Bei der hohen Kessellage konnten jetzt alle 4 Achsen Längsfedern über den Achslagern erhalten; Ausgleichhebel waren nicht vorhanden. Obgleich der Kessel ziemlich kurz war und der Stehkessel über der vierten Achse lag, waren die Überhänge vorn und hinten zusammen genommen fast ebenso groß wie der gesamte Achsstand, so daß bei schlechter Gleislage ein Nicken unvermeidlich war.

Einen wesentlichen günstigeren Aufbau und eine weniger gedrängte Anordnung der Räder und der Tragfedern hatte eine Lokomotivbauart

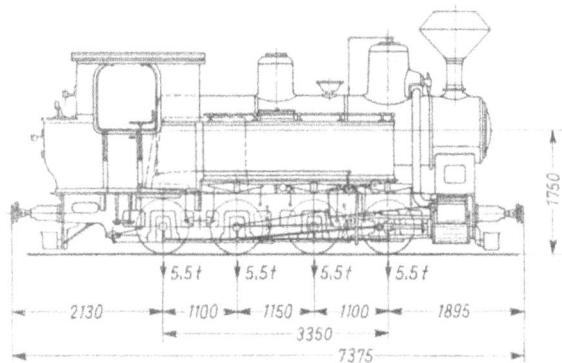

Abb. 371. D n 2 Schmalspur-Tenderlokomotive der Ungarischen Staatsbahn, Gattung „Hegen" (499); Erbauer Maschinenfabrik der Kgl. Ungar. Staatseisenbahnen Budapest 1899.

Spurweite	760 mm	Zylinderdurchm.	2 × 285 mm
Rostfläche	0,72 m²	Kolbenhub	320 mm
Verdampfungsheizfl. .	30,73 m²	Dienstgewicht d. Lok..	18,0 t
Kesseldruck	13 atü	Reibungsgewicht . .	18,0 t
Treibraddurchmesser .	680 mm		

mit Klien-Lindner-Achsen. Solche Lokomotiven waren auf verschiedenen Schmalspurbahnen in Deutschland im Laufe der 90er Jahre in Betrieb genommen worden und hatten dort befriedigt. Wenn auch die Bauart etwas verwickelt war, so bot sie doch gerade bei Schmalspurbahnen mit scharfen Gleisbögen und häufig auch mäßiger Gleislage größere Vorteile als etwa eine Mallet-Lokomotive, die bekanntlich besonders leicht schleudert. Die erste ungarische Klien-Lindner-Lokomotive für die Vajdahunyad-Bahn war im Jahre 1900 in Paris ausgestellt. Es zeigte sich bald, daß sie die zweckmäßigste D Lokomotive für die Ungarischen Schmalspurbahnen war. Sie lief in verschiedenen Größen mit 12,6—24,4 t Dienstgewicht auch auf den Industriebahnen in größerer Zahl.

Allein 31 Stück hatte sich die Ungarische Staatsbahn in den Jahren 1906—1914 für ihre Schmalspurstrecken bauen lassen (Reihe XXI c (490), Abb. 372 und Tafel 25).

Da der Kessel 1750 mm über SO lag, hatte der Stehkessel auch bei den Rädern von 750 mm Durchmesser noch über dem Rahmen Platz; wegen der Klien-Lindner-Achsen hatte man einen Außenrahmen wählen müssen. Die Tragfedern konnten dabei noch bequem untergebracht werden, sie waren paarweise durch Ausgleichhebel verbunden. Die Lokomotiven hatten die Stephenson-Steuerung. Wie die regelspurigen Maschinen waren auch diese Lokomotiven vielfach mit Speisewasserreinigern ausgerüstet, da das Speisewasser meist schlecht war.

Eine etwas kleinere Ausführung mit 4,4 t Achsdruck und 2750 mm Achsstand wurde hauptsächlich an verschiedene Industriebahnen in größerer Zahl geliefert. Die größte von den 14 verschiedenen unga-

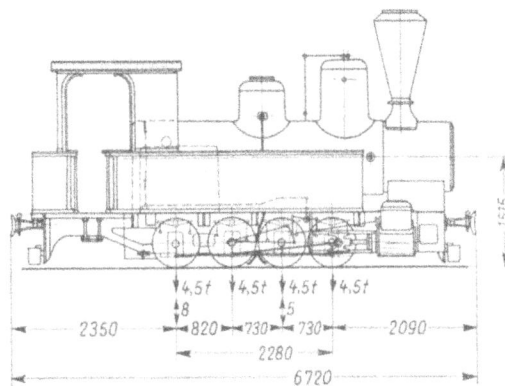

Abb. 372. D n 2 Schmalspur-Tenderlokomotive der Ungarischen Staatsbahn, Gattung XXI c (490); Erbauer Maschinenfabrik der Kgl. Ungar. Staatseisenbahnen Budapest 1906—1920.

Spurweite	760 mm	Zylinderdurchm.	2 × 325 mm
Rostfläche	1,04 m²	Kolbenhub	350 mm
Verdampfungsheizfl. .	48,14 m²	Dienstgewicht d. Lok..	22,0 t
Kesseldruck	14 atü	Reibungsgewicht . .	22,0 t
Treibraddurchmesser .	750 mm		

rischen Ausführungen hatte einen Achsdruck von 6,1 t und einen Gesamtachsstand von 4000 mm.

Die Gesamtzahl der für den öffentlichen Verkehr gebauten D n 2 Schmalspurlokomotiven mit Klien-Lindner-Achsen betrug 76 Stück. Noch mehr Lokomotiven gleicher Bauart (98 Stück) liefen auf den Industriebahnen und auf den Waldbahnen.

Schmalspurlokomotiven mit mehr als 4 Kuppelachsen sind in Ungarn nicht beschafft worden.

DIE TENDER.

Die Tender der älteren ungarischen regelspurigen Lokomotiven hatten fast durchweg 3 Achsen. Ihre Bauform lehnte sich mehr oder weniger an österreichische Ausführungen an (Abb. 333, S. 373).

3 T 17. Die 2 B n 4 v Lokomotiven vom Jahre 1890 (Abb. 334, S. 373) erhielten verhältnismäßig große Tender mit 17 m³ Wasserinhalt und 8,34 t Kohle. Der Wasserkasten hatte eine von hinten nach vorn gleichmäßig geneigte Decke und reichte in seiner ganzen Länge rd. 500 mm tief zwischen die Räder hinab. Den großen Kohlenraum hatte man durch Hochziehen der Wände bis auf 2895 mm über SO gewonnen.

Der äußere Blechrahmen von 16 mm Stärke besaß kräftige, geschlossene Achsgabelführungen aus Stahlguß, die so groß ausgebildet waren, daß die Federgehänge an ihnen befestigt werden konnten. Ausgleichhebel zwischen den Tragfedern der einzelnen Achsen waren noch nicht vorhanden.

4 T 18 Bauart Vanderbilt. Als im Jahre 1906 die 2 B 1 n 4 v Schnellzuglokomotive der Reihe I n (203) eingeführt wurde, machte die Ungarische Staatsbahn einen Versuch mit 3 vierachsigen Tendern der amerikanischen Bauart Vanderbilt (Abb. 336, S. 376).

Der Wasserbehälter hatte die Form eines großen Kessels von kreisrundem Querschnitt; sein Scheitel war vorn nach dem Führerstande zu abgeschrägt. Auf diese schräge Fläche war ein sattelförmiger Kohlenkastenaufbau aufgesetzt, der einen Kohlenvorrat von 8 t aufnehmen konnte. Der Wasserkessel hatte bei den drei Versuchstendern ein Fassungsvermögen von 18 m³. Später wurden noch einmal 15 Vanderbilt-Tender mit einem Wasserbehälter für 22 m³ Wasser nachbestellt. Die Bauart befriedigte aber nicht, weil der Raum über dem Tenderrahmen schlecht ausgenutzt war. Die Fachwerkdrehgestelle (Bauart Diamond) besaßen querliegende elliptische Doppelfedern.

4 T 20, 4 T 26. Nach den ungünstigen Erfahrungen mit den Vanderbilt-Tendern ging die ungarische Staatsbahn wieder zu Tendern mit kastenförmigen Wasserbehältern über, deren Fassungsvermögen nach und nach von 20 auf 23 und 26 m³ erhöht wurde. Die Diamondgestelle wurden durch Blechrahmendrehgestelle ersetzt (vgl. Abb. 339, S. 378). Diese Tender hatten z. T. noch die seitlichen, kurzen Gölsdorfschen Füllklappen.

XIII. DIE ENTWICKLUNG DER DAMPFLOKOMOTIVE IN DEN NIEDERLANDEN.

DIE VERWALTUNG DER EISENBAHNEN IN DEN NIEDERLANDEN.

Im Jahre 1880 war der Eisenbahnbetrieb in den Niederlanden in der Hand von 5 Gesellschaften:
1. Der Holländischen Eisenbahngesellschaft (H. S. M.),
2. der Rheinischen Eisenbahngesellschaft (N. R. S.),
3. der Staatseisenbahngesellschaft (S. S.),
4. der Zentral Eisenbahngesellschaft (N. C. S.) und
5. der Nordbrabant-Deutschen Eisenbahngesellschaft (N. B. D. S.).

Bis zum Jahre 1920 sind folgende Eisenbahngesellschaften noch hinzugekommen:
6. Die Süd-Ost Eisenbahn-Gesellschaft (Z. O. S.) (seit 1881). Im Jahre 1883 ist der Betrieb von der S. S. übernommen worden,
7. die Haarlem-Zandvoorter Eisenbahn-Gesellschaft (H. Z.) (seit 1881). Im Jahre 1889 ist der Betrieb von der H. S. M. übernommen worden,
8. die Nordfriesische Lokalbahn-Gesellschaft (N. F. L. S.) (seit 1901). Im Jahre 1905 ist der Betrieb von der H. S. M. übernommen worden.

Im Jahre 1890 wurde der Betrieb der Rheinischen Eisenbahngesellschaft von der S. S. übernommen in der Weise, daß die N. R. S.-Strecken dem S. S.-Netz angegliedert und mehrere Strecken von S. S. und H. S. M. gemeinsam betrieben wurden. Dabei sollten beide Gesellschaften Verbindungen mit dem Ausland erhalten und auch im Inland untereinander im Wettbewerb stehen. Die Fahrbetriebsmittel der N. R. S. wurden zwischen den S. S. und der H. S. M. verteilt. Jede dieser beiden Gesellschaften erhielt 54 Lokomotiven.

In der nachstehenden Zahlentafel sind die Bahnlängen und die Zahl der Lokomotiven der verschiedenen Gesellschaften angegeben.

DIE LOKOMOTIVBAUARTEN IN DEN NIEDERLANDEN.

Die Niederlande sind das ausgeprägteste Flachland Europas. Die höchste Stelle des Eisenbahnnetzes liegt auf + 183 m über dem Meeresspiegel bei Maastricht. Hier im Limburgischen Kohlengebiet, wo auch die schwersten Züge gefahren werden müssen, gibt es allerdings starke Steigungen, z. B. $16^0/_{00}$ auf 2104 m Länge.

Im allgemeinen ist der Güterverkehr in Holland schwach; rd. 80% der gesamten Gütertransporte entfallen auf die Wasserstraßen. Daher kann der Lokomotivbetrieb für Güter- und Personenzüge auf vielen Strecken aus wirtschaftlichen Gründen nicht gut getrennt werden; dieselbe Lokomotive muß sowohl Güterzüge als auch Personenzüge befördern. Reine Güterzuglokomotiven sind daher im allgemeinen selten; meist werden die Güterzüge mit 1 B oder 2 B Lokomotiven gefahren. Bis zum Jahre 1912 kamen Güterzuglokomotiven mit mehr als 3 gekuppelten Achsen überhaupt nicht vor.

Im Jahre 1912 gab es in Holland bei einer Gesamtzahl von 1166 Lokomotiven nur 135 Stück C Lokomotiven. Erst im Jahre 1912 beschaffte die Staatsbahngesellschaft, welche den Betrieb im Limburger Kohlengebiet besorgt, 1 D 1 Güterzugtenderlokomotiven. Der Personenverkehr

LÄNGE DES BAHNNETZES UND ZAHL DER LOKOMOTIVEN
ZEIT VON 1880 BIS 1920 AM

Jahr	HSM Bahnnetz eingleisig km	zweigleisig km	Lok. Zahl	NRS Bahnnetz eingleisig km	zweigleisig km	Lok. Zahl	SS Bahnnetz eingleisig km	zweigleisig km	Lok. Zahl	NCS Bahnnetz eingleisig km	zweigleisig km	Lok. Zahl
1880	188	151	95	28	224	95	945	125	226	101	—	20
1885	212	181	171	28	224	99	1101	326	316	101	—	20
1890	406	218	260	—	—	108	1020	563	391	101	—	20
1895	683	263	297	—	—	—	995	563	453	80	21	22
1900	640	343	334	—	—	—	983	595	492	92	21	25
1905	675	416	400	—	—	—	1107	595	584	66	83	43
1910	684	462	423	—	—	—	1102	706	645	65	84	46
1915	714	565	496	—	—	—	906	957	787	59	91	49
1920	797	523	519	—	—	—	918	1153	892	—	—	—

dagegen ist infolge der teilweise recht dichten Bevölkerung sehr rege. Die Städte liegen vielfach nahe beieinander. Wegen des häufigen Anhaltens auch der schnellfahrenden Züge konnte sich die Verbundwirkung nicht durchsetzen.

Daraus erklärt sich die eigentümliche Zusammensetzung des holländischen Lokomotivparkes aus sehr vielen Personenzug- und wenig Güterzuglokomotiven. So betrug im Durchschnitt die Zahl der gekuppelten Achsen je Lokomotive im Jahre 1921 nur 2,35 (Deutsche Reichsbahn 1923: 3,45!).

Unter diesen Verhältnissen wurde die Entwicklung der Lokomotive hauptsächlich nur durch die allmähliche Zunahme des Verkehrs und durch die Anpassung an die Fortschritte der Technik beeinflußt.

In baulicher Beziehung lehnte sich der holländische Lokomotivbau längere Zeit hindurch fast ganz an englische Vorbilder an. Nachdem im Laufe der 80er Jahre der deutsche Einfluß bei der Holländischen Eisenbahngesellschaft verschwunden war, wurden zunächst fast alle Lokomotiven in England gebaut. Die Staatsbahn-Gesellschaft bezog ihre Lokomotiven von Beyer, Peacock & Co. Ltd. in Manchester, die Holländische Eisenbahn-Gesellschaft und die Rheinische Eisenbahn-Gesellschaft von Sharp, Stewart & Co. Ltd., Atlas Works, in Manchester und Glasgow, die Zentral Eisenbahn-Gesellschaft von Neilson oder den Neilson Reid & Co. Lokomotiv Works in Glasgow.

Seit dem Jahre 1916 aber wurden keine Lokomotiven mehr aus England bezogen, dafür wurden nur noch holländische und deutsche Lokomotivfabriken für die Lieferung herangezogen. Die englische Bauweise blieb aber auch dann noch einigermaßen gewahrt. Am spätesten von allen Vereinsländern, nämlich erst im Jahre 1917, wurden die Eisenbahngesellschaften zu einer einheitlichen Betriebsgesellschaft unter dem Namen „Nederlandsche Spoorwegen" zusammengefaßt, so daß nach einer Übergangszeit von etwa 3 Jahren seit dem Jahre 1920 die Lokomotiven nach einheitlichen Grundsätzen entworfen und beschafft werden konnten.

Bis zum Jahre 1889 standen für den Personen- und Schnellzugdienst nur 1 B Lokomotiven im Betriebe. In diesem Jahre wurden (bei der Rheinischen Eisenbahn) die ersten 2 B Lokomotiven mit Drehgestellen in Benutzung genommen. Diese Bauart wurde, abgesehen von 5 Stück 2 B 1 Lokomotiven, welche im Jahre 1900 von der Staatsbahn-Gesellschaft beschafft worden waren, bis zum Jahre 1908 für den Personen- und Schnellzugdienst beibehalten. Dann begann die Nord-Brabant-Deutsche Eisenbahn die 2 C Schnellzuglokomotiven bei den internationalen Postzügen für die Verbindung von England nach Deutschland über ihre Strecke von Boxtel nach Wesel einzuführen. Seit 1910 sind auch die Zentralbahn und die Staatsbahn zu dieser Lokomotivbauart übergegangen.

DER NIEDERLÄNDISCHEN EISENBAHNVERWALTUNGEN IN DER
31. DEZEMBER JEDES JAHRES.

NBDS			ZOS		HZ		NFLS		Gesamt-		
Bahnnetz			Bahn-netz		Bahn-netz		Bahn-netz				
ein-gleisig	zwei-gleisig	Lok. Zahl	ein-gleisig	Lok. Zahl	ein-gleisig	Lok. Zahl	ein-gleisig	Lok. Zahl	Bahn-netz	Lok. Zahl	Lok. pro
km	km		km		km		km		km		km
101	—	10	66[1]	8[1]	—	—	—	—	1863	446	0,24
101	—	11	—	—	9	4	—	—	2283	621	0,27
101	—	12	—	—	—	—	—	—	2409	683	0,28
101	—	16	—	—	—	—	—	—	2706	788	0,29
101	—	17	—	—	—	—	—	—	2775	868	0,31
66	35	18	—	—	—	—	78[2]	10[2]	3043	1045	0,34
46	55	21	—	—	—	—	—	—	3204	1135	0,35
32	69	21	—	—	—	—	—	—	3393	1353	0,40
—	—	—	—	—	—	—	—	—	3391	1411	0,41

Für den Güterzugdienst standen im Jahre 1880 außer den Personenzuglokomotiven nur C Güterzuglokomotiven zur Verfügung. Erst von 1917—1920 wurden von der Nordbrabant-Deutschen Eisenbahn 4 Stück 1 D Güterzuglokomotiven in Dienst gestellt.

Tenderlokomotiven waren verhältnismäßig selten. Im Personenzugdienst standen 1 B, später auch 1 B 1, 2 B 1 und 2 B Lokomotiven und seit 1913 auch 2 B 2 und 2 C 2 Lokomotiven zur Verfügung, den Güterverkehr bewältigten seit dem Jahre 1912 die 1 D 1 Lokomotiven. Auf den Nebenbahnen liefen B Lokomotiven, während im Verschiebedienst B und C Lokomotiven tätig waren.

Die Leistungsfähigkeit der Lokomotiven ist im Zeitraum von 1880—1920 ständig, allerdings nicht immer stetig, gestiegen. Mehrfach ist die Entwicklung sprungweise vor sich gegangen; in diesem Falle waren dann aber offenbar besondere Umstände vorhanden, welche die Beschaffung von leistungsfähigeren Lokomotiven forderten.

Das war zum ersten Male der Fall im Anfang der 80er Jahre. Nachdem die durchgehende Druckluftbremse für die Personenzüge eingeführt war, konnten schwerere Züge mit größerer

Leistung in PSi der größten Lokomotiven der niederländischen
Verwaltungen SS und HSM im Zeitraum 1880—1920.

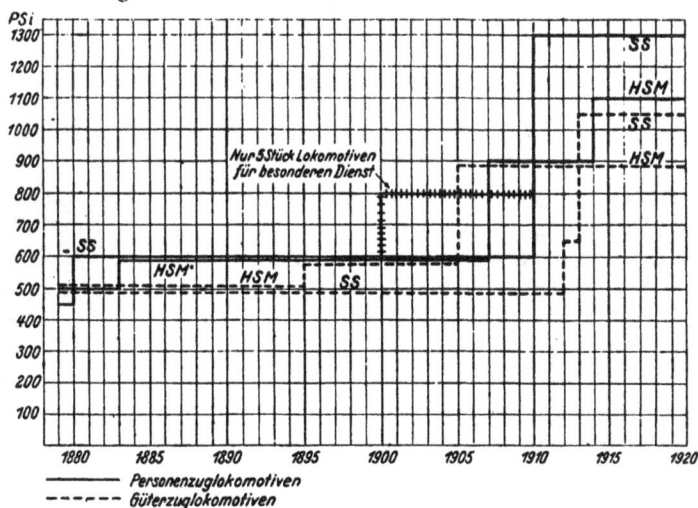

[1] 1882. — [2] 1904.

Geschwindigkeit als bisher befördert werden; dazu aber brauchte man leistungsfähigere Lokomotiven. Damals waren bei den einzelnen Verwaltungen Personenzuglokomotiven mit einer Leistung von etwa 450—500 PS$_i$ vorhanden. Die neuen Lokomotiven hatten eine Leistung von etwa 600 PS$_i$, also etwa 25 % mehr als bisher. Viel größer war aber der Sprung um das Jahr 1910 herum. In dieser Zeit wurden die vierachsigen Personenwagen in großer Zahl eingeführt; das Zuggewicht stieg entsprechend. Zu Hilfe kam der Heißdampf, der nach den Erfolgen Wilhelm Schmidts und Garbes in Preußen sich allgemein durchzusetzen begann. Jetzt konnten bedeutend leistungsfähigere Lokomotiven entwickelt werden, ohne daß die Abmessungen, besonders die des Kessels, nennenswert vergrößert zu werden brauchten. So sehen wir, daß bei der S. S. neue Personenzuglokomotiven mit einer Leistung von etwa 1350 PS$_i$ in Dienst gestellt wurden; bei der H. S. M. stieg in einem Sprunge die Leistung von 900 PS$_i$ bis 1100 PS$_i$. Bei der N. C. S. und der N. B. D. S. liegen die Verhältnisse ähnlich.

Die sprunghafte Entwicklung geht anschaulich aus dem vorstehenden Schaubild hervor.

KESSEL UND ZUBEHÖR.

Der Kesseldruck, der vor 1880 im allgemeinen nicht höher als 8 atü war, stieg in den achtziger Jahren fast überall auf 10 atü und im Anfang dieses Jahrhunderts allgemein auf 12 atü. Bis 1920 war er noch immer nicht höher als 12 atü mit Ausnahme der 2 C Schnellzuglokomotiven der N. B. D. S., welche schon 1908 einen Kesseldruck von 13,4 atü hatten. Erst nach dem Jahre 1920 wurde der Kesseldruck von 14 atü eingeführt.

Die Kesselform war bei den Lokomotiven der einzelnen Verwaltungen verschieden, wie aus nachstehender Zahlentafel hervorgeht:

	Stehkesselbauform	
	Runde Decke nach Crampton	Flache Decke nach Belpaire
H. S. M.	seit 1890	bis 1888
S. S.	bis 1879	seit 1880
N. R. S.	immer	—
N. C. S.	bis 1864	seit 1874
N. B. D. S.	bis 1907	seit 1881
N. F. L. S.	—	immer

Die Ansichten über die beste Form des Stehkessels haben sich also mehrfach geändert. Während die eine Verwaltung von der runden zur flachen Form der Decke überging, ging die andere gerade den umgekehrten Weg. Der Unterschied in den Beschaffungskosten wird hierbei wohl auch eine Rolle gespielt haben. Nach den neueren Auffassungen wird die flache Form trotz des höheren Preises bevorzugt, weil dabei die Deckenanker besser untergebracht werden können und weil auf der Rückwand mehr Platz für die Ausrüstung vorhanden ist. Außerdem ergeben Kessel mit Belpaire-Feuerbüchsen einen größeren Wasserspiegel und einen größeren Dampfraum gerade an der Stelle, wo die Dampferzeugung am stärksten ist. Der Inhalt dieses Dampfraumes ist außerdem weniger vom Wasserstand abhängig als beim Crampton-Kessel.

Die Heizrohre, welche früher allgemein aus Messing bestanden, waren im Jahre 1880 schon durchweg aus Stahl, nur bei der Zentralbahn wurden an die Stahlrohre Messingenden

408

angeschweißt. In den neunziger Jahren wurden bei der Staatsbahn-Gesellschaft und bei der Zentralbahn eine Anzahl Lokomotiven mit Serve-Rohren (mit Längsrippen innen) in Dienst gestellt. Die Erfahrungen mit ihnen waren aber nicht günstig, weil diese Rohre sich leicht mit Lösche verstopfen, so daß die Dampfentwicklung bald nachließ. Außerdem wurde die Befestigung in den Rohrwänden leicht undicht, was der höheren Temperatur der Rohre und dem größeren Rohrdurchmesser zuzuschreiben war. Auch der Beschaffungspreis war bedeutend höher als bei den glatten Rohren, ohne daß eine Kohlenersparnis erreicht werden konnte. Aus diesem Grunde sind diese Rohre später nicht mehr verwendet worden; sie wurden bei der Erneuerung der Rohrwände durch gewöhnliche glatte Rohre von kleinerem Durchmesser ersetzt.

Die flachen Wände wurden ursprünglich fast ausschließlich durch Anker und Stehbolzen versteift; auch wurden die vordere Rohrwand in der Rauchkammer und die hintere Stehkesselwand durch Längsanker gegeneinander gestützt. In den letzten Jahren sind diese Längsanker bei größeren Kesselausbesserungen vielfach durch Blechversteifungen ersetzt worden. Dadurch wurde der Kessel leichter zugänglich; auch die Unterhaltungskosten für die Anker fielen fort, da die Blechversteifungen keiner Unterhaltung bedurften.

Der Dampfregler im Dom wurde früher stets als Schieberregler mit oder ohne Hilfsschieber ausgeführt. Später sind vielfach Ventilregler verwendet worden, welche aber neuerdings (seit 1920) wieder durch Schieberregler (mit Hilfsschieber) ersetzt worden sind. Der Grund für die Rückkehr zum Schieberregler liegt darin, daß es bei einem Ventilregler gewöhnlicher Bauart mit Doppelsitz schwer war, den Regler beim Anfahren nur wenig zu öffnen; die Lokomotiven schleuderten daher oft. Dann aber kam es häufig vor, daß sich der Ventilregler während der Fahrt von selbst schloß. Schließlich waren auch die Unterhaltungskosten des Schieberreglers kleiner als die des Ventilreglers.

Bei den Wasserstandsanzeigern sind selbstschließende Hähne im Laufe der Jahre immer beliebter geworden, so daß jetzt alle Lokomotiven mit diesen Vorrichtungen ausgerüstet sind.

Die Feuertüren der älteren Lokomotiven sind als doppelte Schiebetüren, die der neueren Lokomotiven als Klapptüren ausgebildet.

Die ersten Heißdampflokomotiven mit Schmidtschen Rauchröhrenüberhitzern wurden im Jahre 1907 in Betrieb genommen. Fast alle später gebauten Lokomotiven haben diesen Überhitzer bekommen, der teilweise als Kleinrohrüberhitzer ausgeführt wurde. Auch mehrere Naßdampflokomotiven wurden in Heißdampfmaschinen umgebaut und mit Schmidtschen Überhitzern versehen; bei der Behandlung der verschiedenen Lokomotiven wird hierüber Näheres mitgeteilt werden.

Einige Lokomotiven, welche auf Heißdampf umgebaut wurden, aber Flachschieber aus Rotguß behielten, haben trotz besonderer Schmierung der Schieber die Erwartungen nicht erfüllt.

Bei der Zentralbahn waren einige Lokomotiven mit dem Rauchkammerüberhitzer von Verloop, der damals Maschinendirektor dieser Bahn war, ausgerüstet. Weil aber mit diesen Überhitzern Dampftemperaturen über 220° C kaum zu erreichen waren, sind sie später durch Schmidtsche Überhitzer ersetzt worden.

Eine große Zahl von Lokomotiven ist etwa seit dem Jahre 1916 mit Speisewasservorwärmern der Bauart Knorr ausgerüstet worden. Die neueren Lokomotiven (seit 1928) haben dagegen Abdampfstrahlpumpen bekommen. Die Kohlenersparnis war in den Niederlanden bei beiden Vorrichtungen fast gleich.

ZYLINDER UND TRIEBWERK.

Fast alle niederländischen Zweizylinder-Lokomotiven haben Innenzylinder, die einen ruhigen Lauf sichern. Güterzuglokomotiven mit Außenzylindern wurden erst gebaut, als die Leistung dieser Lokomotiven so groß geworden war, daß für die Innenzylinder nicht mehr genügend Raum zwischen den Rahmenplatten verfügbar war. Die größten Innenzylinder bei Schnellzuglokomotiven finden sich bei der 2 B Schnellzuglokomotive der H. S. M.-Serie 500 (N. S.-Serie 2100). Sie haben einen Durchmesser von 530 mm.

Als die Leistung nicht mehr in 2 Innenzylindern untergebracht werden konnte, gingen die Zentralbahn und die Staatsbahn-Gesellschaft zum Bau von Vierzylinder-Lokomotiven über. Schnell- und Personenzuglokomotiven mit Außenzylindern allein wurden zwischen 1880 und 1920 und auch später von keiner der Gesellschaften gebaut mit Ausnahme einer kleinen Reihe von 27 Stück 1 B Lokomotiven der H. S. M. Dreizylinder-Lokomotiven sind nicht vorhanden.

Zur Dampfverteilung diente in den früheren Jahren meist die Stephenson-Steuerung. Die Lokomotiven hatten dabei im allgemeinen neben den Zylindern liegende Muschelschieber. Als die neueren Lokomotiven mit Kolbenschiebern ausgerüstet wurden (die stets oberhalb der Zylinder lagen), wurde die Stephenson-Steuerung baulich unbequem. Die Lokomotiven erhielten daher wie in den meisten anderen Ländern die Heusinger-Steuerung.

Bei den Vierzylinder-Lokomotiven, welche durchweg einstufige Dampfdehnung erhielten, wurden die Schieber der Innenzylinder unmittelbar von der Innensteuerung angetrieben; die Bewegung der Schieber der Außenzylinder wurde durch einen vor jedem Zylinderpaar liegenden Umkehrhebel abgeleitet. Die Wärmedehnung der Innenschieberstange beeinflußte zwar die Stellung des Außenschiebers, doch bereitete das keinerlei Schwierigkeiten, weil man von vornherein diese Dehnung berücksichtigen konnte. Die Lagerung des Umkehr-hebels vor den Zylindern machte dafür die Bauform einfacher als ein Umkehrhebel hinter den Zylindern.

Nur die Vierzylinder-Lokomotiven der Zentralbahn (8 Stück) hatten einen gemeinsamen Schieber für den Außenzylinder und den benachbarten Innenzylinder; hierbei mußten verwickelte Dampfkanäle in Kauf genommen werden.

Die Kuppelstangenköpfe bestanden meist aus nicht nachstellbaren Büchsen. Diese Büchsenlager wurden auch bei den kleinen Treibstangenköpfen einiger Lokomotiven eingeführt. Nur bei den großen Treibstangenköpfen wurden die nachstellbaren Lager beibehalten.

RAHMEN UND FAHRGESTELL.

Im Jahre 1880 führte die Staatsbahn-Gesellschaft Lokomotiven mit einem Doppelrahmen ein, der damals schon seit vielen Jahren bei der Rheinischen Bahn üblich war; die Treibachse war somit viermal gelagert. Diese Bauform des Rahmens wurde von der Staatsbahn-Gesellschaft bis zum Jahre 1905 beibehalten. Da aber eine vierfache Lagerung der Achsen teuer und bei ausreichenden Abmessungen der Achsen nicht notwendig war, wurden die Doppelrahmen nicht weiter beibehalten.

Man glaubte sogar, daß bei den Doppelrahmen die Kropfachsen häufiger brächen als bei den einfachen Rahmen. Allerdings führte der Bruch einer Kropfachse bei den Doppelrahmen nicht zu einer Entgleisung, weil beim Bruch am gefährdeten Querschnitt beide Teile der Kropf-achse noch zweimal gelagert waren. Die Kropfachsbrüche bei den Doppelrahmen erklärte man sich damit, daß sich der Innen- und der Außenrahmen bei der Erwärmung nicht gleich-mäßig ausdehnten. Die 4 Lager hätten dann nicht mehr in einer Geraden gelegen, so daß die Kurbelachse fortwährend auf Biegung beansprucht wäre. Dazu kam noch, daß die Innen-lager, behindert durch Innentriebwerk und Steuerung, ziemlich schmal und deshalb höher belastet waren als die Außenlager. Wurden also die Außenlager als Hauptstütze für die Achse angenommen, so war die Achse bedeutend länger und deshalb mehr beansprucht.

Daß seit 1905 Doppelrahmen nicht mehr verwendet wurden, ist auch daraus zu erklären, daß bei der Vierzylinderbauart der Doppelrahmen nicht mehr gut unterzubringen war.

Die Drehgestelle der niederländischen Lokomotiven wurden bei den einzelnen Verwaltungen nach verschiedenen Bauarten ausgeführt.

Die ersten Lokomotiven mit Drehgestell, welche im Jahre 1889 von der Rheinischen Eisenbahn beschafft wurden, besaßen 2 Längsausgleichfedern an Schwanenhalsträgern. Die Last wurde durch eine Gleitplatte übertragen, deren obere Fläche der Drehbewegung, deren untere der Seitenverschiebung diente. Die Rückstellkraft wurde durch 2 Blattfedern erzeugt.

Diese Bauart ist von der Holländischen Eisenbahn-Gesellschaft für alle Drehgestell-Lokomotiven übernommen worden, bis diese Gesellschaft bei den im Jahre 1914 beschafften 2 B Schnellzuglokomotiven zu Drehgestellen mit seitlicher Stützung überging, bei denen das Gewicht vom Hauptrahmen unmittelbar zu beiden Seiten auf den Drehgestellrahmen übertragen wurde. Derartige Drehgestelle haben sich gut bewährt.

Die Lokomotiven der Staatsbahn-Gesellschaft hatten Drehgestelle mit 2 außenliegenden Längsausgleichfedern an Schwanenhalsträgern. Der Hauptrahmen stützte sich in der Mitte auf den Drehgestellrahmen. Diese Drehgestelle wurden nach der Auslenkung durch schräg gestellte Pendel in die Mittellage zurückgeführt. Die Pendel waren so angeordnet, daß auch in der Mittellage eine Rückstellkraft vorhanden war. Diese Drehgestelle haben sich nicht bewährt. Sie liefen unruhig, so daß später noch besondere Seitenblattfedern angebracht werden mußten, um die Querbewegungen zu dämpfen.

So wurden nach dem Jahre 1910 Drehgestelle anderer Bauart eingeführt. Bei diesen stützte sich der Hauptrahmen auch in der Mitte auf eine Gleitplatte, deren obere Fläche der Drehbewegung und deren untere der Seitenverschiebung diente. Die Rückstellkraft aber wurde durch eine vorgespannte Schraubenfeder erzeugt; hierbei war ebenfalls in der Mittellage des Drehgestells noch eine Rückstellkraft vorhanden.

Die Drehgestelle hatten 4 Tragfedern, deren Gehängen Schraubenfedern vorgeschaltet waren. Dadurch entstand eine sehr weiche Federung, welche die Laufeigenschaften günstig beeinflußte (weichere Führung in Gleisbögen, geringere Entgleisungsgefahr). Derartige Drehgestelle haben sich gut bewährt, so daß alle später gebauten Lokomotiven mit diesen Drehgestellen ausgerüstet wurden.

Bei den gekuppelten Achsen sind Ausgleichhebel für die Federbelastung erst bei den neueren Lokomotiven mit mehr als 2 Kuppelachsen eingeführt worden.

Die Radreifen waren im Anfang des im zweiten Bande behandelten Zeitraumes vielfach mit Schraubenbolzen am Radkörper befestigt. Da hierbei die Radreifen an mehreren Stellen ganz oder teilweise durchlocht waren, gab es häufig Radreifenbrüche. Später wurde diese technisch wenig befriedigende Lösung durch die Befestigung mit Sprengringen ersetzt. Die Holländische Bahn hatte schon früher vielfach für ihre Lokomotiven die Mansellringbefestigung benutzt; neuerdings ist diese Befestigung für die wichtigsten Lokomotiven Regelbauart geworden. Die Mansellringbefestigung führte weniger zu losen Reifen als die Sprengringbefestigung; wie das zu erklären ist, wurde erst vor kurzem durch die neueren Untersuchungen bei der Deutschen Reichsbahn und den Österreichischen Bundesbahnen klargestellt. Die Untersuchungen dieser Eisenbahnverwaltungen haben nämlich gezeigt, daß bei der Sprengringbefestigung beim Aufschrumpfen des Reifens zwischen Radfelge und Radreifen dadurch ein Luftspalt entsteht, daß der Reifen sich um die schmalere Felge krümmt. Weil aber bei der Mansellringbefestigung außerhalb der Felgen viel weniger Reifenmaterial angehäuft ist, ist die Neigung des Reifens, sich um die Felge herumzukrümmen, bedeutend geringer. Tatsächlich ist bei neu aufgeschrumpften Reifen durch Nachmessen festgestellt worden, daß bei der Mansellringbefestigung der Luftspalt nur ungefähr halb so groß ist wie bei der Sprengringbefestigung. Als weiterer Vorteil der Mansellringbefestigung kann noch erwähnt werden, daß bei dieser Befestigung der Reifen beim Aufschrumpfen nicht gehämmert oder gewalzt zu werden braucht. Das Hämmern und Walzen des Reifens vergrößern aber den Reifendurchmesser, so daß das beabsichtigte Schrumpfmaß durch diese Bearbeitungen teilweise wieder verlorengeht.

DAS FÜHRERHAUS.

Die Führerhäuser bestanden im Anfang der achtziger Jahren nur aus der Vorderwand, dem Dach und den Seitenwänden. Die Seitenwände reichten dabei nur bis zur halben Höhe des Führerhauses; der obere Teil konnte mit Vorhängen geschlossen werden. Später wurden die Seitenwände bis zum Dach durchgeführt und mit Schiebefenstern versehen; außerdem wurden zwischen der Lokomotive und dem Tender Türen angebracht.

Seit 1910 wurden die Lokomotiven der Staatsbahn-Gesellschaft auch an der Rückseite teilweise geschlossen, so daß auch beim Rückwärtsfahren die Mannschaft gegen den Wind ausreichend geschützt wurde.

Die Tenderlokomotiven erhielten durchweg ein Führerhaus, das vollständig geschlossen werden konnte.

TENDER.

Die Tender hatten in der Zeit von 1880—1920 meist 3 Achsen ohne Ausgleichhebel. Die wenigen vierachsigen Tender wurden entweder mit 2 zweiachsigen Drehgestellen oder mit 2 festen Achsen und einem zweiachsigen Drehgestell versehen. Diese vierachsigen Tender liefen aber unruhig. Die nach 1920 gebauten vierachsigen Tender wurden daher mit 4 festen Achsen gebaut; dabei wurden zwischen der ersten und zweiten und zwischen der dritten und vierten Achse Ausgleichhebel angebracht. Auch die dreiachsigen Tender sind später mit Ausgleichhebeln zwischen der ersten und zweiten Achse ausgerüstet worden, weil man die Zahl der Tragfederbrüche vermindern wollte.

Die Wasserfüllöffnungen lagen bei den älteren Tendern stets hinten und waren kreisrund. Bei den neueren Tendern sind an jeder Längsseite Füllöffnungen auf der ganzen Tenderlänge angebracht, welche das Wassernehmen unter den Wasserkränen erleichtern.

DIE SCHNELLZUG- UND PERSONENZUGLOKOMOTIVEN.

Die von der Holländischen Eisenbahn-Gesellschaft in den Jahren 1883—84 beschaffte, damals stärkste 1 B n 2 Lokomotive ist im Bd. I, S. 160 bereits beschrieben worden. Im Jahre 1888 wurden von dieser Bauart 10 Stück nachbeschafft; 4 von ihnen waren Verbundlokomotiven. Abweichend von allen sonstigen Ausführungen wurden aber nach den Angaben des Betriebschefs Middelberg die Zylinderdurchmesser gleich, die Kolbenhübe beider Zylinder dagegen verschieden groß ausgeführt (400 bzw. 800 mm). Die verschiedenen Füllungen für den Hoch- und Niederdruckzylinder wurden durch verschiedene Schieberdeckungen erreicht. Die Überdeckungen betrugen beim Hochdruckzylinder außen 25 und innen — 6 mm, beim Niederdruckschieber 20 bzw. + 3 mm. So ergaben sich Füllungsverhältnisse z. B. von 25 : 36 und 50 : 60. Sonst war an der Lokomotive nichts geändert worden; auch den recht niedrigen Dampfdruck von nur 10 atü hatte man beibehalten.

Auf Versuchsfahrten stellte man bei einer Leistung von 334 PS$_i$ einen Dampfverbrauch von 11,6 kg/PS$_i$ fest, das waren etwa 17% weniger als bei den Zwillingslokomotiven.

Trotz der verhältnismäßig geringen Mehrkosten, verglichen mit der Zwillingsbauart, ist diese Verbundlokomotive nirgendwo nachgebaut worden. Mängel dürften vorhanden gewesen sein, denn die 4 Verbundlokomotiven wurden schon in den Jahren 1908/1913 ausgemustert, während die älteren gleichen Zwillingslokomotiven erst von 1924 an nach und nach ausgemustert wurden.

Da die Lokomotive später vielfach Verschiebedienst versah, wurde zum Schutze der Mannschaft bei der Rückwärtsfahrt eine besondere Führerhausrückwand angebracht.

Die Staatsbahn-Gesellschaft führte im Jahre 1880

Abb. 373. 1 B n 2 Schnellzuglokomotive, Reihe 1300 NS, der Niederländischen Staatseisenbahn-Gesellschaft; Erbauer Beyer, Peacock & Co. 1880—1895.

Rostfläche	2,1 m²	Zylinderdurchm.	2 × 457 mm
Verdampfungsheizfl.	103,0 m²	Kolbenhub	660 mm
Kesseldruck	10,3 atü	Dienstgewicht d. Lok..	42,0 t
Treibraddurchmesser	2150 mm	Reibungsgewicht	29,0 t

412

an Stelle ihrer älteren 1 B Lokomotiven von 34 t Dienstgewicht (Bd. I, S. 160) eine bedeutend verstärkte Bauart nach Abb. 373 ein.

Der Kessel bekam die alte Form der nicht überhöhten Belpaire-Feuerbüchse; er wurde wesentlich vergrößert, blieb jedoch verhältnismäßig kurz. Die Heizrohre hatten einen kleinen Durchmesser (40/45 mm), so daß die große Zahl von 220 Stück untergebracht werden konnte.

Die Feuerbüchse war vorn 1600 mm tief und hing nicht mehr durch, sondern überragte die hintere Achse in der Längsrichtung um 100 mm; ihr Mantel bestand aus 3 Teilen. Sie besaß ein langes Feuergewölbe und über der Feuertür eine Ablenkplatte.

Die Oberkante des Zylindergußstücks bildete den Rauchkammerboden; dieser war zum Schutze gegen Abzehrungen noch mit einer Chamotte- oder Zementschicht abgedeckt.

Das Triebwerk war nach der rein englischen Bauweise mit Innenzylindern, dazwischen hineingezwängter Stephenson-Steuerung und Doppelrahmen ausgeführt. Die Treibachse war dabei viermal gelagert, im Außenrahmen mit obenliegenden, im Innenrahmen mit untenliegenden Federn; die anderen Achsen waren nur im Außenrahmen gelagert. Beide Rahmen waren 25 mm stark und verliefen in 333 mm Entfernung voneinander. Die Laufachse der Bauart Cartazzi war parallel verschiebbar und besaß 13 mm Spiel nach jeder Seite.

Die Kuppelstangen hatten geschlossene Büchsenlager.

Eigentümlich war die Anordnung der Steuerungszugstange neben der Feuerbüchse oberhalb des Bremsgestänges; sie hatte einen Übersetzungshebel nach unten.

Von dieser 1 B Lokomotive wurden bis zum Jahre 1895 so gut wie unverändert 175 Stück mit demselben Kesseldruck von nur 10,3 atü beschafft. Die letzten 15 Stück (Nr. 461—475) waren mit verschiebbaren Führerhaus-Seitenfenstern ausgerüstet (s. Abb. 373).

Die Lokomotiven waren sparsam im Betriebe und in der Unterhaltung und für alle Züge der damaligen Zeit gut geeignet.

Auch die Nordbrabant-Deutsche Eisenbahn, die in den Jahren 1881—87 3 sehr ähnliche, aber kleinere Lokomotiven von Hohenzollern bezogen hatte (vgl. auch Bd. I, S. 143, Abb. 165), beschaffte von 1892—94 noch 3 Stück der beschriebenen Ausführung der Staatsbahngesellschaft. Die normale Schlepplast betrug 250 t auf 0⁰/₀₀ mit $V = 80$ km/h.

Diese Lokomotiven wurden auch vielfach zum Güterzugdienst, teilweise auch zum Verschiebedienst benutzt. Hierzu erhielten sie dann vom Jahre 1925 an meist ein auf den Tender aufgesetztes halbes Führerhaus. Da sie sehr einfach und kräftig gebaut waren, waren sie sehr beliebt. Bis zum Jahre 1930 wurden daher auch nur wenige Maschinen ausgemustert.

Im Jahre 1892 wurde versuchsweise eine dieser Lokomotiven in Verbundausführung geliefert. Wegen der großen Zylinder (sie hatten 470/660 mm Durchmesser und ein Raumverhältnis 1 : 2) mußte der Kessel von 2265 auf 2362 mm über SO höher gelegt werden. Die Stephenson-Steuerung wurde durch die Heusinger-Steuerung ersetzt und die Laufachse um 229 mm vorgeschoben. Der Achsstand kam daher auf das Maß 5715 mm, das selbst von den langgestreckten 1 B Maschinen der Köln—Mindener Eisenbahn (Bd. I, S. 150, Abb. 174) nicht erreicht wurde. Am Kessel wurde nichts geändert, doch wurde der Dampfdruck auf 12 atü hinaufgesetzt.

Diese 1 B Lokomotive gehörte mit den obenerwähnten 4 Lokomotiven der holländischen Eisenbahngesellschaft zu den einzigen Verbundlokomotiven in Holland. Da man sich mit dem Verbundverfahren nicht befreunden konnte, wurde sie noch im Jahre 1924 in eine Zwillingslokomotive umgebaut.

Mit ihr schließt die Entwicklung der 1 B Lokomotive in Holland ab.

Schon im Jahre 1889 war die Rheinische Eisenbahn-Gesellschaft zur 2 B Lokomotive mit innenliegendem Triebwerk und Innenrahmen übergegangen (Abb. 374). Der Kessel war im Gegensatz zu den Lokomotiven der Staatsbahn-Gesellschaft als glatter Crampton-Kessel ausgeführt. Die Rostfläche war schwach trapezförmig, also hinten schmaler als vorn, da der Stehkessel über der letzten Kuppelachse wegen der Achslagerführungen eingezogen werden mußte. Der Stehkessel überragte die Kuppelachse nur wenig nach hinten. Diese Anordnung blieb bis zur vorletzten Bauart von 1914 (Abb. 376) das besondere Merkmal aller holländischen 2 B Lokomotiven.

Das Steuerungsgestänge mußte zwischen den Rahmen schräg verlaufen, weil die Schieberkästen wegen des Platzmangels nicht zwischen, sondern über den Zylindern untergebracht werden mußten.

Das Drehgestell erhielt seine Last durch eine ebene Pfanne mit einem Mittelzapfen; die Pfanne besaß Seitenspiel (38 mm) und Rückstellfedern. Vom Drehgestellrahmen wurde die Last auf die Achslager durch je eine Längsfeder mit Schwanenhalsträgern übertragen.

Da der Kessel kurz war, blieb auch der Gesamtachsstand noch unter 7000 mm.

Die Leistung (300 t auf $0^0/_{00}$ mit V = 80 km/h) war bei dieser 2 B Lokomotive nicht größer als bei den bisherigen 1 B Lokomotiven, dafür wurde aber der Kessel neuzeitlich und der Lauf der Lokomotive wurde durch das Drehgestell wesentlich verbessert.

Die Lokomotiven gingen im Jahre 1890/1891 auf die Holländische Eisenbahngesellschaft über, die mit ihnen so sehr zufrieden war, daß sie bald weitere Lokomotiven dieser Bauart beschaffte.

Im großen und ganzen glichen die neubeschafften Lokomotiven den 2 B Lokomotiven der Rheinischen Eisenbahn (Abb. 374); der Stehkessel aber wurde in dem Teil zwischen

Abb. 374. 2 B n 2 Schnellzuglokomotive, Reihe 1600 NS, der Holländischen Eisenbahn-Gesellschaft; Erbauer Sharp Stewart & Co. 1889—1903.

Rostfläche	2,04 m²	Treibraddurchmesser	2010 mm	Dienstgewicht d. Lok..	50,0 t
Verdampfungsheizfl.	103,0 m²	Zylinderdurchm.	2×457 mm	Reibungsgewicht	31,0 t
Kesseldruck	10,3 atü	Kolbenhub	660 mm		

den Rahmenplatten vorn und hinten gleich schmal gehalten, so daß die Rostfläche auf 2,04 m² zurückging. Die Zahl der Heizrohre wurde dabei von 237 auf 215 Stück vermindert.

Die Niederländische Zentralbahn hatte nach der 1 B Lokomotive vom Jahre 1876 (s. S. 431) 16 Jahre lang keine Lokomotiven mehr beschafft. Erst im Jahre 1892 nahm sie 5 und im Jahre 1900 nochmals 2 Stück 2 B Lokomotiven von Neilson in Betrieb.

Diese Lokomotiven hatten manche Ähnlichkeit mit den oben beschriebenen; der Kessel aber hatte eine Belpaire-Feuerbüchse.

Bei weiteren 3 Maschinen, die im Jahre 1902 Henschel nachlieferte, wurde der Dampfdruck auf 12,25 atü erhöht.

Die Kessel der Lokomotiven Betriebs-Nr. 21—27 haben manche Wandlungen durchgemacht. Nach Versuchen mit dem Dampftrockner von Verloop und dem Kleinrohrüberhitzer von Schmidt erhielten schließlich alle Lokomotiven Kessel für 12,25 atü mit dem Schmidtschen Großrohrüberhitzer von 20 Einheiten und 28 m² Heizfläche. Die Zylinderdurchmesser wurden dabei auf 482 mm vergrößert; neu war an der Steuerung der Kolbenschieber von 220 mm Durchmesser.

Zwischendurch hatte die Bahn auch 5 Stück von den älteren 1 B Lokomotiven (von 1876) in 2 B Lokomotiven umgebaut (vgl. S. 431).

Erst im Jahre 1899 ging die Staatsbahn zur 2 B Lokomotive über (Abb. 375). Gegenüber den alten 1 B Lokomotiven (Abb. 373) wurde an dieser 2 B Maschine nur der Dampfdruck auf 11 atü erhöht und die vordere Laufachse durch ein zweiachsiges Drehgestell ersetzt; das Drehgestell besaß außenliegende Längsfedern mit Balken zur Lastübertragung auf die Achslager und einen Außenrahmen, der die Last mit übertrug.

Auch die Abfederung der gekuppelten Achsen war anfangs wie bei den 1 B Lokomotiven (Abb. 373) durchgebildet. Erst später wurden die Tragfedern der Kuppelachse nach unten verlegt und Wickelfedern in die Gehänge eingeschaltet; dadurch lief die Lokomotive sehr weich. Auch das Führerhaus ist erst später vervollkommnet worden.

Die weiteren 100 Lokomotiven dieser Bauart wurden schon in dieser Ausführung geliefert.

Von der 2 B Lokomotive (Abb. 375) wurden von 1899—1907 135 Stück geliefert. Die letzten 10 Stück stammten bereits aus der einheimischen Fabrik Werkspoor in Amsterdam.

Die Kessel der ersten 95 Lokomotiven hatten Serve-Rohre; diese befriedigten aber ebensowenig wie in Deutschland und wurden später allmählich durch glatte Rohre ersetzt. Bessere Erfahrungen machte man mit dem Kleinrohrüberhitzer von Schmidt, der in glatte Heizrohre (an Stelle der alten Serve-Rohre) eingebaut war und den schließlich 100 Lokomotiven erhielten.

Dabei wurde auch das Triebwerk grundlegend geändert. Die neuen Zylinder von nun 508 mm Durchmesser erhielten Kolbenschieber; die Stephenson-Steuerung wurde durch die Heusinger-Steuerung ersetzt. Der Kessel mußte von 2235 auf 2520 mm über SO höher gelegt werden. An Stelle von 24 Serve-Rohren, die zunächst noch neben den glatten Rohren des Kleinrohrüberhitzers beibehalten waren, wurden schließlich 47 glatte Rohre von 40/45 mm Durchmesser eingezogen.

Abb. 375. 2 B n 2 Schnellzuglokomotive, Reihe 1700 NS, der Niederländischen Staatseisenbahn-Gesellschaft; Erbauer Beyer, Peacock & Co. 1899—1907.

Rostfläche	2,1 m²	Zylinderdurchm.	2 × 457 mm
Verdampfungsheizfl.	121,0 m²	Kolbenhub	660 mm
Kesseldruck	11 atü	Dienstgewicht d. Lok..	49,0 t
Treibraddurchmesser	2150 mm	Reibungsgewicht	29,0 t

3 Lokomotiven erhielten eine Lentz-Ventilsteuerung mit Antrieb durch eine Hackworth-Steuerung, 2 weitere wurden mit der Öldruckventilsteuerung von Meier-Mattern ausgerüstet. Beide Steuerungen bewährten sich nicht und wurden später wieder ausgebaut.

Im Jahre 1907 wurde auch in Holland der Heißdampf durch die Holländische Eisenbahn-Gesellschaft eingeführt. Die Gesellschaft entwickelte allerdings dazu keine neue Lokomotivbauart, sondern baute eine 2 B n 2 Lokomotive (s. S. 414) soweit nötig um, so daß sie äußerlich fast unverändert blieb. Als einzige auffallende Änderung am Kessel ist die Verschiebung des Schornsteins nach vorn zu erwähnen, die wegen der Unterbringung des Dampfsammelkastens in der Rauchkammer notwendig geworden war.

Der Kessel behielt die gleichen äußeren Abmessungen. Er erhielt einen Großrohrüberhitzer von 18 Überhitzereinheiten von 31/38 mm Durchmesser und Rauchrohren von anfänglich 113/121, dann aber 118/127 mm Durchmesser, so daß sich eine Verdampfungsfläche von 80 m² und eine Überhitzerheizfläche von 25 m² ergab.

Im Triebwerk wurden die Zylinderdurchmesser auf 500 mm vergrößert und die Flachschieber durch Kolbenschieber mit breiten Ringen ersetzt; auf den Zylinderdeckeln und Schieberkästen wurden Luftsaugeventile für den Leerlauf angebracht. Da die Kolbenschieber oberhalb der Zylinder lagen und zwischen dem Kessel und dem Zylindergußstück und der Steuerung nicht mehr genügend Platz vorhanden war, mußte der Kessel höher gelegt werden (2439 mm über SO). Die Schieber wurden von der in ihrer alten Lage belassenen Stephenson-Steuerung durch zwischengeschaltete Umkehrhebel angetrieben.

Die Versuchsergebnisse waren günstig. Die Heißdampflokomotive hatte bei Versuchsfahrten trotz des um 50 t höheren Zuggewichts (307 gegen 258 t) einen um 17% geringeren Gesamtkohlenverbrauch als die Naßdampflokomotive. Die Einführung des Heißdampfes war damit in Holland gesichert. Die Holländische Eisenbahn-Gesellschaft beschaffte daher von dieser 2 B h 2 Lokomotive bis 1913 40 Stück.

Inzwischen wurden dann auch wie bei den anderen Bahnen einige Naßdampflokomotiven in der Weise auf Heißdampf umgebaut, daß die vorhandene Steuerung und die Zylinder mit Flachschiebern beibehalten wurden. Die Kessel erhielten einen vollbesetzten Kleinrohrüberhitzer, der in 98 Rohren von 70 mm Außendurchmesser untergebracht war.

Alle bisher behandelten 2 B Lokomotiven waren in ihren Abmessungen nicht viel größer als die alten 1 B Lokomotiven. Abgesehen von den zuletzt beschriebenen Heißdampflokomotiven war auch ihre Leistung nicht höher als früher, obgleich beides möglich gewesen wäre, wenn man dem führenden Drehgestell eine größere Belastung gegeben hätte.

Einen Fortschritt in der Leistung brachte erst die seit 1914 von der Holländischen Eisenbahn-Gesellschaft in 35 Stück beschaffte 2 B h 2 Lokomotive (Abb. 376), die einen Achsdruck von 17,5 t hatte.

Die Kesselmitte rückte auf 2750 mm über SO, er erhielt einen Dampfdruck von 12,4 atü und wesentlich größere Abmessungen, insbesondere auch Heizrohre von 4200 mm Länge. Die Rost- und Heizfläche waren gegenüber den Vorgängern um rd. 20 und 40% vergrößert. Das Innentriebwerk hatte man beibehalten. Da bei der Heusinger-Steuerung die Schieberkästen oben lagen, konnten die schon ziemlich großen Zylinder (530 mm Durchmesser) noch zwischen den Innenrahmen untergebracht werden.

Durch eine starke Sprengung der Radsterne von der Felge zur Nabe nach außen konnten an der Kropfachse genügend große Lager für die Treibstangen und Achsbüchsen vorgesehen werden. Dabei wurden etwa auftretende Schwierigkeiten in Kauf genommen, daß die Radreifen durch die bleibende Formänderung der Radsterne lose wurden.

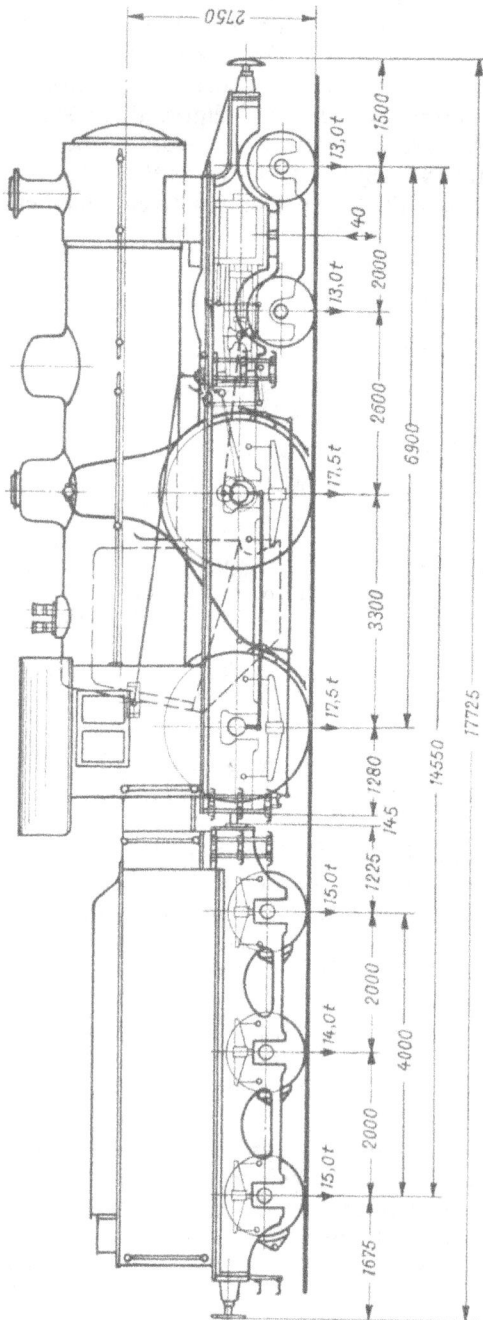

Abb. 376. 2 B h 2 Schnellzuglokomotive, Reihe 2100 NS, der Holländischen Eisenbahn-Gesellschaft; Erbauer Schwartzkopff und Werkspoor 1914—1920.

Rostfläche	2,4 m²	Kesseldruck	12,4 atü	Kolbenhub	660 mm
Verdampfungsheizfl.	119,0 m²	Treibraddurchmesser	2100 mm	Dienstgewicht d. Lok.	61,0 t
Überhitzerheizfläche	35,0 m²	Zylinderdurchm.	2 × 530 mm	Reibungsgewicht	35,0 t

Die Kuppelstangen wurden bei dieser neuen 2 B Lokomotive nach Angaben von Maschinendirektor Hupkes im Gegensatz zu dem bisherigen Brauch so angebracht, daß sie den innenliegenden Treibkurbeln um 45° vorauseilten. Man hatte nämlich bei den C Lokomotiven mit den großen Innenzylindern (s. S. 423) über das Heißlaufen der Achslager geklagt, trotzdem sie reichlich bemessen waren. Außerdem hatte man einen ungleichmäßigen Verschleiß der Radreifen beobachtet. Man führte dies darauf zurück, daß bei der üblichen Versetzung der äußeren Kuppelstangen gegen die inneren Treibstangen um 180° die Achslager durch die Summe der Kräfte beider Stangen beansprucht wurden. Bei 2 von diesen C Lokomotiven hatte man daher versuchsweise die äußeren Kuppelstangen nicht gegen die Innenkurbeln versetzt. Dadurch hatte man schon eine bedeutende Erleichterung erzielt. Nun ist aber die Versetzung um 0° noch nicht die günstigste, weil dabei z. B. bei Beginn des Hubes die Treibstangenkräfte ihren Höchstwert, die Kuppelstangenkräfte ihren Kleinstwert haben.

Durch die von Hupkes vorgeschlagene Lösung wurde tatsächlich die Beanspruchung des Treibachslagers wesentlich verringert. Die Anordnung bewährte sich gut und ist dann auch bei anderen neuen Lokomotiven, z. B. den 1 B Tenderlokomotiven (Abb. 389) angewendet worden.

Das Drehgestell war der früher behandelten hannoverschen Bauart genau nachgebildet, es besaß 40 mm Spiel nach jeder Seite; die Spurkränze der Treibachse waren um 12 mm geschwächt. Im Betriebe zeigten sich aber bald auffallende Veränderungen des Lichtmaßes zwischen den Radreifen beider Räder und Anlaufstellen auf deren Innenseite. Diese Erscheinungen hatten folgende Ursache: Wenn die Treibachse mit dem geschwächten Spurkranz in den Gleisbogen an der Außenschiene anlief, lief auf der Innenseite der um die Spurkranzschwächung (12 mm) nach innen gewanderte Radsatz an den Zwangsschienen an.

Man führte daher die Spurkränze nunmehr wieder voll aus, wie man es in Deutschland an den 2 B Lokomotiven auch getan hatte. In Holland geschah das in der Überzeugung, daß es richtiger sei, auch die Treibachse zur Aufnahme der Seitendrücke heranzuziehen.

Noch eine andere lehrreiche Erfahrung wurde an diesen Lokomotiven gemacht. Am Kessel hatte man senkrechte Bewegungen gegenüber dem Rahmen im Takte der Umdrehungen beobachtet.

Da der Kessel an sich und auch der Rahmen von der Treibachse an (bei einer Höhe der Rahmenbleche von 825 mm) steif waren, konnte die Ursache nur in dem großen Rahmenausschnitt über den hinteren Drehgestellrädern gesucht werden. Hier lag der Rahmen gänzlich über der waagerechten Zylindermittelebene. Die großen Kolbenkräfte bogen ihn daher bei dem Höhenunterschied zwischen den Mittellinien der Zylinder und des Rahmens (290 mm) in senkrechter Richtung durch. Zu der nötigen Versteifung wurde nun der Kessel herangezogen, indem man ihn in der Nähe der gefährdeten Stelle durch Pendelbleche mit dem Rahmen verband.

Sonst aber war man mit den Lokomotiven sehr zufrieden. In mehrmonatigen Vergleichsaufschreibungen bei gleichen Zuglasten zeigten sich gegenüber den älteren 2 B Heißdampflokomotiven (s. S. 415) selbst beim Einfahren wesentlich größerer Verspätungen nennenswerte Ersparnisse. Hierzu trug auch die im normalen Betriebe erreichte hohe Überhitzung von 350—400° wesentlich bei.

In ihren wichtigsten Abmessungen waren diese Lokomotiven den preußischen S 6 Lokomotiven ähnlich (Abb. 19), denen sie in der Leistung (650 t auf 6⁰/₀₀ mit V = 80 km) sogar noch ein wenig überlegen waren.

Die Entwicklung der 2 B Lokomotive in den Niederlanden ist damit abgeschlossen. Rund 3 Jahrzehnte hindurch blieb ihre Leistung fast unverändert. Der Fortschritt gegenüber der alten 1 B Lokomotive lag hauptsächlich in der Verbesserung der Laufeigenschaften durch das führende Drehgestell, dessen Achsstand etwa 2 m betrug. Sehr zweckmäßig waren auch bei diesen immerhin ziemlich kurz geführten Lokomotiven die Innenzylinder, deren Drehkräfte den Lauf der Lokomotive nicht ungünstig beeinflussen konnten. Der Treibraddurchmesser lag bei allen holländischen 2 B Lokomotiven über 2 m; meist betrug er 2150 mm. So stellten die 2 B Maschinen vorzügliche Schnellzuglokomotiven dar, die auf den Flachlandstrecken viele Jahre hindurch Dienst leisteten. Da sie auch nach englischem Brauch kräftig gebaut wurden, waren auch die Ausbesserungskosten gering. Fast alle Lokomotiven erreichten ein hohes Alter. Noch im Jahre 1920 war kaum eine von den alten 2 B Lokomotiven ausgemustert.

Erst nachdem der Achsdruck auf den holländischen Strecken auf 17,5 t erhöht worden war (1914), stieg auch die Leistung der 2 B Lokomotiven sprunghaft; der Kessel konnte vergrößert und der Dampfdruck auf 12,4 atü erhöht werden. Gegen das Jahr 1920 beförderten die 2 B Lokomotiven als Höchstleistung etwa 650 t auf $0^0/_{00}$ mit 80 km/h gegen 300 t unter gleichen Umständen im Jahre 1889.

Für den schweren Schnellzugverkehr nach Vlissingen waren im Jahre 1900 5 Stück 2 B 1 Lokomotiven (Abb. 377) eingestellt worden, da die 2 B Lokomotiven die schweren Züge nicht mehr pünktlich befördern konnten. Hier hatte sich gezeigt, daß die Rostfläche für verkehrsreiche Tage reichlich knapp war. Wenn sich die neuen Lokomotiven auch baulich sehr eng an die 2 B Lokomotiven nach Abb. 375 anlehnten, so hatte man doch versucht, die Leistungsfähigkeit des Kessels mit möglichst einfachen Mitteln zu erhöhen. Der Rundkessel war nur 24 mm länger als bei den 2 B Lokomotiven, dafür war er aber mit 112 Serve-Rohren von 64/70 mm Durchmesser ausgerüstet. Dadurch wurde zwar die feuerberührte Heizfläche rechnerisch auf 164 m² vergrößert; wenn aber die Heizfläche der Serve-Rohre in der üblichen Weise bewertet wird (85% der Rechnungsheizfläche), so betrug die Kesselheizfläche nur 141 m². Die Rostfläche hatte man dagegen wesentlich vergrößert (2,89 m²); der lange schmale Stehkessel überragte die Kuppelachse nach vorn um rd. 1200 mm. Die Schleppachse (Bauart Cortazzi) war im Außenrahmen gelagert. Sonst stimmte das Trieb- und Laufwerk, abgesehen von den etwas größeren Zylindern, vollkommen mit dem der erwähnten 2 B Lokomotive überein. Durch 4 Gresham-Sandstreuer unter dem Laufblech hatte man die Anfahreigenschaften gebessert. Später wurde ein Kleinrohrüberhitzer mit 80 Einheiten (Heizfläche 40 m²) eingebaut; dabei blieben 32 Serve-Rohre unbesetzt.

Nach dieser Umänderung konnte die Lokomotive 600 t auf $0^0/_{00}$ mit 80 km/h befördern, also das Doppelte der 2 B Lokomotiven nach Abb. 375.

Nach dem Einbau des Kleinrohrüberhitzers ging der Kohlenverbrauch der 2 B 1 Lokomotiven beträchtlich zurück. Die folgende Zahlentafel[1] zeigt die Kohlenverbrauchswerte der Heißdampflokomotive Nr. 998 im Vergleich mit 4 Naßdampflokomotiven sonst gleicher Bauart, die im Jahre 1912 8 Monate hindurch denselben Zugdienst leisteten wie die Lokomotive Nr. 998.

Bauart	Lok. Nr.	Lok. km	Achs km	verbrauchte Kohle kg	Kohlenverbrauch pro Achs km	pro Lok. km
Ohne Überhitzer	995	80 691	2 529 142	1 096 040	0,434	13,6
	996	83 663	2 665 757	1 083 000	0,410	13,1
	997	69 403	2 159 283	952 840	0,442	13,7
	999	83 584	2 664 313	1 142 290	0,428	13,7
	Gesamt	317 341	10 018 494	4 274 170	0,426	13,5
Mit Überhitzer	998	52 406	1 406 042	534 400	0,38	10,2

Die Kohlenersparnis betrug also:

$$\frac{13,5 - 10,2}{13,5} \cdot 100 = 24,4\%.$$

Die Zylinder wurden bei dem Umbau nicht geändert. Auch die ursprünglichen Schieber, welche schon als Kolbenschieber ausgeführt waren, wurden beibehalten. Der Umbau war daher ziemlich einfach.

---

[1] Zahlentafel nach einem Vortrag von Ingenieur Westendorp im Holländischen Ingenieur-Verein im Jahre 1916.

Abb. 377. 2 B 1 h 2 Schnellzuglokomotive, Reihe 2000 NS, der Niederländischen Staatseisenbahn-Gesellschaft; Erbauer Beyer, Peacock & Co. 1900.

Rostfläche	2,89 m²	Kesseldruck	12 atü	Kolbenhub	660 mm
Verdampfungsheizfl.	164,0 m²	Treibraddurchmesser	2150 mm	Dienstgewicht d. Lok.	71,5 t
Überhitzerheizfläche	40,0 m²	Zylinderdurchm.	2×483 mm	Reibungsgewicht	33,0 t

Die 2 B 1 Lokomotiven wurden nicht nachgebaut; man überführte sie vielmehr, nachdem die 2 C Lokomotiven eingeführt waren, in den Güterzugdienst. Im Jahre 1931 wurden sie bereits ausgemustert; das lag daran, daß man im Gegensatz zu den ausgezeichneten Erfahrungen anderer Länder mit 2 B 1 Lokomotiven (z. B. Preußen, Gattung S 7, S 9) mit den Laufeigenschaften der 2 B 1 Lokomotiven gar nicht zufrieden war. Wegen des unruhigen Laufs mußte sogar die ursprünglich zugelassene Höchstgeschwindigkeit von 90 km/h auf 80 km/h ermäßigt werden. Daneben hatte man versucht, dem unruhigen Lauf der Lokomotive durch allerlei Maßnahmen zu begegnen. So wurde die Rückstellvorrichtung der Drehgestelle, die bisher aus schräg gestellten Wiegenpendeln bestand, durch eine dämpfende Rückstellvorrichtung aus Blattfedern ersetzt. Als das aber noch nicht genügte, wurde unter dem Fußboden im Führerhaus ein schweres Gewicht angebracht, das die Laufachse stärker belasten sollte; außerdem wurde das seitliche Spiel der Schleppachse beseitigt, so daß der feste Achsstand der Lokomotive von 2,59 auf 4,57 m stieg. Alle Maßnahmen haben aber keinen ausreichenden Erfolg gebracht; die Lokomotiven konnten daher später nicht mehr im Schnellzugdienst verwendet werden.

Ihre Tender — es waren die ersten vierachsigen Tender in Holland — werden später behandelt werden.

Zur Bewältigung des starken Schnellzugverkehrs nach Vlissingen ging die Nordbrabant-Deutsche Eisenbahn im Jahre 1908 von der 1 B Lokomotive (s. Bd. I, S. 143, Abb. 165) unmittelbar zur 2 C Lokomotive über (Abb. 378). Dies war die erste 2 C Lokomotive in Holland und gleichzeitig seit 1879 die erste Personenzuglokomotive mit einem Treibraddurchmesser unter 2000 mm (1980 mm). Der allgemeine Aufbau dieser Lokomotive entsprach dem der vorher behandelten 2 B 1 Lokomotiven; der bisher bei der SS gebräuchliche Doppelrahmen war jedoch durch den Innenrahmen ersetzt. Die Rostfläche wurde kleiner, der Dampfdruck auf 13,4 atü erhöht. Die Flachschieber waren entlastet und wurden von der Heusinger-Steuerung angetrieben; sie lagen wie üblich über den Zylindern. Der Rahmen näherte sich in seinen Abmessungen mit 27 mm Dicke den deutschen Ausführungen.

Von diesen 2 C Lokomotiven lieferten Beyer, Peacock & Co. 6 Stück.

Als nach einigen Jahren ein Zylinderpaar schadhaft geworden war, beschloß die Nordbrabant-Deutsche Eisenbahn auf den Rat der Lokomotiv-

Abb. 378. 2 C n 2 Schnellzuglokomotive, Reihe 3500 NS, der Nord-Brabant-Deutschen Eisenbahn-Gesellschaft; Erbauer Beyer, Peacock & Co. und Hohenzollern 1908—1920.

Rostfläche	2,6 m²	Zylinderdurchm.	2×483 mm
Verdampfungsheizfl.	139,5 m²	Kolbenhub	660 mm
Kesseldruck	13,4 atü	Dienstgewicht d. Lok.	61,0 t
Treibraddurchmesser	1980 mm	Reibungsgewicht	42,0 t

fabrik Hohenzollern, versuchsweise zum Heißdampf überzugehen. Die Zylinder erhielten den größten Durchmesser, der zwischen den Rahmen noch möglich war (510 mm) und Kolbenschieber von 220 mm Durchmesser mit schmalen federnden Ringen. Da am Kessel möglichst nichts geändert werden sollte, mußte wieder zu einem Kleinrohrüberhitzer gegriffen werden, der mit seinen Rohren von 10/15 mm Durchmesser 178 von den 228 Heizröhren (43/48 mm Durchmesser) besetzte. Zu der unverändert gebliebenen Verdampfungsheizfläche von 139,5 m² trat eine recht wirksame Überhitzerheizfläche von 70 m².

Die Lokomotiven bewährten sich sehr gut, so daß man bei der Hohenzollern A-G in Düsseldorf 2 Lokomotiven nachbestellte, die in den Jahren 1914 und 1920 abgeliefert wurden. Diese Lokomotiven erhielten aber einen Schmidtschen Großrohrüberhitzer von 21 Einheiten. Während bei der Naßdampflokomotive die Federn aller gekuppelten Achsen durch Ausgleichhebel verbunden waren, hatte man hier die Tragfedern zwischen der Treibachse und der nachfolgenden Kuppelachse fortgelassen, dafür aber in die Federgehänge Spiralfedern eingeschaltet. Das Gewicht der Lokomotive stieg durch die Änderungen von 58,7 auf 62 t.

Im Laufe der Jahre wurden dann auch die anderen Naßdampflokomotiven in gleicher Weise umgebaut.

Im Jahre 1910 war auch die Staatsbahn-Gesellschaft zu 2 C Lokomotiven nach eigenen Entwürfen übergegangen (Abb. 379). Diese Lokomotiven besaßen jetzt aber nicht mehr ein Zwillingstriebwerk, sondern 4 Zylinder mit einfacher Dampfdehnung.

Abb. 379. 2 C h 4 Schnellzuglokomotive, Reihe 3700 NS, der Niederländischen Staatseisenbahn-Gesellschaft; Erbauer Beyer, Peacock & Co. 1910—1921.

Rostfläche	2,84 m²	Zylinderdurchm.	4 × 400 mm
Verdampfungsheizfl.	145,0 m²	Kolbenhub	660 mm
Überhitzerheizfläche	41,0 m²	Dienstgewicht d. Lok.	72,0 t
Kesseldruck	12 atü	Reibungsgewicht	48,0 t
Treibraddurchmesser	1850 mm		

Der Grund für die Wahl von 3 gekuppelten Achsen lag hier nicht so sehr in den meist nur 400, vereinzelt auch bis 550 t schweren Schnellzügen als vielmehr darin, daß man bei dem kurzen Abstande der Schnellzughaltestellen besonderen Wert auf Lokomotiven mit großer Anfahrbeschleunigung legte. Da man jetzt auch einen Achsdruck von 16 t unter der Bedingung zuließ, daß die freien Fliehkräfte der Gegengewichte fortfielen, konnte der Kessel wesentlich größer werden. Die tiefe Belpaire-Feuerbüchse wurde beibehalten, ihre Decke wurde jedoch schwach gewölbt. Damit nun die Deckenstehbolzen senkrecht zu den Wänden eingezogen werden konnten, erhielt auch die Stehkesseldecke eine gleichmittige Wölbung mit einem Halbmesser von 2000 mm. Dabei wurde der Umstand ohne Bedenken in den Kauf genommen, daß die Teilung der Deckenanker auf der äußeren Stehkesseldecke größer als auf der Feuerbüchsdecke war. Dies erschien zulässig, da der Stehkessel aus Stahl hergestellt war, die Feuerbüchse dagegen aus Kupfer.

Der Rost erhielt vorn einen kurzen Kipprost, der mit einem Hebel vom Führerstande aus zu bedienen war. Größere Schwierigkeiten bereitete bei der tiefen, über beide Kuppelachsen hinweggreifenden Feuerbüche die Ausbildung des Aschenkastens. Da er wegen einer Rahmenversteifung eingeschnürt werden mußte, hatte er außer 3 vorderen und hinteren Luftklappen noch 3 drehbare Entleerungsklappen im Boden erhalten, die allerdings später durch Schieber ersetzt wurden.

Auch von der 2 C Lokomotive wurden im Jahre 1918 noch einmal 12 Maschinen mit dem Schmidtschen Kleinrohrüberhitzer geliefert, bei den später gebauten aber wurde der anfangs verwendete Großrohrüberhitzer beibehalten.

Der früher auch bei der Staatsbahn übliche Doppelrahmen war bei dieser 2 C Lokomotive einem 29 mm starken Innenrahmen gewichen.

Die Steuerschraube lag unmittelbar neben der Stehkesselseitenwand. Dadurch wurde zwischen ihr und der Seitenwand des Führerhauses soviel Platz gewonnen, daß die Lokomotivmannschaft durch eine Tür in der Führerhausvorderwand nach vorn gelangen konnte, ohne das Lichtraumprofil überschreiten zu müssen.

Die Heusinger-Steuerung lag innen; der Antrieb der äußeren Schieber wurde durch einen waagerechten zweiarmigen Hebel vor den Schieberkästen übertragen (vgl. erste Ausführung der preußischen Gattung S 10). Die Kuppelzapfen hatten nach englischem Brauch einen kleineren Kurbelhalbmesser als die Treibzapfen. Das hatte man dadurch erreicht, daß der Kuppelzapfen um 25 mm außermittig auf dem Treibzapfen saß.

Das Drehgestell erhielt zylindrische Tragpfannen mit 63 mm Spiel nach jeder Seite und eine Rückstellvorrichtung aus Wickelfedern. Die Last wurde durch einzelne Tragfedern über jeder Achse übertragen. Die Spurkränze der mittleren gekuppelten Achse waren geschwächt, so daß also die erste gekuppelte Achse (Treibachse) die Führung mit übernahm.

Die Lokomotive sollte 750 t schwere Züge auf 0⁰/₀₀ mit 80 km/h befördern. Sie bewährte sich gut, so daß bis zum Jahre 1921 115 Stück fast ohne Änderungen geliefert wurden. Vom Jahre 1914 an wurden die Lokomotiven ausschließlich von Werkspoor und deutschen Fabriken gebaut. 1928 folgten dann nochmals 5 Stück mit Zylindern von 420 mm Durchmesser (später wieder in 400 mm geändert) und 2200 mm Drehgestellachsstand.

Gleichzeitig mit der Staatsbahn-Gesellschaft hatte im Jahre 1910 auch die Niederländische Central-Eisenbahn für die bis 700 t schweren Schnellzüge auf der Strecke Utrecht—Zwolle 2 C Heißdampflokomotiven nach Abb. 380 beschafft. Diese Maschinen waren von Maffei nach der Art der bayerischen S ³/₅ Lokomotive (Abb. 98) entworfen, aber den holländischen Verhältnissen angepaßt. Sie waren in Holland die ersten Lokomotiven mit einem Barren-

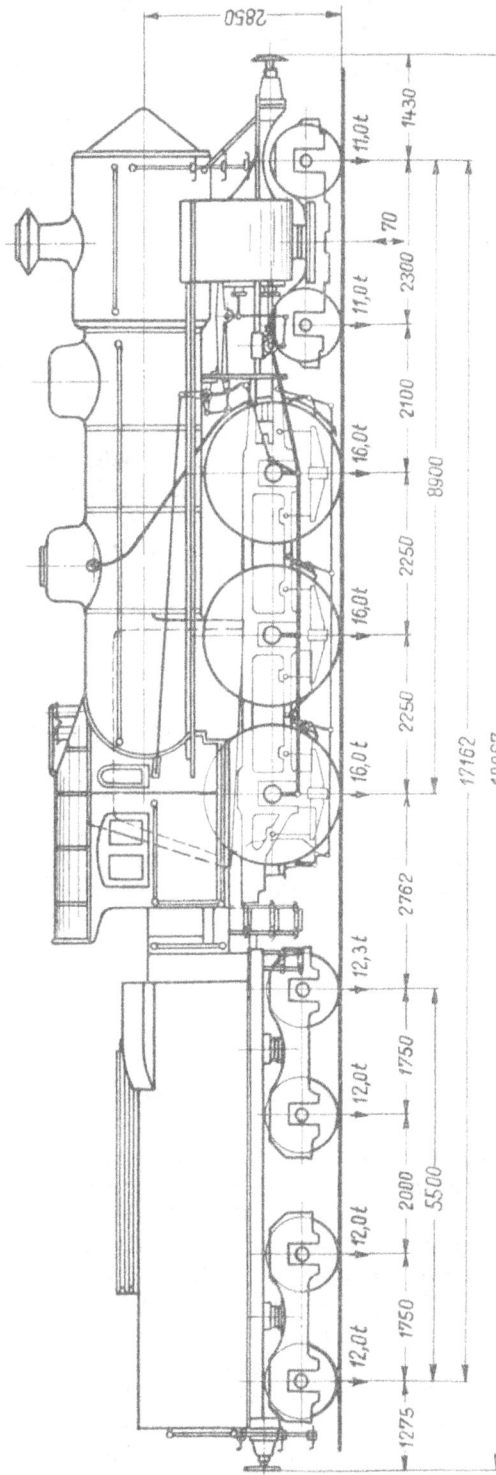

Abb. 380. 2 C h 4 Schnellzuglokomotive, Reihe 3000 NS, der Niederländischen Zentral Eisenbahn-Gesellschaft; Erbauer Maffei 1910—1914.

Rostfläche . . . . . 3,44 m²	Kesseldruck . . . . . 12,25 atü	Zylinderdurchm. . 4×400 mm	Dienstgewicht d. Lok.. 70,0 t
Verdampfungsheizfl. 192,0 m²	Treibraddurchmesser 1900 mm	Kolbenhub . . . . . 640 mm	Reibungsgewicht . . . 48,0 t
Überhitzerheizfläche . 27,5 m²			

rahmen und einem über dem Rahmen liegenden Stehkessel. Der Kessel glich, abgesehen von der um 550 mm geringeren Rohrlänge, fast genau dem der erwähnten bayerischen Lokomotive, besaß aber in der im Durchmesser vergrößerten Rauchkammer einen Dampftrockner der Bauart Verloop. Später wurde dieser wenig wirksame Dampftrockner durch einen alle Rohre besetzenden Kleinrohrüberhitzer und dann bei Nachlieferungen im Jahre 1913/14 durch einen Großrohrüberhitzer ersetzt.

Die folgende Übersicht gibt Auskunft über die Größenverhältnisse der verschiedenen Kesselbauarten:

Verloop-Trockner,	287 Rohre 45/50,
	Kesselheizfläche 191 m²,
	Trockner 27,5 m²;
Kleinrohrüberhitzer,	150 Rohre 70/76 vollbesetzt,
	Kesselheizfläche 156 m²,
	Überhitzer 86 m²;
Großrohrüberhitzer,	163 Rohre 45/50,
	24 Rohre 125/133,
	Kesselheizfläche 159 m²,
	Überhitzer 46 m².

Übermäßig groß für die holländischen Verhältnisse war die Rostfläche (3,44 m²), und zwar weniger in ihrem Verhältnis zur Heizfläche als in der Größe überhaupt. Eine solche Rostfläche ist auch später von keiner holländischen Lokomotive wieder erreicht worden. Selbst die 2 C Lokomotiven von 1929 mit 55 t Reibungsgewicht hatten nur einen 3,16 m² großen Rost. Der Rost wurde daher später bis auf 2,80 m² abgedeckt.

Auch das Triebwerk und die Steuerungsanordnung entsprachen bayerischen Vorbildern. Die Schieber je zweier benachbarter Zylinder wurden hintereinander gelegt, so daß im Querschnitt nur 2 Schieberkästen erscheinen.

Ebenso entsprach auch das Drehgestell der bayerischen Bauart, hatte aber 2300 mm Achsstand.

Die Windschneiden an Rauchkammer und Führerhaus sind in Holland später nicht wieder verwendet worden.

Die Schlepplast dieser Lokomotive war auf

850 t auf 0⁰/₀₀ bei 80 km/h

festgesetzt gegenüber 750 t bei den vorher besprochenen Lokomotiven der Staatsbahn.

Die Bauart des Stehkessels mit runder Decke bereitete dem Betriebe zahlreiche Schwierigkeiten. Mehrmals sind die Deckenanker insbesondere in den äußeren Längsreihen gerissen. Deswegen wurden die Kessel gegen solche von der 2 C Staatsbahnlokomotive ausgewechselt, deren Rost auch kleiner war als bei den bisherigen Kesseln.

DIE GÜTERZUGLOKOMOTIVEN.

Die Staatsbahngesellschaft besaß zu Beginn der 80er Jahre einige C Lokomotiven englischer Bauart mit Innenzylindern mit einem Dienstgewicht von nur 34 t. Diese Maschinen waren in den Jahren 1865—1878 von Beyer-Peacock in Manchester geliefert. Von 1878 bzw. 1883 an wurden von den holländischen Bahnen längere Zeit (bis zum Jahre 1895) hindurch keine C Lokomotiven mehr bestellt. Nach dem Jahre 1895 nahm zunächst nur die Holländische Eisenbahn-Gesellschaft C Lokomotiven mit Innenzylindern und 44,5 t Dienstgewicht in Betrieb. Diese Lokomotiven (Abb. 381) stammten von Sharp Stewart & Co. in Manchester und waren vollständig nach englischen Baugrundsätzen ausgeführt (Innenzylinder, unterstützte, vorn tiefe Feuerbüchse, kurze Rohre von 3310 mm Länge, großer Achsstand und hohe Räder).

Der Dampfdruck von 12,4 atü war höher als es damals sonst in Holland üblich war. Die Rostfläche (2,04 m²) war nach den Begriffen des deutschen Lokomotivbaus ziemlich groß.

Diese Lokomotiven wurden aber, da bei den großen Rädern (1520 mm) und dem großen Achsstand (4724 mm) eine Geschwindigkeit von 75 km/h zugelassen war, auch für Personenzüge verwendet. Sie sind daher später auch mit der Westinghousebremse, einer Dampfheizeinrichtung, einem Geschwindigkeitsmesser und einem Speisewasservorwärmer ausgerüstet worden.

Sie sollten

Abb. 381. C n 2 Güterzuglokomotive, Reihe 3200 NS, der Holländischen Eisenbahn-Gesellschaft; Erbauer Sharp, Stewart & Co. 1895—1907.

Rostfläche	2,04 m²	Zylinderdurchm.	2 × 457 mm
Verdampfungsheizfl.	97,0 m²	Kolbenhub	610 mm
Kesseldruck	12,4 atü	Dienstgewicht d. Lok..	44,5 t
Treibraddurchmesser	1520 mm	Reibungsgewicht	44,5 t

850 t auf 0⁰/₀₀ mit 40 km/h und
200 t ,, 0⁰/₀₀ ,, 75 km/h befördern.

Auffallend klein waren die dreiachsigen Tender mit nur 10,2 m³ Wasser.

Bis zum Jahre 1907 wurden von dieser Bauart 47 Stück ohne Änderungen beschafft. Vom Jahre 1900 an wurden sie aber nicht mehr aus England, sondern von der holländischen Lokomotivfabrik Werkspoor in Amsterdam bezogen.

Wegen eigenartiger Erfahrungen mit den Treibachslagern sei auf die Ausführungen auf S. 417 bei den 2 B Lokomotiven (Abb. 376) hingewiesen.

Dann trat in der Beschaffung neuer C Maschinen eine längere Pause ein. Erst im Jahre 1912 wurde die Reihe der C Lokomotiven fortgesetzt. Den Fortschritten im Lokomotivbau entsprechend wurden diese neuen Lokomotiven jetzt aber mit dem Schmidtschen Großrohrüberhitzer ausgerüstet, der in 18 Einheiten eine Heizfläche von 25 m² gegenüber einer Verdampfungsheizfläche von 75 m² besaß. Der Dampfdruck wurde leider auf 10,5 atü herabgesetzt und der Zylinderdurchmesser dementsprechend auf 500 mm vergrößert.

Die Flachschieber wurden durch Kolbenschieber ersetzt. Aus diesem Grunde mußte der Kessel von 2134 auf 2489 mm über SO hinaufgerückt werden, weil am Zylindergußstück unter der Rauchkammer nicht mehr genügend Platz für die Schieberkästen vorhanden war. Im

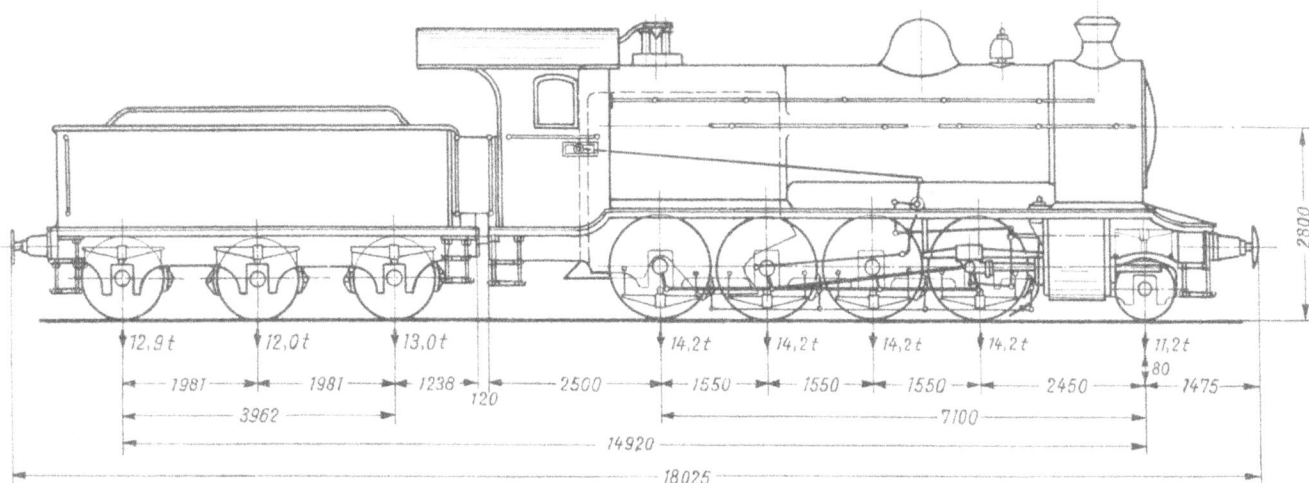

Abb. 382. 1 D h 2 Güterzuglokomotive, Reihe 4500 NS, der Nord-Brabant-Deutschen Eisenbahn-Gesellschaft; Erbauer Hohenzollern 1917—1920.

Rostfläche	2,7 m²	Kesseldruck	12 atü	Kolbenhub	660 mm
Verdampfungsheizfl.	130,0 m²	Treibraddurchmesser	1400 mm	Dienstgewicht d. Lok..	68,0 t
Überhitzerheizfläche	34,0 m²	Zylinderdurchm.	2 × 520 mm	Reibungsgewicht	57,0 t

übrigen blieb die Lokomotive unverändert. Das Dienstgewicht stieg durch die Änderungen auf 48,4 t.

Die Zahl dieser bis 1915 weiter gebauten Lokomotiven betrug nur 15 Stück. Dann ruhte die Beschaffung von C Lokomotiven wieder 6 Jahre.

Wie schon an anderer Stelle gesagt wurde, bestand in Holland lange Zeit hindurch kein Bedürfnis für Lokomotiven mit mehr als 3 gekuppelten Achsen. Erst während des Krieges (1917/18) waren auf der stark geneigten Strecke Goch—Büderich der Nordbrabant-Deutschen Eisenbahn die bisher benutzten C Güterzuglokomotiven zu schwach geworden. Die Verwaltung bestellte daher bei der Lokomotivfabrik Hohenzollern in Düsseldorf 2 Stück 1 D h 2 Güterzuglokomotiven mit 57 t Reibungsgewicht, deren Kessel 2800 mm über SO lag (Abb. 382). Der Belpaire-Stehkessel reichte mit seinem Rost (2700 × 1000 mm) nur noch 250 mm in den Rahmen hinein. Der Rahmen dagegen war hinter der vorletzten und letzten Kuppelachse um 90 mm höher ausgeführt, um eine Öffnung für die Reinigungsluke der vorderen Ecken im Rahmenblech vorsehen zu können.

Beim Laufwerk wurde hier zum ersten Male bei holländischen Schlepptenderlokomotiven die vordere Laufachse als Bisselachse ausgeführt. Sie hatte 80 mm Spiel nach jeder Seite, während die Spurkränze der zweiten und dritten Kuppelachse 10 mm schwächer gedreht waren.

Gut ausgebildet war die auf alle gekuppelten Räder wirkende Bremse mit Ausgleichgestänge. Der Gresham-Sandstreuer streute den Sand nur vor die vordere Kuppelachse.

Die Schlepplast war auf

$$1700 \text{ t auf } 0^0/_{00} \text{ mit } V = 40 \text{ km/h}$$

festgesetzt.

Den beiden im Jahre 1917/18 angelieferten Lokomotiven folgten im Jahre 1920 nochmals 2 gleiche Lokomotiven. Diese Lokomotiven waren die ersten holländischen Güterzuglokomotiven mit vierachsigen Tendern (20 m³ Wasser, 8 t Kohle); die Tender wurden aber später gegen dreiachsige Tender von 16 m³ ausgetauscht.

DIE TENDERLOKOMOTIVEN.

Auch in Holland entstanden wie in anderen Ländern B Tenderlokomotiven aus den jeweiligen Bedürfnissen heraus teils als Verschiebe- teils als Streckenlokomotiven, so daß kein geregelter Entwicklungsgang festgestellt werden kann. Da die kleineren holländischen, vielfach auch schmalspurigen Bahnen meist einen straßenbahnähnlichen Charakter trugen, so waren auch B Straßenbahnlokomotiven in Holland sehr verbreitet. Auch die größeren Bahnverwaltungen besaßen solche Lokomotiven.

Abb. 383 zeigt eine leichte Lokomotive der Staatsbahn-Gesellschaft, von der 12 Stück von 1880—1902 zum Teil in eigenen Werkstätten gebaut wurden. Bei nur 1700 mm Achsstand und 900 mm Raddurchmesser war eine Höchstgeschwindigkeit von 45 km/h zugelassen. Die Lokomotiven sollten Krümmungen bis herab zu 30 m Halbmesser befahren; einige Lokomotiven waren auch mit einer Kupplung für Straßenbahnwagen versehen.

Für die Nachbarortszüge auf den Hauptstrecken und

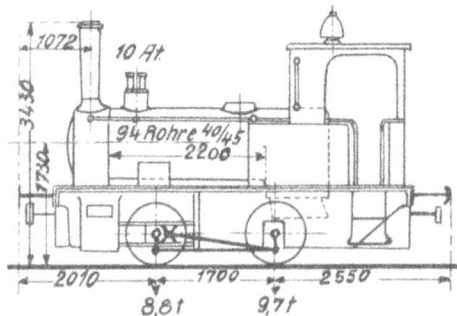

Abb. 383. B n 2 Tenderlokomotive, Reihe 6500 NS, der Niederländischen Staatseisenbahn-Gesellschaft; Erbauer Hohenzollern 1880—1902.

Rostfläche	0,51 m²	Zylinderdurchm.	2 × 280 mm
Verdampfungsheizfl.	28,5 m²	Kolbenhub	400 mm
Kesseldruck	10,3 atü	Dienstgewicht d. Lok.	18,5 t
Treibraddurchmesser	930 mm	Reibungsgewicht	18,5 t

für die Nebenbahnen sind bei der Staatsbahn - Gesellschaft 2 Bauarten von B Tenderlokomotiven beschafft worden (Abb. 384 und 385). Die Lokomotiven nach Abb. 384 waren mit Übergangsbrücken ausgerüstet. Von der in Abb. 385 dargestellten Bauart liefen damals auch 2 Stück bei der Nordbrabant-Deutschen Eisenbahn. Diese Lokomotiven sind später mit einer Zug- und Stoßvorrichtung für Straßenbahnbetrieb ausgerüstet worden (Mittelpuffer mit einer Schraubenkupplung an jeder Seite).

Nach englischem Vorbilde waren die Lokomotiven nach Abb. 386 gebaut. Die Zylinder lagen ziemlich weit vorn und waren um 1 : 15 geneigt, obgleich das wegen der Umgrenzungslinie bei den 1100 mm hohen Rädern nicht notwendig gewesen wäre. In den Jahren 1901—03 wurden von ihnen 20 und von 1905—07 nochmals 10 Stück beschafft. Der größte Teil entstammt eigenen Werkstätten.

Diese Lokomotiven arbeiteten im Verschiebedienst, zum Teil aber wurden sie später auch als Streckenlokomotive auf Nebenbahnen verwendet.

Die Holländische Eisenbahn-Gesellschaft hatte im Jahre 1881 von der Lokomotivfabrik Hohenzollern in Düsseldorf 2 Stück B Nebenbahn-Tenderlokomotiven bezogen. Bei diesen Lokomotiven lagen die Zylinder zwischen den beiden gekuppelten Achsen, ähnlich wie bei den bayerischen sogenannten Motorlokomotiven ML $^2/_2$ (Abb. 128). Die Kuppelstangen mußten aus diesem Grunde außen an den Zylindern vorbeigeführt werden. Die Lokomotivmannschaft konnte über das Umlaufblech außen am Kessel entlang zum Zuge gelangen. Der Laufsteg war mit einem Geländer eingefaßt.

Für den Verschiebedienst hatte die Rheinische Eisenbahn-Gesellschaft im Jahre 1880 B Tenderlokomotiven rein englischer Bauart mit Sattelwasserkasten und geneigten Zylindern von Sharp Stewart & Co. beschafft. Im Jahre 1902 wurden diese Lokomotiven auch von der Holländischen Eisenbahn - Gesellschaft eingeführt (Abb. 387). Alle Hauptabmessungen blieben unverändert, nur wurde der Kesseldruck von 10,3 auf 12,4 atü erhöht. Das Gewicht war allerdings um 2 t gestiegen. Diese Lokomotiven waren die einzigen holländischen Tenderlokomotiven mit überhängender Feuerbüchse; sie besaßen entgegen der holländischen Gewohnheit wieder Rohre von 45/50 mm Durch-

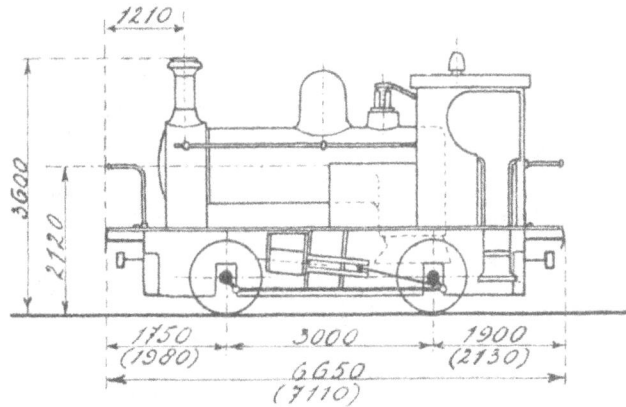

Abb. 384. B n 2 Tenderlokomotive, Reihe 6800 NS, der Niederländischen Staatseisenbahn-Gesellschaft; Erbauer Hohenzollern 1884—1893.

Rostfläche	0,67 m²	Zylinderdurchm.	2 × 280 mm
Verdampfungsheizfl.	34,7 m²	Kolbenhub	420 mm
Kesseldruck	12,4 atü	Dienstgewicht d. Lok..	21,0 t
Treibraddurchmesser	1040 mm	Reibungsgewicht	21,0 t

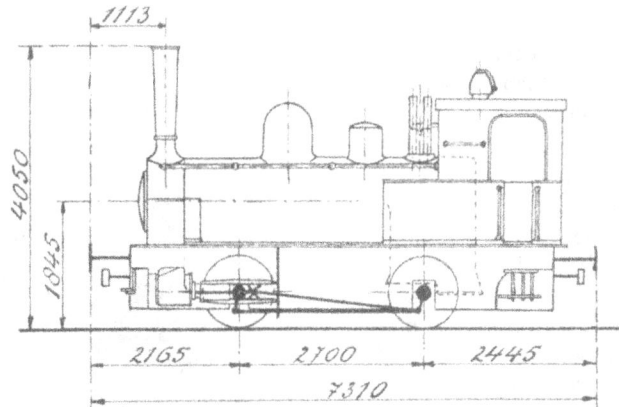

Abb. 385. B n 2 Tenderlokomotive, Reihe 6900 NS, der Niederländischen Staatseisenbahn-Gesellschaft; Erbauer Henschel 1884—1898.

Rostfläche	0,92 m²	Zylinderdurchm.	2 × 310 mm
Verdampfungsheizfl.	53,0 m²	Kolbenhub	460 mm
Kesseldruck	12,4 atü	Dienstgewicht d. Lok..	23,0 t
Treibraddurchmesser	1050 mm	Reibungsgewicht	23,0 t

425

Abb. 386. B n 2 Tenderlokomotive, Reihe 8100 NS, der Niederländischen Staatseisenbahn-Gesellschaft; Erbauer Breda, Holland 1901—1907.

Rostfläche	1,23 m²	Zylinderdurchm.	2 × 370 mm
Verdampfungsheizfl.	62,5 m²	Kolbenhub	480 mm
Kesseldruck	11,7 atü	Dienstgewicht d. Lok.	33,0 t
Treibraddurchmesser	1100 mm	Reibungsgewicht	33,0 t

messer. Der Kessel war auffallend lang; die Rohre hatten fast die gleiche Länge wie bei den 2 B und den C Lokomotiven (3283 mm). Daraus ergab sich bei dem kurzen Achsstande von 2134 mm vorn und hinten ein großer Überhang. Die Höchstgeschwindigkeit mußte daher trotz der verhältnismäßig hohen Räder (1250 mm) auf 30 km/h beschränkt werden.

Von diesen Lokomotiven sind bis zum Jahre 1915 32 Stück gebaut worden, davon 1 Stück von der Nordbrabant-Deutschen Eisenbahn. Sie waren im ganzen Vereinsgebiet die letzten B Tenderlokomotiven, die für den Verschiebedienst bestellt worden sind. Alle anderen Bahnverwaltungen waren zu dieser Zeit schon zu Verschiebelokomotiven mit 3 oder mehr gekuppelten Achsen übergegangen.

Die Zentral-Eisenbahn hatte für den Verschiebedienst im Bahnhof Utrecht seit dem Jahre 1903 eine leichte B Tenderlokomotive im Betriebe.

Die Holländische Eisenbahn-Gesellschaft hatte in den Jahren 1883—1889 für den leichten Nachbarortsverkehr eine größere Zahl von B n 2 Tenderlokomotiven von A. Borsig bezogen (Abb. 388). Diese zierlichen Lokomotiven besaßen Innenzylinder, die sonst, abgesehen von Straßenbahnlokomotiven, im Vereinsgebiet bei B Tenderlokomotiven nicht vorgekommen sind. Der kleine Kessel war mit 153 Rohren von 33,6/38 mm Durchmesser und nur 1850 mm Länge besetzt; er hatte einen Dampfdruck von nur 10,3 atü. Die Scheibenräder hatten den ungewöhnlich großen Durchmesser von 1200 mm.

Die Steuerung entsprach der Bauart Heusinger, jedoch wurde die Schwinge nicht von einer Gegenkurbel, sondern vom Kreuzkopf der anderen Seite angetrieben, wie es Belpaire angegeben hatte. Zum Gewichtsausgleich mußten die Wasserbehälter weit über die Rauchkammer hinaus verlängert werden.

In diese Behälter mündete ein von den Ausströmrohren abgezweigtes Dampfrohr, das gestattete, nach der Art der alten Kirchwegerschen Kondensationseinrichtung (s. Bd. I, S. 391 und 209) den Abdampf aus den Zylindern ganz oder teilweise im Speisewasser niederzuschlagen. Diese Einrichtung konnte naturgemäß nur für eine kürzere Wegstrecke (10 km) benutzt werden, da dann das Speise-

Abb. 387. B n 2 Tenderlokomotive, Reihe 8200 NS, der Rheinischen Eisenbahn-Gesellschaft; Erbauer Sharp, Stewart & Co. 1880—1915.

Rostfläche	0,98 m²	Zylinderdurchm.	2 × 381 mm
Verdampfungsheizfl.	58,0 m²	Kolbenhub	559 mm
Kesseldruck	12,4 atü	Dienstgewicht d. Lok.	30,5 t
Treibraddurchmesser	1250 mm	Reibungsgewicht	30,5 t

426

wasser sich bereits bis auf etwa 60° erwärmt hatte. Bei solchen Wassertemperaturen konnten auch keine Dampfstrahlpumpen mehr verwendet werden. Man hatte daher eine Kolbenpumpe vorgesehen, die ihren Antrieb vom Kreuzkopf her erhielt (Langhubpumpen). Diese Pumpe dürfte die letzte ihrer Art im Vereinsgebiet gewesen sein. Da man wohl bei den Pumpen Förderschwierigkeiten befürchtet hatte, hatte man von dem Wasserkasten einen Behälter von 0,35 m³ Inhalt abgetrennt, der stets kaltes Wasser enthielt, das in bestimmten Fällen (Wassermangel im Kessel bei Versagen der Speisepumpen bei zu heißem Wasser) noch sicher von den Kolbenpumpen angesaugt werden konnte. Die Maschinen waren außerdem mit einem

Abb. 388. B n 2 Tenderlokomotive, Reihe 6700 NS, der Holländischen Eisenbahn-Gesellschaft; Erbauer Borsig 1883—1889.

Rostfläche	0,76 m²	Zylinderdurchm.	2 × 300 mm
Verdampfungsheizfl. .	32,5 m²	Kolbenhub	400 mm
Kesseldruck	10,3 atü	Dienstgewicht d. Lok..	21,0 t
Treibraddurchmesser .	1240 mm	Reibungsgewicht . .	21,0 t

Heizanschluß für den Zug, meist sogar auch mit der Westinghouse-Druckluftbremse ausgerüstet.

Da die Lokomotiven Innenzylinder und einen großen Achsstand ohne wesentliche Überhänge hatten, liefen sie auch bei 60 km/h noch sehr ruhig.

Sie konnten zunächst für den Straßenbahndienst Haag—Scheveningen, dann aber auch auf zahlreichen Lokalstrecken nutzbringend verwendet werden, so daß von 1883—1889 41 Stück beschafft wurden. Von ihnen war noch etwa die Hälfte im Jahre 1930 im Dienst.

Außer den hier erwähnten Nebenbahnlokomotiven waren bei der Holländischen-Eisenbahn-Gesellschaft noch 3 Stück B Tenderlokomotiven im Betriebe, welche einen kastenförmigen Aufbau nach der Art der Straßenbahnlokomotiven besaßen.

1 B Tenderlokomotiven waren in Holland selten. Nur in den Jahren 1869—1878 waren 18 Stück beschafft worden, die lange Jahre hindurch die einzigen blieben.

Erst von 1892—1899 entstanden bei der Niederländischen Central Eisenbahn weitere 1 B Tenderlokomotiven durch den Umbau von alten 1 B Lokomotiven mit Schlepptender vom Jahre 1863. Diese 1 B Tenderlokomotiven wurden hauptsächlich im Utrechter Vorortverkehr verwendet. Das Triebwerk blieb unverändert, die alten Kessel wurden allerdings durch neue von 9—10 atü Dampfdruck ersetzt; später wurde sogar bei einer

Abb. 389. 1 B h 2 Tenderlokomotive, Reihe 7400 NS, der Holländischen Eisenbahn-Gesellschaft; Erbauer Werkstätte Amsterdam 1920.

Rostfläche	1,16 m²	Zylinderdurchm.	2 × 360 mm
Verdampfungsheizfl. .	51,0 m²	Kolbenhub	500 mm
Überhitzerheizfläche .	28,0 m²	Dienstgewicht d. Lok.	41,5 t
Kesseldruck	12 atü	Reibungsgewicht . .	29,0 t
Treibraddurchmesser .	1350 mm		

427

Abb. 390. 1 B 1 n 2 Tenderlokomotive, Reihe 5300 NS, der Niederl.
Südostbahn; Erbauer Sharp, Stewart u. Co. 1881—1882.

Rostfläche	1,59 m²	Zylinderdurchm.	2 × 445 mm
Verdampfungsheizfl.	97,0 m²	Kolbenhub	559 mm
Kesseldruck	10,3 atü	Dienstgewicht d. Lok.	53,0 t
Treibraddurchmesser	1700 mm	Reibungsgewicht	27,5 t

Lokomotive der Dampfdruck auf 12 atü erhöht. Die Kessel besaßen zum Teil Serve-Rohre. Von diesen Lokomotiven von 1863 war im Jahre 1935 noch eine im Betriebe.

In der Zahlentafel im Tafelband sind unter lfd. Nr. 48 u. 49 die ursprünglichen Hauptabmessungen angegeben.

Durch Neubau sind in den Niederlanden 4 Stück 1 B Tenderlokomotiven im Jahre 1920 entstanden (Abb. 389). Die Lokomotiven gehörten der Holländischen Eisenbahn-Gesellschaft. Sie besaßen auch wieder Innenzylinder. Die bisher feste Laufachse war aber jetzt durch eine Adamsachse ersetzt; die Treibräder hatten den kleinen Durchmesser von 1350 mm. Bemerkenswert ist, daß auch hier die außenliegenden Kuppelzapfen wie bei der 2 B Schnellzuglokomotive der Abb. 376 um 45° gegen die inneren Treibkurbeln versetzt waren. Der Kessel besaß einen vollbesetzten Schmidtschen Kleinrohrüberhitzer in 70 Rohren von 70 mm Durchmesser. Der Achsstand von 5500 mm ist wohl der größte an 1 B Tenderlokomotiven im Vereinsgebiet. Ihm und den Innenzylindern kann wohl der ruhige Lauf der Lokomotive selbst bei 90 km/h zugeschrieben werden. Die Höchstgeschwindigkeit betrug 75/km/h.

Die ersten holländischen 1 B 1 Tenderlokomotiven wurden von der Niederländischen Rhein-Eisenbahn und der Niederländischen Süd-Ostbahn in den Jahren 1880—82 von Sharp, Stewart & Co. bezogen (Abb. 390). Die Feuerbüchse hing zwischen den Kuppelachsen tief durch. Ihre einreihige Bodenringnietung, nur an den Ecken auf 2 Reihen verstärkt, galt damals auf dem Festlande als ungewöhnlich. Das Innentriebwerk war wieder ganz nach englischen Grundsätzen gebaut. Die Laufachsen waren Adamsachsen. Ihre Achslagerführungen waren durch kräftige Bleche verbunden, ihre beiden Achslager bildeten ein Stück. Auch eine Rückstellvorrichtung, und zwar durch Gummipuffer war vorhanden. Das seitliche Spiel der Adamsachsen war allerdings recht knapp (+ 19 mm).

Die Zugstange war bis an die Querversteifung des Rahmens hinter der Kuppelachse verlängert. Diese Maßnahme ist anderwärts z. B. in Deutschland erst viel später getroffen worden. Recht groß war der Gesamtachsstand von 6959 mm; er kam neben dem geringen Seitenspiel der Laufachsen dem ruhigen Lauf der Lokomotive zugute. So konnten als größte Geschwindigkeit 80 km/h zugelassen werden, so daß die Maschinen auch im Schnellzugverkehr verwendet werden konnten.

Bei einer Anzahl dieser Lokomotiven waren die 189 glatten Heizrohre durch Serve-Rohre ersetzt, diese bewähr-

Abb. 391. 2 B n 2 Tenderlokomotive, Reihe 7000 NS, der Niederländischen Zentraleisenbahn-Gesellschaft;
Erbauer Hartmann u. Hohenzollern 1899—1903.

Rostfläche	1,04 m²	Zylinderdurchm.	2 × 320 mm
Verdampfungsheizfl.	77,0 m²	Kolbenhub	500 mm
Kesseldruck	12 atü	Dienstgewicht d. Lok.	37,0 t
Treibraddurchmesser	1350 mm	Reibungsgewicht	24,0 t

428

ten sich aber auch hier nicht. Die Lokomotiven erhielten daher bald neue Kessel mit 220 glatten Rohren; mit diesen Kesseln liefen 1931 noch 4 Stück.

Dann herrschte in der Entwicklung von 1 B 1 Tenderlokomotiven in Holland lange Jahre Ruhe. Erst zu Beginn dieses Jahrhunderts (1901/02) bestellte die Nordfriesische Lokalbahn 10 Stück 1 B 1 Tenderlokomotiven bei Hohenzollern in Düsseldorf. Sie waren den vorher beschriebenen Lokomotiven ziemlich ähnlich, wegen ihrer kleineren Treibräder aber etwas gedrungener gebaut. Trotz des um 7,4 t geringeren Leergewichts war der Kessel nur etwa 10% kleiner, so daß man bei dem höheren Dampfdruck (12,4 atü gegen 10,3 atü) die Schlepplast der alten Lokomotiven unverändert beibehielt (z. B. 400 t auf $0^0/_{00}$ mit 60 km/h).

Wegen der kürzeren Achsabstände mußte allerdings in Kauf genommen werden, daß die Feuerbüchse über die Kuppelachse nach hinten hinwegragte. Die Hinterwand des Aschkastens mußte daher stark geschwungen ausgeführt werden, so daß unter dem hinteren Viertel des Rostes nur geringe Querschnitte für die Verbrennungsluft vorhanden waren. Die Laufachsen waren wieder als Adamsachsen ausgeführt.

15 fast genau gleiche Lokomotiven beschaffte im Jahre 1907/08 die Staatsbahn-Gesellschaft ebenfalls von Hohenzollern.

Trotz des Innentriebwerkes wurde auch bei diesen Lokomotiven wie bei den ähnlichen preußischen Außenzylinderlokomotiven der Gattung T 5 (Abb. 58) über den unruhigen Lauf geklagt. Daher wurde später die Hinterachse fest im Rahmen gelagert und ein freier Lauf in Weichenbögen durch die Vergrößerung des Seitenspiels der Vorderachse erzielt. In diesem Zustande konnte eine Höchstgeschwindigkeit von 80 km/h zugelassen werden.

Neben den 1 B Tenderlokomotiven hatte die Niederländische Centraleisenbahn für den Utrechter Vorortverkehr noch im Jahre 1899 eine 2 B n 2 Tenderlokomotive von Hartmann in Chemnitz bezogen (Abb. 391). Diese Lokomotive gehörte mit einem Kessel von nur 1 m² Rostfläche und Rädern von 1350 mm Durchmesser zu den kleinsten 2 B Lokomotiven der damaligen Zeit. Die Belpaire-Feuerbüchse hing zwischen den gekuppelten Achsen tief durch; der Kessel war mit 55 Serve-Rohren ausgerüstet. Später erhielten diese Lokomotiven nach den fehlgeschlagenen Versuchen mit Verloopschen Rauchkammerdampftrocknern von 10 m² Heizfläche teils den Schmidtschen Großrohrüberhitzer von 14 m² und glatte Rohre, teils den Kleinrohrüberhitzer und daneben Serve-Rohre und schließlich teils auch noch den Kleinrohrüberhitzer und daneben glatte Rohre. Im letzten Falle waren 49 Rohre (70/76 mm Durchmesser) durch den Überhitzer besetzt; so ergab sich eine Verdampfungsheizfläche von 53 m² und eine Überhitzerheizfläche von 22 m².

Wegen der niedrigen Treibräder hatte man keine Innenzylinder mehr unterbringen können, da auch wegen des Drehgestells der Platz unter der Rauchkammer sehr knapp geworden war. Die Durchmesser der Außenzylinder wurden bei dem Umbau auf Heißdampf auf 360 mm vergrößert.

Der ersten Lokomotive folgten 1901 4 weitere von Hartmann und dann 1902/03 nochmals 5 Stück von Hohenzollern.

Eine wesentlich vergrößerte Ausführung beschaffte, allerdings in nur 2 Stück, dieselbe Bahn im Jahre 1905. Der Kessel, der auch wieder Belpaire-Form hatte, besaß nahtlose Ehrhardtsche Schüsse und Serve-Rohre. Die zwischen den Kuppelachsen durchhängende Feuerbüchse war 1600 mm tief, der Bodenring 80 mm breit. Infolge des größeren Treibraddurchmessers und der höheren Kessellage (2150 mm über SO gegen bisher 1950 bei den Lokomotiven nach Abb. 391) konnten wieder fast waagerecht liegende Innenzylinder verwendet werden. Da man die Lokomotive später mit Heißdampf betreiben wollte, hatte man gleich von Anbeginn Kolbenschieber vorgesehen. Die übliche Anordnung der Schieberkästen über den Zylindern hätte aber eine wesentlich höhere Lage des Kessels erfordert, da für die Schieber zwischen den Zylindern kein Platz mehr vorhanden war. Man legte daher die Schieberkästen in die freien Räume zwischen den Zylindern oberhalb und unterhalb der waagerechten Zylinderebenen. Das ergab ein sehr einfaches Gußstück und kurze Dampfwege, weil beide Schieberkästen jetzt übereinander und unmittelbar an ihren Zylindern lagen. Dabei konnte die übliche englische Bauart der Stephenson-Steuerung verwendet werden.

Die Entwicklung des Drehgestells war in der Höhe durch die Zylindergußstücke begrenzt. Man mußte es daher sehr flach bauen und konnte den Laufrädern nur einen Durchmesser von 800 mm geben.

Die Lokomotiven waren im Personenzugdienst auf der 90 km langen Strecke Utrech Zwolle tätig, wo sie Geschwindigkeiten von über 70 km/h erreichen mußten.

Der von vornherein vorgesehene Kleinrohrüberhitzer von 29 m² Heizfläche wurde einige Jahre später in 54 glatte Rohre eingebaut, daneben blieben noch 16 Serve-Rohre im Kessel.

Verhältnismäßig stark verbreitet war in Holland die 2 B 1 Tenderlokomotive, zumal sie bei den z. T. kurzen Schnellzugstrecken erfolgreich mit der 2 B Lokomotive mit Schlepptender in Wettbewerb treten konnte. Sie erschien zum ersten Male im Jahre 1898 bei der Holländischen Eisenbahn-Gesellschaft (Abb. 392), also fast gleichzeitig mit der bayerischen 1 B 2 Lokomotive (Gattung D XII, Abb. 124).

Die 2 B 1 Tenderlokomotive kann als eine nur wenig verkleinerte Ausführung der 2 B Schnellzuglokomotiven, Abb. 374, gelten. Die Durchmesser der auch hier wieder innenliegenden Zylinder, die Feuerbüchse und die Zahl der Rohre waren unverändert geblieben,

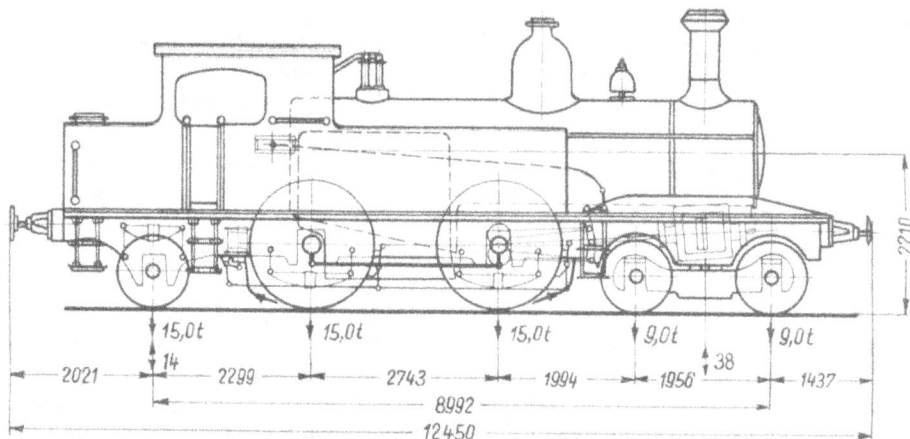

Abb. 392. 2 B 1 n 2 Tenderlokomotive, Reihe 5500 NS, der Holländischen Eisenbahn-Gesellschaft; Erbauer Sharp Stewart & Co. 1898—1905.

Rostfläche	2,04 m²	Treibraddurchmesser	1800 mm	Dienstgewicht d. Lok.	63,0 t
Verdampfungsheizfl.	98,0 m²	Zylinderdurchm.	2 × 457 mm	Reibungsgewicht	30,0 t
Kesseldruck	10,5 atü	Kolbenhub	610 mm		

nur war die Länge der Rohre um 157 mm auf 3304 mm gekürzt. Der Treibraddurchmesser war auf 1800 mm verkleinert und der Abstand zwischen dem Drehgestell und der Treibachse verkürzt. Die Hinzufügung der hinteren Laufachse (Bauart Cortazzi) war durch die Betriebsvorräte notwendig geworden; sie hatte 13 mm Spiel nach jeder Seite.

Die ersten bis zum Jahre 1900 beschafften 24 Lokomotiven waren von Sharp, Stewart & Co. in Manchester gebaut, die weiteren 31 Stück wurden danach durch die Lokomotivfabrik Werkspoor in Amsterdam geliefert.

Vom Jahre 1907 an wurden die Maschinen als Heißdampflokomotiven mit Großrohrüberhitzer mit einer Überhitzerheizfläche von 25 m² und einer Verdampfungsheizfläche von 77 m² geliefert. Das Dienstgewicht stieg auf 63,3 t, das Reibungsgewicht auf 30,1 t. Alle sonstigen Abmessungen blieben unverändert. Der Kessel mußte zur Unterbringung der Kolbenschieber von 2210 auf 2489 mm über SO verlegt werden.

In dieser Ausführung wurden aber nur noch 6 Stück beschafft, da die 2 B 1 Anordnung inzwischen überholt war.

Auch die Niederländische Central-Eisenbahn hatte sich im Jahre 1901 5 Stück sehr ähnliche Naßdampflokomotiven bauen lassen; sie waren nur wenig kleiner, besaßen aber einen Belpaire-Kessel mit Serve-Rohren und eine Adamsachse. Im Gegensatz zu den meisten anderen Lokomotiven sind bei ihr die Serverohre noch bis nach dem Jahre 1931 beibehalten worden.

430

Die 2 B 2 Tenderlokomotive hat auf dem Festland, außer in Frankreich, nur in Holland Fuß fassen können. Die ersten 2 B 2 Lokomotiven nahm die Niederländische Central-Eisenbahn in den Jahren 1913—1915 in Betrieb (5 Stück). Diese Lokomotiven hatten abweichend von der holländischen Gepflogenheit Außenzylinder; das kam daher, daß sie durch den Umbau älterer 1 B Lokomotiven mit Außenzylindern entstanden. Die Hanomag hatte aus den Restbeständen in Konkurs gegangener Bahnen (u. a. der Pommerschen Zentralbahn)

Abb. 393. 2 B 2 h 2 Tenderlokomotive, Reihe 5600 NS, der Niederländischen Zentraleisenbahn-Gesellschaft (zweiter Umbau der 1 B n 2 Lokomotive Nr. 16—20 aus dem Jahre 1874).

Rostfläche	1,8 m²	Zylinderdurchm.	2 × 460 mm
Verdampfungsheizfl. .	83,0 m²	Kolbenhub	576 mm
Überhitzerheizfläche .	33,0 m²	Dienstgewicht d. Lok..	72,5 t
Kesseldruck	10,3 atü	Reibungsgewicht . .	32,0 t
Treibraddurchmesser .	1760 mm		

in den Jahren 1874—1876 an die Niederländische Central-Eisenbahn 5 Stück 1 B Lokomotiven geliefert. Am Ende der 90er Jahre waren diese Lokomotiven in 2 B Lokomotiven umgebaut worden. Dabei hatte man das Triebwerk beibehalten, aber den Kessel auf 2150 mm über SO höher gelegt. Eine von ihnen wurde später noch mit dem Verloop-Dampftrockner ausgerüstet; die Flachschieber wurden beibehalten. In den Jahren 1913/1915 wurden die Maschinen nochmals in 2 B 2 h 2 Tenderlokomotiven umgebaut (Abb. 393). Jetzt erhielt der Kessel den Schmidtschen Kleinrohrüberhitzer und die Flachschieber wurden durch Kolbenschieber ersetzt. Von den ursprünglichen Lokomotiven war also wenig übriggeblieben.

Mit ihrem Reibungsgewicht von 32 t und ihrem größeren Wasservorrat (10 m³) waren sie den 2 B 1 Tenderlokomotiven der Bahn überlegen. Ihre Zylinder waren allerdings ziemlich klein, was auch aus der knappen Zugkraftkennziffer zu ersehen ist.

Da die Lokomotiven zur Zeit ihres Umbaus in eine 2 B 2 Lokomotive schon alt waren, haben sie nur noch wenige Jahre Dienst getan. Bereits im Jahre 1932 waren sämtliche 5 Lokomotiven ausgemustert.

Etwas leistungsfähiger waren die fast zu derselben Zeit beschafften 12 Lokomotiven der Holländischen Eisenbahn-Gesellschaft (Abb. 394). Der Kessel war der gleiche wie bei der 2 B 1 h 2 Tenderlokomotive, die Rohre waren jedoch um 453 mm auf 3456 mm verlängert. Für die Treibachsen hatte man wieder 2016 mm hohe Räder gewählt, so daß diese Lokomotive eine ausgesprochene Schnellzugtenderlokomotive war. Das Triebwerk entsprach übrigens genau dem der 2 B h 2 Schnellzuglokomotiven der Bahn (s. S. 416). Die Drehgestelle konnten um 63 mm nach jeder Seite ausschlagen.

Im Betriebe zeigte sich auch an diesen Maschinen der allen 2 B 2 Lokomotiven eigene Mangel, daß sie verhältnismäßig leicht schleuderten. Auch die Einfügung eines Ausgleichhebels zwischen den gekuppelten Achsen konnte kaum eine Besserung bringen, weil die Grundursache für das Schleudern die beiden äußeren Stützpunkte der

Abb. 394. 2 B 2 h 2 Tenderlokomotive, Reihe 5800 NS, der Holländ. Eisenbahn-Gesellschaft; Erbauer Werkspoor Amsterdam 1914—1915.

Rostfläche	2,04 m²	Zylinderdurchm.	2 × 500 mm
Verdampfungsheizfl. .	81,0 m²	Kolbenhub	660 mm
Überhitzerheizfläche .	23,0 m²	Dienstgewicht d. Lok..	77,5 t
Kesseldruck	10,5 atü	Reibungsgewicht . .	33,0 t
Treibraddurchmesser .	2010 mm		

Lokomotive, nämlich die Drehgestelle waren, die bei nicht ganz gleichmäßig verlegtem Oberbau die beiden gekuppelten Achsen entlasteten.

Die Schlepplasten stimmten mit denen der 2 B Schnellzuglokomotive überein.

Die C Tenderlokomotive hat in Holland im Gegensatz zu anderen Ländern lange Jahre hindurch nur eine untergeordnete Rolle gespielt. Nachdem im Jahre 1891 3 Stück C Tenderlokomotiven mit einem Dienstgewicht von 28 t durch die Haarlem—Zandvoorter Eisenbahn in Betrieb genommen worden waren, ruhte die Beschaffung über 2 Jahrzehnte.

Erst im Jahre 1905 ließ sich die Holländische Eisenbahn-Gesellschaft, die auch die 3 genannten C Tenderlokomotiven übernommen hatte, neue und schwerere C Tenderlokomotiven bauen, die in der Ausführung und in den Abmessungen etwa den preußischen T 3 Lokomotiven ähnelten. Sie hatten allerdings höhere Räder, einen größeren Gesamtachsstand und dementsprechend geringere Überhänge. Man hatte daher eine größte Geschwindigkeit von 60 km/h zugelassen, während bei der T 3 Lokomotive der Lauf schon bei etwas mehr als 40 km/h nicht mehr befriedigte.

Diese C Tenderlokomotive wurde bis zum Jahre 1914 als Regelbauart von holländischen und deutschen Werken gebaut.

Abb. 395. C n 2 Tenderlokomotive, Reihe 8600 NS, der Niederländischen Staatseisenbahn-Gesellschaft; Erbauer Hohenzollern 1913—1914.

Rostfläche	1,55 m²	Zylinderdurchm.	2 × 430 mm
Verdampfungsheizfl.	86,0 m²	Kolbenhub	550 mm
Kesseldruck	13 atü	Dienstgewicht d. Lok.	45,0 t
Treibraddurchmesser	1100 mm	Reibungsgewicht	45,0 t

Die Staatseisenbahn-Gesellschaft beschaffte ihre ersten C Tenderlokomotiven erst im Jahre 1912. Sie wurden von Hohenzollern geliefert und glichen in ihren Abmessungen und ihrem Aufbau der von mehreren Privatbahnen gebauten deutschen Bauart mit 1100 mm Raddurchmesser und 42 t Dienstgewicht.

Bei der Nachlieferung 1913/14 (Abb. 395) wurde die Kesselmitte von 2000 mm auf 2350 mm über SO verlegt und der Rahmenwasserkasten oben verbreitert. Die Tragfedern mußten daher unterhalb der Achslager angeordnet werden.

Bis zum Jahre 1914 wurden insgesamt 12 Stück abgeliefert.

Diese Lokomotiven waren aber für größere Geschwindigkeiten als 45 km/h nicht besonders geeignet; weitergehenden Ansprüchen genügte erst eine neue Bauart vom Jahre 1915 mit 1400 mm hohen Rädern. Der Kessel, der jetzt 2400 mm über SO lag, war fast gleich geblieben, der Achsstand dagegen war auf 3700 mm vergrößert worden, so daß die gewünschte Höchstgeschwindigkeit von 60 km/h zugelassen werden konnte. Obwohl man noch keinen Überhitzer vorgesehen hatte, waren doch bereits bei diesen 9 Lokomotiven die Schieber als Kolbenschieber ausgeführt. Die Lokomotiven wurden damals für die Züge verwendet, welche in Amsterdam am Bahnhof Weesperpoort wenden mußten, um zum Hauptbahnhof zu gelangen. Diese Züge waren manchmal sehr schwer und wurden über die etwa 5 km lange bogenreiche Verbindungsbahn mit einer Geschwindigkeit von etwa 60 km/h befördert.

Bei der Nachlieferung von 6 Lokomotiven im Jahre 1920 durch Henschel u. Sohn wurde der Kessel mit einem Kleinrohrüberhitzer versehen und der Zylinderdurchmesser auf 485 mm vergrößert. Das Gewicht stieg auf 49 t. In dieser Ausführung entsprach die Lokomotive etwa der preußischen T 8 Lokomotive (Abb. 78), besaß aber einen größeren Achsstand und war bei ihrem um 4 t höheren Gewicht wesentlich kräftiger durchgebildet.

³/₄ gekuppelte Tenderlokomotiven sind in Holland nie neu beschafft worden. Wohl aber hat die Staatsbahn-Gesellschaft vom Jahre 1918 an 9 Stück kleinrädrige C Güterzuglokomotiven mit Schlepptender, die in den Jahren 1871 und 1879 von Beyer, Peacock & Co. geliefert waren,

in ihrer Werkstatt Tilburg in C 1 Tenderlokomotiven umgebaut, ähnlich wie es die Österreichische Staatsbahn getan hat (vgl. S. 354). Die Lokomotiven besaßen, obwohl sie aus England stammten, Außenzylinder, einen Innenrahmen und eine überhängende Feuerbüchse. Die Rohre waren 4236 mm lang; beim Umbau blieben der Kessel, der Rahmen und das Trieb-werk unverändert. Die hinten hinzugefügte Achse wurde dem Tender entnommen; hieraus ist auch ihr großer Laufkreisdurchmesser zu erklären (1100 mm). Sie hatte nur $\pm$ 10 mm Seitenspiel. Später erhielten diese Lokomotiven noch neue Kessel mit genau gleichen Maßen, aber für 10 atü Dampfdruck. Die Maschinen wurden im Verschiebedienst verwendet, wo sie sehr beliebt und noch im Jahre 1935 tätig waren.

Im Jahre 1913 hatte die Staatseisenbahn-Gesellschaft bei Beyer Peacock 40 Stück 2 C 2 Tenderlokomotiven bestellt (Abb. 396), von denen die erste Lieferung für den Schnellzugdienst Amsterdam—Rotterdam über Gouda bestimmt war. Wegen des Krieges wurden allerdings im ganzen nur 26 Stück geliefert. Die übrigen Lokomotiven sind während des Weltkrieges in England beschlagnahmt und nach Frankreich verbracht worden, wo sie noch heute bei der Französischen Nordbahn im Betriebe sind. Mit dieser Lieferung hörte der Bezug von

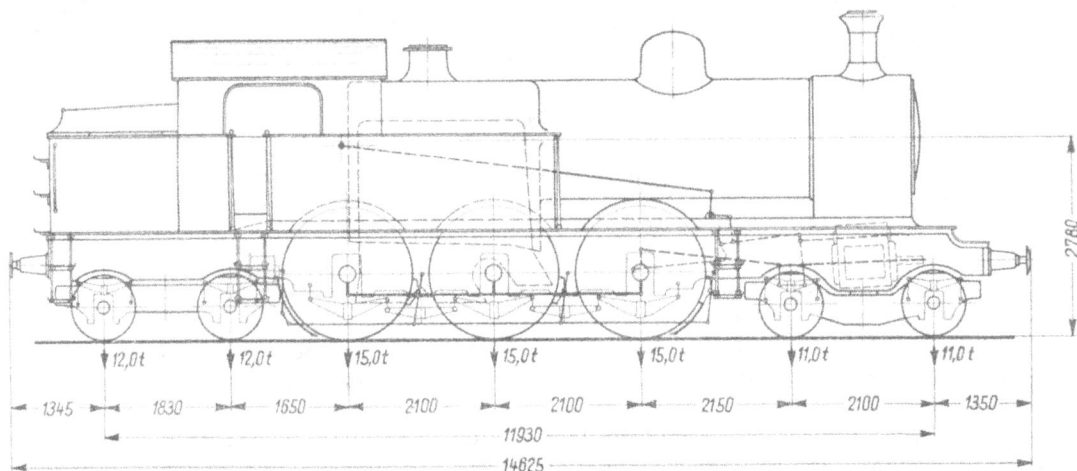

Abb. 396. 2 C 2 h 2 Tenderlokomotive, Reihe 6000 NS, der Niederländischen Staatseisenbahn-Gesellschaft; Erbauer Beyer, Peacock & Co. 1913—1916.

Rostfläche	2,4 m²	Kesseldruck . . . . 12 atü	Kolbenhub . . . . . 660 mm
Verdampfungsheizfl. .	121,0 m²	Treibraddurchmesser . 1850 mm	Dienstgewicht d. Lok.. 93,0 t
Überhitzerheizfläche .	34,0 m²	Zylinderdurchm. 2 × 508 mm	Reibungsgewicht . . 46,0 t

Lokomotiven aus England auf. Alle weiteren Bestellungen fielen der einheimischen und der deutschen Industrie zu.

Gegenüber der 2 B 2 Tenderlokomotive (Abb. 394) konnte bei der 2 C 2 Lokomotive der Kessel mit Belpaire-Feuerbüchse und Großrohrüberhitzer wesentlich vergrößert werden. Er erreichte allerdings nicht die Größe wie bei der 2 C Lokomotive.

Da das Innentriebwerk auf die vorderste gekuppelte Achse wirkte, mußte der Achsstand zwischen ihr und dem Drehgestell groß werden. Um den Gesamtachsstand der Lokomotive in erträglichen Grenzen zu halten, hatte man dem hinteren Drehgestell einen Achsstand von nur 1830 mm gegeben, während das vordere den bei der Bahn üblichen Regelachsstand für Drehgestelle von 2100 mm besaß. Trotzdem ist der Gesamtachsstand noch 230 mm größer als bei der preußischen 2 C 2 Tenderlokomotive, Gattung T 18 (Abb. 73), die ihr in den Hauptabmessungen ziemlich entspricht. Das Seitenspiel der Drehgestelle (+ 63 mm) war reichlich.

Die Lokomotiven sollten

600 t auf 0⁰/₀₀ mit 80 km/h befördern.

Bei der Entwicklung dieser Bauart stellte sich als Nachteil heraus, daß die Zylinder wegen der 3 gekuppelten Achsen, des niedrigen Dampfdrucks (12 atü) und der ziemlich großen Räder verhältnismäßig große Durchmesser erhalten mußten. Da nun der Platz zwischen den Rahmen

Abb. 397. 1 D 1 n 2 Tenderlokomotive, Reihe 6200 NS, der Niederländischen Staatseisenbahn-Gesellschaft; Erbauer Hohenzollern 1912—1913.

Rostfläche	2,33 m²	Treibraddurchmesser	1400 mm	Dienstgewicht d. Lok..	87,0 t
Verdampfungsheizfl.	158,0 m²	Zylinderdurchm.	2 × 520 mm	Reibungsgewicht	60,0 t
Kesseldruck	12 atü	Kolbenhub	660 mm		

beschränkt war, konnten sie nur mit Mühe untergebracht werden. Da ferner durch die großen Zylinder große Kräfte und Flächendrücke in den Kurbel- und Achslagern der Kropfachse aufgenommen werden mußten, mußten die Naben der Räder nach außen verlegt werden. Die dadurch entstehende Spreizung der Speichen führte verschiedentlich zum Losewerden der Radreifen.

Das Bedürfnis nach vierfach und fünffach gekuppelten Tenderlokomotiven ist in Holland nur in der Provinz Limburg aufgetreten. Hier hat sich der Kohlenbergbau lebhaft entwickelt. Da hier schwere Güterzüge einerseits mit verhältnismäßig hohen Geschwindigkeiten (bis zu 60 km/h) verkehrten und andrerseits die einzigen stärkeren Steigungen in Holland überwinden mußten (s. S. 405), hatte man sich schon im Jahre 1912 zur Beschaffung von 14 großrädrigen 1 D 1 Lokomotiven entscheiden müssen (Abb. 397), die aber zunächst noch als Naßdampflokomotiven ausgeführt wurden. Von der nur wenig größeren preußischen T 14 Lokomotive (Abb. 89) unterschied sie sich, abgesehen von den 1400 mm hohen Rädern aus dem entsprechend größeren festen Achsstand von 4650 mm, hauptsächlich durch die Verwendung von Bisselachsen vorn und hinten. Diese Bisselachsen hatten wie die Adamsachse der preußischen T 14 Lokomotive + 80 mm Seitenspiel. Die Spurkränze beider Mittelachsen waren schwächer gedreht.

Die zweite Lieferung von 26 Stück vom Jahre 1913 an erhielt den Schmidtschen Großrohrüberhitzer; auch die Naßdampflokomotiven wurden allmählich mit Überhitzern versehen. Das Dienstgewicht stieg dabei von 87 auf 91 t.

Die Zylinder blieben unverändert. Ihr Durchmesser (520 mm) ist für heutige Begriffe etwas klein. Die Zugkraftkennziffer beträgt dabei nur rund 20, während sie bei der preußischen T 14 Lokomotive bei etwa 25 liegt.

Die Schlepplast wurde auf

$$2000 \text{ t auf } 0^0/_{00} \text{ bei } 40 \text{ km/h}$$

festgesetzt.

DIE TENDER.

Wie die Lokomotiven, so wurden auch die Tender bis nach der Jahrhundertwende mit wenigen Ausnahmen nach englischen Vorbildern gebaut. Sie hatten in der Regel 3 Achsen, konnten aber meist nur recht geringe Vorräte mitführen. Die Güterzuglokomotiven der Holländischen Eisenbahn-Gesellschaft wurden z. B. bis zum Jahre 1907 noch mit Tendern für nur 10,2 m³ Wasser und 2,8 t Kohlen ausgerüstet (Abb. 381). Die Tender hatten Außenrahmen und schmale Wasserkästen, so daß die Tragfedern sehr gut zugänglich waren. Das Leergewicht betrug 15,7 t. Die Tender waren also für die geringen Vorräte unverhältnismäßig schwer.

Auch die Tender der Schnellzuglokomotiven Abb. 373 und 375 waren nicht viel größer; ihr Wasserbehälter faßte nur 13 m³. Jahrelang begnügte sich der Betrieb mit diesen kleinen Tendern. Bei den einfachen Betriebsverhältnissen und den verhältnismäßig kurzen Strecken war auch das Bedürfnis nach größeren Tendern noch nicht vorhanden.

Erst gegen Ende des ersten Jahrzehnts wurde mit der Entwicklung größerer dreiachsiger Tender begonnen, deren Wasserkästen etwa 19 m³ Wasser fassen konnten. Die Abb. 376 stellt einen solchen Tender der Holländischen Eisenbahn-Gesellschaft aus dem Jahre 1914 dar. Dieser Tender war nunmehr nach der deutschen Bauweise ausgeführt. Er war nur etwa 2 t schwerer als die alten, sein Fassungsvermögen war aber gegenüber den Tendern englischer Bauart fast verdoppelt.

Die Staatsbahn-Gesellschaft führte zu derselben Zeit ähnliche Tender ein; diese erhielten aber lange seitliche Füllklappen und dementsprechend einen hohen mittleren Kohlenaufbau, der bis 3430 mm über SO hinaufreichte.

In neuerer Zeit wurde auch mehrfach der Boden der Wasserkästen gewölbt ausgeführt.

Als um die Jahrhundertwende die ersten 2 B 1 Lokomotiven (Abb. 377) in Holland eingeführt wurden, bestellte man zum ersten Male Tender mit 4 Achsen für diese Maschinen. Auch diese Tender hatten ein verhältnismäßig geringes Fassungsvermögen für Wasser (18 m³) im Verhältnis zu ihrem Eigengewicht von 25 t (Abb. 377). Sie waren außerordentlich flach und daher lang gebaut. Der Gesamtachsstand betrug 5334 mm. Die Drehgestelle wurden dem der Lokomotive nachgebaut; die Räder hatten den gleichen großen Durchmesser von 1240 mm wie die Drehgestell- und Hinterachsräder der Lokomotive.

Auch die 20 m³ Tender der Nordbrabant-Deutschen Eisenbahn (Abb. 378) besaßen noch die großen Räder von 1240 mm Durchmesser und einen Achsstand von 5300 mm. Die Drehgestelle glichen aber nunmehr der deutschen Ausführung mit unabhängigen Tragfedern. Hier hatte man aber in die Federgehänge nochmals Dämpfungsfedern eingeschaltet. Nur die Niederländische Central-Eisenbahn ging bei gleich großen Tendern im Jahre 1910 auf 1000 mm Raddurchmesser herunter (Abb. 380) und beschaffte auch einige gleiche Tender nach der bayerischen Ausführung (Abb. 243) mit nur einem Drehgestell vorn.

Vom Jahre 1923 ab führten die Niederländischen Eisenbahnen einen vierachsigen Tender für 28 m³ ohne Drehgestelle, also englischer Bauart, ein und rüsteten damit auch einen Teil der älteren Schnellzuglokomotiven aus, die bisher nur dreiachsige Tender besaßen.

XIV. DIE ENTWICKLUNG DER ZAHNRADLOKOMO-
TIVEN IM VEREINSGEBIET.

Auf den regelspurigen Eisenbahnen im Vereinsgebiet sind Zahnradlokomotiven nur auf solchen Strecken eingeführt worden, die im gemischten Zahnrad- und Reibungsbetrieb befahren wurden. Solche Zahnradlokomotiven wurden in Deutschland zum ersten Male im Jahre 1885 auf der Halberstadt—Blankenburger Eisenbahn auf der Harzstrecke Blankenburg—Tanne durch Bahndirektor Schneider eingeführt. Weitere Lokomotiven folgten dann im Jahre 1887 auf der Höllentalbahn in Baden, 1891 auf der Strecke Eisenerz—Vordernberg in Steiermark, 1893 auf den württembergischen Strecken in der Schwäbischen Alb, 1896 auf der Strecke Tiszolcz—Zolyom in den Karpathen und im Jahre 1902 auf den ersten Zahnradstrecken der Preußischen Staatsbahn in Thüringen. Als Oberbau wählte man meist die Abtsche Zahnstange; die württembergischen und badischen Strecken jedoch verwendeten Zahnstangen der Bauart Klose und Bissinger. Auf der bayerischen Strecke Passau—Wegescheid lag eine Zahnstange der Bauart Strub. Außerdem war die Zahnstange der Bauart Riggenbach auf einigen 1000 mm-spurigen, rein örtlichem Verkehr dienenden Bergbahnen anzutreffen. Die regelspurigen Zahnradlokomotiven waren dagegen fast sämtlich für die Abtsche Zahnstange gebaut.

Die Zahnradbahnen waren überall mit Steigungen von 50—70⁰/₀₀ verlegt; eine Ausnahme bildete die württembergische Strecke Honau—Lichtenstein, deren Steigung 100⁰/₀₀ betrug.

Es verdient hervorgehoben zu werden, daß von derselben Bahn, welche den Zahnradbetrieb im Jahre 1885 eingeführt hatte, im Jahre 1920 der Ersatz dieses Betriebes durch reinen Reibungsbetrieb ausging (vgl. die Ausführungen bei den 1 E 1 Lokomotiven der Halberstadt—Blankenburger Eisenbahn, S. 117).

Die reinen Zahnradlokomotiven der wenigen meist schmalspurigen Bergbahnen sind im folgenden nicht berücksichtigt worden.

Für den beabsichtigten Bau der Strecke Blankenburg—Tanne hatte Abt im Jahre 1883 eine C 2 Engerth-Lokomotive vorgeschlagen, bei welcher das Tendergestell 2 Zahnräder trug, die von einer besonderen Dampfmaschine angetrieben wurden. Diese Lokomotive mit einem Dienstgewicht von 46 t sollte

110 bis 120 t auf 25⁰/₀₀
mit 24 km/h und
110 bis 120 t auf 60⁰/₀₀
10—12 km/h

befördern. Auf den Vorschlag des Bahndirektors Schneider hin vereinigte Abt beide Triebwerke in einer C 1 Lokomotive, die von der Maschinenfabrik Eßlingen gebaut wurde (Abb. 398). Das Zahnradtriebwerk mit 2 Zahnrädern war in einem besonderen Rahmen an der ersten und dritten Achse aufgehängt; die Innenzylinder trieben die Zahnräder durch einen zweiarmigen Hebel nach Abb. 399 an.

Abb. 398. C 1 n 4 Zahnradlokomotive der Halberstadt-Blankenburger
Eisenbahn; Erbauer Eßlingen 1885.

Rostfläche	1,87 m²	Zylinderdurchm.	
Verdampfungsheizfl.	136,0 m²	2 × 450 (2 × 300) mm	
Kesseldruck	10 atü	Kolbenhub	600 mm
Treibraddurchmesser	1250 mm	Dienstgewicht d. Lok..	56,0 t
		Reibungsgewicht	43,0 t

436

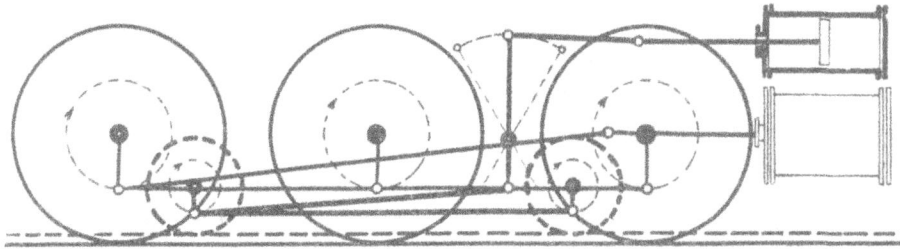

Abb. 399. Zahnradantrieb durch Innenzylinder und Schwinghebel.

Dieses Zahnradtriebwerk, das in dieser Form hier zum ersten Male zu finden ist, beanspruchte sehr viel Platz in der Breite, so daß man einen Außenrahmen wählen mußte. Die hintere Laufachse war als Bisselgestell mit Rückstellung durch Keilflächen ausgeführt. Da die beiden mittleren Achsen bei der Fahrt der Lokomotive in Krümmungen stark entlastet wurden, sind die Keilflächen später wieder entfernt worden.

Der Bremse hatte man bei dieser Lokomotive besondere Beachtung geschenkt. Zwei Spindelbremsen wirkten auf die Lokomotivräder und auf besondere Bremsscheiben auf der Zahnradtreibachse. Außerdem war eine Gegendruckbremse vorhanden, die anfänglich beiden Triebwerken gemeinsam diente, aber bald in 2 aufgeteilt wurde.

Der Stehkessel nach der Bauart Crampton war um etwa 200 mm überhöht, die Feuerbüchsdecke war um etwa 1 : 16 geneigt. Ein großes Dampfsammelrohr unter dem Scheitel des Langkessels sollte dem ganz vorn liegenden Dom möglichst trockenen Dampf zuführen. Das Blasrohr war veränderlich.

Von dieser Lokomotive wurden bis zum Jahre 1907 insgesamt 11 Stück beschafft.

Die gleiche Bauart des Antriebs wurde auch bei den 7 von der Maschinenbaugesellschaft Karlsruhe in den Jahren 1887/88 für die Badische Staatsbahn (Höllentalbahn) gelieferten C Zahnradlokomotiven beibehalten. Hier wurde aber der Abstand der beiden ersten Achsen auf 2130 mm vergrößert, so daß die 2 Zahnräder sich zwischen diesen Achsen unterbringen ließen. Die Lokomotive konnte jetzt wieder einen Innenrahmen erhalten, weil das Zahntriebwerk gedrängter gebaut war. Nach dem Übergang zum Reibungsbetriebe wurde später bei beiden Gattungen das Zahnradtriebwerk wieder ausgebaut; die Lokomotiven wurden als reine Reibungslokomotiven noch im Verschiebedienst verwendet.

Auch die Brohltalbahn (1000 mm Spur) und die Eulengebirgsbahn erhielten in den Jahren 1902 und 1913 C 1 Zahnradlokomotiven ähnlicher Bauart.

Für den schweren Erzverkehr auf der Strecke Eisenerz—Vordernberg in Steiermark, die eine 14,6 km lange Zahnstrecke mit Steigungen von $70^0/_{00}$ besitzt, lieferte die Lokomotivfabrik Floridsdorf im Jahre 1890 4 Stück C 1 Zahnradlokomotiven von fast gleicher Größe und gleicher Gesamtanordnung wie die vorher beschriebene Lokomotive. Wesentlich geändert war allerdings der Zahnantrieb, der nun nicht mehr mittels Schwinghebel, sondern nach Abb. 400 unmittelbar auf die Kurbeln der zweiten Zahnradachse wirkte. Deshalb hatte man zwar den Zylindern eine Neigung von etwa 1 : 3,6 geben müssen, diese Neigung beeinflußte aber die Zahnradzugkraft nicht. Das Zahnradgestell lag mit seinen Querhäuptern auf den Achsschenkeln der ersten und zweiten Achse, die entsprechend auseinandergezogen waren, derart auf, daß die waagerechten Drücke unmittelbar auf die Achslagerführungen und damit auf den Hauptrahmen übertragen wurden. Später hat man diese umständliche Lagerung aufgegeben; aber schon hier hatte man das Triebwerk im Innenrahmen unterbringen können.

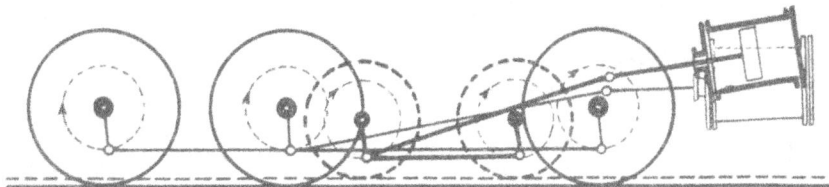

Abb. 400. Zahnradantrieb, unmittelbar durch Innenzylinder.

437

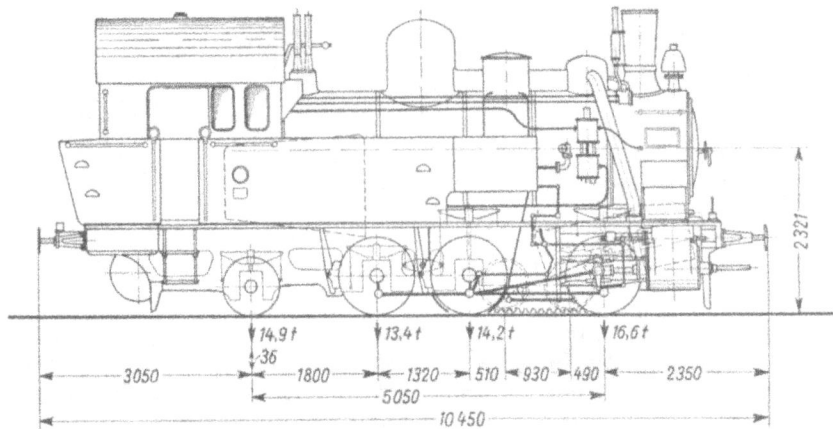

Abb. 401. C 1 n 4 Zahnradlokomotive der Preußischen Staatsbahn, Gattung T 26;
Erbauer Eßlingen, Borsig 1903—1921.

Rostfläche . . . . . 2,11 m²	Treibraddurchmesser . 1080 mm	Kolbenhub . . 500 (450) mm
Verdampfungsheizfl. 123,36 m²	Zylinderdurchm. . . .	Dienstgewicht d. Lok.. 58,5 t
Kesseldruck . . . . . 12 atü	2 × 470 (2 × 420) mm	Reibungsgewicht . . 43,5 t

Abweichend von der Halberstadt—Blankenburger Lokomotive (Abb. 398) war die hintere Laufachse nur seitlich verschiebbar (Keilrückstellung). Die zweite und dritte Achse hatten gemeinsame untenliegende Längstragfedern.

Im ganzen wurden bis zum Jahre 1908 auf der Bahn Eisenerz—Vordernberg 18 solche Lokomotiven in Dienst gestellt.

Die gleiche Gesamtanordnung übernahm dann auch im Jahre 1902 die Preußische Staatsbahn bei einer gleich großen Lokomotive (Abb. 401), bei der nun aber die Laufachse eine Adamsachse war. Die ersten 3 Lokomotiven waren von der Maschinenfabrik Eßlingen, die weiteren 29 bis zum Jahre 1921 gelieferten aber von Borsig gebaut. Sie taten hauptsächlich auf den thüringischen Strecken, aber auch im Hunsrück und an anderen Stellen Dienst. Auch die Oberlausitzer Kreisbahn beschaffte im Jahre 1903 C Lokomotiven mit gleichem Triebwerk.

Schon im Jahre 1896 waren im schweren Erz- und Kohlenverkehr auf der Strecke Tiszolcz—Zolyom in den Karpathen 3 Zahnradlokomotiven (Abb. 402) in Betrieb genommen worden, welche die neuartige Achsanordnung D 2 besaßen und damals die schwersten Zahnradlokomotiven im Vereinsgebiet waren. Die Leistungsfähigkeit ihres Kessels ist erst im Jahre 1912 von der österreichischen Zahnradlokomotive (Abb. 405) wieder erreicht worden.

Abb. 402. D 2 n 4 Zahnradlokomotive der Ungarischen Staatsbahn, Gattung T IVb (41); Erbauer Floridsdorf 1896.

Rostfläche . . . . . 2,4 m²	Zylinderdurchm. . . .
Verdampfungsheizfl. . 147,0 m²	2 × 500 (2 × 420) mm
Kesseldruck . . . . . 12 atü	Kolbenhub . . . 500 (450) mm
Treibraddurchmesser . 1050 mm	Dienstgewicht d. Lok.. 72,0 t
	Reibungsgewicht . . 53,5 t

Die Last der Lokomotive war hier zum ersten Male durch Schraubenfedern abgefedert (auch bei den Laufachsen). Solche Schraubenfedern waren später auch bei weiteren ebenfalls von Floridsdorf gebauten Zahnradlokomotiven (z. B. Abb. 403 und 404) zu finden. Die Schraubenfedern ermöglichten zwar eine weichere Abfederung, hatten aber den Nachteil, daß keine Ausgleichhebel zwischen den Federn untergebracht werden konnten.

438

Der Hauptrahmen war hinten durch Zwischenlagen und angesetzte Bleche auf 1360 mm lichte Weite verbreitert. An der Übergangsstelle war der hintere Zughaken mit einer beinahe 3 m langen Zugstange befestigt. Das Drehgestell wurde durch 2 seitliche Pfannen belastet, während bei den Laufachsen die Last durch je 2 Schraubenfedern auf die Achslager übertragen wurde. Das Drehgestell hing vorn mit der in der Abbildung sichtbaren waagerechten Zugstange am Hauptrahmen und stützte sich hinten mit einer Rolle gegen den Pufferträger.

Abb. 403. D 1 n 4 Zahnradlokomotive der Reichenberg-Tannwalder Eisenbahn, spätere Staatsbahnreihe 169; Erbauer Floridsdorf 1901.

Rostfläche	2,4 m²	Zylinderdurchm.	
Verdampfungsheizfl.	147,0 m²		2 × 500 (2 × 420) mm
Kesseldruck	12 atü	Kolbenhub	500 (450) mm
Treibraddurchmesser	1050 mm	Dienstgewicht d. Lok.	66,5 t
		Reibungsgewicht	54,0 t

Die Vorderachse der Lokomotive besaß Seitenspiel.

Die Lokomotive beförderte

175 t auf 50⁰/₀₀ mit etwa 9—12 km/h.

Einen genau gleichen Kessel und ein gleiches Reibungs- und Zahnradtriebwerk wie die vorher beschriebene Maschine besaßen die drei D 1 Lokomotiven der Reichenberg—Gablonz—Tannwalder Eisenbahn vom Jahre 1901 (Abb. 403). Auch hier waren die Achsen durch Schraubenfedern belastet, die bei der ersten, zweiten, dritten und fünften Achse über den Achslagern lagen. Bei der vierten Achse mußte wegen der Feuerbüchse ein Hebel über den Achslagern eingeschaltet werden, an dessen Gehänge die Schraubenfedern befestigt waren. Hinten war der Rahmen stark hochgezogen, so daß die Adamsachse in beigelegten kräftigen Blechen gehalten wurde.

Das Reibungsgewicht blieb unverändert, das Gesamtgewicht der Lokomotive aber wurde rd. 6 t geringer, was z. T. auf die um etwa 3 t geringeren Vorräte zurückzuführen war.

Die Lokomotiven beförderten

150 t auf 56,7⁰/₀₀ mit 12 km/h.

Abb. 404. 1 D 1 n 4 Zahnradlokomotive der Ungarischen Staatsbahn, Gattung T IVc (40); Erbauer Floridsdorf 1908.

Rostfläche	2,4 m²	Treibraddurchmesser	1050 mm	Kolbenhub	500 (450) mm
Verdampfungsheizfl.	147,0 m²	Zylinderdurchm.		Dienstgewicht d. Lok.	71,3 t
Kesseldruck	12 atü		2 × 500 (2 × 420) mm	Reibungsgewicht	48,1 t

439

Abb. 405. F n 4 Zahnradlokomotive, Reihe 269, der K. K. Österreichischen Staatsbahn;
Erbauer Floridsdorf 1912.

Rostfläche	3,3 m²	Treibraddurchmesser . 1050 mm	Kolbenhub . . . 520 (450) mm
Verdampfungsheizfl. .	176,0 m²	Zylinderdurchm. . . .	Dienstgewicht d. Lok.. 88,0 t
Kesseldruck	13 atü	2 × 570 (2 × 420) mm	Reibungsgewicht . . 88,0 t

Auch die 1 D 1 Zahnradlokomotiven vom Jahre 1908 für die Strecke Karansébes—Hatseg am Eisernen Torpaß in Transsylvanien (Abb. 404) hatten den gleichen Kessel und die gleichen Triebwerke. Da hier nur ein Achsdruck von 12 t Achsdruck zugelassen war, hatte man die Achsanordnung 1 D 1 mit einer Adamsachse vorn und hinten wählen müssen und die Wasservorräte an die Seiten verlegt. Damit wurde der Nachteil einer zu starken Veränderung des Reibungsgewichtes bei aufgebrauchten Vorräten vermieden. Auch die Laufeigenschaften wurden günstiger; das ist daraus zu ersehen, daß auf den Reibungsstrecken für die D 2 Lokomotive Abb. 402 nur 25 km/h, für die 1 D 1 Lokomotive dagegen 40 km/h zugelassen waren. Die Abfederung durch Schraubenfedern war auch hier beibehalten.

Seit dem Jahre 1908 waren, wie erwähnt, auf der Strecke Eisenerz—Vordernberg 18 Stück C 1 Zahnradlokomotiven im Dienst. Da diese Strecke nicht zweigleisig ausgebaut werden konnte, ließ sich die geforderte höhere Streckenleistung nur durch wesentlich stärkere Lokomotiven erreichen. Gölsdorf wählte daher für den Zweck eine F Lokomotive (Abb. 405), um das volle Lokomotivgewicht für die Zugkraft ausnutzen und einen möglichst großen Kessel unterbringen zu können. Der Abstand der beiden mittleren Achsen wurde auf 2150 mm vergrößert, damit zwischen ihnen das übliche Triebwerk mit 2 Zahnrädern noch genügend Platz hatte. Die erste und die fünfte Achse besaßen ± 20, die sechste ± 52 mm Seitenspiel. Die letzte Kuppelstange war zu diesem Zweck gleich gebaut wie die Kuppelstange der 1 F Lokomotive Abb. 286.

Die Zugkraft des Zahnradtriebwerkes konnte nicht erhöht werden; immerhin konnte mit dem größeren Reibungsgewicht (88 t statt bisher 40 t) eine um etwa 40 t größere Schlepplast auf den Steigungen von 71⁰/₀₀ befördert werden. Wichtiger war aber, daß mit

Abb. 406. 1 C n 4 Zahnradlokomotive der Württembergischen Staatsbahn, Gattung Fz; Erbauer Eßlingen 1893—1904.

Rostfläche	1,4 m²	Zylinderdurchm. . . .	
Verdampfungsheizfl. .	122,7 m²		2 × 420 (2 × 420) mm
Kesseldruck	14 atü	Kolbenhub . . . 612 (540) mm	
Treibraddurchmesser .	1238 mm	Dienstgewicht d. Lok. 53,6 t	
		Reibungsgewicht . . 41,5 t	

440

dem größeren und leistungsfähigeren Kessel die Züge
etwa 50% schneller gefah-
ren werden konnten.

Damit bei der Fahrt
durch lange Tunnel die Lokomotivmannschaft nicht
durch die Rauchgase ge-
fährdet wurde, hatte man
für eine besondere Belüf-
tung des Führerhauses ge-

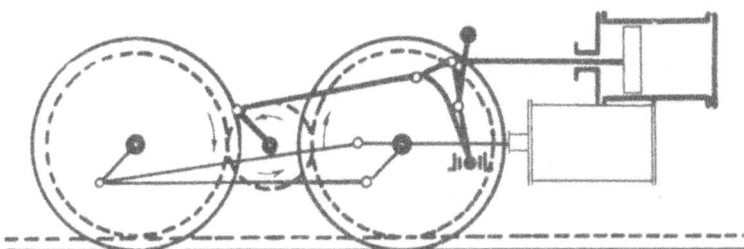

Abb. 407. Zahnradantrieb mit Zwischenzahnrad.

sorgt. Zu diesem Zwecke förderte ein Lüfter die Außenluft in das Führerhaus durch ein Kalk-
milchfilter, durch das die mit Rauchgasen (CO, CO_2 usw.) gemischte Luft entgiftet werden sollte.
Diese Einrichtung hat sich bewährt und wurde in Österreich bei allen Zahnradlokomotiven
benutzt, die auf Strecken mit Tunneln verkehrten.

Die 3 im Jahre 1910 beschafften Lokomotiven waren die einzigen F Zahnradlokomotiven
der Welt; sie sind auch, abgesehen von der einen preußischen 1 D 1 Zahnradlokomotive
(Abb. 412, S. 443), die schwer-
sten Zahnradlokomotiven im
Vereinsgebiet geblieben.

Wesentlich anders als bei
den bisher beschriebenen Lokomotiven war der Antrieb
des Zahnradtriebwerkes bei den
9 Stück 1 C Zahnradlokomotiven der Württembergischen
Staatsbahn (Abb. 406), die in
den Jahren 1893—1904 be-
schafft wurden und nur wenig
kleiner als die F Lokomotiven
waren. Nach Vorschlägen von
Klose saßen die beiden Zahn-
triebräder, die 1082 mm Durchmesser hatten, nach Abb. 407
lose auf den beiden vorderen
Kuppelachsen; beide griffen in

Abb. 408. C 1 n 4 v Zahnradlokomotive der Badischen Staatsbahn,
Gattung IX b; Erbauer Eßlingen 1910.

Rostfläche	1,8 m²	Zylinderdurchm.	
Verdampfungsheizfl.	115,7 m²		2 × 450 (2 × 450) mm
Kesseldruck	14 atü	Kolbenhub	550 mm
Treibraddurchmesser	1080 mm	Dienstgewicht d. Lok..	57,0 t
		Reibungsgewicht	42,8 t

ein Zahnrad ein, das von den beiden inneren Dampfzylindern angetrieben wurde. Alle
4 Zylinder besaßen gleichen Durchmesser. Neu war an der Lokomotive ein Wechselschieber
zwischen den beiden Zylinderpaaren, der gestattete, die Triebwerke auch mit doppelter
Dampfdehnung arbeiten zu lassen.

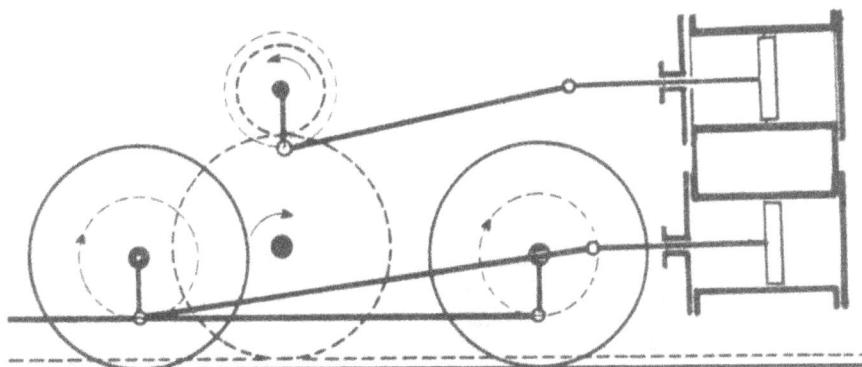

Abb. 409. Zahnradantrieb durch Außenzylinder und Zwischenzahnrad.

Abb. 410. Zahnradgestell der badischen IX b-Lokomotive.

Die abgebildete Lokomotive war im Jahre 1900 auf der Weltausstellung in Paris ausgestellt.

Eine weitere Stufe in der Entwicklung der Zahnradlokomotiven stellten die im Jahre 1910 gelieferten badischen C 1 Lokomotiven dar (Abb. 408). Man begnügte sich mit nur einem Zahntriebrad und legte eine Antriebswelle senkrecht über dieses Triebrad (Abb. 409). Die Zylindergruppen des Reibungs- und des Zahnradtriebwerks stimmten in den Abmessungen genau überein und konnten nun außen übereinander angeordnet werden. Sie arbeiteten normal in Verbundwirkung; das zweckmäßigste Zylinderraumverhältnis zwischen Hoch- und Niederdruckzylinder wurde durch die Zahnradübersetzung, also durch verschieden schnellen Lauf der beiden Triebwerke erzielt. Diese Anordnung war erstmals im Jahre 1902 nach einem schweizerischen Patent von der Maschinenfabrik Eßlingen bei Zahnradlokomotiven für Java ausgeführt worden.

Bei den badischen Lokomotiven war das Zahnradgestell nach Abb. 410 in 3 Punkten gelagert, so daß bei der Schrägstellung der einen oder anderen Achse ein sicherer Zahnradeingriff gesichert war.

Die Badische Staatsbahn beschaffte von dieser Bauart, die in ihrer Größe kaum von den anderen C 1 bzw. 1 C Lokomotiven abwich, im Jahre 1910 4 und im Jahre 1921 3 Stück. Der Clench-Dampftrockner, mit dem die ersten Lokomotiven versehen waren, wurde später wieder entfernt.

Die etwas schwereren C 1 Zahnradlokomotiven der Bayerischen Staatsbahn (Abb. 411) waren von gleicher Bauart wie die beschriebenen badischen C 1 Lokomotiven, sie waren aber Heißdampflokomotiven. Die ersten 3 Stück wurden im Jahre 1912 beschafft und besaßen einen Kleinrohrüberhitzer, der nur einen Teil der Heizrohre ausfüllte. Im Jahre 1924 wurde

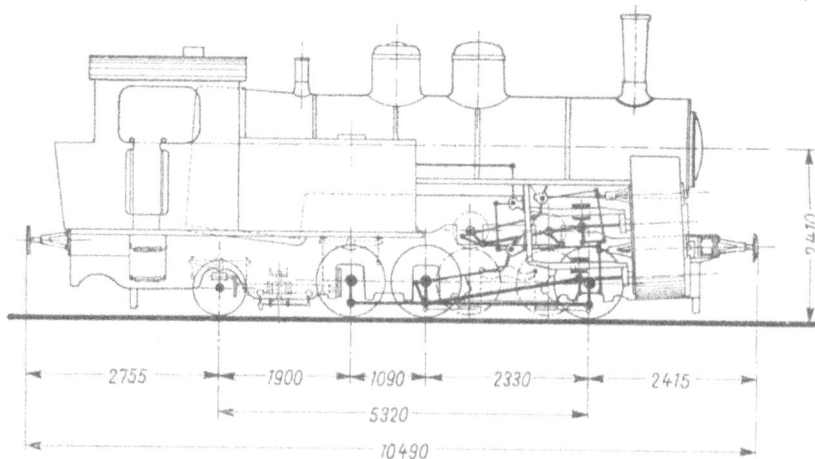

Abb. 411. C 1 h 4 v Zahnradlokomotive der Bayerischen Staatsbahn, Gattung Ptz L ³/₄;
Erbauer Krauß 1912.

Rostfläche . . . . . 1,82 m²	Treibraddurchmesser . 1006 mm	Dienstgewicht d. Lok.. 57,8 t
Verdampfungsheizfl. . 70,0 m²	Zylinderdurchm. . . .	Reibungsgewicht . . 46,2 t
Überhitzerheizfläche . 37,0 m²	2 × 460 (2 × 460) mm	
Kesseldruck . . . . . 12 atü	Kolbenhub . . . . . 508 mm	

442

eine weitere Lokomotive nachbeschafft mit Zylindern von
480 mm Durchmesser, 13 atü,
2 m² Rostfläche und einem
Schmidtschen Rauchröhren-
überhitzer von 25,4 m² Heizfläche bei 81,1 m² Verdampfungsheizfläche.

2 Stück C Lokomotiven mit
der gleichen Triebwerksanordnung lieferte im Jahre 1913
die Lokomotivfabrik Jung auch
an die Andreasberger Kleinbahn im Harz.

Auf den thüringischen
Zahnradstrecken der Preußischen Staatsbahn waren die C 1

Abb. 412. 1 D 1 h 4 Zahnradlokomotive der Preußischen Staatsbahn,
Gattung T 28; Erbauer Borsig 1921.

Rostfläche	2,86 m²	Zylinderdurchm....	
Verdampfungsheizfl.	120,2 m²		2 × 525 (2 × 525) mm
Überhitzerheizfläche .	39,8 m²	Kolbenhub	500 mm
Kesseldruck	14 atü	Dienstgewicht d. Lok..	83,8 t
Treibraddurchmesser .	1100 mm	Reibungsgewicht . .	60,0 t

Zahnradlokomotiven (Gattung T 26) schon vor dem Weltkrieg zu schwach geworden. Der Ober-ingenieur A. Meister der Lokomotivfabrik A. Borsig, der den deutschen Lokomotivbau vielfach be-fruchtet hat, stellte schon damals einen Entwurf einer neuen 1 D 1 Lokomotive fertig; die Ab-lieferung der Lokomotive verzögerte sich aber durch den Krieg bis zum Jahre 1921. Da für die Abtsche Zahnstange 2 Treibzahnräder notwendig waren, legte er über die Treibzahnräder 2 An-triebswellen und verband beide Wellen durch Kuppelstangen (Abb. 412). Außer dieser einen Lokomotive sind keine weiteren mehr geliefert worden, da zu gleicher Zeit die Bestrebungen einsetzten, den Zahnradbetrieb durch den Reibungsbetrieb zu ersetzen.

Die Lokomotive beförderte gewöhnlich etwa 150 t auf 60⁰/₀₀.

Da auf der starken Steigung der württembergischen Strecke Honau—Lichtenstein (100⁰/₀₀) ein wirtschaftlicher Ersatz der Zahnradlokomotiven durch Reibungslokomotiven nicht möglich war, entschloß sich die Deutsche Reichsbahn, für diese Strecke im Jahre 1923 eine besonders schwere E Zahnradlokomotive zu beschaffen (Gattung E + 1 Z, später Z 555, Abb. 413). Da hier die Zahnstange 16 000 kg Druck aufnehmen konnte, genügte ein Zahntriebrad. Die Lokomotive besaß allerdings noch ein zweites Zahnrad; dieses diente aber nur der Bremsung. Der geforderten Schlepplast von 100 t auf 100⁰/₀₀ mit 10 km/h
entsprach die Lokomotive voll. Bei Versuchsfahrten wurden sogar
111 t mit 10,7 km/h und 142,6 t mit 6,6 km/h
befördert. Von dieser Bauart wurden bis zum Jahre 1925 4 Stück beschafft.

Abb. 413. E h 4 v Zahnradlokomotive der Deutschen Reichsbahn,
Gattung E + 1Z., später Z 555; Erbauer Eßlingen 1923.

Rostfläche	2,5 m²	Zylinderdurchm. . . .	
Verdampfungsheizfl. .	117,1 m²		2 × 560 (2 × 560) mm
Überhitzerheizfläche .	42,3 m²	Kolbenhub	560 mm
Kesseldruck	14 atü	Dienstgewicht d. Lok..	74,9 t
Treibraddurchmesser .	1150 mm	Reibungsgewicht . .	74,9 t

Inzwischen aber ist der Zahnradbetrieb in Deutschland auf fast allen Strecken mit Steigungen bis zu 70⁰/₀₀ durch Reibungsbetrieb ersetzt wor-den, auch auf der 1000 mm-spurigen Brohltalbahn.

Im besonderen Maße hat sich die Maschinenfabrik Eß-lingen um die Ausbildung der Zahnradlokomotiven verdient gemacht; von ihr rühren wohl die meisten Entwürfe nicht nur der hier dargestellten, son-dern der überhaupt für die Welt gebauten Zahnradloko-motiven her, insbesondere für die Bauart Abt.

TEIL B.

EINZELHEITEN.

I. DIE WERKSTOFFE.

Einen wesentlichen Anteil an der Entwicklung des Lokomotivbaues in dem Zeitraum 1880—1920 hatte die Verbesserung der Werkstoffe, und zwar besonders die des Eisens. Im folgenden sind die alten Bezeichnungsweisen: Schweißeisen, Flußeisen, Flußstahl, Flußeisenguß usw., weil sie während des ganzen Zeitraumes üblich gewesen sind, beibehalten worden. Die preußischen Eisenbahndirektionen, von denen einzelne noch Anfang der achtziger Jahre eigene Vorschriften hatten, verlangten meist Probestäbe von möglichst 25 mm Durchmesser und 240 mm Meßlänge; 1895 sahen die einheitlichen preußischen Vorschriften vorzugsweise 20 mm Durchmesser und 200 mm Meßlänge vor. An die Stelle der in den achtziger Jahren neben der Zerreißfestigkeit geforderten Mindesteinschnürung trat mehr und mehr der Nachweis einer ausreichenden Dehnung. Der Kürze wegen sind im Text die üblichen Kurzzeichen

kz = geringste Zerreißfestigkeit in kg/mm²,

D =   ,,   Dehnung in % der Meßlänge des Versuchsstabes,

C =   ,,   Einschnürung (Kontraktion) des gerissenen Querschnittes in % des ursprünglichen Querschnittes

verwendet worden.

FEUERBÜCHSKUPFER.

Im Gegensatz zu den Anforderungen an die sonstigen Werkstoffe des Lokomotivbaues haben sich die Bedingungen für die Güte und die Eigenschaften des Feuerbüchskupfers in der Zeit von 1880—1920 nicht sehr geändert.

So forderten z. B. im Jahre

1882 die Eisenbahndirektion Magdeburg ein kz = 20 kg/mm², D = — , C = 50%,

1883 ,,   ,,   Elberfeld   ,, ,, = 22 kg/mm², D = 28%, C = 45%,

1895 ,, Preußische Staatsbahn   ,, ,, = 22 kg/mm², D = 38%, C = — ,

1907 ,, Badische Staatsbahn   ,, ,, = 21 kg/mm², D = 38%, C = 45%.

Für die Stehbolzen war seit den 90er Jahren eine Festigkeit von 23 kg/mm² gefordert. Eine Biegeprobe des mit Gewinde versehenen Bolzens war schon im Jahre 1882 üblich.

KESSEL UND RAHMENBLECHE.

Durch die Umwälzung in der Herstellung des Eisens auf flüssigem Wege im Bessemer-, Thomas- und Siemens-Martin-Verfahren ist auch die Beschaffenheit der Werkstoffe für Kessel und Rahmen wesentlich beeinflußt worden. In den 80er Jahren wurde für diese Teile noch ziemlich allgemein Schweißeisen verwendet. Die üblichen deutschen Mindestanforderungen bewegten sich für

Stehkessel (Feuerblech I. Güte)

längs: kz zwischen 32 u. 36 kg/mm²; D zwischen 15 u. 25%,
quer: „ „ 32 u. 34 „ ; D „ 12 u. 15%.

Langkessel und Rahmen (II. Güte)

längs: kz zwischen 33 u. 35 kg/mm²; D zwischen 7 u. 16%,
quer: „ „ 30 u. 33 „ ; D „ 5 u. 9%.

Sehr zögernd drang das Flußeisen in den Lokomotivbau ein, es wurde zunächst für die Rahmen verwendet.

In Österreich hatte die Kaiser Ferdinands-Nordbahn schon seit dem Jahre 1871 nur Flußstahlrahmen mit kz = 40—45 kg/mm²; die Österreichische Staatsbahn beschaffte seit dem Jahre 1879 nur noch Flußeisenrahmen mit kz = 35 kg/mm², C = 30%. Im Jahre 1890 besaß die Badische Staatsbahn erst 34, die Preußische Staatsbahn erst rd. 500 flußeiserne Rahmen. Die Holländische Eisenbahn-Gesellschaft war damals bereits endgültig zu Flußeisenrahmen übergegangen.

Noch langsamer setzte sich das Flußeisen im Kesselbau durch. Auch hier ging Österreich voran. Im Jahre 1891 besaß die Österreichische Staatsbahn bereits 117 flußeiserne Kessel; von ihnen stammten 15 Stück aus dem Jahre 1871. Es handelte sich hier hauptsächlich um Kessel für kleine Lokomotiven; bei den Kesselblechen war ein kz = 35 kg/mm² und ein C = 40% vorgeschrieben. Die Ungarische Staatsbahn war nach den ersten Versuchen von 1878 im Jahre 1886 endgültig zum Bau flußeiserner Kessel übergegangen.

Die Württembergische Staatsbahn besaß im Jahre 1891 bereits 46 solche Kessel, die große Preußische Staatsbahn aber kaum mehr. Man klagte anfänglich sehr viel über Anfressungen, besonders am Boden des Kessels, die sich mit dem zunehmenden Dampfdruck verschlimmerten, so daß mehrfach Stimmen gegen die Erhöhung des Dampfdruckes von 10 auf 12 atü laut wurden.

Mit der fortschreitenden Entwicklung und Vervollkommnung der Eisenerzeugung begann aber dann in den 90er Jahren der allgemeine Siegeszug des Flußeisens. Die Vorschriften der deutschen Bahnen lehnten sich an die allgemeinen polizeilichen Bestimmungen für Landkessel an, die nun nicht nur Mindest-, sondern auch Höchstfestigkeiten verlangten. Vorgeschrieben war die Erzeugung im Flammofen.

Nach den Vorschriften betrug:

für Kessel kz = 34—41 kg/mm², D = 25%, kz + D mindestens 62,
„ Rahmen „ = 37—44 „ , D = 20%.

Dazu kamen Härtebiegeproben, Stauchproben und Lochproben. Auch die anderen Länder besaßen ähnliche Vorschriften. Einzelne Verwaltungen (z. B. die Kaiser Ferdinands-Nordbahn) haben auch häufig Siemens-Martin-Stahl verwendet, dessen

kz = 47—53 kg/mm² und C = 37% für ungebördelte Bleche und
kz = 46—45 „ „ C = 45% „ gebördelte Bleche

betrug.

Am Ende der 90er Jahre war das Schweißeisen aus dem Kessel- und Rahmenbau vollständig verdrängt.

Über flußeiserne Feuerbüchsen wird später (s. S. 460) noch einiges gesagt werden.

TRIEBWERKSTEILE UND RADSÄTZE.

Für Triebwerksteile war schon im Anfang der 80er Jahre vielfach Flußstahl von $kz = 40$ kg/mm² und $C = 40\%$ üblich. In den 90er Jahren ging man aber meist zu dem härteren Stahl über, der für die Achswellen verwendet wurde.

Für Achswellen war schon im Jahre 1882 vielfach ein Flußstahl von $kz = 50$ kg/mm² und $C = 30\%$ ($kz + C$ mindestens 90) üblich. Später wurde ein Stahl mit $kz = 50$—60 kg/mm² vorgeschrieben, der eine Dehnung von mindestens 20% haben mußte. Außerdem verlangte man besondere Kerbschlagproben zum Nachweis einer ausreichenden Kerbzähigkeit.

Als dann im Laufe der 90er Jahre die Vierzylinderlokomotiven kamen, stellte man die Kropfachsen aus hochwertigem Nickelstahl her mit einem Nickelgehalt etwa 2—5%. Die Radkörper bestanden früher aus Schweißeisen und wurden erst nach und nach durch flußeiserne Radkörper verdrängt (z. B. Scheibenräder). Die Speichenräder begann man in den 90er Jahren allgemein aus Flußeisenguß (Stahlformguß) herzustellen. Die Österreichische Staatsbahn z. B. hat jedoch die früher üblichen gußeisernen Räder an den C und D Tenderlokomotiven weiter beibehalten und vom Jahre 1910 an auch mehrfach die Laufräder der Güter- und Personenzuglokomotiven wieder aus Gußeisen gefertigt. Diese Räder, die 870 mm Durchmesser hatten, waren nur 68 kg schwerer als die mit stählernen Radkörpern, aber bedeutend billiger.

Für die Radreifen der Lokomotiven wurde fast überall ein Tiegelstahl von mindestens 70 kg/mm² Festigkeit verwendet; nur bei den Tenderreifen begnügte man sich meist mit Siemens-Martin-Stahl von 60 kg/mm² Festigkeit.

FEDERN.

Für den Federstahl verlangte man schon im Anfang der 90er Jahre in ungehärtetem Zustand ein $kz = 65$ kg/mm² und eine Dehnung von 10%. Erst 25 Jahre später wurde ein Kruppscher Mangan-Silizium-Sonderstahl eingeführt, für den ein $kz = 85$ kg/mm² und eine Dehnung von 12%, eine Streckgrenze von 110 kg/mm² und eine Bruchfestigkeit im federharten Zustande von 140 kg/mm² gewährleistet wurde.

ROHRE.

Die Heizrohre waren in den 80er Jahren meist aus dem sogenannten „Holzkohleneisen, 10 mm überlappt geschweißt" hergestellt, der Prüfdruck betrug etwa 18—20 atü, aber vereinzelt auch schon 25 atü. 10 Jahre später wählte man als Baustoff das Flußeisen, die Rohre waren auch jetzt noch geschweißt. Aber schon nach kurzer Zeit eroberte sich das nach dem Ehrhardtschen Verfahren hergestellte nahtlose Rohr das Feld. Schon im Jahre 1895 konnten die Stahlwerke geschweißte Heizrohre überhaupt nicht mehr in solcher Menge liefern, daß alle Bahnverwaltungen befriedigt wurden. Die Preußische Staatsbahn zog jetzt schon flußeiserne nahtlose Rohre den geschweißten vor, und zu Beginn des neuen Jahrhunderts hatten sich die nahtlosen Rohre überall durchgesetzt.

LAGERMETALLE.

In der Zusammensetzung der Lagermetalle hat sich vom Jahre 1880 bis zum Weltkriege wenig geändert, wenn auch die Anteile der verschiedenen Metalle bei den einzelnen Verwaltungen verschieden groß waren. Schon im Jahre 1883 schrieb z. B. die Eisenbahndirektion Erfurt ein Weißmetall vor, das aus 2 kg Kupfer, 4 kg Antimon und 12 kg Zinn zusammengeschmolzen sein mußte. Dieses Metall sollte dann in dünne Platten ausgegossen, dann wieder mit 20 kg

Zinn zusammengeschmolzen und schließlich in die endgültigen dünnen Platten ausgegossen werden. Diese etwas eigenartige und übrigens auch umstrittene preußische Vorschrift blieb bis zum Weltkriege bestehen, als man zu Ersatzstoffen übergehen mußte. In den letzten Jahren vor dem Kriege hatte man sie etwas geändert, indem man die erste Schmelze nur noch aus den halben Metallmengen zusammensetzte und dann nur 9 kg Zinn zufügte. Man kann heute bezweifeln, ob mit dieser umständlichen Herstellung in so kleinen Mengen irgendwelche Vorteile erreicht wurden.

Beim Rotguß wurden etwa vom Jahre 1900 an vielfach 2 verschiedene Arten unterschieden. Die eine, zinkärmere, wurde meist für Lagerschalen usw. benutzt; die andere, zinkreichere, wählte man für verwickelte Gußstücke, Teile der Kesselausrüstung usw., da die zinkärmere Legierung nicht immer dichte Wandungen ergab. Für dichten Guß benutzte z. B. die Preußische Staatsbahn eine Zusammensetzung von 85 Cu + 9 Sn + 6 Zn.

Eine Umwälzung brachte der Krieg mit seiner Knappheit an Kupfer und Zinn. Bei der Kesselausrüstung mußte man in starkem Umfange zum Flußeisenguß bzw. Flußstahlguß übergehen; für die verschiedenen Lager führte man neue Lagermetalle auf Bleigrundlage ein. So wählten z. B. die Holländischen Bahnen eine Legierung von 80% Pb, 10% Zn, 10% Sb, die Württembergische Staatsbahn eine solche von 78% Pb, 8% Zn, 12% Sb, 2% Cu. Die Preußische Staatsbahn versuchte zunächst eine Zinklegierung von 63,3% Zn, 21,3% Sn, 12% Pb + 3,3% Cu. Der immer größer werdende Mangel an Zinn führte aber schließlich zu den eigentlichen Bleilagermetallen mit einem Bleigehalt von über 90%, denen eine ausreichende Standsicherheit durch Zusätze von Erdalkalimetallen, Kalzium, Strontium, Baryum usw. gegeben wurde. Diese Metalle waren durchaus brauchbar und wurden zum großen Teil sogar noch nach dem Kriege weiter verwendet. Das noch bei der Deutschen Reichsbahn viel verwendete bekannte „Bahnmetall" (Bn-Metall genannt) enthielt rd. 98,5% Blei und geringe Zusätze von Kalzium, Rhodium, Lithium und Aluminium, wurde aber nachmals für Lokomotiven doch wieder durch die alten Zinnlegierungen ersetzt. Lediglich bei den weniger beanspruchten Lagern der Wagen hat das Bahnmetall seinen Platz behaupten können.

II. RAHMEN UND LAUFWERK.

ZUG- UND STOSSVORRICHTUNG.

Neben den Puffern mit geschlossener Hülse (Bd. I, S. 313, Abb. 440), die hauptsächlich in Ungarn und Holland weiterverwendet wurden, kamen in Norddeutschland im Anfang der 80er Jahre die vierfüßigen Korbpuffer nach Abb. 414 auf, die auch in Österreich zur Regel-

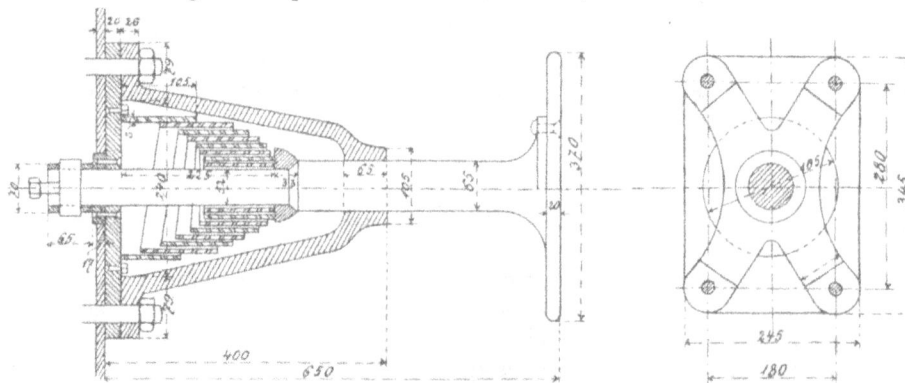

Abb. 414. Vierfüßiger Korbpuffer.

bauart wurden. Der Zughaken war meist nach Abb. 415 durch gleiche Wickelfedern mit 3500—5000 kg gegen das Fahrzeuguntergestell abgefedert. Da die Gewichte und Zugkräfte der Lokomotiven ständig stiegen, mußten die Zughaken und Zugstangen immer wieder verstärkt werden. Der Querschnitt der Zugstangen wuchs z. B. von 50 × 50 auf 70 × 70 mm. Außerdem stiegen allmählich auch die Anforderungen an die Festigkeit des Baustoffs. Die Preußische Staatsbahn z. B. schrieb eine Festigkeit von 45—52 kg/mm² vor. Auch die Zughakenfeder der Lokomotiven wurde verstärkt und schließlich verdoppelt.

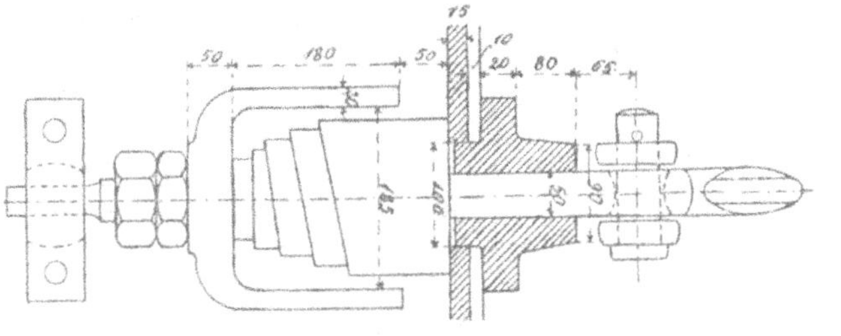

Abb. 415. Zughaken mit Wickelfeder.

Gleichzeitig war es bei der größeren Länge der Lokomotiven erwünscht, den Angriffspunkt des Zughakens mehr nach der Mitte der Lokomotive zu verlegen, um den Seitendruck der letzten Achse zu vermindern. Diese Maßnahme war schon im Jahre 1886 bei den C 1 Zahnradlokomotiven der Halberstadt—Blankenburger Eisenbahn (Abb. 398) und im Jahre 1896 bei der Ungarischen D 2 Zahnradlokomotive (Abb. 402) erprobt worden. Abb. 416 zeigt die Anordnung der Zugvorrichtung der Preußischen Staatsbahn vom Jahre 1914. Diese Zugvorrichtung wurde für eine Zugkraft von 21 t bemessen.

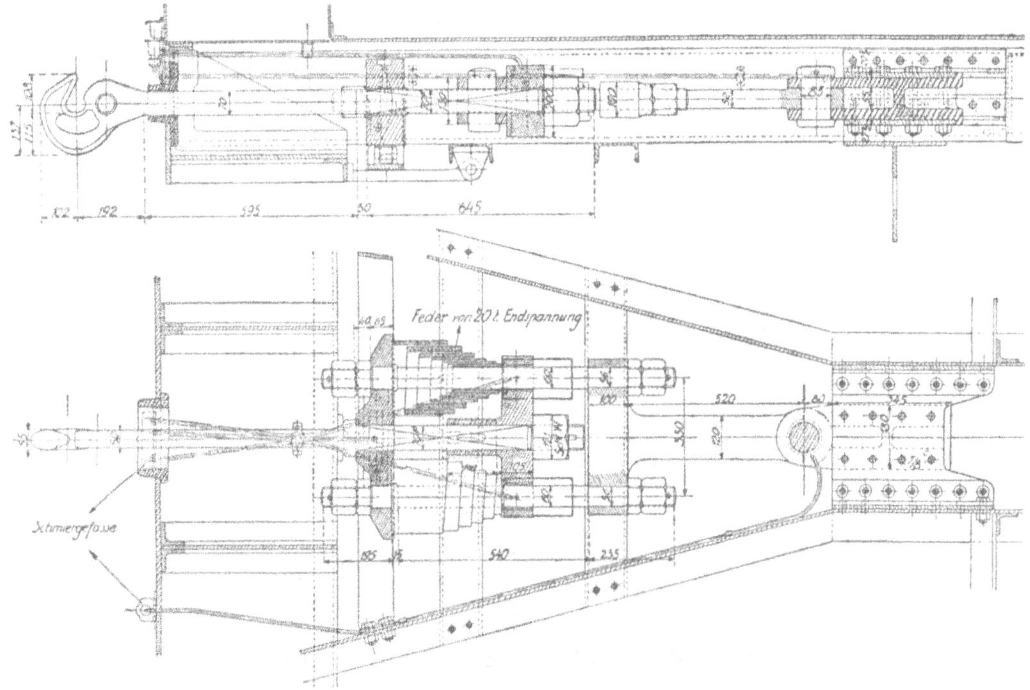

Abb. 416. Zugvorrichtung am Tender für 21 t Zugkraft.

KUPPLUNG ZWISCHEN LOKOMOTIVE UND TENDER.

Die Preußische Staatsbahn und viele andere Bahnen haben die im Bd. I, S. 343, Abb. 516 dargestellte Kupplung grundsätzlich beibehalten. Sie wurde allerdings im Laufe der Jahre ganz beträchtlich verstärkt (Abb. 417). Bei der Besprechung der preußischen Heißdampf-

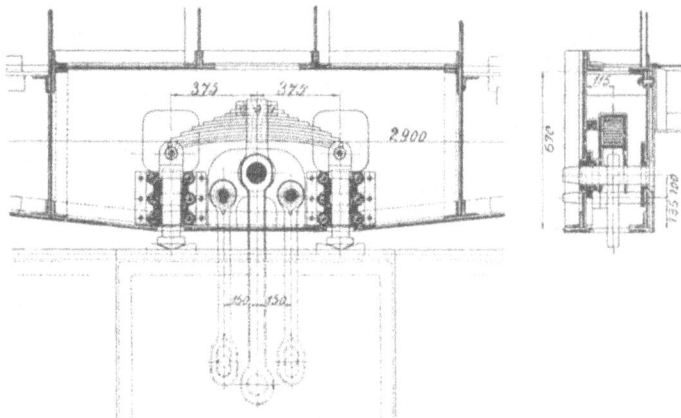

Abb. 417. Tenderkupplung, Preußische Staatsbahn 1910.

lokomotiven wurde ausgeführt, daß Garbe genötigt war, die Masse des Tenders in verstärktem Maße zur Verminderung des Zuckens seiner Zweizylinderlokomotiven heranzuziehen. Die Vorspannung der entsprechend verstärkten Stoßpufferfeder wurde zunächst auf 5000, dann auf 8000 kg hinaufgesetzt. Zum Spannen wurde später eine am Kopf des Tenderkuppelbolzens angreifende Schraubenkupplung verwendet, die der Wagenkupplung ähnelte. Eine von der Preußischen Staatsbahn versuchsweise beschaffte Kupplung mit Kardangelenk wurde bald wieder verlassen, weil sie zu teuer und zu empfindlich war.

Geringere Verbreitung hatten noch einige in ihrem Wert und in der Wirkungsweise umstrittene Tenderkupplungen, die sogenannten Dreiecks- oder Querkupplungen, die z. B. von Wolf, Groß, Klose u. a. weiter durchgebildet wurden. Die letzte Entwicklungsstufe stellt die Ausführung der Oldenburgischen Staatsbahn (Abb. 418) nach den Angaben von Ranafier vom Jahre 1915 dar. Diese Kupplungen sollten in Krümmungen eine Drehung des Tenders um den Punkt gestatten, dessen Lage unabhängig von der Krümmung sich rechnerisch aus den Achsständen der beiden Fahrzeuge ermitteln läßt.

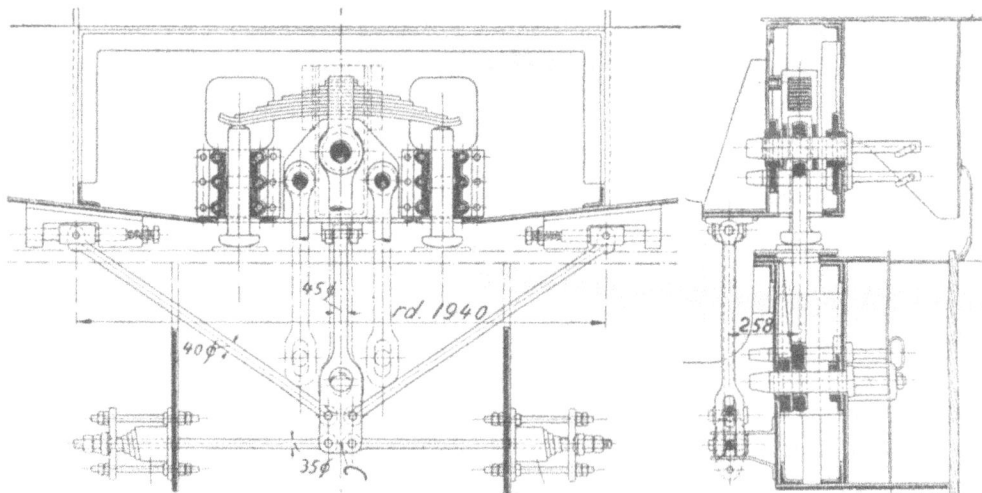

Abb. 418. Tender-Querkupplung, Oldenburgische Staatsbahn 1915.

RAHMEN.

Die alten Doppelrahmen mit Füllstücken (s. Bd. I, S. 316) sind nach dem Jahre 1880 zunächst noch vielfach in Österreich und Ungarn, vereinzelt sogar noch nach dem Jahre 1900 verwendet worden, die Regelausführung wurde aber überall im Vereinsgebiet der volle Blechrahmen mit größeren oder kleineren Ausschnitten. Er lag meist innen; der Außenrahmen wurde daneben noch einige Zeit in Österreich und Ungarn angewendet. Auf den holländischen

450

Bahnen war er aber in Verbindung mit den hier bevorzugten Innenzylindern noch bis weit nach dem Jahre 1900 üblich.

Erst bei den Lokomotiven mit 4 Zylindern mußte die Rahmenbauart grundlegend geändert werden, weil das Innentriebwerk hinter den hohen Rahmenblechen sehr schlecht zugänglich wurde. Zunächst führte A. von Borries im Jahre 1900 einen zusammengesetzten Rahmen ein, der vorn aus einem Barrenrahmenstück, hinten aber aus einem Blechrahmen bestand. Diese Rahmenbauart ist dann bei der Preußischen Staatsbahn vielfach verwendet worden.

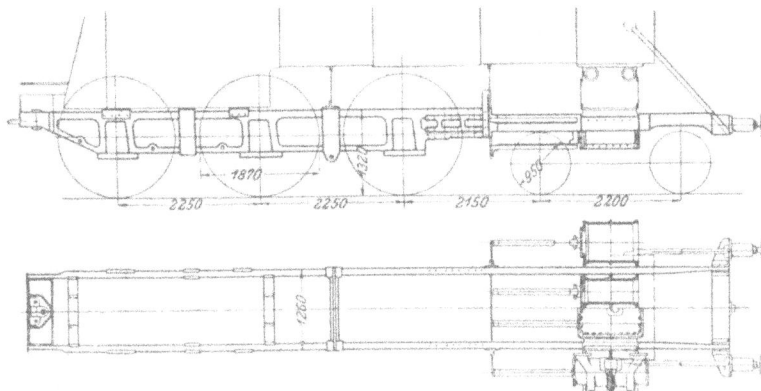

Abb. 419. Barrenrahmen, Bayerische Staatsbahn 1903.

Die Bayerische Staatsbahn führte dann im Jahre 1903 auf Grund der Erfahrungen mit den 2 amerikanischen Versuchslokomotiven der Bauart Vauclain den vollständigen, wenig versteiften Barrenrahmen nach Abb. 419 ein (vgl. S. 127). Der hintere Teil war aus einzelnen Stäben zusammengeschweißt, der vordere Teil als Einzelbarren angeschraubt. Alle Vierzylinderlokomotiven der Bayerischen Staatsbahn, also ungefähr 700 Stück, erhielten derartige Barrenrahmen, deren Durchsichtigkeit bei den Abbildungen der bayerischen Lokomotiven (z. B. Abb. 101) sofort ins Auge fällt.

Im Jahre 1905 übernahm auch die Badische Staatsbahn den Barrenrahmen, der hier aber in einem Stück aus Paketeisen geschweißt war. Die Abb. 420 zeigt den Barrenrahmen der ersten badischen 2 C 1 Lokomotive.

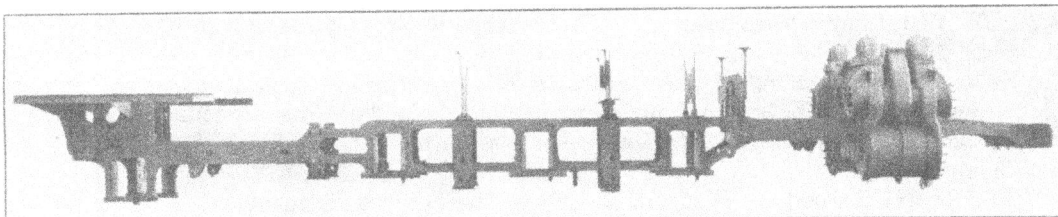

Abb. 420. Barrenrahmen, Badische Staatsbahn 1907.

Die Fortschritte in der Walzwerktechnik, an denen damals Krupp besonderen Anteil hatte, gestatteten um 1910/11, den Barrenrahmen aus vollen gewalzten Platten von 80—100 mm Stärke herzustellen. Die ersten derartigen Rahmen lieferte im Jahre 1910 die Lokomotivfabrik Schwartzkopff für Brasilien; der Werkstoff war Flußeisen von kz = 37—44 kg/mm² und D = 20%. Solche Barrenrahmen verwendete auch die Preußische Staatsbahn im Jahre 1917 an den neuen G 12 Lokomotiven (Abb. 44 und Tafel 5). Die Deutsche Reichsbahn übernahm den Barrenrahmen an fast allen ihren neuentwickelten Lokomotiven. Diese Rahmen unterschieden sich aber von den süddeutschen Ausführungen durch kräftige Querversteifungen, insbesondere durch eine große durchgehende waagerechte Platte in der Höhe des Obergurtes.

ACHSEN.

Bis zum Jahre 1890 waren im Vereinsgebiet, abgesehen von Holland, Lokomotiven mit Innenzylindern selten. Bei den kleinen Zylindern und geringen Dampfdrücken konnten die Kropfachsen nach englischen Vorbildern ohne besondere Schwierigkeiten noch recht kräftig ausgebildet werden.

Erst als um die Mitte der 90er Jahre die Vierzylinderlokomotiven zahlreicher wurden, mußte der Kropfachse besondere Aufmerksamkeit geschenkt werden. Wegen der großen, meist innenliegenden Niederdruckzylinder wurde die Entfernung der Mittellinien der inneren Kurbellager so groß, daß der für die äußeren Kurbelwangen verfügbare Platz immer knapper wurde. Um Raum zu gewinnen, war man später sogar genötigt, die Radnaben der Kropfachse nach außen zu sprengen (vgl. Preuß S 10[1]).

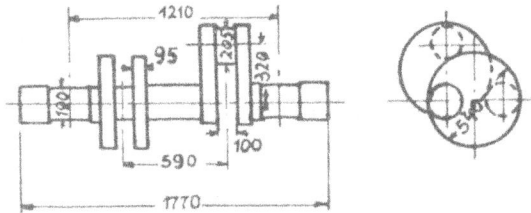

Abb. 421. Kropfachse der badischen 2 C n 4 v Schnellzuglokomotive, Gattung IV e.

Die ersten vierzylindrigen Lokomotiven im Vereinsgebiet waren die 2 C Lokomotiven der Badischen Staatsbahn, Gattung IV e vom Jahre 1894, die einen Zweiachsantrieb besaßen (Abb. 149). Ihre Kropfachsen (Abb. 421) bewährten sich vorzüglich, sie erzielten Laufwege von mehr als 1 000 000 km. Als die Zahl der vierzylindrigen Lokomotiven weiter stieg und besonders vom Jahre 1900 an der Einachsantrieb eingeführt wurde, traten aber doch neben manchen vorzüglichen Ergebnissen auch mehrfach schon nach kurzen Laufwegen von weit unter 100 000 km Anbrüche an den Kropfachsen auf, so daß die Frage der Kropfachswellen den Fachleuten ernste Sorgen bereitete (s. Organ 1912, S. 100).

Zweifellos ist die Beanspruchung der Kropfachse beim Einachsenantrieb unter sonst gleichen Verhältnissen größer als beim Zweiachsantrieb. Trotzdem ist der Einachsantrieb an mehr Lokomotiven angewandt worden als der Zweiachsantrieb; verschiedene Verwaltungen haben sogar beide Antriebsarten benutzt. So hatte z. B. die Badische Staatsbahn im Jahre 1894 bei ihren 2 C n 4 v Lokomotiven der Gattung IV e mit dem Zweiachsantrieb begonnen, hatte 1902 bei ihren 2 B 1 n 4 v Lokomotiven der Gattung II d und 1907 bei ihren 2 C 1 n 4 v Lokomotiven der Gattung IV f den Einachsantrieb gewählt und war endlich 1919 bei ihren 2 C 1 h 4 v Lokomotiven der Gattung IV h wieder zum Zweiachsantrieb zurückgekehrt (Begründung s. S. 183), während andere Verwaltungen beim Einachsantrieb blieben wie z. B. die Bayerische Staatsbahn. Baulich und betrieblich hat der Einachsantrieb vieles für sich: die in einer Querflucht liegenden Zylinder machen eine besondere Querversteifung der Rahmen entbehrlich. Die Kuppelstangen werden weniger beansprucht und der Verlauf der Massenkräfte ist eindeutiger.

Für die Haltbarkeit der Kropfachse ist aber weiter ihre Form von entscheidender Bedeutung. In der ersten Zeit kannte man nur die Kropfachse mit geradem achsialen Mittelstück, also die Doppelwangenachse. Weil ein Durchschmieden der Wangen hierbei nicht möglich war, war der Baustoff in einer und derselben Achse oft von sehr verschiedener Festigkeit. Beispielsweise hatte die Württembergische Staatsbahn feststellen können, daß eine gebrochene Achse im Schaft eine Festigkeit von 60 kg/mm², in der Hohlkehle aber, die dem Kerne des Schmiedestückes näher lag, eine Festigkeit von nur 50 kg/mm² hatte. Es war ein großer Fortschritt, als man die inneren Wangen und das gerade Mittelstück durch einen Schrägarm ersetzte. Man konnte damit die ganze einteilige Achswelle besser durchschmieden, verwickelte Querschnittsübergänge vermeiden. Wohl zum erstenmal sind Kropfachsen mit Schrägarm an den 2 C Lokomotiven C V (Abb. 95) der Bayerischen Staatsbahn im Jahre 1896 ausgeführt worden (Abb. 422). Diese Kropfachsen bewährten sich so ausgezeichnet, daß die Bayerische Staatsbahn von da ab nur noch derartige Achsen verwendete; im Jahre 1932 liefen in Bayern noch die ersten S $^3/_6$ Lokomotiven von 1908 (Abb. 101) mit ihren alten Achsen. Die Badische Staatsbahn folgte im Jahre 1903 diesem Beispiel und hat von da an nur noch solche Achsen beschafft. Von großer Bedeutung war auch der Frémont-Ausschnitt (Abb. 423), eine nierenförmige Aussparung in den kreisförmigen Kurbelwangen, die den vom Kurbelzapfen nach der Radnabe fließenden Kraftstrom im Kurbelblatt gabelt und Biegung enger Hohlkehlen vermeidet. Kropfachsen alter Bauart, die Risse in der Zone hatten, in der man bei neuen

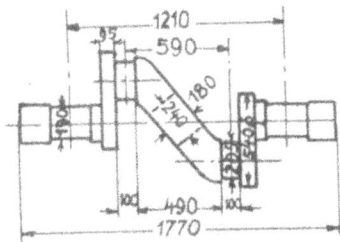

Abb. 422. Kropfachse mit Schrägarm.

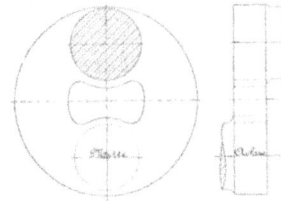

Abb. 423. Fremont-Ausschnitt im Kurbelblatt.

Achsen den Frémont-Ausschnitt anbringt, konnten noch lange Zeit anstandslos im Betrieb belassen werden, nachdem man durch nachträgliches Einarbeiten eines Frémont-Ausschnittes den Riß entfernt hatte.

Wichtig ist auch, daß alle Querschnittsübergänge so schlank als möglich ausgeführt werden. Man hatte ursprünglich Hohlkehlen mit Halbmessern von 10—25 mm; dann ging man über zu 25—30 mm und gab außerdem der Ausrundung nicht mehr die früher übliche Viertelkreisform.

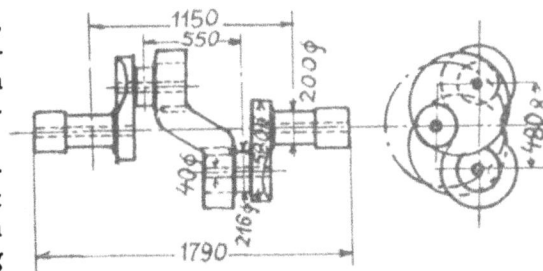

Abb. 424. Dreiteilige Kropfachse, Bauart Witkowitz.

Den gleichen Zweck suchte die vom Eisenwerk Witkowitz stammende, bei der Österreichischen Staatsbahn seit dem Jahre 1910 viel verwendete dreiteilige Kropfachse zu erreichen (Abb. 424), bei der man nicht so hohe Anforderungen an den Werkstoff zu stellen brauchte.

Bei den wesentlich günstigeren Verhältnissen der Dreizylinderlokomotiven bereitete der Entwurf der Kropfachsen keine Schwierigkeiten. Abgesehen von einigen älteren Ausführungen sind hier nur Schrägarme verwendet worden (Abb. 425).

Einen wesentlichen Anteil an der Verbesserung der Lebensdauer der Kropfachsen hatte auch der Baustoff. Anfänglich verwendete man unlegierten Tiegelflußstahl mit einem kz von mindestens 50 oder 60 kg/mm², an dem z. B. die Württembergische Staatsbahn bis zum Jahre 1910 festgehalten hat. In immer größerem Umfange kam aber vom Jahre 1900 an Nickelflußstahl mit einem Nickelgehalt von 3—6% auf. Die Bestimmungen schrieben meist einen Nickelgehalt von 3%, ein kz = 60 kg/mm², D = 18%, C = 45%, kz + C mindestens 110 vor; die Hersteller gewährleisteten anfänglich einen Lauf-

Abb. 425. Kropfachse einer Dreizylinderlokomotive.

weg der Nickelstahlachsen von 100 000 km, konnten aber bald schon vielfach die Gewähr-
leistung auf 400 000 km erhöhen. Die Sächsische Staatsbahn verwendete schließlich Kruppschen Chromnickelstahl. Man hatte allerdings bei reinem Nickelstahl mehrfach die Beobach-
tung gemacht, daß sie die Lagerflächen stärker abnutzten als bei Achsen aus Tiegelflußstahl.

RÄDER UND RADREIFEN.

Seitdem die Radkörper nicht mehr durch Aneinanderschweißen von einzelnen Speichen-
segmenten hergestellt (vgl. Bd. I, S. 320), sondern gegossen wurden, war der alte rechteckige
Querschnitt der Speichen dem elliptischen gewichen. Auch die Gegengewichte wurden jetzt
mit dem Speichenrad aus einem Stück gegossen. Große Gegengewichte (für Güterzuglokomotiven) waren häufig hohl und wurden mit Blei ausgegossen. Jetzt konnten auch die Speichen beim Übergang auf die Nabe durch sogenannte „Schwimm-
häute" verstärkt werden. Bemerkens-wert ist, daß die Speichen der Lokomotivräder fast durchweg senkrecht zur Lauf-kreisebene stehen zur Aufnahme der seitlichen Führungsdrücke. Es wurde schon erwähnt, daß bei großen Vierzylinderlokomotiven die Radkörper der Kropf-achsen häufig nach außen durchgesprengt
werden mußten, damit die Achslager und Kurbellager genügenden Platz fanden.
Diese Maßnahme war natürlich nicht be-sonders empfehlenswert und wurde auch
möglichst vermieden, weil die Radkörper dann zum Durchfedern neigten und gegen

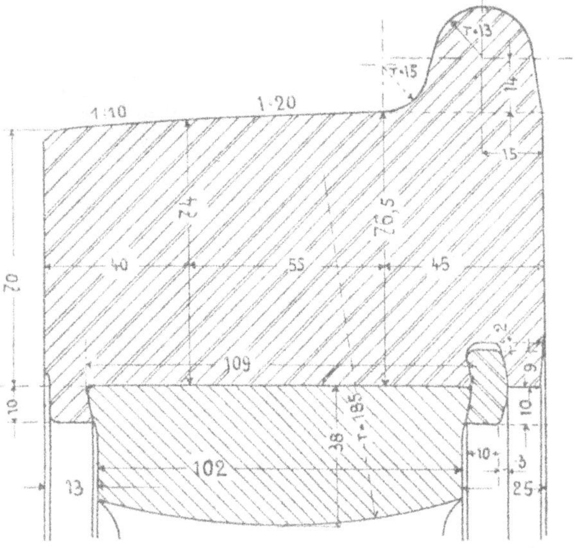

Abb. 426. Radreifenbefestigung, Preußische Staatsbahn.

Veränderungen in der Stärke des Rad-
reifens empfindlich waren. Solche Radkörper verwarfen sich nämlich nach dem Abdrehen der
Lauffläche. Die Radreifen wurden bald überall mit Sprengringen befestigt (Bd. I, S. 322,
Abb. 460), deren Form Abb. 426 zeigt. Eine Ausnahme bildete u. a. ein Sprengring mit
nierenförmigem Querschnitt, den Bork angegeben hatte.

ACHSLAGER.

Die Grundbauart der Achslager (s. Bd. I, S. 324, Abb. 468) blieb bis nach 1900 fast gänzlich
und bis 1920 noch im großen Ganzen unverändert. Mit den Heißdampflokomotiven entstand
jedoch bei den größeren Kolbenkräften dieser Lokomotiven das Bedürfnis nach einer Lager-
bauart, die eine größere Lagerfläche bot als die bisherigen Bauarten, also einen Umfassungs-
winkel von mehr als 180°. Zu diesem Zwecke benutzte man sehr häufig für die Treibachsen
die dreiteilige Ausführung der Achslager nach dem Vorschlage von Obergethmann, Abb. 427.
Hier umfaßten die obere und die 2 seitlichen Lagerschalen rd. ³/₄ des Lagerumfanges. Die seitlichen Lagerschalen wurden durch Paßbleche nachgestellt.
Über den zweckmäßigsten Werkstoff der Lagerschalen waren die Meinungen wenig einheitlich, selbst innerhalb derselben Verwaltung gab es widersprechende Ansichten. Insbesondere
gingen die Ansichten über die zweckmäßigste Form der Weißmetallausgüsse dauernd hin und
her. Während des Krieges wurden die zinnhaltigen Metalle (Rotguß, Weißmetall) durch Spar-
metalle auf Bleigrundlage verdrängt, nach dem Kriege aber zum größten Teil wieder eingeführt.

454

Die Achslager besaßen fast allgemein an den Seiten besondere Rotgußgleitschuhe. Im Weltkriege suchte man auch an diesen Gleitplatten Rotguß einzusparen. So wurde z. B. in Deutschland die 1 E Einheitsgüterzuglokomotive der Gattung G 12 mit nach französischem Vorbild gehärteten und geschliffenen Achslagern und Rahmengleitplatten ausgerüstet. Ähnliche Lager, allerdings ohne Stellkeile, hatte die Oldenburgische Staatsbahn schon in den 80er und 90er Jahren verwendet. Die Achslagerführungen, die bei Blechrahmen meist als Stahlgußstücke an die Rahmenbleche angenietet oder angeschraubt waren, wurden möglichst bügelartig hergestellt; dadurch entstand um den Rahmenausschnitt herum eine kräftige Versteifung, die Anrissen oder Rahmenverbiegungen entgegenwirkte.

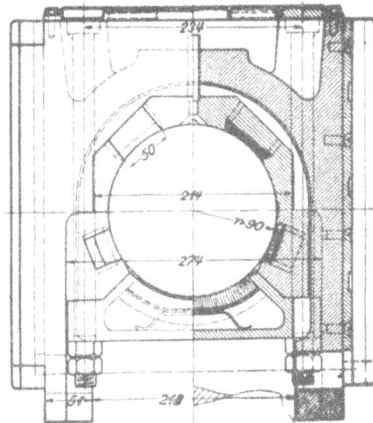

Abb. 427. Treibachslager, Bauart Obergethmann.

ABFEDERUNG.

Für die Tragfedern sind viele Jahre hindurch mit wenigen Ausnahmen fast nur Blattfedern mit einem Blattquerschnitt von 90×13 mm verwendet worden. Erst während des Krieges (1917) kam in Deutschland ein neuer Querschnitt von 120×13 und dann von 120×16 mm auf. Bald danach entwickelte auch die Firma Krupp ihren auf S. 447 erwähnten Kruppschen Sonderstahl für Tragfedern.

Diese neuen Blattquerschnitte ermöglichten eine geringere Bauhöhe der Federn, so daß die Tragfedern schließlich auch bei niedrigen Rädern unter dem Achslager untergebracht werden konnten. Die Länge der Tragfedern betrug ursprünglich vielfach etwa 900 mm, die Preußische Staatsbahn ging aber schon im Jahre 1900 zu Längen von 1200 mm über, um besonders bei ihren dreiachsigen Personenwagen einen weicheren Lauf zu erzielen.

Als die überhängenden Feuerbüchsen nach und nach verschwanden, traten namentlich bei den D, aber auch bei den C und E Lokomotiven (mit und ohne Tender) Schwierigkeiten in der Unterbringung der Tragfedern der letzten Achse ein. Unter dem Achslager dieser Achse war bei den immer höher werdenden Achsdrücken oft nicht mehr die nötige Bauhöhe für eine Tragfeder vorhanden, oben aber war der Stehkessel im Wege. Man mußte daher die Tragfeder vor oder meist hinter den Achslagern anbringen. So entstanden die verschiedenen, aus der Besprechung der Lokomotiven bekannten Lösungen (vgl. die Abb. 110, 174). Aber auch aus anderen Gründen mußte man gelegentlich die Tragfedern von dem zugehörigen Achslager fortverlegen (vgl. z. B. Abb. 44, 144).

Bei fünfachsigen Lokomotiven wurde früher bisweilen die mittlere Achse nicht in den Lastausgleich einbezogen, weil man wohl durch Nachspannen der Tragfedern dieser Achse die Belastungen auch der anderen Achsen in bescheidenen Grenzen regeln konnte. Wegen des zweifelhaften Wertes dieser Maßnahme hat man aber später meist alle Achsen in den Lastausgleich durch Ausgleichhebel einbezogen.

DREH- UND LENKGESTELLE.

Zu Beginn der 80er Jahre war bei zahlreichen Bahnen der feste Achsstand der Lokomotivfahrgestelle so groß geworden, daß besondere Maßnahmen zur Sicherung eines guten Bogenlaufs getroffen werden mußten. Man half sich zunächst meist mit seitlich verschiebbaren Laufachsen und erzielte die Rückstellkräfte mit Keilflächen. Solche Achsen waren in den 80er Jahren weit verbreitet und wurden sogar noch im Jahre 1895 von Holländischen Bahnen bei 1 B

Lokomotiven verwendet (Abb. 373). Es gab auch an Lokomotiven freie Lenkachsen; diese waren allerdings selten. Wir finden sie an einigen Lokomotiven der Pfälzischen Eisenbahn, der Kaiser Ferdinands-Nordbahn und der Reichseisenbahnen in Elsaß-Lothringen (s. Abb. 137).

Seit dem Beginn der 90er Jahre bevorzugte man jedoch Achsen, die sich nach der Krümmung einstellten. Das waren die sogenannten Adamsachsen (s. Bd. I, S. 338, Abb. 505) und die Deichsel- oder Bisselachsen. Die Adamsachsen waren als führende Achsen besonders in Österreich und in Süddeutschland beliebt, in Süddeutschland allerdings wurden sie bald mehr und mehr durch das Krauß-Helmholtz-Drehgestell ersetzt. In Norddeutschland bevorzugte man das Bisselgestell und später das Krauß-Helmholtz-Drehgestell und verwendete die Adamsachsen gern als Schleppachsen an 2 B 1 u. a. Lokomotiven. Abb. 428 zeigt eine neuere Ausführung des Bisselgestells; man sieht, daß in die Gehänge der Blattfedern noch besondere Wickelfedern eingeschaltet waren. Der große Längsausgleichhebel ruhte auf Schneiden.

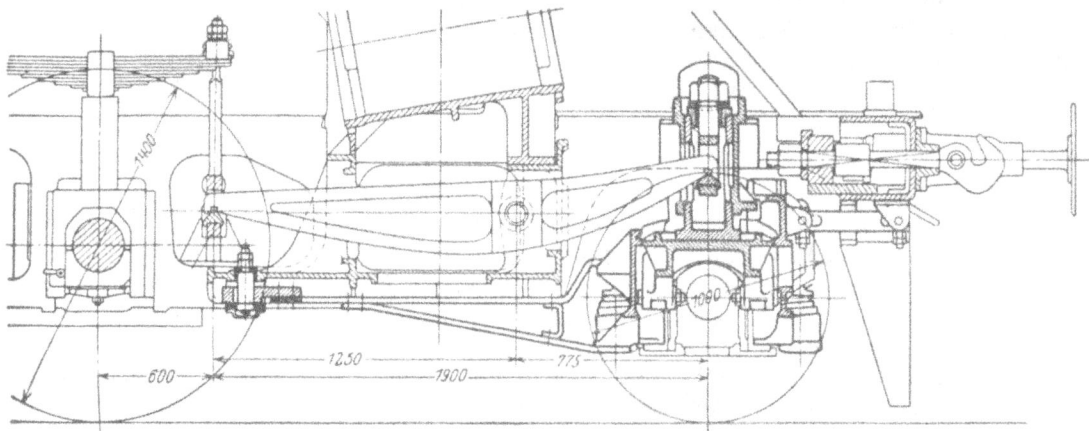

Abb. 428. Bisselgestell, Preußische Staatsbahn 1917.

Daneben gab es in den 80er Jahren noch in geringem Umfang zweiachsige Deichselgestelle, mit denen z. B. die Lokomotiven der Abb. 7 ausgerüstet waren.

Über die Wahl der zweckmäßigsten Achsbauart wurden bei den einzelnen Bahnverwaltungen heftige Kämpfe unter den Fachleuten ausgefochten, die sich von der 1 C über die 1 D bis zur 1 E Lokomotive hinzogen. Sieger blieben mit Recht das Krauß-Helmholtz-Drehgestell und die Bisselachse; die Adamsachse hat jedoch als Schleppachse bei Schnellzuglokomotiven und bei Maschinen geringerer Geschwindigkeit auch vorn ein Anwendungsfeld behalten.

Schwieriger wurde die Lage, als die Zahl der gekuppelten Achsen zunahm und auch für solche langen Lokomotiven Maßnahmen für einen guten Bogenlauf getroffen werden mußten. Schon in den 40er Jahren des vorigen Jahrhunderts war man auf den Gedanken gekommen, eine C oder D Lokomotive durch seitliche Verschiebbarkeit einer Kuppelachse bogenläufiger zu machen; die Versuche führten aber nicht zur Einführung. Im Vereinsgebiet war wohl die Österreichische Südbahn die erste Eisenbahn, die dieses Verfahren wieder aufgriff und es in den 60er Jahren an ihren D Lokomotiven anwendete. Überall hatte man der ersten oder letzten Kuppelachse seitliches Spiel gegeben, da man ja als Hauptziel einen kürzeren festen Achsstand erreichen wollte. Allerdings hatte man feststellen müssen, daß solche Lokomotiven mit seitlich verschiebbaren Endachsen (Kuppelachsen) gelegentlich beim Einlauf in Krümmungen und noch mehr beim Auslauf aus ihnen entgleisten, ohne daß man eine Erklärung für dieses Verhalten finden konnte. Erst die bekannten und gründlichen theoretischen Untersuchungen R. v. Helmholtz' (1888) brachten Licht in dieses Gebiet. Helmholtz wies nach, daß es richtiger ist, z. B. bei D Lokomotiven nicht der führenden Achse, sondern der der ersten festen Achse folgenden Achse das Seitenspiel zu geben. Alsbald wurde auch die Neigung der Lokomotiven mit seitlich verschiebbarer erster Kuppelachse zu Entgleisungen geringer.

456

Die von Helmholtz ausgesprochenen Gedanken wurden dann gegen Ende der 90er Jahre von Gölsdorf in die Tat umgesetzt. Gölsdorf bewies im Jahre 1900 an seinen E Lokomotiven der Österreichischen Staatsbahn (Reihe 180), daß die Helmholtzsche Theorie richtig war. Er verkörperte den Gedanken mit verblüffend einfachen baulichen Mitteln: Die Kuppelzapfen wurden um das doppelte Maß des Seitenspiels und die Kuppelstangen wurden gegen seitliches Ausknicken versteift. Nur bei beschränkten Raumverhältnissen mußte man die Kuppelzapfen kugelig oder die Lager zylindrisch ausbilden, damit die Stangen um einen kleinen Winkel seitlich ausschwenken konnten. Beides ergab einen kleinen Längenfehler im Stichmaß und Querkräfte auf die benachbarten Achsen.

Bei der Besprechung der Lokomotivbauarten ist bereits erwähnt worden, daß die führenden Drehgestelle an den Lokomotiven viele Jahre hindurch sehr kurze Achsstände hatten und noch bis weit in die 90er Jahre hinein ohne seitliche Verschiebbarkeit im Zapfendrehpunkt gebaut wurden. Das war bei dem zunächst noch kleinen Gesamtachsstand des Fahrgestells kein fühlbarer Mangel. Die Österreichischen Bahnen hatten sich auf ihren krümmungsreichen Strecken dadurch geholfen, daß sie den Drehgestellachsen in den Achslagern ein geringes seitliches Spiel gaben. Diese Maßnahme reichte aber anderwärts bald nicht mehr aus, so daß man dort zu Drehgestellen mit seitlicher Verschiebbarkeit übergehen mußte.

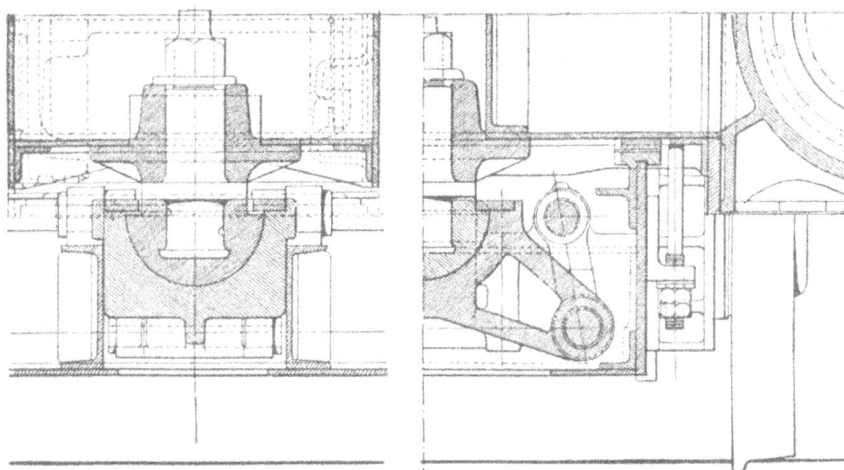

Abb. 429. Erfurter Drehgestell.

Als die Drehgestelle mit längerem Achsstande aufkamen, wurde der Lastanteil des Drehgestells in einer Kugelpfanne aufgenommen; diese Art der Abstützung war z. B. in Österreich und Ungarn sehr beliebt. Die Kugelpfannen waren anfangs fest, wurden aber später seitlich verschiebbar gemacht und nach der Auslenkung durch Federn (meist Wickelfedern) in die Mittelstellung zurückgeführt.

Daneben verwendete man bei verschiedenen Bahnen Drehgestelle mit einer Wiege, die nach amerikanischen Vorbildern entwickelt war. Solche Drehgestelle waren zu Beginn der 90er Jahre in Norddeutschland und in Sachsen unter dem Namen des Erfurter Drehgestells bekannt (vgl. Abb. 429).

Bei verschiedenen Bahnen außerhalb Deutschlands hatte sich gezeigt, daß das Drehgestell durch weiche Tragfedern so nachgiebig wurde, daß die Lastabstützung in einer Kugelpfanne entbehrt werden konnte; man ging daher zu ebenen Stützflächen über. In der weiteren Entwicklung dieser Abstützung kam man dann auf den Gedanken, die Last möglichst unmittelbar durch seitliche Stützpfannen auf den Rahmen zu übertragen. Ein solches Drehgestell ist in Abb. 430 dargestellt. Es wurde bei der Bayerischen Staatsbahn noch nach dem Jahre 1920 allgemein verwendet. Bei ihm diente der Mittelzapfen nur noch zur Führung des Drehgestells und zur Erzielung der Rückstellkraft.

457

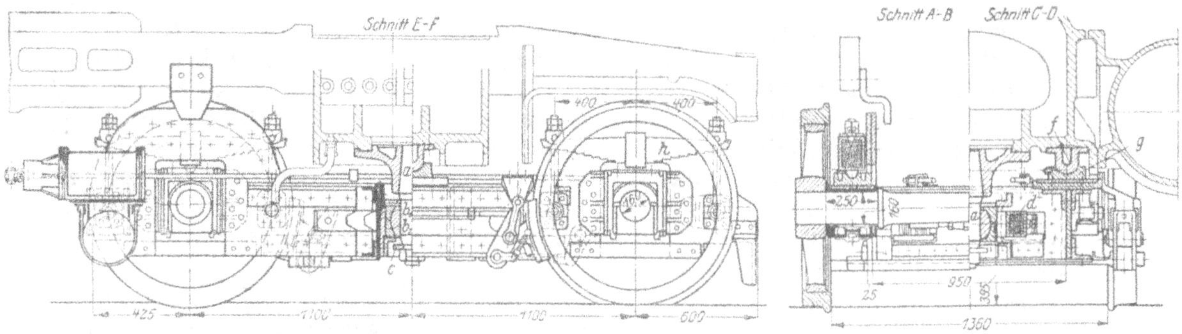

Abb. 430. Drehgestell, Bayerische Staatsbahn.

Die Abfederung hat allerdings im Laufe der Jahre einige Wandlungen durchgemacht. Die ersten Drehgestelle hatten teils gemeinsame Längstragfedern für die Achsen, teils Einzeltragfedern über jeder Achse, die bei ebenen Stützflächen durch Winkelausgleichhebel miteinander verbunden waren. Die Einzeltragfedern machten im Laufe der Jahre mehr und mehr den Längstragfedern Platz, besonders nachdem A. v. Borries sein „Hannoversches Drehgestell" entwickelt hatte. Bei diesem Drehgestell wird der Lastanteil des Drehgestells von 2 ebenen Stützpfannen aufgenommen und von diesen unmittelbar auf Längstragfedern übertragen, die zwischen den Wangen der Schwanenhalsträger aufgehängt sind. Die Drehgestellrahmen sind also von senkrechten Kräften, die vom Lastanteil herrühren, vollständig entlastet. Das Hannoversche Drehgestell hat sich hervorragend bewährt; besonders in Deutschland erfreut es sich großer Beliebtheit. Auch die Deutsche Reichsbahn hat das Hannoversche Drehgestell von der Preußischen Staatsbahn übernommen und in den letzten Jahren durch den Einbau

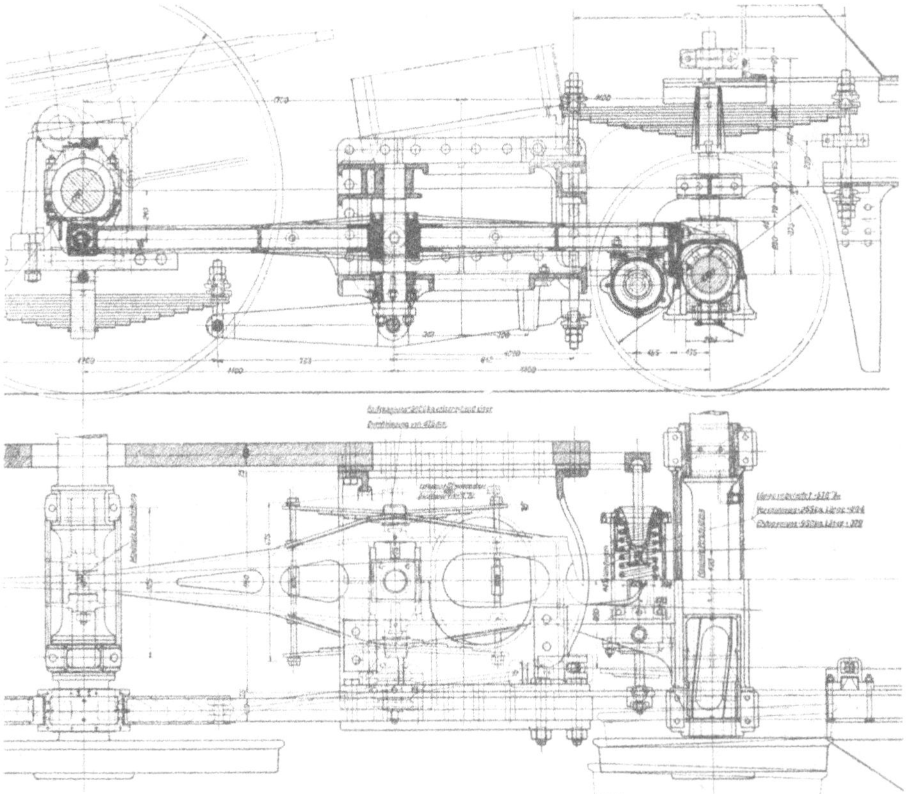

Abb. 431. Krauß-Helmholtz-Drehgestell neuerer Ausführung.

458

von zusätzlichen Wickelfedern zwischen Längstragfeder und Schwanenhalsträger weiter verbessert.

Als R. von Helmholtz in den 80er Jahren seine bekannten theoretischen Untersuchungen anstellte, war er auf den Gedanken gekommen, bei Lokomotiven mit nur einer führenden Laufachse ebenfalls die Vorteile eines Drehgestells dadurch zu gewinnen, daß er diese Laufachse mit der nachfolgenden Kuppelachse zu einem Drehgestell verband. Dieses neue Drehgestell, nach ihm und der ausführenden Fabrik Krauß-Helmhotz-Drehgestell genannt, wurde zum ersten Male im Jahre 1888 an den C 1 Tenderlokomotiven der Bayerischen Staatsbahn ausgeführt (Abb. 115). Da sich das Krauß-Helmholtz-Drehgestell vorzüglich bewährte, wurde es bald allgemein beliebt und war ein willkommener Ersatz des führenden zweiachsigen Drehgestells, wo man bei Schnellzuglokomotiven zahlreiche Kuppelachsen benötigte. Bemängelt wurde im Anfang, daß die Spurkränze der Laufachse zum Scharflaufen neigten. Diesem Mangel konnte aber dadurch abgeholfen werden, daß die Deichsel des Drehgestells am Drehzapfen seitliches Spiel erhielt und in die Mittellage durch eine Rückstellblattfeder zurückgeführt wurde. Außerdem wurde die Laufachse noch mit einer Wickelfeder zur Rückstellvorrichtung versehen, die sich beim Lauf im geraden Gleis auswirkte. Ein Krauß-Helmholtz-Drehgestell neuester Bauart ist in der Abb. 431 dargestellt.

III. DER KESSEL.

LANGKESSEL.

Der Langkessel wurde fast stets aus mehreren Schüssen zusammengesetzt, deren Zahl von früher 3 Stück mit den Fortschritten der Walzwerktechnik selbst bei großen Kessellängen auf 2 zurückging. Daneben aber lebte gelegentlich der im Bd. I, S. 345 erwähnte Zusammenbau aus 2 Längsblechen wieder auf (z. B. bei den 1 E 1 Tenderlokomotiven der Preußischen Staatsbahn, Abb. 91). Vom Jahre 1906 an wurden auch mehrfach, namentlich bei der Preußischen Staatsbahn, nahtlose Ehrhardtsche Schüsse verwendet. Nutzte man aber den ihnen nachgerühmten Vorteil der zulässigen dünneren Wandstärke aus, so entstanden häufig beim späteren Einbau von Flicken Schwierigkeiten. Auch das saubere Ineinanderpassen der einzelnen Schüsse verursachte viel Arbeit, so daß sie sich aus diesen Gründen und wegen des höheren Preises nicht recht durchsetzen konnten.

Der in der Urform schon von Stephenson dargestellte Lokomotivkessel ist bei Drücken bis 20 atü in seiner Einfachheit und Zweckmäßigkeit kaum zu übertreffen. So ist es auch zu erklären, daß man nur ganz selten versucht hat, ihn durch eine andere Bauart zu ersetzen. Auf der Ausstellung in Malmö im Jahre 1914 war eine G 8[1] Lokomotive der Preußischen Staatsbahn zu sehen, bei welcher der Heizröhrenkessel durch den Wasserröhrenkessel Bauart Stroomann ersetzt war.

Der Stroomann-Kessel teilte das Schicksal der vereinzelt auch im Auslande erprobten Wasserröhrenkessel; er bewährte sich nicht. Leckende Rohre konnten schwer aufgefunden und nicht ohne große Kosten gedichtet werden. Auch die Reinigung der Rohre auf der Innenseite war umständlich und auf der Außenseite unbequem, weil die entstehenden Rußwolken die Bediensteten sehr belästigten. Unterblieb die Reinigung aber, so ließ die Dampferzeugung schnell nach. Die meisten Kessel wurden daher bald wieder ausgebaut, allerdings laufen heute noch 2 Stroomann-Kessel bei der Ruhr—Lippe Kleinbahn.

STEHKESSEL.

Von den verschiedenen Bauarten des Stehkessels haben sich nach 1880 vor allem Stehkessel mit halbrunder Stehkesseldecke nach Crampton (s. Bd. I, S. 355, Abb. 538) und, wenn auch im Vereinsgebiet in geringerem Umfange, die Belpaire-Bauart (Bd. I, Abb. 540) durchgesetzt, beide mit Deckenstehbolzen. Der Belpaire-Stehkessel wurde im Jahre 1917 nach Vorschlag von Lübken im Querschnitt etwas abgeändert, um die Reinigung zu erleichtern.

Mit der Vergrößerung der Seitenflächen des Stehkessels stellte sich eine unangenehme Erscheinung ein. Durch die große Wärmedehnung der Seitenwände wurden die Stehbolzen besonders in den oberen Reihen nach den Ecken hin stark auf Biegung beansprucht, so daß die Stehbolzenbrüche immer mehr zunahmen. Man suchte den Mängeln dadurch zu begegnen, daß man verschiedentlich die gefährdeten Stehbolzen aus Manganbronze herstellte. Zur Verlängerung der Lebensdauer der Stehbolzen trug auch eine kleinere Feldteilung bei, die anfänglich etwa 105—110 mm, dann aber ziemlich allgemein etwa 95 mm betrug. Diese kleinere Feldteilung erlaubte naturgemäß eine Verringerung des Durchmessers der Stehbolzen.

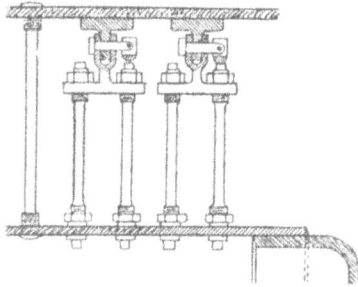

Abb. 432. Bewegliche Aufhängung der Deckenstehbolzen.

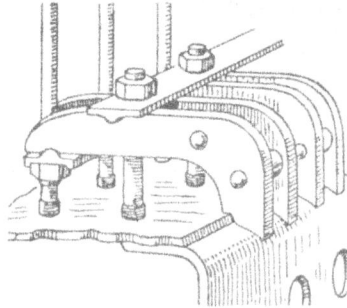

Abb. 433. Bügelanker.

Die Oberkante besonders der Feuerbüchsrohrwand wanderte durch das Aufwalzen der Rohrlöcher nach oben. Dadurch wurde die Feuerbüchsdecke um die Ebene der vordersten Deckenstehbolzenreihe nach oben durchgebogen, so daß hier oft Risse entstanden. Man machte daher die vorderen Deckenankerreihen in senkrechter Richtung nachgiebig, häufig nach Abb. 432. Meist wurden aber Bügelanker nach Abb. 433 verwendet, in Holland schon im Jahre 1881, bei der Badischen Staatsbahn ebenfalls schon im Anfang der 80er Jahre. Bei der Preußischen Staatsbahn wurden sie erst im Jahre 1900 allgemein eingeführt. Die Bügel trugen häufig sogar 2 Deckenanker. Sie bestanden bisweilen aus Stahlformguß, die Württembergische Staatsbahn hatte sie im Jahre 1892 sogar aus Rotguß gefertigt, später bevorzugte man jedoch die Herstellung aus Preß- oder Flacheisenstücken.

ERSATZ DES KUPFERS DURCH EISEN.

Mehr Erfolg als beim Langkessel hatten wenigstens zum Teil die Bestrebungen, den üblichen Stehkessel und die Feuerbüchse durch eine andere Bauform oder einen anderen Baustoff zu ersetzen. Besondere Bedeutung erhielten diese Bestrebungen dadurch, daß in Europa die Feuerbüchsen nach englischem Vorgang allgemein aus Kupfer hergestellt waren, während man in Nordamerika überhaupt keine kupfernen Feuerbüchsen verwendete. Tatsächlich haben die Bestrebungen, das teure Kupfer zu ersetzen, nach der Einführung des Flußeisens vom Jahre 1890 an kaum jemals völlig geruht. Es lag natürlich nahe, die flußeiserne amerikanische Feuerbüchse genau nachzubauen; allerdings getraute man sich zunächst noch nicht, die außerordentlich gering erscheinenden amerikanischen Wandstärken der Rohrwände (16 mm) und der übrigen Wände (9,5 mm) zu übernehmen. Von der nicht unbedeutenden Zahl flußeiserner

460

Versuchsfeuerbüchsen sagten im Jahre 1912 die Berichte deutscher, österreichischer, ungarischer und holländischer Bahnen übereinstimmend, daß „die Versuche mit flußeisernen Feuerbüchsen wegen der schlechten Ergebnisse aufgegeben worden sind". Nur die Österreichische Staatsbahn behielt auf dalmatinischen Strecken flußeiserne Feuerbüchsen bei, weil die dort verwendete stark schwefelhaltige Kohle die kupfernen Feuerbüchsen zu stark abzehrte. Neben Flußeisen hatte von Borries schon im Jahre 1891 Nickelstahl versucht; außerdem hatte die Eisenbahndirektion Posen im Jahre 1907 eine Nickelkupferlegierung erprobt. Man klagte hauptsächlich über Undichtigkeiten in den Nähten und Rohreinwalzstellen, über Einrisse an Niet- und Stehbolzenlöchern und über starke Anfressungen an der Wasserseite. Namentlich gegen kalte Luft waren die flußeisernen Feuerbüchsen sehr empfindlich; die Mängel wurden zweifellos noch durch die Betriebsweise in Deutschland verschärft. Die Lokomotiven waren meist einfach besetzt und wurden nach jeder Fahrt kalt oder mit kleinem Bereitschaftsfeuer abgestellt, während die Lokomotiven in Amerika mehrfach, oft wild besetzt waren und 8—14 Tage dauernd unter Dampf standen. Andererseits hielt man drüben eine kurze Lebensdauer der Feuerbüchse für erträglicher als in Deutschland, wo man sich an die oft jahrzehntelange Lebensdauer der kupfernen Feuerbüchsen gewöhnt hatte. Vermutlich waren auch die Unterschiede in der Reinheit des Eisens hier und drüben an den ungünstigen Ergebnissen mitbeteiligt, obwohl die Bleche die gleichen mechanischen Eigenschaften besaßen. Es ist übrigens bemerkenswert, daß nach von Borriesschen Berichten einzelne flußeiserne Feuerbüchsen sich tadellos gehalten hatten.

Der empfindliche Mangel an Kupfer während des Weltkrieges nötigte nun die deutschen, österreichischen und ungarischen Eisenbahnverwaltungen, die kupfernen Feuerbüchsen in kurzer Frist durch eiserne zu ersetzen. Die deutschen Verwaltungen gingen in ausgedehntem Maße wieder zu flußeisernen Feuerbüchsen über, während die österreichischen und ungarischen Bahnen den Brotankessel vorzogen. Die flußeisernen Feuerbüchsen mußten natürlich der Eile wegen in ihren Maßen und Blechdicken den bisherigen kupfernen angeglichen werden. Sofort stellten sich die alten Mängel wieder ein, allerdings nicht mehr so zahlreich wie früher, da das Flußeisen in den rd. 25 Jahren seit seiner Einführung wesentlich verbessert worden war.

Aber eine andere unerwartete Erscheinung trat ein. Bei vielen Lokomotiven entstanden in der Feuerzone unter dem Feuerschirm — meist im kalten Zustande — an den Seitenwänden klaffende Risse von verschiedener Länge. Die Ursache dieser Risse, die meist von Stehbolzenlöchern ausgingen, lag zum Teil in der zu großen Wandstärke und in der für Eisen ungeeigneten Bauform der Seitenwände. Besonders nachteilig war noch, daß örtliche Überhitzungen der Wände durch Wärmestauungen in den Blechen auftraten, die den Werkstoff über die Streckgrenze hinaus beanspruchten. Nach dem Erkalten der Feuerbüchse führten dann die Spannungen im Blech häufig zu einem Riß. Aus Amerika sind derartige Erscheinungen bei den dort üblichen breiten Feuerbüchsen nicht bekannt geworden. Bei der dort üblichen breiten Feuerbüchse lösen sich die senkrecht aufsteigenden Dampfblasen leichter von den Wänden, so daß der Wärmeübergang nicht gestört wird. Außerdem sind die Bodenringe in Amerika meist breiter als in Europa, also auch die Wasserstege zwischen Stehkessel und Feuerbüchse größer. Bei der Preußischen Staatsbahn waren z. B. bis zum Jahre 1917 68—70 mm breite Bodenringe üblich.

ERSATZ DER STEHBOLZENVERANKERUNG.

Die Feuerbüchsbauart Polonceau (vgl. Bd. I, S. 349, Abb. 528), die wenigstens die Deckenverankerung entbehrlich machte, war in Österreich und besonders auch in Ungarn noch bis weit ins zweite Jahrzehnt des neuen Jahrhunderts hinein vielfach üblich. Bis etwa zum Jahre 1900 ist auch die Maeysche Feuerbüchse (s. Bd. I, Abb. 525) für kleinere Lokomotiven viel verwendet worden.

Um die Mitte der 80er Jahre hatte die Preußische Staatsbahn mit ausgedehnten Versuchen an ankerlosen Kesseln mit einer Wellrohrfeuerbüchse begonnen. Die Anregung ging von der Firma Schulz u. Knaudt in Essen aus, die im Jahre 1878 die Herstellung der Foxschen Wellrohr-

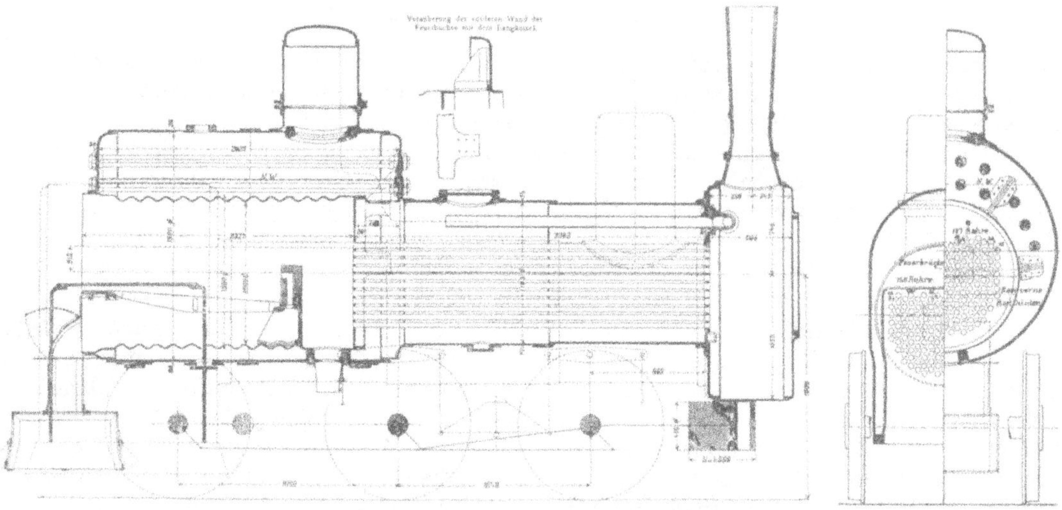

Abb. 434. Erste preußische Lokomotive mit Wellrohrfeuerbüchse.

kessel übernommen hatte. Sie fand im Jahre 1885 bei dem Leiter der Eisenbahnwerkstatt Dortmund, Direktor Pohlmeyer, dem späteren Wirkl. Geheimen Oberbaurat Karl Müller und später bei dem Ingenieur G. Lentz (Düsseldorf) tatkräftige Unterstützung. Im Juni 1888 wurde die erste Lokomotive mit einer Wellrohrfeuerbüchse in Betrieb genommen (Abb. 434); es handelte sich dabei um eine umgebaute ältere C Tenderlokomotive, deren bisheriger Kessel in der Abbildung mit angedeutet ist. Da der Hinterkessel als Zylinder von 1900 mm Durchmesser ausgebildet war, konnte das Flammrohr einen lichten Durchmesser von 1200 mm erhalten und bequem einen Rost von 2 m² Fläche aufnehmen. Die Stirnwände des Hinterkessels mußten aber durch mehrere Längsanker versteift werden.

Der Kessel hat sich anscheinend bewährt, denn die Preußische Staatsbahn bestellte schon im Jahre 1890 weitere Kessel, bei denen aber die Längsanker nach den Lentzschen Vorschlägen fortgefallen waren (Abb. 435). Ein großes Flammrohr durchzog fast den halben Langkessel; der dritte und der letzte Kesselschuß waren kegelig. Hierdurch ergab sich ein genügend großer Dampfraum, so daß man auf besondere Versteifungen der Stirnwände und Kegelflächen verzichten zu dürfen glaubte, zumal die Kesselrückwand nur einen kleinen Durchmesser hatte. Wegen des kegeligen hinteren Kesselschusses mußte der Wasserstandsanzeiger anders als sonst durchgebildet werden; man vereinigte ihn mit der Reglerstopfbüchse zu einem Gehäuse. Der Aschenfalltrichter vor der Feuerbrücke wurde meist fortgelassen, da er stark zum Undichtwerden neigte; er wurde durch eine Klappe in der Feuerbrücke ersetzt.

Mit diesem Schulz-Knaudt-Lentz-Kessel wurden von der Preußischen Staatsbahn hauptsächlich C Lokomotiven, ferner einige 1 B und im Jahre 1892 auch eine 2 B Lokomotive aus-

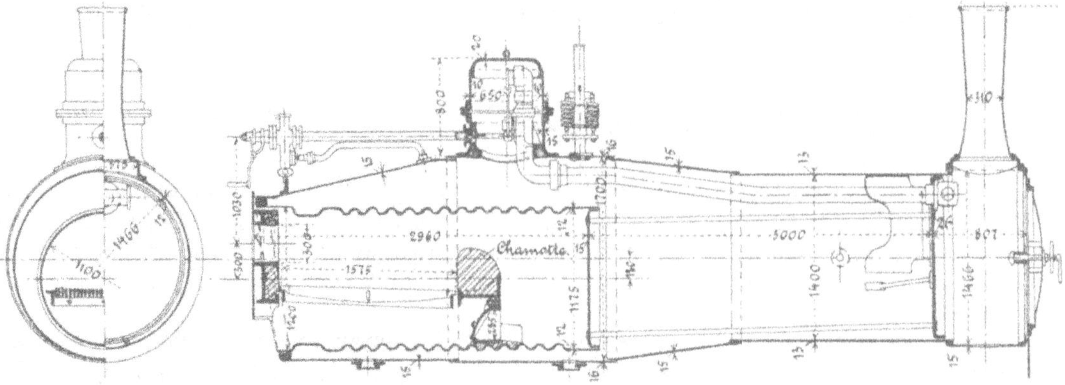

Abb. 435. Wellrohrkessel (Bauart Schulz-Knaudt-Lentz).

gerüstet (Abb. 436), die übrigens eine außenliegende Joy-Steuerung erhielt. Auch die Oldenburgische Staatsbahn und die Dortmund—Gronau—Enscheder Eisenbahn beschafften versuchsweise ähnliche Wellrohrkessel. Am 6. Februar 1894 barst der Kessel der 2 B Lokomotive. Die Decke des Wellrohres hatte sich durchgedrückt, war auf die Feuerbrücke aufgeschlagen und hier im gesunden Werkstoff auf 300 mm Länge abgeschert; der Riß sprang von hier auf die Rundschweiße über (das Wellrohr bestand aus 2 mit ihren Achsen etwas gegeneinander

Abb. 436. 2 B Lokomotive der Preußischen Staatsbahn mit Wellrohrkessel; Erbauer Hohenzollern 1892.

Rostfläche	2,0 m²	Zylinderdurchm.	2×430 mm
Verdampfungsheizfl.	104,2 m²	Kolbenhub	600 mm
Kesseldruck	14 atü	Dienstgewicht d. Lok.	50 t
Treibraddurchmesser	1960 mm	Reibungsgewicht	28 t

geneigten und zusammengeschweißten Schüssen) und riß diese weit auf. Als man daraufhin auch die anderen Wellrohrkessel untersuchte, ergab sich, daß das Wellrohr in der Längsrichtung bis zu 8 mm zusammengestaucht und im Durchmesser bis zu 30 mm abgeflacht war. Diese Abflachung konnte aber stets nur in der oberen Hälfte festgestellt werden; die untere Hälfte war kreisrund geblieben. Der Erfolg war, daß die Preußische Staatsbahn 40 Wellrohrkessel aus dem Betrieb zog. Knaudt arbeitete aber weiter an der Entwicklung des Wellrohrkessels. Im Jahre 1901 hatte er die Preußische Staatsbahn überzeugen können, daß nach den Erfahrungen der Marine gewisse unvermeidliche Abflachungen bis etwa $1/_{40}$ des Durchmessers unschädlich seien. Es wurde nochmals eine kleinere Anzahl 1 C Lokomotiven mit Wellrohrkesseln beschafft, obgleich auch die Berichte aus Amerika nicht günstig lauteten. Die Beobachtungen zeigten, daß die Abflachungen in dem scharfen Lokomotivbetriebe ständig zunahmen, so daß die Preußische Staatsbahn im Jahre 1906 beschloß, von weiteren Versuchen ganz abzusehen. Man hatte Knaudt vorgeschlagen, die Rohre von vornherein mit einer Durchwölbung nach oben zu versehen. Ehe Knaudt aber diesen Gedanken weiter ausbauen konnte, starb er. Nach seinem Tode wurden die Versuche mit dem Wellrohr im Lokomotivkessel aufgegeben. Der Wellrohrkessel hatte inzwischen auch keine Bedeutung mehr, weil in ihm eine Rostfläche von mehr als 2 m² nicht unterzubringen waren; für größere Lokomotiven kam er also überhaupt nicht mehr in Betracht. Trotzdem lebte er mit dem bereits erwähnten Stroomann-Wasserröhrenkessel nochmals auf; aber diese Kesselform ist nur in wenigen Lokomotiven erprobt worden und hat es dabei ebenfalls zu keinen Erfolgen bringen können.

Mehr Erfolg hatte aber Brotan mit seiner Röhrenfeuer-

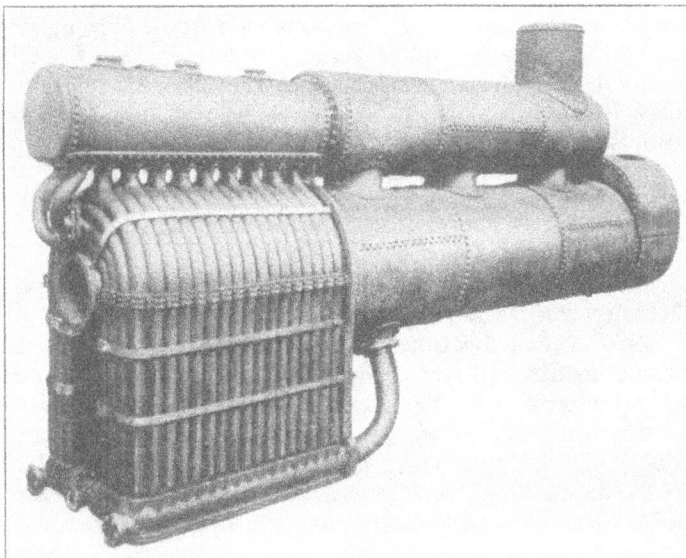

Abb. 437. Brotankessel, Österreichische Staatsbahn 1900.

463

büchse. Er hatte im Jahre 1898 vorgeschlagen, die Feuerbüchswände aus hosenförmigen Rohren von etwa 80 mm Durchmesser zusammenzubauen, die in einen über ihnen liegenden Oberkessel, dem Dampfsammler, einmünden. Der hohle Bodenring, von dem die Steigrohre ausgingen, wurde als Stahlformgußstück hergestellt und vorn mit dem Langkessel durch ein oder zwei Rohrkrümmer verbunden. Die Abb. 437 zeigt den ersten Brotan-Kessel vom Jahre 1900, der in einer C Lokomotive der Österreichischen Staatsbahn eingebaut war. Da er sich bewährte, rüstete die österreichische Staatsbahn im Jahre 1902 2 weitere 2 B Lokomotiven mit demselben Kessel aus; bald folgten auch die Ungarische Staatsbahn, die Preußische Staatsbahn und zahlreiche ausländische Bahnen dem österreichischen Vorbild. Brotan entwickelte inzwischen den Kessel weiter, indem er den Oberkessel als Kopf an den entsprechend im Durchmesser vergrößerten Langkessel ansetzte. Bei großen Lokomotiven wählte Brotan schließlich die Ausführung nach Abb. 438 mit 2 solchen Vorsatzköpfen.

Abb. 438. Brotankessel, Ungarische Staatsbahn 1918.

Wenn sich auch an den Brotankesseln im Betriebe einige Mängel zeigten, wie z. B. starke Anfressungen unten an der Rohrwand und Einrisse an der Befestigung der Vorköpfe, so war man doch mit ihnen vielmehr zufrieden als mit den flußeisernen Feuerbüchsen. Im Weltkriege gingen daher die Österreichische Staatsbahn und besonders auch die Ungarische Staatsbahn zu Beschaffungen von Brotan-Kesseln in größerem Umfange über. In Ungarn war dabei wohl auch der ungünstige Einfluß mancher Kohlensorten auf die kupfernen Feuerbüchsen von besonderer Bedeutung. Im Jahre 1918 besaß die Ungarische Staatsbahn 650 Lokomotiven mit Brotan-Kesseln, unter ihnen 45 schwere 1 CC Mallet-Lokomotiven (Abb. 354 und Tafel 26). Die Brotankessel bildeten die Entwicklungsgrundlage für die meisten nach dem Jahre 1920 entstandenen Wasserrohrfeuerbüchsen, besonders für die Kessel mit hohen Dampfspannungen.

KESSEL OHNE WASSERUMSPÜLTE FEUERBÜCHSE.

Schon vor dem Jahre 1880 hatten Versuche begonnen, die wasserumspülte Feuerbüchse überhaupt fortzulassen. Diese Versuche mußten zu einem Mißerfolg führen, da der große Vorteil des Feuerbüchskessels, die außerordentlich wirksame Ausnutzung der strahlenden Wärme, fortfiel. In einem reinen Röhrenkessel ohne nennenswerte Strahlungsheizfläche läßt sich bei weitem nicht eine solche Dampfmenge entwickeln wie in einem Feuerbüchskessel.

Im Anfang der 90er Jahre hatte z. B. Bork versucht, die Bauart Verderber (s. Bd. I, S. 351, Abb. 531) zu verbessern, indem er 2 kleinere Vorköpfe bis zur Hinterwand des Stehkessels durchführte; auch eine Ausführung von Locher bei der Österreichischen Staatsbahn (1895) ohne Vorkopf versagte. Im Jahre 1905 versuchte dann nochmals die Firma Krauß, an kleinen Lokomotiven die wasserumspülte Feuerbüchse wenigstens teilweise fortzulassen. Das Ergebnis war, daß sie nach einiger Zeit doch wieder auf die Regelbauart zurückkam.

BODEN- UND FEUERLOCHRINGE.

Da im Vereinsgebiet die Feuerbüchsen meist zwischen den Rahmenblechen lagen, waren auch die Bodenringe ziemlich schmal; 68—75 mm waren übliche Maße. Auch bei den breiten Feuerbüchsen der 2 C 1 oder 1 C 1 Lokomotiven ging man wohl der Belastung der hinteren Laufachse wegen nicht gern auf höhere Werte. Die Bodenringe waren mit einer einfachen oder doppelten Nietreihe mit der Feuerbüchse und dem Stehkessel vernietet. Eine Ausnahme bildete der breite Bodenring der preußischen S 9 Lokomotive, der eine besondere Nietteilung hatte (vgl. Abb. 18).

Schwierigkeiten bereitete vielfach die Nietung an den Ecken des Stehkessels; sie war fast immer nach Bd. I, S. 358, Abb. 545 ausgeführt. Gölsdorf hatte sogar bei einzelnen Lokomotivreihen den Aschenkasten mit abnehmbaren Ecken ausgestattet, damit die undichten Stellen bequemer nachgestemmt werden konnten.

Die Bodenringe waren durchweg aus zusammengeschweißten Flußeisenbarren hergestellt. Nur die Ungarische Staatsbahn verwendete in großem Umfange Stahlformguß.

Statt der üblichen Feuerlochringe wurde etwa vom Jahre 1888 an vielfach die Webbsche Feuerlochbauart (Abb. 439) verwendet. Die Bauart wurde zunächst allgemein günstig beurteilt, nach fünf- bis sechsjähriger Betriebsdauer aber wurden Klagen über Einrisse an den Nietlöchern laut, obwohl man diesen besondere Schutzringe gegeben hatte. Die Schäden wurden größtenteils auf die Kesselsteinansammlung in den spitzen Winkeln zurückgeführt.

Abb. 439.
Feuerloch
Bauart Webb.

Vom Jahre 1910 an kam man daher vielfach wieder auf den früheren Feuerlochring zurück, hielt ihn aber möglichst dünn (s. Bd. I, S. 358, Abb. 547).

RAUCHKAMMERN.

Um die Mitte der 80er Jahre hatte man erkannt, daß eine gleichmäßige Feueranfachung den Funkenauswurf bedeutend verminderte; an anderer Stelle ist schon gesagt worden, daß man auch den Verbundlokomotiven eine geringere Neigung zum Funkenflug nachsagte. Man bemühte sich nun, den Funkenauswurf durch niedrige Rauchgasgeschwindigkeit in der Rauchkammer zu vermindern und bevorzugte deshalb Rauchkammern mit großem Rauminhalt. Die Ungarische Staatsbahn z. B. vergrößerte sogar noch an den älteren Lokomotiven die Rauchkammern, um die lästigen Funkenfänger im Schornstein beseitigen zu können, welche die Feueranfachung beeinträchtigten. Später führten manchmal auch bauliche Gründe zu langen Rauchkammern, z. B. die geringe Belastung des führenden Drehgestells, z. B. bei 2 C 1 Lokomotiven.

Die Rauchkammern waren fast allgemein zylindrisch und meist mit einem flachen Ring an den vordersten Kesselschuß angenietet. Die Rohrwand wurde dann in diesen Schuß eingesetzt. An den preußischen Heißdampflokomotiven, deren Rauchkammer wegen des Dampf-

Abb. 440. Rauchkammerverschluß,
Preußische Staatsbahn.

sammelkastens einen größeren Durchmesser als der Langkessel erhalten mußte, wurde dann die wenig gute aus England stammende Bauweise mit Winkelring und vorgesetzter Rohrwand, aber mit zylindrischer Rauchkammer wieder eingeführt (vgl. Bd. I, S. 358, Abb. 549). Eine Rauchkammer mit flachem Boden blieb bei den Innenzylinderlokomotiven der Holländischen Bahnen noch lange üblich.

Die Löschetrichter wurden etwa vom Jahre 1900 an allmählich überall fortgelassen, weil sie entbehrlich waren und zu Undichtheiten der Rauchkammern und zu schlechter Feueranfachung geführt hatten.

Man bevorzugte allgemein eine runde Rauchkammertür mit Verschlußbolzen und Handrad zum Anziehen nach Bd. I, S. 363, Abb. 564. Als aber die Rauchkammerdurchmesser größer wurden, legte man meist noch eine Anzahl Vorreiber rund um die Rauchkammertür herum (Abb. 440). Nur die Österreichischen und Ungarischen Bahnen blieben vorwiegend bei der Bauart nach Abb. 564 (Bd. I).

KESSELBEKLEIDUNG.

Die Kessel waren in der Zeit von 1880—1920 im allgemeinen mit lackierten 1—1,5 mm starken Flußeisenblechen bekleidet. Daneben versuchte man verschiedentlich Verkleidungen aus Hochglanzblechen, die sich aber nicht bewährten; insbesondere vertrugen diese Bleche das Kümpeln nicht, so daß derartige Stellen gestrichen werden mußten. Wärmesparende Zwischenlagen für den ganzen Kessel wurden wenig benutzt. Vereinzelt verwendete man als Wärmeschutz Filzmatten, etwas häufiger, namentlich in Baden und in Österreich, Blauasbestmatten. Gern bekleidete man dagegen den im Führerhaus liegenden Teil des Stehkessels mit Wärmeschutzmatten zum Schutz der Mannschaft gegen die strahlende Wärme; dies geschah bei der Preußischen Staatsbahn seit dem Jahre 1904. Die anfangs bevorzugten Blauasbestmatten wurden später durch noch besser wärmeschützende Glasgespinstmatten ersetzt.

DEHNUNGSMÖGLICHKEIT DES KESSELS.

Die im Bd. I auf Seite 361 beschriebenen seitlichen Gleitlager und Pendelstützen blieben bei den Kesseln mit schmalen Feuerbüchsen allgemein üblich. An die Stelle der Pendelstützen traten jedoch vielfach Pendelbleche, das waren dünne Stahlbleche, die am Rahmen und am Kessel befestigt waren und entsprechend der Wärmedehnung in der Längsrichtung des Kessels durchfederten.

Seitliche Bewegungen des Kessels wurden durch die Schlingerstücke verhindert, die bei den älteren Lokomotiven meist nach Abb. 441 ausgebildet waren; der unruhige Lauf der

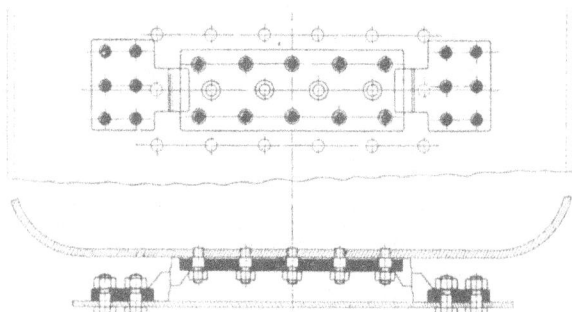

Abb. 441. Einfaches Schlingerstück.

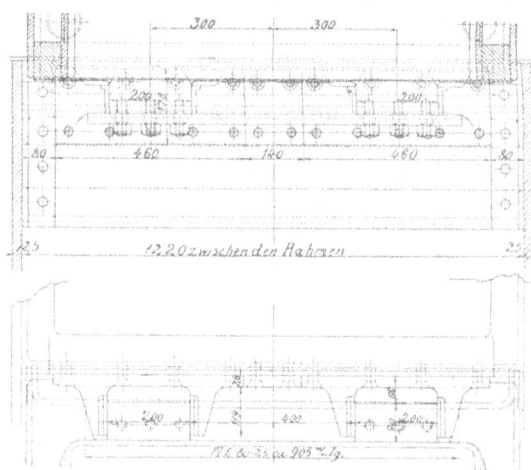

Abb. 442. Doppeltes Schlingerstück.

ersten preußischen Heißdampflokomotiven und das immer größer werdende Kesselgewicht führten dann zu doppelten Schlingerstücken nach Abb. 442. Bei den über den Rahmen liegenden Stehkesseln wurden die Schlingerstücke von ihrem ursprünglichen Platz an der Stehkesselrückwand unter den Bodenring verlegt.

SCHORNSTEINE UND FUNKENFÄNGER.

Seit den 60er Jahren hatte man nach den bekannten Prüsmannschen Versuchen fast überall den zylindrischen Schornstein durch den kegeligen Schornstein ersetzt. Diese Form wurde aber allmählich wieder verlassen, besonders nachdem Troske im Jahre 1894 durch Versuche nachgewiesen hatte, daß bei richtiger Abstimmung von Blasrohr und Schornstein mit zylindrischen Schornsteinen das gleiche Ergebnis erreicht werden konnte. Der verfügbare Raum für den Schornstein war im Laufe der Jahre durch die höhere Lage der Kessel allmählich immer kleiner geworden, so daß die Schornsteine in jüngerer Zeit nach unten in die Rauchkammer hinein verlängert werden mußten.

Vielfach wurde auch der Schornstein als zusätzlicher Funkenfänger ausgebildet. In Deutschland war der Strubesche Funkenfänger wie bei der Lokomotive nach Bd. I, S. 367 eine Zeitlang beliebt. Die Sächsische Staatsbahn gab dem Teller nach Abb. 443 in der Mitte eine Öffnung von 125 mm, um dem mittleren Teil des Dampfstrahls, der nur wenig Funken

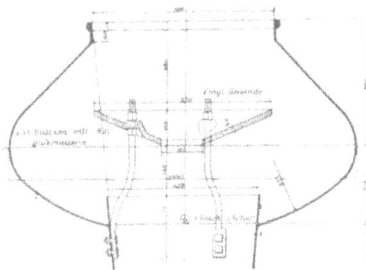

Abb. 443. Funkenfänger,
Sächsische Staatsbahn.

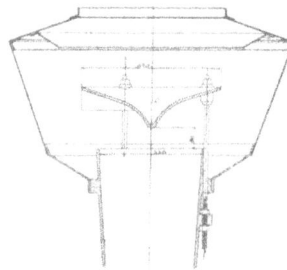

Abb. 444.
„Kobel" Funkenfänger.

führte, einen ungehinderten Austritt zu gestatten. In Deutschland aber hat man seit etwa 1890 auf Funkenfängerschornsteine fast gänzlich verzichtet. In Österreich und Ungarn hielt man wegen der Verfeuerung von Braunkohle noch am Funkenfängerschornstein fest; in Böhmen verwendete man gern den Ressigschen Schornstein (s. Bd. I, S. 367, Abb. 572).

Die Österreichische Staatsbahn benutzte früher den sogenannten „Kobelrauchfang" (Kobel = Taubenschlag) nach Abb. 444, ließ aber das Sieb in der Rauchkammer fort. Der Kobelfunkenfänger konnte durch Fortnahme des Ablenktellers und Aufsetzen einer Verlängerung der Steinkohlenfeuerung angepaßt werden; in diesem Falle wurde allerdings in die Rauchkammer ein Sieb eingelegt.

Als die Schornsteine kürzer wurden, klagte man vielfach darüber, daß der Kobelfunkenfänger den Auspuff zu sehr behindere. Rihošek änderte ihn deshalb um (vgl. Abb. 445); um den Auspuffgasen möglichst wenig Widerstand zu bieten, ersetzte er den Ablenkteller durch eine „Rose" mit schraubenartigen Leitflächen, welche die Rauchgase allmählich ablenkten. Gleichzeitig griff er den alten Gedanken der mittleren Öffnung zum freien

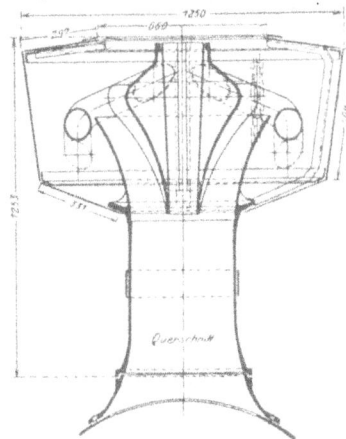

Abb. 445. Funkenfänger
Bauart Rihošek.

Austritt des Dampfstrahles wieder auf. Später fügte er dann, um die Luftverdünnung hinter dem Schornstein zu zerstören, schräg durch den Schornsteinkopf hindurchgeleitete Rohre hinzu.

Daß man bei der Preußischen Staatsbahn die ersten Verbundlokomotiven anfangs überhaupt ohne Funkenfänger laufen ließ, ist bereits erwähnt worden.

Bei Steinkohlenfeuerung begnügte man sich anfänglich allgemein mit einem in die Rauchkammer etwa waagerecht eingelegtem Sieb, das meist beim Anheizen wenigstens teilweise herausgenommen werden konnte. Es bestand aus Stäben, besonders geformten Winkeln (sogenannte Hürdenfunkenfänger), gelochten oder geschlitzten Blechen, Drahtnetzen usw. Man hat auch versucht, z. B. durch umgekehrte U-förmige Bleche (Bauart Adelsberger) eine künstliche Vergrößerung der Durchtrittsfläche zu erreichen. Als dann etwa vom Jahre 1900 an die Blasrohre etwas tiefer gelegt wurden, ergab sich der Raum zum Einbau von Korbfunkenfängern, die wohl im grundsätzlichen Aufbau dem Funkenfänger im Bd. I, S. 367, Abb. 573a glichen, aber bei ihren wesentlich größeren Abmessungen (z. B. Tafel 15) den Durchtritt der Gase weniger behinderten.

In Süddeutschland wurde schon seit dem Jahre 1896 vielfach der Sturmsche Funkenfänger benutzt, der auch ein Korbfunkenfänger war, aber nicht die Form eines Kegels, sondern einer vierseitigen Pyramide hatte. Die Vorderseite der Pyramide wurde anfangs beim Öffnen der Zylinderhähne, später aber beim Schließen des Reglers zwangsläufig geöffnet und gestattete so den Gasen einen freien Durchzug bei geschlossenem Regler. Wenn man dann auch noch die Hinterwand aufklappbar machte, so konnten auch die hinter dem Funkenfänger liegenden Heizrohre bequem gereinigt werden.

FEUERTÜR.

Die im Bd. I, S. 368, Abb. 574—576 dargestellten Feuertüren waren lange Jahre in Gebrauch. Als aber die breiten Feuerbüchsen aufkamen, genügten sie nicht mehr, weil sie meist so schmal waren, daß der Heizer in solchen Fällen die hinteren Ecken des Rostes nicht mehr mit Kohlen beschicken konnte. Solchen breiten Feuerbüchsen gab man daher häufig 2 Feuertüren, die mit einer kleinen Signalscheibe versehen waren. Aus der Stellung der Signalscheibe konnte man dann erkennen, durch welche Feuertür der Rost zuletzt beschickt worden war. Die Badische Staatsbahn führte im Jahre 1902 bei ihren 2 B 1 Lokomotiven (Abb. 148) 650 mm breite dreiflügelige Feuertüren ein, die nach innen aufschlugen. Beim Öffnen der linken oder rechten Klappe öffnete sich die Mittelklappe mit. Durch die fortschreitende Entwicklung der Marcottyschen Rauchverbrennung wurden dann in Deutschland fast überall nach innen aufschlagende Kipptüren, nach Abb. 465, S. 479, eingeführt. Diese Türen waren deshalb besonders zweckmäßig, weil sie bei einem etwaigen Platzen eines Heizrohres oder dergleichen durch den Überdruck in der Feuerbüchse von selbst wieder zufielen und damit eine Verbrennung der Lokomotivmannschaft durch Heizgase oder Dampf vermieden. Der Türflügel der Marcotty-Feuertür war aus Blech hergestellt und doppelwandig. Zwischen den beiden Blechen wurde durch den Schornsteinzug kalte Luft aus dem Führerstand angesaugt, welche das der Feuerung am nächsten liegende Türblech kühlte. Die hierbei stark erwärmte Luft gelangte in die Feuerbüchse und verbesserte als Oberluft die Verbrennung.

ROSTE.

Bei den bis zum Jahre 1880 üblichen Rosten mußten beim Ausschlacken der Lokomotive am Ende der Fahrt jedesmal einige Roststäbe herausgenommen werden, damit die Schlacke oder der Rest des Feuers durch die Öffnung in den Aschkasten geworfen werden konnte. Das Ausschlacken wurde bedeutend erleichtert durch sogenannte Kipproste, die schon im Jahre 1883 bei der Ungarischen Staatsbahn und in den 90er Jahren bei der Österreichisch-Ungarischen

Staatseisenbahngesellschaft eingeführt waren. Bei diesen Kipprosten war eine Anzahl kurzer Roststäbe, häufig auf der ganzen Breite des Rostes, auf einer von außen drehbaren Welle gelagert (vgl. die C Lokomotiven auf Tafel 25). Sie bewährten sich gut, wurden aber in Deutschland erst 20 Jahre später eingeführt. Die Kipproste wurden vor allem in die Strecken- lokomotiven eingebaut. Sie wurden anfangs durch einen Hebel von außen betätigt, später aber allgemein durch eine Schraubenspindel vom Führerstande aus.

ASCHKASTEN.

Der Aschkasten war früher ein verhältnismäßig einfacher Kasten, der nur die Aufgabe hatte, die Asche und die Schlacken vom Gleis fernzuhalten und den Zutritt der Verbrennungs- luft zum Rost zu regeln. Als aber die Stehkessel mehr und mehr durch gekuppelte Achsen oder Laufachsen unterstützt wurden, verlor er oft seine einfache Form. Besonders verwickelte Bauformen ergaben sich bei Lokomotiven mit nachlaufenden Drehgestellen und tief nach unten reichenden Stehkesseln. Bei breiten Rosten stellte man ihn oft aus 2 Teilen her, um die Feuerbüchse bei Betriebsausbesserungen leichter zugänglich zu machen. Manchmal befestigte man ihn auch nach amerikanischen Vorbildern am Rahmen.

HEIZROHRE.

Während die Heizrohre in den ersten Jahrzehnten des Eisenbahnwesens häufig aus Messing bestanden, wurden sie nach dem Jahre 1880 nur noch aus Eisen hergestellt. Bei schlechtem Speisewasser behielt man aber noch kupferne und vereinzelt auch Messingvorschuhe bei. Die Rohre waren in der Feuerbüchsrohrwand im allgemeinen ohne Brand- oder Dichtringe ein- gewalzt oder aufgedornt. Über die Form und das Maß der Verjüngung der Rohre zur Rohrwand hin war man sich nie ganz einig. Vielfach wurde auf das gute Anliegen der „Brust" besonderer Wert gelegt. Die Rohre wurden allmählich nach dem hinteren Ende zu immer mehr eingezogen, da man auf diese Weise eine bessere Anlagefläche und einen größeren Steg in der immer durch Stegrisse gefährdeten Rohrwand erzielte. Die Preußische Staatsbahn zog die Rohre schließlich um etwa 10 mm im Durchmesser ein.

Die Wandstärke der Heizrohre betrug in der Regel 2,5 mm, nur gelegentlich wurde sie der Gewichtsersparnis wegen auf 2 mm verringert. Die Badische Staatsbahn verwendete vielfach Rohre mit einer Wandstärke bis zu 3,5 mm.

Die Rohre waren innen meist glatt. Daneben aber hat man fast überall Versuche mit den bekannten Serve-Rippenrohren gemacht (Abb. 446), um eine größere feuerberührte Heizfläche zu erzielen. Man hatte aber keinen rech- ten Erfolg damit. Schon nach kurzer Zeit setzten sich die Rohre mit Lösche zu, so daß der Wärme- übergang an das Wasser gestört war. Auch die Rei- nigung dieser Rohre machte erhebliche Schwierig- keiten. Außerdem führte man die Undichtigkeiten in den Rohrwänden auf die Steifheit der Rohre zu-

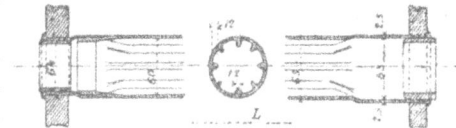
Abb. 446. Geripptes Serverohr.

rück und befürchtete, daß sie die Rohrwände übermäßig beanspruchten. Die meisten Eisen- bahnen gaben daher die Serve-Rohre meist nach wenigen Jahren wieder auf.

DAMPFDOME.

Die Dampfdome verloren mit der Höherlegung der gleichzeitig im Durchmesser immer größer werdenden Kessel allmählich mehr und mehr an Höhe und Inhalt. Bei den neueren Lokomotiven waren sie oft kaum mehr als 200 mm hoch; das Oberteil bestand dann nur noch wie z. B. bei den Lokomotiven Zahlentafel 5 und 16 aus einem schwach gewölbten Deckel. Als Wasserabscheider dienten meist gelochte Sprühbleche, die am Domboden oder in der Trennfuge zwischen Ober- und Unterteil eingelegt waren, oder auch Hauben nach Abb. 447; diese waren bei der Preußischen Staatsbahn üblich.

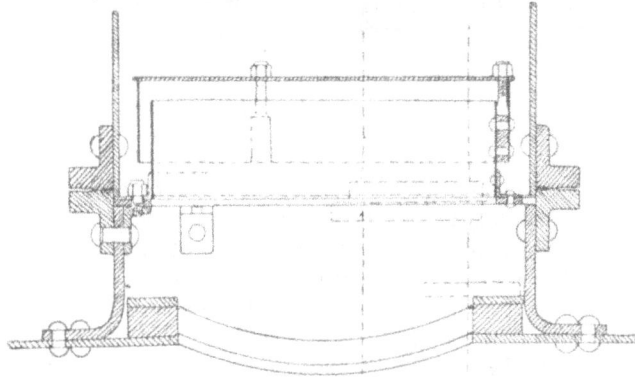

Abb. 447. Wasserabscheider, Preußische Staatsbahn.

REGLER.

Die in Bd. I, S. 376 u. ff. beschriebenen waagerecht liegenden Reglerschieber sind in Deutschland nach dem Jahre 1880 meist nur noch an kleineren Lokomotiven verwendet worden, bei der Österreichischen Staatsbahn dagegen wurden sie auch für die größten Lokomotiven beibehalten. Abb. 448 zeigt z. B. den Reglerschieber der österreichischen 1 E Lokomotiven (Abb. 283). Später wurde der Antrieb durch 2 Zahnräder auf dem Rücken des Schiebers von der Österreichischen Nordwestbahn übernommen. Bei den österreichischen Heißdampflokomotiven erhielt der Schieberspiegel vom Jahre 1908 an einen kleinen Schlitz zur Naßdampfkammer und der Schieber einen kleinen Überströmraum (s. Abb. 448). Wurde der Schieber bei der Fahrt im Gefälle über die Abschlußstellung hinaus zurückbewegt, so strömte etwas Kesseldampf erstens durch den Kanal in den Überhitzer, um insbesondere die Umkehrenden zu kühlen, und zweitens durch den Überströmraum unmittelbar in die Zylinder, um auch diese zu kühlen und zu schmieren. Diese nicht entlasteten Flachschieber waren möglich, weil man sich in Österreich mit verhältnis-

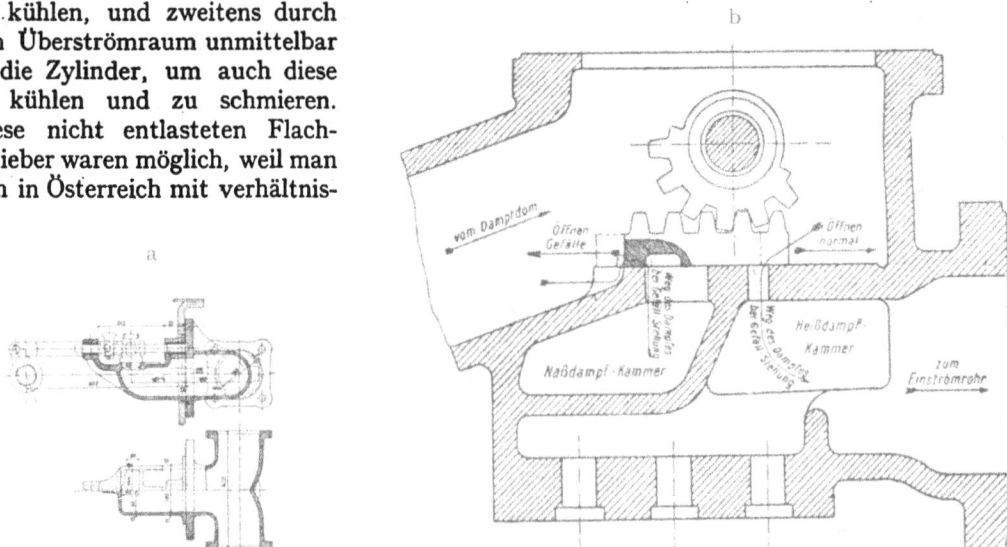

Abb. 448. Regler für Naßdampf- und Heißdampf-Lokomotiven, Österreichische Staatsbahn.

mäßig kleinen Einströmöffnungen begnügte. Der Regler in der Abb. 448 hatte z. B. bei 235 m² Heizfläche eine Durchtrittsöffnung von nur 82 cm², während die Öffnungen z. B. an den Lokomotiven der Preußischen Staatsbahn schon bei der halben Heizfläche einen Querschnitt von 105 cm² hatten.

Man trachtete daher in Deutschland sehr bald nach einer Entlastung des Flachschiebers. Außerordentlich verbreitet war die Ausführung nach Abb. 449 mit einem schmalen Entlastungsschieber auf dem Rücken des Grundschiebers; der Grundschieber besaß 2 Schlitze von etwa 35 × 5 mm. Vom Reglergestänge wurde zunächst der Entlastungsschieber nach unten bewegt, öffnete die beiden Schlitze und nahm erst dann durch Anschläge den Grundschieber mit. Einen grundsätzlich gleich wirkenden entlasteten

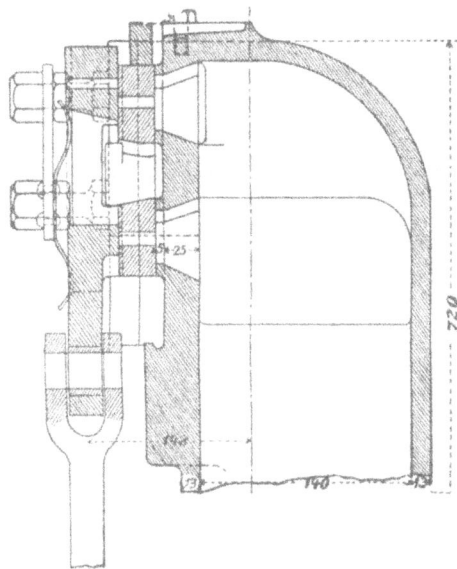

Abb. 449. Entlasteter Flachregler, Preußische Staatsbahn.

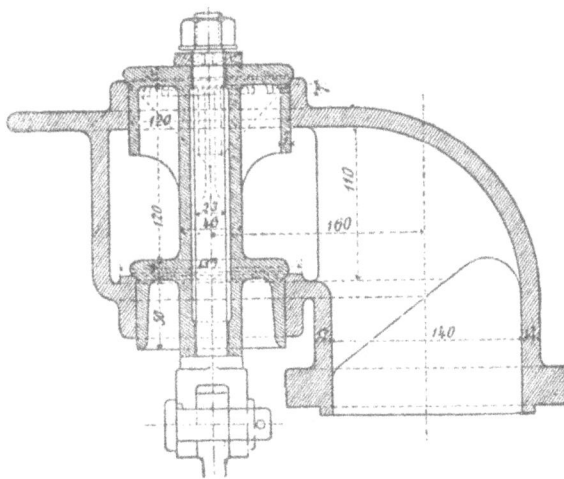

Abb. 450. Ventilregler, Preußische Staatsbahn 1894.

Reglerschieber hatte Polonceau schon im Anfang der 80er Jahre nach französischem Vorbild bei der Österreichisch-Ungarischen Staatseisenbahngesellschaft eingeführt. Dieser Regler aber war nur teilweise entlastet und daher namentlich bei fest angezogener Reglerstopfbüchse oft sehr schwer zu bewegen. A. von Borries führte daher im Jahre 1894 bei den 1 D Lokomotiven der Preußischen Staatsbahn (Abb. 38) nach amerikanischen Vorbildern gußeiserne Doppelsitzventile ein (Abb. 450), die auch in Süddeutschland häufig verwendet wurden. Diese Regler konnten leicht geöffnet werden, dafür war aber die Zumessung kleiner Dampfmengen schwierig. Sie erforderten auch Sicherungen gegen selbsttätiges Öffnen. Man klagte außerdem darüber, daß es schwierig sei, beide Sitze dichtzuhalten, auch wenn die Spitzen der Kegel beider Sitze theoretisch richtig zusammenfielen. Ebenso rissen sie auch leicht Wasser über, da die untere Ventilfläche dem Wasserspiegel näher lag als die Durchtrittsöffnung der Flachregler. In Bayern zog man daher den Zararegler vor (Abb. 451), der nur oben einen Ventilsitz, unten aber eine Kolbenführung besitzt. Um ihn anheben zu können, ist oben ein kleines Entlastungsventil angebracht, das nach einer gewissen Öffnung das Hauptventil mitnimmt.

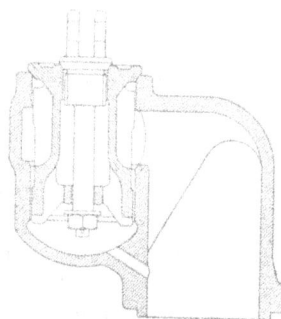

Abb. 451. Zara-Regler.

Im Jahre 1907 führte die Preußische Staatsbahn nach Versuchen mit verschiedenen Reglerbauarten den Ventilregler von Schmidt u. Wagner ein (Abb. 452). Dieser Regler enthielt ein kleines Steuerventil, dessen Spindel mit dem Reglergestänge verbunden wurde, und einen frei beweglichen Rohrschieber mit Kolben, der in geschlossenem Zustande bei B abdichtet. Die Wandung des Rohrschiebers ist nach der Abwicklung in der Abb. 453 ausgeschnitten, so daß zunächst kleine und allmählich größer werdende Öffnungen den Dampf hindurchtreten lassen.

Wird beim Öffnen des Reglers das kleine Ventil so weit heruntergezogen, daß die Dampfausströmung aus der Entlastungskammer C durch den Spalt d größer wird als die Dampfzuströmung vom Kessel in die Entlastungskammer durch die kleine Bohrung e, so entsteht auf der Oberseite des Kolbens ein Überdruck, der den Kolben und damit den Rohrschieber herunterzieht. Er folgt so, im Dampfe schwimmend, jeder Bewegung des Entlastungsventiles. Im Laufe der Jahre ist der Ventilregler von Schmidt u. Wagner baulich weiter verbessert worden, die grundsätzliche Wirkungsweise ist aber unverändert geblieben. Er kann sehr leicht bedient werden und ist auch dauernd dicht. Er ist infolgedessen bei vielen Vereinsverwal-

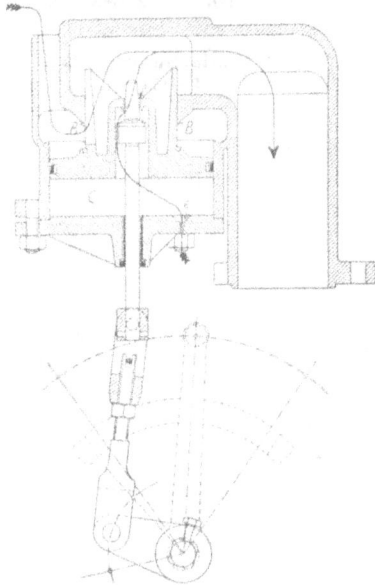

Abb. 452. Ventilregler
Schmidt und Wagner, geöffnet.

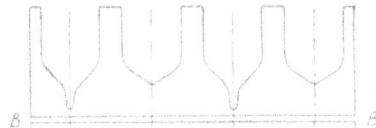

Abb. 453. Abwicklung des Rohrschiebers.

tungen eingeführt worden und wird heute ausschließlich bei der Deutschen Reichsbahn verwendet.

BLASROHR.

Im Bd. I, S. 379, Abb. 598 ist bereits ein Blasrohr beschrieben worden, das mit den Ausströmrohren unterhalb der Rauchkammer durch ein sogenanntes Standrohr verbunden ist. Diese Anordnung ist im Laufe der Jahre allgemein üblich geworden und wird auch heute noch grundsätzlich in ähnlicher Weise ausgeführt. Der Austrittsquerschnitt im Blasrohr war meist unveränderlich. Bewegliche Blasrohre wurden im Vereinsgebiet fast nur in der Froschmaul-Ausführung nach Bd. I, Abb. 599 verwendet. Sie waren hauptsächlich in Österreich und Ungarn und in Elsaß-Lothringen üblich; im übrigen Deutschland sind sie nur noch in beschränktem Umfange verwendet worden. In Ungarn benutzte man in den 80er und 90er Jahren vielfach ein Blasrohr der Bauart Kordina, bei dem der Auspuff des einen Zylinders den des anderen ringförmig umgab, um so eine Saugwirkung des einen Kolbens auf den anderen zu erzielen. Auch in Österreich, Baden und Holland wurde es vereinzelt erprobt.

Die Blasrohrmündung lag im Anfang der 90er Jahre oft noch ganz nahe unter dem unteren Schornsteinrand. Als die Rauchkammern länger wurden, wanderte sie aber immer weiter nach unten. Im Jahre 1910 lag sie bisweilen schon unterhalb der Mittellinie des Kessels. Bei den neueren Lokomotiven bevorzugt man heute allgemein ein tiefliegendes weites Blasrohr in Verbindung mit einem entsprechend weiten Schornstein, nachdem R. P. Wagner, der Lokomotivbaudezernent der Deutschen Reichsbahn, auf die großen Vorteile dieser Bauart hingewiesen hatte (geringer Gegendruck, gleich gute Feueranfachung, bessere Zugänglichkeit der Rauchkammer). Schon im Jahre 1904 hatte übrigens Moeller nachgewiesen, daß ein geringer, gleichmäßiger Zug durchaus zu genügend lebhafter Verbrennung ausreicht. Die früher überall beliebten Querstege über der Blasrohrmündung verschwanden allmählich vollständig.

SICHERHEITSVENTILE.

Sicherheitsventile mit sogenannten Federwaagen wurden in Süddeutschland noch längere Zeit, in Ungarn noch bis nach dem Jahre 1900 verwendet; sehr verbreitet waren namentlich in Deutschland die von Wöhler verbesserten Ramsbottomventile (Bd. I, S. 384, Abb. 611). Da aber die Kessel größer wurden und höher hinaufrückten, regte sich das Bedürfnis nach Ventilen, die weniger Bauhöhe beanspruchten und die überschüssigen Dampfmengen schnell und ohne nennenswerte Drucksteigerung abblasen konnten. Solchen Forderungen genügten nur die Hochhubventile. Bei der Preußischen Staatsbahn ging man vom Jahre 1914 an allmählich, wenn auch zögernd, zu derartigen Ventilen über, die in Amerika nach dem Öffnungsgeräusch „Popventile" genannt wurden. Die letzten preußischen Lokomotiven mit hoher Kessellage hatten Popventile der amerikanischen Bauart Coale (Gattungen G 12, G 8², G 8³, P 10). Bei diesen Ventilen (ein Beispiel zeigt Abb. 454) trägt der Ventilkörper d 2 Flächen b und b 1, von denen b die Ventilsitzfläche bildet. Der Ventilkörper wird durch den Druck des Dampfes auf die Kreisfläche

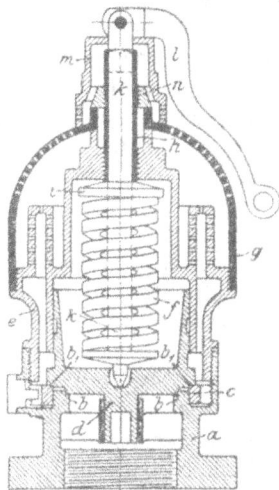

Abb. 454. Pop-Sicherheitsventil Bauart Coale.

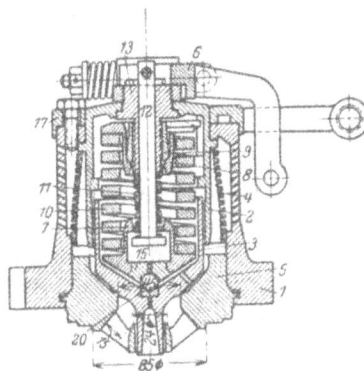

Abb. 455. Ackermann-Sicherheitsventil.

des Ringes b angehoben; nach der Öffnung aber drückt der ausströmende Dampf mit dem Staudruck auf die Ventilkörperfläche in der Ringkammer, so daß das Ventil schnell auf vollen Hub emporgedrückt wird. Aus diesem Ventil entwickelte sich das Ackermannsche Hochhubventil Abb. 455. Dieses Ventil gibt nach einem kurzen Vorblasen schnell den vollen Durchtrittsquerschnitt frei und schließt nach einem Druckabfall von etwa 0,2 atü wieder. Dieser Druckabfall wird auf folgende Weise geregelt: In die Federkammer strömt von dem abgelassenen Dampf durch 2 Bohrungen im Ventilkegel eine bestimmte Menge und erzeugt hier einen die Feder unterstützenden Schließdruck. Durch ein handgesteuertes Entlüftungsventil in dieser Gegendruckkammer kann in Fällen, wo wenig Dampfabgabe erwünscht ist (z. B. unmittelbar vor der Abfahrt), die Abblasespanne verkleinert werden. In der Ruhestellung ist die Gegendruckkammer entlüftet.

KESSELSPEISEVORRICHTUNGEN UND SPEISEWASSERVORWÄRMER.

Die Dampfstrahlpumpen, nach ihrem Erfinder Giffard „Injektoren" genannt, die schon im Bd. I, S. 388 u. ff. beschrieben sind, wurden im Laufe der Jahre ständig verbessert. Der Wasser- und Dampfzufluß konnte nach dem Einbau einer Mischdüse zwischen der Dampf- und Auffangdüse besser geregelt wurden. Durch die Beweglichkeit der Mischdüse oder einer

Klappe an ihr erreichte man, daß im Falle eines plötzlichen Abreißens der Wassersäule sofort größere Dampfmengen zugeführt wurden und die Pumpe von selbst wieder ansprang. Man nannte diese Strahlpumpen daher häufig „Restarting-Injektoren". Auch die Saugwirkung wurde wesentlich verbessert, so daß die Strahlpumpen meist wieder oben im Führerhaus, also saugend, angeordnet werden konnten. Das war der beste Schutz gegen das Einfrieren.

Eine Umwälzung in der Kesselspeisung trat im Anfange dieses Jahrhunderts ein, als man dem Gedanken der Speisewasservorwärmung durch den Abdampf nähertrat.

Es ist bekannt, daß schon in den 50er Jahren des vorigen Jahrhunderts von Kirchweger eine Abdampf-Speisewasservorwärmanlage auf den Lokomotiven versucht worden war, die mehrere Jahrzehnte hindurch an zahlreichen Lokomotiven verwendet wurde. Diese Einrichtung wurde aber allmählich wieder von den Lokomotiven entfernt und geriet in Vergessenheit; sie hatte den Nachteil, daß das Wasser im Tender allmählich so heiß wurde, daß es von den Dampfstrahlpumpen oder von den Kolbenspeisepumpen nicht mehr angesaugt wurde. Einer ähnlichen Anlage von Körting aus dem Jahre 1877 ging es ebenso, obwohl sie eine Brennstoffersparnis von 6,4% erzielt hatte. Im Jahre 1883 hatte ferner die Maschinenbaugesellschaft Karlsruhe an die Straßburger Straßenbahngesellschaft eine kleine Lokomotive mit einem runden, von Röhren durchzogenen Vorwärmer und mit einer Kolbenspeisepumpe geliefert. Auch diese Anlage wurde wenig beachtet. Das allgemeine Interesse wandte sich damals mehr der Ersparnis durch das Verbundverfahren zu. Erst nachdem die Verbundlokomotiven ihre Kinderkrankheiten überwunden hatten und ihnen in den Heißdampflokomotiven gefährliche Wettbewerber erwuchsen, schenkte man zu Beginn des neuen Jahrhunderts in Deutschland auch der Speisewasservorwärmung wieder Beachtung. Den Anstoß hierzu gab wohl die Tatsache, daß es inzwischen gelungen war, gute kurbelwellenlose Dampfkolbenpumpen für die Erzeugung von Druckluft zu bauen (für die Druckluftbremse), so daß erwartet werden konnte, daß ähnliche Kolbenpumpen auch für die Speisung des Kessels verwendbar seien. Man leitete jetzt also nicht mehr den Abdampf in den Wasserkasten des Tenders, sondern saugte das kalte Speisewasser durch diese Kolbenpumpen an und drückte es durch den mit einem Teil des Abdampfes beaufschlagten Vorwärmer in den Kessel. Diese Vorwärmer enthielten ein Röhrenbündel, das meist innen vom Wasser und außen vom Dampf bestrichen wurde. Sie erwärmten das Speisewasser auf etwa 80—90° C.

In Preußen stand man der Speisewasservorwärmung im Anfang des Jahrhunderts noch ablehnend gegenüber. Noch im Jahre 1902 meinte der preußische Lokomotivausschuß, daß sich die Kolbenpumpen für Lokomotiv-Vorwärmer im allgemeinen nicht eigneten, weil sie leicht versagten und der Auspuffdampf gerade noch zur Erzeugung des Schornsteinzuges ausreiche. Nachdem aber in England schon seit mehreren Jahren die aus dem Schiffsbetriebe übernommenen Weir-Vorwärmeranlagen bei Lokomotiven im Betrieb waren, gelang es der Norddeutschen Armaturenfabrik (später Atlaswerke) in Bremen im Jahre 1911, die Preußische Staatsbahn zu einem Versuch zu bewegen. Der Grund für das lange Zögern der Preußischen Staatsbahn lag allerdings zum Teil auch wohl darin, daß namentlich die Heißdampflokomotiven anfangs die damals noch niedrigen Achsdrücke voll ausnutzten und der Oberbau und die Brücken erst allmählich vom Jahre 1907 an für höhere Achsdrücke hergerichtet wurden. Die Norddeutsche Armaturenfabrik lieferte eine Vorwärmanlage Weirscher Bauart. Diese Einrichtung bestand aus einem unter dem Kessel liegenden runden Vorwärmer (Abb. 456) mit einer Heizfläche von 7,5 m², dessen Messingheizrohre vom Abdampf umspült wurden. Das Wasser

Schnitt I—II. Schnitt III—IV.   Schnitt V—VI.

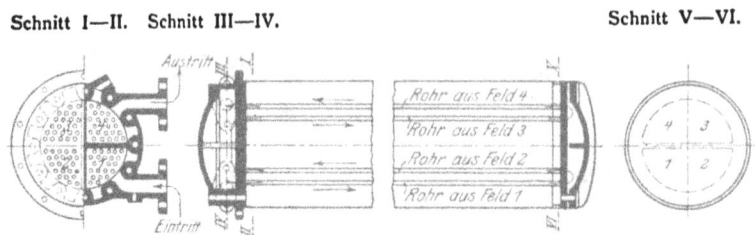

Abb. 456. Vorwärmer, Bauart Weir.

474

durchlief den Vorwärmer mehrfach und wurde von einer in der Ursprungsform stehenden, später aber liegenden Dampfkolbenpumpe aus dem Tender angesaugt und in den Kessel befördert. Der Vorwärmer war zwischen Wasserpumpe und Kessel in die Druckleitung eingeschaltet, die Pumpe saugte also stets kaltes Wasser an. Der niedergeschlagene Abdampf wurde nicht wieder verwertet (Oberflächenvorwärmung im Gegensatz zum Mischvorwärmer).

Nach einigen unwesentlichen Änderungen an der Anlage erzielte man eine Ersparnis bis zu 17%. Das war mehr, als man eigentlich rechnerisch erwarten konnte; den Grund für diese auffallende Erscheinung glaubte man bald darin gefunden zu haben, daß die Speisung mit vorgewärmtem Wasser den Wirkungsgrad stark beanspruchter Kessel ganz wesentlich verbesserte. Auch im regelmäßigen Betriebe betrugen Ersparnisse immer noch etwa 12%. An-

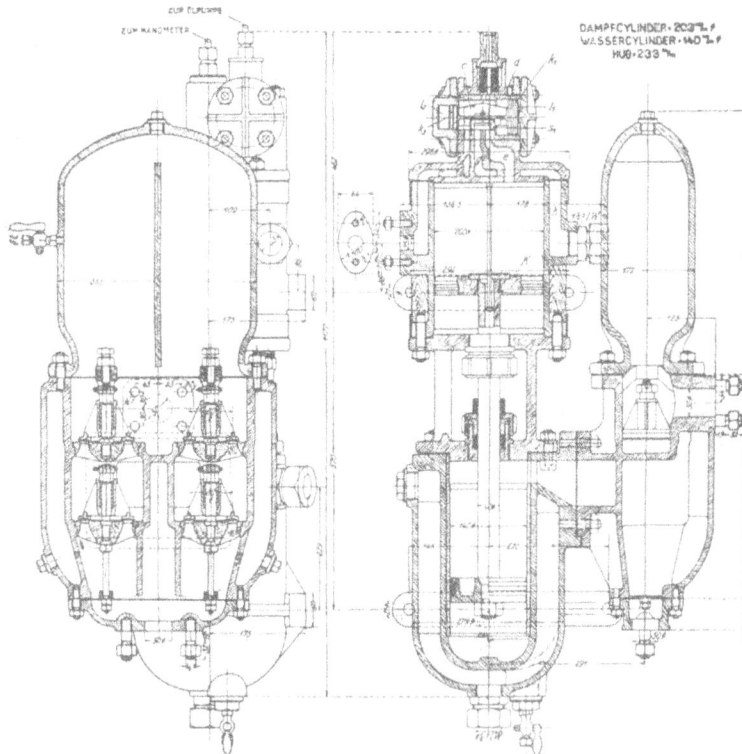

Abb. 457. Knorr-Speisepumpe 1912.

genehm empfunden wurde besonders die bequeme Regelbarkeit; die Temperatur des vorgewärmten Wassers lag bei etwa 90—100°. Nach den guten Erfahrungen mit der Anlage wurde dann die Vorwärmeranlage in größerem Umfange eingeführt. Dem preußischen Beispiel folgten andere Bahnen; die Einrichtung blieb überall grundsätzlich gleich. Im einzelnen wurde natürlich noch manches verbessert. So entwickelte z. B. die Firma Knorr eine neue verbesserte Speisepumpe (Abb. 457). Der Dampfteil der Pumpe wurde unverändert von der Luftpumpe der Bremse übernommen; der Wasserzylinder erhielt zum Schutze gegen Frost einen Dampfmantel.

Der Oberflächenvorwärmer wurde zunächst nach dem Vorschlag von Schichau flach und mit vierfachem Wasserumlauf ausgebildet (Abb. 458). Der Mantel A war an die Rohrwände E angeschweißt. Die verschiedene Ausdehnung der Rohre führte aber bald zu Undichtigkeiten an den Rohrwänden und am Mantel. Knorr führte daher den Vorwärmer nach Abb. 459 mit U-förmigen Umkehrenden aus. Die Rohre konnten sich daher ungehindert ausdehnen, außerdem fiel eine Wasserkammer fort. Sein Nachteil war, daß die Rohre jetzt nicht mehr einwandfrei gereinigt werden konnten. Daneben brachte die Lokomotivfabrik Vulcan in Stettin einen ähnlichen Vorwärmer heraus, der durch Scheidewände im Inneren so unterteilt war,

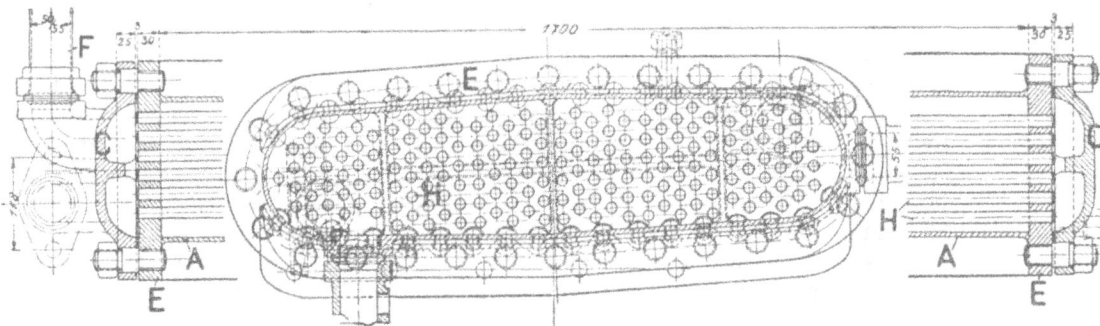

Abb. 458. Vorwärmer, Bauart Schichau 1912.

daß der Abdampf im Gegenstrom geführt wurde; seine teilweise ineinander liegenden Rohre aber hatten im Gegensatz zu der Knorrschen Ausführung am Umkehrende verschiedene Halbmesser. Die Preußische Staatsbahn führte dann im Jahre 1914 als Regelausführung zunächst den Knorrschen Vorwärmer mit gebogenen Rohren ein, aber nicht mit flacher, sondern mit runder Rohrwand.

Da, wie erwähnt, die gebogenen Rohre schlecht gereinigt werden konnten, entwickelte die Knorr-Bremse wiederum einige Jahre später einen runden Vorwärmer mit geraden Rohren und 2 Wasserkammern nach Abb. 460. Dieser Vorwärmer wurde seit dem Jahre 1919 ausschließlich verwendet und erhielt einen Umschalthahn, der einmal bei Schäden am Vorwärmer ein unmittelbares Speisen des Kessels von der Speisepumpe aus ermöglichte, dann aber den Lauf des Wassers im Vorwärmer umzukehren gestattete; dadurch wurde die Ablagerung von Kesselstein in den Rohren gleichmäßiger. Das Rohrbündel konnte zum Reinigen mit den Rohrwänden herausgenommen werden. Gleichzeitig wurde auch die Speisepumpe für doppelte Dampfdehnung eingerichtet (Bauart Nielebock-Knorr). Der verhältnismäßig hohe Dampfverbrauch der Pumpe ging dadurch beträchtlich zurück.

Als Zusatzeinrichtung zum Vorwärmer verwendete man in Süddeutschland die Schneidersche Vorrichtung zur Verhütung des Kaltspeisens bei geschlossenem Regler. Bei dieser Vorrichtung öffnete der Regler in der Schlußstellung ein kleines Dampfventil, das dem Vorwärmer Frischdampf zuführte, wenn kein Auspuffdampf mehr zuströmte.

Die Vorwärmer waren für alle Kesselgrößen einheitlich; sie hatten eine Heizfläche von etwa 13—16 m² und wurden von ungefähr einem Siebentel des Abdampfes der Lokomotive umspült. Der Abdampf wird der Ausströmung im Standrohr entnommen; bei älteren Lokomotiven entnahm man den Abdampf manchmal auch dem Ausströmkrümmer einer Zylinderseite.

Wie die verschiedenen Abbildungen zeigen, wurde der Vorwärmer unter und neben dem Kessel (auf dem Umlaufblech) oder vor der Rauchkammer, oder auch neuerdings oben auf dem Langkessel untergebracht. Schließlich verlegte man ihn nach dem Jahre 1920 in eine Nische in der Rauchkammer vor dem Schornstein.

Durch die Vorwärmeranlage wurde die eine der beiden Strahlpumpen überflüssig.

Die Knorrschen Speisewasservorwärmer, denen in Süddeutschland ähnliche Bauarten gegenüberstanden, wurden nicht allein in Deutschland, sondern u. a. auch in den Niederlanden eingeführt. Die österreichischen Bahnen entschlossen sich nach mancherlei Versuchen erst

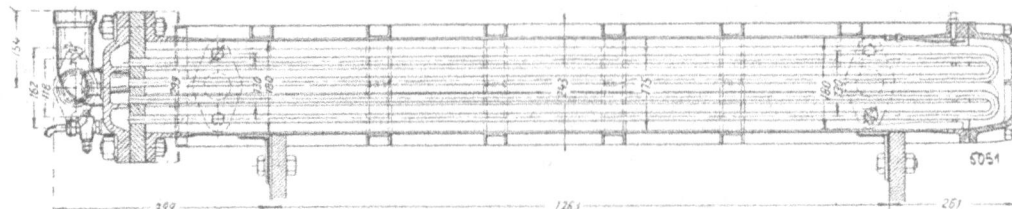

Abb. 459. Flacher Knorr-Vorwärmer 1912.

476

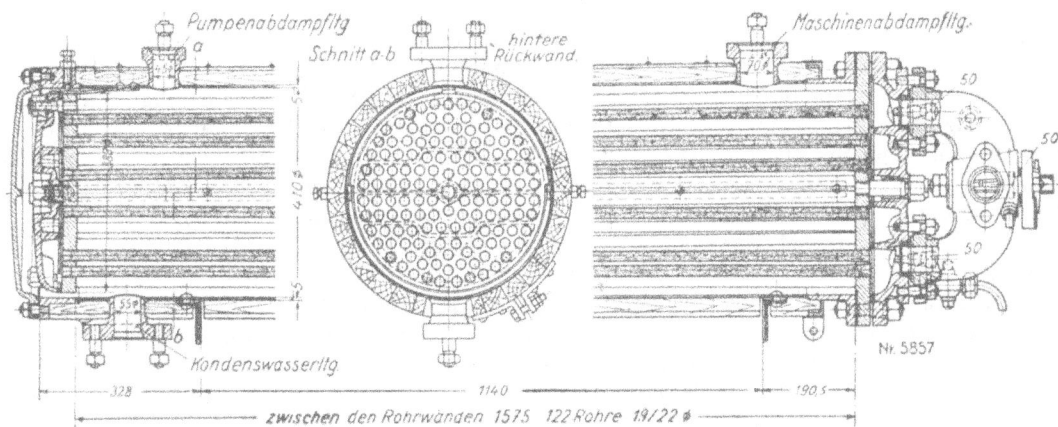

Abb. 460. Knorr Vorwärmer 1919 mit Umschalthahn.

im Jahre 1922 im Gegensatz zu den Oberflächenvorwärmern zu einem Einspritzvorwärmer der Bauart Dabeg mit einer vom Triebwerk angetriebenen Fahrpumpe; hier konnte der niedergeschlagene Abdampf wiedergewonnen werden. In Ungarn sah man von besonderen Vorwärmern ab, weil hier schon frühzeitig Speisewasserreiniger eingeführt waren, die ja das Speisewasser ebenfalls vorwärmten, allerdings ohne Brennstofferparnis.

Rauchgasvorwärmer in der Rauchkammer hat man mehrfach erprobt (z. B. die Bauarten Werle, Rihošek u. a.). Sie haben wohl etwas Wärme erspart, aber technisch nicht befriedigt. Ebenso hatte ein um den Schornstein aufgebauter vereinigter Abdampf- und Abgasvorwärmer von Borsig keinen dauernden Erfolg, da er mit einfachen Mitteln nicht sauber zu erhalten war.

SPEISEWASSERREINIGER AUF DER LOKOMOTIVE.

Mit den Speisewasserreinigern ging es ähnlich wie mit den Vorwärmern. Die alten im Bd. I, S. 393 beschriebenen Einrichtungen aus den 60er Jahren hatte man vergessen. Erst

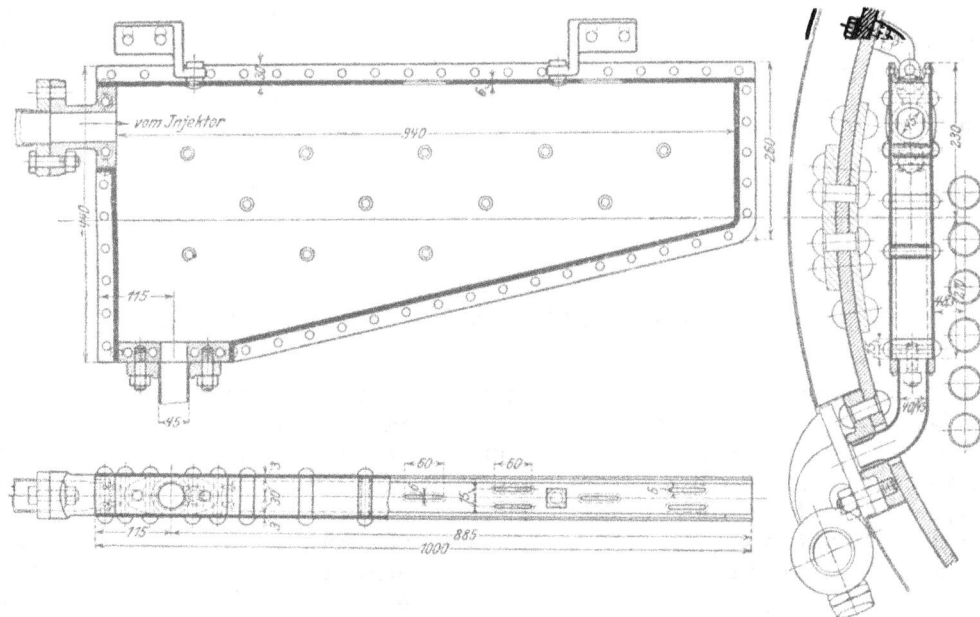

Abb. 461. Schlammabscheider, Bauart Gölsdorf 1906.

fünf Jahrzehnte später erweckte eine neue Generation sie zu neuem Leben; ihre Arbeitsweise war grundsätzlich unverändert. Das von der Speisepumpe kommende Wasser wurde in einem besonderen Speisedom über eine Anzahl von Rieselblechen verteilt und in möglichst innige Berührung mit dem Dampf gebracht. Hierdurch wurde es so kräftig erwärmt, daß sich die Kesselsteinbildner in den einzelnen „Stockwerken" je nach dem Grade der Erwärmung ausschieden. Die neueren Einrichtungen haben diesen Grundgedanken beibehalten, aber die Bauform und vor allem die Handhabung der Reinigung wesentlich verbessert.

Die Vorläufer dieser Rieselbleche waren die von Gölsdorf im Jahre 1907 eingeführten Taschen, Abb. 461, die seitlich im Langkessel lagen.

Die Reiniger mit Rieselblechen wurden erst nach dem Jahre 1910 beliebt. Man verwendete hauptsächlich 2 Bauarten: Die von Pecz-Rejtö bei der Ungarischen Staatsbahn und die von Schmidt u. Wagner bei der Preußischen Staatbahn.

Pecz legte, wie aus den Abbildungen fast aller neueren ungarischen Lokomotiven zu sehen ist, eine Längstrommel auf den Kessel (Abb. 462), in der das Wasser die Zellen c c der Reihe nach durchströmte und schließlich durch den Verbindungsstutzen a in den Kessel gelangte. Durch denselben,

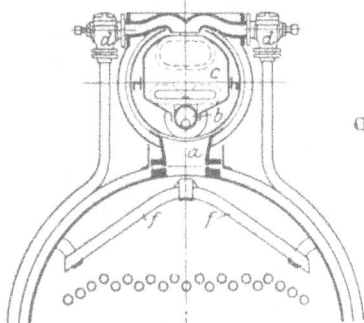

Abb. 462. Speisewasserreiniger „Pecz-Rejtö".

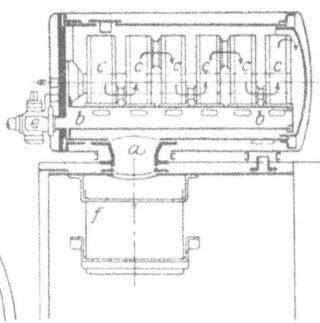

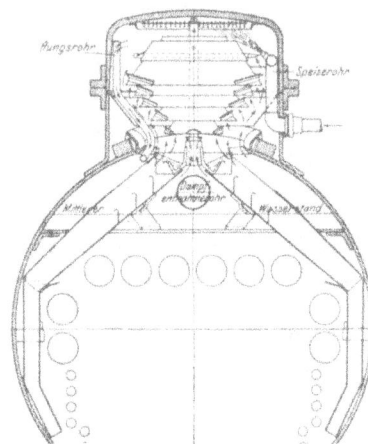

Abb. 463. Speisewasserreiniger
Schmidt u. Wagner, Ausführung 1918.

zuerst häufig zu eng gehaltenen Stutzen stieg auch der Dampf aus dem Kessel nach oben und mischte sich mit dem Speisewasser. Der Schlamm konnte durch einen Hahn e abgelassen werden; zur gründlichen Reinigung wurde die gesamte innere Einrichtung mit Rollen auf Schienen herausgezogen. Bei dem Speisewasserreiniger von Schmidt u. Wagner, der im Jahre 1913 bei der Preußischen Staatsbahn erprobt wurde, wurde das Wasser von den Rieselflächen nach dem Kesselboden abgeleitet. Nach mancherlei baulichen Änderungen wurden die Rieselbleche schließlich nach Abb. 463 in einem zweiten Dom, dem Speisedom, untergebracht. Vom Jahre 1918 an erhielten alle Streckenlokomotiven der Preußischen Staatsbahn solche Speisewasserreiniger.

EINRICHTUNGEN ZUR RAUCHVERBRENNUNG.

Das Streben, die Rauchplage im Zugbetrieb zu vermindern, hat die Fachleute immer wieder beschäftigt. Besonders bei Verwendung stark rußender Kohle, sodann in Gegenden mit langen und schlecht entlüfteten Tunneln und auf den Eisenbahnstrecken innerhalb der Großstädte suchte man der Belästigung durch den Rauch Herr zu werden. Zahlreiche Einrichtungen sind zu diesem Zwecke entwickelt worden, ohne daß es je einer gelungen ist, mit wirtschaftlichen Mitteln das Ziel in demselben Maße zu erreichen, wie es geschickte Feuerbedienung vermag. In den 80er Jahren machte man verschiedentlich Versuche mit Rauchverbrennungseinrichtungen, bei denen dem Feuerraum vorgewärmte Frischluft unter dem Feuerschirm zugeführt wurde. Eine solche Einrichtung von Schleyder aus dem Jahre 1902

478

ist in der Abb. 464 dargestellt. Sie
war mit einer Absaugevorrichtung
für die Rauchkammerlösche verbunden und wurde in Österreich
verschiedentlich verwendet. Versuche der Preußischen Staatsbahn
mit einer ähnlichen Einrichtung im
Jahre 1913 ergaben jedoch bei der
deutschen Steinkohle keine nennenswerte Rauchverzehrung.

Verbreiteter war in Österreich
noch die Einrichtung von Marek,

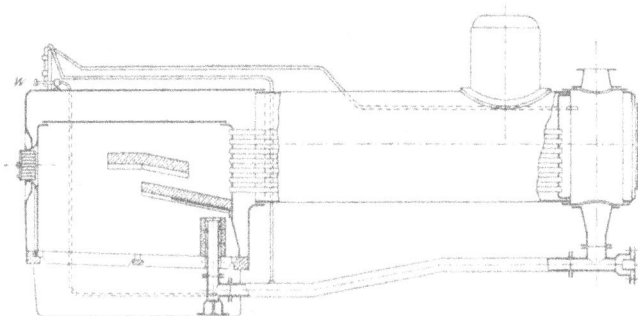

Abb. 464. Rauchverbrennung nach Schleyder.

bei der frische Luft durch einen Kanal in der Feuertür geradeaus und nach den Seiten auf
die Flammen geleitet wurde.

Andere Ausführungen waren fast ausschließlich aus der Thierryschen Rauchverbrennungseinrichtung entwickelt (s. Bd. I, S. 397, Abb. 634). Die verschiedenen Bauarten von Langer,
Staby, Langer-Marcotty, Marcotty und anderen unterscheiden sich voneinander hauptsächlich
nur durch die Art der Erzeugung, Anordnung und Steuerung des Dampfschleiers und der
Frischluftzuführung durch die Feuertür. Da sie immerhin die Rauchbelästigung fühlbar
verminderten, waren sie auf zahlreichen Lokomotiven zu finden. Sie scheiterten aber alle

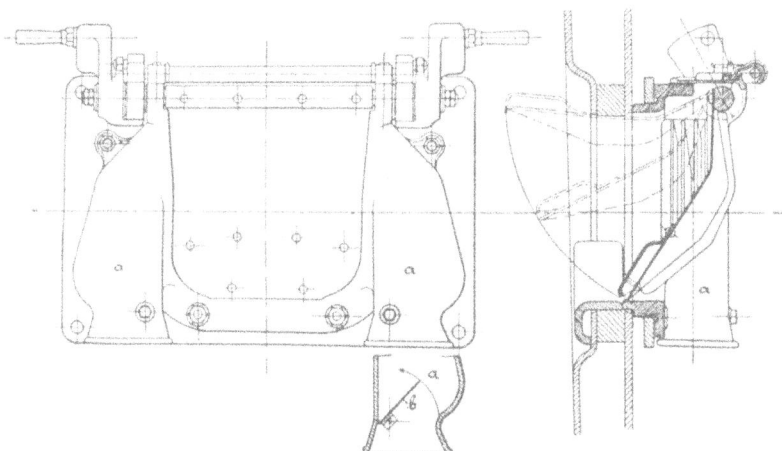

Abb. 465. Kipptür, Bauart Marcotty.

daran, daß sie oft recht verwickelt waren und auch schließlich im Betriebe nicht die zu ihrer
Wirksamkeit notwendige Pflege fanden. Die Erkenntnis, daß schließlich die Erhöhung der
Wärmeausnutzung der Feuerung durch die Vielteiligkeit der Einrichtungen und den Verbrauch
an Frischdampf zu teuer erkauft war, führte dann in Preußen zu einer vereinfachten Marcotty-
Bauart. Zunächst wurde der Dampfschleier fortgelassen, sodann das selbsttätige Bläserventil.
Abb. 465 zeigt die viel verwendete Marcotty-Kipptür. Die stärkere Luftverdünnung in der
Feuerbüchse nach dem Aufschütten frischer Kohle hebt die Klappe b in den seitlichen Kanälen
a—a an und gestattet den Eintritt der Frischluft. Der Türlochschoner wurde von der ständig
durch den Schlitz K angesaugten Frischluft gekühlt; diese Frischluft, als Oberluft zugeführt,
verminderte ebenfalls die Rauchplage.

ÜBERHITZUNG.

Die Frage der Überhitzung des Arbeitsdampfes der Lokomotive ruhte nach wenigen älteren Versuchen in der Mitte des vorigen Jahrhunderts lange; die Gründe sind an anderer Stelle genannt worden (s. S. 22). Nach beharrlichen Versuchen in aller Stille gelang es endlich dem Kasseler Zivilingenieur Wilhelm Schmidt in den 90er Jahren, der Heißdampflokomotive unter tatkräftiger Unterstützung von Garbe und Müller bei der Preußischen Staatsbahn zum Siege zu verhelfen. Die ganze Entwicklung des Überhitzers vom Langkessel- über den Rauchkammer- zum Klein- und Großrohrüberhitzer vollzog sich im Vereinsgebiet an der preußischen 2 B Schnellzuglokomotive in den Jahren 1898—1906 und ist dort auf S. 23 u. ff. geschildert.

Der Langkesselüberhitzer (Abb. 466) vom Jahre 1898 war die erste Bauform; er enthielt in einem Flammrohr von 445 mm Durchmesser 12 Heizschlangen von 30/35 mm Durchmesser. In der Mitte war von vorn ein Rohr eingeführt, das die Heizgase zwischen die Rohrbündel drängte und gleichzeitig einen Dampfbläser zur Kühlung bei abgestelltem Regler enthielt.

Als nächste Bauform erhielt der Rauchkammerüberhitzer nach einigen Änderungen in der Anordnung der Überhitzerrohre in der Rauchkammer schließlich die in der Abb. 467

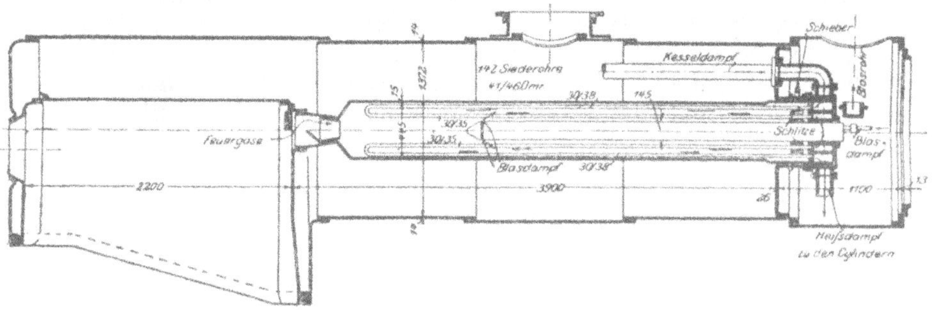

Abb. 466. Schmidtscher Langkesselüberhitzer 1898.

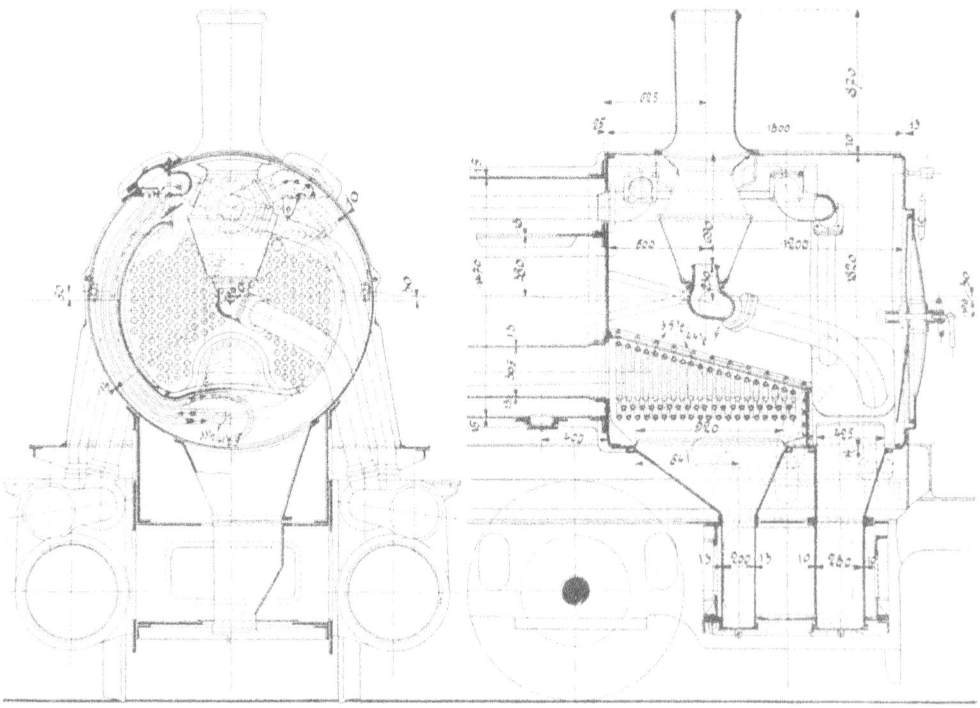

Abb. 467. Schmidtscher Rauchkammerüberhitzer 1902.

dargestellte Gestalt. Auch hier war es schwierig, das 305 mm weite Rauchrohr, das dem Überhitzer die heißen Gase aus der Feuerbüchse zuführte, dicht zu halten. Schmidt hatte jedoch gleichzeitig den Rauchröhrenüberhitzer nach Abb. 468 ausgearbeitet, der zuerst bei der Belgischen Staatsbahn und etwas später in Deutschland im Jahre 1903 bei der 1 C Tenderlokomotive der Lokalbahn-Aktiengesellschaft München und dann vom Jahre 1906 an auch allgemein bei der Preußischen Staatsbahn verwendet wurde. Bei ihm lagen in den Rauchrohren von etwa 125 mm Durchmesser 4 Überhitzerrohre, die der Dampf in zweimaligem Hin- und Rückwege durchstreichen mußte. Die einzelnen Überhitzereinheiten waren anfangs an einem waagerechten Flansch des Dampfsammelkastens befestigt (s. Abb. 468); später zog man jedoch verschiedentlich wegen des bequemeren Einbringens der Überhitzereinheiten den senkrechten Flansch nach Tafel 3 und anderen vor.

Anfänglich hatte man in der Rauchkammer besondere Reglerklappen angebracht, die durch Frischdampf gesteuert wurden und bei geschlossenem Regler den Rauchgasen den Durchtritt durch die Rauchrohre versperrten; sie sollten das Durchbrennen der Überhitzereinheiten verhüten. Diese Klappen wurden aber als nicht notwendig erkannt und wurden später

Abb. 468. Schmidtscher Rauchröhrenüberhitzer.

fortgelassen. Die Überhitzerheizfläche war zunächst im Verhältnis zur Verdampfungsheizfläche häufig noch recht klein, sie betrug selten mehr als 20—25% der Verdampfungsheizfläche. Nachdem es aber gelungen war, geeignete Schmiermittel und zuverlässige Kolbenschieber mit schmalen, federnden Schieberringen nach schwedischen Vorschlägen zu entwickeln, erhöhte man besonders in Preußen allmählich die Überhitzerheizflächen bis auf etwa 40% der Verdampfungsheizfläche. Die Dampftemperatur, die anfangs kaum über 300° lag, stieg damit allmählich auf 350—370°. In neuerer Zeit ist man sogar im regelmäßigen Betriebe auf etwa 420—430° gekommen, ohne daß sich Schwierigkeiten in der Schmierung der Kolben eingestellt haben. Die höhere Heißdampftemperatur ermöglichte eine Vermehrung der Rauchrohre, nähere Heranführung der hinteren Umkehrenden an die Feuerbüchsrohrwand (meist auf 600, vereinzelt sogar bis auf 300 mm) und Verkürzung der anfänglich oft bis in die Rauchkammer reichenden vorderen Umkehrenden. Besondere Sorgfalt erforderte die Befestigung der steifen Rauchrohre in den Rohrwänden. Die Rohre erhielten hierzu in Preußen 3 kleine Rillen innerhalb der Walzfläche (Abb. 469). Bisweilen wurden auch die Rauchrohre nach Vorschlägen von Pogany an der Feuerbüchsrohrwand gewellt.

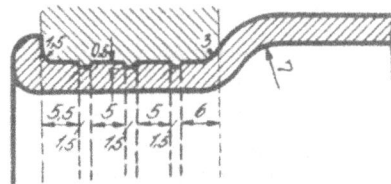

Abb. 469. Rauchrohrbefestigung in der Feuerbüchsrohrwand.

Da die Heißdampftemperatur bei dem Rauchrohrüberhitzer beim ersten Ingangsetzen nur langsam anzusteigen pflegte, hielt man zuerst die Heißdampflokomotive lange Zeit für wenig geeignet für oft haltende Züge und für den Verschiebedienst. Schmidt entwickelte daher im Jahre 1910 einen Kleinrohrüberhitzer, der sich schneller aufheizte. Hier wurde der Kessel gänzlich oder doch größtenteils mit Rohren von etwa 65/70 mm Durchmesser besetzt, die nun nicht 4, sondern nur 2 Überhitzerrohre enthielten. Der Dampf durchströmte aber dann mehrere der zweigliedrigen Überhitzerschlangen hintereinander. Da die Wandstärken der engen Schlangenrohre dünn sein konnten, stieg die Heißdampftemperatur schneller an. Ebenso konnte eine günstige Verteilung der Überhitzerheizfläche noch höhere Heißdampftemperaturen mit sich bringen. Der Kleinrohrüberhitzer wurde zumeist in kleinere Lokomotiven eingebaut, aber auch mehrfach für größere, insbesondere für Vorortverkehr; Tafel 17 zeigt den Kleinrohrüberhitzer an den E Tenderlokomotiven der Oberschlesischen Schmalspurbahnen. Häufig, namentlich in Holland, wurde er auch verwendet, wenn man die Serve-Rohre verlassen hatte. Hier ließen sich dann ohne weiteres die engen Rauchrohre des Kleinrohrüberhitzers einziehen, da sie annähernd den gleichen Durchmesser wie die Serve-Rohre hatten. Die Preußische Staatsbahn hat nur wenig Lokomotiven mit Kleinrohrüberhitzern besessen, denn Versuche der Deutschen Reichsbahn haben gezeigt, daß auch der übliche Großrohrüberhitzer selbst für Verschiebelokomotiven durchaus zweckmäßig ist. Auch hier konnten gegenüber den Naßdampflokomotiven noch beträchtliche Ersparnisse im Dampfverbrauch gemacht werden.

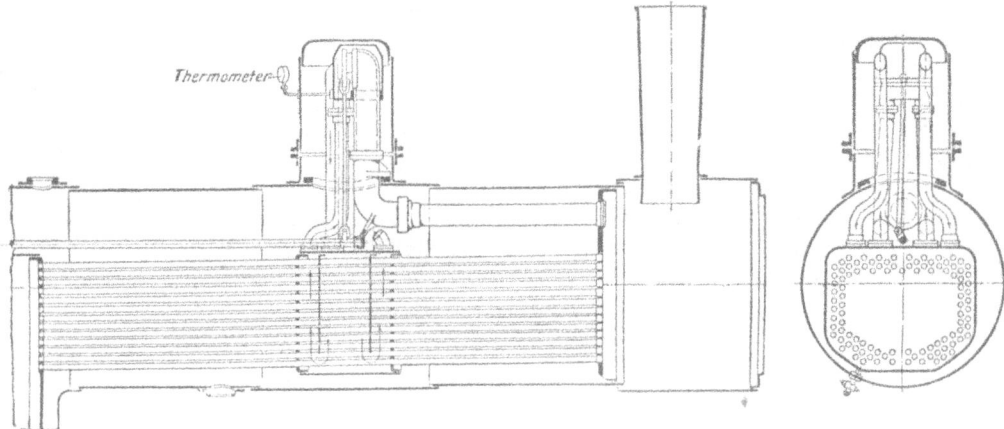

Abb. 470. Pielock-Überhitzer 1898.

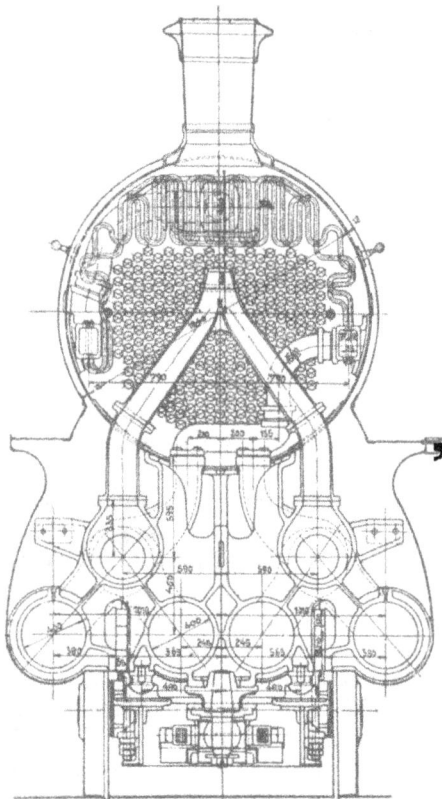

Abb. 471. Verloop Dampftrockner.

Abgesehen von der Bauform der Dampfsammelkästen ist am Großrohrüberhitzer seit dem Jahre 1906 kaum etwas grundsätzlich geändert worden. Nur die Rohrkappen an den hinteren Umkehrenden, die anfänglich aus Stahlformguß bestanden und aufgeschraubt waren, wurden später aus Flußeisen geschweißt oder gepreßt und an die Rohrenden angeschweißt.

Neben den Schmidtschen Überhitzern gab es schon seit dem Jahre 1898 eine andere Bauart, die schon mehrfach erwähnt worden ist: den Pielock-Überhitzer (Abb. 470). Dieser Überhitzer bestand aus einem Kasten, der meist in der Mitte des Langkessels (unter dem Dom) lag und die Heizrohre umgab. In diesem Kasten wurde der Dampf durch Trennwände hin- und hergeführt. Die Heizrohre des Kessels wurden in den Rohrwänden des Kastens durch entsprechend lange Rohrwalzen eingewalzt; das war um so eher möglich, als ja die Walzstellen nicht gegen Druckunterschiede zu dichten hatten, denn der Pielock-Überhitzer lag vor dem Regler. Dieser Überhitzer war zwar sehr einfach gebaut, er konnte aber wegen der niedrigen Dampfgeschwindigkeit in seinem Innern keine nennenswerte Überhitzung erzielen. Außerdem rosteten die Rohre im Überhitzerkasten nahe an den Rohrwänden sehr bald durch, obwohl man immer wieder versuchte, den Anrostungen durch Schutzüberzüge zu begegnen.

Die Überhitzungstemperaturen lagen kaum mehr als 50—60° über den Naßdampftemperaturen.

Der im Pielock-Überhitzer liegende Gedanke einer „Dampftrocknung" ist aber in der Jugendzeit der Heißdampflokomotive überall, wo man sich noch nicht gleich für eine hohe Überhitzung entschließen konnte, in dem schon von Crawford und Clench angegebenen sogenannten Dampftrockner verwirklicht worden. An der vorderen Rohrwand des Langkessels wurde ein Raum von etwa 1—1,5 m Länge zunächst durch eine zweite Rohrwand abgetrennt. In diesem Kesselraum sollte der Naßdampf getrocknet werden. Die Führung des Dampfes durch die Innenwände war bei den einzelnen Verwaltungen verschieden; von einer Überhitzung konnte natürlich kaum gesprochen werden. Diese Dampftrockner wurden besonders bei der Badischen Staatsbahn und der Österreichischen Staatsbahn verwendet; sie waren bedeutend dauerhafter als die Pielock-Überhitzer, wurden aber fast überall nach einer Reihe von Jahren wieder entfernt, weil die Heizrohre nur schlecht ausgewechselt werden konnten. Immerhin waren diese Dampftrockner Wegbereiter für die Überhitzung.

Daneben versuchte man aber auch, die Wärme der Rauchgase in der Rauchkammer zur Trocknung des Dampfes auszunutzen. Besonders gern benutzte man solche Rauchkammerdampftrockner als Verbinderdampftrockner bei Verbundlokomotiven. Einer der bekanntesten unter ihnen war der Verbinderdampftrockner von Ranafier. Ranafier verband die beiden Zylinder durch U-förmige Rohre, Klien und Verloop bildeten die U-Rohre als Schlangen etwa nach Abb. 471 aus. Die Dampftrocknung war durchaus gut; da es aber nicht möglich war, die Ölniederschläge innerhalb der Rohre zu beseitigen, haben sich auch die Verbinderdampftrockner nicht durchsetzen können.

IV. TRIEBWERK UND STEUERUNGEN.

DAS VERBUNDVERFAHREN.

Die ersten Verbundlokomotiven im Vereinsgebiet hatten bekanntlich nur 2 Zylinder. Diese Ausführung ist besonders in Österreich von Gölsdorf eifrig gefördert worden; man beschaffte sie sogar noch nach 1920. Im allgemeinen ließ man einen Zylinder (meist den rechten) möglichst unverändert und vergrößerte den anderen Zylinder entsprechend. Damit nun beide Zylinder bei gleichen Füllungen (d. h. ohne Änderung der Steuerung) gleiche Leistungen abgeben, mußte ein Raumverhältnis von etwa 1 : 3 eingehalten werden. Bei diesem großen Raumverhältnis mußte aber der Hochdruckzylinder sehr große Füllungen erhalten, wenn der Dampf in dem Niederdruckzylinder wirtschaftlich entspannt werden sollte. Die Dehnung war also unvollkommen; außerdem war in diesem Falle die Zugkraft der Lokomotive nach oben eng begrenzt, weil die Füllung des Hochdruckzylinders sich nur noch wenig vergrößern ließ.

Baute man aber die Steuerung so, daß dem Niederdruckzylinder etwa 10—15% mehr Füllung als dem Hochdruckzylinder gegeben werden, so ließ sich schon mit Raumverhältnissen von 1 : 2 bis 1 : 2,5 eine gleichmäßige Arbeitsverteilung auf die Zylinder erreichen. Solche Raumverhältnisse waren daher weit verbreitet, Gölsdorf allerdings zog ein großes Raumverhältnis vor (1 : 3). Einige Lokomotiven hatten sogar ein Raumverhältnis unter 1 : 2.

ANFAHRVORRICHTUNGEN.

Es wurde schon früher erwähnt, daß mit den ersten Verbundlokomotiven sich auch gleichzeitig die ersten Anfahrschwierigkeiten einstellten, die den Fachleuten immer wieder Sorgen bereitete. Wenn nämlich die Hochdruckkurbel in einem Punkte stand, bei dem der Hochdruckzylinder keinen Dampf erhielt, konnte die Lokomotive ohne eine besondere Einrichtung nicht ohne weiteres in Gang gebracht werden.

Schon im Anfang der 80er Jahre hatte man 2 Verfahren erprobt, die das Anfahren erleichtern sollten. Bei dem einen Verfahren wurde zunächst nur das erste Anziehen eingeleitet, nach einigen wenigen Umdrehungen sollte dann durch das Einziehen des Reglers (Reglerschleppschieber) oder z. B. durch das Zurücklegen der Steuerung im Verbundverfahren weiter gearbeitet werden. Das zweite Verfahren entsprach der Forderung, beliebig lange mit Zwillingswirkung zu fahren. Die erste Forderung führte zu den „Anfahrvorrichtungen" im engeren Sinne, die zweite zu den „Wechselvorrichtungen".

In Österreich sind fast nur Anfahrvorrichtungen verwendet worden, in Deutschland aber bevorzugte man Wechselvorrichtungen. Diese Vorrichtungen sollten folgende Bedingungen erfüllen: Dem Niederdruckzylinder mußte Frischdampf mit verminderter Spannung zugeführt werden; dabei mußte natürlich der Niederdruckzylinder gegen den Hochdruckzylinder abgesperrt sein, um dort einen Rückdruck zu vermeiden. Bei den Wechselvorrichtungen mußte außerdem der Abdampf des Hochdruckzylinders mit einer besonderen Leitung ins Freie geführt werden, solange mit Zwillingswirkung gefahren wurde.

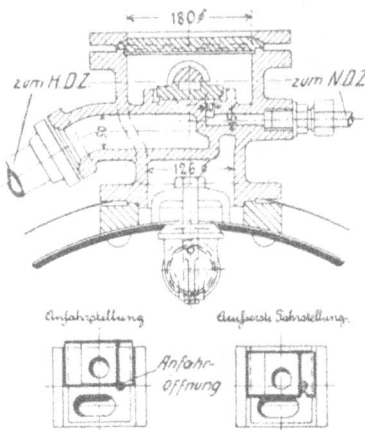

Abb. 472. Erste Anfahrvorrichtung von Borries 1883.

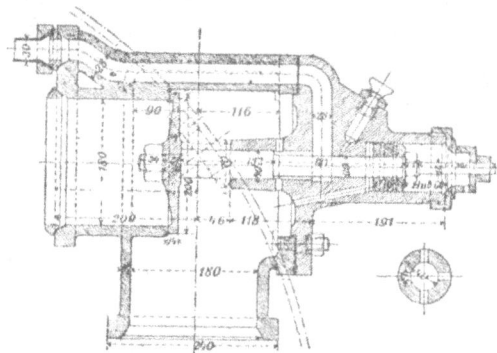

Abb. 473. Selbsttätiges Anfahrventil von Borries 1884.

Bei vierzylindrigen Verbundlokomotiven war an sich keine Anfahrvorrichtung notwendig, weil die Kurbeln der beiden Hochdruckzylinder um 90⁰ versetzt waren. Da diese Zylinder aber nur etwa halb so groß wie die Hochdruckzylinder von Zwillingslokomotiven sind, bereitet das Anziehen namentlich straff gekuppelter Züge dennoch Schwierigkeiten; man hat daher auch diese Lokomotiven mit Anfahr- oder Wechselvorrichtungen versehen. Von der großen Anzahl der verschiedenartigen Einrichtungen können hier nur einige besonders häufig angewendete behandelt werden.

Die erste deutsche Verbundlokomotive besaß eine durch von Borries angegebene Anfahrvorrichtung nach Abb. 472. Der Reglerschieber hatte eine Bohrung von 10 mm, die aber erst bei ganz ausgelegtem Regler freigegeben wurde. Wenn sich dann die Lokomotive in Bewegung gesetzt hatte, wurde der Regler etwas eingezogen. Das Anfahren ging befriedigend vonstatten, nachdem man die anfängliche Höchstfüllung des Hochdruckzylinders über 65% hinaus vergrößert hatte. Diese Anfahrvorrichtung hat von Borries dann auch später bei seinen vierzylindrigen Lokomotiven verwendet; die kleine Bohrung wurde jetzt aber nicht mehr bei ganz ausgelegtem Regler, sondern im Anfang der Reglerbewegung freigegeben.

Die erste Anordnung war für größere Zweizylinderlokomotiven nicht zweckmäßig, da die Lokomotiven bei ganz geöffnetem Regler leicht schleuderten. Hier zog man das selbsttätige von Borriessche Anfahrventil vom Jahre 1884 vor (Abb. 473), das zunächst bei der Preußischen Staatsbahn benutzt wurde, später aber auch im Ausland beliebt war. Beim Öffnen des Reglers trat Frischdampf durch das obere kleine Rohr hinter die Ventilstange, schob das Ventil vor und gelangte dann durch die kleinen Bohrungen in der Führung der Stange in das Einströmrohr

484

zum Niederdruckzylinder. Nach 1—1¹/₂ Umdrehungen war der Druck des von links kommenden Abdampfes der Hochdruckzylinder so hoch gestiegen, daß er das Ventil zurückschob. Jetzt arbeiteten die Zylinder in Verbundwirkung.

Bei der Anfahrvorrichtung von Lindner (Abb. 474) war ein Hahn V mit Kreuzbohrung mit der Steuerung derart verbunden, daß bei ausgelegter Steuerung Frischdampf aus dem Einströmrohr des Hochdruckzylinders in den Schieberkasten des Niederdruckzylinders übertreten konnte. Hier aber war ihm, wie die Abb. 474 zeigt, der Eintritt versperrt, wenn der Niederdruckschieber die Einströmkanäle abschloß; für diesen Fall konnte also kein Rückdruck auf den Hochdruckkolben entstehen. Die Lindnersche Einrichtung ist in Sachsen, Baden und anfangs auch in Österreich viel verwendet worden.

In Bayern wurde an zweizylindrigen Verbundlokomotiven etwa vom Jahre 1893 an nur die Kraußsche Anfahrvorrichtung vom Jahre 1889 benutzt. Sie besaß ebenfalls einen von der Steuerung bewegten Kreuzhahn. In die Hilfsdampfleitung war ein kleiner Schieber eingeschaltet, der z. B. vom Kreuzkopf des Hochdruckzylinders betätigt wurde und den Dampfzutritt zum Verbinder in bestimmten Kurbelstellungen freigab.

Die einfachste Anfahrvorrichtung wurde von Gölsdorf im Jahre 1893 vorgeschlagen (Abb. 475); sie hatte überhaupt keine beweglichen Teile. Der Schieberspiegel des Niederdruckzylinders besaß Öffnungen o—o, die dem Niederdruckschieberkasten Frischdampf aus dem Einströmrohr zuführten, aber nur solange, wie die Steuerung auf über 60—65% Füllung ausgelegt war, und auch nur dann, wenn der Schieber die Eintrittsöffnungen freigab. Die Gölsdorfsche Anfahrvorrichtung wurde in Österreich nach dem Jahre 1894 fast ausschließlich verwendet, sie war aber auch in anderen Ländern gebräuchlich.

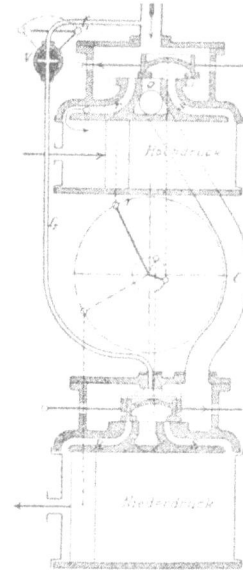

Abb. 474. Anfahrvorrichtung Lindner 1888.

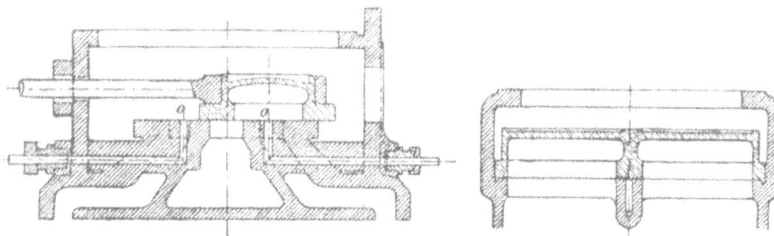

Abb. 475. Anfahrvorrichtung Gölsdorf 1893.

WECHSELVORRICHTUNGEN.

Eine Wechselvorrichtung war schon an der B n 2 v Tenderlokomotive vorhanden, die Schichau im Jahre 1881 an die Preußische Staatsbahn abgeliefert hatte. Diese Lokomotive (Abb. 47) besaß einen von Hand betätigten Wechselschieber, dessen Zug mit einem Druckminderungsventil in der Frischdampfleitung zum Niederdruckzylinder vereinigt war. Im Jahre 1892 entwickelte A. von Borries einen Wechselschieber (Abb. 476), bei dem ein durch die Stange Z von Hand gesteuerter Doppelkolben K k in der gezeichneten Stellung (Zwillingswirkung) die Ausströmung E des Hochdruckzylinders durch die Öffnungen m m mit dem Auspuff verband und gleichzeitig den Frischdampf durch das Rohr f in den Verbinder leitete. Diesen Wechselschieber bildete von Borries auch so aus, daß er mit Dampf umgesteuert werden konnte.

Der Wechselschieber von Dultz vom Jahre 1894 (Abb. 477) bestand aus einem doppelwandigen Gehäuse mit 3 getrennten Kolbenräumen. In der Zwillingsstellung strömte der

Abdampf der Hochdruckzylinder durch die Öffnungen r r in die Ausströmung. Der in die Kammer l eingeleitete Frischdampf strömte durch die Kammer s und die Schlitze p in den Verbinder. Dieser Dultzsche Wechselschieber ist wegen der gleichen Größe der Kolben leichter beweglich als der von Borriessche. Er wurde zu Beginn des Jahrhunderts bei der Preußischen

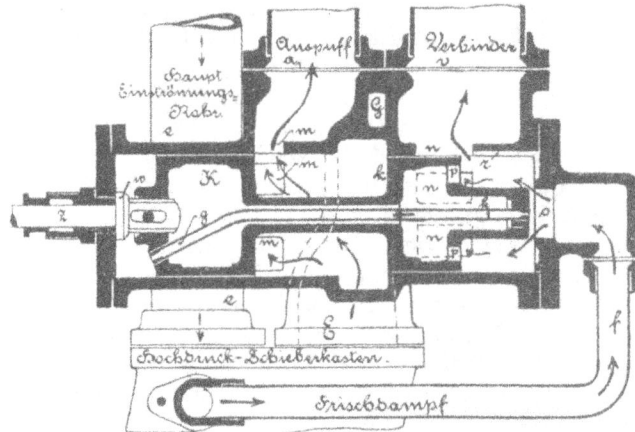

Abb. 476. Wechselschieber von Borries 1892.

Staatsbahn allgemein eingeführt. Die Vierzylinderlokomotiven der Bauart de Glehn besaßen durchweg einen Wechselschieber, der die Form eines langen Drehschiebers hatte.

von Borries hatte sich, wie gesagt, anfangs bei den Lokomotiven seiner Bauart mit einer Hilfsbohrung im Regler begnügt. Die Lokomotiven fuhren aber ziemlich träge an, weil der Gegendruck am Hochdruckkolben die Anfahrzugkraft verminderte. Um den Rückdruck auf

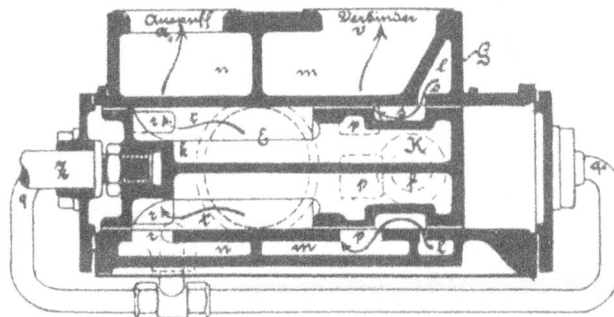

Abb. 477. Wechselventil Dultz 1894.

die Hochdruckkolben aufzuheben, wurden beide Hochdruckkolbenseiten durch Umlaufleitungen mit Hähnen verbunden, so daß der Kolben im Dampf schwamm. Dann ging man zu kurzen Drehschiebern über, die dem Hochdruckzylinder in der Mitte Frischdampf zuführten. Schließlich führte man aber doch Wechselschieber (Bauart Fresenius) ein, die mit Preßluft gesteuert wurden. Diese Wechselschieber wirkten ähnlich wie die Grafenstadener Drehschieber.

DAMPFZYLINDER.

Bei zweizylindrigen Lokomotiven waren im Vereinsgebiet überwiegend außenliegende Zylinder üblich; eine Ausnahme bildeten nur die holländischen Lokomotiven und die Lokomotiven der Abb. 147 und 176. Die Außenzylinder waren oft der Fahrzeugbegrenzungs-

486

linie wegen mehr oder weniger stark geneigt, besonders wenn sie einen großen Durchmesser hatten und die Treibräder niedrig waren. Vielfach lagen sie anfangs noch vor der ersten Achse; der Überhang wurde aber lästig, als die Geschwindigkeiten der Züge allmählich stiegen. Schon im Anfang der 80er Jahre legte man — wenigstens bei den schneller fahrenden Lokomotiven — die Zylinder hinter die erste Achse, die damit natürlich eine Laufachse werden mußte.

Neue Aufgaben für den Bau der Zylinder entstanden um die Jahrhundertwende, als die Vierzylinderverbundlokomotiven entwickelt worden waren. Bei diesen Lokomotiven konnte man hauptsächlich 2 verschiedene Zylinderanordnungen unterscheiden. Bei der von Borriesschen Anordnung lagen die 4 Zylinder in einer Querebene und trieben eine gemeinsame Achse an (meist die erste). Die Zylinder waren nach amerikanischer Art in 2 Stücken mit je einem Halbsattel gegossen, der die Rauchkammer trug; das Zylindergußstück war mit Paßschrauben an einem Barrenrahmen befestigt, der zwischen dem Hoch- und Niederdruckzylinder hindurchgesteckt war. Courtin dagegen hatte die 4 Zylinder wohl wegen der in Baden anfangs noch üblichen Blechrahmen in 3 Gußstücken untergebracht. Die letzte Anordnung wird oft bevorzugt, weil die Außenzylinder bei Beschädigungen durch Unfälle leichter und billiger ersetzt werden. Bei der weiteren Entwicklung dieser schwierigen Gußstücke strebte man besonders nach schlanker Dampfzu- und -abführung.

Neben der von Borriesschen Zylinderanordnung mit Einachsantrieb wurde auch die Anordnung nach de Glehn mit versetzten Zylindern und Zweiachsantrieb viel verwendet. Der Kampf um das Für und Wider beider Anordnungen zieht sich wie ein roter Faden durch die Entwicklungsgeschichte mancher Bauarten, besonders der deutschen 2 B 1 und 2 C Lokomotive.

Solange die Zylinder noch Flachschieber hatten, waren besondere Einrichtungen zum Schutze der Zylinder gegen plötzliche Drucksteigerungen (Wasserschläge) nicht notwendig, weil ja die Flachschieber abklappen konnten, wenn der Druck vom Zylinder her größer wurde als der von der Einströmseite. Nachdem sich aber der Kolbenschieber durchgesetzt hatte, mußten besondere Sicherheitsventile am vorderen und hinteren Zylinderdeckel angebracht werden.

Um den Arbeitsaufwand beim Leerlauf zu verringern, hatte man schon im Anfang der 90er Jahre selbsttätige Luftsaugeventile, zunächst nach der französischen Ausführung von Ricour, eingeführt, die an den Dampfeinströmrohren befestigt waren. Die Preußische Staatsbahn versah ihre Lokomotiven später mit Luftsaugeventilen, die vom Führerstande aus durch Preßluft gesteuert wurden. Da trotz dieser Ventile die Leerlaufarbeit noch nicht ganz beseitigt war, wurden die preußischen Heißdampflokomotiven, die meist zu kleine Schieber hatten, außerdem mit Druckausgleichern nach Abb. 478 ausgerüstet. Sie bestanden aus einem Kanal, der beide Zylinderenden miteinander verband und durch einen von Hand oder mit Preßluft gesteuerten Hahn oder später durch ein Ventil geöffnet werden konnte. Die Luftsaugeventile aber hatten einen grundsätzlichen Mangel: bei hoher Überhitzung verbrannte oder verkrustete das an den Kolben und Wänden niedergeschlagene Öl durch die angesaugte Luft, so daß die Schmierung versagte und ein starker Verschleiß der

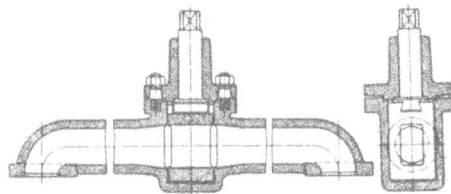

Abb. 478. Druckausgleicher mit Hahn.

Kolbenringe eintrat. Man sah daher bei den Heißdampflokomotiven der Reichsbahn dann wieder von den Luftsaugeventilen ab.

DAMPFKOLBEN.

Die Kolben waren anfangs noch einfache Guß- oder Preßkörper mit ⊏-förmigem Querschnitt. Später führte sich die widerstandsfähigere Form nach Abb. 479 mehr und mehr ein. Die Kolben der Naßdampflokomotiven hatten stets nur 2 sehr breite flache Kolbenringe. Nachdem sich aber bei den Heißdampflokomotiven herausgestellt hatte, daß 2 Kolbenringe nicht genügend dichteten, erhielten diese Lokomotiven Kolben mit 3 etwas schmaleren Ringen (Abb. 480). Die Ringe hatten außen kleine umlaufende Nuten als Ölverteiler, der mittlere Ring war außerdem noch an verschiedenen Stellen durchbohrt (Bohrung 3—4 mm Durchmesser), so daß der hinter ihn tretende Dampf den Anpreßdruck etwas erhöhte. Da die Über-

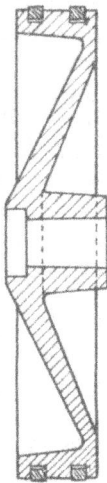

Abb. 479.
Kolben in
Z-Form.

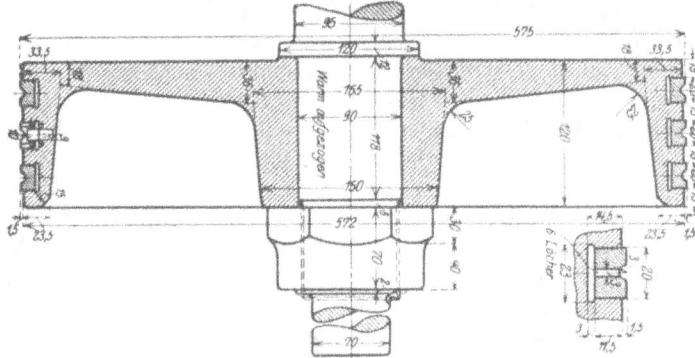

Abb. 480. Dampfkolben für Heißdampflokomotiven, Preußische Staatsbahn.

lappung an der Stoßstelle (Bd. I, S. 405, Abb. 648) bei den schmaleren Ringen leicht brach, zog man häufig einen schrägen Schlitz vor, der durch einen in den Kolbenkörper eingedrehten Stift geschlossen wurde. Dieser Stift verhinderte das Drehen der Kolbenringe. Die Kolbenkörper waren meist geschmiedet oder gepreßt; verschiedentlich verwendete man auch gern Stahlformguß, für kleinere Kolben und bei geschlossenen Kästen sogar Gußeisen. Die Kolbenstange wurde bei größeren Zylinderdurchmessern, etwa über 450 mm Durchmesser, gern nach vorn verlängert; bei den Heißdampflokomotiven waren durchgehende Kolbenstangen allgemein gebräuchlich.

SCHIEBER.

Kaum ein Teil an der Lokomotive hat sich in dem Zeitraum von 1880—1920 so verändert wie der Dampfschieber. Der alte Flachschieber hat nach der Einführung des Heißdampfes völlig dem Kolbenschieber weichen müssen und wurde schließlich auch bei Naßdampflokomotiven nur noch selten verwendet.

Der im Bd. I, S. 706, Abb. 649 dargestellte Flachschieber war noch im Anfange des neuen Jahrhunderts weit verbreitet. Meist war er als sogenannter „Trickscher Kanalschieber" mit doppelter Einströmung ausgeführt (vgl. Bd. I, S. 418, Abb. 670).

Solange die Flachschieber und die Dampfdrücke noch niedrig waren, traten im Betriebe kaum größere Schwierigkeiten auf, aber schon gegen Ende der 80er Jahre waren die Schieber so groß geworden, daß große Kräfte dazu gehörten, um sie zu bewegen. Die Konstrukteure fanden damals einen Ausweg in der Entlastung, wobei auf verschiedene Weise die vom Dampf beaufschlagte Fläche und damit auch der Flächendruck am Schieberspiegel verkleinert wurde. Die beliebteste Ausführung im Vereinsgebiet war der entlastete Flachschieber von v. Borries (Abb. 481). Bei dieser Bauart war der Schieberkörper oben als schwach balliger Ring r_0 ausgebildet, auf dem ein kegliger Ring r_1 dampfdicht aufgeschliffen war, der wieder durch einen zweiten Kegelring r mit 4 Federn F gegen die ebene Stützplatte P gedrückt wurde. Wenn auch solche Ent-

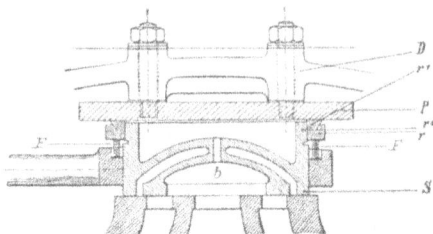

Abb. 481. Schieberentlastung von Borries.

lastungsvorrichtungen die Schieberreibung schon merklich verminderten, so blieb immer noch ein gewisser Bewegungswiderstand bestehen, der den Verschleiß auf dem Schieberspiegel und im Schiebergestänge begünstigte und den Lokomotivführern das Zurücklegen der Steuerung während der Fahrt sehr erschwerte. Völlige Abhilfe konnte nur durch einen ganz entlasteten Schieber gebracht werden.

Es ist eigenartig, daß erst 50 Jahre der Lokomotiventwicklung verstreichen mußten, bis man die zweckmäßige Schieberform fand: den Kolbenschieber. Der besondere Vorteil dieses Schiebers war, daß er aus einem reinen Drehkörper bestand, also sehr leicht hergestellt werden konnte, und daß er vollständig entlastet war, wenn man den Frischdampf z. B. von innen, also aus dem Raum zwischen den Schieberkörpern einströmen ließ (innere Einströmung). Gegen eine äußere Einströmung sprach die Notwendigkeit, Hochdruckstopfbüchsen an der Schieberstange vorzusehen.

Kolbenschieber wurden im Vereinsgebiet zum ersten Male im Jahre 1878 bei der Theißbahn verwendet (vgl. Bd. I, Tafel 38). Diese Schieber hatten schon damals innere Einströmung, die später fast allgemein vorgezogen wurde, sie wurden aber zunächst wenig beachtet. Erst im Jahre 1889 griff A. von Borries den Gedanken des Kolbenschiebers an der 1 B n 2 v Lokomotive der Preußischen Staatsbahn (Abb. 5) wieder auf. Er versah aber zunächst nur den Hochdruckzylinder mit einem Kolbenschieber und verfocht in den folgenden Jahren in Wort und Schrift eifrig die Vorteile des Kolbenschiebers; er konnte ihn aber erst vom Jahre 1900 an den Hochdruckzylindern seiner Naßdampf-Vierzylinderverbundlokomotiven durchsetzen.

Die vom Betriebe an einen Kolbenschieber gestellten Anforderungen waren hoch: er sollte gut abdichten, einfach gebaut sein, ein geringes Gewicht haben, reichliche Eintrittsquerschnitte für den Dampf bieten, schnell abschließen, eine zu hohe Kompression verhüten und kurze Dampfwege im Zylinder ermöglichen. So kam es, daß zahlreiche Erfinder und Konstrukteure sich auf dieses Gebiet wagten. Eine Unmenge verschiedener Bauarten erschien auf dem Markte; heiße Kämpfe entbrannten unter den Fachleuten besonders über die Art der Abdichtung des Kolbenkörpers gegen die Schieberbüchse. Wenn auch der Kolbenschieber bei den älteren Naßdampflokomotiven der Achsfolgen 1 B und 2 B noch nicht gerade dringend notwendig war, so zeigte sich bei den ersten Heißdampflokomotiven Garbes schon sehr bald, daß das betriebssichere Arbeiten der Schieber von ausschlaggebender Bedeutung war. Da die Schmierung der Flachschieberflächen bei den höheren Dampftemperaturen nicht mehr möglich war, mußte Garbe sogleich zu einem Kolbenschieber übergehen.

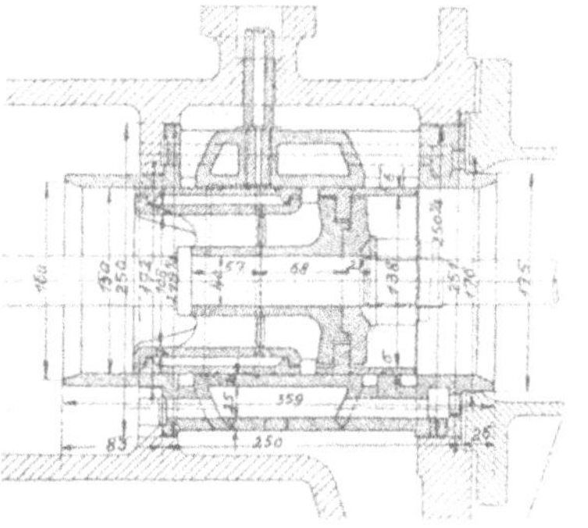

Er schlug im Jahre 1901 einen außerordentlich einfachen Kolbenschieber vor (Abb. 482), der aus einteiligen Schieberkörpern ohne Schieberringe bestand; im Betriebe

Abb. 482. Kolbenschieber Schmidt mit festen Ringen und geheizter Buchse.

zeigte sich aber bald, daß ein solcher Schieber unbrauchbar war, weil er durch kein Mittel dicht zu halten war. Garbe teilte daher bald den Körper auf, indem er ihn mit geschlossenen, nicht federnden Ringen umgab, welche die Abdichtung der Dampfräume übernehmen sollten. Die Schieberbüchse wurde durch Frischdampf geheizt, damit sie möglichst immer dieselbe Temperatur wie Schieberkörper und Dichtringe besaßen. Bezeichnend für die Einschätzung der Eigenschaften des Heißdampfs durch Garbe ist, daß seine ersten Schieber selbst bei Dampfzylindern bis zu 550 mm Durchmesser einen Durchmesser von nur 150 mm hatten. Garbe glaubte nämlich, daß bei der großen Dünnflüssigkeit des Heißdampfes so kleine Schieberquerschnitte ausreichten. Aber schon bei dem kleinen Schieberdurchmesser von 150 mm und trotz der sorgfältigsten Einbauvorschriften (der Schieberring sollte um 0,045 mm im Durchmesser kleiner sein als die Büchse, er sollte bei 23° höherer Temperatur durch die Büchse gerade noch hindurchgehen, an einzelnen Stellen des Ringes sollte dann noch „ein Hauch mehr" fortgenommen werden) war der Schieber im Lokomotivbetriebe mit seinen fortwährend wechselnden Schieberkastentemperaturen nicht dicht zu halten. Entweder war er bei allen Wärmegraden leicht beweglich und dann undicht, oder er war im warmen Zustande dicht oder fraß sich dann häufig fest. So mußte er nach wenigen Jahren endgültig verlassen werden.

Die Preußische Staatsbahn stellte nun mit einer großen Reihe verschiedener Bauarten von Schiebern mit breiten und schmalen federnden Ringen, mit einfacher und doppelter Ein- oder Ausströmung, mit Hilfskammern zum Niedrighalten der Kompression (Bauart Hochwald) usw. eingehende Versuche an. Die Kammerschieber ließen keine wirtschaftlichen Erfolge erkennen, die breiten Dichtringe dichteten nicht gut ab. Die Wahl fiel nach langem Hin und Her auf einen Schieber mit einfacher Einströmung und schmalen federnden Ringen nach Abb. 483, der bei 220 mm Durchmesser nur 30 kg wog und sich ausgezeichnet bewährte.

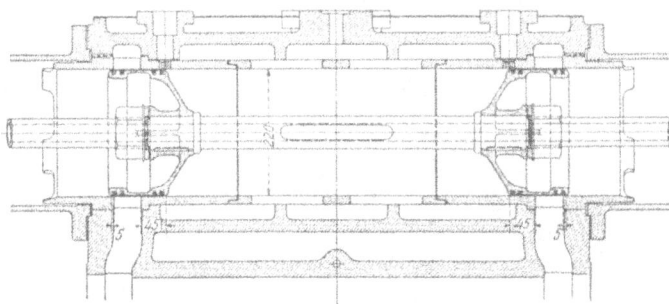

Abb. 483. Heißdampf-Kolbenschieber,
Preußische Staatsbahn 1913.

Dieser Schieber ist dann auch Regelschieber der Deutschen Reichsbahn geworden. Der Durchmesser der Schieber blieb in Preußen bis zum Aufgehen in der Reichsbahn unverändert; anderorts aber wurde er allmählich vergrößert und stieg oft bis auf den halben Durchmesser des zugehörigen Zylinders.

Namentlich die Niederdruckzylinder der Vierzylinder-Verbundlokomotiven erforderten oft recht große Abmessungen; die Österreichische Staatsbahn setzte dabei den Niederdruckschieber mit den in 2 Teilen geteilten Hochdruckschieber auf eine Stange (Abb. 484). Die dort sichtbaren breiten federnden Schieberringe waren in Österreich üblich. Daneben hatte auf Anregung von Hugo Lentz die Hanomag im Jahre 1905 begonnen, die Lentzsche Ventilsteuerung

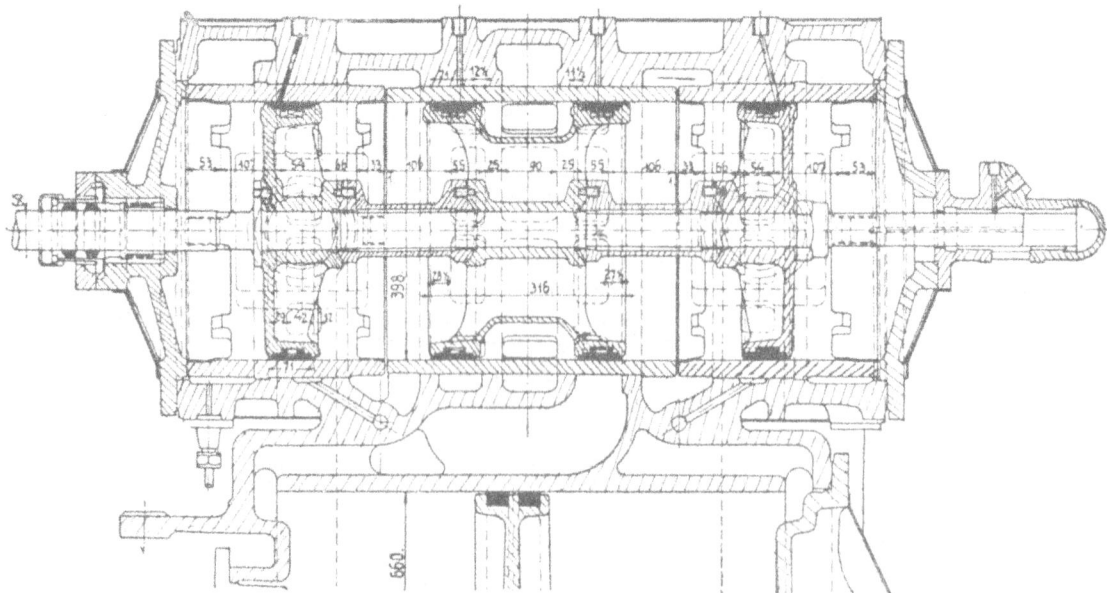

Abb. 484. Kolbenschieber der 1 C 2 h 4 v, Österreichische Staatsbahn.

490

(Abb. 485), die sich an ortsfesten Maschinen bewährt hatte, auch auf Lokomotiven zu übertragen. Zunächst waren es kleinere Privatlokomotiven, die mit der Ventilsteuerung ausgerüstet wurden. Im Jahre 1908 ging aber die Oldenburgische Staatsbahn zu einer größeren 2 B Schnellzuglokomotive mit Lentz-Ventilsteuerung über. Vorher, im Jahre 1906, hatte schon die Preußische Staatsbahn einen Versuch mit dieser Steuerung an einer ihrer 2 B 1 Schnellzuglokomotiven (Gattung S 7) gemacht. Die Lokomotive war auf der Ausstellung in Mailand ausgestellt und erregte hier einiges Aufsehen.

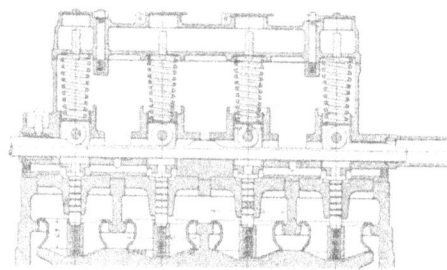

Abb. 485. Ventilsteuerung Lentz 1906.

In größerem Umfange wurde die Ventilsteuerung unter Ranafier bei der Oldenburgischen Staatsbahn eingeführt.

Nach dem Weltkriege (1920) ließ auch die Österreichische Bundesbahn bei einer größeren Zahl von Lokomotiven ihre veraltete Kolbenschiebersteuerung durch eine Lentz-Ventilsteuerung ersetzen, allerdings in anderer Anordnung mit liegenden Ventilen.

STEUERUNGEN.

In den 80er Jahren des neunzehnten Jahrhunderts war die Allan-Steuerung die verbreitetste Steuerungsbauart im Vereinsgebiet (vgl. Bd. I, S. 413, Abb. 662), man verfuhr aber nicht einheitlich in der inneren oder äußeren Anordnung. Die Anordnung, die wieder von der Zylinder- und Schieberlage abhing, wurde damals für den Bereich der Preußischen Staatsbahn entschieden (vgl. S. 6). Man entschied sich für die Innenlage, in Österreich und Ungarn aber blieb man Anhänger der Außensteuerung. Im Jahre 1886 führte von Borries die Heusinger-

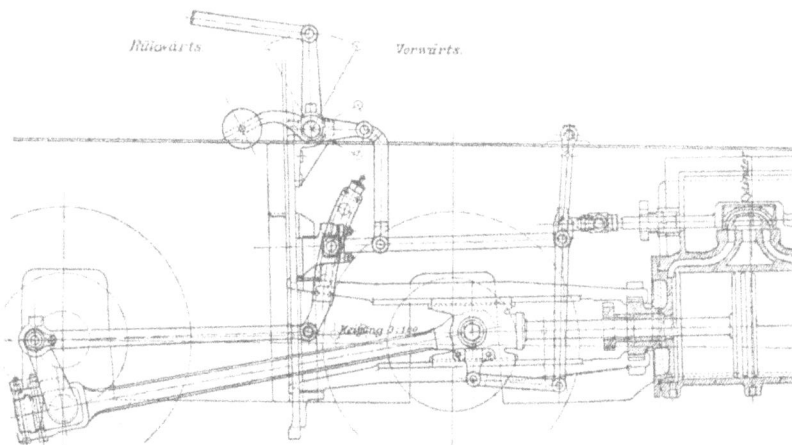

Abb. 486. Heusingersteuerung.

Steuerung (Abb. 486) wieder ein nach dem Vorbilde der 1 B Lokomotive der Westfälischen Eisenbahn (vgl. Bd. I, S. 192, Abb. 244). Er bahnte ihr damit den Weg zu ihrem langsamen, aber sicheren Siegeszuge über die ganze Welt, denn ihre einfache und übersichtliche Bauweise machte sie sehr bald überall beliebt. Mehrfache Wandlungen hat die Aufhängung der Schieberschubstange erfahren. Um lange Hängeeisen zu erhalten, hatte von Borries bei der Lokomotive in der Abb. 5 die Steuerwelle über den Kessel gelegt; bei den preußischen 2 B Lokomotiven der Gattung S 3 war zu demselben Zweck unten am Gleitbahnträger eine Zwischenwelle vorgesehen. Erst als die Kesselmittellinie weiter hinaufrückte (z. B. Abb. 112), ließ sich bei niedrigen Treibrädern und bei der Lagerung der Welle dicht unter dem Kessel eine ausreichende Länge des Hängeeisens erzielen. Häufig führte man auch, besonders bei Tenderlokomotiven, die Schieberschubstange in einer sogenannten Kuhnschen Schleife, die für beide Fahrtrichtungen gleiches Steinspringen ergab. Diese Schleife bestand aus einem Längsschlitz in der nach hinten verlängerten Schieberschubstange (s. Abb. 15). Jetzt konnten die Steuerwelle und die Schwingenwelle in gleicher Höhe liegen. Schließlich rückte die Steuerwelle bei einer Ausführung der schweizerischen Lokomotivfabrik Winterthur sogar in die Achse der Schwinge hinein (Abb. 91 und Abb. 28). Hierbei mußte dann aber der Kopf der Steuerwelle die Schwinge gabelartig umfassen; die Kuhnsche Schleife lag dann vor der Schwinge. Diese Anordnung war wohl vorteilhaft, weil sie wenig Platz benötigte, jedoch war sie etwas schwer.

Die Vierzylinderverbundlokomotiven der Bauart de Glehn hatten stets getrennte Steuerungen für die einzelnen Zylinder. Erst von Borries leitete im Jahre 1900 bei seinen Lokomotiven den Antrieb der Steuerung je eines Zylinders durch ein Hebelgestänge von der einen, anfänglich innen angeordneten Schwinge ab (Abb. 489), doch behielt er getrennte Voreilhebel bei. Die notwendigen verschiedenen Füllungen der Hoch- und Niederdruckzylinder konnten dabei nach Wunsch eingestellt werden. Bei gleichem Füllungsverhältnis, insbesondere bei den Vierlingslokomotiven, brauchte man nur die Bewegung der einen Schieberstange durch Umkehrhebel oder Umkehrwellen auf die andere Schieberstange zu übertragen.

Bei den Dreizylinderlokomotiven war es möglich, durch Zusammensetzung der Bewegung der beiden äußeren Schieber den inneren Schieber zu steuern. Die sehr verschiedenartige

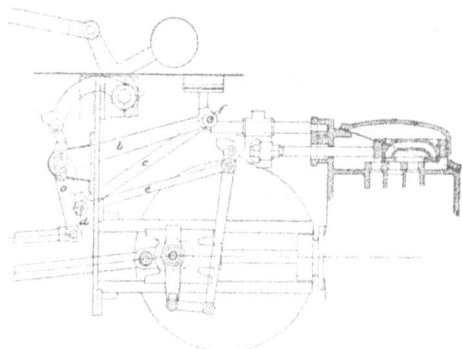

Abb. 487. Winkelhebelsteuerung Gölsdorf.

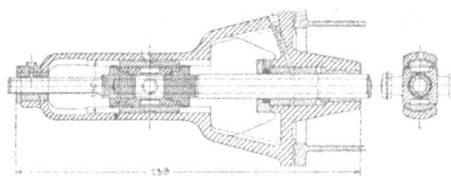

Abb. 488. Hintere Schieberstangenführung, Preußische Staatsbahn.

bauliche Durchbildung dieser Anordnungen ist bei den einzelnen Lokomotivtypen besprochen worden.

Die Joy-Steuerung gewann außer bei Zahnradlokomotiven kaum irgendwelche Bedeutung (vgl. z. B. Abb. 436). In Österreich war bei kleineren Lokomotiven die Gölsdorfsche schwingenlose Winkelhebelsteuerung (Abb. 487) verschiedentlich zu finden.

Die Schieberstangen waren anfangs noch auf sehr einfache Weise in brillenähnlichen Führungen geführt. Als aber die Schiebermassen schwerer wurden und man z. B. beim Kolbenschieber Wert darauf legte, daß die Schieberkörper nicht auf dem Schieberspiegel auflagen, widmete man der Schieberführung besonders an dem hinteren Teil der Schieberschubstange besondere Aufmerksamkeit. So besaßen die preußischen Heißdampflokomotiven eine nachstellbare hintere Schieberstangenführung (Abb. 488), die sich gut bewährte und später fast allgemein verwendet wurde.

Für die Umsteuerung waren die Schrauben- und vereinzelt auch die Händelumsteuerungen gebräuchlich. In Württemberg u. a. wurden auch bei großen Lokomotiven noch lange Händel verwendet, die man sonst eigentlich nur bei Verschiebelokomotiven gern benutzte, weil sie ein schnelles Umsteuern ermöglichten. Im allgemeinen benutzte man jedoch die Schraubenumsteuerung nach Bd. I, S. 419, Abb. 674. Wenn im Führerhaus sehr wenig Raum zur Verfügung stand, rückte manchmal die Mutter mit der Schraube nach vorn hinaus (z. B. bei den Lokomotiven in der Abb. 101).

492

KREUZKOPF, GLEITBAHN UND STANGEN.

Die Kreuzköpfe waren bis zum Anfang der 90er Jahre durchweg in 2 Gleitbahnen geführt. Im Jahre 1894 führte von Borries in Deutschland nach amerikanischen Vorbildern an seiner Lokomotive (Abb. 38) den einschienigen amerikanischen Kreuzkopf ein. Dieser Kreuzkopf wurde zunächst bei Lokomotiven mit niedrigen Rädern beliebt, weil bei ihnen eine zweigleisige Gleitbahn häufig nicht mehr innerhalb der Umgrenzungslinie untergebracht werden konnte. Vor allem aber lernte man auch den Vorteil seines leichteren Gewichtes schätzen, so

Abb. 489. Eingleisiger Kreuzkopf.

daß man ihn schließlich auch viel an Lokomotiven mit höheren Rädern (z. B. Abb. 489) anwendete. Er machte unten am Kreuzkopf einen Fangbügel erwünscht, der die Stange bei einem etwaigen Stangenbruch auffangen sollte.

Die Treib- und Kuppelstangen wurden bis zum Jahre 1920 fast allgemein nach Bd. I, S. 425, Abb. 686 ausgeführt. An den preußischen Heißdampflokomotiven hatte man die waagerechte Keilnachstellung am vorderen Treibstangenlager verbessert (Abb. 490). Der hakenförmige, in die Stange eingelegte Körper enthielt

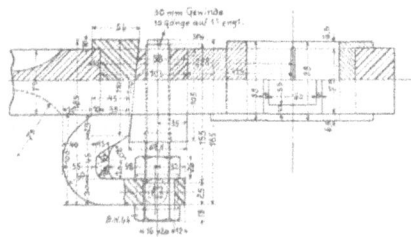

Abb. 490. Vorderes Treibstangenlager.

das Auge für die Keilschraube. Außen zog man im allgemeinen geschlossene Stangenköpfe vor, beim Innentriebwerk dagegen ließen sich offene Köpfe nicht umgehen. Die anfänglich verwendete Bauart Grafenstaden (Abb. 491) war nicht kräftig genug und mußte bei der Preußi-

a) Grafenstaden   b) Preußische Staatsbahn   c) Bayerische Staatsbahn

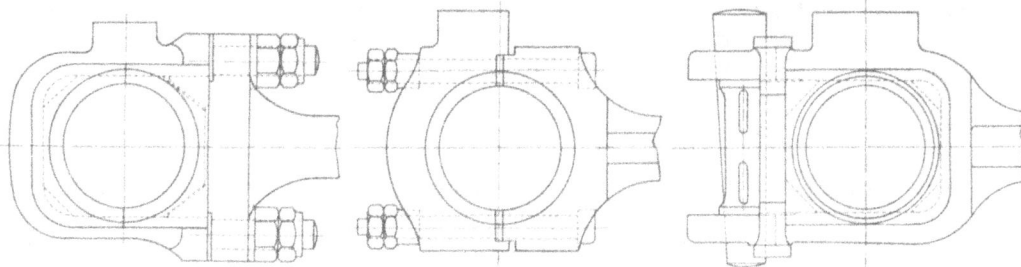

Abb. 491. Offene Stangenköpfe.

493

schen Staatsbahn dem sogenannten Marinekopf (Abb. 491) weichen. Bei der Bayerischen Staatsbahn war ein Stangenkopf gebräuchlich, der sehr einfach war, aber in der Höhe großen Raum beanspruchte (Abb. 491). Diese Bauart wurde nach dem Kriege auf die preußische P 10 Lokomotive (Abb. 28) übernommen und hat sich bewährt.

STOPFBÜCHSEN.

Noch bis nach dem Jahre 1900 wurden die Stopfbüchsen, besonders die der Schieberstangen, häufig mit Hanfschnüren und Talkum gedichtet. Daneben setzten sich aber nach und nach auch metallische Packungen, meist aus kegeligen Weißmetallringen bestehend, durch. Bei den unzähligen verschiedenen Bauarten war das Bestreben vorherrschend, der Kolbenstange ein gewisses Spiel zu geben. Als aber der Heißdampf eingeführt wurde, waren die bisher üblichen Bauarten nicht mehr widerstandsfähig genug gegen die hohen Temperaturen. Schmidt mußte daher eine neue Stopfbüchs-Bauart entwickeln (Abb. 492), bei der zwar noch die Weißmetallringe beibehalten waren, doch waren sie weit herausgezogen und durch eine doppelte Luftschicht von den heißen Zylinderteilen getrennt. Die ganze Dichtung war sehr beweglich; sie wurde im Vereinsgebiet bei Heißdampflokomotiven sehr viel angewendet.

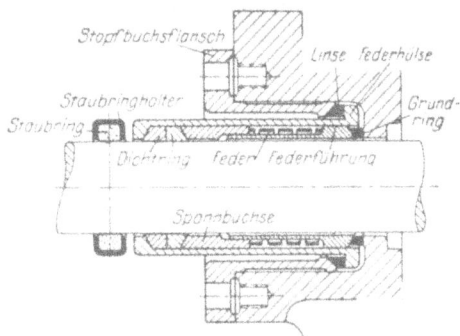

Abb. 492. Kolbenstangenstopfbüchse Bauart Schmidt.

Daneben aber wurde auch versucht, die gußeisernen Dichtringe, die sich im ortsfesten Dampfmaschinenbau bewährt hatten, im Lokomotivbau einzuführen. Der Gedanke hat im Laufe der Jahre viele Wandlungen durchgemacht. Heute, nachdem harter Stangenbaustoff die Regel bildet, ist die Stopfbüchse mit gußeisernen Dichtringen die beliebteste Bauart bei Heißdampf- und Naßdampflokomotiven, weil sie betriebssicher ist, wenig Unterhaltung benötigt und eine hohe Lebensdauer erreicht. Diese Dichtringe bestehen meist aus mehreren Ringstücken, die mit einer weichen Schlauchfeder an die Kolbenstange angedrückt werden.

SCHMIERUNG.

Im Anfange der 80er Jahre wurden Kolben und Schieber meist aus Niederschlagsölgefäßen geschmiert, die auf dem Schieberkasten oder am Zylinder unmittelbar befestigt waren. Einfachere Schmiergefäße bestanden auch aus einem kugelförmigen Gefäß, das nach außen durch einen Hahn abgeschlossen war und auch von dem zu schmierenden Teil durch einen zweiten Hahn abgeschlossen werden konnte, damit sie im Betriebe ohne Gefahr nachgefüllt werden konnten. Später traten an ihre Stelle die „Zentralschmierapparate" für die unter Dampf gehenden Teile. Meist waren es sogenannte „Sichtöler", weil man hinter einem Schauglase die vom Dampf den Zylindern zugeführten Öltropfen beim Durchtritt durch ein Wassergefäß beobachten konnte. Wenn auch die zugeführte Schmiermenge stark von den jeweiligen Zylinder- oder Schieberkastendrücken abhängig war, so konnte man sich doch bei aufmerksamer Bedienung damit abfinden.

Bei den Heißdampflokomotiven genügten diese einfachen Apparate nicht mehr, denn jetzt benötigte man nicht nur hochsiedende Öle, sondern mußte auch den Schmierstellen eine genau abgemessene Ölmenge zuführen. Zu diesem Zwecke wurden zuerst Schmierpressen entwickelt, die durch mehrere gleichmäßig langsam niedergehende Tauchkolben das Öl in die einzelnen Leitungen drückten. Die Ölzufuhr konnte daher nicht einzeln, sondern nur für alle Schmierstellen gemeinsam geregelt werden. Um dem Mangel zu begegnen, wurden die Pressen in Preußen gegen Kriegsbeginn durch Schmierpumpen ersetzt, bei denen das Öl durch einzeln regelbare Kolbenpumpen den Schmierstellen zugeführt wurde. Hierbei wurden häufig gleichartige Schmierstellen (höchstens 2) von einem Kolben aus mit abwechselnden Arbeitshüben versorgt.

Diese Schmierpumpen sind dann auch zur Schmierung einzelner Triebwerksteile benutzt worden. An der württembergischen 1 F Lokomotive Abb. 182 versorgten z. B. 2 große Boschöler insgesamt 42 Schmierstellen.

SANDSTREUER.

Im Anfange der 80er Jahre maß man einer ausreichenden Besandung der Treib- und Kuppelachsen noch wenig Bedeutung bei. Als aber die Züge immer schwerer geworden waren und das Reibungsgewicht stärker in Anspruch nahmen, widmete man den Sandstreuern mehr Aufmerksamkeit. So waren schon am Ende der 80er Jahre verschiedentlich 2 gesandete Räder an einer Lokomotive zu finden. Ein wunder Punkt war immer noch die Betätigung und die Trockenhaltung des Sandes. Als dann aber die Druckluftbremse eingeführt war und Preßluft in genügender Menge zur Verfügung stand, konnte man die Sandstreuer mit Preßluft betätigen. Wo keine Druckluftbremse vorhanden war (z. B. in Österreich), nahm man zu Dampfsandstreuern Zuflucht, obgleich sie den Sand anfeuchteten und daher im Winter leicht einfroren. Der Preßluftsandstreuer ist dann besonders durch die Knorrbremse und A. Borsig ausgebildet worden. Abb. 90 und 91 zeigen die Sandung von 10 gekuppelten Rädern, von vorn und von hinten. Diese vorzügliche Ausbildung der Besandung war die Vorbedingung für den Ersatz des Zahnradbetriebes durch den Reibungsbetrieb.

www.ingramcontent.com/pod-product-compliance
Lightning Source LLC
Chambersburg PA
CBHW081437190326
41458CB00020B/6229